무료동영상이 있는
전기기능사 필기

핵심이론 + 6개년 기출

예문사

이 책의 머리말 —— PREFACE

전기는 현대사회에서 없어서는 안 될 필수적인 에너지입니다. 전기기능사는 전기에 필요한 장비 및 공구를 사용하여 회전기, 정지기, 제어장치 또는 빌딩, 공장, 주택 및 전력시설물의 전선, 케이블, 전기기계 및 기구를 설치, 보수, 검사, 시험 및 관리하는 중요한 직무를 담당하는 데 꼭 필요한 자격증이라고 할 수 있습니다.

손자병법에 "지피지기(知彼知己) 백전불태(百戰不殆)"라는 구절이 있습니다. 상대를 알고 나를 알면 백 번 싸워도 위태롭지 않다는 뜻으로, 이 책을 접하는 수험생에게 꼭 전하고 싶은 말입니다.

비전공자 또는 전기라는 학문을 처음 접하는 분들은 "전기의 기초도 모르는데 전기기능사 필기시험에 합격할 수 있을까?" 하는 의구심을 가지실 것이라 생각합니다.

그 불안한 마음을 충분히 고려하여 시험을 잘 준비할 수 있도록 오랜 강의 경력과 경험을 바탕으로 조금 더 체계적으로 학습 진도에 맞게 집필하였고, 최신 기출 문제를 담아 출제 문제의 유형을 파악할 수 있으며 해설 또한 상세히 담아 쉽게 이해할 수 있도록 구성하였습니다.

공부하기 전에 수험자들에게 당부하고 싶은 말은 무작정 암기식 공부법보다는 진도를 두 번 또는 세 번 정도 반복 학습 후 문제 풀이를 통해 부족한 단원의 내용을 다시 반복 학습하라는 것입니다. 오리엔테이션 영상을 참고하면 자격증의 진도에 맞추어 효율적으로 공부할 수 있을 것입니다.

끝으로 전기기능사 필기시험에 응시하는 모든 수험생들이 꼭 합격하기를 기원하며, 이 책이 출간되기까지 큰 도움을 주신 송경진 교수님과 도서출판 예문사 임직원들께 감사의 인사를 전합니다.

저자 일동

학습 PLAN — INFORMATION

STEP 1 핵심 이론 + 별표 + Keyword + 동영상

핵심 이론의 별표와 강조 표시된 Keyword를 중심으로 동영상을 참고하여 반복 학습합니다.

STEP 2 기출 및 예상문제 풀이

핵심 이론 공부를 끝낸 후 기출 및 예상문제 풀이를 통해 학습 점검과 출제 유형을 익힙니다.

STEP 3 과년도 기출문제 6개년

과년도 기출문제 6개년 문제를 반복적으로 학습하고 동영상 풀이를 참고하여 반복되는 문제와 실전문제 유형을 충분히 파악합니다.

STEP 4 CBT 모의고사

예문사 홈페이지에 접속하여 회원가입을 하고 시리얼 번호를 입력한 후 CBT 모의고사로 최종 점검합니다.

기초가 부족한 분들은 유튜브 '전기의 희열'에서 과목별 공부법과 기초수학, 계산기 사용법 등을 제공하고 있으니 참고하여 학습하세요!

출제기준 — INFORMATION

직무분야	전기·전자	중직무분야	전기	자격종목	전기기능사	적용기간	2024. 1. 1.~2026. 12. 31.

직무내용 : 전기에 필요한 장비 및 공구를 사용하여 회전기, 정지기, 제어장치 또는 빌딩, 공장, 주택 및 전력시설물의 전선, 케이블, 전기기계 및 기구를 설치, 보수, 검사, 시험 및 관리하는 직무이다.

필기검정방법	객관식	문제수	60	시험시간	1시간

필기과목명	문제수	주요항목	세부항목	세세항목
전기이론, 전기기기, 전기설비	60	1. 전기의 성질과 전하에 의한 전기장	1. 전기의 본질	1. 원자와 분자 2. 도체와 부도체 3. 단위계 등
			2. 정전기의 성질 및 특수현상	1. 정전기 현상 2. 정전기의 특성 3. 정전기의 특수현상 등
			3. 콘덴서(커패시터)	1. 콘덴서(커패시터)의 구조와 원리 2. 콘덴서(커패시터)의 종류 3. 콘덴서(커패시터)의 연결방법과 용량계산법 4. 정전에너지 등
			4. 전기장과 전위	1. 전기장 2. 전기장의 방향과 세기 3. 전위와 등전위면 4. 평행극판 사이의 전기장 등
		2. 자기의 성질과 전류에 의한 자기장	1. 자석에 의한 자기현상	1. 영구자석과 전자석 2. 자석의 성질 3. 자석의 용도와 기능 4. 자기에 관한 쿨롱의 법칙 5. 자기장의 성질 등
			2. 전류에 의한 자기현상	1. 전류에 의한 자기장 2. 자기력선의 방향 3. 도체가 자기장에서 받는 힘 등
			3. 자기회로	1. 자기저항 2. 자속밀도 등
		3. 전자력과 전자유도	1. 전자력	1. 전자력의 방향과 크기 등
			2. 전자유도	1. 전자유도작용 2. 자기유도 3. 상호유도작용 4. 코일의 접속 5. 전자에너지 등
		4. 직류회로	1. 전압과 전류	1. 전기회로의 전류 2. 전기회로의 전압 등
			2. 전기저항	1. 고유저항 2. 옴의 법칙과 전압강하 3. 저항의 접속 4. 전위의 평형 등

필기과목명	문제수	주요항목	세부항목	세세항목
		5. 교류회로	1. 정현파 교류회로	1. 교류 발생원의 특성 2. RLC 직병렬접속 3. 교류전력 등
			2. 3상 교류회로	1. 3상 교류의 발생과 표시법 2. 3상 교류의 결선법 3. 평형 3상 회로 4. 3상 전력 등
			3. 비정현파 교류회로	1. 비정현파의 의미 2. 비정현파의 구성 3. 비선형 회로 4. 비정현파 교류의 성분 등
		6. 전류의 열작용과 화학작용	1. 전류의 열작용	1. 전류의 발열작용 2. 전력량과 전력 등
			2. 전류의 화학작용	1. 전류의 화학작용 2. 전지 등
		7. 변압기	1. 변압기의 구조와 원리	1. 변압기의 원리 2. 변압기의 전압과 전류와의 관계 3. 변압기의 등가회로 4. 변압기의 종류, 극성, 구조 등
			2. 변압기 이론 및 특성	1. 변압기의 정격, 손실, 효율 등
			3. 변압기 결선	1. 3상 결선 등
			4. 변압기 병렬운전	1. 병렬운전 조건 및 특성 등
			5. 변압기 시험 및 보수	1. 변압기의 시험 2. 변압기의 점검 및 보수 등
		8. 직류기	1. 직류기의 원리와 구조	1. 직류기의 개요 2. 직류발전기의 동작 원리 등
			2. 직류발전기의 종류 및 특성	1. 직류발전기의 종류 및 특성 등
			3. 직류전동기의 종류 및 특성	1. 직류전동기의 종류 및 특성 등
			4. 직류전동기의 이론 및 용도	1. 직류전동기의 유도기전력 2. 속도 및 토크 특성 3. 속도변동률 등
			5. 직류기의 시험법	1. 접지시험 2. 단선 여부에 대한 시험 3. 권선저항과 절연 저항값 등
		9. 유도전동기	1. 유도전동기의 원리와 구조	1. 회전원리 2. 회전자기장 3. 단상유도전동기의 원리 및 구조 등
			2. 유도전동기의 속도제어 및 용도	1. 3상 유도전동기 속도제어 원리와 특성 2. 유도전동기의 출력과 토크 특성 등
		10. 동기기	1. 동기기의 원리와 구조	1. 동기발전기의 원리 및 구조 2. 동기전동기의 원리 등

출제기준 — INFORMATION

필기과목명	문제수	주요항목	세부항목	세세항목
			2. 동기발전기의 이론 및 특성	1. 동기발전기 이론 및 특성에 관한 사항 등
			3. 동기발전기의 병렬운전	1. 병렬운전에 필요한 조건 2. 동기발전기의 병렬운전법 등
			4. 동기발전기의 운전	1. 동기전동기의 운전에 관한 사항 2. 특수전동기에 관한 사항 등
		11. 정류기 및 제어기기	1. 정류용 반도체 소자	1. 정류용 반도체 소자의 종류
			2. 정류회로의 특성	1. 다이오드를 이용한 정류회로의 특성 등
			3. 제어 정류기	1. 제어 정류기에 대한 원리 및 특성 등
			4. 사이리스터의 응용회로	1. 사이리스터의 원리 및 특성 등
			5. 제어기 및 제어장치	1. 제어기 및 제어장치의 종류와 특성 등
		12. 보호계전기	1. 보호계전기의 종류 및 특성	1. 보호계전기의 종류 2. 보호계전기의 구조 및 원리 3. 보호계전기 특성 등
		13. 배선재료 및 공구	1. 전선 및 케이블	1. 나선　　　　2. 절연전선 3. 기타 절연전선　4. 코드 5. 케이블 등
			2. 배선재료	1. 개폐기　　　2. 점멸스위치 3. 콘센트 및 플러그　4. 소켓류 5. 과전류차단기 6. 누전차단기 등
			3. 전기설비에 관련된 공구	1. 게이지의 종류 2. 공구 및 기구 등
		14. 전선접속	1. 전선의 피복 벗기기	1. 전선 피복 벗기는 방법 등
			2. 전선의 각종 접속방법	1. 단선접속 2. 연선접속 3. 와이어 접속기를 이용한 접속 4. 슬리브를 이용한 접속 등
			3. 전선과 기구단자와의 접속	1. 직선단자와 기구접속 2. 고리형 단자와 기구접속 등
		15. 배선설비공사 및 전선허용전류 계산	1. 전선관시스템	1. 합성수지관공사 방법 등 2. 금속관공사 방법 등 3. 금속제 가요전선관공사 방법 등
			2. 케이블트렁킹시스템	1. 합성수지몰드공사 방법 등 2. 금속몰드공사 방법 등 3. 금속트렁킹공사 방법 등 4. 케이블트렌치공사 방법 등
			3. 케이블덕팅시스템	1. 금속덕트공사 방법 등 2. 플로어덕트공사 방법 등 3. 셀룰러덕트공사 방법 등
			4. 케이블트레이시스템	1. 케이블트레이공사 방법 등

필기과목명	문제수	주요항목	세부항목	세세항목
			5. 케이블공사	1. 케이블공사 방법 등
			6. 저압 옥내배선 공사	1. 전등배선 및 배선기구 2. 접지 및 누전차단기 시설 등
			7. 특고압 옥내배선 공사	1. 고압 및 특고압 옥내배선 등
			8 전선 허용전류	1. 전선 허용전류 및 단면적 산정 2. 복수 회로 등 전선 허용전류 및 단면적 산정
		16. 전선 및 기계기구의 보안공사	1. 전선 및 전선로의 보안	1. 전선 및 전선로의 보안공사 등
			2. 과전류 차단기 설치공사	1. 과전류 차단기 설치공사 등
			3. 각종 전기기기 설치 및 보안공사	1. 각종 전기기기 설치 및 보안공사 등
			4. 접지공사	1. 접지공사의 규정 등
			5. 피뢰설비 설치공사	1. 피뢰설비 설치공사 등
		17. 가공인입선 및 배전선 공사	1. 가공인입선 공사	1. 가공인입선의 굵기 및 높이 등
			2. 배전선로용 재료와 기구	1. 지지물, 완금, 완목, 애자 및 배선용 기구 등
			3. 장주, 건주(전주세움) 및 가선(전선설치)	1. 배전선로의 시설 2. 장주 및 건주(전주세움) 3. 가선(전선설치)공사 등
			4. 주상기기의 설치	1. 주상기기 설치공사 등
		18. 고압 및 저압 배전반 공사	1. 배전반 공사	1. 배전반의 종류 2. 배전반설치 및 접지공사 3. 수·변전 설비 등
			2. 분전반 공사	1. 분전반의 종류와 공사 등
		19. 특수장소 공사	1. 먼지가 많은 장소의 공사	1. 폭연성 먼지 또는 화약류 분말이 존재하는 곳의 공사 2. 가연성분진이 존재하는 곳의 공사 3. 기타공사 등
			2. 위험물이 있는 곳의 공사	1. 위험물이 있는 곳의 공사 등
			3. 가연성 가스가 있는 곳의 공사	1. 가연성 가스가 있는 곳의 공사 등
			4. 부식성 가스가 있는 곳의 공사	1. 부식성 가스가 있는 곳의 공사 등
			5. 흥행장, 광산, 기타 위험 장소의 공사	1. 흥행장, 광산, 기타 위험 장소의 공사 등
		20. 전기응용시설 공사	1. 조명배선	1. 조명공사 등
			2. 동력배선	1. 동력배선공사 등
			3. 제어배선	1. 제어배선공사 등
			4. 신호배선	1. 신호배선공사 등
			5. 전기응용기기 설치공사	1. 전기응용기기 설치공사 등

CBT 전면시행에 따른

PREVIEW

한국산업인력공단(www.q-net.or.kr)에서는 실제 컴퓨터 필기시험 환경과 동일하게 구성된 자격검정 CBT 웹 체험을 제공하고 있습니다. 또한, 예문사 홈페이지(http://yeamoonsa.com)에서도 CBT 형태의 모의고사를 풀어볼 수 있으니 참고하여 활용하시기 바랍니다.

💻 수험자 정보 확인

시험장 감독위원이 컴퓨터에 나온 수험자 정보와 신분증이 일치하는지를 확인하는 단계입니다.
수험번호, 성명, 주민등록번호, 응시종목, 좌석번호를 확인합니다.

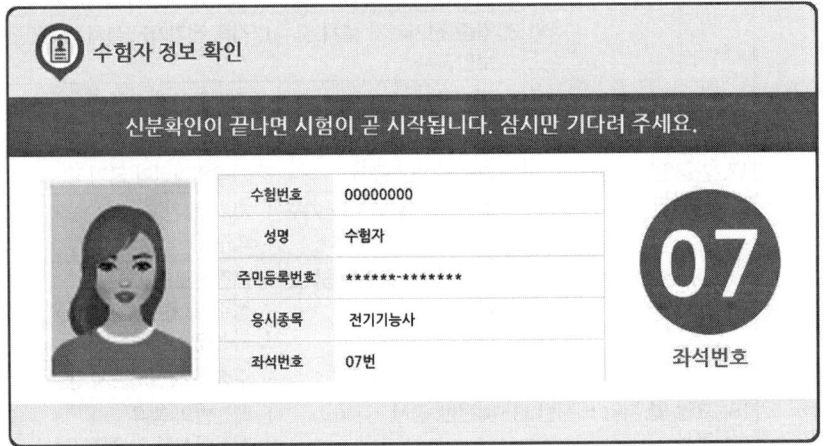

💻 안내사항

시험에 관련된 안내사항이므로 꼼꼼히 읽어보시기 바랍니다.

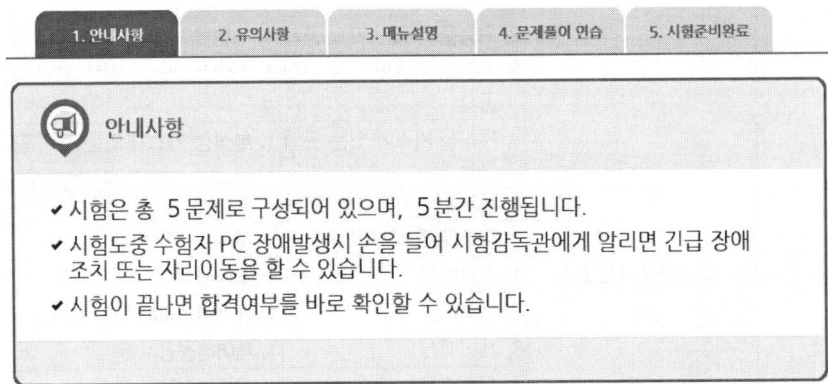

유의사항

부정행위는 절대 안 된다는 점, 잊지 마세요!

> **유의사항 - [1/3]**
>
> - 다음과 같은 부정행위가 발각될 경우 감독관의 지시에 따라 퇴실 조치되고, 시험은 무효로 처리되며, 3년간 국가기술자격검정에 응시할 자격이 정지됩니다.
>
>   - 시험 중 다른 수험자와 시험에 관련한 대화를 하는 행위
>   - 시험 중에 다른 수험자의 문제 및 답안을 엿보고 답안지를 작성하는 행위
>   - 다른 수험자를 위하여 답안을 알려주거나, 엿보게 하는 행위
>   - 시험 중 시험문제 내용과 관련된 물건을 휴대하여 사용하거나 이를 주고받는 행위

[다음 유의사항 보기 ▶]

문제풀이 메뉴 설명

문제풀이 메뉴에 대한 주요 설명입니다. CBT에 익숙하지 않다면 꼼꼼한 확인이 필요합니다. (글자크기/화면배치, 전체/안 푼 문제 수 조회, 남은 시간 표시, 답안 표기 영역, 계산기 도구, 페이지 이동, 안 푼 문제 번호 보기/답안 제출)

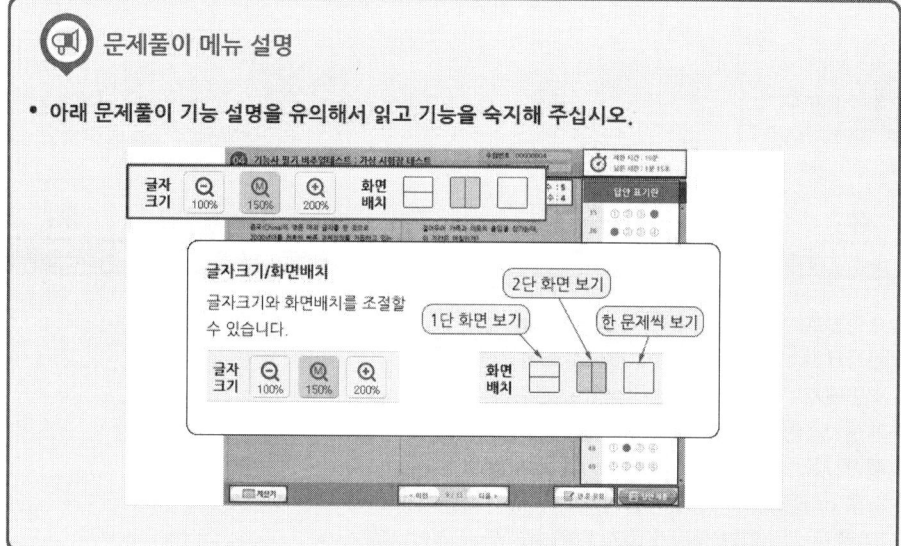

CBT 전면시행에 따른

PREVIEW

시험준비 완료!

이제 시험에 응시할 준비를 완료합니다.

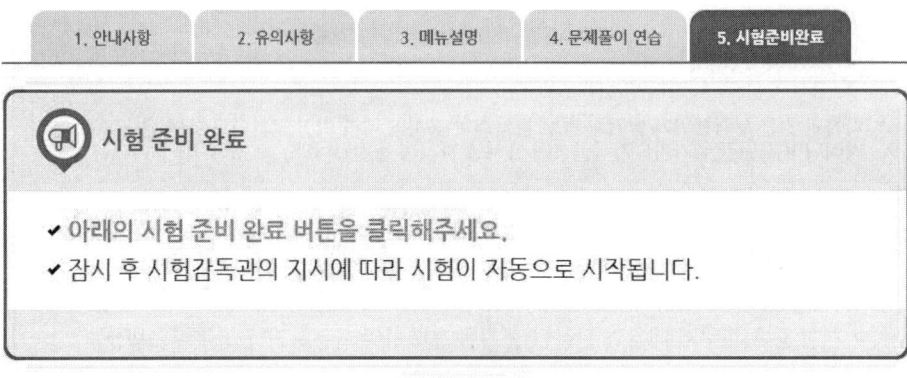

시험화면

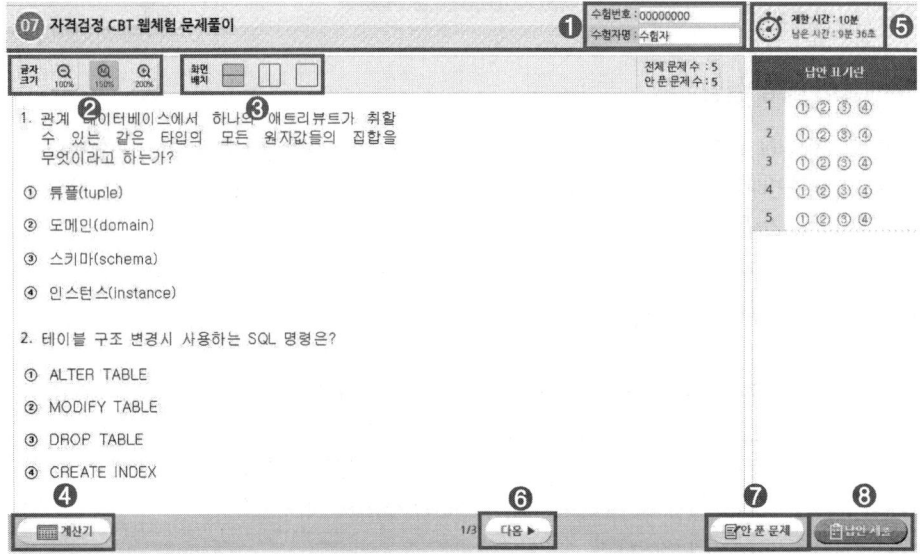

❶ 수험번호, 수험자명 : 본인이 맞는지 확인합니다.
❷ 글자크기 : 100%, 150%, 200%로 조정 가능합니다.
❸ 화면배치 : 2단 구성, 1단 구성으로 변경합니다.
❹ 계산기 : 계산이 필요할 경우 사용합니다.
❺ 제한 시간, 남은 시간 : 시험시간을 표시합니다.
❻ 다음 : 다음 페이지로 넘어갑니다.
❼ 안 푼 문제 : 답안 표기가 되지 않은 문제를 확인합니다.
❽ 답안 제출 : 최종답안을 제출합니다.

전기기능사 필기

📺 답안 제출

문제를 다 푼 후 답안 제출을 클릭하면 다음과 같은 메시지가 출력됩니다.
여기서 '예'를 누르면 답안 제출이 완료되며 시험을 마칩니다.

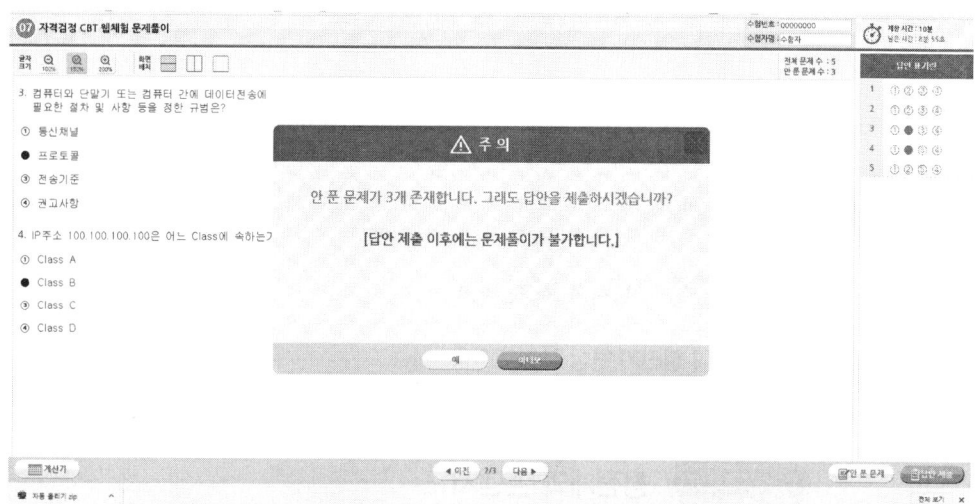

📺 알고 가면 쉬운 CBT 4가지 팁

1. 시험에 집중하자.
기존 시험과 달리 CBT 시험에서는 같은 고사장이라도 각기 다른 시험에 응시할 수 있습니다. 옆 사람은 다른 시험을 응시하고 있으니, 자신의 시험에 집중하면 됩니다.

2. 필요하면 연습지를 요청하자.
응시자의 요청에 한해 시험장에서는 연습지를 제공하고 있습니다. 연습지는 시험이 종료되면 회수되므로 필요에 따라 요청하시기 바랍니다.

3. 이상이 있으면 주저하지 말고 손을 들자.
갑작스럽게 프로그램 문제가 발생할 수 있습니다. 이때는 주저하며 시간을 허비하지 말고, 즉시 손을 들어 감독관에게 문제점을 알려주시기 바랍니다.

4. 제출 전에 한 번 더 확인하자.
시험 종료 이전에는 언제든지 제출할 수 있지만, 한 번 제출하고 나면 수정할 수 없습니다. 맞게 표기하였는지 다시 확인해보시기 바랍니다.

이 책의 차례 —— CONTENTS

PART 01 전기이론

CHAPTER. 01 직류회로
Section 01 ┃ 직류회로 및 전류의 열작용 ··········· 3
기출 및 예상문제 ··········· 10

CHAPTER. 02 전류의 화학작용
Section 01 ┃ 열전기 현상 및 화학작용 ··········· 24
기출 및 예상문제 ··········· 28

CHAPTER. 03 정전계와 콘덴서
Section 01 ┃ 전기장(전계) 및 전위의 이해 ··········· 32
기출 및 예상문제 ··········· 38
Section 02 ┃ 콘덴서 ··········· 43
기출 및 예상문제 ··········· 48

CHAPTER. 04 자기장
Section 01 ┃ 자석에 의한 자기현상 ··········· 53
기출 및 예상문제 ··········· 57
Section 02 ┃ 전류에 의한 자기현상과 자기회로 ··········· 63
기출 및 예상문제 ··········· 67
Section 03 ┃ 전자력 및 전자유도현상 ··········· 73
기출 및 예상문제 ··········· 77

CHAPTER. 05 교류회로
Section 01 ┃ 정현파 교류회로 ··········· 86
기출 및 예상문제 ··········· 90

Section 02 ▎ RLC 기본 교류회로 ··· 96
기출 및 예상문제 ·· 102

Section 03 ▎ RLC 직·병렬회로 ··· 105
기출 및 예상문제 ·· 109

Section 04 ▎ 공진회로 및 교류 브리지 회로 ··· 118
기출 및 예상문제 ·· 122

Section 05 ▎ 단상교류전력 ·· 126
기출 및 예상문제 ·· 130

CHAPTER. 06 3상 교류회로

Section 01 ▎ 3상 교류회로의 이해 ·· 134
기출 및 예상문제 ·· 137

Section 02 ▎ 임피던스 등가변환 및 3상 교류전력 ··· 140
기출 및 예상문제 ·· 144

CHAPTER. 07 비정현파 회로 및 선형회로망

Section 01 ▎ 비정현파 회로 ·· 147
기출 및 예상문제 ·· 150

Section 02 ▎ 선형회로망 ·· 154
기출 및 예상문제 ·· 158

PART 02 전기기기

CHAPTER. 01 직류기

Section 01 ▎ 직류발전기의 원리 및 구조 ··· 163

Section 02 ▎ 직류발전기의 종류 ··· 165
기출 및 예상문제 ·· 167

Section 03 ┃ 직류발전기 이론 ··· 169
Section 04 ┃ 직류발전기 특성 ··· 171
기출 및 예상문제 ·· 173
Section 05 ┃ 직류전동기 ··· 178
Section 06 ┃ 직류전동기 이론 ··· 179
기출 및 예상문제 ·· 182
Section 07 ┃ 직류전동기 운전 ··· 186
Section 08 ┃ 직류기 손실 및 효율 ··· 188
기출 및 예상문제 ·· 190

CHAPTER. 02 동기기

Section 01 ┃ 동기발전기 ··· 194
기출 및 예상문제 ·· 197
Section 02 ┃ 동기발전기 이론 ··· 199
Section 03 ┃ 동기발전기의 특성 ··· 201
Section 04 ┃ 동기발전기의 운전 ··· 202
기출 및 예상문제 ·· 203
Section 05 ┃ 동기전동기 ··· 208
기출 및 예상문제 ·· 210

CHAPTER. 03 변압기

Section 01 ┃ 변압기의 원리 및 구조 ··· 213
기출 및 예상문제 ·· 215
Section 02 ┃ 변압기 이론 ··· 216
기출 및 예상문제 ·· 218
Section 03 ┃ 변압기의 특성 ··· 220
Section 04 ┃ 변압기의 손실 및 효율 ··· 221
기출 및 예상문제 ·· 222
Section 05 ┃ 변압기의 결선 ··· 225

Section 06 ┃ 변압기 병렬운전 ··· 227
Section 07 ┃ 특수 변압기 ·· 228
Section 08 ┃ 변압기 보호 및 시험 ··· 229
기출 및 예상문제 ··· 230

CHAPTER. 04 유도전동기

Section 01 ┃ 유도전동기의 원리 및 구조 ·· 234
Section 02 ┃ 유도전동기 이론 ·· 237
기출 및 예상문제 ··· 240
Section 03 ┃ 유도전동기 운전 ·· 246
Section 04 ┃ 단상 유도전동기 ·· 248
기출 및 예상문제 ··· 250

CHAPTER. 05 정류기

Section 01 ┃ 정류용 반도체 소자 ··· 253
Section 02 ┃ 전력용 반도체 소자 ··· 255
Section 03 ┃ 각종 정류회로 ··· 256
Section 04 ┃ 위상 제어 정류회로 ··· 258
Section 05 ┃ 전력 변환 형태 ·· 259
기출 및 예상문제 ··· 260

PART 03 전기설비

CHAPTER. 01 배선재료 및 공구

Section 01 ┃ 전선 및 케이블 ·· 269
기출 및 예상문제 ··· 273

Section 02 | 배선재료 및 기구 ··· 275
기출 및 예상문제 ·· 283

Section 03 | 전기공사용 공구 ··· 288
기출 및 예상문제 ·· 293

Section 04 | 전선접속 ·· 297
기출 및 예상문제 ·· 301

CHAPTER. 02 옥내배선공사

Section 01 | 전선관시스템 ··· 305
기출 및 예상문제 ·· 315

Section 02 | 케이블트렁킹시스템 ·· 323
기출 및 예상문제 ·· 325

Section 03 | 케이블덕팅시스템 ··· 327
기출 및 예상문제 ·· 331

Section 04 | 애자공사 ·· 334
기출 및 예상문제 ·· 335

Section 05 | 케이블트레이시스템 ·· 337

Section 06 | 케이블공사 ·· 338
기출 및 예상문제 ·· 339

CHAPTER. 03 전선 및 기계기구의 보안공사

Section 01 | 전압 ·· 341
기출 및 예상문제 ·· 345

Section 02 | 간선 ·· 347
기출 및 예상문제 ·· 350

Section 03 | 분기회로 ·· 351
기출 및 예상문제 ·· 353

Section 04 | 변압기 용량 산정 ··· 354
기출 및 예상문제 ·· 356

Section 05 ┃ 전로의 절연 ·········· 357
기출 및 예상문제 ·········· 359

Section 06 ┃ 접지시스템 ·········· 361
기출 및 예상문제 ·········· 369

Section 07 ┃ 피뢰기 ·········· 372
기출 및 예상문제 ·········· 373

CHAPTER. 04 가공인입선 및 배전선공사

Section 01 ┃ 가공인입선 ·········· 374
기출 및 예상문제 ·········· 376

Section 02 ┃ 건주, 장주 및 가선 ·········· 378
기출 및 예상문제 ·········· 385

Section 03 ┃ 지중 전선로 ·········· 390
기출 및 예상문제 ·········· 392

Section 04 ┃ 배·분전반공사 ·········· 393
기출 및 예상문제 ·········· 398

Section 05 ┃ 조상설비 ·········· 402
기출 및 예상문제 ·········· 403

CHAPTER. 05 특수장소 및 전기응용시설공사

Section 01 ┃ 특수장소의 배선 ·········· 404
기출 및 예상문제 ·········· 409

Section 02 ┃ 특수시설의 전기공사 ·········· 413
기출 및 예상문제 ·········· 415

Section 03 ┃ 조명배선 ·········· 417
기출 및 예상문제 ·········· 421

Section 04 ┃ 동력배선, 피뢰시스템 ·········· 425
기출 및 예상문제 ·········· 426

이 책의 차례 — CONTENTS

PART 04 과년도 기출문제

2020년　1회　429　　2회　439
　　　　　3회　449　　4회　459

2021년　1회　470　　2회　479
　　　　　3회　488　　4회　497

2022년　1회　506　　2회　515
　　　　　3회　524　　4회　533

2023년　1회　543　　2회　553
　　　　　3회　563　　4회　572

2024년　1회　582　　2회　591
　　　　　3회　601　　4회　611

2025년　1회　622　　2회　632
　　　　　3회　642　　4회　652

PART 01 전기이론

- **CHAPTER 01** 직류회로
- **CHAPTER 02** 전류의 화학작용
- **CHAPTER 03** 정전계와 콘덴서
- **CHAPTER 04** 자기장
- **CHAPTER 05** 교류회로
- **CHAPTER 06** 3상 교류회로
- **CHAPTER 07** 비정현파 회로 및 선형회로망

CHAPTER 01 직류회로

PART 01 | 전기이론
전기기능사 필기

SECTION 01 직류회로 및 전류의 열작용

1 전기의 본질 및 직류와 교류 ★★★

1) 자유전자

원자핵 주위를 돌고 있는 전자 중에서 가장 바깥쪽 궤도를 돌고 있는 전자를 최외각 전자라고 부른다. 최외각 전자는 원자핵과의 결합력이 약하고, 외부로부터 에너지가 가해지면 이 에너지를 흡수하여 원자핵의 구속으로부터 쉽게 이탈함으로써 자유로이 움직일 수 있는 자유전자(Free Electron)가 된다. 이처럼 자유전자는 물질 내를 자유로이 이동하거나 전류의 흐름, 마찰 등에 의해 전기를 발생하는 현상에 기여한다.

2) 전하 및 전류

① 전하 : 물체의 마찰에 의해 물체에 대전된 가장 기본적인 전기량을 뜻한다. MKS 단위를 사용하며, 기호는 Q, 단위는 [C](쿨롬)이다.

② 전류 : 단위시간 동안 도체나 도선에 이동하는 전기량(전하량)을 뜻하며, MKS 단위를 사용하고, 기호는 I, 단위는 [A](암페어)이다.

$$I = \frac{Q}{t}\ [\text{C/sec} = \text{A}]$$

③ 대전현상 : 어떤 물질이 전자의 과부족으로 인해 전기를 띠는 것을 대전이라 한다. 정상 상태에서 물질들은 전기적으로 중성 상태를 유지하지만, 어떤 원인으로 전자가 물질 밖으로 나가면 음전기가 적어져서 물질은 양전기를 띠게 된다. 반대로 전자가 들어오면 음전기가 많아져서 물질은 음전기를 띠게 된다. 대전에 의해서 물체가 띠고 있는 전기를 전하(Electric Charge)라 한다. 전하의 극성에는 양(+), 음(-)의 두 종류가 있다. 전하량의 단위는 쿨롬(coulomb, [C])이며, 전하로 존재할 수 있는 최소의 양은 물질을 구성하는 원자 내의 전자 또는 양성자 1개가 가지는 전기량(전하량)으로, $\pm 1.602 \times 10^{-19}$ [C]의 값을 가진다.

▼ 입자별 전하량과 질량

입자	전하량(q)	질량(m)
양성자	$+1.602 \times 10^{-19}$ [C]	1.672×10^{-27} [kg]
전자	-1.602×10^{-19} [C]	9.109×10^{-31} [kg]

> **REFERENCE** 양성자 및 전자의 전하량과 질량
>
> 전기 현상을 다루는 기본적인 물리량으로서 전류 $I[A]$(암페어 ; Electric Current)의 크기는 어떤 도체의 단면을 1초(단위시간) 동안 통과하는 전하량으로 나타낸다. 따라서 t초 동안 $Q[C]$의 전하가 이동했다면, 이때 전류의 크기 $I[A]$는 다음과 같다.
>
> - 직류 전류 및 전하 : $I = \dfrac{Q}{t}$ [C/sec=A] $Q = I \cdot t$ [A·sec=C]
> - 교류 전류 및 전하 : $i = \dfrac{dq}{dt}$ [C/sec=A] $q = \displaystyle\int_0^t i(t)\,dt$ [A·sec=C]

3) 직류와 교류

① 직류(DC) : 시간이 경과하여도 크기와 방향이 변화하지 않는 전류(전압)
② 교류(AC) : 시간이 경과함에 따라 크기와 방향이 변화하는 전류(전압)

4) 전압

일반적으로 회로 내에 일종의 전기적인 압력이 가해져 전류가 흐르게 되는 것을 알 수 있다. 이 전기적인 압력을 전압(Voltage)이라고 하며, 그 크기는 볼트(Volt, 단위 : [V])로 나타낸다. 또한 전류를 계속 흘려주려면 전압을 연속적으로 만들어 주는 어떠한 힘이 필요한데, 이러한 힘을 기전력 E [V]라고 한다.

① 직류 전압 : $V = \dfrac{W}{Q}$ [J/C=V], $W = Q \cdot V$ [J]

② 교류전압 : $v = \dfrac{dw}{dq}$ [J/C=V], $w = \displaystyle\int v\,dq$ [J]

참고 전압은 1[C]의 전하가 이동할 때 하는 일(W[J] : 줄) 에너지로 정의한다.

5) 저항

전류의 흐름을 방해하는 전기적인 요소를 의미하며, 저항의 크기를 나타내는 단위에는 옴(ohm, 기호 : [Ω])을 사용한다. 1[Ω]은 도체 양단에 1[V]의 전압을 가할 때, 1[A]의 전류가 흐르는 경우의 값이다.

6) 컨덕턴스

저항의 역수 또는 어드미턴스의 실수부로 기호는 G, 단위는 모(mho, 기호 : [℧])이며,

$G = \dfrac{1}{R} = 1/\Omega = \Omega^{-1} = [℧] = S$로 표현한다.

참고 이때, Ω^{-1}은 옴 인버스, S는 지멘스라 읽는다.

7) 옴의 법칙

전기회로에 흐르는 전류의 세기 I는 전압 V에 비례하고, 전기저항 R에 반비례한다(단, 컨덕턴스 G에 비례한다).

① $I = \dfrac{V}{R}$, $I = GV (I \propto \dfrac{1}{R}, I \propto V)$

② $R = \dfrac{V}{I}$, $G = \dfrac{I}{V}$

③ $V = IR$, $V = \dfrac{I}{G}$

전류의 흐름을 방해하는 성질을 전기저항이라 하고, 저항은 도선의 재질, 굵기, 길이 등에 따라서 달라지며 이를 식으로 표현하면 다음과 같다.

$$R = \rho \dfrac{l}{s} = \rho \dfrac{l}{\pi r^2} = \dfrac{4\rho l}{\pi D^2} = \dfrac{l}{kS} [\Omega]$$

여기서, R : 저항, $\rho[\Omega \cdot m]$: 고유저항, $l[m]$: 도선의 길이, $S[m^2]$: 도선의 단면적

- 전기 저항은 도선의 길이에 비례하고 도선의 단면적에 반비례한다.
- 저항의 역수를 컨덕턴스라 하며 $G = \dfrac{1}{R}$ [℧=S]으로 표현한다. 단위로는 보통 모[℧] 또는 지멘스[S]를 사용한다.

> REFERENCE
>
> - 고유저항(저항률, 비저항) : $\rho[\Omega \cdot m] = [10^6 \Omega \cdot mm^2/m]$
>   단위 길이에 대한 단위 면적당 도선의 전기저항(재질마다 다름)
> - 도전율(전도율) : $k = \sigma [℧/m]$
>   고유저항의 역수값 $k = \sigma = \dfrac{1}{\rho} \left[\dfrac{1}{\Omega \cdot m} = ℧ \cdot \dfrac{1}{m} = ℧/m \right]$
> - 원의 단면적 : $S = \pi r^2 = \pi \left(\dfrac{D}{2} \right)^2 = \dfrac{\pi D^2}{4} [m^2]$
> - 원의 둘레 : $l = 2\pi r = \pi D [m]$ (여기서, r : 반지름, D : 지름)

2 저항의 접속 및 기전력 ★★★

1) 저항의 접속 및 컨덕턴스 접속

① 저항의 직렬 접속

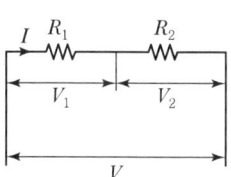

  ㉠ 전류 일정 $I = I_1 = I_2$
  ㉡ 전체 전압 $V = V_1 + V_2$
  ㉢ 합성저항 $R = R_1 + R_2$
  ㉣ 전압분배법칙 $V_1 = I \cdot R_1 = \dfrac{R_1}{R_1 + R_2} \cdot V$, $V_2 = I \cdot R_2 = \dfrac{R_2}{R_1 + R_2} \cdot V$

㉢ 동일한 크기의 저항 n개를 직렬 연결 시 합성저항 $R' = nR[\Omega]$

② 저항의 병렬 접속

㉠ 전압 일정 $V = V_1 = V_2$

㉡ 전체 전류 $I = I_1 + I_2$

㉢ 합성저항 $\dfrac{1}{R} = \dfrac{1}{R_1} + \dfrac{1}{R_2}$

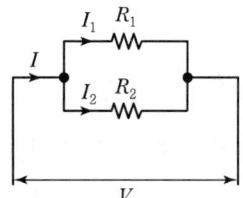

$$R = \dfrac{1}{\dfrac{1}{R_1} + \dfrac{1}{R_2}} = \dfrac{R_1 R_2}{R_1 + R_2}$$

㉣ 전류분배법칙 $I_1 = \dfrac{V}{R_1} = \dfrac{R_2}{R_1 + R_2} I$, $I_2 = \dfrac{V}{R_2} = \dfrac{R_1}{R_1 + R_2} I$

㉤ 동일한 크기의 저항 n개를 병렬 연결 시 합성저항 $R' = \dfrac{R}{n}[\Omega]$

③ 컨덕턴스의 직·병렬 접속

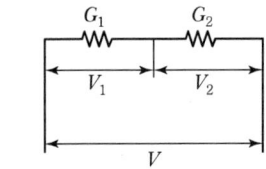
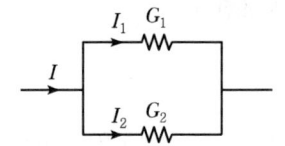

$G = \dfrac{G_1 G_2}{G_1 + G_2}$, $V_1 = \dfrac{G_2}{G_1 + G_2} V$ 　　$G = G_1 + G_2$, $I_1 = \dfrac{G_1}{G_1 + G_2} I$

2) 키르히호프 법칙 및 휘트스톤 브리지 회로의 성질

① 제1법칙(전류법칙, KCL)

임의의 접속점(Node)에서 볼 때 유입되는 전류와 유출되는 전류의 총합은 같다(Σ 유입전류 $= \Sigma$ 유출전류). 따라서 임의의 접속점에서 전류의 총합은 0이 되며 다음과 같이 표현한다.

$\Sigma I = 0$, $div I = 0$

단, $\Sigma I = 0$은 전류는 흐르지만 전기적으로 평형 상태가 된다는 것을 의미한다.

② 제2법칙(전압법칙, KVL)

임의의 폐회로에서 발생하는 기전력의 총합은 부하에서
발생하는 전압강하, 즉 내부 전압강하와 같다.

$\Sigma E = \Sigma IR$

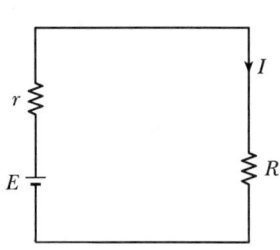

③ 휘트스톤 브리지 회로의 성질

검류계와 4개의 저항을 그림과 같이 브리지 형태로 접속한 회로를 휘트스톤 브리지 회로라 한다. X가 미지의 저항이라 가정하면 나머지 저항의 크기를 조정하여 검류계의 지시값이 0이 되었을 때 휘트스톤 브리지 회로는 평형 상태라고 한다.

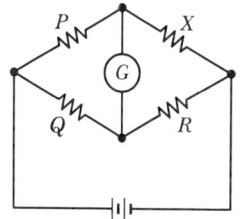

㉠ 휘트스톤 브리지 회로의 평형 조건
- 대각선으로 보이는 저항을 곱하여 같으면 평형 상태이다.

$$PR = QX, \; X = \frac{PR}{Q}$$

- 평형 상태일 경우에는 검류계 G에 전류가 흐르지 않는다.

㉡ 저항의 측정
- 저저항 측정 : 캘빈더블 브리지
- 중저항 측정 : 휘트스톤 브리지
- 고저항 측정 : 메거

3) 전지의 접속(기전력)

$$I = \frac{E}{R+r}, \; E = I(R+r), \; IR = E - Ir = V[\text{V}]$$

여기서, E : 기전력, Ir : 내부 전압강하
V : 단자전압(부하전압)

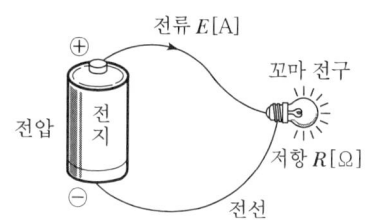

① 전지 n개 직렬 연결 시 부하에 흐르는 전류

기전력 $E[\text{V}]$, 내부저항 $r[\Omega]$인 전지 n개를 직렬로 접속한 후 부하저항 R을 연결하였을 때 부하에 흐르는 전류 I는 다음과 같다.

$$I = \frac{E}{R}, \; \therefore \; I = \frac{nE}{nr+R}[\text{A}]$$

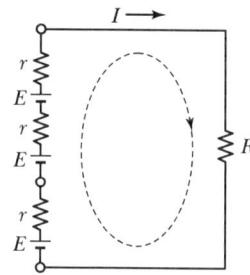 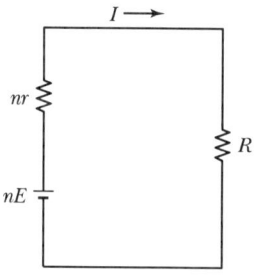

② 전지 N개 병렬 연결 시 전류

기전력 $E[\text{V}]$, 내부저항 $r[\Omega]$인 전지 N개를 병렬로 접속한 후 부하저항 R을 연결하였을 때 부하에 흐르는 전류 I는 다음과 같다.

$$I = \frac{E}{R}, \; \therefore \; I = \frac{E}{\frac{r}{N}+R}[\text{A}]$$

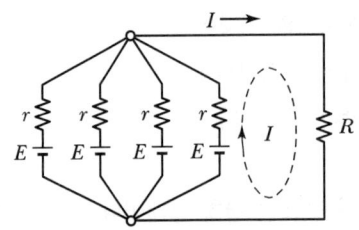 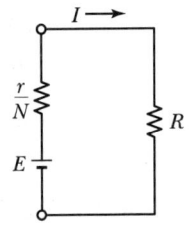

4) 배율기 및 분류기

① 배율기 : 전압계의 측정 범위를 확대하기 위해서 저항을 직렬로 연결한 것

$$V_a = \frac{r_a}{r_a + R_s} \cdot V (\text{전압분배법칙})$$

$$\frac{V}{V_a} = \frac{r_a + R_s}{r_a} = 1 + \frac{R_s}{r_a}$$

$$\therefore m = \frac{V}{V_a} = 1 + \frac{R_s}{r_a}$$

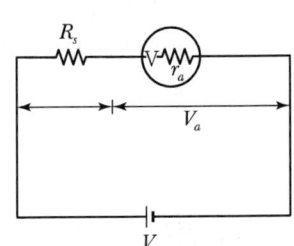

여기서, m : 배율, V_a : 최고측정한도, V : 측정하려는 값
r_a : 내부저항, R_s : 배율기 저항

② 분류기 : 전류계의 측정 범위를 확대하기 위해서 저항을 병렬로 연결한 것

$$I_a = \frac{R_s}{r_a + R_s} \cdot I (\text{전류분배법칙})$$

$$\frac{I}{I_a} = \frac{r_a + R_s}{R_s} = 1 + \frac{r_a}{R_s}$$

$$\therefore m = \frac{I}{I_a} = 1 + \frac{r_a}{R_s}$$

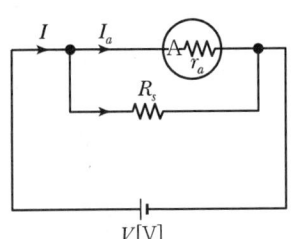

여기서, m : 배율, I_a : 최고측정한도
V : 측정하려는 값, r_a : 내부저항
R_s : 분류기 저항

3 전류의 열작용 ★★★

1) 전력 $P[\text{W}]$

전위차가 있는 곳에 전류가 흐르면 그 부분에서는 전기적 에너지가 발생하거나 소비된다. 이때 단위 시간 동안 행한 일의 양을 전력이라 한다.

① 직류 : $P = \frac{W}{t} = \frac{QV}{t} = VI = I^2 R = \frac{V^2}{R} [\text{J/sec} = \text{W}]$

② 교류 : $P = \frac{dw}{dt} [\text{J/sec} = \text{W}]$

2) 전력량 $W[J]$

전력량이란 어떤 전력을 어느 시간 동안 소비할 때 전기적인 총량을 말한다. 즉, 전기에너지를 의미하며 전력량은 전력에 시간을 곱한 값이다.

① 직류 : $W = Pt = VIt = I^2Rt = \dfrac{V^2}{R}t \,[\text{W} \cdot \text{sec} = \text{J}]$

② 교류 : $W = \displaystyle\int P\,dt \,[\text{W} \cdot \text{sec} = \text{J}]$

3) 단위 환산

① $1[\text{J}] ≒ 0.24[\text{cal}]$

② $1[\text{cal}] = \dfrac{1}{0.24} ≒ 4.2[\text{J}]$

③ $1[\text{kWh}] ≒ 860[\text{kcal}]$

4) 전열기 공식

전기에너지를 열에너지로 변환한 공식이며 물의 온도 상승에 관한 문제를 해결할 때 적용한다.

$$860\eta Pt = Cm(T_2 - T_1)[\text{kcal}]$$

여기서, m : 질량[kg=L], C : 비열(물=1)
P : 소비전력[kW], t : 시간[hour]
η : 효율, T_1 : 처음 온도, T_2 : 나중 온도

5) 저항의 온도계수

① 도체의 처음 온도가 $t[℃]$일 때 저항이 R_t라면, 나중 온도 $T[℃]$가 되었을 때 저항 R_T는 다음과 같다.

$$R_T = R_t\{1 + \alpha_t(T-t)\} = \dfrac{234.5 + T}{234.5 + t}R_t\,[\Omega]$$

단, α_t는 $t[℃]$의 온도계수로서 $\alpha_t = \dfrac{1}{234.5 + t}$ 이다.

② 온도계수가 α_{t1}, α_{t2}이고 저항이 R_1, R_2일 때 직렬 연결 시 합성저항의 온도계수

$\alpha_t = \dfrac{R_1\alpha_{t1} + R_2\alpha_{t2}}{R_1 + R_2}$ 가 된다.

기출 및 예상문제

SECTION 01 | 직류회로 및 전류의 열작용

01 원자핵의 구속력을 벗어나서 물질 내에서 자유로이 이동할 수 있는 것은?

① 중성자 ② 양자
③ 분자   ④ 자유전자

해설

자유전자
물질 내를 자유로이 이동하거나 전류의 흐름에 의해 전기를 발생하는 것

02 전자 1개의 질량은 몇 [kg]인가?

① 1.602×10^{-19} ② 1.672×10^{-27}
③ 9.109×10^{-31} ④ 1,840

해설

- 전자의 질량 : $m_e = 9.109 \times 10^{-31}$ [kg]
- 양성자의 질량 : $m_p = 1.672 \times 10^{-27}$ [kg]
- 전자 1개의 전기량(전하량) : $e = 1.602 \times 10^{-19}$ [C]

참고 양성자의 질량은 전자의 질량의 1,840배이고, 반대로 전자의 질량은 양성자의 질량의 $\frac{1}{1,840}$ 배이다.

03 1[C]의 전기량이란 몇 개의 전자의 과부족으로 생기는 전하의 전기량이라고 할 수 있는가?

① 0.624×10^{19} ② 1.602×10^{-19}
③ 1   ④ 9.109×10^{-31}

해설

전류 $I = \frac{Q}{t} = \frac{ne}{t}$ [A]이고, 전하 $Q = It$ [C]이다.

여기서, n : 전자의 개수, e : 전자 1개의 전기량, t : 시간

$\therefore ne = It$, $n = \frac{It}{e} = \frac{Q}{e} = \frac{1}{1.602 \times 10^{-19}} \approx 0.624 \times 10^{19}$

04 전류를 흐르게 하는 능력을 무엇이라 하는가?

① 전기량   ② 저항
③ 기전력   ④ 중성자

해설

기전력
전류를 계속 흐르게 하려면 전압을 연속적으로 만들어 주는 어떤 힘이 필요한데, 이 힘을 기전력이라 한다.

05 어떤 물질이 정상 상태보다 전자의 수가 많거나 적어져서 전기를 띄는 현상을 무엇이라 하는가?

① 방전   ② 전기량
③ 대전   ④ 하전

해설

- 대전 : 물체가 전기를 띄는 현상
- 방전 : 축전지 등의 전원이나 대전체로부터 전기가 방출되는 현상, 충전의 반대 과정
- 전기량 : 대전된 물체가 가지는 전기의 양
- 하전 : 전기적으로 전위차의 근원과 연결된 것

06 물질 중의 자유전자가 "과잉"된 상태란?

① (−)대전 상태   ② 발열 상태
③ 중성 상태   ④ (+)대전 상태

해설

- (−)대전 상태 : 전자의 (−)전기량이 (+)전기량보다 많은 상태
- 중성 상태 : 양자의 (+)전기량과 전자의 (−)전기량이 같은 상태
- (+)대전 상태 : 전자의 (−)전기량이 (+)전기량보다 부족한 상태

07 어떤 도체에 I [A]의 전류가 t [sec] 동안 흘렀을 때 이동된 전기량[C]은?

① $\frac{1}{T}$ ② $\frac{t}{I}$
③ It ④ $I^2 t$

해설

- 전류 $I = \frac{Q}{t}$ [C/sec = A]
- 전하(전기량) $Q = It$ [A·sec = C]

정답 01 ④ 02 ③ 03 ① 04 ③ 05 ③ 06 ① 07 ③

08 어떤 전지에서 5[A]의 전류가 10분간 흘렀다면 이 전지에서 나온 전기량은?

① 0.83 [C]　　② 50[C]
③ 250[C]　　④ 3,000[C]

해설
전기량 $Q = It = 5 \times 10 \times 60 = 3,000$ [C]

09 어떤 도체의 단면을 1시간에 7,200[C]의 전기량이 이동했다고 하면 전류의 크기는?

① 2　　② 20
③ 120　　④ 3,000

해설
$I = \dfrac{Q}{t} = \dfrac{7,200}{3,600} = 2$ [A] ($\because$ 1시간=60분=3,600초)

10 용량 30[Ah]의 전지는 2[A]의 전류로 몇 시간 사용할 수 있겠는가?

① 3　　② 7
③ 15　　④ 30

해설
$t = \dfrac{Q[\text{Ah}]}{I[\text{A}]} = \dfrac{30}{2} = 15$ [시간]

이때, [Ah]는 시간을 기준으로, [As=C]은 초를 기준으로 하는 용량이다.

11 1[Ah]는 몇 [C]인가?

① 1,200　　② 2,400
③ 3,600　　④ 4,800

해설
$Q = It$ [C]이므로, 1[Ah] = 1[A] × 3,600[sec] = 3,600[C]

12 어떤 도체에 5초간 4[C]의 전하가 이동했다면 이 도체에 흐르는 전류는?

① 0.12×10^3 [mA]　　② 0.8×10^3 [mA]
③ 1.25×10^3 [mA]　　④ 8×10^3 [mA]

해설
$I = \dfrac{Q}{t}$ 이므로 $I = \dfrac{4}{5} = 0.8$ [A]이고 [mA]로 바꾸면 0.8×10^3 [mA]이다.

13 전선에 안전하게 흘릴 수 있는 최대 전류를 무슨 전류라 하는가?

① 과도전류　　② 전도전류
③ 허용전류　　④ 맥동전류

해설
- 허용전류 : 전선에서 안전하게 흘릴 수 있는 전류의 한도
- 과도전류 : 회로를 개폐하거나 회로상수가 급변하는 순간에 회로 중간에 흐르는 전류
- 전도전류 : 도체 내에 전자가 전위차로 인하여 실제로 이동하면서 발생하는 전류
- 맥동전류 : 시간에 대해 방향은 변화하지 않고 크기만 주기적으로 변화하는 전류

14 Q[C]의 전기량이 도체를 이동하면서 한 일을 W[J]라 했을 때 전위차 V[V]를 나타내는 관계식으로 옳은 것은?

① $V = \dfrac{W}{Q}$　　② $V = QW$
③ $V = \dfrac{Q}{W}$　　④ $V = \dfrac{1}{QW}$

해설
전압(전위차)
단위 전하가 이동 시 한 일
$\therefore V = \dfrac{W}{Q} \left[\dfrac{\text{J}}{\text{C}} = \text{V} \right]$

15 2[C]의 전기량이 두 점 간을 이동하여 12[J]의 일을 했을 때 두 점 간의 전위차[V]는?

① 6　　② 12
③ 24　　④ 144

해설
전압 $V = \dfrac{W}{Q}$ 에서 W[J] = 일이므로 $V = \dfrac{12}{2} = 6$ [V]이다.

 정답 08 ④　09 ①　10 ③　11 ③　12 ②　13 ③　14 ①　15 ①

16 14[C]의 전기량이 이동해서 560[J]의 일을 했을 때 기전력은 얼마인가?

① 40[V]　　② 140[V]
③ 200[V]　　④ 240[V]

해설

기전력 = 전압 = $\dfrac{W}{Q} = \dfrac{560}{14} = 40[V]$

17 다음 중 1[V]와 같은 값을 갖는 것은?

① 1[J/C]　　② 1[Wb/m]
③ 1[Ω/m]　　④ 1[A · sec]

해설

$V = \dfrac{W}{Q}\left[\dfrac{J}{C} = V\right]$　∴ 1[V] = 1[J/C]

18 10[V]의 전위차로 5[A]의 전류가 2분간 흘렀다면 이때 전기가 행한 일[J]은?

① 60　　② 600
③ 6,000　　④ 60,000

해설

일 $W = QV$[J]이고, $Q = It$[C]임을 이용한다.
∴ $W = QV = ItV = 5 \times 2 \times 60 \times 10 = 6,000$[J]
(∵ 2분 = 2×60초)

19 1[eV]는 몇 [J]인가?

① 1　　② 1×10^{-10}
③ 1.16×10^4　　④ 1.602×10^{-19}

해설

$W = QV$이므로
1[eV] = $1.602 \times 10^{-19} \times 1 = 1.602 \times 10^{-19}$[J]

20 100[V]의 전위차로 가속된 전자의 운동 에너지는 몇 [J]인가?

① 1.6×10^{-20}[J]　　② 1.6×10^{-19}[J]
③ 1.6×10^{-18}[J]　　④ 1.6×10^{-17}[J]

해설

$W = QV = eV = 1.602 \times 10^{-19} \times 100 = 1.6 \times 10^{-17}$[J]

21 전류를 계속 흐르게 하려면 전압을 연속적으로 만들어 주는 어떤 힘이 필요한데, 이 힘을 무엇이라 하는가?

① 자기력　　② 전자력
③ 기전력　　④ 전기장

해설

- 기전력 : 전위가 다른 2점 간에서는 전위가 높은 쪽에서 낮은 쪽으로 전하를 이동시키려는 힘(전류를 발생하는 근원이 되는 힘)이 작용하는데, 이러한 힘을 기전력이라 한다.
- 자기력 : 전류가 흐르는 도선 주위에는 자기장이 생기기 때문에 자석과 자석 사이뿐 아니라 자기장 속에서 전류가 흐르는 도선도 힘을 받게 되는데, 이 힘을 자기력이라 한다.
- 전자력 : 자계 중에 놓인 도체에 전류를 흘리면 전류 및 자계와 직각 방향으로 도체를 움직이는 힘이 발생한다. 이 힘을 전자력이라 한다.
- 전기장 : 전하로 인한 전기적인 힘이 미치는 영역을 말한다.

22 고유저항 ρ의 단위로 맞는 것은?

① [Ω]　　② [Ω · m]
③ [AT/Wb]　　④ [Ω⁻¹]

해설

고유저항(ρ)의 단위
1[Ω · m] = 10^2[Ω · cm] = 10^6[Ω · mm²/m]

23 1[Ωm]와 같은 것은?

① 1[μΩ · cm]　　② 10^6[Ω · mm²/m]
③ 10^2[Ω · mm]　　④ 10^4[Ω · cm]

해설

문제 22번 해설 참조

24 지멘스(Siemens)는 무엇의 단위인가?

① 리액턴스　　② 자기저항
③ 도전율　　④ 컨덕턴스

해설

컨덕턴스 $G = \dfrac{1}{R}$[1/Ω = Ω⁻¹ = ℧ = S]

정답　16 ①　17 ①　18 ③　19 ④　20 ④　21 ③　22 ②　23 ②　24 ④

25 고유저항 ρ, 길이 l, 반지름 r인 전선의 저항 $R[\Omega]$은?

① $R = \rho \dfrac{2\pi r}{l}$ ② $R = \rho \dfrac{l}{2\pi r}$

③ $R = \rho \dfrac{\pi r^2}{l}$ ④ $R = \rho \dfrac{l}{\pi r^2}$

해설

$R = \rho(\text{고유저항}) \dfrac{l(\text{길이})}{S(\text{단면적})} = \rho \dfrac{l}{S} = \rho \dfrac{l}{\pi r^2} = \dfrac{l}{KS}[\Omega]$

여기서, r : 반지름(반경)

K : 도전율(전도율) $= \dfrac{1}{\rho}[1/\Omega \cdot m = \mho/m]$

26 MKS 단위계에서 도전율의 단위는?

① Ωm ② $\mho/m$

③ Ω/m ④ V/m

해설

$\sigma = k = \dfrac{1}{\rho}[\Omega \cdot m = \dfrac{1}{\Omega} \cdot \dfrac{1}{m} = \mho/m]$

27 구리선의 길이를 2배로 늘리면 저항은 처음의 몇 배가 되는가?(단, 구리선의 체적은 일정함)

① 2배   ② 4배
③ 8배   ④ 16배

해설

체적이 일정하면 길이가 늘어난 만큼 면적은 줄어들어야 한다.
$R = \rho \dfrac{l}{S}$에서 $R' = \rho \dfrac{2l}{\dfrac{S}{2}} = \rho \dfrac{4l}{S}$이므로 처음 저항의 4배가 된다.

28 어떤 도체의 길이를 n배 하고, 단면적을 $\dfrac{1}{n}$로 하였을 때의 저항은 원래의 저항보다 어떻게 되는가?

① n배   ② n^2배
③ $\sqrt{n}$배   ④ $\dfrac{1}{n}$배

해설

$R = \rho \dfrac{l}{S} = \rho \dfrac{nl}{\dfrac{S}{n}} = \rho \dfrac{n^2 l}{S}$이므로 n^2배가 된다.

29 구리선의 길이를 2배, 반지름을 $\dfrac{1}{2}$로 할 때 저항은 몇 배가 되는가?

① 2   ② 4
③ 6   ④ 8

해설

$R = \rho \dfrac{l}{S} = \rho \dfrac{l}{\pi r^2} = \rho \dfrac{2l}{\pi \left(\dfrac{r}{2}\right)^2} = \rho \dfrac{8l}{\pi r^2}$이므로 원래 저항의 8배가 된다.

30 전선의 길이를 4배로 늘렸을 때, 처음의 저항값을 유지하기 위해서는 도선의 반지름을 어떻게 해야 하는가?

① $\dfrac{1}{4}$로 줄인다.   ② $\dfrac{1}{2}$로 줄인다.
③ 2배로 늘린다.   ④ 4배로 늘린다.

해설

$R = \rho \dfrac{l}{S} = \rho \dfrac{l}{\pi r^2}$이므로 $R' = \rho \dfrac{4l}{\pi r^2}$ 반지름을 2배로 늘리면
$R' = \rho \dfrac{4l}{\pi (2r)^2} = \rho \dfrac{l}{S}$이 되므로 저항의 변화가 없게 된다.

31 전기전도도가 좋은 순서대로 도체를 나열한 것은?

① 은>구리>금>알루미늄
② 구리>금>은>알루미늄
③ 금>구리>알루미늄>은
④ 알루미늄>금>은>구리

해설

도체의 전기전도도
은>구리>금>알루미늄>아연>니켈>철>백금>주석>납

정답 25 ④ 26 ② 27 ② 28 ② 29 ④ 30 ③ 31 ①

32 다음 ( ) 안에 알맞은 내용을 바르게 나열한 것은?

> "회로에 흐르는 전류의 크기는 저항에 (㉠)하고, 가해진 전압에 (㉡)한다."

① ㉠ 비례, ㉡ 비례
② ㉠ 비례, ㉡ 반비례
③ ㉠ 반비례, ㉡ 비례
④ ㉠ 반비례, ㉡ 반비례

해설
옴의 법칙 $I = \dfrac{V}{R}$, $I \propto V$, $I \propto \dfrac{1}{R}$

33 100[V]에서 5[A]가 흐르는 전열기에 120[V]를 가하면 흐르는 전류는?

① 4.1[A]　　② 6.0[A]
③ 7.2[A]　　④ 8.4[A]

해설
전열기는 저항만의 부하이고,
이때의 저항 $R = \dfrac{V}{I} = \dfrac{100}{5} = 20[\Omega]$이므로
여기에 120[V]를 가하게 되면,
전류 $I = \dfrac{V}{R} = \dfrac{120}{20} = 6[A]$이다.

34 5[Ω], 10[Ω], 15[Ω]의 저항을 직렬로 접속하고 전압을 가하였더니 10[Ω]의 저항 양단에 30[V]의 전압이 측정되었다. 이 회로에 공급되는 전전압은 몇 [V]인가?

① 30[V]　　② 60[V]
③ 90[V]　　④ 120[V]

해설
저항이 직렬 접속 시 전류가 일정함을 이용하면
$I_2 = \dfrac{V_2}{R_2} = \dfrac{30}{10} = 3[A] = I$
$V = IR = 3 \times (5 + 10 + 15) = 90[V]$

35 회로에서 $R_1 = 2[\Omega]$, $R_2 = 3[\Omega]$, $R_3 = 5[\Omega]$, $R_4 = 10[\Omega]$일 때 회로에 흐르는 전류와 R_3에 걸리는 전압은?

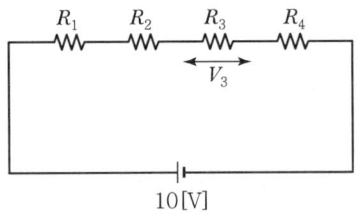

① 3[A], 3[V]　　② 1[A], 5[V]
③ 0.5[A], 2.5[V]　　④ 0.1[A], 0.5[V]

해설
$I_3 = I = \dfrac{V_t}{R_t} = \dfrac{10}{2+3+5+10} = 0.5[A]$
$V_3 = I_3 R_3 = 0.5 \times 5 = 2.5[V]$

36 저항의 병렬 접속에서 합성저항을 구하는 설명으로 옳은 것은?

① 연결된 저항을 모두 합하면 된다.
② 각 저항값의 역수에 대한 합을 구하면 된다.
③ 저항값의 역수에 대한 합을 구하고 다시 그 역수를 취하면 된다.
④ 각 저항값을 모두 합하고 저항 숫자로 나누면 된다.

해설
$R_t = \dfrac{1}{\dfrac{1}{R_1} + \dfrac{1}{R_2} + \dfrac{1}{R_3} + \cdots}$

37 300[Ω]의 저항 3개를 이용하여 가장 작은 합성저항을 얻는 경우는 몇 [Ω]인가?

① 0.3　　② 10
③ 100　　④ 900

해설
모든 저항을 병렬로 연결하면 가장 작은 크기의 저항을 얻을 수 있다.
$R_t = \dfrac{R}{n} = \dfrac{300}{3} = 100[\Omega]$

38 6개의 같은 크기의 저항을 병렬로 접속하여 120[V]의 전원에 접속하니 30[A]의 전류가 흘렀다면 저항 1개의 크기는?

① 4　　　　　　② 12
③ 18　　　　　　④ 24

해설

합성저항 $R_t = \dfrac{V}{I} = \dfrac{120}{30} = 4[\Omega]$이고,

크기가 동일한 저항 n개 병렬일 경우 $R_t = \dfrac{R}{n}$이므로

$R = R_t \cdot n = 4 \times 6 = 24[\Omega]$

39 일정 전압의 직류 전원에 저항을 접속하여 전류를 흘릴 때, 저항값을 10[%] 감소시키면 흐르는 전류는?

① 10[%] 증가　　　② 11[%] 증가
③ 12[%] 증가　　　④ 14[%] 증가

해설

$I = \dfrac{V}{R}$에서 $I' = \dfrac{V}{0.9R} = 1.11\dfrac{V}{R}$이므로 전류는 11[%] 증가하게 된다.

40 일정 전압의 직류 전원에 저항을 접속하고 전류를 흘릴 때, 이 전류값을 20[%] 증가시키기 위한 저항값은 몇 배로 하여야 하는가?

① 0.80　　　　　② 0.83
③ 1.2　　　　　 ④ 1.25

해설

$R = \dfrac{V}{I}$이고, $R' = \dfrac{V}{I'} = \dfrac{V}{1.2I} = 0.83\dfrac{V}{I} = 0.83R$

41 3[Ω]과 6[Ω]의 저항을 직렬로 할 경우는 병렬로 하였을 때의 몇 배인가?

① $\dfrac{1}{4.5}$　② 4.5　③ 6.5　④ 9

해설

• 직렬 합성저항 $R_t = R_1 + R_2 = 9[\Omega]$

• 병렬 합성저항 $R_t = \dfrac{3 \times 6}{3 + 6} = 2[\Omega]$

∴ $9 = 2 \times x$, $x = \dfrac{9}{2} = 4.5$배

42 저항 R_1, R_2가 병렬일 때, 전전류를 I라고 하면 R_1에 흐르는 전류는?

① $\dfrac{R_1}{R_1 + R_2}I$　　　② $\dfrac{R_2}{R_1 + R_2}I$

③ $\dfrac{R_1 + R_2}{R_2}I$　　　④ $\dfrac{1}{R_1 + R_2}I$

해설

분배전류 $I_1 = \dfrac{R_2}{R_1 + R_2} \cdot I$ [A]

43 저항 R_1, R_2의 병렬회로에서 R_2에 흐르는 전류가 I일 때 전전류는?

① $\dfrac{R_1 + R_2}{R_1}I$　　　② $\dfrac{R_1 + R_2}{R_2}I$

③ $\dfrac{R_1}{R_1 + R_2}I$　　　④ $\dfrac{R_2}{R_1 + R_2}I$

해설

분배전류 $I_2 = \dfrac{R_1}{R_1 + R_2} \cdot I_t$ [A]에서

전전류 $I_t = \dfrac{R_1 + R_2}{R_1} \cdot I_2$이고, 문제 조건상 R_2에 흐르는 전류가 I이므로 $I_2 = I$가 된다.

44 그림과 같은 회로에서 합성저항[Ω]은?

① 10
② 15
③ 20
④ 25

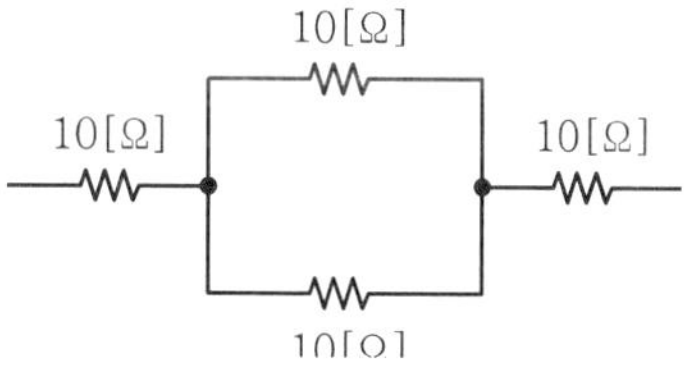

해설

$R_t = 10 + \dfrac{10}{2} + 10 = 25[\Omega]$

직렬은 $R_1 + R_2 + \cdots$, 같은 크기 병렬 $R_t = \dfrac{R}{n}$

정답 38 ④　39 ②　40 ②　41 ②　42 ②　43 ①　44 ④

45 $R_1 < R_2 < R_3 < R_4$일 때 전류가 최소인 것은?

① R_1
② R_2
③ R_3
④ R_4

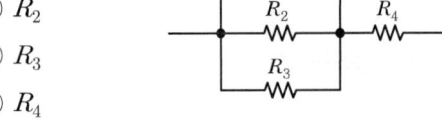

해설
직렬 연결 시에는 전류가 일정하고, 병렬 연결 시에는 저항이 클수록 전류가 작아진다.

46 그림과 같이 저항값이 $R_1 > R_2 > R_3 > R_4$일 때 전류가 최소인 것은?

① R_1
② R_2
③ R_3
④ R_4

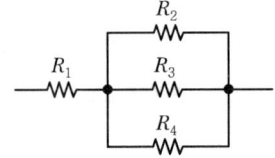

해설
R_1에는 전체 전류가 흘러가므로 가장 큰 전류가 흐르며, 병렬로 연결된 저항 중에 가장 큰 저항이 최소의 전류가 흐르게 된다. 따라서, R_2의 전류가 가장 작게 흐른다.

47 10[Ω]과 15[Ω]의 병렬회로에서 10[Ω]에 흐르는 전류가 3[A]라면 전체 전류는?

① 2   ② 3
③ 4   ④ 5

해설
그림과 같은 회로에서
$I_1 = 3$[A]이면,
10[Ω] 양단 전압은
$V = IR = 3 \times 10 = 30$[V]이다.
병렬은 전압이 일정하기 때문에
15[Ω], 양단 전압도 30[V]이고
따라서 $I_2 = \dfrac{V}{R} = \dfrac{30}{15} = 2$[A]가 된다.
결국 $I_t = I_1 + I_2 = 3 + 2 = 5$[A]이다.

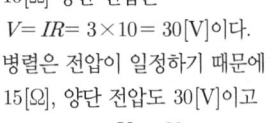
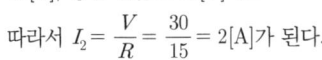

48 다음 회로에서 a, b 간의 합성저항은?

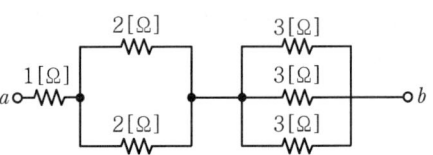

① 1[Ω]   ② 2[Ω]   ③ 3[Ω]   ④ 4[Ω]

해설
크기가 동일한 저항 n개 병렬접속 $R_t = \dfrac{R}{n}$

∴ $R_t = 1 + \dfrac{2}{2} + \dfrac{3}{3} = 3$[Ω]

49 그림의 회로에서 모든 저항값은 2[Ω]이고, 전체 전류 I는 6[A]이다. R_1에 흐르는 전류는?

① 1[A]
② 2[A]
③ 3[A]
④ 4[A]

해설
R_1에 흐르는 전류 $I_1 = \dfrac{R_2}{R_1 + R_2} \times I = \dfrac{4}{2+4} \times 6 = 4$[A]

50 그림의 브리지 회로에서 평형 조건이 만족하는 식은?

① $PX = QX$
② $PQ = RX$
③ $PX = QR$
④ $PR = QX$

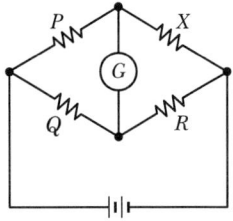

해설
브리지의 평형 조건 $PR = QX$, $X = \dfrac{P}{Q}R$

휘트스톤 브리지 : 중저항을 측정

참고
• 저저항 측정 : 캘빈 더블브리지
• 고저항 측정 : 메거

정답 45 ③ 46 ② 47 ④ 48 ③ 49 ④ 50 ④

51 그림과 같은 회로에서 단자 간의 합성저항 [Ω]은?

① 1
② 2
③ 3
④ 4

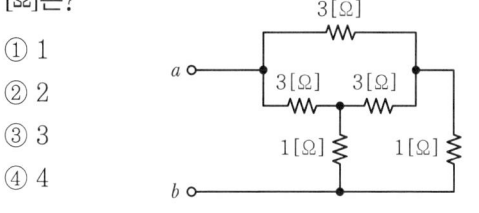

해설

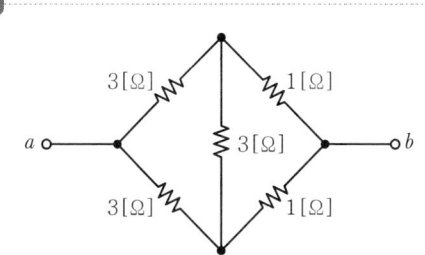

앞의 회로와 같이 변형하면 휘트스톤 브리지 평형 상태가 되므로 세로방향 3[Ω]에는 전류가 흐르지 않는다. 따라서 3[Ω]과 1[Ω]이 직렬이 되고 위아래 각각 4[Ω] 회로가 병렬로 구성되는 것과 같다. 따라서 합성저항은 $R_t = \frac{4}{2} = 2$ [Ω]이 된다.

52 그림에서 a, b 간의 합성저항은 c, d 간의 합성저항의 몇 배인가?

① 1배
② 2배
③ 3배
④ 4배

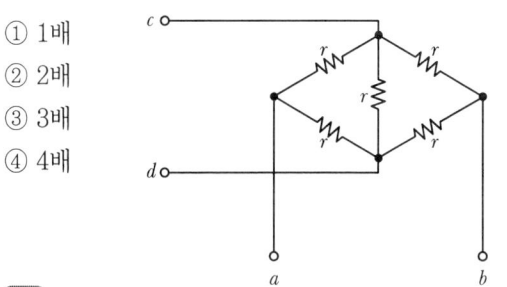

해설

R_{cd} 저항은 병렬회로이므로

$R_{cd} = \dfrac{1}{\dfrac{1}{2r} + \dfrac{1}{r} + \dfrac{1}{2r}} = \dfrac{r}{2}$

R_{ab} 저항은 r이 개방 상태인 브리지 회로이다.

결국 $R_{ab} = \dfrac{R}{n} = \dfrac{2r}{2} = r$

∴ R_{ab}는 R_{cd}의 2배이다.

53 그림과 같은 회로에서 a, b 간에 E[V]의 전압을 가하여 일정하게 하고, 스위치 S를 닫았을 때의 전전류 I[A]가 닫기 전 전류의 3배가 되었다면 저항 R_x의 값은 약 몇 [Ω]인가?

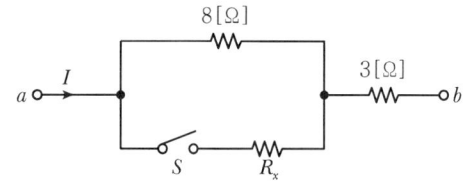

① 0.73
② 1.44
③ 2.16
④ 2.88

해설

- 스위치 닫기 전 전전류 $I_1 = \dfrac{E}{R} = \dfrac{E}{11}$

  (전류는 8[Ω]과 3[Ω]에 직렬로 흐른다.)

- 스위치 닫은 후 전전류 $I_2 = \dfrac{E}{\dfrac{8R_x}{8+R_x}+3}$

  (전류는 8[Ω]과 R_x에 병렬로, 3[Ω]에는 직렬로 흐른다.)

- 닫았을 때 전류가 닫기 전의 3배가 되었다면 $3I_1 = I_2$가 성립되고 이를 풀면 다음과 같다.

$\dfrac{E}{\dfrac{8R_x}{8+R_x}+3} = \dfrac{3E}{11}, \left(\dfrac{8R_x}{8+R_x}+3\right) \cdot 3 = 11$

$\dfrac{8R_x}{8+R_x} = \dfrac{11}{3} - 3 = \dfrac{2}{3}$

$24R_x = 16 + 2R_x$

∴ $22R_x = 16$, $R_x = \dfrac{16}{22} = 0.7272$ [Ω]

54 "회로의 접속점에서 볼 때, 접속점에 흘러들어오는 전류의 합은 흘러나가는 전류의 합과 같다."라고 정의되는 법칙은?

① 키르히호프의 제1법칙
② 키르히호프의 제2법칙
③ 플레밍의 오른손 법칙
④ 앙페르의 오른나사 법칙

정답 51 ② 52 ② 53 ① 54 ①

해설
- 키르히호프의 제1법칙(전류법칙) : 회로의 접속점에서 볼 때, 접속점에 흘러들어오는 전류의 합은 흘러나가는 전류의 합과 같다. $\Sigma I = 0$, $div I = 0$
- 키르히호프의 제2법칙(전압법칙) : 임의의 폐회로에서 기전력의 총합은 내부 전압강하의 총합과 같다.

55 회로망의 임의의 접속점에 유입되는 전류는 $\Sigma I = 0$와 같은 법칙은?

① 키르히호프의 제1법칙
② 쿨롱의 법칙
③ 키르히호프의 제2법칙
④ 패러데이 법칙

해설
문제 54번 해설 참조

56 임의의 폐회로에서 키르히호프의 제2법칙을 가장 잘 나타내는 것은?

① 기전력의 합＝합성저항의 합
② 기전력의 합＝전압강하의 합
③ 전압강하의 합＝합성저항의 합
④ 합성저항의 합＝회로전류의 합

해설
문제 54번 해설 참조

57 키르히호프의 법칙을 이용하여 방정식을 세우는 방법으로 잘못된 것은?

① 키르히호프의 제1법칙을 회로망의 임의의 한 점에 적용한다.
② 각 폐회로에서 키르히호프의 제2법칙을 적용한다.
③ 각 회로의 전류를 문자로 나타내고 방향을 가정한다.
④ 계산 결과 전류가 ＋로 표시된 것은 처음에 정한 방향과 반대 방향임을 나타낸다.

해설
전류의 계산 결과 －는 방향이 반대임을 나타낸다.

58 그림에서 폐회로에 흐르는 전류는 몇 [A]인가?

① 1.0
② 1.25
③ 2.0
④ 2.5

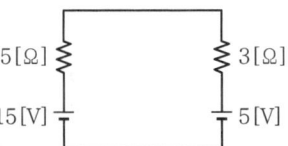

해설
$I = \dfrac{V}{R} = \dfrac{10}{5+3} = 1.25 [A]$

59 그림에서 $a-b$ 사이의 전압은 몇 [V]인가?

① 1.5
② 2.5
③ 6.5
④ 9.5

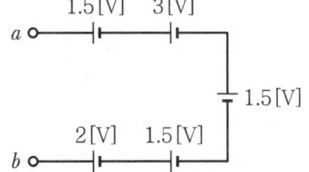

해설
$V_{ab} = 1.5 + 3 + 1.5 - (1.5 + 2) = 2.5 [V]$

60 기전력이 V_0, 내부저항이 r인 n개의 전지를 직렬 연결하였다. 전체 내부저항을 옳게 나타낸 것은?

① $\dfrac{r}{n}$
② nr
③ $\dfrac{r}{n^2}$
④ nr^2

해설
동일 크기의 저항 n개를 직렬 연결 시 합성저항 $R_t = nr$

61 내부저항이 0.1[Ω]인 전지 10개를 병렬 연결하면 전체 내부저항은?

① 0.01[Ω]
② 0.05[Ω]
③ 0.1[Ω]
④ 1[Ω]

해설
동일 크기의 저항 n개를 병렬 연결 시 합성저항
$R_t = \dfrac{r}{n} = \dfrac{0.1}{10} = 0.01 [Ω]$

정답 55 ① 56 ② 57 ④ 58 ② 59 ② 60 ② 61 ①

62 기전력 E, 내부저항 r인 전지 n개를 직렬로 연결하여 이것에 외부저항 R을 직렬로 연결하였을 때 흐르는 전류 I[A]는?

① $\dfrac{E}{nr+R}$ [A]   ② $\dfrac{nE}{r+R}$ [A]

③ $\dfrac{nE}{r+Rn}$ [A] ④ $\dfrac{nE}{nr+R}$ [A]

해설
기전력 E[V], 내부저항 r인 전지 n개를 직렬로 연결하고 부하에 저항 R을 연결하면 흐르는 전류 $I = \dfrac{nE}{nr+R}$ [A]

63 기전력 1.5[V], 내부저항 0.2[Ω]인 전지 5개를 직렬로 연결하고 이를 단락하였을 때의 단락 전류[A]는?

① 1.5   ② 4.5
③ 7.5   ④ 15

해설
단락(쇼트)하면 외부저항이 0[Ω] 상태이다.
$I = \dfrac{nE}{nr+R} = \dfrac{5 \times 1.5}{5 \times 0.2 + 0} = 7.5$ [A]

64 기전력이 4[V], 내부저항 0.2[Ω]의 전지 10개를 직렬로 접속하고 두 극 사이에 부하 R을 접속하였더니 4[A]의 전류가 흘렀다. 이때 외부저항은 몇 [Ω]이 되겠는가?

① 6   ② 7
③ 8   ④ 9

해설
• 전지 n개를 직렬 접속 시 합성저항
$R' = nr = 10 \times 0.2 = 2$ [Ω]
• 전지 n개를 직렬 접속 시 합성전압
$V' = nV = 10 \times 4 = 40$ [V]
∴ $I = \dfrac{V'}{R_t} = \dfrac{40}{2+R} = 4$, $4(2+R) = 40$, $R = 8$[Ω]

65 어떤 부하에 흐르는 전류와 부하의 전압 강하를 측정하려고 한다. 전압계와 전류계의 접속 방법은?

① 전류계와 전압계를 부하에 모두 직렬로 접속한다.
② 전류계와 전압계를 부하에 모두 병렬로 접속한다.
③ 전류계는 부하에 직렬, 전압계는 부하에 병렬로 접속한다.
④ 전류계는 부하에 병렬, 전압계는 부하에 직렬로 접속한다.

해설
전류계는 직렬, 전압계는 병렬로 접속한다.

66 전압계의 측정 범위를 넓히기 위한 목적으로 전압계에 직렬로 접속하는 저항기를 무엇이라 하는가?

① 전위차계   ② 분압계
③ 분류기   ④ 배율기

해설
• 배율기 : 전압계의 측정 범위를 확대하고자 저항을 직렬로 접속한 것
• 분류기 : 전류계의 측정 범위를 확대하고자 저항을 병렬로 접속한 것

67 전류계의 측정 범위를 확대하기 위해 전류계와 병렬로 접속하는 것은?

① 분류기   ② 배율기
③ 검류기   ④ 전압계

해설
문제 66번 해설 참조

68 100[V]의 전압계가 있다. 이 전압계를 써서 200[V]의 전압을 측정하려면 최소 몇 [Ω]의 저항을 외부에 접속해야 하겠는가?(단, 전압계의 내부저항은 5,000[Ω]이라 한다.)

① 10,000   ② 5,000
③ 2,500   ④ 1,000

정답 62 ④ 63 ③ 64 ③ 65 ③ 66 ④ 67 ① 68 ②

해설

$m = \dfrac{V}{V_a} = \dfrac{R_s + r_a}{r_a} = \dfrac{R_s}{r_a} + 1$ 이므로, $\dfrac{200}{100} = \dfrac{R_s}{5,000} + 1$

$\therefore R_s = 5,000 [\Omega]$

69 10[mA]의 전류계가 있다. 이 전류계를 써서 최대 100[mA]의 전류를 측정하려고 한다. 분류기 값은?(단, 전류계의 내부저항은 2[Ω]이다.)

① 0.22[Ω]　　② 2.2[Ω]
③ 0.44[Ω]　　④ 4.4[Ω]

해설

$m = \dfrac{I}{I_a} = \dfrac{r_a + R_s}{R_s} = \dfrac{r_a}{R_s} + 1$ 이므로, $\dfrac{100}{10} = \dfrac{2}{R_s} + 1$

$\therefore R_s = \dfrac{2}{9} = 0.22 [\Omega]$

70 직류 250[V]의 전압에 두 개의 150[V]용 전압계를 직렬로 접속하여 측정하면 각 계기의 지시값 V_1, V_2는 얼마인가?(단, 전압계 내부저항 $R_1 = 15 [k\Omega]$, $R_2 = 10 [k\Omega]$이다.)

① $V_1 = 250$, $V_2 = 150$
② $V_1 = 150$, $V_2 = 100$
③ $V_1 = 100$, $V_2 = 150$
④ $V_1 = 150$, $V_2 = 250$

해설

$I_1 = \dfrac{150}{15 \times 10^3} = 10 [\text{mA}]$, $I_2 = \dfrac{150}{10 \times 10^3} = 15 [\text{mA}]$이며

직렬회로에 흐르는 전류의 크기는 같아야 하므로 작은 전류인 I_1을 정격전류로 결정한다.

$V_2 = I_1 R_2 = 10 \times 10^{-3} \times 10 \times 10^3 = 100 [V]$,

V_1은 변함없이 150[V]이다.

71 20분간에 876,000[J]의 일을 할 때 전력은 몇 [kW]인가?

① 0.73　　② 7.3
③ 73　　④ 730

해설

$P = \dfrac{W}{t} = \dfrac{876,000}{20 \times 60} = 730 [\text{W}] \times 10^{-3} = 0.73 [\text{kW}]$

72 4[Ω]의 저항에 200[V]의 전압을 인가할 때 소비되는 전력은?

① 20[W]　　② 400[W]
③ 2.5[kW]　　④ 10[kW]

해설

소비전력 $P = \dfrac{V^2}{R} = \dfrac{200^2}{4} = 10,000 [\text{W}] \times 10^{-3} = 10 [\text{kW}]$

73 저항이 300[Ω]인 부하에 90[kW]의 전력이 소비되었다면, 이때 흐르는 전류는?

① 3.3[A]　　② 17.3[A]
③ 30[A]　　④ 300[A]

해설

$P = I^2 R$에서 $I = \sqrt{\dfrac{P}{R}} = \sqrt{\dfrac{90 \times 10^3}{300}} = 17.3 [A]$

74 100[V], 300[W]의 전열선의 저항의 크기는?

① 0.33[Ω]　　② 3.33[Ω]
③ 33.3[Ω]　　④ 333[Ω]

해설

$P = \dfrac{V^2}{R}$에서 $R = \dfrac{V^2}{P} = \dfrac{100^2}{300} = 33.3 [\Omega]$

75 200[V], 500[W]의 전열기를 220[V]의 전원에 연결하면 전력은 어떻게 되는가?

① 400[W]　　② 500[W]
③ 550[W]　　④ 605[W]

해설

동일한 전열기의 저항은 변화되지 않으므로

$R = \dfrac{V^2}{P} = \dfrac{200^2}{500} = 80 [\Omega]$

$P' = \dfrac{V^2}{R} = \dfrac{220^2}{80} = 605 [W]$

정답 69 ①　70 ②　71 ①　72 ④　73 ②　74 ③　75 ④

76 10[A]의 전류가 흘렀을 때 전력이 50[W]인 저항에 20[A]의 전류를 흘렸을 때의 전력[W]은?

① 100 ② 150
③ 200 ④ 250

해설
저항의 크기는 변화되지 않으므로
$P = I^2 R$, $R = \dfrac{P}{I^2} = \dfrac{50}{10^2} = 0.5 [\Omega]$
$P' = I^2 R = 20^2 \times \dfrac{1}{2} = 200 [W]$

77 어떤 형광등에 100[V]의 전압을 가하니 0.25[A]의 전류가 흘렀다. 이 형광등의 소비전력[W]은?

① 20 ② 25
③ 35 ④ 40

해설
$P = VI = 100 \times 0.25 = 25 [W]$

78 정격전압에서 1[kW]의 전력을 소비하는 저항에 정격의 90[%]의 전압을 가했을 때, 전력은 몇 [W]가 되겠는가?

① 630[W] ② 780[W]
③ 810[W] ④ 900[W]

해설
$P = \dfrac{V^2}{R} = 1,000 [W]$, $P' = \dfrac{(0.9V)^2}{R} = 0.81 \dfrac{V^2}{R} = 810 [W]$

79 100[V], 100[W] 전구와 100[V], 200[W]의 전구를 직렬로 접속하고 여기에 100[V]의 전압을 가하면 어떻게 되는가?

① 100[W] 전구가 더 밝다.
② 200[W] 전구가 더 밝다.
③ 두 전구의 밝기가 같다.
④ 두 전구 모두 안 켜진다.

해설
- 100[W] 전구의 저항 $R_1 = \dfrac{V^2}{P} = \dfrac{100^2}{100} = 100 [\Omega]$
- 200[W] 전구의 저항 $R_2 = \dfrac{V^2}{P} = \dfrac{100^2}{200} = 50 [\Omega]$

이 두 개의 저항을 직렬로 연결하면 전류는 일정하므로 전력은 다음과 같이 계산한다.
$P = I^2 R$
결국 저항이 큰 값이 전력이 크기 때문에 밝기도 더 밝다.
∴ R_1이 R_2보다 밝다. 100[W] 전구가 더 밝다.

80 다음 설명 중 틀린 것은?

① 전력량은 마력으로 환산된다.
② 전력은 전력량과 다르다.
③ 전력은 칼로리 단위로 환산할 수 없다.
④ 전력량은 칼로리 단위로 환산된다.

해설
전력량은 열량으로 환산된다. 1[J] = 0.24[cal]

81 1[W·s]는 어느 값과 같은가?

① 1[J] ② 1[kcal]
③ 1[kg·m] ④ 860[kWh]

해설
$P = \dfrac{W}{t} [J/s = W] = VI = I^2 R = \dfrac{V^2}{R}$
$W = Pt [W \cdot s = J]$

82 100[V]의 전압에서 2[A]의 전류가 흐르는 전열기를 10시간 사용했다면, 소비전력량[kWh]은?

① 1 ② 2
③ 3 ④ 2,000

해설
$W = Pt [W \cdot \sec = J] = VIt = 100 \times 2 \times 10$
$= 2,000 [Wh] \times 10^{-3} = 2 [kWh]$

정답 76 ③ 77 ② 78 ③ 79 ① 80 ① 81 ① 82 ②

83 4[Wh]는 몇 [J]인가?

① 7,200 ② 14,400
③ 3,600 ④ 5,200

해설
$W = Pt\,[\text{W}\cdot\text{sec} = \text{J}] = 4 \times 3,600 = 14,400\,[\text{J}]$

84 1[kWh]는 몇 [kcal]인가?

① 1/860 ② 86
③ 860   ④ 8,600

해설
1[J]=0.24[cal]임을 사용하면, $W = Pt = 1 \times 10^3 \times 3,600\,[\text{J}]$
∴ $3,600 \times 10^3\,[\text{J}] \times 0.24 = 864,000\,[\text{cal}] \times 10^{-3} = 864\,[\text{kcal}]$

85 1[kWh]는 몇 [J]인가?

① 3.6×10^6 ② 860
③ 10^3 ④ 10^6

해설
$1[\text{J}] = 1[\text{W}\cdot\text{sec}] = 1 \times 10^3 \times 3,600\,[\text{W}\cdot\text{sec} = \text{J}]$

86 전류의 발열작용에 관한 법칙으로 가장 알맞은 것은?

① 옴의 법칙 ② 패러데이의 법칙
③ 줄의 법칙 ④ 키르히호프의 법칙

해설
줄의 법칙
도체에 전류가 흐를 때 발생하는 열에너지가 도체의 저항과 흐르는 전류의 제곱에 비례한다.
$H = 0.24\,I^2 Rt\,[\text{cal}]$

87 저항이 있는 도선에 전류가 흐르면 열이 발생한다. 이와 같이 전류의 열작용과 가장 관계가 깊은 법칙은?

① 패러데이 법칙 ② 키르히호프의 법칙
③ 줄의 법칙   ④ 옴의 법칙

해설
문제 86번 해설 참조

88 줄의 법칙에서 발열량의 계산식으로 옳은 것은?

① $H = I^2 R\,[\text{J}]$ ② $H = I^2 R^2 t\,[\text{J}]$
③ $H = I^2 R^2\,[\text{J}]$ ④ $H = I^2 R t\,[\text{J}]$

해설
$W = Pt = VIt = I^2 Rt = \dfrac{V^2}{R} t\,[\text{J}]$

89 500[Ω]의 저항에 1[A]의 전류가 1분 동안 흐를 때의 열량은 몇 [cal]인가?

① 3,600 ② 5,200
③ 6,400 ④ 7,200

해설
$W = Pt = I^2 Rt = 1^2 \times 500 \times 1 \times 60$
$= 30,000\,[\text{J}] \times 0.24 = 7,200\,[\text{cal}]$

90 3[kW]의 전열기를 정격 상태에서 20분간 사용하였을 때의 열량은 몇 [kcal]인가?

① 430 ② 520
③ 610 ④ 864

해설
$W = Pt = 3 \times 10^3 \times 20 \times 60$
$= 3,600,000\,[\text{J}] \times 0.24 \times 10^{-3} = 864\,[\text{kcal}]$

91 5[Hp]는 몇 [W]인가?

① 746   ② 2,328
③ 3,730 ④ 4,850

해설
1[Hp]=746[W]이므로 $5 \times 746 = 3,730\,[\text{W}]$

92 10[℃], 5,000[g]의 물을 40[℃]로 올리기 위하여 1[kW]의 전열기를 쓰면 몇 분이 걸리게 되는가?(단, 효율은 80%이다.)

① 약 13분   ② 약 15분
③ 약 25분   ④ 약 50분

해설

$860\eta Pt = Cm(T_2 - T_1)[\text{kcal}]$

$t = \dfrac{Cm(T_2 - T_1)}{860\eta P} = \dfrac{5(40-10)}{860 \times 0.8 \times 1}$

$= 0.218[\text{h}] \times 60 = 13.08[\text{min}]$

93 500[W]의 전열기를 2분 동안 사용했을 때 발생하는 열량으로 30[℃]의 물 1[kg]을 몇 [℃]로 올릴 수 있는가?

① 4.44   ② 44.4
③ 3.26   ④ 32.6

해설

$860\eta Pt = Cm(T_2 - T_1)[\text{kcal}]$

$T_2 - T_1 = \dfrac{860\eta Pt}{Cm} = \dfrac{860 \times 1 \times 0.5 \times \frac{2}{60}}{1 \times 1} = 14.33\cdots$

∴ $T_2 = 14.33 + T_1 = 44.333$

94 40[℃]인 구리선의 온도계수는?

① 0.00364   ② 0.0246
③ 0.036   ④ 0.246

해설

온도계수 $\alpha_t = \dfrac{1}{234.5 + t} = \dfrac{1}{234.5 + 40} = 3.64 \times 10^{-3}$

95 온도 $t[℃]$에서 저항이 R_t인 구리선이 75[℃]일 때의 저항은?

① $\dfrac{75-t}{234.5} R_t$ ② $\dfrac{75-t}{234.5+t} R_t$

③ $\dfrac{309.5}{234.5+t} R_t$ ④ $\dfrac{234.5+t}{309.5} R_t$

해설

$R_t = \dfrac{234.5 + T}{234.5 + t} R_t = \dfrac{234.5 + 75}{234.5 + t} R_t = \dfrac{309.5}{234.5 + t} R_t$

정답 92 ① 93 ② 94 ① 95 ③

CHAPTER 02 전류의 화학작용

PART 01 | 전기이론

SECTION 01 열전기 현상 및 화학작용

1 열전기 현상 및 패러데이 법칙 ★★★

1) 열전기 현상
① 제벡 효과 : 두 종류의 금속을 접속하고, 두 접속점에 온도차를 주면 기전력이 생겨 전류가 흐르게 된다. 이 기전력을 열기전력, 전류를 열전류, 이런 장치를 열전대(쌍), 이와 같은 효과를 제벡 효과(Seebeck-effect : 열전 효과)라 한다.
② 펠티에 효과 : 두 종류의 금속 접합부에 전류를 흘리면 줄열 이외에 열의 흡수 또는 발생 현상이 생긴다. 열의 흡수장치로는 냉장고 등이 있다.
③ 제3금속의 법칙 : 금속 A와 B로 만든 열전쌍과 접점 사이에 임의의 금속 C를 연결해도 C의 양끝 접점의 온도를 똑같이 유지하면 열기전력은 변화하지 않는다.

2) 패러데이 법칙
① 전극에 석출된 물질의 양은 통과한 전기량에 비례한다.
② 전기량이 같을 때에는 물질의 전기 화학당량에 비례한다.
$$W = KQ = KIt \, [g]$$
여기서, W : 질량[g], K : 전기 화학당량[g/c], Q : 전기량[C], I : 전류[A], t : 시간[sec]

2 전류의 화학작용 ★

1) 전해액
산, 염기, 염류의 물질을 물속에 녹이면 수용액 중에서 양전기를 띠는 양이온과 음전기를 띠는 음이온으로 나누어지는 물질을 전해질이라 하고, 전해질의 수용액을 전해액이라 한다.

2) 전기분해

전해액에 직류를 통해 화학적으로 분해하여 양극판 및 음극판 위에 분해생성물을 석출하는 현상을 뜻한다.

① 황산구리의 전기분해 : $CuSO_4 \Rightarrow Cu^{2+}$(음극) + SO_4^{2-}(양극)
② 전리 : 황산구리($CuSO_4$)와 같이 물에 녹아 양이온과 음이온으로 분리되는 현상
  이때, 음극판은 전자를 받아들여 두터워지고, 양극판은 얇아진다.

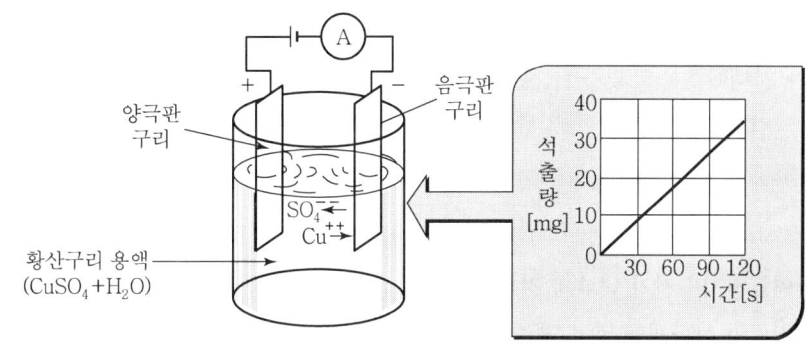

| 구리의 전기분해 |

3) 전지

물질의 화학 변화, 빛, 열 등의 에너지를 직접 전기에너지로 변환하는 장치로 1차 전지인 건전지와 2차 전지인 축전지가 여기에 속한다.

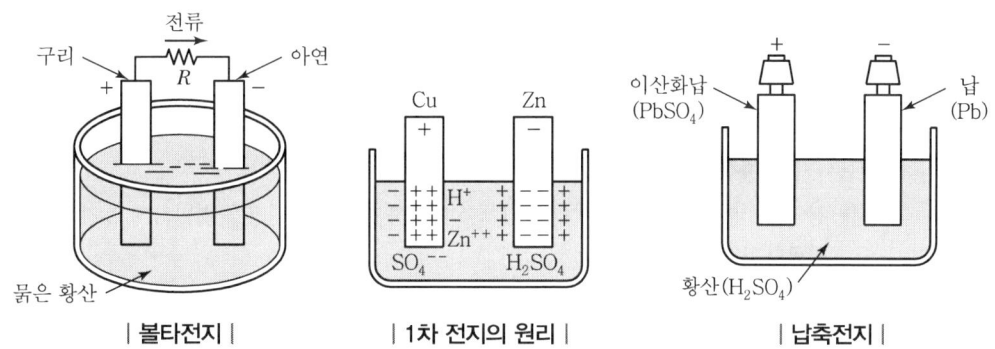

| 볼타전지 |　　| 1차 전지의 원리 |　　| 납축전지 |

① 1차 전지 : 망간전지, 수은전지 등
  건전지와 같이 다시 사용할 수 없고, 반응이 불가역적인 전지

② 2차 전지 : 납축전지, 알칼리축전지 등
  축전지와 같이 외부 전원으로 충전하여 여러 번 사용할 수 있는 가역적인 전지

㉠ 납축전지 : 기전력 2[V], 비중 1.23~1.26, 방전 종기 전압 1.8[V]
  - 축전지의 용량＝방전전류×방전시간[Ah]

$$PbO_2 + 2H_2SO_4 + Pb \underset{충전}{\overset{방전}{\rightleftarrows}} PbSO_4 + 2H_2O + PbSO_4$$
$$(양극) \qquad\qquad (음극) \quad (양극) \qquad\qquad (음극)$$

  - 양극 : 이산화납(PbO_2)
  - 음극 : 납(Pb)
  - 전해액 : 묽은 황산(H_2SO_4)

㉡ 알칼리축전지 : 수산화칼륨을 전해액으로 사용한 것으로 가볍고 수명이 길지만 가격이 비싸고 기전력이 작다.

③ 특수전지
㉠ 연료전지 : 전지 내부에 전기에너지의 원천이 되는 반응 물질이 들어 있지 않으며, 외부에서 연료와 산화제를 넣어 연료의 에너지를 직접 전기에너지로 바꾸는 것이다.
㉡ 태양전지 : 반도체를 이용하여 빛에너지를 전기에너지로 바꾸는 것이다.

④ 국부작용과 분극작용
㉠ 국부작용 : 사용하지 않은 전지에 포함되어 있는 불순물에 의해 전극과 불순물이 국부적인 하나의 전지를 이루어 내부에서 순환전류가 생김으로써 화학변화가 일어나 기전력을 감소시키는 현상
  참고 방지법 : 전극에 수은도금, 순도가 높은 재료를 사용한다.

㉡ 분극작용 : 전지에 전류가 흐르면 양극에 수소가스가 생겨 이온의 이동을 방해하여 기전력을 감소시키는 현상
  참고 감극제 : 분극(성극)작용에 의한 기체를 제거하여 전극의 작용을 활발하게 유지시키는 산화물을 말한다.

4) 저항의 종류

① 절연저항 : 절연된 두 물체 간의 저항 절연 물질에 전압을 가했을 때 표면과 내부에 작은 누설 전류가 흐른다. 이때의 전압과 전류의 비를 두 물체 간의 절연저항이라 한다(일반적으로 절연물의 고유 저항은 온도가 상승하면 작아진다).
② 접지저항 : 접지될 물체와 대지 사이의 저항으로 사용 전압, 사용 목적 등에 의해 안전을 위해 여러 가지 값이 제한되어 있다.
③ 접촉저항 : 도체를 접촉하여 전류를 통하면 접촉저항의 영향을 받는다.

5) 저항기의 종류

▶ 고정 저항기 : 표준 저항기, 권선형 저항기, 탄소 피막 저항기
▶ 가변 저항기 : 슬라이드 저항기, 다이얼형 저항기, 플러그형 저항기

① 탄소 피막 저항기 : 온도에 의한 저항값의 변화가 커서 정밀한 용도로는 사용하기 어려우며, 잡음이 발생하므로 미세한 신호가 응용되는 기구에는 부적합하다.
② 금속 피막 저항기 : 잡음이 적고, 높은 정밀도로 브리지 회로나 필터회로 등에 사용된다.
③ 가변 저항기 : 오디오나 TV의 음량을 조절하는 저항기이다.
④ 권선형 저항기 : 금속의 미세한 선은 저항이 크다는 것을 이용한 것으로, 선의 길이를 조정함으로써 정밀한 저항값을 얻을 수 있다.
⑤ 저항 어레이 : 여러 개의 값을 가진 저항기를 일체형으로 만든 것으로, 각 저항기의 한쪽이 내부에 접속되어 있는 것도 있다.
⑥ 수광 소자(Cds) : 빛에 의해 저항값이 변화하는 부품이다. 일반적으로 카드뮴을 사용하며, 소자에 빛이 닿으면 저항값이 작아진다(가로등을 자동으로 점등시키거나, 자동차의 헤드라이트 점등 확인 장치 등에 사용된다).
⑦ 서미스터(열가변 저항기)
  • 반도체의 일종으로 온도에 따라 저항이 민감하게 바뀌기 때문에 체온계, 온도계, 습도계 등 온도측정 장치로 사용되거나, 전기 회로에서 다른 소자들의 온도 변화를 상쇄하는 데 이용된다.
  • 무선 주파수의 강도를 측정하거나 적외선, 가시광선 등 복사파의 강도를 측정할 때도 이용된다.
  • 온도계수가 부(-)의 특성을 가지므로 온도 보상용 바이어스 저항 등으로 사용된다.
⑧ 배리스터
  • 가해지는 전압에 의해서 저항값이 변하는 반도체 저항 소자로, 보호하고자 하는 부품이나 회로에 연결하여 과도 전압이 흐르면 낮은 저항 회로를 형성하여 과도 전압이 더 이상 상승하는 것을 막아준다.
  • 전기 접점의 불꽃을 소거하거나 반도체 정류기, 트랜지스터 등의 서지 전압으로부터의 보호에 사용한다.
⑨ 칩저항기
  • 회로가 점점 소형화되고 부품이 대부분 기판 표면에 자동으로 설치하는 데 적합하도록 단자선을 가지지 않는 구조로서 소형이며 얇게 만들 수 있다.
  • 고주파 특성이 우수하여 휴대전화, 컴퓨터 등의 최신 기기에 사용된다.

기출 및 예상문제

SECTION 01 | 열전기 현상 및 화학작용

01 두 종류의 금속의 접합부에 전류를 흘리면 전류의 방향에 따라 열의 발생 또는 흡수현상이 생긴다. 이러한 현상을 무엇이라 하는가?

① 펠티에 효과 ② 톰슨 효과
③ 제벡 효과   ④ 제3금속의 법칙

해설
- 펠티에 효과 : 서로 다른 두 종류의 금속을 접속하고 한쪽 금속에서 다른 쪽 금속으로 전류를 흘리면 열의 발생 또는 흡수가 일어나는 현상으로 흡열은 전자 냉동기, 발열은 전자 온풍기 등이 있다.
- 제벡 효과 : 두 종류의 금속을 접속하고, 두 접속점에 온도차를 주면 기전력이 생겨 전류가 흐르게 된다. 이 기전력을 열기전력, 전류를 열전류, 이런 장치를 열전대(쌍), 이와 같은 효과를 제벡 효과(Seebeck-effect : 열전 효과)라 한다.

02 전자 냉동기의 원리로 이용되는 것은 다음 중 어느 것인가?

① 제벡 효과   ② 펠티에 효과
③ 톰슨 효과   ④ 패러데이 효과

해설
문제 1번 해설 참조

03 다른 종류의 금속선으로 된 폐회로의 두 접합점의 온도를 달리하였을 때 전기가 발생하는 현상은 다음 중 어느 것인가?

① 제벡 효과   ② 펠티에 효과
③ 톰슨 효과   ④ 핀치 효과

해설
문제 1번 해설 참조

04 "같은 전기량에 의해 여러 가지 화합물이 전해될 때 석출되는 물질의 양은 그 물질의 화학당량에 비례한다."라는 설명은 다음 중 어느 법칙을 뜻하는가?

① 렌츠의 법칙   ② 패러데이의 법칙
③ 앙페르의 법칙 ④ 줄의 법칙

해설
패러데이 법칙 : $W = KQ = KIt$ [g]
여기서, K = 화학당량 = $\dfrac{원자량}{원자가}$ [g/c],
Q : 전기량[C], I : 전류[A], t : 시간[sec]

05 같은 전기량에 의해 전극에 석출되는 물질의 양은 그 물질의 어느 값에 비례하는가?

① 원자량   ② 분자량
③ 화학당량   ④ 원자가

해설
문제 4번 해설 참조

06 전기분해를 통해 석출된 물질의 양은 통과한 전기량 및 화학당량과 어떤 관계인가?

① 전기량과 화학당량에 비례한다.
② 전기량과 화학당량에 반비례한다.
③ 전기량에 비례하고 화학당량에 반비례한다.
④ 전기량에 반비례하고 화학당량에 비례한다.

해설
문제 4번 해설 참조

정답 01 ① 02 ② 03 ① 04 ② 05 ③ 06 ①

07 패러데이 법칙과 관계없는 것은?
① 전극에서 석출되는 물질의 양은 통과한 전기량에 비례한다.
② 전해질이나 전극이 어떤 것이라도 같은 전기량이면 항상 같은 화학당량의 물질을 석출한다.
③ 화학당량이란 $\dfrac{원자량}{원자가}$ 을 말한다.
④ 석출되는 물질의 양은 전류의 세기와 전기량의 곱으로 나타낸다.

해설
문제 4번 해설 참조

08 니켈의 원자가는 2.0이고 원자량은 58.70이다. 이때 화학당량의 값은?
① 117.4
② 60.70
③ 56.70
④ 29.35

해설
화학당량 $= \dfrac{원자량}{원자가} = \dfrac{58.7}{2} = 29.35$

09 황산구리 용액에 10[A]의 전류를 60분간 흘린 경우 이때에 석출되는 구리의 양은?(단, 구리의 전기 화학당량은 0.3293×10^{-3}[g/c]이다.)
① 약 1.97 [g]
② 약 5.93 [g]
③ 약 7.82 [g]
④ 약 11.86 [g]

해설
$W = KQ = KIt = 0.3293 \times 10^{-3} \times 10 \times 60 \times 60$
$= 11.8548$[g]

10 전기분해에 의해서 구리를 정제하는 경우, 음극에서 구리 1[kg]을 석출하기 위해서는 200[A]의 전류를 약 몇 시간[h] 흘려야 하는가?(단, 전기 화학당량은 0.3293×10^{-3}[g/c]이다.)
① 2.11[h]
② 4.22[h]
③ 8.44[h]
④ 12.64[h]

해설
$W = KQ = KIt$ 에서
$t = \dfrac{W}{KI} = \dfrac{1 \times 10^3}{0.3293 \times 10^{-3} \times 200} = 15,184 [\sec] \div 3,600$
$= 4.22$[h]

11 1차 전지로 가장 널리 사용하는 것은?
① 니켈-카드뮴전지
② 연료전지
③ 망간전지
④ 납축전지

해설
1차 전지
재생 불가능한 전지(망간전지, 수은전지 등)

12 납축전지의 양극 재료는?
① Pb
② PbO_2
③ $PbSO_4$
④ $Pb(OH)_4$

해설
$$PbO_2 + 2H_2SO_4 + Pb \underset{충전}{\overset{방전}{\rightleftarrows}} PbSO_4 + 2H_2O + PbSO_4$$
(+극)　　(−극)　　　　(+극)　　　　(−극)
- 양극 : 이산화납(PbO_2)
- 음극 : 납(Pb)

13 납축전지가 완전히 방전되면 음극과 양극은 무엇으로 변하는가?
① $PbSO_4$
② PbO_2
③ H_2SO_4
④ Pb

해설
문제 12번 해설 참조

14 납축전지의 전해액으로 사용되는 것은?
① H_2SO_4
② $2H_2O$
③ PbO_2
④ $PbSO_4$

해설
납축전지의 전해액은 묽은 황산(H_2SO_4)을 사용한다.

15 납축전지의 비중으로 알맞은 것은?
① 1.15~1.21
② 1.25~1.36
③ 1.01~1.15
④ 1.23~1.26

정답 07 ④　08 ④　09 ④　10 ②　11 ③　12 ②　13 ①　14 ①　15 ④

해설
납축전지의 전해액으로 비중이 1.23~1.26 정도의 묽은 황산(H_2SO_4)을 사용한다.

16 알칼리축전지의 전해액은?

① 황산　　　　　② 물
③ 초산은　　　　④ 수산화칼륨

해설
알칼리축전지
수산화칼륨을 전해액으로 사용한 것으로 가볍고 수명이 길지만 가격이 비싸고 기전력이 작다.

17 10[A]의 전류로 6시간 방전할 수 있는 축전지의 용량은?

① 2[Ah]　　　　② 15[Ah]
③ 30[Ah]　　　④ 60[Ah]

해설
$Q = It = 10 \times 6 = 60$ [Ah]

18 용량 45[Ah]인 납축전지에서 3[A]의 전류를 연속하여 얻는다면 몇 시간 동안 이 축전지를 사용할 수 있는가?

① 10시간　　　　② 15시간
③ 30시간　　　　④ 45시간

해설
$Q = It$, $t = \dfrac{Q}{I} = \dfrac{45}{3} = 15$시간

19 묽은 황산(H_2SO_4)용액에 구리(Cu)와 아연(Zn)판을 넣었을 때 아연판은?

① 수소 기체가 발생한다.
② 음극이 된다.
③ 양극이 된다.
④ 황산아연으로 변한다.

해설
볼타전지에서 양극은 구리판, 음극은 아연판이며, 분극작용에 의해 양극에 수소 기체가 발생한다.

20 묽은 황산(H_2SO_4)용액에 구리(Cu)와 아연(Zn)판을 넣으면 전지가 된다. 이때 양극(+)에 대한 설명으로 옳은 것은?

① 구리판이며 수소 기체가 발생한다.
② 구리판이며 산소 기체가 발생한다.
③ 아연판이며 산소 기체가 발생한다.
④ 아연판이며 수소 기체가 발생한다.

해설
문제 19번 해설 참조

21 황산구리(H_2SO_4)의 전해액에 2개의 동일한 구리판을 넣고 전원을 연결하였을 때 구리판의 변화를 옳게 설명한 것은?

① 2개의 구리판 모두 얇아진다.
② 2개의 구리판 모두 두꺼워진다.
③ 양극 쪽은 얇아지고, 음극 쪽은 두꺼워진다.
④ 양극 쪽은 두꺼워지고, 음극 쪽은 얇아진다.

해설
음극판은 전자를 받아들여 두꺼워지고, 양극판은 얇아진다.

22 전지의 전압강하 원인으로 옳지 않은 것은?

① 국부작용　　　② 산화작용
③ 성극작용　　　④ 자기방전

해설
- 국부작용 : 사용하지 않은 전지에 이물질로 인해 전지 내부에서 순환전류가 발생하고 이로 인해 기전력이 감소하는 현상
- 성극작용(분극작용) : 전지에 전류가 흐르면 양극에 수소가스가 발생하여 기전력이 감소하는 현상
- 자기방전 : 전지 내부에서 방전되는(기전력 감소) 현상

23 전지에 관한 내용 중 감극제는 어떤 작용을 막기 위해 사용하는가?

① 분극작용　　　② 방전
③ 순환전류　　　④ 전기분해

정답 16 ④　17 ④　18 ②　19 ②　20 ①　21 ③　22 ②　23 ①

해설
분극작용을 막기 위해서는 수소를 어떤 화학 약품으로 화합시켜 수소가스를 없애야 하는데 이 목적에 쓰이는 것이 감극제이다.

24 온도 변화에 따라 저항값이 부(-)의 온도계수를 갖는 열 민감성 소자로 온도의 자동 제어 등에 사용되는 반도체는?

① 다이오드   ② Cds
③ 배리스터   ④ 서미스터

해설
부(-)저항 온도계수를 갖는 소자의 특징
• 온도가 상승하면 저항값이 감소한다.
• 반도체, 탄소, 절연체, 전해액, 서미스터 등이 있다.

25 계전기 접점의 불꽃 소거용 등으로 사용되는 것은?

① 서미스터   ② 배리스터
③ 터널다이오드 ④ 제너다이오드

해설
배리스터의 특징
• 비직선형 저항기로서 높은 전압일 때 저항이 낮아지는 특성이 있다.
• 계전기 접점의 불꽃 소거, 즉 계전기의 접점 보호장치에 사용되는 반도체 소자(고압용 피뢰침으로 사용)다.

26 인가된 전압의 크기에 따라 저항이 비직선적으로 변하는 소자로, 고압송전용 피뢰침으로 사용되어 왔고, 계전기 접점 보호장치에 사용되는 반도체 소자는?

① 트라이액   ② Cds
③ 배리스터   ④ 서미스터

해설
문제 25번 해설 참조

27 저항값이 클수록 좋은 것은?

① 접지저항   ② 도체저항
③ 절연저항   ④ 접촉저항 트라이액

해설
절연저항은 값이 클수록 절연이 잘 유지되는 것으로 저항이 클수록 유리하다.

정답 24 ④ 25 ② 26 ③ 27 ③

CHAPTER 03 정전계와 콘덴서

PART 01 | 전기이론   전기기능사 필기

SECTION 01 전기장(전계) 및 전위의 이해

1 용어 정리

1) 정전계
① 정지한 두 개의 전하 사이에 작용하는 힘의 영역이다.
② 전계에너지가 최소로 되는 전하분포의 전계다.

2) 대전
외부의 영향으로 중성 상태의 물질이 전기를 띠는 현상이다.

3) 전하 $Q[C]$
전기현상을 일으키는 물질의 물리적 성질, 대전에 의해 물체가 띠는 전기다.

4) 전기장 $E[N/c = V/m]$
전장, 전계라고 부르기도 하며, 전하로 인해 전기력이 미치는 공간을 의미한다.

5) 정전유도
도체에 대전체를 가까이 하면 대전체에 가까운 쪽에서는 대전체와 다른 종류의 전하가 나타나며 반대쪽에는 같은 종류의 전하가 나타나는 현상이다.

6) 정전차폐
박검전기의 원판 위에 금속 철망을 씌우고 양(+)의 대전체를 가까이 했을 경우에는 정전유도 현상이 생기지 않는데, 이와 같은 작용을 정전차폐라 한다.

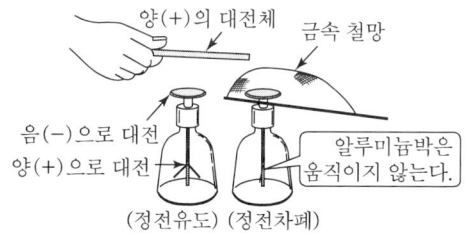

| 정전유도와 정전차폐 |

7) 정전기력

정지한 두 개의 전하 사이에 작용하는 힘으로, 동일한 극성 사이에는 반발력이, 극성이 다른 전하 사이에는 흡인력이 발생한다.

2 쿨롱의 법칙 ★★★

① 동종의 전하 사이에는 반발력이 작용한다.
② 이종의 전하 사이에는 흡인력이 작용한다.
③ 힘의 크기는 두 전하량의 곱에 비례한다.
④ 힘의 크기는 두 전하 사이의 떨어진 거리의 제곱에 반비례한다.
⑤ 힘의 방향은 두 전하를 연결하는 일직선상에 존재한다.
⑥ 힘의 크기는 매질과 관계있다.
  ㉠ 유전율 $\varepsilon = \varepsilon_0 \varepsilon_s$ [F/m]
  ㉡ 진공 시 유전율 $\varepsilon_0 = 8.85 \times 10^{-12}$[F/m]
  ㉢ 비유전율 $\varepsilon_s (\varepsilon_r)$
   • 비유전율은 매질에 따라 모두 다르다.
   • 진공(공기), 자유공간의 비유전율 : $\varepsilon_s = 1$
    - 유전율 : 유전체의 전기분극성을 표시하는 수치(유전율 : ↑, 분극성 : ↑)
      전기를 유도하는 비율($\varepsilon = \varepsilon_0 \varepsilon_s$)
    - 비유전율 : 진공 상태를 기준으로 전기 변위가 일어나는 비($\varepsilon_s = \varepsilon_r$)
      두 전하 사이에 작용하는 힘 F[N]
      $$F = \frac{Q_1 Q_2}{4\pi\varepsilon_0 r^2} = 9 \times 10^9 \frac{Q_1 Q_2}{r^2} \text{[N] (진공 시)}$$

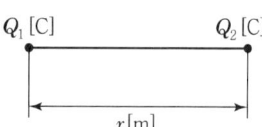

> **REFERENCE** 진공 시 유전율
>
> $\varepsilon_0 = \dfrac{1}{\mu_0 C_0^2} = \dfrac{10^7}{4\pi C_0^2} = \dfrac{10^{-9}}{36\pi} = \dfrac{1}{120\pi C_0} = 8.85 \times 10^{-12}$ [F/m]
>
> 암기 : $\mu_0 = 4\pi \times 10^{-7}$ [H/m] : 진공 시 투자율
> $C_0 = 3 \times 10^8$ [m/sec] : 진공 시 빛의 속도(광속도)

3 전계(전장)의 세기 ★★★

임의의 전하량 Q [C]에서 r [m] 떨어진 곳에(진공 시) 단위 전하(1[C])를 놓았을 때 작용하는 힘

1) 전계의 세기

$$E = \dfrac{Q}{4\pi\varepsilon_0 r^2} = 9 \times 10^9 \dfrac{Q}{r^2} \text{ [V/m]}$$

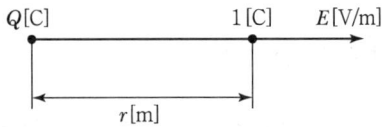

2) 전계 내에 전하 Q[C]를 놓았을 때 전하가 전계에 의하여 받는 힘

$F = QE$ [N]

3) 전계의 세기 단위

E [N/C=J/C·m=V/m=AΩ/m]

4 전기력선의 성질 ★★★

전계를 보다 쉽게 규정하기 위하여 가시화시킨 선을 전기력선(電氣力線)이라 한다.

① 전기력선은 정(+) 전하에서 시작하여 부(−) 전하에서 끝난다.
② 전기력선은 서로 반발하여 교차할 수 없다.
③ 전기력선의 방향은 그 점의 전계의 방향과 일치한다.
④ 전기력선의 밀도는 전계의 세기와 같다.
⑤ 전기력선은 전위가 높은 점에서 낮은 점으로 향한다.
⑥ 전기력선은 도체 표면(등전위면)에 수직으로 만난다.
⑦ 도체에 주어진 전하는 도체 표면에만 분포한다.
⑧ 전기력선은 대전도체 내부에는 존재하지 않는다.
⑨ 전기력선의 수는 내부 전하량 Q[C]의 $\dfrac{1}{\varepsilon_0}$배이다.
⑩ 전기력선은 그 자신만으로 폐곡선을 이룰 수 없다.

5 전기력선의 수 N[개] ★★

전기력선의 수는 폐곡면 내 전하량 Q[C]의 $\frac{1}{\varepsilon_0}$배이다.

① 진공 시($\varepsilon_s = 1$) : $N_0 = \dfrac{Q}{\varepsilon_0}$ [개]

② 유전체($\varepsilon_s \neq 1$) : $N = \dfrac{Q}{\varepsilon_0 \varepsilon_s}$ [개]

③ 매질상수와 관계있다.

6 전속 수 및 전속밀도 ★★

1) 전속

전기력선의 집합을 전속이라 하며, 단위 면적을 직각으로 관통하는 전기력선의 수를 전속밀도라고 한다.

2) 전속 수 ψ[C]

전속 수는 매질과 관계없이 폐곡면 내 전하량 Q[C]만큼 나온다.

① 진공 시 : $\psi_0 = Q$

② 유전체 : $\psi = Q$

③ 매질상수와 관계없다.

3) 전속밀도 D[c/m^2] : 단위 면적당 전속의 수

$$D = \frac{\psi}{S} = \frac{Q}{S} = \frac{Q}{4\pi r^2} = E\varepsilon_0 = \rho_s = \sigma \,[\text{c/m}^2]$$

여기서, ρ_s[c/m^2] : 면전하밀도
$S = 4\pi r^2$[m^2] : 구의 표면적

▼ 전하밀도의 종류

선전하밀도	$\rho_l = \lambda\,[\text{C/m}] = \dfrac{Q}{l}$
면전하밀도	$\rho_s = \sigma\,[\text{C/m}^2] = \dfrac{Q}{S}$
체적전하밀도	$\rho_v = \rho\,[\text{C/m}^3] = \dfrac{Q}{v}$

7 가우스 법칙 ★★

"진공 중의 전계 내에서 임의의 폐곡면을 통해서 나오는 전기력선의 총수는 그 폐곡면 내에 존재하는 전하 Q[C]의 $\dfrac{1}{\varepsilon_0}$배와 같다."라는 의미로 전계의 세기를 구하고자 할 때 이를 이용하면 쉽게 구할 수 있다.

$$N = \int E\,ds = \frac{Q}{\varepsilon_0},\ \psi = \int D\,ds = Q$$

1) 점전하에 의한 전계의 세기

점전하에서 전기력선은 사방으로 발산하므로 이때 $r[\text{m}]$되는 점을 연결하면, 하나의 구가 된다. 그림에서 구의 표면적을 통해서 나오는 전기력선의 총수는 가우스 법칙에 의하여 $N = \int E\,ds = \dfrac{Q}{\varepsilon_0}$ 이므로 면적에 대한 적분을 하면

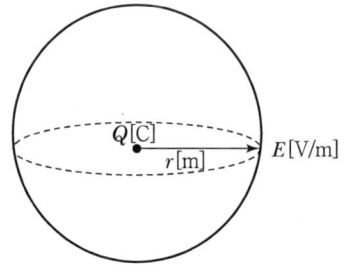

$ES = \dfrac{Q}{\varepsilon_0}$ 가 된다. 그러므로 $E = \dfrac{Q}{\varepsilon_0 S}$ 에서 반지름 $r[\text{m}]$에 의한 구의 표면적 $S = 4\pi r^2 [\text{m}^2]$을 대입하면 전계의 세기는 다음과 같다.

$$E = \dfrac{Q}{4\pi\varepsilon_0 r^2} = 9 \times 10^9 \dfrac{Q}{r^2}\ [\text{V/m}]$$

2) 무한장 직선 전하에 의한 전계

무한장 직선도체에 의한 선전하 $\rho_l\,[\text{C/m}]$에 의한 전기력선은 사방으로 발산하므로 이때 $r[\text{m}]$되는 점을 연결하면 하나의 원통이 된다.

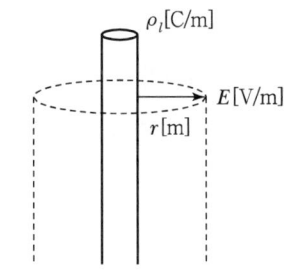

옆의 그림에서 원통의 표면적을 통해서 나오는 전기력선의 총수는 가우스 법칙에 의해 $N = \int E\,ds = \dfrac{Q}{\varepsilon_0}$ 가 되므로 면적에 대해서 적분하면 $ES = \dfrac{Q}{\varepsilon_0}$ 가 된다.

그러므로 $E = \dfrac{Q}{\varepsilon_0 S}$ 에서 반지름 $r[\text{m}]$에 의한 원통의 표면적 $S = 2\pi r l\,[\text{m}^2]$을 대입하면

$$E = \dfrac{\rho_l \cdot l}{\varepsilon_0 \cdot 2\pi r l} = \dfrac{\rho_l}{2\pi r \varepsilon_0} = 18 \times 10^9 \times \dfrac{\rho_l}{r}\ [\text{V/m}]$$

이때, 무한장 직선도체의 전계의 세기는 $E = \dfrac{\rho_l}{2\pi\varepsilon_0 r}\ [\text{V/m}]$이므로 거리에 반비례한다.

3) 무한 평판에 의한 전계

무한 평판에 의한 전계의 세기는 $N = \int E\,ds = \dfrac{Q}{\varepsilon_0}$의 가우스 법칙에 의해 $E = \dfrac{Q}{S\varepsilon_0}$이고, 면전하밀도 $\rho_s = \dfrac{Q}{S}$ 에서 $Q = \rho_s S$임을 대입하면 $E = \dfrac{\rho_s}{\varepsilon_0}$가 된다.

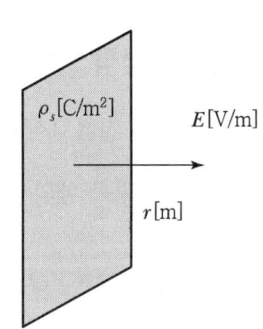

이때 무한 평판의 양쪽 면이 아닌 한쪽 면을 기준하면 $E = \dfrac{\rho_s}{\varepsilon_0}$ 의 절반, 즉 $E = \dfrac{\rho_s}{2\varepsilon_0}$ [V/m]가 된다.
따라서 전계는 기타 도체와 달리 거리와 무관하게 된다.

8 전위 ★★★

1) 전위

단위 점전하가 무한히 먼 곳에서 관측점까지 전계의 방향과 역으로 이동해갈 때의 일에너지

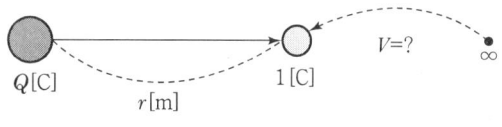

$$V = -\int_{\infty}^{r} E\, dr = \int_{r}^{\infty} E\, dr \, [\text{V}]$$

여기서, ∞ : 출발점 , r : 관측점

2) 점전하 Q[C]에 의한 전위

점전하에 의한 전계의 세기는 $E = \dfrac{Q}{4\pi\varepsilon_0 r^2}$ [V/m]이므로 이를 전위 공식에 대입하면

$$V = -\int_{\infty}^{r} E\, dr = \int_{r}^{\infty} \dfrac{Q}{4\pi\varepsilon_0 r^2}\, dr = \dfrac{Q}{4\pi\varepsilon_0} \int_{r}^{\infty} \dfrac{1}{r^2}\, dr = \dfrac{Q}{4\pi\varepsilon_0} \int_{r}^{\infty} r^{-2}\, dr$$

$$= \dfrac{Q}{4\pi\varepsilon_0}\left[-\dfrac{1}{r}\right]_{r}^{\infty} = \dfrac{Q}{4\pi\varepsilon_0}\left[-\dfrac{1}{\infty}+\dfrac{1}{r}\right] = \dfrac{Q}{4\pi\varepsilon_0 r} = 9\times 10^9 \dfrac{Q}{r}\, [\text{V}]$$

따라서 $V = E \cdot r$ [V]이 되고, 이를 이용하여 전계 내에서 r [m] 떨어진 점의 전위를 구할 수 있다.

기출 및 예상문제

SECTION 01 | 전기장(전계) 및 전위의 이해

01 정전기 발생 방지책으로 틀린 것은?
① 대전 방지제의 사용
② 접지 및 보호구의 착용
③ 배관 내 액체의 흐름 속도 제한
④ 대기의 습도를 30[%] 이하로 하여 건조함을 유지

해설
정전기 재해 방지대책
- 대전방지 접지 및 본딩
- 대전방지제 사용
- 대전물체의 차폐
- 가습
- 배관 내 액체의 유속제한

02 전하의 성질에 대한 설명 중 옳지 않은 것은?
① 같은 종류의 전하는 흡인하고 다른 종류의 전하끼리는 반발한다.
② 대전체에 들어 있는 전하를 없애려면 접지시킨다.
③ 대전체의 영향으로 비대전체에 전기가 유도된다.
④ 전하는 가장 안정한 상태를 유지하려는 성질이 있다.

해설
같은 종류의 전하는 반발하고 다른 종류의 전하끼리는 흡인한다.

03 진공의 유전율 ε_0[F/m]의 크기는?
① 8.855×10^{-15} ② 8.855×10^{-12}
③ 8.855×10^{-9} ④ 8.855×10^{-6}

해설
진공 시 유전율 $\varepsilon_0 = 8.855 \times 10^{-12}$ [F/m]

04 진공 상태에 비유전율 ε_r의 크기는?
① 1   ② 6.33×10^4
③ 8.855×10^{-9} ④ 9×10^9

해설
진공(공기, 자유공간) 상태의 비유전율 $\varepsilon_r = \varepsilon_s = 1$

05 진공 중에서 1[m]의 거리로 10^{-5}[C]과 10^{-6}[C]의 두 점전하를 놓았을 때 그 사이에 작용하는 힘[N]은?
① 8×10^{-2} ② 8×10^{-3}
③ 9×10^{-2} ④ 9×10^{-3}

해설
$$F = \frac{Q_1 Q_2}{4\pi\varepsilon_0 r^2} = 9 \times 10^9 \times \frac{10^{-5} \times 10^{-6}}{1^2} = 9 \times 10^{-2} [N]$$
여기서, r : 거리[m], Q : 전하[C]

06 공기 중에 10[cm]의 거리에 둔 두 개의 점전하가 있다. 각각 $0.1[\mu C]$과 $0.2[\mu C]$의 전하를 가지고 있다면 그 사이에 작용하는 힘[N]은?
① 18×10^{-3} ② 18×10^{-5}
③ 18×10^{-7} ④ 0.72

해설
$$F = \frac{Q_1 Q_2}{4\pi\varepsilon_0 r^2} = 9 \times 10^9 \times \frac{0.1 \times 10^{-6} \times 0.2 \times 10^{-6}}{(10 \times 10^{-2})^2}$$
$$= 0.018 = 18 \times 10^{-3} [N]$$

07 4×10^{-5}[C], 6×10^{-5}[C]의 두 전하가 자유공간에 2[m]의 거리에 있을 때 그 사이에 작용하는 힘은?
① 5.4 [N], 흡인력이 작용한다.
② 5.4 [N], 반발력이 작용한다.
③ $\frac{7}{9}$ [N], 흡인력이 작용한다.
④ $\frac{7}{9}$ [N], 반발력이 작용한다.

정답 01 ④ 02 ① 03 ② 04 ① 05 ③ 06 ① 07 ②

해설

$F = \dfrac{Q_1 Q_2}{4\pi\varepsilon_0 r^2} = 9 \times 10^9 \times \dfrac{(4\times 10^{-5})\times(6\times 10^{-5})}{2^2} = 5.4 \,[\text{N}]$

극성이 동일한 경우에는 반발력이 작용한다.

08 같은 양의 점전하가 진공 중에서 1[m]의 간격으로 놓여 있을 때 9×10^9[N]의 힘이 작용한다. 이 점전하의 전기량[C]은?

① 9×10^9
② 9×10^{-9}
③ 3×10^3
④ 1

해설

같은 양의 점전하는 두 전하 모두 Q로 같으므로, $Q_1 \cdot Q_2 = Q^2$이 된다.

$F = 9 \times 10^9 \times \dfrac{Q_1 Q_2}{r^2} = 9 \times 10^9 \times \dfrac{Q^2}{r^2}$
$= 9 \times 10^9 \times \dfrac{Q^2}{1^2} = 9 \times 10^9$이고

$\therefore Q^2 = \dfrac{9 \times 10^9}{9 \times 10^9} = 1$ 이므로 $Q = \sqrt{1} = 1$이 된다.

09 쿨롱의 법칙에서 두 개의 점전하 사이에 작용하는 정전력의 크기는?

① 두 전하의 곱에 비례하고 거리에 반비례한다.
② 두 전하의 곱에 반비례하고 거리에 비례한다.
③ 두 전하의 곱에 비례하고 거리의 제곱에 비례한다.
④ 두 전하의 곱에 비례하고 거리의 제곱에 반비례한다.

해설

정전력 $F = \dfrac{Q_1 Q_2}{4\pi\varepsilon_0 r^2}$

두 전하의 곱에 비례하고 떨어진 거리의 제곱에 반비례한다.

10 전하 및 전기력에 대한 설명으로 틀린 것은?

① 전하에는 양(+)전하와 음(-)전하가 있다.
② 비유전율이 큰 물질일수록 전기력은 커진다.
③ 대전체의 전하를 없애려면 대전체와 대지를 도선으로 연결하면 된다.
④ 두 전하 사이에 작용하는 전기력은 전하의 크기에 비례하고 두 전하 사이의 거리의 제곱에 반비례한다.

해설

전기력 $F = \dfrac{Q_1 Q_2}{4\pi\varepsilon_0 \varepsilon_s r^2}$ ($\because \varepsilon_s : \uparrow, F : \downarrow$)

11 다음 중 비유전율이 가장 큰 물질은?

① 종이
② 염화비닐
③ 운모
④ 산화티탄 자기

해설

각 물질별 비유전율의 크기
종이(약 2~2.5), 염화비닐(약 5~9), 운모(약 4.5~7.5), 산화티탄 자기(약 88~183)

12 비유전율이 9인 물질의 유전율은 약 얼마인가?

① 80×10^{-12} [F/m]
② 80×10^{-6} [F/m]
③ 1×10^{-12} [F/m]
④ 1×10^{-6} [F/m]

해설

유전율 $\varepsilon = \varepsilon_0 \varepsilon_s = 8.85 \times 10^{-12} \times 9 \fallingdotseq 80 \times 10^{-12}$ [F/m]

13 전장 중에 단위 전하를 놓았을 때 그것에 작용하는 힘은 다음 어느 값과 같은가?

① 전장의 세기
② 전하
③ 전위
④ 전위차

해설

전계의 세기(전장의 세기)
임의의 전하량 Q[C]에서 r [m] 지점에 단위 점전하(1[C])를 놓았을 때 작용하는 힘

14 전장의 세기의 단위는?

① [H/m]
② [F/m]
③ [AT/m]
④ [V/m]

해설

전계(전장)의 세기의 단위 E[N/C = V/m = J/Cm = AΩ/m]

정답 08 ④ 09 ④ 10 ② 11 ④ 12 ① 13 ① 14 ④

15 공기 중에서 2×10^{-5}[C]의 점전하로부터 1[cm]의 거리에 있는 점의 전장의 세기[V/m]는?

① 18×10^{-8} ② 18×10^{8}
③ 18×10^{6} ④ 18×10^{-6}

해설

$$E = \frac{Q}{4\pi\varepsilon_0 r^2} = 9 \times 10^9 \times \frac{Q}{r^2} \text{ [V/m=N/C]}$$
$$= 9 \times 10^9 \times \frac{2 \times 10^{-5}}{(1 \times 10^{-2})^2} = 18 \times 10^8 \text{ [V/m=N/C]}$$

16 전장의 세기가 100[V/m]의 전장에 5[μC]의 전하를 놓으면 작용하는 힘[N]은?

① 5×10^{-4} ② 20×10^{-4}
③ 5×10^{4} ④ 20×10^{6}

해설

$F = QE = 5 \times 10^{-6} \times 100 = 5 \times 10^{-4}$ [N]

17 똑같은 2개의 점전하 4.5×10^{-9}[C]이 20[cm]만큼 떨어져 있을 때 중점에서 전기장의 세기는 얼마인가?

① 2.25×10^{-10} ② 4.5×10^{-10}
③ 6.75×10^{-10} ④ 0

해설

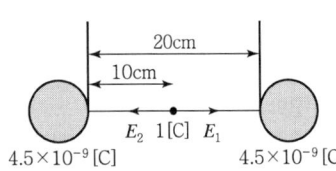

$E_1 = 9 \times 10^9 \times \frac{4.5 \times 10^{-9}}{(10 \times 10^{-2})^2} = 4,050$ [V/m]

$E_2 = 9 \times 10^9 \times \frac{4.5 \times 10^{-9}}{(10 \times 10^{-2})^2} = 4,050$ [V/m]

중점의 전계는 두 전계의 크기가 동일하고 방향이 반대이므로 벡터의 평형 상태, 즉 0이 된다.

18 전기력선의 성질로 틀린 것은?

① 전기력선은 양전하에서 나와 음전하에서 끝난다.
② 전기력선의 접선 방향이 그 점의 전장의 방향이다.
③ 전기력선의 밀도는 전기장의 크기를 나타낸다.
④ 전기력선은 서로 교차한다.

해설

전기력선의 성질
• 전기력선은 정(+) 전하에서 시작하여 부(-) 전하에서 끝난다.
• 전기력선은 서로 반발하여 교차할 수 없다.
• 전기력선의 방향은 그 점의 전계의 방향과 같다.
• 전기력선의 밀도는 전계의 세기와 같다.
• 전기력선은 전위가 높은 점에서 낮은 점으로 향한다.
• 전기력선은 도체 표면에 수직으로 만난다.
• 도체에 주어진 전하는 도체 표면에만 분포한다.
• 전기력선은 대전도체 내부에는 존재하지 않는다.
• 전기력선의 수(N)는 내부 전하량 Q[C]의 $\frac{1}{\varepsilon_0}$ 배이다.
• 전기력선은 그 자신만으로 폐곡선을 이룰 수 없다.
• 전기력선의 접선 방향이 그 점의 전장의 방향이다.

19 전기력선의 설명 중 옳지 않은 것은?

① 전기력선의 접선은 그 접점에서 전장의 방향을 나타낸다.
② 전기력선은 양전하에서 나와 음전하로 향한다.
③ 전기력선의 밀도는 전장의 세기를 나타낸다.
④ 전기력선은 등전위면과 평행이다.

해설

문제 18번 해설 참조

20 전기장에 대한 설명으로 옳지 않은 것은?

① 대전된 무한장 원통의 내부 전기장은 0이다.
② 대전된 구의 내부 전기장은 0이다.
③ 대전된 도체 내부의 전하 및 전기장은 모두 0이다.
④ 도체 표면의 전기장은 그 표면에 평행이다.

해설

전기장은 전기력선의 접선 방향이며, 도체의 표면에는 직교한다.

정답 15 ② 16 ① 17 ④ 18 ④ 19 ④ 20 ④

21 유전체 내에서 크기가 같고 극성이 반대인 한 쌍의 전하를 가지는 원자는?

① 분극자 ② 전자 ③ 원자 ④ 쌍극자

해설
분극현상에 의해 변위현상이 생긴 크기는 같고, 극성이 반대인 한 쌍의 전하를 쌍극자라 한다.

22 유전율 ε의 유전체 내에 있는 전하 $Q[C]$에서 나오는 전기력선 수는?

① Q ② $\dfrac{Q}{\varepsilon_0}$ ③ $\dfrac{Q}{\varepsilon_s}$ ④ $\dfrac{Q}{\varepsilon}$

해설
전기력선의 수 $N = \dfrac{Q}{\varepsilon_0 \varepsilon_s} = \dfrac{Q}{\varepsilon}$ [개] (단, 진공 시에는 $N_0 = \dfrac{Q}{\varepsilon_0}$)

23 유전율 ε의 유전체 내에 있는 전하 $Q[C]$에서 나오는 유전속 수는?

① Q ② $\dfrac{Q}{\varepsilon_0}$ ③ $\dfrac{Q}{\varepsilon_s}$ ④ $\dfrac{Q}{\varepsilon}$

해설
(유)전속 $\psi = Q[C]$ (매질의 영향을 받지 않는다. 진공 시에도 동일)

24 전장을 E, 유전율을 ε, 전속밀도를 D라 할 때 이들의 관계식은?

① $\dfrac{E\varepsilon}{D}$ ② $D = \varepsilon E$
③ $D = \varepsilon E^2$ ④ $D = \dfrac{E^2}{\varepsilon}$

해설
전속밀도 $D[C/m^2] = \dfrac{\psi}{S} = \dfrac{Q}{S} = \dfrac{Q}{4\pi r^2} = E \cdot \varepsilon$

여기서, ψ : 전속[C], S : 면적[m²], Q : 전하[C],
r : 반지름[m], E : 전계 $\dfrac{Q^2}{4\pi r^2}$ [V/m]

25 비유전율 2.5의 유전체 내부의 전속밀도가 $2 \times 10^{-6} [C/m^2]$ 되는 전기장의 세기[V/m]는?

① 18×10^4 ② 9×10^4
③ 6×10^4 ④ 3.6×10^4

해설
$D = E \cdot \varepsilon$
$E = \dfrac{D}{\varepsilon} = \dfrac{D}{\varepsilon_0 \varepsilon_s} = \dfrac{2 \times 10^{-6}}{8.85 \times 10^{-12} \times 2.5} = 90935.4 \fallingdotseq 9 \times 10^4$

26 표면전하밀도 $\sigma [C/m^2]$로 대전된 도체 내부의 전속밀도는 몇 $[C/m^2]$인가?

① $\varepsilon_0 E$ ② 0
③ σ ④ $\dfrac{E}{\varepsilon_0}$

해설
대전도체 내부에는 전하가 존재하지 않기 때문에 전속밀도 또한 0이 된다.

27 전기력선의 밀도를 이용하여 주로 대칭 정전계의 세기를 구하기 위하여 이용되는 법칙은?

① 패러데이 법칙 ② 가우스 법칙
③ 쿨롱의 법칙 ④ 톰슨의 법칙

해설
가우스 법칙은 $\psi = \displaystyle\int D\,ds = Q$ 전속밀도, 전하와의 상관관계를 통해 전계의 세기를 구한다.

28 무한 길이의 직선도체에 전하가 균일하게 분포되어 있다. 이 직선도체로부터 r인 거리에 있는 점의 전계의 세기는?

① r에 비례한다. ② r에 반비례한다.
③ r^2에 비례한다. ④ r^2에 반비례한다.

해설
무한장 직선도체에 의한 전계의 세기 $E = \dfrac{\lambda}{2\pi \varepsilon_0 r}$ [V/m] $\propto \dfrac{1}{r}$

정답 21 ④ 22 ④ 23 ① 24 ② 25 ② 26 ② 27 ② 28 ②

29 무한장 직선도체에 선밀도 10[C/m]의 전하가 분포되어 있을 때, 직선도체를 축으로 하는 반지름 5[m]인 원통면 상의 전계는 몇 [V/m]인가?

① 7.2×10^9 ② 7.2×10^{10}
③ 3.6×10^9 ④ 3.6×10^{10}

해설

$E = \dfrac{\lambda}{2\pi\varepsilon_0 r}$ [V/m] $= 18 \times 10^9 \times \dfrac{10}{5} = 3.6 \times 10^{10}$ [V/m]

30 전하밀도 ρ_s[C/m²]인 무한 판상 전하분포에 의한 임의점의 전장에 대한 설명으로 틀린 것은?

① 전장은 판에 수직 방향으로만 존재한다.
② 전장의 세기는 전하밀도 ρ_s에 비례한다.
③ 전장의 세기는 거리 r에 반비례한다.
④ 전장의 세기는 매질에 따라 변한다.

해설

공기 중 무한평판에 의한 전계 $E = \dfrac{\sigma}{2\varepsilon_0}$ [V/m]이므로 거리나 면적과는 관계가 없다.

31 공기 중에서 2×10^{-7}[C]인 전하로부터 10[cm] 떨어진 점의 전위[V]는?

① 3×10^2 ② 9×10^3
③ 18×10^3 ④ 27×10^3

해설

전위 $V = \dfrac{Q}{4\pi\varepsilon_0 r} = 9 \times 10^9 \times \dfrac{Q}{r} = 9 \times 10^9 \times \dfrac{2 \times 10^{-7}}{10 \times 10^{-2}}$
$= 18 \times 10^3$ [V]

32 어떤 점전하에 의하여 생기는 전위를 처음 전위의 1/3로 하려면 전하로부터의 거리를 몇 배로 하면 되는가?

① $\dfrac{1}{3}$ ② 3 ③ $\dfrac{1}{2}$ ④ 2

해설

전위 $V = \dfrac{Q}{4\pi\varepsilon_0 r}$이므로 여기에 1/3 배로 하면
$V = \dfrac{Q}{4\pi\varepsilon_0 r} \cdot \dfrac{1}{3}$, 즉 거리 r을 3배로 하면 된다.

33 반지름 a[m]의 도체 구에 Q[C]의 전하가 주어졌을 때 구심에서 $2a$[m] 되는 점의 전위는?

① $\dfrac{1}{4\pi\varepsilon_0} \cdot \dfrac{Q}{a}$ ② $\dfrac{1}{4\pi\varepsilon_0} \cdot \dfrac{Q}{a^2}$
③ $\dfrac{1}{8\pi\varepsilon_0} \cdot \dfrac{Q}{a}$ ④ $\dfrac{1}{8\pi\varepsilon_0} \cdot \dfrac{Q}{a^2}$

해설

$V = \dfrac{Q}{4\pi\varepsilon_0 r}$에 $r = 2a$를 대입하면
$V = \dfrac{Q}{4\pi\varepsilon_0 2a} = \dfrac{Q}{8\pi\varepsilon_0 a}$ [V]

34 그림과 같이 공기 중에 놓인 2×10^{-8}[C]의 전하에서 2[m] 떨어진 점 P와 1[m] 떨어진 점 Q의 전위차는?

① 80[V]
② 90[V]
③ 100[V]
④ 110[V]

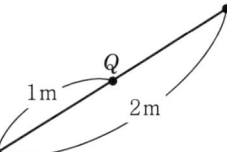

해설

전위 $V = \dfrac{Q}{4\pi\varepsilon_0 r} = 9 \times 10^9 \cdot \dfrac{Q}{r}$ [V]

• 2m 위치의 전위 $V_1 = 9 \times 10^9 \times \dfrac{2 \times 10^{-8}}{2} = 90$ [V]

• 1m 위치의 전위 $V_2 = 9 \times 10^9 \times \dfrac{2 \times 10^{-8}}{1} = 180$ [V]

∴ 전위차 $V = V_2 - V_1 = 180 - 90 = 90$ [V]

SECTION 02 콘덴서

1 정전용량(Electrostatic Capacity) : 캐패시턴스(Capacitance) ★★

두 도체 간의 전위차에 의해서 콘덴서가 전하를 축적할 수 있는 능력을 표시하는 양

① 단위 : 패럿(Farad, 기호[F])

② 정전용량 $C = \dfrac{Q}{V} = \dfrac{전기량}{전위차}$ [F], 전기량 $Q = CV$ [C]

③ 엘라스턴스 : 정전용량의 역수

엘라스턴스 $= \dfrac{1}{정전용량} = \dfrac{V}{Q} = \dfrac{전위차}{전기량}$ [V/C=1/F]

2 구도체의 정전용량 ★★★

구도체의 표면 전위 $V_a = \dfrac{Q}{4\pi\varepsilon_0 a}$ [V]이므로,

구도체의 정전용량 $C = \dfrac{Q}{V_a} = \dfrac{Q}{\dfrac{Q}{4\pi\varepsilon_0 a}} = 4\pi\varepsilon_0 a$ [F]이다.

여기서, a : 구도체의 반지름

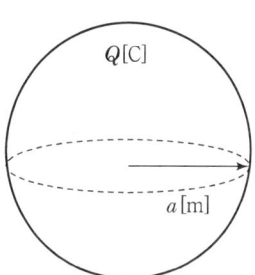

참고 반구도체의 정전용량 $C = 2\pi\varepsilon_0 a$ [F]이다.

3 평행판 사이의 정전용량 ★

1) 평행판 사이의 전계의 세기

$E = \dfrac{\rho_s}{\varepsilon_0}$ [V/m]

2) 평행판 사이의 전위차

$V = E \cdot d = \dfrac{\rho_s}{\varepsilon_0} \cdot d$ [V]

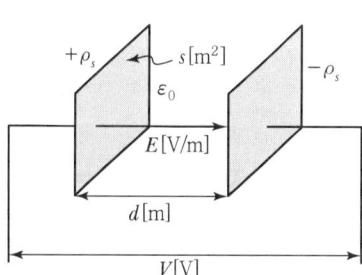

3) 평행판 사이의 정전용량

$C = \dfrac{Q}{V} = \dfrac{\rho_s \cdot S}{\dfrac{\rho_s}{\varepsilon_0} \cdot d} = \dfrac{\varepsilon_0 S}{d}$ [F]

4 합성 정전용량 ★★★

1) 병렬 접속

① 단자전압이 일정 $V = V_1 = V_2 \,[V]$
② 전체 전하 $Q = Q_1 + Q_2 \,[C]$
③ 합성 정전용량 $C = C_1 + C_2 \,[C]$
④ 전하량 분배법칙

$V = V_1$에서 $\dfrac{Q}{C} = \dfrac{Q_1}{C_1}$ 이므로

$Q_1 = \dfrac{C_1}{C_1 + C_2} Q \,[C], \; Q_2 = \dfrac{C_2}{C_1 + C_2} Q \,[C]$

⑤ 같은 정전용량 $C[F]$를 n개로 병렬 연결하면 합성 정전용량 $C' = nC$가 된다.
⑥ 두 구를 가는 도선으로 연결하거나 접촉할 시에는 병렬 연결로 간주한다.

2) 직렬 접속

① 전하량이 일정 $Q_1 = Q_2 = Q_3 \,[C]$
② 전체 전압 $V = V_1 + V_2 \,[V]$
③ 합성 정전용량 $C = \dfrac{C_1 \cdot C_2}{C_1 + C_2} \,[F]$
④ 전압 분배법칙

$Q = Q_1$에서 $CV = C_1 V_1$이므로

$V_1 = \dfrac{C_2}{C_1 + C_2} V \,[V], \; V_2 = \dfrac{C_1}{C_1 + C_2} V \,[V]$

⑤ 같은 정전용량 $C[F]$를 n개로 직렬 연결하면 합성 정전용량 $C' = \dfrac{C}{n}$ 이다.

5 콘덴서에 저축(저장)되는 에너지(정전에너지) ★★★

정전용량 C인 콘덴서의 두 전극에 전압을 가하면 $Q = CV[C]$의 전하가 축적된다. 이때 콘덴서에 전하를 축적하는 데 필요한 에너지를 정전에너지라 한다.

$$W = \int P\,dt = \int vi\,dt = \int v \cdot C\dfrac{dv}{dt}\,dt = C\int v\,dv = \dfrac{1}{2}CV^2 \,[J]$$

$$W = \dfrac{1}{2}CV^2 = \dfrac{Q^2}{2C} = \dfrac{1}{2}QV \,[J]$$

$Q = CV$ 에서 $C = \dfrac{Q}{V}$, $V = \dfrac{Q}{C}$ 를 원식 $W = \dfrac{1}{2}CV^2$ 에 대입하면 아래와 같다.

① $W = \dfrac{1}{2}CV^2 = \dfrac{1}{2} \cdot \dfrac{Q}{V} \cdot V^2 = \dfrac{QV}{2}$ [J]

② $W = \dfrac{1}{2}CV^2 = \dfrac{1}{2} \cdot C \cdot \left(\dfrac{Q}{C}\right)^2 = \dfrac{Q^2}{2C}$ [J]

6 전계 내에 축적되는 단위 체적당 에너지 ★

1) 평행판 사이의 전계의 세기

$E = \dfrac{\rho_s}{\varepsilon_0}$ [V/m]

2) 평행판 사이의 전위차

$V = E \cdot d = \dfrac{\rho_s}{\varepsilon_0} d$ [V]

3) 평행판 사이의 정전용량

$C = \dfrac{\varepsilon_0 S}{d}$ [F]

4) 콘덴서에 축적되는 에너지

$W = \dfrac{1}{2}CV^2 = \dfrac{1}{2}\dfrac{\varepsilon_0 S}{d}\left(\dfrac{\rho_s}{\varepsilon_0}d\right)^2 = \dfrac{\rho_s^2 Sd}{2\varepsilon_0} = \dfrac{\rho_s^2}{2\varepsilon_0} v$ [J]

이때, $v = Sd$ [m³]로서 체적(부피)을 말한다.

그러므로 단위 체적당 축적되는 에너지 $W_E = \dfrac{W}{v} = \dfrac{\rho_s^2}{2\varepsilon_0}$ [J/m³]

면전하밀도 ρ_s [C/m²]는 전속밀도 $D = \varepsilon_0 E$ [C/m²]와 같으므로 단위 체적당 전계 내에 축적되는 에너지는 다음과 같이 정리할 수 있다.

$W_E = \dfrac{\rho_s^2}{2\varepsilon_0} = \dfrac{D^2}{2\varepsilon_0} = \dfrac{1}{2}\varepsilon_0 E^2 = \dfrac{1}{2}\left(\dfrac{V}{d}\right)^2 \varepsilon_0 = \dfrac{1}{2}ED$ [J/m³]

$W_E \propto \rho_s^2 \propto D^2 \propto E^2 \propto ED$

> **REFERENCE 준비사항**
>
> - 전속밀도 $D = \dfrac{\psi}{S} = \dfrac{Q}{S} = \dfrac{Q}{4\pi r^2} = E\varepsilon_0 = \rho_s$ [C/m²]
> - $V = Ed$ [V], $E = \dfrac{V}{d}$ [V/m]

평행판 사이의 전극 간에 단위 면적당 받는 힘 $f[\text{N/m}^2]$은 단위 체적당 축적되는 에너지와 같이 사용하므로 이를 정리하면 다음과 같다.

$$f = \frac{F}{S} = \frac{\rho_s^2}{2\varepsilon_0} = \frac{D^2}{2\varepsilon_0} = \frac{1}{2}\varepsilon_0 E^2 = \frac{1}{2}\varepsilon_0 \left(\frac{V}{d}\right)^2 = \frac{1}{2}ED \, [\text{N/m}^2]$$

정전흡인력은 전압의 제곱에 비례하며, 정전흡인력을 이용한 것에는 정전전압계와 정전집진장치 등이 있다.

또한, 전체적인 힘 $F[\text{N}]$은 단위 면적당 받는 힘 f에 전체 면적 S를 곱하면 $F = f \cdots [\text{N}]$가 된다.

> REFERENCE 체적당 에너지와 면적당 작용하는 힘의 단위 관계
>
> $$[\text{N/m}^2] = \left[\frac{\text{N}}{\text{m}^2}\right] = \left[\frac{\text{N} \cdot \text{m}}{\text{m}^2 \cdot \text{m}} = \frac{\text{J}}{\text{m}^3}\right] = [\text{J/m}^3]$$

7 콘덴서의 종류 및 특성 ★★

1) 가변 콘덴서

바리콘 : 가변 축전기라고 하며 반원 형태의 극판의 한쪽을 회전시켜 정전 용량을 변화시킬 수 있다.

2) 고정 콘덴서

① 전해 콘덴서
- 케미콘이라고도 부르는 이 콘덴서는 얇은 산화막을 유전체로 사용하고, 전극으로는 알루미늄을 사용하고 있다.
- 전원의 평활회로, 저주파 바이패스 등에 주로 사용된다. 그러나 주파수 특성이 나쁜 코일 성분이 많아 고주파에는 적합하지 않다.
- 극성을 가지므로 직류회로에 사용된다.

② 마일러 콘덴서
- 얇은 폴리에스테르 필름의 양면에 금속박을 대고 원통형으로 감은 것이다.
- 극성이 없으며 가격이 싸지만, 높은 정밀도는 기대할 수 없다.

③ 세라믹 콘덴서
- 세라믹 콘덴서는 전극 간의 유전체로, 티탄산바륨과 같은 유전율이 큰 재료를 사용하며 극성은 없다.
- 이 콘덴서는 인덕턴스가 적어 고주파 특성이 양호하여 바이패스에 흔히 사용된다.
- 가격 대비 성능이 우수하여 가장 널리 사용한다.

④ 마이카 콘덴서
- 운모와 금속 박막으로 되어 있거나 운모 위에 은을 발라서 전극으로 만든다.
- 온도 변화에 의한 용량 변화가 작고 절연 저항이 높은 우수한 특성을 가지므로, 표준 콘덴서로도 이용된다.

⑤ 탄탈 콘덴서
- 전극에 탄탈륨이라는 재료를 사용하는 전해 콘덴서의 일종이다.
- 알루미늄 전해 콘덴서와 마찬가지로 비교적 큰 용량을 얻을 수 있으며, 온도가 변화해도 용량이 변화하지 않고 주파수 특성도 전해 콘덴서보다 양호하다.
- 극성이 있으며, 콘덴서 자체에 (+)의 기호로 전극을 표시한다.

기출 및 예상문제

SECTION 02 | 콘덴서

01 어떤 콘덴서에 1,000[V]의 전압을 가하였더니 5×10^{-3}[C]의 전하가 축적되었다면 이 콘덴서의 용량은?

① 2.5[μF]   ② 5[μF]
③ 250[μF]   ④ 5,000[μF]

해설

$Q=CV$, $C=\dfrac{Q}{V}=\dfrac{5\times10^{-3}}{1,000}=5\times10^{-6}[F]=5[\mu F]$

02 0.02[μF]의 콘덴서에 12[μC]의 전하를 공급하면 몇 [V]의 전위차가 나타나는가?

① 600   ② 900
③ 1,200   ④ 2,400

해설

$Q=CV$, $V=\dfrac{Q}{C}=\dfrac{12\times10^{-6}}{0.02\times10^{-6}}=600[V]$

03 정전용량이 1[μF]인 금속구의 반지름[km]은?

① 9   ② 18
③ 27   ④ 36

해설

구도체의 정전용량 $C=4\pi\varepsilon_0 r$ 이므로
$r=\dfrac{C}{4\pi\varepsilon_0}=9\times10^9\times1\times10^{-6}\times10^{-3}=9[km]$

04 다음은 평판 콘덴서에 대해서 쓴 것이다. 옳지 않은 것은?

① 정전용량은 금속판 사이에 있는 유전체의 유전율에 비례한다.
② 정전용량은 금속판의 거리에 반비례한다.
③ 정전용량은 금속판의 면적에 비례한다.
④ 정전용량은 금속판의 넓이에 반비례한다.

해설

평판 콘덴서의 정전용량 $C=\dfrac{\varepsilon_0 S}{d}$ 이므로, 넓이에 비례한다.

05 평행한 콘덴서가 있다. 전극 반지름이 30[cm]의 원판이고, 전극 간격은 0.1[cm]이며, 비유전율은 4이다. 이 콘덴서의 정전용량[μF]은?

① 0.01   ② 0.02
③ 0.03   ④ 0.04

해설

$C=\dfrac{\varepsilon_0\varepsilon_s S}{d}=\dfrac{8.85\times10^{-12}\times4\times\pi\times0.3^2}{0.1\times10^{-2}}\times10^6=0.01[\mu F]$

06 $V=200$[V], $C_1=10[\mu F]$, $C_2=5[\mu F]$인 2개의 콘덴서가 병렬로 접속되어 있다면, 콘덴서 C_1에 축적되는 전하[μC]는?

① 100[μC]   ② 200[μC]
③ 1,000[μC]   ④ 2,000[μC]

해설

콘덴서 병렬 접속 시에는 전압의 크기가 동일하므로 $V=V_1=V_2$이다.
$Q_1=C_1 V_1=10\times10^{-6}\times200\times10^6=2,000[\mu C]$

07 정전용량 C_1, C_2가 직렬로 접속되어 있을 때의 합성 정전용량은?

① $\dfrac{1}{C_1}+\dfrac{1}{C_2}$ ② $\dfrac{C_1 C_2}{C_1+C_2}$
③ $\dfrac{1}{C_1+C_2}$ ④ C_1+C_2

정답 01 ② 02 ① 03 ① 04 ④ 05 ① 06 ④ 07 ②

해설

콘덴서의 직렬 접속
- 전하량 일정 $Q = Q_1 = Q_2$
- 합성전압 $V = V_1 + V_2$
- 합성 정전용량 $C = \dfrac{1}{\dfrac{1}{C_1} + \dfrac{1}{C_2}} = \dfrac{C_1 C_2}{C_1 + C_2}$

  단, 크기가 동일한 정전용량 n개가 직렬 접속 시 합성 정전용량 $C' = \dfrac{C}{n}$

- 전압 분배법칙 $V_1 = \dfrac{C_2}{C_1 + C_2} V$, $V_2 = \dfrac{C_1}{C_1 + C_2} V$

08 C_1과 C_2의 직렬회로에 E[V]의 전압을 가하고 C_1에 걸리는 전압 V_1을 구하면?

① $\dfrac{C_1}{C_1 + C_2} E$ ② $\dfrac{C_1 + C_2}{C_1} E$

③ $\dfrac{C_2}{C_1 + C_2} E$ ④ $\dfrac{C_1 + C_2}{C_2} E$

해설

문제 7번 해설 참조

09 4[μF]와 5[μF]의 콘덴서를 직렬로 접속하고 그 양단에 전압을 가하니 4[μF]의 콘덴서에 320[μC]의 전하가 축적되었다. 공급 전압[V]은?

① 72 ② 144
③ 184 ④ 324

해설

$V_1 = \dfrac{Q}{C_1} = \dfrac{320}{4} = 80$[V], $V_2 = \dfrac{Q}{C_2} = \dfrac{320}{5} = 64$[V]이고
직렬 합성전압 $V = V_1 + V_2 = 80 + 64 = 144$[V]이다.

10 다음 중 콘덴서의 접속법에 대한 설명으로 옳은 것은?

① 직렬로 접속하면 용량이 커진다.
② 병렬로 접속하면 용량이 적어진다.
③ 콘덴서는 직렬 접속만 가능하다.
④ 직렬로 접속하면 용량이 적어진다.

해설

콘덴서 직렬 접속 시 합성 정전용량 $C' = \dfrac{C_1 C_2}{C_1 + C_2}$ 또는 $\dfrac{C}{n}$로 처음보다 적어진다.

11 그림과 같이 $C_1 = 1[\mu F]$, $C_2 = 2[\mu F]$, $C_3 = 2[\mu F]$일 때 합성 정전용량은 몇 [μF]인가?

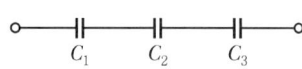

① $\dfrac{1}{2}$ ② $\dfrac{1}{5}$
③ 2 ④ 5

해설

콘덴서 3개가 직렬 접속일 때 합성 정전용량

$C' = \dfrac{1}{\dfrac{1}{C_1} + \dfrac{1}{C_2} + \dfrac{1}{C_3}} = \dfrac{1}{\dfrac{1}{1} + \dfrac{1}{2} + \dfrac{1}{2}} = \dfrac{1}{2} [\mu F]$

12 정전용량 C_1, C_2를 병렬로 접속하였을 때의 합성 정전용량은?

① $C_1 + C_2$ ② $\dfrac{1}{C_1 + C_2}$

③ $\dfrac{1}{C_1} + \dfrac{1}{C_2}$ ④ $\dfrac{C_1 C_2}{C_1 + C_2}$

해설

콘덴서의 병렬 접속
- 전압 일정 $V = V_1 = V_2$
- 합성 전기(하)량 $Q = Q_1 + Q_2$
- 합성 정전용량 $C = C_1 + C_2$

  단, 크기가 동일한 정전용량 n개를 병렬 접속 시 합성 정전용량 $C' = nC$

- 분배 전기(하)량 $Q_1 = \dfrac{C_1}{C_1 + C_2} Q$, $Q_2 = \dfrac{C_2}{C_1 + C_2} Q$ [C]

정답 08 ③ 09 ② 10 ④ 11 ① 12 ①

13 Q_1으로 대전된 용량 C_1의 콘덴서에 용량 C_2를 병렬 연결할 경우 C_2가 분배받는 전기량은 얼마인가?

① $\dfrac{C_1+C_2}{C_2}Q_1$ ② $\dfrac{C_1}{C_1+C_2}Q_1$

③ $\dfrac{C_1+C_2}{C_1}Q_1$ ④ $\dfrac{C_2}{C_1+C_2}Q_1$

해설

C_2에 분배되는 전하량 $Q_2 = \dfrac{C_2}{C_1+C_2}Q_1$

14 그림과 같이 $C=2[\mu F]$의 콘덴서가 연결되어 있다. A점과 B점 사이의 합성 정전용량은 얼마인가?

① $1[\mu F]$
② $2[\mu F]$
③ $4[\mu F]$
④ $8[\mu F]$

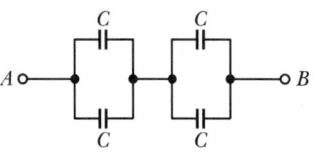

해설

- 병렬 접속 $C' = C+C = 2+2 = 4[\mu F]$
- 직렬 접속 $C'' = \dfrac{C'}{n} = \dfrac{4}{2} = 2[\mu F]$

15 C_1, C_2를 직렬로 접속한 회로에 C_3를 병렬로 접속하였다. 이 회로의 합성 정전용량[F]은?

① $C_3 + \dfrac{1}{\dfrac{1}{C_1}+\dfrac{1}{C_2}}$ ② $C_1 + \dfrac{1}{\dfrac{1}{C_2}+\dfrac{1}{C_3}}$

③ $\dfrac{C_1+C_2}{C_3}$ ④ $C_1+C_2+\dfrac{1}{C_3}$

해설

- C_1, C_2 직렬 접속 시 합성 정전용량 $C' = \dfrac{1}{\dfrac{1}{C_1}+\dfrac{1}{C_2}}$

- C_3를 병렬로 추가 접속하면

$C'' = C_3 + C' = C_3 + \dfrac{1}{\dfrac{1}{C_1}+\dfrac{1}{C_2}}$

16 그림과 같은 회로에서 단자 간의 합성 정전용량은?(단, $C_1=2[F]$, $C_2=3[F]$, $C_3=2[F]$, $C_4=2.8[F]$이다.)

① 2
② 3
③ 5
④ 6

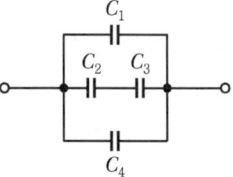

해설

- C_2, C_3 직렬 접속 시 합성 정전용량

  $C' = \dfrac{C_2 C_3}{C_2+C_3} = \dfrac{6}{5} = 1.2[F]$

- C_1, C_4, C_{2-3} 병렬 접속 시 합성 정전용량
  $C'' = C_1 + 1.2 + C_4 = 2+1.2+2.8 = 6[F]$

17 그림에서 a, b 간의 합성 정전용량은 $10[\mu F]$이다. C_x의 정전용량은?

① $3[\mu F]$
② $4[\mu F]$
③ $5[\mu F]$
④ $6[\mu F]$

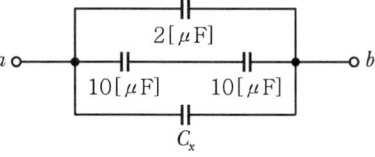

해설

$C_{ab} = 2 + \dfrac{10}{2} + C_x = 10$ 이므로 $C_x = 3[\mu F]$

18 정전용량이 같은 콘덴서 10개를 병렬로 했을 때의 합성 정전용량은 직렬로 했을 때의 합성 정전용량의 몇 배인가?

① 10배 ② 100배
③ 1,000배 ④ 10,000배

해설

- 크기가 같은 정전용량 n개를 병렬접속 시 합성 정전용량
  $C_1 = nC = 10C$
- 크기가 같은 정전용량 n개를 직렬접속 시 합성 정전용량
  $C_2 = \dfrac{C}{n} = \dfrac{C}{10}$ 이므로

  $C_1 = C_2 \times x$, $x = \dfrac{C_1}{C_2} = \dfrac{10C}{\dfrac{C}{10}} = 100$

정답 13 ④ 14 ② 15 ① 16 ④ 17 ① 18 ②

19 동일한 용량의 콘덴서 5개를 병렬로 접속하였을 때의 합성 정전용량은 C_p라 하고, 5개를 직렬로 접속하였을 때 합성 정전용량을 C_s라 할 때 C_p와 C_s의 관계는?

① $C_p = 5\,C_s$
② $C_p = 10\,C_s$
③ $C_p = 25\,C_s$
④ $C_p = 50\,C_s$

해설
- 병렬 접속 시 합성 정전용량 $C_p = 5C$
- 직렬 접속 시 합성 정전용량 $C_s = \dfrac{C}{5}$

∴ $C_p = 25\,C_s$

20 정전에너지[J]를 구하는 식으로 옳은 것은?

① $W = \dfrac{1}{2}CV^2$
② $W = \dfrac{1}{2}CV$
③ $W = \dfrac{1}{2}C^2V$
④ $W = 2CV^2$

해설
정전에너지 = 저장되는 에너지 $W = \dfrac{1}{2}CV^2 = \dfrac{Q^2}{2C} = \dfrac{QV}{2}$ [J]

21 어떤 콘덴서에 V[V]의 전압을 가해서 Q[C]의 전하를 충전할 때 저장되는 에너지[J]는?

① $2QV$
② $2QV^2$
③ $\dfrac{1}{2}QV$
④ $\dfrac{1}{2}QV^2$

해설
$W = \dfrac{1}{2}CV^2 = \dfrac{Q^2}{2C} = \dfrac{QV}{2}$ [J]

22 20[μF]의 콘덴서를 2[kV]로 충전하면 저장되는 에너지[J]는?

① 10
② 20
③ 40
④ 60

해설
$W = \dfrac{1}{2}CV^2 = \dfrac{1}{2} \times 20 \times 10^{-6} \times (2 \times 10^3)^2 = 40$ [J]

23 10[μF]의 콘덴서에 45[J]의 에너지를 축적하기 위해서 필요한 충전 전압[V]은?

① 3×10^2
② 3×10^3
③ 3×10^4
④ 3×10^5

해설
$W = \dfrac{1}{2}CV^2$ 에서 $CV^2 = 2W$,
$V = \sqrt{\dfrac{2W}{C}} = \sqrt{\dfrac{2 \times 45}{10 \times 10^{-6}}} = 3{,}000$ [V]

24 10^4[V]의 전압으로 충전해서 1[J]의 에너지를 축적하는 콘덴서의 정전용량[pF]은?

① 200
② 2,000
③ 10,000
④ 20,000

해설
$W = \dfrac{1}{2}CV^2$ 에서 $CV^2 = 2W$,
$C = \dfrac{2W}{V^2} = \dfrac{2 \times 1}{(10^4)^2} \times 10^{12} = 20{,}000$ [pF]

25 100[μF]의 콘덴서에 1,000[V]의 전압을 가하여 충전한 뒤 저항을 통하여 방전시키면 저항에 발생하는 열량은 몇 [cal]인가?

① 3
② 5
③ 12
④ 43

해설
$W = \dfrac{1}{2}CV^2 = \dfrac{1}{2} \times 100 \times 10^{-6} \times 1{,}000^2 = 50$ [J]이고,
1[J] = 0.24[cal] ∴ $W = 50$[J] × 0.24 = 12[cal]

26 정전흡인력에 대한 설명으로 옳은 것은?

① 전압의 제곱에 반비례한다.
② 전압의 제곱에 비례한다.

정답 19 ③ 20 ① 21 ③ 22 ③ 23 ② 24 ④ 25 ③ 26 ②

③ 극판 면적의 제곱에 비례한다.
④ 극판 간격에 비례한다.

해설

정전흡인력 $f = \frac{1}{2}E^2\varepsilon = \frac{1}{2}\left(\frac{V}{d}\right)^2\varepsilon$ [N/m²]이므로 전압의 제곱에 비례한다.

27 전계의 세기가 50[V/m], 전속밀도 100[C/m²]인 유전체의 단위 체적에 축적되는 에너지는 얼마인가?

① 2[J/m³]
② 250[J/m³]
③ 2,500[J/m³]
④ 5,000[J/m³]

해설

단위 체적당 축적되는 에너지
$W_E = \frac{\rho_s^2}{2\varepsilon} = \frac{D^2}{2\varepsilon} = \frac{1}{2}E^2\varepsilon = \frac{1}{2}ED$ [J/m³]이므로
$W_E = \frac{1}{2}ED = \frac{1}{2} \times 50 \times 100 = 2,500$ [J/m³]

28 다음 중 콘덴서가 가지는 특성 및 기능으로 옳지 않은 것은?

① 전기를 저장하는 특성이 있다.
② 상호유도작용의 특성이 있다.
③ 직류 전류를 차단하고 교류 전류를 통과시키려는 목적으로 사용한다.
④ 공진회로를 이루어 어느 특정한 주파수만을 취급하거나 통과시키는 곳 등에 사용한다.

해설

상호유도작용은 인덕턴스 L의 특성이다.

29 비유전율이 큰 산화티탄 등을 유전체로 사용한 것으로 극성이 없으며 가격에 비해 성능이 우수하여 널리 사용되고 있는 콘덴서의 종류는?

① 마일러 콘덴서
② 마이카 콘덴서
③ 전해 콘덴서
④ 세라믹 콘덴서

해설

세라믹 콘덴서
- 세라믹 콘덴서는 전극 간의 유전체로, 티탄산바륨과 같은 유전율이 큰 재료를 사용하며 극성은 없다.
- 인덕턴스가 적어 고주파 특성이 양호하여 바이패스에 흔히 사용한다.
- 가격 대비 성능이 우수하여 가장 널리 사용한다.

30 온도 변화에 의한 용량 변화가 작고 절연 저항이 높은 우수한 특성을 갖고 있어 표준 콘덴서로도 이용하는 콘덴서는?

① 전해 콘덴서
② 마이카 콘덴서
③ 세라믹 콘덴서
④ 마일러 콘덴서

해설

마이카 콘덴서
- 운모와 금속박막으로 되어 있거나 운모 위에 은을 발라 전극을 만든다.
- 온도 변화에 의한 용량 변화가 작고 절연 저항이 높은 우수한 특성을 가지므로 표준 콘덴서라 한다.

31 콘덴서 중 극성을 가지고 있는 콘덴서로서 교류회로에 사용할 수 없는 것은?

① 전해 콘덴서
② 마이카 콘덴서
③ 세라믹 콘덴서
④ 마일러 콘덴서

해설

전해 콘덴서
얇은 산화막을 유전체로 사용하고 고주파에는 적합하지 않으며 극성을 가지므로 직류회로에 사용한다.

32 용량을 변화시킬 수 있는 콘덴서는?

① 바리콘
② 마일러 콘덴서
③ 전해 콘덴서
④ 세라믹 콘덴서

해설

바리콘
공기를 유전체로 하고, 회전축에 부착한 반원형 회전판을 움직여서 고정판과의 대응 면적을 변화시킴으로써 정전용량을 가감할 수 있도록 되어 있는 가변 콘덴서이다.

CHAPTER 04 자기장

PART 01 | 전기이론

SECTION 01 자석에 의한 자기현상

1 자석에 의한 자기현상 ★★★

1) 자성체
① 자계 내에 놓았을 때 자석화되는 물질
② 자화의 근본 원인 : 전자의 자전운동

2) 자기유도
① 자화 : 자석에 쇳조각을 가까이 하면 쇳조각이 자석이 되는 현상
② 자기유도 : 쇳조각이 자석에 의하여 자화되는 현상

3) 자성체의 종류
① 상자성체 : $\mu_s > 1$(알루미늄 : Al, 백금 : Pt, 산소 : O_2, 주석 : Sn, 텅스텐 : W 등)
② 강자성체 : $\mu_s \gg 1$(철 : Fe, 니켈 : Ni, 코발트 : Co, 망간 : Mn 등)

> REFERENCE 강자성체의 특징
> - 고투자율을 갖는다.
> - 자기포화 특성을 갖는다.
> - 자구를 갖는다.
> - 히스테리시스 특성을 갖는다.

③ 역(반)자성체 : $\mu_s < 1$(은 : Ag, 구리 : Cu, 물 : H_2O, 비스무트 : Bi, 아연 : Zn, 안티몬 : Sb 등)

▼ 전계와 자계의 비교

정전계		정자계	
유전율	ε[F/m]	투자율	μ[H/m]
전하	Q[C]	자하량(자극의 세기)	m[Wb]
힘	F[N]	힘	F[N]
전계의 세기	E[V/m]	자계의 세기	H[AT/m]
전속밀도	D[C/m^2]	자속밀도	B[Wb/m^2]
분극의 세기	P[C/m^2]	자화의 세기	J[Wb/m^2]
전위	V[V]	자위	U[A]
전속 수	ψ[C]	자속 수	ϕ[Wb]

4) 쿨롱의 법칙

① 서로 같은 극끼리는 반발력이 작용한다.
② 서로 다른 극끼리는 흡입력이 작용한다.
③ 힘의 크기는 두 자하량의 곱에 비례하고 떨어진 거리의 제곱에 반비례한다.
④ 힘의 방향은 두 자하의 일직선상에 존재한다.
⑤ 매질 상수와 관계 있다.

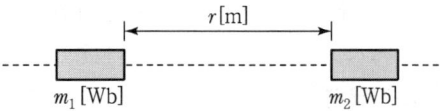

- 매질 상수 투자율 $\mu = \mu_0 \mu_s$[H/m]
- 진공 시 투자율 $\mu_0 = 4\pi \times 10^{-7}$[H/m]
- 비투자율 μ_s (ⓐ 재질에 따라 다르다. ⓑ 진공(공기), 자유공간 $\mu_s = 1$)

5) 두 자하(자극) 사이에 작용하는 힘

작용하는 힘 $F = \dfrac{m_1 m_2}{4\pi \mu_0 r^2} = 6.33 \times 10^4 \dfrac{m_1 m_2}{r^2}$ [N]

6) 자계의 세기(H)

임의의 자하량 m[Wb]에서 r[m] 떨어진 점에 단위 점 자극을 놓았을 때 작용하는 힘

① 자계의 세기

$H = \dfrac{m}{4\pi \mu_0 r^2} = 6.33 \times 10^4 \dfrac{m}{r^2}$ [N/Wb=AT/m]

② 자계 내에 m [Wb]를 놓았을 때 자계에 의해 작용하는 힘
$F = mH$ [N]

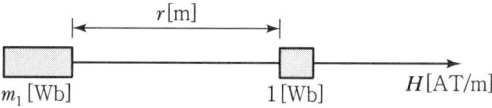

7) 자기모멘트와 토크

① 자기모멘트(자기쌍극자 모멘트)

자기쌍극자는 크기는 같고 극성이 서로 다른 두 자하가 아주 미소한 거리에 있는 상태를 말하며 $M_\delta = m \cdot l$ [Wb · m]로 표현한다.

참고 전기쌍극자 모멘트 $M_\delta = Q \cdot \delta$ [C · m]

② 회전력

자기장의 세기 H [AT/m]인 평등 자기장 내에 자극의 세기 m [Wb]의 자침을 자기장의 방향과 θ의 각도로 놓았을 때 토크 T는 다음과 같다.

$T = Fl\sin\theta = mHl\sin\theta = mlH\sin\theta$ [N · m]

($\because F = mH$ [N] : 자계 내에 작용하는 힘, $M = ml$ [Wb · m] : 자기쌍극자 모멘트)

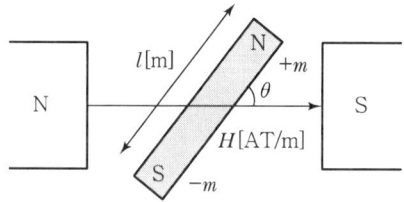

③ 지구자기 3요소 : 편각, 복각, 수평분력

REFERENCE 구형 코일에 의한 회전력

$T = mlH\sin\theta = mlH\cos\theta = BSl\dfrac{NI}{l}\cos\theta = BSNI\cos\theta$ [N · m]

여기서, B : 자속밀도[Wb/m^2], S : 단면적[m^2], N : 권선수, I : 전류[A]

---

8) 자(기)력선의 성질

① 자기력선은 N극에서 S극으로 들어간다.
② 자기력선은 서로 반발하여 교차할 수 없다.
③ 자기력선의 방향은 자계의 방향과 일치한다.
④ 자기력선의 밀도는 자계의 세기와 같다.
⑤ 자기력선은 등자위면에 직교(수직)한다.

⑥ 자기력선은 스스로 폐곡선을 이룰 수 있다.
: 자력선은 연속적이다. ⇨ N, S극이 공존한다. ⇨ $div B = 0$

⑦ 자기력선의 수는 내부 자하량의 $\frac{1}{\mu_0}$배이다.

⑧ 자기력선은 고무줄과 같이 응축력이 있다.

9) 자(기)력선의 수

자기력선의 수는 내부 자하량 m[Wb]의 $\frac{1}{\mu_0}$배만큼 나온다.

① 진공 시 자기력선의 수 $N_0 = \frac{m}{\mu_0}$[개]

② 자성체 내에서 자기력선의 수 $N = \frac{m}{\mu} = \frac{m}{\mu_0 \mu_s}$[개]

③ 매질과 관계 있다(매질 상수인 투자율에 따라 다르다).

10) 자속(수) 및 자속밀도

① 자성체 내에서 주의 매질의 영향을 받지 않고 m[Wb]의 자하에서 n개의 역선이 나온다고 가정하여 이것을 자속이라 한다.
- 자속 ϕ[Wb] : 자속은 매질과 관계없이 내부 자하량 m[Wb]만큼 나온다.

② 자속밀도 B[Wb/m²] : 단위 면적당 통과하는 자속 수
문제를 풀 경우에는 전속밀도에 대응하는 개념으로 생각하는 것이 편리하다.
- $B = \frac{\phi}{S} = \frac{m}{s} = \frac{m}{4\pi r^2} = \mu_0 H$ [Wb/m²]

: 비투자율(μ_s)이 큰 물질일수록 자속은 잘 통한다.

③ 자속밀도의 단위 변환
MKS 단위계와 CGS 단위계로 자속밀도를 표현할 수 있다.
- $B = 1$[Wb/m²] $= 10^8$[maxwell/m²] $= 10^4$[maxwell/cm²] $= 10^4$[gauss] $= 1$[Tesla]

기출 및 예상문제

SECTION 01 | 자석에 의한 자기현상

01 자석의 성질로 옳은 것은?
① 자석은 고온이 되면 자력선이 증가한다.
② 자기력선에는 고무줄과 같은 장력이 존재한다.
③ 자력선은 자석 내부에서도 N극에서 S극으로 이동한다.
④ 자력선은 자성체는 투과하고, 비자성체는 투과하지 못한다.

해설
① 자석은 고온이 되면 자력이 감소한다.
② 자기력선에는 고무줄과 같은 응축력(장력)이 존재한다.
③ 자력선은 자석 내부에서는 S극에서 N극으로 이동한다.
④ 자력선은 자성체와 비자성체를 모두 투과한다.

02 자석에 대한 성질을 설명한 것으로 옳지 못한 것은?
① 자극은 자석의 양끝에서 가장 강하다.
② 자극이 가지는 자기량은 항상 N극이 강하다.
③ 자석에는 언제나 두 종류의 극성이 있다.
④ 같은 극성의 자석은 서로 반발하고 다른 극성의 자석은 서로 흡인한다.

해설
자극이 가지는 자기량은 항상 N극과 S극이 같다.

03 물질에 따라 자석에 반발하는 물체를 무엇이라 하는가?
① 비자성체   ② 상자성체
③ 역자성체   ④ 가역자성체

해설
역(반)자성체 : 자석에 반발하는 물질로 은(Ag), 구리(Cu), 물(H_2O), 비스무트(Bi), 아연(Zn), 안티몬(Sb) 등이 있다.

04 다음 중 반자성체는 어느 것인가?
① 철   ② 아연
③ 니켈   ④ 코발트

해설
문제 3번 해설 참조

05 다음 중 반자성체 물질의 특색을 나타낸 것은 어느 것인가?
① $\mu_s > 1$ ② $\mu_s \gg 1$
③ $\mu_s = 1$ ④ $\mu_s < 1$

해설
- 상자성체 : $\mu_s > 1$(알루미늄 : Al, 백금 : pt, 산소 : O_2, 주석 : Sn, 텅스텐 : W 등)
- 강자성체 : $\mu_s \gg 1$(철 : Fe, 니켈 : Ni, 코발트 : Co, 망간 : Mn 등)
- 역(반)자성체 : $\mu_s < 1$(은 : Ag, 구리 : Cu, 물 : H_2O, 비스무트 : Bi, 아연 : Zn, 안티몬 : Sb 등)

06 다음 중 상자성체는 어느 것인가?
① 철   ② 코발트
③ 니켈   ④ 텅스텐

해설
문제 5번 해설 참조

07 다음 중 강자성체가 아닌 것은?
① 니켈   ② 철
③ 백금   ④ 망간

해설
문제 5번 해설 참조

정답 01 ② 02 ② 03 ③ 04 ② 05 ④ 06 ④ 07 ③

08 다음 중 자기차폐와 가장 관계가 깊은 것은 어느 것인가?

① 상자성체
② 강자성체
③ 비투자율이 1인 자성체
④ 반자성체

해설
자기차폐 : 자계 중 어느 장소를 투자율이 충분히 큰 자성체(강자성체)로 그 내부가 자계의 영향을 받지 않게 하는 것

09 진공의 투자율 μ_0[H/m]는?

① $4\pi \times 10^{-7}$
② 9×10^9
③ 8.85×10^{-12}
④ 6.33×10^4

해설
- 투자율 $\mu = \mu_0 \mu_s$
- 진공 시 투자율 $\mu_0 = 4\pi \times 10^{-7}$ [H/m]

10 진공 속에서 1[m]의 거리를 두고 10^{-3}[Wb]와 10^{-5}[Wb]의 자극이 놓여 있다면 그 사이에 작용하는 힘[N]은?

① $4\pi \times 10^{-4}$
② $4\pi \times 10^{-5}$
③ 6.33×10^{-5}
④ 6.33×10^{-4}

해설
$F = \dfrac{m_1 m_2}{4\pi\mu_0 r^2} = 6.33 \times 10^4 \dfrac{m_1 m_2}{r^2}$
$= 6.33 \times 10^4 \times \dfrac{10^{-3} \times 10^{-5}}{1^2} = 6.33 \times 10^{-4}$[N]

11 두 자극 사이에 작용하는 힘을 나타내는 데 맞는 식은?

① $9 \times 10^9 \times \dfrac{m_1 m_2}{\mu_s r^2}$
② $6.33 \times 10^4 \times \dfrac{m_1 m_2}{\mu_s r^2}$
③ $9 \times 10^9 \times \dfrac{m}{\mu_s r^2}$
④ $6.33 \times 10^4 \times \dfrac{m}{\mu_s r^2}$

해설
두 자극 사이에 작용하는 힘
$F = \dfrac{m_1 m_2}{4\pi\mu_0 \mu_s r^2} = 6.33 \times 10^4 \dfrac{m_1 m_2}{\mu_s r^2}$ [N]

12 공기 중에서 8×10^{-4}[Wb]와 4×10^{-4}[Wb]의 두 자극 사이에 작용하는 힘이 12.66[N]이었다. 두 자극 사이의 거리[cm]는?

① 2
② 4
③ 6
④ 8

해설
$F = 6.33 \times 10^4 \times \dfrac{m_1 m_2}{r^2}$ 에서 거리 r을 구하려면
$6.33 \times 10^4 \times m_1 m_2 = Fr^2$
$r = \sqrt{\dfrac{6.33 \times 10^4 \times m_1 m_2}{F}}$
$= \sqrt{\dfrac{6.33 \times 10^4 \times 8 \times 10^{-4} \times 4 \times 10^{-4}}{12.66}} = 0.04$[m]
$\therefore 0.04 \times 10^2 = 4$[cm]이다.

13 두 점 자극 사이의 거리를 1/2로 하고 또, 그 자기량을 각각 1/2로 하면 작용하는 힘은 어떻게 되는가?

① 1/2로 된다.
② 1/4로 된다.
③ 변하지 않는다.
④ 2배로 된다.

해설
$F = \dfrac{m_1 m_2}{4\pi\mu_0 r^2} = \dfrac{\dfrac{m_1}{2} \cdot \dfrac{m_2}{2}}{4\pi\mu_0 \left(\dfrac{r}{2}\right)^2} = \dfrac{\dfrac{m_1 m_2}{4}}{4\pi\mu_0 \dfrac{r^2}{4}} = \dfrac{m_1 \cdot m_2}{4\pi\mu_0 r^2}$

14 2개의 자극 사이에 작용하는 힘의 세기는 무엇에 비례하는가?

① 자극 간 거리
② 전류값
③ 전압의 크기
④ 자극의 세기

해설
자극 사이에 작용하는 힘(자기력)의 세기 $F = \dfrac{m_1 m_2}{4\pi\mu_0 \mu_s r^2}$[N]이므로 거리제곱에 반비례하고, 두 자극의 곱(자극의 세기)에는 비례한다.

정답 08 ② 09 ① 10 ④ 11 ② 12 ② 13 ③ 14 ④

15 자기력의 크기는 양 자극 세기의 곱에 (Ⓐ) 하고, 자극 간의 거리의 제곱에 (Ⓑ)한다. ( ) 안에 들어갈 말은?

① Ⓐ 비례, Ⓑ 비례
② Ⓐ 비례, Ⓑ 반비례
③ Ⓐ 반비례, Ⓑ 비례
④ Ⓐ 반비례, Ⓑ 반비례

해설
문제 14번 해설 참조

16 다음 설명 중 틀린 것은?

① 앙페르의 오른나사 법칙 : 전류의 방향을 오른나사가 진행하는 방향으로 하면, 이때 발생되는 자기장의 방향은 오른나사의 회전 방향이 된다.
② 렌츠의 법칙 : 유도기전력은 자신의 발생 원인이 되는 자속의 변화를 방해하려는 방향으로 발생한다.
③ 패러데이의 전자유도 법칙 : 유도기전력의 크기는 코일을 지나는 자속의 매초 변화량과 코일의 권수에 비례한다.
④ 쿨롱의 법칙 : 두 자극 사이에 작용하는 자력의 크기는 양 자극의 세기의 곱에 비례하며, 자극 간의 거리의 제곱에 비례한다.

해설
쿨롱의 법칙 $F = \dfrac{m_1 m_2}{4\pi\mu_0\mu_s r^2}$[N]이므로 자극 간의 거리에 제곱에 반비례한다.

17 다음 중 자기장 내에서 같은 크기 m[Wb]의 자극이 존재할 때 자기장의 세기가 가장 큰 물질은?

① 초합금
② 페라이트
③ 구리
④ 니켈

해설
자계(자기장)의 세기 $H = \dfrac{m}{4\pi\mu_0\mu_s r^2}$이므로 $H \propto \dfrac{1}{\mu_s}$이 되고, 비투자율($\mu_s$)이 가장 작은 것이 자기장의 세기는 가장 크다. 일반적으로 반자성체일 때 자계의 세기가 크다.
- 초합금($\mu_s = 1,000,000$)
- 페라이트($\mu_s = 1,000$)
- 구리($\mu_s = 0.99991$)
- 니켈($\mu_s = 1.0001$)

18 진공 중에서 2[Wb]의 점 자극으로부터 4[m] 떨어진 점의 자장의 세기는 몇 [AT/m]인가?

① 5.4×10^2
② 5.4×10^3
③ 7.9×10^2
④ 7.9×10^3

해설
$H = \dfrac{m}{4\pi\mu_0 r^2} = 6.33 \times 10^4 \times \dfrac{2}{4^2} = 7,912.5$
$\fallingdotseq 7.9 \times 10^3$[N/Wb=AT/m]

19 MKS 단위계에서 자장의 세기의 단위는?

① [AT/m]
② [Wb/m]
③ [Wb/m^2]
④ [AT]

해설
자(기)장의 세기 H[N/Wb=AT/m]

20 자계의 세기 4[AT/m]의 자계 속에 5×10^{-5}[Wb]의 자극을 놓았을 때 작용하는 힘의 크기는 얼마인가?

① 2×10^{-4}[N]
② 20×10^{-4}[N]
③ 3×10^{-4}[N]
④ 30×10^{-4}[N]

해설
$F = mH$[N] $= 5 \times 10^{-5} \times 4 = 20 \times 10^{-5} = 2 \times 10^{-4}$[N]

21 10[AT/m]의 자장 중에 어떤 자극을 놓았을 때 300[N]의 힘을 받는다고 한다. 자극의 세기[Wb]는?

① 20
② 30
③ 40
④ 50

해설
$F = mH$에서 $m = \dfrac{F}{H} = \dfrac{300}{10} = 30$[Wb]

22 자극의 세기 10^{-4}[Wb], 자축의 길이 50[cm]인 막대자석의 자기 모멘트[Wb · m]는?

① 5×10^{-2}
② 5×10^{-3}
③ 5×10^{-4}
④ 5×10^{-5}

정답 15 ② 16 ④ 17 ③ 18 ④ 19 ① 20 ① 21 ② 22 ④

해설

자기쌍극자 모멘트
$M = ml = 10^{-4} \times 50 \times 10^{-2} = 50 \times 10^{-6} = 5 \times 10^{-5} [\text{Wb} \cdot \text{m}]$

23 자극의 세기가 8×10^{-3}[Wb]인 막대자석의 자기 모멘트가 16×10^{-7}[Wb · m]일 때 막대자석의 길이[cm]는?

① 2×10^{-1} ② 2×10^{-2}
③ 2×10^{-3} ④ 2×10^{-4}

해설

자기쌍극자 모멘트 $M = ml$ 에서
$l = \dfrac{M}{m} = \dfrac{16 \times 10^{-7}}{8 \times 10^{-3}} = 2 \times 10^{-4}$[m]이고
2×10^{-4}[m] $\times 10^2 = 2 \times 10^{-2}$[cm]

24 1,000[AT/m]의 평등자장 내에 길이 10[cm], 자극의 세기 4[Wb]의 막대자석이 자장의 방향과 30°의 각도로 놓여 있을 때 자석이 받는 회전력[N · m]은?

① 100 ② 200
③ 300 ④ 400

해설

회전력 $T = mlH\sin\theta = 4 \times 10 \times 10^{-2} \times 1,000 \times \sin 30$
$= 200$ [N · m]

25 평등 자장 내에 자기 모멘트 4[Wb · m]의 자석이 자장과 30°의 각도로 놓여 있을 때 60[N · m]의 회전력을 받았다. 자장의 세기[AT/m]는?

① 20 ② 30
③ 120 ④ 240

해설

$T = mlH\sin\theta = MH\sin\theta$에서,
자장의 세기 $H = \dfrac{T}{M\sin\theta} = \dfrac{60}{4 \times 0.5} = 30$[AT/m]

26 자극의 세기 4[Wb], 자축의 길이 10[cm]의 막대자석이 100[AT/m]의 평등자장 내에서 20[N · m]의 회전력을 받았다면 이때 막대자석과 자장이 이루는 각도는?

① 0° ② 30° ③ 60° ④ 90°

해설

$T = mlH\sin\theta$ 에서
$\sin\theta = \dfrac{T}{mlH} = \dfrac{20}{4 \times 0.1 \times 100} = 0.5 = \dfrac{1}{2}$ 이므로
$\theta = \sin^{-1}\dfrac{1}{2} = 30°$

27 자속밀도 B=0.2[Wb/m²]의 자장 내에 길이 2[m], 폭 1[m] 권수 5회의 구형 코일이 자장과 30°의 각도로 놓여 있을 때 코일이 받는 회전력은?(단, 이 코일에 흐르는 전류는 2[A]이다.)

① $\sqrt{\dfrac{3}{2}}$ [N · m] ② $\dfrac{\sqrt{3}}{2}$ [N · m]
③ $2\sqrt{3}$ [N · m] ④ $\sqrt{3}$ [N · m]

해설

구형 코일에 의한 회전력
$T = BSNI\cos\theta = BabNI\cos\theta$
$= 0.2 \times 2 \times 1 \times 5 \times 2 \times \cos 30° = 2\sqrt{3}$

28 다음 중 지구자장의 3요소가 아닌 것은?

① 편각 ② 사각
③ 복각 ④ 수평분력

해설

- 지구자장의 3요소 : 편각, 복각, 수평분력
- 편각 : 지구자기장이 경도선으로부터 벗어난 각도
- 복각 : 지구자기장이 수평선과 이루는 각도
- 수평분력 : 수평면 내의 자장의 세기로 지자기 3요소 중의 하나. 또한 지자기 측량이라 함은 지구자기의 분포상황과 경년변화를 파악하기 위하여 지자기 3요소인 편각, 복각, 전자력(또는 수평분력)을 측정하는 작업을 말한다.

정답 23 ④ 24 ② 25 ② 26 ② 27 ③ 28 ②

29 다음 중 자기력선에 대한 설명으로 옳지 않은 것은?

① 자석의 N극에서 시작하여 S극에서 끝난다.
② 자기장의 방향은 그 점을 통과하는 자기력선의 방향으로 표시한다.
③ 자기력선은 상호 간에 교차한다.
④ 자기장의 크기는 그 점에 있어서의 자기력선의 밀도와 같다.

해설

자(기)력선의 성질
- 자기력선은 N극에서 S극으로 들어간다.
- 자기력선은 서로 반발하여 교차할 수 없다.
- 자기력선의 방향은 자계의 방향과 일치한다.
- 자기력선의 밀도는 자계의 세기와 같다.
- 자기력선은 등자위면에 직교(수직)한다.
- 자기력선은 자기 자신 스스로 폐곡선을 이룰 수 있다.
  : 자력선은 연속적이다. ⇨ N, S극이 공존한다. ⇨ $div B = 0$
- 자기력선의 수는 내부 자하량의 $\dfrac{1}{\mu_0}$ 배이다.
- 자기력선은 고무줄과 같이 응축력이 있다.

30 자기력선에 대한 설명으로 옳지 않은 것은?

① 자기장의 모양을 나타낸 선이다.
② 자기력선이 조밀할수록 자기력이 세다.
③ 자석의 N극에서 나와 S극으로 들어간다.
④ 자기력선이 교차된 곳에서 자기력이 세다.

해설

문제 29번 해설 참조

31 자력선의 성질을 설명한 것이다. 옳지 않은 것은?

① 자력선은 서로 교차하지 않는다.
② 자력선은 N극에서 나와 S극으로 향한다.
③ 진공 중에서 나오는 자력선의 수는 m개이다.
④ 한 점의 자력선의 밀도는 그 점의 자장의 세기를 나타낸다.

문제 29번 해설 참조

32 공기 중에서 m[Wb]의 자극으로부터 나오는 자력선의 총수는 얼마인가?

① m ② $\dfrac{m}{\mu}$ ③ $\mu_0 m$ ④ $\dfrac{m}{\mu_0}$

해설

자기력선의 수는 내부 자하량 m[Wb]의 $\dfrac{1}{\mu_0}$ 배만큼 나온다.

- 진공 시 자기력선의 수 $N_0 = \dfrac{m}{\mu_0}$[개]
- 자성체 내에서 자기력선의 수 $N = \dfrac{m}{\mu} = \dfrac{m}{\mu_0 \mu_s}$[개]
- 매질과 관계가 있다(매질 상수인 투자율에 따라 다르다).

33 공기 중 1[Wb]의 자극에서 나오는 자력선의 수는 몇 개인가?

① 6.33×10^4 ② 7.958×10^5
③ 8.855×10^3 ④ 1.256×10^6

해설

공기(진공) 중 자기력선의 수
$N_0 = \dfrac{m}{\mu_0} = \dfrac{1}{4\pi \times 10^{-7}} = 7.958 \times 10^5$ [개]

34 솔레노이드 내부 자장의 세기가 200[AT/m]일 때 자속밀도[Wb/m²]는?

① $2\pi \times 10^{-7}$ ② $4\pi \times 10^{-5}$
③ $8\pi \times 10^{-5}$ ④ $16\pi \times 10^{-4}$

해설

자속밀도
$B = \mu_0 H = 4\pi \times 10^{-7} \times 200 = 8\pi \times 10^{-5}$ [Wb/m²]

정답 29 ③ 30 ④ 31 ③ 32 ④ 33 ② 34 ③

35 비투자율이 1인 환상철심 중의 자장의 세기가 H[AT/m]이었다. 이때 비투자율이 10인 물질로 바꾸면 철심의 자속밀도[Wb/m²]는?

① $\dfrac{1}{10}$로 줄어든다. ② 10배 커진다.
③ 50배 커진다. ④ 100배 커진다.

자속밀도 $B = \mu_0 \mu_s H$[Wb/m²]이므로 $B \propto \mu_s$ 한다.
∴ 비투자율이 10배 증가하면 자속밀도 또한 10배 커진다.

36 자장 속에 어떤 철을 넣었더니 철 내부의 자장의 세기가 600[AT/m]이었다. 이 철 내부의 자속밀도가 0.3[Wb/m²]라면 철의 비투자율은?

① 4×10^2 ② 2×10^3
③ 5×10^3 ④ 5×10^4

$B = \mu_0 \mu_s H$에서
$\mu_s = \dfrac{B}{\mu_0 H} = \dfrac{0.3}{4\pi \times 10^{-7} \times 600} = 397 ≒ 4 \times 10^2$

37 투자율 μ, 자속밀도 B[Wb/m²]의 자장 중에서 m[Wb]의 자극이 받는 힘[N]은?

① $m\mu B$ ② $\dfrac{mB}{\mu}$
③ $\dfrac{\mu B}{m}$ ④ $\dfrac{\mu m}{B}$

$F = mH \left(B = \mu H,\ H = \dfrac{B}{\mu}\right)$
∴ $F = mH = m\dfrac{B}{\mu}$

38 비투자율 800, 단면적 25[cm²]의 환상 철심에 500[AT/m]의 자장을 가할 때 전자속[Wb]?

① 4×10^5 ② 5×10^3
③ 5×10^{-1} ④ 12.56×10^{-4}

$B = \mu H = \dfrac{\phi}{S}$,
$\phi = \mu_0 \mu_s H S = 4\pi \times 10^{-7} \times 800 \times 500 \times 25 \times 10^{-4}$
$= 1.256 \times 10^{-3} = 12.56 \times 10^{-4}$

39 다음 중 자장의 세기에 대한 설명이 잘못된 것은?

① 단위 자극에 작용하는 힘과 같다.
② 자속밀도에 투자율을 곱한 것과 같다.
③ 수직단면의 자력선 밀도와 같다.
④ 단위 길이당 기자력과 같다.

자속밀도 $B = \mu H$에서 $H = \dfrac{B}{\mu}$이므로,
자속밀도에 투자율을 나눈 값이 자장의 세기와 같다.

정답 35 ② 36 ① 37 ② 38 ④ 39 ②

SECTION 02 전류에 의한 자기현상과 자기회로

1 전류에 의한 자기현상 ★★★

1) 앙페르의 오른나사 법칙

도체에 전류를 흘려주었을 때 도체 주변에 생기는 회전하는 자장(자계)의 방향을 결정한다.

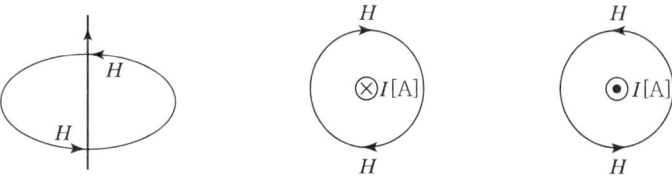

① 직선전류에 의한 자기장의 방향 : 전류가 흐르는 방향으로 오른나사를 진행시키면 나사가 회전하는 방향으로 자기력선이 발생한다.

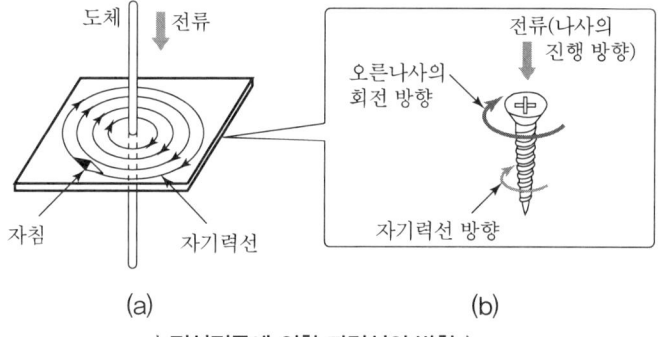

| 직선전류에 의한 자력선의 방향 |

② 코일에 의한 자기장의 방향 : 오른손 네 손가락을 전류의 방향으로 하면 엄지손가락의 방향이 자력선의 방향이 된다.

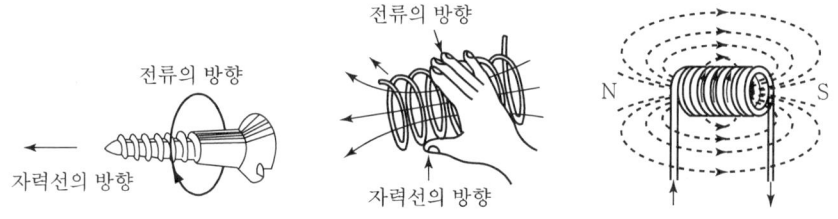

| 환상전류에 의한 자력선의 방향 |

2) 비오-사바르의 법칙

전류에 의한 자(기)장의 세기를 결정하는 법칙으로 도선에 전류가 흐를 때 도선의 미소부분 dl에서 $r[m]$ 떨어진 지점의 자계의 세기를 구하는 방법이다.

$$dH = \frac{Idl}{4\pi r^2}\sin\theta \;[\text{AT/m}]$$

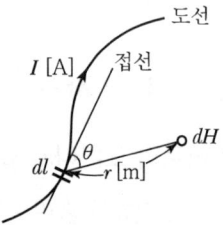

3) 원형 코일 중심축상 자계의 세기

반지름이 $a[m]$이고 감은 횟수가 N회인 원형 코일에 $I[A]$의 전류가 흐를 때 코일 중심 및 코일 중심에서 r만큼 떨어진 지점의 자기장의 세기 $H[\text{AT/m}]$

① 원형 코일 중심축상의 자계

$$H_r = \frac{Na^2I}{2(a^2+r^2)^{\frac{3}{2}}}\;[\text{AT/m}]$$

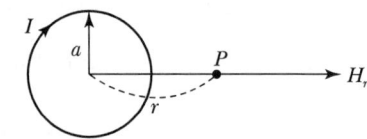

② 원형 코일 중심점 자계($r=0$)

$$H_r = \frac{NI}{2a}\;[\text{AT/m}]$$

4) 앙페르의 주회적분 법칙

자계경로를 따라 선적분한 값은 중심점 전류의 대수합과 같다.

$$\therefore \int H\,dl = \sum NI \;(\text{전류와 자계의 관계식})$$

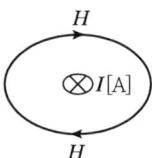

5) 전류에 의한 자계의 세기

무한장 직선도체에 전류가 흐를 때 자계 앙페르 주회적분법칙은
$\int H\,dl = I$ 이므로

이를 길이에 대하여 적분하면 $Hl = I$, $H = \dfrac{I}{l}$ 이다.

여기서, l은 자계의 경로이므로
반지름 r인 원의 둘레의 길이 $l = 2\pi r\,[m]$을 대입하면

자계의 세기 $H = \dfrac{I}{2\pi r}\;[\text{AT/m}]$이 된다.

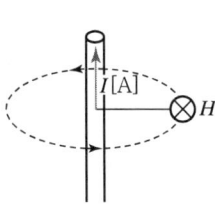

6) 솔레노이드의 자계의 세기

① 환상 솔레노이드에 의한 자계

환상 철심에 N회의 권선을 감고 여기에 $I[A]$의 전류를 흘리면 솔레노이드 내부에 생기는 자계의 세기 $H[AT/m]$는 다음과 같다.

㉠ 내부 자계의 세기

$$H = \frac{NI}{l} = \frac{NI}{2\pi r} [AT/m]$$

여기서, $l[m]$: 자로의 길이, $r[m]$: 평균 반지름

㉡ 외부 자계의 세기

$H' = 0$

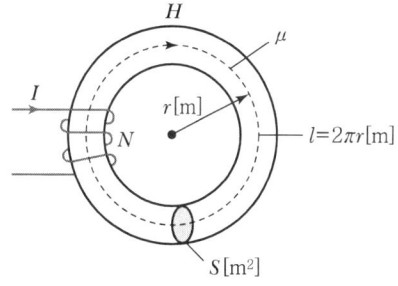

② 무한장 솔레노이드에 의한 자계의 세기

㉠ 내부 자계의 세기 $H = nI[AT/m]$

단, 내부 자계는 균등자계이며 평등자계가 되며 n은 단위 길이당 권선수이다.

㉡ 솔레노이드 외부 자계

$H' = 0$

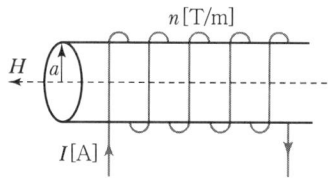

2 자기회로 및 히스테리시스 곡선 ★★★

1) 전기회로와 자기회로의 비교

전기저항에 의한 손실(줄손실=동손)은 있으나 자기저항에 의한 손실은 없다.

▼ 전기회로와 자기회로의 비교

전기회로		자기회로	
도전율	$k = \sigma [\mho/m]$	투자율	$\mu [H/m]$
기전력	$E[V]$	기자력	$F = NI[AT]$
전기저항	$R = \rho \frac{l}{S} = \frac{l}{kS} [\Omega]$	자기저항	$R_m = \frac{l}{\mu S} [AT/Wb]$
전류	$I = \frac{E}{R} [A]$	자속	$\phi = \frac{F}{R_m} = \frac{\mu SNI}{l} [Wb]$
전류밀도	$i = \frac{I}{S} [A/m^2]$	자속밀도	$B = \frac{\phi}{S} [Wb/m^2]$

2) 히스테리 곡선($B-H$ 곡선)

① $B-H$ 곡선 및 투자율 곡선

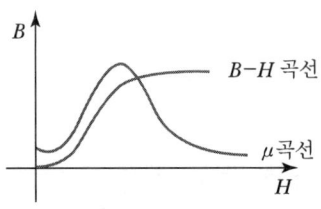

② 교번자계에 의한 $B-H$ 곡선(히스테리시스 곡선)
  ㉠ 횡축 : 자계(보자력)
  ㉡ 종축 : 자속밀도(잔류자기)

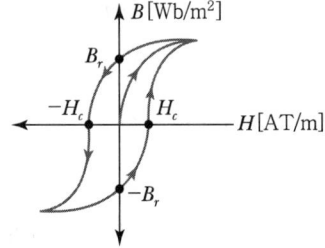

③ 잔류자기 $B_r[\text{Wb/m}^2]$: 가해준 자계를 제거 시 자성체 내에 남아 있는 자속밀도
④ 보자력 $H_c[\text{AT/m}]$: 잔류자기를 제거하기 위하여 역으로 가해준 자계를 말한다.
⑤ 히스테리시스손 : $P_h = \eta f B_m^{1.6}$(방지책으로 규소강판을 사용한다.)

  단, $B_m = 1.2 \sim 1.5$라면 $P_h = \eta f B_m^2$가 된다.

⑥ 맴돌이 전류손(와전류손) : $P_e = \eta (f B_m)^2$(방지책으로 성층결선을 사용한다.)
⑦ 영구 자석의 재료 : 잔류자기가 크고 히스테리시스 곡선의 면적과 보자력이 모두 큰 것
⑧ 전자석의 재료 : 잔류자기가 크고 히스테리시스 곡선의 면적과 보자력은 작을 것
⑨ 강자성체의 히스테리시스 루프의 면적 : 강자성체의 단위 체적당 필요한 에너지

$$S = W_h = \int_0^B H\, dB\, [\text{J/m}^3]$$

기출 및 예상문제

SECTION 02 | 전류에 의한 자기현상과 자기회로

01 다음 중 전류에 의한 자기장의 방향을 결정하는 법칙은?

① 앙페르의 오른나사 법칙
② 플레밍의 오른손 법칙
③ 플레밍의 왼손 법칙
④ 렌츠의 법칙

해설
- 앙페르의 오른나사 법칙 : 전류에 의하여 발생하는 자(기)장의 방향을 결정하는 법칙
- 플레밍의 왼손 법칙 : 자계 내에 있는 도체에 전류가 흐를 때 전자력 $F=IBl\sin\theta$의 방향을 결정하는 법칙
- 렌츠의 법칙 : 전자유도 현상에 의한 유기기전력의 방향을 결정하는 법칙

02 비오-사바르 법칙은 무엇과 관계가 있는가?

① 전류와 자장의 세기
② 기자력과 자속밀도
③ 전위와 자장의 세기
④ 자속과 자장의 세기

해설
비오-사바르 법칙 : 전류에 의한 자장의 세기를 계산하는 법칙
$dH = \dfrac{Idl}{4\pi r^2}\sin\theta$ [AT/m]

03 비오-사바르 법칙과 가장 관계가 깊은 것은?

① 전류가 만드는 자장의 세기
② 전류와 전압의 관계
③ 기전력과 자계의 세기
④ 기전력과 자속의 변화

해설
문제 2번 해설 참조

04 전류에 의한 자기장의 세기를 구하는 비오-사바르 법칙을 옳게 나타낸 것은?

① $\Delta H = \dfrac{I\Delta l \sin\theta}{4\pi r^2}$ [AT/m]

② $\Delta H = \dfrac{I\Delta l \sin\theta}{4\pi r}$ [AT/m]

③ $\Delta H = \dfrac{I\Delta l \cos\theta}{4\pi r}$ [AT/m]

④ $\Delta H = \dfrac{I\Delta l \cos\theta}{4\pi r^2}$ [AT/m]

해설
문제 2번 해설 참조

05 반지름 r, 권수 N회의 원형 코일에 I[A]의 전류가 흐를 때 원형 코일 중심 자장의 세기[AT/m]는?

① $\dfrac{IN}{r}$
② $\dfrac{IN}{2r}$
③ $\dfrac{I}{2r}$
④ $\dfrac{I}{2\pi r}$

해설
원형 코일 중심 자장의 세기 $H = \dfrac{NI}{2r}$ [AT/m]
여기서, r [m] : 반지름

06 반지름 30[cm], 권수 5회의 원형 코일에 6[A]의 전류를 흘릴 때 코일 중심 자장의 세기 [AT/m]는?

① 3
② 5
③ 30
④ 50

해설
원형 코일 중심 자(기)장의 세기
$H = \dfrac{NI}{2r} = \dfrac{5\times 6}{2\times 0.3} = 50$ [AT/m]

정답 01 ① 02 ① 03 ① 04 ① 05 ② 06 ④

07 반지름 5[cm], 권수 10회의 원형 코일에 전류를 흘렸을 때 중심 자장의 세기가 2,000[AT/m]라고 하면 전류의 세기는?

① 10 ② 20
③ 30 ④ 40

해설

$H = \dfrac{NI}{2r}$, $I = \dfrac{2rH}{N} = \dfrac{2 \times 0.05 \times 2,000}{10} = 20\,[\text{A}]$

08 반지름 10[m]의 원형 코일에 20[A]의 전류를 흘릴 때 코일 중심점에 10[Wb]의 자극을 주면 이 자극이 받는 힘은 몇 [N]인가?(단, 코일의 권수는 10회이다.)

① 50 ② 100
③ 150 ④ 200

해설

$F = mH = m\dfrac{NI}{2a} = 10 \times \dfrac{10 \times 20}{2 \times 10} = 100\,[\text{N}]$

09 반지름 6[cm], 권수 10회인 원형 코일에 10[A]의 전류를 흘릴 때, 중심축 위에서 코일 중심으로부터 8[cm] 떨어진 점의 자장의 세기[AT/m]는?

① 18 ② 36
③ 180 ④ 360

해설

원형 코일 중심축상 자계

$H = \dfrac{Na^2 I}{2(a^2 + r^2)^{\frac{3}{2}}} = \dfrac{10 \times 0.06^2 \times 10}{2(0.06^2 + 0.08^2)^{\frac{3}{2}}} = 180\,[\text{AT/m}]$

10 무한히 긴 직선 도체에 I[A]의 전류를 흘리는 경우, 도체 중심에서 r[m] 떨어진 점의 자장의 세기[AT/m]는?

① $\dfrac{I}{2\pi r}$ ② $\dfrac{I}{4\pi r}$
③ $\dfrac{I}{2r}$ ④ $\dfrac{I}{4\pi r^2}$

해설

앙페르 주회적분 법칙 $\displaystyle\int H dl = \sum NI$에서 $H = \dfrac{NI}{l} = \dfrac{NI}{2\pi r}$

∴ 무한장 직선도체에 전류가 흐를 때 자계 $H = \dfrac{I}{2\pi r}\,[\text{AT/m}]$ 이다.

11 길이 10[cm]의 균일한 자로에 도선을 200회 감고 2[A]의 전류를 흘릴 때 자로의 자장의 세기[AT/m]는?

① 200 ② 400
③ 600 ④ 4,000

해설

앙페르 주회적분 법칙 $\displaystyle\int H dl = \sum NI$에서
$H = \dfrac{NI}{l} = \dfrac{200 \times 2}{0.1} = 4,000\,[\text{AT/m}]$

12 무한히 긴 직선 도선에 100[A]의 전류가 흐를 때, 이 도선에서 50[cm] 떨어진 점의 자장의 세기[AT/m]는?

① 31.8 ② 63.6
③ 53.2 ④ 126.4

해설

$H = \dfrac{I}{2\pi r} = \dfrac{100}{2 \times 3.14 \times 0.5} = 31.83\,[\text{AT/m}]$

13 전류가 흐르는 무한히 긴 직선 도체에서 50[cm] 떨어진 점의 자장의 세기가 10[AT/m]이라면 도체에 흐르는 전류[A]는?

① 3.14 ② 31.4
③ 314 ④ 5,000

해설

$H = \dfrac{I}{2\pi r}$에서 $I = 2\pi r H = 2 \times 3.14 \times 0.5 \times 10 = 31.4\,[\text{A}]$

정답 07 ② 08 ② 09 ③ 10 ① 11 ④ 12 ① 13 ②

14 무한히 긴 직선 도선에 50[A]의 전류가 흐르고 있을 때 생기는 자장의 세기가 10[AT/m]인 점은 도선으로부터 얼마나 떨어졌는가?

① 70[cm] ② 80[cm]
③ 90[cm] ④ 100[cm]

해설

$H = \dfrac{I}{2\pi r}$ 에서 $r = \dfrac{I}{2\pi H} = \dfrac{50}{2 \times 3.14 \times 10} = 0.8\,[\text{m}]$

$\therefore 0.8[\text{m}] \times 10^2 = 80[\text{cm}]$ 이다.

15 반지름 r[m], 권수 N회의 환상 솔레노이드에 I[A]의 전류가 흐를 때, 그 내부의 자기장의 세기 H[AT/m]는 얼마인가?

① $\dfrac{NI}{2\pi r}$ ② $\dfrac{NI}{2r}$
③ $\dfrac{NI}{r^2}$ ④ $\dfrac{NI}{4\pi r^2}$

해설

환상 솔레노이드에 의한 자(기)장

$H = \dfrac{NI}{l} = \dfrac{NI}{2\pi r}\,[\text{AT/m}]$

16 평균 반지름 a[m]의 환상 솔레노이드에 I[A]의 전류가 흐를 때, 내부 자계가 H[AT/m]이었다. 권수 N은?

① $\dfrac{HI}{2\pi r}$ ② $\dfrac{2\pi r}{HI}$
③ $\dfrac{2\pi rH}{I}$ ④ $\dfrac{I}{2\pi rH}$

해설

$H = \dfrac{NI}{l} = \dfrac{NI}{2\pi r}$, $NI = 2\pi rH$, $N = \dfrac{2\pi rH}{I}$

17 평균 길이 10[cm], 권수 10회인 환상 솔레노이드에 3[A]의 전류가 흐르면 그 내부의 자장의 세기[AT/m]는?

① 300 ② 250
③ 500 ④ 800

해설

$H = \dfrac{NI}{l} = \dfrac{10 \times 3}{10 \times 10^{-2}} = 300\,[\text{AT/m}]$

18 환상 솔레노이드 내부의 자기장의 세기에 관한 설명으로 옳은 것은?

① 자장의 세기는 권수에 반비례한다.
② 자장의 세기는 권수, 전류, 평균 반지름과는 관계가 없다.
③ 자장의 세기는 전류에 반비례한다.
④ 자장의 세기는 전류에 비례한다.

해설

$H = \dfrac{NI}{l} = \dfrac{NI}{2\pi r}\,[\text{AT/m}]$

19 단위 길이당 권수가 n인 무한장 솔레노이드에 I[A]를 흘렸을 때의 솔레노이드 내부의 자장의 세기[AT/m]는?

① $2\pi nI$ ② nI
③ $\dfrac{I}{2\pi n}$ ④ $\dfrac{nI}{2\pi r}$

해설

무한장 솔레노이드
$H = n_0 I\,[\text{AT/m}]$
여기서, n_0는 단위 길이당 권선 수 n과 같다.

20 단위 길이당 권수 100회인 무한장 솔레노이드에 10[A]의 전류가 흐를 때 솔레노이드 내부의 자장[AT/m]은?

① 10   ② 100
③ 1,000 ④ 10,000

해설

무한장 솔레노이드
$H = n_0 I\,[\text{AT/m}] = 10 \times 100 = 1,000\,[\text{AT/m}]$

정답 14 ② 15 ① 16 ③ 17 ① 18 ④ 19 ② 20 ③

21 지름 10[cm]의 솔레노이드 코일에 5[A]의 전류가 흐를 때 코일 내의 자장의 세기[AT/m]는? (단, 1[cm]당 권수는 20회이다.)

① 10^4 ② 10^5
③ 10^6 ④ 10^2

1[cm]당 권수가 20회이면 1[m]당 권수는 다음과 같다.
$1 : 20 = 100 : x$, $x = 2,000$회
∴ $H = n_0 I = 2,000 \times 5 = 10,000 = 10^4$ [AT/m]

22 1[cm]당 권선수가 10인 무한 길이 솔레노이드에 1[A]의 전류가 흐르고 있을 때 솔레노이드 외부 자계의 세기[AT/m]는?

① 0 ② 10
③ 100 ④ 1,000

해설
무한장 솔레노이드 외부 자계의 세기는 0이다. 솔레노이드 내부에서는 자기력선이 집중되어 자계의 세기가 발생하지만 외부에서는 N극에서 S극 방향으로 넓게 분포하기 때문에 그 세력을 무시할 정도로 작아지게 된다.

23 코일의 감긴 수와 전류와의 곱을 무엇이라 하는가?

① 기전력 ② 기자력
③ 전자력 ④ 역률

기자력 $F = NI$ [AT]

24 자기회로의 단면적 S, 길이 l, 비투자율 μ_s, 진공의 투자율 μ_0일 때 자기저항은?

① $\mu_0 \mu_s \dfrac{l}{S}$ ② $\dfrac{l}{\mu_0 \mu_s S}$
③ $\dfrac{S}{\mu_0 \mu_s l}$ ④ $\dfrac{\mu_0 \mu_s S}{l}$

해설
자기저항 $R_m = \dfrac{F}{\phi} = \dfrac{l}{\mu S} = \dfrac{l}{\mu_0 \mu_s S}$ [AT/Wb]

25 어떤 자로에 NI[AT]의 기자력을 가했을 때 ϕ[Wb]의 자속이 이동했다면 그 자로의 자기저항 [AT/Wb]은?

① $\dfrac{N\phi}{I}$ ② $\dfrac{I\phi}{N}$
③ $\dfrac{\phi}{NI}$ ④ $\dfrac{NI}{\phi}$

해설
자기저항 $R_m = \dfrac{F}{\phi} = \dfrac{NI}{\phi} = \dfrac{l}{\mu S}$ [AT/Wb]

26 자기저항의 단위는?

① [Wb/AT] ② [Ω]
③ [℧] ④ [AT/Wb]

해설
자기저항 $R_m = \dfrac{F}{\phi} = \dfrac{NI}{\phi} = \dfrac{l}{\mu S}$ [AT/Wb]

27 단면적 5[cm²], 길이 1[m], 비투자율 10^3인 환상 철심에 600회의 권선을 감고, 이것에 0.5[A]의 전류를 흐르게 한 경우의 기자력은 다음 중 어느 것인가?

① 100[AT] ② 200[AT]
③ 300[AT] ④ 500[AT]

해설
기자력 $F = NI = 600 \times 0.5 = 300$ [AT]

28 다음 중 자기회로에서 사용되는 단위가 아닌 것은?

① [AT/Wb] ② [Wb]
③ [AT] ④ [kW]

해설

- 자기저항 $R_m = \dfrac{l}{\mu S}$ [AT/Wb]
- 자속 $\phi = \dfrac{\mu SNI}{l}$ [Wb]
- 기자력 $F = NI$ [AT]
- 유효전력 P [kW]

29 자기저항 200[AT/Wb]의 회로에 400[AT]의 기자력을 가할 때 생기는 자속[Wb]은?

① 2
② 20
③ 200
④ 2,000

해설

$R_m = \dfrac{F}{\phi}$ [AT/Wb], $\phi = \dfrac{F}{R_m} = \dfrac{400}{200} = 2$ [Wb]

30 자기회로에 기자력을 주면 자로에 자속이 흐른다. 그러나 기자력에 의해 발생되는 자속 전부가 자기회로 내를 통과하는 것이 아니라 자로 이외의 부분을 통과하는 자속도 있다. 이와 같이 자기회로 이외 부분을 통과하는 자속을 무엇이라 하는가?

① 종속자속
② 누설자속
③ 주자속
④ 반사자속

해설

- 쇄교자속 : 자기회로 내를 통과하여 2차 측 권선에 영향을 주는 자속
- 누설자속 : 자기회로 이외의 부분으로 방출되는 자속

31 다음 중 자기작용에 관한 설명으로 틀린 것은?

① 기자력의 단위는 [AT]이다.
② 자기회로의 자기저항이 작은 경우는 누설자속이 거의 발생하지 않는다.
③ 자기장 내에 있는 도체에 전류를 흘리면 힘이 발생하는데 이 힘을 기전력이라 한다.
④ 평행한 두 도체 사이에 전류가 동일한 방향으로 흐르면 흡인력이 작용한다.

해설

자기장 내에 있는 도체에 전류를 흘리면 전자력 $F = IBl\sin\theta$ [N]가 발생한다.

32 전류와 자속에 관한 설명 중 옳은 것은?

① 전류와 자속은 항상 폐회로를 이룬다.
② 전류와 자속은 항상 폐회로를 이루지 않는다.
③ 전류는 폐회로를 이루지만 자속은 그렇지 않다.
④ 자속은 폐회로를 이루지만 전류는 그렇지 않다.

해설

전류는 +에서 −로 흐르고, 자속은 N극에서 S극으로 흐르며 폐회로를 구성한다.

33 자기회로에 강자성체를 사용하는 이유는?

① 자기저항을 감소시키기 위하여
② 자기저항을 증가시키기 위하여
③ 공극을 크게 하기 위하여
④ 주 자속을 감소시키기 위하여

해설

자기저항 $R_m = \dfrac{l}{\mu_0 \mu_s S}$ [AT/Wb], 강자성체 $\mu_s \gg 1$이므로 강자성체를 사용하면 자기저항을 감소시킬 수 있다.

34 누설자속이 발생되기 어려운 경우는 어느 것인가?

① 자로에 공극이 있는 경우
② 자로의 자속밀도가 높은 경우
③ 철심이 자기포화되어 있는 경우
④ 자기회로의 자기저항이 작은 경우

해설

$R_m = \dfrac{F}{\phi}$ [AT/Wb], $\phi = \dfrac{F}{R_m}$ [Wb]이므로 자기저항이 작으면 전자속은 발생하기 쉽고, 반대로 누설자속은 발생하기 어렵다.

정답 29 ① 30 ② 31 ③ 32 ① 33 ① 34 ④

35 히스테리시스 곡선이 종축과 만나는 점의 값은 무엇을 나타내는가?

① 보자력　　　② 자화력
③ 잔류자기　　④ 자속밀도

해설
- 횡축과 만나는 점 : 보자력
- 횡축이 나타내는 것 : 자계
- 종축과 만나는 점 : 잔류자기
- 종축이 나타내는 것 : 자속밀도

36 히스테리시스 곡선에서 가로축과 만나는 점과 관계있는 것은?

① 보자력　　　② 자화력
③ 잔류자기　　④ 자속밀도

해설
문제 35번 해설 참조

37 히스테리시스 곡선의 ⊙ 가로축(횡축)과 ⓒ 세로축(종축)은 무엇을 나타내는가?

① ⊙ 자속밀도　　ⓒ 투자율
② ⊙ 자기장의 세기　ⓒ 자속밀도
③ ⊙ 자화의 세기　ⓒ 자기장의 세기
④ ⊙ 자기장의 세기　ⓒ 투자율

해설
문제 35번 해설 참조

38 히스테리시스손은 최대 자속밀도의 몇 승에 비례하는가?

① 1.2　　② 1.4
③ 1.6　　④ 1.8

해설
히스테리시스손 $P_h = \eta f B_m^{1.6} [\text{W/m}^2]$
　여기서, f : 주파수, B_m : 최대자속밀도

39 $f[\text{Hz}]$의 교류에 의해서 생기는 히스테리시스손은 자속밀도를 일정하게 하면 f의 몇 승에 비례하는가?

① 1　　② 1.4
③ 1.6　④ 1.8

해설
문제 38번 해설 참조

40 영구 자석 재료의 구비 조건에 관한 다음 설명 중 옳은 것은?

① 잔류자기가 크고 보자력이 작은 것이 좋다.
② 잔류자기가 작고 보자력이 큰 것이 좋다.
③ 잔류자기 및 보자력이 모두 작은 것이 좋다.
④ 잔류자기 및 보자력이 모두 큰 것이 좋다.

해설
- 영구 자석의 구비 조건 : 잔류자기, 보자력, 히스테리시스 곡선 면적 모두 큰 것
- 전자석의 구비 조건 : 잔류자기는 크고 보자력 및 히스테리시스 곡선 면적이 작은 것

정답 35 ③　36 ①　37 ②　38 ③　39 ①　40 ④

| SECTION 03 | 전자력 및 전자유도현상 |

1 전자력 ★★★

1) 플레밍의 왼손 법칙(전자력의 방향을 결정할 때 사용)

전동기의 원리가 되며 자계 내에 놓인 도체에 전류가 흐를 경우 도체가 받는 힘=전자력

① 작용하는 힘=전자력

$$F = IBl\sin\theta = I\mu_0 Hl\sin\theta = (\vec{I} \times \vec{B})l \, [\text{N}]$$

여기서, I : 전류, B : 자속밀도
l : 도체의 길이, H : 자계의 세기

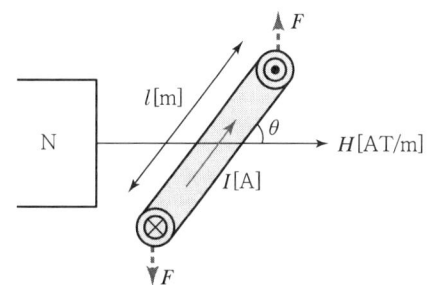

② 손가락의 방향

엄지 ⇨ 힘, 검지 ⇨ 자장(자속밀도), 중지 ⇨ 전류

③ 전자력에 따르는 일

$$W = \phi I = Fr \, [\text{J}], \quad 일률 \; P = \frac{W}{t} = \frac{\phi I}{t} \, [\text{W}]$$

④ 로렌츠의 힘

$$F = IBl\sin\theta = \frac{q}{t}Bl\sin\theta = qBv\sin\theta \, [\text{N}]$$

여기서, $q = e\,[\text{C}]$, B : 자속밀도$[\text{Wb/m}^2]$, v : 속도$[\text{m/s}]$

2) 평행 도선 사이에 작용하는 힘

평행한 두 도체가 $d\,[\text{m}]$만큼 떨어져 있고 각각의 도체에 I_1, I_2의 전류가 흐를 경우, 두 도체에 작용하는 힘 F는 다음과 같다.

① 단위 길이당 작용하는 힘

$$F = \frac{\mu_0 I_1 I_2}{2\pi d} = \frac{2I_1 I_2}{d} \times 10^{-7} \, [\text{N/m}]$$

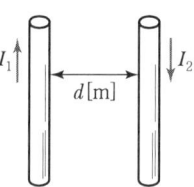

② 힘의 방향

㉠ 전류의 방향이 같은 경우 : 흡인력
㉡ 전류의 방향이 반대인 경우 : 반발력

3) 전자유도

① 자속 변화에 의한 유기기전력 : $e = -N\dfrac{d\phi}{dt}$ [V]

② 패러데이 법칙(유기기전력의 크기를 결정)
전자유도에 의해 회로에 발생하는 기전력은 자속 쇄교수의 시간에 대한 감쇄율에 비례한다.

③ 렌츠의 법칙(유기기전력의 방향을 결정)
전자유도에 의해서 생기는 유도전압의 방향은 쇄교자속의 변화를 방해하는 방향이 된다.

4) 플레밍의 오른손 법칙(발전기의 원리)

자계 내에 도체를 놓고 도체를 이동시키면 자속을 끊어 도체 양단에 전압이 유기되는 현상

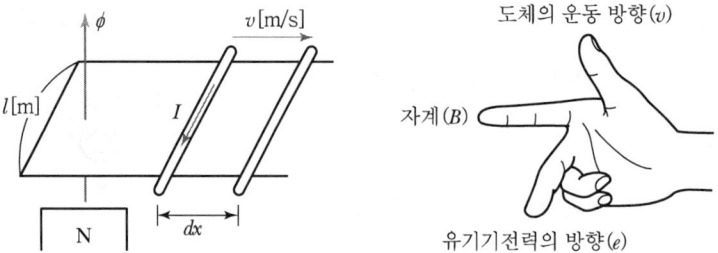

① 유기기전력

$$e = Blv\sin\theta = (\vec{v} \times \vec{B})l = \dfrac{F}{I} \cdot v \text{ [V]}$$

여기서, I : 전류, B : 자속밀도, l : 도선의 길이, v : 도체의 이동속도, θ : 자계와 이루는 각

② 손가락의 방향
엄지 ⇨ 속도, 검지 ⇨ 자장(자속밀도), 중지 ⇨ 유기기전력

5) 인덕턴스

자체 인덕턴스 L[H]은 전류에 대한 자속의 비이다. 전자유도작용에 의해 발생한 기전력의 크기는 전류의 시간적인 변화율에 비례한다. 즉, 코일 양단 사이에서 dt 동안에 전류의 변화가 di라면 발생하는 기전력은 다음과 같이 표시할 수 있다.

$e = -L\dfrac{di}{dt}$ [V]

여기서, 비례상수 L을 자기(자체) 인덕턴스라고 하며 항상 정(+)의 값을 갖는다.

① 자기 인덕턴스 $L = \dfrac{N\phi}{I}$ [H]

이때, 자기 인덕턴스의 단위는 Henry[H]이고 전류 1[A]에 대한 쇄교자속수가 1[Wb]일 때 1[H]로 정의한다.

② 코일에 흐르는 전류 변화에 따른 유기기전력 $e = -L\dfrac{di}{dt}$ [V]

③ 자기 인덕턴스의 단위 L [H=Ω·sec=$\dfrac{V}{A}$·sec]

④ 코일에 축적(저장)되는 에너지

$$W = \dfrac{1}{2}LI^2 = \dfrac{1}{2}\phi I = \dfrac{\phi^2}{2L} \text{ [J=W·sec]}$$

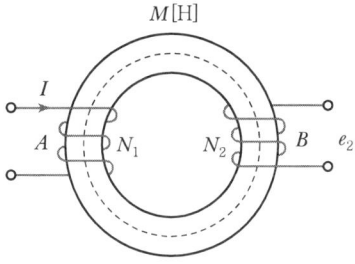

6) 솔레노이드의 자기 인덕턴스

① 환상 솔레노이드

㉠ 내부 자계의 세기

$$H = \dfrac{NI}{l} = \dfrac{NI}{2\pi r} \text{ [AT/m]}$$

㉡ 내부 자속

$$\phi = BS = \mu HS = \dfrac{\mu SNI}{l} \text{ [Wb]}$$

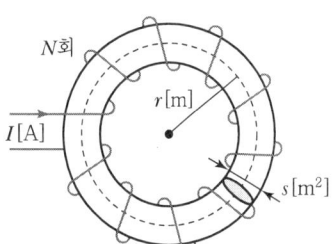

㉢ 자기 인덕턴스 $L = \dfrac{N\phi}{I} = \dfrac{N}{I} \times \dfrac{\mu SNI}{l} = \dfrac{\mu SN^2}{l} = \dfrac{\mu SN^2}{2\pi r} = \dfrac{N^2}{R_m}$ [H]

여기서, $R_m = \dfrac{l}{\mu S}$ [AT/m] : 자기저항, $l = 2\pi r$ [m] : 자로의 길이

② 무한장 솔레노이드

㉠ 내부 자계의 세기 $H = nI$ [AT/m]

㉡ 내부 자속 $\phi = BS = \mu HS = \mu SnI$

㉢ 자기 인덕턴스

$$L = \dfrac{N\phi}{I} = \dfrac{n}{I} \times \mu SNI = \mu Sn^2 = \mu \pi a^2 n^2 \text{ [H/m]}$$

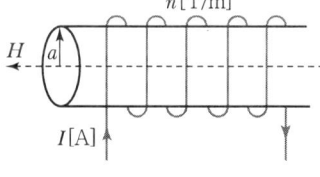

여기서, n [T/m] : 단위 길이당 권선 수, $S = \pi a^2$ [m²] : 원의 단면적

7) 상호 인덕턴스 M [H] : 코일과 코일 사이에 작용하는 인덕턴스

① 1차 측 전류 변화에 의한 2차 측 유기기전력

$$e_2 = \pm M \dfrac{di}{dt} \text{ [V]}$$

② 상호 인덕턴스

$$M = \dfrac{\mu S N_1 N_2}{l} [H] = \dfrac{2\text{차 권선 수} \times \text{쇄교자속}}{1\text{차 전류}}$$

8) 결합계수

유도 결합된 두 회로 간의 결합 정도를 표시하는 양을 결합계수(k)라 하며, $k = \dfrac{M}{\sqrt{L_1 L_2}}$으로 표현한다. 여기서, M은 상호 인덕턴스, L_1은 회로 1의 자기 인덕턴스, L_2는 회로 2의 자기 인덕턴스를 나타낸다. 실제적으로 k의 값은 $0 \leq k \leq 1$의 범위에 있다.

① 결합계수
$$k = \frac{M}{\sqrt{L_1 L_2}} = \sqrt{\frac{\phi_{12}}{\phi_1} \cdot \frac{\phi_{21}}{\phi_2}}$$

② 상호 인덕턴스
$$M = k\sqrt{L_1 L_2}\,[\text{H}]$$

③ 조건
  ㉠ 단, 누설자속이 없다=완전결합=이상결합($k = 1$)
  ㉡ 단, 쇄교자속이 없다($k = 0$).

④ 결합계수의 범위 $0 \leq k \leq 1$

9) 합성 인덕턴스 $L_0[\text{H}]$

인덕턴스의 직렬 연결은 다음과 같다.

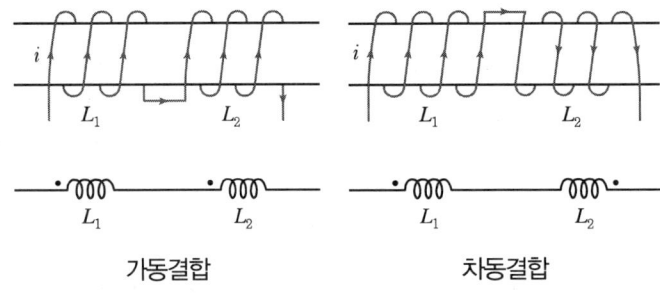

가동결합   차동결합

$L_0 = L_1 + L_2 \pm 2M[\text{H}] = L_1 + L_2 \pm 2k\sqrt{L_1 L_2}\,[\text{H}]$ (단, ⊕는 가동결합 ⊖는 차동결합)

10) 자화 시 필요한 자계 내 축적에너지

단위 체적당 에너지 밀도는 히스테리시스 곡선의 면적과 같으므로 아래와 같이 정의할 수 있다.

$$S = W_h = \int_0^B H\,dB\,[\text{J/m}^3]$$

$$W = \int_0^B H\,dB = \int_0^B \frac{B}{\mu}\,dB = \frac{B^2}{2\mu} = \frac{1}{2}\mu H^2 = \frac{1}{2}HB\,[\text{J/m}^3]$$

기출 및 예상문제

SECTION 03 | 전자력 및 전자유도현상

01 다음 중 전동기의 회전 방향과 관계있는 법칙은?

① 렌츠의 법칙   ② 플레밍의 오른손 법칙
③ 패러데이의 법칙   ④ 플레밍의 왼손 법칙

해설
- 앙페르의 오른나사 법칙 : 전류에 의한 자장의 방향 결정
- 비오-사바르 법칙 : 전류에 의한 자장의 크기 결정
- 플레밍의 오른손 법칙 : 발전기의 원리로 유기기전력의 크기 결정
- 플레밍의 왼손 법칙 : 전동기의 원리로 전자력의 방향 및 크기 결정
- 렌츠의 법칙 : 유기기전력의 방향 결정
- 패러데이 법칙 : 유기기전력의 크기 결정

02 다음 중 전자력과 관계되는 법칙은?

① 렌츠의 법칙
② 플레밍의 오른손 법칙
③ 플레밍의 왼손 법칙
④ 앙페르의 오른나사 법칙

해설
문제 1번 해설 참조

03 플레밍의 왼손 법칙에서 엄지손가락이 나타내는 것은?

① 자장   ② 전류
③ 힘   ④ 기전력

해설
플레밍의 왼손 법칙은 전동기의 원리가 되며 자계 내에 도체를 놓고 전류를 흘렸을 때 도체가 힘을 받아 회전하게 된다. 이때 도체에 작용하는 힘(전자력) $F = BIl\sin\theta$ [N]이다.
단, I : 전류, B : 자속밀도, l : 도체의 길이, θ : 자계와 이루는 각이며 전동기의 회전 방향을 결정하는 방법은 다음과 같다.
엄지 : 힘의 방향, 검지 : 자속밀도의 방향, 중지 : 전류의 방향

04 다음 그림에서 도체 A가 받는 힘의 방향으로 옳은 것은?

① ㉠
② ㉡
③ ㉢
④ ㉣

해설
플레밍의 왼손 법칙으로 엄지 → 힘, 검지 → 자속밀도, 중지 → 전류의 방향

05 공기 중에서 자속밀도 3[Wb/m²]의 평등 자장 중에 길이 50[cm]의 도선을 자장의 방향과 60°의 각도로 놓고 이 도체에 10[A]의 전류가 흐르면 도선에 작용하는 힘[N]은?

① 약 3   ② 약 13   ③ 약 30   ④ 약 300

해설
전자력 $F = BIl\sin\theta = 10 \times 3 \times 0.5 \times \sin 60° = 12.99$ [N]

06 자속밀도 0.2[Wb/m²]의 평등 자장 내에 길이 50[cm]의 전선을 자장과 직각으로 놓았을 때 0.2[N]의 힘이 작용하였다. 전선에 흐르는 전류[A]는?

① 0.1   ② 0.2   ③ 1   ④ 2

해설
$F = BIl\sin\theta$ [N]
$I = \dfrac{F}{Bl\sin\theta} = \dfrac{0.2}{0.2 \times 0.5 \times \sin 90°} = 2$ [A]

07 평등자장 내에 있는 도선에 전류가 흐를 때 자장의 방향과 어떤 각도로 되어 있으면 작용하는 힘이 최대가 되는가?

① 30°   ② 45°   ③ 60°   ④ 90°

정답 01 ④ 02 ③ 03 ③ 04 ① 05 ② 06 ④ 07 ④

해설

플레밍의 왼손 법칙에서 도체에 작용하는 전자력은 $F = IBl\sin\theta$ [N]이며, $\sin 90 = 1$이므로 $90°$일 때 전자력이 최대가 된다.

08 자속밀도 0.5[Wb/m²]의 자장 안에 자장과 직각으로 20[cm]의 도체를 놓고 이것에 10[A]의 전류를 흘릴 때 도체가 50[cm] 운동한 경우 한 일은 몇 [J]인가?

① 0.5 ② 1 ③ 1.5 ④ 5

해설
- 전자력 $F = IBl\sin\theta = 10 \times 0.5 \times 20 \times 10^{-2} \times \sin 90 = 1$[N]
- 도체가 운동한 경우 한 일 $W = Fr = 1 \times 50 \times 10^{-2} = 0.5$[J]

09 10[A]의 전류가 흐르고 있는 도선이 자계 내에서 운동하여 5[Wb]의 자속을 끊었다고 하면, 이때 전자력이 한 일은 몇 [J]인가?

① 25 ② 50 ③ 75 ④ 100

해설
전자력이 한 일 $W = \phi I = 5 \times 10 = 50$[J]
$W = Pt = eIt = N\dfrac{d\phi}{dt} \cdot I \cdot t \simeq \phi I$ [J]
여기서, N은 권수=1, $dt = t = 1$

10 5[Wb]의 자속을 어떤 도선이 끊으면서 20[J]의 일을 했다. 이때 흘린 전류는?

① 0.2 ② 4 ③ 20 ④ 100

해설
전자력이 한 일 $W = \phi I$, $I = \dfrac{W}{\phi} = \dfrac{20}{5} = 4$[A]

11 10[A]의 전류가 흐르고 있는 도선이 2[초] 동안 4[Wb]의 자속을 끊었다. 이 경우의 일률[W]은?

① 20 ② 2 ③ 80 ④ 200

해설
일률 $P = \dfrac{W}{t} = \dfrac{\phi I}{t} = \dfrac{4 \times 10}{2} = 20$[W] 또는
$P = VI = \dfrac{d\phi}{dt} I = \dfrac{4}{2} \cdot 10 = 20$[W]

12 평행한 두 도체에 같은 방향의 전류를 흘렸을 때, 두 도체 사이에 작용하는 힘은?

① 반발력 ② 힘이 작용하지 않는다.
③ 흡인력 ④ $\dfrac{I}{2\pi r}$의 힘

해설
$F = \dfrac{\mu_0 I_1 I_2}{2\pi d} = \dfrac{2I_1 I_2}{d} \times 10^{-7}$ [N/m]
㉠ 전류의 방향이 같은 경우 : 흡인력
㉡ 전류의 방향이 반대인 경우 : 반발력

13 평행한 왕복 도체에 흐르는 전류에 대한 작용력은?

① 흡인력 ② 반발력
③ 회전력 ④ 작용력이 없다.

해설
평행 도체 사이에 작용하는 힘의 방향은 반대 방향일 때 반발력, 동일 방향일 때 흡인력이 작용하므로 왕복 도체인 경우 반대 방향으로 반발력이 작용한다.

14 r[m] 떨어진 두 평행한 도체에 각각 I_1, I_2의 전류가 흐를 때 전선 단위 길이당 작용하는 힘[N/m]은?

① $\dfrac{I_1 I_2}{r} \times 10^{-7}$ ② $\dfrac{2I_1 I_2}{r} \times 10^{-7}$
③ $\dfrac{I_1 I_2}{r} \times 10^{7}$ ④ $\dfrac{2I_1 I_2}{r} \times 10^{7}$

해설
평행한 두 도선에 작용하는 힘
$F = \dfrac{\mu_0 I_1 I_2}{2\pi r} = \dfrac{2I_1 I_2}{r} \times 10^{-7}$ [N/m]

정답 08 ① 09 ② 10 ② 11 ① 12 ③ 13 ② 14 ②

15 공기 중에 5[cm] 간격을 유지하고 있는 2개의 평행 도선에 각각 10[A]의 전류가 동일한 방향으로 흐를 때 도선에 1[m]당 발생하는 힘의 크기 [N]는?

① 4×10^{-4} ② 2×10^{-5}
③ 4×10^{-5} ④ 2×10^{-4}

해설

평행한 두 도체 사이에 작용하는 힘

$F = \dfrac{\mu_0 I_1 I_2}{2\pi d} = \dfrac{2 I_1 I_2}{d} \times 10^{-7} [\text{N/m}]$

$= \dfrac{2 \times 10 \times 10}{5 \times 10^{-2}} \times 10^{-7} = 4 \times 10^{-4} [\text{N/m}] \times 1[\text{m}]$

$= 4 \times 10^{-4} [\text{N}]$

16 공기 중에 간격이 r[cm]인 2개의 평행 도선이 있다. 각 도선에 20[A]의 전류가 흐른다면 도선 1[km]에 작용하는 힘이 0.16[N]이었다. 이때 r의 값[cm]은?

① 10 ② 30
③ 50 ④ 80

해설

$F = \dfrac{2 I_1 I_2}{r} \times 10^{-7} \times l [\text{N}]$이므로 $2 I_1 I_2 \times 10^{-7} \times l = Fr$

$r = \dfrac{2I^2 \times 10^{-7} \times l}{F} = \dfrac{2 \times 20^2 \times 10^{-7} \times 10^3}{0.16} = 0.5[\text{m}]$

$\therefore r = 0.5 \times 10^2 = 50[\text{cm}]$

17 그림과 같이 직사각형 코일에 큰 전류를 흐르게 하면 코일의 모양은 어떻게 변하겠는가?

① 직사각형
② 정사각형
③ 삼각형
④ 원형

해설

평행 도체 사이에 반대 방향의 전류가 흐르면 반발력이 작용하기 때문에 코일은 원형으로 변화한다.

18 평등자계 B[Wb/m²] 속을 v[m/s]의 속도를 가진 전자가 움직일 때 받는 힘[N]은?

① $B^2 ev$ ② $\dfrac{ev}{B}$ ③ Bev ④ $\dfrac{Bv}{e}$

해설

로렌츠의 힘

$F = IBl\sin\theta = \dfrac{q}{t} Bl\sin\theta = qBv\sin\theta [\text{N}] = eBv [\text{N}]$

19 권수가 200인 코일에서 0.1초 사이에 0.4[Wb]의 자속이 변화하였다면, 코일에 발생되는 기전력은?

① 8[V] ② 200[V] ③ 800[V] ④ 2,000[V]

해설

유기기전력 $e = -N\dfrac{d\phi}{dt} = -200\dfrac{0.4}{0.1} = -800[\text{V}]$이나

보기에 "－"가 없으므로 크기로 간주한다.

20 전자유도 현상에 의하여 생기는 유도기전력의 크기를 결정하는 법칙은?

① 렌츠의 법칙 ② 패러데이 법칙
③ 앙페르의 법칙 ④ 플레밍의 오른손 법칙

해설

- 앙페르의 오른나사 법칙 : 전류에 의한 자장의 방향 결정
- 플레밍의 오른손 법칙 : 발전기의 원리로 유기기전력의 크기 결정
- 렌츠의 법칙 : 유기기전력의 방향 결정
- 패러데이 법칙 : 유기기전력의 크기 결정

21 자속 변화에 의한 유도기전력의 방향 결정은?

① 렌츠의 법칙 ② 패러데이의 법칙
③ 앙페르의 법칙 ④ 줄의 법칙

해설

렌츠의 법칙

전자유도에 의해 발생한 기전력의 방향은 그 유도 전류가 만든 자속이 항상 원래의 자속의 증가 또는 감소를 방해하려는 방향으로 발생한다.

22 "전자유도에 의해 생긴 기전력의 방향은 그 유도 전류가 만드는 자속이 항상 원래 자속의 증가 또는 감소를 방해하는 방향이다."라고 하는 법칙은?

① 옴의 법칙 ② 렌츠의 법칙
③ 쿨롱의 법칙 ④ 앙페르의 법칙

해설
문제 21번 해설 참조

23 패러데이의 전자유도 법칙에서 유도기전력의 크기는 코일을 지나는 (㉠)의 매초 변화량과 코일의 (㉡)에 비례한다. ㉠과 ㉡에 알맞은 내용은?

① ㉠ 자속, ㉡ 굵기 ② ㉠ 자속, ㉡ 권수
③ ㉠ 전류, ㉡ 권수 ④ ㉠ 전류, ㉡ 굵기

해설
유도기전력 $e = -N\dfrac{d\phi}{dt}$ [V]

여기서, N : 권수, dt : 시간의 변화, $d\phi$: 자속의 변화

24 길이 10[cm]의 도선이 자속밀도 1[Wb/m²]의 자장 속에서 자장과 수직 방향으로 3[sec] 동안에 15[m] 이동했다면 유기되는 기전력의 크기[V]는?

① 0.5 ② 5 ③ 50 ④ 300

해설
$e = Blv\sin\theta = 1 \times 0.1 \times \dfrac{15}{3} \times \sin 90° = 0.5$ [V]

여기서, $v = \dfrac{거리}{시간} = \dfrac{15}{3}$ [m/s]

25 자속밀도 B[Wb/m²] 되는 균등한 자계 내에 길이 l[m]의 도선을 자계에 수직인 방향으로 운동시킬 때 도선에 e[V]의 기전력이 발생한다면 이 도선의 속도[m/s]는?

① $Ble\sin\theta$ ② $Ble\cos\theta$
③ $\dfrac{Bl\sin\theta}{e}$ ④ $\dfrac{e}{Bl\sin\theta}$

해설
플레밍의 오른손 법칙에 의한 유도기전력 $e = Blv\sin\theta$ 에서 $v = \dfrac{e}{Bl\sin\theta}$ [m/s]

26 도체가 운동하는 경우 유도기전력의 방향을 알고자 할 때 유용한 법칙은?

① 렌츠의 법칙 ② 플레밍의 오른손 법칙
③ 플레밍의 왼손 법칙 ④ 비오-사바르 법칙

해설
- 렌츠의 법칙 : 전자유도현상에서 유도기전력의 방향
- 플레밍의 오른손 법칙 : 자기장 내에서 도체가 이동할 때 유도기전력의 방향(발전기의 원리)
- 플레밍의 왼손 법칙 : 자기장 내에서 도체에 전류가 흐를 때 힘의 방향(전동기의 원리)
- 비오-사바르 법칙 : 전류에 의한 자계의 세기를 결정

27 플레밍의 오른손 법칙에서 유도기전력의 방향을 나타내는 손가락은?

① 엄지 ② 검지 ③ 중지 ④ 약지

해설
엄지 → 운동의 방향, 검지 → 자장(자속밀도), 중지 → 유기기전력 방향

28 권수 N회인 코일에 I의 전류가 흘러 자속 ϕ가 생겼다면 인덕턴스[H]는?

① $L = \dfrac{N\phi}{I}$ ② $L = \dfrac{I\phi}{N}$
③ $L = \dfrac{NI}{\phi}$ ④ $L = \dfrac{\phi}{NI}$

해설
$LI = N\phi$, $L = \dfrac{N\phi}{I}$ [H]

29 $L = 0.05$[H]의 코일에 흐르는 전류가 0.05[sec] 동안에 2[A]가 변했다. 코일에 유도되는 기전력[V]은?

① 0.5[V] ② 2[V] ③ 10[V] ④ 25[V]

정답 22 ② 23 ② 24 ① 25 ④ 26 ② 27 ③ 28 ① 29 ②

해설

유도기전력 $e = -L\dfrac{di}{dt} = -0.05 \times \dfrac{2}{0.05} = -2[\text{V}]$

30 자기 인덕턴스의 단위[H]와 같은 단위를 나타내는 것은?

① $\dfrac{\Omega}{\text{s}}$ ② $\dfrac{\text{Wb}}{\text{V}}$ ③ $\dfrac{\text{A}}{\text{Wb}}$ ④ $\dfrac{\text{V s}}{\text{A}}$

해설

인덕턴스의 기호 및 단위 $L\left[\text{H} = \dfrac{\text{Wb}}{\text{A}} = \dfrac{\text{V}}{\text{A}} \cdot \text{sec} = \Omega \cdot \text{sec}\right]$

31 권선수 50인 코일에 5[A]의 전류가 흘렀을 때 10^{-3}[Wb]의 자속이 코일 전체를 쇄교하였다면 이 코일의 자기 인덕턴스는?

① 10[mH] ② 20[mH] ③ 30[mH] ④ 40[mH]

해설

$LI = N\phi$, $L = \dfrac{N\phi}{I}[H] = \dfrac{50 \times 10^{-3}}{5} \times 10^3 = 10[\text{mH}]$

32 L[H]의 코일에 I[A]의 전류가 흐를 때 저축되는 에너지[J]는?

① LI ② $\dfrac{1}{2}LI$ ③ LI^2 ④ $\dfrac{1}{2}LI^2$

해설

코일에 축적(저장)되는 에너지

$W = \dfrac{1}{2}LI^2 = \dfrac{1}{2}\phi I = \dfrac{\phi^2}{2L}$ [J = W·sec]

33 자체 인덕턴스 40[mH]의 코일에 10[A]의 전류가 흐를 때 저장되는 에너지는 몇 [J]인가?

① 2 ② 3 ③ 4 ④ 10

해설

저장되는 에너지 $W = \dfrac{1}{2}LI^2 = \dfrac{1}{2} \times 40 \times 10^{-3} \times 10^2 = 2[\text{J}]$

34 자기 인덕턴스에 축적되는 에너지에 대한 설명으로 가장 옳은 것은?

① 자기 인덕턴스 및 전류에 비례한다.
② 자기 인덕턴스 및 전류에 반비례한다.
③ 자기 인덕턴스에 비례하고 전류의 제곱에 비례한다.
④ 자기 인덕턴스에 반비례하고 전류의 제곱에 반비례한다.

해설

코일에 축적(저장)되는 에너지

$W = \dfrac{1}{2}LI^2 = \dfrac{1}{2}\phi I = \dfrac{\phi^2}{2L}$ [J = W·sec]이므로

자기 인덕턴스에 비례하고 전류의 제곱에 비례한다.

35 자체 인덕턴스 4[H]의 코일에 18[J]의 에너지가 저장되어 있다. 이때 코일에 흐르는 전류는 몇 [A]인가?

① 1 ② 2 ③ 3 ④ 6

해설

$W = \dfrac{1}{2}LI^2$ 에서 $I = \sqrt{\dfrac{2W}{L}} = \sqrt{\dfrac{2 \times 18}{4}} = 3[\text{A}]$

36 다음 ( ) 안에 들어갈 알맞은 내용은?

> 자기 인덕턴스 1[H]는 전류의 변화율 1[A/s]일 때, ( )가(이) 발생할 때의 값이다.

① 1[N]의 힘 ② 1[J]의 에너지
③ 1[V]의 기전력 ④ 1[Hz]의 주파수

해설

유도기전력 $e = -L\dfrac{di}{dt}$ 에서, 전류의 변화율 $1[\text{A/s}] = \dfrac{di}{dt}$ 이고

이때 자기 인덕턴스 $L = 1[\text{H}]$일 경우

$e = -L\dfrac{di}{dt} = -1 \times 1 = -1[\text{V}]$

37 코일의 성질에 대한 설명으로 틀린 것은?

① 공진하는 성질이 있다.
② 상호유도작용이 있다.
③ 전원 노이즈 차단기능이 있다.
④ 전류의 변화를 확대시키려는 성질이 있다.

해설

$e = -L\dfrac{di}{dt}$ 이므로 전압이 일정할 경우 $L[H]$은 증가하더라도 $I[A]$는 감소하려는 성질이 있다.

38 단면적 $A[m^2]$, 자로의 길이 $l[m]$, 투자율 $[\mu]$, 권수 N회인 환상 철심의 자기 인덕턴스 식은 어느 것인가?

① $\dfrac{\mu A N^2}{l}$ ② $\dfrac{l A N^2}{4\pi \mu}$

③ $\dfrac{4\pi \mu A N^2}{l}$ ④ $\dfrac{\mu l N^2}{A}$

해설

환상 솔레노이드(환상철심) 내의 인덕턴스

$L = \dfrac{\mu A N^2}{l}[H] = \dfrac{4\pi \times 10^{-7} \times A N^2}{l}[H] = \dfrac{N^2}{R_m}$

여기서, μ : 투자율, A : 면적, N : 권수
l : 길이, R_m : 자기저항

39 단면적 $4[cm^2]$, 자기 통로의 평균길이 $50[cm]$, 코일을 감은 횟수 1,000회, 비투자율 2,000인 환상 솔레노이드가 있다. 이 솔레노이드의 자체 인덕턴스는?(공기의 투자율 $\mu_0 = 4\pi \times 10^{-7}$임)

① 약 2[H]   ② 약 20[H]
③ 약 200[H]   ④ 약 2,000[H]

해설

$L = \dfrac{\mu S N^2}{l}[H]$

$= \dfrac{4\pi \times 10^{-7} \times 2,000 \times 4 \times 10^{-4} \times 1,000^2}{50 \times 10^{-2}} \fallingdotseq 2[H]$

40 코일의 자체 인덕턴스(L)와 권수(N)의 관계로 옳은 것은?

① $L \propto N$ ② $L \propto N^2$
③ $L \propto N^3$ ④ $L \propto \dfrac{1}{N}$

해설

$L = \dfrac{\mu S N^2}{l}[H]$이므로 $L \propto N^2$

41 코일의 자기 인덕턴스는 다음의 어떤 매질 상수에 비례하는가?

① 투자율   ② 유전율
③ 도전율   ④ 저항률

해설

$L = \dfrac{\mu S N^2}{l}[H]$이므로 $L \propto \mu$

42 단면적 $S[m^2]$, 단위 길이에 대한 권수가 $n_0[회/m]$인 무한히 긴 솔레노이드의 단위 길이당 자기 인덕턴스[H/m]를 구하면?

① $\mu S n_0$ ② $\mu S n_0^2$
③ $\mu S^2 n_0^2$ ④ $\mu S^2 n_0$

해설

무한장 솔레노이드의 자기 인덕턴스 $L = \mu S n_0^2 [H/m]$

43 2개의 코일을 서로 근접시켰을 때 한쪽 코일의 전류가 변화하면 다른 쪽 코일에 유도기전력이 발생하는 현상을 무엇이라고 하는가?

① 상호결합   ② 자체유도
③ 상호유도   ④ 자체결합

해설

상호유도
1차 측 코일에 전류를 흘려 발생하는 쇄교자속을 통해 2차 측 코일 양단에 전압을 유기하는 현상

정답 37 ④ 38 ① 39 ① 40 ② 41 ① 42 ② 43 ③

44 두 코일이 있다. 한 코일에 매초 전류가 150[A]의 비율로 변할 때 다른 코일에 60[V]의 기전력이 발생하였다면, 두 코일의 상호 인덕턴스는 몇 [H]인가?

① 0.4[H] ② 2.5[H]
③ 4.0[H] ④ 25[H]

해설

$e_2 = \pm M \dfrac{di}{dt}$ 에서 $60 = M \dfrac{150}{1}$, $\therefore M = \dfrac{60}{150} = 0.4[H]$

(단, 가동(+) 및 차동(−) 결합에 대한 부분은 무시한다.)

45 환상철심의 평균자로 길이 l[m], 단면적 A[m^2], 비투자율 μ_s, 권수 N_1, N_2인 두 코일의 상호 인덕턴스는?

① $\dfrac{2\pi \mu_s l N_1 N_2}{A} \times 10^{-7}$[H]

② $\dfrac{A N_1 N_2}{2\pi \mu_s l} \times 10^{-7}$[H]

③ $\dfrac{4\pi \mu_s A N_1 N_2}{l} \times 10^{-7}$[H]

④ $\dfrac{4\pi^2 \mu_s l N_1 N_2}{Al} \times 10^{-7}$[H]

해설

상호 인덕턴스 $M = \dfrac{\mu_0 \mu_s A N_1 N_2}{l} = \dfrac{4\pi \times 10^{-7} \mu_s A N_1 N_2}{l}$ [H]

46 감은 횟수 200회의 코일 P와 300회의 코일 S를 가까이 놓고 P에 1[A]의 전류를 흘릴 때 S와 쇄교하는 자속이 4×10^{-4}[Wb]이었다면 이들 코일 사이의 상호 인덕턴스는?

① 0.12[H] ② 0.12[mH]
③ 0.08[H] ④ 0.08[mH]

해설

$M = \dfrac{2\text{차 권선수} \times \text{쇄교자속}}{1\text{차 전류}} = \dfrac{300 \times 4 \times 10^{-4}}{1} = 0.12[H]$

47 자기 인덕턴스 L_1, L_2 상호 인덕턴스 M인 두 코일의 결합 계수가 k이면, 다음 중 어떤 관계인가?

① $M = \sqrt{L_1 L_2}$ ② $M = k\sqrt{L_1 L_2}$
③ $M = k^2 \sqrt{L_1 L_2}$ ④ $M = k^3 \sqrt{L_1 L_2}$

해설

결합 계수 $k = \dfrac{M}{\sqrt{L_1 L_2}}$ 이고, 상호 인덕턴스 $M = k\sqrt{L_1 L_2}$ [H]

48 자기 인덕턴스 L_1, L_2 상호 인덕턴스 M인 두 회로의 결합 계수가 1일 때의 관계식은 어느 것인가?

① $L_1 L_2 = M$ ② $\sqrt{L_1 L_2} = M$
③ $\sqrt{L_1 L_2} > M$ ④ $\sqrt{L_1 L_2} > M^2$

해설

상호 인덕턴스 $M = k\sqrt{L_1 L_2}$ [H]일 때 ($k=1$)이면, $M = \sqrt{L_1 L_2}$, $M^2 = L_1 L_2$

49 자기 인덕턴스 40[mH]와 90[mH]인 2개의 코일이 있다. 양 코일 사이에 누설자속이 없다고 하면 상호 인덕턴스는 몇 [mH]인가?

① 20 ② 40
③ 50 ④ 60

해설

누설자속이 없는 경우 결합 계수 $k = 1$이고, 상호 인덕턴스
$M = \sqrt{L_1 L_2} = \sqrt{(40 \times 10^{-3}) \times (90 \times 10^{-3})} = 0.06$ [H]
$= 0.06 \times 10^3 = 60$ [mH]

50 자기 인덕턴스가 각각 100[mH]와 400[mH]인 2개의 코일이 있다. 두 코일 사이에 상호 인덕턴스가 70[mH]이면 결합 계수는?

① 0.0035 ② 0.035
③ 0.35 ④ 3.5

정답 44 ① 45 ③ 46 ① 47 ② 48 ② 49 ④ 50 ③

해설

결합 계수

$$k = \frac{M}{\sqrt{L_1 L_2}} = \frac{70 \times 10^{-3}}{\sqrt{100 \times 10^{-3} \times 400 \times 10^{-3}}} = 0.35$$

51 자체 인덕턴스가 L_1, L_2의 두 원통 코일이 서로 직교하고 있다. 두 코일 사이의 상호 인덕턴스는?

① $L_1 + L_2$
② $L_1 L_2$
③ 0
④ $\sqrt{L_1 L_2}$

해설

코일이 서로 직교하면 쇄교자속이 발생하지 않기 때문에 결합 계수 $k=0$, 상호 인덕턴스 $M = k\sqrt{L_1 L_2} = 0$

52 자기 인덕턴스가 L_1, L_2 상호 인덕턴스가 M인 코일이 자기적으로 결합을 했을 때 합성 인덕턴스는?

① $L_1 + L_2 + M$
② $L_1 - L_2 + M$
③ $L_1 + L_2 \pm 2M$
④ $L_1 - L_2 + 2M$

해설

합성 인덕턴스 $L_0 = L_1 + L_2 \pm 2M = L_1 + L_2 \pm 2k\sqrt{L_1 L_2}$ [H]
※ 단, + : 가동결합(같은 방향 연결), − : 차동결합(반대 방향 연결)

53 두 코일의 자기 인덕턴스 L_1, L_2 상호 인덕턴스 M일 때, 두 코일을 같은 방향으로 직렬 연결할 때와 반대 방향으로 직렬 연결할 때에 합성 인덕턴스의 큰 쪽과 작은 쪽의 차이는 얼마인가?

① M
② $4M$
③ $L_1 + L_2$
④ $L_1 - L_2$

해설

같은 방향으로 직렬 연결 시 $L_0 = L_1 + L_2 + 2M$이고, 반대 방향으로 직렬 연결 시 $L_0 = L_1 + L_2 - 2M$이므로 큰 쪽 $L_0 = L_1 + L_2 + 2M$에서 작은 쪽 $L_0 = L_1 + L_2 - 2M$을 빼면 $(L_1 + L_2 + 2M) - (L_1 + L_2 - 2M)$이므로

이를 정리하면 다음과 같다.
$L_1 + L_2 + 2M - L_1 - L_2 + 2M = 4M$

54 두 개의 자체 인덕턴스를 직렬로 접속하여 합성 인덕턴스를 측정하였더니 95[mH]이었다. 한쪽 인덕턴스를 반대로 접속하여 측정하였더니 합성 인덕턴스가 15[mH]로 되었다. 두 코일의 상호 인덕턴스는?

① 20[mH]
② 40[mH]
③ 80[mH]
④ 160[mH]

해설

- 가동결합(같은 방향 연결) $L_+ = L_1 + L_2 + 2M = 95$[mH]
- 차동결합(반대 방향 연결) $L_- = L_1 + L_2 - 2M = 15$[mH]

$L_+ - L_- = 4M = 95 - 15 = 80$, $M = \frac{80}{4} = 20$[mH]

55 그림과 같은 회로를 고주파 브리지로 인덕턴스를 측정하였더니 그림 (a)는 40[mH], 그림 (b)는 24[mH]이었다. 이 회로의 상호 인덕턴스 M은?

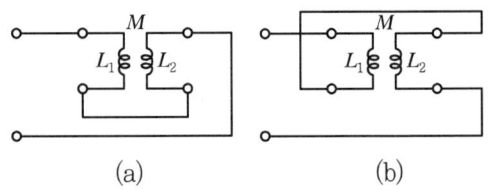

(a)   (b)

① 2[mH]   ② 4[mH]   ③ 6[mH]   ④ 8[mH]

해설

(a) 가동결합 : $L_0 = L_1 + L_2 + 2M = 40$
(b) 차동결합 : $L_0 = L_1 + L_2 - 2M = 24$
위의 두 식을 연립하여 풀면 다음과 같다.
$L_1 + L_2 + 2M - (L_1 + L_2 - 2M) = 4M = 40 - 24 = 16$
$\therefore M = 4$[mH]

56 0.25[H]와 0.23[H]의 자체 인덕턴스를 직렬로 접속할 때 합성 인덕턴스의 최댓값은 약 몇 [H]인가?

① 0.48[H]
② 0.96[H]
③ 4.8[H]
④ 9.6[H]

해설

합성 인덕턴스의 최댓값=가동결합이며, 결합계수 $k=1$일 때
$$L_0 = L_1 + L_2 + 2k\sqrt{L_1 L_2}$$
$$= 0.25 + 0.23 + 2\sqrt{0.25 \times 0.23} = 0.96[\text{H}]$$

57 자속밀도 B, 자장의 세기 H, 투자율 μ일 때 단위 체적당 저장되는 에너지[J/m³]의 식이 옳지 않은 것은?

① $\dfrac{1}{2}BH$ ② $\dfrac{1}{2}\mu H^2$

③ $\dfrac{B^2}{2\mu}$ ④ $\dfrac{BH}{2\mu}$

해설

단위 체적당 저장되는 에너지
$$W_H = \frac{\sigma^2}{2\mu} = \frac{B^2}{2\mu} = \frac{1}{2}H^2\mu = \frac{1}{2}HB[\text{J/m}^3]$$

58 전자석의 흡인력은 공극의 자속밀도를 B라 할 때, 다음 중 무엇에 비례하는가?

① B^2 ② $B^{1.6}$

③ $B^{\frac{1}{2}}$ ④ B

해설

전자석의 흡인력
$$f = \frac{F}{S}[\text{N/m}^2] = \frac{\sigma^2}{2\mu} = \frac{B^2}{2\mu} = \frac{1}{2}H^2\mu = \frac{1}{2}HB$$ 이므로
B^2에 비례한다.

정답 57 ④ 58 ①

CHAPTER 05 교류회로

SECTION 01 정현파 교류회로

1 정현파 교류회로 ★★★

1) 정현파 교류

① 사인파 교류(정현파 교류) : 시간과 더불어 크기 및 방향이 변화하며 주기적으로 같은 변화를 반복하는 전류, 전압을 각각 교류 전류, 교류전압이라 하고, 이들을 합쳐서 간단히 교류라 한다. 이때 시간에 따라 변화하는 모양을 파형이라 하고, 파형이 사인파(정현파)형으로 변할 때 사인파 교류 또는 정현파 교류라 한다.

② 주기 $T[\sec]$: 1사이클(1회전) 변화하는 데 걸리는 시간

③ 주파수 $f[Hz]$: 1초(단위 시간) 동안에 반복되는 사이클의 수

주파수가 $f[Hz]$라면 1[s] 동안에 동일한 변화가 f번 반복되므로, 주기 $T[s]$와 주파수 $f[Hz]$ 사이에는 다음 관계가 성립한다.

$$f = \frac{1}{T}[1/\sec = \sec^{-1} = Hz], \ T = \frac{1}{f}[\sec](\text{주기와 주파수의 관계})$$

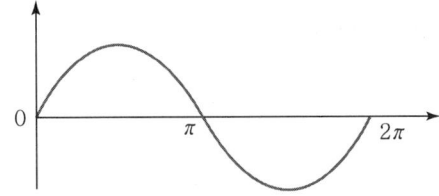

④ 각주파수(각속도)
- 단위 시간 동안 변화된 각도
- 어떤 물체가 어떠한 속도로 원운동 할 때 1초 동안 회전한 각도

$$\omega = \frac{\theta}{t} = \frac{2\pi}{T} = 2\pi f [\text{rad/sec}]$$

⑤ 위상(차) $\theta[\text{rad}]$: 주파수가 동일한 2개 이상의 교류 사이의 시간 차이

2) 정현파의 크기 표현법

① 순시값(Instantaneous Value)

시간에 대해서 순간순간 변화하는 값, 일반적으로 소문자로 표시한다.

$$v = V_m \sin(\omega t \pm \theta) \, [\text{V}] \qquad i = I_m \sin(\omega t \pm \theta) \, [\text{A}]$$

여기서, V_m : 최대전압, I_m : 최대전류, $\sin$: 교류의 파형(정현파)
ω : 각(角)속도, t : 시간, $\pm \theta$: 위상의 빠름(+) 또는 지연(-)

② 평균값(Average Value)

교류의 크기를 나타내는 또 다른 방법으로, 교류 순시값의 1주기 동안의 평균을 취하여 그 값을 교류의 크기로 정의한 값이다.

정현파의 경우에는 (+) 방향과 (-) 방향이 대칭이므로 1주기의 평균은 0이 된다.

따라서 정현파일 경우는 $\frac{1}{2}$ 주기 간의 평균을 취하여 평균값을 정의한다.

$$V_a = \frac{1}{T} \int_0^t v \, dt \, [\text{V}] = \frac{\text{면적}}{\text{주기}} = \text{가동코일형 계기의 지시값}$$

③ 실효값(Effective Value)

교류의 크기를 교류와 동일한 일을 하는 직류의 크기로 바꿔 나타냈을 때의 값을 교류의 실효값이라 한다.

$$V = \sqrt{\frac{1}{T} \int_0^t v^2 \, dt} = \text{열선형 계기의 지시값} = \sqrt{v^2 \text{의 한주기 간 평균값}}$$

> **REFERENCE**
> - 가동코일형 계기 : 코일에 흐르는 전류가 교류일 경우 구동력이 진동하므로 직류 계전기용으로만 사용할 수 있다. 속도, 위치, 수위, 온도 등의 검출 계전기로 적합하다.
> - 열선형 계기 : 전류를 통하고 있는 도선이 열에 의해 팽창하여 늘어나는 것을 이용하여 전류를 측정하는 열-전기형 계기이다.

3) 각 파형의 실효값과 평균값

① 정현파 및 정현전파

㉠ 정현파

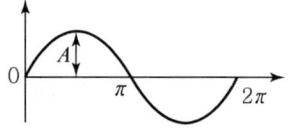

$i = I_m \sin \omega t \,[\text{A}]$ 정현파 전류가 주어진 경우

- 실효전류 $I = \sqrt{\dfrac{1}{T} \displaystyle\int_0^T i^2 \, dt}$

$= \sqrt{\dfrac{1}{2\pi} \displaystyle\int_0^{2\pi} (I_m \sin \theta)^2 \, d\theta} = \sqrt{\dfrac{I_m^2}{2\pi} \displaystyle\int_0^{2\pi} \sin^2 \theta \, d\theta}$ 이고,

여기에 $\sin^2 \theta = \dfrac{1}{2}(1 - \cos 2\theta)$를 적용하면,

$= \sqrt{\dfrac{I_m^2}{4\pi} \displaystyle\int_0^{2\pi} (1 - \cos 2\theta) \, d\theta}$ 이다.

이제 적분공식 $\displaystyle\int \cos 2\theta \, d\theta = \dfrac{1}{2} \sin 2\theta$ 를 적용하면,

$= \sqrt{\dfrac{I_m^2}{4\pi} \left[\theta - \dfrac{1}{2} \sin 2\theta \right]_0^{2\pi}} = \sqrt{\dfrac{I_m^2}{4\pi} [2\pi - 0]} = \boxed{\dfrac{I_m}{\sqrt{2}}}$

- 평균전류 $I_a = \dfrac{1}{T} \displaystyle\int_0^T i \, dt = \dfrac{1}{\pi} \displaystyle\int_0^\pi I_m \sin \theta \, d\theta$ 가 된다.

(단, 앞에서 설명한 바와 같이 정현파의 평균값은 반주기에서만 계산한다.)

$= \dfrac{I_m}{\pi} \displaystyle\int_0^\pi \sin \theta \, d\theta = \dfrac{I_m}{\pi} [-\cos \theta]_0^\pi = \dfrac{I_m}{\pi} [1+1] = \boxed{\dfrac{2}{\pi} I_m}$

㉡ 정현전파 : 정현파와 동일

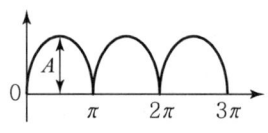

- 실효전류 $\boxed{I = \dfrac{I_m}{\sqrt{2}} = 0.707 \, I_m}$

- 평균전류 $\boxed{I_a = \dfrac{2 I_m}{\pi} = 0.637 \, I_m}$

▼ 각 파형별 실효값과 평균값의 정리

파형	정현파(정현전파)	정현반파	구형파	구형반파	삼각파(톱니파)
실효값	$\dfrac{V_m}{\sqrt{2}}$	$\dfrac{V_m}{2}$	V_m	$\dfrac{V_m}{\sqrt{2}}$	$\dfrac{V_m}{\sqrt{3}}$
평균값	$\dfrac{2 V_m}{\pi}$	$\dfrac{V_m}{\pi}$	V_m	$\dfrac{V_m}{2}$	$\dfrac{V_m}{2}$

② 파고율 및 파형률

구형파를 기준으로 할 때, 비정현적인 파형이 어느 정도 일그러졌는가를 나타내는 척도로 파형률과 파고율을 사용한다.

㉠ 파고율 = $\dfrac{최댓값}{실효값}$

㉡ 파형률 = $\dfrac{실효값}{평균값}$

▼ 파형에 따른 파형률과 파고율의 비교

파형	파형률	파고율
구형파	1	1
정현파	1.11	1.414
삼각파	1.15	1.732
정현반파	1.57	2

③ 가우스 평면(복소평면)

일반적으로 복소수 $Z = a + jb$라 표현하고, 아래 그림처럼 좌표로 나타낼 수 있으며 이를 가우스 평면(복소평면)이라 한다.

$j = 1 \angle 90$

- 복소수의 크기 $|Z| = \sqrt{실수^2 + 허수^2} = \sqrt{a^2 + b^2}$
- 위상(편각) $\theta = \tan^{-1}\dfrac{b}{a} = \tan^{-1}\dfrac{허수}{실수}$

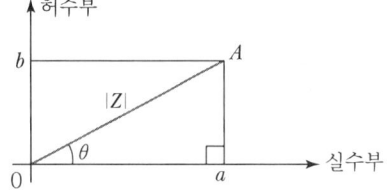

④ 복소수의 극형식 및 함수의 표현법

복소평면에서 정의했듯이 복소수의 크기 $|Z|$와 위상 θ는 다음과 같다.

$|Z| = \sqrt{a^2 + b^2}$, $\sin\theta = \dfrac{b}{|Z|}$, $\cos\theta = \dfrac{a}{|Z|}$ 이므로

$a = |Z|\cos\theta$, $b = |Z|\sin\theta$이고, 이것을 $Z = a + jb$에 대입하면

$Z = |Z|\cos\theta + j|Z|\sin\theta = |Z|(\cos\theta + j\sin\theta) = |Z|e^{j\theta}$

$= |Z| \angle \theta$로 표현할 수 있다.

㉠ 복소수(직교좌표) 표현법 $Z = a + jb$

㉡ 삼각함수 표현법 $Z = 크기(\cos\theta + j\sin\theta) = |Z|(\cos\theta + j\sin\theta)$

㉢ 지수함수 표현법 $Z = 크기\, e^{각도} = |Z|e^{j\theta}$

㉣ 극형식 표현법 $Z = 크기 \angle 각도 = |Z| \angle \theta$

㉤ 순시값 표현법 $Z = 최댓값 \sin(\omega t \pm 각도) = \sqrt{2}\,|Z|\sin(\omega t \pm \theta)$

단, 최댓값 = 실효값 $\times \sqrt{2}$, 실효값 $|Z| = \sqrt{a^2 + b^2}$

기출 및 예상문제

SECTION 01 | 정현파 교류회로

01 $\frac{\pi}{6}$ [rad]는 몇 도인가?

① 30° ② 45°
③ 60° ④ 90°

해설

호도법에서 π는 $180°$이므로 $\frac{\pi}{6} = 30°$

02 주파수가 100[Hz]인 교류의 주기[sec]는?

① 0.01 ② 0.02
③ 0.05 ④ 50

해설

주기 $T = \frac{1}{f} = \frac{1}{100} = 0.01$ [sec]

03 정현파의 주기가 0.02[sec]일 때의 주파수 [Hz]는?

① 50 ② 100
③ 150 ④ 200

해설

주파수 $f = \frac{1}{T} = \frac{1}{0.02} = 50$[Hz]

04 주파수 f[Hz]인 교류 발전기에서 t[s] 사이의 각속도[rad/sec]는 얼마인가?

① $2\pi f$ ② $3\pi f$
③ $4\pi f$ ④ $6\pi f$

해설

각속도 $\omega = \frac{\theta}{T} = \frac{2\pi}{\frac{1}{f}} = 2\pi f$ [rad/sec]

05 각주파수 $\omega = 100\pi$[rad/sec]일 때 주파수 f[Hz]는?

① 50[Hz] ② 60[Hz]
③ 300[Hz] ④ 360[Hz]

해설

$\omega = 2\pi f = 100\pi$[rad/sec], $f = \frac{100\pi}{2\pi} = 50$[Hz]

06 어떤 물체가 1초 동안에 30회 회전할 때 각속도는 몇 [rad/s]인가?

① 30π ② 30
③ 60 ④ 60π

해설

1초 동안에 30회 회전 = f(주파수) = 30[Hz]
∴ $\omega = 2\pi f = 2\pi \times 30 = 60\pi$[rad/s]

07 각속도 $\omega = 377$[rad/sec]인 사인파 교류의 주파수[Hz]는?

① 30 ② 60
③ 90 ④ 120

해설

$\omega = 2\pi f = 377$[rad/s], $f = \frac{377}{2\pi} = 60.03$[Hz]

08 $e = 100\sin\left(377t - \frac{\pi}{6}\right)$[V]인 파형의 주파수 f[Hz]는?

① 40 ② 60
③ 80 ④ 100

해설

$e = E_m \sin(\omega t - \theta)$[V]에서, 각속도 $\omega = 2\pi f = 377$
$f = \frac{377}{2\pi} = 60$[Hz]

정답 01 ① 02 ① 03 ① 04 ① 05 ① 06 ④ 07 ② 08 ②

09 $e = 100\sqrt{2}\sin(100\pi t - \frac{\pi}{3})$[V]인 정현파 교류전압의 주파수는 얼마인가?

① 120　② 60　③ 30　④ 50

해설
$e = E_m \sin(\omega t - \theta)$[V]에서,
각속도 $\omega = 2\pi f = 100\pi$, $f = \frac{100\pi}{2\pi} = 50$[Hz]

10 사인파 교류전류를 표시한 것으로 잘못된 것은?(단, θ는 회전각이며, ω는 각속도이다.)

① $i = I_m \sin\theta$　② $i = I_m \sin\omega t$
③ $i = I_m \sin 2\pi t$　④ $i = I_m \sin\frac{2\pi}{T}t$

해설
교류전류의 순시값 $i = I_m \sin(\omega t \pm \theta)$이다.
각속도 $\omega = 2\pi f = \frac{2\pi}{T}$[rad/sec], $\omega = \frac{\theta}{t}$[rad/sec], $\theta = \omega t$

11 $e = 200\sin(100\pi t)$[V]의 교류전압에서 $t = \frac{1}{600}$초일 때, 순시값은?

① 100[V]　② 173[V]　③ 200[V]　④ 346[V]

해설
$e = 200\sin\left(100\pi \times \frac{1}{600}\right) = 200\sin\frac{\pi}{6} = 100$[V]
$\left(\frac{\pi}{6} = 30°,\ \sin 30° = \frac{1}{2}\right)$

12 $V_1 = V_{m1}\sin(\omega t + \theta_1)$과 $V_2 = V_{m2}\sin(\omega t + \theta_2)$인 두 사인파 교류가 동상이 될 수 있는 조건은?

① $\theta_1 > \theta_2$　② $\theta_1 \neq \theta_2$
③ $\theta_1 < \theta_2$　④ $\theta_1 = \theta_2$

해설
두 사인파가 동상이 되기 위한 조건=위상차가 0인 상태,
$\theta_1 - \theta_2 = 0$, ∴ $\theta_1 = \theta_2$

13 $V_1 = 100\sin(\omega t + \phi)$와 $V_2 = 200\sin(\omega t - \alpha)$와의 위상차는?

① $\phi + \alpha$　② $\phi - \alpha$
③ $2\omega t + \phi - \alpha$　④ $\omega t + \phi - \alpha$

해설
$\theta = \theta_1 - \theta_2 = \phi - (-\alpha) = \phi + \alpha$

14 $v = V_m \sin(\omega t + 30°)$[V], $i = I_m \sin(\omega t - 30°)$[A]일 때 전압을 기준으로 할 때 전류의 위상차는?

① 60° 뒤진다.　② 60° 앞선다.
③ 30° 뒤진다.　④ 30° 앞선다.

해설
전압은 초기 위상이 30° 빠르기(앞서기) 때문에 −30°에서 시작하는 정현파이고, 전류는 초기 위상이 30° 느린(뒤지는) 파형이므로 +30°에서 시작하는 정현파이다. 이를 그림으로 옮기면 다음과 같다.

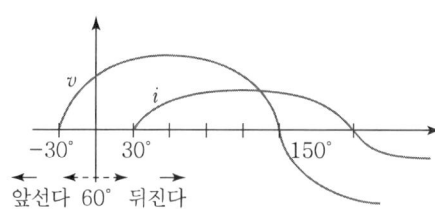

결국, 그림에서 보듯이 전류파형이 전압파형보다 60° 뒤진다(느리다).

15 다음 전압과 전류의 위상차는 어떻게 되는가?

- $v = \sqrt{2}\,V\sin\left(\omega t - \frac{\pi}{3}\right)$[V]
- $i = \sqrt{2}\,I\sin\left(\omega t - \frac{\pi}{6}\right)$[A]

① 전류가 $\frac{\pi}{3}$만큼 앞선다.
② 전압이 $\frac{\pi}{3}$만큼 앞선다.

정답 09 ④　10 ③　11 ①　12 ④　13 ①　14 ①　15 ④

③ 전압이 $\frac{\pi}{6}$ 만큼 앞선다.

④ 전류가 $\frac{\pi}{6}$ 만큼 앞선다.

해설
전압파형은 원점을 기준으로 60° 느리게 시작하고, 전류파형은 30° 느리게 시작한다.
따라서 전압이 전류보다 30° = $\frac{\pi}{6}$ 느리게 되며, 반대로 전류가 전압보다 30° = $\frac{\pi}{6}$ 앞선다.

16 60[Hz]의 두 개의 교류전압이 있는데 위상차가 $\frac{\pi}{3}$[rad]일 때 위상차를 시간으로 표시하면 몇 [sec]인가?

① $\frac{1}{20}$ ② $\frac{1}{180}$ ③ $\frac{1}{360}$ ④ $\frac{1}{720}$

해설
$\theta = \omega t$, $t = \frac{\theta}{\omega}$ 에서 위상차 $\theta = \frac{\pi}{3}$, $f = 60$ 일 때
$t = \frac{\theta}{2\pi f} = \frac{\frac{\pi}{3}}{2\pi \times 60} = \frac{\frac{\pi}{3}}{120\pi} = \frac{\pi}{360\pi} = \frac{1}{360}$ [sec]

17 일반적으로 교류전압계의 지시값은 다음의 어떤 것을 나타내는가?

① 순시값 ② 평균값
③ 실효값 ④ 최댓값

해설
열선형 계기의 지시값 = 교류전압계 및 전류계의 측정값
= 실효값

18 교류는 시간에 따라 그 크기가 변화하므로 교류의 크기를 일반적으로 나타내는 값은?

① 순시값 ② 최솟값
③ 실효값 ④ 평균값

해설
교류의 크기를 일반적으로 표현한 값 = 실효값

19 사인파의 실효값은?

① $\frac{V_m}{\pi}$ ② $\frac{V_m}{\sqrt{2}}$ ③ $\frac{V_m}{\sqrt{3}}$ ④ $\frac{V_m}{2}$

해설
정현파 실효값 : $\frac{최댓값}{\sqrt{2}} = \frac{V_m}{\sqrt{2}}$

20 $e = 141.4\sin(100\pi t)$[V]의 교류전압이 있다. 이 교류전압의 실효값은?

① 40 ② 70 ③ 100 ④ 141.4

해설
순시값 $e = E_m \sin(\omega t \pm \theta)$[V]
실효값 $E = \frac{E_m}{\sqrt{2}} = \frac{141.4}{\sqrt{2}} ≒ 100$[V]
또는 $0.707 \times 141.4 ≒ 100$

21 정현파 교류에 있어서 최댓값은 실효값의 몇 배인가?

① 2 ② $\sqrt{2}$ ③ $\sqrt{3}$ ④ $\frac{2}{\pi}$

해설
실효값 $E = \frac{E_m}{\sqrt{2}}$, 최댓값 $E_m = \sqrt{2} E$

22 교류 100[V]의 최댓값[V]은 약 얼마인가?

① 90 ② 100 ③ 111 ④ 141

해설
실효값 $E = \frac{E_m}{\sqrt{2}}$
최댓값 $E_m = \sqrt{2} E = \sqrt{2} \times 100 = 100\sqrt{2} = 141$[V]

23 실효값 5[A], 주파수 f[Hz], 위상 60°인 전류의 순시값 i[A]를 수식으로 표현한 것은?

① $i = 5\sqrt{2} \sin(2\pi ft + \frac{\pi}{2})$[A]

② $i = 5\sqrt{2} \sin(2\pi ft + \frac{\pi}{3})$[A]

정답 16 ③ 17 ③ 18 ③ 19 ② 20 ③ 21 ② 22 ④ 23 ②

③ $i = 5\sin\left(2\pi ft + \dfrac{\pi}{2}\right)$[A]

④ $i = 5\sin\left(2\pi ft + \dfrac{\pi}{3}\right)$[A]

해설

순시전류 $i = I_m \sin(wt \pm \theta)$
$= \sqrt{2}\,I\sin(wt \pm \theta) = 5\sqrt{2}\,\sin\left(2\pi ft + \dfrac{\pi}{3}\right)$[A]

24 다음 중 최댓값이 100[V]인 사인파 교류의 평균값은?

① 141   ② 52.8   ③ 59.6   ④ 63.7

해설

$V_a = \dfrac{2V_m}{\pi} = 0.637\,V_m = 0.637 \times 100 = 63.7$[V]

25 어떤 사인파 교류전압의 평균값이 191[V]이면 최댓값은 약 몇 [V]인가?

① 150[V]   ② 250[V]   ③ 300[V]   ④ 400[V]

해설

$V_a = \dfrac{2V_m}{\pi} = 0.637\,V_m$ 에서

$V_m = \dfrac{V_a}{0.637} = \dfrac{191}{0.637} ≒ 300$[V]

26 가정용 전등 전압이 200[V]이다. 이 교류의 최댓값은 몇 [V]인가?

① 70.7   ② 86.7   ③ 141.4   ④ 282.8

해설

$V = \dfrac{V_m}{\sqrt{2}} = 0.707\,V_m$ 에서

$V_m = \dfrac{V}{0.707} = \dfrac{200}{0.707} = 282.8$[V]

27 어떤 교류전압의 평균값이 382[V]일 때 실효값은 약 얼마인가?

① 164   ② 240   ③ 365   ④ 424

해설

$V_a = \dfrac{2V_m}{\pi} = 0.637\,V_m$ 에서 $V_m = \dfrac{382}{0.637} = 599.68$[V]

$V = \dfrac{V_m}{\sqrt{2}} = 0.707\,V_m = 0.707 \times 599.68 = 423.97$[V]

28 100[V], 100[W] 가정용 백열전구의 전압 평균값은 몇 [V]인가?

① 약 90   ② 약 100   ③ 약 110   ④ 약 141

해설

$V = \dfrac{V_m}{\sqrt{2}} = 0.707\,V_m$ 에서

$V_m = \dfrac{V}{0.707} = \dfrac{100}{0.707} = 141.44$[V]

$V_a = \dfrac{2V_m}{\pi} = 0.637\,V_m$ 에서 $V_a = 0.637 \times 141.44 ≒ 90$[V]

29 파형률을 옳게 나타낸 것은?

① $\dfrac{\text{최댓값}}{\text{실효값}}$ ② $\dfrac{\text{실효값}}{\text{최댓값}}$

③ $\dfrac{\text{평균값}}{\text{실효값}}$ ④ $\dfrac{\text{실효값}}{\text{평균값}}$

해설

파고율 = $\dfrac{\text{최댓값}}{\text{실효값}}$, 파형률 = $\dfrac{\text{실효값}}{\text{평균값}}$

30 파고율을 옳게 나타낸 것은?

① $\dfrac{\text{최댓값}}{\text{실효값}}$ ② $\dfrac{\text{실효값}}{\text{최댓값}}$

③ $\dfrac{\text{평균값}}{\text{실효값}}$ ④ $\dfrac{\text{실효값}}{\text{평균값}}$

해설

문제 29번 해설 참조

31 정현파 교류의 파형률은?

① $\sqrt{2}$ ② $\dfrac{1}{\sqrt{2}}$ ③ 1.11   ④ 1.57

정답 24 ④   25 ③   26 ④   27 ④   28 ①   29 ④   30 ①   31 ③

해설

파형률 = $\dfrac{\text{실효값}}{\text{평균값}} = \dfrac{\dfrac{V_m}{\sqrt{2}}}{\dfrac{2V_m}{\pi}} = \dfrac{\pi}{2\sqrt{2}} = 1.11$

32 파형률과 파고율이 똑같고 그 값이 1에 해당하는 파형은?

① 구형파　② 삼각파　③ 반원파　④ 정현파

해설

구형파 $V = V_m$, $V_a = V_m$ 이므로

파고율 = $\dfrac{\text{최댓값}}{\text{실효값}} = \dfrac{V_m}{V_m} = 1$

파형률 = $\dfrac{\text{실효값}}{\text{평균값}} = \dfrac{V_m}{V_m} = 1$

33 삼각파의 파형률은 얼마인가?

① 1.11　② 1.57　③ 1　④ 1.15

해설

파형률 = $\dfrac{\text{실효값}}{\text{평균값}} = \dfrac{\dfrac{V_m}{\sqrt{3}}}{\dfrac{V_m}{2}} = \dfrac{2}{\sqrt{3}} = 1.15$

34 $i = I_m \sin \omega t$ [A]인 사인파 교류에서 ωt가 몇 도일 때 순시값과 실효값이 같게 되는가?

① 30°　② 45°　③ 60°　④ 90°

해설

순시값 $I_m \sin \omega t$ [A] = 실효값 $\dfrac{I_m}{\sqrt{2}}$ 이므로

$\sin \omega t = \dfrac{1}{\sqrt{2}}$ 이다.

$\therefore \omega t = \sin^{-1} \dfrac{1}{\sqrt{2}} = 45°$

35 사인파 교류를 복소수로 나타내어 교류회로를 계산하는 방법을 기호법이라 하는데, 이 복소수는 (　)와 (　)로 이루어진다. (　) 안에 들어갈 말로 적당한 것은?

① 양수, 음수　② 양수, 실수
③ 허수, 음수　④ 실수, 허수

해설

복소수는 실수축(가로), 허수축(세로)으로 이루어진 가우스 평면에 표현할 수 있다.

36 $I = 8 + j6$ [A]로 표시되는 전류의 크기는 얼마인가?

① 6　② 8　③ 10　④ 12

해설

$|I| = \sqrt{8^2 + 6^2} = 10$ [A]

37 $i = 10\sqrt{2} \sin\left(\omega t + \dfrac{\pi}{6}\right)$ [A]를 복소수로 표시한 것은?

① $5 + j5\sqrt{3}$　② $5\sqrt{3} + j5$
③ $5 - j5\sqrt{4}$　④ $5\sqrt{3} - j5$

해설

$i = 10\sqrt{2} \sin\left(\omega t + \dfrac{\pi}{6}\right)$ [A]

$= 10 \angle 30° = 10(\cos 30° + j\sin 30°)$

$= 10\left(\dfrac{\sqrt{3}}{2} + j\dfrac{1}{2}\right) = 5\sqrt{3} + j5$ [A]

38 $V_1 = 120\sqrt{2} \sin \omega t$와 $V_2 = 160\sqrt{2} \sin\left(\omega t + \dfrac{\pi}{3}\right)$의 합성전압의 크기는?

① 135.6　② 243.3
③ 152.7　④ 158.1

해설

$V_1 = 120(\cos 0 + j\sin 0) = 120$

$V_2 = 160(\cos 60 + j\sin 60) = 80 + j80\sqrt{3}$

$\therefore V_1 + V_2 = 120 + (80 + j80\sqrt{3}) = 200 + j80\sqrt{3}$

$\therefore$ 합성전압의 크기

$|V| = \sqrt{200^2 + (80\sqrt{3})^2} = 40\sqrt{37} = 243.3$

정답 32 ①　33 ④　34 ②　35 ④　36 ③　37 ②　38 ②

39 $i_1 = 8\sqrt{2}\sin\omega t$[A], $i_2 = 4\sqrt{2}\sin(\omega t + 180°)$[A]과의 차에 상당한 전류의 실효값은?

① 4[A] ② 6[A]
③ 8[A] ④ 12[A]

해설

$i_1 = 8\sqrt{2}\sin\omega t$ [A] $= 8\angle 0° = 8(\cos 0° + j\sin 0°) = 8$[A]
$i_2 = 4\sqrt{2}\sin(\omega t + 180°)$ [A]
$= 4\angle 180° = 4(\cos 180° + j\sin 180°) = -4$[A]이므로
$i_1 - i_2 = 8 - (-4) = 12$ [A]

40 $A_1 = 20(\cos 60 + j\sin 60)$, $A_2 = 10(\cos 45 + j\sin 45)$일 때 $A = \dfrac{A_1}{A_2}$의 편각은?

① 60° ② 45°
③ 30° ④ 15°

해설

복소수의 나눗셈은 크기는 나누고, 각도는 뺀다.
(결과 : 크기와 각도로 표현)
$A_1 = 20(\cos 60 + j\sin 60) = 20\angle 60$
$A_2 = 10(\cos 45 + j\sin 45) = 10\angle 45$이므로
$A = \dfrac{A_1}{A_2} = \dfrac{20}{10}\angle 60 - 45 = 2\angle 15°$,
따라서 편각(위상)은 15°이다.

41 $A_1 = 6 + j8$, $A_2 = 3 + j4$에서 $\dfrac{A_1}{A_2}$는?

① $2 + j2$ ② $18 + j32$
③ 18 ④ 2

해설

$\dfrac{A_1}{A_2} = \dfrac{6 + j8(3 - j4)}{3 + j4(3 - j4)} = \dfrac{18 - j24 + j24 - j^2 32}{9 - j12 + j12 - j^2 16} = \dfrac{50}{25} = 2$
단, $j^2 = -1$

42 $A = 20(\cos 30 + j\sin 30)$인 벡터에 j를 곱한 벡터는?

① $20\angle -30°$ ② $20\angle 30°$
③ $20\angle 120°$ ④ $20\angle -120°$

해설

A를 극형식으로 표현 : $A = 20\angle 30°$, $j = 1\angle 90°$
∴ $A \times j = 20\angle 30 \times 1\angle 90 = 20\angle 120°$

43 $A_1 = 6\left(\cos\dfrac{\pi}{6} + j\sin\dfrac{\pi}{6}\right)$, $A_2 = 5\left(\cos\dfrac{\pi}{3} + j\sin\dfrac{\pi}{3}\right)$인 두 벡터의 곱은?

① $30\angle \dfrac{\pi}{6}$ ② $30\angle \dfrac{\pi}{3}$
③ $30\angle \dfrac{\pi}{2}$ ④ $30\angle -\dfrac{\pi}{2}$

해설

$A_1 = 6\angle 30$, $A_2 = 5\angle 60$
∴ $A_1 \cdot A_2 = 6\angle 30 \times 5\angle 60 = 30\angle 90 = 30\angle\dfrac{\pi}{2}$
(극형식의 곱셈은 크기는 곱하고 각도는 더한다.)

정답 39 ④ 40 ④ 41 ④ 42 ③ 43 ③

SECTION 02 RLC 기본 교류회로

1 저항(R)만의 회로 ★★★

그림과 같이 $R[\Omega]$의 저항에 $v = V_m \sin \omega t \,[V]$의 사인파 교류 순시전압을 가할 때 회로에 흐르는 순시전류를 구해보면 다음과 같다.

$v = V_m \sin \omega t = \sqrt{2}\, V \sin \omega t \,[V]$

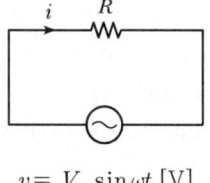

$v = V_m \sin \omega t \,[V]$

1) 순시전류(i)

$i = \dfrac{v}{R} = \dfrac{V_m}{R} \sin \omega t = I_m \sin \omega t [A]$

2) 위상차

전압과 전류의 초기 위상이 모두 0°이므로 그림과 같이 출발점이 같은 전압과 전류는 동(위)상이다.

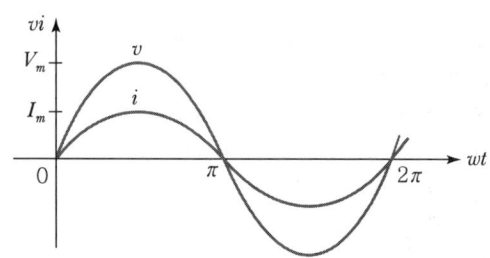

3) R에 대한 임피던스 $Z[\Omega]$: 교류에 대한 저항 성분

- $Z = \dfrac{V}{I} = \dfrac{\dfrac{V_m}{\sqrt{2}} \angle 0}{\dfrac{I_m}{\sqrt{2}} \angle 0} = \dfrac{\dfrac{V_m}{\sqrt{2}} \angle 0}{\dfrac{\dfrac{V_m}{R}}{\sqrt{2}} \angle 0} = \dfrac{\dfrac{V_m}{\sqrt{2}} \angle 0}{\dfrac{V_m}{\sqrt{2}\,R} \angle 0} = R \angle 0$

- $R \angle 0 = R(\cos \theta + j \sin \theta) = R(\cos 0° + j \sin 0°) = R[\Omega]$ (실수만 존재)

4) θ 관계

$\omega = \dfrac{\theta}{t}$ 에서 $\theta = \omega t = 2\pi f = 0$ 이므로 시불변 소자, 주파수와 무관한 소자이다.

5) R만의 회로의 옴의 법칙

① 최대전류 $I_m = \dfrac{V_m}{Z} = \dfrac{V_m}{R}$ [A] (여기서, V_m : 최대전압)

② 실효전류 $I = \dfrac{V}{Z} = \dfrac{V}{R}$ [A]

2 인덕턴스(L)만의 회로 ★★★

코일에 흐르는 전류를 변화시키면, 전류의 변화율에 비례하여 코일에 유도기전력이 생겨 전류의 흐름을 방해하게 된다. 이를 이용하여 그림과 같이 L[H]의 인덕턴스에 $i = I_m \sin \omega t$ [A]의 순시전류를 가할 때, L에 걸리는 역기전력과 단자전압을 구해보면 다음과 같다.

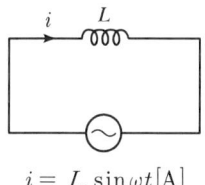

$i = I_m \sin \omega t$ [A]

1) 역기전력

전자유도 법칙에 의해 코일 양단에는 $e = -L\dfrac{di}{dt}$ [V]의 크기를 갖는 역기전력이 발생한다.

2) 단자전압 $v = -e$ [V] = $|e|$ (역기전력과 방향이 반대)

$v = L\dfrac{di}{dt}$ [V] $= L\dfrac{d}{dt} I_m \sin \omega t = \omega L I_m \cos \omega t$ [V]

∴ $v = \omega L I_m \sin(\omega t + 90°)$ [V] (이때, $V_m = \omega L I_m = \sqrt{2}\, V_m$ 이다.)

3) 위상차

L만의 회로에 투입한 전류와 전압의 초기 위상을 비교하면 전류는 0°에서 출발하고 전압은 90° 빠르게(앞서기) 시작하기 때문에 도시화하면 아래와 같다.

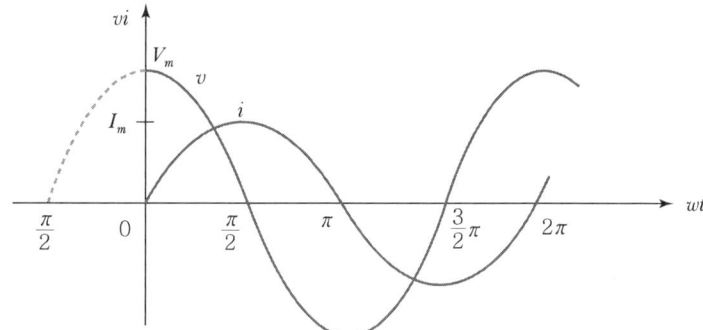

결국, 전류는 전압보다 90° 늦다(뒤진다). (지상전류=유도성 전류)
반면, 전압은 전류보다 90° 빠르다(앞선다).

4) L에 대한 임피던스 : $Z[\Omega]$

$$Z = \frac{V}{I} = \frac{\frac{V_m}{\sqrt{2}} \angle 90°}{\frac{I_m}{\sqrt{2}} \angle 0°} = \frac{\omega L I_m/\sqrt{2} \angle 90}{I_m/\sqrt{2} \angle 0} = \omega L \angle 90 = \omega L \times 1 \angle 90 = j\omega L [\Omega]$$

($\therefore j\omega L = jX_L$이고, X_L은 유도성 리액턴스라 부른다. 단, $j = 1 \angle 90°$)

이때, 유도성 리액턴스 $X_L = \omega L = 2\pi f L [\Omega]$이므로 주파수와 비례한다. $X_L \propto f$

5) L만의 회로에 직류 인가 시($f=0$) $X_L = \omega L = 2\pi f L = 0 [\Omega]$

결국, L만의 회로에 직류를 공급하면 L은 저항의 역할을 하지 못하게 되고, 이러한 상태를 단락이라 표현한다.

> **참고** L만의 회로에서 갑자기 변화시키면 안 되는 것은 전류이고 $v = L\frac{di}{dt}$ 에서 미소시간 동안 전류가 급격히 변화하면 전압은 ∞가 된다.

6) L에 저장되는 에너지

$$W = \int P dt = \int vi\, dt = \int L\frac{di}{dt} i\, dt = \int Li\, di = \frac{1}{2}LI^2 [J]$$

REFERENCE

$LI = N\phi$의 관계에서 $N=1$인 경우를 적용하면 저장되는 에너지 $W[J]$는 아래와 같다.

- $L = \frac{\phi}{I}$이고 이를 대입하면 $W = \frac{1}{2}LI^2 = \frac{1}{2} \cdot \frac{\phi}{I} \cdot I^2 = \frac{\phi I}{2} [J]$
- $I = \frac{\phi}{L}$이고 이를 대입하면 $W = \frac{1}{2}LI^2 = \frac{1}{2} \cdot L \cdot \left(\frac{\phi}{L}\right)^2 = \frac{\phi^2}{2L} [J]$

결국 저장되는 에너지 $W = \frac{1}{2}LI^2 = \frac{\phi^2}{2L} = \frac{\phi I}{2} [J]$

---

7) L만의 회로의 옴의 법칙

① 최대전류 $I_m = \frac{V_m}{Z} = \frac{V_m}{jX_L} = \frac{V_m}{j\omega L} = \frac{V_m}{j2\pi f L}$ 또는 $I_m = \frac{V_m}{\omega L} = \frac{V_m}{2\pi f L} [A]$

② 실효전류 $I = \frac{V}{Z} = \frac{V}{jX_L} = \frac{V}{j\omega L} = \frac{V}{j2\pi f L}$ 또는 $I = \frac{V}{\omega L} = \frac{V}{2\pi f L} [A]$

이때, 전류 I와 주파수는 반비례 관계이다.

결국, 주파수가 증가하면 전류는 줄어든다. $I \propto \frac{1}{f}$

③ 인가전압이 $v = V_m \sin \omega t$ [V]일 경우 순시전류 i는 위상이 90° 뒤지기 때문에

$$i = I_m \sin(\omega t - 90°) [A] = \frac{V_m}{Z} \sin(\omega t - 90°) = \frac{V_m}{\omega L} \sin(\omega t - \frac{\pi}{2})[A]$$

$$= \frac{V_m}{2\pi f L} \sin(\omega t - \frac{\pi}{2})[A]$$

3 정전용량(C)만의 회로 ★★★

그림과 같이 C[F]의 캐패시터에 $v = V_m \sin \omega t$[V]의 사인파 교류 순시전압을 가할 때 C에 충전되는 전하를 통해 교류 전류를 구해 보면 다음과 같다.

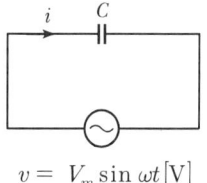

① C에 충전되는 전하량 : $Q = C \cdot V$[C]

② $v = V_m \sin \omega t$[V] 인가 시 C에 흐르는 전류 i [A]

교류전류 $i = \frac{dq}{dt}$ 이므로 $Q = C \cdot V$[C]를 대입하면 다음과 같다.

$$i = \frac{dq}{dt} = C\frac{dv}{dt} = C\frac{d}{dt} \cdot V_m \sin \omega t = \omega C V_m \cos \omega t = \omega C V_m \sin(\omega t + 90°) [A]$$

③ 위상차

전류 $i = \omega C V_m \sin(\omega t + 90°)$ [A]로 90° 앞서서 출발하고, 전압 $v = V_m \sin \omega t$[A]로 초기 위상이 0°에서 출발하므로 위상 곡선을 그려보면 다음과 같다.

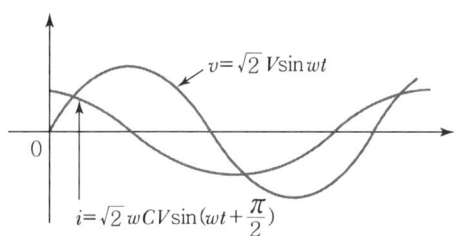

결국, 전류는 전압보다 90° 앞선다(빠르다).(진상전류=용량성)
반면, 전압은 전류보다 90° 뒤진다(느리다).

④ C에 대한 임피던스 Z[Ω]

$$Z = \frac{V}{I} = \frac{V_m/\sqrt{2} \angle 0}{\omega c V_m/\sqrt{2} \angle 90} = \frac{1}{\omega C} \angle -90° = -j\frac{1}{\omega C} = -jX_c = \frac{1}{j\omega C} = \frac{1}{j2\pi f C}$$

(∴ $-j\frac{1}{\omega C} = -jX_c$ 용량성 리액턴스)

> 참고 $j = \dfrac{1}{-j}$, $j^2 = -1$

이때, 용량성 리액턴스 $X_c = \dfrac{1}{\omega C} = \dfrac{1}{2\pi f C}$ 이므로 주파수와 반비례한다.

⑤ 직류인가 시$(f=0)$ $X_c = \dfrac{1}{\omega C} = \dfrac{1}{2\pi f C} = \infty \rightarrow$ 개방상태

저항이 너무 크기 때문에 전류가 흐를 수 없는 상태가 된다.

> 참고 $\dfrac{상수}{0} = \infty$, $\dfrac{0}{상수} = 0$

⑥ C만의 회로에서 갑자기 변화시키면 안 되는 것은 전압이다.

$i = C\dfrac{dv}{dt}$에서 미소시간 동안에 전압이 급격히 변화하면 전류 i는 ∞로 변화한다.

⑦ C에 저장되는 에너지

$$W = \int P\, dt = \int vi\, dt = \int v C\dfrac{dv}{dt}\, dt = \int v C\, dv = \dfrac{1}{2}CV^2\,[\text{J}]$$

($\because Q = CV$, $C = \dfrac{Q}{V}$, $V = \dfrac{Q}{C}$)를 이용하면 저장되는 에너지는 다음과 같다.

- $W = \dfrac{1}{2}CV^2 = \dfrac{1}{2} \cdot \dfrac{Q}{V} \cdot V^2 = \dfrac{QV}{2}\,[\text{J}]$

- $W = \dfrac{1}{2}CV^2 = \dfrac{1}{2} \cdot C \cdot \left(\dfrac{Q}{C}\right)^2 = \dfrac{Q^2}{2C}\,[\text{J}]$

$\therefore W = \dfrac{1}{2}CV^2 = \dfrac{Q^2}{2C} = \dfrac{1}{2}QV\,[\text{J}]$

⑧ C만의 회로의 옴의 법칙

- 최대전류

$$I_m = \dfrac{V_m}{Z} = \dfrac{V_m}{-jX_c} = \dfrac{V_m}{-j\dfrac{1}{wC}} = j\omega CV_m \text{ 또는 } I_m = \dfrac{V_m}{\dfrac{1}{\omega C}} = \omega CV_m\,[\text{A}]$$

- 실효전류

$$I = \dfrac{V}{Z} = \dfrac{V}{-jX_c} = \dfrac{V}{-j\dfrac{1}{\omega C}} = j\omega CV \text{ 또는 } I = \dfrac{V}{\dfrac{1}{\omega C}} = \omega CV = 2\pi f CV\,[\text{A}]$$

결국, 전류 I와 주파수는 비례 관계로, 주파수가 증가하면 전류도 증가한다. $I \propto f$

REFERENCE 소자별 특징

구분	R만의 회로	L만의 회로	C만의 회로
모양	—R—\/\/\/—	—L—⌇⌇⌇—	—C—‖—
전압[V]	$v = i \cdot R$	$v = L \dfrac{di}{dt}$	$v = \dfrac{1}{C} \displaystyle\int i\, dt$
전류[A]	$i = \dfrac{v}{R}$	$i = \dfrac{1}{L} \displaystyle\int v\, dt$	$i = C \dfrac{dv}{dt}$
에너지[J]	$W = I^2 Rt = \dfrac{v^2}{R} \cdot t$	$W = \dfrac{1}{2} II^{\,2}$	$W = \dfrac{1}{2} CV^2$
임피던스[Ω]	$Z = R$	$Z = X_L = \omega L = 2\pi f L$	$Z = X_c = \dfrac{1}{\omega C} = \dfrac{1}{2\pi f C}$
위상	동(위)상	지상전류(유도성) 전류가 90° 느림 전압은 90° 빠름	진상전류(용량성) 전류가 90° 빠름 전압은 90° 느림

기출 및 예상문제

SECTION 02 | RLC 기본 교류회로

01 어떤 회로 소자에 $v = 120\sin 377t$ [V]의 전압을 가했더니 $i = 30\sin 377t$ [A]의 전류가 흘렀다면, 이 회로 소자는 무엇인가?

① 순저항　　　② 다이오드
③ 용량성 리액턴스　④ 유도성 리액턴스

해설
전압과 전류의 위상차가 존재하지 않기 때문에 동상인 순저항이 된다.

02 백열전구를 점등하였을 경우 전압과 전류의 위상 관계는 전류가 전압보다 위상이 어떻게 되는가?

① 90° 앞선다.　　② 90° 뒤진다.
③ 동상이다.　　　④ 45° 뒤진다.

해설
백열전구는 순저항 소자로, 전압과 전류는 동상이다.

03 교류전압을 사용하는 전기난로의 경우 전압과 전류의 위상은?

① 동상이다.
② 전압이 전류보다 90° 앞선다.
③ 전류가 전압보다 90° 앞선다.
④ 처음에는 전압이 빠르고 시간이 지날수록 전류가 빨라진다.

해설
전기난로 등의 전열기는 순저항 부하이며 전압과 전류가 동상이다.

04 전기저항 25[Ω]에 50[V]의 사인파 전압을 가할 때 전류의 순시값은?(단, 각속도 $\omega = 377$ [rad/sec]임)

① $2\sin 377t$ [A]　　② $2\sqrt{2}\sin 377t$ [A]
③ $4\sin 377t$ [A]　　④ $4\sqrt{2}\sin 377t$ [A]

해설
실효전류 $I = \dfrac{V}{R} = \dfrac{50}{25} = 2$ [Ω]
순시전류 $i = I_m \sin\omega t = \sqrt{2}\, I\sin 377t$ [A]
$= 2\sqrt{2}\sin 377t$ [A]

05 저항 100[Ω]인 전구에 $e = 100\sqrt{2}\sin\omega t$ [V]의 전압을 가할 때 순시전류[A]값은?

① $\sqrt{2}\sin\omega t$　　② $2\sqrt{2}\sin\omega t$
③ $5\sqrt{2}\sin\omega t$　④ $10\sqrt{2}\sin\omega t$

해설
순시전류 $i = \dfrac{v}{R} = \dfrac{100\sqrt{2}}{100}\sin\omega t = \sqrt{2}\sin\omega t$ [A]

06 10[Ω]의 저항 회로에 $v = 100\sin\left(377t + \dfrac{\pi}{3}\right)$ [V]의 전압을 인가했을 때 $t = 0$에서의 순시전류는?

① 5 [A]　　　② $5\sqrt{3}$ [A]
③ 10 [A]　　　④ $10\sqrt{3}$ [A]

해설
$t = 0$일 때 순시전압
$v = 100\sin\left(\dfrac{\pi}{3}\right) = 100\sin 60° = 100 \times \dfrac{\sqrt{3}}{2} = 50\sqrt{3}$ [V]
$\therefore i = \dfrac{v}{R} = \dfrac{50\sqrt{3}}{10} = 5\sqrt{3}$ [A]

07 L만의 회로에서 전압과 전류의 위상 관계는 어떻게 되는가?

① 동상이다.
② 전압이 전류보다 90° 앞선다.

정답 01 ① 02 ③ 03 ① 04 ② 05 ① 06 ② 07 ②

③ 전압이 전류보다 60° 앞선다.
④ 전압이 전류보다 90° 뒤진다.

해설

L만의 회로(지상전류)
전류가 전압보다 90° 뒤진다. = 전압이 전류보다 90° 앞선다.

08 10[H]의 인덕턴스에 60[Hz]의 교류를 가할 때 코일의 유도 리액턴스[Ω]는?

① 3.14
② 31.4
③ 377
④ 3,768

해설

$X_L = \omega L = 2\pi f L = 2 \times 3.14 \times 60 \times 10 ≒ 3,768[\Omega]$

09 어떤 코일에 60[Hz]의 교류전압을 가하니 리액턴스가 628[Ω]이었다면 이 코일의 자체 인덕턴스[H]는?

① 0.5
② 1
③ 1.7
④ 3

해설

$X_L = \omega L = 2\pi f L [\Omega]$에서
$L = \dfrac{X_L}{2\pi f} = \dfrac{628}{2 \times 3.14 \times 60} ≒ 1.7 [H]$

10 자기 인덕턴스 10[mH]의 코일에 50[Hz], 314[V]의 교류전압을 가했을 때 몇 [A]의 전류가 흐르는가?

① 10
② 31.4
③ 62.8
④ 100

해설

$I = \dfrac{V}{Z} = \dfrac{V}{X_L} = \dfrac{V}{\omega L} = \dfrac{V}{2\pi f L}$
$= \dfrac{314}{2 \times 3.14 \times 50 \times 10 \times 10^{-3}} = 100[A]$

11 100[mH]의 인덕턴스를 가진 회로에 60[Hz], 100[V]의 교류전압을 가할 때 흐르는 전류의 크기와 위상은?

① 3.14[A], 90° 앞선다.
② 31.4[A], 90° 뒤진다.
③ 2.7[A], 90° 뒤진다.
④ 2.7[A], 90° 앞선다.

해설

$I = \dfrac{V}{Z} = \dfrac{V}{X_L} = \dfrac{V}{2\pi f L} = \dfrac{100}{2 \times 3.14 \times 60 \times 100 \times 10^{-3}}$
$≒ 2.7 [A]$
L만의 회로는 전류가 전압보다 90° 뒤지는(느린) 지상전류가 흐른다.

12 어떤 회로 소자에 일정한 크기의 전압으로 주파수를 2배 증가시켰더니 흐르는 전류의 크기가 $\dfrac{1}{2}$로 줄었다면 이 회로 소자의 종류는?

① 저항
② 코일
③ 콘덴서
④ 다이오드

해설

$I = \dfrac{V}{Z} = \dfrac{V}{X_L} = \dfrac{V}{\omega L} = \dfrac{V}{2\pi f L} [A]$이므로
코일(유도성 리액턴스)은 전류와 주파수가 반비례한다.
따라서 주파수가 2배 증가할 때 전류는 $\dfrac{1}{2}$배가 된다.

13 어떤 회로에 $v = 200 \sin \omega t$ [V]의 전압을 가했더니 $i = 50 \sin \left(\omega t + \dfrac{\pi}{2}\right)$[A]의 전류가 흘렀다면 이 회로는 어떤 소자인가?

① 저항회로
② 유도성 회로
③ 용량성 회로
④ 임피던스회로

해설

용량성 리액턴스 X_c는 전류가 전압보다 90° 앞서는 (빠른) 진상전류가 흐른다.

정답 08 ④ 09 ③ 10 ④ 11 ③ 12 ② 13 ③

14 콘덴서의 정전용량이 10[μF]의 60[Hz]에 대한 용량성 리액턴스[Ω]는?

① 125 ② 204 ③ 265 ④ 287

해설

$$X_c = \frac{1}{\omega C} = \frac{1}{2\pi f C} = \frac{1}{2 \times 3.14 \times 60 \times 10 \times 10^{-6}} ≒ 265[\Omega]$$

15 60[Hz], 100[V]의 교류전압을 어떤 콘덴서에 가했더니 1[A]의 전류가 흘렀다면 이 콘덴서의 정전용량[μF]은?

① 12.6 ② 18.4 ③ 21.2 ④ 26.5

해설

$$I = \frac{V}{Z} = \frac{V}{\frac{1}{\omega C}} = \omega CV \text{이므로}$$

$$C = \frac{I}{wV} = \frac{I}{2\pi f V} = \frac{1}{2 \times 3.14 \times 60 \times 100} \times 10^6$$
$$≒ 26.5[\mu F]$$

(이때, $\times 10^6$은 단위를 [μF]으로 변경하기 위함임을 기억한다.)

16 10[μF]의 콘덴서에 60[Hz], 100[V]의 교류전압을 가하면 흐르는 전류[A]는?

① 약 0.16 ② 약 0.38 ③ 약 2.1 ④ 약 4.8

해설

$$I = \frac{V}{Z} = \frac{V}{\frac{1}{\omega C}} = \omega CV$$

$$= 2\pi f CV = 2 \times 3.14 \times 60 \times 10 \times 10^{-6} \times 100 ≒ 0.38[A]$$

17 용량성 리액턴스와 반비례하는 것은 어느 것인가?

① 전압 ② 전류
③ 임피던스 ④ 주파수

해설

$X_c = \frac{1}{\omega C} = \frac{1}{2\pi f C}$[Ω]이므로 용량성 리액턴스는 주파수와 반비례한다.

18 어떤 콘덴서가 1[kHz]에서 50[Ω]이면, 50[Hz]에서는 몇 [Ω]이 되는가?

① 1,000 ② 750
③ 500 ④ 250

해설

$$X_c = \frac{1}{\omega C} = \frac{1}{2\pi f C} = \frac{1}{2\pi \times 1 \times 10^3 \times C} = 50[\Omega] \text{에서}$$

$$\frac{1}{2\pi C} = 50 \times 10^3$$

$$X_c' = \frac{1}{\omega C} = \frac{1}{2\pi f C} = \frac{1}{2\pi C} \cdot \frac{1}{f}$$

$$= 50 \times 10^3 \times \frac{1}{50} = 1,000[\Omega]$$

19 교류회로에서 코일과 콘덴서를 병렬로 연결한 상태에서 주파수가 증가하면 어느 쪽의 전류가 잘 흐르는가?

① 코일
② 콘덴서
③ 코일과 콘덴서에 같이 흐른다.
④ 모두 흐르지 않는다.

해설

유도성 리액턴스는 주파수와 비례하고, 용량성 리액턴스는 주파수에 반비례하므로 주파수가 증가하면 유도성 리액턴스는 증가하고 용량성 리액턴스는 감소한다.
결국 전류는 리액턴스가 작은 용량성 리액턴스(콘덴서) 쪽으로 더 잘 흐르게 된다.

20 다음 중 비선형 회로인 것은?

① 진공관 ② 저항
③ 인덕턴스 ④ 콘덴서

해설

옴의 법칙에 따른 회로 소자를 선형 회로 소자라 하는 반면 비례 관계가 없는 회로 소자를 비선형 회로 소자라 한다. 다이오드, 배리스터, 철심을 넣은 코일(포화리액터) 등은 전압과 전류의 비례 관계가 성립되지 않는 비선형 소자라 하며, 보통 증폭기 소자로 사용하는 트랜지스터나 진공관은 선형 소자라 하지만 동작점에 따라 전류의 진폭을 크게 하면 비선형의 성질이 나타나게 된다.

정답 14 ③ 15 ④ 16 ② 17 ④ 18 ① 19 ② 20 ①

SECTION 03 RLC 직·병렬회로

1 RLC 직렬회로 ★★★

오른쪽 그림과 같이 R, L, C가 직렬로 연결된 회로에 순시전압 $v = V_m \sin \omega t$ [V]를 가하면 아래와 같은 특성을 나타낸다.

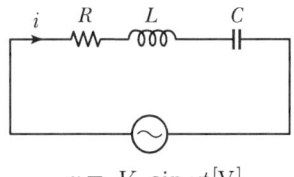

$v = V_m \sin \omega t$ [V]

1) 합성 임피던스

$$Z = Z_1 + Z_2 + Z_3 = R + jX_L - jX_c = R + j(X_L - X_c) = R + j\left(\omega L - \frac{1}{\omega C}\right) [\Omega]$$

2) 합성 임피던스의 크기

$$|Z| = \sqrt{R^2 + (X_L - X_C)^2} = \sqrt{R^2 + \left(\omega L - \frac{1}{\omega C}\right)^2} \ [\Omega]$$

이때, $\omega = 2\pi f$로 대체할 수 있다.

3) 전압과 전류의 위상차

$$\theta = \tan^{-1} \frac{X_L - X_c}{R} = \tan^{-1} \frac{\omega L - \frac{1}{\omega C}}{R}$$

① $X_L > X_c$, $\omega L > \frac{1}{\omega C}$ → 유도성 회로(지상전류)

② $X_L < X_c$, $\omega L < \frac{1}{\omega C}$ → 용량성 회로(진상전류)

③ $X_L = X_c$, $\omega L = \frac{1}{\omega C}$ → 전압과 전류가 동상이다(공진 상태).

4) 전류의 계산

① 실수 및 허수로 표현할 경우

$$I = \frac{V}{Z} = \frac{V}{R + j(X_L - X_c)} = \frac{V}{R + j\left(\omega L - \frac{1}{\omega C}\right)} [A]$$

② 크기로 표현할 경우

$$I = \frac{V}{Z} = \frac{V}{\sqrt{R^2 + (X_L - X_c)^2}} = \frac{V}{\sqrt{R^2 + \left(\omega L - \frac{1}{\omega C}\right)^2}} [A]$$

③ 최대전류로 표현할 경우

- $I_m = \dfrac{V_m}{Z} = \dfrac{V_m}{R+j(X_L-X_c)} = \dfrac{V_m}{R+j(\omega L - \dfrac{1}{\omega C})}$ [A]

- $I_m = \dfrac{V_m}{Z} = \dfrac{V_m}{\sqrt{R^2+(X_L-X_c)^2}} = \dfrac{V_m}{\sqrt{R^2+\left(\omega L - \dfrac{1}{\omega C}\right)^2}}$ [A]

5) 전압 표현법

① $V_R = IZ = IR$ [V]

② $V_L = IZ = I \cdot jX_L = jIX_L$ [V]

③ $V_c = IZ = I \cdot -jX_c = -jIX_c$ [V]

④ $V_t = V_R + j(V_L - V_c)$, $|V_t| = \sqrt{V_R^2 + (V_L - V_c)^2}$ [V]

6) 역률 및 무효율

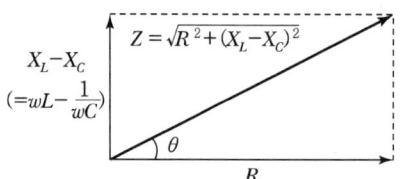

① 역률 $\cos\theta = \dfrac{R}{Z} = \dfrac{R}{\sqrt{R^2+(X_L-X_c)^2}} = \dfrac{R}{\sqrt{R^2+\left(\omega L - \dfrac{1}{\omega C}\right)^2}} = \dfrac{R}{\sqrt{R^2+X^2}}$

또는 $\cos\theta = \dfrac{V_R}{V_t} = \dfrac{V_R}{\sqrt{R^2+(V_L-V_c)^2}}$

② 무효율 $\sin\theta = \dfrac{X}{Z} = \dfrac{X_L-X_c}{\sqrt{R^2+(X_L-X_c)^2}} = \dfrac{X_L-X_c}{\sqrt{R^2+\left(\omega L - \dfrac{1}{\omega C}\right)^2}} = \dfrac{X}{\sqrt{R^2+X^2}}$

또는 $\cos\theta = \dfrac{V_X}{V_t} = \dfrac{V_X}{\sqrt{R^2+(V_L-V_c)^2}}$

7) $v = V_m \sin\omega t$ [V] 인가 시 순시전류 $i = I_m \sin(\omega t \pm \theta)$ [A]

① 유도성 $X_L > X_C$ 일 경우

$i = \dfrac{V_m}{Z}\sin\omega t = \dfrac{V_m \sin\omega t}{\sqrt{R^2+X_L^2}\angle\tan^{-1}\dfrac{X_L}{R}} = \dfrac{V_m}{\sqrt{R^2+(\omega L)^2}}\sin(\omega t - \tan^{-1}\dfrac{\omega L}{R})$ [A]

② 용량성 $X_L < X_C$일 경우

$$i = \frac{V_m}{Z}\sin\omega t \frac{V_m \sin\omega t}{\sqrt{R^2+X_c^2} \angle \tan^{-1}\frac{-X_c}{R}} = \frac{V_m}{\sqrt{R^2+\left(\frac{1}{\omega C}\right)^2}}\sin(\omega t + \tan^{-1}\frac{1}{\omega CR})[A]$$

2 RLC 병렬회로 ★★★

그림과 같이 R, L, C가 병렬로 연결된 회로에 순시전압 $v = V_m \sin\omega t$[V]를 가하면 아래와 같은 특성을 나타낸다.

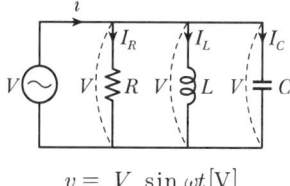

$v = V_m \sin\omega t$[V]

1) 어드미턴스 : 임피던스의 역수 Y[℧]

$$Y = \frac{1}{Z}\left[\frac{1}{\Omega} = ℧\right]$$

2) 합성 어드미턴스

$$Y = Y_1 + Y_2 + Y_3 = \frac{1}{Z_1} + \frac{1}{Z_2} + \frac{1}{Z_3} = \frac{1}{R} + \frac{1}{jX_L} + \frac{1}{-jX_C} = \frac{1}{R} - j\frac{1}{X_L} + j\frac{1}{X_C}$$

$$= \frac{1}{R} + j\left(\frac{1}{X_C} - \frac{1}{X_L}\right)[℧] = G + j(B_C - B_L)[℧]$$

이때 $X_L = \omega L = 2\pi f L$, $X_c = \frac{1}{\omega C} = \frac{1}{2\pi f C}$로 표시할 수 있다.

또한 어드미턴스의 실수부는 컨덕턴스이고, 허수부는 서셉턴스가 된다.
단, 서셉턴스는 성분에 따라 유도성 서셉턴스(B_L)와 용량성 서셉턴스(B_c)로 구분한다.

3) 합성 어드미턴스의 크기

$$|Y|[℧] = \sqrt{Y_1^2 + Y_2^2} = \sqrt{\left(\frac{1}{R}\right)^2 + \left(\frac{1}{X_c} - \frac{1}{X_L}\right)^2} = \sqrt{\left(\frac{1}{R}\right)^2 + \left(\omega C - \frac{1}{\omega L}\right)^2}$$

$$= \sqrt{G^2 + (B_c - B_L)^2}\,[℧]$$

4) 위상(편각)

$$\theta = \tan^{-1}\frac{허수}{실수}\quad \theta = \tan^{-1}\frac{\frac{1}{X_C} - \frac{1}{X_L}}{\frac{1}{R}} = \tan^{-1}\frac{\omega C - \frac{1}{\omega L}}{\frac{1}{R}} = \tan^{-1}\frac{B_c - B_L}{G}$$

① $X_L > X_c$: 용량성(진상) : 전류가 전압보다 θ만큼 앞선다.

② $X_L < X_c$: 유도성(지상) : 전류가 전압보다 θ만큼 뒤진다.

5) 전류

① $I_R = \dfrac{V}{R} = GV$ [A]　　　② $I_L = \dfrac{V}{jX_L} = -j\dfrac{V}{X_L} = -jB_LV$ [A]

③ $I_c = \dfrac{V}{-jX_c} = j\dfrac{V}{X_c} = jB_cV$ [A]　　　④ $I = I_R + j(I_c - I_L) = \sqrt{I_R^2 + (I_c - I_L)^2}$ [A]

6) 역률 및 무효율

어드미턴스 평면을 기준으로 끼인각을 θ라 하고 계산할 수 있다.

① 역률 $\cos\theta = \dfrac{G}{Y} = \dfrac{\dfrac{1}{R}}{\sqrt{\left(\dfrac{1}{R}\right)^2 + \left(\dfrac{1}{X_c} - \dfrac{1}{X_L}\right)^2}} = \dfrac{\dfrac{1}{R}}{\sqrt{\left(\dfrac{1}{R}\right)^2 + \left(\omega C - \dfrac{1}{\omega L}\right)^2}}$

② 무효율 $\sin\theta = \dfrac{B}{Y} = \dfrac{\dfrac{1}{X_c} - \dfrac{1}{X_L}}{\sqrt{\left(\dfrac{1}{R}\right)^2 + \left(\dfrac{1}{X_c} - \dfrac{1}{X_L}\right)^2}}$

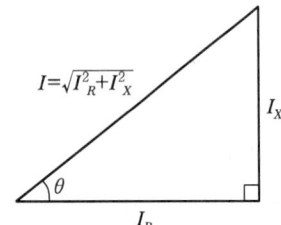
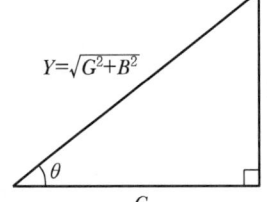

$\cos\theta = \dfrac{G}{Y} = \dfrac{I_R}{I}$

$\sin\theta = \dfrac{B}{Y} = \dfrac{I_X}{I}$

▼ 병렬회로 정리

구분	병렬회로		
	어드미턴스	위상	역률
RL 병렬	$\sqrt{\left(\dfrac{1}{R}\right)^2 + \left(\dfrac{1}{\omega L}\right)^2}$	$\theta = \tan^{-1}\dfrac{R}{\omega L}$	$\dfrac{1}{\sqrt{1^2 + \left(\dfrac{R}{\omega L}\right)^2}}$
RC 병렬	$\sqrt{\left(\dfrac{1}{R}\right)^2 + (\omega C)^2}$	$\theta = \tan^{-1}\omega CR$	$\dfrac{1}{\sqrt{1 + (\omega CR)^2}}$
RLC 병렬	$\sqrt{\left(\dfrac{1}{R}\right)^2 + \left(\omega C - \dfrac{1}{\omega L}\right)^2}$	$\theta = \tan^{-1}\dfrac{\dfrac{1}{X_c} - \dfrac{1}{X_L}}{\dfrac{1}{R}} = \tan^{-1}\dfrac{B_c - B_L}{G}$	$\dfrac{1}{\sqrt{1 + \left(\omega CR - \dfrac{R}{\omega L}\right)^2}}$

기출 및 예상문제

SECTION 03 | *RLC* 직·병렬회로

01 저항 R과 인덕턴스 L이 직렬로 연결된 회로의 임피던스의 크기[Ω]는?

① $R + X_L$
② $\sqrt{R^2 - X_L^2}$
③ $\sqrt{R^2 + X_L^2}$
④ $R^2 + X_L^2$

해설

$Z = Z_1 + Z_2 = R + jX_L$ [Ω]이고 $|Z| = \sqrt{R^2 + X_L^2}$ [Ω]

02 $R-L$ 직렬회로에 교류전압 e[V]를 가했을 때 회로의 편각 θ는?

① $\tan^{-1} \dfrac{R}{\omega L}$
② $\tan^{-1} \dfrac{\omega L}{R}$
③ $\tan^{-1} \dfrac{1}{R\omega L}$
④ $\tan^{-1} \dfrac{R}{\sqrt{R^2 + (\omega L)^2}}$

해설

$Z = Z_1 + Z_2 = R + jX_L$ [Ω]
편각(위상) $\theta = \tan^{-1} \dfrac{X_L}{R} = \tan^{-1} \dfrac{\omega L}{R}$

03 그림의 벡터는 다음 중 어느 회로를 나타내는가?

① $R-G$ 직렬회로
② $R-C$ 직렬회로
③ $L-C$ 직렬회로
④ $R-L$ 직렬회로

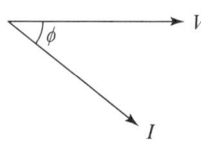

해설

그림은 전압을 기준으로 전류가 ϕ만큼 뒤지는 벡터도이므로 전류가 느린 유도성 회로, 즉 $R-L$ 직렬회로를 의미한다.

04 저항 4[Ω]과 유도 리액턴스 3[Ω]이 직렬로 접속된 회로에 100[V]의 교류전압을 가하면 흐르는 전류[A]는?

① 20   ② 40   ③ 50   ④ 80

해설

$I = \dfrac{V}{Z} = \dfrac{V}{\sqrt{R^2 + X_L^2}} = \dfrac{100}{\sqrt{4^2 + 3^2}} = 20$ [A]

05 저항 4[Ω]과 8[mH]의 인덕턴스가 직렬로 접속된 회로에 100[V], 60[Hz]의 교류전압을 가하면 이 회로에 흐르는 전류는 몇 [A]인가?

① 20   ② 25   ③ 24   ④ 12

해설

$X_L = \omega L = 2\pi f L = 2 \times 3.14 \times 60 \times 8 \times 10^{-3} \fallingdotseq 3$ [Ω]
$I = \dfrac{V}{Z} = \dfrac{V}{\sqrt{R^2 + X_L^2}} = \dfrac{100}{\sqrt{4^2 + 3^2}} = 20$ [A]

06 6[Ω]의 저항과 8[Ω]의 유도 리액턴스가 직렬로 접속된 회로에 20[A]의 전류가 흐를 때 이 회로에 가해진 전압은 몇 [V]인가?

① 80   ② 120   ③ 200   ④ 300

해설

$Z = Z_1 + Z_2 = R + jX_L$ [Ω]
$|Z| = \sqrt{R^2 + X_L^2} = \sqrt{6^2 + 8^2} = 10$ [Ω]
$V = IZ = 20 \times 10 = 200$ [V]

07 8[Ω]의 저항과 16[mH]의 인덕턴스의 직렬회로에서 5[A]의 전류가 흐른다면 전원 전압의 크기는 몇 [V]인가?(단, 주파수는 60[Hz]이다.)

① 35   ② 45   ③ 40   ④ 50

정답 01 ③   02 ②   03 ④   04 ①   05 ①   06 ③   07 ④

해설

$X_L = \omega L = 2\pi f L = 2 \times 3.14 \times 60 \times 16 \times 10^{-3} ≒ 6\,[\Omega]$
$|Z| = \sqrt{R^2 + X_L^2} = \sqrt{8^2 + 6^2} = 10\,[\Omega]$
$\therefore V = IZ = 5 \times 10 = 50\,[V]$

08 6[Ω]의 저항과 유도 리액턴스 $X[\Omega]$이 직렬로 접속된 회로에 60[Hz], 100[V]의 교류전압을 가하면 10[A]의 전류가 흐른다. 이 회로의 $X[\Omega]$은?

① 80 ② 60 ③ 8 ④ 6

해설

$I = \dfrac{V}{Z} = \dfrac{V}{\sqrt{R^2 + X^2}}$ 이므로

$10 = \dfrac{100}{\sqrt{6^2 + X^2}}$ 에서 $\sqrt{6^2 + X^2} = 10$

$\therefore 6^2 + X^2 = 10^2,\ X^2 = 10^2 - 6^2,\ X = \sqrt{10^2 - 6^2} = 8\,[\Omega]$

09 $4\sqrt{3}\,[\Omega]$의 저항과 4[Ω]의 유도 리액턴스가 직렬로 접속된 회로에 100[V]의 교류전압을 가할 때 전압과 전류의 위상차는?

① 90° ② 60° ③ 30° ④ 15°

해설

$Z = R + jX_L = 4\sqrt{3} + j4\,[\Omega]$이고
위상각 $\theta = \tan^{-1}\dfrac{X_L}{R} = \tan^{-1}\dfrac{4}{4\sqrt{3}} = \tan^{-1}\dfrac{1}{\sqrt{3}} ≒ 30°$

10 $R-L$ 직렬회로에 60[Hz], 100[V]의 교류전압을 가했더니 위상이 30° 뒤진 10[A]의 전류가 흘렀다. 이때의 리액턴스[Ω]는?

① 5 ② 1 ③ 17.3 ④ 34.6

해설

$Z = \dfrac{V}{I} = \dfrac{100}{10} = 10\,[\Omega]$이며, 직각삼각형 삼각도는 다음과 같다.

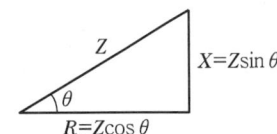

$\therefore X = 10\sin 30° = 5$

11 R, X_L 직렬회로의 역률을 나타내는 식은?

① $\dfrac{\sqrt{R^2 + X_L^2}}{X_L}$ ② $\dfrac{\sqrt{R^2 \times X_L^2}}{R}$

③ $\dfrac{R}{\sqrt{R^2 + X_L^2}}$ ④ $\dfrac{X_L}{\sqrt{R^2 + X_L^2}}$

해설

$Z = R + jX_L$에서 $|Z| = \sqrt{R^2 + X_L^2}$이고

$\cos\theta = \dfrac{R}{Z} = \dfrac{R}{\sqrt{R^2 + X_L^2}}$

12 저항 8[Ω]과 유도 리액턴스 6[Ω]이 직렬로 접속된 회로에 100[V]의 교류전압을 가하면 몇 [A] 전류가 흐르며, 역률은 얼마인가?

① 10[A], 80[%] ② 20[A], 80[%]
③ 10[A], 60[%] ④ 20[A], 60[%]

해설

$Z = R + jX_L,\ |Z| = \sqrt{R^2 + X_L^2} = \sqrt{8^2 + 6^2} = 10\,[\Omega]$

$I = \dfrac{V}{|Z|} = \dfrac{100}{10} = 10\,[A]$

$\cos\theta = \dfrac{R}{|Z|} \times 100[\%] = \dfrac{8}{10} \times 100 = 80[\%]$

13 저항과 코일이 직렬 접속된 회로에 직류 220[V]를 가하면 20[A]의 전류가 흐르고, 교류 220[V]를 가하면 10[A]의 전류가 흐른다. 이 코일의 리액턴스[Ω]는?

① 약 19.05[Ω] ② 약 16.06[Ω]
③ 약 13.06[Ω] ④ 약 11.04[Ω]

해설

- 직류 인가 시 리액턴스는 단락 상태가 된다. 즉 $X_L = 0\,[\Omega]$

$\therefore I = \dfrac{V}{Z} = \dfrac{V}{R}$에서 $R = \dfrac{V}{I} = \dfrac{220}{20} = 11\,[\Omega]$이다.

- 교류 인가 시 $I = \dfrac{V}{Z} = \dfrac{V}{\sqrt{R^2 + X_L^2}}$ 이므로

$10 = \dfrac{220}{\sqrt{11^2 + X_L^2}}$이고 $\sqrt{11^2 + X_L^2} = 22$

$\therefore X_L = \sqrt{22^2 - 11^2} = 11\sqrt{3} = 19.05\,[\Omega]$

정답 08 ③ 09 ③ 10 ① 11 ③ 12 ① 13 ①

14 그림과 같은 회로에 흐르는 유효분 전류[A]는?

① 4[A]
② 6[A]
③ 8[A]
④ 10[A]

해설

$Z = R + jX_L = 8 + j6 \, [\Omega]$

$I = \dfrac{V}{Z} = \dfrac{100}{8+j6} = \dfrac{100(8-j6)}{(8+j6)(8-j6)}$

$= \dfrac{100(8-j6)}{64-j48+j48-j^2 36} = \dfrac{100(8-j6)}{100} = 8 - j6 \, [A]$

단, $j^2 = -1$ 이다.

∴ 유효분 전류 8[A], 무효분 전류 6[A], 합성전류의 크기 10[A]이다.

15 $R-C$ 직렬회로의 임피던스는?

① $\sqrt{R^2 + \omega^2 C^2}$
② $\sqrt{R^2 + \dfrac{1}{\omega^2 C^2}}$
③ $\dfrac{1}{R^2 + \omega^2 C^2}$
④ $\dfrac{1}{\sqrt{R^2 + \omega^2 C^2}}$

해설

$Z = Z_1 + Z_2 = R - jX_c = R - j\dfrac{1}{\omega C} \, [\Omega]$

$|Z| = \sqrt{R^2 + \left(\dfrac{1}{\omega C}\right)^2} = \sqrt{R^2 + \dfrac{1}{\omega^2 C^2}} \, [\Omega]$

16 저항이 9[Ω]이고, 용량 리액턴스가 12[Ω]인 직렬회로의 임피던스[Ω]는?

① 3[Ω]
② 15[Ω]
③ 21[Ω]
④ 108[Ω]

해설

$|Z| = \sqrt{R^2 + X_c^2} = \sqrt{9^2 + 12^2} = 15 \, [\Omega]$

17 저항 60[Ω]과 정전용량 $\dfrac{125}{\pi}[\mu F]$을 직렬로 접속하여 50[Hz], 100[V]의 전압을 가할 때 이 회로에 흐르는 전류는?

① 6
② 4
③ 2
④ 1

해설

$X_c = \dfrac{1}{\omega C} = \dfrac{1}{2\pi f C} = \dfrac{1}{2 \times \pi \times 50 \times \dfrac{125}{\pi} \times 10^{-6}} = 80 \, [\Omega]$

$|I| = \dfrac{V}{Z} = \dfrac{V}{\sqrt{R^2 + X_c^2}} = \dfrac{100}{\sqrt{60^2 + 80^2}} = 1 \, [A]$

18 저항 8[Ω]과 용량 리액턴스 6[Ω]의 직렬회로에 30[A]의 전류가 흐른다면 가해 준 전압[V]은 얼마인가?

① 50
② 100
③ 150
④ 300

해설

$|Z| = \sqrt{R^2 + X_c^2} = \sqrt{8^2 + 6^2} = 10 \, [\Omega]$

$V = IZ = 30 \times 10 = 300 \, [V]$

19 $R=6[\Omega]$, $X_c=8[\Omega]$이 직렬로 접속된 회로에 $I=10[A]$의 전류를 통할 때의 전압[V]은 얼마인가?

① $60 + j80$
② $60 - j80$
③ $100 + j150$
④ $100 - j150$

해설

$Z = R - jX_c = 6 - j8 \, [\Omega]$

$V = IZ = 10(6 - j8) = 60 - j80 \, [V]$

20 저항 9[Ω]과 용량리액턴스가 직렬로 접속된 회로에 300[V]의 교류전압을 가하면 20[A]의 전류가 흐른다. 용량 리액턴스[Ω]는?

① 12
② 9
③ 6
④ 3

해설

$|Z| = \sqrt{R^2 + X_c^2} = \sqrt{9^2 + X_c^2} \, [\Omega]$

$I = \dfrac{V}{Z} = \dfrac{V}{\sqrt{R^2 + X_c^2}}$, $20 = \dfrac{300}{\sqrt{9^2 + X_c^2}}$

$\sqrt{9^2 + X_c^2} = \dfrac{300}{20} = 15$, ∴ $X_c = \sqrt{15^2 - 9^2} = 12 \, [\Omega]$

정답 14 ③ 15 ② 16 ② 17 ④ 18 ④ 19 ② 20 ①

21 6[Ω]의 저항과 어떤 콘덴서를 직렬로 연결하고 60[Hz], 100[V]의 교류전압을 가하면 10[A]의 전류가 흐른다. 이때 콘덴서의 용량[μF]은?

① 3.14 ② 3.32
③ 314   ④ 332

해설

$I = \dfrac{V}{Z} = \dfrac{V}{\sqrt{R^2 + X_c^2}}$ 이므로

$10 = \dfrac{100}{\sqrt{6^2 + X_c^2}}$, $\therefore X_c = \sqrt{10^2 - 6^2} = 8\,[\Omega]$

이때 $X_c = \dfrac{1}{\omega C} = \dfrac{1}{2\pi f C}$ 이므로

$C = \dfrac{1}{2\pi f X_c} = \dfrac{1}{2\pi \times 60 \times 8} \fallingdotseq 3.32 \times 10^{-4}\,[\text{F}]$이고

단위 환산을 위해 $\times 10^6 = 332\,[\mu\text{F}]$이 된다.

22 저항 $4\sqrt{3}$ [Ω]과 용량성 리액턴스가 직렬로 접속된 회로에 60[Hz], 100[V]의 교류전압을 가할 때 전압과 전류의 위상각[rad]은?(단, 용량성 리액턴스는 4[Ω]이다.)

① $\dfrac{\pi}{3}$ ② $\dfrac{\pi}{6}$
③ $\dfrac{2\pi}{3}$ ④ $\dfrac{\pi}{2}$

해설

$\theta = \tan^{-1} \dfrac{X_c}{R} = \tan^{-1} \dfrac{4}{4\sqrt{3}} = 30° = \dfrac{\pi}{6}$ [rad]

23 $\omega L = 5$ [Ω], $\dfrac{1}{\omega C} = 25$ [Ω]의 LC 직렬회로에 100[V]의 교류를 가할 때 전류[A]는?

① 3.3[A], 유도성 ② 5[A], 유도성
③ 3.3[A], 용량성 ④ 5[A], 용량성

해설

$I = \dfrac{V}{Z} = \dfrac{V}{\sqrt{R^2 + (X_L - X_c)^2}} = \dfrac{V}{\sqrt{R^2 + (\omega L - \dfrac{1}{\omega C})^2}}$ 이고,

R을 0으로 간주하면

$I = \dfrac{V}{\sqrt{(\omega L - \dfrac{1}{\omega C})^2}} = \dfrac{100}{\sqrt{(5-25)^2}} = 5\,[\text{A}]$이다.

또한 $X_L < X_c$ 임을 만족하는 용량성이다.

24 R, L, C 직렬회로의 합성 임피던스[Ω]는?

① $R + \omega L + \dfrac{1}{\omega C}$

② $\sqrt{R^2 + \left(\omega L + \dfrac{1}{\omega C}\right)^2}$

③ $\sqrt{R^2 + \omega^2 L^2 + \dfrac{1}{\omega^2 C^2}}$

④ $\sqrt{R^2 + \left(\omega L - \dfrac{1}{\omega C}\right)^2}$

해설

$Z = Z_1 + Z_2 + Z_3 = R + jX_L - jX_c$
$= R + j(X_L - X_c) = R + j\left(\omega L - \dfrac{1}{\omega C}\right)$

$|Z| = \sqrt{R^2 + (X_L - X_c)^2} = \sqrt{R^2 + \left(\omega L - \dfrac{1}{\omega C}\right)^2}$

25 $R = 4$ [Ω], $X_L = 5$ [Ω], $X_c = 2$ [Ω]일 경우 회로에 100[V]의 교류전압을 가하면 이때 흐르는 전류[A]는?

① 5   ② 10
③ 15 ④ 20

해설

$I = \dfrac{V}{Z} = \dfrac{V}{\sqrt{R^2 + (X_L - X_c)^2}} = \dfrac{100}{\sqrt{4^2 + (5-2)^2}} = 20\,[\text{A}]$

26 R, L, C 직렬회로에서 전류가 전압보다 위상이 앞서기 위한 조건은 다음 중 어느 것인가?

① $X_L > X_c$ ② $X_L < X_c$
③ $X_L = \dfrac{1}{X_c}$ ④ $X_L = X_c$

해설

전류가 전압보다 위상이 앞선다.=진상=용량성 $X_L < X_c$

정답 21 ④ 22 ② 23 ④ 24 ④ 25 ④ 26 ②

27 $R=4[\Omega]$, $X_L=15[\Omega]$, $X_c=12[\Omega]$의 RLC 직렬회로에 100[V]의 교류전압을 가할 때 전류와 전압의 위상차는 약 얼마인가?

① 0° ② 37°
③ 53° ④ 90°

해설

$\tan^{-1}\dfrac{X_L-X_c}{R}=\tan^{-1}\dfrac{15-12}{4}=\tan^{-1}\dfrac{3}{4}\fallingdotseq 37°$

28 $R=10[\Omega]$, $X_L=20[\Omega]$, $X_c=10[\Omega]$의 직렬회로에 10[A]의 전류를 흐르게 하기 위해 교류전압[V]은?

① 88 ② 121
③ 141 ④ 164

해설

$V=IZ=I\times\sqrt{R^2+(X_L-X_c)^2}$
$=10\times\sqrt{10^2+(20-10)^2}=141[V]$

29 $V_R=60[V]$, $V_L=100[V]$, $V_c=20[V]$일 때, 전체 전압은 몇 [V]인가?(단, RLC 직렬회로이다.)

① 60 ② 80
③ 100 ④ 180

해설

$|V_t|=\sqrt{V_R^2+(V_L-V_c)^2}=\sqrt{60^2+(100-20)^2}=100[V]$

30 $R=6[\Omega]$, $X_L=16[\Omega]$, $X_c=8[\Omega]$의 RLC 직렬회로에 40[V]의 교류를 가할 때 유도 리액턴스 X_L에 걸리는 전압[V]은?

① 24 ② 36 ③ 48 ④ 64

해설

$I=\dfrac{V}{Z}=\dfrac{V}{\sqrt{R^2+(X_L-X_c)^2}}=\dfrac{40}{\sqrt{6^2+(16-8)^2}}=4[A]$

$|V_L|=IZ=IX_L=4\times 16=64[V]$

31 8[Ω]의 저항과 2[Ω]의 유도 리액턴스, 8[Ω]의 용량 리액턴스 직렬회로에 100[V]의 교류전압을 가할 때 전압, 전류의 위상 관계는?

① 전류가 전압보다 53° 뒤진다.
② 전류가 전압보다 37° 앞선다.
③ 전류가 전압보다 37° 뒤진다.
④ 전류가 전압보다 53° 앞선다.

해설

$Z=R+j(X_L-X_C)=8+j(2-8)=8-j6[\Omega]$
$\theta=\tan^{-1}\dfrac{X_L-X_c}{R}=\tan^{-1}\dfrac{2-8}{8}=37°$

$X_L<X_c$: 용량성 전류가 전압보다 위상이 앞선다.
∴ 전류가 전압보다 37° 앞선다.

32 $R=6[\Omega]$, $X_c=8[\Omega]$일 때 임피던스 $Z=6-j8[\Omega]$으로 표시되는 것은 일반적으로 어떤 회로인가?

① RC 직렬회로
② RL 병렬회로
③ RC 병렬회로
④ RL 직렬회로

해설

임피던스의 복소수 표시
- RC 직렬회로 : $Z=R-jX_c$
- RL 직렬회로 : $Z=R+jX_L$

33 임피던스 $Z_1=12+j16[\Omega]$과 $Z_2=8+j24[\Omega]$이 직렬로 접속된 회로에 전압 200[V]를 가할 때 이 회로에 흐르는 전류[A]는?

① 2.35[A] ② 4.47[A]
③ 6.02[A] ④ 10.25[A]

해설

합성 임피던스 $Z=Z_1+Z_2=20+j40[\Omega]$
전류 $I=\dfrac{V}{Z}=\dfrac{200}{\sqrt{20^2+40^2}}=4.47[A]$

34
어떤 회로에 50[V]의 전압을 가하니 $8+j6$ [A]의 전류가 흘렀다면 이 회로의 임피던스[Ω]는?

① $3-j4$　　② $3+j4$
③ $4-j3$　　④ $4+j3$

해설

$Z = \dfrac{V}{I} = \dfrac{50}{8+j6} = \dfrac{50(8-j6)}{(8+j6)(8-j6)} = 4-j3\,[\Omega]$

35
임피던스의 역수는?

① 어드미턴스　　② 컨덕턴스
③ 서셉턴스　　　④ 인덕턴스

해설

어드미턴스 $Y = \dfrac{1}{Z}\,[\mho]$

36
어드미턴스의 실수부는 다음 중 무엇을 의미하는가?

① 임피던스　　② 리액턴스
③ 컨덕턴스　　④ 서셉턴스

해설

$Y = \dfrac{1}{R} \pm j\dfrac{1}{X} = G \pm jB\,[\mho]$

실수부 : G 컨덕턴스, 허수부 : B 서셉턴스

37
임피던스 $Z = 6+j8\,[\Omega]$에서 컨덕턴스는?

① $0.06\,[\mho]$　　② $0.08\,[\mho]$
③ $0.1\,[\mho]$　　　④ $1.0\,[\mho]$

해설

$Y = \dfrac{1}{Z} = \dfrac{1}{6+j8} = G+jB\,[\mho]$이므로

$Y = \dfrac{1(6-j8)}{6+j8(6-j8)} = \dfrac{6-j8}{36-j48+j48-j^2 64}$

$= \dfrac{6-j8}{100} = \dfrac{6}{100} - j\dfrac{8}{100}\,[\mho]\,(\because j^2=-1)$

$\therefore Y = \dfrac{6}{100} - j\dfrac{8}{100} = 0.06 - j0.08\,[\mho]$

38
$R-L$ 병렬회로의 합성 임피던스는?

① $\dfrac{R}{R^2+X_L^2}$　　② $\dfrac{X_L}{\sqrt{R^2+X_L^2}}$
③ $\dfrac{R+X_L}{R^2+X_L^2}$　　④ $\dfrac{RX_L}{\sqrt{R^2+X_L^2}}$

해설

$Y = \dfrac{1}{Z_1} + \dfrac{1}{Z_2} = \dfrac{1}{R} + \dfrac{1}{jX_L} = \dfrac{1}{R} - j\dfrac{1}{X_L}\,[\mho]$

$Z = \dfrac{1}{Y} = \dfrac{1}{\dfrac{1}{R}-j\dfrac{1}{X_L}} = \dfrac{1}{\sqrt{\left(\dfrac{1}{R}\right)^2 + \left(\dfrac{1}{X_L}\right)^2}}\,[\Omega]$이고

분모, 분자에 R을 각각 곱하면 $\dfrac{R}{\sqrt{1^2 + \left(\dfrac{R}{X_L}\right)^2}}$이고

다시 분모, 분자에 X_L을 각각 곱하면 $Z = \dfrac{R \cdot X_L}{\sqrt{X_L^2 + R^2}}\,[\Omega]$

또한 $Z = \dfrac{1}{Y} = \dfrac{1}{\dfrac{1}{R}-j\dfrac{1}{X_L}} = \dfrac{1}{\sqrt{\left(\dfrac{1}{R}\right)^2 + \left(\dfrac{1}{X_L}\right)^2}}$

$= \dfrac{1}{\sqrt{\dfrac{1}{R^2} + \dfrac{1}{\omega^2 L^2}}}\,[\Omega]$으로 표현하는 문제도 있으므로

주의하도록 한다.

39
$R-L$ 직렬회로에 있어서 서셉턴스는?

① $\dfrac{R}{R^2+X_L^2}$　　② $\dfrac{X_L}{R^2+X_L^2}$
③ $\dfrac{-R}{R^2+X_L^2}$　　④ $\dfrac{-X_L}{R^2+X_L^2}$

해설

$Y = G \pm jB = \dfrac{1}{Z} = \dfrac{1}{R+jX_L} = \dfrac{(R-jX_L)}{R+jX_L(R-jX_L)}$

$= \dfrac{R-jX_L}{R^2+X_L^2} = \dfrac{R}{R^2+X_L^2} - j\dfrac{X_L}{R^2+X_L^2}\,[\mho]$

따라서 어드미턴스의 허수부인 $\dfrac{-X_L}{R^2+X_L^2}$이 서셉턴스이다.

40 6[Ω]의 저항과 8[Ω]의 용량성 리액턴스의 병렬회로가 있다. 이 병렬회로의 임피던스는 몇 [Ω]인가?

① 1.5 ② 2.6 ③ 3.8 ④ 4.8

해설

$|Y| = Y_1 + Y_2 = \dfrac{1}{Z_1} + \dfrac{1}{Z_2} = \dfrac{1}{6} + j\dfrac{1}{8}$

$= \sqrt{\left(\dfrac{1}{6}\right)^2 + \left(\dfrac{1}{8}\right)^2} = \dfrac{5}{24}[\mho]$

$\therefore |Z| = \dfrac{1}{|Y|} = \dfrac{24}{5} = 4.8[\Omega]$

41 30[Ω]의 저항과 40[Ω]의 유도 리액턴스의 병렬회로에 120[V]의 교류전압을 가할 때 이 회로에 흐르는 전전류[A]는?

① 7 ② 6 ③ 5 ④ 4

해설

$Y = Y_1 + Y_2 = \dfrac{1}{R} + \dfrac{1}{jX_L} = \sqrt{\left(\dfrac{1}{30}\right)^2 + \left(\dfrac{1}{40}\right)^2} = \dfrac{1}{24}[\mho]$

$I = \dfrac{V}{Z} = YV = \dfrac{1}{24} \times 120 = 5[A]$

42 RL 병렬회로에서 $R = 25[\Omega]$, $\omega L = \dfrac{100}{3}$ [Ω]일 때, 200[V]의 전압을 가하면 코일에 흐르는 전류 $I_L[A]$은?

① 3.0 ② 4.8 ③ 6.0 ④ 8.2

해설

병렬회로는 전압이 일정하게 공급되는 특징을 가지고 있으므로,

$I_L = \dfrac{V}{Z} = \dfrac{V}{X_L} = \dfrac{200}{\dfrac{100}{3}} = 6[A]$

43 저항 6[Ω]과 X[Ω]의 유도성 리액턴스가 병렬로 접속된 회로에 90[V]의 교류전압을 가하면 25[A]의 전류가 흐른다. 이때 X[Ω]의 값은?

① 4.5 ② 40 ③ 60 ④ 80

해설

$I = YV = \sqrt{\left(\dfrac{1}{R}\right)^2 + \left(\dfrac{1}{X}\right)^2} \times V = \sqrt{\left(\dfrac{1}{6}\right)^2 + \left(\dfrac{1}{X}\right)^2} \times 90$

$= 25[A]$이므로

$\sqrt{\left(\dfrac{1}{6}\right)^2 + \left(\dfrac{1}{X}\right)^2} = \dfrac{25}{90} = \dfrac{5}{18}$

이때 양변을 제곱하여 $\sqrt{\ }$를 없애 주면,

$\left(\dfrac{1}{6}\right)^2 + \left(\dfrac{1}{X}\right)^2 = \left(\dfrac{5}{18}\right)^2, \therefore \left(\dfrac{1}{X}\right)^2 = \left(\dfrac{5}{18}\right)^2 - \left(\dfrac{1}{6}\right)^2$

$\dfrac{1}{X} = \sqrt{\left(\dfrac{5}{18}\right)^2 - \left(\dfrac{1}{6}\right)^2} = \dfrac{2}{9}$ 가 된다.

결국 $X = \dfrac{9}{2} = 4.5[\Omega]$이다.

44 $R-L$ 병렬회로의 위상차 ϕ는?

① $\phi = \tan^{-1}\dfrac{\omega L}{R}$ ② $\phi = \tan^{-1}\dfrac{R}{\omega L}$

③ $\phi = \tan^{-1}\dfrac{1}{\omega LR}$ ④ $\phi = \tan^{-1}\omega LR$

해설

위상차 $\phi = \tan^{-1}\dfrac{허수}{실수}$

$R-L$ 병렬회로의 합성 어드미턴스

$Y = Y_1 + Y_2 = \dfrac{1}{Z_1} + \dfrac{1}{Z_2} = \dfrac{1}{R} + \dfrac{1}{jX_L} = \dfrac{1}{R} - j\dfrac{1}{X_L}[\mho]$

$\therefore \phi = \tan^{-1}\dfrac{\dfrac{1}{X_L}}{\dfrac{1}{R}} = \tan^{-1}\dfrac{R}{X_L} = \tan^{-1}\dfrac{R}{\omega L}$

45 R, X_L 병렬회로의 역률은?

① $\dfrac{\sqrt{R^2 + X_L^2}}{R}$ ② $\dfrac{\sqrt{R^2 + X_L^2}}{X_L}$

③ $\dfrac{R}{\sqrt{R^2 + X_L^2}}$ ④ $\dfrac{X_L}{\sqrt{R^2 + X_L^2}}$

해설

$R-L$ 병렬회로의 합성 어드미턴스

$Y = Y_1 + Y_2 = \dfrac{1}{Z_1} + \dfrac{1}{Z_2} = \dfrac{1}{R} + \dfrac{1}{jX_L} = \dfrac{1}{R} - j\dfrac{1}{X_L}[\mho]$

정답 40 ④ 41 ③ 42 ③ 43 ① 44 ② 45 ④

R, X_L 병렬회로의 역률 $\cos\theta = \dfrac{G}{Y} = \dfrac{\dfrac{1}{R}}{\sqrt{\left(\dfrac{1}{R}\right)^2 + \left(\dfrac{1}{X_L}\right)^2}}$ 이고,

분모, 분자에 R을 곱하면 $\cos\theta = \dfrac{1}{\sqrt{1^2 + \left(\dfrac{R}{X_L}\right)^2}}$ 이다.

다시 분모, 분자에 X_L을 곱하면 아래와 같다.

$\cos\theta = \dfrac{X_L}{\sqrt{X_L^2 + R^2}}$

[별해]

병렬로 접속된 소자가 두 개인 경우 $\cos\theta = \dfrac{X}{Z} = \dfrac{X}{\sqrt{R^2 + X^2}}$

46 저항 3[Ω], 유도 리액턴스 4[Ω]의 병렬회로에서 역률은?

① 1   ② 0.8
③ 0.6   ④ 0.4

해설

위의 문제 45번 결과를 이용하면

$\cos\theta = \dfrac{X_L}{\sqrt{R^2 + X_L^2}} = \dfrac{4}{\sqrt{3^2 + 4^2}} = 0.8$

47 $R-C$ 병렬회로의 임피던스는?

① $\sqrt{R^2 + \left(\dfrac{1}{\omega C}\right)}$ ② $\sqrt{\left(\dfrac{1}{R}\right) + (\omega C)^2}$

③ $\dfrac{1}{\sqrt{R^2 + \left(\dfrac{1}{\omega C}\right)}}$ ④ $\dfrac{1}{\sqrt{\left(\dfrac{1}{R}\right)^2 + (\omega C)^2}}$

해설

$R-C$ 병렬회로의 합성 어드미턴스

$Y = Y_1 + Y_2 = \dfrac{1}{R} + \dfrac{1}{-jX_c} = \dfrac{1}{R} + j\dfrac{1}{X_c}$ [℧]

$\therefore Z = \dfrac{1}{Y} = \dfrac{1}{\sqrt{\left(\dfrac{1}{R}\right)^2 + \left(\dfrac{1}{X_C}\right)^2}} = \dfrac{1}{\sqrt{\left(\dfrac{1}{R}\right)^2 + \left(\dfrac{1}{\dfrac{1}{\omega C}}\right)^2}}$

$= \dfrac{1}{\sqrt{\left(\dfrac{1}{R}\right)^2 + (\omega C)^2}}$ [Ω]

48 $R-C$ 병렬회로의 위상은?

① $\tan^{-1}\dfrac{1}{\omega CR}$ ② $\tan^{-1}\dfrac{R}{\omega C}$

③ $\tan^{-1}\omega CR$ ④ $\tan^{-1}\dfrac{\omega C}{R}$

해설

위상차 $\phi = \tan^{-1}\dfrac{허수}{실수}$

$R-C$ 병렬회로의 합성 어드미턴스

$Y = Y_1 + Y_2 = \dfrac{1}{Z_1} + \dfrac{1}{Z_2} = \dfrac{1}{R} + \dfrac{1}{-jX_c} = \dfrac{1}{R} + j\dfrac{1}{X_c}$ [℧]

$\therefore \phi = \tan^{-1}\dfrac{\dfrac{1}{X_c}}{\dfrac{1}{R}} = \tan^{-1}\dfrac{R}{X_c} = \tan^{-1}\dfrac{R}{\dfrac{1}{\omega C}} = \tan^{-1}\omega CR$

49 저항 20[Ω]과 15[Ω]의 용량 리액턴스가 병렬로 된 회로의 위상각은 대략 얼마인가?

① 90°   ② 60°
③ 53°   ④ 37°

해설

위상차 $\theta = \tan^{-1}\dfrac{R}{X_c} = \tan^{-1}\dfrac{20}{15} = \tan^{-1}\dfrac{4}{3} ≒ 53°$

50 R과 X_c의 병렬회로에서의 역률값은?

① $\dfrac{X_c}{\sqrt{R^2 + X_c^2}}$ ② $\dfrac{R}{\sqrt{R^2 + X_c^2}}$

③ $\dfrac{X_c}{R^2 + X_c^2}$ ④ $\dfrac{R}{R^2 + X_c^2}$

해설

$R-C$ 병렬회로의 합성 어드미턴스

$Y = Y_1 + Y_2 = \dfrac{1}{Z_1} + \dfrac{1}{Z_2} = \dfrac{1}{R} + \dfrac{1}{-jX_c} = \dfrac{1}{R} + j\dfrac{1}{X_c}$ [℧]

$R-C$ 병렬회로의 역률

$\cos\theta = \dfrac{G}{Y} = \dfrac{\dfrac{1}{R}}{\sqrt{\left(\dfrac{1}{R}\right)^2 + \left(\dfrac{1}{X_c}\right)^2}}$ 이고,

분모, 분자에 R을 각각 곱하면

정답 46 ② 47 ④ 48 ③ 49 ③ 50 ①

$\cos\theta = \dfrac{1}{\sqrt{(1)^2 + \left(\dfrac{R}{X_c}\right)^2}}$ 이다.

다시 분모, 분자에 X_c를 곱하면 아래와 같다.

$\cos\theta = \dfrac{X_c}{\sqrt{R^2 + X_c^2}}$ 이다.

[별해]

병렬로 접속된 소자가 두 개인 경우 $\cos\theta = \dfrac{X}{Z} = \dfrac{X}{\sqrt{R^2 + X^2}}$

51 저항 20[Ω]과 용량성 리액턴스 15[Ω]이 병렬로 연결된 회로에 120[V]의 교류전압을 가할 때 회로에 흐르는 전전류[A]는?

① 25 ② 20
③ 15 ④ 10

해설

$R-C$ 병렬회로의 합성 어드미턴스

$Y = Y_1 + Y_2 = \dfrac{1}{Z_1} + \dfrac{1}{Z_2} = \dfrac{1}{R} + \dfrac{1}{-jX_c} = \dfrac{1}{R} + j\dfrac{1}{X_c}$ [℧]이고,

전전류 $I = \dfrac{V}{Z} = YV = \sqrt{\left(\dfrac{1}{R}\right)^2 + \left(\dfrac{1}{X_c}\right)^2} \cdot V$

$= \sqrt{\left(\dfrac{1}{20}\right)^2 + \left(\dfrac{1}{15}\right)^2} \times 120 = 10\,[\text{A}]$

52 $R-L-C$ 병렬회로에서 유도성 회로가 되기 위한 조건은?

① $X_L > X_c$ ② $X_L + X_c = R$
③ $X_L < X_c$ ④ $X_L = X_c$

해설

$R-L-C$ 병렬회로의 합성 어드미턴스

$Y = Y_1 + Y_2 + Y_3 = \dfrac{1}{Z_1} + \dfrac{1}{Z_2} + \dfrac{1}{Z_3}$

$= \dfrac{1}{R} + \dfrac{1}{jX_L} + \dfrac{1}{-jX_c} = \dfrac{1}{R} + j\left(\dfrac{1}{X_c} - \dfrac{1}{X_L}\right)$ [℧]이므로

유도성 성분(X_L)이 되기 위해서는 $X_c > X_L$이어야 한다. 반대로 $X_c < X_L$이며 용량성 성분이 된다. 결국 직렬회로와 반비례 관계라는 것을 알 수 있다.

정답 51 ④ 52 ③

SECTION 04 공진회로 및 교류 브리지 회로

1 RLC 직렬공진회로 ★★★

R, L, C 직렬회로에서 유도성 리액턴스와 용량성 리액턴스의 크기가 같아서 서로 상쇄되어 회로의 합성 리액턴스가 0이 되면, 임피던스가 저항만으로 이루어지게 되므로 임피던스의 값이 최소가 된다. 그 결과 전압과 전류가 동상이 되는데 직렬회로의 이와 같은 상태를 직렬공진이라 한다.

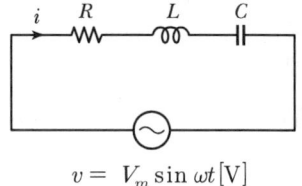

$v = V_m \sin \omega t \, [\text{V}]$

1) 합성 임피던스

$$Z = Z_1 + Z_2 + Z_3 = R + jX_L - jX_c = R + j(X_L - X_c) = R + j\left(\omega L - \frac{1}{\omega C}\right) [\Omega]$$

2) 공진 조건

$X_L = X_c$, $\omega L = \dfrac{1}{\omega C}$ 이므로 $\omega^2 LC = 1$

3) 공진 시 주파수 $f\,[\text{Hz}]$

$\omega^2 = \dfrac{1}{LC}$, $\omega = \dfrac{1}{\sqrt{LC}}$ [rad/sec]이므로 $f = \dfrac{1}{2\pi\sqrt{LC}}$ [Hz]

4) 공진 상태의 의미

① 허수부가 0인 상태
② 전압과 전류가 동상(합성역률이 1인 상태)
③ 합성 임피던스 최소
④ 합성전류 최대(직렬공진은 리액턴스 성분이 0이 되므로 공진 시 V와 I는 동상이 되고, 전류는 최대가 된다.)

5) 공진도 ≒ 선택도 ≒ 첨예도 ≒ 전압확대비 ≒ 저항에 대한 리액턴스비

직렬공진회로는 V_L 및 V_c가 전원전압 V보다 수십 배 이상으로 확대되어 나타난다.
따라서 전원전압 V에 대한 V_L, V_c의 비율을 전압확대비라 하며 다음과 같다.

$$Q = \frac{V_L}{V} = \frac{V_c}{V} = \frac{X_L}{R} = \frac{X_c}{R} = \frac{1}{R}\sqrt{\frac{L}{C}}$$

2 RLC 병렬공진회로 ★★★

1) 합성 어드미턴스

$$Y = Y_1 + Y_2 + Y_3 = \frac{1}{Z_1} + \frac{1}{Z_2} + \frac{1}{Z_3} = \frac{1}{R} + \frac{1}{jX_L} + \frac{1}{-jX_C}$$

$$= \frac{1}{R} - j\frac{1}{X_L} + j\frac{1}{X_C}$$

$$= \frac{1}{R} + j\left(\frac{1}{X_C} - \frac{1}{X_L}\right) [\mho]$$

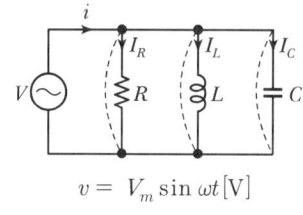

$v = V_m \sin \omega t [\text{V}]$

2) 공진 조건

$\dfrac{1}{X_c} = \dfrac{1}{X_L}$, $X_L = X_c$, $\omega L = \dfrac{1}{\omega C}$ 이므로 $\omega^2 LC = 1$ (직렬공진과 동일)

3) 공진 시 주파수 $f[\text{Hz}]$

$\omega^2 = \dfrac{1}{LC}$, $\omega = \dfrac{1}{\sqrt{LC}}$ [rad/sec]이므로 $f = \dfrac{1}{2\pi\sqrt{LC}}$ [Hz]

4) 공진 상태의 의미

① 허수부가 0인 상태
② 전압과 전류가 동상(합성역률이 1인 상태)
③ 합성 어드미턴스가 최소
④ 합성전류 최소(병렬공진 시에는 어드미턴스가 최소가 되고 임피던스는 최대가 되며 전류는 최소가 된다.)

5) 공진도 ≒ 선택도 ≒ 첨예도 ≒ 전류확대비

$$Q = \frac{I_L}{I} = \frac{I_c}{I} = \frac{R}{X_L} = \frac{R}{X_c} = R\sqrt{\frac{C}{L}}$$

3 RLC 일반공진회로 ★

오른쪽 그림과 같이 R, L은 직렬로 접속하고 여기에 C를 병렬로 접속한 직렬과 병렬이 혼합된 경우의 공진조건 및 특성은 다음과 같다.

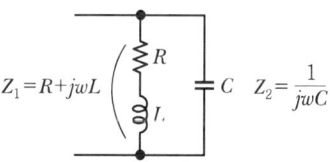

1) 합성 어드미턴스

$$Y = Y_1 + Y_2 = \frac{1}{Z_1} + \frac{1}{Z_2} = \frac{1}{R+j\omega L} + \frac{1}{\frac{1}{j\omega C}} = \frac{1(R-j\omega L)}{(R+j\omega L)(R-j\omega L)} + j\omega C$$

$$= \frac{R-j\omega L}{R^2 - j\omega LR + j\omega LR - j^2\omega^2 L^2} + j\omega C = \frac{R-j\omega L}{R^2 + (\omega L)^2} + j\omega C$$

$$= \frac{R}{R^2 + (\omega L)^2} - j\frac{\omega L}{R^2 + (\omega L)^2} + j\omega C = \frac{R}{R^2 + (\omega L)^2} + j\left(\omega C - \frac{\omega L}{R^2 + (\omega L)^2}\right)[\text{℧}]$$

2) 공진 조건

허수부가 0이 되는 경우이므로 아래와 같다.

$$\therefore \omega C - \frac{\omega L}{R^2 + (\omega L)^2} = 0$$

$$\omega C = \frac{\omega L}{R^2 + (\omega L)^2}, \ (R^2 + (\omega L)^2)C = L, \ 결국 \ R^2 + (\omega L)^2 = \frac{L}{C}$$

3) 공진 시 각속도 및 주파수

$$R^2 + (\omega L)^2 = \frac{L}{C} \text{에서 } (\omega L)^2 = \frac{L}{C} - R^2$$

$$\omega^2 = \frac{1}{L^2}\left(\frac{L}{C} - R^2\right) = \frac{1}{LC} - \frac{R^2}{L^2}$$

$$\omega = \sqrt{\frac{1}{LC} - \frac{R^2}{L^2}} \ [\text{rad/sec}], \ f = \frac{1}{2\pi}\sqrt{\frac{1}{LC} - \frac{R^2}{L^2}} \ [\text{Hz}]$$

$$\text{또는 } \omega = \sqrt{\frac{1}{LC} - \left(\frac{R}{L}\right)^2} = \sqrt{\frac{1}{LC}\left(1 - \frac{CR^2}{L}\right)} = \frac{1}{\sqrt{LC}}\sqrt{1 - \frac{CR^2}{L}} \ [\text{rad/sec}]$$

$$f = \frac{1}{2\pi\sqrt{LC}}\sqrt{1 - \frac{CR^2}{L}} \ [\text{Hz}]$$

4) 공진 시 어드미턴스 $Y[\text{℧}]$

$$Y = \frac{R}{R^2 + (\omega L)^2} = \frac{R}{\frac{L}{C}} = \frac{RC}{L} \ [\text{℧}]$$

5) 공진 시 임피던스 $Z[\Omega]$

$$Z = \frac{1}{Y} = \frac{L}{RC} \ [\Omega]$$

4 휘트스톤 브리지 회로 ★★

1) RC 조합 브리지 회로

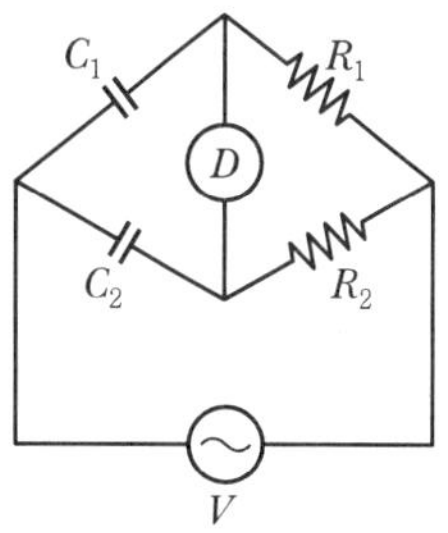

오른쪽 그림과 같이 R과 C가 조합된 브리지 회로의 평행 조건은 저항만의 회로와는 다르게 바로 대각선으로 곱하는 경우가 아님에 주의하고 다음 순서에 따른다.

① C를 용량성 리액턴스 $X_c = \dfrac{1}{\omega C}$ [Ω]로 바꾼다.

$$\therefore C_1 = \frac{1}{\omega C_1},\ C_2 = \frac{1}{\omega C_2}$$

② 마주보는 소자끼리 곱한 후 그 크기를 비교한다.

만일 크기가 같으면 평형 조건이 성립된다. $R_2 \cdot \dfrac{1}{\omega C_1} = R_1 \cdot \dfrac{1}{\omega C_2}$

③ $\dfrac{R_2}{C_1} = \dfrac{R_1}{C_2}$ 이므로 $R_1 C_1 = R_2 C_2$가 휘트스톤 브리지 평형 조건이 된다.

2) RL 조합 브리지 회로

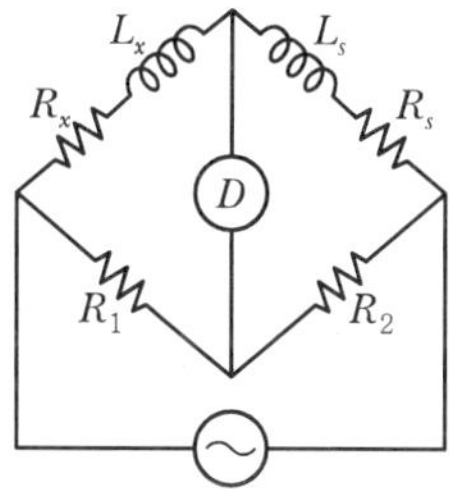

$(R_x + j\omega L_x) \cdot R_2 = (R_s + j\omega L_s) \cdot R_1$

$R_x R_2 + j\omega L_x R_2 = R_s R_1 + j\omega L_s R_1$

이때 실수는 실수끼리 허수는 허수끼리 같게 연산한다.

$\therefore R_x R_2 = R_s R_1,\ j\omega L_x R_2 = j\omega L_s R_1$과 같다.

기출 및 예상문제

SECTION 04 | 공진회로 및 교류 브리지 회로

01 RLC 직렬회로에서 전압과 전류가 동상이 될 수 있는 조건은?

① $\omega = LC$ ② $\omega LC = 1$
③ $\omega^2 LC = 1$ ④ $\omega L^2 C^2 = 1$

해설
전압과 전류가 동상인 경우는 공진상태를 의미하면 직렬 및 병렬 공진 조건은 $\omega^2 LC = 1$이 된다.

02 RLC 직렬회로의 공진주파수 f는?

① $f = 2\pi \sqrt{LC}$ ② $f = \dfrac{1}{2\pi LC}$
③ $f = 2\pi LC$ ④ $f = \dfrac{1}{2\pi \sqrt{LC}}$

해설
$\omega^2 LC = 1$에서 $\omega^2 = \dfrac{1}{LC}$, $\omega = \dfrac{1}{\sqrt{LC}}$ [rad/sec]

결국 주파수 $f = \dfrac{1}{2\pi \sqrt{LC}}$ [Hz]

03 RLC 직렬회로에서 L 또는 C를 증가시킬 때 공진주파수는 어떻게 되는가?

① 공진주파수는 증가한다.
② 공진주파수는 감소한다.
③ 공진주파수는 변화하지 않는다.
④ 공진주파수는 $\dfrac{L}{C}$에 반비례한다.

해설
공진주파수 $f = \dfrac{1}{2\pi \sqrt{LC}}$ [Hz]에서 L 또는 C가 증가하면 주파수는 감소한다(반비례).

04 RLC 직렬회로에서 임피던스가 최소가 되기 위한 조건은?

① $\omega L - \dfrac{1}{\omega C} = 1$ ② $\omega L - \dfrac{1}{\omega C} = 0$
③ $\omega L + \dfrac{1}{\omega C} = 0$ ④ $\omega L + \dfrac{1}{\omega C} = 1$

해설
허수부가 0이 되어 임피던스가 최소가 되는 공진 조건을 찾는다.
직렬 공진 조건 $X_L - X_c = 0$, $\omega L - \dfrac{1}{\omega C} = 0$

05 RLC 직렬공진회로에서 최소가 되는 것은?

① 저항 ② 임피던스
③ 전류 ④ 전압

해설
RLC 직렬 임피던스 $Z = \sqrt{R^2 + (X_L - X_c)^2}$ 에서 공진 시에는 $X_L = X_c$가 되어 $Z = R$이 되므로 결국 임피던스는 최소가 된다.
반면 전류 $I = \dfrac{V}{Z}$이므로 최대가 됨을 알 수 있다.

06 다음 중 직렬공진 시 최대가 되는 것은?

① 전류 ② 임피던스
③ 리액턴스 ④ 저항

해설
문제 5번 해설 참조

07 다음 중 직렬공진 시 최대가 되는 것은?

① 어드미턴스 ② 임피던스
③ 리액턴스 ④ 저항

정답 01 ③ 02 ④ 03 ② 04 ② 05 ② 06 ① 07 ①

해설

RLC 직렬 임피던스 $Z = \sqrt{R^2 + (X_L - X_C)^2}$ 에서 공진 시에는 $X_L = X_C$가 되어 $Z = R$이 되므로 결국 임피던스는 최소가 되고, 반대로 어드미턴스 $Y = \dfrac{1}{Z}$ 이므로 최대가 된다.

08 RLC 직렬회로에서 직렬공진인 경우 전압과 전류의 위상 관계는?

① 전류가 전압보다 $\dfrac{\pi}{2}$ 만큼 앞선다.
② 전류가 전압보다 $\dfrac{\pi}{2}$ 만큼 뒤진다.
③ 전류가 전압보다 π만큼 앞선다.
④ 전류와 전압은 동상이다.

해설

공진 상태의 의미
- 허수부가 0인 상태
- 전압과 전류가 동상(합성역률이 1인 상태)
- 합성 임피던스 최소
- 합성전류 최대(직렬공진은 리액턴스 성분이 0이 되므로 공진 시 V와 I는 동상이 되고, 전류는 최대로 된다.)

09 저항 $R = 15[Ω]$, 자기 인덕턴스 $L = 35[mH]$, 정전용량 $C = 300[μF]$의 직렬공진회로에서 공진주파수는 얼마가 되는가?

① 40[Hz] ② 50[Hz]
③ 60[Hz] ④ 70[Hz]

해설

공진주파수
$f = \dfrac{1}{2\pi\sqrt{LC}} = \dfrac{1}{2\pi \times \sqrt{35 \times 10^{-3} \times 300 \times 10^{-6}}} = 49.11$
$≒ 50[Hz]$

10 직렬공진회로에 있어서 선택도 Q는?

① $\dfrac{\omega L}{R}$ ② $\dfrac{\omega C}{R}$
③ $\dfrac{R}{\omega L}$ ④ $\dfrac{R}{\omega C}$

해설

선택도 $Q = \dfrac{V_L}{V} = \dfrac{V_C}{V} = \dfrac{X_L}{R} = \dfrac{X_C}{R} = \dfrac{1}{R}\sqrt{\dfrac{L}{C}}$ 이므로
$Q = \dfrac{X_L}{R} = \dfrac{\omega L}{R}$

11 다음 중 병렬공진회로에서 최대가 되는 것은?

① 임피던스 ② 어드미턴스
③ 전압 ④ 전류

해설

병렬회로 합성 어드미턴스
$Y = \dfrac{1}{R} + j\left(\dfrac{1}{X_C} - \dfrac{1}{X_L}\right)[℧] = \sqrt{\left(\dfrac{1}{R}\right)^2 + \left(\dfrac{1}{X_C} - \dfrac{1}{X_L}\right)^2}$ 에서
공진일 경우 $X_C = X_L$이므로 허수부는 0이 되고, Y는 최소가 된다.
결국, $Z = \dfrac{1}{Y}$ 이므로 최대가 되는 반비례 관계에 있음을 알 수 있다.

12 RLC 병렬회로가 병렬공진되었을 경우 합성전류의 크기는?

① 최소 ② 최대
③ 0 ④ 무한대

해설

문제 11번 해설처럼 병렬공진 시 어드미턴스 Y는 최소가 되므로 전류 $I = \dfrac{V}{Z} = YV$의 관계에서 최소가 된다.

13 LC 병렬회로에서 전압을 가할 때 전전류가 0이 되려면 주파수 $f[Hz]$는?

① $2\pi\sqrt{LC}$ ② $\dfrac{1}{2\pi\sqrt{LC}}$
③ $\dfrac{\sqrt{LC}}{2\pi}$ ④ $\dfrac{2\pi}{\sqrt{LC}}$

정답 08 ④ 09 ② 10 ① 11 ① 12 ① 13 ②

해설

LC 병렬회로의 허수부가 0이 되면 전류가 흐르지 않으므로 공진 시 주파수 $f = \dfrac{1}{2\pi\sqrt{LC}}$ [Hz]

14 그림과 같은 회로에서 공진 시 주파수 f는?

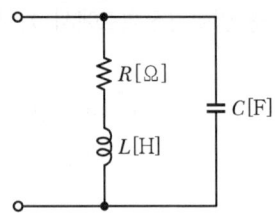

① $\dfrac{1}{2\pi\sqrt{LC}}$

② $\dfrac{1}{2\pi\sqrt{LC}}\sqrt{1-\dfrac{R^2 L}{C}}$

③ $\dfrac{1}{2\pi}\sqrt{\dfrac{C}{L}}$

④ $\dfrac{1}{2\pi\sqrt{LC}}\sqrt{1-\dfrac{R^2 C}{L}}$

해설

$$Y = Y_1 + Y_2 = \dfrac{1}{Z_1} + \dfrac{1}{Z_2}$$

$$= \dfrac{1}{R+j\omega L} + \dfrac{1}{\dfrac{1}{j\omega C}} = \dfrac{1(R-j\omega L)}{(R+j\omega L)(R-j\omega L)} + j\omega C$$

$$= \dfrac{R-j\omega L}{R^2 - j\omega LR + j\omega LR - j^2\omega^2 L^2} + j\omega C$$

$$= \dfrac{R-j\omega L}{R^2 + (\omega L)^2} + j\omega C$$

$$= \dfrac{R}{R^2+(\omega L)^2} - j\dfrac{\omega L}{R^2+(\omega L)^2} + j\omega C$$

$$= \dfrac{R}{R^2+(\omega L)^2} + j\left(\omega C - \dfrac{\omega L}{R^2+(\omega L)^2}\right) [\mho]에서$$

허수부가 0이 되는 공진 조건은

∴ $\omega C - \dfrac{\omega L}{R^2+(\omega L)^2} = 0$ 이므로

$\omega C = \dfrac{\omega L}{R^2+(\omega L)^2}$, $(R^2+(\omega L)^2)C = L$,

결국 $R^2+(\omega L)^2 = \dfrac{L}{C}$이며, 주파수는 이음과 같다.

$R^2+(\omega L)^2 = \dfrac{L}{C}$ 에서 $(\omega L)^2 = \dfrac{L}{C} - R^2$

$\omega^2 = \dfrac{1}{L^2}\left(\dfrac{L}{C} - R^2\right) = \dfrac{1}{LC} - \dfrac{R^2}{L^2}$

$\omega = \sqrt{\dfrac{1}{LC} - \dfrac{R^2}{L^2}}$ [rad/sec], $f = \dfrac{1}{2\pi}\sqrt{\dfrac{1}{LC} - \dfrac{R^2}{L^2}}$ [Hz]

또는 $\omega = \sqrt{\dfrac{1}{LC} - \left(\dfrac{R}{L}\right)^2} = \sqrt{\dfrac{1}{LC}\left(1 - \dfrac{CR^2}{L}\right)}$

$= \dfrac{1}{\sqrt{LC}}\sqrt{1 - \dfrac{CR^2}{L}}$ [rad/sec]

∴ 공진주파수 $f = \dfrac{1}{2\pi\sqrt{LC}}\sqrt{1 - \dfrac{CR^2}{L}}$ [Hz]

15 그림과 같은 회로에서 공진 임피던스 Z_0는?

① $\dfrac{L}{CR}$

② $\dfrac{CL}{R}$

③ $\dfrac{R}{CL}$

④ $\dfrac{CR}{L}$

해설

일반 공진 회로의 어드미턴스 및 임피던스

$Y = \dfrac{R}{R^2+(\omega L)^2} - j\dfrac{\omega L}{R^2+(\omega L)^2} + j\omega C$

$= \dfrac{R}{R^2+(\omega L)^2} + j\left(\omega C - \dfrac{\omega L}{R^2+(\omega L)^2}\right)[\mho]에서$

공진 상태는 허수부가 0이 되므로 $Y = \dfrac{R}{R^2+(\omega L)^2}$ [$\mho$]이고,

공진 조건 $R^2+(\omega L)^2 = \dfrac{L}{C}$을 대입하면

$Y = \dfrac{R}{R^2+(\omega L)^2} = \dfrac{R}{\dfrac{L}{C}} = \dfrac{RC}{L}$ [$\mho$]

∴ $Z_0 = \dfrac{1}{Y} = \dfrac{1}{\dfrac{RC}{L}} = \dfrac{L}{RC}$ [Ω]

정답 14 ④ 15 ①

16 그림의 회로에서 브리지 평형 조건으로 알맞은 것은?

① $C_1 R_1 = C_2 R_2$
② $C_1 R_2 = C_2 R_1$
③ $C_1 C_2 = R_1 R_2$
④ $\dfrac{1}{C_1 C_2} = R_1 R_2$

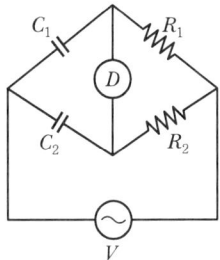

해설

- $C_1[\text{F}] \rightarrow \dfrac{1}{j\omega C_1}[\Omega]$, $C_2[\text{F}] \rightarrow \dfrac{1}{j\omega C_2}[\Omega]$으로 바꾸고 마주보는 대각선끼리 곱한다.
- 평형 조건 $\dfrac{1}{j\omega C_1} \cdot R_2 = \dfrac{1}{j\omega C_2} \cdot R_1$이므로
- $R_2 j\omega C_2 = R_1 j\omega C_1$이고 ∴ $C_1 R_1 = C_2 R_2$가 된다.

17 그림의 브리지 회로가 평형일 때 C_x의 값은?

① $0.1\,[\mu\text{F}]$
② $0.2\,[\mu\text{F}]$
③ $0.3\,[\mu\text{F}]$
④ $0.4\,[\mu\text{F}]$

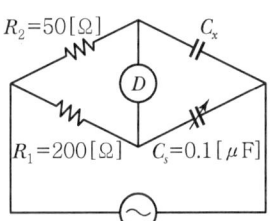

해설

- $C_1[\text{F}] \rightarrow \dfrac{1}{j\omega C_1}[\Omega]$, $C_2[\text{F}] \rightarrow \dfrac{1}{j\omega C_2}[\Omega]$으로 바꾸고 마주보는 대각선끼리 곱한다.
- 평형 조건 $\dfrac{1}{j\omega C_s} \cdot R_2 = \dfrac{1}{j\omega C_x} \cdot R_1$이므로
- $R_2 j\omega C_x = R_1 j\omega C_s$이고 ∴ $C_s R_1 = C_x R_2$가 된다.
- 결국, $C_x = \dfrac{R_1}{R_2} C_s = \dfrac{200}{50} \times 0.1 \times 10^{-6} = 4 \times 10^{-7}[\text{F}]$
  $= 0.4\,[\mu\text{F}]$

18 다음의 브리지 회로에서 L_x를 구하면?

① $L_x = \dfrac{R_2}{R_1} L_s$
② $L_x = \dfrac{R_1}{R_2} L_s$
③ $L_x = \dfrac{1}{R_1} L_s$
④ $L_x = \dfrac{1}{R_2} L_s$

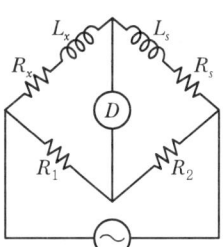

해설

- $L_x[\text{H}] \rightarrow j\omega L_x[\Omega]$, $L_s[\text{H}] \rightarrow j\omega L_s[\Omega]$으로 바꾸고 직렬 합성 임피던스를 구한다.
- $R_x + j\omega L_x[\Omega]$ 및 $R_s + j\omega L_s[\Omega]$와 마주보는 저항을 곱하고 평형 조건에 의하면 아래와 같다.
  평형 조건 : $R_2(R_x + j\omega L_x) = R_1(R_s + j\omega L_s)$
- $R_2 R_x + j\omega L_x R_2 = R_1 R_s + j\omega L_s R_1$이므로 이때 실수부와 허수부는 각각 같아야 한다.
- 결국, $j\omega L_x R_2 = j\omega L_s R_1$, ∴ $L_x = \dfrac{R_1}{R_2} L_s$이다.

SECTION 05 단상교류전력

1 교류전력의 특징 ★★★

교류회로의 전력은 직류회로의 전력과는 다르게 저항과 리액턴스 성분이 존재하기 때문에 각 성분에 해당하는 전력이 각각 존재한다. 결국, 저항 성분에서 발생하는 유효전력 P[W], 리액턴스 성분에서 존재하는 무효전력 P_r[Var], 임피던스 성분에 존재하는 피상전력 P_a[VA]으로 구분된다.

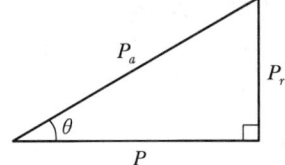

1) 유효전력 = 저항부하의 전력

유효전력 P는 부하회로의 저항성분 R을 통해 일을 하면서 실제로 에너지를 소비하는 전력을 말하며 단위에는 와트(Watt, [W])가 사용된다. 같은 말로는 소비전력, 평균전력, 실수부전력 등이 있다.

$P = VI\cos\theta$ [W]

여기서, V, I : 실효값, θ : 위상차

① R, X 직렬 단상의 경우는 다음과 같이 표현할 수 있다.

$$P = VI\cos\theta = VI\frac{R}{Z} = \frac{VIR}{Z} = I^2R = \left(\frac{V}{Z}\right)^2 R = \frac{V^2R}{R^2+X^2} \text{[W]}$$

② R, X 병렬 단상의 경우는 다음과 같이 표현할 수 있다.

$$P = VI\cos\theta = VI\frac{G}{Y} = VYV\frac{G}{Y} = V^2G = \frac{V^2}{R} \text{[W]}$$

$$\left(\because I = \frac{V}{Z} = YV,\ G = \frac{1}{R}\right)$$

2) 무효전력 = 인덕턴스 및 정전용량 부하의 전력

무효전력 P_r은 회로의 유도성 리액턴스 및 용량성 리액턴스 성분에 의한 에너지 축적효과로 생기는 전력으로 단지 전원 측과 에너지를 주고받을 뿐, 일에는 실제로 관여하지 않는, 즉 에너지를 소비하지 않는다. 같은 말로는 허수부전력을 사용한다.

$P_r = VI\sin\theta$ [Var]

① R, X 직렬 단상의 경우는 다음과 같이 표현할 수 있다.

$$P_r = VI\sin\theta = VI\frac{X}{Z} = \frac{VIX}{Z} = I^2X = \left(\frac{V}{Z}\right)^2 X = \frac{V^2X}{R^2+X^2} \text{[Var]}$$

② R, X 병렬 단상의 경우는 다음과 같이 표현할 수 있다.

$$P_r = VI\sin\theta = VI\frac{B}{Y} = VYV\frac{B}{Y} = V^2 B = \frac{V^2}{X}[\text{Var}]$$

$$\left(\because I = \frac{V}{Z} = YV,\ B = \frac{1}{X}\right)$$

③ 정전용량 부하의 전력

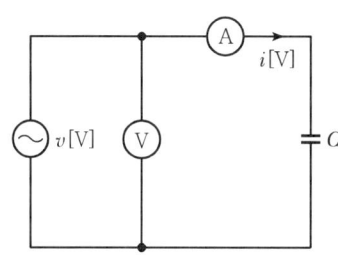 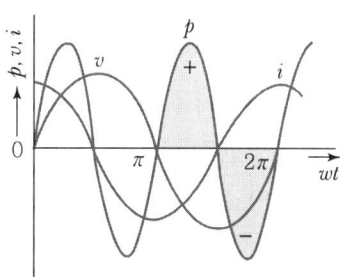

㉠ 위의 순시전력 곡선 그림에서와 같이 + 반주기 동안은 전원에너지가 정전용량 C로 이동하여 충전되고, - 반주기 동안에는 정전용량 C에 저장된 에너지가 전원 쪽으로 이동하면서 방전한다.
㉡ 정전용량 C에서는 에너지의 충전과 방전만 반복하고 실제 전력소비는 없다.

④ 인덕턴스 부하의 전력

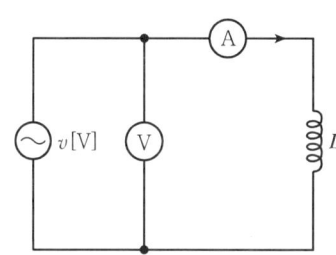 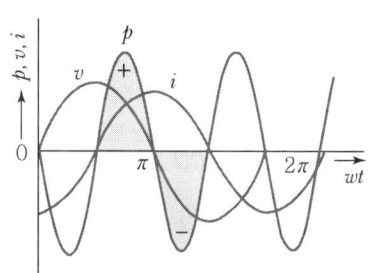

㉠ 위의 순시전력 곡선에서와 같이 + 반주기 동안에는 전원에너지가 인덕턴스 L로 이동하여 충전되고, - 반주기 동안에는 인덕턴스 L에 저장된 에너지가 전원 쪽으로 이동하면서 방전한다.
㉡ 인덕턴스 L에서는 에너지의 충전과 방전만 반복하고 실제 전력소비는 없다.

3) 피상전력 = 임피던스 부하의 전력

피상전력 P_a는 인가전압과 유입전류 사이의 위상관계를 고려하지 않고 임피던스 Z에 대응하여 단지 회로에 인가된 전압과 전류의 크기만을 생각하기 때문에 겉보기전력이라고도 한다. 일반적으로 교류의 부하 또는 전원의 용량을 표시하는 전력이다. 단위로 볼트 암페어(Volt Ampere, [VA])를 사용한다.

$$P_a = P \pm jP_r = \sqrt{P^2 + P_r^2} = VI = I^2 Z [\text{VA}]$$

2 역률과 무효율 ★★

1) 역률의 정의

직류회로에서는 전압과 전류의 곱이 전력이 되지만 교류회로에서는 전압과 전류의 실효치의 곱이 반드시 유효전력으로 되지는 않는다. 교류회로에서는 전압과 전류와의 곱을 피상전력이라 하고 이에 역률을 곱하여 소비전력(유효전력)을 표시한다.

교류회로의 전압이나 전류는 사인파 모양으로 변동하고 전압과 전류의 위상이 반드시 일치하지 않는 경우도 존재하기 때문에 이 위상차를 θ로 표시하고, $\theta = 0$일 때 역률은 1이 되어 소비전력은 최대가 된다. 즉, 역률은 최대가 1, 최소가 0이다.

보통 전열기나 백열전구와 같이 전기에너지를 열에너지로 바꾸는 것에서는 역률이 1이 되지만 전동기나 변압기와 같이 철심을 갖고 철심에 교류전원으로부터 흘러들어온 전류의 일부에 의하여 자속을 발생시켜 에너지를 자기적으로 저장함으로써 동작하는 것 및 콘덴서와 같이 에너지를 저장하는 것에서는 역률이 저하된다.

2) 역률(Power Factor)

피상전력에 대한 유효전력의 비, 전압과 전류의 위상차의 여현

$$역률(pf) = \cos\theta = \frac{유효전력}{피상전력} = \frac{P}{P_a} = \frac{VI\cos\theta}{VI}$$

여기서, θ는 전압과 전류의 위상차

3) 무효율(Reactive Factor)

피상전력에 대한 무효전력의 비

$$무효율(rf) = \sin\theta = \frac{무효전력}{피상전력} = \frac{P_r}{P_a} = \frac{VI\sin\theta}{VI}$$

여기서, θ는 전압과 전류의 위상차

4) 역률 개선 시 필요한 진상용 콘덴서 용량

$$Q_c = P(\tan\theta_1 - \tan\theta_2) = P\left(\frac{\sin\theta_1}{\cos\theta_1} - \frac{\sin\theta_2}{\cos\theta_2}\right) = P\left(\frac{\sqrt{1-\cos^2\theta_1}}{\cos\theta_1} - \frac{\sqrt{1-\cos^2\theta_2}}{\cos\theta_2}\right)[\text{VA}]$$

여기서, P는 유효전력[W]

$\cos^2\theta + \sin^2\theta = 1$이므로 $\sin\theta = \sqrt{1-\cos^2\theta}$

3 복소전력 ★

회로망에 공급되는 유효전력을 실수부로, 무효전력을 허수부로 하는 복소수를 그 회로에 대한 복소전력이라 하여 P_a 또는 S 등으로 표시한다.

> **참고** 전압과 전류가 복소수로 주어지는 경우 피상전력을 알 수 있다.
> $$V = V_1 + jV_2$$
> $$I = I_1 + jI_2$$
> $$P_a = VI^* = V\overline{I} = (V_1 + jV_2)(I_1 - jI_2)$$
> $$\quad = P \pm jP_r \text{(단, + : 유도성, - : 용량성)}$$

기출 및 예상문제

SECTION 05 | 단상교류전력

01 다음 중 유효전력의 식으로 옳은 것은?
① $EI\cos\theta$ ② $EI\sin\theta$
③ $EI\tan\theta$ ④ EI

해설
- 유효전력 $P = EI\cos\theta[\text{W}] = I^2R = \dfrac{V^2R}{R^2+X^2}$
- 무효전력 $P_r = EI\sin\theta[\text{Var}] = I^2X = \dfrac{V^2X}{R^2+X^2}$
- 피상전력 $P_a = P \pm jP_r[\text{VA}] = VI = I^2Z$

02 $EI\sin\theta$는 무엇을 나타내는가?
① 피상전력 ② 무효전력
③ 유효전력 ④ 겉보기전력

해설
문제 1번 해설 참조

03 교류회로에서 무효전력의 단위는?
① [W] ② [VA]
③ [Var] ④ [V/m]

해설
① [W] : 유효전력 ② [VA] : 피상전력
③ [Var] : 무효전력 ③ [V/m] : 전계의 세기

04 [VA]는 무엇의 단위인가?
① 피상전력 ② 무효전력
③ 유효전력 ④ 역률

해설
문제 3번 해설 참조

05 교류전력에서 일반적으로 전기기기의 용량을 표시하는 데 쓰이는 전력은?

① 피상전력 ② 유효전력
③ 무효전력 ④ 기전력

해설
일반적으로 전력을 공급하는 전기기기(변압기 등)는 피상전력으로 용량을 표시하고 전력을 소비하는 기기(전동기 등)는 유효전력으로 용량을 표시하고 있다.

06 무효전력이 0이 되는 부하는?
① 저항만의 부하
② 유도 리액턴스만의 부하
③ $R-C$ 부하
④ 용량성 리액턴스만의 부하

해설
무효전력이 0이라는 의미는 허수 성분이 존재하지 않고 실수 성분만 존재한다는 것으로 유효전력만을 뜻한다. 유효전력만 존재하는 경우는 순저항 부하의 경우이다.

07 무효전력에 대한 설명으로 잘못된 것은?
① $P = VI\cos\theta$로 계산한다.
② 부하에서 소모되지 않는다.
③ 단위로는 [Var]을 사용한다.
④ 전원과 부하 사이를 왕복하기만 하고 부하에 유효하게 사용되지 않는 에너지이다.

해설
무효전력 $P_r = VI\sin\theta[\text{Var}]$

08 $e = 100\sqrt{2}\sin\omega t[\text{V}]$의 교류전압을 가해서 $i = 10\sqrt{2}\sin\left(\omega t - \dfrac{\pi}{6}\right)[\text{A}]$의 전류가 흘렀다면 이때의 무효전력[Var]은 얼마인가?
① 50 ② 100
③ 500 ④ 10,000

정답 01 ① 02 ② 03 ③ 04 ① 05 ① 06 ① 07 ① 08 ③

해설

- $P_r = VI\sin\theta$ 에서, $\theta = \theta_1 - \theta_2 = 0 - (-\frac{\pi}{6}) = \frac{\pi}{6}$
- $P_r = 100 \times 10 \times \sin\frac{\pi}{6} = 500[\text{Var}]$

이때 V, I는 모두 실효값이다.

09 60[μF]의 콘덴서에 100[V], 60[Hz]의 교류를 가할 때 무효전력[Var]은 얼마인가?

① 113 ② 165
③ 226 ④ 274

해설

$P_r = VI\sin\theta = I^2X = \dfrac{V^2}{X} = \dfrac{V^2}{\dfrac{1}{\omega C}} = \omega C V^2$

$= 2\pi \times 60 \times 60 \times 10^{-6} \times 100^2 \quad \therefore P_r \fallingdotseq 226[\text{Var}]$

[별해]

$P_r = I^2X = \left(\dfrac{V}{Z}\right)^2 X = \left(\dfrac{V}{X_c}\right)^2 X_c = \left(\dfrac{V}{\dfrac{1}{\omega C}}\right)^2 \times \dfrac{1}{\omega C} = \omega C V^2$

10 어떤 회로에 100[V]의 전압을 가하니 20[A]의 전류가 전압보다 60°만큼 뒤져서 흘렀다면 이 회로에서 소비되는 전력은?

① 1,000 ② 1,732
③ 2,732 ④ 3,000

해설

$P = VI\cos\theta = 100 \times 20 \times \cos 60° = 1,000[\text{W}]$

11 교류회로에서 유효전력을 P, 무효전력 P_r, 피상전력 P_a라 하면 역률은?

① $\cos\theta = \dfrac{P}{P_a}$ ② $\cos\theta = \dfrac{P_a}{P}$
③ $\cos\theta = \dfrac{P}{P_r}$ ④ $\cos\theta = \dfrac{P_r}{P}$

해설

역률 $\cos\theta = \dfrac{P}{P_a}$

12 무효전력이 Q[Var]일 때 역률이 0.8이면 유효전력[W]은?

① $0.6Q$ ② $0.8Q$ ③ $\dfrac{3}{4}Q$ ④ $\dfrac{4}{3}Q$

해설

$P_r = Q = VI\sin\theta$ 에서, $Q = VI \times 0.6$, $VI(=Pa) = \dfrac{Q}{0.6}$

$\therefore P = VI\cos\theta = \dfrac{Q}{0.6} \times 0.8 = \dfrac{0.8}{0.6}Q = \dfrac{4}{3}Q$

($\because \sin^2\theta + \cos^2\theta = 1$ 이므로 $\sin\theta = \sqrt{1-\cos^2\theta}$
$= \sqrt{1-0.8^2} = 0.6$)

13 피상전력이 P_a, 무효전력이 P_r이 되는 유효전력은?

① $\sqrt{P_a - P_r}$ ② $\sqrt{P_a + P_r}$
③ $\sqrt{P_a^2 - P_r^2}$ ④ $\sqrt{P_a^2 + P_r^2}$

해설

$P_a = \sqrt{P^2 + P_r^2}$ 에서,
$P_a^2 = P^2 + P_r^2$, $P^2 = P_a^2 - P_r^2$ 이므로
$\therefore P = \sqrt{(P_a)^2 - (P_r)^2}$

14 20[Ω]의 저항에 최댓값 120[V]의 정현파 전압을 가했을 때 이 저항에 소비되는 유효전력 [W]은?

① 200 ② 360 ③ 440 ④ 500

해설

$P = VI\cos\theta = I^2R = \dfrac{V^2}{R} = \dfrac{\left(\dfrac{V_m}{\sqrt{2}}\right)^2}{R} = \dfrac{V_m^2}{2R} = \dfrac{120^2}{2 \times 20}$

$= 360[\text{W}]$

[별해]

- $P = I^2R = \left(\dfrac{V}{R}\right)^2 R = \left(\dfrac{\dfrac{V_m}{\sqrt{2}}}{R}\right)^2 R = \left(\dfrac{V_m}{\sqrt{2}R}\right)^2 R$

$= \left(\dfrac{V_m^2}{2R^2}\right)R = \dfrac{V_m^2}{2R}$

정답 09 ③ 10 ① 11 ① 12 ④ 13 ③ 14 ②

- $P = VI\cos\theta = \left(\dfrac{V_m}{\sqrt{2}}\right)\left(\dfrac{\frac{V_m}{\sqrt{2}}}{R}\right) = \dfrac{V_m}{\sqrt{2}} \times \dfrac{V_m}{\sqrt{2}\,R} = \dfrac{V_m^2}{2R}$

(단, 저항만의 부하의 역률은 1이다.)

15 $e = E_m\sin\omega t$ [V]와 $i = I_m\sin(\omega t - \theta)$ [A]인 전류와의 평균전력[W]은?

① $2E_m I_m$
② $\dfrac{E_m I_m}{2}$
③ $\dfrac{E_m I_m}{2}\cos\theta$
④ $E_m I_m \cos\theta$

해설

평균전력(소비전력)

$P = VI\cos\theta = \dfrac{E_m}{\sqrt{2}} \times \dfrac{I_m}{\sqrt{2}}\cos\theta = \dfrac{E_m I_m}{2}\cos\theta$

16 저항 R, 리액턴스 X의 직렬회로에 전압 V를 가할 때 전력[W]은?

① $\dfrac{V^2 R}{R^2 + X^2}$
② $\dfrac{V^2 R^2}{R^2 + X^2}$
③ $\dfrac{V^2 R}{R + X}$
④ $\dfrac{V^2 R}{R + X}$

해설

$R-X$ 직렬단상 유효전력

$P = VI\cos\theta = VI\dfrac{R}{Z} = \dfrac{VIR}{Z} = I^2 R = \left(\dfrac{V}{Z}\right)^2 R$

$= \left(\dfrac{V}{\sqrt{R^2+X^2}}\right)^2 R = \dfrac{V^2 R}{R^2+X^2}$ [W]

17 리액턴스가 10[Ω]인 코일에 직류전압 100[V]를 가하였더니 전력 500[W]를 소비하였다. 이 코일의 저항은 얼마인가?

① 5[Ω]
② 10[Ω]
③ 20[Ω]
④ 25[Ω]

해설

직류에는 주파수가 존재하지 않기 때문에 $X_L = \omega L = 0$[Ω]이다. 결국 저항만을 고려하면

$P = \dfrac{V^2}{R}$ 에서 $R = \dfrac{V^2}{P} = \dfrac{100^2}{500} = 20$ [Ω]

18 단상 전압 220[V]에 소형 전동기를 접속하였더니 2.5[A]의 전류가 흘렀다. 이때의 역률이 75[%]이었다면, 이 전동기의 소비전력[W]은?

① 187.5[W]
② 412.5[W]
③ 545.5[W]
④ 714.5[W]

해설

$P = VI\cos\theta = 220 \times 2.5 \times 0.75 = 412.5$ [W]

19 단상 100[V], 800[W], 역률 80[%]인 회로의 리액턴스는 몇 [Ω]인가?

① 10
② 8
③ 6
④ 2

해설

$P = VI\cos\theta$ 에서 $I = \dfrac{P}{V\cos\theta} = \dfrac{800}{100 \times 0.8} = 10$ [A]

$P_a = VI = 100 \times 10 = 1,000$ [VA]

$P_r = \sqrt{P_a^2 - P^2} = \sqrt{1,000^2 - 800^2} = 600$ [Var]이고

$P_r = VI\sin\theta = I^2 X$ [Var], $X = \dfrac{P_r}{I^2} = \dfrac{600}{10^2} = 6$ [Ω]

20 교류전압 100[V]에 6[Ω]의 저항과 8[Ω]의 유도성 리액턴스가 직렬로 접속되어 있을 때 유효전력은?

① 10[W]
② 60[W]
③ 100[W]
④ 600[W]

해설

$P = VI\cos\theta = I^2 R = \dfrac{V^2 R}{R^2 + X^2}$ [W]

$= \dfrac{100^2 \times 6}{6^2 + 8^2} = 600$ [W]

정답 15 ③ 16 ① 17 ③ 18 ② 19 ③ 20 ④

21 역률이 70[%]인 부하에 교류전압 100[V]를 가했더니 5[A]의 전류가 흘렀다면 이 부하의 피상전력은 몇 [VA]인가?

① 250   ② 110.6
③ 120.6   ④ 500

해설

피상전력 $P_a = VI = 100 \times 5 = 500 [VA]$

22 저항 3[Ω], 유도 리액턴스 4[Ω]의 직렬회로에 60[Hz], 500[V]의 교류를 가할 때 피상전력 [kVA]은?

① 40   ② 50
③ 60   ④ 80

해설

$Z = R + jX_L = 3 + j4 [\Omega]$이므로 $|Z| = \sqrt{3^2 + 4^2} = 5 [\Omega]$
$I = \dfrac{V}{Z} = \dfrac{500}{5} = 100 [A]$
$P_a = VI = I^2 Z = 100^2 \times 5 = 50,000 [VA] = 50 [kVA]$

23 교류회로에서 전압과 전류의 위상차를 θ [rad]라 할 때 $\cos\theta$는?

① 전압 변동률   ② 왜곡률
③ 효율   ④ 역률

해설

역률
전압과 전류의 위상차, 피상전력에 대한 유효전력의 비

24 100[V]의 교류전원에 선풍기를 접속하고 전력과 전류를 측정하니 30[W], 0.5[A]였다면 이 선풍기의 무효율[%]은?

① 0.6   ② 0.7
③ 0.8   ④ 0.9

해설

• 유효전력 $P = 30 [W]$
• 피상전력 $P_a = VI = 100 \times 0.5 = 50 [VA]$
• 무효전력 $P_r = \sqrt{P_a^2 - P^2} = \sqrt{50^2 - 30^2} = 40 [Var]$

∴ 무효율($\sin\theta$) = 피상전력에 대한 무효전력의 비
$\sin\theta = \dfrac{P_r}{P_a} = \dfrac{40}{50} = 0.8$

25 어떤 회로에 $V = 80 + j60$ [V]의 전압을 가했더니 $I = 4 - j3$ [A]의 전류가 흘렀다. 이 회로의 소비전력[W]은?

① 480   ② 320
③ 240   ④ 140

해설

$P_a = VI^* = P \pm jP_r$ [VA]에서
$P_a = (80 + j60)(4 + j3) = 140 + j480$ [VA]이므로
유효전력 $P = 140$[W], 무효전력 $P_r = 480$[Var]이고 "+"는 전류에 공액을 취할 경우 유도성(지상)을 의미한다.

26 어떤 부하에 $E = 5\sqrt{3} + j5$ [V]의 전압을 가하니 $I = 5\sqrt{3} - j5$ [A]가 흘렀다. 부하의 역률은 얼마인가?

① 100[%]   ② 뒤진 전류 86.7[%]
③ 앞선 전류 50[%]   ④ 뒤진 전류 50[%]

해설

역률 $\cos\theta = \dfrac{P}{P_a}$ 이고,
피상전력 $P_a = VI^* = (5\sqrt{3} + j5)(5\sqrt{3} + j5)$
$= 50 + j50\sqrt{3}$ [VA]
$\cos\theta = \dfrac{P}{P_a} = \dfrac{50}{\sqrt{50^2 + (50\sqrt{3})^2}} = 0.5$ 로 50[%]이며
허수부의 부호가 "+"는 유도성(지상), 뒤진 역률을 의미한다.

정답 21 ④ 22 ② 23 ④ 24 ③ 25 ④ 26 ④

CHAPTER 06 3상 교류회로

SECTION 01 3상 교류회로의 이해

1 3상 교류회로 ★

지금까지는 전원과 부하가 2줄의 전선으로 연결되어, 전원에서 부하로 전력이 공급되는 단상교류에 대해서 배웠다. 그러나 발전소에서 발생되는 기전력이나, 공장 등에서 동력으로 사용하는 교류는 위상이 서로 다른 3개의 단상 교류를 하나로 묶어 놓은 3상 교류이다.

3상으로 부하에 전력을 공급하면 3개의 단상들이 개별적으로 부하에 전력을 전달하는 경우와 동일한 전력을 부하에 전달할 수 있다. 또한 다양한 크기의 전압을 공급할 수 있고, 전선을 절약하는 등의 이점이 있다.

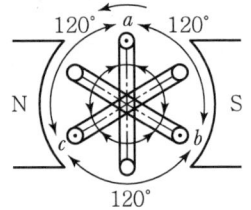
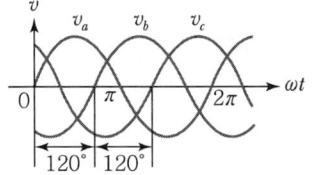
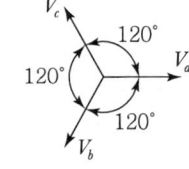

| 3ϕ 발전기의 원리 | | 3ϕ 발전기의 파형 및 3ϕ 전압 벡터도 |

위의 그림과 같이 3상 발전기는 3개의 권선을 120° 간격으로 배치하여 회전자에 감은 구조로 되어 있다. 회전자가 균일한 자계 내에서 일정 속도로 회전하면 각 권선의 양단에는 크기와 주파수는 같고 위상만 120° 다른 3개의 단상전압이 발생한다. 이것을 3상 전압 또는 3상 기전력이라 한다.

2 평형 3상 교류의 표현법 ★

$V_a = \sqrt{2}\, V\sin\omega t [\text{V}]$, $V_a = V\angle 0°$

$V_b = \sqrt{2}\, V\sin(\omega t - \dfrac{2}{3}\pi) = \sqrt{2}\, V\sin(\omega t - 120°)[\text{V}]$,

$V_b = V\angle -120°$

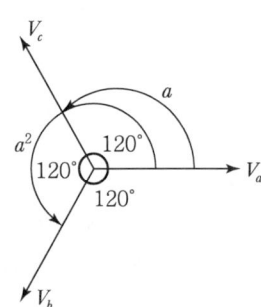

$$V_c = \sqrt{2}\ V\sin\left(\omega t - \frac{4}{3}\pi\right) = \sqrt{2}\ V\sin(\omega t - 240°)[V],$$

$$V_c = V\angle -240°$$

$$\therefore\ V_a + V_b + V_c = 0\,[V]$$

1) 평형 3상 교류(대칭 3상 교류)

각각의 기전력의 크기가 같고 120°씩의 위상차가 있는 3상 교류

2) 대칭 3상 교류의 조건

- 기전력의 크기가 같을 것
- 주파수가 같을 것
- 파형이 같을 것
- 위상차가 각각 $120° = \frac{2}{3}\pi$일 것

3 평형 3상 교류 결선법 ★★★

1) Y결선(성형결선, 스타결선)

① 전류(상전류 : I_p=선전류 : I_l) : Y결선에서는 선전류와 상전류의 크기가 같다.

② 전압 $V_{ab} = V_a + (-V_b)$
  - $V_a = V_b = V_c =$ 상전압 $= V_p$
  - $V_{ab} = V_{bc} = V_{ca} =$ 선간전압 $= V_l$
  - $V_{ab} = V_a + (-V_b)$ 선간전압은 각 상전압의 벡터합으로 구성된다.

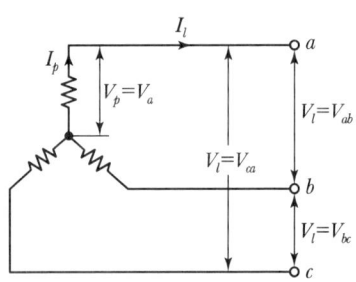

③ 벡터도
$$V_{ab}^2 = (V_a + V_b\cos\theta)^2 + (V_b\sin\theta)^2$$
$$= V_a^2 + V_b^2 + 2V_aV_b\cos\theta$$
$$\therefore\ V_{ab} = \sqrt{V_a^2 + V_b^2 + 2V_aV_b\cos\theta}\ [V]$$
$$V_{ab} = \sqrt{3}\ V_p\angle 30°$$

선간전압은 상선압보다 $\sqrt{3}$ 배 크고, 위상이 30° 앞선다.

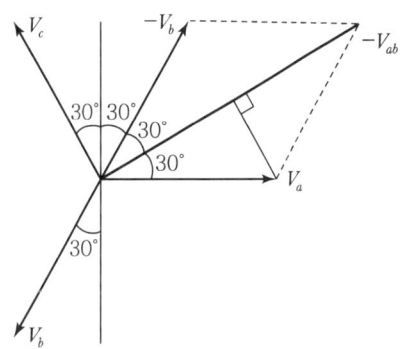

④ 선전류와 상전류 관계

$$I_p = I_l = \frac{V_p}{Z} = \frac{\frac{V_l}{\sqrt{3}}}{Z} = \frac{V_l}{\sqrt{3}\,Z}[A] \quad \therefore I_l = \frac{V_l}{\sqrt{3}\,Z}[A]$$

2) △결선(환상결선)

① 전압(상전압 : V_p = 선간전압 : V_l) : 상전압과 선간전압의 크기가 같다.

② 전류 $I_a = I_{ab} + (-I_{ca})$
- $I_a = I_b = I_c$ = 선전류 = I_l
- $I_{ab} = I_{bc} = I_{ca}$ = 상전류 = I_p

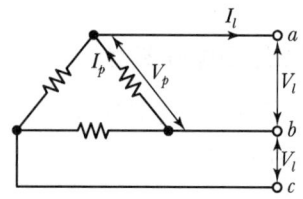

③ 벡터도

선전류는 상전류보다 $\sqrt{3}$ 배 크고,
위상이 30° 뒤진다.

$$\therefore I_a = \sqrt{I_{ab}^2 + I_{bc}^2 + 2I_{ab}I_{bc}\cos\theta}$$

$I_l = \sqrt{3}\,I_p \angle -30°$

선전류는 상전류보다 $\sqrt{3}$ 배 크고,
위상이 30° 뒤진다.

④ 선전류와 상전류의 관계

$$I_p = \frac{V_p}{Z} = \frac{V_l}{Z}[A], \quad I_l = \sqrt{3}\,I_p = \frac{\sqrt{3}\,V_l}{Z}[A]$$

$$\therefore I_l = \frac{\sqrt{3}\,V_l}{Z}[A]$$

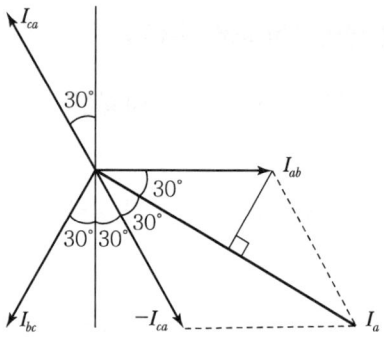

기출 및 예상문제

SECTION 01 | 3상 교류회로

01 대칭 3상 교류를 바르게 설명한 것은?
① 3상의 크기 및 주파수가 같고 상차가 60°의 간격을 가진 교류
② 3상의 크기 및 주파수가 각각 다르고 상차가 60°의 간격을 가진 교류
③ 동시에 존재하는 3상의 크기 및 주파수가 같고 상차가 120°의 간격을 가진 교류
④ 동시에 존재하는 3상의 크기 및 주파수가 같고 상차가 90°의 간격을 가진 교류

해설

대칭 3상 교류의 조건
- 기전력의 크기가 같을 것
- 주파수가 같을 것
- 파형이 같을 것
- 위상차가 각각 $\frac{2}{3}\pi$ [rad]일 것

02 평형 3상 Y결선의 상전압 V_p와 선간전압 V_l과의 관계는?
① $V_p = V_l$
② $V_l = 3V_p$
③ $V_l = \sqrt{3}\,V_p$
④ $V_p = \sqrt{3}\,V_l$

해설

Y결선 및 △결선의 특징

Y결선	△결선
$I_l = I_p$	$V_l = V_p$
$I_l = \dfrac{V_l}{\sqrt{3}\,Z}$	$I_l = \dfrac{\sqrt{3}\,V_l}{Z}$
$V_l = \sqrt{3}\,V_p \angle 30°$	$I_l = \sqrt{3}\,I_p \angle -30°$

03 Y-Y결선 회로에서 선간전압이 220[V]일 때 상전압은 얼마인가?
① 60[V]
② 100[V]
③ 115[V]
④ 127[V]

해설

Y결선의 선간 및 상전압 관계
$V_l = \sqrt{3}\,V_P$, $V_P = \dfrac{V_l}{\sqrt{3}} = \dfrac{220}{\sqrt{3}} = 127$[V]

04 상전압이 173[V]인 3상 평형 Y결선인 교류 전압의 선간전압의 크기는 약 몇 [V]인가?
① 173
② $173\sqrt{3}$
③ $\dfrac{173}{\sqrt{3}}$
④ 300

해설

Y결선의 선간 및 상전압 관계
$V_l = \sqrt{3}\,V_P = 173\sqrt{3}$ [V]

05 평형 3상 Y결선에서 선간전압과 상전압의 위상차는?
① $\dfrac{2}{3}\pi$
② $\dfrac{\pi}{2}$
③ $\dfrac{\pi}{3}$
④ $\dfrac{\pi}{6}$

해설

평형 3상 Y결선 시 선간전압은 상전압보다 위상이 30° 앞선다.
(문제 2번 해설 참조)

06 평형 3상 Y결선에서 상전류와 선전류의 관계로 옳은 것은?
① $I_l = 3I_p$
② $I_l = \sqrt{3}\,I_p$
③ $I_l = I_p$
④ $I_l = \dfrac{1}{3}I_p$

해설

평형 3상 Y결선 시 선전류 I_l은 상전류 I_p와 같다.
(문제 2번 해설 참조)

정답 01 ③ 02 ③ 03 ④ 04 ② 05 ④ 06 ③

07 선간전압 210[V], 선전류 10[A]의 Y결선 회로가 있다. 상전압과 상전류는 각각 약 얼마인가?

① 121[V], 5.77[A]　② 121[V], 10[A]
③ 210[V], 5.77[A]　④ 210[V], 10[A]

해설

$V_l = \sqrt{3}\, V_p$ 이므로 상전압 $V_p = \dfrac{V_l}{\sqrt{3}} = \dfrac{210}{\sqrt{3}} = 121.24\,[\text{V}]$

$I_l = I_p$ 이므로 상전류 $I_p = 10[\text{A}]$

08 각 상의 임피던스 $Z = 6 + j8\,[\Omega]$인 평형 Y 부하에 선간전압 220[V]인 대칭 3상 전압이 가해졌을 때 선전류[A]는?

① 10.7　② 11.7
③ 12.7　④ 13.7

해설

Y결선 선전류 $I_l = \dfrac{V_l}{\sqrt{3}\, Z} = \dfrac{220}{\sqrt{3} \times \sqrt{6^2 + 8^2}} = 12.7\,[\text{A}]$

09 200[V]의 3상 3선식 회로에 $R = 4[\Omega]$, $X_L = 3[\Omega]$의 부하 3조를 Y결선했을 때 부하전류는?

① 약 11.5[A]　② 약 23.1[A]
③ 약 28.6[A]　④ 약 10[A]

해설

부하전류=선전류

Y결선 선전류 $I_l = \dfrac{V_l}{\sqrt{3}\, Z} = \dfrac{200}{\sqrt{3} \times \sqrt{4^2 + 3^2}} = 23.09[\text{A}]$

10 Δ결선 시 V_l, V_p, I_l, I_p의 관계식이 맞는 것은?

① $V_l = \sqrt{3}\, V_p$, $I_l = I_p$
② $V_l = V_p$, $I_l = \sqrt{3}\, I_p$
③ $V_l = V_p$, $I_l = I_p$
④ $V_l = \sqrt{3}\, V_p$, $I_l = \sqrt{3}\, I_p$

해설

Y결선과 Δ결선의 특징

Y결선	Δ결선
• $I_l = I_p$	• $V_l = V_p$
• $I_l = \dfrac{V_l}{\sqrt{3}\, Z}$	• $I_l = \dfrac{\sqrt{3}\, V_l}{Z}$
• $V_l = \sqrt{3}\, V_p \angle 30°$	• $I_l = \sqrt{3}\, I_p \angle -30°$

11 3상 회로의 Δ결선에서 선전류와 상전류의 위상 관계는?

① 상전류가 60° 앞선다.
② 상전류가 30° 앞선다.
③ 상전류가 60° 뒤진다.
④ 상전류가 30° 뒤진다.

해설

Δ결선 시 $V_l = V_p$, $I_l = \sqrt{3}\, I_p \angle -30°$

선전류가 상전류보다 30° 뒤지는 것은 반대로, 상전류가 30° 앞서는 것을 의미한다.

12 Δ결선의 전원에서 선전류가 40[A]이고 선간전압이 220[V]일 때의 상전류는?

① 13[A]　② 23[A]
③ 69[A]　④ 120[A]

해설

평형 3상 Δ결선 시 $I_l = \sqrt{3}\, I_p$이므로

상전류 $I_p = \dfrac{I_l}{\sqrt{3}} = \dfrac{40}{\sqrt{3}} ≒ 23[\text{A}]$

13 Δ결선에서 선전류가 $10\sqrt{3}$이면 상전류는?

① 5[A]　② 10[A]
③ $10\sqrt{3}$ [A]　④ 30[A]

해설

평형 3상 Δ결선 시 $I_l = \sqrt{3}\, I_p$이므로

상전류 $I_p = \dfrac{I_l}{\sqrt{3}} = \dfrac{10\sqrt{3}}{\sqrt{3}} = 10[\text{A}]$

(문제 10번 해설 참조)

정답　07 ②　08 ③　09 ②　10 ②　11 ②　12 ②　13 ②

14 Δ결선 시 V_l, V_p, I_l, I_p의 관계식으로 옳은 것은?

① $V_l = \sqrt{3}\ V_p$, $I_l = I_p$
② $V_l = V_p$, $I_l = \sqrt{3}\ I_p$
③ $V_l = \dfrac{1}{\sqrt{3}}\ V_p$, $I_l = I_p$
④ $V_l = V_p$, $I_l = \dfrac{1}{\sqrt{3}}\ I_p$

해설
문제 10번 해설 참조

15 Δ결선인 3상 유도전동기의 상전압(V_p)과 상전류(I_p)를 측정하였더니 각각 200[V], 30[A]이었다. 이 3상 유도전동기의 선간전압(V_l)과 선전류(I_l)의 크기는 각각 얼마인가?

① $V_l = 200$ [V], $I_l = 30$[A]
② $V_l = 200\sqrt{3}$ [V], $I_l = 30$[A]
③ $V_l = 200\sqrt{3}$ [V], $I_l = 30\sqrt{3}$[A]
④ $V_l = 200$ [V], $I_l = 30\sqrt{3}$[A]

해설
평형 3상 Δ결선
$V_l = V_p = 200$[V], $I_l = \sqrt{3}\ I_p = 30\sqrt{3}$ [A]

16 Δ−Δ 평형회로에서 $E = 200$[V], 임피던스 $Z = 3 + j4$ [Ω]일 때 상전류 I_p [A]는 얼마인가?

① 30[A]   ② 40[A]
③ 50[A]   ④ 66.7[A]

해설
Δ결선 상전류 $I_p = \dfrac{V_P}{Z} = \dfrac{200}{\sqrt{3^2+4^2}} = 40$[A]

17 전원과 부하가 다 같이 Δ결선된 3상 평형회로가 있다. 한 상의 임피던스가 $6 + j8$ [Ω]이고 100[V]의 전원을 가할 때 선전류[A]는?

① $10\sqrt{3}$ ② 10
③ $5\sqrt{3}$ ④ 5

해설
Δ결선 선전류 $I_l = \dfrac{\sqrt{3}\ V_l}{Z} = \dfrac{\sqrt{3} \times 100}{\sqrt{6^2+8^2}} = 10\sqrt{3}$ [A]

18 평형 3상 Δ결선에서 선간전압 V_l과 상전압 V_p와의 관계가 옳은 것은?

① $V_l = \dfrac{1}{\sqrt{3}}\ V_p$ ② $V_l = \dfrac{1}{3}\ V_p$
③ $V_l = V_p$ ④ $V_l = \sqrt{3}\ V_p$

해설
문제 10번 해설 참조

19 Δ결선으로 되어 있는 3상 교류 발전기의 정격 전류가 15[A]이면 한 상의 전류[A]는?

① 5   ② $5\sqrt{3}$
③ 15   ④ $15\sqrt{3}$

해설
Δ결선 시 $I_l = \sqrt{3}\ I_p \angle -30°$이므로
$I_p = \dfrac{I_l}{\sqrt{3}} = \dfrac{15}{\sqrt{3}} = 5\sqrt{3}$ [A]

정답 14 ② 15 ④ 16 ② 17 ① 18 ③ 19 ②

SECTION 02 임피던스 등가변환 및 3상 교류전력

1 임피던스 등가변환 ★★★

▼ Y · Δ결선별 등가저항의 표현

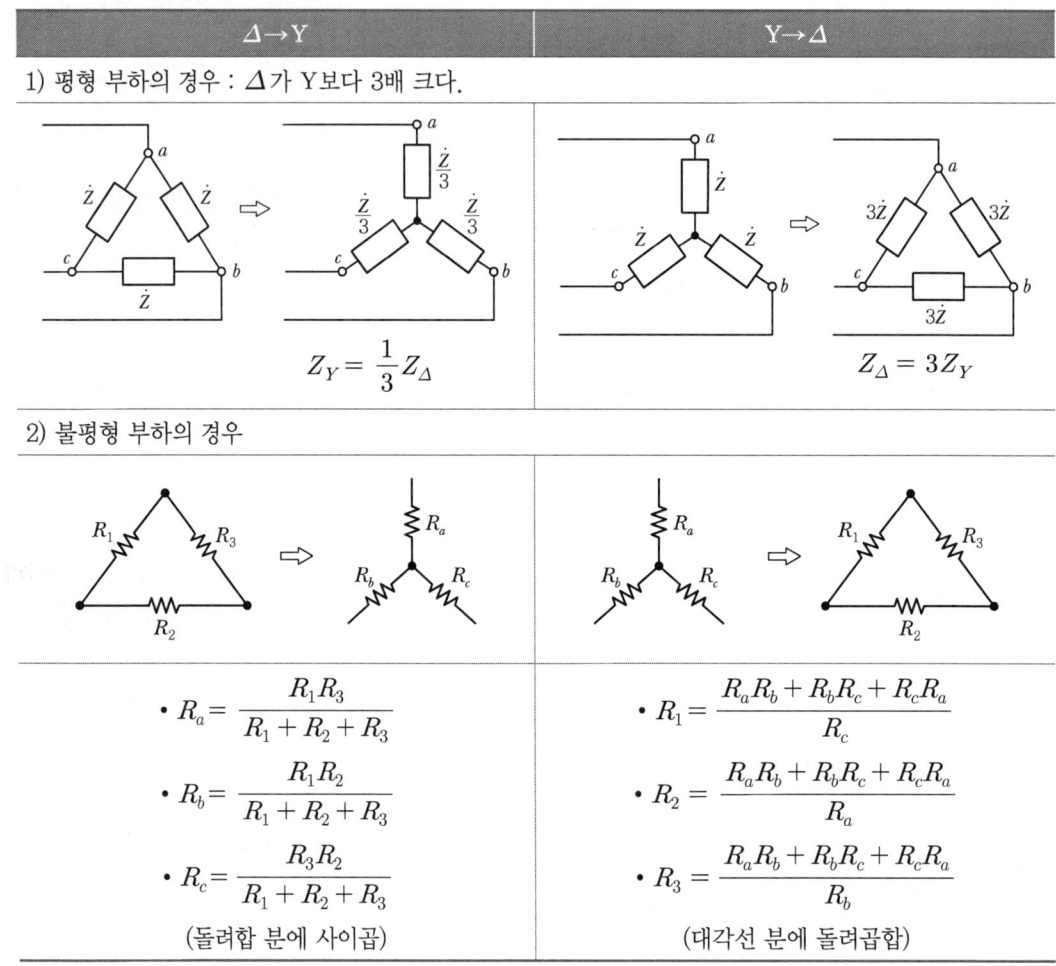

Δ→Y	Y→Δ
1) 평형 부하의 경우 : Δ가 Y보다 3배 크다.	
$Z_Y = \dfrac{1}{3} Z_\Delta$	$Z_\Delta = 3 Z_Y$
2) 불평형 부하의 경우	
• $R_a = \dfrac{R_1 R_3}{R_1 + R_2 + R_3}$ • $R_b = \dfrac{R_1 R_2}{R_1 + R_2 + R_3}$ • $R_c = \dfrac{R_3 R_2}{R_1 + R_2 + R_3}$ (돌려합 분에 사이곱)	• $R_1 = \dfrac{R_a R_b + R_b R_c + R_c R_a}{R_c}$ • $R_2 = \dfrac{R_a R_b + R_b R_c + R_c R_a}{R_a}$ • $R_3 = \dfrac{R_a R_b + R_b R_c + R_c R_a}{R_b}$ (대각선 분에 돌려곱합)

2 3상 교류전력 ★★★

3상은 단상 교류가 3개이므로 단상 전력의 3배가 되고, 평형 3상인 경우 한 상의 전력을 P_1으로 하면 3상 전력은 $3P_1$이 된다. 이때, $R-X$ 직렬회로 상태의 유효, 무효, 피상전력은 아래와 같다.

1) 유효전력(소비, 평균, 실수부전력)

① 상전압, 상전류를 기준으로 계산할 때는 단상 전력의 3배를 한다(Y, Δ의 관계없음).

$$\therefore P = 3V_p I_p \cos\theta\,[\mathrm{W}] = 3I_p^2 R\,[\mathrm{W}] = \frac{3V_p^2 R}{R^2+X^2}\,[\mathrm{W}]$$

② 선간전압, 선전류를 기준으로 계산할 때의 유효전력은 다음과 같다.

㉠ Y결선의 경우

$V_p = \dfrac{V_l}{\sqrt{3}}$, $I_l = I_p$ 임을 이용하면

$$\therefore P = 3V_p I_p \cos\theta\,[\mathrm{W}] = 3\frac{V_l}{\sqrt{3}}I_l\cos\theta = \sqrt{3}\,V_l I_l \cos\theta\,[\mathrm{W}]$$

$$\therefore P = 3I_p^2 R\,[\mathrm{W}] = 3I_l^2 R\,[\mathrm{W}]$$

$$\therefore P = \frac{3V_p^2 R}{R^2+X^2}\,[\mathrm{W}] = \frac{3\left(\dfrac{V_l}{\sqrt{3}}\right)^2 R}{R^2+X^2} = \frac{V_l^2 R}{R^2+X^2}\,[\mathrm{W}]$$

㉡ Δ결선의 경우

$V_l = V_p$, $I_p = \dfrac{I_l}{\sqrt{3}}$ 임을 이용하면

$$\therefore P = 3V_p I_p \cos\theta\,[\mathrm{W}] = 3V_l \frac{I_l}{\sqrt{3}}\cos\theta = \sqrt{3}\,V_l I_l \cos\theta\,[\mathrm{W}]$$

$$\therefore P = 3I_p^2 R\,[\mathrm{W}] = 3\left(\frac{I_l}{\sqrt{3}}\right)^2 R = I_l^2 R\,[\mathrm{W}]$$

$$\therefore P = \frac{3V_p^2 R}{R^2+X^2}\,[\mathrm{W}] = \frac{3V_l^2 R}{R^2+X^2}\,[\mathrm{W}]$$

2) 무효전력(허수부전력)

$$P_r = 3V_p I_p \sin\theta = \sqrt{3}\,V_l I_l \sin\theta = 3I_p^2 X\,[\mathrm{Var}]$$

① Y결선

$V_p = \dfrac{V_l}{\sqrt{3}}$, $I_l = I_p$ 임을 이용하면

$$\therefore P_r = 3V_p I_p \sin\theta\,[\mathrm{Var}] = 3\frac{V_l}{\sqrt{3}}I_l \sin\theta = \sqrt{3}\,V_l I_l \sin\theta\,[\mathrm{Var}]$$

② Δ결선

$V_l = V_p$, $I_p = \dfrac{I_l}{\sqrt{3}}$ 임을 이용하면

$$\therefore P_r = 3V_p I_p \sin\theta\,[\mathrm{Var}] = 3V_l \frac{I_l}{\sqrt{3}}\sin\theta = \sqrt{3}\,V_l I_l \sin\theta\,[\mathrm{Var}]$$

3) 피상전력(겉보기 전력)

$$P_a = P \pm jP_r = \sqrt{P^2 + P_r^2} = 3V_P I_P = \sqrt{3}\, V_l I_l = 3I_P^2 Z\,[\text{VA}]$$

3 다상회로 ★

1) Y결선(성형결선, 스타결선)

① 전류 $I_l = I_P$ (선전류와 상전류가 같다.)

② 전압 $V_l = 2\sin\dfrac{\pi}{n} V_P \angle \dfrac{\pi}{2}\left(1 - \dfrac{2}{n}\right)$

(선전압은 상전압의 $2\sin\dfrac{\pi}{n}$ 배이고, 위상은 $\dfrac{\pi}{2}\left(1 - \dfrac{2}{n}\right)$ 만큼 앞선다.)

만일 3ϕ의 경우 선간전압과 상전압의 관계는 아래와 같다.

$$V_l = 2\sin\dfrac{\pi}{n} V_P \angle \dfrac{\pi}{2}\left(1 - \dfrac{2}{n}\right) = 2\sin\dfrac{\pi}{3} V_P \angle \dfrac{\pi}{2}\left(1 - \dfrac{2}{3}\right) = \sqrt{3}\, V_p \angle 30°$$

2) △결선

① 전압 $V_l = V_P$ (선전압과 상전압이 같다.)

② 전류 $I_l = 2\sin\dfrac{\pi}{n} I_P \angle -\dfrac{\pi}{2}\left(1 - \dfrac{2}{n}\right)$

(선전류는 상전류의 $2\sin\dfrac{\pi}{n}$ 배이고, 위상은 $\dfrac{\pi}{2}\left(1 - \dfrac{2}{n}\right)$ 만큼 뒤진다.)

만일 3ϕ의 경우 선전류와 상전류의 관계는 아래와 같다.

$$I_l = 2\sin\dfrac{\pi}{n} I_P \angle -\dfrac{\pi}{2}\left(1 - \dfrac{2}{n}\right) = 2\sin\dfrac{\pi}{3} I_p \angle -\dfrac{\pi}{2}\left(1 - \dfrac{2}{3}\right) = \sqrt{3}\, I_p \angle -30°$$

3) 다상 유효전력 $P\,[\text{W}]$

단상 교류전력을 기준으로 n배만큼 배수를 취하면 되므로 상전압, 상전류를 기준으로 하면 단상 전력에 n배만 취하면 된다. 만일 선간전압, 선전류를 기준으로 할 경우는 Y결선 및 △결선의 성질에 대해 변화시키면 아래와 같다.

$$P = nV_P I_P \cos\theta = n\dfrac{V_l}{2\sin\dfrac{\pi}{n}} I_l \cos\theta = \dfrac{n}{2\sin\dfrac{\pi}{n}} V_l I_l \cos\theta = nI_P^2 R\,[\text{W}]$$

4 2전력계법 ★★

단상전력계 2대를 아래와 같이 접속하여 3상 전력을 측정하는 방법이다. 두 개의 전력계 W_1과 W_2를 연결하고 각각의 지시값을 $P_1[W]$, $P_2[W]$라 하면,

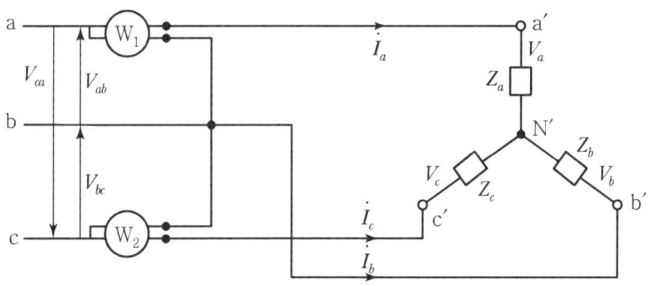

① 유효전력 $P = P_1 + P_2 [W]$

② 무효전력 $P_r = \sqrt{3}\,(P_1 - P_2)\,[\text{Var}]$

③ 피상전력 $P_a = \sqrt{P^2 + P_r^2} = 2\sqrt{P_1^2 + P_2^2 - P_1 P_2}\;[\text{VA}]$

④ 역률 $\cos\theta = \dfrac{P}{P_a} = \dfrac{P_1 + P_2}{2\sqrt{P_1^2 + P_2^2 - P_1 P_2}}$

> [REFERENCE]
> - 전력계의 지시값 중 한 개가 0이면 역률은 0.5
> - 전력계의 지시값 차이가 2배이면 역률은 0.86
> - 전력계의 지시값 차이가 3배이면 역률은 0.75

5 V결선 ★★

단상 변압기 3대로 Δ결선하여 운전 중 1대가 고장났을 때 변압기 2대로 결선하여 임시로 전원을 공급하는 방법

① V결선 시 출력 $P_v = \sqrt{3}\,K = \sqrt{3}\,VI$ (이때, K는 변압기 1대의 용량)

② 이용률 $= \dfrac{\text{V결선 시 용량}}{\text{변압기 2대의 용량}} = \dfrac{\sqrt{3}\,K}{2K} = 0.867$

③ 출력비 $= \dfrac{\text{고장 후 출력}}{\text{고장 전 출력}} = \dfrac{\sqrt{3}\,K}{3K} = 0.577$

기출 및 예상문제

SECTION 02 | 임피던스 등가변환 및 3상 교류전력

01 $Z[Ω]$의 임피던스 3개가 Y결선되어 있을 때 이것과 등가인 Δ 결선으로 변환하면 한 상의 임피던스는 어떻게 되는가?

① $\frac{1}{\sqrt{3}}Z$ ② Z
③ $\sqrt{3}Z$ ④ $3Z$

해설

평형 3상 임피던스 등가변환
- Y→Δ 변환 : $Z_\Delta = 3Z_Y$
- Δ→Y 변환 : $Z_Y = \frac{1}{3}Z_\Delta$

02 세 변의 저항이 15[Ω]인 Y결선회로가 있다. 이것과 등가인 Δ 결선회로의 각 변의 저항은 몇 [Ω]인가?

① $\frac{15}{\sqrt{3}}[Ω]$ ② $\frac{15}{3}[Ω]$
③ $15\sqrt{3}[Ω]$ ④ $45[Ω]$

해설

평형 3상 Y회로를 Δ회로로 등가변환
$R_\Delta = 3R_Y$이므로 $R_\Delta = 3 \times 15 = 45[Ω]$

03 12[Ω]의 임피던스 3개가 Δ결선되어 있을 때 이것과 등가인 Y결선으로 바꾸면 한 상의 임피던스[Ω]는?

① 36 ② 12
③ 8 ④ 4

해설

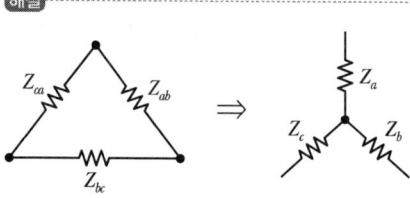

$Z_a = \frac{Z_{ca} \cdot Z_{ab}}{Z_{ab} + Z_{bc} + Z_{ca}} = \frac{12 \times 12}{12 + 12 + 12} = 4$

또는 Δ→Y 변환 : $Z_Y = \frac{1}{3}Z_\Delta = \frac{1}{3} \times 12 = 4[Ω]$

04 평형 3상 교류회로에서 Δ부하의 한 상의 임피던스가 Z_Δ일 때, 등가변환한 Y부하의 한 상의 임피던스 Z_Y는 얼마인가?

① $Z_Y = \sqrt{3}Z_\Delta$ ② $Z_Y = 3Z_\Delta$
③ $Z_Y = \frac{1}{\sqrt{3}}Z_\Delta$ ④ $Z_Y = \frac{1}{3}Z_\Delta$

해설

평형 3상 임피던스 등가변환
- Y→Δ 변환 : $Z_\Delta = 3Z_Y$
- Δ→Y 변환 : $Z_Y = \frac{1}{3}Z_\Delta$

05 그림과 같이 순저항으로 된 회로에 대칭 3상 전압을 가했을 때 각 선에 흐르는 전류가 같으려면 $R[Ω]$의 크기는 얼마가 되어야 하는가?

① 20
② 25
③ 30
④ 35

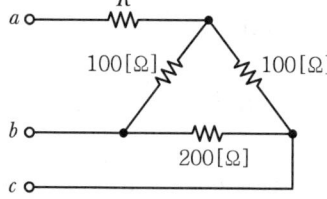

정답 01 ④ 02 ④ 03 ④ 04 ④ 05 ②

해설

3상 회로의 각 선에 흐르는 전류가 모두 같아지려면 각 상의 저항이 모두 같아야 하므로 아래와 같이 등가회로를 그려서 이를 알 수 있다.

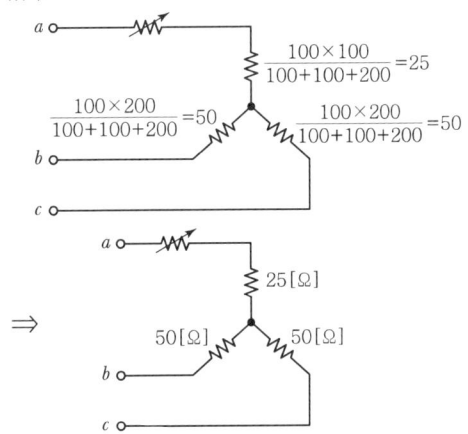

위의 등가회로에서 각 상의 저항을 R_a, R_b, R_c라 하면
$R_a = R + 25 [\Omega]$, $R_b = 100 [\Omega]$, $R_c = 100 [\Omega]$
$R_a = R_b = R_c$인 경우 $R = 25 [\Omega]$

06 3상 평형 부하의 역률이 0.85, 전류가 60[A]이고, 유효전력은 20[kW]이다. 이때의 공급전압은 몇 [V]인가?

① 131 ② 200
③ 226 ④ 240

해설

$P = \sqrt{3} \, V_l I_l \cos\theta$에서,
$V_l = \dfrac{P}{\sqrt{3} \, I_l \cos\theta} = \dfrac{20 \times 10^3}{\sqrt{3} \times 60 \times 0.85} = 226.41 [\text{V}]$

07 전압 220[V], 전류 10[A], 역률 0.8인 3상 전동기 사용 시 소비전력은?

① 약 1.5[kW] ② 약 3.0[kW]
③ 약 5.2[kW] ④ 약 7.1[kW]

해설

3상 소비전력
$P = \sqrt{3} \, VI \cos\theta = \sqrt{3} \times 220 \times 10 \times 0.8 = 3,000 [\text{W}]$
∴ $3,000 \times 10^{-3} = 3 [\text{kW}]$

08 어떤 3상 회로에서 선간전압이 200[V], 선전류 25[A], 3상 전력이 7[kW]라면, 이때의 역률은?

① 60[%] ② 70[%]
③ 80[%] ④ 90[%]

해설

$P = \sqrt{3} \, VI \cos\theta$에서
역률 $\cos\theta = \dfrac{P}{\sqrt{3} \, VI} = \dfrac{7 \times 10^3}{\sqrt{3} \times 200 \times 25} = 0.8$
∴ $\cos\theta \fallingdotseq 80 [\%]$

09 어느 공장의 평형 3상 부하의 전압을 측정하였을 때 선간전압이 200[V], 소비전력이 21[kW], 역률이 80[%]라고 한다면 이때의 전류는 약 몇 [A]인가?

① 58 ② 64
③ 76 ④ 131

해설

$I_l = \dfrac{P}{\sqrt{3} \, V_l \cos\theta} = \dfrac{21 \times 10^3}{\sqrt{3} \times 200 \times 0.8} = 75.7 [\text{A}]$

10 3상 평형 부하의 역률이 0.8, 전류가 30[A]이고, 유효전력이 3[kW]이다. 이때의 전압은?

① 94 ② 72
③ 48 ④ 36

해설

$V_l = \dfrac{P}{\sqrt{3} \, I_l \cos\theta} = \dfrac{3 \times 10^3}{\sqrt{3} \times 30 \times 0.8} = 72.16 [\text{V}]$

11 평형 3상 부하의 전압은 100[V], 전류는 6[A]이고, 역률은 0.8이다. 무효전력[Var]은?

① 600 ② 624
③ 832 ④ 933

해설

무효전력
$P_r = \sqrt{3} \, V_l I_l \sin\theta = \sqrt{3} \times 100 \times 6 \times 0.6 = 623.53 [\text{Var}]$

정답 06 ③ 07 ② 08 ③ 09 ③ 10 ② 11 ②

12 △결선으로 된 부하에 각 상의 전류가 10[A]이고 각 상의 저항이 4[Ω], 리액턴스가 3[Ω]이라 하면 전체 소비전력은 몇 [W]인가?

① 2,000 ② 1,800 ③ 1,500 ④ 1,200

해설
$P = 3I_p^2 R = 3 \times 10^2 \times 4 = 1,200[\text{W}]$

13 평형 3상 회로에서 1상의 소비전력이 P라 면 3상 회로의 소비전력은?

① P ② $2P$ ③ $3P$ ④ $\sqrt{3}\,P$

해설
3상 전력은 1상당 전력의 3배이다.

14 동일한 3개의 임피던스가 Y결선되어 있는 것을 △결선으로 바꾸면 소비전력은 몇 배가 되는가?

① 2 ② 3 ③ $\sqrt{3}$ ④ 9

해설
$P = 3I_P^2 R$에서 전력과 저항은 비례 관계가 성립되고, Y결선에서 △결선으로 등가변환 시 저항이 3배가 되므로 전력도 3배가 된다.

15 3상 기전력을 2개의 전력계 W_1, W_2로 측정하여 W_1의 지시값을 P_1, W_2의 지시값을 P_2라고 하면 3상 전력[W]은 어떻게 표현되는가?

① $P_1 - P_2$ ② $3(P_1 - P_2)$
③ $P_1 + P_2$ ④ $3(P_1 + P_2)$

해설
2전력계법
• 유효전력 $P = P_1 + P_2[\text{W}]$
• 무효전력 $P_r = \sqrt{3}\,(P_1 - P_2)[\text{Var}]$
• 피상전력 $P_a = 2\sqrt{P_1^2 + P_2^2 - P_1 P_2}[\text{VA}]$

16 2전력계법으로 3상 전력을 측정할 때 $P_1 = 200[\text{W}]$, $P_2 = 200[\text{W}]$일 때 부하전력은 얼마인가?

① 200 ② $200\sqrt{3}$ ③ 400 ④ $400\sqrt{3}$

해설
유효전력＝소비전력＝평균전력＝실수부전력＝부하전력
$P = P_1 + P_2[\text{W}] = 200 + 200 = 400$

17 단상 변압기의 3상 결선 중 단상 변압기 한 대가 고장일 때 V-V결선으로 전환할 수 있는 결선 방식은?

① Y - Y 결선 ② Y - △ 결선
③ △ - Y 결선 ④ △ - △ 결선

해설
V-V결선이 가능한 결선 △-△

18 1대의 출력이 100[kVA]인 단상 변압기 2대로 V결선하여 3상 전력을 공급할 수 있는 최대전력은 몇 [kVA]인가?

① 100 ② $100\sqrt{2}$ ③ $100\sqrt{3}$ ④ 200

해설
V결선 시 출력
$P_v = \sqrt{3}\,K = \sqrt{3} \times 100 = 100\sqrt{3}\,[\text{kVA}]$

19 변압기 2대를 V결선했을 때의 이용률은 몇 [%]인가?

① 57.7[%] ② 70.7[%] ③ 86.6[%] ④ 100[%]

해설
V결선의 이용률 $= \dfrac{\sqrt{3}\,K}{2K} = 0.86 \quad \therefore 86[\%]$

20 △결선으로 3대의 변압기로 공급되는 전력에서 1대를 없애고 V결선으로 바꾸어 전력을 공급하면 출력은 몇 [%]로 감소되는가?

① 46.7 ② 57.7 ③ 66.7 ④ 86.7

해설
V결선 출력비
$\dfrac{\text{고장 후 출력}}{\text{고장 전 출력}} = \dfrac{\sqrt{3}\,P}{3P} = \dfrac{\sqrt{3}}{3} = 0.577$ 또는 $57.7(\%)$

정답 12 ④ 13 ③ 14 ② 15 ③ 16 ③ 17 ④ 18 ③ 19 ③ 20 ②

CHAPTER 07 비정현파 회로 및 선형회로망

SECTION 01 비정현파 회로

1 비정현파의 이해 ★★★

정현파 외에 다른 모양의 주기를 가지는 모든 주기파를 비정현파라고 한다. 앞에서 언급했던 펄스파(구형파), 삼각파 등이 일정 주기를 가지는 파형일 때 이를 모두 비정현파라고 한다.

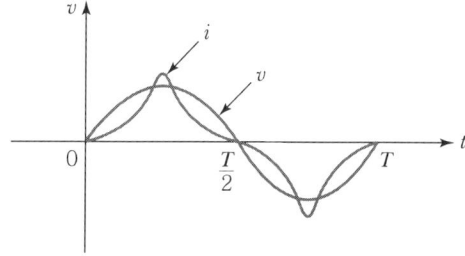

2 비정현파의 발생 원인

① 교류발전기에서의 전기자 반작용에 의한 일그러짐
② 변압기에서의 철심의 자기포화
③ 변압기에서의 히스테리시스 현상에 의한 여자전류의 일그러짐
④ 다이오드의 비직선성에 의한 전류의 일그러짐

3 비정현파 교류의 해석

① 푸리에 급수는 주파수와 진폭을 달리하는 무수히 많은 성분을 갖는 비정현파를 무수히 많은 정현항($\sin$)과 여현항($\cos$)의 합으로 표현하는 것을 말한다.

$$f(t) = a_0 + a_1 \cos \omega t + a_2 \cos 2\omega t + \cdots + a_n \cos n\omega t + b_1 \sin \omega t + b_2 \sin 2\omega t + \cdots + b_n \sin n\omega t$$

$$f(t) = a_0 + \sum_{n=1}^{\infty} a_n \cos n\omega t + \sum_{n=1}^{\infty} b_n \sin n\omega t$$

여기서, u_0 : 시간에 관계없이 일정한 값인 직류분
n : 고조파 차수[$n=1$(1고조파(기본파)), $n=2$(2고조파), $n=3$(3고조파) 등]

② 비정현파의 구성 = 직류분 + 기본파 + 고조파

4 고조파의 해석

기본파의 정수 배 주파수를 갖는 파이며, n고조파는 기본파(정현파)의 n배에 해당하는 주파수를 갖는다. 즉, 기본파가 상용주파수 60[Hz]이면 제3고조파는 180[Hz]의 주파수를 갖는 것이다.

> **REFERENCE** 전압의 고조파 표현법
>
> - 기본파(정현파) $v = V_m \sin(\omega t + \theta_1)$ [V]
> - 제3고조파 $v_3 = V_{m3} \sin(3\omega t + \theta_3)$ [V]
> - 제5고조파 $v_5 = V_{m5} \sin(5\omega t + \theta_5)$ [V]

5 비정현파의 실효값

$$V_s = \sqrt{V_0^2 + V_1^2 + V_2^2 + \cdots + V_n^2}$$ (각고조파의 실효값의 제곱의 합의 제곱근)

이때, V_0는 직류분으로 그 자체가 실효값

V_1은 1고조파(기본파)의 실효값 $V_1 = \dfrac{V_{m1}}{\sqrt{2}}$

V_2은 2고조파(기본파)의 실효값 $V_2 = \dfrac{V_{m2}}{\sqrt{2}}$

V_n은 n고조파의 실효값 $V_n = \dfrac{V_{mn}}{\sqrt{2}}$

① 비정현파 전류가 주어지고 실효전류를 계산하는 경우
- $i = I_0 + I_{m1}\sin(\omega t + \theta_1) + I_{m3}\sin(3\omega t + \theta_3)$ [A]
- $I = \sqrt{I_0^2 + \left(\dfrac{I_{m1}}{\sqrt{2}}\right)^2 + \left(\dfrac{I_{m3}}{\sqrt{2}}\right)^2}$ [A]

② 비정현파 전압과 $R-C$ 직렬회로에서 저항과 용량성 리액턴스가 주어진 경우

$v = V_{m1}\sin(\omega t + \theta_1) + V_{m3}\sin(3\omega t + \theta_3)$ [V], R[Ω], $\dfrac{1}{\omega C}$[Ω] 존재 시

㉠ 각고조파의 실효전류를 계산한다.

- $I_1 = \dfrac{V_1}{Z_1} = \dfrac{V_{m1}/\sqrt{2}}{R + \dfrac{1}{j\omega C}} = \dfrac{V_{m1}/\sqrt{2}}{\sqrt{R^2 + \left(\dfrac{1}{\omega C}\right)^2}}$ [A]

- $I_3 = \dfrac{V_3}{Z_3} = \dfrac{V_{m3}/\sqrt{2}}{R+\dfrac{1}{j3\omega C}} = \dfrac{V_{m3}/\sqrt{2}}{\sqrt{R^2+(\dfrac{1}{3\omega C})^2}}$ [A]

ⓒ 전류의 실효값을 계산한다.

$I = \sqrt{I_1^2 + I_3^2}$ [A]

6 비정현파의 전력 계산

① 전압과 전류가 모두 비정현파로 존재하는 경우

㉠ $v = V_0 + V_{m1}\sin(\omega t + \theta_1) + V_{m2}\sin(2\omega t + \theta_2) + \cdots$

㉡ $i = I_0 + I_{m1}\sin(\omega t + \theta_1') + I_{m2}\sin(2\omega t + \theta_2') + \cdots$

유효전력 $P = V_0 I_0 + \dfrac{V_{m1}}{\sqrt{2}}\dfrac{I_{m1}}{\sqrt{2}}\cos(\theta_1 - \theta_1') + \dfrac{V_{m2}}{\sqrt{2}}\dfrac{I_{m2}}{\sqrt{2}}\cos(\theta_2 - \theta_2') + \cdots$

(단, 고조파 차수가 다를 경우에는 전력이 발생되지 않는다.)

② 비정현파 전압과 $R-L$ 직렬회로에서 저항과 유도성 리액턴스가 주어지는 경우

$v = V_{m1}\sin(\omega t + \theta_1) + V_{m3}\sin(3\omega t + \theta_3)$ [V], $R[\Omega]$ 및 $\omega L[\Omega]$ 존재할 때

㉠ 각고조파의 실효전류를 계산한다.

- $I_1 = \dfrac{V_1}{Z_1} = \dfrac{V_{m1}/\sqrt{2}}{R+j\omega L} = \dfrac{V_{m1}/\sqrt{2}}{\sqrt{R^2+(\omega L)^2}}$ [A]

- $I_3 = \dfrac{V_3}{Z_3} = \dfrac{V_{m3}/\sqrt{2}}{R+j3\omega L} = \dfrac{V_{m3}/\sqrt{2}}{\sqrt{R^2+(3\omega L)^2}}$ [A]

㉡ 전류의 실효값을 계산한다.

$I = \sqrt{I_1^2 + I_3^2}$ [A]

㉢ 유효전력 $P = I^2 R$에 대입한다.

$P = I^2 R$ [W]

7 왜형률

① 비정현파에서 기본파에 대해 고조파 성분이 어느 정도 포함되어 있는가를 나타내는 지표

② 비정현파가 정현파를 기준으로 할 때 얼마나 찌그러져 있는가를 표시하는 척도

$D(\varepsilon) = \dfrac{\text{전고조파의 실효값}}{\text{기본파의 실효값}} = \dfrac{\sqrt{\left(\dfrac{V_{m2}}{\sqrt{2}}\right)^2 + \left(\dfrac{V_{m3}}{\sqrt{2}}\right)^2}}{\dfrac{V_{m1}}{\sqrt{2}}}$

기출 및 예상문제

SECTION 01 | 비정현파 회로

01 비정현파를 여러 개의 정현파의 합으로 표시하는 방법은?

① 키르히호프의 법칙 ② 노튼의 정리
③ 푸리에 분석 ④ 테일러의 분석

해설
- 비정현파 교류의 해석 : 푸리에 분석(푸리에 급수)
- 비정현파의 구성 요소 : 직류분+기본파+고조파

02 다음 중 옳은 것은 무엇인가?

① 비사인파=교류분+기본파+고조파
② 비사인파=직류분+기본파+고조파
③ 비사인파=직류분+교류분+고조파
④ 비사인파=직류분+기본파+교류분

해설
비정현파(비사인파)의 구성 요소
=직류분+기본파(사인파)+고조파

03 다음 중 비사인파의 일반적인 구성이 아닌 것은?

① 삼각파 ② 고조파
③ 기본파 ④ 직류분

해설
문제 2번 해설 참조

04 다음 중 비정현파가 아닌 것은?

① 삼각파 ② 사각파
③ 사인파 ④ 펄스파

해설
비정현파의 구성 요소는 직류분, 기본파(사인파), 고조파이므로 사인파는 비정현파의 구성 요소에 해당되며 사인파는 정현파라고 한다.

05 그림과 같은 비사인파의 제3고조파 주파수는?(단, $V=20[V]$, $T=10[ms]$)

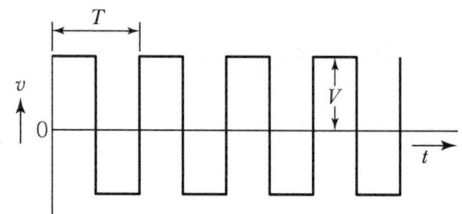

① 100[Hz] ② 200[Hz]
③ 300[Hz] ④ 400[Hz]

해설
제3고조파는 기본파에 비해 주파수가 3배이므로
제3고조파 주파수 $f_3 = 3f_1 = \dfrac{3}{T} = \dfrac{3}{10 \times 10^{-3}} = 300[Hz]$

06 다음 중 비정현파의 실효값을 나타내는 것은?

① 최대파의 실효값
② 각고조파의 실효값의 합
③ 각고조파의 실효값의 합의 제곱근
④ 각고조파의 실효값의 제곱의 합의 제곱근

해설
비정현파의 실효값=각고조파의 실효값의 제곱의 합의 제곱근
$V = \sqrt{V_0^2 + V_1^2 + V_2^2 + \cdots + V_n^2}$

07 $i = 30\sin\omega t + 40\sin(3\omega t + 30°)[A]$ 일 때 실효값[A]은 얼마인가?

① $50\sqrt{2}$ ② 50
③ $25\sqrt{2}$ ④ 25

해설
비정현파의 실효값=각고조파의 실효값의 제곱의 합의 제곱근
$I = \sqrt{\left(\dfrac{30}{\sqrt{2}}\right)^2 + \left(\dfrac{40}{\sqrt{2}}\right)^2} = 25\sqrt{2}\,[A]$

정답 01 ③ 02 ② 03 ① 04 ③ 05 ③ 06 ④ 07 ③

08
$i = 8\sqrt{2}\sin\omega t + 6\sqrt{2}\sin(2\omega t + 60)$ [A]의 실효값은?

① 2　　　　　② 5
③ 10　　　　 ④ 20

해설

비정현파의 실효값=각고조파의 실효값의 제곱의 합의 제곱근
$I = \sqrt{8^2 + 6^2} = 10$ [A]

09
$e = 10\sqrt{2}\sin\omega t + 5\sqrt{2}\sin(3\omega t + \frac{\pi}{6})$ [V]인 전압의 실효값은?

① $5\sqrt{10}$　　　② 15
③ $5\sqrt{5}$　　　 ④ 20

해설

비정현파의 실효값=각고조파의 실효값의 제곱의 합의 제곱근
$I = \sqrt{\left(\frac{10\sqrt{2}}{\sqrt{2}}\right)^2 + \left(\frac{5\sqrt{2}}{\sqrt{2}}\right)^2} = 5\sqrt{5}$ [A]

10
어느 회로의 전류가 아래와 같을 때 이 회로에 대한 전류의 실효값은?

$i = 3 + 10\sqrt{2}\sin(\omega t - \frac{\pi}{6}) - 5\sqrt{2}\sin(3\omega t - \frac{\pi}{3})$ [A]

① 11.6[A]　　② 23.2[A]
③ 32.2[A]　　④ 48.3[A]

해설

비정현파의 실효값=각고조파의 실효값의 제곱의 합의 제곱근
$I = \sqrt{I_0^2 + I_1^2 + I_3^2} = \sqrt{3^2 + 10^2 + 5^2} = 11.58$ [A]

11
$v = 100\sin\omega t + 100\cos\omega t$ [A]의 실효값은?

① 100　　　② 141
③ 172　　　④ 200

해설

$V = \sqrt{V_1^2 + V_2^2} = \sqrt{\left(\frac{V_{m1}}{\sqrt{2}}\right)^2 + \left(\frac{V_{m2}}{\sqrt{2}}\right)^2}$
$= \sqrt{\left(\frac{100}{\sqrt{2}}\right)^2 + \left(\frac{100}{\sqrt{2}}\right)^2} = 100$ [V]

12
$e = E_{m1}\sin\omega t + E_{m3}\sin(3\omega t + 60°)$ 의 실효값은?

① $\dfrac{E_{m1} + E_{m2}}{\sqrt{2}}$　　② $\sqrt{E_{m1}^2 + E_{m3}^2}$

③ $\sqrt{\dfrac{E_{m1}^2 + E_{m3}^2}{2}}$　　④ $\sqrt{\dfrac{E_{m1} + E_{m3}}{2}}$

해설

$E = \sqrt{\left(\dfrac{E_{m1}}{\sqrt{2}}\right)^2 + \left(\dfrac{E_{m3}}{\sqrt{2}}\right)^2} = \sqrt{\dfrac{E_{m1}^2 + E_{m3}^2}{2}}$ [V]

13
$R = 8[\Omega]$, $X_L = 2[\Omega]$의 $R-L$ 직렬회로에 $v = 50\sqrt{2}\sin\omega t + 100\sqrt{2}\sin 3\omega t + 200\sqrt{2}\sin 5\omega t$ [V]의 전압을 가할 때 코일에 흐르는 제3고조파 전류의 실효값은 몇 [A]인가?

① 14　　② 12　　③ 10　　④ 8

해설

$I_3 = \dfrac{V_3}{Z_3} = \dfrac{V_3}{\sqrt{R^2 + (3\omega L)^2}} = \dfrac{\frac{100\sqrt{2}}{\sqrt{2}}}{\sqrt{8^2 + 6^2}} = 10$[A]

14
$R = 4[\Omega]$, $L = 7$[mH]의 코일이 있다. 여기에 $f = 60$[Hz], $e = 100\sin\omega t + 25\sin 3\omega t + \dfrac{2}{8}$ [V]의 전압을 가할 때 코일에 흐르는 제3고조파 전류[A]는?

① 1.9　　② 2.3　　③ 3.2　　④ 6.8

해설

$I_3 = \dfrac{V_3}{Z_3} = \dfrac{V_3}{\sqrt{R^2 + (3\omega L)^2}}$,
$\omega L = 2\pi \times 60 \times 7 \times 10^{-3} ≒ 2.64$ [Ω]

$\therefore I_3 = \dfrac{\frac{25}{\sqrt{2}}}{\sqrt{4^2 + (3 \times 2.64)^2}} ≒ 1.9$ [A]

정답 08 ③　09 ③　10 ①　11 ①　12 ③　13 ③　14 ①

15 $i = 3\sin\omega t + 4\sin(3\omega t - \theta)$ [A]로 표시되는 전류의 등가 사인파 최댓값은?

① 2[A] ② 3[A]
③ 4[A] ④ 5[A]

해설
비정현파의 최댓값은 각고조파의 최댓값의 제곱의 합의 제곱근이므로 $I_{\max} = \sqrt{I_{m1}^2 + I_{m3}^2} = \sqrt{3^2 + 4^2} = 5$ [A]

16 $R=4$[Ω], $\dfrac{1}{\omega C} = 36$[Ω]을 직렬로 접속한 회로에 $v = 120\sqrt{2}\sin\omega t + 60\sqrt{2}\sin(3\omega t + \phi_3) + 30\sqrt{2}\sin(5\omega t + \phi_5)$ [V]를 인가했을 때 흐르는 전류의 실효값은 얼마인가?

① 3.3[A] ② 4.8[A]
③ 3.6[A] ④ 6.8[A]

해설
각파형별 실효전류를 계산하고 전체 실효전류를 계산한다.

• 1고조파 전류의 실효값

$$I_1 = \dfrac{V_1}{Z_1} = \dfrac{\dfrac{V_{m1}}{\sqrt{2}}}{R + \dfrac{1}{j\omega C}} = \dfrac{\dfrac{120\sqrt{2}}{\sqrt{2}}}{\sqrt{R^2 + \left(\dfrac{1}{\omega C}\right)^2}} = \dfrac{120}{\sqrt{4^2 + 36^2}}$$
$= 3.31$[A]

• 3고조파 전류의 실효값

$$I_3 = \dfrac{V_3}{Z_3} = \dfrac{\dfrac{V_{m3}}{\sqrt{2}}}{R + \dfrac{1}{j3\omega C}} = \dfrac{\dfrac{60\sqrt{2}}{\sqrt{2}}}{\sqrt{R^2 + \left(\dfrac{1}{3}\cdot\dfrac{1}{\omega C}\right)^2}}$$
$= \dfrac{60}{\sqrt{4^2 + 12^2}} = 4.74$[A]

• 5고조파 전류의 실효값

$$I_5 = \dfrac{V_5}{Z_5} = \dfrac{\dfrac{V_{m5}}{\sqrt{2}}}{R + \dfrac{1}{j5\omega C}} = \dfrac{\dfrac{30\sqrt{2}}{\sqrt{2}}}{\sqrt{R^2 + \left(\dfrac{1}{5}\cdot\dfrac{1}{\omega C}\right)^2}}$$
$= \dfrac{30}{\sqrt{4^2 + \left(\dfrac{36}{5}\right)^2}} = 3.64$[A]

• 전체 실효 전류
$I = \sqrt{I_1^2 + I_3^2 + I_5^2} = \sqrt{3.31^2 + 4.74^2 + 3.64^2} = 6.83$[A]

17 전압 $e = 10\sin 10t + 20\sin 20t$ [V]이고, 전류가 $i = 20\sin 10t + 10\sin 20t$ [A]이면 소비전력[W]은?

① 200 ② 400
③ 600 ④ 800

해설
단상 교류소비전력 $P = VI\cos\theta$ [W]에서
$P = V_1 I_1 \cos\theta_1 + V_2 I_2 \cos\theta_2 + V_3 I_3 \cos\theta_3 + \cdots$
$= \left(\dfrac{10}{\sqrt{2}} \cdot \dfrac{20}{\sqrt{2}} \cdot \cos 0\right) + \left(\dfrac{20}{\sqrt{2}} \cdot \dfrac{10}{\sqrt{2}} \cdot \cos 0\right) = 200$ [W]
이때, θ는 고조파 차수가 동일한 전압과 전류의 위상차이다.

18 $R=4$[Ω], $\omega L=3$[Ω]의 직렬회로에 전압 $e = 100\sqrt{2}\sin\omega t + 50\sqrt{2}\sin 3\omega t$ [V]를 가할 때 이 회로의 소비전력[W]은?

① 1,000 ② 1,560
③ 1,414 ④ 1,703

해설
단상 교류 소비전력 $P = I^2 R$에서 전압의 순시값의 비정현파는 기본파와 3고조파 성분을 가지고 있으므로 전류 또한 기본파와 3고조파가 존재하고 그 크기는 아래와 같다.

$I_1 = \dfrac{V_1}{Z_1} = \dfrac{\dfrac{V_{m1}}{\sqrt{2}}}{R + j\omega L} = \dfrac{100}{\sqrt{4^2 + 3^2}} = 20$[A]

$I_3 = \dfrac{V_3}{Z_3} = \dfrac{\dfrac{V_{m3}}{\sqrt{2}}}{R + j3\omega L} = \dfrac{50}{\sqrt{4^2 + 9^2}} = 5.07$[A]

$I = \sqrt{I_1^2 + I_3^2} = \sqrt{20^2 + 5.07^2} = 20.63$[A]

∴ $P = I^2 R = (20.63)^2 \times 4 = 1,702.38$[W]

19 다음 중 비사인파 교류의 일그러짐률은?

① $\dfrac{\text{기본파의 실효값}}{\text{고조파의 실효값}}$

② $\dfrac{\text{고조파의 실효값}}{\text{기본파의 실효값}}$

③ $\dfrac{\text{기본파의 실효값}}{\text{기본파의 최댓값}}$

④ $\dfrac{\text{고조파의 최댓값}}{\text{기본파의 실효값}}$

해설

일그러짐률(왜형률) = $\dfrac{\text{전고조파의 실효값}}{\text{기본파의 실효값}}$

20 정현파 교류의 왜형률(Distortion)은?

① 0 ② 0.1212
③ 0.2273 ④ 0.4834

해설

왜형률은 기본파에 대한 나머지 전고조파의 실효치의 비로 표현하는데 정현파의 경우 기본파를 제외한 나머지 전고조파가 없으므로 왜형률은 0이 된다.

21 기본파의 3[%]인 제3고조파와 4[%]인 제5고조파, 1[%]인 제7고조파를 포함하는 전압파의 왜형률은?

① 약 2.7[%] ② 약 5.1[%]
③ 약 7.7[%] ④ 약 14.1[%]

해설

기본파의 실효치를 100으로 가정하고 각 고조파의 크기를 결정한 후 왜형률을 계산하면 아래와 같다.

왜형률 = $\dfrac{\sqrt{3^2+4^2+1^2}}{100} \times 100 ≒ 5.1[\%]$

22 비정현파의 종류에 속하는 직사각형파의 전개식에서 기본파의 진폭[V]은?(단, V_m=20[V], T=10[mS])

① 23.27[V] ② 24.47[V]
③ 25.47[V] ④ 26.47[V]

해설

기본파의 진폭[V] = $\dfrac{4V_m}{\pi} = \dfrac{4 \times 20}{\pi} = 25.47[V]$

SECTION 02 선형회로망

1 전원의 등가대치 ★

1) 전압원과 전류원

① 전압원(전압원의 내부저항은 직렬)

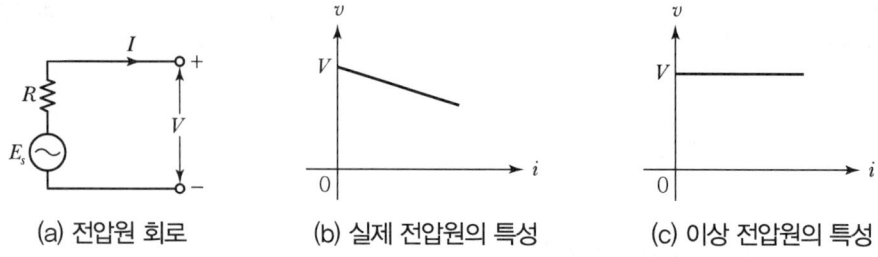

(a) 전압원 회로   (b) 실제 전압원의 특성   (c) 이상 전압원의 특성

위의 그림 (a)에서 단자전압 $V = E - IR$ (여기서, E : 기전력, IR : 전압강하)

이상적인 전압원은 내부저항이 0 ➡ 전압원을 제거할 때에는 전압원을 단락(Short)시킨다.

② 전류원(전류원의 내부저항은 병렬)

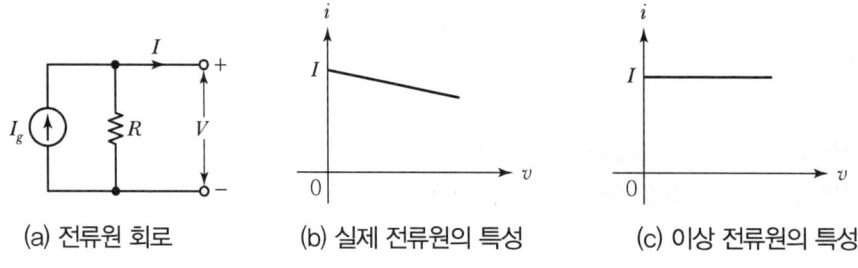

(a) 전류원 회로   (b) 실제 전류원의 특성   (c) 이상 전류원의 특성

위의 그림 (a)에서 부하전류 $I = I_g - \dfrac{V}{R}$

이상적인 전류원은 내부저항이 ∞ ➡ 전류원을 제거할 때에는 전류원을 개방(Open)시킨다.

2) 전원의 등가대치

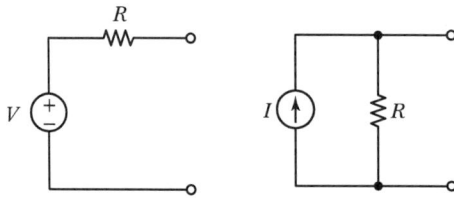

전압원과 저항이 직렬로 연결된 회로는 전류원과 저항이 병렬로 연결된 회로와 같다.

이때 저항은 동일한 크기의 저항이며, 전류 $I = \dfrac{E}{R}$로 계산한다.

> **참고** 선형소자 : 전압과 전류가 변해도 소자 자체의 변화가 없는 소자로 (R, L, C) 다이오드는 선형소자가 아님에 주의한다.

2 키르히호프의 법칙(Kirchhoff's Law) ★★★

폐회로망 내에서의 전류 및 전압에 대한 관계식을 말하는 법칙으로 선형, 비선형, 시변, 시불변 회로 모두에서 가능하다.

1) 제1법칙(KCL) : 전류법칙

회로망 내의 임의의 한 점으로 유입하는 전류의 합은 0이다.
전류는 단위 시간 동안 전하의 흐름으로 정상 상태에서는 한 점에서 전하가 축적되는 일은 있을 수 없으므로 유입한 전류는 반드시 유출하게 되어 있다.

$$\sum 유입\ I = \sum 유출\ I,\ \sum I = 0,\ div\ I = 0$$

이때 $\sum$는 대수합 전체의 합을 의미하고, div는 divergence의 약자로 발산(뻗어나감)을 의미한다.

2) 제2법칙(KVL) : 전압법칙

회로망 내 임의의 폐회로에 대한 기전력의 합과 임피던스로 인한 전압강하의 합은 서로 같다.
이를 적용 시에는 폐회로의 방향을 임의로 정하여 기전력과 동일한 방향의 전류를 +부호로, 반대의 방향을 -부호로 설정한다.

$$\sum E = \sum IR$$

3) 자기회로의 키르히호프 법칙

자기회로에서도 전기회로에서와 마찬가지로 다음과 같이 키르히호프 법칙이 적용된다.

① 자기회로의 임의의 결합점에서 유입하는 자속의 대수합은 0이다.

$$\sum_{i} \phi = 0$$

② 임의의 폐자기회로에서 자기저항과 자속의 곱에 대한 대수합은 기자력의 대수합과 같다.

$$\sum_{i=0} R_m \phi = \sum_{i=0} NI = \sum F$$

③ 중첩의 정리 ★

다수의 기전력을 포함한 회로망 중 각 회로에서 발생하는 전류는 각 기전력이 각각 단독으로 존재할 때 그 회로에 흘러들어오는 전류의 대수합과 같다. 이를 중첩의 정리 혹은 중첩의 원리라 한다. 특히 전기이론에는 하나의 회로망에 전압원과 전류원이 동시에 존재할 때 전압원은 단락하고 전류원은 개방하여 흐르는 전류의 합으로 계산한다. 이 원리는 선형회로에 대해서만 성립한다.

아래 그림과 같이 전압과 전류가 동시에 존재하는 회로의 전류 I를 구할 경우

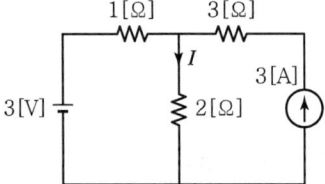

① 전류원 개방 후 I'를 구하면 아래와 같다.

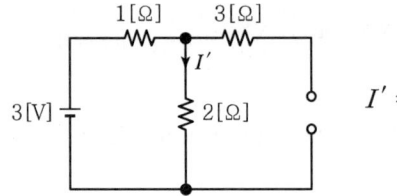

$$I' = \frac{V}{R_0} = \frac{3}{1+2} = 1 [\text{A}]$$

② 전압원 단락 후 I''를 구하면 아래와 같다.

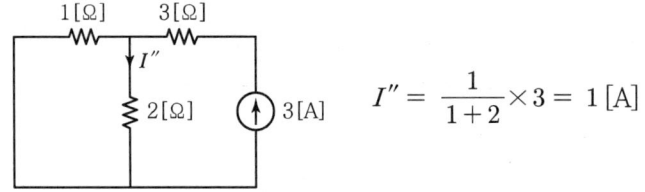

$$I'' = \frac{1}{1+2} \times 3 = 1 [\text{A}]$$

③ 위에서 계산한 ①과 ②의 전류를 합하여 최종 전류를 구한다.

$$I = I' + I'' = 1 + 1 = 2 [\text{A}]$$

④ 밀만의 정리

$$V_{ab} = \frac{\dfrac{V_1}{Z_1} + \dfrac{V_2}{Z_2} + \cdots\cdots + \dfrac{V_n}{Z_n}}{\dfrac{1}{Z_1} + \dfrac{1}{Z_2} + \cdots\cdots + \dfrac{1}{Z_n}} = \frac{Y_1 V_1 + Y_2 V_2 + \cdots\cdots + Y_n V_n}{Y_1 + Y_2 + \cdots\cdots + Y_n}$$

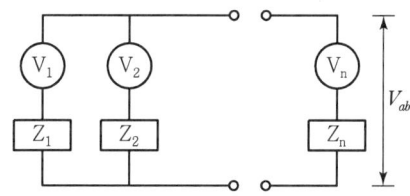

5 과도현상 ★

1) $R-L$ 직렬회로

① 전압 방정식

$$E = V_R + V_L = Ri(t) + L\frac{di(t)}{dt}$$

② 라플라스 변환

$$\frac{E}{S} = RI(s) + LSI(s) = I(s)(R+LS)$$

$$\therefore I(s) = \frac{E}{S(R+LS)} = \frac{\frac{E}{L}}{S\left(\frac{R}{L}+S\right)} = \frac{A}{S} + \frac{B}{S+\frac{R}{L}}$$

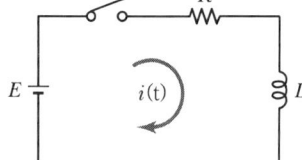

③ 역라플라스 변환

$$i(t) = \frac{E}{R}\left(\frac{1}{S} - \frac{1}{S+\frac{R}{L}}\right) \qquad i(t) = \frac{E}{R}\left(1 - e^{-\frac{R}{L}t}\right) \text{ [A]}$$

2) $R-C$ 직렬회로

① 전압 방정식

$$E = V_R + V_C = Ri(t) + \frac{1}{C}\int i(t)\,dt$$

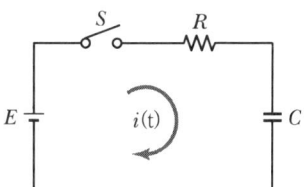

② 라플라스 변환 및 역라플라스 변환

$$\frac{E}{S} = RI(s) + \frac{1}{CS}I(s) = I(s)\left(R + \frac{1}{CS}\right)$$

$$\therefore I(s) = \frac{E}{S\left(R+\frac{1}{Cs}\right)} = \frac{E}{Rs+\frac{1}{C}} = \frac{\frac{E}{R}}{s+\frac{1}{RC}}, \qquad i(t) = \frac{E}{R}e^{-\frac{1}{RC}t}$$

기출 및 예상문제

SECTION 02 | 선형회로망

01 이상적인 전압 전류원에 관한 설명으로 옳은 것은?

① 전압원의 내부저항은 ∞ 이고 전류원의 내부저항은 0이다.
② 전압원의 내부저항은 0이고 전류원의 내부저항은 ∞ 이다.
③ 전압원, 전류원의 내부저항은 흐르는 전류에 따라 변한다.
④ 전압원의 내부저항은 일정하고 전류원의 내부저항은 일정하지 않다.

해설
이상적인 전압원의 내부저항은 0이고, 이상적인 전류원의 내부저항은 ∞이다.

02 몇 개의 전압원과 전류원이 동시에 존재하는 회로망에 있어서 회로 전류는 각 전압원이나 전류원이 각각 단독으로 가해졌을 때 흐르는 전류를 합한 것과 같다는 것은 무엇을 나타내는가?

① 노튼의 정리   ② 중첩의 정리
③ 키르히호프의 정리   ④ 테브낭의 정리

해설
중첩의 정리
전압원과 전류원이 동시에 존재할 때 전압원은 단락하고, 전류원은 개방하여 회로의 흐르는 전류를 찾을 수 있다(단, 선형회로만 적용 가능).

03 키르히호프의 전압 법칙의 적용에 대한 서술 중 옳지 않은 것은?

① 이 법칙은 집중 정수 회로에 적용된다.
② 이 법칙은 회로 소자의 선형, 비선형에 관계를 받지 않고 적용된다.
③ 이 법칙은 회로 소자의 시변, 시불변성에 구애를 받지 않는다.
④ 이 법칙은 선형 소자만으로 이루어진 회로에 적용된다.

해설
키르히호프의 법칙
전류 및 전압 법칙으로 이루어져 있으며 선형, 비선형, 시변, 시불변 등 모든 회로에 적용 가능한 법칙이다.

04 다음 소자 중 비선형 회로 소자인 것은?

① 다이오드   ② 저항
③ 인덕턴스   ④ 콘덴서

해설
선형 소자
전압과 전류가 변해도 소자 자체에는 변화가 없는 저항, 인덕턴스, 콘덴서가 있다.

05 그림에서 20[Ω]의 저항에 흐르는 전류는?

① 0.4
② 1
③ 3
④ 3.4

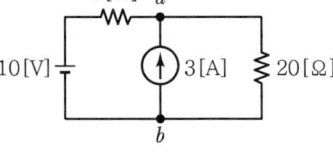

해설
중첩의 정리를 이용하여 아래 그림처럼 문제를 분해한 후 전류를 합산한다.

• 전압원 단락

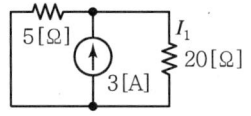

$I_1 = \dfrac{5}{5+20} \times 3 = \dfrac{15}{25}$ (분배전류)

정답 01 ② 02 ② 03 ④ 04 ① 05 ②

- 전류원 개방

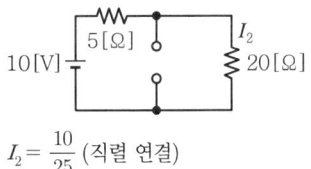

$I_2 = \dfrac{10}{25}$ (직렬 연결)

- 20[Ω]에 흐르는 전류 $I = I_1 + I_2 = \dfrac{15}{25} + \dfrac{10}{25} = 1[A]$

06 두 회로를 등가 회로로 구성하고자 한다. 이 때, 전압과 저항은?

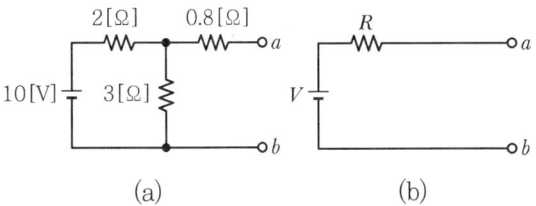

① 2[V], 3[Ω] ② 3[V], 2[Ω]
③ 6[V], 2[Ω] ④ 2[V], 6[Ω]

해설

- V는 3[Ω]에 인가되는 전압이므로 $V = \dfrac{3}{2+3} \cdot 10 = 6[V]$
- R은 전압원을 단락 후 개방단자에서 바라본 합성 저항이므로
$R = 0.8 + \dfrac{2 \times 3}{2+3} = 2[Ω]$

참고 전원의 등가회로를 구성하여도 동일하다.

07 그림 (a)를 그림 (b)와 같은 등가 전류원으로 변환할 때 I와 R은?

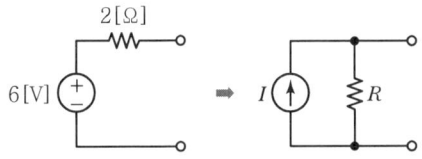

① $I = 6$, $R = 2$ ② $I = 3$, $R = 5$
③ $I = 4$, $R = 0.5$ ④ $I = 3$, $R = 2$

해설

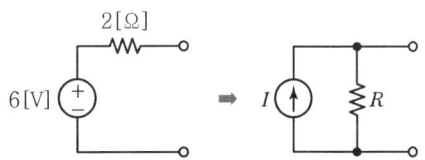

$I = \dfrac{V}{R} = \dfrac{6}{2} = 3[A]$

$R = 2[Ω]$

08 그림의 회로에서 단자 a, b에 걸리는 전압 V_{ab}는?

① 12
② 18
③ 24
④ 36

해설

- 전압원 단락

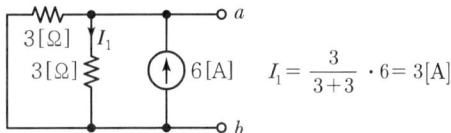

$I_1 = \dfrac{3}{3+3} \cdot 6 = 3[A]$

- 전류원 개방

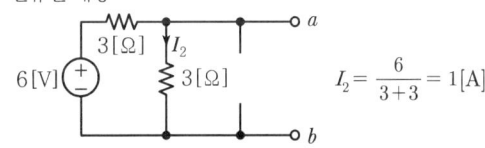

$I_2 = \dfrac{6}{3+3} = 1[A]$

- 3[Ω]에 흐르는 합성전류 $I = I_1 + I_2 = 3 + 1 = 4[A]$
- $V_{ab} = I \cdot R = 4 \times 3 = 12[V]$

09 그림과 같은 회로에서 3[Ω]에 흐르는 전류 I는?

① 0.3
② 0.6
③ 0.9
④ 1.2

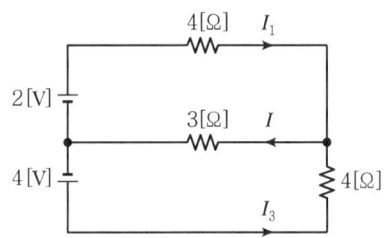

해설

키르히호프 제1법칙을 적용하면, $I = I_1 + I_2$이다.
아래 그림과 같이 접속점의 전압을 정하면,

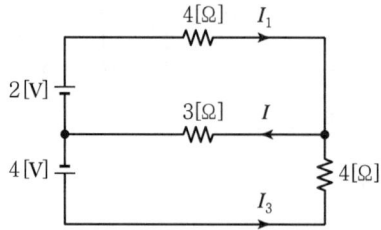

각 지로에 흐르는 전류는
$I_1 = \dfrac{2-V}{4}$, $I = \dfrac{V}{3}$, $I_3 = \dfrac{4-V}{4}$ 이다.
각 전류의 계산식을 $I = I_1 + I_2$에 대입하면,
$\dfrac{V}{3} = \dfrac{2-V}{4} + \dfrac{4-V}{4}$에서 $V = \dfrac{9}{5}$[V]이다.

따라서 $I = \dfrac{\frac{9}{5}}{3} = 0.6$[A]이다.

10 $R-L$ 직렬회로의 시상수 τ는?

① RL ② $\dfrac{L}{R}$
③ $\dfrac{R}{L}$ ④ $\dfrac{L}{Z}$

해설

R.L 직렬 과도현상

구분	$R-L$ 직렬회로
전류식	$i(t) = \dfrac{E}{R}(1 - e^{-\frac{R}{L}t})$ [A]
특성근 α	$\alpha = -\dfrac{R}{L}$
시정수(시상수)	$\tau = \dfrac{1}{|\alpha|} = \dfrac{L}{R}$

11 $R-C$ 직렬회로의 시상수 τ는?

① RC ② $\dfrac{1}{RC}$
③ $\dfrac{C}{R}$ ④ $\dfrac{R}{C}$

해설

구분	$R-C$ 직렬회로
전류식	$i(t) = \dfrac{E}{R} e^{-\frac{1}{RC}t}$ [A]
특성근 α	$\alpha = -\dfrac{1}{RC}$
시정수(시상수)	$\tau = \dfrac{1}{|\alpha|} = RC$

12 $R-L$ 직렬회로에서 $t = 0$일 때 직류 100[V]를 가하면 흐르는 전류[A]는?(단, $R = 5$[Ω], $L = 10$[H])

① $20\left(1 - e^{-2t}\right)$ ② $10\left(1 - e^{-\frac{1}{2}t}\right)$
③ $20\left(1 - e^{-\frac{1}{2}t}\right)$ ④ $10\left(1 - e^{-2t}\right)$

해설

과도전류 $i = \dfrac{E}{R}\left(1 - e^{-\frac{R}{L}t}\right)$에서,
$i = \dfrac{100}{5}\left(1 - e^{-\frac{5}{10}t}\right) = 20\left(1 - e^{-\frac{1}{2}t}\right)$ [A]

정답 10 ② 11 ① 12 ③

PART 02 전기기기

CHAPTER 01 직류기
CHAPTER 02 동기기
CHAPTER 03 변압기
CHAPTER 04 유도전동기
CHAPTER 05 정류기

CHAPTER 01 직류기

SECTION 01 직류발전기의 원리 및 구조

1 발전기의 원리

1) 전류의 자기 작용(앙페르의 오른나사 법칙)

엄지손가락이 가리키는 방향으로 전류가 흐르면 나머지 손가락이 감싼 방향으로 자력선이 형성되며, 마찬가지로 나머지 손가락이 감싼 방향으로 전류가 흐르면 엄지손가락이 가리키는 방향으로 자력선이 발생한다.

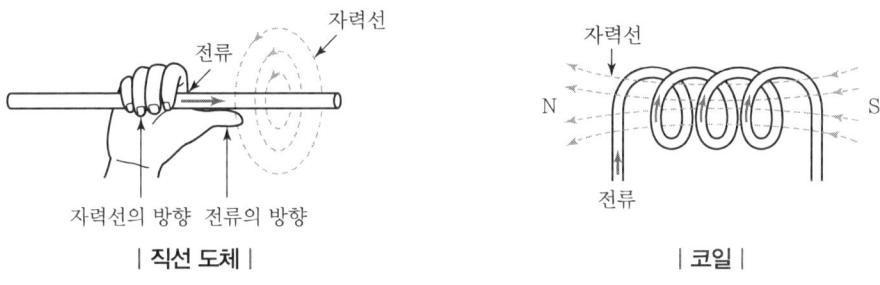

| 직선 도체 | | 코일 |

2) 패러데이 법칙(전자 유도 작용)

코일과 쇄교하는 자속의 시간 변화에 비례하여 기전력이 발생하는 현상을 "전자 유도 현상"이라 하고, 이를 이용하여 기전력의 발생 원리를 설명한 것이 "패러데이 법칙"이다.

$$E = -N\frac{d\phi}{dt}[\text{V}]$$

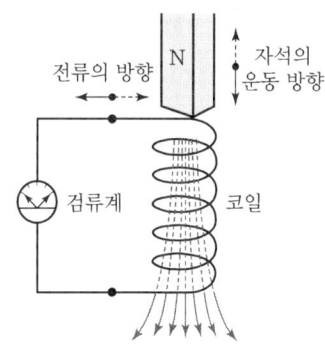

3) 플레밍의 오른손 법칙

플레밍의 오른손 법칙에 따라 기전력의 방향을 결정할 수 있다.

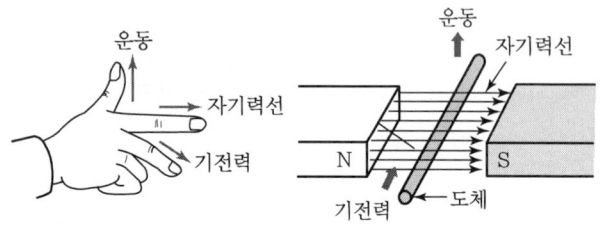

- 엄지 : 도체의 운동 방향
- 검지 : 자속(자기장)의 방향
- 중지 : 기전력의 방향

2 직류발전기의 구조 ★★★

직류발전기의 주요 부분은 계자, 전기자, 정류자, 브러시로 구성되어 있다.

1) 계자(Field Magnet)

- 자속을 만들어 주는 부분으로 계자 철심과 계자권선으로 구성되어 있다.
- 계자 철심은 철손을 감소시키기 위해 규소 강판을 성층하여 사용한다.

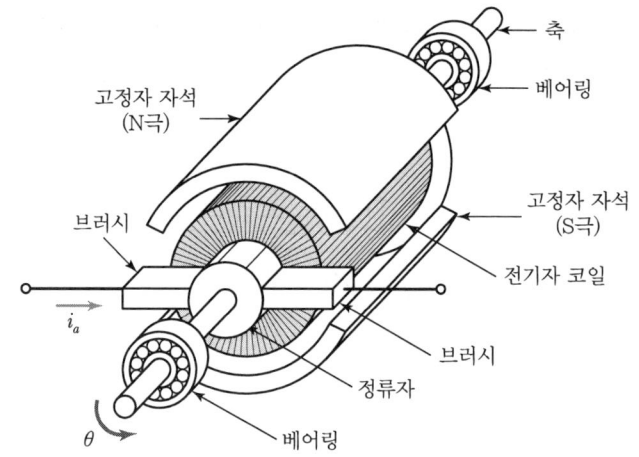

2) 전기자(Armature)

- 계자에서 발생한 자속을 쇄교하여 기전력을 유도하는 부분으로 전기자 철심과 전기자권선으로 구성되어 있다.
- 전기자철심은 철손을 감소시키기 위해 규소 강판을 성층하여 사용한다.

3) 정류자(Commutator)

전기자에서 만들어진 교류를 직류로 변환하는 부분이다.

4) 브러시(Brush)

정류자면에 접촉하여 전기자권선과 외부 회로를 연결하는 부분이다.

SECTION 02 직류발전기의 종류

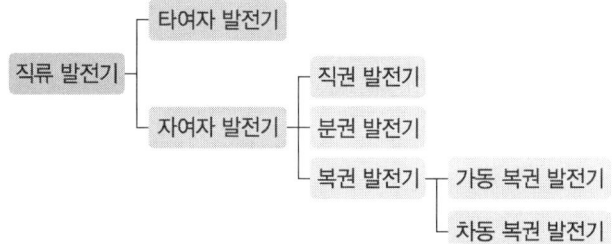

1 타여자 발전기

여자 전류를 외부로부터 공급하는 방식이다.

2 자여자 발전기

정류자를 통하여 직류로 바뀐 내부 직류 전원을 공급하는 방식으로 연결 방법에 따라 직권, 분권, 복권으로 분류된다. 복권은 다시 가동 복권과 차동 복권으로 나뉘며, 발생하는 자속 크기에 따라 과복권, 평복권, 부족복권으로 구분된다.

① 직권발전기 : 계자권선과 전기자를 직렬로 연결한 것이다.
② 분권발전기 : 계자권선과 전기자를 병렬로 연결한 것이다.
③ 복권발전기 : 직권계자와 분권계자를 함께 사용한 것으로 각 계자로부터 발생한 자속의 크기에 따라 가동 복권과 차동 복권으로 분류된다.

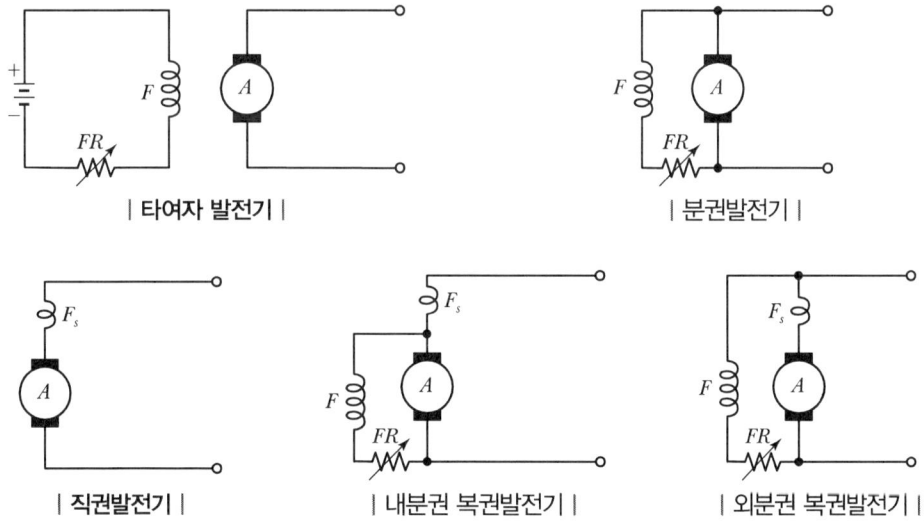

여기서, A : 전기자, F : 분권계자권선, F_s : 직권계자권선, FR : 계자저항조정기

3 전기자권선법

직류발전기의 전기자권선법으로 고상권, 폐로권, 이층권을 사용한다.

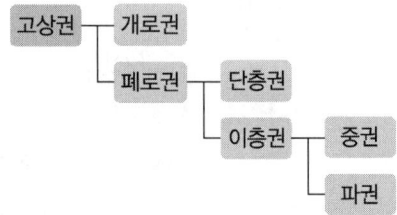

▼ 중권과 파권 비교 ★★

항목	중권	파권
병렬회로수(a)	극수와 같다($a = p$).	$a = 2$
용도	저전압, 대전류	고전압, 소전류
균압 접속	4극 이상 필요	필요 없음

기출 및 예상문제

SECTION 01 · SECTION 02

01 직류기의 3요소란 무엇인가?

① 계자, 전기자, 정류자
② 계자, 전기자, 브러시
③ 정류자, 계자, 브러시
④ 보극, 보상 권선, 전기자권선

해설
전기자, 정류자, 계자를 직류기의 3대 요소라 한다.

02 직류발전기에서 전기자의 주된 역할은?

① 기전력을 유도한다. ② 자속을 만든다.
③ 정류작용을 한다.   ④ 정류자면에 접촉한다.

해설
전기자는 계자에서 공급되는 자속을 쇄교하여 기전력을 유도한다.

03 직류기의 권선을 단중 파권으로 감으면?

① 내부 병렬회로수가 극수만큼 생긴다.
② 내부 병렬회로수는 극수에 관계없이 항상 2이다.
③ 저전압 대전류용 권선이다.
④ 균압환을 연결해야 한다.

해설
파권은 극수에 관계없이 병렬회로수가 항상 2이며 고전압, 소전류에 적합하다.

04 4극 전기자권선이 단중 중권인 직류발전기의 전기자 전류가 20[A]이면, 각 전기자권선의 병렬회로에 흐르는 전류는 몇 [A]인가?

① 10   ② 8
③ 5   ④ 2

해설
4극 중권이므로 각 전기자권선의 병렬회로에 흐르는 전류는
$I = \dfrac{\text{전기자 전류}}{\text{병렬 회로수}} = \dfrac{20}{4} = 5[A]$이다.

05 정류자와 접촉하여 전기자권선과 외부 회로를 연결시켜 주는 것은?

① 전기자   ② 계자
③ 브러시   ④ 공극

해설
브러시는 정류자와 접촉하여 전기자에서 발생한 전류를 외부 회로에 연결한다.

06 8극 파권 직류발전기의 전기자권선의 병렬회로수 a는 얼마로 하고 있는가?

① 1   ② 2
③ 6   ④ 8

해설
- 중권의 병렬회로수는 극수와 같다($a = P$).
- 파권의 병렬회로수는 극수와 관계없이 항상 2이다($a = 2$).

07 계자권선이 전기자와 접속되어 있지 않은 직류기는?

① 직권기   ② 분권기
③ 복권기   ④ 타여자기

해설
타여자기는 외부의 독립된 직류 전원에 의해 계자권선에 여자전류를 공급하는 직류기이다.

08 직류발전기에서 계자 철심에 잔류자기가 없어도 발전을 할 수 있는 발전기는?

① 분권발전기   ② 직권발전기
③ 복권발전기   ④ 타여자발전기

해설
타여자발전기는 여자 전류를 외부로부터 공급받는 방식으로 계자 철심에 잔류자기가 없어도 발전할 수 있다.

정답 01 ① 02 ① 03 ② 04 ③ 05 ③ 06 ② 07 ④ 08 ④

09 직류 분권발전기를 동일 극성의 전압을 단자에 인가하여 전동기로 사용하면?

① 동일 방향으로 회전한다.
② 반대 방향으로 회전한다.
③ 회전하지 않는다.
④ 소손된다.

해설
동일 극성의 전압을 인가 시 전류의 방향만 반대이므로 동일한 방향으로 회전한다.

10 전기자 도체의 굵기, 권수, 극수가 모두 동일할 때 단중 파권은 단중 중권에 비해 전류와 전압의 관계는?

① 소전류, 저전압   ② 대전류, 저전압
③ 소전류, 고전압   ④ 대전류, 고전압

해설
단중 파권은 소전류, 고전압에 적합한 방식이며 단중 중권은 대전류, 소전압에 적합한 방식이다.

정답 09 ① 10 ③

SECTION 03 직류발전기 이론

1 유기기전력 ★★

1) 도체 한 개의 유기기전력

$E = Blv \, [\text{V}]$

여기서, B : 자속 밀도
l : 도체의 길이
v : 회전 속도[m/s]

2) 직류발전기 유기기전력

$E = \dfrac{PZ\phi}{a} \cdot \dfrac{N}{60} \, [\text{V}]$

여기서, P : 극수
Z : 총 도체수
ϕ : 계자 자속[Wb]
N : 분당 회전수[rpm]
a : 병렬회로수

2 전기자 반작용

전기자 전류에 의한 자속이 계자권선의 자속에 영향을 주는 현상이다.

1) 전기자 반작용으로 발생하는 현상 ★★★

- 주 자속이 감소한다. ➡ 유기기전력의 감소
- 중성축이 이동한다. ➡ 회전 방향(전동기는 회전 반대 방향)
- 정류자편과 브러시 사이에 불꽃이 발생한다. ➡ 정류 불량

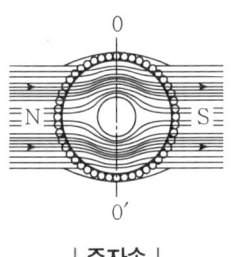

| 주자속 |

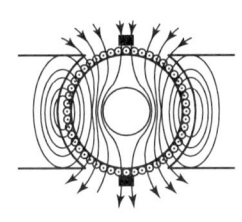

| 전기자 전류에 의한 자속 |

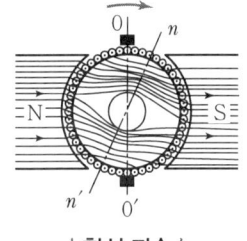

| 합성 자속 |

2) 전기자 반작용 방지 대책 ★★★

- 보상권선 설치 : 가장 유효한 방법으로 계자 자극 표면에 설치한다.
- 보극 설치 : 중성축 부근의 전기자 반작용을 상쇄시킨다.
- 중성축 이동 : 브러시 위치를 전기적 중성점인 회전 방향으로 이동한다.

3 정류

1) 리액턴스 전압
편자 작용에 의해서 중성축이 이동할 때 전류의 변화가 일어나게 되는데, 이 전류의 변화를 방해하려는 전압으로서 정류작용을 나쁘게 한다.

$$e_L = L \cdot \frac{2I_c}{T_c} \; [V]$$

2) 양호한 정류의 대책 ★★★
- 평균 리액턴스 전압이 작을 것
- 인덕턴스를 작게 할 것
- 정류주기가 클 것
- 접촉 저항이 큰 브러시(탄소브러시) 사용 ➡ 저항 정류
- 보극 설치 ➡ 전압 정류

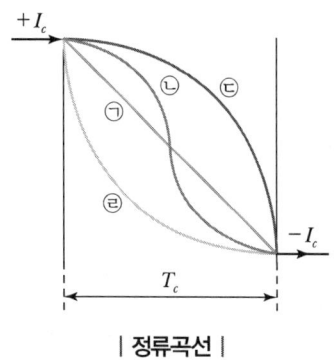

| 정류곡선 |

㉠ 직선정류 : 이상적인 정류, 불꽃 발생이 없다.
㉡ 정현정류 : 양호한 정류, 불꽃 발생이 없다.
㉢ 부족정류 : 정류 말기 불꽃 발생
㉣ 과정류 : 정류 초기 불꽃 발생

SECTION 04 직류발전기 특성

1 특성 곡선

1) 무부하 특성 곡선($E - I_f$ 관계 곡선) ★★

- 무부하에서 계자전류와 유기기전력의 관계
- 계자전류가 증가함에 따라 유기기전력이 비례하여 증가하지만 철심의 자기포화에 의해 기전력의 상승은 매우 완만해진다.

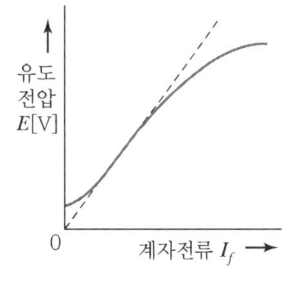

2) 부하 특성 곡선($V - I_f$ 관계 곡선)

- 단자전압과 계자전류와의 관계 곡선
- 부하가 증가함에 따라 곡선은 점차 아래쪽으로 이동한다.

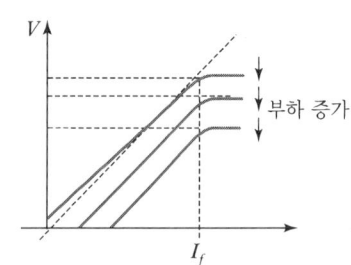

3) 외부 특성 곡선($V - I$ 관계 곡선) ★★

정격속도와 계자전류를 일정하게 유지하고, 부하전류(I)와 단자전압(V)의 관계 곡선

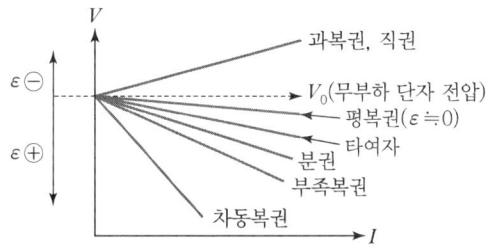

2 직류발전기 특성 ★★

1) 타여자 발전기

별도의 여자전원을 사용하므로, 자속의 변화가 없어서 전압강하가 적고 전압 변동이 적어 정전압 발전기에 적합하다.

2) 자여자 발전기

전기자에 유기된 기전력으로 계자권선에 여자전류를 공급하는 발전기로, 결선방법에 따라 분권, 직권, 복권으로 나뉜다.

① 분권발전기
- 자기여자에 의해 발전하므로 잔류자기가 없으면 발전이 불가능하다.
- 역회전하면 잔류자기가 소멸되어 발전이 불가능해진다.

- 타여자 발전기와 같이 전압의 변화가 적으므로 정전압 발전기에 적합하다.
- 용도 : 축전지 충전용, 동기기의 여자용 및 일반 직류 전원용으로 사용한다.

② 직권발전기
- 무부하 시에는 $I_a = I_s = I = 0$이 되어, 계자에 전류가 흐르지 못하므로 자속이 발생하지 않아 전압의 확립이 일어나지 않으므로 발전이 불가능하다.
- 용도 : 직권발전기는 부하 전류에 따라 전압 변동이 심하므로 별로 사용되지 않지만 부하 전류의 증가에 따라 전압을 높이는 승압기로 사용된다.

③ 복권발전기
- 가동 복권 : 직권과 분권 계자권선의 자속이 합쳐지도록 한 것으로, 부하 증가에 따른 전압 감소를 보충할 수 있다. 평복권과 과복권, 부족복권으로 나눌 수 있다.
- 차동 복권 : 직권과 분권 계자권선의 자속이 서로 상쇄되게 한 것으로, 부하 증가에 따라 전압이 현저하게 감소하는 수하 특성을 가져 용접기용 전원으로 적합하다.

3 기타 특성

1) 자여자 발전기 전압 확립

전압 확립은 잔류자기에 의한 계자 전류가 증가하여 단자전압이 상승하는 현상이다.

> **REFERENCE** 전압 확립 조건
> - 잔류자기가 있을 것
> - 계자의 저항은 임계저항보다 작을 것(임계저항이란 전압이 확립되지 못할 때의 계자저항)
> - 잔류자기를 증가시키는 방향으로 회전할 것

2) 직류발전기 병렬운전 조건 ★

- 극성이 같을 것
- 정격전압이 같을 것
- 외부 특성이 수하 특성을 갖출 것

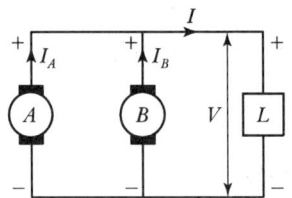

3) 균압선 ★

직권 및 복권발전기는 수하 특성을 갖지 못하므로 병렬운전을 안전하게 하기 위하여 두 발전기의 전기자와 직권 권선의 접촉점에 균압선을 설치하여야 한다.

기출 및 예상문제

SECTION 03 · SECTION 04

01 자속밀도 0.8[Wb/m²]인 자계에서 길이 2[m]인 도체가 20[m/s]로 회전할 때 유기되는 기전력[V]은?

① 15   ② 32
③ 24   ④ 48

해설
도체 한 개의 유기기전력
$E = Blv = 0.8 \times 2 \times 20 = 32[V]$

02 매극 유효 자속이 0.035[Wb], 전기자 총 도체수 152인 4극 중권발전기를 매분 1,200회의 속도로 회전할 때의 기전력[V]을 구하면?

① 약 106   ② 약 86
③ 약 66   ④ 약 53

해설
$E = \dfrac{PZ\phi}{a} \cdot \dfrac{N}{60}[V]$
$= \dfrac{4 \times 152 \times 0.035}{4} \times \dfrac{1,200}{60} = 106.4[V]$이다.

03 직류발전기의 기전력을 E, 자속을 ϕ, 회전속도를 N이라 할 때 이들 사이의 관계로 옳은 것은?

① $E \propto \phi N$ ② $E \propto \phi/N$
③ $E \propto \phi N^2$ ④ $E \propto \phi/N^2$

해설
$E = \dfrac{PZ\phi}{a} \cdot \dfrac{N}{60}[V]$이므로 $\dfrac{PZ}{a60}$을 상수 K라고 하면
$E = K\phi N$이다. $\therefore E \propto \phi N$

04 4극, 중권, 총 도체수 500, 1극의 자속수가 0.01[Wb]인 직류발전기가 100[V]의 기전력을 발생시키려면 필요한 회전수[rpm]은?

① 1,000   ② 1,200
③ 1,600   ④ 2,000

해설
$E = \dfrac{PZ\phi}{a} \cdot \dfrac{N}{60}[V]$이므로
$N = \dfrac{60aE}{PZ\phi} = \dfrac{60 \times 4 \times 100}{4 \times 500 \times 0.01} = 1,200[\text{rpm}]$이다.

05 포화하고 있지 않은 직류발전기의 회전수가 1/2로 감소되었을 때 기전력을 전과 같은 값으로 하자면 여자를 얼마로 해야 하는가?

① 1/2배   ② 1배
③ 2배   ④ 4배

해설
$E = K\phi N$이므로 기전력을 동일하게 유지하려면 회전력과 자속은 반비례하게 된다.
따라서 회전수가 1/2로 감소하면 자속, 즉 여자는 2배가 된다.

06 직류발전기에 있어서 전기자 반작용이 생기는 요인이 되는 전류는?

① 동손에 의한 전류   ② 전기자권선에 의한 전류
③ 계자권선의 전류   ④ 규소 강판에 의한 전류

해설
전기자 반작용은 전기자권선에 흐르는 전류에서 발생하는 자속이 주자속에 영향을 미쳐 발생하는 현상이다.

07 직류발전기 전기자 반작용의 영향에 대한 설명으로 틀린 것은?

① 브러시 사이에 불꽃을 발생시킨다.
② 주자속이 찌그러지거나 감소된다.
③ 전기자 전류에 의한 자속이 주자속에 영향을 준다.
④ 회전 방향과 반대 방향으로 사기적 중성축이 이동된다.

정답 01 ② 02 ① 03 ① 04 ② 05 ③ 06 ② 07 ④

- 직류발전기 : 회전 방향과 같은 방향으로 중성축 이동
- 직류전동기 : 회전 방향과 반대 방향으로 중성축 이동

08 전기자 반작용이 직류발전기에 영향을 주는 것을 설명한 것으로 틀린 것은?

① 전기적 중성축을 이동시킨다.
② 자속을 감소시켜 부하 시 전압 강하의 원인이 된다.
③ 정류자 편간전압이 불균일하게 되어 섬락의 원인이 된다.
④ 전류의 파형은 찌그러지나 출력에는 변화가 없다.

해설
감자작용으로 유도기전력이 감소하여 출력이 감소한다.

09 직류기의 전기자 반작용의 결과가 아닌 것은?

① 전기적 중성축이 이동한다.
② 유도기전력이 증가한다.
③ 정류자 편간전압이 불균일하게 된다.
④ 브러시 사이에 불꽃을 발생시킨다.

해설
감자작용으로 유도기전력이 감소한다.

10 전기자 반작용을 방지하기 위한 보상 권선의 전류 방향은?

① 전기자권선의 전류 방향과 같다.
② 전기자권선의 전류 방향과 반대이다.
③ 계자권선의 전류 방향과 같다.
④ 계자권선의 전류 방향과 반대이다.

해설
보상 권선은 전기자권선의 전류에서 발생하는 자속을 상쇄시키기 위하여 전기자권선의 전류 방향과 반대로 설치한다.

11 보극이 없는 직류기의 운전 중 중성점의 위치가 변하지 않는 경우는?

① 무부하일 때   ② 전부하일 때
③ 중부하일 때   ④ 과부하일 때

해설
무부하 시에는 전기자 전류가 흐르지 않으므로 전기자 반작용이 발생하지 않는다.

12 직류기의 전기자 반작용을 설명하는 것 중 옳은 것은?

① 전동기는 토크 감소
② 발전기는 전압 상승
③ 전동기는 속도 저하
④ 출력 증가

해설
- 전기자 반작용으로 발전기는 전압이 감소하고 전동기는 토크가 감소한다.
- 토크와 속도는 반비례하므로 속도는 증가하며 출력은 감소한다.

13 다음의 정류곡선 중 브러시의 후단에서 불꽃이 발생하기 쉬운 것은?

① 직선정류   ② 정현파정류
③ 과정류   ④ 부족정류

해설
㉠ 직선정류 : 이상적인 정류곡선, 불꽃 발생이 없음
㉡ 정현정류 : 양호한 정류, 불꽃 발생이 없음
㉢ 부족정류 : 정류 말기 불꽃 발생
㉣ 과정류 : 정류 초기 불꽃 발생

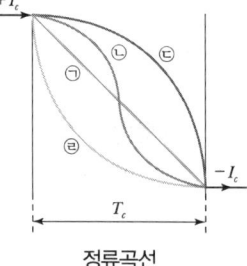
정류곡선

14 직류기에서 양호한 정류를 얻는 조건이 아닌 것은?

① 정류주기를 크게 한다.
② 전기자 코일의 인덕턴스를 작게 한다.
③ 평균 리액턴스 전압을 브러시 접촉면 전압 강하보다 크게 한다.
④ 브러시의 접촉 저항을 크게 한다.

해설

양호한 정류 대책
- 평균 리액턴스 전압을 작게 한다.
- 정류코일의 인덕턴스를 작게 한다.
- 정류주기를 길게 한다.
- 브러시의 접촉 저항을 크게 한다.

15 직류기에서 보극을 두는 가장 주된 목적은?

① 기동 특성을 좋게 한다.
② 전기자 반작용을 크게 한다.
③ 정류작용을 돕고 전기자 반작용을 약화시킨다.
④ 전기자 자속을 증가시킨다.

해설
보극은 전기자 반작용을 감소시키고 전압 정류로 정류를 개선한다.

16 직류기에서 정류를 양호하게 하는 조건이 아닌 것은?

① 정류 주기를 길게 한다.
② 정류 코일의 인덕턴스를 작게 할 것
③ 리액턴스 전압을 크게 할 것
④ 브러시 접촉저항을 크게 할 것

해설
문제 15번 해설 참조

17 직류발전기에서 전압 정류의 역할을 하는 것은?

① 보극   ② 탄소브러시
③ 전기자 ④ 리액턴스 코일

해설
- 전압 정류 : 보극 설치
- 저항 정류 : 저항이 큰 브러시 사용(탄소브러시)

18 직류기에 있어서 불꽃 없는 정류를 얻는 데 가장 유효한 방법은?

① 보극과 탄소브러시
② 탄소브러시와 보상권선
③ 보극과 보상권선
④ 자기포화와 브러시 이동

해설
문제 17번 해설 참조

19 불꽃 없는 정류를 하기 위해 평균 리액턴스 전압(A)과 브러시 접촉면 전압강하(B) 사이에 필요한 조건은?

① A>B   ② A<B
③ A=B   ④ AB에 관계 없다.

해설
양호한 정류를 얻기 위하여 평균 리액턴스 전압을 브러시 접촉면 전압강하보다 작게 해야 한다.

20 직류발전기의 무부하 특성곡선은?

① 부하전류와 무부하 단자전압과의 관계이다.
② 계자전류와 부하전류와의 관계이다.
③ 계자전류와 무부하 단자전압과의 관계이다.
④ 계자전류와 회전력과의 관계이다.

해설
무부하 특성곡선은 계자전류와 유도기전력과의 관계이며, 무부하에서는 유도기전력과 무부하 단자전압이 같다.

21 분권발전기는 잔류자속에 의해서 잔류전압을 만들고 이때 여자전류가 잔류자속을 증가시키는 방향으로 흐르면, 여자전류가 점차 증가하면서 단자 전압이 상승하게 된다. 이 현상을 무엇이라 하는가?

① 자기 포화   ② 여자 조절
③ 보상 전압   ④ 전압 확립

해설
전압 확립
자기여자에 의한 발전을 위해서는 약간의 잔류자기가 있어야 하며, 잔류자기에 의한 단자 전압이 점차 상승하여 정상 궤도에 진입하게 되는 현상을 전압 확립이라고 한다.

정답 15 ③ 16 ③ 17 ① 18 ① 19 ② 20 ③ 21 ④

22 분권발전기의 회전 방향을 반대로 하면?

① 전압이 유기된다. ② 발전기가 소손된다.
③ 고전압이 발생한다. ④ 잔류자기가 소멸한다.

해설
분권발전기의 회전 방향을 반대로 하면 잔류자기가 소멸하여 발전할 수 없다.

23 전기자 저항 0.2[Ω], 전기자 전류 100[A], 유도기전력 120[V]인 직류 분권발전기의 단자전압은 몇 [V]인가?

① 98 ② 100
③ 102 ④ 105

해설
직류 분권발전기의 단자전압
$V = E - I_a R_a = 120 - 0.2 \times 100 = 100[V]$

24 정격속도로 운전하는 무부하 분권발전기의 계자저항이 50[Ω], 계자전류가 1.2[A], 전기자 저항이 0.5[Ω]이라 하면 유도기전력은 약 몇 [V]인가?

① 30.2 ② 50.6
③ 60.6 ④ 80.6

해설
$E = V + I_a R_a$ [V]에서
$V = I_f \times R_f = 1.2 \times 50 = 60[V]$이므로
$E = 60 + 1.2 \times 0.5 = 60.6[V]$ (∴ 무부하이므로 $I_a = I_f$)

25 급전선의 전압강하 보상용으로 사용되는 것은?

① 분권기 ② 직권기
③ 과복권기 ④ 차동복권기

해설
직권이 포함된 직권기와 과복권기는 단자전압이 유도기전력보다 크므로 승압기로 사용할 수 있다.

26 부하의 저항을 어느 정도 감소시켜도 전류는 일정하게 되는 수하 특성을 이용하여 정전류를 만드는 곳이나 아크용접 등에 사용되는 직류발전기는?

① 직권발전기 ② 분권발전기
③ 가동복권발전기 ④ 차동복권발전기

해설
차동복권발전기는 수하 특성이 크므로 정전류 특성을 갖고 있어 용접기용 전원으로 적합하다.

27 정격 전압 200[V], 정격 출력 50[kW]의 외분권 복권발전기가 있다. 분권 계자 저항이 20[Ω]일 때 전기자 전류는 몇 [A]인가?

① 260 ② 210
③ 120 ④ 230

해설
$I_a = I + I_f$에서 $I = \dfrac{P}{V} = \dfrac{50 \times 10^3}{200} = 250[A]$,
$I_f = \dfrac{V}{R_f} = \dfrac{200}{20} = 10[A]$이므로,
$I_a = I + I_f = 250 + 10 = 260[A]$

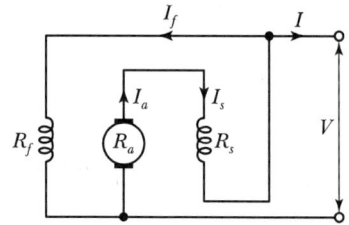

28 유도기전력 210[V], 단자 전압 200[V], 5[kW]인 분권발전기의 계자 저항이 500[Ω]이면 그 전기자 저항[Ω]은?

① 0.2 ② 0.4
③ 0.6 ④ 0.8

해설

$I_f = \dfrac{V}{r_f} = \dfrac{200}{500} = 0.4[A]$, $I = \dfrac{P}{V} = \dfrac{5 \times 10^3}{200} = 25[A]$

$\Rightarrow I_a = I + I_f = 25 + 0.4 = 25.4[A]$

$E = V + I_a r_a$ 에서 $r_a = \dfrac{E-V}{I_a} = \dfrac{210-200}{25.4} \fallingdotseq 0.4[\Omega]$

29 직류발전기의 병렬운전 조건 중 잘못된 것은?

① 단자전압이 같을 것
② 외부 특성이 같을 것
③ 극성을 같게 할 것
④ 용량이 같을 것

해설

직류발전기의 병렬운전 조건
- 극성이 같을 것
- 단자전압이 같을 것
- 외부 특성 곡선이 수하 특성을 갖출 것

30 직류 복권발전기를 병렬운전할 때 균압선을 붙이는 목적은 무엇인가?

① 운전을 안정하게 한다.
② 손실을 경감한다.
③ 전압의 이상 상승을 방지한다.
④ 고조파의 발생을 방지한다.

해설

직권 및 복권발전기는 수하 특성을 갖고 있지 않으므로 병렬운전 시 운전을 안정하게 하기 위하여 균압선을 설치하여야 한다.

31 직류 복권발전기를 병렬운전할 때 반드시 필요한 것은?

① 과부하 계전기
② 균압선
③ 용량이 같을 것
④ 외부 특성 곡선이 일치할 것

해설

문제 30번 해설 참조

정답 29 ④ 30 ① 31 ②

SECTION 05 직류전동기

1 직류전동기 원리

자장이 형성되고 있는 곳에 코일을 놓고, 코일에 전류를 흘렸을 때 힘을 발생하여 회전력을 일으킨다.

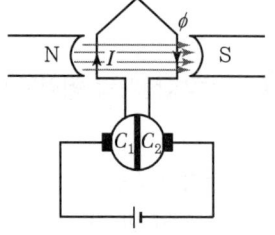

$F = BIL\sin\theta$[N] : 도체 한 개에서 발생하는 힘
$\theta = 90°$에서 힘은 최대

2 플레밍의 왼손 법칙

플레밍의 왼손 법칙에 따라 전동기의 회전 방향을 결정할 수 있다.

- 엄지 : 힘의 방향(회전 방향)[F]
- 검지 : 자속의 방향[B]
- 중지 : 전류의 방향[I]

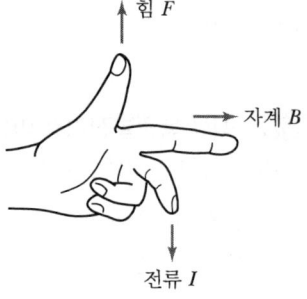

SECTION 06 직류전동기 이론

1 직류전동기 역기전력과 출력

1) 분권전동기

$I_a = I - I_f$ (I_f는 미소하고 일정하므로 $I_a \fallingdotseq I$)

- 역기전력 : $E = V - I_a R_a [V]$
- 출력 : $P = E \cdot I_a [W]$

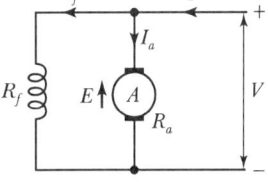

2) 직권전동기

$I_a = I_s = I$

- 역기전력 : $E = V - I_a(R_a + R_s)[V]$
- 출력 : $P = E \cdot I_a [W]$

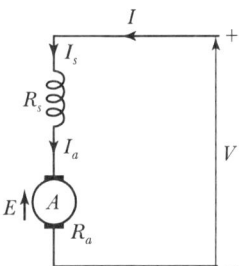

2 직류전동기 속도

$E = \dfrac{PZ\phi}{a} \times \dfrac{N}{60}[V]$ 식을 회전수로 정리하면 $N = K \cdot \dfrac{V - I_a R_a}{\phi}[rpm]$으로 나타낼 수 있다.

여기서, $K = \dfrac{PZ}{a60}$으로 변하지 않는 상수

따라서 직류전동기의 회전속도는 단자전압에 비례하고 자속에 반비례한다 $\left(N \propto \dfrac{V}{\phi}\right)$.

1) 직류전동기의 속도 및 속도 특성

① 분권전동기 속도 및 속도 특성 ★

$N = K \cdot \dfrac{V - I_a R_a}{\phi}[rpm]$

- 분권전동기는 속도 변동이 적은 정속도 특성을 갖고 있어 공작기계 등에 사용된다.
- 계자전류가 "0"이 되면 자속이 없어 속도가 급격히 상승하여 위험하기 때문에 계자회로에 퓨즈를 넣어서는 안 된다.

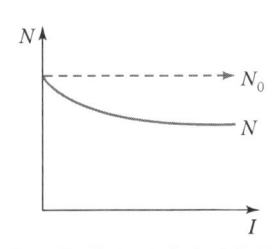

| 속도 특성($N-I$와의 관계 곡선) |

② 직권전동기 속도 및 속도 특성 ★

$$N = K \cdot \frac{V - I_a(R_a + R_s)}{\phi}[\text{rpm}]$$

$I_s \propto \phi$, $I_a = I_s = I$ 이므로

$$N = K \cdot \frac{V - I(R_a + R_s)}{I}[\text{rpm}]$$

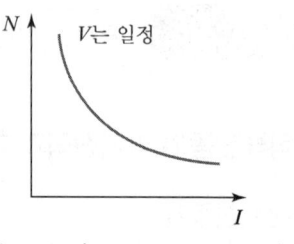

| 속도 특성($N-I$와의 관계 곡선) |

직권전동기는 벨트가 벗어지면 무부하 상태가 되어 위험속도에 도달하므로, 벨트운전 또는 무부하 운전을 하여서는 안 된다.

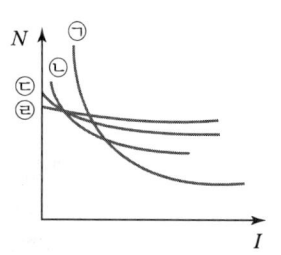

㉠ 직권전동기
㉡ 가동 복권전동기
㉢ 분권전동기
㉣ 차동 복권전동기

| 직류전동기 속도 특성 곡선 | ★★

3 직류전동기 토크

$P = \omega \cdot \tau = 2\pi f \cdot \tau = 2\pi \frac{N}{60} \cdot \tau$ 이므로

$\tau = \frac{60}{2\pi} \cdot \frac{P}{N} ≒ 9.55 \cdot \frac{P}{N}[\text{N} \cdot \text{m}] ≒ 0.975 \cdot \frac{P}{N}[\text{kg} \cdot \text{m}] (\because 1[\text{kg} \cdot \text{m}] ≒ 9.8[\text{N} \cdot \text{m}])$

여기서, $P = E \cdot I_a = \frac{PZ\phi}{a} \cdot \frac{N}{60} \cdot I_a$를 대입하여 정리하면,

$\tau = \frac{PZ\phi}{a} \cdot \frac{I_a}{2\pi}[\text{N} \cdot \text{m}] = K \cdot \phi \cdot I_a$가 된다.

여기서, $K = \frac{PZ}{a \cdot 2\pi}$로 상수를 나타냄

∴ $\tau \propto \phi \cdot I_a$, 즉 직류전동기 토크는 자속과 전기자 전류의 곱에 비례한다.

1) 직류전동기 토크 특성

① 분권전동기 토크 특성 ★
- 분권전동기는 계자전류가 일정하므로 자속도 일정하다.
- $\tau \propto I_a \propto I$이므로 토크는 부하전류와 비례한다.
- 단자전압이 일정하면 자속이 일정하므로 정속도 특성을 갖고 있어 공작기계 등에 주로 사용된다.

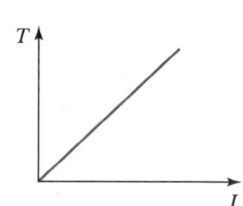

② 직권전동기 토크 특성 ★
- 직권전동기는 $I_s \propto \phi$이므로
  $\tau \propto \phi \cdot I_a \propto I_s \cdot I_a \propto I_a^2 \propto I^2$이 된다.
- 토크는 부하전류의 제곱에 비례한다.
- 부하변동이 심하고 큰 기동토크가 요구되는 전동차, 크레인, 전기철도에 적합하다.

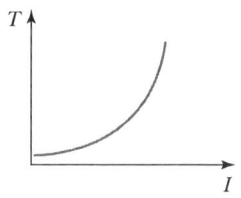

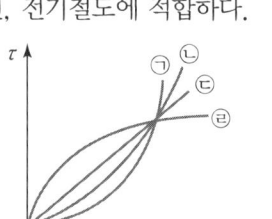

㉠ 직권전동기
㉡ 가동 복권전동기
㉢ 분권전동기
㉣ 차동 복권전동기

| 직류전동기 토크 특성 곡선 | ★★

기출 및 예상문제

SECTION 05 · SECTION 06

01 계자권선이 전기자에 병렬로만 접속된 직류기는?

① 타여자기   ② 직권기
③ 분권기   ④ 복권기

해설
분권기는 계자권선이 전기자와 병렬로 접속되어 있다.

02 부하가 변하면 심하게 속도가 변하는 직류전동기는?

① 직권전동기   ② 타여자전동기
③ 분권전동기   ④ 가동복권전동기

해설
직권전동기는 계자권선과 전기자권선이 직렬로 연결되어 있어 부하의 변화에 따라 급격하게 속도가 변한다.

03 다음 그림의 전동기는 어떤 전동기인가?

① 직권전동기
② 타여자전동기
③ 분권전동기
④ 복권전동기

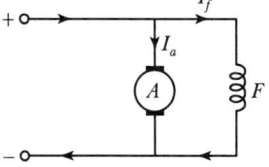

해설
계자권선이 전기자와 병렬로 연결된 분권전동기이다.

04 직류전동기의 계자 전류를 감소시키면 회전수는 어떻게 변하는가?

① 변화 없음   ② 감소
③ 증가   ④ 관계없음

해설
$N = k \dfrac{V - I_a r_a}{\phi}$ 이므로 계자 전류를 감소시키면 자속이 감소하여 속도는 증가한다.

05 그림과 같은 접속은 어떤 직류전동기의 접속인가?

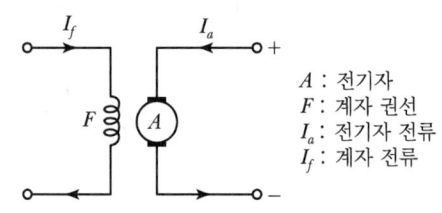

A : 전기자
F : 계자 권선
I_a : 전기자 전류
I_f : 계자 전류

① 직권전동기   ② 타여자전동기
③ 분권전동기   ④ 복권전동기

해설
계자 전원을 외부로부터 공급받는 전동기는 타여자전동기이다.

06 속도를 광범위하게 조정할 수 있으므로 압연기나 엘리베이터 등에 사용되는 직류전동기는?

① 직권전동기   ② 분권전동기
③ 타여자전동기 ④ 가동복권전동기

해설
타여자전동기는 속도를 광범위하게 조정할 수 있으므로 압연기나 엘리베이터 등에 사용되고, 일그너 방식 또는 워드레오나드 방식의 속도제어장치를 사용하는 경우에 주 전동기로 사용된다.

07 정속도 전동기로 공작기계 등에 주로 사용되는 전동기는?

① 직류 분권전동기   ② 직류 직권전동기
③ 직류 차동복권전동기 ④ 단상 유도전동기

해설
직류 분권전동기는 계자권선과 전기자가 병렬로 접속되어 있어서 단자전압이 일정하면 부하전류에 관계없이 자속이 일정하므로 정속도 특성을 가진다.

정답 01 ③ 02 ① 03 ③ 04 ③ 05 ② 06 ③ 07 ①

08 직류전동기의 회전속도를 나타내는 것 중 틀린 것은?

① 공급 전압이 감소하면 회전속도도 감소한다.
② 자속이 감소하면 회전속도는 증가한다.
③ 전기자 저항이 증가하면 회전속도는 감소한다.
④ 계자전류가 증가하면 회전속도는 증가한다.

해설

$N = k\dfrac{V - I_a r_a}{\phi}$ 이므로 계자 전류가 증가하면 자속이 증가하여 속도는 감소한다.

09 분권전동기에 대한 설명으로 틀린 것은?

① 토크는 전기자 전류의 제곱에 비례한다.
② 부하 전류에 따른 속도 변화가 거의 없다.
③ 계자 회로에 퓨즈를 넣어서는 안 된다.
④ 계자권선과 전기자권선이 전원에 병렬로 접속되어 있다.

해설

직류 분권전동기의 토크는 전기자 전류에 비례한다.

10 직류전동기의 속도를 1/2로 하자면 계자 자속을 몇 배로 해야 하는가?

① 1/4　　　② 1/2
③ 2　　　　④ 4

해설

$N = k\dfrac{V - I_a r_a}{\phi}$ 이므로 속도를 1/2로 하려면 자속이 2배로 증가하여야 한다.

11 직류 분권전동기의 회전 방향을 바꾸기 위해 일반적으로 무엇의 방향을 바꾸어야 하는가?

① 전원　　　② 주파수
③ 계자 저항　④ 전기자 전류

해설

회전 방향을 바꾸려면, 계자권선이나 전기자권선 중 한쪽의 접속을 반대로 하면 되는데 일반적으로 전기자권선의 접속을 바꾼다.

12 직류 분권전동기의 공급 전압 극성을 반대로 하면 회전 방향은 어떻게 되는가?

① 변하지 않는다.　② 반대로 된다.
③ 회전하지 않는다.　④ 속도가 증가된다.

해설

회전 방향을 바꾸려면, 계자권선이나 전기자권선 중 한쪽의 접속을 반대로 하여야 하는데 자여자 전동기는 공급 전압 극성을 반대로 하면 계자권선과 전기자권선이 같이 바뀌므로 회전 방향은 변하지 않는다.

13 직권전동기의 전원 극성을 반대로 하면?

① 회전 방향은 변하지 않는다.
② 반대 방향으로 된다.
③ 정지한다.
④ 속도가 과대하게 된다.

해설

문제 12번 해설 참조

14 다음 중 옳은 것은?

① 전차용 전동기는 차동 복권전동기이다.
② 분권전동기의 운전 중 계자 회로가 단선되면 위험 속도가 된다.
③ 직권전동기에서는 부하가 줄면 속도가 감소한다.
④ 분권전동기는 부하에 따라 속도가 많이 변한다.

해설

• 전차용 전동기는 직류 직권전동기를 사용한다.
• 분권전동기는 정속도 특성이 있다.
• 직권전동기는 부하가 줄면 속도가 증가한다.

15 직류 직권전동기에서 벨트를 걸고 운전하면 안 되는 가장 큰 이유는?

① 벨트가 벗어지면 위험속도에 도달하므로
② 손실이 많아지므로
③ 직결하지 않으면 속도 제어가 곤란하므로
④ 벨트의 마멸 보수가 곤란하므로

정답　08 ④　09 ①　10 ③　11 ④　12 ①　13 ①　14 ②　15 ①

해설
직류 직권전동기는 벨트가 벗어지면 무부하 상태가 되어, 여자전류가 거의 0이 된다. 이때 자속이 0이 되므로 위험속도로 된다.

16 다음 그림에서 직류 분권전동기의 속도 특성 곡선은?

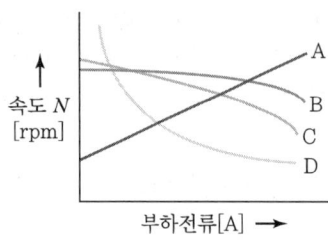

① A
② B
③ C
④ D

해설
직류 분권전동기는 계자권선과 전기자가 병렬로 접속되어 있어서 단자전압이 일정하면 자속이 일정하므로 부하전류의 영향을 적게 받아 정속도 특성을 나타낸다.

17 정격 속도에 비하여 기동 회전력이 가장 큰 전동기는?

① 타여자기
② 직권기
③ 분권기
④ 복권기

해설
직권기는 기동 시 부하전류가 증가하면 속도는 감소하고, 회전력은 증가한다.

18 직류전동기에서 무부하가 되면 속도가 대단히 높아져서 위험하기 때문에 무부하운전이나 벨트를 연결한 운전을 해서는 안 되는 전동기는?

① 직권전동기
② 복권전동기
③ 타여자전동기
④ 분권전동기

해설
직류 직권전동기는 벨트가 벗어지면 무부하 상태가 되어, 여자전류가 거의 0이 된다. 이때 자속이 0이 되므로 위험속도로 된다.

19 기중기, 전기자동차, 전기철도와 같은 곳에 가장 많이 사용되는 전동기는?

① 분권전동기
② 직권전동기
③ 가동 복권전동기
④ 차동 복권전동기

해설
직권전동기는 부하변동이 심하고, 큰 기동토크가 요구되는 전동차, 크레인, 전기철도에 적합하다.

20 다음 ( ) 안에 알맞은 내용은?

직류전동기의 회전속도가 위험한 상태가 되지 않으려면 직권전동기는 (㉠) 상태로, 분권전동기는 (㉡) 상태가 되지 않도록 하여야 한다.

① ㉠ 무부하, ㉡ 무여자
② ㉠ 무여자, ㉡ 무부하
③ ㉠ 무여자, ㉡ 경부하
④ ㉠ 무부하, ㉡ 경부하

해설
직권전동기는 무부하 상태가 되면 자속이 "0"이 되고, 분권전동기는 계자권선이 단락되면 자속이 "0"이 되어 이론상 무한 속도가 되어 위험 속도가 되므로 직권전동기는 무부하, 분권전동기는 무여자가 되지 않도록 하여야 한다.

21 직류 직권전동기의 회전수(N)와 토크(τ)의 관계는?

① $\tau \propto \dfrac{1}{N}$
② $\tau \propto \dfrac{1}{N^2}$
③ $\tau \propto N$
④ $\tau \propto N^{\frac{3}{2}}$

해설
• 직권전동기 : $\tau \propto I_a^2 \propto \dfrac{1}{N^2}$
• 분권전동기 : $\tau \propto I_a \propto \dfrac{1}{N}$

22 직류 직권전동기의 회전수를 반으로 줄이면 토크는 몇 배가 되는가?

① 1/4
② 1/2
③ 4
④ 2

정답 16 ② 17 ② 18 ① 19 ② 20 ① 21 ② 22 ③

> **해설**

직권전동기는 $\tau \propto \dfrac{1}{N^2}$ 이므로 $T' = \dfrac{1}{(\frac{1}{2}N)^2} = 4\dfrac{1}{N^2}$ 이 된다.

따라서 4배가 된다.

> **해설**

I_a는 I_f보다 매우 크므로 계자 전류를 무시하면, 부하 전류는 전기자 전류와 같다. $I \fallingdotseq I_a$
- 역기전력 $E_c = V - I_a R_a = 200 - 100 \times 0.5 = 150[V]$
- 전동기 출력 $P_o = E_c I_a = 150 \times 100 = 15{,}000[W] = 15[kW]$

23 직류 분권전동기가 있다. 총도체수 100, 단중 파권으로 자극수는 4, 자속수 3.14[Wb], 부하를 가하여 전기자에 5[A]가 흐르고 있으면 이 전동기의 토크[N·m]는?

① 400   ② 450
③ 500   ④ 550

> **해설**

$\tau = \dfrac{PZ\phi}{a} \cdot \dfrac{I_a}{2\pi} = \dfrac{4 \times 100 \times 3.14}{2} \cdot \dfrac{5}{2 \times 3.14} = 500[N \cdot m]$

24 출력 10[kW], 600[rpm]인 전동기의 토크는 약 몇 [kg·m]인가?

① 11.8   ② 12.6
③ 16.2   ④ 8.12

> **해설**

$\tau = \dfrac{1}{9.8} \cdot \dfrac{60}{2\pi} \cdot \dfrac{P}{N} = \dfrac{1}{9.8} \cdot \dfrac{60}{2\pi} \cdot \dfrac{10 \times 10^3}{600} \fallingdotseq 16.2[kg \cdot m]$

25 출력 3[kW], 1,500[rpm]인 전동기의 토크는 약 몇 [kg·m]인가?

① 1.5   ② 2
③ 3   ④ 15

> **해설**

$\tau = \dfrac{1}{9.8} \cdot \dfrac{60}{2\pi} \cdot \dfrac{P}{N} = \dfrac{1}{9.8} \cdot \dfrac{60}{2\pi} \cdot \dfrac{3 \times 10^3}{1{,}500} \fallingdotseq 2[kg \cdot m]$

26 전기자 저항이 0.5[Ω], 전류 100[A], 전압 200[V]일 때 분권전동기의 발생 동력[kW]은?

① 5   ② 10
③ 15   ④ 20

정답 23 ③ 24 ③ 25 ② 26 ③

SECTION 07 직류전동기 운전

1 기동 ★

① 기동 시 정격전류의 10배 이상의 큰 전류가 흐르므로 기동전류를 작게 하여야 한다.
  ➡ 기동 시 기동저항을 최대
② 기동 시 기동토크를 유지하기 위해 계자저항을 최소로 하여야 한다.
  ➡ 계자저항을 "0"으로 기동

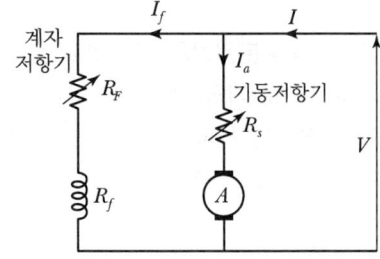

2 속도 제어 ★★

$$N = K \cdot \frac{V - I_a R_a}{\phi} \text{[rpm]}$$

1) 전압 제어(V)

직류 전압(V)을 조정하여 속도를 조정, 제어범위가 광범위하며 정토크 제어방식으로 효율이 가장 좋으나 설치비용이 많이 든다.

- 워드 레오나드 방식 : 부하 변동이 적은 곳에 이용하며 광범위 속도 제어 및 효율 양호
  [참고] 정지 레어너드 방식 : SCR 이용
- 일그너 방식 : 대형 부하로 부하 변동이 심한 곳(플라이 휠을 설치하여 관성 효과 이용)

2) 계자 제어(ϕ)

계자권선에 가변저항을 삽입하여 자속을 조정하여 속도를 조정한다.

$$R_f \uparrow \Rightarrow I_f \downarrow \Rightarrow \phi \downarrow \Rightarrow N \uparrow$$

- 정출력 제어방식으로 가변속도에 적합하다.
- 저항을 변화시켜 자속을 조정하여 속도를 제어한다.
- 전압제어에 비해 제어범위가 좁다.

3) 저항 제어(R_a)

전기자권선에 직렬로 저항을 삽입하여 속도를 조정 손실이 크고 조정 범위가 좁아 별로 사용하지 않는다.

3 제동 ★

1) 발전제동
전동기를 전원으로부터 개방시킨 후 발전기로 동작시켜 발생된 전력을 저항에서 열로 소비시켜 제동하는 방법

2) 회생제동
전동기를 전원에 접속한 상태에서 동기속도 이상의 속도로 운전하여 유도발전기로 동작시켜 발생 전력을 전원 측으로 반환하여 제동하는 방법

3) 역상제동(플러깅)
전동기를 역회전으로 접속하여 제동하는 방법

4 역회전

① 계자권선이나 전기자권선 중 한쪽의 접속을 반대로 하면 되는데, 일반적으로 전기자권선의 접속을 바꾼다.
② 자여자 전동기는 전원 극성을 바꾸면 전기자권선과 계자권선의 전류 방향이 같이 바뀌기 때문에 역회전하지 않는다.

SECTION 08 직류기 손실 및 효율

1 손실 ★★

1) 가변손(부하손)
동손($P_c = I^2 \cdot R [\text{W}]$), 표유부하손

2) 고정손(무부하손) : 철손 P_i, 기계손(풍손, 마찰손, 베어링손 등)

- 히스테리시스손 : $P_h \propto f \cdot B_m^{1.6}$

  철손의 80[%] 이상으로 대부분을 차지하며 히스테리시스 손실을 감소시키기 위하여 규소가 3~4[%] 함유된 규소 강판을 사용한다.

- 와류(맴돌이 전류)손 : $P_e \propto (f \cdot B_m \cdot t)^2$

  와류손을 감소시키기 위해 철심을 성층한다.

  ➡ 철손을 감소시키기 위해 규소 강판을 성층하여 사용한다.

2 효율 ★★

1) 실측 효율
$$\eta = \frac{출력}{입력} \times 100 [\%]$$

2) 규약 효율

- 발전기 효율 : $\eta_G = \dfrac{출력}{출력 + 손실} \times 100 [\%]$ → 출력 기준

- 전동기 효율 : $\eta_M = \dfrac{입력 - 손실}{입력} \times 100 [\%]$ → 입력 기준

3) 최대 효율
철손(P_i) = 동손(P_c)

3 전압 변동률 ★

발전기 정격부하의 전압(V_n)과 무부하일 때의 전압(V_0)이 변동하는 비율

$$\varepsilon = \frac{V_0 - V_n}{V_n} \times 100 [\%]$$

- $\varepsilon(+)$: 타여자, 분권, 부족복권, 차동복권
- $\varepsilon(0)$: 평복권
- $\varepsilon(-)$: 직권, 과복권

4 속도 변동률

전동기의 정격회전수(N_n)에서 무부하일 때의 회전속도(N_0)가 변동하는 비율

$$\varepsilon = \frac{N_0 - N_n}{N_n} \times 100 [\%]$$

기출 및 예상문제

SECTION 07 · SECTION 08

01 직류 분권전동기의 기동 시에는 계자저항기의 저항값을 어떻게 해야 하는가?

① 0(영)으로 해둔다. ② 최대로 해둔다.
③ 중간 위치로 해둔다. ④ 0에 가까운 것이 좋다.

해설
기동 시 계자저항기는 최소(0)로 하여 기동시키고, 기동저항기의 저항과 계자 전류는 최대로 하여 기동한다.

02 다음 중에서 직류전동기의 속도제어 방법이 아닌 것은?

① 계자제어법 ② 전압제어법
③ 저항제어법 ④ 2차 여자법

해설
2차 여자법은 권선형 유도전동기의 속도제어 방법이다.

03 직류전동기의 속도 제어에서 자속을 2배로 하면 회전수는?

① 1/2로 줄어든다. ② 변함없다.
③ 2배로 증가한다. ④ 4배로 증가한다.

해설
$N = K \cdot \dfrac{V - I_a R_a}{\phi}$ 이므로, 속도와 자속은 반비례한다.
따라서 자속을 2배로 하면 속도는 1/2로 감소한다.

04 직류전동기의 속도제어법에서 정출력 제어에 속하는 것은?

① 전압제어법 ② 계자제어법
③ 워드 레오나드제어법 ④ 전기자저항제어법

해설
계자제어법은 자속의 크기를 변화하여 속도를 제어하는 방법으로 제어 범위는 좁으나 간단하게 속도를 제어할 수 있는 정출력 방식이다.

05 직류 분권전동기에서 운전 중 계자권선의 저항이 증가하면 회전속도는 어떻게 되는가?

① 감소한다. ② 증가한다.
③ 일정하다. ④ 변함없다.

해설
$N = K \cdot \dfrac{V - I_a R_a}{\phi}$ 이므로, 계자권선의 저항이 증가하면 계자 전류를 약하게 하여 자속이 감소하므로 회전수는 증가한다.

06 직류 분권전동기의 계자전류를 약하게 하면 회전수는?

① 감소한다. ② 정지한다.
③ 증가한다. ④ 변함없다.

해설
$N = K \cdot \dfrac{V - I_a R_a}{\phi}$ 이므로, 계자전류를 약하게 하면 자속이 감소하므로 회전수는 증가한다.

07 직류전동기의 속도제어 방법 중 속도제어가 원활하고 정토크 제어가 되며 운전 효율이 좋은 것은?

① 계자제어 ② 병렬저항제어
③ 직렬저항제어 ④ 전압제어

해설
전압제어법은 광범위하게 속도를 제어할 수 있으며 정토크 제어를 할 수 있다.

08 직류전동기의 속도제어법 중 전압제어법으로서 제철소의 압연기, 고속엘리베이터의 제어에 사용되는 방법은?

① 워드 레오나드 방식 ② 정지 레오나드 방식
③ 일그너 방식 ④ 크래머 방식

정답 01 ① 02 ④ 03 ① 04 ② 05 ② 06 ③ 07 ④ 08 ③

해설

일그너 방식
전압제어법의 하나로 큰 플라이 휠과 슬립 조정기를 붙이고 부하가 급변할 때에도 플라이 휠의 관성 효과로 속도를 제어할 수 있는 방법이다.

09 직류전동기의 전기자에 가해지는 단자전압을 변화하여 속도를 조정하는 제어법이 아닌 것은?

① 워드 레오나드 방식 ② 일그너 방식
③ 직·병렬제어 ④ 계자제어

해설

계자제어법은 단자전압을 조정하는 것이 아니라 계자저항기를 조정하여 자속의 크기를 변화하여 속도를 제어하는 방식이다.

10 직류전동기의 전기적 제동법이 아닌 것은?

① 발전제동 ② 회생제동
③ 플러깅제동 ④ 저항제동

해설

직류전동기의 전기적 제동법에는 발전제동, 회생제동, 역상(플러깅)제동이 있다.

11 전동기의 회전 방향을 바꾸는 역회전의 원리를 이용한 제동방법은?

① 역상제동 ② 유도제동
③ 발전제동 ④ 회생제동

해설

역상제동(플러깅)
전동기를 급정지시키기 위해 제동 시 전동기를 역회전으로 접속하여 제동하는 방법이다.

12 직류기의 효율이 최대로 되는 경우는?

① 기계손 = 전기자 동손
② 와류손 = 히스테리시스손
③ 전부하 동손 = 철손
④ 부하손 = 고정손

해설

효율이 최대가 되는 경우는 무부하손(고정손)과 부하손(가변손)이 같을 때이다.

13 다음에서 고정손은?

① 철손 ② 동손
③ 표유부하손 ④ 부하손

해설

- 무부하손(고정손) : 철손(히스테리시스손, 와류손), 기계손(풍손, 마찰손, 베어링손 등)
- 부하손(가변손) : 동손, 표유부하손

14 직류기의 손실 중에서 부하의 변화에 따라서 현저하게 변하는 손실은?

① 표유부하손 ② 철손
③ 풍손 ④ 기계손

해설

부하의 변화에 따라 변하는 손실은 부하손으로 동손과 표유부하손이 있다.

15 직류기의 손실 중 기계손에 속하는 것은?

① 풍손 ② 와류손
③ 히스테리시스손 ④ 표유부하손

해설

기계손 : 풍손, 마찰손, 베어링손 등

16 측정이나 계산으로 구할 수 없는 손실로 부하전류가 흐를 때 도체 또는 철심 내부에서 생기는 손실을 무엇이라 하는가?

① 표유부하손 ② 히스테리시스손
③ 맴돌이 전류손 ④ 동손

해설

부하손(가변손) 중 동손을 제외한 것으로 측정이나 계산으로 구할 수 없는 손실을 표유부하손이라고 한다.

17 직류발전기의 철심을 규소 강판으로 성층하여 사용하는 이유는?

① 와류손을 줄이기 위해
② 철손을 줄이기 위해

정답 09 ④ 10 ④ 11 ① 12 ④ 13 ① 14 ① 15 ① 16 ① 17 ②

③ 구리손을 줄이기 위해
④ 기계적 강도를 개선하기 위해

해설
히스테리시스손(철손)을 줄이기 위해 규소 강판을 사용하며, 와류손(맴돌이 전류손)을 줄이기 위해 철심을 성층한다.

18 전기 기계에 있어서 히스테리시스손을 감소시키기 위하여 어떻게 하는 것이 좋은가?
① 성층철심 사용   ② 규소 강판 사용
③ 보극 설치   ④ 보상권선 설치

해설
문제 17번 해설 참조

19 효율 80[%], 출력 10[kW] 직류발전기의 전 손실[kW]은?
① 1.25   ② 1.5   ③ 2.0   ④ 2.5

해설
$\eta = \dfrac{출력}{입력}$ 이므로

입력 $= \dfrac{출력}{\eta} = \dfrac{10}{0.8} = 12.5[kW]$,

손실 = 입력 − 출력 = 12.5 − 10 = 2.5[kW]

20 전기기계의 효율 중 발전기의 규약 효율 η_G는?(단, 입력 P, 출력 Q, 손실 L로 표현한다.)
① $\eta_G = \dfrac{P-L}{P} \times 100[\%]$
② $\eta_G = \dfrac{P-L}{P+L} \times 100[\%]$
③ $\eta_G = \dfrac{Q}{P} \times 100[\%]$
④ $\eta_G = \dfrac{Q}{Q+L} \times 100[\%]$

해설
• 발전기 효율 : $\eta_G = \dfrac{출력}{출력+손실} \times 100[\%]$: 출력 기준
• 전동기 효율 : $\eta_M = \dfrac{입력-손실}{입력} \times 100[\%]$: 입력 기준

21 직류기에서 전압 변동률이 (−)값으로 표시되는 발전기는?
① 분권발전기   ② 과복권발전기
③ 타여자 발전기   ④ 평복권발전기

해설
$\varepsilon = \dfrac{V_0 - V_n}{V_n} \times 100$ 이므로 정격 전압이 무부하 전압보다 클 경우 전압 변동률이 (−) 값으로 표시된다. 과복권발전기는 정격전압이 무부하 전압보다 크다.

22 발전기를 정격전압 220[V]로 운전하다가 무부하로 운전하였더니, 단자전압이 253[V]가 되었다. 이 발전기의 전압 변동률 ε[%]은?
① 15[%]   ② 25[%]   ③ 35[%]   ④ 45[%]

해설
$\varepsilon = \dfrac{V_0 - V_n}{V_n} \times 100 = \dfrac{253-220}{220} \times 100[\%] = 15[\%]$

23 무부하에서 119[V] 되는 분권발전기의 전압 변동률이 6[%]이다. 정격 전압[V]은?
① 11.22   ② 112.3   ③ 12.5   ④ 125

해설
전압 변동률 $\varepsilon = \dfrac{V_0 - V_n}{V_n}$ 이므로,

$0.06 = \dfrac{119 - V_n}{V_n}$ 에서 $V_n = \dfrac{119}{1.06} = 112.3[V]$

24 정격 전압 220[V], 정격 전류 50[A]에서 직류전동기의 속도가 1,280[rpm]이다. 무부하에서의 속도가 1,320[rpm]이라고 할 때 속도 변동률[%]은 약 얼마인가?
① 1.5   ② 3.4   ③ 2.6   ④ 3.1

해설
$\varepsilon = \dfrac{N_0 - N_n}{N_n} \times 100 = \dfrac{1,320-1,280}{1,280} \times 100[\%] ≒ 3.1[\%]$

정답 18 ② 19 ④ 20 ④ 21 ② 22 ① 23 ② 24 ④

25 무부하에서 120[V] 되는 분권발전기의 전압 변동률이 3[%]이다. 정격 전부하 전압은 약 몇 [V]인가?

① 112.5
② 116.5
③ 120.5
④ 118.5

해설

$\varepsilon = \dfrac{V_0 - V_n}{V_n} \times 100[\%]$ 이므로,

$3[\%] = \dfrac{120 - V_n}{V_n} \times 100[\%]$ 에서 V_n를 구하면,

약 116.5[V]이다.

26 직류전동기에서 전부하 속도가 1,200[rpm], 속도 변동률이 3[%]일 때 무부하 회전 속도는 몇 [rpm]인가?

① 1,188
② 1,210
③ 1,236
④ 1,590

해설

$\varepsilon = \dfrac{N_0 - N_n}{N_n} \times 100 = \dfrac{N_0 - 1,200}{1,200} \times 100[\%] = 3[\%]$ 이므로,

$N_0 = 1,236[\text{rpm}]$

27 직류기에서 전압 변동률이 (+) 값으로 표시되는 발전기는?

① 과복권발전기
② 직권발전기
③ 평복권발전기
④ 분권발전기

해설

전압 변동률 $\varepsilon = \dfrac{V_0 - V_n}{V_n}$ 이므로, 분권발전기는 단자 전압이 무부하 전압보다 작으므로 (+) 값으로 표시되나 직권과 복권발전기는 (−)로 표시된다.

28 직류 스테핑 모터(DC stepping motor)의 특징으로 가장 옳은 것은?

① 교류 동기 서보 모터에 비하여 효율이 나쁘고 토크 발생도 작다.
② 입력되는 전기신호에 따라 계속하여 회전한다.
③ 일반적인 공작 기계에 많이 사용된다.
④ 출력을 이용하여 특수기계의 속도, 거리, 방향 등을 정확하게 제어할 수 있다.

해설

직류 스테핑 모터
펄스 신호에 의해 정밀 제어가 가능한 특수 모터로 출력을 이용하여 속도, 거리, 방향 등을 정확하게 제어할 수 있다.

29 다음 중 특수 직류기가 아닌 것은?

① 고주파 발전기
② 단극 발전기
③ 승압기
④ 전기 동력계

해설

고주파 발전기
고주파(1~20[kHz])의 동기발전기로 교류기이다.

30 용량이 작은 전동기로 직류와 교류를 겸용할 수 있는 전동기는?

① 셰이딩 전동기
② 단상 반발전동기
③ 단상 직권 정류자 전동기
④ 리니어 전동기

해설

단상 직권 정류자 전동기
일명 만능 전동기로 교류와 직류의 겸용이 가능하다.

정답 25 ② 26 ③ 27 ④ 28 ④ 29 ① 30 ③

CHAPTER 02 동기기

SECTION 01 동기발전기

1 동기발전기의 원리

회전자 권선에 직류 전원을 공급하여 여자시킨 다음 회전자를 일정속도로 회전시키면 고정자인 전기자권선이 자속을 쇄교하여 각 상에 교류 기전력을 유기시킨다.
고정자 권선은 Y결선으로 되어 있어 3상 교류 기전력을 유기한다.

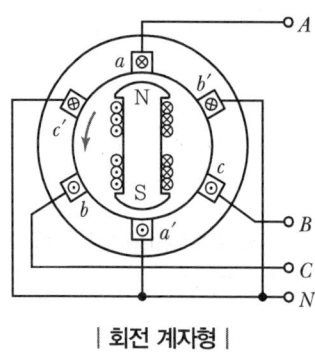

| 회전 계자형 |

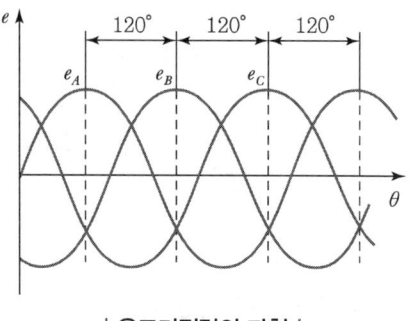

| 유도기전력의 파형 |

1) 동기속도(회전자 속도) ★★

$$N_s = \frac{120 \cdot f}{P} \text{[rpm]}$$

여기서, N_s : 동기 속도(회전자 속도)
f : 주파수
P : 발전기 극수

2 동기발전기의 종류와 구조

1) 회전자형에 따른 분류

① 회전계자형 : 고정자가 전기자, 회전자가 계자 역할을 하는 형태로 중·대형 기기에 주로 사용한다.

② 회전전기자형 : 계자를 고정하고 전기자가 회전하는 형태로 특수한 소용량 기기에 사용한다.
③ 유도자형 : 계자와 전기자를 고정하고 유도자를 회전자로 한 것으로 고주파 발전기에 사용한다.

> **REFERENCE** 회전계자형을 사용하는 이유 ★
>
> - 고전압에 견딜 수 있게 전기자권선을 절연하기가 쉽다.
> - 계자권선의 전원은 직류로 소요전력이 작다(DC 100~250[V]).
> - 전기자권선은 고전압으로 결선이 복잡하다.
> - 기계적으로 튼튼하다.

2) 회전자(계자)의 구조 ★

① 돌극형(비원통형) : 극수가 많고(6~48극) 단락비가 크며 저속의 수차 발전기에 사용
② 비돌극형(원통형) : 극수가 적고(2~4극) 단락비가 작으며 고속의 터빈 발전기에 사용

3) 전기자권선법

① 집중권, 분포권 ★
  ㉠ 집중권 : 매극 매상당의 슬롯수가 1개
  ㉡ 분포권 : 매극 매상당의 슬롯수가 2개 이상

> **REFERENCE** 분포권의 특징
>
> - 집중권에 비해 합성기전력이 감소한다.
> - 누설 리액턴스가 적다.
> - 고조파 감소로 파형이 개선된다.
> - 코일에서 발생하는 열발산이 빠르다.

> **REFERENCE** 분포권 계수(K_d)
>
> 집중권에 비해 기전력이 감소하는 비율로 보통 0.955 이상이 된다.
>
> $$K_d = \frac{분포권의 유기기전력}{집중권의 유기기전력} = \frac{\sin\frac{\pi}{2m}}{q\sin\frac{\pi}{2mq}}$$
>
> 여기서, m : 상수, q : 매극 매상당 슬롯수
>
>
> | 집중권 | | 분포권 |

② 전절권, 단절권 ★
  ㉠ 전절권 : 코일의 간격을 자극의 간격과 같게 한 것
  ㉡ 단절권 : 코일의 간격을 자극의 간격보다 짧게 한 것

> **REFERENCE** 단절권의 특징
>
> - 고조파를 제거하여 파형을 개선한다.
> - 코일 길이가 단축되어 동량이 적게 든다.
> - 전절권에 비해 기전력이 감소한다.

> **REFERENCE**
>
> - 단절권 계수(K_p) : 전절권에 비해 기전력이 감소하는 비율로 보통 0.914 이상이 된다.
>
> $$K_p = \frac{\text{단절권의 유기기전력}}{\text{전절권의 유기기전력}} = \sin\frac{\beta\pi}{2}$$
>
> 여기서, β : 단절 비율, $\beta = \frac{\text{코일 간격}}{\text{극 간격}}$
>
> - 권선 계수 : 분포 계수와 단절 계수의 곱($K_w = K_d \times K_p$)

기출 및 예상문제

SECTION 01 | 동기발전기

01 동기발전기에 회전계자형을 사용하는 경우가 많다. 그 이유에 적합하지 않은 것은?

① 전기자가 고정자이므로 고압 대전류용에 좋고 절연하기 쉽다.
② 계자가 회전자이지만 저압 소용량의 직류이므로 구조가 간단하다.
③ 전기자보다 계자극을 회전자로 하는 것이 기계적으로 튼튼하다.
④ 기전력의 파형을 개선한다.

해설
회전계자형은 전기자를 고정해 두고 계자를 회전시키는 형태로, 대부분의 동기기는 회전계자형이다. 파형을 개선하는 것과는 관계없다.

02 동기발전기의 전기자권선을 단절권으로 하면?

① 고조파를 제거한다. ② 절연이 잘 된다.
③ 역률이 좋아진다. ④ 기전력을 높인다.

해설
단절권은 고조파 제거로 파형이 개선되며, 코일 단부가 단축되어 동량이 적게 든다.

03 동기발전기에서 기전력의 파형을 좋게 하고 누설 리액턴스를 감소시키기 위하여 채택한 권선법은?

① 집중권 ② 분포권
③ 단절권 ④ 전절권

해설
분포권을 하면 기전력의 파형을 개선하고 누설 리액턴스를 감소시킬 수 있다.

04 동기기의 전기자권선법 중 단절권, 분포권으로 하는 이유 중 가장 중요한 것은?

① 높은 전압을 얻기 위해서
② 일정한 주파수를 얻기 위해서
③ 좋은 파형을 얻기 위해서
④ 효율을 좋게 하기 위해서

해설
동기기는 전기자를 단절권, 분포권으로 하여 파형을 개선할 수 있다.

05 주파수 60[Hz]를 내는 발전용 원동기인 터빈 발전기의 최고 속도는 얼마인가?

① 900[rpm] ② 1,800[rpm]
③ 3,600[rpm] ④ 4,800[rpm]

해설
$$N = \frac{120f}{P} = \frac{120 \times 60}{2} = 3,600[\text{rpm}]$$

06 극수가 8, 주파수가 50[Hz]인 동기기의 매분 회전수는 몇 [rpm]인가?

① 600 ② 720
③ 800 ④ 750

해설
동기속도 $N_s = \dfrac{120f}{P} = \dfrac{120 \times 50}{8} = 750[\text{rpm}]$

07 동기속도 1,200[rpm]인 교류발전기 기전력의 주파수가 60[Hz]가 되려면 극수는?

① 2 ② 4
③ 6 ④ 8

정답 01 ④ 02 ① 03 ② 04 ③ 05 ③ 06 ④ 07 ③

해설

동기속도 $N_s = \dfrac{120f}{P}$ 에서,

극수 $P = \dfrac{120f}{N_s} = \dfrac{120 \times 60}{1,200} = 6$

08 6극 36슬롯 3상 동기발전기의 매극 매상당 슬롯수는?

① 2   ② 3
③ 4   ④ 5

해설

매극 매상당의 홈수(슬롯수) $= \dfrac{\text{홈수}}{\text{극수} \times \text{상수}} = \dfrac{36}{6 \times 3} = 2$

SECTION 02 동기발전기 이론

1 유도기전력

$E = 4.44 f \phi \omega K_w [\text{V}]$

여기서, f : 주파수, ϕ : 자속의 크기
ω : 1상의 권선수, K_w : 권선 계수

2 전기자 반작용 ★★★

1) 교차 자화작용(횡축 반작용)

저항 부하를 연결하면 기전력과 전류가 동위상이 된다.

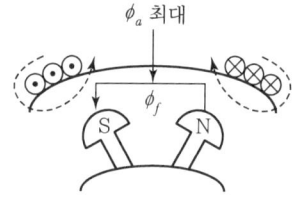
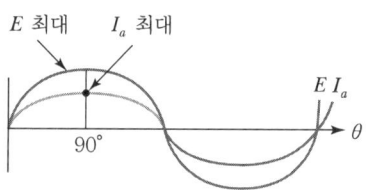

2) 감자작용

- 리액터 부하를 연결하면 전류가 기전력보다 $\dfrac{\pi}{2}$ 늦은 위상이 된다.
- 전기자 전류에 의한 자속이 주자속을 감소시키는 방향으로 작용하여 기전력이 감소한다.

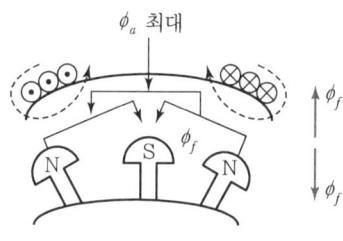
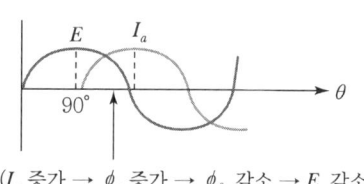

(I_a 증가 → ϕ_a 증가 → ϕ_f 감소 → E 감소)

3) 증자작용

- 콘덴서 부하를 연결하면 전류가 기전력보다 $\frac{\pi}{2}$ 빠른 위상이 된다.
- 전기자 전류에 의한 자속이 주자속을 증가시키는 방향으로 작용하여 기전력이 증가한다.

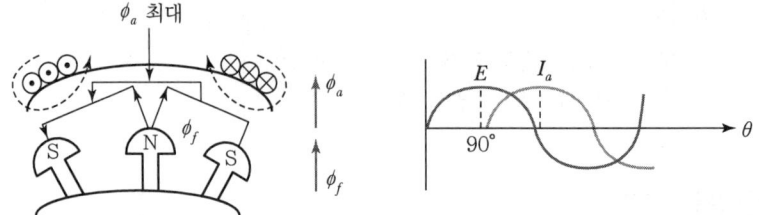

3 동기 임피던스와 동기 리액턴스

$$Z_s = r_a + jX_s = r_a + j(X_a + X_l)$$

여기서, Z_s : 동기 임피던스, r_a : 전기자 저항
X_s : 동기 리액턴스, X_a : 전기자 반작용 리액턴스
X_l : 누설 리액턴스

여기서, Z_s의 전기자 저항은 동기 리액턴스에 비해 현저히 미소하므로 무시하면,
$Z_s ≒ X_s = X_a + X_l$이 된다.
동기 리액턴스(X_s)의 전기자 반작용 리액턴스(X_a)는 미소하므로 동기 리액턴스의 대부분은 누설 리액턴스(X_l)이며, 이 누설 리액턴스는 돌발 단락전류를 제한한다.

4 동기발전기의 출력 ★★

원통형(비돌극기) 동기발전기 한 상의 출력은 다음과 같다.

$$P_s = \frac{E \cdot V}{X_s}\sin\delta[\text{W}]$$

δ : 유도기전력(E)과 단자전압(V)의 위상차로 부하각이라 한다.
$\delta = 90°$에서 최대 출력, $\delta = 30°$ 전후에서 전부하 운전

SECTION 03 동기발전기의 특성

1 무부하 포화곡선($E-I_f$ 곡선)

무부하 시에 유도기전력(E)과 계자전류(I_f)의 관계 곡선이다. 전압이 낮은 부분에서는 유도기전력이 계자전류에 비례하여 증가하지만, 전압이 높아짐에 따라 철심의 자기포화현상으로 전압의 상승비율은 매우 완만해진다.

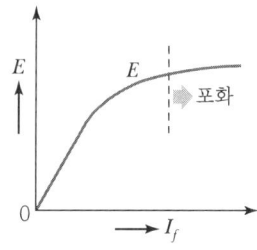

2 단락 곡선($I_s - I_f$ 곡선) ★★

발전기를 단락시키고 정격속도로 운전 시 발전기에 정격전류가 흐를 때까지의 계자전류(I_f)와 단락전류(I_s)의 관계를 나타낸 곡선 전기자 반작용에 의한 감자작용으로 자속이 포화되지 않아 거의 직선으로 상승한다.

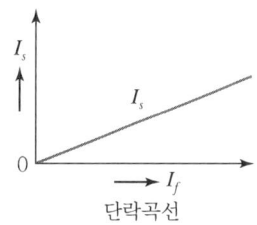
단락곡선

3 단락 전류 ★

$$I_s = \frac{E}{Z_s} [A]$$

단락 직후에는 전기자 반작용이 순간적으로 나타나지 않아 단락전류는 매우 크나(돌발 단락전류), 단락 후 수 초가 지나면 누설리액턴스에 의한 감자작용으로 감소하게 된다(지속 단락전류).

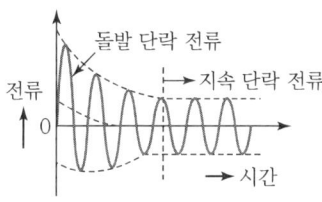

4 단락비(K_s) ★★

$$K_s = \frac{I_s}{I_n} = \frac{100}{\%Z}$$

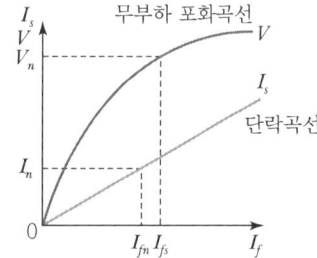

1) 단락비가 큰 동기기(철기계)의 특징 ★★★

- 동기 임피던스가 작다.
- 전압강하와 전압변동률이 작다.
- 전기자 반작용이 작다.
- 안정도가 높다.
- 계자 자속, 계자 전류가 크다.
- 철손이 증가하여 효율이 떨어진다.
- 공극이 크며 기계의 중량이 무겁다.
- 과부하 내량이 커져 선로의 충전용량이 증가한다.

SECTION 04 동기발전기의 운전

1 동기발전기의 병렬운전 조건 ★★★

① 기전력의 크기가 같을 것 : 다르면, 무효 순환전류(무효 횡류)가 흐른다.
② 기전력의 위상이 같을 것 : 다르면, 유효 순환전류(유효 횡류)가 흐른다(=동기화 전류).
③ 기전력의 주파수가 같을 것 : 다르면, 동기화 전류가 주기적으로 흘러 난조의 원인이 되며 출력이 요동친다.
④ 기전력의 파형이 같을 것 : 다르면, 고조파 무효 순환전류에 의해 동손이 증가한다.
⑤ 기전력의 상회전 방향이 같을 것

2 원동기 필요 조건 ★

① 적당한 속도 조정률을 가질 것
② 균일한 각속도를 가질 것
③ 적당한 속도 불감도를 가질 것

3 난조의 발생과 대책 ★★

1) 난조현상

부하가 급변할 때 회전자의 속도가 관성으로 인하여 발생하는 진동현상

2) 발생원인과 방지법

① 조속기의 감도가 예민한 경우 : 조속기를 적당히 조정한다.
② 계자에 고조파가 유기된 경우 : 관성모멘트(플라이 휠 이용)를 크게 한다.
③ 부하변동이 심한 경우 : 플라이 휠 효과를 사용한다.
④ 전기자 저항이 큰 경우 : 회로저항을 작게 하거나 리액턴스를 삽입한다.
⑤ 속도가 변화할 경우 : 제동권선을 설치하고 자속을 끊어 제동력을 발생시킨다.

기출 및 예상문제

SECTION 02 · SECTION 03 · SECTION 04

01 동기발전기에서 극수 4, 1극의 자속수 0.062 [Wb], 1분간의 회전 속도를 1,800, 코일의 권수를 100이라 하고, 이때 코일의 유기기전력의 실효값 [V]은?(단, 권선계수는 1이다.)

① 526
② 1,488
③ 1,652
④ 2,336

해설

$N_s = \dfrac{120f}{P}$ 에서 주파수를 구하면,

$f = \dfrac{N_s P}{120} = \dfrac{1,800 \times 4}{120} = 60[\text{Hz}]$ 이므로,

$E = 4.44 f \phi \omega K_w = 4.44 \times 60 \times 0.062 \times 100 \times 1 \approx 1,652[\text{V}]$

02 동기발전기에서 앞선 전류가 흐를 때 다음 중 어느 것이 옳은가?

① 감자작용을 받는다.
② 증자작용을 받는다.
③ 속도가 상승한다.
④ 효율이 좋아진다.

해설
3상 교류발전기 전기자 반작용
- 동상인 경우 : 횡축반작용(교차 자화작용)
- 진상인 경우(빠른 전류) : 자극축과 일치하고 증자작용
- 지상인 경우(늦은 전류) : 자극축과 일치하고 감자작용

03 동기발전기의 전기자 반작용 현상이 아닌 것은?

① 포화작용
② 증자작용
③ 감자작용
④ 교차 자화작용

해설
문제 2번 해설 참조

04 동기발전기에서 전기자 전류가 무부하 유도기전력보다 $\pi/2[\text{rad}]$ 앞서 있는 경우에 나타나는 전기자 반작용은?

① 증자작용
② 감자작용
③ 교차 자화작용
④ 직축반작용

해설
문제 2번 해설 참조

05 동기발전기에서 전기자 전류를 I, 유기기전력과 전기자 전류의 위상각을 θ라 하면 횡축 반작용을 하는 성분은?

① $I\cot\theta$
② $I\tan\theta$
③ $I\sin\theta$
④ $I\cos\theta$

해설
- 횡축반작용(교차, 자화작용) : $I\cos\theta$
- 직축반작용(증자, 감자작용) : $I\sin\theta$

06 3상 동기발전기가 있다. 이 발전기의 여자 전류 5[A]에 대한 1상의 유기기전력이 600[V]이고 그 3상 단락 전류는 30[A]이다. 이 발전기의 동기 임피던스[Ω]는 얼마인가?

① 2
② 3
③ 20
④ 30

해설

$I_s = \dfrac{E}{Z_s}$ 이므로 $Z_s = \dfrac{E}{I_s} = \dfrac{600}{30} = 20[\Omega]$

07 비돌극형 동기발전기의 단자전압(1상)을 V, 유도기전력(1상)을 E, 동기리액턴스를 X_s, 부하각을 δ라고 하면, 1상의 출력[W]은?(단, 전기자 저항 등은 무시한다.)

① $\dfrac{EV}{X_s}\sin\delta$
② $\dfrac{E^2 V}{2X_s}\cos\delta$
③ $\dfrac{EV}{X_s}\cos\delta$
④ $\dfrac{E^2}{2X_s}\sin\delta$

정답 01 ③ 02 ② 03 ① 04 ① 05 ④ 06 ③ 07 ①

해설

비돌극형 동기발전기의 한 상 출력 $P_s = \dfrac{E \cdot V}{X_s}\sin\delta[\text{W}]$

여기서, E : 1상의 유기기전력
V : 1상의 단자전압
X_s : 동기리액턴스
δ : 부하각

08 비철극형 3상 동기발전기의 동기 리액턴스는 10[Ω], 유도기전력 600[V], 단자전압 500[V], 부하각 $\delta=30°$일 때 출력은 몇 [kW]인가?

① 15 ② 35
③ 45 ④ 55

해설

$P_s = \dfrac{E \cdot V}{X_s}\sin\delta = \dfrac{600 \times 500}{10}\sin 30° = 15,000[\text{W}] = 15[\text{kW}]$

09 동기발전기에서 비돌극기의 출력이 최대가 되는 부하각(Power Angle)은?

① 0° ② 45°
③ 90° ④ 180°

해설

비돌극형 동기발전기의 출력 $P = \dfrac{EV}{X_s}\sin\delta[\text{W}]$이므로, 부하각 δ는 90°일 때 최대이다.

10 동기발전기의 무부하 포화곡선에 대한 설명으로 옳은 것은?

① 정격전류와 단자전압의 관계이다.
② 정격전류와 정격전압의 관계이다.
③ 계자전류와 정격전압의 관계이다.
④ 계자전류와 무부하 단자전압의 관계이다.

해설

무부하 포화곡선은 계자전류와 무부하 단자전압(유도기전력)과의 관계이다.

11 동기발전기의 동기 임피던스는 철심이 포화하면 어떻게 되는가?

① 증가한다.
② 증가, 감소가 불분명하다.
③ 관계없다.
④ 감소한다.

해설

동기 임피던스는 단자전압과 단락전류의 비이므로, 철심이 포화하면 단자전압은 증가하지 않으나 단락전류는 증가하므로 동기 임피던스는 감소한다.

12 동기발전기의 무부하 포화곡선을 나타낸 것이다. 포화계수에 해당하는 것은?

① $\overline{OA}/\overline{OG}$
② $\overline{OD}/\overline{DB}$
③ $\overline{BC}/\overline{CD}$
④ $\overline{CD}/\overline{CO}$

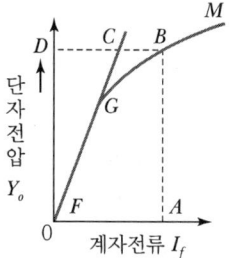

해설

포화계수
포화의 정도를 나타내는 것이다.

13 단락비가 큰 동기기의 설명에서 옳지 않은 것은?

① 계자 자속이 비교적 크다.
② 과부하 용량이 크다.
③ 전압변동률이 크다.
④ 동기임피던스가 작다.

해설

단락비가 큰 동기기는 철기계로 전압변동률이 작다.

14 다음 중 단락비가 큰 동기발전기에 관한 기술로 옳지 않은 것은?

① 효율이 좋다.
② 전압변동률이 작다.

③ 자기여자작용이 작다.
④ 안정도가 증대한다.

해설
단락비가 큰 동기기는 철기계로 안정도가 높고, 기계가 대형이며, 전압변동률이 작고 자기여자작용이 작으나 효율은 약간 낮다.

15 단락비가 큰 동기기의 설명에서 옳지 않은 것은?

① 계자 자속이 비교적 크다.
② 전기자 기자력이 작다.
③ 공극이 크다.
④ 송전선의 충전용량이 작다.

해설
단락비가 큰 동기기는 송전선의 충전용량이 크다.

16 동기발전기의 돌발 단락전류를 주로 제한하는 것은?

① 누설 리액턴스
② 동기 임피던스
③ 권선 저항
④ 동기 리액턴스

해설
동기기에서 저항은 누설 리액턴스에 비하여 매우 작으며, 전기자 반작용은 단락전류가 흐른 뒤에 작용하므로 돌발 단락전류를 제한하는 것은 누설 리액턴스이다.

17 정격이 1,000[V], 500[A], 역률 90[%]의 3상 동기발전기의 단락전류 I_s[A]는?(단, 단락비는 1.3으로 하고, 전기저항은 무시한다.)

① 450
② 550
③ 650
④ 750

해설
단락비 $K_s = \dfrac{I_s}{I_n} = \dfrac{100}{\%Z_s}$ 이므로,
$I_s = K_s \times I_n = 1.3 \times 500 = 650[A]$

18 단락비가 1.2인 동기발전기의 %동기 임피던스는 약 몇 [%]인가?

① 68
② 83
③ 100
④ 120

해설
단락비 $K_s = \dfrac{I_s}{I_n} = \dfrac{100}{\%Z_s}$ 이므로, $\%Z_s = \dfrac{100}{K_s} = \dfrac{100}{1.2} ≒ 83[\%]$

19 3상 동기발전기를 병렬운전시키는 경우 고려하지 않아도 되는 조건은?

① 발생 전압이 같을 것
② 전압 파형이 같을 것
③ 회전수가 같을 것
④ 상회전이 같을 것

해설
동기발전기의 병렬운전 조건
• 기전력의 크기가 같을 것
• 기전력의 위상이 같을 것
• 기전력의 주파수가 같을 것
• 기전력의 파형이 같을 것
• 상회전 방향이 같을 것

20 동기발전기의 병렬운전에서 기전력의 크기가 다를 경우 나타나는 현상은?

① 주파수가 변한다.
② 동기화 전류가 흐른다.
③ 난조현상이 발생한다.
④ 무효순환전류가 흐른다.

해설
동기발전기의 병렬운전 중 기전력의 크기가 다르면 무효순환전류가 흐른다.

21 동기발전기의 병렬운전 조건에서 같지 않아도 되는 것은?

① 주파수
② 용량
③ 위상
④ 기전력

해설
문제 19번 해설 참조

정답 15 ④ 16 ① 17 ③ 18 ② 19 ③ 20 ④ 21 ②

22 동기발전기의 병렬운전 중에 기전력의 위상차가 생기면?

① 위상이 일치하는 경우보다 출력이 감소한다.
② 부하분담이 변한다.
③ 무효 순환전류가 흘러 전기자권선이 과열된다.
④ 동기화력이 생겨 두 기전력의 위상이 동상이 되도록 작용한다.

해설

동기발전기의 병렬운전 중에 기전력의 위상차가 생기면 동기화력이 발생하여, 동기화 전류(유효횡류)가 흐르며 수수전력이 발생한다.

23 동기발전기의 병렬운전 중 주파수가 틀리면 어떤 현상이 나타나는가?

① 무효 전력이 생긴다.
② 무효 순환전류가 흐른다.
③ 유효 순환전류가 흐른다.
④ 출력이 요동치고 권선이 가열된다.

해설

병렬운전 중 주파수가 다르면, 동기화 전류가 주기적으로 흐르게 되고 출력이 요동치고 권선이 가열된다.

24 병렬운전하는 두 동기발전기 사이에 그림과 같이 동기 검정기가 접속되었을 때 상회전 방향이 일치되어 있다면?

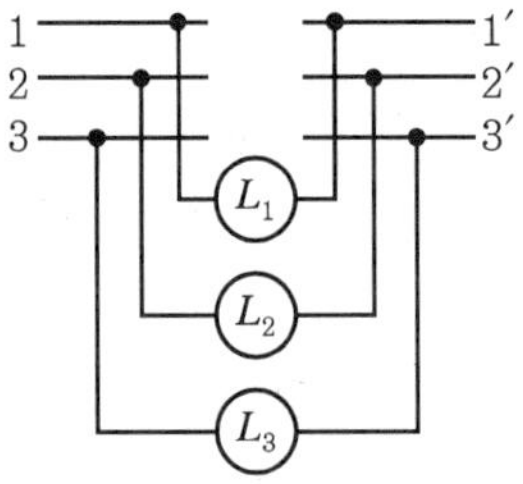

① L_1, L_2, L_3 모두 어둡다.
② L_1, L_2, L_3 모두 밝다.
③ L_1, L_2, L_3 순서대로 명멸한다.
④ L_1, L_2, L_3 모두 점등되지 않는다.

해설

상회전 방향이 일치되어 있다면 동기 검정기는 모두 점등되지 않는다.

25 동기 임피던스 10[Ω]인 2대의 3상 동기발전기의 유도기전력에 200[V]의 전압 차이가 있다면 무효 순환전류는?

① 10[A] ② 15[A]
③ 20[A] ④ 25[A]

해설

무효 순환전류 $I_c = \dfrac{E_A - E_B}{2Z_s} = \dfrac{200}{2\times10} = 10[A]$

26 병렬운전 중인 두 동기발전기의 유도기전력이 1,000[V], 위상차 60°, 동기리액턴스 20[Ω]이다. 유효 순환전류[A]는?

① 25 ② 30
③ 15 ④ 20

해설

유효 순환전류 $I_c = \dfrac{2E\sin\frac{\delta}{2}}{2Z_s} = \dfrac{2\times1{,}000\times\sin\frac{60}{2}}{2\times20} = 25[A]$

27 4극, 1,800[rpm]인 동기발전기와 병렬운전하려는 6극 발전기의 회전수는 몇 [rpm]인가?

① 600 ② 1,200
③ 1,800 ④ 3,600

해설

병렬운전을 하기 위해서는 주파수가 같아야 하므로,

$N_s = \dfrac{120f}{P}$에서 4극 발전기의 주파수는

$f = \dfrac{N_s \cdot P}{120} = \dfrac{1{,}800\times4}{120} = 60[Hz]$

따라서 6극 발전기의 회전수는

$N_s = \dfrac{120f}{P} = \dfrac{120\times60}{6} = 1{,}200[rpm]$

28 24극, 50[MVA], 역률 0.8, 60[Hz], 수차발전기의 전부하 손실이 1,200[kW]이면 전부하 효율[%]은?

① 90 ② 95
③ 97 ④ 99

정답 22 ④ 23 ④ 24 ④ 25 ① 26 ① 27 ② 28 ③

해설

발전기의 효율은 출력 기준이므로,
$\eta = \dfrac{출력}{출력+손실} \times 100[\%] = \dfrac{50 \times 0.8}{50 \times 0.8 + 1.2} \times 100 ≒ 97[\%]$

29 병렬운전 중의 동기발전기의 여자전류를 증가시키면 그 발전기는?

① 전압이 높아진다.   ② 출력이 커진다.
③ 역률이 좋아진다.   ④ 역률이 나빠진다.

해설

여자전류가 증가된 발전기는 기전력이 커지므로 무효 순환전류의 발생으로 무효분의 값이 증가하여 역률이 낮아지며, 다른 발전기는 역률이 높아진다.

30 2대의 동기발전기 A, B가 병렬운전하고 있을 때 A기의 여자를 B기보다 강하게 하면 A발전기는?

① A, B 양 발전기의 역률이 높아진다.
② A, B 양 발전기의 역률이 낮아진다.
③ A기의 역률은 높아지고, B기의 역률은 낮아진다.
④ A기의 역률은 낮아지고, B기의 역률은 높아진다.

해설

문제 29번 해설 참조

31 난조 방지와 관계가 없는 것은?

① 제동권선을 설치한다.
② 전기자권선의 저항을 작게 한다.
③ 축세륜을 붙인다.
④ 조속기의 감도를 예민하게 한다.

해설

난조의 발생 원인과 방지법
• 조속기의 감도가 예민한 경우 : 조속기를 적당히 조정한다.
• 계자에 고조파가 유기된 경우 : 관성모멘트(플라이 휠 이용)를 크게 한다.
• 부하변동이 심한 경우 : 플라이 휠 효과를 사용한다.
• 전기자 저항이 큰 경우 : 회로저항을 작게 하거나 리액턴스를 삽입한다.

• 속도가 변화할 경우 : 제동권선을 설치하고 자속을 끊어 제동력을 발생시킨다.

32 동기기에서 난조(Hunting)를 방지하기 위한 것은?

① 계자권선   ② 제동권선
③ 전기자권선   ④ 난조권선

해설

제동권선
난조를 방지하기 위해 회전자 극의 자극면에 홈을 파고, 유도전동기의 농형권선과 같이 권선을 설치한 것으로 난조 방지에 가장 효율이 높다.

정답 29 ④ 30 ④ 31 ④ 32 ②

SECTION 05 동기전동기

1 동기전동기 원리

고정자 철심에 감겨 있는 3개조의 권선에 3상 교류를 입력하면 회전자기장이 만들어진다. 회전자기장의 자극과 계자의 자극이 결합하여 동기속도로 회전한다. 이 회전자기장의 회전 속도는 동기 속도로 아래의 식으로 구할 수 있다.

$$N = N_s \left(\frac{120f}{P} \right) [\text{rpm}]$$

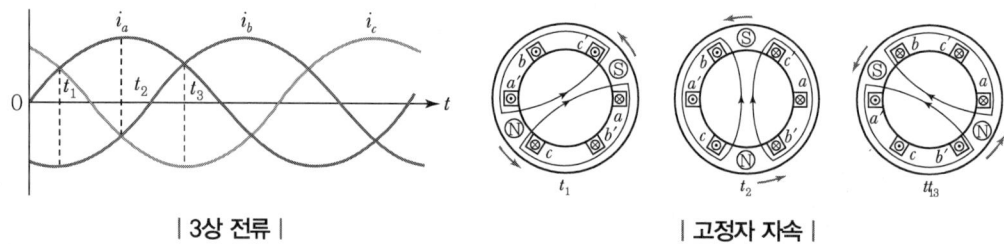

| 3상 전류 |　　　　　| 고정자 자속 |

2 동기전동기 이론

1) 위상 특성 곡선(V곡선) ★★★

- 동기전동기에 단자전압을 일정하게 하고, 회전자의 계자 전류를 변화시키면 전기자 전류와 위상이 변하게 된다.
- 전기자 전류는 감소하다 증가하게 되는데, 가장 낮은 점은 역률($\cos\theta$)이 1인 지점이다.

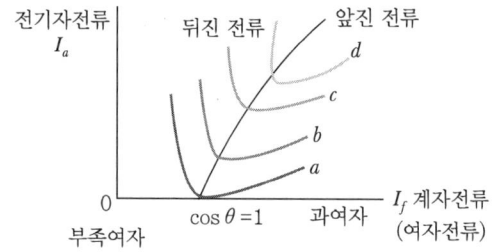

- 역률 1 ➡ 부족여자 : 리액터로 작용하며 지상(늦은) 전류가 흐른다.
  역률 1 ➡ 과여자 : 콘덴서로 작용하며 진상(빠른) 전류가 흐른다.
- 부하가 커질수록 곡선은 상승한다.
- 이러한 위상 특성을 이용하여 전력계통의 전압조정과 역률을 개선하기 위해 계통에 접속한 동기전동기를 동기조상기라 한다.

2) 동기전동기

동기전동기는 무부하로 운전 시 전력계통의 역률 조정 목적으로 사용하는 동기조상기로 쓰이며, 부하 운전 시 정속도 특성은 우수하나 속도 변동이 어렵고 기동 시 기동 토크가 없어 기동장치가 필요하다. 동기전동기 운전 시 부하는 대표적으로 분쇄기, 압축기, 송풍기 등에 주로 사용된다.

3 동기전동기의 운전

1) 기동 특성
기동 시 고정자 권선의 회전 자기장은 동기 속도로 빠르게 회전하고 있으나, 정지되어 있는 회전자는 관성이 커서 반응하지 못하고 계속 정지하고 있어 기동토크가 발생하지 않는다. 따라서 회전자를 회전시키려면 일정 방향의 회전 토크를 공급해 주어야 한다.

2) 기동법
① 자기기동법 ★★★
- 회전자 자극 표면에 권선을 감아 기동용 권선으로 이용하여 기동하는 방법으로 유도전동기의 원리를 이용한 기동법이다.
- 기동토크를 적당한 값으로 유지하고 전류를 억제하기 위해 정격전압의 30~50[%] 정도의 저압을 가해 기동을 한다.
- 기동 시 회전자기장에 의한 고전압이 유기되어 계자권선의 절연이 파괴될 우려가 있으므로 계자권선은 기동 시 반드시 저항을 통하여 단락시켜야 한다.

② 타기동법 ★★
유도전동기나 직류전동기를 이용하여 동기 속도 이상으로 회전시켜 주 전원에 투입하는 방식으로 유도전동기를 이용할 경우 2극이 적은 것을 사용한다.

3) 동기전동기의 난조현상
부하의 급변에 따른 회전자의 진동현상으로, 부하 토크가 급변하면 기존 부하각을 중심으로 주기적으로 회전자가 진동한다. 난조가 심하면 전원과의 동기를 벗어나 정지하기도 한다. 이를 방지하기 위하여 회전자 자극표면에 제동권선을 설치하는데 이는 기동권선으로 이용하기도 한다.

4 동기전동기의 특징 ★★★

1) 동기전동기 장점
- 유도전동기에 비해 효율이 양호하다.
- 부하의 변화에 속도가 불변이다.
- 역률을 임의로 조정할 수 있다.
- 공극이 크고 기계적으로 튼튼하다.
- 항상 역률 1로 운전할 수 있다.

2) 동기전동기의 단점
- 기동토크가 없어 기동장치가 필요하다.
- 직류 전원설비가 필요하다.
- 구조가 복잡하다.
- 난조가 발생하기 쉽다.

5 동기전동기의 용도 ★
- 대용량 : 시멘트 분쇄기, 압축기, 송풍기, 동기조상기
- 소용량 : 전기 시계, 오실로스코프

기출 및 예상문제

SECTION 05 | 동기전동기

01 동기전동기는 유도전동기에 비하여 어떤 장점이 있는가?

① 기동 특성이 양호하다.
② 전부하 효율이 양호하다.
③ 속도를 자유롭게 제어할 수 있다.
④ 구조가 간단하다.

해설
동기전동기는 유도전동기에 비해 효율이 양호하다.

02 동기전동기에 관한 내용 중 옳지 않은 것은?

① 기동 토크가 작다. ② 난조가 일어나기 쉽다.
③ 여자기가 필요하다. ④ 역률을 조정할 수 없다.

해설
동기전동기는 계자 전류의 크기를 변화하여 역률을 조정할 수 있다.

03 다음 중 동기전동기의 공급 전압과 부하가 일정할 때 여자 전류를 변화시켜도 변하지 않는 것은?

① 전기자 전류 ② 역률
③ 전동기 속도 ④ 역기전력

해설
동기전동기는 동기속도로 회전하는 정속도 전동기로서 속도는 변하지 않는다.

04 역률이 가장 좋은 전동기는?

① 농형유도전동기 ② 반발기동전동기
③ 동기전동기 ④ 교류정류자전동기

해설
동기전동기는 역률 1로 운전 가능하다.

05 동기전동기를 송전선의 전압 조정 및 역률 개선에 사용한 것을 무엇이라 하는가?

① 변압기 ② 동기조상기
③ 직권전동기 ④ 제동권선

해설
동기조상기 : 전력 계통의 전압 조정과 역률 개선을 하기 위해 계통에 접속한 무부하의 동기전동기

06 동기전동기의 직류 여자 전류가 증가될 때의 현상으로 옳은 것은?

① 진상 역률을 만든다.
② 지상 역률을 만든다.
③ 동상 역률을 만든다.
④ 진상, 지상 역률을 만든다.

해설
- 여자전류가 약할 때(부족여자) : 지상 역률을 만들며 전류가 전압보다 뒤짐. 리액터로 작용
- 여자전류가 강할 때(과여자) : 진상 역률을 만들며 전류가 전압보다 앞섬. 콘덴서로 작용
- 전기자 전류가 최소일 때 역률이 1이다.
- 부하가 클수록 곡선은 위쪽으로 이동한다.

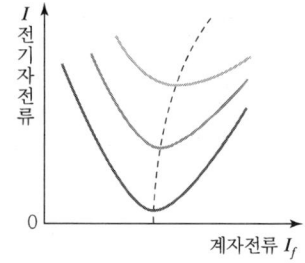

07 동기조상기를 부족여자로 운전하면 어떻게 되는가?

① 콘덴서로 작용한다.
② 리액터로 작용한다.

정답 01 ② 02 ④ 03 ③ 04 ③ 05 ② 06 ① 07 ②

③ 여자 전압의 이상 상승이 발생한다.
④ 일부 부하에 대하여 뒤진 역률을 보상한다.

해설
문제 6번 해설 참조

08 동기조상기가 전력용 콘덴서보다 우수한 점은?

① 손실이 적다.   ② 보수가 쉽다.
③ 지상 역률을 얻는다.   ④ 가격이 싸다.

해설
전력용 콘덴서는 진상 역률만을 얻을 수 있으나, 동기조상기는 진상, 지상 역률을 모두 얻을 수 있다.

09 동기전동기의 계자 전류를 가로축에, 전기자 전류를 세로축으로 하여 나타낸 V곡선에 관한 설명으로 옳지 않은 것은?

① 위상 특성 곡선이라 한다.
② 부하가 클수록 V곡선은 아래쪽으로 이동한다.
③ 곡선의 최저점은 역률 1에 해당한다.
④ 계자전류를 조정하여 역률을 조정할 수 있다.

해설
부하가 클수록 V곡선은 위쪽으로 이동한다.

10 그림은 동기기의 위상 특성 곡선을 나타낸 것이다. 전기자 전류가 가장 작게 흐를 때의 역률은?

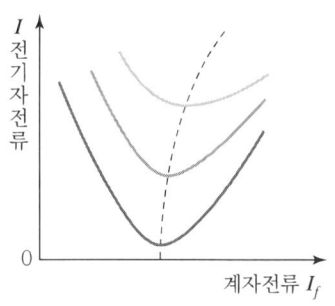

① 1   ② 0.9[진상]
③ 0.9[지상]   ④ 0

해설
동기기의 위상 특성 곡선에서 전기자 전류가 최소일 때 역률이 1(100[%])이다.

11 3상 동기전동기의 단자전압과 부하를 일정하게 유지하고, 회전자 여자전류의 크기를 변화시킬 때 옳은 것은?

① 전기자 전류의 크기와 위상이 바뀐다.
② 전기자권선의 역기전력은 변하지 않는다.
③ 동기전동기의 기계적 출력은 일정하다.
④ 회전속도가 바뀐다.

해설
동기전동기는 여자전류를 조정하여 전기자 전류의 크기와 위상을 바꿀 수 있다.

12 4극인 동기전동기가 1,800[rpm]으로 회전할 때 전원 주파수는 몇 [Hz]인가?

① 50[Hz]   ② 60[Hz]
③ 70[Hz]   ④ 80[Hz]

해설
동기전동기 회전속도는 동기속도와 같으므로,
$N_s = \dfrac{120f}{P}$ 에서 주파수는
$f = \dfrac{N_s \cdot P}{120} = \dfrac{1{,}800 \cdot 4}{120} = 60[\text{Hz}]$

13 동기전동기의 전기자 반작용에 대한 설명이다. 공급전압에 대한 앞선 전류의 전기자 반작용은?

① 감자작용   ② 증자작용
③ 교차자화작용   ④ 편자작용

해설
발전기와 전동기는 전류 방향이 반대이므로, 공급전압에 대한 앞선 전류의 경우 전동기는 감자작용이 발생한다.

14 동기전동기의 부하각(Load Angle)은?

① 공급전압 V와 역기전압 E와의 위상각
② 역기전압 E와 부하전류 I와의 위상각
③ 공급전압 V와 부하전류 I와의 위상각
④ 3상전압의 상전압과 선간전압과의 위상각

해설
동기전동기의 부하각은 공급전압 V와 역기전압 E와의 위상차를 말한다.

15 동기기 운전 시 안정도 증진법이 아닌 것은?

① 단락비를 크게 한다.
② 회전부의 관성을 크게 한다.
③ 속응 여자방식을 채용한다.
④ 역상 및 영상 임피던스를 작게 한다.

해설
안정도 증진법
- 정상 과도리액턴스를 작게 하고, 단락비를 크게 한다.
- 회전부의 관성을 크게 한다.
- 속응 여자방식을 채택한다.
- 영상 임피던스와 역상 임피던스를 크게 한다.

16 동기전동기의 자기 기동에서 계자권선을 단락하는 이유는?

① 기동이 쉽다.
② 기동 권선을 이용한다.
③ 고전압 유도를 방지한다.
④ 전기자 반작용을 방지한다.

해설
동기전동기 기동 시 계자권선을 개방하면 회전자속에 의해 고전압이 유도되어 절연 파괴의 위험이 있으므로 저항을 통하여 단락시킨다.

17 동기전동기를 자체 기동법으로 기동시킬 때 계자 회로는 어떻게 하여야 하는가?

① 단락시킨다.   ② 개방시킨다.
③ 직류를 공급한다.   ④ 단상 교류를 공급한다.

해설
문제 16번 해설 참조

18 3상 동기전동기 자기기동법에 관한 사항 중 틀린 것은?

① 기동토크를 적당한 값으로 유지하기 위하여 변압기 탭에 의해 정격전압의 80[%] 정도로 전압을 가해 기동을 한다.
② 기동토크는 일반적으로 적고 전부하 토크의 40~60[%] 정도이다.
③ 제동권선에 의한 기동토크를 이용하는 것으로 제동권선은 2차 권선으로서 기동토크를 발생한다.
④ 기동할 때에는 회전자속에 의하여 계자권선 안에는 고압이 유도되어 절연을 파괴할 우려가 있다.

해설
동기전동기 자기(기)동법 : 제동권선에 의한 기동토크를 이용하는 방법으로, 기동토크를 적당한 값으로 유지하고 전류를 억제하기 위해 정격전압의 30~50[%] 정도의 저압을 가해 기동을 한다.

19 동기전동기의 용도가 아닌 것은?

① 분쇄기   ② 압축기
③ 송풍기   ④ 크레인

해설
크레인과 같이 부하 변동이 심하고, 큰 기동토크를 필요로 하는 곳에는 직류 직권전동기가 적합하다.

20 동기전동기의 특징과 용도에 대한 설명으로 잘못된 것은?

① 진상, 지상의 역률 조정이 된다.
② 속도 제어가 원활하다.
③ 시멘트 공장의 분쇄기 등에 사용된다.
④ 난조가 발생하기 쉽다.

해설
동기전동기는 동기속도로 회전하는 정속도 전동기로 속도 변화가 없다.

정답 14 ① 15 ④ 16 ③ 17 ① 18 ① 19 ④ 20 ②

CHAPTER 03 변압기

SECTION 01 변압기의 원리 및 구조

1 변압기의 원리 ★

그림과 같이 자기회로를 가진 철심에 2개의 코일을 감고 1차 권선에 교류전압을 가하면 철심에 교번자계에 의한 자속이 흘러 2차 권선과 쇄교하면서 기전력을 유도하는데 이를 "전자유도작용"이라 한다. 변압기는 권선수에 비례하여 전압을 변화시키는 기기로서 1차 측을 전원 측, 2차 측을 부하 측이라 한다.

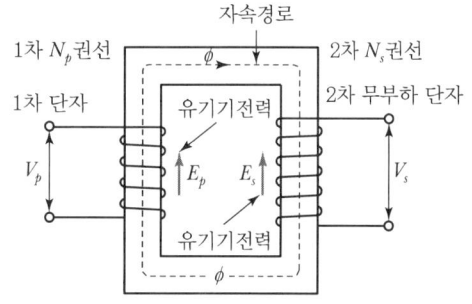

참고 주파수는 변화시킬 수 없다.

2 변압기의 구조

변압기는 자기회로인 규소 강판을 성층한 철심에 전기회로인 권선이 각각 전원 측과 부하 측에 감겨져 있다. 절연과 냉각을 위해 변압기유가 채워져 있는 변압기가 유입변압기이다. 변압기유의 열화 방지를 위해 브리더와 콘서베이터, 부흐홀츠 계전기가 설치되어 있다.

3 변압기유(절연유)

1) 사용 목적

변압기에 부하전류가 흐르면 변압기 내부에는 철손과 동손에 의해 변압기의 온도가 상승하여 내부의 절연물을 변질시킬 우려가 있으므로 변압기유를 사용하여 변압기권선의 절연과 냉각 작용을 유지할 수 있다.

2) 변압기유의 구비 조건 ★★★

- 절연 내력이 클 것
- 인화점이 높고 응고점이 낮을 것
- 절연재료와 화학작용을 일으키지 않을 것
- 비열이 커서 냉각효과가 클 것
- 고온에서 산화하지 않을 것
- 점성도가 낮을 것

3) 변압기유의 열화 방지 대책 ★★

① 브리더 설치 : 변압기의 호흡작용이 브리더를 통하여 이루어지도록 하여 공기 중의 습기를 흡수한다.
② 콘서베이터 설치 : 공기가 변압기 외함 속으로 들어가는 것을 막아 열화를 방지한다. 콘서베이터 유면 위에 공기와의 접촉을 막기 위해 질소로 봉입한다.
③ 부흐홀츠 계전기 설치 : 변압기 내부 고장으로 인한 절연유의 온도 상승 시 발생하는 유증기를 검출하여 경보 및 차단을 위한 계전기로 변압기 탱크와 콘서베이터 사이에 설치한다.
④ 열화진단법
- 유중가스분석법
- 절연저항측정법
- 유전정접($\tan\delta$)법
- 흡수전류 또는 잔류전류측정법

4 변압기의 종류

1) 냉각 방식에 따른 분류

① 건식
- 공랭식 : 공기의 대류 작용에 의해 냉각
- 풍냉식 : 송풍기에 의해 강제통풍을 시켜 냉각

② 유입식
- 유입자냉식 : 외함 내에 절연유를 채워 대류작용에 의해 발생된 열을 외기 중으로 방산
- 유입수냉식 : 상부 기름 중에 냉각관을 두어 이것에 냉각수를 순환시켜 냉각
- 유입송유식 : 변압기 외함 내의 기름을 펌프를 이용하여 외부에 있는 냉각 장치로 보내서 냉각시켜 다시 내부로 공급하는 방식
- 유입풍냉식 : 방열기를 부착시키고 송풍기에 의해 강제 통풍시켜 냉각

2) 극성에 따른 분류

① 감극성 변압기 : $V = V_1 - V_2$, 우리나라 표준
② 가극성 변압기 : $V = V_1 + V_2$

기출 및 예상문제

SECTION 01 | 변압기의 원리 및 구조

01 다음 중 변압기의 원리와 관계있는 것은?
① 전자유도작용　② 표피작용
③ 전기자작용　　④ 편자작용

해설
변압기는 전자유도작용을 이용하여 기전력의 크기를 변화시키는 기기이다.

02 변압기의 자속을 만드는 전류는?
① 철손 전류　② 여자 전류
③ 자화 전류　④ 정격 전류

해설
여자 전류는 철손을 발생하는 철손 전류와 자속을 만드는 자화 전류로 구성된다. $I_0 = I_i + I_\phi$

03 변압기 기름이 가져야 할 성능이 아닌 것은?
① 절연 내력이 작을 것
② 인화점이 높고 응고점이 낮을 것
③ 점도가 낮을 것
④ 변질되지 않아야 한다.

해설
변압기유의 구비 조건
- 절연 내력이 클 것
- 고온에서 산화하지 않을 것
- 비열이 커서 냉각효과가 클 것
- 절연재료와 화학작용을 일으키지 않을 것
- 인화점이 높고 응고점이 낮을 것
- 점성도가 낮을 것

04 변압기 기름의 열화 영향에 속하지 않는 것은?
① 냉각 효과의 감소　② 침식 작용
③ 공기 중 수분의 흡수　④ 절연 내력의 저하

해설
공기 중 수분의 흡수는 변압기유의 열화 원인이다.

05 변압기유가 구비해야 할 조건으로 맞는 것은?
① 절연내력이 작고 산화하지 않을 것
② 비열이 작아서 냉각효과가 클 것
③ 인화점이 높고 응고점이 낮을 것
④ 절연재료나 금속에 접촉할 때 화학작용을 일으킬 것

해설
문제 3번 해설 참조

06 변압기유의 열화 방지를 위해 쓰이는 방법이 아닌 것은?
① 방열기　② 브리더
③ 콘서베이터　④ 질소봉입

해설
방열기는 변압기유의 열화 방지와 직접적인 관계는 없다.

07 부흐홀츠 계전기로 보호되는 기기는?
① 동기발전기　② 유도전동기
③ 직류발전기　④ 변압기

해설
부흐홀츠 계전기는 변압기 내부 고장으로 인한 절연유의 온도 상승 시 발생하는 가스 또는 기름의 흐름에 의해 동작하는 계전기로 변압기를 보호하며 변압기의 본체와 콘서베이터 사이에 설치한다.

08 부흐홀츠 계전기의 설치 위치로 가장 적당한 곳은?
① 변압기 본체 내부
② 콘서베이터 내부
③ 변압기 고압 측 부싱
④ 변압기 본체와 콘서베이터 사이

해설
문제 7번 해설 참조

정답 01 ① 02 ③ 03 ① 04 ③ 05 ③ 06 ① 07 ④ 08 ④

| SECTION 02 | 변압기 이론

1 변압기의 정격

변압기를 사용할 때에 보증된 사용 한도를 정격이라 하며 용량, 전압, 전류, 주파수, 역률 등이 있다.

1) 정격 용량

정격 2차 전압, 정격 주파수 및 정격 역률에서 지정된 온도 상승 한도를 초과하지 않고 2차 단자 간에 얻을 수 있는 피상전력을 말하며 [kVA] 또는 [MVA]로 표시한다.

2) 정격 전압 및 정격 전류

권선별로 지정하여 실효값으로 표시된 사용한도 전압, 전류이다.

3) 정격 주파수 및 정격 역률

- 변압기가 그 값으로 사용할 수 있도록 만들어진 주파수, 역률을 말한다.
- 주파수는 50[Hz]와 60[Hz]의 두 종류가 표준으로 60[Hz] 전용기는 50[Hz]에서 사용할 수 없는데 50[Hz] 전용기는 임피던스 전압이 20[%] 높아지는 것을 고려하면 60[Hz]에서 사용할 수 있다.
- 정격 역률값이 특별히 지정되어 있지 않을 때에는 100[%]로 간주한다.

2 권수비(전압비) ★★★

$$a = \frac{N_1}{N_2} = \frac{V_1}{V_2} = \frac{I_2}{I_1} = \sqrt{\frac{r_1}{r_2}} = \sqrt{\frac{x_1}{x_2}} = \sqrt{\frac{Z_1}{Z_2}}$$

3 등가회로 ★★

변압기 회로를 하나의 전기회로로 변환시키면 회로가 간단해져 전기적 특성을 알아보는 데 편리한데 이를 등가회로라 한다.

1) 2차를 1차로 환산

2차 측의 전압, 전류 및 임피던스를 1차 측으로 환산하여 등가회로를 나타낸다.

$$a = \frac{V_1}{V_2} \Rightarrow V_1 = aV_2,\ a = \frac{I_2}{I_1} \Rightarrow I_1 = \frac{I_2}{a},\ a = \sqrt{\frac{r_1}{r_2}} \Rightarrow r_1 = a^2 r_2,\ a = \sqrt{\frac{x_1}{x_2}} \Rightarrow x_1 = a^2 x_2$$

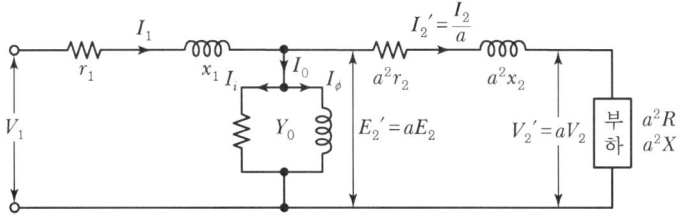

2) 1차를 2차로 환산

1차 측의 전압, 전류 및 임피던스를 2차 측으로 환산하여 등가회로를 나타낸다.

$$a = \frac{V_1}{V_2} \Rightarrow V_2 = \frac{V_1}{a},\ a = \frac{I_2}{I_1} \Rightarrow I_2 = aI_1,\ a = \sqrt{\frac{r_1}{r_2}} \Rightarrow r_2 = \frac{r_1}{a^2},\ a = \sqrt{\frac{x_1}{x_2}} \Rightarrow x_2 = \frac{x_1}{a^2}$$

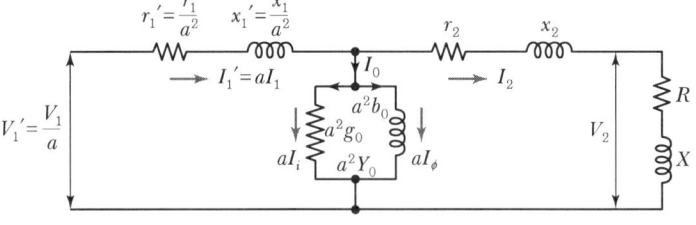

기출 및 예상문제

SECTION 02 | 변압기 이론

01 13,200/220[V] 단상 변압기가 전등 부하에 120[A]를 공급할 때 1차 전류[A]는?

① 10　　　　　　② 2
③ 4　　　　　　④ 100

해설

$a = \dfrac{V_1}{V_2} = \dfrac{13,200}{220} = 60, \ I_1 = \dfrac{I_2}{a} = \dfrac{120}{60} = 2[A]$

02 변압기 1차 권수 210, 2차 권수 250일 때 1차 측 전압이 100[V]이면 2차 측 전압[V]은 얼마인가?

① 114　　　　　　② 124
③ 119　　　　　　④ 110

해설

$a = \dfrac{N_1}{N_2} = \dfrac{210}{250}$ 이므로,

2차 전압 $V_2 = \dfrac{V_1}{a} = 100 \times \dfrac{250}{210} = 119[V]$

03 변압기의 권수비가 60일 때 2차 측 저항이 0.1[Ω]이다. 이것을 1차로 환산하면 몇 [Ω]이 되는가?

① 310　　　　　　② 390
③ 410　　　　　　④ 360

해설

${r_1}' = a^2 r_2 = 60^2 \times 0.1 = 360[\Omega]$

04 변압기의 2차 저항이 0.1[Ω]일 때 1차로 환산하면 90[Ω]이 된다. 이 변압기의 권수비는?

① 30　　　　　　② 40
③ 50　　　　　　④ 60

해설

$a = \sqrt{\dfrac{r_1}{r_2}} = \sqrt{\dfrac{90}{0.1}} = 30$

05 변압기의 정격 1차 전압이란?

① 정격출력일 때의 1차 전압
② 무부하에 있어서 1차 전압
③ 정격 2차 전압 × 권수비
④ 임피던스 전압 × 권수비

해설

권수비 $a = \dfrac{V_1}{V_2} = \dfrac{V_{1n}}{V_{2n}}$ 이므로, 정격 1차 전압 $V_{1n} = a V_{2n}$

06 변압기의 자속을 만드는 전류는?

① 철손 전류　　　　② 여자 전류
③ 자화 전류　　　　④ 정격 전류

해설

여자 전류는 철손을 발생하는 철손 전류와 자속을 만드는 자화 전류로 구성된다.

07 권수비 2, 2차 전압 100[V], 2차 전류 5[A], 2차 임피던스 20[Ω] 변압기의 ㉠ 1차 환산 전압 및 ㉡ 1차 환산 임피던스는?

① ㉠ 200[V], ㉡ 80[Ω]　② ㉠ 200[V], ㉡ 40[Ω]
③ ㉠ 100[V], ㉡ 20[Ω]　④ ㉠ 100[V], ㉡ 10[Ω]

해설

$V_1 = a V_2$ 에서 $V_1 = 2 \times 100 = 200[V]$
$V_1 = a V_2$ 에서 ${Z_2}' = 2^2 \times 20 = 80[\Omega]$

08 변압기의 정격 출력으로 맞는 것은?

① 정격 1차 전압 × 정격 1차 전류
② 정격 1차 전압 × 정격 2차 전류
③ 정격 2차 전압 × 정격 1차 전류
④ 정격 2차 전압 × 정격 2차 전류

해설

변압기의 정격 출력은 2차 부하 측 기준이다.

정답 01 ②　02 ③　03 ④　04 ①　05 ③　06 ③　07 ①　08 ④

09 어떤 변압기의 1차 환산 임피던스 $Z_{12} = 225[\Omega]$이고 이것을 2차로 환산하면 $Z_{21} = 1[\Omega]$이다. 2차 전압이 400[V]이면 1차 전압[V]은?

① 1,500   ② 3,000
③ 4,500   ④ 6,000

해설

$Z_{12} = a^2 Z_{21} = 225[\Omega]$이므로,
$a = \sqrt{\dfrac{Z_{12}}{Z_{21}}} = \sqrt{\dfrac{225}{1}} = 15$,
$a = \dfrac{V_1}{V_2}$에서 $V_1 = aV_2 = 15 \times 400 = 6,000[V]$

10 1차 전압 13,200[V], 무부하 전류 0.2[A], 철손 100[W]일 때 여자 어드미턴스는 약 몇 [℧]인가?

① $3 \times 10^{-3}[℧]$ ② $3 \times 10^{-5}[℧]$
③ $1.5 \times 10^{-3}[℧]$ ④ $1.5 \times 10^{-5}[℧]$

해설

$Y_0 = \dfrac{I_0}{V_1} = \dfrac{0.2}{13,200} = 1.5 \times 10^{-5}[℧]$

11 권수비 10의 변압기가 있다. 1, 2차 저항이 각 8[Ω], 0.078[Ω]이고, 리액턴스는 각 9[Ω], 0.07[Ω]이다. 이 변압기의 1차 쪽으로 환산한 저항과 리액턴스를 구하면?

① $R = 12.3, X = 10$ ② $R = 15.8, X = 16$
③ $R = 17.2, X = 18$ ④ $R = 18.0, X = 20$

해설

$R = r_1 + a^2 r_2 = 8 + 10^2 \times 0.078 = 15.8[\Omega]$
$X = x_1 + a^2 x_2 = 9 + 10^2 \times 0.07 = 16[\Omega]$

12 변압기의 등가회로도 작성에 필요 없는 시험은?

① 단락시험   ② 온도시험
③ 무부하시험   ④ 저항측정시험

해설

변압기 등가회로도 작성에 필요한 시험
• 단락시험   • 무부하시험   • 저항측정시험

13 변압기의 2차 측을 개방하였을 경우 1차 측에 흐르는 전류는 무엇에 의하여 결정되는가?

① 저항   ② 임피던스
③ 누설 리액턴스   ④ 여자 어드미턴스

해설

변압기의 2차 측을 개방하였을 경우 1차 측에는 여자 전류만이 흐르므로, 여자에 의하여 전류를 결정하는 것은 여자 어드미턴스이다.

14 변압기의 자속에 관한 설명으로 옳은 것은?

① 전압과 주파수에 반비례한다.
② 전압과 주파수에 비례한다.
③ 전압에 반비례하고 주파수에 비례한다.
④ 전압에 비례하고 주파수에 반비례한다.

해설

$E = 4.44 f\phi w k_w \Rightarrow \phi = \dfrac{E}{4.44 f w k_w}$ 이므로,

$\phi \propto E \propto \dfrac{1}{f}$, 즉 자속은 전압에 비례하고 주파수에 반비례한다.

15 변압기의 여자 전류가 일그러지는 이유는 무엇인가?

① 와류(맴돌이전류) 때문에
② 자기포화와 히스테리시스 현상 때문에
③ 누설 리액턴스 때문에
④ 선간의 정전용량 때문에

해설

변압기 철심의 자기포화와 히스테리시스 현상 때문에 여자 전류가 고조파를 포함한 왜형파가 된다.

정답 09 ④   10 ④   11 ②   12 ②   13 ④   14 ④   15 ②

SECTION 03 변압기의 특성

1 부하 역률이 주어지지 않을 때의 전압 변동률 ★★

변압기를 전부하 상태에서 무부하로 하면 2차 단자전압은 상승한다. 이 전압의 변동값과 정격 2차 전압과의 비를 전압변동률이라 한다.

$$\varepsilon = \frac{V_{20} - V_{2n}}{V_{2n}} \times 100 [\%]$$

여기서, V_{20} : 무부하 2차 전압, V_{2n} : 정격 2차 전압

2 부하 역률이 주어질 때의 전압 변동률 ★★

변압기에 부하를 걸면 변압기 내부 임피던스에 의해서 전압강하가 생겨 단자전압이 변화하는데, 그 변화량은 변압기의 저항 및 누설 리액턴스에 관계되고 역률에도 관계되며, 이 변동률은 임피던스 강하에 의해 결정된다.

$$\varepsilon = p\cos\theta \pm q\sin\theta [\%]$$

여기서, + : 역률이 지상일 때, - : 역률이 진상일 때

① %저항 강하(p) : 정격전류가 흐를 때 권선의 저항에 의한 전압강하의 비율을 나타낸 것

$$p = \frac{I_{2n}r_2}{V_{2n}} \times 100 = \frac{I_{1n}r_{12}}{V_{1n}} \times 100 [\%]$$

② %리액턴스 강하(q) : 정격전류가 흐를 때 리액턴스에 의한 전압강하의 비율을 나타낸 것

$$q = \frac{I_{2n}x_2}{V_{2n}} \times 100 [\%] = \frac{I_{1n}x_{12}}{V_{1n}} \times 100 [\%]$$

③ %임피던스 강하(%Z) : 정격전류가 흐를 때 임피던스에 의한 전압강하의 비율을 나타낸 것으로 전압 변동률의 최댓값과 동일

$$\%Z = \frac{I_{2n}Z_2}{V_{2n}} \times 100 = \frac{I_{1n}Z_{12}}{V_{1n}} \times 100 = \sqrt{p^2 + q^2} [\%] = \varepsilon_{\max}$$

3 임피던스 전압, 임피던스 와트 ★★

① 임피던스 전압(V_s) : 변압기 2차 측을 단락한 상태에서 1차 측에 정격전류가 흐르도록 인가하는 전압으로 변압기 내의 임피던스 강하를 나타낸다.

② 임피던스 와트(P_s) : 임피던스 전압을 인가한 상태에서 발생하는 와트(동손)로서 변압기 내의 부하손을 나타낸다.

SECTION 04 변압기의 손실 및 효율

1 변압기의 손실 ★★

① 부하손(가변손) : 거의 대부분이 동손(P_c)으로 되어 있다. ➡ 단락시험으로 측정

$$P_c = (r_1 + a^2 r_2) \cdot I_1^2 [\text{W}]$$

② 무부하손(고정손) : 철손(P_i)이 대부분 차지하고, 철손은 히스테리시스손(P_h)과 맴돌이 전류(와류)손(P_e)으로 구성되며, 유전체손은 미미하다. ➡ 무부하 시험(개방 시험)으로 측정

㉠ 히스테리시스 손실 : 철손의 80[%] 이상으로, 전압이 일정할 때 주파수와 자속밀도는 반비례하므로, 주파수가 상승하면 자속밀도는 더 큰 폭으로 하락하여 히스테리시스 손실은 감소한다.

$$P_h = kfB_m^{1.6} [\text{W/kg}]$$

㉡ 맴돌이 전류 손실(와류 손실) : 철손의 20[%] 이하로 주파수의 영향을 받지 않고 공급 전압의 2승에 비례하여 발생한다.

$$P_e = k(ftB_m)^2 [\text{W/kg}]$$

여기서, B_m : 최대자속밀도, f : 주파수, t : 강판두께, k : 상수

참고 변압기는 회전기가 없어 기계손이 발생하지 않는다.

2 변압기의 효율 ★★

① 규약 효율 : 출력 기준, $\eta = \dfrac{출력}{출력+손실} \times 100[\%]$

② 전부하 효율 : $\eta = \dfrac{출력}{출력+철손+동손} = \dfrac{V_{2n}I_{2n}\cos\theta}{V_{2n}I_{2n}\cos\theta + P_i + P_c} \times 100[\%]$

③ 임의의 부하 효율 : 정격 출력의 $\dfrac{1}{m}$ 부하의 효율

$$\eta_{\frac{1}{m}} = \dfrac{\dfrac{1}{m}출력}{\dfrac{1}{m}출력 + 철손 + \left(\dfrac{1}{m}\right)^2 동손} = \dfrac{\dfrac{1}{m}V_{2n}I_{2n}\cos\theta}{\dfrac{1}{m}V_{2n}I_{2n}\cos\theta + P_i + \left(\dfrac{1}{m}\right)^2 P_c} \times 100[\%]$$

④ 최대 효율 조건 ★★

㉠ 전부하 시 : 철손(P_i) = 동손(P_c)

㉡ 임의의 부하 시 : $P_i = \left(\dfrac{1}{m}\right)^2 P_c \Rightarrow \dfrac{1}{m} = \sqrt{\dfrac{P_i}{P_c}}$

기출 및 예상문제

SECTION 03 · SECTION 04

01 어떤 단상 변압기의 2차 무부하 전압이 240[V]이고 정격부하 시의 2차 단자전압이 230[V]이다. 전압 변동률[%]은?

① 2.35　　② 3.35
③ 4.35　　④ 5.35

해설

$\varepsilon = \dfrac{V_{20} - V_{2n}}{V_{2n}} \times 100 = \dfrac{240 - 230}{230} \times 100 = 4.35[\%]$

02 퍼센트 저항 강하 1.8[%] 및 퍼센트 리액턴스 강하 2[%]인 변압기가 있다. 부하의 역률이 1일 때의 전압 변동률은?

① 1.8[%]　　② 2.0[%]
③ 2.7[%]　　④ 3.8[%]

해설

$\varepsilon = p\cos\theta + q\sin\theta$이므로 $\sin\theta = 0$이 된다.
따라서 $\varepsilon = p$, 즉 %저항강하 1.8[%]이다.

03 변압기의 퍼센트 저항 강하 3[%], 퍼센트 리액턴스 강하 4[%], 부하역률 80[%]일 때 전압변동률은 몇 [%]인가?

① 2.4　　② 4.8
③ 3.4　　④ 4.6

해설

$\varepsilon = p\cos\theta + q\sin\theta = 3 \times 0.8 + 4 \times 0.6 = 4.8[\%]$

04 퍼센트 저항 강하 3[%], 리액턴스 강하 4[%], 역률 80[%]인 경우 변압기의 최대 전압변동률[%]은?

① 3　　② 4
③ 5　　④ 6

해설

$\varepsilon_{\max} = \sqrt{p^2 + q^2} = \sqrt{3^2 + 4^2} = 5[\%]$

05 임피던스 강하 4[%]인 변압기가 운전 중 단락되었을 때 그 단락전류는 정격전류의 몇 배인가?

① 20　　② 25
③ 30　　④ 40

해설

단락비 $k_s = \dfrac{I_s}{I_n} = \dfrac{100}{\%Z} = \dfrac{100}{4} = 25$이므로, $I_s = 25 I_n$

06 변압기의 임피던스 전압이란?

① 정격전류가 흐를 때의 변압기 내의 전압 강하
② 여자전류가 흐를 때의 2차 측 단자 전압
③ 정격전류가 흐를 때의 2차 측 단자 전압
④ 2차 단락 전류가 흐를 때의 변압기 내의 전압 강하

해설

변압기 2차 측을 단락한 상태에서 1차 측에 정격전류가 흐르도록 1차 측에 인가하는 전압으로 정격 전류에 의한 변압기 내부 전압 강하를 나타낸다.

07 다음 중 변압기의 무부하손으로 대부분을 차지하는 것은?

① 유전체손　　② 동손
③ 철손　　　　④ 표유부하손

해설

변압기의 무부하손은 철손과 유전체손으로 구성되는데 대부분은 철손이다.

정답 01 ③　02 ①　03 ②　04 ③　05 ②　06 ①　07 ③

08 변압기에서 철손은 부하전류와 어떤 관계인가?

① 부하전류에 비례한다.
② 부하전류의 자승에 비례한다.
③ 부하전류에 반비례한다.
④ 부하전류와 관계없다.

해설
변압기의 철손은 무부하손으로 부하전류와 관계없다.

09 변압기의 부하 전류 및 전압이 일정하고 주파수가 낮아지면?

① 철손이 증가
② 철손이 감소
③ 동손이 증가
④ 동손이 감소

해설
히스테리시스 손실 $P_h = k \cdot f \cdot B_m^{1.6}$으로 주파수와 자속에 비례하고 전압이 일정할 때 $f \propto \dfrac{1}{B_m}$ 이므로, 주파수가 낮아지면 최대자속밀도는 더 큰 폭으로 증가하여 히스테리시스 손실이 증가하게 되며, 따라서 철손은 증가한다.

10 변압기의 손실에 해당되지 않는 것은?

① 동손
② 철손
③ 히스테리시스손
④ 기계손

해설
변압기는 회전기가 아니므로 기계손이 발생하지 않는다.

11 변압기의 효율이 가장 좋을 때의 조건은?

① 철손=1/2동손
② 1/2철손=동손
③ 철손=동손
④ 철손=1/3동손

해설
철손과 동손이 같을 때 최대효율이 나온다.

12 전부하 시 동손 90[W], 철손 40[W]의 변압기의 효율이 최대로 되는 부하는 전 부하의 몇 [%]인가?

① 약 50
② 약 67
③ 약 80
④ 약 90

해설
$\dfrac{1}{m} = \sqrt{\dfrac{P_i}{P_c}} = \sqrt{\dfrac{40}{90}} \fallingdotseq 0.67 \fallingdotseq 67[\%]$

13 3상 100[KVA], 13,200/200[V] 변압기의 저압 측 선전류의 유효분은 약 몇 [A]인가?(단, 역률은 80[%]이다.)

① 100
② 173
③ 230
④ 260

해설
저압 측 선전류 $I_2 = \dfrac{P_a}{\sqrt{3}\, V_2}$,

저압 측 선전류의 유효분
$I_{2p} = I_2 \cos\theta = \dfrac{P_a}{\sqrt{3}\, V_2}\cos\theta = \dfrac{100 \times 10^3}{\sqrt{3} \times 200} \times 0.8 \fallingdotseq 230[A]$

14 150[kVA] 단상 변압기의 철손이 1[kW], 전부하 동손이 2.5[kW]이다. 이 변압기의 최대효율은 몇 [%] 전부하에서 나타나는가?

① 약 50
② 약 58
③ 약 63
④ 약 72

해설
$\dfrac{1}{m} = \sqrt{\dfrac{P_i}{P_c}} = \sqrt{\dfrac{1}{2.5}} \fallingdotseq 0.63 \fallingdotseq 63[\%]$

15 출력에 대한 전부하 동손이 2[%], 철손이 1[%]인 변압기의 전부하 효율은?

① 95
② 96
③ 97
④ 98

해설
변압기의 전부하 효율 $\eta = \dfrac{출력}{출력+철손+동손} \times 100[\%]$에서 출력을 1로 가정하면,
$\eta = \dfrac{1}{1+0.01+0.02} \times 100[\%] = \dfrac{1}{1.03} \times 100[\%] \fallingdotseq 97[\%]$

정답 08 ④ 09 ① 10 ④ 11 ③ 12 ② 13 ③ 14 ③ 15 ③

16 변압기의 규약 효율을 나타내는 식은?

① $\dfrac{입력}{입력 - 전체손실} \times 100[\%]$

② $\dfrac{출력}{출력 + 전체손실} \times 100[\%]$

③ $\dfrac{입력}{입력 - 철손 - 동손} \times 100[\%]$

④ $\dfrac{입력 - 철손 - 동손}{입력} \times 100[\%]$

해설
변압기의 규약 효율은 출력기준으로,
$\eta = \dfrac{출력}{출력 + 전체손실} \times 100[\%]$

17 변압기의 철손 P_i[kW], 전부하 동손이 P_c[kW]인 때 정격출력의 $\dfrac{1}{m}$인 부하를 걸었을 때 전손실[kW]은 얼마인가?

① $(P_i + P_c)\left[\dfrac{1}{m}\right]^2$ ② $P_i\left[\dfrac{1}{m}\right]^2 + P_c$

③ $P_i + \left[\dfrac{1}{m}\right]^2 P_c$ ④ $(P_i + P_c)\left[\dfrac{1}{m}\right]$

해설
$\dfrac{1}{m}$ 부하 시 전손실은 철손 $+ \left(\dfrac{1}{m}\right)^2$ 동손이므로,
전손실 $= P_i + \left(\dfrac{1}{m}\right)^2 P_c$

18 변압기의 권선과 철심 사이의 습기를 제거하기 위하여 건조하는 방법이 아닌 것은?

① 가압법   ② 진공법
③ 단락법   ④ 열풍법

해설
변압기 철심 습기 제거 방법
• 열풍법   • 진공법   • 단락법

정답 16 ② 17 ③ 18 ①

SECTION 05 변압기의 결선

1 $\Delta-\Delta$결선 ★★

- 3고조파가 결선 내 순환하므로 통신 장애가 없다.
- 변압기 3대 중 1대가 고장이 나도 나머지 2대로 V결선이 가능하다.
- 중성점을 접지할 수 없어 지락사고 시 보호가 곤란하다.
- 60[kV] 이하의 배전용 변압기에 주로 사용한다.
- 대전류, 저전압 변압기의 결선에 적합하다.

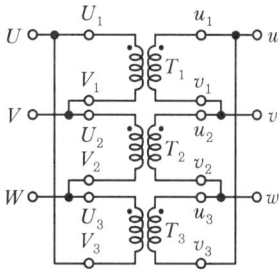

2 Y-Y결선 ★★

- 권선의 기계적 강도가 높다.
- 중성점을 접지할 수 있어 보호계전방식이 가능하다.
- 권선전압이 선간전압의 $\dfrac{1}{\sqrt{3}}$ 이므로 절연이 용이하다.
- 소전류, 고전압 변압기에 유리하다.
- 선로에 3고조파가 흘러 통신장애를 일으킨다.
- 3권선 변압기에서 Y - Y - Δ의 송전 전용으로 주로 사용한다.

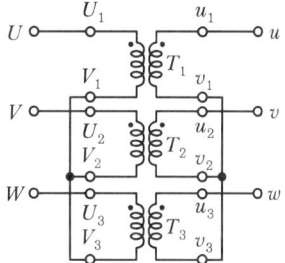

3 Δ-Y결선 ★

- 2차 측 선간전압이 변압기 권선 전압의 $\sqrt{3}$ 배가 된다.
- 승압용으로 특별고압 송전선의 송전단 측에 사용한다.
- 1차 Δ권선 내에서 3고조파 전류가 순환하므로 3고조파가 발생하지 않는다.
- 1차와 2차 사이에 30도의 위상차가 발생한다.

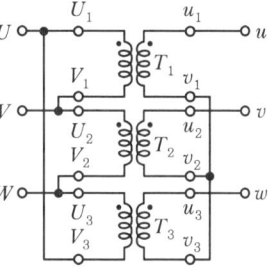

4 Y−Δ결선 ★

- 강압용으로 특별고압 송전선의 수전단 측에 사용한다.
- 2차 Δ권선 내에서 3고조파 전류가 순환하므로 3고조파가 발생하지 않는다.
- 1차와 2차 사이에 30도의 위상차가 발생한다.

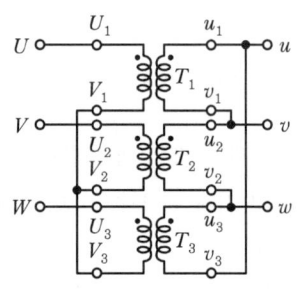

5 V−V결선 ★★

- 단상 변압기 3대 중 1대가 고장났을 때의 결선법이다.
- V 결선 출력 : $P_V = \sqrt{3}\,P$
- 출력률(비) $= \dfrac{P_V}{P_\Delta} = \dfrac{\sqrt{3}\,P}{3P} = 0.577 = 57.7[\%]$
- 이용률 $= \dfrac{P_V}{2P} = \dfrac{\sqrt{3}\,P}{2P} = 0.866 = 86.6[\%]$

  여기서, P_V : V결선 출력
  P_Δ : Δ결선 출력
  P : 단상 변압기 1대의 출력

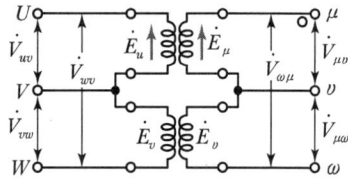

6 상수 변환

1) 3상 교류를 2상 교류로 변환 ★★

- 스코트 결선(T결선)
- 우드브리지 결선
- 메이어 결선

2) 3상 교류를 6상 교류로 변환 ★

- 2차 2중 Y결선
- 대각 결선
- 환상 결선
- 2차 2중 Δ결선
- 포크 결선

SECTION 06 변압기 병렬운전

1 병렬운전 조건 ★

- 극성이 같을 것 ➡ 다르면 2차 권선에 매우 큰 순환전류가 흘러 권선이 소손된다.
- 1, 2차 정격 전압 및 권수비가 같을 것 ➡ 다르면 2차 권선에 순환전류가 흘러 권선이 과열된다.
- 저항 대비 누설 리액턴스의 비(r/X_l)가 같을 것 ➡ 다르면 위상차가 발생하여 동손이 증가한다.
- 부하 분담 시 용량에는 비례하고 임피던스에는 반비례할 것 ➡ 다르면 부하분담이 부적당하게 된다.
- 3상인 경우 상회전 방향과 위상변위가 같을 것

2 3상 변압기군의 병렬운전 결선 조합 ★★

병렬운전 가능	병렬운전 불가능
$\Delta-\Delta$와 $\Delta-\Delta$ $Y-Y$와 $Y-Y$ $Y-\Delta$와 $Y-\Delta$ $\Delta-Y$와 $\Delta-Y$ $\Delta-\Delta$와 $Y-Y$ $\Delta-Y$와 $Y-\Delta$	$\Delta-\Delta$와 $Y-\Delta$ $Y-Y$와 $\Delta-Y$

SECTION 07 특수 변압기

1 단권 변압기 ★

- 1차 코일과 2차 코일의 일부분이 공통으로 되어 있다.
- 1차 또는 2차 코일이 단독으로 있는 부분을 직렬권선이라 하고 공통으로 있는 부분을 분로권선이라고 한다.
- 권선이 가늘어도 되며, 자로가 단축되어 재료를 절약할 수 있다.
- 공통선로를 사용하므로 누설자속이 없어 전압변동률이 작다.
- 동손이 감소되어 효율이 좋다.

$$\frac{자기용량}{부하용량} = \frac{(V_2 - V_1)I_2}{V_2 I_2} = \frac{V_2 - V_1}{V_2}$$

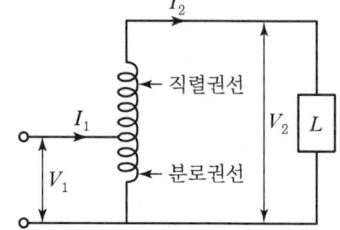

2 3권선 변압기

한 변압기의 철심에 3개의 권선이 있는 변압기를 3권선 변압기라 한다. Y − Y − Δ의 3권선 변압기의 3차 권선의 용도는 다음과 같다.

- 소내 전력 공급용
- 조상설비 설치
- 제3고조파 억제

3 계기용 변성기 ★★

1) 계기용 변압기(PT)

전압을 측정하기 위한 변압기로 2차 측 정격전압은 110[V]이다.

2) 계기용 변류기(CT)

- 전류를 측정하기 위한 변류기로 2차 측 전류는 5[A]이다.
- 계기용 변류기는 2차 측 절연 보호를 위하여 수리 및 점검 시 2차 측을 단락한다.

4 누설 변압기(정전류 변압기)

부하 변화에 관계없이 2차 전류를 일정하게 유지하기 위하여 누설 자속을 크게 만든 변압기로, 네온관 점등용 변압기나 아크 용접용 변압기에 이용된다.

SECTION 08 | 변압기 보호 및 시험

1 변압기 보호 계전기 ★★

1) 기계적 고장 보호 : 부흐홀츠 계전기

2) 전기적 고장 보호 : 차동계전기, 비율차동계전기

① 차동계전기 : 1, 2차 측에 설치한 CT 2차 전류의 차에 의하여 동작하는 계전기로, 변압기 내부고장 검출용으로 현재 가장 많이 사용된다.

② 비율차동계전기 : 1, 2차 측에 설치한 CT 2차 측의 전류차가 일정 비율 이상이 되었을 때 동작하는 계전기로 주로 변압기 단락 보호용으로 사용된다.

2 변압기 시험

1) 변압기 절연내력 시험 ★

- 유도시험
- 가압시험
- 충격전압시험
- 절연파괴시험

2) 온도시험 ★

① 실부하법 : 전력 손실이 크기 때문에 소용량 이외에는 사용하지 않는다.
   - 전기 동력계법
   - 프로니 브레이크법
   - 손실을 알고 있는 직류발전기를 사용하는 방법

② 등가부하법(단락시험법)

③ 반환부하법 : 동일 정격의 변압기가 2대 이상 있을 때 사용되며, 전력 소비가 적고 철손과 동손을 따로 공급하는 것으로 현재 가장 많이 사용한다.
   - 카프법
   - 블론델법
   - 홉킨스법

기출 및 예상문제

SECTION 05 ~ SECTION 08

01 권수비 30인 변압기의 저압 측 전압이 8[V]인 경우 극성 시험에서 합성 전압의 차이는 감극성의 경우, 가극성보다 몇 [V] 작은가?

① 8
② 12
③ 16
④ 20

해설

권수비 $a=30$이므로,
$a=\dfrac{V_1}{V_2} \Rightarrow V_1 = aV_2 = 30 \times 8 = 240$

- 감극성 $V = V_1 - V_2 = 240 - 8 = 232[V]$
- 가극성 $V' = V_1 + V_2 = 240 + 8 = 248[V]$

따라서, 감극성은 가극성보다 16[V]가 작다.

02 다음 중 발전소용 변압기와 같이 낮은 전압을 높은 전압으로 승합하는 데 적당한 결선 방법으로 옳은 것은?

① Y-Δ
② Y-Y
③ Δ-Y
④ Δ-Δ

해설

Δ-Y변압기 결선의 특징
- 승압용으로 특별 고압 송전단의 송전단 측에 쓰인다.
- 1차 Δ결선 내에서 3고조파 전류가 순환하므로 3고조파 전압이 제거된다.
- 2차 중성점 접지가 가능하고 4선식 부하의 공급이 가능하다.
- 1차 선간전압 및 2차 선간전압의 위상차는 30°이다.

03 송배전 계통에 거의 사용되지 않는 변압기 3상 결선방식은?

① Y-Δ
② Y-Y
③ Δ-Y
④ Δ-Δ

해설

Y-Y결선은 선로에 제3고조파를 포함한 전류가 흘러 통신장애를 일으키므로 거의 사용되지 않으나, Y-Y-Δ의 3권선 변압기를 통하여 송전 전용으로 사용한다.

04 수전단 발전소용 변압기 결선에 주로 사용하고 있으며 한쪽은 중성점을 접지할 수 있고 다른 한쪽은 제3고조파에 의한 영향을 없애주는 장점을 가지고 있는 3상 결선방식은?

① Y-Y
② Δ-Δ
③ Y-Δ
④ V

해설

Y결선은 중성점을 접지할 수 있고, Δ결선은 3고조파에 의한 영향을 제거할 수 있으므로 Y-Δ결선을 사용한다.

05 변압기를 Δ-Y로 결선할 때 1, 2차 사이의 위상차는?

① 0°
② 30°
③ 60°
④ 90°

해설

문제 2번 해설 참조

06 3상 전원에서 2상 전원을 얻기 위한 변압기의 결선 방법 중 틀린 것은?

① 포크 결선
② 스콧 결선
③ 우드브리지 결선
④ 메이어 결선

해설

- 3상 → 2상 : 우드브리지 결선, 스콧 결선(T결선), 메이어 결선
- 3상 → 6상 : 포크 결선, 대각 결선, 환상 결선, 2중 Y결선, 2중 Δ결선

정답 01 ③ 02 ③ 03 ② 04 ③ 05 ② 06 ①

07 다음 그림은 단상 변압기 결선도이다. 1, 2차는 각각 어떤 결선인가?

① Y − △결선
② △ − Y결선
③ △ − △결선
④ Y − Y결선

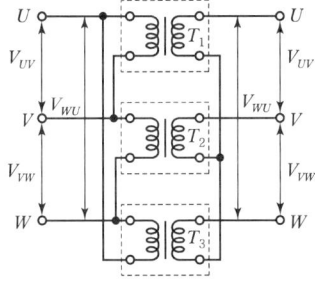

해설
1차는 환상으로 결선된 △결선이고, 2차는 중성점이 접지되어 있는 Y결선이다.

08 2대의 변압기로 V결선하여 3상 변압하는 경우 변압기 이용률[%]은?

① 57.7   ② 86.6
③ 66.6   ④ 100

해설

$$V\text{결선 이용률} = \frac{V\text{결선 출력}}{\text{변압기 2대의 출력}} = \frac{\sqrt{3}\,P}{2P}$$
$$\fallingdotseq 0.866 \fallingdotseq 86.6[\%]$$

09 용량 100[kVA]인 동일 정격의 단상 변압기 4대로 공급할 수 있는 3상 최대 출력 용량[kVA]은?

① $200\sqrt{3}$ ② $200\sqrt{2}$
③ $300\sqrt{2}$ ④ 400

해설
단상 변압기 4대이므로 2대씩 V결선하여 공급하면 최대 용량이 된다.
$P_V = 2 \times \sqrt{3}\,P = 2 \times \sqrt{3} \times 100 = 200\sqrt{3}$
(여기서, P : 단상 변압기 1대의 용량)

10 변압기의 병렬운전 시 필요하지 않은 것은?

① 정격 출력이 같을 것
② 극성이 같을 것
③ 임피던스 전압이 같을 것
④ 정격 전압과 권수비가 같을 것

해설
단상 변압기 병렬운전 조건
• 극성이 같을 것
• 정격 전압과 권수비가 같을 것
• 임피던스 강하가 같을 것
• 저항과 누설 리액턴스의 비가 같을 것

11 다음은 3상 유도전동기 고정자 권선의 결선도를 나타낸 것이다. 맞는 사항을 고르면?

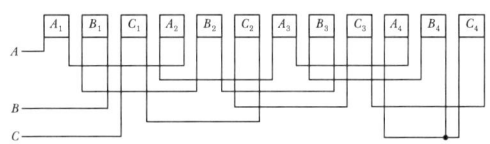

① 3상 2극, Y 결선   ② 3상 4극, Y 결선
③ 3상 2극, △ 결선   ④ 3상 4극, △ 결선

해설
권선이 A, B, C 3개로 3상이며, 각 권선이 4개의 극으로 연결되어 있고(A_1, A_2, A_3, A_4, B_1, B_2 …) 각 권선의 끝이 접속(A_4, B_4, C_4)되어 있으므로 Y결선이다.

12 단상 변압기를 병렬운전하는 경우 부하 전류의 분담은 어떻게 되는가?

① 용량에 비례하고 누설 임피던스에 비례한다.
② 용량에 비례하고 누설 임피던스에 반비례한다.
③ 용량에 반비례하고 누설 임피던스에 비례한다.
④ 용량에 반비례하고 누설 임피던스에 반비례한다.

해설
단상 변압기 병렬운전 시 부하 분담은 용량에 비례하고 임피던스에 반비례한다.

13 3상 변압기의 병렬운전 시 병렬운전이 불가능한 결선 조합은?

① △ − △와 Y − Y   ② △ − △와 △ − Y
③ △ − Y와 △ − Y   ④ △ − △와 △ − △

정답 07 ② 08 ② 09 ① 10 ① 11 ② 12 ② 13 ②

해설

3상 변압기의 병렬운전 결선 조합

병렬운전 가능	병렬운전 불가능
$\Delta-\Delta$와 $\Delta-\Delta$, $Y-Y$와 $Y-Y$ $Y-\Delta$와 $Y-\Delta$, $\Delta-Y$와 $\Delta-Y$ $\Delta-\Delta$와 $Y-Y$, $\Delta-Y$와 $Y-\Delta$	$\Delta-\Delta$와 $Y-\Delta$ $Y-Y$와 $\Delta-Y$

14 3,000[V]의 단상 배전선 전압을 3,300[V]로 승압하는 단권변압기의 자기용량[kVA]은?(단, 여기서 부하용량은 100[kVA]이다.)

① 2.1 ② 5.3
③ 7.4 ④ 9.1

해설

$\dfrac{\text{자기 용량}}{\text{부하 용량}} = \dfrac{V_2 - V_1}{V_2}$ 이므로,

자기 용량 $= \dfrac{V_2 - V_1}{V_2} \times 부하 용량 = \dfrac{3,300 - 3,000}{3,300} \times 100$
$\fallingdotseq 9.1$

15 변류기 개방 시 2차 측을 단락하는 이유는?

① 2차 측 절연 보호   ② 2차 측 과전류 보호
③ 측정 오차 방지   ④ 1차 측 과전류 방지

해설

계기용 변류기는 2차 측 권수비가 매우 작으므로, 개방하면 2차 측에 매우 높은 기전력이 유기되어 권선의 절연 파괴 위험이 크다.

16 주상변압기의 고압 측에는 몇 개의 탭을 내놓았다. 그 이유는?

① 예비 단자용
② 수전점의 전압을 조정하기 위하여
③ 부하 전류를 조정하기 위하여
④ 변압기의 여자 전류를 조정하기 위하여

해설

주상변압기의 고압 측에 여러 개의 탭을 설치하여 선로거리에 따른 전압강하를 보상하여 수전점의 전압을 일정하게 유지한다.

17 같은 회로의 두 점에서 전류가 같을 때에는 동작하지 않으나 고장 시에 전류의 차가 생기면 동작하는 계전기는?

① 과전류계전기   ② 거리계전기
③ 접지계전기   ④ 차동계전기

해설

차동계전기
1, 2차 측에 설치한 CT 2차 전류의 차에 의하여 동작하는 계전기로, 변압기 내부 고장 검출용으로 현재 가장 많이 사용된다.

18 변압기 내부고장 보호용으로 가장 적당한 것은?

① 차동계전기   ② 접지계전기
③ 과전류계전기   ④ 임피던스계전기

해설

문제 17번 해설 참조

19 고장에 의하여 생긴 불평형의 전류차가 평형 전류의 어떤 비율 이상으로 되었을 때 동작하는 것으로 변압기 내부 고장의 보호용으로 사용되는 계전기는?

① 과전류계전기   ② 방향계전기
③ 비율차동계전기   ④ 역상계전기

해설

비율차동계전기
1, 2차 측에 설치한 CT 2차 측의 전류차가 일정비율 이상이 되었을 때 동작하는 계전기로 주로 변압기 단락 보호용으로 사용된다.

20 변압기 절연내력 시험의 종류가 아닌 것은?

① 유도시험   ② 절연파괴시험
③ 충격전압시험   ④ 무부하시험

해설

변압기 절연내력 시험법
• 유도시험   • 가압시험
• 충격전압시험   • 절연파괴시험

정답 14 ④ 15 ① 16 ② 17 ④ 18 ① 19 ③ 20 ④

21 변압기의 온도 상승 시험법은?

① 무부하시험법　② 절연내력시험법
③ 반환부하법　　④ 유도시험법

해설

변압기 온도시험법
- 실부하법
- 등가부하법
- 반환부하법 : 카프법, 블론델법, 홉킨스법

22 변압기 절연물의 열화 정도를 파악하는 방법으로서 적절하지 않은 것은?

① 유전정접
② 유중가스분석
③ 접지저항측정
④ 흡수전류나 잔류전류측정

해설

변압기 절연물의 열화진단법
- 유중가스분석법
- 유전정접법
- 절연저항측정법
- 흡수전류나 잔류전류측정법

정답 21 ③　22 ③

CHAPTER 04 유도전동기

SECTION 01 유도전동기의 원리 및 구조

1 유도전동기의 원리

1) 회전원리(아라고 원판)

① 원판 주변을 따라 자석을 회전시키면 원판이 전자유도작용에 의해 자석의 회전 방향과 같은 방향으로 회전하게 되는데, 이를 아라고의 원판이라고 하며 유도전동기의 회전원리이다.

② 플레밍의 오른손 법칙에 따라 원판의 중심 방향으로 나선형 전류가 흐른다. 전류가 흐르기 시작하면 플레밍의 왼손 법칙을 적용하여 원판의 회전 방향을 구하면 자속의 회전 방향과 같은 것을 알수 있다. 이와 같이 원판은 자석의 회전 방향과 같은 방향으로 약간 늦게 회전하게 되는데 이것이 유도전동기의 회전원리이다.

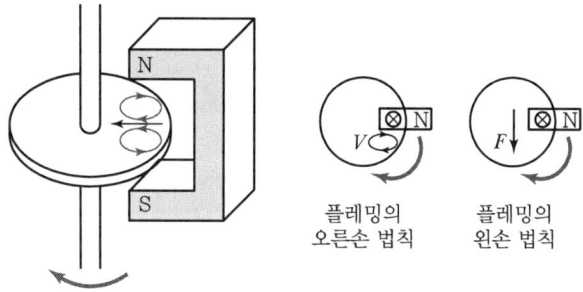

2) 회전 자기장

고정자 철심에 감겨 있는 3개조의 권선에 3상 교류를 인가하면 회전 자기장이 발생한다.

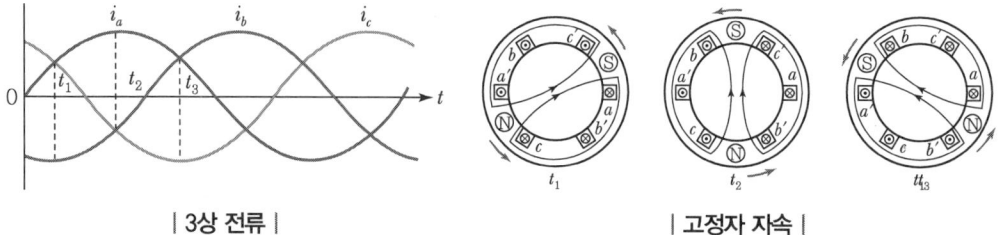

| 3상 전류 | | 고정자 자속 |

3) 동기 속도

$$N_s = \frac{120f}{P}[\text{rpm}]$$

4) 유도전동기 장점 ★

① 전원을 쉽게 얻을 수 있다.
② 구조가 간단하고 고장이 적다.
③ 취급과 운전이 쉽다.
④ 가격이 싸다.

2 유도전동기의 구조

1) 고정자

① 고정자 프레임 : 전동기의 가장 바깥쪽에 있는 부분으로 내부에 고정자 철심이 있다.
② 고정자 철심 : 두께 0.35~0.5[mm]의 규소 강판을 성층한다.
③ 고정자 권선 : 2층 중권으로 감은 3상 권선이다.

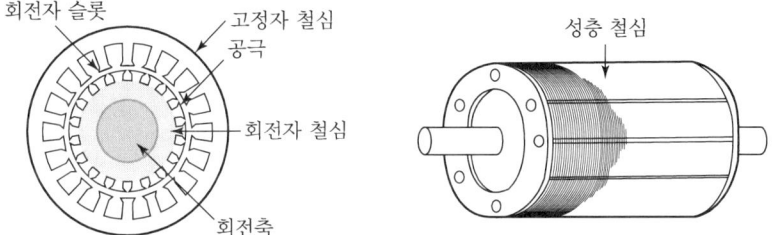

2) 회전자

규소 강판을 성층하여 둘레에 홈을 파고 코일을 넣어서 만든다. 홈 안에 끼워진 코일의 종류에 따라 농형과 권선형으로 구분한다.

① 농형 회전자 ★
  • 회전자 둘레의 홈에 구리나 알루미늄을 삽입하고 양 끝을 단락환으로 접속한다.
  • 기동토크가 작아 중소형에 사용한다.
  • 비뚤어진 홈(Skewed Slot)을 사용하여 소음을 억제하고 파형을 개선한다.

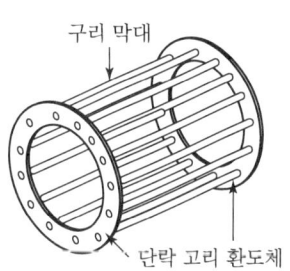

② 권선형 회전자 ★

- 회전자 둘레의 홈에 3상 권선을 삽입하여 결선한다.
- 회전자 내부 권선의 결선은 슬립 링(Slip Ring)에 접속하고, 브러시를 통해 외부의 기동 저항기와 연결한다.
- 기동토크가 커 대형에 적합하다.

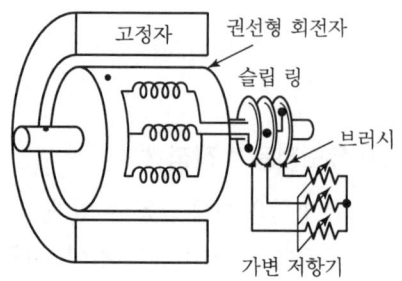

③ 공극

- 유도전동기는 공극을 적게 하여 역률 및 효율을 높이나, 기계적으로 약간의 불평형이 생겨도 진동과 소음의 원인이 된다.
- 공극이 크면 기계적으로 안전하지만 여자 전류가 커져서 역률이 떨어진다.
- 유도전동기 공극 : 0.3~2.5[mm]

SECTION 02 유도전동기 이론

1 슬립 및 회전자 속도 ★★★

1) 슬립(Slip)

전동기 회전자의 속도가 회전 자기장의 속도(동기속도)보다 뒤지는 비율이며, 일반적인 슬립은 소형인 경우 5~10[%], 중·대형인 경우에는 2.5~5[%]이다.

$$s = \frac{동기속도 - 회전자속도}{동기속도} = \frac{N_s - N}{N_s} \Rightarrow N = (1-s)N_s$$

2) 슬립의 범위 ★★

① 유도전동기 : $0 < s < 1$
  - $s = 1$이면 $N = 0$이므로 정지 상태(기동 시)
  - $s = 0$이면 $N = N_s$이므로 동기속도로 회전(무부하)하고 있는 상태

② 유도발전기 : $s < 0$
  $N > N_s$로 회전자의 회전 속도가 회전 자계의 속도보다 빠른 비동기발전기로 동작

③ 유도제동기 : $1 < s < 2$
  3상 중 2상을 바꾸면 역방향으로 회전되어 제동기로 작용
  ※ 역회전 시 슬립 : $s' = 2 - s$

3) 회전자 속도 ★★

$$N = N_s(1-s) = \frac{120f}{P}(1-s)[\text{rpm}]$$

2 전력의 변환 ★★

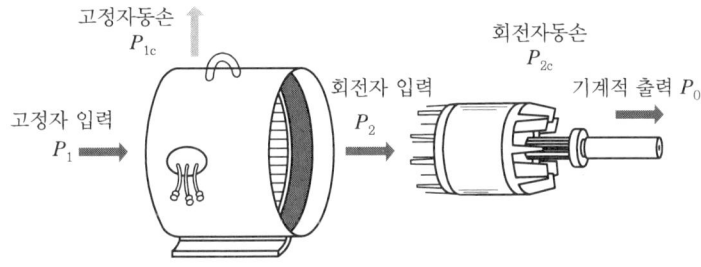

1) 회전자 입력(2차 입력), 기계적 출력의 관계

P_1(고정자 입력) $- P_{1c}$(고정자 동손) $= P_2$(회전자 입력)

P_2(회전자 입력) $- P_{2c}$(회전자 동손) $= P_0$(기계적 출력)

기계적 출력 $P_0 = P_2 - P_{c2}$
$= P_2 - s \cdot P_2$
$= (1-s)P_2$

2) 변압기와 유도기의 차이점

① 변압기 : 정지 상태에서 교번 자속에 의해서 1차 측에서 2차 측으로 전력을 전달
② 유도기 : 회전자장에 의해서 1차 측에서 2차 측으로 전력을 전달하여 기계적 운동에너지로 변환

3) 2차 효율 및 2차 동손 ★★★

$\eta_2 (2차\ 효율) = \dfrac{P_0}{P_2} = \dfrac{(1-s)P_2}{P_2} = 1-s = \dfrac{N}{N_s}$

$P_{2c} = sP_2$

4) 2차 입력, 2차 동손, 기계적 출력과 슬립의 관계

$P_2 : P_{c2} : P_0 = 1 : s : 1-s$

3 토크

$\tau = \dfrac{P_0}{\omega} = \dfrac{P_0}{2\pi \cdot \dfrac{N}{60}} = \dfrac{60}{2\pi} \cdot \dfrac{P_0}{N} \fallingdotseq 9.55 \cdot \dfrac{P_0}{N} [\text{N} \cdot \text{m}]$

$= \dfrac{1}{9.8} \cdot \dfrac{60}{2\pi} \cdot \dfrac{P_0}{N} \fallingdotseq 0.975 \cdot \dfrac{P_0}{N} [\text{kg} \cdot \text{m}]$

4 동기와트

2차 입력으로 토크를 표시하는 것을 말한다.

$\tau = \dfrac{60}{2\pi} \cdot \dfrac{P_0}{N} = \dfrac{60}{2\pi} \cdot \dfrac{(1-s)P_2}{(1-s)N_s} = \dfrac{60}{2\pi} \cdot \dfrac{P_2}{N_s} [\text{N} \cdot \text{m}]$

5 2차 주파수 및 2차 유도기전력 ★

1) 2차 주파수
- 정지 시 : $f_2 = f_1$
- 회전 시 : $f_2' = sf_1$

2) 2차 유도기전력
- 정지 시 : $E_2 = 4.44 f_1 \phi_m N_2 K_{w2}$
- 회전 시 : $E_2' = 4.44 s f_1 \phi_m N_2 K_{w2} = sE_2$

6 비례추이 ★★

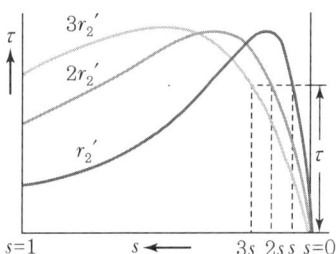

① 권선형 유도전동기에서 2차 측 회전기의 내부 저항과 직렬로 연결한 외부 저항의 크기를 변화시키면 슬립도 이에 비례하여 변화하게 되는 것을 말한다.
② 권선형 유도전동기는 이러한 성질을 이용하여 속도를 제어할 수 있으며, 기동 시 큰 기동토크를 얻을 수 있는데 이는 최대 토크가 일정하기 때문이다.
③ 최대 토크는 항상 일정
④ 2차 저항이 증가할수록 슬립이 증가하고 속도가 감소하면서 기동토크가 증가한다.
⑤ 슬립 s는 2차 저항 r_2에 비례한다.

$$\frac{r_2}{s} = \frac{r_2 + R}{s'} \Rightarrow R = \left(\frac{1}{s} - 1\right) r_2$$

⑥ 비례추이 할 수 있는 것 : 토크, 역률, 1차 전류 및 입력
⑦ 비례추이 할 수 없는 것 : 효율, 2차 동손, 출력(출동율)

7 유도전동기 원선도 작성 시 필요한 시험 ★★

① 저항 측정 시험 : 1차 동손
② 무부하 시험 : 여자 전류, 철손
③ 구속 시험(단락 시험) : 2차 동손

기출 및 예상문제

SECTION 01 · SECTION 02

01 3상 유도전동기의 회전 방향은 이 전동기에서 발생되는 회전자계의 회전 방향과 어떤 관계가 있는가?

① 아무 관계도 없다.
② 회전자계의 회전 방향으로 회전한다.
③ 회전자계의 반대 방향으로 회전한다.
④ 부하 조건에 따라 정해진다.

해설
유도전동기는 회전자계의 회전 방향과 같은 방향으로 회전한다.

02 3상 유도전동기의 최고 속도는 주파수가 60[Hz]에서 몇 [rpm]인가?

① 3,600   ② 3,000
③ 1,800   ④ 1,500

해설
동기속도 $N_s = \dfrac{120f}{P}$ 이고, 주파수는 60[Hz]이므로,
극수 $P=2$일 때 최고 속도가 된다.
따라서 $N_s = \dfrac{120f}{P} = \dfrac{120 \times 60}{2} = 3,600[\text{rpm}]$

03 기동전동기로서 유도전동기를 사용하려고 한다. 동기전동기의 극수가 8극인 경우 유도전동기의 극수는?

① 8극   ② 10극
③ 4극   ④ 6극

해설
유도전동기로 기동시킬 경우, 동기전동기보다 2극이 적은 전동기를 사용한다.

04 60[Hz], 1,200[rpm]의 동기전동기에 직결하여 이것을 기동하기 위한 유도전동기의 적당한 극수는?

① 4극   ② 6극
③ 8극   ④ 10극

해설
유도전동기로 기동시킬 경우, 동기전동기보다 2극이 적은 전동기를 사용한다.
$N_s = \dfrac{120f}{P}$ 에서 동기전동기의 극수
$P = \dfrac{120f}{N_s} = \dfrac{120 \times 60}{1,200} = 6$극,
따라서 유도전동기의 극수는 2극 적은 4극이다.

05 농형 회전자에 비뚤어진 홈을 쓰는 이유가 아닌 것은?

① 출력을 높인다.   ② 파형을 개선한다.
③ 소음을 줄인다.   ④ 기동 특성을 개선한다.

해설
비뚤어진 홈(Skewed Slot, 사구)을 쓰는 이유
• 기동 특성 개선   • 소음 경감   • 파형 개선

06 유도전동기에서 슬립이 0이란 것은 어느 것과 같은가?

① 유도전동기가 동기속도로 회전한다.
② 유도전동기가 정지 상태이다.
③ 유도전동기가 전부하 운전 상태이다.
④ 유도제동기 역할을 한다.

해설
슬립 $s = \dfrac{\text{동기속도} - \text{회전자속도}}{\text{동기속도}}$ 이므로, 슬립이 0이란 것은 동기속도와 회전자속도가 같다. 즉, 유도전동기가 동기속도로 회전한다.

정답 01 ②   02 ①   03 ④   04 ①   05 ①   06 ①

07 50[Hz], 8극인 3상 유도전동기의 전부하에서 회전수가 720[rpm]일 때 슬립[%]은?

① 4 ② 4.5
③ 5 ④ 5.5

해설

- 동기속도 $N_s = \dfrac{120f}{P} = \dfrac{120 \times 50}{8} = 750$[rpm]
- 슬립 $s = \dfrac{N_s - N}{N_s} \times 100[\%] = \dfrac{750 - 720}{750} \times 100 = 4[\%]$

08 전부하에서의 용량 10[kW] 이하의 소형 3상 유도전동기의 슬립은?

① 0.1~0.5[%] ② 0.5~5[%]
③ 5~10[%] ④ 2.5~5.0[%]

해설

소형 전동기는 5~10[%], 중·대형 전동기는 2.5~5[%]의 슬립을 갖는다.

09 60[Hz]의 전원에 접속된 4극 3상 유도전동기에서 슬립이 0.05일 때의 회전 속도[rpm]는?

① 1,800 ② 1,710
③ 1,700 ④ 1,760

해설

4극, 60[Hz] 유도전동기의 동기속도
$N_s = \dfrac{120f}{P} = \dfrac{120 \times 60}{4} = 1,800$[rpm]이므로
$s = \dfrac{N_s - N}{N_s} = \dfrac{1,800 - N}{1,800} = 0.05$에서
회전 속도 N을 구하면 1,710[rpm]

10 유도전동기에서 슬립이 1이라는 것은 어느 것과 같은가?

① 유도전동기가 동기속도로 회전한다.
② 유도전동기가 정지 상태이다.
③ 유도전동기가 전부하 운전 상태이다.
④ 유도제동기의 역할을 한다.

해설

$s = \dfrac{N_s - N}{N_s} = 1$이므로, $N = 0$, 즉 정지 상태를 말한다.

11 유도전동기에서 슬립이 가장 큰 상태는?

① 무부하 운전 시 ② 경부하 운전 시
③ 정격부하 운전 시 ④ 기동 시

해설

$s = \dfrac{N_s - N}{N_s}$에서 기동 시, 즉 $N = 0$일 때 슬립이 1로 가장 크다.

12 3상 유도전동기의 슬립의 범위는?

① $0 < s < 1$ ② $-1 < s < 0$
③ $1 < s < 2$ ④ $0 < s < 2$

해설

- 유도전동기 : $0 < s < 1$
- 유도제동기 : $1 < s < 2$
- 유도발전기 : $s < 0$

13 주파수 60[Hz]의 회로에 접속되어 슬립 3[%], 회전수 1,164[rpm]으로 회전하고 있는 유도전동기의 극수는?

① 4극 ② 6극
③ 8극 ④ 10극

해설

$s = \dfrac{N_s - N}{N_s}$이므로,

$0.03 = \dfrac{N_s - 1,164}{N_s}$에서 $N_s = 1,200$[rpm]

$P = \dfrac{120f}{N_s} = \dfrac{120 \times 60}{1,200} = 6$

14 슬립 3[%]인 유도전동기에서 동기속도가 1,200[rpm]일 때 전동기의 회전 속도는?

① 1,024 ② 1,051
③ 1,152 ④ 1,164

정답 07 ① 08 ③ 09 ② 10 ② 11 ④ 12 ① 13 ② 14 ④

해설

$s = \dfrac{N_s - N}{N_s}$ 이므로, $0.03 = \dfrac{1,200 - N}{1,200}$ 에서 $N = 1,164$

15 회전자 입력을 P_2, 슬립을 s라 할 때 3상 유도전동기의 기계적 출력 관계식은?

① sP_2 ② $(1-s)P_2$
③ $s^2 P_2$ ④ $\dfrac{P_2}{s}$

해설

$\eta_2 = \dfrac{P_0}{P_2} = \dfrac{N}{N_s} = 1-s$ 이므로, $P_0 = (1-s)P_2$

16 단상 유도전동기의 정회전 슬립이 s이면 역회전 슬립은?

① $1-s$ ② $1+s$
③ $2-s$ ④ $2+s$

해설

$s = \dfrac{N_s - (-N)}{N_s} = \dfrac{N_s + N}{N_s} = \dfrac{N_s + (1-s)N_s}{N_s} = 2-s$

17 3상 유도전동기의 1차 입력 60[kW], 1차 손실 1[kW], 슬립 3[%]일 때 기계적 출력[kW]은?

① 57 ② 75
③ 95 ④ 100

해설

$P_2 = P_1 - P_{1c} = 60 - 1 = 59[\text{kW}]$
$P_o = (1-s)P_2 = (1-0.03) \times 59 \fallingdotseq 57[\text{kW}]$

18 전부하 슬립 5[%], 2차 저항손 5.26[kW]인 3상 유도전동기의 2차 입력은 몇 [kW]인가?

① 2.63 ② 5.26
③ 105.2 ④ 226.5

해설

$P_2 = \dfrac{P_{2C}}{s} = \dfrac{5.26}{0.05} \fallingdotseq 105.2[\text{kW}]$

19 회전자 입력 15[kW], 슬립 3[%]인 3상 유도전동기의 2차 동손은 몇 [kW]인가?

① 1.5 ② 0.36 ③ 0.45 ④ 0.15

해설

$P_{2C} = s \cdot P_2 = 0.03 \times 15 = 0.45[\text{kW}]$

20 15[kW], 60[Hz], 4극의 3상 유도전동기가 있다. 전부하가 걸렸을 때의 슬립이 4[%]라면 이때의 2차(회전자) 측 동손은 약 몇 [kW]인가?

① 1.2 ② 1.0 ③ 0.8 ④ 0.6

해설

$P_2 = \dfrac{P_o}{1-s} = \dfrac{15}{1-0.04} \fallingdotseq 15.6[\text{kW}]$
$P_{2C} = s \cdot P_2 = 0.04 \times 15.6 \fallingdotseq 0.6[\text{kW}]$

21 슬립이 0.04이고 전원 주파수가 50[Hz]인 유도전동기의 회전자 회로의 주파수[Hz]는?

① 1 ② 2 ③ 3 ④ 4

해설

회전 시 회전자 회로의 주파수 $f_2 = sf_1 = 0.04 \times 50 = 2[\text{Hz}]$

22 유도전동기에 대한 설명 중 옳은 것은?

① 유도발전기일 때의 슬립은 1보다 크다.
② 유도전동기의 회전자 회로의 주파수는 슬립에 반비례한다.
③ 전동기 슬립은 2차 동손을 2차 입력으로 나눈 것과 같다.
④ 슬립이 크면 클수록 2차 효율은 커진다.

해설

- $P_{2C} = sP_2$ 이므로, $s = \dfrac{P_{2C}}{P_2}$
- 유도발전기일 때의 슬립은 0보다 작다.
- $f_2 = sf_1$ 이므로 회전자 회로의 주파수는 슬립에 비례한다.
- $\eta_2 = 1-s$ 이므로 슬립이 클수록 2차 효율은 작아진다.

정답 15 ② 16 ③ 17 ① 18 ③ 19 ③ 20 ④ 21 ② 22 ③

23 60[Hz], 4극, 10[kW]인 3상 유도전동기가 1,440[rpm]으로 회전할 때 회전자 효율[%]은?

① 60 ② 70
③ 80 ④ 90

해설

$N_s = \dfrac{120f}{P} = \dfrac{120 \times 60}{4} = 1{,}800\,[\text{rpm}]$

회전자 효율 $\eta_2 = \dfrac{P_0}{P_2} = 1-s = \dfrac{N}{N_s} = \dfrac{1{,}440}{1{,}800} = 0.8 = 80\,[\%]$

24 3[kW], 1,500[rpm] 유도전동기의 토크 [N·m]는 약 얼마인가?

① 1.91[N·m] ② 19.1[N·m]
③ 29.1[N·m] ④ 114.6[N·m]

해설

$\tau = \dfrac{60}{2\pi} \cdot \dfrac{P_0}{N} = \dfrac{60}{2\pi} \cdot \dfrac{3 \times 10^3}{1{,}500} \fallingdotseq 19.1\,[\text{N·m}]$

25 220[V]/60[Hz], 4극의 3상 유도전동기가 있다. 슬립 4[%]로 회전할 때 출력 17[kW]를 낸다면, 이때의 토크는 약 몇 [N·m]인가?

① 96[N·m] ② 94[N·m]
③ 88[N·m] ④ 102[N·m]

해설

$N = (1-s)N_s = (1-s)\dfrac{120f}{P} = (1-0.04)\dfrac{120 \times 60}{4}$

$= 1{,}728\,[\text{rpm}]$

$\tau = \dfrac{60}{2\pi} \cdot \dfrac{P_o}{N} = \dfrac{60}{2\pi} \cdot \dfrac{17{,}000}{1{,}728} \fallingdotseq 94\,[\text{N·m}]$

26 유도전동기에 있어서 2차 입력 P_2, 출력 P_0, 슬립 s, 2차 동손 P_{c2}와의 관계를 선정하면?

① $P_2 : P_0 : P_{c2} = 1 : s : 1-s$
② $P_2 : P_0 : P_{c2} = 1-s : 1 : s$
③ $P_2 : P_0 : P_{c2} = 1 : 1/s : 1-s$
④ $P_2 : P_0 : P_{c2} = 1 : 1-s : s$

해설

$\eta_2 = \dfrac{P_0}{P_2} = \dfrac{N}{N_s} = 1-s$, $P_{c2} = sP_2$이므로,

P_2를 1로 선정하면

$P_2 : P_0 : P_{c2} = 1 : 1-s : s$

27 슬립 4[%]인 3상 유도전동기의 2차 동손이 0.4[kW]일 때 회전자 입력[kW]은?

① 6 ② 8
③ 10 ④ 12

해설

$P_{2C} = sP_2$이므로, $P_2 = \dfrac{P_{2C}}{s} = \dfrac{0.4}{0.04} = 10\,[\text{kW}]$

28 출력 12[kW], 회전수 1,140[rpm]인 유도전동기의 동기와트는 약 몇 [kW]인가?(단, 동기속도 N_s는 1,200[rpm]이다.)

① 10.4 ② 11.5
③ 12.6 ④ 13.2

해설

동기와트는 2차 입력으로서 토크를 표시하는 것을 말한다.

$\tau = \dfrac{60}{2\pi} \cdot \dfrac{P_0}{N} = \dfrac{60}{2\pi} \cdot \dfrac{12}{1{,}140} = 0.1\,[\text{N·m}]$

따라서, 동기와트

$P_2 = \omega_s \tau = 2\pi \times \dfrac{N_s}{60} \times \tau = 2\pi \times \dfrac{1{,}200}{60} \times 0.1 \fallingdotseq 12.6\,[\text{kW}]$

29 슬립 5[%]인 유도전동기를 전부하 토크로 기동시키려면 2차에 2차 저항의 몇 배를 넣으면 되는가?

① 5 ② 15
③ 9 ④ 19

해설

$\dfrac{r_2}{s} = \dfrac{r_2 + R}{s'}$에서 기동 시는 슬립이 1이므로, $s' = 1$

따라서 $R = \left(\dfrac{1-s}{s}\right)r_2 = \left(\dfrac{1-0.05}{0.05}\right) \times r_2 = 19r_2$

정답 23 ③ 24 ② 25 ② 26 ④ 27 ③ 28 ③ 29 ④

30 전부하 슬립 2[%], 1상의 저항 $r_2=0.1[\Omega]$인 3상 권선형 유도 전동기의 기동 토크를 전부하 토크와 같게 하기 위하여 슬립링을 통하여 2차 회로에 삽입하여야 하는 저항[Ω]은?

① 4.7　　② 4.8
③ 4.9　　④ 5.0

해설

$R = r_2\left(\dfrac{1-s}{s}\right) = 0.1 \times \left(\dfrac{1-0.02}{0.02}\right) = 4.9[\Omega]$

31 200[V], 10[kW], 3상 유도전동기의 전부하 전류는 약 몇 [A]인가?(단, 효율과 역률은 각각 85[%]이다.)

① 30[A]　　② 40[A]
③ 50[A]　　④ 60[A]

해설

$P = \sqrt{3}\,VI\cos\theta\,\eta[W]$이므로,
$I = \dfrac{P}{\sqrt{3}\,V\cos\theta\,\eta}$
따라서
$I = \dfrac{P}{\sqrt{3}\,V\cos\theta\,\eta} = \dfrac{10\times 10^3}{\sqrt{3}\times 200\times 0.85 \times 0.85} \fallingdotseq 40[A]$

32 정지된 유도전동기가 있다. 1차 권선에서 1상의 직렬권선회수가 100회이고, 1극당의 평균자속이 0.02[Wb], 주파수가 60[Hz]이라고 하면, 1차 권선의 1상에 유도되는 기전력의 실효값은 약 몇[V]인가?(단, 1차 권선계수는 1로 한다.)

① 377[V]　　② 533[V]
③ 635[V]　　④ 730[V]

해설

유도전동기가 정지된 경우의 1차 권선의 유도기전력은
$E_1 = 4.44 f_1 \phi w_1 k w_1 = 4.44 \times 60 \times 0.02 \times 100 \times 1 \fallingdotseq 532.8[V]$

33 유도전동기의 슬립을 측정하는 방법이 아닌 것은?

① 직류 밀리볼트법　　② 회전계법
③ 평형브리지법　　　④ 스트로보법

해설

슬립 측정방법
- 회전계법
- 직류 밀리볼트법
- 수화기법
- 스트로보법

34 3상 유도전동기의 2차 저항을 2배로 하면 그 값이 2배로 되는 것은?

① 슬립　　② 토크
③ 전류　　④ 역률

해설

3상 유도전동기는 2차 저항을 증가시키면, 비례추이에 의해 슬립도 비례하여 증가한다.

35 3상 유도전동기의 토크는?

① 2차 유도기전력의 2승에 비례한다.
② 2차 유도기전력에 비례한다.
③ 2차 유도기전력과 무관하다.
④ 2차 유도기전력의 0.5승에 비례한다.

해설

3상 유도전동기의 토크는 2차 유도기전력의 2승에 비례한다.

36 일정한 주파수의 전원에서 운전하는 3상 유도전동기의 전원전압이 80[%]가 되었다면 토크는 약 몇 [%]가 되는가?(단, 회전수는 변하지 않는 상태로 한다.)

① 55　　② 64
③ 76　　④ 82

해설

유도전동기의 토크는 공급전압의 제곱에 비례한다.
$\tau = V_1^2$이므로, $\tau' = (0.8 V_1)^2 = 0.64 V_1^2$

정답 30 ③　31 ②　32 ②　33 ③　34 ①　35 ①　36 ②

37 다음 중 비례추이와 관계가 있는 전동기는?
① 동기전동기 ② 단상 유도전동기
③ 권선형 유도전동기 ④ 농형 유도전동기

해설
권선형 유도전동기는 비례추이의 성질을 이용하여 기동토크를 크게 할 수 있고, 속도 제어에도 이용할 수 있다.

38 권선형에서 비례추이를 이용한 기동법은?
① 리액터기동법 ② 기동 보상기법
③ 2차 저항기동법 ④ $Y-\Delta$ 기동법

해설
권선형 유도전동기는 2차 저항을 통한 비례추이의 원리를 이용하여 기동 시 큰 기동토크를 얻고 기동전류를 억제하여 기동한다.

39 다음 중 유도전동기에서 비례추이를 할 수 없는 것은?
① 역률 ② 2차 동손
③ 토크 ④ 2차 전류

해설
- 비례추이 가능 : 토크, 역률, 1·2차 전류
- 비례추이 불가능 : 효율, 출력, 2차 동손

40 3상 권선형 유도전동기의 2차 회로에 저항을 삽입하는 목적이 아닌 것은?
① 최대 토크를 크게 하기 위하여
② 속도 제어를 하기 위하여
③ 기동 토크를 크게 하기 위하여
④ 기동 전류를 줄이기 위하여

해설
최대 토크는 변하지 않는다.

41 3상 유도전동기에서 원선도 작성에 필요한 시험이 아닌 것은?
① 무부하 시험
② 고정자 권선의 저항 측정
③ 회전수 측정
④ 구속 시험

해설
유도전동기 원선도 작성 시 필요한 시험
- 저항 측정 시험 : 1차 동손
- 무부하 시험 : 여자 전류, 철손
- 구속 시험(단락 시험) : 2차 동손

정답 37 ③ 38 ③ 39 ② 40 ① 41 ③

SECTION 03 유도전동기 운전

1 기동법

1) 농형 유도전동기의 기동법 ★★

① 전전압 기동 : 5[kW] 이하의 소형 전동기에서 주로 이용, 기동전류는 정격전류의 3~6배
② Y-Δ기동
  • 5~15[kW]의 중·소형에서 주로 이용, 기동 시 Y결선, 운전 시 Δ결선으로 변경시켜 공급전압을 조정
  • 기동토크와 기동전류는 정격의 1/3로 감소
③ 리액터 기동 : 15[kW] 이상의 중·대형에서 이용, 전원과 전동기 사이에 직렬 리액터를 삽입하여 감압하여 기동
④ 기동보상기법 : 15[kW] 이상의 중·대형에서 이용, 단권변압기를 사용하여 공급전압을 낮추어 기동시키는 방법으로 기동전류를 1배 이하로 낮출 수 있다.

2) 권선형 유도전동기의 기동법 ★★

2차 저항기동법(기동저항기법) : 외부의 저항을 변경하여 비례추이의 원리를 이용

2 속도 제어 ★★

1) 농형 유도전동기의 속도 제어법

① 극수 변환법 : 고정자 권선의 접속을 직·병렬로 변경
② 주파수 제어법 : 공급전원에 주파수를 변화시켜 동기 속도를 바꾸는 방법
  참고 VVVF
③ 1차 전압제어법 : 유도기의 토크는 전원전압의 제곱에 비례하기 때문에 1차 전압을 제어하여 속도를 제어

2) 권선형 유도전동기 속도제어법

① 2차 저항제어법 : 2차 측 저항값을 변화시켜 속도 제어(비례추이 이용)
② 2차 여자제어법 : 2차 회전자에 2차 유기기전력과 같은 주파수를 갖는 전압(슬립주파수 전압)을 인가하여 속도를 제어하는 방법
③ 종속법
  ㉠ 직렬 종속 : $N = \dfrac{120f}{P_1 + P_2}$

ⓛ 병렬 종속 : $N = \dfrac{120f}{\dfrac{P_1+P_2}{2}} = \dfrac{240f}{P_1+P_2}$

ⓒ 차동 종속 : $N = \dfrac{120f}{P_1-P_2}$

3 제동법

1) **발전 제동** : 제동 시 전원을 분리한 후 직류전원을 연결하면 계자에 고정자속이 생기고 회전자에 교류 기전력이 발생하여 제동력이 생기는데, 이를 직류제동이라고도 한다.
2) **회생 제동** : 제동 시 전원에 연결시킨 상태로 외력에 의해서 동기속도 이상으로 회전시키면 유도발전기가 되어 발생된 전력을 전원으로 반환하면서 제동하는 방법이다.
3) **역상 제동(플러깅)** : 운전 중인 유도전동기에 회전 방향과 반대 방향의 토크를 발생시켜 급속하게 정지하는 방법이다.

4 유도전동기의 이상 현상

1) **크로우링 현상**
   ① 농형 유도전동기에서 발생
   ② 회전자 권선과 슬롯수가 적당치 않을 경우 발생하며, 고조파 유기 시 정격속도 이하에서 운전되는 현상

2) **게르게스 현상**
   ① 권선형 유도전동기에서 발생
   ② 회전자 권선 중 1상이 결손된 경우 전동기가 소손되지 않고 운전되는 현상
   ③ 무부하 또는 경부하 시에만 가능하고 최대속도가 정격속도의 1/2로 감소

SECTION 04 단상 유도전동기

1 단상 유도전동기의 특징

단상에서는 회전자계가 발생하지 않으므로 별도의 기동장치가 필요하다.

2 기동장치에 의한 분류 ★★

1) 반발형 유도전동기

- 회전자에 직류전동기와 같이 전기자권선과 정류자를 갖고 있고 브러시를 단락하면 기동 시에 큰 기동토크를 얻을 수 있는 전동기이다.
- 기동은 직권전동기와 같은 원리로 기동하며, 정류자에 붙은 원심력 스위치가 정격속도의 70~80[%]에 도달하면 개방되어 농형과 같이 회전하는 단상 유도전동기이다.

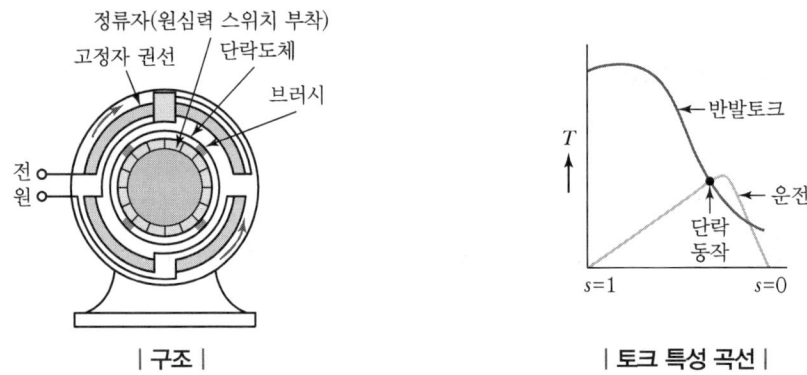

| 구조 | | 토크 특성 곡선 |

2) 콘덴서기동형

기동권선에 직렬로 콘덴서를 넣고 권선에 흐르는 기동전류를 앞선 전류로 하고 운전권선에 흐르는 전류와 위상차를 갖도록 한 것이다.

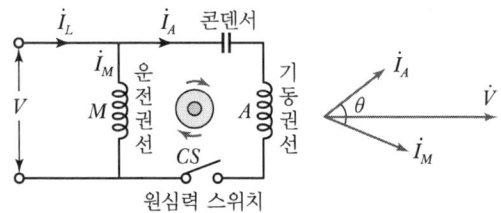

3) 영구콘덴서형

- 콘덴서 기동형 유도전동기에서 원심력 스위치를 제거한 것과 같은 구조로, 기동할 때나 운전할 때나 항상 콘덴서를 기동권선과 직렬로 접속하여 사용하는 전동기이다.
- 원심력 스위치가 없어서 가격도 싸므로 큰 기동토크를 요구하지 않는 선풍기, 냉장고, 세탁기 등에 널리 사용된다.

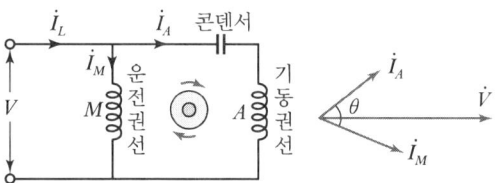

4) 분상기동형

기동권선은 운전권선보다 가는 코일을 사용하며 권수를 적게 감아서 권선저항을 크게 만들어 주권선과의 전류 위상차를 생기게 하여 기동한다.

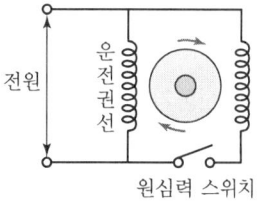

5) 셰이딩코일형

- 고정자 철심에 부착된 셰이딩코일에 의해서 자극면에 이동 자기장이 발생하여 회전력을 갖는 단상 유도전동기이다.
- 슬립이나 속도 변동이 크고 효율이 낮아, 극히 소형 전동기(수십[W] 이하)에 한해 사용되고 있다.
- 역회전 불가능

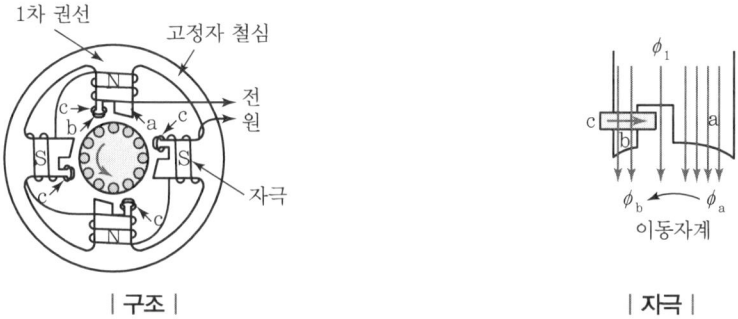

| 구조 | | 자극 |

3 기동토크 크기 ★★★

반발기동형 > 반발유도형 > 콘덴서기동형 > 영구콘덴서형 > 분상기동형 > 셰이딩코일형

기출 및 예상문제

SECTION 03·SECTION 04

01 농형 유도전동기의 기동에 있어 다음 중 옳지 않은 방법은?

① Y-Δ 기동법
② 2차 저항에 의한 기동법
③ 전전압 기동
④ 단권 변압기에 의한 기동

해설
2차 저항 기동법은 권선형 유도전동기에서 사용하는 기동법이다.

02 유도전동기의 기동 방식 중 권선형에서만 사용할 수 있는 방식은?

① 리액터 기동   ② Y-Δ 기동법
③ 2차 회로의 저항 삽입 ④ 기동 보상기

해설
리액터 기동, Y-Δ 기동, 기동 보상기는 농형 유도전동기에서 사용하는 기동법이다.

03 3상 권선형 유도전동기의 속도를 제어하고자 한다. 적합하지 않은 방법은?

① 2차 저항기동법   ② 종속법
③ 2차 여자법   ④ 전전압법

해설
전전압법은 농형 유도전동기 기동방법이다.

04 권선형 유도전동기에 한하여 이용되고 있는 속도 제어법은?

① 1차 전압제어법, 2차 저항제어법
② 1차 주파수제어법, 1차 전압제어법
③ 2차 여자제어법, 2차 저항제어
④ 2차 여자제어법, 극수변환법

해설
권선형 유도전동기 속도 제어법
• 2차 저항제어법   • 2차 여자제어법   • 종속법

05 3[kW], 200[V] 유도전동기의 전전압 기동 시의 기동 전류가 120[A]였다. 여기에 Y-Δ 기동 시 기동 전류는 몇 [A]가 되는가?

① 40   ② 50
③ 55   ④ 60

해설
Y-Δ기동
기동 전류와 기동 토크가 전부하의 1/3로 줄어든다.

06 인견 공업에 사용되는 포트 모터의 속도 제어는?

① 주파수 변화에 의한 제어
② 극수 변환에 의한 제어
③ 1차 회전에 의한 제어
④ 저항에 의한 제어

해설
주파수 변환법
자속을 일정하게 유지하기 위하여 V_1/f를 일정하게 하며, 선박 추진기, 포트 모터 등에 사용한다.

07 다음 중 유도전동기의 속도 제어에 사용되는 인버터 장치의 약호는?

① CVCF   ② VVVF
③ CVVF   ④ VVCF

해설
VVVF
가변전압, 가변주파수가 발생하는 교류전원 장치로서 주파수 제어에 의한 유도전동기의 속도 제어에 많이 사용된다.

정답   01 ②   02 ③   03 ④   04 ③   05 ①   06 ①   07 ②

08 50[kW]의 농형 유도전동기를 기동하려고 할 때, 다음 중 가장 적당한 기동 방법은?

① 분상기동법
② 기동보상기법
③ 권선형 기동법
④ 슬립부하기동법

해설

농형 유도전동기 기동법
- 5[kW] 이하 : 전전압 기동법
- 5~15[kW] : Y−Δ 기동법
- 15[kW] 이상 : 리액터 기동법, 기동 보상기법

09 3상 권선형 유도전동기의 기동 시 2차 측에 저항을 접속하는 이유는?

① 기동토크를 크게 하기 위해
② 회전수를 감소시키기 위해
③ 기동전류를 크게 하기 위해
④ 역률을 개선하기 위해

해설

2차 저항 기동법
권선형 유도전동기의 기동법으로, 비례추이의 원리에 의해 큰 기동 토크를 얻고 기동전류를 억제하여 기동시키는 방법이다.

10 12극과 8극인 2개의 유도전동기를 종속법에 의한 직렬종속법으로 속도 제어할 때 전원주파수가 50[Hz]인 경우 무부하 속도 N은 몇 [rps]인가?

① 5
② 50
③ 300
④ 3,000

해설

$N = \dfrac{120f}{P_1 + P_2} = \dfrac{120 \times 50}{12 + 8} = 300[\text{rpm}] = 5[\text{rps}]$

11 유도전동기의 회전자에 슬립 주파수의 전압을 공급하여 속도 제어를 하는 방법은?

① 주파수 변환법
② 2차 여자법
③ 직류 여자법
④ 2차 저항법

해설

2차 여자법
권선형 유도전동기 2차 회전자에 2차 유기기전력과 같은 주파수를 갖는 전압(슬립주파수 전압)을 인가하여 속도를 제어하는 방법

12 전동기의 제동에서 전동기가 가지는 운동에너지를 전기에너지로 변화시키고 이것을 전원에 환원시켜 전력을 회생시킴과 동시에 제동하는 방법은?

① 발전제동
② 역전제동
③ 맴돌이전류제동
④ 회생제동

해설

회생제동
전동기의 유기기전력을 전원 전압보다 높게 하여 발전기로 동작시켜 발생된 전력을 전원에 환원하여 제동하는 방법

13 3상 유도전동기의 회전 방향을 바꾸기 위한 방법으로 가장 옳은 것은?

① 전원의 극수를 바꾼다.
② 전원의 주파수를 바꾼다.
③ 3상 전원 3선 중 두 선의 접속을 바꾼다.
④ 기동 보상기를 이용한다.

해설

3상 유도전동기의 회전 방향을 바꾸려면, 3선 중 임의의 두 선의 접속을 바꾸면 된다.

14 단상 유도전동기를 기동 토크가 큰 순서로 배열된 것은?

① 반발유도형, 반발기동형, 콘덴서기동형, 분상기동형
② 반발기동형, 반발유도형, 콘덴서기동형, 셰이딩코일형
③ 반발기동형, 콘덴서기동형, 셰이딩코일형, 분상기동형
④ 반발유도형, 콘덴서기동형, 셰이딩코일형, 반발기동형

해설
단상 유도전동기 기동토크 크기
반발기동형 > 반발유도형 > 콘덴서기동형 > 영구콘덴서형 >
분상기동형 > 셰이딩코일형

15 단상 유도전동기에 보조권선을 사용하는 주된 이유는?

① 회전자장을 얻는다. ② 역률 개선을 한다.
③ 속도 제어를 한다. ④ 기동전류를 줄인다.

해설
단상 유도전동기는 기동토크가 발생하지 않아 별도의 기동용 장치를 설치하여야 하는데, 기동용 보조권선을 사용하여 회전자장을 얻어 기동한다.

16 그림과 같은 분상기동형 단상 유도전동기를 역회전시키기 위한 방법이 아닌 것은?

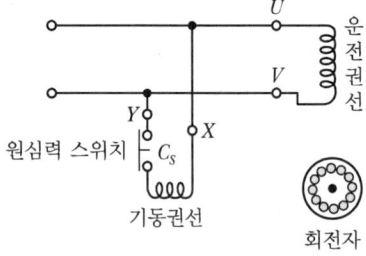

① 원심력 스위치를 개로 또는 폐로한다.
② 운전권선의 단자접속을 반대로 한다.
③ 기동권선의 단자접속을 반대로 한다.
④ 기동권선이나 운전권선의 어느 한 권선의 단자접속을 반대로 한다.

해설
단상 유도전동기를 역회전시키기 위해서는, 기동권선이나 운전권선 중 어느 한 단자의 접속을 반대로 한다.

17 다음 중 단상 유도전동기의 기동방법 중 기동 토크가 가장 큰 것은?

① 분상기동형   ② 반발유도형
③ 콘덴서기동형   ④ 반발기동형

해설
문제 14번 해설 참조

18 역률과 효율이 좋아서 가정용 선풍기, 전기세탁기, 냉장고 등에 주로 사용되는 것은?

① 분상기동형 전동기
② 콘덴서기동형 전동기
③ 반발기동형 전동기
④ 셰이딩코일형 전동기

해설
단상 유도전동기 중 콘덴서형은 역률과 효율이 좋으며 가격도 싸므로, 큰 기동토크를 요구하지 않는 선풍기, 냉장고, 세탁기 등에 널리 사용된다.

19 분상기동형 단상 유도전동기 원심개폐기의 작동 시기는 회전자 속도가 동기속도의 몇 [%] 정도인가?

① 10~30   ② 40~50
③ 60~80   ④ 90~100

해설
단상 유도전동기의 원심개폐기는 회전자 속도가 동기속도의 60~80[%] 정도에 이르면 자동으로 개방된다.

20 기동토크가 대단히 작고 역률과 효율이 낮으며 전축, 선풍기 등 수십[W] 이하의 소형 전동기에 널리 사용되는 단상 유도전동기는?

① 반발기동형
② 모노사이클릭형
③ 셰이딩코일형
④ 콘덴서형

해설
셰이딩코일형
돌극형 자극의 고정자와 농형 회전자로 구성된 전동기로, 구조가 간단하나 토크가 매우 작고 역률과 효율이 낮아 전축, 선풍기 등 수십 [W] 이하의 소형 전동기에 한해 사용하고 있다.

정답 15 ① 16 ① 17 ④ 18 ② 19 ③ 20 ③

CHAPTER 05 정류기

SECTION 01 정류용 반도체 소자

1 반도체

1) 진성 반도체(순수반도체) ★★

불순물이 섞이지 않은 순수한 반도체로서 실리콘(Si), 게르마늄(Ge), 셀렌(Se), 산화동(Cu_2O) 등은 4가의 원소들로서 최외각에 4개의 전자를 가지고 있는 반도체이다.

2) 불순물 반도체 ★★★

진성 반도체에 3족 또는 5족 원소를 소량 혼입한 반도체로 진성 반도체와 다른 전기적 성질이 나타나며, 불순물 반도체는 N형(-)과 P형(+) 반도체로 나뉜다.

▼ 불순물 반도체의 구분

구분	구성	첨가불순물	명칭	반송자
N형 반도체	4족 원소+5족 원소	인(P), 비소(As), 안티몬(Sb)	도너	과잉전자
P형 반도체	4족 원소+3족 원소	알루미늄(Al), 인듐(In), 갈륨(Ga), 붕소(B)	억셉터	정공

2 다이오드(Diode) ★★

1) 다이오드의 극성과 기호

PN 접합 다이오드는 애노드와 캐소드로 되어 있으며, 애노드에 (+), 캐소드에 (-)를 가할 때 순방향 바이어스로 도통상태가 된다.

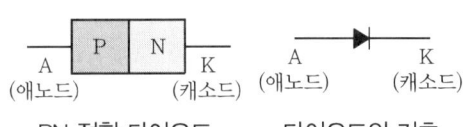

PN 접합 다이오드   다이오드의 기호

2) 다이오드의 특성

① 교류를 직류로 변환시켜 주는 정류소자이다.
② 고온에서 역방향 누설전류로 특성이 나쁘며 일정 온도 이상에서는 절연파괴가 발생한다.
③ 온도 상승 시 정방향 전류가 감소하고 역방향 전류가 증가한다.

④ 실리콘 재질은 온도가 높고 전류밀도가 크며 역방향 전압이 높다.

3) 다이오드의 보호 ★★

① 과전압으로부터 보호 : 다이오드를 직렬로 추가
② 과전류로부터 보호 : 다이오드를 병렬로 추가

3 사이리스터

1) 사이리스터의 구조 및 기호 ★★

사이리스터는 여러 가지 종류가 있으나 그중 SCR(Silicon Controlled Rectifier)이 대표적이다.

2) SCR의 특성 ★★

① PNPN의 4층 구조로 된 사이리스터의 대표적인 소자로서 게이트에 흐르는 작은 전류로 큰 전력을 제어할 수 있다.

② SCR의 턴 온(Turn-on) ★★
- 래칭전류 : 온(On)시키기 위한 최소 전류
- 유지전류 : 온(On) 상태를 유지하기 위한 최소 전류

③ SCR의 턴 오프(Turn-off) ★★
- 역전압 인가
- 유지전류 이하

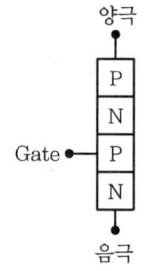
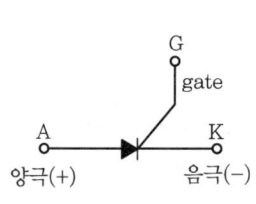

3) SCR의 기능

① 순방향 저지 상태 : 순방향 전압이 SCR에 인가되어도 SCR은 다이오드처럼 바로 도통하는 것이 아니고 SCR을 점호하기 전까지는 계속 불통 상태에 머물러 있다.
② SCR은 일단 도통된 후 게이트 전류를 차단시켜도 계속 도통 상태를 유지한다.
③ SCR은 역전압이 걸려 전류가 멈추면 소호되는데, 소호되고 나면 다시 순방향 전압이 가해져도 게이트를 통해 점호하기 전까지는 다시 도통하지 않는다.

> **REFERENCE** 에벌런치 항복 전압 ★
>
> 역 바이어스된 PN 접합에서 자유전자가 기하급수적으로 증가하는 현상을 에벌런치 항복이라 하고, 이때의 전압을 에벌런치 항복 전압이라 한다. 온도 또는 농도가 증가하면 항복 전압도 증가한다.

SECTION 02 전력용 반도체 소자

1 전력용 반도체 소자의 종류 ★★★

반도체 소자의 불순물 혼입 정도 및 소자의 역병렬 접속에 따라 특성 및 용도가 다른다.

▼ 전력용 반도체 소자의 종류 및 특성

명칭	기호	동작특성	용도
다이오드		교류를 직류로 변환	정류소자
제너다이오드		안정된 전압 특성을 보여 간단히 정전압을 만들거나 과전압으로부터 보호	정전압제어
SSS (양방향 대칭형 스위치)		양단자 간에 순시전압을 가해서 제어	교류제어용
DIAC (대칭형 다이오드)		다이오드 2개를 역병렬로 접속한 것과 등가로, 게이트 트리거 펄스용으로 사용	트리거 펄스 발생 소자
SCR (역저지 3단자 사이리스터)		순방향 전류가 흐를 때 게이트 신호에 의해 스위칭	직류 및 교류 제어용 소자
GTO (게이트 턴오프 스위치)		게이트에 역방향으로 전류를 흘리면 자기 소호	직류 및 교류 제어용 소자
TRIAC (양방향 3단자 사이리스터)		사이리스터 2개를 역병렬로 접속한 것과 등가로 교류스위치로 사용	교류 제어용
IGBT (단방향 3단자 트랜지스터)		게이트에 전압을 인가했을 때만 컬렉터전류가 흐른다.	고속 인버터, 초퍼 제어소자
SCS (단방향 4단자 사이리스터)		게이트가 2개인 단방향 4단자 사이리스터	광에 의한 스위치 제어

2 단자 개수별 분류

- 2단자 : 다이오드(Diode), SSS, DIAC, 제너 다이오드
- 3단자 : SCR, TRIAC, GTO
- 4단자 : SCS

SECTION 03 각종 정류회로 ★★★

1 단상 반파 정류회로(순저항 부하일 경우)

① 입력 전압의 반주기만 통전하여 반파만 출력된다.

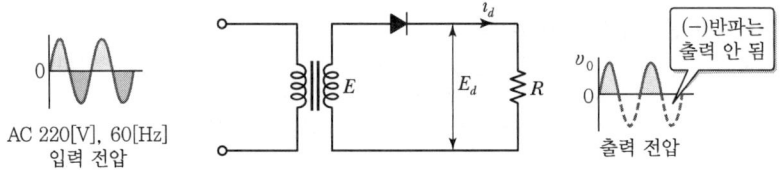

② 출력 전압은 사인파 교류 평균값의 반이 된다.

$$E_d = \frac{\sqrt{2}}{\pi}E = 0.45E \qquad\qquad 직류\ 평균\ 전류\ I_d = \frac{E_d}{R} = \frac{\sqrt{2}}{\pi} \cdot \frac{E}{R}$$

2 단상전파 정류회로(순저항 부하일 경우)

① 입력전압의 (+)반주기 동안에는 D_1, D_4 통전하고, (−)반주기 동안에는 D_2, D_3 통전하여 전파 출력된다.
② 출력전압은 사인파 교류 평균값이 된다.

$$E_d = \frac{2\sqrt{2}}{\pi}E = 0.9E$$

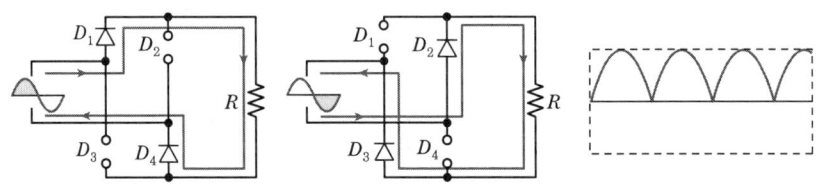

3 3상 반파 정류회로(순저항 부하일 경우)

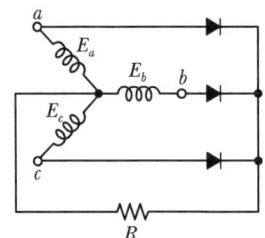
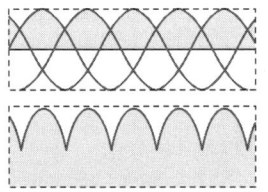

직류전압의 평균값 $E_d = \frac{3\sqrt{6}}{2\pi}E = 1.17E$

4 3상 전파 정류회로(순저항 부하일 경우)

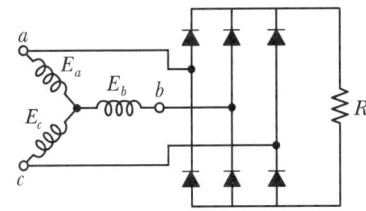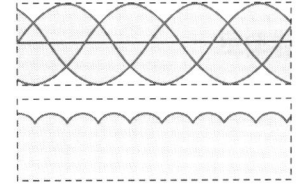

직류전압의 평균값 $E_d = \dfrac{3\sqrt{2}}{\pi}E = 1.35E$

5 맥동률 및 맥동주파수 ★★★

맥동률이란 직류에 포함되어 있는 교류성분의 정도를 나타내며, 맥동률이 작을수록 정류의 품질이 좋아진다.

맥동률 $= \dfrac{\text{교류분}}{\text{직류분}} \times 100 [\%]$

▼ 주파수와 맥동률

구분	직류 평균 전압	맥동률[%]	맥동주파수[Hz]
단상 반파	$E_d = 0.45E$	121	1f
단상 전파	$E_d = 0.9E$	48	2f
3상 반파	$E_d = 1.17E$	17	3f
3상 전파	$E_d = 1.35E$	4	6f

6 PIV 전압(첨두 역전압) ★

① 단상 반파 정류회로 : $PIV = \sqrt{2}\,E = \pi E_d$
② 단상 전파 정류회로 : $PIV = 2\sqrt{2}\,E = \pi E_d$

SECTION 04 위상 제어 정류회로

1 단상 반파 정류회로

$$E_d = \frac{\sqrt{2}}{\pi} E\left(\frac{1+\cos\alpha}{2}\right) = 0.45 E\left(\frac{1+\cos\alpha}{2}\right)$$

2 단상 전파 정류회로

1) 저항만의 부하

$$E_d = \frac{\sqrt{2}}{\pi} E(1+\cos\alpha) = 0.45 E(1+\cos\alpha)$$

2) 유도성 부하

$$E_d = \frac{2\sqrt{2}}{\pi} E\cos\alpha = 0.9 E\cos\alpha$$

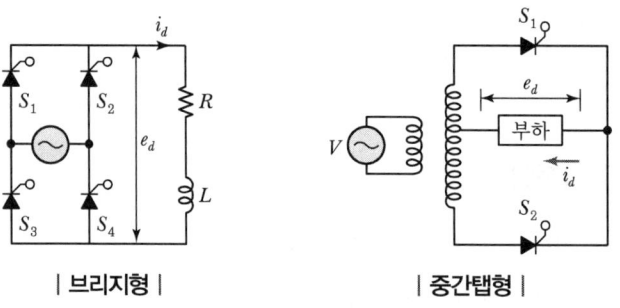

| 브리지형 | | 중간탭형 |

3 3상 반파 정류회로(유도성 부하)

$$E_d = \frac{3\sqrt{6}}{2\pi} E\cos\alpha = 1.17 E\cos\alpha$$

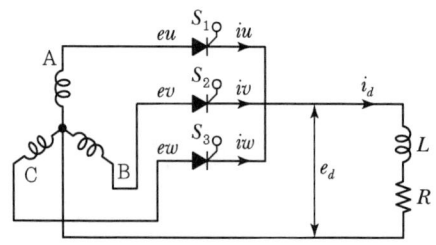

4 3상 전파 정류회로(유도성 회로)

$$E_d = \frac{3\sqrt{2}}{\pi}E\cos\alpha = 1.35E\cos\alpha$$

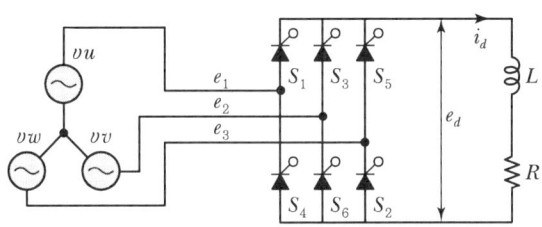

SECTION 05 전력 변환 형태 ★★

① AC-DC 변환(컨버터) : 전원주파수 교류를 일정 직류로 변환
② DC-AC 변환(인버터) : 직류를 가변주파수, 가변전압의 교류 형태로 변환
③ DC-DC 변환(초퍼) : 임의의 직류전압을 요구하는 형태의 직류전압으로 변환
④ AC-AC 변환(사이클로 컨버터) : 전원 주파수와 다른 주파수의 전력으로 변환

기출 및 예상문제

SECTION 01 ~ SECTION 05

01 다이오드를 사용한 정류 회로에서 여러 개를 직렬로 연결하여 사용할 경우 얻는 효과는?

① 다이오드를 과전류로부터 보호
② 다이오드를 과전압으로부터 보호
③ 부하출력의 맥동률 감소
④ 전력 공급의 증대

해설

정류기 보호 방법
- 과전류로부터 보호 : 병렬로 추가 연결
- 과전압으로부터 보호 : 직렬로 추가 연결

02 SCR에 대한 설명으로 틀린 것은?

① 3단자 소자이다.
② 스위칭 소자이다.
③ 직류전압만을 제어한다.
④ 적은 게이트 신호로 대전력을 제어한다.

해설

SCR은 직류, 교류 모두 제어할 수 있다.

03 N형 반도체의 전기전도의 주된 역할을 하는 반송자는?

① 과잉전자
② 정공
③ 가전자
④ 억셉터

해설

불순물 반도체의 구분

구분	구성	첨가불순물	명칭	반송자
N형 반도체	4족 원소 +5족 원소	인(P), 비소(As), 안티몬(Sb)	도너	과잉 전자
P형 반도체	4족 원소 +3족 원소	알루미늄(Al), 인디움(In), 갈륨(Ga), 붕소(B)	억셉터	정공

04 반도체 내에서 정공은 어떻게 생성되는가?

① 결합 전자의 이탈
② 자유전자의 이동
③ 접합 불량
④ 확산 용량

해설

P형 반도체는 4족 원소와 3족 원소가 결합하는데 가전자 구조에서 결합 전자의 이탈에 의하여 정공이 발생하며, 이것이 전기를 운반하는 캐리어로서 활동한다.

05 다음과 같은 반도체 정류기 중에서 역방향 내전압이 가장 큰 것은?

① 실리콘 정류기
② 게르마늄 정류기
③ 셀렌 정류기
④ 이산화동 정류기

해설

실리콘 정류기의 역방향 내전압은 500~1,000[V] 정도이다.

06 반도체 정류소자로 사용할 수 없는 것은?

① 게르마늄
② 비스무트
③ 실리콘
④ 산화구리

해설

비스무트는 금속원소로 전기나 열을 잘 전달하지 못하며 의약품으로 사용한다.

07 PN 접합 다이오드의 대표적 응용작용은?

① 증폭작용
② 발진작용
③ 정류작용
④ 변조작용

해설

PN 접합 다이오드는 정류작용을 한다.

정답 01 ② 02 ③ 03 ① 04 ① 05 ① 06 ② 07 ③

08 주로 정전압 다이오드로 사용되는 것은?

① 바렉터 다이오드
② 터널 다이오드
③ 제너 다이오드
④ 쇼트키 베리어 다이오드

해설

제너 다이오드는 역방향으로 특정 전압을 인가 시 전류가 급격히 증가하는 현상을 이용한 것으로 정전압 제어에 많이 사용된다.

09 PN 접합 정류소자의 설명 중 틀린 것은? (단, 실리콘 정류소자인 경우이다.)

① 온도가 높아지면 순방향 및 역방향 전류가 모두 감소한다.
② 순방향 전압은 P형에 (+), N형에 (−) 전압을 가함을 말한다.
③ 정류비가 클수록 정류 특성이 좋다.
④ 역방향 전압에서는 극히 작은 전류만이 흐른다.

해설

실리콘 등 반도체 정류소자는 부(−)의 특성을 갖고 있어, 온도 상승 시 정방향 및 역방향 전류가 증가한다.

10 다음 회로에 대한 설명으로 옳지 않은 것은?

① 다이오드의 양극의 전압이 음극에 비하여 높을 때를 순방향 도통 상태라 한다.
② 다이오드의 양극의 전압이 음극에 비하여 낮을 때를 역방향 저지 상태라 한다.
③ 실제의 다이오드는 순방향 도통 시 양 단자 간에 전압강하가 발생하지 않는다.
④ 역방향 저지 상태에서는 역방향(음극에서 양극)으로 약간의 전류가 흐르는데 이를 누설전류라고 한다.

해설

실제의 다이오드는 순방향 도통 시 양 단자 간에 약 0.7[V]의 전압강하가 발생한다

11 통전 중인 사이리스터를 턴 오프(Turn-off)하려면?

① 순방향 Anode 전류를 유지전류 이하로 한다.
② 순방향 Anode 전류를 증가시킨다.
③ 게이트 전압을 0 또는 −로 한다.
④ 역방향 Anode 전류를 통전한다.

해설

사이리스터를 턴 오프하는 방법
• 역전압을 양단에 인가한다.
• 순방향 전류를 유지전류 이하로 감소시킨다.

12 SCR의 애노드 전류가 20[A]로 흐르고 있었을 때 게이트 전류를 반으로 줄이면 애노드 전류는?

① 5[A]
② 10[A]
③ 20[A]
④ 40[A]

해설

게이트 전류를 반으로 줄여도 유지전류 이상이면 도통 상태는 변화하지 않으므로 20[A]의 전류는 그대로 흐르게 된다.

13 양방향성 3단자 사이리스터의 대표적인 것은?

① SCR
② GTO
③ DIAC
④ TRIAC

해설

TRIAC : 양방향 대칭형 3단자 소자로 교류 제어에 사용된다.

14 다음 중 2단자 사이리스터가 아닌 것은?

① SCR
② DIAC
③ SSS
④ Diode

해설

SCR : 단방향 역저지 3단자 소자

정답 08 ③ 09 ① 10 ③ 11 ① 12 ③ 13 ④ 14 ①

15 다음 중 SCR 기호는?

①    ②

③    ④

> 해설
> ① DIAC ③ Diode ④ 제너 다이오드

16 교류회로에서 양방향 점호(ON) 및 소호(OFF)를 이용하며, 위상제어를 할 수 있는 소자는?
① TRIAC   ② SCR
③ GTO   ④ IGBT

> 해설
> TRIAC : 사이리스터 2개를 역병렬로 접속한 것과 등가로 양방향으로 전류가 흐르기 때문에 교류 제어용으로 주로 이용한다.

17 반파 정류회로에서 변압기 2차 전압의 실효치를 E[V]라 하면 직류 전류 평균치는?(단, 정류기의 전압강하는 무시한다.)

① $\dfrac{E}{R}$

② $\dfrac{1}{2} \cdot \dfrac{E}{R}$

③ $\dfrac{2\sqrt{2}}{\pi} \cdot \dfrac{E}{R}$

④ $\dfrac{\sqrt{2}}{\pi} \cdot \dfrac{E}{R}$

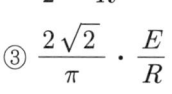

> 해설
> 단상 반파의 직류 평균전압 $E_d = \dfrac{\sqrt{2}}{\pi}E \Rightarrow I_d = \dfrac{E_d}{R}$ 이므로,
> $I_d = \dfrac{\sqrt{2}}{\pi} \cdot \dfrac{E}{R}$ 이다.

18 단상 반파 정류회로의 전원전압 200[V], 부하저항이 10[Ω]이면 부하전류는 약 몇 [A]인가?
① 4   ② 9
③ 13   ④ 18

> 해설
> 단상 반파의 직류 평균값 $E_d = 0.45E \Rightarrow I_d = \dfrac{E_d}{R}$ 이므로,
> $I_d = \dfrac{0.45 \times 200}{10} = 9$[A]이다.

19 단상 전파 정류회로에서 직류전압의 평균값으로 가장 적당한 것은?(단, E는 교류전압의 실효값)
① $1.35E$[V]   ② $1.17E$[V]
③ $0.9E$[V]   ④ $0.45E$[V]

> 해설
> 단상 전파 정류회로의 직류 평균값 $E_d = 0.9E$

20 반파 정류회로에서 직류전압 100[V]를 얻는데 필요한 변압기 2차 상전압[V]은?(단, 부하는 순저항이며, 변압기 내 전압강하는 무시하고 정류기 내 전압강하는 5[V]로 한다.)
① 약 100   ② 약 105
③ 약 222   ④ 약 233

> 해설
> $E_d = 0.45E - e$ 에서 $E = \dfrac{E_d + e}{0.45} = \dfrac{100 + 5}{0.45} ≒ 233$[V]

21 다음 중 턴오프(소호)가 가능한 소자는?
① GTO   ② TRIAC
③ SCR   ④ LASCR

> 해설
> GTO : 게이트 신호가 양(+)이면 도통되고, 음(−)이면 자기소호하는 소자이다.

22 다음 중에서 초퍼나 인버터용 소자가 아닌 것은?
① TRIAC   ② GTO
③ SCR   ④ BJT

정답 15 ② 16 ① 17 ④ 18 ② 19 ③ 20 ④ 21 ① 22 ①

해설
초퍼나 인버터용 소자는 직류 또는 맥류를 스위칭시키는 소자이나 TRIAC은 교류의 위상제어에 사용하는 소자이다.

23 그림의 기호는?

① TRIAC
② GTO
③ IGBT
④ SCR

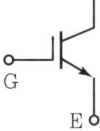

해설
IGBT
MOSFET+BJT 소자의 장점을 결합한 소자로 고속도 스위칭이 가능하고 고전압 대전류 제어가 가능한 소자이다. 기호는 문제의 그림과 같다.

24 그림의 정류회로에서 다이오드의 전압강하를 무시할 때 콘덴서 양단의 최대전압은 약 몇 [V]까지 충전되는가?

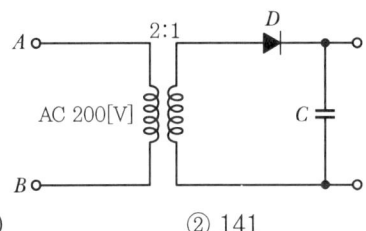

① 100
② 141
③ 220
④ 282

해설
권수비가 2 : 1이므로 2차 측 전압은 100[V]가 된다. 콘덴서 양단에 걸리는 최대 전압은 $100 \times \sqrt{2} ≒ 141$[V]이다.

25 다음 그림에 대한 설명으로 틀린 것은?

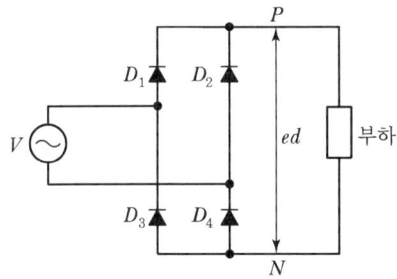

① 브리지(Bridge) 회로라고도 한다.
② 실제의 정류기로 널리 사용된다.
③ 전체 한 주기파형 중 절반만 사용한다.
④ 전파 정류회로라고도 한다.

해설
브리지 정류회로는 한 주기의 파형을 모두 정류하므로 전파 정류회로라고도 한다.

26 3상 제어 정류회로에서 점호각의 최댓값은?

① 30°
② 150°
③ 180°
④ 210°

해설
3상 제어 정류회로에서 각 시점에 따른 점호각의 크기는 30~150° 범위이다.

27 60[Hz] 3상 전파 정류회로의 맥동주파수[Hz]는?

① 360
② 180
③ 120
④ 60

해설
주파수와 맥동률

구분	단상 반파	단상 전파	3상 반파	3상 전파
맥동률[%]	121	48	17	4
맥동주파수[Hz]	1f	2f	3f	6f

28 단상 전파 정류회로에서 $\alpha = 60°$일 때 정류전압은 약 몇 [V]인가?(단, 전원 측 실효값 전압은 200[V]이며, 유도성 부하를 가지는 제어정류기이다.)

① 30
② 45
③ 60
④ 90

해설
단상 전파 정류회로(유도성 부하)의 정류전압
$E_d = \frac{2\sqrt{2}}{\pi} E\cos\alpha = 0.9 E\cos\alpha = 0.9 \times 200 \times \frac{1}{2} = 90$[V]

29 그림은 유도전동기 속도제어 회로 및 트랜지스터의 컬렉터 전류 그래프이다. ⓐ와 ⓑ에 해당하는 트랜지스터는?

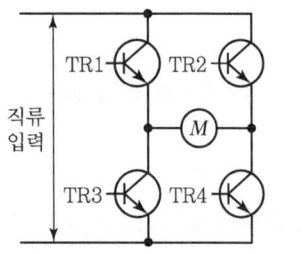

① ⓐ는 TR1과 TR4, ⓑ는 TR2과 TR3
② ⓐ는 TR1과 TR3, ⓑ는 TR2과 TR4
③ ⓐ는 TR2과 TR4, ⓑ는 TR1과 TR3
④ ⓐ는 TR1과 TR2, ⓑ는 TR3과 TR4

해설
인버터 회로이며, 직류를 교류로 변환하여 유도전동기 M에 공급하는 것이므로 TR이 상호 대각선으로 On/Off되어야 하므로 TR1, TR4와 TR2, TR3가 교체 동작해야 한다.

30 직류전동기의 제어에 널리 응용되는 직류-직류 전압 제어장치는?

① 인버터   ② 컨버터
③ 초퍼   ④ 전파정류

해설
초퍼는 직류변압기로 사용할 수 있고, 고속도로 On, Off를 반복할 수 있어 직류전동기의 제어 등에 널리 응용된다.

31 그림의 전동기 제어회로에 대한 설명으로 잘못된 것은?

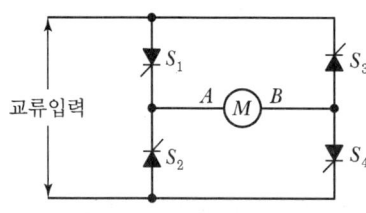

① 교류를 직류로 변환한다.
② 사이리스터 위상 제어회로이다.
③ 전파 정류회로이다.
④ 주파수를 변환하는 회로이다.

해설
SCR 4개를 이용하여 교류를 직류로 변환하는 전파 정류회로로서, 주파수는 변환할 수 없다.

32 그림은 직류전동기 속도 제어 회로 및 트랜지스터의 스위칭 동작에 의하여 전동기에 가해진 전압의 그래프이다. 트랜지스터 도통시간 ⓐ가 0.03초, 1주기 시간 ⓑ가 0.05초일 때, 전동기에 가해지는 전압의 평균은?(단, 전동기의 역률은 1이고 트랜지스터의 전압 강하는 무시한다.)

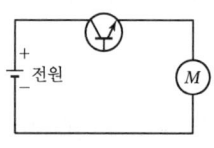 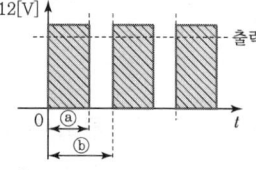

① 4.8[V]   ② 6.0[V]
③ 7.2[V]   ④ 8.0[V]

해설
강압형 초퍼에서 스위칭 On, Off 동작을 주기적으로 하면
출력전압 $E_2 = \dfrac{T_{on}}{T_{on} + T_{off}} E_1 = \dfrac{0.03}{0.05} \times 12 = 7.2[V]$

33 On, Off를 고속도로 변환할 수 있는 스위치이고 직류변압기 등에 사용되는 회로는 무엇인가?

① 초퍼회로   ② 인버터회로
③ 컨버터회로 ④ 정류기회로

해설
초퍼는 직류변압기로 사용할 수 있고, 고속도로 On, Off를 반복할 수 있어 직류전동기의 제어 등에 널리 응용된다.

34 스위칭 주기 10[μs], 온(ON)시간 5[μs]일 때 강압형 초퍼의 출력 전압 E_2와 입력 전압 E_1의 관계는?

① $E_2 = 3E_1$ ② $E_2 = 2E_1$
③ $E_2 = E_1$ ④ $E_2 = 0.5E_1$

정답 29 ① 30 ③ 31 ④ 32 ③ 33 ① 34 ④

해설

$$E_2 = \frac{T_{on}}{T_{on}+T_{off}}E_1 = \frac{5}{10}E_1 = 0.5E_1$$

35 그림은 전동기 속도제어 회로이다. 〈보기〉에서 ⓐ와 ⓑ를 순서대로 나열한 것은?

전동기를 기동할 때는 저항 R을 (ⓐ), 전동기를 운전할 때는 저항 R을 (ⓑ)로 한다.

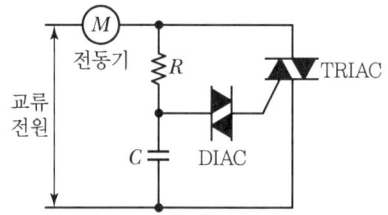

① ⓐ 최대, ⓑ 최대 ② ⓐ 최소, ⓑ 최소
③ ⓐ 최대, ⓑ 최소 ④ ⓐ 최소, ⓑ 최대

해설
TRIAC을 사용하여 점호각을 제어하는 회로이다. 기동 시 R을 크게 하면 시상수가 커져 점호각이 최대가 되고, 서서히 R을 감소시켜 운전 시에는 R을 최소로 하여 시상수를 작게 만들어 점호각을 최소로 만든다.

36 아래 회로에서 부하에 최대 전력을 공급하기 위한 저항 R 및 콘덴서 C의 크기는?

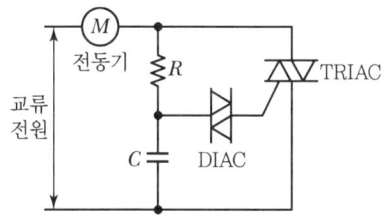

① R은 최대, C는 최대로 한다.
② R은 최소, C는 최소로 한다.
③ R은 최대, C는 최소로 한다.
④ R은 최소, C는 최대로 한다.

해설
그림은 양방향 트리거 소자인 다이액으로부터 트리거 신호를 발생시켜 트라이액을 구동하는 전파위상 제어회로로서, 최대전력을 공급하기 위해서는 시정수를 작게 하여 점호각을 최소로 만들어야 하므로, R과 C를 최소로 하여야 한다.

37 교류전동기를 직류전동기처럼 속도 제어하려면 가변 주파수의 전원이 필요하다. 주파수 f_1에서 직류로 변환하지 않고 바로 주파수 f_2로 변환하는 변환기는?

① 사이클로 컨버터
② 주파수원 인버터
③ 전압, 전류원 인버터
④ 사이리스터 컨버터

해설
사이클로 컨버터
정지 사이리스터 회로에 의해 전원 주파수와 다른 주파수의 전력으로 변환시키는 교류-교류 변환 장치이다.

38 인버터의 용도로 가장 적합한 것은?

① 교류-직류 변환
② 직류-교류 변환
③ 교류-증폭교류 변환
④ 직류-증폭직류 변환

해설
인버터
직류를 교류로 변환하는 장치로서 역변환 장치라고 한다.

39 다음 중 전력 제어용 반도체 소자가 아닌 것은?

① LED   ② TRIAC
③ GTO   ④ IGBT

해설
LED는 전력 제어용이 아닌 조명소자이다.

정답 35 ③ 36 ② 37 ① 38 ② 39 ①

memo

PART

03
전기설비

CHAPTER 01 배선재료 및 공구
CHAPTER 02 옥내배선공사
CHAPTER 03 전선 및 기계기구의 보안공사
CHAPTER 04 가공인입선 및 배전선공사
CHAPTER 05 특수장소 및 전기응용시설공사

CHAPTER 01 배선재료 및 공구

SECTION 01 전선 및 케이블

1 전선

1) 전선의 정의 및 분류
도체에 자유전자가 이동하는 물질로서 절연전선, 코드, 케이블로 되어 있고 사용되는 도체로는 구리(동, Cu), 알루미늄(Al), 철(강)이 있으며, 절연체로는 합성수지, 고무, 섬유 등이 있다.

2) 전선의 구비 조건
① 도전율이 크고, 기계적 강도가 클 것
② 신장률이 크고, 내구성이 있을 것
③ 비중(밀도)이 작고, 가요성이 풍부할 것
③ 가격이 저렴하고, 내식성이 클 것

3) 전선의 선정 조건 ★★
① 허용전류
② 기계적 강도
③ 전압강하

4) 전선의 구분
① 연동선 : 전기적 저항이 작고 가요성이 큼(옥내 배선공사에 사용)
② 경동선 : 인장 강도가 큼(송·배전, 가공 선로에 사용)

5) 단선과 연선 ★★★
① 단선 : 전선의 도체가 한 가닥으로 이루어진 전선
② 연선 : 여러 가닥의 소선을 꼬아 합쳐서 된 전선

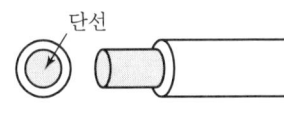
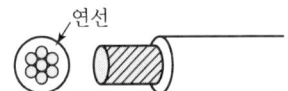

| 단선과 연선의 단면 |

- 총소선수 : $N = 3n(n+1) + 1$
- 연선의 바깥지름 : $D = (2n+1)d$
  여기서, n : 중심 소선을 뺀 층수
  d : 소선의 지름

- 6의 배수+1
  - 1층 : 7가닥
  - 2층 : 19가닥
  - 3층 : 37가닥

- $A = a \times n$
- $N = \dfrac{A}{a}$

  여기서, N : 중심 포함한 가닥수, A : 연선의 총단면적
  a : 소선 1가닥의 단면적, d : 소선 1가닥의 지름

지름을 단면적으로 변환 시 지름[mm] → 단면적[mm²], [SQ]로 변환

$a = \pi \times \left(\dfrac{d}{2}\right)^2$

▼ 절연전선의 종류 및 약호 ★★★

명칭	약호	명칭	약호
450/750[V] 일반용 단심 비닐절연전선	NR	300/500[V] 내열 실리콘 고무절연전선	HRS
450/750[V] 일반용 유연성 비닐절연전선	NF	옥외용 비닐절연전선	OW
300/500[V] 기기 배선용 단심 비닐절연전선	NRI	인입용 비닐절연전선	DV
300/500[V] 기기 배선용 유연성 단심 비닐절연전선	NFI	형광방전등용 비닐전선	FL
450/750[V] 이하 비닐절연전선	IV	6/10[kV] 고압 인하용 가교 폴리에틸렌 절연전선	PDC
300/500[V] 이하 내열용 비닐절연전선	HIV	6/10[kV] 고압 인하용 가교 EP 고무절연전선	PDP

2 코드

1) 코드선

전기기구에 접속하여 사용하는 이동용 전선

2) 특징

소선의 굵기가 아주 얇은 전선으로 가요성이 매우 풍부하며, 기계적 강도가 약함

3 케이블

1) 전력 케이블 ★★★

① 전선을 1차 절연물로 절연하고, 2차로 외장(시스)한 전선

② 특징 : 절연전선보다 절연성 및 안정성이 높아서, 높은 전압이나 전류가 많이 흐르는 배선에 사용

▼ 케이블의 종류

명칭	약호
0.6/1[kV] 비닐절연 비닐시스 케이블	VV
0.6/1[kV] 가교 폴리에틸렌 절연 비닐시스 케이블	CV1
동심중성선 차수형 전력 케이블	CN-CV
폴리에틸렌절연 비닐시스 케이블	EV
미네랄 인슈레이션 케이블(특수장소)	MI
고무 절연 비닐시스 네온전선	NRV

※ N : 네온, R : 고무, E : 폴리에틸렌, C : 가교폴리에틸렌(클로로프렌), V : 비닐, PVC

> **REFERENCE** 가교폴리에틸렌 절연 비닐시스 케이블
>
> 1차로 가교폴리에틸렌 절연하고, 2차로 비닐시스로 외장을 한 케이블(도체허용온도 90[℃])
>
>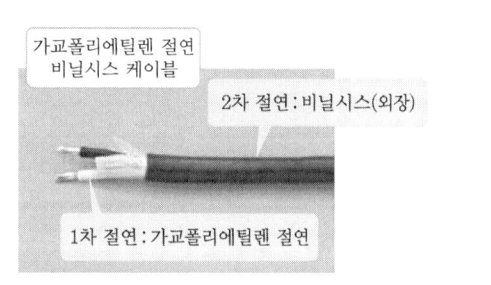

2) 캡타이어 케이블

① 고무 또는 비닐로 절연하고, 천연고무혼합물(캡타이어)로 외장을 한 케이블

② 공장, 농사, 무대 등과 같은 장소에 이동용 전기기계에 사용

③ 캡타이어 케이블 최소 굵기 : $0.75[\text{mm}^2]$

④ 심 색 구분

- 1심 : 흑색
- 2심 : 흑색, 백색
- 3심 : 흑색, 백색, 적색
- 4심 : 흑색, 백색, 적색, 녹색

▼ 케이블의 종류

명칭	약호
0.6/1[kV] 비닐절연 비닐 캡타이어 케이블	VCT
0.6/1[kV] EP 고무절연 클로로프렌 캡타이어 케이블	PNCT

4 나전선의 종류

① 경동선(지름 12[mm] 이하)
② 동합금선(단면적 25[mm²] 이하)
③ 경알루미늄선(단면적 35[mm²] 이하)
④ 알루미늄합금선(단면적 35[mm²] 이하)
⑤ 아연도철선(방청도금한 철선 포함)

5 전선의 병렬 접속

옥내에서 두 개 이상의 전선을 병렬로 사용하는 각 전선의 굵기는 구리선 50[mm²] 이상(알루미늄 70[mm²] 이상)으로 하고, 전선은 같은 도체, 같은 재료, 같은 길이 및 같은 굵기의 것을 사용할 것

기출 및 예상문제

SECTION 01 | 전선 및 케이블

01 전선의 재료로서 구비해야 할 조건이 아닌 것은?

① 기계적 강도가 클 것 ② 가요성이 풍부할 것
③ 고유저항이 클 것 ④ 비중이 작을 것

해설

전선의 구비 조건
- 도전율이 크고, 기계적 강도가 클 것
- 신장률이 크고, 내구성이 있을 것
- 비중(밀도)이 작고, 가요성이 풍부할 것
- 가격이 저렴하고, 내식성이 클 것

02 연선 결정에 있어서 중심 소선을 뺀 층수가 3층이다. 전체 소선수는?

① 91 ② 37
③ 19 ④ 7

해설

총소선수 : $N = 3n(n+1) + 1 = 3 \times 3(3+1) + 1 = 37$
- 6의 배수 + 1
  1층 - 7가닥, 2층 - 19가닥, 3층 - 37가닥

03 인입용 비닐절연전선의 공칭단면적이 8[mm²]되는 연선의 구성은 소선의 지름이 1.2[mm]일 때 소선수는 몇 가닥으로 되어 있는가?

① 3 ② 4
③ 6 ④ 7

해설

소선 한가닥의 지름 d : 1.2[mm] ➡ 단면적[mm²]으로 변환
$A = \pi \times \left(\dfrac{d}{2}\right)^2 = a \Rightarrow \pi \times \left(\dfrac{1.2}{2}\right)^2 = 1.13[\text{mm}^2]$
$n = \dfrac{A}{a} \rightarrow \dfrac{8}{1.13} \fallingdotseq 7$가닥
여기서, n : 중심 포함한 가닥수, A : 연선의 총단면적, a : 소선 한 가닥의 단면적

04 옥외용 비닐절연전선의 약호(기호)는?

① VV ② DV
③ OW ④ NR

해설

① VV : 0.6/1[kV] 비닐절연 비닐시스 케이블
② DV : 인입용 비닐절연전선
④ NR : 450/750[V] 일반용 단심 비닐절연전선

05 절연물 중에서 가교폴리에틸렌(XLPE)과 에틸렌 프로필렌고무혼합물(EPR)의 허용온도[℃]는?

① 70(전선) ② 90(전선)
③ 95(전선) ④ 105(전선)

해설

가교폴리에틸렌 절연 비닐시스 케이블의 도체 허용온도는 90[℃]이다.

06 다음 중 300/500[V] 기기 배선용 유연성 단심 비닐절연전선을 나타내는 약호는?

① NFR ② NFI
③ NR ④ NRC

해설

① NFR : 저독성 난연 폴리올레핀 내열(내화) 케이블
③ NR : 450/750[V] 일반용 단심 비닐절연전선
④ NRC : 고무절연 클로로프렌 시스 네온전선

07 인입용 비닐절연전선을 나타내는 약호는?

① OW ② EV
③ DV ④ NV

해설

① OW : 옥외용 비닐절연전선
② EV : 폴리에틸렌 절연 비닐시스 케이블
④ NV : 비닐절연 네온전선

정답 01 ③ 02 ② 03 ④ 04 ③ 05 ② 06 ② 07 ③

08 1,000[V] 이하의 저압 회로에 사용하는 비닐절연 비닐외장케이블의 약칭으로 맞는 것은?

① VV ② EV
③ FL ④ CV

해설
② EV : 폴리에틸렌 절연 비닐외장케이블
③ FL : 형광방전등용 비닐전선
④ CV : 가교 폴리에틸렌 절연 비닐외장 케이블

09 폴리에틸렌 절연비닐시스 케이블의 약호는?

① DV ② EE
③ EV ④ OW

해설
- 전선의 약호[N : 네온, R : 고무, E : 폴리에틸렌, C : 가교폴리에틸렌(클로로프렌), V : 비닐, PVC]
- EV : 폴리에틸렌 절연비닐시스 케이블

10 전선 약호가 VV인 케이블의 종류로 옳은 것은?

① 0.6/1[kV] 비닐절연 비닐시스 케이블
② 0.6/1[kV] EP고무절연 클로로프렌시스 케이블
③ 0.6/1[kV] EP고무절연 비닐시스 케이블
④ 0.6/1[kV] 비닐절연 비닐캡타이어 케이블

해설
VV
- 1차 절연 : 비닐V
- 2차 외장(시스) : 비닐V 케이블

11 전선의 공칭단면적에 대한 설명으로 옳지 않은 것은?

① 소선수와 소선의 지름으로 나타낸다.
② 단위는 [mm^2]로 표시한다.
③ 전선의 실제 단면적과 같다.
④ 연선의 굵기를 나타내는 것이다.

해설
전선의 공칭단면적은 실제 단면적과 다르다.

12 옥내에서 두 개 이상의 전선을 병렬로 사용하는 경우 구리선은 각 전선의 굵기가 몇 [mm^2] 이상이어야 하는가?

① 50[mm^2] ② 70[mm^2]
③ 95[mm^2] ④ 150[mm^2]

해설
두 개 이상의 전선을 병렬로 사용하는 각 전선의 굵기는 구리선 50[mm^2] 이상(알루미늄 70[mm^2] 이상)으로 하고, 전선은 같은 도체, 같은 재료, 같은 길이 및 같은 굵기의 것을 사용할 것

13 진열장 안에 400[V] 이하인 저압 옥내배선 시 외부에서 보기 쉬운 곳에 사용하는 전선은 단면적이 몇 [mm^2] 이상의 코드 또는 캡타이어 케이블이어야 하는가?

① 0.75[mm^2] ② 1.25[mm^2]
③ 2.0[mm^2]   ④ 3.5[mm^2]

해설
- 캡타이어 케이블 최소 굵기 : 0.75[mm^2]
- 옥내 배선공사 절연전선 최소 굵기 : 2.5[mm^2]

14 4심 캡타이어 케이블 심선의 색별로 옳은 것은?

① 흑, 백, 적, 청 ② 흑, 백, 청, 녹
③ 흑, 백, 적, 녹 ④ 흑, 백, 황, 녹

해설
캡타이어 케이블 심색 구분
- 1심 : 흑색
- 2심 : 흑색, 백색
- 3심 : 흑색, 백색, 적색
- 4심 : 흑색, 백색, 적색, 녹색

정답 08 ① 09 ③ 10 ① 11 ③ 12 ① 13 ① 14 ③

SECTION 02 배선재료 및 기구

배선기구는 전선을 연결하기 위한 전기기구로 크게 전선을 통해서 흘러가는 전류의 흐름을 제어하기 위한 스위치류, 전기장치를 상호 연결해주는 콘센트와 플러그류 및 소켓, 전기를 안전하게 사용하게 해주는 장치류로 구분할 수 있다.

1 개폐기

1) 개폐기 설치 장소 ★★★

① 부하전류를 개폐할 필요가 있는 장소
② 인입구
③ 퓨즈의 전원 측(퓨즈 교체 시 감전을 방지)

2) 개폐기의 종류

개폐기의 종류에는 나이프 스위치, 커버 나이프 스위치, 안전 스위치, 전자개폐기 등이 있다. 그 특징 및 용도는 다음 표와 같다.

▼ 개폐기의 종류별 특징 및 용도

구분	특징	용도	사진
나이프 스위치	교류 및 직류 회로의 개폐에 사용하는 수동식 스위치	일반용에는 사용할 수 없고, 전기실과 같이 취급자만 출입하는 장소의 배전반이나 분전반에 사용	
커버 나이프 스위치	전력 수용가에 사용하는 개폐기. 전기 회로에 규정 이상의 전류가 흐르면 퓨즈가 끊어지도록 되어 있으며, 구조에 따라 실 퓨즈, 고리 퓨즈, 통 퓨즈 따위를 끼워 쓸 수 있게 되어 있음	옥내 인입선 또는 분기 개폐기로 사용되며, 전기회로에 이상이 생겨 퓨즈의 용량 이상 전류가 흐르게 되면, 퓨즈가 용단되어 전기의 흐름을 차단하는 역할	
안전 스위치	금속제의 함 내부에 장치하고, 외부에서 핸들을 조작하여 개폐할 수 있도록 만든 것	전류계나 표시등을 부착한 것도 있으며, 전등과 전열기구 및 저압 전동기의 주 개폐기로 사용	
전자 개폐기	전자석의 힘으로 개폐조작을 하는 전자 접속기와 과전류를 감지하기 위한 열동계전기를 조합한 것	전동기의 자동조작, 원격조작에 이용	

2 점멸 스위치 ★★

① 전등이나 소형 전기기구 등에 전류의 흐름을 개폐하는 옥내배선기구이다.
② 전등 점멸용 스위치는 반드시 전압 측 전선에 시설하여야 한다.

▼ **점멸 스위치의 종류별 용도**

명칭	용도	사진
텀블러 스위치	스위치 박스에 고정하고 플레이트로 덮은 구조	
버튼 스위치	버튼을 눌러서 점멸하는 것으로 매입형과 노출형이 있음	
코드 스위치	중간 스위치라고도 하며, 전기담요, 전기방석 등의 코드 중간에 사용	
펜던트 스위치	형광등 또는 소형 전기기구의 코드 끝에 매달아 사용하는 스위치	
일광 스위치	정원등, 방범등 및 가로등을 주위의 밝기에 의하여 자동적으로 점멸하는 스위치	
타임 스위치	타임기구를 내장한 스위치로 지정한 시간에 점멸을 할 수 있게 된 것과 일정 시간 동안 동작하게 하는 스위치 (주택, 아파트 : 3분)(여관, 호텔 : 1분)	
플로트리스 스위치(FLS) 부동스위치	급 · 배수 수조의 수위 조절용	

▼ 전기 심벌

심벌	명칭	적용
●₃	점멸기	3로 스위치
●₁₅ₐ		15[A] 전용 스위치
●ₑₓ		폭발 방지형
●₂ₚ		2극 스위치

▼ 3로 스위치

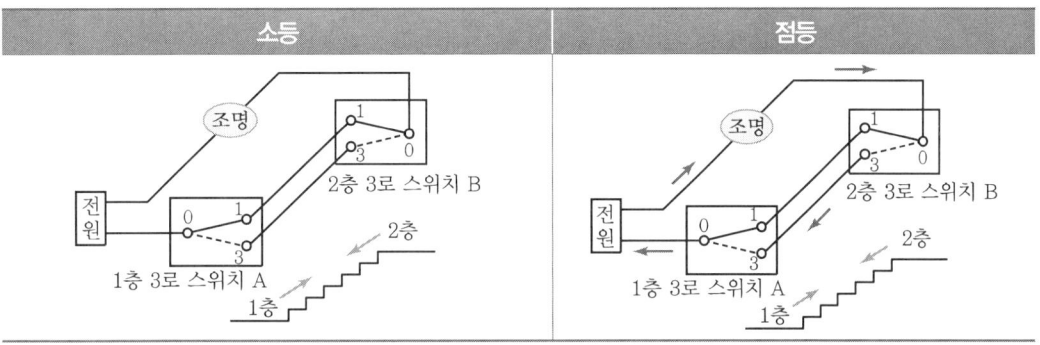

※ 전등 1개를 2개소에서 점멸할 수 있는 스위치

▼ 3로 스위치 결선의 이해

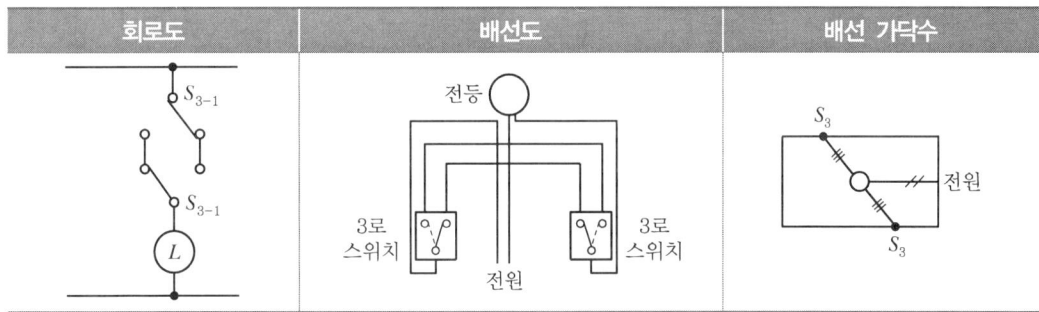

③ 콘센트와 플러그 및 소켓

1) 콘센트

① 전기기구의 플러그를 꽂아 사용하는 배선기구를 말한다.
② 형태에 따라 노출형과 매입형이 있으며, 용도에 따라 방수용, 방폭형 등이 있다.

 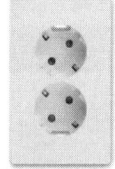

| 노출형 | 매입형 |

▼ 전기 심벌

심벌	명칭	적용
	콘센트	벽에 붙이는 쪽을 칠한다.
ⓒE		접지극 붙이형
ⓒWP		방수형
ⓒEX		폭발 방지형
⊙⊙	비상용 콘센트	소방법에 따르는 것

2) 플러그 ★★

① 전기기구의 코드 끝에 접속하여 콘센트에 꽂아 사용하는 배선기구를 말한다.
② 감전예방을 위한 접지극이 있는 접지 플러그와 접지극이 없는 플러그로 크게 나눌 수 있다.

 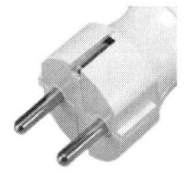

| 비접지식 | 접지식 |

▼ 플러그의 종류 및 용도

명칭	용도
코드접속기	코드 상호 간 또는 캡타이어 케이블 상호 간을 접속
멀티 탭	하나의 콘센트에 2~3가지의 기구를 사용할 때
테이블 탭	코드의 길이가 짧을 때 연장하여 사용
아이언 플러그	전기다리미, 드라이어 등에 사용(플로어 덕트 사용)

3) 소켓

① 백열전등이나 형광등 전구를 끼워 사용하는 기구
② 백열전등의 전구소켓은 스위치나 그 밖의 점멸기구가 없는 것이어야 한다.
③ 소켓, 리셉터클 등에 전선을 접속할 때에는 전압 측 전선을 중심 접촉면에, 접지 측 전선을 베이스에 연결하여야 한다.

| 스위치소켓 | | 리셉터클 |

▼ 리셉터클의 전기 심벌

전기 심벌	명칭
Ⓡ	리셉터클

4 과전류차단기와 누전차단기

1) 과전류차단기 ★★★

① 역할
  • 전로에 과전류가 흘렀을 경우 자동으로 전로를 차단하는 장치
  • 사고 발생 시 배선 및 접속기기의 파손을 막고 전기화재를 예방

② 과전류차단기의 시설 금지 장소
  • 접지공사의 접지선(보호도체 PE)
  • 다선식 전로의 중성선
  • 접지공사를 한 저압 가공 전로의 접지 측 전선

▼ 배선용 차단기의 전기 심벌

전기 심벌	명칭
B	배선용 차단기

③ 과전류차단기로 저압전로에 사용하는 배선차단기

▼ 과전류트립 동작시간 및 특성(산업용 배선차단기)

정격전류의 구분	시간	정격전류의 배수(모든 극에 통전)	
		부동작 전류	동작 전류
63[A] 이하	60분	1.05배	1.3배
63[A] 초과	120분	1.05배	1.3배

일반인이 접촉할 우려가 있는 장소(세대 내 분전반 및 이와 유사한 장소)에는 주택용 배선차단기를 시설

정격전류의 구분	시간	정격전류의 배수(모든 극에 통전)	
		부동작 전류	동작 전류
63[A] 이하	60분	1.13배	1.45배
63[A] 초과	120분	1.13배	1.45배

④ 과부하 보호장치의 설치 위치

분기회로의 보호장치(P_2)는 분기회로(S_2)의 분기점(O)으로부터 3[m]까지 이동하여 설치할 수 있다.

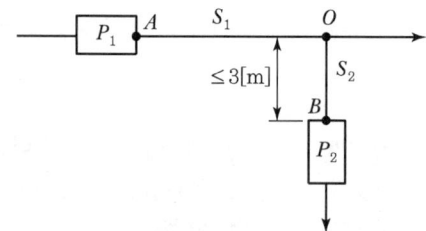

⑤ 과부하 보호장치의 생략

㉠ 일반 사항
- 분기회로의 전원 측에 설치된 보호장치에 의하여 분기회로에서 발생하는 과부하에 대해 유효하게 보호되고 있는 분기회로
- 단락보호가 되고 있으며, 분기점 이후의 분기회로에 다른 분기회로 및 콘센트가 접속되지 않는 분기회로 중, 부하에 설치된 과부하 보호장치가 유효하게 동작하여 과부하전류가 분기회로에 전달되지 않도록 조치를 하는 경우
- 통신회로용, 제어회로용, 신호회로용 및 이와 유사한 설비

㉡ 안전을 위해 과부하 보호장치를 생략할 수 있는 경우
- 회전기의 여자회로
- 전자석 크레인의 전원회로
- 전류변성기의 2차 회로
- 소방설비의 전원회로
- 안전설비(주거침입경보, 가스누출경보 등)의 전원회로

2) 과전류차단기로 저압전로에 사용하는 범용의 퓨즈

① 전로에 과전류가 흐르면 열이 발생하게 된다. 이때 열(줄열)로써 퓨즈가 녹아(용단) 전로를 끊어지게 하여 자동적으로 보호하는 장치

② 퓨즈(gG)의 용단 특성

정격전류의 구분	시간	정격전류의 배수	
		불용단전류	용단전류
4[A] 이하	60분	1.5배	2.1배
4[A] 초과 16[A] 미만	60분	1.5배	1.9배
16[A] 이상 63[A] 이하	60분	1.25배	1.6배
63[A] 초과 160[A] 이하	120분	1.25배	1.6배
160[A] 초과 400[A] 이하	180분	1.25배	1.6배
400[A] 초과	240분	1.25배	1.6배

③ 고압퓨즈 특성
- 비포장 퓨즈는 정격전류 1.25배에 견디고, 2배의 전류로는 2분 안에 용단되어야 한다.
- 포장 퓨즈는 정격전류 1.3배에 견디고, 2배의 전류로는 120분 안에 용단되어야 한다.

④ 퓨즈의 종류와 용도

명칭	용도	사진
플러그퓨즈	퓨즈를 넣어 나사식으로 돌리어 고정하는 것으로 충전(통전) 중에도 교체가 가능	
텅스텐퓨즈	전압계, 전류계 등의 소손 방지용으로 사용	
온도퓨즈 (서모퓨즈)	전기담요와 같은 보온용 전열기에 사용	

3) 누전차단기(ELB)

① 역할 : 배선 회로에 누전이 발생했을 때 이를 감지하고, 자동적으로 회로를 차단하는 장치로서 감전사고 및 화재를 방지할 수 있는 장치이다.

② 누전차단기의 시설
　㉠ 특고압전로, 고압전로 또는 저압전로와 변압기에 의하여 결합되는 사용전압 400[V] 초과의 저압전로 또는 발전기에서 공급하는 사용전압 400[V] 초과의 저압전로
　㉡ 수중조명등의 절연변압기의 2차 측 전로의 사용전압이 30[V]를 초과하는 경우에는 그 전로에 지락이 생겼을 때에 자동적으로 전로를 차단하는 정격감도전류 30[mA] 이하의 누전차단기를 시설

▼ 누전차단기의 전기 심벌

전기 심벌	명칭
E	누전차단기

ⓒ 교통신호등 회로의 사용전압이 150[V]를 넘는 경우는 전로에 지락이 생겼을 경우 자동적으로 전로를 차단하는 누전차단기를 시설
② 사람이 쉽게 접촉할 우려가 있는 장소에 시설하는 사용전압이 50[V]를 초과하는 저압의 금속제 외함을 가지는 기계기구에 전기를 공급하는 전로
⑩ 다음의 어느 하나에 해당하는 경우에는 적용하지 않는다.
- 기계기구를 발전소·변전소·개폐소 또는 이에 준하는 곳에 시설하는 경우
- 기계기구를 건조한 곳에 시설하는 경우
- 대지전압이 150[V] 이하인 기계기구를 물기가 있는 곳 이외의 곳에 시설하는 경우
- 「전기용품 및 생활용품 안전관리법」의 적용을 받는 이중절연구조의 기계기구를 시설하는 경우
- 그 전로의 전원 측에 절연변압기(2차 전압이 300[V] 이하인 경우에 한한다)를 시설하고 또한 그 절연 변압기의 부하 측의 전로에 접지하지 아니하는 경우
- 기계기구가 고무·합성수지, 기타 절연물로 피복된 경우
- 기계기구가 유도전동기의 2차 측 전로에 접속되는 것일 경우
- 기계기구 내에 「전기용품 및 생활용품 안전관리법」의 적용을 받는 누전차단기를 설치하고 또한 기계기구의 전원 연결선이 손상을 받을 우려가 없도록 시설하는 경우

▼ 접점의 명칭 및 심벌

명칭	심벌	
	a접점	b접점
수동 조작, 자동 복귀 접점 (푸시 버튼)		
순시 동작 접점 (즉시 동작)		
한시 동작 접점 (일정 시간 후 동작, 타임 스위치)		

기출 및 예상문제

SECTION 02 | 배선재료 및 기구

01 저압개폐기를 생략하여도 무방한 개소는?

① 부하전류를 끊거나 흐르게 할 필요가 있는 개소
② 인입구, 기타 고장, 점검, 측정, 수리 등에서 개로할 필요가 있는 개소
③ 퓨즈의 전원 측으로 분기회로용 과전류차단기 이후의 퓨즈가 플러그 퓨즈와 같이 퓨즈 교환 시에 충전부에 접촉될 우려가 없을 경우
④ 퓨즈에 근접하여 설치한 개폐기인 경우의 퓨즈 전원 측

해설

개폐기 설치 장소
- 부하전류를 개폐할 필요가 있는 장소
- 인입구
- 퓨즈의 전원 측(퓨즈 교체 시 감전방지)

포장 퓨즈 중 플러그 퓨즈
퓨즈를 넣어 나사식으로 돌려 고정하는 것으로 충전(통전) 중에도 교체가 가능

02 다음 중 3로 스위치를 나타내는 그림 기호는?

① ●EX ② ●3 ③ ●2P ④ ●15A

해설

심벌	명칭	적용
●3	점멸기	3로 스위치
●15A		15[A] 전용 스위치
●EX		폭발 방지형
●2P		2극 스위치

03 다음의 그림 기호가 나타내는 것은?

① 한시 계전기 접점
② 전자 접촉기 접점
③ 수동 조작 접점
④ 조작 개폐기 잔류 접점

해설

수동 조작 자동 복귀형 푸시버튼

04 조명용 백열전등을 호텔 또는 여관 객실의 입구에 설치할 때나 일반 주택 및 아파트 각 실의 현관에 설치할 때 사용되는 스위치는?

① 타임 스위치   ② 누름버튼 스위치
③ 토글 스위치   ④ 로터리 스위치

해설

타임 스위치 : 타임 기구를 내장한 스위치로 지정한 시간에 점멸을 할 수 있게 된 것과 일정 시간 동안 동작하게 하는 스위치(주택, 아파트 : 3분)(여관, 호텔 : 1분)

05 전등 1개를 2개소에서 점멸하고자 할 때 3로 스위치는 최소 몇 개 필요한가?

① 4개   ② 3개
③ 2개   ④ 1개

해설

2개소에서 점멸은 3로 스위치 2개가 필요함

06 한 개의 전등을 두 곳에서 점멸할 수 있는 배선으로 옳은 것은?

① 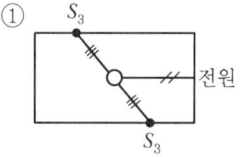   ②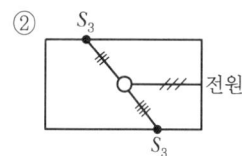

③ 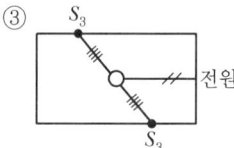   ④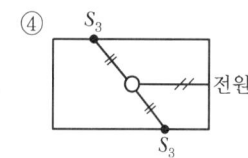

정답 01 ③ 02 ② 03 ③ 04 ① 05 ③ 06 ①

해설

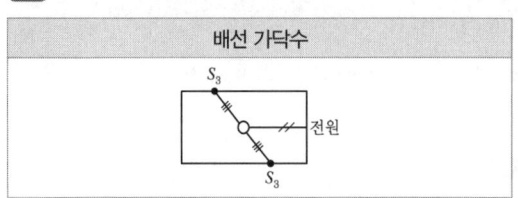

07 전기 배선용 도면을 작성할 때 사용하는 콘센트 도면기호는?

①   ② ●
③ ○ ④ ▢

해설
② 비상조명등
③ 접지형 보안등
④ 점검구

08 다음 중 방수형 콘센트의 심벌은?

①   ② ●
③   ④

해설

심벌	명칭	적용
◐	콘센트	벽에 붙이는 쪽을 칠한다.
◐ E		접지극 붙이형
◐ WP		방수형
◐ EX		방폭형
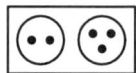	비상용 콘센트	소방법에 따르는 것

09 아래의 그림 기호가 나타내는 것은?

① 비상용 콘센트
② 형광등
③ 점멸기
④ 접지저항 측정용 단자

해설
문제 8번 해설 참조

10 하나의 콘센트에 두 개 이상의 플러그를 꽂아 사용할 수 있는 기구는?

① 코드접속기 ② 멀티 탭
③ 점멸기 ④ 아이언 플러그

해설

명칭	용도
코드접속기	코드를 서로 접속할 때 사용
멀티 탭	하나의 콘센트에 2~3가지의 기구를 사용할 때
테이블 탭	코드의 길이가 짧을 때 연장하여 사용
아이언 플러그	전기다리미, 드라이어 등에 사용(플로어 덕트 사용)

11 코드 상호 간 또는 캡타이어 케이블 상호 간을 접속하는 경우 가장 많이 사용되는 기구는?

① T형 접속기 ② 코드접속기
③ 와이어 접속기 ④ 박스용 접속기

해설
코드 상호, 캡타이어 케이블 상호 접속에는 코드접속기, 접속함 및 기타 기구를 사용하여야 한다.

12 220[V] 옥내 배선에서 백열전구를 노출로 설치할 때 사용하는 기구는?

① 리셉터클 ② 테이블 탭
③ 콘센트 ④ 코드접속기

해설
리셉터클
백열전구나 형광등 전구를 끼워 사용하는 기구

13 과전류차단기를 꼭 설치해야 되는 곳은?

① 접지공사의 접지선
② 저압 옥내 간선의 전원 측 선로
③ 다선식 전로의 중성선
④ 전로의 일부에 접지공사를 한 저압 가공 전로의 접지 측 전선

해설

과전류차단기의 시설 금지 장소
- 접지공사의 접지선
- 다선식 전로의 중성선
- 접지공사를 한 저압 가공 전로의 접지 측 전선

14 일반적으로 과전류차단기를 설치하여야 할 곳은?

① 접지공사의 접지선
② 다선식 전로의 중성선
③ 송·배전선의 보호용, 인입선 등 분기선을 보호하는 곳
④ 저압 가공 전로의 접지 측 전선

해설

문제 13번 해설 참조

15 한국전기설비규정에서 과부하 보호장치 사용 중 예상치 못한 회로의 개방이 위험 또는 큰 손상을 초래할 수 있다. 다만 부하에 전원을 공급하는 회로에 대해서는 과부하 보호장치를 생략할 수 있는 것은?

① 전류변성기의 1차 회로
② 소방설비의 전원회로
③ 배전반 분기회로
④ 비상발전 전원회로

해설

안전을 위해 과부하 보호장치를 생략할 수 있는 경우
- 회전기의 여자회로
- 전자석 크레인의 전원회로
- 전류변성기의 2차 회로
- 소방설비의 전원회로
- 안전설비(주거침입경보, 가스누출경보 등)의 전원회로

16 다음 중 한국전기설비규정에서 안전을 위하여 과부하 보호장치를 생략할 수 있는 경우에 해당하지 않는 것은?

① 소방설비의 전원회로
② 주거침입경보기의 전원회로
③ 조명기구의 전원회로
④ 전자석 크레인의 전원회로

해설

문제 15번 해설 참조

17 한국전기설비규정에서 정격전류가 63[A] 이하인 저압전로의 과전류차단기를 주택용 배선용 차단기로 사용하는 경우 정격전류의 1.45배의 전류가 통과하였을 경우 몇 분 이내에 자동적으로 동작하여야 하는가?

① 30분   ② 240분   ③ 60분   ④ 120분

해설

일반인이 접촉할 우려가 있는 장소(세대 내 분전반 및 이와 유사한 장소)에는 주택용 배선차단기를 시설한다.

주택용 배선차단기

정격전류의 구분	시간	정격전류의 배수(모든 극에 통전)	
		부동작 전류	동작 전류
63[A] 이하	60분	1.13배	1.45배
63[A] 초과	120분	1.13배	1.45배

18 한국전기설비규정에서 과전류차단기로 저압전로에 사용하는 산업용 배선차단기는 정격전류가 63[A]를 초과할 때 정격전류의 1.3배 전류를 통한 경우 몇 분 안에 자동으로 동작되어야 하는가?

① 60   ② 240   ③ 20   ④ 120

해설

과전류트립 동작시간 및 특성(산업용 배선차단기)

정격전류의 구분	시간	정격전류의 배수(모든 극에 통전)	
		부동작 전류	동작 전류
63[A] 이하	60분	1.05배	1.3배
63[A] 초과	120분	1.05배	1.3배

정답 13 ② 14 ③ 15 ② 16 ③ 17 ③ 18 ④

19 한국전기설비규정에서 과전류차단기로서 저압전로에 사용되는 가정용 배선 차단기에 있어서 정격전류가 25[A]인 회로에 36.3[A] 전류가 흘렀을 때 몇 분 이내에 자동적으로 동작하여야 하는가?

① 60분
② 2분
③ 4분
④ 120분

해설
문제 17번 해설 참조

20 배선용 차단기의 심벌은?

① B
② E
③ BE
④ S

해설
② 누전차단기
③ 누전차단기(과전류 겸용)
④ 개폐기

21 한국전기설비규정에서 저압전로에 사용하는 주택용 배선차단기는 63[A]를 초과하는 경우 몇 배의 전류가 흐르는 경우 몇 분 안에 동작해야 하는가?

① 1.13배, 120분
② 1.13배, 60분
③ 1.45배, 60분
④ 1.45배, 120분

해설
문제 17번 해설 참조

22 한국전기설비규정에서 과전류차단기로 저압전로에 사용하는 4[A] 이하인 퓨즈를 수평으로 붙인 경우 퓨즈는 정격전류 몇 배의 전류에 견디어야 하는가?

① 1.25
② 1.6
③ 1.5
④ 1.1

해설
퓨즈(gG)의 용단 특성

정격전류의 구분	시간	정격전류의 배수	
		불용단 전류	용단 전류
4[A] 이하	60분	1.5배	2.1배
4[A] 초과 16[A] 미만	60분	1.5배	1.9배
16[A] 이상 63[A] 이하	60분	1.25배	1.6배
63[A] 초과 160[A] 이하	120분	1.25배	1.6배
160[A] 초과 400[A] 이하	180분	1.25배	1.6배
400[A] 초과	240분	1.25배	1.6배

23 한국전기설비규정에서 정격전류 16[A]의 퓨즈는 정격전류 190[%]에서 몇 분 이내 용단되어야 하는가?

① 2분
② 60분
③ 120분
④ 4분

해설
문제 22번 해설 참조

24 한국전기설비규정에서 과전류차단기 4[A] 이하 퓨즈는 정격전류의 몇 [%]에서 용단되지 않아야 하는가?

① 110
② 150
③ 160
④ 190

해설
과전류차단기로 4[A] 이하 저압전로에 사용하는 퓨즈는 정격전류의 1.5배(150[%])의 전류에 견디어야 한다.

25 한국전기설비규정에서 과전류차단기 4[A]를 초과하고 16[A] 미만 퓨즈는 정격전류의 몇 [%]에서 용단되어야 하는가?

① 150
② 160
③ 190
④ 210

해설
과전류차단기로 4[A] 초과하고 16[A] 미만인 저압전로에 사용하는 퓨즈는 정격전류의 1.9배(190[%])의 전류에 용단되어야 한다.(문제 22번 해설 참조)

정답 19 ① 20 ① 21 ④ 22 ③ 23 ② 24 ② 25 ③

26 전기난방기구인 전기담요나 전기장판의 보호용으로 사용되는 퓨즈는?

① 플러그 퓨즈 ② 온도 퓨즈
③ 절연 퓨즈 ④ 유리관 퓨즈

해설

온도 퓨즈
주위 온도가 어느 온도 이상으로 높아지면 용단하는 퓨즈로 전열기구의 보안이나 방화문의 폐쇄 등에 사용한다.

27 전로에 지락이 생겼을 경우에 부하기기, 금속제 외함 등에 발생하는 고장전압 또는 지락전류를 검출하는 부분과 차단기 부분을 조합하여 자동적으로 전로를 차단하는 장치는?

① 누전차단장치 ② 과전류차단기
③ 누전경보장치 ④ 배선용 차단기

해설

누전차단기
전로에 누전이 발생했을 때 이를 감지하고, 자동적으로 회로를 차단하는 장치로서 감전사고 및 화재를 방지할 수 있는 장치

28 한국전기설비규정에서 사람이 쉽게 접촉하는 장소에 설치하는 누전차단기의 사용전압 기준은 몇 [V] 초과인가?

① 50 ② 110
③ 150 ④ 220

해설

누전차단기(ELB)의 설치 기준
사람이 쉽게 접촉할 우려가 있는 장소에 시설하는 사용전압이 50[V]를 초과하는 저압의 금속제 외함을 가지는 기계기구에 전기를 공급하는 전로

29 가정용 전등에 사용되는 점멸 스위치를 설치하여야 할 위치에 대한 설명으로 가장 적당한 것은?

① 접지 측 전선에 설치한다.
② 중성선에 설치한다.
③ 부하의 2차 측에 설치한다.
④ 전압 측 전선에 설치한다.

해설

배선기구 시설
• 전등 점멸용 스위치는 반드시 전압 측 전선에 시설하여야 한다.
• 소켓, 리셉터클 등에 전선을 접속할 때에는 전압 측 전선을 중심 접촉면에, 접지 측 전선을 베이스에 연결하여야 한다.

정답 26 ② 27 ① 28 ① 29 ④

SECTION 03 전기공사용 공구

1 전선의 굵기 측정 기구 ★★

명칭	내용	사진
마이크로미터 (Micrometer)	전선의 굵기, 철판, 구리판 등의 두께를 측정	
와이어 게이지 (Wire Guage)	전선의 굵기를 측정하는 것으로 측정할 전선을 홈에 끼워서 맞는 곳의 숫자로 전선의 굵기를 측정	
버니어 캘리퍼스 (Vernier Calipers)	물건의 바깥지름이나 파이프 등의 안지름과 깊이를 측정	

2 공구 ★★

명칭	내용	사진
와이어 스트리퍼 (Wire Striper)	절연전선의 피복 절연물을 벗기는 공구	
펜치 (Cutting Plier)	전선의 절단, 전선의 접속, 전선 바인드 등에 사용	
토치램프 (Torch Lamp)	합성수지관의 가공에 열을 가할 때 사용하는 것(가솔린, 가스 사용)	
드라이브이트(Drive it) 건(Gun), 툴(Tool)	극소량의 화약을 이용하여 콘크리트, 벽돌면 등에 특수 못(드라이비트 핀)을 순간적으로 박아넣는 공구	

명칭	내용	사진
클리퍼 (Clipper)	22[mm²] 이상의 굵은 전선을 절단할 때 사용하는 가위로서 굵은 전선을 펜치로 절단하기 힘들 때 클리퍼 사용	
펌프 플라이어 (Pump Plier)	금속관공사의 로크 너트를 죌 때 사용	
프레셔 툴 (Pressure Tool)	솔더리스(Solderless) 커넥터 또는 솔더리스 터미널을 눌러붙임 접속 시 사용	
벤더 (Bender)	금속관을 구부리는 공구	
히키 (Hickey)		
파이프 바이스 (Pipe Vise)	금속관을 절단 또는 금속관에 나사선을 내기 위해 파이프를 고정	
파이프 커터 (Pipe Cutter)	금속관을 절단할 때 사용	
오스터 (Oster)	금속관 끝에 나사를 내는 공구	

명칭	내용	사진
리머 (Reamer)	금속관을 쇠톱이나 커터로 끊은 다음, 관 안에 날카로운 것을 다듬는 공구	
녹아웃 펀치 (Knock Out Punch)	배전반, 분전반 등의 캐비닛에 구멍을 뚫을 때 필요한 공구	
홀소 (Hole Saw)	녹아웃 펀치와 같은 용도로 배·분전반 등의 캐비닛에 구멍을 뚫을 때 사용	
파이프 렌치 (Pipe Wrench)	금속관을 커플링으로 접속할 때 금속관과 커플링을 물고 죄는 공구	
전선 피박기	활선인 상태에서 전선의 피복을 벗기는 공구	
피시 테이프 (Fish Tape)	전선관에 전선을 넣을 때 사용되는 평각 강철선(요비선)	

명칭	내용	사진
철망 그립 (Pulling Grip)	여러 가닥의 전선을 전선관에 넣을 때 사용하는 공구	
와이어 통 (Wire Tong)	핀애자나 현수애자의 장주에서 활선을 작업권 밖으로 밀어낼 때 사용하는 절연봉	
데드앤드커버	잡아당김 또는 내장주의 선로에서 활선공법을 할 때 작업자가 현수애자 등에 접촉되어 생기는 안전사고를 예방	
임팩드릴	콘크리트의 구멍을 뚫기 위한 공구	

3 계측기

명칭	내용
멀티 테스터 (Multi Tester)	전압(교류, 직류), 저항, 도통 상태를 확인 및 측정하는 계측기
훅온 미터(Hook on Meter) 클램프 미터(Clamp Meter)	활선 상태의 전선 전류를 측정할 때 사용. 키르히호프의 제1법칙에 의해 들어간 전류와 나오는 전류의 합은 같아야 함
어스 테스터 (접지저항계)	접지저항 측정(콜라우시 브리지법)
메거 (절연저항계, Megger)	절연저항 측정
네온 검전기	충전(활선)인 상태 확인

기출 및 예상문제

SECTION 03 | 전기공사용 공구

01 다음 중 전선의 굵기를 측정할 때 사용되는 것은?

① 와이어 게이지 ② 파이어 포트
③ 스패너 ④ 프레셔 툴

해설
와이어 게이지, 마이크로미터
전선의 굵기를 측정하는 것

02 물체의 두께, 깊이, 안지름 및 바깥지름 등을 모두 측정할 수 있는 공구의 명칭은?

① 버니어 캘리퍼스 ② 마이크로미터
③ 다니엘 게이지 ④ 와이어 게이지

해설
버니어 캘리퍼스
둥근 물건의 바깥지름이나 파이프 등의 안지름과 깊이를 측정

03 네온 검전기를 사용하는 목적은?

① 주파수 측정 ② 충전유무 조사
③ 전류 측정 ④ 조도를 조사

해설
네온 검전기
저압배선의 충전(활선)인 상태 확인

04 옥내배선공사에서 절연전선의 피복을 벗길 때 사용하면 편리한 공구는?

① 드라이버 ② 플라이어
③ 압착펜치 ④ 와이어 스트리퍼

해설
와이어 스트리퍼(Wire Striper)
절연전선의 피복 절연물을 벗기는 공구

05 전기공사 시공에 필요한 공구 사용법 설명 중 잘못된 것은?

① 콘크리트의 구멍을 뚫기 위한 공구로 타격용 임팩트 전기드릴을 사용한다.
② 스위치박스에 전선관용 구멍을 뚫기 위해 녹아웃 펀치를 사용한다.
③ 합성수지 가요전선관의 굽힘 작업을 위해 토치램프를 사용한다.
④ 금속전선관의 굽힘 작업을 위해 파이프 벤더를 사용한다.

해설
토치램프는 경질 합성수지관(PVC관)을 가공할 때 사용한다.

06 펜치로 절단하기 힘든 22[SQ] 이상의 굵은 전선의 절단에 사용되는 공구는?

① 파이프 렌치 ② 파이프 커터
③ 클리퍼 ④ 와이어 게이지

해설
클리퍼(Clipper)
굵은 전선을 절단하는 데 사용하는 가위

07 금속관 배관공사를 할 때 금속관을 구부리는 데 사용하는 공구는?

① 히키(Hickey)
② 파이프 렌치(Pipe Wrench)
③ 오스터(Oster)
④ 파이프 커터(Pipe Cutter)

해설
② 파이프 렌치 : 금속관과 커플링을 물고 죄는 공구
③ 오스터 : 금속관에 나사를 내기 위한 공구
④ 파이프 커터 : 금속관을 절단할 때 사용되는 공구

정답 01 ① 02 ① 03 ② 04 ④ 05 ③ 06 ③ 07 ①

08 금속관을 절단할 때 사용되는 공구는?

① 오스터 ② 녹아웃 펀치
③ 파이프 커터 ④ 파이프 렌치

해설

① 오스터 : 금속관 끝에 나사를 내는 공구
② 녹아웃 펀치 : 캐비닛에 구멍을 뚫을 때 필요한 공구
④ 파이프 렌치 : 금속관과 커플링을 물고 죄는 공구

09 다음 중 금속관공사에서 나사내기에 사용하는 공구는?

① 토치램프 ② 벤더
③ 리머 ④ 오스터

해설

① 토치램프 : 경질 합성수지관(PVC관)을 가공할 때 사용
② 벤더 : 금속관을 구부리는 공구
③ 리머 : 금속관을 쇠톱이나 커터로 끊은 다음, 관 안에 날카로운 것을 다듬는 공구

10 녹아웃 펀치(Knockout Punch)와 같은 용도의 것은?

① 리머(Reamer) ② 벤더(Bender)
③ 클리퍼(Clipper) ④ 홀소(Hole Saw)

해설

① 리머 : 금속관을 쇠톱이나 커터로 끊은 다음, 관 안에 날카로운 것을 다듬는 공구
② 벤더 : 금속관을 구부리는 공구
③ 클리퍼 : 굵은 전선을 절단할 때 사용하는 공구
④ 홀소 : 녹아웃 펀치와 같은 용도로 배·분전반 등의 캐비닛에 구멍을 뚫을 때 사용

11 옥내배선공사 중 금속관공사에 사용되는 공구의 설명 중 잘못된 것은?

① 전선관의 굽힘 작업에 사용하는 공구는 토치램프나 스프링 벤더를 사용한다.
② 전선관의 나사를 내는 작업에 오스터를 사용한다.
③ 전선관을 절단하는 공구에는 쇠톱 또는 파이프 커터를 사용한다.
④ 아우트렛 박스의 천공작업에 사용되는 공구는 녹아웃 펀치를 사용한다.

해설

금속관공사 시 굽힘 작업에는 히키(벤더)를 사용한다.

12 금속관에 여러 가닥의 전선을 넣을 때 매우 편리하게 넣을 수 있는 방법으로 쓰이는 것은?

① 비닐전선 ② 철망 그립
③ 접지선 ④ 호밍사

해설

철망 그립(Pulling Grip)
여러 가닥의 전선을 전선관에 넣을 때 사용하는 공구

13 녹아웃 펀치와 같은 용도로 배전반이나 분전반 등에 구멍을 뚫을 때 사용하는 것은?

① 클리퍼(Clipper)
② 홀소(Hole Saw)
③ 프레셔 툴(Pressure Tool)
④ 드라이브이트 툴(Drive it Tool)

해설

① 클리퍼 : 굵은 전선을 절단할 때 사용하는 가위로서 굵은 전선을 펜치로 절단하기 힘들 때 클리퍼나 쇠톱을 사용한다.
③ 프레셔 툴 : 솔더리스(Solderless) 커넥터 또는 솔더리스 터미널을 눌러붙임하는 공구이다.
④ 드라이브이트 툴 : 화약의 폭발력을 이용하여 철근콘크리트 등의 단단한 조영물에 드라이브이트 핀을 박을 때 사용하는 것으로 취급자는 보안상 훈련을 받아야 한다.

14 배전반 및 분전반과 연결된 배관을 변경하거나 이미 설치되어 있는 캐비닛에 구멍을 뚫을 때 필요한 공구는?

① 오스터 ② 클리퍼
③ 토치램프 ④ 녹아웃 펀치

해설

녹아웃 펀치
캐비닛에 구멍을 뚫을 때 필요한 공구

15 금속관을 가공할 때 절단된 내부를 매끈하게 하기 위하여 사용하는 공구의 명칭은?

① 리머 ② 프레셔 툴
③ 오스터 ④ 녹아웃 펀치

해설
리머(Reamer)
금속관을 쇠톱이나 커터로 끊은 다음, 관 안에 날카로운 것을 다듬는 공구이다.

16 피시 테이프(Fish Tape)의 용도는?

① 전선을 테이핑하기 위하여 사용
② 전선관의 끝마무리를 위해서 사용
③ 전선관에 전선을 넣을 때 사용
④ 합성수지관을 구부릴 때 사용

해설
피시 테이프(Fish Tape)
전선관에 전선을 넣을 때 사용되는 평각강철선

17 전기공사에 사용하는 공구와 작업내용이 잘못된 것은?

① 토치램프 - 합성수지관 가공하기
② 홀소 - 분전반 구멍 뚫기
③ 와이어 스트리퍼 - 전선 피복 벗기기
④ 피시 테이프 - 전선관 보호

해설
문제 16번 해설 참조

18 큰 건물의 공사에서 콘크리트에 구멍을 뚫어 드라이브 핀을 경제적으로 고정하는 공구는?

① 스패너 ② 드라이브이트 툴
③ 오스터 ④ 녹아웃 펀치

해설
① 스패너 : 볼트, 너트, 나사 등을 죄거나 푸는 공구
③ 오스터 : 금속관 끝에 나사를 내는 공구
④ 녹아웃 펀치 : 배전반, 분전반 등의 배관을 변경하거나, 이미 설치되어 있는 캐비닛에 구멍을 뚫을 때 필요한 공구

19 손작업 쇠톱날의 크기(치수 : [mm])가 아닌 것은?

① 200 ② 250
③ 300 ④ 550

해설
손작업 쇠톱날의 크기[mm] : 200, 250, 300

20 절연전선으로 가선된 배전 선로에서 활선 상태인 경우 전선의 피복을 벗기는 것은 매우 곤란한 작업이다. 이런 경우 활선 상태에서 전선의 피복을 벗기는 공구는?

① 전선 피박기 ② 애자커버
③ 와이어 통 ④ 데드 앤드 커버

해설
② 애자커버 : 활선 작업 시 작업자의 부주의로 접촉되더라도 안전사고가 발생하지 않도록 사용되는 절연덮개
③ 와이어 통 : 활선을 움직이거나 작업권 밖으로 밀어낼 때 사용하는 절연봉
④ 데드 앤드 커버 : 현수애자나 데드 엔드 클램프 접촉에 의한 감전사고를 방지하기 위해 사용

21 전선에 눌러붙임 접속 시 사용되는 공구는?

① 와이어 스트리퍼 ② 프레셔 툴
③ 클리퍼 ④ 니퍼

해설
프레셔 툴(Pressure Tool)
솔더리스(Solderless) 커넥터 또는 솔더리스 터미널을 눌러붙임하는 공구

22 다음 중 접지저항의 측정에 사용되는 측정기의 명칭은?

① 회로시험기 ② 변류기
③ 검류기 ④ 어스테스터

해설
어스테스터(접지저항계)
접지저항 측정(콜라우시 브리시법)

정답 15 ① 16 ③ 17 ④ 18 ② 19 ④ 20 ① 21 ② 22 ④

23 접지저항 측정방법으로 가장 적당한 것은?

① 절연저항계
② 전력계
③ 교류의 전압, 전류계
④ 콜라우시 브리지

해설

문제 22번 해설 참조

24 계측 방법에 대한 다음 설명 중 옳은 것은?

① 어스 테스터로 절연저항을 접속한다.
② 검전기로 전압을 측정한다.
③ 메거로서 회로의 저항을 측정한다.
④ 콜라우슈 브리지로 접지저항을 측정한다.

해설

- 어스 테스터 : 접지저항 측정
- 검전기 : 전로의 충전 상태 확인
- 메거 : 전로의 절연저항 측정
- 콜라우시 브리지법 : 전해액 저항 또는 접지저항을 측정

25 다음 중 옥내에 시설하는 저압 전로와 대지 사이의 절연저항 측정에 사용되는 계기는?

① 멀티 테스터   ② 메거
③ 어스 테스터   ④ 훅 온 미터

해설

메거
전로의 절연저항 측정

정답 23 ④ 24 ④ 25 ②

SECTION 04 전선접속

1 전선의 접속 시 주의사항

1) 전선의 접속 요건 ★★★

- 접속 시 전기적 저항을 증가시키지 않는다.
- 접속 부위의 기계적 강도(인장하중)를 20[%] 이상 감소시키지 않는다(유지는 80[%] 이상).
- 접속점의 절연이 약화되지 않도록 테이핑 또는 와이어 접속기로 절연한다.
- 전선의 접속은 박스 안에서 하고, 접속점에 장력이 가해지지 않도록 한다.

2) 전선의 병렬 접속

두 개 이상의 전선을 병렬로 사용하는 경우에는 다음에 의하여 시설할 것

- 병렬로 사용하는 각 전선의 굵기는 구리선 50[mm²] 이상 또는 알루미늄 70[mm²] 이상의 것을 사용
- 병렬로 사용하는 전선에는 각각에 퓨즈를 설치하지 말 것
- 교류회로에서 병렬로 사용하는 전선은 금속관 안에 전자적 불평형이 생기지 않도록 시설할 것

2 전선 접속의 종류

1) 직선접속 ★★★

단선의 직선접속은 다음과 같다.

① 트위스트 접속(Twist Joint, Union Splice)

6[mm²](2.6[mm]) 이하의 가는 단선의 접속

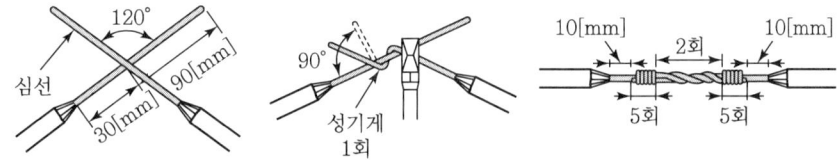

② 브리타니아 접속(Britania Joint)

- 10[mm²](3.2[mm]) 이상의 굵은 단선의 접속
- 전선 피복을 벗기는 길이는 전선 지름의 약 20배
- 단선의 브리타니아 직선접속은 조인트선을 이용하여 지름 D에 15배 이상 감아야 한다.

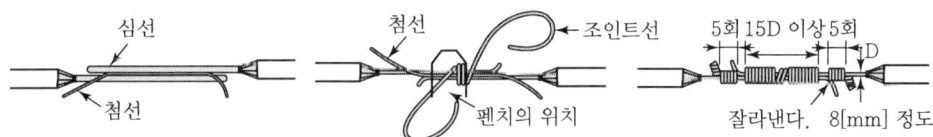

2) 쥐꼬리 접속

① 박스 안에 가는 전선을 접속할 때에는 쥐꼬리 접속으로 한다.
② 접속방법 : 같은 굵기 단선접속, 다른 굵기 단선접속 등이 있다.
③ 같은 굵기 접속 시 2~3회, 각도는 90°로 한다.

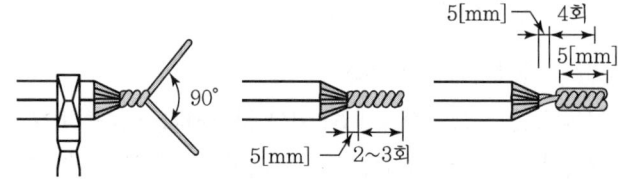

| 같은 굵기 단선접속 |

3 납땜과 테이프

1) 납땜

① 슬리브나 커넥터를 쓰지 않고 전선을 접속했을 때에는 납땜을 하여야 한다.
② 땜납(Solder)은 50[%] 납이라 하여 주석과 납이 각각 50[%]씩으로 된 것을 사용한다.

2) 테이프

① 리노 테이프(Lino Tape) : 점착성은 없으나 절연성, 내온성 및 내유성이 있으므로 연피 케이블 접속에는 반드시 사용된다.

② 자기 융착 테이프
  • 약 2배 정도 늘이고 감으면 서로 융착되어 벗겨지는 일이 없다.
  • 내오존성, 내수성, 내약품성, 내온성이 우수해서 오래도록 열화하지 않기 때문에 비닐 외장 케이블 및 클로로프렌 외장 케이블의 접속에 사용된다.

4 슬리브 및 와이어 커넥터 접속

1) 슬리브 접속 ★★

| S자형 슬리브 | | P형 슬리브 | | B형 슬리브 | | E형 슬리브 |

① 전선 접속용 슬리브(Sleeve)에는 S형, B형, P형이 있고 종단 접속형 E형이 있다.
② 납땜할 필요는 없으나 테이프를 완전히 감아야 한다.
③ 슬리브는 2~3회 정도 비틀어 꼬아서 접속한다.

| 직선 맞대기용 슬리브(B) 압착 접속 |

2) 알루미늄 전선의 접속

① 알루미늄 전선의 직선접속은 주로 인입선과 인입구 배선과의 접속과 같이 장력이 걸리지 않는 장소에 적용한다.
② 전선 접속기는 그 단면 형태에 따라 C형, E형, H형 등이 있다(트위스트 접속 안 됨).

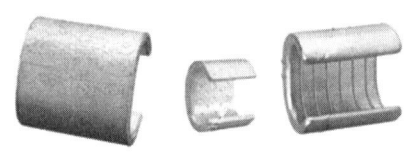

| 알루미늄 C형 슬리브 |

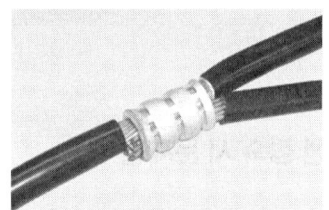

| 알루미늄 분기 접속 |

3) 링 슬리브 접속

전선을 나란히 하여 링 슬리브의 압착 홈에 넣고 압착 펜치로 압착한다.

4) 와이어 커넥터 접속

① 박스 안에서 쥐꼬리 접속에 사용되며, 납땜과 테이프 감기가 필요 없다.
② 외피는 자기 소화성 난연 재질이고, 내부에 나선 스프링이 도체를 눌러붙임하도록 되어 있다.

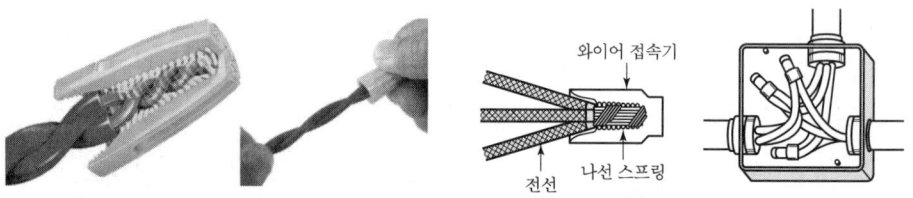

5 전선과 단자의 접속

① 동관 단자 접속 : 홈에 납물과 전선을 동시에 넣어 냉각시키면 된다.
② 압착 단자 접속 : 동관 단자와 같이 시공에 시간과 노력이 많이 드는 결점을 보충하기 위해 납땜이 필요 없는 압착 단자를 사용한다(프레셔 툴 사용).

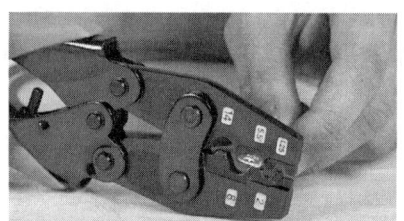 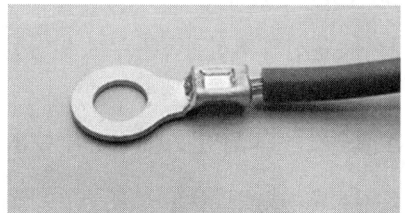

| 압착기를 이용한 압착 단자 접속 |

6 불완전 접속 시 문제점

전선 접속 부위 전기저항이 증가할 경우 과열 및 화재 발생, 절연처리가 불량할 경우 누전으로 인한 감전사고 발생, 전파 잡음이 발생할 수 있다.

기출 및 예상문제

SECTION 04 | 전선접속

01 옥내에서 두 개 이상의 전선을 병렬로 사용하는 경우 구리는 각 전선의 굵기가 몇 [mm²] 이상이어야 하는가?

① 50 ② 70
③ 95 ④ 150

해설
병렬로 사용하는 각 전선의 굵기는 구리 50[mm²] 이상 또는 알루미늄 70[mm²] 이상의 것을 사용할 것

02 전선의 접속이 불완전하여 발생할 수 있는 사고로 볼 수 없는 것은?

① 감전 ② 누전
③ 화재 ④ 절전

해설
전선 접속부위 전기저항이 증가할 경우 화재발생, 절연처리가 불량할 경우 누전으로 인한 감전사고가 발생할 수 있다.

03 전선의 접속에 대한 설명으로 틀린 것은?

① 접속 부분의 전기저항을 20[%] 이상 증가되도록 한다.
② 접속 부분의 인장강도를 80[%] 이상 유지되도록 한다.
③ 접속 부분에 전선접속기구를 사용한다.
④ 알루미늄전선과 구리선의 접속 시 전기적인 부식이 생기지 않도록 한다.

해설
전선의 접속 조건
• 접속 시 전기적 저항을 증가시키지 않는다.
• 접속 부위의 기계적 강도를 20[%] 이상 감소시키지 않는다.
• 접속점의 절연이 약화되지 않도록 테이핑 또는 와이어 접속기로 절연한다.
• 전선의 접속은 박스 안에서 하고, 접속점에 장력이 가해지지 않도록 한다.

04 다음 중 나전선 상호 간 또는 나전선과 절연전선 접속 시 접속 부분의 전선의 세기는 일반적으로 어느 정도 유지해야 하는가?

① 80[%] 이상 ② 70[%] 이상
③ 60[%] 이상 ④ 50[%] 이상

해설
문제 3번 해설 참조

05 전선 6[mm²] 이하의 가는 단선을 직선접속할 때 어느 방법으로 하여야 하는가?

① 브리타니아 접속 ② 트위스트 접속
③ 슬리브 접속 ④ 우산형 접속

해설
트위스트 접속은 단면적 6[mm²] (2.6[mm]) 이하의 가는 단선의 직선접속에 적용된다.

06 IV전선을 사용한 옥내배선공사 시 박스 안에서 사용되는 전선 접속 방법은?

① 브리타니아 접속 ② 쥐꼬리 접속
③ 복권 직선접속 ④ 트위스트 접속

해설
옥내배선공사 시 접속은 박스 안에서 쥐꼬리 접속, 와이어 커넥터 접속(종단접속)한다.

07 단면적 6[mm²] 이하의 가는 단선의 트위스트조인트에 해당되는 전선접속법은?

① 직선 접속 ② 분기 접속
③ 슬리브 접속 ④ 종단 접속

해설
트위스트 접속(단면적 6[mm²] 이하의 가는 단선), 브리타니아 접속(3.2[mm] 이상의 굵은 단선)은 단선의 직선접속에 적용한다.

정답 01 ① 02 ④ 03 ① 04 ① 05 ② 06 ② 07 ①

08 전선접속방법이 잘못된 것은?

① 트위스트 접속은 2.6[mm] 이하의 가는 단선을 직선접속할 때 적합하다.
② 브리타니아 접속은 2.6[mm] 이상의 굵은 단선의 접속에 적합하다.
③ 쥐꼬리 접속은 박스 내에서 가는 전선을 접속할 때 적합하다.
④ 와이어 접속기 접속은 납땜과 테이프가 필요 없이 접속할 수 있고 누전의 염려가 없다.

해설
브리타니아 접속은 10[mm²](3.2[mm]) 이상의 굵은 단선의 접속에 적합하다.

09 다음 중 단선의 브리타니아 직선접속에 사용되는 것은?

① 조인트선　　② 파라핀선
③ 바인드선　　④ 에나멜선

해설
단선의 브리타니아 직선접속은 조인트선을 이용하여 지름 D에 15배 이상 감아야 한다.

10 단선의 브리타니아(Britania) 직선접속 시 전선 피복을 벗기는 길이는 전선 지름의 약 몇 배로 하는가?

① 5배　　② 10배
③ 20배　　④ 30배

해설
전선 피복을 벗기는 길이는 전선 지름의 약 20배로 한다.

11 절연전선 상호 간의 접속에서 옳지 않은 것은?

① 납땜 접속을 한다.
② 슬리브를 사용하여 접속한다.
③ 와이어 접속기를 사용하여 접속한다.
④ 굵기가 6[mm²] 이하의 것은 브리타니아 접속을 한다.

해설
브리타니아 접속
3.2[mm] 이상의 굵은 단선인 경우에 적용

12 옥내배선의 접속함이나 박스 내에서 접속할 때 주로 사용하는 접속법은?

① 슬리브 접속　　② 쥐꼬리 접속
③ 트위스트 접속　　④ 브리타니아 접속

해설
단선의 종단 접속
쥐꼬리 접속, 링 슬리브 접속

13 정션 박스 내에서 절연전선을 쥐꼬리 접속한 후 접속과 절연을 위해 사용되는 재료는?

① 링형 슬리브　　② S형 슬리브
③ 와이어 접속기　　④ 터미널 러그

해설
와이어 커넥터
정션 박스 내에서 쥐꼬리 접속 후 사용되며, 납땜과 테이프 감기가 필요 없다.

14 연피케이블의 접속에 반드시 사용되는 테이프는?

① 고무 테이프　　② 비닐 테이프
③ 리노 테이프　　④ 자기융착 테이프

해설
리노 테이프
접착성은 없으나 절연성, 내온성, 내유성이 있어서 연피케이블 접속 시 사용한다.

15 전선과 기구 단자 접속 시 나사를 덜 죄었을 경우 발생할 수 있는 위험과 거리가 먼 것은?

① 누전　　② 화재 위험
③ 과열 발생　　④ 저항 감소

해설
불완전 접속 시 문제점
전선 접속 부위 전기저항이 증가할 경우 과열 및 화재 발생, 절연 처리가 불량할 경우 누전으로 인한 감전사고 발생, 전파 잡음이 발생할 수 있다.

정답 08 ② 09 ① 10 ③ 11 ④ 12 ② 13 ③ 14 ③ 15 ④

16 전선 접속 시 사용되는 슬리브(Sleeve)의 종류가 아닌 것은?

① D형　　　　② S형
③ E형　　　　④ P형

해설
- 직선접속용 슬리브 : S형
- 종단겹침용 슬리브 : E형, P형

17 S형 슬리브를 사용하여 전선을 접속하는 경우의 유의사항이 아닌 것은?

① 전선은 연선만 사용이 가능하다.
② 전선의 끝은 슬리브의 끝에서 조금 나오는 것이 좋다.
③ 슬리브는 전선의 굵기에 적합한 것을 사용한다.
④ 도체는 샌드페이퍼 등으로 닦아서 사용할 수 있다.

해설
S형 슬리브는 단선, 연선 어느 것에도 사용할 수 있다.

18 옥내 배선에서 주로 사용하는 직선접속 및 분기 접속방법은 어떤 것을 사용하여 접속하는가?

① 동선압착단자　　② 슬리브
③ 와이어 접속기　　④ 꽂음형 접속기

해설
- 단선의 직선접속 : 트위스트 접속, 브리타니아 접속, 슬리브 접속
- 단선의 종단접속 : 쥐꼬리 접속, 링 슬리브 접속

19 다음 중 전선의 접속방법에 해당되지 않는 것은?

① 슬리브 접속　　② 직접 접속
③ 트위스트 접속　　④ 접속기 접속

해설
전선의 접속방법 중 직접 접속은 없다.

20 절연전선을 서로 접속할 때 사용하는 방법이 아닌 것은?

① 커플링에 의한 접속
② 와이어 접속기에 의한 접속
③ 슬리브에 의한 접속
④ 압축 슬리브에 의한 접속

해설
커플링에 의한 접속은 전선관을 서로 접속할 때 사용한다.

21 동전선의 접속방법에서 종단접속방법이 아닌 것은?

① 비틀어 꽂는 형의 전선접속기에 의한 접속
② 종단겹침용 슬리브(E형)에 의한 접속
③ 직선 맞대기용 슬리브(B형)에 의한 압착접속
④ 직선 겹침용 슬리브(P형)에 의한 접속

해설
동(구리) 전선의 접속
- 비틀어 꽂는 형의 전선접속기에 의한 접속
- 종단겹침용 슬리브(E형)에 의한 접속
- 직선 겹침용 슬리브(P형)에 의한 접속
- 동선압착단자에 의한 접속

22 동전선의 직선접속에서 단선 및 연선에 적용되는 접속방법은?

① 직선 맞대기용 슬리브에 의한 압착접속
② 가는 단선(2.6[mm] 이상)의 분기접속
③ S형 슬리브에 의한 분기접속
④ 터미널 러그에 의한 접속

해설
② 동전선의 분기접속에서 단선에 적용
③ 동전선의 분기접속에서 단선 및 연선에 적용
④ 알루미늄전선의 종단접속에 적용

정답 16 ①　17 ①　18 ②　19 ②　20 ①　21 ③　22 ①

23 접착력은 떨어지나 절연성, 내온성, 내유성이 좋아 연피케이블의 접속에 사용되는 테이프는?

① 고무 테이프 ② 비닐 테이프
③ 리노 테이프 ④ 자기 융착 테이프

해설
리노 테이프
접착성은 없으나 절연성, 내온성, 내유성이 있어서 연피케이블 접속 시 사용한다.

24 알루미늄전선의 접속방법으로 적합하지 않은 것은?

① 직선 접속 ② 분기 접속
③ 종단 접속 ④ 트위스트 접속

해설
트위스트 접속은 단선(동) 전선의 직선접속방법이다.

25 다음 중 굵은 Al선을 박스 안에서 접속하는 방법으로 적합한 것은?

① 링 슬리브에 의한 접속
② 비틀어 꽂는 형의 전선 접속기에 의한 방법
③ C형 접속기에 의한 접속
④ 맞대기용 슬리브에 의한 압착 접속

해설
알루미늄(Al) 전선의 접속
직선, 분기 접속은 단면 형태가 C형, E형, H형 등의 전선 접속기를 사용하는 방법이 있다.

26 나전선 상호 또는 나전선과 절연전선, 캡타이어 케이블 또는 케이블과 접속하는 경우 바르지 못한 방법은?

① 전선의 세기를 20[%] 이상 감소시키지 않을 것
② 알루미늄전선과 구리전선을 접속하는 경우에는 접속 부분에 전기적 부식이 생기지 않도록 할 것
③ 코드 상호, 캡타이어 케이블 상호, 케이블 상호, 또는 이들 상호를 접속하는 경우에는 코드접속기·접속함, 기타의 기구를 사용할 것
④ 알루미늄 전선을 옥외에 사용하는 경우에는 반드시 트위스트 접속을 할 것

해설
알루미늄 전선을 접속할 때에는 고시된 규격에 맞는 접속관 등의 접속 기구를 사용해야 한다.

27 알루미늄전선과 전기기계·기구 단자의 접속방법으로 틀린 것은?

① 전선을 나사로 고정하는 경우 나사가 진동 등으로 헐거워질 우려가 있는 장소는 2중 너트 등을 사용할 것
② 전선에 터미널 러그 등을 부착하는 경우는 도체에 손상을 주지 않도록 피복을 벗길 것
③ 나사 단자에 전선을 접속하는 경우는 전선을 나사의 홈에 가능한 한 밀착하여 3/4 바퀴 이상, 1바퀴 이하로 감을 것
④ 누름나사단자 등에 전선을 접속하는 경우는 전선을 단자 깊이 2/3 위치까지만 삽입할 것

해설
- 전선의 접속 시 전기적 저항을 증가시키지 않는다.
- 전선을 접속하는 경우는 전선을 단자 깊이 2/3 위치까지만 삽입하면 전기적 저항이 증가하여 과열 및 화재 발생, 절연처리가 불량할 경우 누전으로 인한 감전사고 발생, 전파 잡음이 발생할 수 있다.

정답 23 ③ 24 ④ 25 ③ 26 ④ 27 ④

CHAPTER 02 옥내배선공사

PART 03 | 전기설비

▼ 설치방법에 해당하는 공사방법의 분류 ★★★

설치방법	공사방법
전선관시스템	합성수지관공사, 금속관공사, 가요전선관공사
케이블트렁킹시스템	합성수지몰드공사, 금속몰드공사, 금속트렁킹공사*
케이블덕팅시스템	플로어덕트공사, 셀룰러덕트공사, 금속덕트공사**
애자공사	애자공사
케이블트레이시스템 (래더, 브래킷 포함)	케이블트레이공사
케이블공사	고정하지 않는 방법, 직접 고정하는 방법, 지지선 방법

* 금속본체와 덮개가 별도로 구성되어 덮개를 개폐할 수 있는 금속덕트공사
** 본체와 덮개 구분 없이 하나로 구성된 금속덕트공사

SECTION 01 전선관시스템

1 합성수지관공사

1) 합성수지관의 종류 ★★

① 경질비닐 전선관 KS C 8431(경질 폴리염화비닐전선관)

- 기계적 충격이나 중량물에 의한 압력 등 외력에 견디도록 보완된 전선관이다.
- 딱딱한 형태이므로 구부리거나 하는 가공방법은 토치램프로 가열하여 가공한다.
- 관의 굵기를 안지름의 크기에 가까운 짝수로써 표시
- 지름 14~82[mm]로 9종(14, 16, 22, 28, 36, 42, 54, 70, 82[mm])이다.
- 한 본의 길이는 4[m]로 제작한다.

② 폴리에틸렌 전선관(PF관)
- 경질에 비해 연한 성질이 있어 배관작업에 토치램프로 가열할 필요가 없다.
- 경질에 비해 외부 충격에 약한 편이다.
- 관의 굵기를 안지름의 크기에 가까운 짝수로써 표시한다(14, 16, 22, 28, 36, 42, 54[mm]).
- 한 가닥 길이가 50~100[m]로서 롤(Roll) 형태이다.

③ 합성수지제 가요전선관(CD관, 콤바인 덕트관)
- 무게가 가벼워 어려운 현장 여건에서도 운반 및 취급이 용이하다.
- 내약품성이 우수하고 내후, 내식성도 우수하다.
- 굴곡된 배관작업에 공구가 불필요하며 배관작업이 매우 용이하며 가요성이 풍부하다.
- 관의 내면이 파부형이라 마찰계수가 적어 굴곡이 많은 배관 시에도 전선의 인입이 용이하다.
- 관의 굵기를 안지름의 크기에 가까운 짝수로써 표시한다(14, 16, 22, 28, 36, 42, 54[mm]).
- 한 가닥 길이가 50~100[m]로서 롤(Roll) 형태이다.

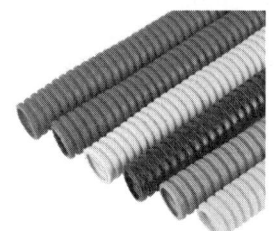 

[장점]
① 염화비닐수지로 만든 것으로, 금속관에 비하여 가격이 저렴하다.
② 절연성과 내부식성이 우수하고, 재료가 가볍기 때문에 시공이 편리하다.
③ 관 자체가 비자성체이므로 접지할 필요가 없어 피뢰기 · 피뢰침의 접지선 보호에 적당하다.
④ 내식성이 크므로 약품 등에 의한 부식의 우려가 적다.

[단점]
① 금속관에 비해 충격 강도가 떨어지는 결점이 있다.
② 온도 변화에 따른 신축 작용이 커서 고온이나 저온 등 열에 약하다.

2) 합성수지관의 시공 ★★★

① 합성수지관은 전개된 장소나 은폐된 장소 등 어느 곳에서나 시공
② 중량물의 압력 또는 현저한 기계적 충격을 받을 우려가 없도록 시설할 것. 단, 콘크리트 매입은 제외
③ 전선은 절연전선을 사용하고, 단선은 단면적 10[mm²](알루미늄선은 16[mm²]) 이하를 사용하며, 그 이상일 경우는 연선을 사용한다.
④ 관 안에서는 전선의 접속점이 없어야 한다.
⑤ 스위치 접속 및 전선 접속을 위한 박스와 전선관의 접속 방법이다.

3) 합성수지관 및 부속품의 시설 ★★★

① 관 상호 간 및 박스와는 관을 삽입하는 깊이를 관의 바깥지름의 1.2배(접착제를 사용하는 경우에는 0.8배) 이상으로 하고 또한 꽂음 접속에 의하여 견고하게 접속할 것
② 관의 지지점 간의 거리는 1.5[m] 이하로 하고, 또한 그 지지점은 관의 끝, 관과 박스의 접속점 및 관 상호 간의 접속점 등에 가까운 곳에 시설할 것
③ 습기가 많은 장소 또는 물기가 있는 장소에 시설하는 경우에는 방습 장치를 할 것
④ 건축물 화재의 주요 요인으로 지적된 이중천장(반자 속 포함) 내 합성수지관 사용을 금지하되, "콤바인 덕트관은 직접 콘크리트에 매입하여 시설하거나 옥내 전개된 장소 이외에 시설하는 경우에는 불연성 마감재 내부, 전용의 불연성 관 또는 덕트에 넣어 시설하도록" 규정한다.
⑤ 합성수지제 휨(가요) 전선관 상호 간은 직접 접속하지 말 것
  • 관 상호 접속점의 양쪽 관 가까운 곳(0.3[m] 이내)에 관을 고정해야 한다.
  • 옥외 등 온도차가 큰 장소에 노출 배관을 할 때에는 신축 커플링(3C)을 사용한다. 신축 커플링에는 접착제를 사용하지 않는다.

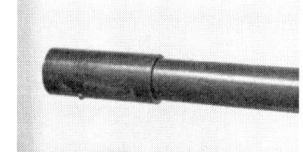

| 이송 커플링(1C) |

| 신축 커플링(3C) |

4) 전선과 전선관의 단면적 관계

합성수지관의 굵기는 전선 및 케이블의 피복절연물 등을 포함한 단면적의 총합계가 관의 내단면적의 1/3을 초과하지 않도록 하는 것이 바람직하다.

2 금속관공사

1) 금속관공사의 특징 ★★

① 기계적 강도가 높아서 전선이 완전히 보호된다.
② 단락 사고, 접지 사고 등에서 화재의 우려가 적다.
③ 접지공사를 완전히 하면 감전의 우려가 없다.
④ 방습 장치를 할 수 있어서 전선을 내수적으로 시설할 수 있다.

2) 금속전선관의 시설 조건 ★★★

① 전선은 절연전선(옥외용 비닐절연전선을 제외한다)일 것
② 전선은 연선일 것. 다만, 다음의 것은 적용하지 않는다.
  - 짧고 가는 금속관에 넣은 것
  - 단선은 단면적 10[mm^2](알루미늄선은 단면적 16[mm^2]) 이하의 것
③ 전선은 금속관 안에서 접속점이 없도록 할 것
④ 노출된 장소, 은폐 장소, 습기, 물기 있는 곳, 먼지가 있는 곳 등 어느 장소에서나 시설할 수 있고, 가장 완전한 공사방법으로 공장이나 빌딩에서 모든 공사에 사용된다.
⑤ 교류회로에서는 1회로의 전선 모두를 동일관 내에 넣는 것을 원칙으로 한다.
⑥ 교류회로에서 전선을 병렬로 여러 가닥 입선하는 경우에 관 내에 왕복전류의 합계가 "0"이 되도록 하여야 한다.
⑦ 금속관공사의 시설 방법
  - 매입배관공사 : 콘크리트 또는 흙벽 속에 시설
  - 노출배관공사 : 벽면, 천장면을 따라 시설하거나 천장에 매달아 시설
⑧ 관의 두께와 공사
  - 콘크리트에 매설하는 경우 : 1.2[mm] 이상
  - 기타의 경우 : 1[mm] 이상

3) 금속전선관의 종류 ★★★

금속전선관은 크게 후강전선관과 박강전선관으로 구분할 수 있다.

▼ 금속전선관의 종류

구분	후강전선관	박강전선관
관의 크기	안지름의 크기에 가까운 짝수	바깥지름의 크기에 가까운 홀수
관의 호칭	16, 22, 28, 36, 42, 54, 70, 82, 92, 104	19, 25, 31, 39, 51, 63, 75
두께	2.3, 2.5, 2.8, 3.5[mm](두꺼운 금속관)	1.6, 2.0[mm](얇은 금속관)
한 본의 길이	3.6[m]	3.6[m]

4) 금속전선관의 시공 ★★★

① 관의 절단과 나사 내기

　㉠ 금속관의 절단 : 파이프 바이스에 고정시키고 파이프 커터 또는 쇠톱으로 절단하며, 절단한 내면을 리머로 다듬어 전선의 피복이 손상되지 않도록 한다.

　㉡ 나사내기 : 오스터로 필요한 길이만큼 나사를 낸다.

② 금속전선관 가공

　㉠ 히키(벤더)를 사용하여 관이 심하게 변형되지 않도록 구부려야 하며, 구부러지는 관의 안쪽 반지름은 관 안지름의 6배 이상으로 구부려야 한다.

　㉡ 금속관의 굵기가 36[mm] 이상이 되면, 노멀 밴드와 커플링을 이용하여 시설한다.

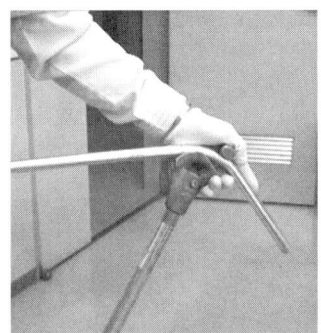
| 파이프 벤더 |

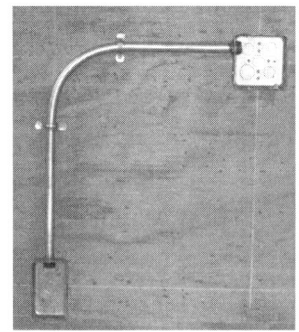
| 지름은 관 안지름의 6배 |

　㉢ 노출 배관 시 조영재에 따라 지지점 간의 거리는 2[m] 이하로 고정시킨다.

　㉣ 관 상호 접속은 커플링을 이용하며, 금속전선관을 돌릴 수 없을 때에는 보내기 커플링 및 유니언 커플링을 사용하여 접속한다.

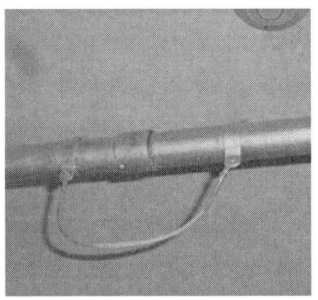
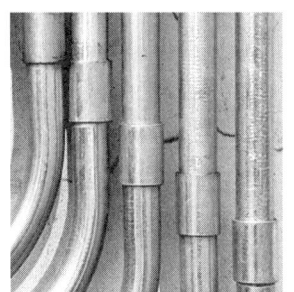
| 커플링 접속방법 |

　㉤ 전선관과 박스 접속 : 전선관의 나사가 내어져 있는 끝을 구멍(녹아웃)에 끼우고, 부싱과 로크너트를 써서 전기적, 기계적으로 완전히 접속한다. 녹아웃 크기가 클 때는 링리듀서를 사용한다.

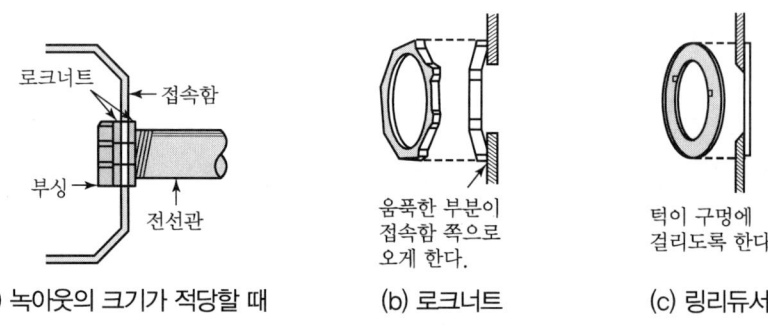

(a) 녹아웃의 크기가 적당할 때   (b) 로크너트   (c) 링리듀서

| 접속방법 |

5) 금속전선관 시공용 부품 ★★

명칭	기능	사진
로크 너트	전선관과 박스를 잘 죄기 위하여 사용	
절연 부싱	전선의 절연 피복을 보호하기 위하여 금속관 끝에 취부하여 사용	
엔트랜스 (엔트러스 캡)	저압 가공 인입선의 인입구에 사용	
터미널 캡	저압 가공 인입선에서 금속관공사로 옮겨지는 곳 또는 금속관공사로부터 전선을 뽑아 전동기 단자 부분에 접속할 때 사용	−
플로어 박스	바닥 밑에 매입 배선을 할 때 사용	
유니언 커플링	금속관 상호 접속용으로 관이 고정되어 있을 때 사용	

명칭	기능	사진
노멀 밴드	매입배관의 직각 굴곡 부분에 사용	
유니버설 엘보	노출배관공사에서 관을 직각으로 굽히는 곳에 사용	
리머	절단한 전선관을 매끄럽게 하는 데 사용	
링리듀서	아웃렛 박스의 녹아웃 지름이 관 지름보다 클 때 사용	
새들	금속관을 노출공사에 쓸 때 관을 조영재에 부착하는 재료	
접지 클램프	금속관 접지공사 시 사용하는 재료	

6) 전선과 전선관의 단면적 관계

금속전선관의 굵기는 전선 및 케이블의 피복절연물 등을 포함한 단면적의 총합계가 관의 내단면적의 1/3을 초과하지 않도록 하는 것이 바람직하다.

7) 금속전선관의 접지 ★★★

① 관에는 감전에 대한 보호 및 접지시스템에 준하여 접지공사를 할 것
② 접지공사 생략
   사용전압이 400[V] 이하로서 다음 중 하나에 해당하는 경우 생략할 수 있다.
   ㉠ 관의 길이가 4[m] 이하인 것을 건조한 장소에 시설하는 경우
   ㉡ 옥내배선의 사용전압이 직류 300[V] 또는 교류 대지 전압 150[V] 이하로서 그 전선을 넣는 관의 길이가 8[m] 이하인 것을 사람이 쉽게 접촉할 우려가 없도록 시설하는 경우 또는 건조한 장소에 시설하는 경우

3 금속제 가요전선관공사

1) 금속제 가요전선관 ★★

① 두께 0.8[mm] 이상의 연강대에 아연 도금을 하고, 이것을 약 반 폭씩 겹쳐서 나선 모양으로 만들어 가요성이 풍부하고, 길게 만들어져서 관 상호 접속하는 일이 적고 자유롭게 배선할 수 있는 전선관이다.
② 작은 증설 배선, 안전함과 전동기 사이의 배선, 엘리베이터, 기차나 전차 안의 배선 등의 시설에 적당하다.

2) 금속제 가요전선관의 종류

① 제1종 금속제 가요전선관
   전개된 장소 또는 점검할 수 있는 은폐된 장소, 옥내배선의 사용전압이 400[V] 초과인 경우에는 전동기에 접속하는 부분으로서 가요성을 필요로 하는 부분에 사용하는 것에 한한다.

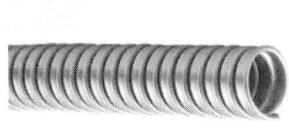 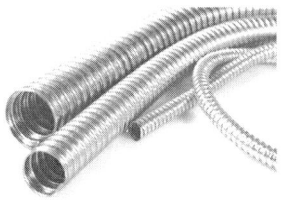

② 제2종 금속제 가요전선관

습기 많은 장소 또는 물기가 있는 장소에 시설할 수 있다(특수 장소).

③ 금속제 가요전선관의 호칭

전선관의 관 안지름에 가까운 크기 : 10, 12, 15, 17, 24, 30, 38, 50, 63, 76, 83, 101[mm]

3) 금속제 가요전선관의 시설 조건

① 전선은 절연전선(옥외용 비닐절연전선을 제외한다)일 것
② 전선은 연선일 것. 다만, 단면적 10[mm^2](알루미늄선은 단면적 16[mm^2]) 이하의 것은 적용하지 않음
③ 전선은 금속관 안에서 접속점이 없도록 할 것

4) 금속제 가요전선관공사의 시설 방법 ★★★

① 건조하고 전개된 장소와 점검할 수 있는 은폐장소에 한하여 시설할 수 있다. 다만, 무게의 압력 또는 심한 기계적 충격을 받을 우려가 있는 장소는 피해야 한다.

② 관의 지지점 간의 거리는 1[m] 이하마다 새들을 써서 고정시키고, 구부러지는 쪽의 안쪽 반지름은 가요전선관 안지름의 6배 이상으로 하여야 한다. 다만, 제2종 가요전선관으로 관을 제거하는 것이 자유로운 경우 관 안지름의 3배 이상으로 할 것

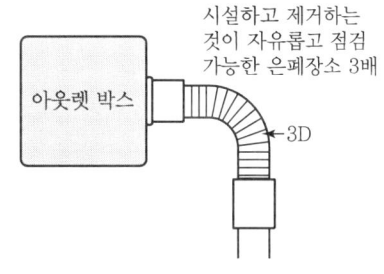

③ 제1종 금속제 가요전선관에는 단면적 2.5[mm^2] 이상의 나연동선을 전체 길이에 걸쳐 삽입 또는 첨가하여 그 나연동선과 제1종 금속제 가요전선관을 양쪽 끝에서 전기적으로 완전하게 접속할 것. 다만, 관의 길이가 4[m] 이하인 것을 시설하는 경우에는 그러하지 아니하다.

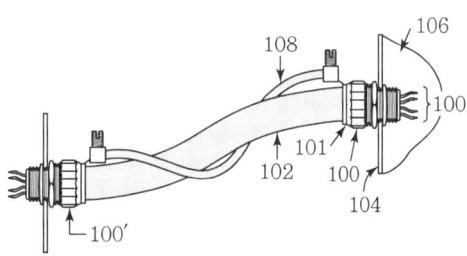

④ 금속제 가요전선관의 부속품은 아래와 같다.
  ㉠ 가요전선관 상호의 접속 : 스플릿 커플링

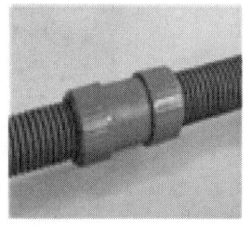
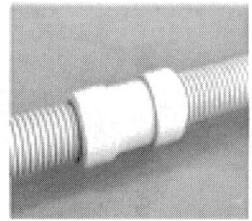

  ㉡ 가요전선관과 금속관의 접속 : 콤비네이션 커플링

  ㉢ 가요전선관과 박스와의 접속 : 스트레이트 박스 접속기, 앵글 박스 접속기

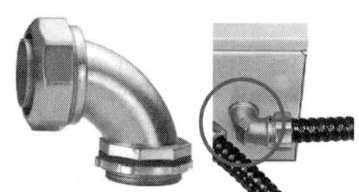

| 스트레이트 박스 접속기 | | 앵글 박스 접속기 |

5) 금속제 가요전선관의 접지
① 관에는 감전에 대한 보호 및 접지시스템에 준하여 접지공사를 할 것
② 금속제 가요전선관 및 그 부속품 등에는 접지공사를 실시할 것

▼ 가요전선관의 굵기 선정 ★

도체 단면적 (mm²)	전선본수									
	1	2	3	4	5	6	7	8	9	10
	제2종 가요전선관의 최소 굵기([mm])									
2.5	10	15	15	17	24	24	24	24	30	30
4	10	17	17	24	24	24	24	30	30	30
6	10	17	24	24	24	30	30	30	38	38
10	12	24	24	24	30	30	38	38	38	38

기출 및 예상문제

SECTION 01 | 전선관시스템

01 합성수지관을 금속관과 비교하였을 때 합성수지관의 장점으로 볼 수 없는 것은?

① 누전의 우려가 없다.
② 온도 변화에 따른 신축 작용이 크다.
③ 내식성이 있어 부식성 가스 등을 사용하는 사업장에 적당하다.
④ 관 자체를 접지할 필요가 없고, 무게가 가벼우며 시공하기 쉽다.

해설

합성수지관의 특징
- 염화비닐수지로 만든 것으로, 금속관에 비하여 가격이 싸다.
- 절연성과 내부식성이 우수하고, 재료가 가볍기 때문에 시공이 편리하다.
- 관 자체가 비자성체이므로 접지할 필요가 없고, 피뢰기·피뢰침의 접지선 보호에 적당하다.
- 열에 약할 뿐 아니라, 충격 강도가 떨어지는 결점이 있다.

02 금속전선관과 비교한 합성수지 전선관공사의 특징으로 거리가 먼 것은?

① 내식성이 우수하다.
② 배관작업이 용이하다.
③ 열에 강하다.
④ 절연성이 우수하다.

해설

문제 1번 해설 참조

03 합성수지관공사의 특징 중 옳은 것은?

① 내열성
② 내한성
③ 내부식성
④ 내충격성

해설

문제 1번 해설 참조

04 경질비닐전선관의 호칭으로 맞는 것은?

① 굵기는 관 안지름에 가까운 짝수의 [mm]로 나타낸다.
② 굵기는 관 안지름에 가까운 홀수의 [mm]로 나타낸다.
③ 굵기는 관 바깥지름의 크기에 가까운 짝수의 [mm]로 나타낸다.
④ 굵기는 관 바깥지름의 크기에 가까운 홀수의 [mm]로 나타낸다.

해설

경질비닐전선관(Hi-pipe)의 호칭
- 관의 굵기를 안지름의 크기에 가까운 짝수로써 표시
- 지름 14~100[mm]으로 10종(14, 16, 22, 28, 36, 42, 54, 70, 82, 100[mm])
- 한 본의 길이는 4[m]로 제작

05 합성수지제 전선관의 호칭은 관 굵기의 무엇으로 표시하는가?

① 홀수인 안지름
② 짝수인 바깥지름
③ 짝수인 안지름
④ 홀수인 바깥지름

해설

합성수지제 전선관의 호칭
안지름 크기에 가까운 짝수로 표시(14, 16, 22, 28, 36, 42[mm])

06 합성수지관 배선에서 경질비닐전선관의 굵기에 해당되지 않는 것은?(단, 관의 호칭을 말한다.)

① 14
② 16
③ 18
④ 22

해설

문제 4번 해설 참조

정답 01 ② 02 ③ 03 ③ 04 ① 05 ③ 06 ③

07 경질비닐전선관 1본의 표준 길이는?

① 3[m] ② 3.6[m]
③ 4[m] ④ 4.6[m]

해설
- 경질비닐전선관 1본은 4[m]
- 금속전선관 1본은 3.6[m]

08 경질비닐전선관의 설명으로 틀린 것은?

① 1본의 길이는 3.6[m]가 표준이다.
② 굵기는 관 안지름의 크기에 가까운 짝수[mm]로 나타낸다.
③ 금속관에 비해 절연성이 우수하다.
④ 금속관에 비해 내식성이 우수하다.

해설
경질비닐전선관
- 염화비닐수지로 만들어서 절연성과 내부식성이 우수하고, 재료가 가볍기 때문에 시공이 편리하다.
- 호칭
  - 관의 굵기를 안지름의 크기에 가까운 짝수로 표시
  - 한 본의 길이는 4[m]로 제작

09 합성수지제 가요전선관(PE관 및 CD관)의 호칭에 포함되지 않는 것은?

① 16 ② 28
③ 38 ④ 42

해설
- 폴리에틸렌 전선관(PE-Pipe관) 호칭
  16, 22, 28, 36, 42, 54, 70, 82, 100[mm]
- 합성수지제 가요전선관(CD-Pipe관) 호칭
  14, 16, 22, 28, 36, 42[mm]

10 합성수지제 가요전선관의 규격이 아닌 것은?

① 14 ② 22
③ 36 ④ 52

해설
문제 9번 해설 참조

11 합성수지제 가요전선관으로 옳게 짝지어진 것은?

① 후강전선관과 박강전선관
② PVC전선관과 PF전선관
③ PVC전선관과 제2종 가요전선관
④ PF전선관과 CD전선관

해설
① 후강전선관, 박강전선관 : 금속전선관
② PVC전선관(경질비닐 전선관) : 합성수지제 전선관
③ 제2종 가요전선관 : 금속제 가요전선관

12 합성수지관공사에서 관의 지지점 간 거리는 최대 몇 [m]인가?

① 1 ② 1.2
③ 1.5 ④ 2

해설
- 합성수지관의 지지점 간의 거리는 1.5[m] 이하로 하고, 관과 박스의 접속점 및 관 상호 간의 접속점 등에서는 가까운 곳(0.3[m] 이내)에 지지점을 시설하여야 한다.
- 금속전선관 노출 배관 시 조영재에 따라 지지점 간의 거리는 2[m] 이하로 고정시킨다.
- 합성수지제 가요관은 합성수지관과 같다.
- 금속제 가요전선관의 지지점 간의 거리는 1[m] 이하마다 새들을 써서 고정시킨다.

13 16[mm] 합성수지 전선관을 직각 구부리기를 할 경우 구부림 부분의 길이는 약 몇 [mm]인가?(단, 16[mm] 합성수지관의 안지름은 18[mm], 바깥지름은 22[mm]이다.)

① 187 ② 132
③ 119 ④ 220

해설
- 구부러지는 관의 안쪽 반지름은 관 안지름의 6배 이상으로 구부려야 한다.
- 그림과 같이 구부림 부분의 안쪽 반지름
  $\gamma = 6d + \dfrac{D}{2} = 6 \times 18 + \dfrac{22}{2} = 119$[mm]이다.
- 구부림 부분의 길이 $L = \dfrac{2\pi r}{4} = \dfrac{2\pi \times 119}{4} = 187$[mm]이다.

정답 07 ③ 08 ① 09 ③ 10 ④ 11 ④ 12 ③ 13 ①

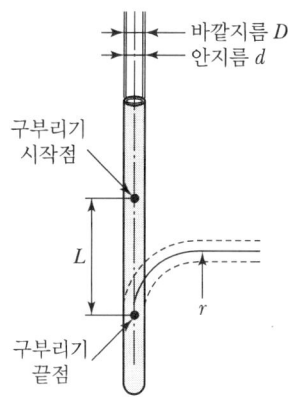

14 접착제를 사용하여 합성수지관을 삽입해 접속할 경우 관의 깊이는 합성수지관 바깥지름의 최소 몇 배인가?

① 0.8배 ② 1.2배 ③ 1.5배 ④ 1.8배

해설
합성수지관 관 상호 접속방법
- 커플링에 들어가는 관의 길이는 관 바깥지름의 1.2배 이상으로 한다.
- 접착제를 사용하는 경우에는 0.8배 이상으로 한다.

15 합성수지관 상호 및 관과 박스는 접속 시에 삽입하는 깊이를 관 바깥지름의 몇 배 이상으로 하여야 하는가?(단, 접착제를 사용하지 않은 경우이다.)

① 0.2 ② 0.5 ③ 1 ④ 1.2

해설
문제 14번 해설 참조

16 합성수지관공사에 대한 설명 중 옳지 않은 것은?

① 습기가 많은 장소, 또는 물기가 있는 장소에 시설하는 경우에는 방습장치를 한다.
② 관 상호 간 및 박스와는 관을 삽입하는 깊이를 관의 바깥지름의 1.2배 이상으로 한다.
③ 관의 지지점 간의 거리는 3[m] 이상으로 한다.
④ 합성수지관 안에는 전선에 접속점이 없도록 한다.

해설
관의 지지점 간의 거리는 1.5[m] 이하로 하고, 관과 박스의 접속점 및 관 상호 간의 접속점에 가까운 곳(0.3[m] 이내)에 지지점을 시설하여야 한다.

17 합성수지관공사의 설명 중 틀린 것은?

① 관의 지지점 간의 거리는 1.5[m] 이하로 할 것
② 합성수지관 안에는 전선에 접속점이 없도록 할 것
③ 전선은 절연전선(옥외용 비닐절연전선을 제외한다.)일 것
④ 관 상호 간 및 박스와는 관을 삽입하는 깊이를 관의 바깥지름의 1.5배 이상으로 할 것

해설
문제 14번 해설 참조

18 후강전선관의 관 호칭은 (㉠) 크기로 정하여 (㉡)로 표시하는데, ㉠과 ㉡에 들어갈 내용으로 옳은 것은?

① ㉠ 안지름   ㉡ 홀수
② ㉠ 안지름   ㉡ 짝수
③ ㉠ 바깥지름 ㉡ 홀수
④ ㉠ 바깥지름 ㉡ 짝수

해설
- 후강전선관 : 안지름의 크기에 가까운 짝수
- 박강전선관 : 바깥지름의 크기에 가까운 홀수

19 금속전선관공사에서 사용되는 후강전선관의 규격이 아닌 것은?

① 16 ② 28 ③ 36 ④ 50

해설
후강전선관의 규격

구분	후강전선관
관의 호칭	안지름의 크기에 가까운 짝수
관의 종류[mm]	16, 22, 28, 36, 42, 54, 70, 82, 92, 104(10종류)
관의 두께	2.3~3.5[mm]

정답 14 ① 15 ④ 16 ③ 17 ④ 18 ② 19 ④

20 금속관공사에서 금속관을 콘크리트에 매설할 경우 관의 두께는 몇 [mm] 이상의 것이어야 하는가?

① 0.8[mm]   ② 1.0[mm]
③ 1.2[mm]   ④ 1.5[mm]

해설
금속관의 두께와 공사
• 콘크리트에 매설하는 경우 : 1.2[mm] 이상
• 기타의 경우 : 1[mm] 이상

21 금속전선관을 구부릴 때 금속관의 단면이 심하게 변형되지 않도록 구부려야 하며, 일반적으로 그 안 측의 반지름은 관 안지름의 몇 배 이상이 되어야 하는가?

① 2배   ② 4배
③ 6배   ④ 8배

해설
금속전선관을 구부릴 때는 히키(벤더)를 사용하여 관이 심하게 변형되지 않도록 구부려야 하며, 구부러지는 관의 안쪽 반지름은 관 안지름의 6배 이상으로 구부려야 한다.

22 다음 그림과 같이 금속관을 구부릴 때 일반적으로 A와 B의 관계식은?

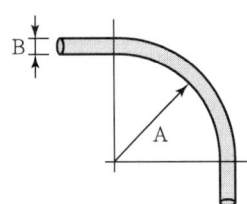

A : 구부려지는 금속관 안 측 반지름
B : 금속관 안지름

① A=2B   ② A≥B
③ A=5B   ④ A≥6B

해설
금속전선관을 구부릴 때는 히키(벤더)를 사용하여 관이 심하게 변형되지 않도록 구부려야 하며, 구부러지는 관의 안쪽 반지름은 관 안지름의 6배 이상으로 구부려야 한다.

23 금속전선관을 직각 구부리기 할 때 굽힘 반지름 r은?(단, d는 금속전선관의 안지름, D는 금속전선관의 바깥지름이다.)

① $r = 6d + \dfrac{D}{2}$ ② $r = 6d + \dfrac{D}{4}$
③ $r = 2d + \dfrac{D}{6}$ ④ $r = 4d + \dfrac{D}{6}$

해설
구부려지는 관의 안쪽 반지름은 관 안지름의 6배 이상으로 구부려야 한다.
$r = 6d + \dfrac{D}{2}$

24 16[mm] 금속전선관에 나사내기를 할 때 반직각(반L형) 구부리기를 한 곳의 나사산은 몇 산 정도로 하는가?

① 3~4산   ② 5~6산
③ 8~10산 ④ 11~12산

해설
• 반L형의 관 끝에 3~4산 정도의 나사를 내어서 부싱을 체결한다.

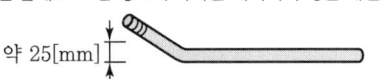

• S형의 관 끝에 7~8산 정도의 나사를 내어서 로크 너트와 부싱을 체결한다.

25 박스에 금속관을 고정할 때 사용하는 것은?

① 유니언 커플링   ② 로크 너트
③ 부싱   ④ C형 엘보

해설
① 유니언 커플링 : 금속전선관을 돌릴 수 없을 때 사용하여 접속
② 로크 너트 : 금속전선관과 박스 연결 부품
③ 부싱 : 전선의 절연 피복을 보호하기 위하여 금속관 관 끝에 취부
④ C형 엘보 : 노출배관공사에서 관을 직각으로 굽히는 곳에 사용

정답 20 ③ 21 ③ 22 ④ 23 ① 24 ① 25 ②

26 저압 가공 인입선의 인입구에 사용하며 금속관공사에서 끝 부분의 빗물 침입을 방지하는 데 적당한 것은?

① 플로어 박스 ② 엔트러스 캡
③ 부싱 ④ 터미널 캡

해설
엔트랜스(엔트러스 캡)
저압 가공 인입선의 인입구에 사용

27 금속관공사를 노출로 시공할 때 직각으로 구부러지는 곳에는 어떤 배선기구를 사용하는가?

① 유니언 커플링 ② 아웃렛 박스
③ 픽스처 히키 ④ 유니버설 엘보

해설
유니버설 엘보
노출배관공사에서 관을 직각으로 굽히는 곳에 사용

28 링리듀서의 용도는?

① 박스 내의 전선 접속에 사용
② 녹아웃 직경이 접속하는 금속관보다 큰 경우 사용
③ 녹아웃 구멍을 막는 데 사용
④ 로크 너트를 고정하는 데 사용

해설
링리듀서
아웃렛 박스의 녹아웃 지름이 관 지름보다 클 때 관을 박스에 고정시키기 위하여 쓰는 재료

29 금속전선관공사에서 금속관과 접속함을 접속하는 경우 녹아웃 구멍이 금속관보다 클 때 사용하는 부품은?

① 록너트(로크 너트) ② 부싱
③ 새들 ④ 링리듀서

해설
문제 28번 해설 참조

30 금속관공사에 사용되는 부품이 아닌 것은?

① 새들 ② 덕트
③ 로크 너트 ④ 링리듀서

해설
① 새들 : 금속관을 노출공사에 사용할 때에 관을 조영재에 부착하는 재료
③ 로크 너트 : 전선관과 박스를 잘 죄기 위하여 사용
④ 링리듀서 : 아웃렛 박스의 녹아웃 지름이 관 지름보다 클 때 관을 박스에 고정시키기 위하여 쓰는 재료

31 다음 중 금속전선관의 부속품이 아닌 것은?

① 록너트 ② 노멀 밴드
③ 커플링 ④ 앵글 박스 접속기

해설
① 록너트(로크 너트) : 박스에 금속전선관을 고정할 때 사용
② 노멀 밴드 : 금속관 매입 시 직각 굴곡 부분에 사용
③ 커플링 : 금속관 상호를 연결하기 위하여 사용
④ 앵글 박스 접속기 : 가요전선관과 박스를 접속하기 위해 사용

32 금속관 내의 같은 굵기의 전선을 넣을 때는 절연전선의 피복을 포함한 총단면적이 금속관 내부 단면적의 몇을 초과하지 않아야 하는가?

① $\dfrac{1}{2}$ ② $\dfrac{1}{3}$
③ $\dfrac{1}{4}$ ④ $\dfrac{1}{5}$

해설
합성수지관의 굵기는 전선 및 케이블의 피복절연물 등을 포함한 단면적의 총합계가 관의 내단면적의 $\dfrac{1}{3}$을 초과하지 않도록 하는 것이 바람직하다.

33 다음 중 금속관공사의 설명으로 잘못된 것은?

① 교류회로는 1회로의 전선 전부를 동일관 내에 넣는 것을 원칙으로 한다.
② 관의 두께는 콘크리트에 매입하는 경우 1[mm] 이상이어야 한다.

정답 26 ② 27 ④ 28 ② 29 ④ 30 ② 31 ④ 32 ② 33 ②

③ 금속관 내에서는 절대로 전선접속점을 만들지 않아야 한다.
④ 교류회로에서 전선을 병렬로 사용하는 경우에는 관 내에 전자적 불평형이 생기지 않도록 시설한다.

해설
관의 두께와 공사
- 콘크리트에 매설하는 경우 : 1.2[mm] 이상
- 기타의 경우 : 1[mm] 이상

34 금속관 배선에 대한 설명으로 잘못된 것은?

① 금속관 두께는 콘크리트에 매입하는 경우 1.2[mm] 이상일 것
② 교류회로에서 전선을 병렬로 사용하는 경우 관 내에 전자적 불평형이 생기지 않도록 시설할 것
③ 굵기가 다른 절연전선을 동일관 내에 넣은 경우 피복 절연물을 포함한 단면적이 관 내 단면적의 1/3을 초과할 것
④ 관의 호칭에서 후강전선관은 짝수, 박강전선관은 홀수로 표시할 것

해설
합성수지관의 굵기는 전선 및 케이블의 피복절연물 등을 포함한 단면적의 총합계가 관의 내단면적의 $\frac{1}{3}$ 을 초과하지 않도록 하는 것이 바람직하다.

35 금속관공사에 의한 저압 옥내배선에서 잘못된 것은?

① 전선은 절연전선일 것
② 금속관 안에서는 전선의 접속점이 없도록 할 것
③ 알루미늄 전선은 단면적 16[mm²] 초과 시 연선을 사용할 것
④ 옥외용 비닐절연전선을 사용할 것

해설
금속관공사에 의한 저압 옥내배선은 다음과 같이 시설하여야 한다.
- 전선은 절연전선(옥외용 비닐절연전선 제외)을 사용할 것
- 전선은 금속관 안에서 접속점이 없도록 할 것
- 전선은 짧고, 가는 금속관 넣을 경우 및 단면적 10[mm²](알루미늄선은 단면적 16[mm²]) 이하를 사용할 경우에는 단선을 사용하고 그 외에는 연선을 사용할 것

36 금속관공사에 관하여 설명한 것으로 옳은 것은?

① 저압옥내배선의 사용전압이 400[V] 이하인 경우에는 습기가 많은 장소에서 접지공사를 생략할 수 있다.
② 저압옥내 배선의 사용전압이 400[V] 이상인 경우에는 4[m] 이하에서 접지공사를 생략할 수 있다.
③ 콘크리트에 매설하는 것은 전선관의 두께를 1.2[mm] 이상으로 한다.
④ 전선은 옥외용 비닐절연전선을 사용한다.

해설
- 접지공사 생략 : 사용전압이 400[V] 이하로서 다음 중 하나에 해당하는 경우 생략할 수 있다.
  - 관의 길이가 4[m] 이하인 것을 건조한 장소에 시설하는 경우
  - 옥내배선의 사용전압이 직류 300[V] 또는 교류 대지 전압 150[V] 이하로서 그 전선을 넣는 관의 길이가 8[m] 이하인 것을 사람이 쉽게 접촉할 우려가 없도록 시설하는 경우 또는 건조한 장소에 시설하는 경우
- 옥외용 비닐절연전선은 전선관에 사용하여서는 안 된다.

37 제1종 금속제 가요전선관의 두께는 최소 몇 [mm] 이상이어야 하는가?

① 0.8
② 1.2
③ 1.6
④ 2.0

해설
금속제 가요전선관의 두께는 0.8[mm] 이상의 연강대로 만들어진다.

정답 34 ③ 35 ④ 36 ③ 37 ①

38 다음 중 가요전선관공사로 적당하지 않은 것은?

① 옥내의 천장 은폐배선으로 8각 박스에서 형광등기구에 이르는 짧은 부분의 전선관공사
② 프레스 공작기계 등의 굴곡개소가 많아 금속관공사가 어려운 부분의 전선관공사
③ 금속관에서 전동기부하에 이르는 짧은 부분의 전선관공사
④ 수변전실에서 배전반에 이르는 부분의 전선관공사

해설
가요전선관공사는 작은 증설 배선, 안전함과 전동기 사이의 배선, 엘리베이터, 기차나 전차 안의 배선 등의 시설에 적당하다.

39 전선의 도체 단면적이 2.5[mm²]인 전선 3본을 동일관 내에 넣는 경우의 제2종 가요전선관의 최소 굵기는?

① 10[mm]   ② 15[mm]
③ 17[mm]   ④ 24[mm]

해설
가요전선관의 굵기 선정 시에는 아래의 표(내선 규정)를 활용한다.

도체 단면적 (mm²)	전선본수									
	1	2	3	4	5	6	7	8	9	10
	제2종 가요전선관의 최소 굵기([mm])									
2.5	10	15	15	17	24	24	24	24	30	30

40 전선 단면적 2.5[mm²], 접지선 1본을 포함한 전선가닥수 6본을 동일관 내에 넣는 경우의 제2종 가요전선관의 최소 굵기로 적당한 것은?

① 10[mm]   ② 15[mm]
③ 17[mm]   ④ 24[mm]

해설
가요전선관의 굵기 선정 시에는 위의 표(내선 규정)를 활용한다. (문제 39번 해설 표 참조)

41 사람이 접촉될 우려가 있는 것으로서 가요전선관을 새들 등으로 지지하는 경우 지지점 간의 거리는 얼마 이하이어야 하는가?

① 0.3[m] 이하   ② 0.5[m] 이하
③ 1[m] 이하   ④ 1.5[m] 이하

해설
• 금속제 가요전선관의 지지점 간의 거리는 1[m] 이하
• 합성수지관의 지지점 간의 거리는 1.5[m] 이하
• 금속전선관 지지점 간의 거리는 2[m] 이하

42 관을 시설하고 제거하는 것이 자유롭고 점검 가능한 은폐장소에서 가요전선관을 구부리는 경우 곡률 반지름은 제2종 가요전선관 안지름의 몇 배 이상으로 하여야 하는가?

① 3   ② 9   ③ 6   ④ 10

해설
가요전선관 곡률 반지름
• 자유로운 경우 : 전선관 안지름의 3배 이상
• 부자유로운 경우 : 전선관 안지름의 6배 이상

43 노출장소 또는 점검 가능한 은폐장소에서 제2종 가요전선관을 시설하고 제거하는 것이 부자유하거나 점검 불가능한 경우의 곡률 반지름은 안지름의 몇 배 이상으로 하여야 하는가?

① 2   ② 3   ③ 5   ④ 6

해설
문제 42번 해설 참조

44 제1종 가요전선관을 구부릴 경우의 곡률 반지름은 관 안지름의 몇 배 이상으로 하여야 하는가?

① 3배   ② 4배   ③ 5배   ④ 6배

해설
가요전선관공사
가요 전선관을 구부릴 경우의 곡률 반지름은 관 안지름의 6배 이상으로 하여야 한다.

정답 38 ④ 39 ② 40 ④ 41 ③ 42 ① 43 ④ 44 ④

45 가요전선관의 상호 접속은 무엇을 사용하는가?

① 콤비네이션 커플링 ② 스플릿 커플링
③ 더블 접속기 ④ 앵글 박스 접속기

해설
- 가요전선관 상호의 접속 : 스플릿 커플링
- 가요전선관과 금속관의 접속 : 콤비네이션 커플링
- 가요전선관과 박스와의 접속 : 스트레이트 박스 접속기, 앵글 박스 접속기

46 가요전선관과 금속관 상호 접속에 쓰이는 것은?

① 스플릿 커플링
② 콤비네이션 커플링
③ 스트레이트 박스 접속기
④ 앵글 박스 접속기

해설
문제 45번 해설 참조

47 건물의 모서리(직각)에서 가요전선관을 박스에 연결할 때 필요한 접속기는?

① 앵글 박스 접속기
② 스트레이트 박스 접속기
③ 플렉시블 커플링
④ 콤비네이션 커플링

해설
가요전선관과 박스와의 접속
스트레이트 박스 접속기, 앵글 박스 접속기

48 금속제 가요전선관 공사방법의 설명으로 옳은 것은?

① 가요전선관과 박스와의 직각부분에 연결하는 부속품은 앵글 박스 접속기이다.
② 가요전선관과 금속관과의 접속에 사용하는 부속품은 스트레이트 박스 접속기이다.
③ 가요전선관과 상호 접속에 사용하는 부속품은 콤비네이션 커플링이다.
④ 스위치 박스에는 콤비네이션 커플링을 사용하여 가요전선관과 접속한다.

해설
문제 45번 해설 참조

49 가요전선관 공사방법에 대한 설명으로 잘못된 것은?

① 전선은 옥외용 비닐절연전선을 제외한 절연전선을 사용한다.
② 일반적으로 전선은 연선을 사용한다.
③ 가요전선관 안에는 전선의 접속점이 없도록 한다.
④ 사용전압 400[V] 이하의 저압의 경우에만 사용한다.

해설
사용전압 400[V] 초과인 경우에는 전동기의 접속과 가요성을 요하는 부분에 한한다.

50 가요전선관에 대한 설명으로 잘못된 것은?

① 가요전선관 상호 접속은 커플링으로 하여야 한다.
② 가요전선관과 금속관 배선 등과 연결하는 경우 적당한 구조의 커플링으로 완벽하게 접속하여야 한다.
③ 제1종 가요전선관을 구부리는 경우의 곡률 반지름은 관 안지름의 10배 이상으로 하여야 한다.
④ 가요전선관을 조영재의 측면에 새들로 지지하는 경우 지지점 간 거리는 1[m] 이하이어야 한다.

해설
가요전선관공사
가요전선관을 구부릴 경우의 곡률 반지름은 관 안지름의 6배 이상으로 하여야 한다.

정답 45 ② 46 ② 47 ① 48 ① 49 ④ 50 ③

SECTION 02 케이블트렁킹시스템

1 합성수지몰드공사

1) **합성수지몰드공사의 시설 조건**

① 옥내의 건조한 노출 장소와 점검할 수 있는 은폐장소에 한하여 시공할 수 있다.
② 전선은 절연전선일 것(옥외용 비닐절연전선을 제외한다.)
③ 몰드 내에서는 접속점을 만들지 않는다.

2) **합성수지몰드공사의 선정** ★★

① 홈의 폭과 깊이가 3.5[cm] 이하, 두께는 2[mm] 이상의 것이어야 한다. 단, 사람이 쉽게 접촉될 우려가 없도록 시설한 경우에는 폭 5[cm] 이하, 두께 1[mm] 이상인 것을 사용할 수 있다.
② 베이스를 조영재에 부착할 경우 40~50[cm] 간격마다 나사못 또는 접착제를 이용하여 견고하게 부착해야 한다.

2 금속몰드공사

1) **금속몰드공사의 시설 조건**

① 옥내의 건조한 노출 장소와 점검할 수 있는 은폐장소에 한하여 시공할 수 있다.
② 사용전압은 400[V] 이하이고, 전선은 절연전선일 것(옥외용 비닐절연전선을 제외한다.)
③ 몰드 내에서는 접속점을 만들지 않는다.

2) **금속몰드공사의 선정**

황동제 또는 동제의 몰드는 폭과 깊이가 5[cm] 이하, 두께는 0.5[mm] 이상일 것

3) **금속몰드공사의 접지** ★★

① 관에는 감전에 대한 보호 및 접지시스템에 준하여 접지공사를 할 것
② 다음 중 하나에 해당하는 경우 접지를 생략할 수 있다.
  ㉠ 몰드의 길이가 4[m] 이하인 것을 시설하는 경우

ⓒ 옥내배선의 사용전압이 직류 300[V] 또는 교류 대지 전압 150[V] 이하로서 그 전선을 넣는 관의 길이가 8[m] 이하인 것을 사람이 쉽게 접촉할 우려가 없도록 시설하는 경우 또는 건조한 장소에 시설하는 경우

③ 금속트렁킹공사

본체부와 덮개가 별도로 구성되어 덮개를 열고 전선을 교체하는 공사로 시설 조건은 다음과 같다(금속덕트공사와 동일).

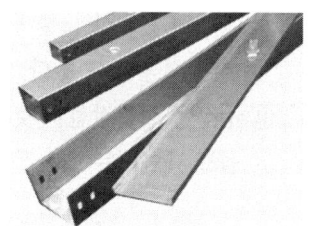

① 전선은 절연전선일 것(옥외용 비닐절연전선을 제외한다.)
② 금속트렁킹에 넣은 전선의 단면적의 합계
   ㉠ 트렁킹의 내부 단면적의 20[%] 이하일 것
   ㉡ 전광표시장치, 기타 이와 유사한 장치 또는 제어회로 등의 배선에 사용하는 전선만을 넣는 경우에는 50[%] 이하로 할 수 있다.
③ 금속트렁킹 안에는 전선에 접속점이 없도록 할 것
④ 금속트렁킹 안에는 전선의 피복을 손상할 우려가 있는 것을 넣지 아니할 것

기출 및 예상문제

SECTION 02 | 케이블트렁킹시스템

01 합성수지몰드공사는 사용전압이 몇 [V] 이하의 배선에 사용되는가?

① 200[V]   ② 1,000[V]
③ 600[V]   ④ 800[V]

해설
합성수지, 몰드 배선의 사용전압은 1,000[V] 이하이어야 한다.

02 다음 ( ) 안에 들어갈 내용으로 알맞은 것은?

> 사람의 접촉 우려가 있는 합성수지제 몰드는 홈의 폭 및 깊이가 (㉠)[cm] 이하로 두께는 (㉡)[mm] 이상의 것이어야 한다.

① ㉠ 3.5, ㉡ 1   ② ㉠ 5, ㉡ 1
③ ㉠ 3.5, ㉡ 2   ④ ㉠ 5, ㉡ 2

해설
합성수지몰드는 홈의 폭 및 깊이가 3.5[cm] 이하로 두께는 2[mm] 이상일 것. 다만, 사람이 쉽게 접촉할 우려가 없도록 시설하는 경우에는 폭이 5[cm] 이하, 두께 1[mm] 이상의 것을 사용할 수 있다.

03 합성수지몰드공사의 시공에서 잘못된 것은?

① 사용전압이 1,000[V] 이하에 사용
② 점검할 수 있고 전개된 장소에 사용
③ 베이스를 조영재에 부착하는 경우 1[m] 간격마다 나사 등으로 견고하게 부착한다.
④ 베이스와 캡이 완전하게 결합하여 충격으로 이탈되지 않을 것

해설
베이스를 조영재에 부착할 경우 40~50[cm] 간격마다 나사못 또는 접착제를 이용하여 견고하게 부착해야 한다.

04 합성수지몰드공사에서 틀린 것은?

① 전선은 절연전선일 것
② 합성수지몰드 안에는 접속점이 없도록 할 것
③ 합성수지몰드는 홈의 폭 및 깊이가 6.5[cm] 이하일 것
④ 합성수지몰드와 박스, 기타의 부속품과는 전선이 노출되지 않도록 할 것

해설
합성수지몰드는 홈의 폭 및 깊이가 3.5[cm] 이하로 두께는 2[mm] 이상일 것. 다만, 사람이 쉽게 접촉할 우려가 없도록 시설하는 경우에는 폭이 5[cm] 이하, 두께 1[mm] 이상의 것을 사용할 수 있다.

05 금속몰드 배선의 사용전압은 몇 [V] 이하이어야 하는가?

① 150   ② 220
③ 400   ④ 600

해설
사용전압은 400[V] 이하이고 전선은 절연전선일 것(옥외용 비닐절연전선은 제외한다.)

06 금속몰드의 지지점 간의 거리는 몇 [m] 이하로 하는 것이 가장 바람직한가?

① 1   ② 1.5
③ 2   ④ 3

해설
금속몰드의 지지점 간의 거리
1.5[m] 이하

정답 01 ② 02 ③ 03 ③ 04 ③ 05 ③ 06 ②

07 금속트렁킹공사에서 금속트렁킹 내에 들어가는 전선은 피복 절연물을 포함하여 단면적의 총합이 금속트렁킹 내 단면적의 몇 [%] 이하로 하여야 하는가?

① 20[%] 이하 ② 30[%] 이하
③ 40[%] 이하 ④ 50[%] 이하

해설
금속트렁킹에 넣는 전선의 수는 피복 절연물을 포함한 단면적의 총합계가 금속트렁킹 내 단면적의 20[%] 이하로 한다.

08 사용전압 400[V] 초과, 건조한 장소로 점검할 수 있는 은폐된 곳에 저압 옥내배선 시 공사할 수 있는 방법은?

① 합성수지몰드공사 ② 금속몰드공사
③ 버스덕트공사 ④ 라이팅덕트공사

해설
금속몰드공사 및 라이팅덕트공사는 사용전압이 400[V] 이하이어야 한다.

09 옥내의 건조하고 전개된 장소에서 사용전압이 400[V]를 초과하는 경우에는 시설할 수 없는 배선공사는?

① 애자사용공사 ② 금속덕트공사
③ 버스덕트공사 ④ 금속몰드공사

해설
금속몰드공사는 사용전압 400[V] 이하인 경우에 시설하여야 한다.

10 합성수지제 몰드는 홈의 ㉠ 폭 및 깊이가 몇 [cm] 이하로 ㉡ 두께는 몇 [mm] 이상의 것이어야 하는가?

① ㉠ 3.5, ㉡ 1 ② ㉠ 3.5, ㉡ 2
③ ㉠ 5.0, ㉡ 1 ④ ㉠ 4.0, ㉡ 1.2

해설
합성수지몰드는 홈의 폭 및 깊이가 3.5[cm] 이하로 두께는 2[mm] 이상일 것. 다만, 사람이 쉽게 접촉할 우려가 없도록 시설하는 경우에는 폭이 5[cm] 이하, 두께 1[mm] 이상의 것을 사용할 수 있다.

정답 07 ① 08 ③ 09 ④ 10 ②

SECTION 03 케이블덕팅시스템

1 금속덕트공사

1) 시설 조건(금속트렁킹공사와 동일) ★★★

① 전선은 절연전선일 것(옥외용 비닐절연전선을 제외한다.)
② 금속덕트에 넣은 전선의 단면적의 합계
  ㉠ 덕트의 내부 단면적의 20[%] 이하일 것
  ㉡ 전광표시장치, 기타 이와 유사한 장치 또는 제어회로 등의 배선에 사용하는 전선만을 넣는 경우에는 50[%] 이하로 할 수 있다.
③ 금속덕트 안에는 전선에 접속점이 없도록 할 것
④ 금속덕트 안에는 전선의 피복을 손상할 우려가 있는 것을 넣지 아니할 것

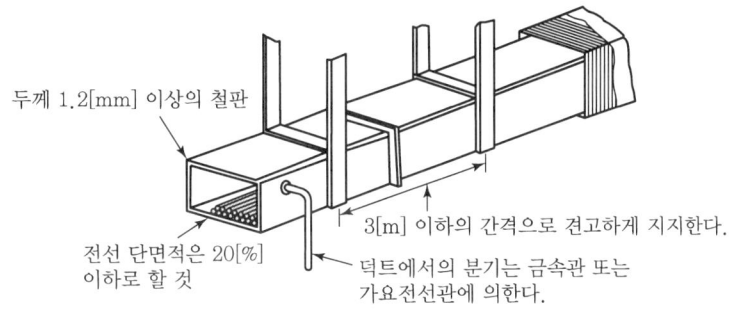

2) 금속덕트의 선정

① 폭이 40 [mm] 이상, 두께가 1.2 [mm] 이상인 철판 또는 동등 이상의 기계적 강도를 가지는 금속제의 것으로 견고하게 제작한 것일 것
② 안쪽 면은 전선의 피복을 손상시키는 돌기가 없는 것일 것
③ 안쪽 면 및 바깥 면에는 산화 방지를 위하여 아연도금 또는 이와 동등 이상의 효과를 가지는 도장을 한 것일 것

3) 금속덕트의 시설

① 덕트 상호 간은 견고하고 또한 전기적으로 완전하게 접속할 것
② 덕트를 조영재에 붙이는 경우에는 덕트의 지지점 간의 거리를 3[m] 이하로 할 것
  (취급사 이외의 사가 출입할 수 없도록 설비한 곳에서 수직으로 붙이는 경우에는 6[m])
③ 본체와 덮개 구분 없이 하나로 구성된 금속덕트공사

④ 덕트의 끝부분은 막을 것
⑤ 덕트 안에 먼지가 침입하지 아니하도록 할 것
⑥ 덕트는 물이 고이는 낮은 부분을 만들지 않도록 시설할 것
⑦ 덕트는 감전에 대한 보호 및 접지시스템에 준하여 접지공사를 할 것

2 버스덕트공사

1) 버스덕트 종류

① 피더 버스덕트 : 도중에 부하를 접속하지 아니한 것
② 플러그인 버스덕트 : 도중에 부하 접속용으로서 꽂음 플러그를 만드는 것
③ 트롤리 버스덕트 : 도중에 이동 부하를 접속할 수 있도록 한 것

2) 버스덕트공사 시공

① 옥내에서 건조한 노출 장소와 점검 가능한 은폐 장소에 시설할 수 있다.
② 덕트는 3[m] 이하의 간격으로 견고하게 지지하고, 내부에 먼지가 들어가지 못하도록 한다.
③ 도체는 덕트 내에서 0.5[m] 이하의 간격으로 비흡수성의 절연물로 견고하게 지지해야 한다.
④ 덕트는 감전에 대한 보호 및 접지시스템에 준하여 접지공사를 할 것
 ※ 저압 크레인 및 호이스트 등의 트롤리 배선 설치 높이 : 3.5[m]

3 플로어 덕트공사

1) 플로어 덕트

마루 밑에 매입하는 배선용의 덕트로 마루 위로 전선 인출을 목적으로 하는 것

2) 플로어 덕트 시공 ★★

① 옥내의 건조한 콘크리트 바닥에 매입할 경우에 한하여 시설한다.
② 플로어 덕트 배선에 사용되는 전선은 절연전선으로 단면적 10[mm^2](알루미늄선은 16[mm^2]) 이하를 사용하고 초과하는 경우에는 연선을 사용해야 하며, 관 내에서는 전선의 접속점을 만들어서는 안 된다.
③ 플로어 덕트에 수용하는 전선은 절연물을 포함하는 단면적의 총합이 덕트 내 단면적의 32[%] 이하가 되도록 한다.

④ 플로어 덕트 및 박스 등 기타 부속품은 두께 2[mm] 이상의 강판으로 제작하고 아연도금 또는 에나멜로 피복한다.
⑤ 플로어 덕트는 사용전압 400[V] 이하에서 주로 사용하고, 접지공사를 하여야 한다.
⑥ 박스의 플러그 구멍을 메우는 부속품 : 아이언 플러그

4 셀룰러덕트공사

1) 시설 조건

① 전선은 절연전선(옥외용 비닐절연전선을 제외한다)일 것
② 전선은 연선일 것. 다만, 단면적 10[mm²](알루미늄선은 단면적 16[mm²]) 이하의 것은 단선 사용 가능
③ 셀룰러덕트 안에는 전선에 접속점을 만들지 아니할 것. 다만, 전선을 분기하는 경우 그 접속점을 쉽게 점검할 수 있을 때에는 그러하지 아니하다.
④ 셀룰러덕트 안의 전선을 외부로 인출하는 경우에는 그 셀룰러덕트의 관통 부분에서 전선이 손상될 우려가 없도록 시설할 것

2) 셀룰러덕트 및 부속품의 선정 ★★

① 강판으로 제작한 것일 것
② 덕트 끝과 안쪽 면은 전선의 피복이 손상하지 아니하도록 매끈한 것일 것
③ 덕트의 안쪽 면 및 외면은 방청을 위하여 도금 또는 도장을 한 것일 것
④ 셀룰러덕트의 판 두께는 다음 표에서 정한 값 이상일 것

▼ 셀룰러덕트의 선정

덕트의 최대 폭	덕트의 판 두께
150[mm] 이하	1.2[mm] 이상
150[mm] 초과 200[mm] 이하	1.4[mm] 이상
200[mm] 초과하는 것	1.6[mm] 이상

⑤ 부속품의 판 두께는 1.6[mm] 이상일 것

3) 셀룰러덕트 및 부속품의 시설

① 덕트 상호 간, 덕트와 조영물의 금속 구조체, 부속품 및 덕트에 접속하는 금속체와는 견고하게 또한 전기적으로 완전하게 접속할 것
② 덕트 및 부속품은 물이 고이는 부분이 없도록 시설할 것
③ 인출구는 바닥 위로 돌출하지 아니하도록 시설하고 또한 물이 스며들지 아니하도록 할 것

④ 덕트의 끝부분은 막을 것
⑤ 덕트는 감전에 대한 보호 및 접지시스템에 준하여 접지공사를 할 것

5 라이팅 덕트공사

시설 조건은 다음과 같다.

① 지지점 간의 거리 : 2[m]
② 덕트의 끝부분은 막을 것
③ 개구부는 아래로 향하게 시설할 것
④ 400[V] 이하 전개된 장소, 점검할 수 있는 은폐장소에 시설

기출 및 예상문제

SECTION 03 | 케이블덕팅시스템

01 다음 중 케이블덕팅시스템의 종류가 아닌 것은?

① 금속덕트공사　② 셀룰러덕트공사
③ 케이블덕트공사　④ 플로어덕트공사

해설
케이블덕팅시스템에는 플로어덕트공사, 셀룰러덕트공사, 금속덕트공사가 있다.

02 금속덕트공사에 사용하는 금속덕트의 철판 두께는 몇 [mm] 이상이어야 하는가?

① 0.8　② 1.2
③ 1.5　④ 1.8

해설
금속덕트공사
폭 4[cm] 이상 및 두께 1.2[mm] 이상인 철판으로 제작

03 금속덕트공사에서 금속덕트를 조영재에 붙이는 경우 지지점 간의 거리는?

① 0.3[m] 이하　② 0.6[m] 이하
③ 2.0[m] 이하　④ 3.0[m] 이하

해설
금속덕트공사
지지점 간의 거리는 3[m] 이하

04 금속덕트공사에 관한 사항이다. 다음 중 금속덕트의 시설로서 옳지 않은 것은?

① 덕트 끝부분은 열어 놓을 것
② 덕트를 조영재에 붙이는 경우에는 덕트의 지지점 간의 거리를 3[m] 이하로 하고 견고하게 붙일 것
③ 덕트 안에는 전선의 피복을 손상시킬 우려가 있는 것을 넣지 아니할 것
④ 덕트 상호 간은 견고하고 또한 전기적으로 완전하게 접속할 것

해설
금속덕트공사 시 덕트의 끝부분은 막는다.

05 다음 중 금속덕트공사의 시설방법으로 틀린 것은?

① 덕트 상호 간의 견고하고 또한 전기적으로 완전하게 접속할 것
② 덕트 지지점 간의 거리는 3[m] 이하로 할 것
③ 덕트의 덮개를 사용할 것
④ 덕트의 끝부분은 막는다.

해설
케이블덕팅시스템의 금속덕트공사는 본체와 덮개 구분 없이 하나로 구성된 금속덕트공사이다.

06 절연전선을 동일 금속덕트 내에 넣을 경우 금속덕트의 크기는 전선의 피복절연물을 포함한 단면적의 총합계가 금속덕트 내 단면적의 몇 [%] 이하로 하여야 하는가?

① 10　② 20
③ 32　④ 48

해설
• 금속덕트에 수용하는 전선은 절연물을 포함하는 단면적의 총합이 금속덕트 내 단면적의 20[%] 이하가 되도록 한다.
• 전광사인 장치, 기타 이와 유사한 장치 또는 제어회로 등의 배선에 사용하는 전선만을 넣는 경우에는 50[%] 이하로 할 수 있다.

정답 01 ③　02 ②　03 ④　04 ①　05 ③　06 ②

07 금속덕트에 전광표시장치 또는 제어회로 등의 배선에 사용하는 전선만을 넣을 경우 금속덕트의 크기는 전선의 피복절연물을 포함한 단면적의 총합계가 금속덕트 내 단면적의 몇 [%] 이하가 되도록 선정하여야 하는가?

① 20[%] ② 30[%]
③ 40[%] ④ 50[%]

해설
문제 6번 해설 참조

08 다음 중 버스덕트가 아닌 것은?

① 플로어버스덕트 ② 피더버스덕트
③ 트롤리버스덕트 ④ 플러그인버스덕트

해설
버스덕트의 종류

명칭	내용
피더버스덕트	도중에 부하를 접속하지 않는 것
플러그인 버스덕트	도중에서 부하를 접속할 수 있도록 꽂음 구멍이 있는 것
트롤리버스덕트	도중에서 이동부하를 접속할 수 있도록 트롤리 접속식 구조로 한 것

09 버스덕트공사에서 덕트를 조영재에 붙이는 경우에는 덕트의 지지점 간의 거리를 몇 [m] 이하로 하여야 하는가?

① 3 ② 4.5
③ 6 ④ 9

해설
덕트는 3[m] 이하의 간격으로 견고하게 지지하고, 내부에 먼지가 들어가지 못하도록 한다.

10 플로어덕트공사에서 금속제 박스는 강판이 몇 [mm] 이상 되는 것을 사용하여야 하는가?

① 1.5 ② 2.0
③ 1.2 ④ 1.0

해설
플로어 덕트 및 박스 등 기타 부속품은 두께 2[mm] 이상의 강판으로 제작하고 아연도금 또는 에나멜로 피복한다.

11 플로어덕트 부속품 중 박스의 플러그 구멍을 메우는 것의 명칭은?

① 덕트 서포트 ② 아이언 플러그
③ 덕트 플러그 ④ 인서트 마커

해설
• 덕트 서포트 : 덕트를 지지할 때 사용하는 부속품으로 높낮이 조절볼트를 이용하여 덕트를 수평 조절하여 처짐을 방지
• 인서트 마커 : 인서트 스터드에 나사로 돌려 박고, 중앙에 표시용의 작은 나사를 갖는 부속품

12 절연전선을 동일 플로어덕트 내에 넣을 경우 플로어덕트 크기는 전선의 피복절연물을 포함한 단면적의 총합계가 플로어덕트 내 단면적의 몇 [%] 이하가 되도록 선정하여야 하는가?

① 12[%] ② 22[%]
③ 32[%] ④ 42[%]

해설
플로어덕트에 수용하는 전선은 절연물을 포함하는 단면적의 총합이 덕트 내 단면적의 32[%] 이하가 되도록 한다.

13 플로어덕트공사의 설명 중 옳지 않은 것은?

① 덕트 상호 간 접속은 견고하고 전기적으로 완전하게 접속하여야 한다.
② 덕트의 끝부분은 막는다.
③ 덕트 및 박스 기타 부속품은 물이 고이는 부분이 없도록 시설하여야 한다.
④ 플로어 덕트는 바닥에 매입하기 때문에 접지공사를 할 필요가 없다.

해설
플로어덕트는 감전에 대한 보호 및 접지시스템에 준하여 접지공사를 할 것

정답 07 ④ 08 ① 09 ① 10 ② 11 ② 12 ③ 13 ④

14 라이팅덕트공사에 의한 저압 옥내배선 시 덕트의 지지점 간의 거리는 몇 [m] 이하로 해야 하는가?

① 1.0　　② 1.2
③ 2.0　　④ 3.0

해설
건축구조물에 부착할 경우 지지점은 각 덕트마다 2개소 이상 및 거리는 2[m] 이하로 한다.

15 셀룰러덕트공사 시 덕트 상호 간을 접속하는 것과 셀룰러덕트 끝에 접속하는 부속품에 대한 설명으로 적합하지 않은 것은?

① 알루미늄판으로 특수 제작할 것
② 부속품의 판 두께는 1.6[mm] 이상일 것
③ 덕트 끝과 내면은 전선의 피복이 손상하지 않도록 매끈한 것일 것
④ 덕트의 내면과 외면은 녹을 방지하기 위하여 도금 또는 도장한 것일 것

해설
셀룰러덕트의 부속품은 강판으로 제작하여야 한다.

16 한국전기설비규정에서 셀룰러덕트를 선정하기 위해 덕트의 최대 폭 150[mm] 이하인 경우 셀룰러덕트의 판 두께는 몇 [mm] 이상으로 하여야 하는가?

① 1.2　　② 1.3
③ 1.4　　④ 1.6

해설
셀룰러덕트의 선정

덕트의 최대 폭	덕트의 판 두께
150 [mm] 이하	1.2[mm] 이상
150 [mm] 초과 200 [mm] 이하	1.4[mm] 이상
200 [mm] 초과하는 것	1.6[mm] 이상

17 한국전기설비규정에서 셀룰러덕트의 부속품을 선정하기 위해 덕트의 최대 폭 200[mm] 초과인 경우 부속품의 판 두께는 몇 [mm] 이상으로 하여야 하는가?

① 1.2　　② 1.3
③ 1.4　　④ 1.6

해설
셀룰러덕트의 선정에서 부속품의 판 두께는 1.6[mm] 이상일 것

18 저압크레인 또는 호이스트 등의 트롤리선을 애자사용공사에 의하여 옥내의 노출장소에 시설하는 경우 트롤리선의 바닥에서의 최소 높이는 몇 [m] 이상으로 설치하는가?

① 2　　② 2.5
③ 3　　④ 3.5

해설
저압크레인 및 호이스트 등의 트롤리 배선 설치 높이는 3.5[m] 이다.

정답 14 ③　15 ①　16 ①　17 ④　18 ④

SECTION 04 애자공사

1 애자의 선정 ★★

① 전선을 노브(놉)애자로 지지하여 전선이 조영재(벽면이나 천장면) 및 기타 접촉할 우려가 없도록 공사하는 것이다.
② 애자는 절연성, 난연성, 내수성의 것이어야 한다.

| 노브애자 |

2 애자공사 시설 조건 ★★

① 전선은 다음의 경우 이외에는 절연전선(옥외용 비닐절연전선 및 인입용 비닐절연전선을 제외한다) 일 것
  ㉠ 전기로용 전선
  ㉡ 전선의 피복 절연물이 부식하는 장소에 시설하는 전선
  ㉢ 취급자 이외의 자가 출입할 수 없도록 설비한 장소에 시설하는 전선
② 전선의 지지점 간의 거리는 전선을 조영재의 윗면 또는 옆면에 따라 붙일 경우에는 2[m] 이하일 것
③ 사용전압이 400[V] 초과인 것은 제②의 경우 이외에는 전선의 지지점 간의 거리는 6[m] 이하일 것

| 노브애자공사 |

▼ 시공 전선의 간격

구분	400[V] 이하	400[V] 초과
전선 상호 간의 간격	6[cm] 이상	6[cm] 이상
전선과 조영재 사이의 간격	2.5[cm] 이상	4.5[cm] 이상(건조한 곳은 2.5[cm] 이상)

기출 및 예상문제

SECTION 04 | 애자공사

01 애자사용공사에 사용하는 애자가 갖추어야 할 성질과 가장 거리가 먼 것은?

① 절연성　　② 난연성
③ 내수성　　④ 내유성

해설
애자는 절연성, 난연성, 내수성이 있는 재질을 사용한다.

02 옥내배선의 은폐, 또는 건조하고 전개된 곳의 노출공사에 사용하는 애자는?

① 현수애자　　② 놉(노브)애자
③ 장간애자　　④ 구형애자

해설
현수애자, 장간애자, 구형애자는 송·배전 선로에 사용한다.

03 애자사용 배선공사 시 사용할 수 없는 전선은?

① 고무 절연전선
② 폴리에틸렌 절연전선
③ 플루오르수지 절연전선
④ 인입용 비닐 절연전선

해설
애자사용 배선공사는 절연전선을 사용하여야 하나 인입용 비닐 절연전선은 제외한다.

04 애자사용공사에서 전선의 지지점 간의 거리는 전선을 조영재의 윗면 또는 옆면에 따라 붙이는 경우에는 몇 [m] 이하인가?

① 1　　② 1.5
③ 2　　④ 3

해설
조영재의 윗면이나 옆면에 시설하고 애자의 지지점 간의 거리는 2[m] 이하이다.

05 애자사용공사를 건조한 장소에 시설하고자 한다. 사용전압이 400[V] 이하인 경우 전선과 조영재 사이의 간격은 최소 몇 [cm] 이상이어야 하는가?

① 2.5[cm] 이상　　② 4.5[cm] 이상
③ 6[cm] 이상　　④ 12[cm] 이상

해설
시공전선의 간격

구분	400[V] 이하	400[V] 초과
전선 상호 간의 간격	6[cm] 이상	6[cm] 이상
전선과 조영재 사이의 간격	2.5[cm] 이상	4.5[cm] 이상(건조한 곳은 2.5[cm] 이상)

06 애자사용공사에서 전선 상호 간의 간격은 몇 [cm] 이상으로 하는 것이 가장 바람직한가?

① 4　　② 5　　③ 6　　④ 8

해설
문제 5번 해설 참조

07 애자사용공사에 대한 설명 중 틀린 것은?

① 사용전압이 400[V] 이하이면 전선과 조영재의 간격은 2.5[cm] 이상일 것
② 사용전압이 400[V] 이하이면 전선 상호 간의 간격은 6[cm] 이상일 것
③ 사용전압이 220[V]이면 전선과 조영재의 간격은 2.5[cm] 이상일 것
④ 전선을 조영재의 옆면을 따라 붙일 경우 전선 지지점 간의 거리는 3[m] 이하일 것

해설
전선의 지지점 간 거리
조영재의 윗면이나 옆면에 시설하고 2[m] 이하

정답 01 ④　02 ②　03 ④　04 ③　05 ①　06 ③　07 ④

08 한국전기설비규정에서 저압 옥내배선에서 애자사용공사를 할 때의 내용으로 올바른 것은?

① 전선 상호 간의 간격은 6[cm] 이상
② 400[V]를 초과하는 경우 전선과 조영재 사이의 간격은 2.5[cm] 미만
③ 전선의 지지점 간의 거리는 조영재의 윗면 또는 옆면에 따라 붙일 경우에는 3[m] 이상
④ 애자사용공사에 사용되는 애자는 절연성·난연성 및 내수성과 무관

해설

문제 5번 해설 참조

SECTION 05 케이블트레이시스템

1 케이블트레이공사

케이블트레이공사는 케이블을 지지하기 위하여 사용하는 금속재 또는 불연성 재료로 제작된 유닛 또는 유닛의 집합체 및 그에 부속하는 부속재 등으로 구성된 견고한 구조물을 말하며 사다리형, 펀칭형, 그물망형, 바닥밀폐형, 기타 이와 유사한 구조물을 포함하여 적용한다.

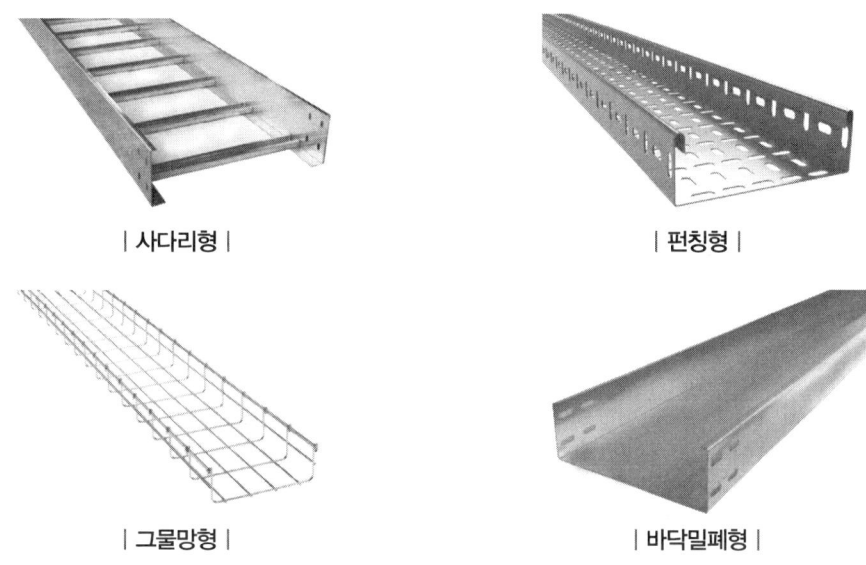

| 사다리형 | | 펀칭형 |

| 그물망형 | | 바닥밀폐형 |

2 케이블트레이의 선정

① 수용된 모든 전선을 지지할 수 있는 적합한 강도의 것이어야 한다. 이 경우 케이블 트레이의 안전율은 1.5 이상으로 하여야 한다.
② 지지대는 트레이 자체 하중과 포설된 케이블 하중을 충분히 견딜 수 있는 강도를 가져야 한다.
③ 전선의 피복 등을 손상시킬 돌기 등이 없이 매끈하여야 한다.
④ 비금속제 케이블트레이는 난연성 재료의 것이어야 한다.
⑤ 금속제 케이블트레이시스템은 기계적 및 전기적으로 완전하게 접속하여야 하며, 금속제 트레이는 감전에 대한 보호 및 접지시스템에 준하여 접지공사를 하여야 한다.

SECTION 06 케이블공사

1 케이블공사 ★★★

케이블공사의 시설 조건은 다음과 같다.

① 중량물의 압력 또는 심한 기계적 충격을 받을 우려가 있는 장소에서는 사용해서는 안 된다.
  단, 케이블을 금속관 또는 합성수지관 등으로 방호하는 경우에는 사용 가능하다.

② 옥측 및 옥외에 케이블을 설치할 때는 구내는 지표상 1.5[m], 구외는 2[m] 이상 높이로 한다.
③ 케이블을 마룻바닥, 벽, 천장, 기둥 등에 직접 매입하지 않도록 한다.
④ 케이블을 구부리는 경우 굴곡부의 곡률 반지름
  ㉠ 연피가 없는 케이블 : 케이블의 바깥지름의 5배 이상으로 한다.
  ㉡ 연피가 있는 케이블 : 케이블의 바깥지름의 12배 이상으로 한다.
⑤ 케이블 지지점 간의 거리
  ㉠ 조영재의 아랫면 또는 옆면에 따라 붙이는 경우 : 2[m] 이하
  ㉡ 캡타이어케이블을 조영재의 아랫면 또는 옆면에 따라 붙이는 경우 : 1[m] 이하
⑥ 케이블 상호의 접속과 케이블과 기구단자를 접속하는 경우에는 캐비닛, 박스 등의 내부에서 한다.
⑦ 관 기타의 전선을 넣는 방호 장치의 금속제 부분·금속제의 전선 접속함 및 전선의 피복에 사용하는 금속체에는 감전에 대한 보호 및 접지시스템에 준하여 접지공사를 할 것
⑧ 접지공사 생략
  사용전압이 400 [V] 이하로서 다음 중 하나에 해당할 경우에는 관 기타의 전선을 넣는 방호 장치의 금속제 부분에 대하여는 생략할 수 있다.
  ㉠ 방호 장치의 금속제 부분의 길이가 4[m] 이하인 것을 건조한 곳에 시설하는 경우
  ㉡ 옥내배선의 사용전압이 직류 300[V] 또는 교류 대지 전압이 150[V] 이하로서 방호 장치의 금속제 부분의 길이가 8[m] 이하인 것을 사람이 쉽게 접촉할 우려가 없도록 시설하는 경우 또는 건조한 것에 시설하는 경우

▼ 옥내배선 심벌

천장은폐배선	————————	지중매설배선	— - — - — - —
바닥은폐배선	— — — — — —		
노출배선	- - - - - - - - - - -	바닥면노출배선	— - - — - - —

기출 및 예상문제

SECTION 05 · SECTION 06

01 금속제 케이블 트레이의 종류가 아닌 것은?
① 사다리형 ② 펀칭형
③ 바닥밀폐형 ④ 크로스형

해설
케이블트레이 종류
사다리형, 펀칭형, 그물망형, 바닥밀폐형

02 진열장 안에 400[V] 이하인 저압 옥내배선 시 외부에서 보기 쉬운 곳에 사용하는 전선은 단면적이 몇 [mm²] 이상의 코드 또는 캡타이어케이블이어야 하는가?
① 0.75[mm²] ② 1.25[mm²]
③ 2[mm²] ④ 3.5[mm²]

해설
옥내에 시설하는 저압의 이동 전선
• 400[V] 초과 : 0.6/1[kV] EP고무절연 클로로프렌 캡타이어케이블, 단면적이 0.75[mm²] 이상
• 400[V] 이하 : 고무코드 또는 0.6/1[kV] EP고무절연 클로로프렌 캡타이어케이블, 단면적이 0.75[mm²] 이상

03 옥내에 시설하는 사용전압이 400[V] 초과인 저압의 이동 전선은 0.6/1[kV] EP 고무 절연 클로로프렌 캡타이어케이블로서 단면적이 몇 [mm²] 이상이어야 하는가?
① 0.75[mm²] ② 2[mm²]
③ 5.5[mm²] ④ 8[mm²]

해설
문제 2번 해설 참조

04 콘크리트 직매용 케이블 배선에서 일반적으로 케이블을 구부릴 때는 피복이 손상되지 않도록 그 굴곡부 안쪽의 반경은 케이블 바깥지름의 몇 배 이상으로 하여야 하는가?(단, 단심이 아닌 경우이다.)

① 2배 ② 3배
③ 5배 ④ 12배

해설
• 연피가 없는 케이블 : 곡률반지름은 케이블 바깥지름의 5배 이상
• 연피가 있는 케이블 : 곡률반지름은 케이블 바깥지름의 12배 이상

05 연피 없는 케이블을 배선할 때 직각 구부리기(L형)는 대략 굴곡 반지름을 케이블의 바깥지름의 몇 배 이상으로 하는가?
① 3 ② 4 ③ 5 ④ 10

해설
문제 4번 해설 참조

06 케이블을 구부리는 경우는 피복이 손상되지 않도록 하고 그 굴곡부의 곡률반경은 원칙적으로 케이블인 경우 완성품 바깥지름의 몇 배 이상이어야 하는가?
① 4 ② 6 ③ 5 ④ 10

해설
문제 4번 해설 참조

07 케이블공사에 의한 저압 옥내배선에서 케이블을 조영재의 아랫면 또는 옆면에 따라 붙이는 경우에는 전선의 지지점 간 거리는 몇 [m] 이하이어야 하는가?
① 0.5 ② 1 ③ 1.5 ④ 2

해설
케이블 지지점 간의 거리
조영재의 아랫면 또는 옆면에 따라 붙이는 경우 2[m] 이하이어야 한다.

정답 01 ④ 02 ① 03 ① 04 ③ 05 ③ 06 ③ 07 ④

08 케이블을 조영재에 지지하는 경우 이용되는 것으로 맞지 않는 것은?

① 새들 ② 클리트
③ 스테플러 ④ 터미널 캡

터미널 캡
케이블 말단에 접속하는 터미널 덮개

09 캡타이어케이블을 조영재에 시설하는 경우 그 지지점의 거리는 얼마로 하여야 하는가?

① 1[m] 이하 ② 1.5[m] 이하
③ 2.0[m] 이하 ④ 2.5[m] 이하

캡타이어 케이블을 조영재의 아랫면 또는 옆면에 따라 붙이는 경우 그 지지점의 거리는 1[m] 이하이어야 한다.

CHAPTER 03 전선 및 기계기구의 보안공사

PART 03 | 전기설비   전기기능사 필기

SECTION 01 전압

한국전기설비규정에서 적용하는 전압의 구분은 다음과 같다.

1 적용범위

▼ 전압의 종류

구분	직류	교류
저압	1,500[V] 이하	1,000[V] 이하
고압	1,500[V] 초과	1,000[V] 초과
	고압 7,000[V] 이하	
특고압	7,000[V] 초과	

전압을 표현하는 용어
① 공칭전압 : 전선로를 대표하는 선간전압
② 정격전압 : 실제로 사용하는 전압 또는 전기기구 등에 사용되는 전압
③ 대지전압 : 측정점과 대지 사이의 전압(상전압)

2 전선의 식별

전선 색상 식별이 종단 및 연결 지점만 표시하는 경우에는 도색, 밴드, 색 테이프 등의 방법으로 표시한다.

▼ 전선 색상

상(문자)	색상
L1	갈색
L2	검은색
L3	회색
N	파란색
보호도체	녹색 – 노란색

3 전기 공급 방식

전력을 적절하게 전송하기 위한 여러 가지 방식의 종류와 특징은 다음과 같다.

▼ 전기 방식의 종류와 특징

전기 방식	결선도	장점 및 단점	공급 전력	전선 중량비
단상 2선식		• 구성이 간단하다. • 부하의 불평형이 없다. • 소요 동량이 크다. • 전력손실이 크다. • 대용량부하에 부적합하다.	$P_1 = VI$	기준
단상 3선식		• 부하를 110/220[V] 동시 사용 • 부하의 불평형이 있다. • 소요 동량이 2선식의 37.5[%]이다. • 중성선 단선 시 이상전압 발생이 있다.	$P_2 = 2VI$	$\frac{3}{8} = 37.5[\%]$
3상 3선식		• 2선식에 비해 동량이 적고, 전압강하 등이 개선된다. • 동력부하에 적합하다. • 소요 동량이 2선식의 75[%]이다.	$P_3 = \sqrt{3}\,VI$	$\frac{3}{4} = 75[\%]$
3상 4선식		• 경제적인 방식이다. • 중성선 단선 시 이상전압이 발생한다. • 단상과 3상 부하를 동시 사용할 수 있다. • 부하의 불평형이 발생한다. • 소요 동량이 2선식의 33.3[%]이다.	$P_4 = \sqrt{3}\,VI$	$\frac{1}{3} = 33.3[\%]$

4 옥내전로의 대지 전압의 제한 및 사용전선 ★★

1) 옥내전로의 대지전압

옥내전로의 대지전압은 300[V] 이하로 하며, 다음에 따라 시설하여야 한다(단, 대지전압 150[V] 이하인 경우는 예외).

① 백열전등 또는 방전등에 전기를 공급하는 옥내의 전로의 대지전압
  ㉠ 백열전등 또는 방전등 및 이에 부속하는 전선은 사람이 접촉할 우려가 없도록 시설하여야 한다.

ⓒ 백열전등(기계 장치에 부속하는 것을 제외한다.) 또는 방전등용 안정기는 저압의 옥내배선과 직접 접속하여 시설하여야 한다.
ⓒ 백열전등의 전구소켓은 키나 그 밖의 점멸기구가 없는 것

② 주택의 옥내전로
㉠ 사용전압은 400[V] 이하일 것
㉡ 사람이 쉽게 접촉할 우려가 없도록 할 것
㉢ 주택의 전로 인입구에는 인체 보호용 누전차단기를 시설할 것
㉣ 백열전등 및 형광등 안정기는 옥내배선과 직접 접속하여 시설할 것
㉤ 백열전등의 전구소켓은 키나 그 밖의 점멸기구가 없는 것
㉥ 정격소비전력이 3[kW] 이상의 전기장치는 옥내배선과 직접 시설하고, 전용의 개폐기 및 과전류차단기를 시설할 것
㉦ 주택 이외의 장소에서는 은폐된 장소에 합성수지전선관, 금속전선관, 케이블공사로 시설할 것

③ 주택 이외의 옥내전로
옥내전로의 대지전압은 300[V] 이하로 하며(단, 대지전압 150[V] 이하인 경우 예외), "②"항의 ㉠, ㉡, ㉤, ㉥항에 따라 시설하거나, 취급자 이외의 사람이 쉽게 접촉할 우려가 없도록 시설할 것

2) 옥내전로의 사용전선

① 저압 옥내배선에 사용하는 전선은 2.5[mm^2] 이상의 연동 절연전선일 것
② 저압 옥내배선에 사용하는 전선은 단면적 1[mm^2] 이상의 미네럴인슐레이션(MI) 케이블일 것
③ 사용전압이 400[V] 이하인 경우 다음 사항과 같을 때 예외로 한다.
㉠ 전광 표시 장치 또는 제어회로에는 1.5[mm^2] 이상의 연동선을 사용하고 이를 합성수지관, 금속관공사 등에 의하여 시설하는 경우
㉡ 조명코드선과 이동전선 및 진열장 내의 배선공사에 단면적 0.75[mm^2] 이상의 코드선 또는 캡타이어 케이블을 사용하는 경우

5 불평형 부하

1) 불평형 방지

단상 3선식은 중성선이 단선되면 부하 불평형이 발생하기 때문에 이를 방지하기 위해 다음과 같이 시설하여야 한다.

① 중성선에 시설할 경우 개폐기는 개폐 시 전압 불평형이 발생하는 것을 방지하기 위해 3극이 동시에 개폐되는 것으로 시설한다.
② 중성선 단선 시 부하 양측 단자 전압의 심한 불평형이 발생할 수 있으므로 중성선에는 과전류차단기를 시설하지 않고 구리선으로 직결한다.

2) 불평형 부하의 문제점

비율이 커지게 되면, 변압기의 온도 상승과 절연물의 열화가 발생하고 전력 손실이 증가하여 설비 이용률이 저하하고 전압의 찌그러짐 등 많은 문제 발생

3) 불평형 부하의 제한

- 단상 3선식 : 40[%] 이하
- 3상 3선식 또는 3상 4선식 : 30[%] 이하

6 수용가 설비에서의 전압강하 ★★

다른 조건을 고려하지 않는다면 수용가 설비의 인입구로부터 기기까지의 전압강하는 아래의 값 이하이어야 한다.

▼ 전압 강하율

설비의 유형	조명[%]	기타[%]
A – 저압으로 수전하는 경우	3	5
B – 고압 이상으로 수전하는 경우	6	8

- 고압 이상으로 수전하는 경우 가능한 한 최종회로 내의 전압강하가 A 유형의 값을 넘지 않도록 하는 것이 바람직하다.
- 사용자의 배선설비가 100m를 넘는 부분의 전압강하는 미터당 0.005% 증가할 수 있으나 이러한 증가분은 0.5%를 넘지 않아야 한다.

기출 및 예상문제

SECTION 01 | 전압

01 한국전기설비규정에서 전압을 저압, 고압 및 특고압으로 구분할 때 교류에서 "저압"이란?

① 600[V] 이하의 것   ② 750[V] 이하의 것
③ 1,000[V] 이하의 것   ④ 1,500[V] 이하의 것

해설
전압의 종류

구분	직류	교류
저압	1,500[V] 이하	1,000[V] 이하
고압	1,500[V] 초과	1,000[V] 초과
	고압 7,000[V] 이하	
특고압	7,000[V] 초과	

02 한국전기설비규정에서 전압의 구분에서 고압에 대한 설명으로 가장 옳은 것은?

① 직류는 1,500[V]를, 교류는 1,000[V] 이하인 것
② 직류는 1,500[V]를, 교류는 1,000[V] 이상인 것
③ 직류는 1,500[V]를, 교류는 1,000[V] 초과하고, 7[kV] 이하인 것
④ 7[kV]를 초과하는 것

해설
문제 1번 해설 참조

03 한국전기설비규정에서 다음 중 특별고압은?

① 1,000[V] 이하
② 1,500[V] 이하
③ 1,000[V] 초과, 7,000[V] 이하
④ 7,000[V] 초과

해설
문제 1번 해설 참조

04 한국전기설비규정에서 전압의 구분에서 저압 직류전압은 몇 [V] 이하인가?

① 400   ② 600
③ 750   ④ 1,500

해설
문제 1번 해설 참조

05 교류 단상 3선식 배전선로를 잘못 표현한 것은?

① 두 종류의 전압을 얻을 수 있다.
② 중성선에는 퓨즈를 사용하지 않고 구리선으로 연결한다.
③ 개폐기는 동시에 개폐하는 것으로 한다.
④ 변압기 부하 측 중성선은 접지공사를 시설하지 않아도 무방하다.

해설
변압기 부하 측 중성선은 접지공사를 한다.

06 도면과 같은 단상 3선식의 옥외 배선에서 중성선과 양외선 간에 각각 20[A], 30[A]의 전등 부하가 걸렸을 때 인입 개폐기의 X점에서 단자가 빠졌을 경우 발생하는 현상은?

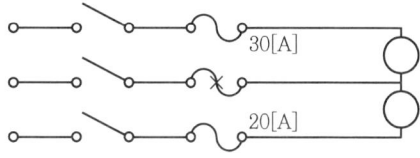

① 별 이상이 일어나지 않는다.
② 20[A] 부하의 단자전압이 상승
③ 30[A] 부하의 단자전압이 상승
④ 양쪽 부하에 전류가 흐르지 않는다.

정답 01 ③ 02 ③ 03 ④ 04 ④ 05 ④ 06 ②

해설

- 고장 전 : 전압 일정 시 전류는 저항에 반비례하여 흐르므로 30[A] 부하의 저항을 R_{30}, 20[A]를 R_{20}이라 하면 전류비가 30 : 20이므로 저항비는 $R_{30} < R_{20}$이 된다.
- 중성선 단선(고장 발생) : 중성선 단선 후에는 부하 접속이 직렬이 되므로 각각의 부하에 걸리는 단자 전압은 저항에 비례하여 인가되므로 20[A] 부하에 걸리는 전압이 30[A] 부하에 걸리는 전압에 비하여 1.5배 상승된다.

07 한국전기설비규정에서 다선식 옥내배선인 경우 중성선의 색별 표시는?

① 파란색　　② 검은색
③ 흰색　　　④ 갈색

해설

전선의 식별

상(문자)	색상
L1	갈색
L2	검은색
L3	회색
N	파란색
보호도체	녹색-노란색

08 한국전기설비규정에서 단상 2선식 옥내 배전반 회로에서 접지 측 전선의 색깔로 옳은 것은?

① 검은색　　② 빨간색
③ 파란색　　④ 흰색

해설

문제 7번 해설 참조

09 한국전기설비규정에서 공장 내 등에서 대지전압이 150[V]를 초과하고 300[V] 이하인 전로에 백열전등을 시설할 경우 다음 중 잘못된 것은?

① 백열전등은 사람이 접촉될 우려가 없도록 시설하였다.
② 백열전등은 옥내배선과 직접 접속을 하지 않고 시설하였다.
③ 백열전등의 소켓은 키 및 점멸기구가 없는 것을 사용하였다.
④ 백열전등 회로에는 규정에 따라 누전차단기를 설치하였다.

해설

백열전등 또는 방전등 및 이에 부속하는 전선은 사람이 접촉할 우려가 없도록 시설하여야 한다.

정답 07 ① 08 ③ 09 ②

SECTION 02 간선

1 간선의 개요

① 전기사용 기계기구에 전기를 공급하기 위한 전로 중에서 인입개폐기나 변전실의 배전반 등에서 전기사용 기계기구가 직접 접속되는 전로인 분기회로에 설치한 분기개폐기(과전류차단기)까지의 전로를 말한다.
② 아래 그림과 같이 한 개의 간선에 많은 분기회로가 포함되어 있으므로 전력 공급면에서 간선이 분기회로보다 큰 용량이다.

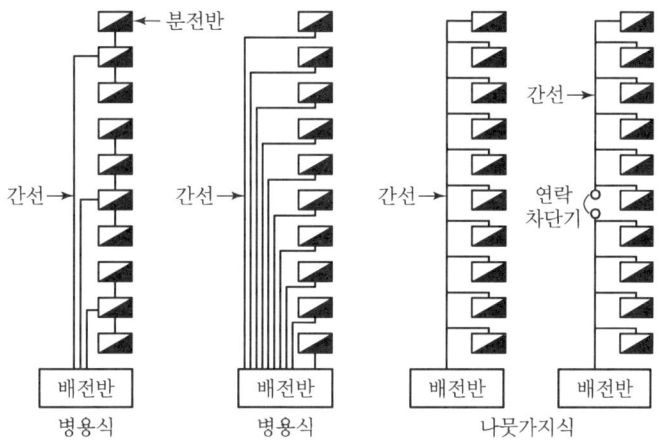

2 간선의 종류

1) 사용 목적에 따른 분류

① 전등 간선
- 일반 전등 간선 : 조명기구, 콘센트, 사무용 기기 등에 전력을 공급하는 간선
- 비상 전등 간선 : 정전이나 화재 시 전력을 공급하는 간선

② 동력 간선
- 일반 동력 간선 : 에어컨, 공기조화기, 급·배수 펌프 등의 동력설비에 전력을 공급하는 간선
- 비상 동력 간선 : 정전이나 화재 시 전력을 공급하는 간선

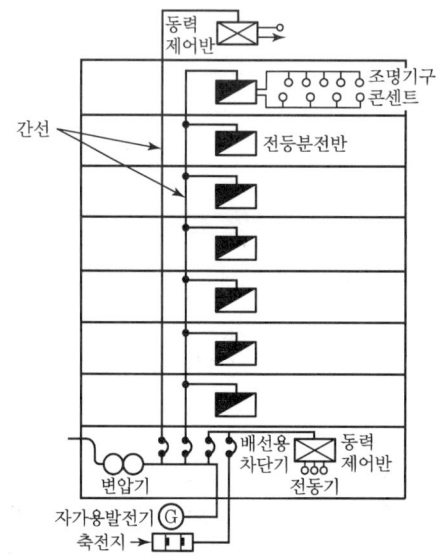

2) 간선의 허용전류 ★★

① 전선도체의 굵기는 허용전류, 전압강하 및 기계적 강도를 고려하여 선정
② 전기사용 장치의 정격전류의 합계의 값에 수용률과 역률을 고려하여 수정된 부하 전류값 이상의 허용전류를 갖는 전선을 선정

▼ 건물의 종류에 따른 간선의 수용률

건물의 종류	간선의 수용률[%]	
	10[kVA] 이하	10[kVA] 초과
주택, 아파트, 기숙사, 여관, 호텔, 병원	100	50
사무실, 은행, 학교	100	70

3 간선 보호용 과전류차단기의 시설 ★

1) 과전류 보호장치

① 간선을 과전류로부터 보호하기 위해 과전류차단기를 시설한다.
② 전동기 부하가 없는 경우 과전류차단기의 정격전류는 간선으로 사용하는 전선의 허용전류보다는 작은 것을 사용할 것
③ 전동기 부하가 접속된 경우 전동기의 기동전류를 보상하기 위하여 전동기 정격전류 합계의 3배에 다른 기기류 정격 전류를 합산한 값 이하의 것을 사용할 것

④ 과부하 보호장치의 설치 위치

간선으로부터 분기회로의 보호장치(P_2)는 분기회로(S_2)의 분기점(O)으로부터 3[m]까지 이동하여 설치할 수 있다.

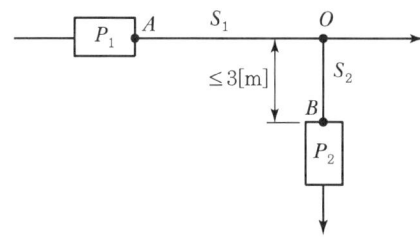

2) 과전류를 차단하는 보호장치

① 과부하 전류 및 단락 전류 겸용 보호장치
② 과부하 전류 전용 보호장치
③ 단락 전류 전용 보호장치

3) 간선 보호장치

① 지락 보호장치 : 지락사고 시 자동적으로 전로를 차단하여 간선을 보호한다.
② 단락 보호장치 : 간선의 전선이나 전기부하에서 생기는 단락사고 시 단락 전류를 차단하여 간선을 보호한다.

기출 및 예상문제

SECTION 02 | 간선

01 저압 옥내 간선으로부터 분기하는 곳에 설치해야 하는 것은?

① 지락차단기
② 과전류차단기
③ 누전차단기
④ 과전압차단기

해설

전기사용 기계 기구에 전기를 공급하기 위한 전로 중에서 인입개폐기나 변전실의 배전반 등에서 전기사용 기계 기구가 직접 접속되는 전로인 분기회로에 설치한 분기개폐기(과전류차단기)까지의 전로를 말한다.

02 다음 중 과전류 보호장치의 종류가 아닌 것은?

① 누설 전류 전용 보호장치
② 과부하 전류 및 단락 전류 겸용 보호장치
③ 과부하 전류 전용 보호장치
④ 단락 전류 전용 보호장치

해설

과전류를 차단하는 보호장치
- 과부하 전류 및 단락 전류 겸용 보호장치
- 과부하 전류 전용 보호장치
- 단락 전류 전용 보호장치

정답 01 ② 02 ①

| SECTION 03 | 분기회로 |

1 분기회로

간선으로부터 분기하여 과전류차단기를 거쳐 각 부하에 전력을 공급하는 배선을 말한다. 고장 발생 시 고장 범위를 될 수 있는 한 줄여 신속한 복귀와 경제적 손실을 줄이기 위해 사용한다.

2 부하의 상정

배선을 설계하기 위한 전등 및 소형 전기 기계기구의 부하용량 산정은 아래 표에 표시하는 건물의 종류 및 그 부분에 해당하는 표준부하에 바닥면적을 곱한 값을 구하고 여기에 가산하여야 할 [VA] 수를 더한 값으로 계산한다.

$$부하설비용량 = [표준부하] \times [바닥면적] + [부분부하] \times [바닥면적] + [가산부하] \; [VA]$$

▼ 건물의 종류에 대응한 표준부하 ★★★

부하 구분	건물 종류 및 부분	표준부하밀도[VA/m²]
표준부하	공장, 공회장, 사원, 교회, 극장, 영화관	10
	학교, 기숙사, 여관, 호텔, 병원, 음식점, 다방	20
	사무실, 은행, 백화점, 상점, 미장원	30
	주택, 아파트	30(40*)

* 40 : 현재(2022년 1월) 30[VA/m²]으로 되어 있으나 추후 40[VA/m²]으로 변경 가능성

3 분기회로의 시공

전선의 굵기 선정 시에는 허용전류, 전압강하 등을 고려한다.

▼ 개폐기 및 과전류차단기 시설

원칙	간선과의 분기점에서 전선의 길이 3[m] 이하의 장소에 개폐기 및 과전류차단기를 시설하여야 한다.
분기회로 전류가 간선 전류의 35[%] 이하	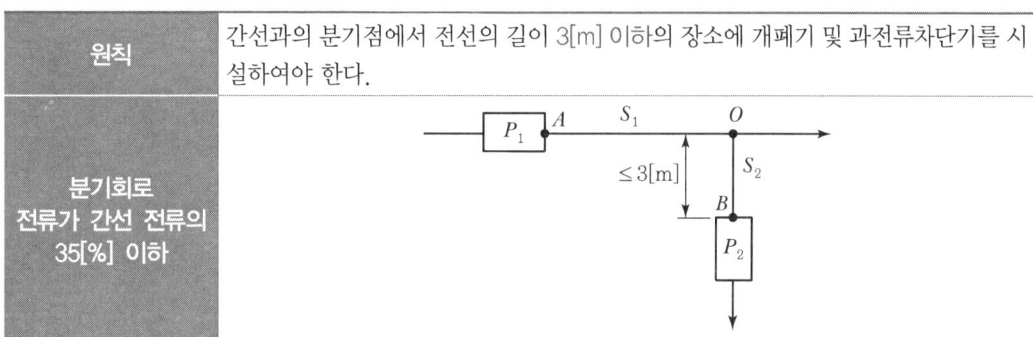

4 분기회로 구성 시 주의사항

① 전등과 콘센트는 전용의 분기회로로 구분하는 것을 원칙으로 한다.
② 분기회로의 길이는 전압강하와 시공을 고려하여 약 30[m] 이하로 한다.
③ 정확한 부하 산정이 어려울 경우에는 사무실, 상점, 대형 건물에서 36[m^2]마다 1회로로 구분하고, 복도나 계단은 70[m^2]마다 1회로로 적용한다.
④ 복도와 계단 및 습기가 있는 장소의 전등 수구는 별도의 회로로 한다.

기출 및 예상문제

SECTION 03 | 분기회로

01 간선에서 분기하여 분기 과전류차단기를 거쳐서 부하에 이르는 사이의 배선을 무엇이라 하는가?

① 간선 ② 인입선
③ 중성선 ④ 분기회로

해설
분기회로
간선으로부터 분기하여 과전류차단기를 거쳐 각 부하에 전력을 공급하는 배선

02 일반적으로 학교건물이나 은행건물 등 간선 수용률은 얼마인가?

① 50[%] ② 60[%]
③ 70[%] ④ 80[%]

해설
간선의 수용률

건물의 종류	수용률	
	10[kVA] 이하	10[kVA] 초과
주택, 아파트, 기숙사, 여관, 호텔, 병원	100[%]	50[%]
사무실, 은행, 학교	100[%]	70[%]

03 저압옥내 분기회로에 개폐기 및 과전류차단기를 시설하는 경우 원칙적으로 분기점에서 몇 [m] 이하에 시설하여야 하는가?

① 3 ② 5
③ 8 ④ 12

해설
개폐기 및 과전류차단기 시설
간선과의 분기점에서 전선의 길이 3[m] 이하의 장소에 개폐기 및 과전류차단기를 시설하여야 한다.

04 사무실, 은행, 상점, 이발소, 미장원에서 사용하는 표준부하[VA/m²]는?

① 5 ② 10
③ 20 ④ 30

해설
건물의 종류에 대응한 표준부하

부하 구분	건물 종류 및 부분	표준부하밀도 [VA/m²]
표준 부하	공장, 공회장, 사원, 교회, 극장, 영화관	10
	학교, 기숙사, 여관, 호텔, 병원, 음식점, 다방	20
	사무실, 은행, 백화점, 상점, 미장원	30
	주택, 아파트	30(40 *)

* 40 : 현재(2022년 1월) 30[VA/m²]으로 되어 있으나 추후 40[VA/m²]으로 변경 가능성

05 한국전기설비규정에서 사무실, 은행, 상점, 이발소, 미장원에서 사용하는 표준부하[VA/m²]는?

① 10 ② 40
③ 20 ④ 30

해설
문제 4번 해설 참조

06 배선설계를 위한 전동 및 소형 전기기계기구의 부하용량 산정 시 건축물의 종류에 대응한 표준부하에서 원칙적으로 표준부하를 20[VA/m²]으로 적용하여야 하는 건축물은?

① 교회, 극장 ② 학교, 음식점
③ 은행, 상점 ④ 아파트, 미용원

해설
문제 4번 해설 참조

정답 01 ④ 02 ③ 03 ① 04 ④ 05 ④ 06 ②

SECTION 04 변압기 용량 산정

1 부하 설비 용량 산정

모든 부하 설비가 전부 상시 사용되는 것이 아니며, 사용시각이 항상 일정하지 않다. 그러므로 각 부하마다 추산한 설비용량에 수용률, 부등률, 부하율 등을 고려해서 최대수용전력을 산정한다.
여기에 장래의 부하 증설계획과 여유분 등을 감안하여 변압기 용량을 결정하게 된다.

1) 수용률

① 수용 설비가 동시에 사용되는 정도를 나타내며 변압기 등의 적정공급 설비 용량을 파악하기 위하여 사용하며, 보통 1보다 작은 값을 나타낸다.
② 설비 용량에 대한 최대 전력의 비를 백분율로 나타낸 것이다.

$$수용률 = \frac{최대수용전력}{총\ 부하설비용량\ 합계} \times 100[\%]$$

$$최대수용전력 = 부하설비용량\ 합계 \times 수용률$$

2) 부등률

① 한 배전용 변압기에 접속된 수용가의 부하는 최대수용전력을 나타내는 시각이 서로 다른 것이 보통이다. 보통 1보다 큰 값을 나타낸다.
② 최대수용전력의 합계를 합성최대수용전력으로 나눈 값이다.

$$부등률 = \frac{각\ 부하의\ 최대수용전력의\ 합계}{합성최대수용전력}$$

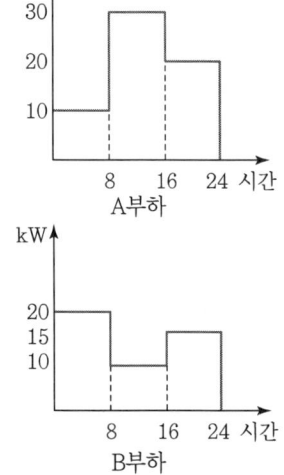

➡ 각 부하의 최대수용전력의 합계
  • A부하의 최대전력은 30[kW]
  • B부하의 최대전력은 20[kW]
  각 부하가 최대전력일 때의 합, 즉 부등률의 분자인
  각 부하의 최대수용전력의 합계는 30+20=50[kW]

➡ 합성최대수용전력
  합성최대전력은 40[kW]
  • 0~8시 : 10(A부하)+20(B부하)=30[kW]
  • 8~16시 : 30(A부하)+10(B부하)=40[kW]
  • 16~24시 : 20(A부하)+15(B부하)=35[kW]

➡ 부등률 = $\frac{50[kW]}{40[kW]}$ = 1.25

3) 부하율

① 전기설비가 어느 정도 유효하게 사용되는가를 나타내며, 부하율이 높을수록 설비가 효율적으로 사용된다.
② 어떤 기간 중의 평균수용전력과 최대수용전력과의 비를 나타낸다.

$$부하율 = \frac{부하의 평균전력}{최대수용전력} \times 100[\%]$$

2 변압기 종류 및 용량 산정

1) 변압기의 종류

① 유입 변압기 : 절연유가 있는 탱크 속에 권선을 담근 구조로 제작된다.
② 건식 변압기 : 절연유 대신 고체 절연체를 사용하여 절연을 유지한다.
③ 몰드 변압기 : 고압권선과 저압권선을 모두 에폭시 수지로 몰드한 변압기로 고체절연 방식을 채택하여 난연성, 절연의 신뢰성, 보수 및 점검이 용이, 에너지 절약 등의 특징이 있는 관계로 최근 정보화된 건축물에 많이 사용된다.

| 유입 변압기 |

| 건식 변압기 |

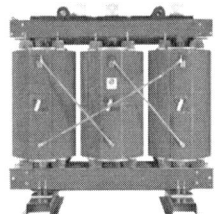
| 몰드 변압기 |

2) 변압기 용량 산정

① 각 부하별로 최대수용전력을 산출하고 이에 부하역률과 부하증가를 고려하여 변압기의 총용량을 결정한다.

$$변압기 용량 = \frac{총부하설비용량 \times 수용률}{부등률} \times 여유율$$

② 여유율은 일반적으로 10[%] 정도의 여유를 둔다.

기출 및 예상문제

SECTION 04 | 변압기 용량 산정

01 어느 수용가의 설비용량이 각각 1[kW], 2[kW], 3[kW], 4[kW]인 부하설비가 있다. 그 수용률이 60[%]인 경우 그 최대수용전력은 몇 [kW] 인가?

① 3
② 6
③ 30
④ 60

해설

수용률 = $\dfrac{\text{최대수용전력}}{\text{총부하설비용량 합계}} \times 100[\%]$ 이므로,
최대수용전력 = (1+2+3+4)×0.6 = 6[kW]이다.

02 각 수용가의 최대 수용전력이 각각 5[kW], 10[kW], 15[kW], 22[kW]이고, 합성최대수용전력이 50[kW]이다. 수용가 상호 간의 부등률은 얼마인가?

① 1.04
② 2.34
③ 4.25
④ 6.94

해설

부등률 = $\dfrac{\text{각 부하의 최대수용전력의 합계}}{\text{합성최대수용전력}}$ 이므로,
= $\dfrac{5+10+15+22}{50} = 1.04$

03 설비용량 600[kW], 부등률 1.2, 수용률 0.6일 때 합성최대전력[kW]은?

① 240[kW]
② 300[kW]
③ 432[kW]
④ 833[kW]

해설

수용률 = $\dfrac{\text{최대수용전력}}{\text{총부하설비용량 합계}} \times 100[\%]$ 이므로,
$60[\%] = \dfrac{\text{최대수용전력}}{600} \times 100[\%]$ 에서
최대수용전력 = 총부하설비용량 합계 × 수용률이므로,
600×0.6 = 360[kW]

부등률 = $\dfrac{\text{각 부하의 최대수용전력의 합계}}{\text{합성최대수용전력}}$ 이므로,
$1.2 = \dfrac{360}{\text{합성최대수용전력}}$ 에서
합성최대(수용)전력 = 300[kW]

04 다음 [최대수용전력/총 부하설비용량 합계]×100[%]의 관계를 가지고 있는 것은?

① 부하율
② 변압기 용량
③ 수용률
④ 부등률

해설

수용률 = $\dfrac{\text{최대수용전력}}{\text{총 부하설비용량 합계}} \times 100[\%]$

05 코일 주위에 전기적 특성이 큰 에폭시 수지를 고진공으로 침투시키고, 다시 그 주위를 기계적 강도가 큰 에폭시 수지로 몰딩한 변압기는?

① 건식 변압기
② 유입 변압기
③ 몰드 변압기
④ 타이 변압기

해설

몰드 변압기
고압권선과 저압권선을 모두 에폭시 수지로 몰드한 변압기로 고체절연 방식을 채택하여 난연성, 절연의 신뢰성, 보수 및 점검이 용이, 에너지 절약 등의 특징이 있는 관계로 최근 정보화된 건축물에 많이 사용된다.

정답 01 ② 02 ① 03 ② 04 ③ 05 ③

SECTION 05 전로의 절연

1 절연저항

1) 절연저항
절연물이 가지고 있는 자체저항이며 저항값이 클수록 좋다. 단위는 [MΩ]이다.

2) 절연저항의 측정
영구 자석과 교차 코일로 구성된 메거(절연저항계)라는 측정기구를 이용하여 측정한다.

3) 전로에 절연의 필요성
① 누설전류로 인하여 화재 및 감전사고 등의 위험 방지
② 전력 손실 방지
③ 지락전류에 의한 통신선에 유도 장해 방지

> 참고 누설전류 : 전로 이외를 흐르는 전류로서 전로의 절연체 내부 및 표면과 공간을 통하여 전선 상호 간 또는 대지 간 사이에 흐르는 전류

4) 저압 전로의 절연저항 측정 ★★★
① 저압 전로의 절연저항 측정
  ㉠ 전선 상호 간 및 전로와 대지 사이의 절연저항 측정
  ㉡ 전선 상호 간의 절연저항은 기계기구를 쉽게 분리하기가 곤란한 분기회로의 경우 기기 접속 전에 측정할 수 있다.
  ㉢ 측정치 영향이나 손상을 받을 수 있는 SPD(서지보호장치) 등 기기는 측정 전에 분리시켜야 하고, 분리가 어려운 경우 시험전압을 250[V] DC로 낮추어 측정해서 절연저항이 1[MΩ] 이상이어야 한다.

> 참고 서지보호장치(SPD ; Surge Protective Device) : 전력선이나 전화선, 데이터 네트워크, CCTV회로, 전자장비 등에 연결된 전력선 및 전력선과 제어선에 나타나는 매우 짧은 순간의 위험한 과도전압과 노이즈를 감쇄시키도록 설계된 장치이다.

▼ 저압 전로의 절연저항 시험전압 및 절연저항값

전로의 사용전압[V]	DC 시험전압[V]	절연저항
SELV 및 PELV	250	0.5[MΩ] 이상
FELV, 500[V] 이하	500	1.0[MΩ] 이상
500[V] 초과	1,000	1.0[MΩ] 이상

참고 특별저압(Extra Low Voltage) : 인체에 위험을 초래하지 않을 정도의 저압(2차 전압이 AC 50[V], DC 120[V] 이하)
- SELV(Safety Extra-Low Voltage) : 비접지 회로로 구성된 특별저압
- PELV(Protective Extra-Low Voltage) : 접지 회로로 구성된 특별저압(1차와 2차가 전기적으로 절연된 회로)
- FELV : 1차와 2차가 전기적으로 절연되지 않은 회로로 구성된 특별저압

② 정전이 어려운 경우 등 절연저항 측정이 곤란한 경우에는 누설전류를 1[mA] 이하로 유지하여야 한다.

2 절연내력시험 전압

① 절연내력시험은 아래 표에서 정한 시험전압을 전로와 대지 간에 10분간 연속적으로 가하여 견딜 것

▼ 절연저항 및 절연내력

구분		시험전압 배율	시험 최저전압[V]
중성점 비접지식	7[kV] 이하	1.5	500
	7[kV]를 넘고 25[kV] 이하	1.25	10,500
	25[kV] 초과	1.25	–
중성점 접지식	7[kV] 이하	1.5	500
	7[kV]를 넘고 25[kV] 이하	0.92	–
	25[kV]를 초과 60[kV] 이하	1.25	–
	60[kV] 초과	1.1	75,000
	60[kV] 초과(직접 접지식)	0.72	–
	170[kV] 초과	0.64	–

② 시험전압 인가 장소
- 회전기 : 권선과 대지 사이
- 변압기 : 권선과 다른 권선 사이, 권선과 철심 사이, 권선과 외함 사이
- 전기기구 : 충전부와 대지 사이

기출 및 예상문제

SECTION 05 | 전로의 절연

01 400[V] 이하 옥내 배선의 절연저항 측정에 가장 알맞은 절연저항계는 몇 [V] 이상인가?

① 250[V] 메거 ② 500[V] 메거
③ 1,000[V] 메거 ④ 1,500[V] 메거

해설
저압 전로의 절연저항 시험전압 및 절연저항값

전로의 사용전압[V]	DC 시험전압[V]	절연저항
SELV 및 PELV	250	0.5[MΩ] 이상
FELV, 500[V] 이하	500	1.0[MΩ] 이상
500[V] 초과	1,000	1.0[MΩ] 이상

02 SELV 및 PELV 특별저압에서 절연저항 측정에 가장 알맞은 절연저항계는 몇 [V] 이상인가?

① 250[V] 메거 ② 500[V] 메거
③ 1,000[V] 메거 ④ 1,500[V] 메거

해설
문제 1번 해설 참조

03 SELV 및 PELV 특별저압에서 절연저항 측정에 가장 알맞은 절연저항계는 몇 [MΩ] 이상인가?

① 0.1[MΩ] ② 0.3[MΩ]
③ 0.5[MΩ] ④ 1.0[MΩ]

해설
문제 1번 해설 참조

04 옥내에 시설하는 저압 접촉 전선과 대지 간의 절연저항의 값에 대한 설명으로 틀린 것은?

① SELV에서는 절연저항값이 0.5[MΩ] 이상이어야 한다.
② FELV에서는 절연저항값이 1.0[MΩ] 이상이어야 한다.
③ PELV에서는 절연저항값이 1.0[MΩ] 이상이어야 한다.
④ 500[V] 초과에서는 절연저항값이 1.0[MΩ] 이상이어야 한다.

해설
문제 1번 해설 참조

05 교류 380[V]를 사용하는 공장의 전선과 대지 사이의 절연저항은 몇 [MΩ] 이상이어야 하는가?

① 0.1[MΩ] ② 0.3[MΩ]
③ 0.5[MΩ] ④ 1.0[MΩ]

해설
문제 1번 해설 참조

06 다음 중 옥내에 시설하는 저압 전로와 대지 사이의 절연저항 측정에 사용되는 계기는?

① 멀티 테스터 ② 메거
③ 어스 테스터 ④ 훅 온 미터

해설
① 멀티 테스터 : 전압, 전류, 저항 등 측정
③ 어스 테스터 : 접지저항 측정
④ 훅 온 미터 : 주로 전류 측정

07 500[V] 초과 옥내배선의 절연저항 측정에 가장 알맞은 절연저항계는?

① 250[V] 메거 ② 500[V] 메거
③ 750[V] 메거 ④ 1,000[V] 메거

해설
문제 1번 해설 참조

정답 01 ② 02 ① 03 ③ 04 ③ 05 ④ 06 ② 07 ④

08 절연저항을 측정하기 위해 정전이 필요하다 하지만 정전이 어려워 측정이 곤란한 경우에는 누설전류를 몇 [mA] 이하로 유지하여야 하는가?

① 0.1[mA] ② 0.3[mA]
③ 0.5[mA] ④ 1.0[mA]

해설
정전이 어려운 경우 등 절연저항 측정이 곤란한 경우에는 누설전류를 1[mA] 이하로 유지하여야 한다.

09 최대사용전압이 70[kV]인 중성점 직접 접지식 전로의 절연내력 시험전압은 몇 [V]인가?

① 35,000[V] ② 50,400[V]
③ 44,800[V] ④ 42,000[V]

해설
고압 및 특별고압 전로의 절연내력 시험전압

구분		시험 전압 배율	시험 최저전압 [V]
중성점 비접지식	7[kV] 이하	1.5	500
	7[kV]를 넘고 25[kV] 이하	1.25	10,500
	25[kV] 초과	1.25	–
중성점 접지식	7[kV] 이하	1.5	500
	7[kV]를 넘고 25[kV] 이하	0.92	–
	25[kV]를 초과 60[kV] 이하	1.25	–
	60[kV] 초과	1.1	75,000
	60[kV] 초과(직접 접지식)	0.72	–
	170[kV] 초과	0.64	–

위 표에서 배율을 적용하면, 70[kV]×0.72=50.4[kV]이다.

10 최대사용전압이 3.3[kV]인 차단기 전로의 절연내력 시험전압은 몇 [V]인가?

① 3,300[V] ② 4,125[V]
③ 4,950[V] ④ 6,600[V]

해설
고압 및 특별고압 전로의 절연내력 시험전압

구분	시험 전압 배율	시험 최저전압[V]
중성점 비접지식, 중성점 접지식	7[kV] 이하	1.5	500

위 표에서 배율을 적용하면, 3,300×1.5=4,950[V]이다.

11 380[V] 옥내 배선에 절연저항 측정을 하려고 하는데 측정치 영향이나 손상을 받을 수 있는 SPD(서지보호장치) 등 기기는 측정 전에 분리가 어려운 경우 시험전압을 몇 [V]로 낮추어 측정하여야 하는가?

① 250[V] AC ② 250[V] DC
③ 500[V] AC ④ 500[V] DC

해설
측정치 영향이나 손상을 받을 수 있는 SPD(서지보호장치) 등 기기는 측정 전에 분리시켜야 하고, 분리가 어려운 경우 시험전압을 250[V] DC로 낮추어 측정해서 절연저항이 1[MΩ] 이상이어야 한다.

12 옥내 배선에 절연저항 측정을 하려고 하는데 측정치 영향이나 손상을 받을 수 있는 SPD(서지보호장치) 등 기기는 측정 전에 분리가 어려운 경우 시험전압을 몇 [V]로 낮추어 측정하고 몇 [MΩ] 이상이어야 하는가?

① 250[V], 0.5[MΩ] ② 250[V], 1.0[MΩ]
③ 500[V], 0.5[MΩ] ④ 500[V], 1.0[MΩ]

해설
문제 11번 해설 참조

SECTION 06 접지시스템

1 접지의 목적

감전사고 방지, 이상전압 억제, 전로의 대지 전압 상승 방지, 보호장치의 확실한 동작, 화재 사고 방지

2 접지시스템의 구분

1) **구분** : 계통접지, 보호접지, 피뢰시스템 접지 ★★★

2) **시설 종류**

① 단독접지 : 개별적으로 접지극을 설치
② 공통접지 : 특·고압접지계통과 저압접지계통을 등전위 형성을 위해 공통으로 접지하는 방식
③ 통합접지 : 전기설비의 접지계통·건축물의 피뢰설비·전자통신설비 등의 접지극을 공용으로 접지(낙뢰에 의한 과전압 등으로부터 전기전자기기 등을 보호하기 위해 서지보호장치를 설치)

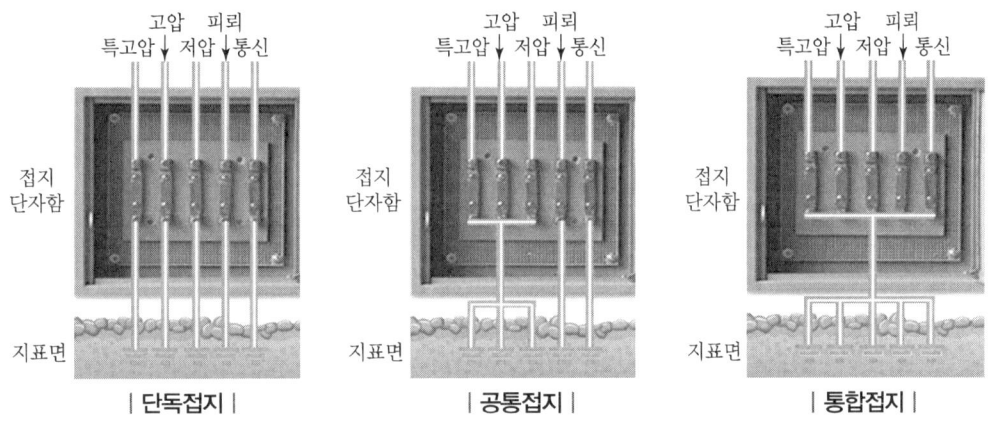

| 단독접지 | | 공통접지 | | 통합접지 |

3) **구성 요소** : 접지극, 접지도체, 보호도체, 기타 설비로 구성

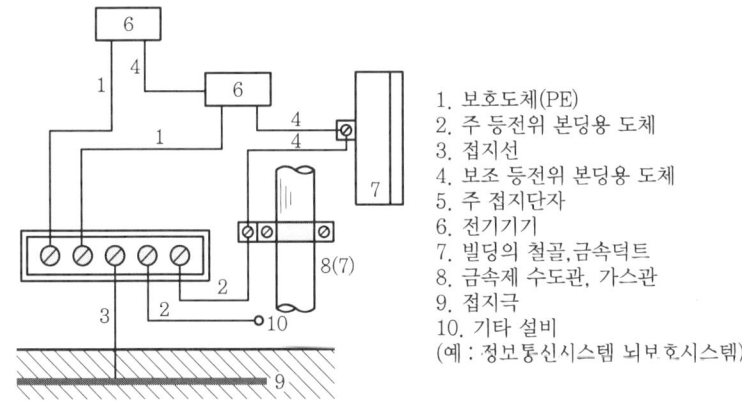

1. 보호도체(PE)
2. 주 등전위 본딩용 도체
3. 접지선
4. 보조 등전위 본딩용 도체
5. 주 접지단자
6. 전기기기
7. 빌딩의 철골, 금속덕트
8. 금속제 수도관, 가스관
9. 접지극
10. 기타 설비
(예 : 정보통신시스템 뇌보호시스템)

| 등전위 본딩의 기본 구성 |

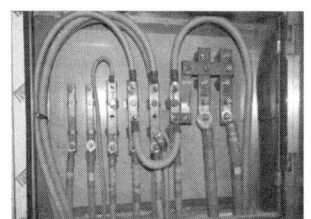

| 접지 단자함 시공 사진 |

4) 관련 용어

① 접지 : 전기기기와 땅 사이를 도선으로 연결하는 일 또는 그 장치로 감전을 방지하기 위한 시설
② 대지 : 그 전위가 점에 있어서도 보통 0으로 되는 지구의 도전성 부분
③ 접지선 : 대지 또는 이에 해당하는 금속체에 접속하기 위한 전선
④ 접지극 : 대지에 접속되고 전기적 접속을 제공하는 하나의 도체 또는 도체들의 집합
⑤ 주 접지단자 : 접지하는 것을 목적으로 보호도체의 접속에 사용되는 단자 또는 모선
⑥ 보호도체(PE) : 감전에 대한 보호 등 안전을 위해 제공되는 도체
⑦ 주 등전위 본딩 : 등전위를 형성하기 위해 도전성 부분 상호 간을 전기적으로 연결하는 것
⑧ 보조 등전위 본딩 : 감전에 대한 보호 등과 같이 안전을 목적으로 하는 등전위 본딩
⑨ 등전위 본딩망 : 구조물의 모든 도전부와 충전 도체를 제외한 내부 설비를 접지극에 상호 접속
⑩ 접지도체 : 주접지단자나 접지모선과 접지극 사이의 도체
⑪ 계통접지 : 전력계통에서 발생한 돌발적인 이상 현상에 대비하여 대지와 계통을 연결하는 것
⑫ 충전부 : 운전 상태에서 전압이 걸리도록 되어 있는 도체 또는 도전부
⑬ 노출 도전부 : 충전부는 아니지만 고장 발생 시 충전될 위험이 있고 사람이 쉽게 접속할 수 있는 기기
⑭ 중성선 다중접지 방식 : 전력계통의 중성선을 대지에 다중 접속하고 변압기의 중성점을 중성선과 연결하는 계통접지

3 보호도체

1) 보호도체의 종류

① 다심 케이블의 도체
② 충전 도체의 같은 트렁킹에 수납된 절연 도체 또는 나도체
③ 고정된 절연 도체 또는 나도체
④ 금속 케이블 외장, 케이블 차폐, 케이블 외장, 전선 묶음(편조 전선), 동심 도체, 금속관

2) 보호도체 또는 보호 본딩 도체로 사용해서는 안 되는 도체

① 금속 수도관, 가요성 금속전선관, 가요성 금속 배관

② 가스, 액체, 가루와 같은 잠재적인 인화성 물질을 사용하는 금속관
③ 상시 기계적 응력을 받는 지지 구조물 일부
④ 지지선, 케이블 트레이 및 이와 비슷한 것

3) 보호도체와 계통도체 겸용

① 겸용도체의 종류
  ㉠ 중성선과 겸용 : PEN
  ㉡ 선도체와 겸용 : PEL
  ㉢ 중간도체와 겸용 : PEM

② 겸용도체는 고정된 전기설비에서만 사용할 수 있으며 다음에 의한다.
  ㉠ 단면적은 구리 10[mm²] 또는 알루미늄 16[mm²] 이상이어야 한다.
  ㉡ 중성선과 보호도체의 겸용도체는 전기설비의 부하 측으로 시설하여서는 안 된다.
  ㉢ 폭발성 분위기 장소는 보호도체를 전용으로 하여야 한다.

4) 감전보호에 따른 보호도체

과전류 보호장치를 감전에 대한 보호용으로 사용하는 경우, 보호도체는 충전도체와 같은 배선설비에 병합시키거나 근접한 경로로 설치하여야 한다. 이때, 보호도체에는 어떠한 개폐장치도 연결해서는 안 된다.

▼ 보호도체의 최소 단면적(선도체 단면적 S[mm²])

선도체의 단면적 S ([mm²], 구리)	보호도체의 재질이 선도체와 같은 경우 최소 단면적([mm²], 구리)	보호도체의 재질
$S \leq 16$	S	구리
$16 < S \leq 35$	16	
$S > 35$	$S/2$	

▼ 보호도체의 단면적 ★★★

구분	구리	알루미늄
기계적 손상에 대해 보호가 되는 경우	2.5[mm²] 이상	16[mm²] 이상
기계적 손상에 대해 보호가 되지 않는 경우	4[mm²] 이상	16[mm²] 이상

※ 선도체와 동일한 외함에 설치되지 않은 경우

4 접지도체

접지도체는 지하 0.75[m]부터 지표상 2[m]까지 부분은 합성수지관 또는 이와 동등 이상의 절연효과와 강도를 가지는 몰드로 덮어야 한다(두께 2[mm] 미만의 합성수지제 전선관 및 가연성 콤바인 덕트관은 제외).

▼ 접지도체의 최소 단면적 ★★★

접지도체에 큰 고장전류가 흐르지 않을 경우	• 구리 : 6[mm^2] 이상
	• 철제 : 50[mm^2] 이상
접지도체에 피뢰시스템이 접속되는 경우	• 구리 : 16[mm^2] 이상
	• 철제 : 50[mm^2] 이상

▼ 접지도체의 굵기

구분	접지 도체의 굵기
특고압·고압 전기설비용 접지도체	6[mm^2] 이상 연동선
중성점 접지용 접지도체	16[mm^2] 이상 연동선
	7[kV] 이하의 전로 또는 사용전압이 25[kV] 이하인 특고압 가공전선로. 다만, 중성선 다중접지 방식의 것으로서 전로에 지락이 생겼을 때 2초 이내에 자동적으로 이를 전로로부터 차단하는 장치가 되어 있는 경우 : 6[mm^2] 이상 연동선
이동하여 사용하는 전기기계기구의 금속제 외함 등의 접지시스템의 경우	특고압·고압 전기설비용 접지도체 및 중성점 접지용 접지도체는 클로로프렌 캡타이어케이블(3종 및 4종) 또는 클로로설포네이트폴리에틸렌캡타이어케이블(3종 및 4종)의 1개 도체 또는 다심 캡타이어케이블의 차폐 또는 기타의 금속체로 단면적이 10[mm^2] 이상인 것
	저압 전기설비용 접지도체는 다심 코드 또는 다심 캡타이어케이블의 1개 도체의 단면적이 0.75[mm^2] 이상인 것을 사용한다. 다만, 기타 유연성이 있는 연동연선은 1개 도체의 단면적이 [1.5mm^2] 이상인 것

5 접지시스템의 시설

1) 접지극의 시설 및 접지저항 ★★

① 접지극 시설
- 콘크리트에 매입된 기초 접지극
- 토양에 매설된 기초 접지극
- 토양에 수직 또는 수평으로 직접 매설된 금속전극(봉, 전선, 테이프, 배관, 판 등)
- 케이블의 금속외장 및 그 밖의 금속피복

- 지중 금속구조물(배관 등)
- 대지에 매설된 철근콘크리트의 용접된 금속 보강재(강화콘크리트는 제외)

② 접지극의 매설
- 접지극은 매설하는 토양을 오염시키지 않아야 하며, 가능한 한 다습한 부분에 설치한다.
- 접지극은 지표면으로부터 지하 0.75[m] 이상으로 하되 동결 깊이를 감안하여 매설 깊이를 정해야 한다.
- 접지도체를 철주, 기타의 금속체를 따라서 시설하는 경우에는 접지극을 철주의 밑면으로부터 0.3 [m] 이상의 깊이에 매설하는 경우 이외에는 접지극을 지중에서 그 금속체로부터 1[m] 이상 떼어 매설하여야 한다.

③ 접지극 접속 : 발열성 용접, 눌러붙임 접속, 클램프 또는 그 밖의 적절한 기계적 접속장치로 접속한다.
이때 접지선과 접지극을 접속하는 경우에는 납과 주석의 합금으로 땜하여 접속할 수 없다. 단, 은 납땜은 가능하다.

④ 접지극의 종류 및 규격
- 동봉, 구리(동)피복 강봉 : 지름 8[mm] 이상, 길이 0.9[m] 이상일 것
- 동판 : 두께 0.7[mm] 이상, 면적 900[cm^2] 이상일 것
- 강봉(철봉) : 지름 12[mm] 이상, 길이 0.9[m] 이상일 것
- 철관 : 바깥지름 25[mm] 이상, 길이 0.9[m] 이상의 아연 도금 가스 철관 또는 후강전선관일 것

▼ 수도관, 철골 등의 접지극에 사용 가능한 전기저항

구분	전기저항값[Ω]
수도관 등을 접지극으로 사용하는 경우	3[Ω] 이하
건축물·구조물의 철골, 기타의 금속제를 접지극으로 사용하는 경우	3[Ω] 이하

| 수도관 접지 |

| 구조물의 철골 접지 |

6 감전보호용 등전위 본딩

등전위 본딩은 건축물 · 구조물에서 접지도체, 주 접지단자를 시설해야 하는 곳에 적용한다.

① 수도관 · 가스관 등 외부에서 내부로 인입되는 금속배관
② 건축물 · 구조물의 철근, 철골 등 금속보강재
③ 일상생활에서 접촉이 가능한 금속제 난방배관 및 공조설비 등 계통외도전부

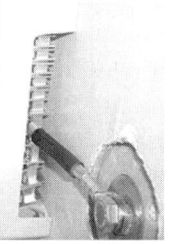

| 등전위 본딩 시공 사진 |

▼ 보호 등전위 본딩 도체

보호 등전위 본딩 도체	도체 종류	도체 단면적
주 접지단자에 접속하기 위한 등전위 본딩 도체	구리 도체	6[mm²] 이상
	알루미늄 도체	16[mm²] 이상
	강철 도체	50[mm²] 이상

▼ 보조 보호 등전위 본딩 도체

구분	구리 도체	알루미늄 도체
기계적 보호가 된 것	2.5[mm²] 이상	16[mm²] 이상
기계적 보호가 되지 않는 것	4[mm²] 이상	16[mm²] 이상

7 계통접지 분류

1) TN 계통

전원 측의 한 점을 직접 접지하고 설비의 노출도전부를 보호도체로 접속시키는 방식

① TN-S 방식 : 계통 전체에 걸쳐서 중성선(N)과 보호도체(PE)를 분리 시설
② TN-C 방식 : 계통 전체에 걸쳐서 중성선(N)과 보호도체(PE)의 기능을 하나의 도체(PEN)로 시설
③ TN-C-S 방식 : 계통의 일부분에서 중성선+보호도체(PEN)를 사용하거나, 중성선과 별도의 보호도체(PE)를 사용하는 방식

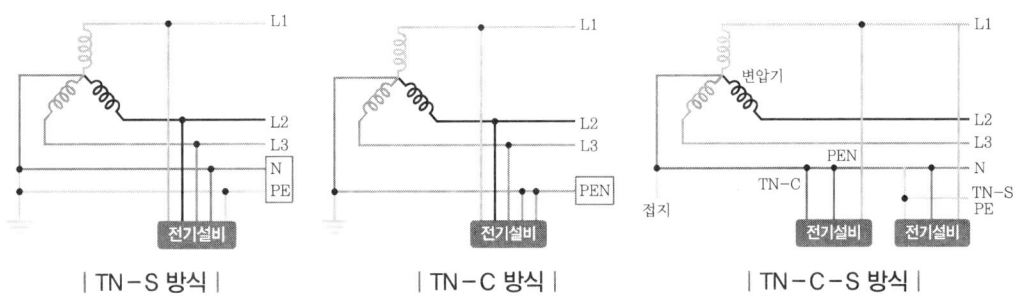

| TN-S 방식 | | TN-C 방식 | | TN-C-S 방식 |

▼ 계통접지에서 사용되는 문자의 정의 ★

구분	기호	내용	관계 및 상태
제1문자	T(Terra, 땅, 대지)	대지에 직접 접지하는 방식	• 전력계통과 대지와의 관계 • 전원 측 변압기의 접지 상태
	I(Insulation, 절연)	대지로부터 절연시키거나 임피던스를 삽입하여 접지하는 방식	
제2문자	T(Terra, 땅, 대지)	노출도전부와 대지에 직접 접속하는 방식	• 설비의 노출 도전성 부분과 대지의 관계 • 설비의 접지 상태
	N(Neutral, 중성선)	노출도전부를 계통중성선에 접속하는 방식	
제3문자	S(Separator, 분리)	중성선과 보호도체를 분리 시설	중성선 및 보호도체의 접속
	C(Combine, 결합)	중성선과 보호도체를 겸용 시설 (PEN 도체)	

2) TT 계통

보호도체(PE)를 전력계통으로부터 끌어오지 않고 기기 자체를 단독 접지하는 방식

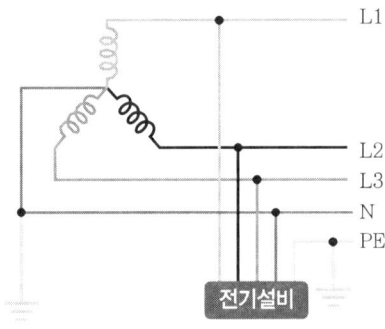

3) IT 계통

전력계통은 비접지로 하거나 임피던스를 삽입하여 접지하고 설비의 노출 도전성 부분은 개별 접지하는 방식

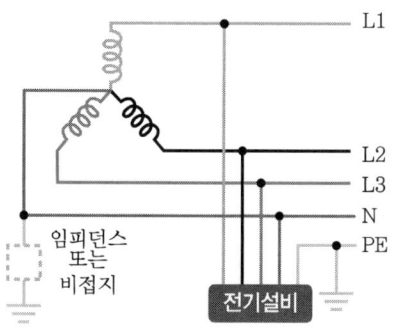

8 변압기 중성점 접지

1) 중성점 접지저항값

일반적으로 변압기의 고압·특고압 측 전로 1선 지락전류로 150을 나눈 값과 같은 저항값 이하(전로의 1선 지락전류는 실측값에 의한다.)

$$R = \frac{150(300, 600)}{I_g}[\Omega]$$

여기서, I_g : 1선 지락전류
　　　　150 : 특별한 보호장치가 없는 경우
　　　　300 : 혼촉 시 보호장치 동작이 1초를 넘고 2초 이내인 경우
　　　　600 : 혼촉 시 보호장치 동작이 1초 이내인 경우

기출 및 예상문제

SECTION 06 | 접지시스템

01 접지시스템의 구성에서 접지극과 주접지 단자를 연결하는 도체는?

① 보호도체
② 주 등전위 본딩용 도체
③ 보조 등전위 본딩용 도체
④ 접지도체

해설

접지도체
주 접지단자나 접지모선과 접지극 사이의 도체

02 특고압·고압 전기설비용 접지도체는 단면적 몇 [mm²] 이상 연동선 또는 이와 동등 이상의 단면적을 가져야 하는가?

① 2.5
② 4
③ 6
④ 10

해설

접지도체의 굵기

구분	접지도체의 굵기
특고압·고압 전기설비용 접지도체	6[mm²] 이상 연동선

03 한국전기설비규정에서 접지극에 대한 설명 중 바람직하지 못한 것은?

① 동판을 사용하는 경우에는 두께 0.7[mm] 이상, 면적 900[cm²] 편면 이상이어야 한다.
② 동봉, 동피복 강봉을 사용하는 경우에는 지름 8[mm] 이상, 길이 0.9[m] 이상이어야 한다.
③ 철봉을 사용하는 경우에는 지름 12[mm] 이상, 길이 0.9[m] 이상의 아연 도금한 것을 사용한다.
④ 접지선과 접지극을 접속하는 경우에는 납과 주석의 합금으로 땜하여 접속한다.

해설

- 접지극의 종류 및 규격
  - 동봉, 동피복, 강봉 : 지름 8[mm] 이상, 길이 0.9[m] 이상일 것일 것
  - 동판 : 두께 0.7[mm] 이상, 면적 900[cm²] 이상일 것
  - 강봉(철봉) : 지름 12[mm] 이상, 길이 0.9[m] 이상일 것
  - 철관 : 바깥지름 25[mm] 이상, 길이 0.9[m] 이상 아연 도금 가스 철관 또는 후강전선관일 것
- 접지극 접속 : 발열성 용접, 압착접속, 클램프 또는 그 밖의 적절한 기계적 접속장치로 접속
※ 접지선과 접지극을 접속하는 경우에는 납과 주석의 합금으로 땜하여 접속할 수 없다. 단, 은납땜은 가능하다.

04 접지도체에 큰 고장전류가 흐르지 않을 경우 구리선은 몇 [mm²] 이상의 단면적을 가져야 하는가?

① 6
② 10
③ 16
④ 50

해설

접지도체의 최소 단면적

접지도체에 큰 고장전류가 흐르지 않을 경우	구리 : 6[mm²] 이상
	철제 : 50[mm²] 이상
접지도체에 피뢰시스템이 접속되는 경우	구리 : 16[mm²] 이상
	철제 : 50[mm²] 이상

05 피뢰시스템 접지도체가 접속된 경우 접지선의 굵기는 구리선인 경우 최소 몇 [mm²] 이상이어야 하는가?

① 6
② 10
③ 16
④ 50

해설

문제 4번 해설 참조

정답 01 ④ 02 ③ 03 ④ 04 ① 05 ③

06 접지선을 사람이 접촉할 우려가 있는 곳에 시설하는 경우 접지극은 지하 몇 [cm] 이상의 깊이에 매설하여야 하는가?

① 30[cm]　　② 60[cm]
③ 75[cm]　　④ 90[cm]

[해설]
접지공사의 접지극은 지하 75[cm] 이상 깊이로 매설할 것

07 접지공사에서 접지선을 철주, 기타 금속체를 따라 시설하는 경우 접지극은 지중에서 그 금속체로부터 몇 [cm] 이상 띄어 매설하는가?

① 30　　② 60
③ 75　　④ 100

[해설]
- 접지극은 지하 75[cm] 이상으로 매설
- 접지선을 철주 기타의 금속체에 시설하는 경우에는 접지극을 철주의 밑면부터 30[cm] 이상의 깊이에 매설하거나, 접지극을 지중에서 금속체로부터 1[m] 이상 띄어 매설

08 접지저항 저감 대책이 아닌 것은?

① 접지봉의 연결개수를 증가시킨다.
② 접지판의 면적을 감소시킨다.
③ 접지극을 깊게 매설한다.
④ 토양의 고유저항을 화학적으로 저감시킨다.

[해설]
접지저항은 대지와 접지봉(판)의 전기적 접촉 정도를 나타내므로, 접지저항을 낮추기 위해서는 대지와 접촉면적을 넓게 하여야 한다.

09 접지저항값에 가장 큰 영향을 주는 것은?

① 접지선 굵기　　② 접지전극 크기
③ 온도　　　　　④ 대지저항

[해설]
문제 8번 해설 참조

10 지중에 매설되어 있는 금속제 수도관로는 대지와의 전기저항값이 얼마 이하로 유지되어야 접지극으로 사용할 수 있는가?

① 1[Ω]　　② 3[Ω]
③ 4[Ω]　　④ 5[Ω]

[해설]
수도관, 철골 등의 접지극 사용 가능한 전기저항

구분	전기저항값[Ω]
수도관 등을 접지극으로 사용하는 경우	3[Ω] 이하

11 전기공사에서 접지저항을 측정할 때 사용하는 측정기는 무엇인가?

① 검류기　　② 변류기
③ 메거　　　④ 어스테스터

[해설]
어스테스터
접지저항 측정용 계기로 접지저항 측정

12 접지저항 측정방법으로 가장 적당한 것은?

① 절연저항계
② 전력계
③ 교류의 전압, 전류계
④ 콜라우시 브리지

[해설]
콜라우시 브리지
접지저항 측정용 계기로 접지저항, 전해액의 저항 측정에 사용된다.

13 한국전기설비규정에서 접지시스템의 구분에 해당되지 않는 것은?

① 계통접지　　　② 보호접지
③ 피뢰시스템 접지　　④ 단독접지

[해설]
접지시스템은 계통접지, 보호접지, 피뢰시스템 접지 등으로 구분한다.

정답 06 ③　07 ④　08 ②　09 ④　10 ②　11 ④　12 ④　13 ④

14 한국전기설비규정에서 저압전로의 보호도체 및 중성선의 접속 방식에 따른 계통접지에 해당되지 않는 것은?

① TT 계통　　② TI 계통
③ TN 계통　　④ IT 계통

해설
저압전로의 보호도체 및 중성선의 접속 방식에 따른 분류
TT 계통, IT 계통, TN 계통

15 한국전기설비규정에서 계통 전체에 대해 중성선과 보호도체의 기능을 동일도체로 겸용한 PEN 도체를 사용하는 계통접지 방식은?

① TN　　② TN-C-S
③ TN-C　　④ TN-S

해설
TN-C 방식
계통 전체에 대해 중성선과 보호도체의 기능을 동일도체로 겸용한 PEN 도체를 사용

16 한국전기설비규정에서 구리도체의 경우 주 접지단자에 접속하기 위한 보호 등전위 본딩 도체는 몇 [mm²] 이상이어야 하는가?

① 6　　② 10
③ 16　　④ 50

해설
보호 등전위 본딩 도체

보호 등전위 본딩 도체	도체 종류	도체 단면적
주 접지단자에 접속하기 위한 등전위 본딩 도체	구리 도체	6[mm²] 이상
	알루미늄 도체	16[mm²] 이상
	강철 도체	50[mm²] 이상

17 변압기 고압 측 전로의 1선 지락전류가 5[A]일 때 접지저항의 최댓값은?(단, 혼촉에 의한 대지 전압은 150[V]이다.)

① 25[Ω]　　② 30[Ω]
③ 35[Ω]　　④ 40[Ω]

해설
중성점 접지저항값
일반적으로 변압기의 고압·특고압 측 전로 1선 지락전류로 150을 나눈 값과 같은 저항값 이하(전로의 1선 지락전류는 실측값에 의한다.)

$$R = \frac{150}{I_g} = \frac{150}{5} = 30[\Omega]$$

정답　14 ②　15 ③　16 ①　17 ②

SECTION 07 피뢰기

1 피뢰기의 목적

이상 전압의 파고값을 저감시켜 기기를 보호

2 피뢰기 구비 조건

① 충격방전 개시전압이 낮을 것
③ 방전내량이 크고 제한전압이 낮을 것
② 상용주파방전 개시전압이 높을 것
④ 속류 차단 능력이 클 것

3 피뢰기의 정격

정격전압은 속류가 차단되는 교류의 최고 전압이다.

▼ 정격전압[kV]

계통 구분	피뢰기 정격전압의 예	
	공칭전압[kV]	정격전압[kV]
유효접지 계통	22.9	18

4 피뢰기의 시설 장소 ★

① 발전소, 변전소 또는 이에 준하는 장소의 가공전선인입구 및 인출구
② 가공전선로에 접속하는 특고압 배전용 변압기의 고압 측 및 특별고압 측
③ 고압 또는 특별고압 가공전선로로부터 공급받는 수용장소의 인입구
④ 가공전선로와 지중전선로가 접속되는 곳

5 피뢰기 심벌 및 약호 ★★

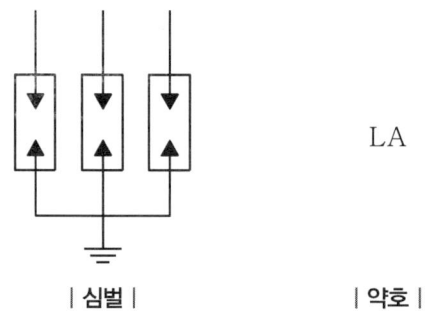

| 심벌 | | 약호 |

LA

6 피뢰기의 접지 ★

고압 및 특고압의 전로에 시설하는 피뢰기 접지저항값은 10[Ω] 이하로 하여야 한다.

기출 및 예상문제

SECTION 07 | 피뢰기

01 한국전기설비규정에서 피뢰시스템에 접지도체가 접속된 경우 접지저항은 몇 [Ω] 이하로 하여야 하는가?

① 6 ② 10
③ 16 ④ 50

해설
피뢰기의 접지
고압 및 특고압의 전로에 시설하는 피뢰기 접지저항값은 10[Ω] 이하로 하여야 한다.

02 전압 22.9[kV-y] 이하의 배전선로에서 수전하는 설비의 피뢰기 정격전압은 몇 [kV]로 적용하는가?

① 18[kV] ② 24[kV]
③ 144[kV] ④ 288[kV]

해설
피뢰기의 정격

계통 구분	피뢰기 정격전압의 예	
	공칭전압[kV]	정격전압[kV]
유효접지계통	22.9	18

03 수전 전력 500[kW] 이상인 고압 수전 설비의 인입구에 낙뢰나 혼촉 사고에 의한 이상전압으로부터 선로와 기기를 보호할 목적으로 시설하는 것은?

① 단로기(DS) ② 배선용 차단기(MCCB)
③ 피뢰기(LA) ④ 누전차단기(ELB)

해설
피뢰기의 시설 장소
• 발전소, 변전소 또는 이에 준하는 장소의 가공전선 인입구 및 인출구
• 가공전선로에 접속하는 특고압 배전용 변압기의 고압 측 및 특고압 측
• 고압 또는 특고압 가공전선로로부터 공급받는 수용장소의 인입구
• 가공전선로와 지중전선로가 접속되는 곳

04 한국전기설비규정에서 고압 또는 특고압 가공전선로에서 공급을 받는 수용장소의 인입구 또는 이와 근접한 곳에 시설해야 하는 것은?

① 계기용 변성기 ② 과전류 계전기
③ 접지 계전기 ④ 피뢰기

해설
문제 3번 해설 참조

05 다음의 심벌 명칭은 무엇인가?

① 파워퓨즈
② 단로기
③ 피뢰기
④ 고압 컷아웃 스위치

해설
피뢰기의 심벌은 위와 같고 약호는 LA이다.

06 피뢰기의 약호는?

① LA ② PF
③ SA ④ COS

해설
② PF : 전력용 퓨즈
③ SA : 서지 흡수기
④ COS : 컷아웃 스위치

정답 01 ② 02 ① 03 ③ 04 ④ 05 ③ 06 ①

CHAPTER 04 가공인입선 및 배전선공사

SECTION 01 가공인입선

1 가공인입선

가공전선로의 지지물(전주 등)로부터 다른 지지물을 거치지 아니하고 수용 장소의 인입구(붙임점, 인입점)에 이르는 가공전선을 말한다.

1) 인입선 ★★★

① 전선은 옥외용 비닐전선(OW), 인입용 절연전선(DV) 또는 케이블을 사용한다.
  ※ 인장강도 2.30[kN] 이상의 것
② 저압 인입선의 길이는 50[m] 이하로 할 것
③ 저압 가공 인입선은 2.6[mm] 이상의 경동선 또는 이와 동등 이상의 세기 및 굵기의 것을 시설하여야 한다(단, 인입선의 길이가 15[m] 이하인 경우에는 2.0[mm] 이상의 것을 사용할 수 있다).

2) 인입선의 높이 ★★

구분	저압 인입선[m]	고압 인입선[m]
도로 횡단	5	6
철도 궤도 횡단	6.5	6.5
횡단보도교 위	3	3.5
기타	4	5

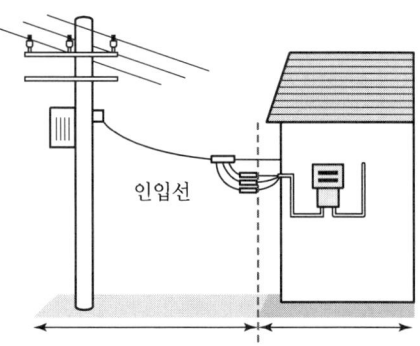

2 연접인입선 ➡ 저압연접(이웃 연결)인입선 ★★

1) 이웃 연결인입선

한 수용 장소의 인입선에서 분기하여 지지물을 거치지 아니하고 다른 수용 장소의 인입구에 이르는 부분의 전선을 말한다.

2) 시설 규정

① 인입선에서 분기하는 점으로부터 100[m]를 넘지 않는 지역일 것
② 폭 5[m]를 넘는 도로를 횡단하지 아니할 것
③ 옥내를 통과하지 아니할 것
④ 저압가공인입선은 2.6[mm] 이상의 경동선 또는 이와 동등 이상의 세기 및 굵기의 것을 시설할 것(단, 인입선의 길이가 15[m] 이하의 경우에는 2.0[mm] 이상의 것을 사용할 수 있다.)
⑤ 저압에서만 사용할 것

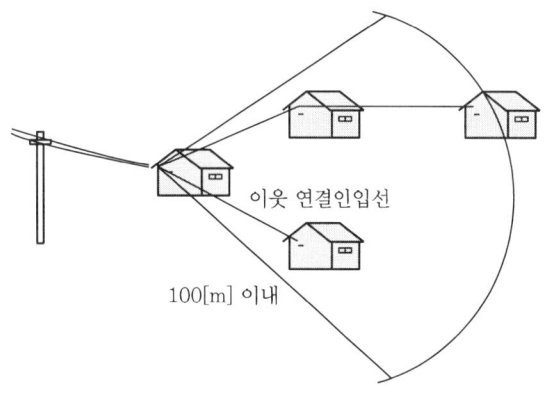

3 고압가공인입선

① 전선 : 케이블 또는 5[mm] 이상의 경동선을 사용한다.

▼ **고압가공인입선의 높이** ★

구분	특별고압인입선 [m](35,000[V] 이하인 경우)
도로 횡단	6
철도 궤도 횡단	6.5
횡단보도교 위	5★
기타	5

② 고압 이웃 연결인입선 : 시설해서는 안 된다.

기출 및 예상문제

SECTION 01 | 가공인입선

01 저압가공인입선의 인입구에 사용하는 것은?
① 플로어 박스   ② 링리듀서
③ 엔트러스 캡   ④ 노멀밴드

해설
엔트랜스(엔트러스 캡)
저압 가공 인입선의 인입구에 사용

02 가공전선로의 지지물에서 다른 지지물을 거치지 아니하고 수용장소의 인입선 접속점에 이르는 가공전선을 무엇이라 하는가?
① 이웃 연결인입선   ② 가공인입선
③ 구내전선로   ④ 구내인입선

해설
가공인입선
가공전선로의 지지물(전주 등)로부터 다른 지지물을 거치지 아니하고 수용장소의 인입구(붙임점, 인입점)에 이르는 가공전선을 말한다.

03 저압구내가공인입전선으로 전선의 길이가 15[m]를 초과하는 경우 그 전선의 지름은 몇 [mm] 이상을 사용하여야 하는가?
① 1.6   ② 2.0
③ 2.6   ④ 3.2

해설
저압가공인입선은 2.6[mm] 이상의 경동선 또는 이와 동등 이상의 세기 및 굵기의 것을 시설하여야 한다.

04 저압구내가공인입선으로 케이블 사용 시 전선의 길이가 15[m] 이하인 경우 사용할 수 있는 최소 굵기는 몇 [mm] 이상인가?
① 1.5   ② 2.0
③ 2.6   ④ 4.0

해설
인입선의 길이가 15[m] 이하인 경우에는 2.0[mm] 이상의 것을 사용할 수 있다.

05 일반적으로 저압가공인입선이 도로를 횡단하는 경우 노면상 설치 높이는 몇 [m] 이상이어야 하는가?
① 3[m]   ② 4[m]
③ 5[m]   ④ 6.5[m]

해설
인입선의 높이

구분	저압인입선[m]	고압인입선[m]
도로 횡단	5	6
철도 궤도 횡단	6.5	6.5
횡단보도교 위	3	3.5
기타	4	5

06 저압인입선 공사 시 저압가공인입선의 철도 또는 궤도를 횡단하는 경우 레일면상에서 몇 [m] 이상 시설하여야 하는가?
① 3   ② 4
③ 5.5   ④ 6.5

해설
문제 5번 해설 참조

07 고압가공인입선이 일반적인 도로 횡단 시 설치 높이는?
① 3[m] 이상   ② 3.5[m] 이상
③ 5[m] 이상   ④ 6[m] 이상

해설
문제 5번 해설 참조

정답 01 ③ 02 ② 03 ③ 04 ② 05 ③ 06 ④ 07 ④

08 저압가공인입선이 횡단보도교 위에 시설되는 경우 노면상 몇 [m] 이상의 높이에 설치되어야 하는가?

① 3 ② 4 ③ 5 ④ 6

해설
문제 5번 해설 참조

09 저압인입선의 접속점 선정으로 잘못된 것은?

① 인입선이 옥상을 가급적 통과하지 않도록 시설할 것
② 인입선은 약전류 전선로와 가까이 시설할 것
③ 인입선은 장력에 충분히 견딜 것
④ 가공배전선로에서 최단거리로 인입선이 시설될 수 있을 것

해설
인입선을 약전류와 가까이 시설하면 약전류에 이상 신호와 노이즈가 발생할 수 있다.

10 하나의 수용장소의 인입선 접속점에서 분기하여 지지물을 거치지 아니하고 다른 수용장소의 인입선 접속점에 이르는 전선은?

① 가공인입선 ② 구내인입선
③ 이웃 연결인입선 ④ 옥측 배선

해설
연접인입선 → 저압연접(이웃 연결)인입선
한 수용 장소의 인입선에서 분기하여 지지물을 거치지 아니하고 다른 수용 장소의 인입구에 이르는 부분의 전선

11 이웃 연결인입선의 시설과 관련된 설명으로 잘못된 것은?

① 옥내를 통과하지 아니할 것
② 전선의 굵기는 1.5[mm^2] 이하일 것
③ 폭 5[m]를 넘는 도로를 횡단하지 아니할 것
④ 인입선에서 분기하는 점으로부터 100[m]를 넘는 지역에 미치지 아니할 것

해설
이웃 연결인입선
- 인입선에서 분기하는 점으로부터 100[m]를 넘지 않는 지역일 것
- 폭 5[m]를 넘는 도로를 횡단하지 아니할 것
- 옥내를 통과하지 아니할 것
- 이웃 연결인입선은 2.6[mm] 이상의 경동선 또는 이와 동등이상의 세기 및 굵기의 것을 시설할 것(단, 인입선의 길이가 15[m] 이하의 경우에는 2.0[mm] 이상의 것을 사용할 수 있다.)
- 저압에서만 사용할 것

12 이웃 연결인입선의 시설 규정으로 적합한 것은?

① 분기점으로부터 90m 지점에 시설
② 6m 도로를 횡단하여 시설
③ 수용가 옥내를 관통하여 시설
④ 지름 1.5mm 인입용 비닐절연전선을 사용

해설
문제 11번 해설 참조

13 이웃 연결인입선은 인입선에서 분기하는 점으로부터 몇 [m]를 넘지 않는 지역에 시설하고 폭 몇 [m]를 넘는 도로를 횡단하지 않아야 하는가?

① 50[m], 4[m] ② 100[m], 5[m]
③ 150[m], 6[m] ④ 200[m], 8[m]

해설
이웃 연결인입선
- 인입선에서 분기하는 점으로부터 100[m]를 넘지 않는 지역일 것
- 폭 5[m]를 넘는 도로를 횡단하지 아니할 것

정답 08 ① 09 ② 10 ③ 11 ② 12 ① 13 ②

SECTION 02 건주, 장주 및 가선

1 건주

1) 지지물을 땅에 세우는 공정
지지물의 종류(목주, 철주(A, B종), 철근콘크리트주, 철탑)

2) 전주가 땅에 묻히는 깊이 ★★

① 전주의 길이 15[m] 이하 : 전주의 길이의 $\frac{1}{6}$ 이상

② 전주의 길이 15[m] 초과 : 2.5[m] 이상

③ 철근콘크리트 전주로서 길이가 14[m] 이상, 20[m] 이하이고, 설계하중이 6.8[kN](700[kg])을 초과하고 9.8[kN](1,000[kg]) 이하인 것은 위의 ①, ②의 깊이에 30[cm]를 가산

④ 도로의 경사면 또는 논과 같이 지반이 약한 곳은 표준 근입에 30[cm]를 가산하거나, 전주버팀대를 사용하여 전선로와 동일한 방향으로 보강한다.

| 건주 시공 사진 |

▼ 전장별 설계하중

설계하중 전장	6.8[kN] 이하	6.8[kN] 초과 ~9.8[kN] 이하
15[m] 이하	전장×1/6[m] 이상	전장×1/6+0.3[m] 이상
15[m] 초과	2.5[m] 이상	2.8[m] 이상
16~20[m]	2.8[m]	–

⑤ 지지물의 기초의 안전율은 2 이상(목주 안전율 1.2 이상)

2 갑종 풍압하중

풍압을 받는 구분	구성재의 수직 투영면적 1[m²]에 대한 풍압
목주	588[Pa]
철주(원형의 것)	588[Pa]
철근콘크리트주(원형의 것)	588[Pa]

3 지지물 간 거리(경간)

가공전선이 건조물, 도로, 횡단보도교, 가공약전선, 안테나, 다른 가공전선, 기타의 공작물과 접근상태로 시설되거나 교차하여 시설하는 경우에 일반 장소보다 강화하는 것을 보안공사라 한다.

▼ 지지물 간 거리 제한(경간)

지지물의 종류	표준경간	저, 고압 보안공사	1종 특고압 보안공사	2, 3종 특고압 보안공사
목주, A종 철주, A종 콘크리트주	150	100	–	100
B종 철주, B종 철근콘크리트주	250	150	150	200
철탑	600	400	400	400

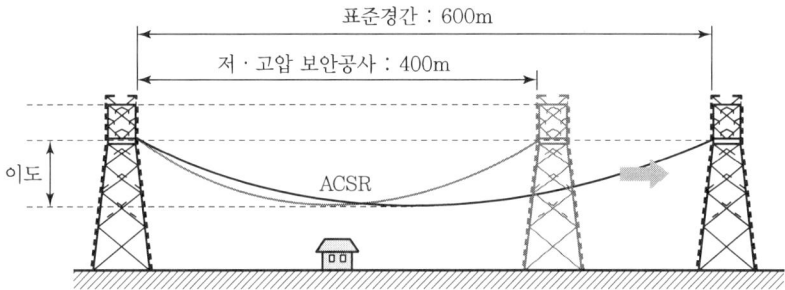

4 지지선

1) 지지선의 시설

① 전주의 강도를 보강하고 전주가 기우는 것을 방지하며, 선로의 신뢰도를 높이기 위해서 설치
② 지형상 지지선을 설치하기 곤란한 경우에는 지주를 설치
③ 전선을 끝맺는 경우, 불평형 장력이 작용하는 경우 혹은 선로의 방향이 바뀌는 경우의 전주에 설치

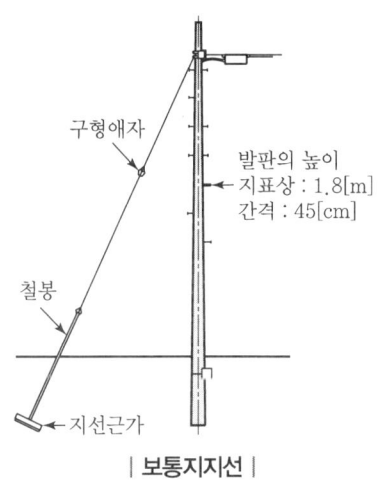

| 보통지지선 |

| 시공 사진 |

2) 지지선의 시공 ★★

① 지지선의 안전율은 2.5 이상
② 허용 인장하중의 최저는 4.31[kN](440[kg])
③ 지지선에 연선을 사용하는 경우, 소선 3가닥 이상으로 지름 2.6[mm] 이상의 금속선을 사용
　단, 아연 도금된 강철선, 강연선 지름 2.0[mm] 사용
④ 지중부분 및 지표상 30[cm]까지의 부분에는 내식성이 있는 것, 아연도금을 한 철봉을 사용하고 쉽게 부식되지 않는 전주버팀대에 견고하게 붙여야 한다.
⑤ 도로를 횡단하는 지지선의 높이는 지표상으로부터 5[m] 이상 시설
⑥ 지지선의 중간에는 구형 애자(지지선애자, 옥애자)를 설치
⑦ 전주에 지지선을 붙일 때 지지선 밴드를 사용
⑧ 철탑은 지지선을 시공하지 않는다.

3) 지지선의 종류 ★★

① 보통지지선 : 일반적인 지지선
② 수평지지선 : 보통지지선을 시설할 수 없을 때 전주와 전주 간, 전주와 지지기둥 간에 설치(수평 각도 5° 이내)

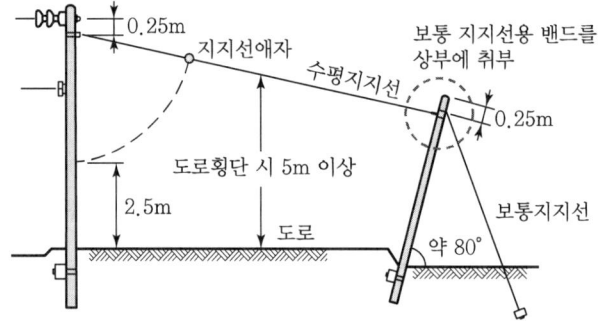

③ Y지지선 : 다단 완금일 경우, 장력이 클 경우 또는 불평형 장력이 심한 경우

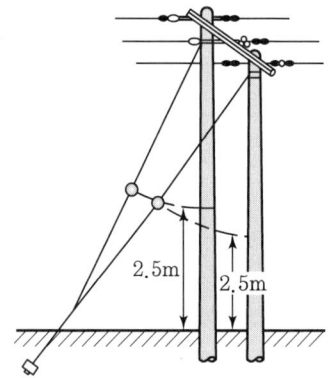

④ 궁지지선 : 장력이 적고 타 종류의 지지선을 시설할 수 없는 경우에 설치하는 것

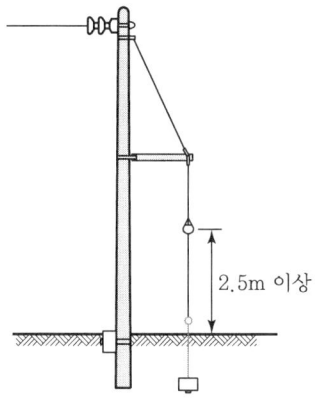

5 장주

지지물에 전선과 기구를 고정시키기 위하여 완목, 완금, 애자 등을 장치

1) 완금 ★★

① 지지물에 전선을 고정시키기 위하여 사용하는 금구
② 완금 고정 : 전주의 I볼트, U볼트, 암밴드를 사용하여 고정
③ 암타이 : 완금이 상하로 움직이는 것을 방지
④ 암타이밴드 : 암타이를 전주에 고정시킬 때 사용
⑤ 완금의 길이

(단위 : mm)

전선의 조수	저압	고압	특고압
2	900	1,400	1,800
3	1,400	1,800	2,400

| 완금 시공 사진 |

2) 애자

① 애자는 전선을 지지하고 전선과 지지물 간의 절연 간격을 유지하기 위해서 사용
② 애자의 사용 목적에 따라 핀 애자, 잡아당김 애자, 내장 애자 등으로 분류
  • 핀 애자 : 직선 선로에 사용
  • 현수 애자 : 잡아당김 및 내장 개소에 사용
  • 저압 잡아당김 애자 : 잡아당김 개소 및 배전선로의 중성선

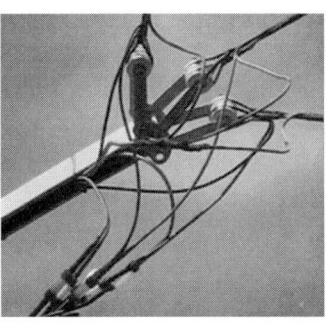
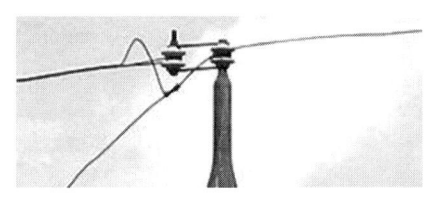

| 잡아당김 애자 |

- 저압 핀 애자 : 인입선에 사용
- 고압 가지 애자 : 전선을 다른 방향으로 돌리는 부분에 사용
- 래크 애자 : 저압선의 경우에 완금을 설치하지 않고 전주에 수직 방향으로 설치하는 애자

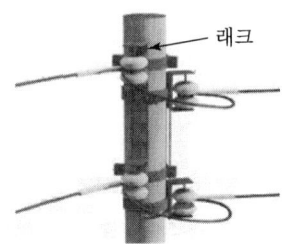

| 래크 배선 |

3) 주상 기구 ★★

① 주상 변압기 설치
- 행거 밴드를 사용하여 주상 변압기를 고정
- 변압기 1차 측 인하선은 고압 절연전선 또는 클로로프렌 외장케이블을 사용하고, 2차 측 배선은 옥외용 비닐절연전선(OW) 또는 비닐 외장 케이블을 사용

② 변압기의 보호
- 주상 변압기의 1차 측 보호 : 컷아웃 스위치(COS)를 시설하여 변압기의 단락 보호
- 주상 변압기의 2차 측 보호 : 캐치 홀더를 시설하여 변압기를 보호
- 변압기에 컷아웃 스위치(COS) 설치 시 고압에는 150[kVA] 이하, 특고압에는 300[kVA] 이하에 사용하며, 전력퓨즈(PF)는 1,000[kVA] 이하에서 사용

| 컷아웃 스위치(COS) |

| 캐치 홀더 |

③ 변압기 높이
- 고압 150[kVA] 이하 : 4.5[m] 이상(시가지 외 4[m])
- 특고압 300[kVA] 이하 : 5[m] 이상

④ 사용전압이 15[kV] 이하인 특고압 가공전선로 중성선은 1[km]마다의 중성선과 대지 사이의 합성 전기저항값은 30[Ω] 이하로 하여야 한다.

⑤ 자동고장구분개폐기 ASS(Auto Section Switch) : 전력계통의 수리, 화재 등의 사고 발생 시 구분개폐를 위해 2[km] 이하마다 설치(파급효과 제한)

⑥ 리클로저 : 낙뢰, 강풍 등에 의해 가공 배전선로 사고 시 신속하게 고장구간을 차단하고, 사고점의 아크를 소멸시킨 후 즉시 재투입이 가능한 개폐장치

| 자동고장구분개폐기 |

| 리클로저 |

6 저고압 가공전선 등의 병행 설치

1) 저압 가공전선과 고압 가공전선을 동일지지물에 시설하는 경우
① 저압 가공전선을 고압 가공전선의 아래로 하고 별개의 완금류에 시설할 것
② 저압 가공전선과 고압 가공전선 사이의 간격은 50[cm] 이상일 것

사용전압의 구분	간격
35,000V 이하	1.2[m]

2) 병행 설치
서로 다른 가공전선을 동일 지지물에 가설하는 방식

| 특별고압 · 저압 가공전선의 병행 설치 |

7 조가선

인장강도가 낮은 통신선이나 전선 등을 가공으로 시설하는 경우 사용되는 전선으로 대상 통신선이나 저압 전선 등을 지지하기 위한 전선을 말함
※ 행거식 50[cm] 이하,
  금속테이프 20[cm] 이하

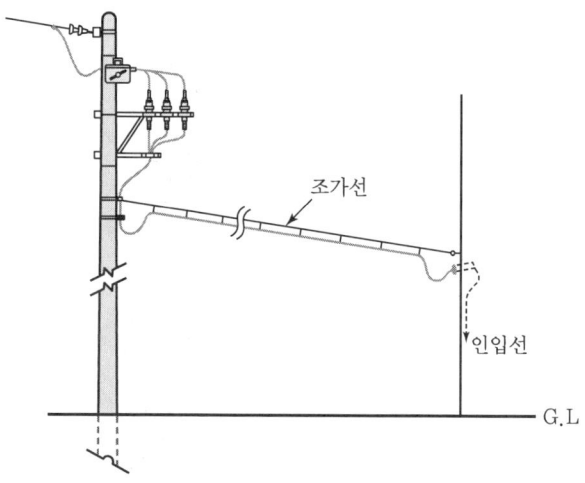

기출 및 예상문제

SECTION 02 | 건주, 장주 및 가선

01 지지선의 중간에 넣는 애자는?
① 저압 핀 애자 ② 구형애자
③ 잡아당김 ④ 내장애자

해설
지지선의 중간에는 구형애자(지선애자, 옥애자)를 설치한다.

02 고압 가공전선로의 지지물 중 지지선을 사용해서는 안 되는 것은?
① 목주 ② 철탑
③ A종 철주 ④ A종 철근콘크리트주

해설
철탑은 지지선을 시공하지 않는다.

03 전주의 길이가 15[m] 이하인 경우 땅에 묻히는 깊이는 전장의 얼마 이상인가?
① 1/8 이상 ② 1/6 이상
③ 1/4 이상 ④ 1/3 이상

해설
전주의 길이 15[m] 이하 : 전주의 길이의 1/6 이상

설계하중 전장	6.8[kN] 이하	6.8[kN] 초과~9.8[kN] 이하
15[m] 이하	전장×1/6[m] 이상	전장×1/6+0.3[m] 이상
15[m] 초과	2.5[m] 이상	2.8[m] 이상
16~20[m]	2.8[m]	—

04 전주의 길이가 16[m]이고, 설계하중이 6.8[kN] 이하인 철근콘크리트주를 시설할 때 땅에 묻히는 깊이는 몇 [m] 이상이어야 하는가?
① 1.2 ② 1.4
③ 2.0 ④ 2.5

해설
문제 3번 해설 참조

05 전주를 건주할 경우 A종 철근콘크리트주의 길이가 10[m]이면 땅에 묻는 표준 깊이는 최저 약 몇 [m]인가?(단, 설계하중이 6.8[kN] 이하이다.)
① 2.5 ② 3.0
③ 1.7 ④ 2.4

해설
전주의 길이 15[m] 이하
전주의 길이의 $\frac{1}{6}$ 이상 = $\frac{1}{6} \times 10 ≒ 1.7[m]$
(문제 3번 해설 참조)

06 논이나 기타 지반이 약한 곳에 건주공사 시 전주의 넘어짐을 방지하기 위해 시설하는 것은?
① 완금 ② 전주버팀대
③ 완목 ④ 행거밴드

해설
도로의 경사면 또는 논과 같이 지반이 약한 곳은 표준 근입에 30[cm]를 가산하거나, 전주버팀대를 사용하여 전선로와 동일한 방향으로 보강한다.

07 가공전선로의 지지물에 하중이 가하여지는 경우에 그 하중을 받는 지지물의 기초의 안전율은 일반적으로 얼마 이상이어야 하는가?
① 1.5 ② 2.0
③ 2.5 ④ 4.0

해설
지지물의 기초의 안전율은 2 이상(목주 안전율 1.2 이상)

정답 01 ② 02 ② 03 ② 04 ④ 05 ③ 06 ② 07 ②

08 저압 가공전선로의 지지물이 목주인 경우 풍압하중의 몇 배에 견디는 강도를 가져야 하는가?

① 2.5 ② 2.0
③ 1.5 ④ 1.2

해설
지지물의 기초의 안전율은 2 이상(목주 안전율 1.2 이상)

09 철근콘크리트주가 원형의 것인 경우 갑종 풍압하중[Pa]은?(단, 수직 투영면적 1[m²]에 대한 풍압임)

① 588[Pa] ② 882[Pa]
③ 1,039[Pa] ④ 1,412[Pa]

해설
갑종 풍압하중

풍압을 받는 구분	구성재의 수직 투영면적 1[m²]에 대한 풍압
목주	588[Pa]
철주(원형의 것)	588[Pa]
철근콘크리트주(원형의 것)	588[Pa]

10 고압 가공전선로의 지지물로 철탑을 사용하는 경우 경간은 몇 [m] 이하이어야 하는가?

① 150 ② 300
③ 500 ④ 600

해설
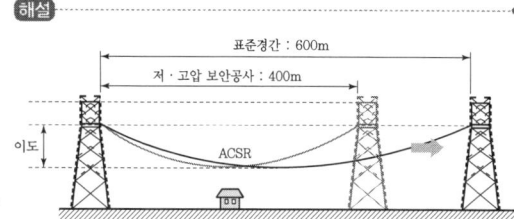

11 고압 보안공사 시 고압 가공전선로의 경간은 철탑의 경우 얼마 이하이어야 하는가?

① 100[m] ② 150[m]
③ 400[m] ④ 600[m]

해설
보안공사
가공전선이 건조물, 도로, 횡단보도교, 가공약전선, 안테나, 다른 가공전선, 기타의 공작물과 접근 상태로 시설되거나 교차하여 시설하는 경우에 일반 장소보다 강화하는 것을 보안공사라 한다.(문제 10번 그림 참조)

12 가공전선로의 지지물에 시설하는 지지선에 연선을 사용할 경우 소선수는 몇 가닥 이상이어야 하는가?

① 3가닥 ② 5가닥
③ 7가닥 ④ 9가닥

해설
지지선의 시공
지지선에 연선을 사용하는 경우, 소선 3가닥 이상으로 지름 2.6[mm] 이상의 금속선을 사용(단, 아연 도금된 강철선, 강연선 지름 2.0[mm] 사용)

13 가공전선로의 지지물에 시설하는 지지선의 시설에서 맞지 않는 것은?

① 지지선의 안전율은 2.5 이상일 것
② 지지선의 안전율은 2.5 이상일 경우에 허용 인장하중의 최저는 4.31[kN]으로 할 것
③ 소선의 지름이 1.6[mm] 이상의 구리선을 사용한 것일 것
④ 지지선에 연선을 사용할 경우에는 소선 3가닥 이상의 연선일 것

해설
지지선의 시공
- 지지선의 안전율은 2.5 이상
- 허용 인장하중의 최저는 4.31[kN](440[kg])
- 지지선에 연선을 사용하는 경우, 소선 3가닥 이상으로 지름 2.6[mm] 이상의 금속선을 사용(단, 아연 도금된 강철선, 강연선 지름 2.0[mm] 사용)
- 도로를 횡단하는 지지선의 높이는 지표상으로부터 5[m] 이상 시설

14 지지선의 시설에서 가공전선로의 직선부분이란 수평각도 몇 도까지인가?

① 2 ② 3
③ 5 ④ 6

해설
수평지지선
보통지지선을 시설할 수 없을 때 전주와 전주 간, 전주와 지지기둥 간에 설치(수평각도 5° 이내)

15 가공전선로의 지지물에 시설하는 지지선은 지표상 몇 [cm]까지의 부분에 내식성이 있는 것 또는 아연도금을 한 철봉을 사용하여야 하는가?

① 15 ② 20
③ 30 ④ 50

해설
지중부분 및 지표상 30[cm]까지의 부분에는 내식성이 있는 것을 사용, 아연도금을 한 철봉을 사용하고 전주버팀대에 견고하게 붙여야 한다.

16 지지선을 사용 목적에 따라 형태별로 분류한 것으로, 비교적 장력이 적고 다른 종류의 지지선을 시설할 수 없는 경우에 적용하며, 지지선용 전주버팀대를 근원 가까이 매설하여 시설하는 것은?

① 수평지지선 ② 공동지지선
③ 궁지지선   ④ Y지지선

해설
궁지지선
장력이 적고 타 종류의 지지선을 시설할 수 없는 경우에 설치하는 것

17 다단의 크로스 암이 설치되고 또한 장력이 클 때와 H주일 때 보통 지지선을 2단으로 부설하는 지지선은?

① 수평지지선 ② 일반지지선
③ 궁지지선   ④ Y지지선

해설
Y지지선
다단 완금일 경우, 장력이 클 경우 또는 불평형 장력이 심한 경우

18 토지의 상황이나 기타 사유로 인하여 보통지지선을 시설할 수 없을 때 전주와 전주 간 또는 전주와 지지기둥 간에 시설할 수 있는 지지선은?

① 보통지지선 ② 수평지지선
③ Y지지선   ④ 궁지지선

해설
문제 14번 해설 참조

19 저압 2조의 전선을 설치 시, 크로스 완금의 표준길이[mm]는?

① 900   ② 1,400
③ 1,800 ④ 2,400

해설
완금의 길이

전선의 조수	저압	고압	특고압
2	900	1,400	1,800
3	1,400	1,800	2,400

20 철근콘크리트주에 완금을 고정시키려면 어떤 밴드를 사용하는가?

① 암 밴드   ② 지지선 밴드
③ 래크 밴드 ④ 행거 밴드

해설
완금 고정
전주의 I볼트, U볼트, 암 밴드를 사용하여 고정

21 주상 변압기를 철근콘크리트 전주에 설치할 때 사용되는 기구는?

① 앵커   ② 암 밴드
③ 암타이 밴드 ④ 행거 밴드

정답 14 ③ 15 ③ 16 ③ 17 ④ 18 ② 19 ① 20 ① 21 ④

해설
주상 변압기 설치
행거 밴드를 사용하여 주상 변압기를 고정한다.

22 배전용 기구인 COS(컷아웃 스위치)의 용도로 알맞은 것은?

① 배전용 변압기의 1차 측에 시설하여 변압기의 단락 보호용으로 쓰인다.
② 배전용 변압기의 2차 측에 시설하여 변압기의 단락 보호용으로 쓰인다.
③ 배전용 변압기의 1차 측에 시설하여 배전 구역 전환용으로 쓰인다.
④ 배전용 변압기의 2차 측에 시설하여 배전 구역 전환용으로 쓰인다.

해설
변압기의 보호
- 주상 변압기의 1차 측 보호 : 컷아웃 스위치(COS)를 시설하여 변압기의 단락 보호
  2차 측 보호 : 캐치 홀더 시설하여 변압기를 보호
- 변압기에 컷아웃 스위치(COS) 설치 시 고압에는 150[kVA] 이하, 특고압에는 300[kVA] 이하에 사용하며, 전력퓨즈(PF)는 1,000[kVA] 이하에서 사용

23 배전선로 기기설치공사에서 전주에 승주 시 발판 못 볼트는 지상 몇 [m] 지점에서 180° 방향에 몇 [m]씩 양쪽으로 설치하여야 하는가?

① 1.5[m], 0.3[m]
② 1.5[m], 0.45[m]
③ 1.8[m], 0.3[m]
④ 1.8[m], 0.45[m]

해설
전주 발판 못 높이
지상 1.8[m] 지점부터 0.45[m] 간격으로 발판 못 볼트를 설치

24 다음 ( ) 안에 알맞은 내용은?

고압 및 특고압용 기계기구의 시설에 있어 고압은 지표상 (㉠) 이상(시가지에 시설하는 경우), 특고압은 지표상 (㉡) 이상의 높이에 설치하고 사람이 접촉될 우려가 없도록 시설하여야 한다.

① ㉠ 3.5[m] ㉡ 4[m]   ② ㉠ 4.5[m] ㉡ 5[m]
③ ㉠ 5.5[m] ㉡ 6[m]   ④ ㉠ 5.5[m] ㉡ 7[m]

해설
변압기 높이
- 고압 150[kVA] 이하 : 4.5[m] 이상(시가지 외 4[m])
- 특고압 300[kVA] 이하 : 5[m] 이상

25 저압 가공전선과 고압 가공전선을 동일 지지물에 시설하는 경우 상호 간격은 몇 [cm] 이상이어야 하는가?

① 20[cm]
② 30[cm]
③ 40[cm]
④ 50[cm]

해설
저압 가공전선과 고압 가공전선을 동일지지물에 시설하는 경우
- 저압 가공전선을 고압 가공전선의 아래로 하고 별개의 완금류에 시설할 것
- 저압 가공전선과 고압 가공전선 사이의 간격은 50[cm] 이상일 것

26 사용전압이 35[kV] 이하인 특고압 가공전선과 220[V] 가공전선을 병행 설치할 때, 가공전선로 간의 간격은 몇 [m] 이상이어야 하는가?

① 0.5
② 0.75
③ 1.2
④ 1.5

해설
병행 설치
서로 다른 가공전선을 동일지지물에 가설하는 방식

사용전압의 구분	간격
35,000[V] 이하	1.2[m]

정답 22 ① 23 ④ 24 ② 25 ④ 26 ③

27 가공전선에 케이블을 사용하는 경우에는 케이블은 조가선에 행거를 사용하여 조가한다. 사용전압이 고압일 경우 그 행거의 간격은?

① 50[cm] 이하 ② 50[cm] 이상
③ 75[cm] 이하 ④ 75[cm] 이상

해설

조가선
인장강도가 낮은 통신선이나 전선 등을 가공으로 시설하는 경우 사용되는 전선으로 대상 통신선이나 저압 전선 등을 지지하기 위한 전선을 말한다.
※ 행거식 50[cm] 이하, 금속테이프 20[cm] 이하

28 가공케이블 시설 시 조가선에 금속테이프 등을 사용하여 케이블 외장을 견고하게 붙여 조가하는 경우 나선형으로 금속테이프를 감는 간격은 몇 [cm] 이하를 확보하여야 하는가?

① 50 ② 30
③ 20 ④ 10

해설

문제 27번 해설 참조

29 사용전압 15[kV] 이하의 특고압 가공전선로의 중성선의 접지선을 중성선으로부터 분리하였을 경우 1[km]마다의 중성선과 대지 사이의 합성 전기저항값은 몇 [Ω] 이하로 하여야 하는가?

① 30   ② 100
③ 150 ④ 300

해설

사용전압이 15[kV] 이하인 특고압 가공전선로 중성선은 1[km]마다의 중성선과 대지 사이의 합성 전기저항값은 30[Ω] 이하로 하여야 한다.

정답 27 ① 28 ③ 29 ①

SECTION 03 지중 전선로

1 지중 전선로의 장단점

장점	단점
• 동일 루트에 다회선이 가능하여 도심지역에 적합 • 외부 기상 여건 등의 영향이 거의 없음 • 설비의 단순 고도화로 보수 업무가 비교적 적음 • 차폐 케이블 사용으로 유도 장해 경감	• 고장점 발견 및 복구가 어려움 • 발생열의 구조적 냉각 장해로 가공전선에 비해 송전 용량이 낮음 • 건설비가 비싸고, 건설기간이 긺 • 설비 구조상 신규수용 대응 탄력성 결여

2 지중 전선로의 시공

| 시공 전 |

| 시공 후 |

3 지중 전선로의 부설 방식 ★

1) 직매식

전력 케이블을 직접 지중에 매설하는 방식

2) 관로식

합성수지관 등으로 일정 거리의 관로 양끝에는 맨홀을 설치하여 케이블을 넣는 방식

| 관로식 시공 사진 |

3) 암거식
터널 내에 케이블을 부설하는 방식

4 지중 전선로의 시설 ★★

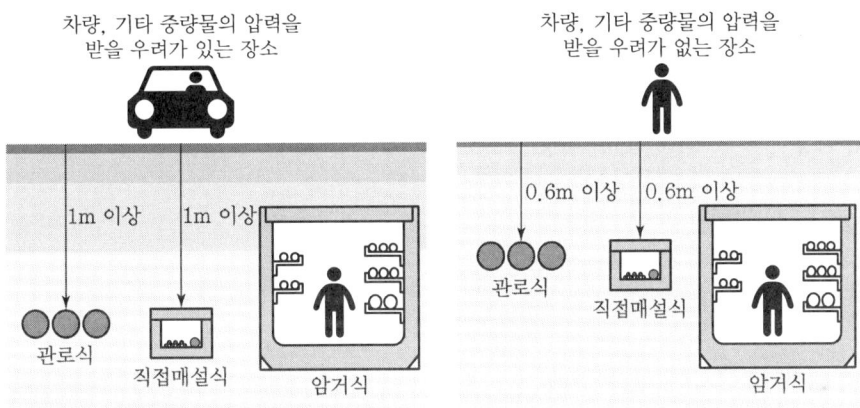

5 지중 전선로에서 케이블을 개폐기와 접속

 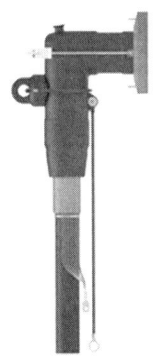 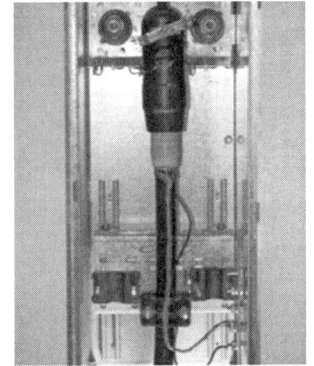

| 개폐기 단자 | | 엘보 접속기 | | 엘보 접속기 접속 |

기출 및 예상문제

SECTION 03 | 지중 전선로

01 지중 전선로 시설 방식이 아닌 것은?
① 직접 매설식 ② 관로식
③ 트리식 ④ 암거식

해설
① 직접 매설식 : 케이블을 직접 매설하는 방식
② 관로식 : 관로에 케이블을 넣는 방식
④ 암거식 : 터널 내에 케이블을 부설하는 방식

02 지중 전선을 직접 매설식에 의하여 시설하는 경우 차량, 기타 중량물의 압력을 받을 우려가 있는 장소의 매설 깊이[m]는?
① 0.6[m] 이상 ② 1.0[m] 이상
③ 1.5[m] 이상 ④ 2.0[m] 이상

해설
지중 전선로의 시설
차량, 기타 중량물의 압력을 받을 우려가 있는 장소는 1[m] 이상 깊이로 매설

03 지중 배전선로에서 케이블을 개폐기와 연결하는 몸체는?
① 스틱형 접속단자 ② 엘보 접속기
③ 절연 캡 ④ 접속플러그

해설
엘보 접속기
지중 전선로에서 케이블을 개폐기와 접속

04 차량, 기타 중량물의 하중을 받을 우려가 있는 장소에 지중 선로를 직접 매설식으로 매설하는 경우 매설 깊이는?
① 60[cm] 미만 ② 60[cm] 이상
③ 100[cm] 미만 ④ 100[cm] 이상

해설
문제 2번 해설 참조

정답 01 ③ 02 ② 03 ② 04 ④

SECTION 04 배·분전반공사

1 배전반공사

전력 계통의 감시, 제어, 보호 기능을 유지할 수 있도록 전력 계통의 전압, 전류, 전력 등을 측정하기 위한 계측장치와 기기류의 조작 및 보호를 위한 제어 개폐기, 보호 계전기 등을 일정한 패널에 부착하여 변전실의 기기류를 집중 제어하는 전기 설비를 말한다.

1) 배전반의 구성 및 설비 장소 ★★★

① 배전반의 구성
  ㉠ 전력 계통 감시를 위한 측정장치 : 전압계, 전류계, 전력계, 역률계 등
  ㉡ 기기류 조작을 위한 제어장치 : 차단기, 단로기, 전압 조정기
  ㉢ 기기류 보호를 위한 보호장치 : 과전류 계전기, 비율 차동 계전기
  ㉣ 고장 상태 및 종류를 표시하는 신호등(lamp)

② 배전반의 설치 장소
  ㉠ 전기회로를 쉽게 조작할 수 있는 장소
  ㉡ 개폐기를 쉽게 조작할 수 있는 장소
  ㉢ 노출된 장소
  ㉣ 안정된 장소

2) 배전반 시설 원칙

① 폐쇄식 배전반(큐비클형) : 단위 회로의 변성기, 차단기 등의 주 기기류와 이를 감시, 제어, 보호하기 위한 각종 계기 및 조작 개폐기, 계전기 등 전부 또는 일부를 금속제 상자 안에 조립하는 방식
  • 폐쇄형의 특징
    – 설치면적이 작다.
    – 설치가 간단하며, 공기가 단축된다.
    – 신뢰성이 있으며 표준화되어 있다.
    – 외관이 미려하고 보수 시 안전하다.
    – 기기 자체의 보전과 고장 확대 방지가 가능하다.
    – 증설 및 이동 설치가 용이하다.

3) 배전반, 변압기 등의 간격 ★★

배전반, 변압기 등 수전 설비 주요 부분이 유지하여야 할 거리 기준은 다음 표에서 정한 값 이상일 것

▼ 간격

(단위 : mm)

기기별 \ 위치별	앞면 또는 조작·계측면	뒷면 또는 점검면	열상호 간 (점검하는 면)	기타의 면
특별고압반	1,700	800	1,400	–
고압배전반	1,500	600	1,200	–
저압배전반	1,500	600	1,200	–
변압기 등	1,500	600	1,200	300

2 배전반 설치 기기

1) 차단기

구분	소호 매실
유입차단기(OCB)	절연유로 아크 소호
자기차단기(MBB)	전자력을 이용하여 아크 소호
공기차단기(ABB)	압축공기로 아크 소호
진공차단기(VCB)	진공상태에서 아크 소호
가스차단기(GCB)	6불화유황(SF_6) 가스를 고압으로 압축하여 아크 소호
기중차단기(ACB)	회로를 차단할 때 접촉자가 떨어지면서 대기(자연공기) 아크 소호

> **REFERENCE** 6불화유황(SF_6) 가스 ★★
>
> ① 소호능력이 공기보다 약 100배 정도 우수
> ② 불활성 기체
> ③ 절연내력이 공기보다 약 2.5~3.5배 정도 우수
> ④ 무취, 무색, 무독성

2) 심벌

| 교류 차단기 단선도 | | 교류 차단기 복선도 | | 유입 개폐기 단선도 | | 유입 개폐기 복선도 |

3) 개폐기 ★★

장치	약호	기능
자동고장구분개폐기	ASS	한 개 수용가의 사고가 다른 수용가에 피해를 최소화하기 위한 방안으로 대용량 수용가에 한하여 설치
자동부하전환개폐기	ALTS	이중 전원을 확보하여 주전원 정전 시 예비전원으로 자동 절환하여 수용가가 항상 일정한 전원 공급을 받을 수 있는 장치
선로개폐기	LS	책임분계점에서 보수 점검 시 전로를 구분하기 위한 개폐기로 시설하고 반드시 무부하 상태로 개방하여야 하며 이는 단로기와 같은 용도로 사용
단로기	DS	기기의 보수 점검 시 또는 회로 접속변경을 하기 위해 사용하지만 부하전류 개폐는 할 수 없는 기기
컷아웃 스위치	COS	변압기 1차 측 각 상마다 취부하여 변압기의 보호와 개폐를 위한 것
부하개폐기	LBS	수 · 변전 설비의 인입구 개폐기로 많이 사용되고 있으며 전력퓨즈 용단 시 결상을 방지하는 목적으로 사용

4) 보호계전기 ★★

명칭	기능
과전류계전기(OCR)	일정값 이상의 전류가 흘렀을 때 동작하며, 과부하계전기
과전압계전기(OVR)	일정값 이상의 전압이 걸렸을 때 동작하는 계전기
부족전압계전기(UVR)	전압이 일정값 이하로 떨어졌을 경우에 동작하는 계전기
열동계전기	과부하 시 동작하여 전동기를 보호
비율차동계전기	고장에 의하여 생긴 불평형의 전류차가 기준치 이상으로 되었을 때 동작하는 계전기이다. 변압기 내부고장 검출용으로 주로 사용
선택계전기	병행 2회선 중 한쪽의 회선에 고장이 생겼을 때, 어느 회선에 고장이 발생하는가를 선택하는 계전기
영상변류기(ZCT)	지락사고가 생겼을 때 지락전류를 검출
부흐홀츠계전기	변압기 내부고장(기계적인 고장)을 보호

5) 계기용 변성기 ★★

① 계기용 변성기(MOF) : 수용가의 전력 사용량을 계량하기 위해서 PT와 CT를 함에 내장한 것으로 최대수요전력량계와 무효전력량계에 전달하여 주는 장치

② 계기용 변압기(PT)
  고전압은 저전압으로 변성하여 계측기 전원공급 및 전압계 측정
  - 1차 정격전압 − 6,600[V]
  - 2차 정격전압 − 110[V]
  ∴ PT비(변압비) − 6,600/110 표기
  - 전압을 측정하기 위한 변압기로 2차 측 정격전압은 110[V]가 표준

③ 계기용 변류기(CT)

대전류를 소전류로 변류하여 과전류계전기 동작 및 전류계 측정

- 변류기 표준정격

정격 1차 전류[A]	정격 2차 전류[A]
5, 10, 15, 20, 30, 40, 50, 100, 150, 200, 300, 400, 500, 600, 750, 1000, 1500, 2000, 2500	5

- 전류를 측정하기 위한 변압기로 2차 전류는 5[A]가 표준
- 변류기 교체 작업 시 2차를 개방 상태에서 1차 전류를 보내면 2차 단자란에 고전압이 발생하여 2회로의 절연 파괴될 염려가 있고 철손 증대로 인한 과열의 원인이 되므로 단락을 시킨 다음에 교체

| 계기용 변성기(MOF) |

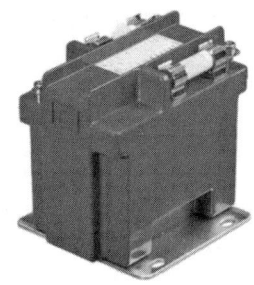
| 계기용 변압기(PT) |

| 계기용 변류기(CT) |

3 분전반공사

1) 분전반의 시설 원칙 및 구비 조건 ★★

① 분전반의 이면에는 배선 및 기구를 배치하지 말 것
② 난연성 합성수지로 제작된 것은 두께 1.5[mm] 이상의 내아크일 것
③ 강판제의 것은 두께 1.2[mm] 이상일 것
  ※ 단, 가로 세로의 길이가 30[cm] 이하인 경우 1.0[mm] 이상
④ 각각 분기되는 차단기에 전압을 표시하는 명판을 부착한다.
⑤ 전등 점멸용 스위치는 반드시 전압 측 전선에 시설하여야 한다.
⑥ 소켓, 리셉터클 등에 전선을 접속할 때에는 전압 측 전선을 중심 접촉면에, 접지 측 전선을 베이스에 연결하여야 한다.
⑦ 분전반의 설치 장소
  ㉠ 전기회로를 쉽게 조작할 수 있는 장소
  ㉡ 개폐기를 쉽게 조작할 수 있는 장소
  ㉢ 노출된 장소
  ㉣ 안정된 장소

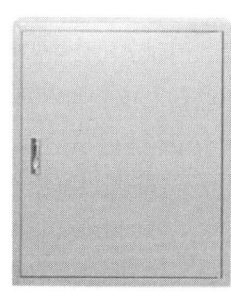
| 분전함 |

2) 분전반공사

① 일반적으로, 분전반은 철제 캐비닛 안에 나이프 스위치, 텀블러 스위치 또는 배선용 차단기를 설치하며, 내열 구조로 만든 것이 많이 사용되고 있다.
② 분전반의 설치 위치는 부하의 중심 부근이고, 각 층마다 하나 이상을 설치하나 회로수가 6 이하인 경우에는 2개 층을 담당한다.
③ 분전반은 분기회로의 길이가 30[m] 이하가 되도록 설계한다.
④ 감전에 대한 보호 및 접지시스템에 준하여 접지공사를 할 것

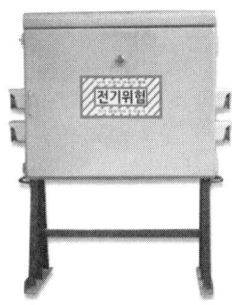
| 가설 분전반 |

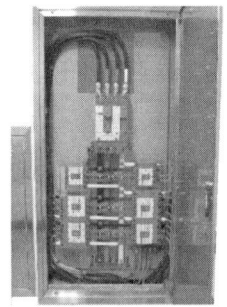
| 분전반 |

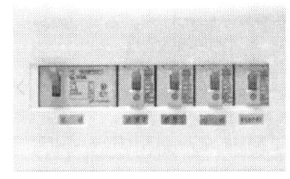
| 가정용 분전반 |

4 심벌

| 분전반 |

| 배전반 |

| 제어반 |

| S |
| 개폐기 |

기출 및 예상문제

SECTION 04 | 배·분전반공사

01 교류차단기에 포함되지 않는 것은?
① GCB   ② HSCB
③ VCB   ④ ABB

해설
① GCB : 가스차단기
② HSCB : 직류 고속도 차단기
③ VCB : 진공차단기
④ ABB : 공기차단기

02 분전반 및 배전반은 어떤 장소에 설치하는 것이 바람직한가?
① 전기회로를 쉽게 조작할 수 있는 장소
② 개폐기를 쉽게 개폐할 수 없는 장소
③ 은폐된 장소
④ 이동이 심한 장소

해설
분전반 및 배전반의 설치 장소
㉠ 전기 회로를 쉽게 조작할 수 있는 장소
㉡ 개폐기를 쉽게 조작할 수 있는 장소
㉢ 노출된 장소
㉣ 안정된 장소

03 점유면적이 좁고 운전, 보수에 안전하므로 공장, 빌딩 등의 전기실에 많이 사용되는 배전반은 어떤 것인가?
① 데드 프런트형   ② 수직형
③ 큐비클형   ④ 라이브 프런트형

해설
폐쇄식 배전반(큐비클형)
폐쇄식 배전반이란 단위 회로의 변성기, 차단기 등의 주 기기류와 이를 감시, 제어, 보호하기 위한 각종 계기 및 조작 개폐기, 계전기 등 전부 또는 일부를 금속제 상자 안에 조립하는 방식

04 수전설비의 저압 배전반은 배전반 앞에서 계측기를 판독하기 위하여 앞면과 최소 몇 [m] 이상 유지하는 것을 원칙으로 하는가?
① 1.7   ② 1.2
③ 0.6   ④ 1.5

해설
변압기, 배전반 등의 간격
배전반, 변압기 등 수전 설비 주요 부분이 유지하여야 할 거리 기준은 다음 표에서 정한 값 이상일 것(단위 : mm)

위치별 기기별	앞면 또는 조작·계측면	뒷면 또는 점검면	열상호 간 (점검하는 면)	기타의 면
특별고압반	1,700	800	1,400	–
고압배전반	1,500	600	1,200	–
저압배전반	1,500	600	1,200	–
변압기 등	1,500	600	1,200	300

05 배전반을 나타내는 그림 기호는?

해설
심벌

분전반	배전반	제어반	개폐기
			S

06 배전반 및 분전반을 넣은 강판제로 만든 함의 두께는 몇 [mm] 이상인가?(단, 가로, 세로의 길이가 30[cm]를 초과한 경우이다.)
① 0.8   ② 1.2
③ 1.5   ④ 2.0

정답 01 ② 02 ① 03 ③ 04 ④ 05 ① 06 ②

해설
강판제의 것은 두께 1.2[mm] 이상일 것
※ 단, 가로, 세로의 길이가 30[cm] 이하인 경우 1.0[mm] 이상

07 수변전 설비에서 차단기의 종류 중 가스 차단기에 들어가는 가스의 종류는?

① CO_2 ② LPG
③ SF_6 ④ LNG

해설
가스차단기(GCB)
6불화유황(SF_6) 가스를 고압으로 압축하여 아크 소호

08 가스 절연 개폐기나 가스 차단기에 사용되는 가스인 SF_6의 성질이 아닌 것은?

① 같은 압력에서 공기의 2.5~3.5배의 절연내력이 있다.
② 무색, 무취, 무해가스이다.
③ 가스 압력 3~4[kgf/cm^2]에서 절연내력은 절연유 이상이다.
④ 소호 능력은 공기보다 2.5배 정도 낮다.

해설
6불화유황(SF_6) 가스
• 소호능력이 공기보다 약 100배 정도 우수
• 불활성 기체
• 절연내력이 공기보다 약 2.5~3.5배 정도 우수
• 무취, 무색, 무독성

09 다음 중 교류차단기의 단선도 심벌은?

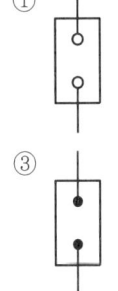

해설
차단기 · 개폐기 심벌

교류 차단기 단선도	교류 차단기 복선도	유입 개폐기 단선도	유입 개폐기 복선도
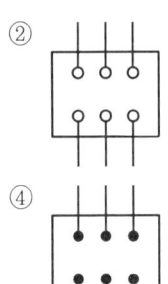			

10 수변전설비에서 전력퓨즈의 용단 시 결상을 방지하는 목적으로 사용하는 것은?

① 자동고장구분개폐기 ② 선로개폐기
③ 부하개폐기 ④ 기중부하개폐기

해설
개폐기

장치	약호	기능
자동고장 구분개폐기	ASS	한 개 수용가의 사고가 다른 수용가에 피해를 최소화하기 위한 방안으로 대용량 수용가에 한하여 설치
선로개폐기	LS	책임분계점에서 보수 점검 시 전로를 구분하기 위한 개폐기로 시설하고 반드시 무부하 상태로 개방하여야 하며 이는 단로기와 같은 용도로 사용
부하개폐기	LBS	수·변전설비의 인입구 개폐기로 많이 사용되고 있으며 전력퓨즈 용단 시 결상을 방지하는 목적으로 사용
기중부하 개폐기	IS	수전용량 300[kVA] 이하에서 인입개폐기로 사용

11 고압 이상에서 기기의 점검, 수리 시 무전압, 무전류 상태로 전로에서 단독으로 전로를 접속 또는 분리하는 것을 주목적으로 사용되는 수·변전기기는?

① 기중부하 개폐기 ② 단로기
③ 전력퓨즈 ④ 컷아웃 스위치

해설

장치	약호	기능
단로기	DS	기기의 보수 점검 시 또는 회로 접속변경을 하기 위해 사용하지만 부하전류 개폐는 할 수 없는 기기

정답 07 ③ 08 ④ 09 ① 10 ③ 11 ②

12 일정값 이상의 전류가 흘렀을 때 동작하는 계전기는?

① OCR　② OVR　③ UVR　④ GR

해설

계전기의 기능

명칭	기능
과전류계전기 (OCR)	일정값 이상의 전류가 흘렀을 때 동작하며, 과부하 계전기
과전압계전기 (OVR)	일정값 이상의 전압이 걸렸을 때 동작하는 계전기
부족전압계전기 (UVR)	전압이 일정값 이하로 떨어졌을 경우에 동작하는 계전기

13 자가용 전기설비의 보호계전기의 종류가 아닌 것은?

① 과전류계전기
② 과전압계전기
③ 부족전압계전기
④ 부족전류계전기

해설

문제 12번 해설 참조

14 고압전로에 지락사고가 생겼을 때 지락전류를 검출하는 데 사용하는 것은?

① CT　② ZCT　③ MOF　④ PT

해설

변류기의 기능

명칭	기능
영상변류기(ZCT)	지락사고가 생겼을 때 지락전류를 검출

15 수·변전 설비의 고압회로에 걸리는 전압을 표시하기 위해 전압계를 시설할 때 고압회로와 전압계 사이에 시설하는 것은?

① 관통형 변압기　② 계기용 변류기
③ 계기용 변압기　④ 권선형 변류기

해설

계기용 변압기(PT)
고전압을 저전압으로 변성하여 계측기 전원공급 및 전압계 측정

16 변류비 100/5[A]의 변류기(CT)와 5[A]의 전류계를 사용하여 부하전류를 측정한 경우 전류계의 지시가 4[A]였다. 이때 부하전류는 몇 [A]인가?

① 30[A]　② 40[A]
③ 60[A]　④ 80[A]

해설

계기용 변류기(CT)
- 대전류를 소전류로 변류하여 과전류계전기 동작 및 전류계 측정
- 전류를 측정하기 위한 변압기로 2차 전류는 5[A]가 표준
- 변류기 교체 작업 시 2차를 개방상태에서 1차 전류를 보내면 2차 단자란에 고전압이 발생하여 2회로의 절연 파괴될 염려가 있고 철손증대로 인한 과열의 원인이 되므로 단락을 시킨 다음에 교체
- $100:5 = x:4$에서 $x = \dfrac{100 \times 4}{5} = 80[A]$

17 계기용 변류기의 약호는?

① CT　② WH　③ CB　④ DS

해설

계기용 변류기(CT)
대전류를 소전류로 변류하여 과전류계전기의 동작 및 전류계 측정

18 수변전 설비 구성기기의 계기용 변압기(PT)에 대한 설명으로 맞는 것은?

① 높은 전압을 낮은 전압으로 변성하는 기기이다.
② 높은 전류를 낮은 전류로 변성하는 기기이다.
③ 회로에 병렬로 접속하여 사용하는 기기이다.
④ 부족전압 트립코일의 전원으로 사용된다.

해설

계기용 변압기(PT)
고전압을 저전압으로 변성하여 계측기 전원공급 및 전압계 측정

정답 12 ① 13 ④ 14 ② 15 ③ 16 ④ 17 ① 18 ①

19 분전반에 대한 설명으로 틀린 것은?

① 배선과 기구는 모두 전면에 배치하였다.
② 두께 1.5[mm] 이상의 난연성 합성수지로 제작하였다.
③ 강판제의 분전함은 두께 1.2[mm] 이상의 강판으로 제작하였다.
④ 배선은 모두 분전반 이면으로 하였다.

해설

분전반의 시설 원칙 및 구비 조건
- 분전반의 이면에는 배선 및 기구를 배치하지 말 것
- 난연성 합성수지로 제작된 것은 두께 1.5[mm] 이상의 내아크일 것
- 강판제의 것은 두께 1.2[mm] 이상일 것
※ 단, 가로, 세로의 길이가 30[cm] 이하인 경우 1.0[mm] 이상

20 옥내 분전반의 설치에 관한 내용 중 틀린 것은?

① 분전반에서 분기회로를 위한 배관의 상승 또는 하강이 용이한 곳에 설치한다.
② 분전반에 넣는 금속제의 함 및 이를 지지하는 구조물은 접지를 하여야 한다.
③ 각 층마다 하나 이상을 설치하나, 회로수가 6 이하인 경우 2개 층을 담당할 수 있다.
④ 분전반에서 최종 부하까지의 거리는 40[m] 이내로 하는 것이 좋다.

해설

분전반공사
- 일반적으로, 분전반은 철제 캐비닛 안에 나이프 스위치, 텀블러 스위치 또는 배선용 차단기를 설치하며, 내열 구조로 만든 것이 많이 사용되고 있다.
- 분전반의 설치위치는 부하의 중심 부근이고, 각 층마다 하나 이상을 설치하나 회로수가 6 이하인 경우에는 2개 층을 담당한다.
- 분전반은 분기회로의 길이가 30[m] 이하가 되도록 설계한다.
- 감전에 대한 보호 및 접지시스템에 준하여 접지공사를 할 것

21 한 분전반에 사용전압이 각각 다른 분기회로가 있을 때 분기회로를 쉽게 식별하기 위한 방법으로 가장 적합한 것은?

① 차단기별로 분리해 놓는다.
② 차단기나 차단기 가까운 곳에 각각 전압을 표시하는 명판을 붙여 놓는다.
③ 왼쪽은 고압 측, 오른쪽은 저압 측으로 분류해 놓고 전압 표시는 하지 않는다.
④ 분전반을 철거하고 다른 분전반을 새로 설치한다.

해설

각각 분기되는 차단기에 전압을 표시하는 명판을 부착한다.

22 가정용 전등에 사용되는 점멸스위치를 설치하여야 할 위치에 대한 설명으로 가장 적당한 것은?

① 접지 측 전선에 설치한다.
② 중성선에 설치한다.
③ 부하의 2차 측에 설치한다.
④ 전압 측 전선에 설치한다.

해설

- 전등 점멸용 스위치는 반드시 전압 측 전선에 시설하여야 한다.
- 소켓, 리셉터클 등에 전선을 접속할 때에는 전압 측 전선을 중심 접촉면에, 접지 측 전선을 베이스에 연결하여야 한다.

23 전자 개폐기에 부착하여 전동기의 소손 방지를 위하여 사용되는 것은?

① 퓨즈 ② 열동계전기
③ 배선용 차단기 ④ 수은계전기

해설

보호계전기

명칭	기능
열동계전기	과부하 시 동작하여 전동기를 보호

정답 19 ④ 20 ④ 21 ② 22 ④ 23 ②

SECTION 05 조상설비

1 설치 목적

① 무효 전력을 조정하여 역률 개선에 의한 전력 손실 경감
② 전압의 조정과 송전 계통의 안정도 향상

2 전력용 콘덴서의 부속 기기

① 방전코일(DC) : 콘덴서를 회로에 개방하였을 때 전하가 잔류함으로써 일어나는 위험과 재투입 시 콘덴서에 걸리는 과전압을 방지하는 역할을 한다.
② 직렬리액터(SR) : 제5고조파, 그 이상의 고조파를 제거하여 전압, 전류 파형을 개선한다.
③ 진상용 콘덴서(SC) 설치 방법 : 각 부하 측에 분산 설치하는 방법이 가장 효과적으로 역률이 개선되나 설치면적과 설치비용이 많이 든다.

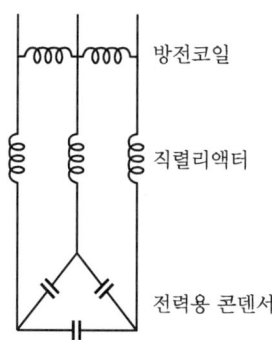

3 부하의 역률 개선의 효과

① 선로 손실의 감소
② 전압 강하 감소
③ 설비 용량의 이용률 증가(여유도 향상)
④ 전력 요금의 경감

4 전력용 콘덴서의 용량

$Q_C = P(\tan\theta_1 - \tan\theta_2)[\text{kVA}]$이므로

$P\left(\dfrac{\sqrt{(1-\cos\theta_1^2)}}{\cos\theta_1} - \dfrac{\sqrt{(1-\cos\theta_2^2)}}{\cos\theta_2}\right)$와 같다.

여기서, $\cos\theta_1$: 개선 전 역률, $\cos\theta_2$: 개선 후 역률

기출 및 예상문제

SECTION 05 | 조상설비

01 무효 전력을 조정하는 전기기계기구는?
① 조상설비   ② 개폐설비
③ 차단설비   ④ 보상설비

해설

조상설비
- 무효 전력을 조정하여 역률 개선에 의한 전력 손실 경감
- 전압의 조정과 송전 계통의 안정도 향상

02 전력용 콘덴서를 회로로부터 개방하였을 때 전하가 잔류함으로써 일어나는 위험의 방지와 재투입할 때 콘덴서에 걸리는 과전압의 방지를 위하여 무엇을 설치하는가?
① 직렬 리액터   ② 전력용 콘덴서
③ 방전 코일   ④ 피뢰기

해설

방전 코일(DC)
콘덴서를 회로에 개방하였을 때 전하가 잔류함으로써 일어나는 위험과 재투입 시 콘덴서에 걸리는 과전압을 방지하는 역할을 한다.

03 역률 개선의 효과로 볼 수 없는 것은?
① 감전사고 감소
② 전력손실 감소
③ 전압강하 감소
④ 설비용량의 이용률 증가

해설

부하의 역률 개선의 효과
- 선로 손실의 감소
- 전압강하 감소
- 설비용량의 이용률 증가(여유도 향상)
- 전력 요금의 경감

04 아래 심벌이 나타내는 것은?

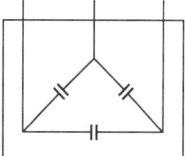

① 저항
② 진상용 콘덴서
③ 유입개폐기
④ 변압기

해설

진상용 콘덴서(SC) 설치 방법
각 부하 측에 분산 설치하는 방법이 가장 효과적으로 역률이 개선되나 설치면적과 설치비용이 많이 든다.

05 150[kW]의 수전설비에서 역률을 80[%]에서 95[%]로 개선하려고 한다. 이때 전력용 콘덴서의 용량은 약 몇 [kVA]인가?
① 63.2   ② 126.4
③ 133.5   ④ 157.6

해설

전력용 콘덴서의 용량 $Q_C = P(\tan\theta_1 - \tan\theta_2)[\text{kVA}]$
이므로

$P\left(\dfrac{\sqrt{(1-\cos\theta_1^2)}}{\cos\theta_1} - \dfrac{\sqrt{(1-\cos\theta_2^2)}}{\cos\theta_2}\right)$ 와 같다.

여기서, $\cos\theta_1$: 개선 전 역률, $\cos\theta_2$: 개선 후 역률

$\cos\theta_1$: 개선 전 역률 80[%], $\cos\theta_2$: 개선 후 역률 95[%]

$P\left(\dfrac{\sqrt{(1-0.8^2)}}{0.8} - \dfrac{\sqrt{(1-0.95^2)}}{0.95}\right) = 63.2[\text{kVA}]$

정답 01 ① 02 ③ 03 ① 04 ② 05 ①

CHAPTER 05 특수장소 및 전기응용시설공사

SECTION 01 특수장소의 배선

1 먼지가 많은 장소의 공사

1) 폭연성 먼지 또는 화약류 분말이 존재하는 곳

① 폭연성 먼지 또는 화약류 분말이 존재하는 곳의 전기설비가 발화원이 되어 폭발할 우려가 있는 곳에 시설하는 저압 옥내배선은 금속전선관공사 또는 케이블공사(MI케이블공사, 개장된 케이블공사)에 의하여 시설하여야 한다.

② 이동전선은 0.6/1[kV] EP 고무절연 클로로프렌 캡타이어 케이블을 사용하고, 모든 기구는 먼지 폭발방지 특수방진구조의 것을 사용하고, 콘센트 및 플러그를 사용해서는 안 된다.

③ 관 상호 및 관과 박스 기타의 부속품이나 풀박스 또는 전기기계기구는 5턱 이상의 나사 조임으로 접속하는 방법, 기타 이와 동등 이상의 효력이 있는 방법에 의할 것

2) 가연성 먼지가 존재하는 곳

① 소맥분, 전분, 유황, 기타의 가연성의 먼지로서 공중에 떠다니는 상태에서 착화하였을 때, 폭발의 우려가 있는 곳의 저압 옥내배선은 합성수지관(2[mm] 이상), 금속관, 케이블공사에 의하여 시설한다.

② 이동전선은 0.6/1[kV] EP 고무절연 클로로프렌 캡타이어 케이블 또는 0.6/1[kV] 비닐절연 비닐 캡타이어 케이블을 사용하고, 먼지 폭발방지 보통방진구조의 것을 사용하며, 손상받을 우려가 없도록 시설한다.

> REFERENCE
>
> 폭연성 먼지, 가연성 가스나 연소하기 쉬운 위험한 물질, 화약류를 저장하는 장소를 특수장소라 하며, 이 특수장소의 전기배선이 점화원이 되어 위험할 수 있으므로 안전성을 더욱 고려하여야 한다.

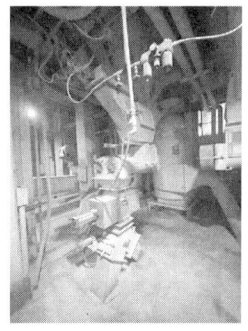

3) 불연성 먼지가 많은 곳

① 정미소, 제분소, 시멘트 공장 등과 같이 먼지가 많아서 전기 공작물의 열방산을 방해하거나, 절연성을 열화시키거나, 개폐 기구의 기능을 떨어뜨릴 우려가 있는 곳의 저압 옥내배선은 애자, 합성수지관(2[mm] 이상), 금속관, 금속제 가요전선관, 금속덕트공사, 버스덕트공사 또는 케이블공사에 의하여 시설한다.

② 전선과 기계기구는 진동에 의하여 헐거워지지 않도록 기계적 · 전기적으로 완전히 접속하고, 온도 상승의 우려가 있는 곳은 방진장치를 한다.

2 가연성 가스가 존재하는 곳의 공사

① 가연성 가스 또는 인화성 물질의 증기가 새거나 체류하여 전기설비가 발화원이 되어 폭발할 우려가 있는 곳의 장소에서는 금속전선관공사 또는 케이블공사에 의하여 시설하여야 한다.

② 이동 전선은 0.6/1[kV] EP 고무절연 클로로프렌 캡타이어케이블을 사용한다.

③ 전기기계기구는 설치한 장소에 존재할 우려가 있는 폭연성 가스에 대하여 폭발방지 성능을 가지는 것을 사용하여야 한다.

④ 전선과 전기기계기구의 접속은 진동에 풀리지 않도록, 너트와 스프링 와셔 등을 사용하여 전기적으로는 완전하게 접속하여야 한다.
⑤ 후강전선관 이상으로 하면서 관 상호 간이나 관과 박스, 기타 부속품의 접속은 5턱 이상의 나사 조임으로 한다.

3 위험물이 있는 곳의 공사

① 셀룰로이드, 성냥, 석유 등 타기 쉬운 위험한 물질을 제조하거나 저장하는 곳은 합성수지관(2[mm] 이상), 금속관, 케이블 배선에 의하여 시설한다.
   ※ 금속관은 박강전선관 또는 이와 동등 이상의 강도가 있는 것
② 이동 전선은 0.6/1[kV] EP 고무절연 클로로프렌 캡타이어 케이블 또는 0.6/1[kV] 비닐절연 비닐 캡타이어 케이블을 사용한다.
③ 불꽃 또는 아크가 발생될 우려가 있는 개폐기, 과전류차단기, 콘센트, 코드접속기, 전동기 또는 온도가 현저하게 상승될 우려가 있는 가열장치, 저항기 등의 전기기계기구는 전폐구조로 하여 위험물에 착화될 우려가 없도록 시설하여야 한다.

4 화약류 저장소의 위험공사 ★★

① 화약류 저장소 안에는 전기설비를 시설하지 아니하는 것이 원칙으로 되어 있다. 다만, 백열전등, 형광등 또는 이들에 전기를 공급하기 위한 전기설비만을 금속전선관공사 또는 케이블공사에 의하여 다음과 같이 시설할 수 있다.
   • 전로의 대지 전압은 300[V] 이하로 한다.
   • 전기기계기구는 전폐형으로 한다.
   • 전용 개폐기 또는 과전류차단기에서 화약류 저장소의 인입구까지는 케이블을 사용하여 지중전로로 한다.
② 화약류 저장소 이외의 곳에 전용 개폐기 및 과전류차단기를 시설하여 취급자 이외의 사람이 조작할 수 없도록 시설하고, 또한 지락 차단 장치, 지락 경보 장치를 시설한다.

5 부식성 가스가 존재하는 곳의 공사

① 산류, 알칼리류, 염소산칼리, 표백분, 염료, 인조비료의 제조공장, 제련소, 전기도금공장, 개방형 축전지실 등 부식성 가스 등이 있는 장소의 저압 배선에는 애자, 금속관, 합성수지관, 제2종 금속제 가요전선관, 케이블 배선으로 시공하여야 한다.
② 이동전선은 필요에 따라서 방식도료를 칠하여야 한다.
③ 개폐기, 콘센트 및 과전류차단기를 시설하여서는 안 된다.

6 습기가 많은 곳의 공사

① 습기가 많은 장소의 저압 배선은 금속관, 합성수지관, 제2종 금속제 가요전선관, 케이블 배선으로 시공하여야 한다.
② 조명기구의 플랜지 내에는 전선의 접속점이 없도록 한다.
③ 개폐기, 콘센트 또는 과전류차단기를 시설하여야 하는 경우에는 내부에 습기가 스며들 우려가 없는 구조의 것을 사용하여야 한다.
④ 전동기 등의 동력장치는 방수형을 사용하여야 한다.
⑤ 전기기계기구에 전기를 공급하는 전로에는 누전차단기를 설치하여야 한다.

7 흥행장의 저압 공사

① 공연장, 무대, 무대마루 밑, 오케스트라 박스, 영사실, 기타의 사람이나 무대 도구가 접촉할 우려가 있는 곳 등에 시설하는 저압 옥내배선 사용전압은 400[V] 이하이어야 한다.
② 무대 밑 배선공사는 금속관, 합성수지관, 케이블 배선으로 시공하여야 한다.
③ 부하에 공급하는 전로에는 이들의 전로에 전용 개폐기 및 과전류차단기를 설치하여야 한다.

8 광산 터널 및 갱도

① 사람이 상시 통행하는 터널 내의 배선은 저압에 한하여 애자, 금속관, 합성수지관, 금속제 가요전선관, 케이블 배선으로 시공하여야 한다.
② 터널의 인입구 가까운 곳에 전용의 개폐기 및 과전류차단기를 시설하여야 한다.
③ 광산, 갱도 내의 저압 또는 고압에서 한하고, 케이블 배선으로 시공하여야 한다.
④ 라이팅 덕트 시설 불가

기출 및 예상문제

SECTION 01 | 특수장소의 배선

01 한국전기설비규정에서 폭연성 먼지가 존재하는 곳의 금속관공사 시 전동기에 접속하는 부분에서 가요성을 필요로 하는 부분의 배선에는 폭발방지형의 부속품 중 어떤 것을 사용하여야 하는가?

① 일반 폭연성 부속
② 먼지 폭발방지형 폭연성 부속
③ 먼지 폭연성 부속
④ 안전 증가 폭연성 부속

해설
폭연성 먼지 또는 화약류 분말이 존재하는 곳
먼지 폭발방지 특수방진구조의 것을 사용

02 폭연성 먼지가 존재하는 곳의 저압 옥내배선공사 시 공사방법으로 짝지어진 것은?

① 금속관공사, MI케이블공사, 개장된 케이블공사
② CD케이블공사, MI케이블공사, 금속관공사
③ CD케이블공사, MI케이블공사, 제1종 캡타이어 케이블공사
④ 개장된 케이블공사, CD케이블공사, 제1종 캡타이어 케이블공사

해설
폭연성 먼지 또는 화약류 분말이 존재하는 곳
저압 옥내배선은 금속전선관공사 또는 케이블공사(MI케이블공사, 개장된 케이블공사)에 의하여 시설하여야 한다.

03 화약류의 분말이 전기설비가 발화원이 되어 폭발할 우려가 있는 곳에 시설하는 저압 옥내배선의 공사방법으로 가장 알맞은 것은?

① 금속관공사
② 애자사용공사
③ 버스덕트공사
④ 합성수지몰드공사

해설
문제 2번 해설 참조

04 폭발성 먼지가 있는 위험장소에 금속관 배선에 의할 경우 관 상호 및 관과 박스, 기타의 부속품이나 풀박스 또는 전기기계기구는 몇 턱 이상의 나사 조임으로 접속하여야 하는가?

① 2턱
② 3턱
③ 4턱
④ 5턱

해설
박강전선관 이상으로 하면서 관 상호 간이나 관과 박스, 기타 부속품의 접속은 5턱 이상의 나사 조임으로 할 것

05 티탄을 제조하는 공장으로 먼지가 쌓인 상태에서 착화된 때에 폭발할 우려가 있는 곳에 저압 옥내배선을 설치하고자 한다. 알맞은 공사방법은?

① 합성수지몰드공사
② 라이팅덕트공사
③ 금속몰드공사
④ 금속관공사

해설
폭연성 먼지(티탄, 알루미늄, 마그네슘) 또는 화약류 분말이 존재하는 곳
전기 설비가 발화원이 되어 폭발할 우려가 있는 곳에 시설하는 저압 옥내배선은 금속전선관 공사 또는 케이블공사(MI케이블공사, 개장된 케이블공사)에 의하여 시설하여야 한다.

06 소맥분, 전분, 기타 가연성의 먼지가 존재하는 곳의 저압옥내배선공사방법 중 적당하지 않은 것은?

① 애자사용공사
② 합성수지관공사
③ 케이블공사
④ 금속관공사

해설
소맥분, 전분, 유황, 기타의 가연성의 먼지로서 공중에 떠다니는 상태에서 착화하였을 때, 폭발의 우려가 있는 곳의 저압 옥내배선은 합성수지관(2[mm] 이상), 금속관, 케이블공사에 의하여 시설한다.

정답 01 ② 02 ① 03 ① 04 ④ 05 ④ 06 ①

07 소맥분, 전분, 기타 가연성 먼지가 존재하는 곳의 저압옥내배선공사 방법에 해당되는 것으로 짝지어진 것은?

① 케이블공사, 애자사용공사
② 금속관공사, 콤바인 덕트관, 애자사용공사
③ 케이블공사, 금속관공사, 애자사용공사
④ 케이블공사, 금속관공사, 합성수지관공사

해설
문제 6번 해설 참조

08 불연성 먼지가 많은 장소에 시설할 수 없는 옥내배선공사 방법은?

① 금속관공사
② 금속제 가요전선관공사
③ 두께가 1.2[mm]인 합성수지관공사
④ 애자사용공사

해설
불연성 먼지가 많은 곳
저압옥내배선은 애자, 합성수지관(2[mm] 이상), 금속관, 금속제 가요전선관, 금속덕트공사, 버스덕트공사 또는 케이블공사에 의하여 시설한다.

09 가연성 가스가 새거나 체류하여 전기설비가 발화원이 되어 폭발할 우려가 있는 곳에 있는 저압옥내 전기설비의 시설방법으로 가장 적합한 것은?

① 애자사용공사   ② 가요전선관공사
③ 셀룰러덕트공사 ④ 금속관공사

해설
가연성 가스 또는 인화성 물질의 증기가 새거나 체류하여 전기설비가 발화원이 되어 폭발할 우려가 있는 곳의 장소에서는 금속전선관공사 또는 케이블공사에 의하여 시설하여야 한다.

10 위험물 등이 있는 곳에서의 저압옥내배선공사 방법이 아닌 것은?

① 케이블공사   ② 합성수지관공사
③ 금속관공사   ④ 애자사용공사

해설
위험한 물질을 제조하거나 저장하는 곳은 합성수지관, 금속관, 케이블 배선에 의하여 시설한다.

11 다음 [보기] 중 금속관, 애자, 합성수지 및 케이블공사가 모두 가능한 특수 장소를 옳게 나열한 것은?

㉠ 화약고 등의 위험 장소
㉡ 부식성 가스가 있는 장소
㉢ 위험물 등이 존재하는 장소
㉣ 불연성 먼지가 많은 장소
㉤ 습기가 많은 장소

① ㉠, ㉡, ㉢   ② ㉡, ㉢, ㉣
③ ㉡, ㉣, ㉤   ④ ㉠, ㉣, ㉤

해설
- 화약고 등의 위험 장소 : 금속관, 케이블공사 가능
- 부식성 가스가 있는 장소 : 금속관, 케이블, 합성수지, 애자사용공사 가능
- 위험물 등이 존재하는 장소 : 금속관, 케이블, 합성수지관공사 가능
- 불연성 먼지가 많은 장소 : 금속관, 케이블, 합성수지관, 애자사용공사 가능
- 습기가 많은 장소 : 금속관, 케이블, 합성수지관, 애자사용공사 가능

12 셀룰로이드, 성냥, 석유류 등 기타 가연성 위험물질을 제조 또는 저장하는 장소의 배선방법이 아닌 것은?

① 배선은 금속관 배선, 합성수지관 배선 또는 케이블 배선에 의할 것
② 금속관은 박강전선관 또는 이와 동등 이상의 강도가 있는 것을 사용할 것
③ 두께 2[mm] 미만의 합성수지제 전선관을 사용할 것
④ 합성수지관 배선에 사용하는 합성수지관 및 박스 기타 부속품은 손상될 우려가 없도록 시설할 것

정답 07 ④ 08 ③ 09 ④ 10 ④ 11 ③ 12 ③

해설

셀룰로이드, 성냥, 석유 등 타기 쉬운 위험한 물질을 제조하거나 저장하는 곳은 합성수지관(2[mm] 이상), 금속관, 케이블 배선에 의하여 시설한다.
※ 금속관은 박강전선관 또는 이와 동등 이상의 강도가 있는 것

13 화약고의 배선공사 시 개폐기 및 과전류차단기에서 화약고 인입구까지는 어떤 배선공사에 의하여 시설하여야 하는가?

① 합성수지관공사로 지중선로
② 금속관공사로 지중선로
③ 합성수지몰드 지중선로
④ 케이블 사용 지중선로

해설

- 전로의 대지전압은 300[V] 이하로 한다.
- 전기기계·기구는 전폐형으로 한다.
- 전용 개폐기 또는 과전류차단기에서 화약류 저장소의 인입구까지는 케이블을 사용하여 지중전로로 한다.

14 화약류 저장소에서 백열전등이나 형광등 또는 이들에 전기를 공급하기 위한 전기설비를 시설하는 경우 전로의 대지전압은?

① 100[V] 이하
② 150[V] 이하
③ 220[V] 이하
④ 300[V] 이하

해설

문제 13번 해설 참조

15 화약고 등의 위험장소에서 전기설비 시설에 관한 내용으로 옳은 것은?

① 전로의 대지전압은 400[V] 이하일 것
② 전기기계·기구는 전폐형을 사용할 것
③ 화약고 내의 전기설비는 화약고 장소에 전용개폐기 및 과전류차단기를 시설할 것
④ 개폐기 및 과전류차단기에서 화약고 인입구까지의 배선은 케이블 배선으로 노출로 시설할 것

해설

문제 13번 해설 참조

16 부식성 가스 등이 있는 장소에 시설할 수 없는 배선은?

① 금속관 배선
② 제1종 금속제 가요전선관 배선
③ 케이블 배선
④ 캡타이어 케이블 배선

해설

부식성 가스 등이 있는 장소의 저압 배선에는 애자, 금속관, 합성수지관, 제2종 금속제 가요전선관, 케이블 배선으로 시공하여야 한다.

17 부식성 가스 등이 있는 장소에 전기설비를 시설하는 방법으로 적합하지 않은 것은?

① 애자사용배선 시 부식성 가스의 종류에 따라 절연전선인 DV전선을 사용한다.
② 애자사용배선에 의한 경우에는 사람이 쉽게 접촉될 우려가 없는 노출장소에 한한다.
③ 애자사용배선 시 부득이 나전선을 사용하는 경우에는 전선과 조영재의 거리를 4.5[cm] 이상으로 한다.
④ 애자사용배선 시 전선의 절연물이 상해를 받는 장소는 나전선을 사용할 수 있으며, 이 경우는 바닥 위 2.5[cm] 이상 높이에 시설한다.

해설

부식성 가스가 존재하는 곳에서는 DV전선은 사용할 수 없다. DV전선은 인입용으로 사용 가능하다.

18 부식성 가스 등이 있는 장소에서 시설이 허용되는 것은?

① 개폐기
② 콘센트
③ 과전류차단기
④ 전등

해설

부식성 가스 등이 있는 장소에는 개폐기, 콘센트 및 과전류차단기를 시설하여서는 안 된다.

정답 13 ④ 14 ④ 15 ② 16 ② 17 ① 18 ④

19 상설 공연장에 사용하는 저압 전기설비 중 이동전선의 사용전압은 몇 [V] 이하이어야 하는가?

① 100[V]   ② 200[V]
③ 400[V]   ④ 600[V]

해설
공연장, 무대, 무대마루 밑, 오케스트라 박스, 영사실 기타의 사람이나 무대 도구가 접촉할 우려가 있는 곳 등에 시설하는 저압 옥내배선 사용전압은 400[V] 이하이어야 한다.

20 무대·무대마루 밑 및 오케스트라 박스·영사실, 기타 사람이나 무대 도구가 접촉할 우려가 있는 장소에 시설하는 저압 옥내배선, 전구선 또는 이동전선은 최고사용전압이 몇 [V] 이하이어야 하는가?

① 100[V]   ② 200[V]
③ 300[V]   ④ 400[V]

해설
문제 19번 해설 참조

21 전시회, 쇼 및 공연장의 저압배선공사 방법으로 잘못된 것은?

① 전선 보호를 위해 적당한 방호장치를 할 것
② 무대나 영사실 등의 사용전압은 400[V] 이하일 것
③ 무대용 콘센트, 박스는 임시사용시설이므로 접지공사를 생략할 수 있다.
④ 전구 등의 온도 상승 우려가 있는 기구류는 무대막, 목조의 마루 등과 접촉하지 않도록 할 것

해설
모든 금속제 외함에는 접지공사를 하여야 한다.

22 전시회, 쇼 및 공연장에 400[V] 이하의 저압 전기공사를 시설하는 방법으로 적합하지 않은 것은?

① 영사실에 사용되는 이동전선은 1종 캡타이어 케이블 이외의 캡타이어 케이블을 사용한다.
② 플라이 덕트를 시설하는 경우에는 덕트의 끝부분은 막아야 한다.
③ 무대용의 콘센트 박스, 플라이 덕트 및 보더 라이트의 금속제 외함에는 접지공사를 한다.
④ 무대, 무대마루 밑, 오케스트라 박스 및 영사실의 전로에는 과전류차단기 및 개폐기를 시설하지 않아야 한다.

해설
전시회, 쇼 및 공연장의 저압배선공사 방법
- 무대 밑 배선공사는 금속관, 합성수지관, 케이블 배선으로 시공하여야 한다.
- 부하에 공급하는 전로에는 이들의 전로에 전용개폐기 및 과전류차단기를 설치하여야 한다.

23 터널·갱도, 기타 이와 유사한 장소에서 사람이 상시 통행하는 터널 내의 배선방법으로 적절하지 않은 것은?(단, 사용전압은 저압이다.)

① 라이팅덕트 배선
② 금속제 가요전선관 배선
③ 합성수지관 배선
④ 애자사용 배선

해설
광산, 터널 및 갱도
사람이 상시 통행하는 터널 내의 배선은 저압에 한하여 애자 사용, 금속전선관, 합성수지관, 금속제 가요전선관, 케이블 배선으로 시공한다. 라이팅덕트는 사용 불가하다.

정답 19 ③ 20 ④ 21 ③ 22 ④ 23 ①

| SECTION 02 | 특수시설의 전기공사

1 전기 울타리의 시설

① 논, 밭, 목장 등에서 짐승의 침입 또는 가축의 탈출을 방지하기 위하여 옥외에서 나전선으로 울타리를 시설한다.
② 사용전압은 250[V] 이하이고 사람의 감전 사고를 방지하기 위해 위험 표시를 설치한다.
③ 전선은 인장강도 1.38[kN] 이상의 것을 사용한다.
④ 2[mm](4[mm^2]) 이상의 경동선을 사용하고, 전선과 이를 지지하는 기둥 사이의 간격은 2.5[cm] 이상, 전선과 다른 공작물 또는 수목과의 간격은 30[cm] 이상이어야 한다.
⑤ 전기를 공급하는 전로에 전용개폐기를 시설하여야 한다.

2 교통신호등의 시설

① 교통신호등 회로로부터 전구까지의 전로 사용전압은 300[V] 이하로 하여야 한다.
② 전선은 케이블인 경우 이외는 공칭단면적 2.5[mm^2] 이상의 연동선이나 이와 동등 이상의 세기 및 굵기의 케이블을 사용한다.
③ 교통신호등 인하선은 지표상 높이는 2.5[m] 이상일 것. 회로의 도로상 높이는 6[m] 이상이어야 한다.
④ 제어장치의 전원 측에는 전용 개폐기 및 과전류차단기를 시설하고 150[V]를 넘는 경우는 지락 차단 장치를 시설한다.
⑤ 가공전선, 안테나, 횡단보도교 등 다른 시설물과의 간격은 60[cm] 이상으로 한다.

3 전기 부식 방지 시설

지중 또는 수중에 시설되는 금속체의 부식을 방지하기 위하여 지중 또는 수중에 시설하는 양극과 피방식체 간에 방식 전류를 통하는 시설

① 사용전압은 직류 60[V] 이하일 것
② 양극은 지중에 매설하거나 수중에서 쉽게 접촉할 우려가 없는 곳에 시설할 것
③ 지중에 시설하는 양극의 매설 깊이는 75[cm] 이상일 것
④ 수중에 시설하는 양극과 그 주위 1[m] 안의 임의의 점과의 전위차는 10[V]를 넘지 않도록 할 것
⑤ 지표 또는 수중에서 1[m] 간격의 임의의 2점 간의 전위차가 5[V]를 넘지 않을 것

4 자동화재탐지설비 시설

① 자동화재탐지설비의 구성
- 수신기 : 감지기나 발신기에서 발하는 화재신호를 직접 수신하거나 중계기를 통하여 수신하여 화재의 발생을 표시 및 경보하는 장치
- 감지기 : 화재 시 발생하는 열, 연기, 불꽃 또는 연소생성물을 자동적으로 감지하여 수신기에 발신하는 장치
- 발신기 : 화재 발생 신호를 수신기에 수동으로 발신하는 장치
- 중계기 : 접점신호를 통신신호로, 통신신호를 접점신호로 변환시켜 주는 신호변환장치
- 시각경보장치 : 자동화재탐지설비에서 발하는 화재신호를 시각경보기에 전달하여 청각장애인에게 점멸 형태의 시각경보를 하는 장치

② 비상방송설비 시설
비상경보기 : 화재 발생 경보를 건물 내 사람들에게 통보하기 위한 장치

③ 감지기의 종류
- 차동식 스포트형 감지기 : 주위 온도가 일정 상승률 이상이 되는 경우에 작동하는 것으로서 일국소에서의 열효과에 의하여 작동하는 감지기
- 차동식 분포형 감지기 : 화재로 인해 실내의 온도가 일정 상승률 이상이 되는 경우 작동하는 것으로서 넓은 범위의 열 효과 누적에 의하여 작동하는 감지기
- 광전식 연기감지기 : 연기에 의해서 빛이 굴절 또는 산란되는 것으로 해서 농도로 인한 감지기
- 이온화식 연기감지기 : 공기 중의 이온전류(연기에 의해서 변화)를 감지하는 화재 감지기

④ 비상용 콘센트
화재가 발생하면 건물 내의 전원이 대부분 차단되므로 전원공급에 많은 어려움이 있다. 그래서 화재 발생 시 소화활동에 필요한 조명 기구나 파괴용 기구, 배연기 등 인명구조활동에 전원으로 사용하기 위해 설치한다.

5 진열장 안의 배선공사

건조한 곳에 시설하고 내부를 건조한 상태로 사용하는 진열장 안의 사용전압은 400[V] 이하의 배선을 외부에서 잘 보이는 장소에 한하여 코드 또는 캡타이어케이블로 직접 조영재에 밀착하여 배선할 수 있다.

① 전선은 단면적이 0.75[mm^2] 이상인 코드 또는 캡타이어케이블일 것
② 전선의 접속점은 조영재에서 이격하여 시설할 것
③ 전선의 부착점 간의 거리는 1[m] 이하로 하고 배선에는 전구 또는 기구의 중량을 지지하지 않도록 할 것

기출 및 예상문제

SECTION 02 | 특수시설의 전기공사

01 목장의 전기 울타리에 사용하는 경동선의 지름은 최소 몇 [mm] 이상이어야 하는가?

① 1.6　　　　② 2.0
③ 2.6　　　　④ 3.2

해설
전기 울타리의 시설
2[mm]($4[mm^2]$) 이상의 경동선을 사용하고, 전선과 기둥과 이격거리는 2.5[cm] 이상, 전선과 다른 공작물 또는 수목과의 간격은 30[cm] 이상이어야 한다.

02 교통신호등의 제어장치로부터 신호등의 전구까지의 전로에 사용하는 전압은 몇 [V] 이하인가?

① 60　　　　② 100
③ 300　　　　④ 400

해설
교통신호등의 시설
교통신호등 회로로부터 전구까지의 전로 사용전압은 300[V] 이하로 하여야 한다.

03 한국전기설비규정에서 교통신호등 회로의 사용전압이 몇 [V]를 초과하는 경우에는 지락 발생 시 자동적으로 전로를 차단하는 장치를 시설하여야 하는가?

① 50　　　　② 100
③ 150　　　　④ 200

해설
교통신호등의 시설
제어장치의 전원 측에는 전용 개폐기 및 과전류차단기를 시설하고 150[V]를 넘는 경우는 지락 차단 장치를 시설한다.

04 진열장 안에 400[V] 이하인 저압 옥내배선 시 외부에서 보기 쉬운 곳에 사용하는 전선은 단면적이 몇 [mm^2] 이상의 코드 또는 캡타이어케이블이어야 하는가?

① $0.75[mm^2]$　　　　② $1.25[mm^2]$
③ $2[mm^2]$　　　　④ $3.5[mm^2]$

해설
전선은 단면적이 $0.75[mm^2]$ 이상인 코드 또는 캡타이어케이블일 것

05 지중 또는 수중에 시설되는 금속체의 부식을 방지하기 위한 전기 부식 방지용 회로의 사용전압은?

① 직류 60[V] 이하　　② 교류 60[V] 이하
③ 직류 750[V] 이하　　④ 교류 600[V] 이하

해설
전기 부식 방지 시설의 사용전압은 직류 60[V] 이하일 것

06 지중 또는 수중에 시설하는 양극과 피방식체 간의 전기부식방지 시설에 대한 설명으로 틀린 것은?

① 사용전압은 직류 60[V] 초과일 것
② 지중에 매설하는 양극은 75[cm] 이상의 깊이일 것
③ 수중에 시설하는 양극과 그 주위 1[m] 안의 임의의 점과의 전위차는 10[V]를 넘지 않을 것
④ 지표에서 1[m] 간격의 임의의 2점 간의 전위차가 5[V]를 넘지 않을 것

정답　01 ②　02 ③　03 ③　04 ①　05 ①　06 ①

해설

전기 부식 방지 시설
지중 또는 수중에 시설되는 금속체의 부식을 방지하기 위하여 지중 또는 수중에 시설하는 양극과 피방식체 간에 방식 전류를 통하는 시설
- 사용전압은 직류 60[V] 이하일 것
- 양극은 지중에 매설하거나 수중에서 쉽게 접촉할 우려가 없는 곳에 시설할 것
- 지중에 시설하는 양극의 매설 깊이는 75[cm] 이상일 것
- 수중에 시설하는 양극과 그 주위 1[m] 안의 임의의 점과의 전위차는 10[V]를 넘지 않도록 할 것
- 지표 또는 수중에서 1[m] 간격의 임의의 2점 간의 전위차가 5[V]를 넘지 않을 것

07 자동화재탐지설비는 화재의 발생을 초기에 자동적으로 탐지하여 소방대상물의 관계자에게 화재의 발생을 통보해 주는 설비이다. 이러한 자동화재 탐지설비의 구성 요소가 아닌 것은?

① 수신기 ② 비상경보기
③ 발신기 ④ 중계기

해설

비상경보기
화재 발생 경보를 건물 내 사람들에게 통보하기 위한 장치

08 주위 온도가 일정 상승률 이상이 되는 경우에 작동하는 것으로서 일정한 장소의 열에 의하여 작동하는 화재 감지기는?

① 차동식 스포트형 감지기
② 차동식 분포형 감지기
③ 광전식 연기감지기
④ 이온화식 연기감지기

해설

감지기의 종류
- 차동식 스포트형 감지기 : 평상시 주위온도와 순간적인 온도의 차이가 급격히 날 경우에 작동하는 감지기
- 차동식 분포형 감지기 : 화재로 실내 온도가 일정 상승률 이상이 되는 경우 작동하는 것으로서 넓은 범위의 열 효과 누적에 의하여 작동하는 감지기

- 광전식 연기감지기 : 연기에 의해서 빛이 굴절 또는 산란되는 것으로 해서 농도로 인한 감지기
- 이온화식 연기감지기 : 공기 중의 이온전류(연기에 의해서 변화)를 감지하여 화재감지기

09 자동화재탐지설비의 구성 요소가 아닌 것은?

① 비상콘센트 ② 발신기
③ 수신기 ④ 감지기

해설

자동화재탐지설비의 구성
- 수신기
- 감지기
- 발신기
- 중계기

10 화재 시 소방대가 조명기구나 파괴용 기구, 배연기 등 소화활동 및 인명구조활동에 필요한 전원으로 사용하기 위해 설치하는 것은?

① 상용전원장치 ② 유도등
③ 비상용 콘센트 ④ 비상등

해설

비상용 콘센트
화재가 발생하면 건물 내의 전원이 대부분 차단되므로 전원공급에 많은 어려움이 있다. 그래서 화재 발생 시 소화활동에 필요한 조명 기구나 파괴용 기구, 배연기 등 인명구조활동에 전원으로 사용하기 위해 설치한다.

11 한국전기설비규정에서 진열장 안에 400[V] 이하인 저압 옥내배선 시 외부에서 보기 쉬운 곳에 사용하는 전선은 단면적이 몇 [mm²] 이상의 코드 또는 캡타이어케이블이어야 하는가?

① 0.75[mm²] ② 1.25[mm²]
③ 2[mm²] ④ 3.5[mm²]

해설

진열장 안의 배선공사의 전선은 단면적이 0.75[mm²] 이상인 코드 또는 캡타이어케이블일 것

SECTION 03 조명배선

1 전등 및 가정용 전기 기계기구 시설

① 점멸기의 시설
주택, 아파트 1개의 점등군에 속하는 등 기구수는 1개 이내로 할 것이며 그 외 학교, 빌딩, 공장 등은 1개의 점등군에 속하는 등 기구수는 6개 이내로 할 것
② 가로등, 경기장, 공장, 아파트단지 등의 고압방전등의 효율 : 70[lm/W] 이상의 것
③ 전주의 외등 설치
  ㉠ 기구의 부착높이는 지표상 4.5[m] 이상(교통에 지장이 없는 경우 3[m] 이상)
  ㉡ 백열전등 및 형광등의 기구를 전주에 부착한 점으로부터 돌출되는 수평거리 1[m] 이내
④ 일반조명의 종류 및 기호
  ㉠ 종류 : 수은등(H), 메탈할라이드등(M), 나트륨등(N), 형광등(F)
  ㉡ 등기구 표시 방법
   • 원 안이나 방기로 글자 혹은 숫자 등의 문자 기호를 기입하고 도면에 표시하여야 한다.
    예 나트륨등(N) : Ⓝ ○ₙ
   • 용량을 표시하는 경우 용량 앞에 등기호를 붙인다. 예 형광등(F), 용량 40[W] :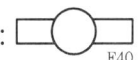

▼ 등기구 심벌

40W 형광등	비상용 조명	리셉터클	옥외 보안등	나트륨등(벽부형)	실링 직접 부착등
▭F40	●	Ⓡ	⊗	⊢Ⓝ	ⒸⓁ

2 조명의 용어

조명의 기초용어와 정의 및 단위는 다음 표와 같다.

▼ 여러 가지 조명 용어

용어	기호	단위	정의	설명
광속	F	[lm], 루멘	빛의 양 (광원의 밝기)	램프의 경우에는 이로부터 발산되는 빛의 양
광도	I	[cd], 칸델라	빛의 세기 (광원의 어느 방향에 대한 밝기)	램프로부터 발산된 광속을 반사 갓으로 집광하면 더욱 밝음
조도	E	[lx], 럭스	어느 장소에 대한 밝기	조명설계 있어서 기본이 되는 밝음의 기준
휘도	B	[sb], 스틸브	표면의 밝기	백열능은 형광등보다 휘도가 높음 (광원의 발광면적이 작기 때문)
광속발산도	R	[rlx], 레드럭스	물체의 밝기	단위 면적당 나가는 빛의 양

3 조명 방식

1) 조명 설계 시 고려사항

- 적당한 조도일 것
- 균등한 광속 발산도 분포일 것
- 눈부심이 일어나지 않도록 할 것(휘도가 높지 않을 것)
- 적당한 그림자가 있을 것(그림자를 고려할 것)
- 광색이 적당할 것
- 경제성이 있을 것

2) 조명기구 배광에 의한 분류

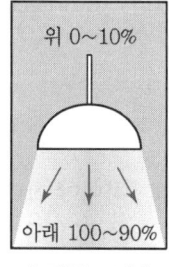
| 직접 조명 |

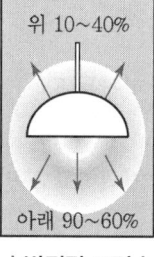
| 반직접 조명 |

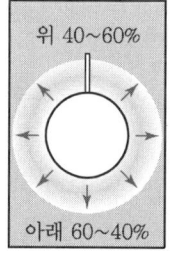
| 전반 확산 조명 |

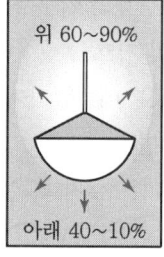
| 반간접 조명 |

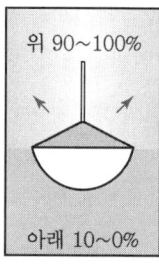
| 간접 조명 |

3) 조명기구 배치에 의한 분류

① 전반조명 : 실내 전체를 균일하게 조명(사무실, 학교, 공장 등에 채용)
② 국부조명 : 작업에 필요한 곳만을 국부적으로 조명(스탠드 등을 사용, 단 눈이 피로하기 쉬운 결점)
③ 전반국부조명 : 전반조명과 국부조명을 병용(병원 수술실, 공부방, 기계공작실 등에 채용)

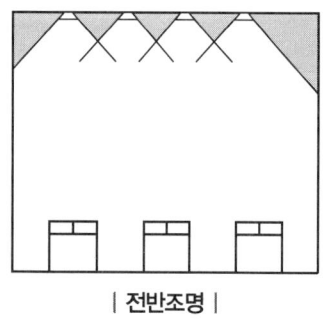
| 전반조명 |

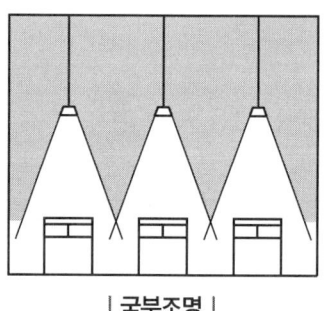
| 국부조명 |

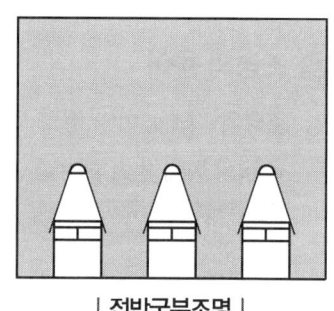
| 전반국부조명 |

④ 완전 확산면 : 모든 방향에 동일한 휘도를 가진 반사면 또는 투과면 중 반사율이 1인 이상적인 경우

| 완전 확산면 |

⑤ 다운라이트 방식 : 천장면에 작은 구멍을 뚫어 그 속에 등기구를 매입시키는 방식

| 다운라이트 방식 |

4) 조명 기구의 배치 결정

① 광원의 높이(등고)

직접 조명일 때 : $H = \dfrac{2}{3}H_0$ (천장과 조명 사이의 거리 $\dfrac{H_0}{3}$)

② 등기구의 간격
- 등기구 상호 간의 간격 : $S \leq 1.5H$ (직접, 전반조명의 경우)
- 벽과 기구의 간격 : $S_0 \leq \dfrac{1}{2}H$ (벽면을 사용하지 않을 경우)

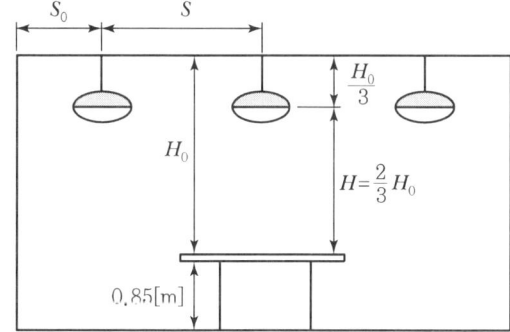

4 조명의 계산

1) 실지수(Room Index)의 결정

광속의 이용에 대한 방의 크기의 척도로 나타낸다.

$$K = \frac{X \cdot Y}{H(X+Y)}$$

여기서, H : 작업면상 광원의 높이(등고), X : 방의 가로 길이, Y : 방의 세로 길이

2) 조도의 구분[lx]

① 법선 조도 $\quad E_n = \dfrac{I}{r^2}$

② 수평면 조도 $\quad E_h = \dfrac{I}{r^2}\cos\theta$

③ 수직면 조도 $\quad E_v = \dfrac{I}{r^2}\sin\theta$

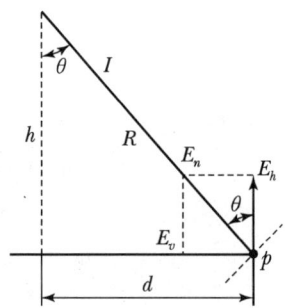

3) 광속법에 의한 조명 설계식

$$FUN = EAD \qquad 광원의 수 : N = \frac{EAD}{FU}$$

여기서, N : 광원의 수, F : 광속, E : 조도, A : 면적
D : 감광보상률, U : 조명률(이용률), M : 유지율(보수율)

기출 및 예상문제

SECTION 03 | 조명배선

01 완전 확산면은 어느 방향에서 보아도 무엇이 동일한가?

① 광속
② 휘도
③ 조도
④ 광도

해설

완전 확산면
모든 방향에 동일한 휘도를 가진 반사면 또는 투과면 중 반사율이 1인 이상적인 경우

02 조명공학에서 사용되는 칸델라[cd]는 무엇의 단위인가?

① 광도
② 조도
③ 광속
④ 휘도

해설

조명의 용어

용어	기호	단위	정의	설명
광속	F	[lm] 루멘	빛의 양 (광원의 밝기)	램프의 경우에는 이로부터 발산되는 빛의 양
광도	I	[cd] 칸델라	빛의 세기 (광원의 어느 방향에 대한 밝기)	램프로부터 발산된 광속을 반사 갓으로 집광하면 더욱 밝음
조도	E	[lx] 럭스	어느 장소에 대한 밝기	조명설계 있어서 기본이 되는 밝음의 기준
휘도	B	[sb] 스틸브	표면의 밝기	백열등은 형광등보다 휘도가 높음(광원의 발광면적이 적기 때문)
광속 발산도	R	[rlx] 레드 럭스	물체의 밝기	단위 면적당 나가는 빛의 양

03 조명기구의 용량 표시에 관한 사항이다. 다음 중 F40의 설명으로 알맞은 것은?

① 수은등 40[W]
② 나트륨등 40[W]
③ 메탈할라이드등 40[W]
④ 형광등 40[W]

해설

용량을 표시하는 경우 용량 앞에 등기호를 붙인다.

④ 형광등(F), 용량 40[W] : F40

04 가로등, 경기장, 공장, 아파트 단지 등의 일반조명을 위하여 시설하는 고압방전등의 효율은 몇 [lm/W] 이상의 것이어야 하는가?

① 3[lm/W]
② 5[lm/W]
③ 70[lm/W]
④ 120[lm/W]

해설

가로등, 경기장, 공장, 아파트단지 등의 고압방전등의 효율은 70[lm/W] 이상의 것이어야 한다.

05 조명 설계 시 고려해야 할 사항 중 틀린 것은?

① 적당한 조도일 것
② 휘도 대비가 높을 것
③ 균등한 광속 발산도 분포일 것
④ 적당한 그림자가 있을 것

해설

조명 설계 시 고려사항
- 적당한 조도일 것
- 균등한 광속 발산도 분포일 것
- 눈부심이 일어나지 않도록 할 것(휘도가 높지 않을 것)
- 적당한 그림자가 있을 것(그림자를 고려할 것)
- 광색이 적당할 것
- 경제성이 있을 것

정답 01 ② 02 ① 03 ④ 04 ③ 05 ②

06 우수한 조명의 조건이 되지 못하는 것은?

① 조도가 적당할 것
② 균등한 광속 발산도 분포일 것
③ 그림자가 없을 것
④ 광색이 적당할 것

해설
문제 05번 해설 참조

07 조명기구의 배광에 의한 분류 중 40~60% 정도의 빛이 위쪽과 아래쪽으로 고루 향하고 가장 일반적인 용도를 가지고 있으며 상하좌우로 빛이 모두 나오므로 부드러운 조명이 되는 조명 방식은?

① 직접 조명방식   ② 반직접 조명방식
③ 전반 확산 조명방식 ④ 반간접 조명방식

해설
조명기구 배광에 의한 분류

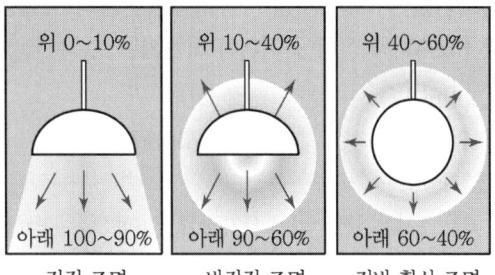
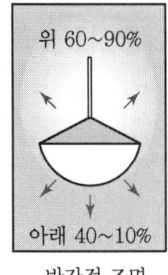 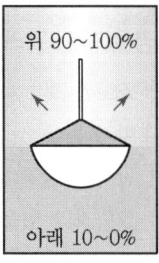

08 조명기구를 반간접 조명방식으로 설치하였을 때 위(상방향)로 향하는 광속의 양(%)은?

① 0~10   ② 10~40
③ 40~60   ④ 60~90

해설
문제 7번 해설 참조

09 실내 전체를 균일하게 조명하는 방식으로 광원을 일정한 간격으로 배치하며 공장, 학교, 사무실 등에서 채용하는 조명방식은?

① 국부 조명   ② 전반 조명
③ 직접 조명   ④ 간접 조명

해설
전반 조명
실내 전체를 균일하게 조명(사무실, 학교, 공장 등에 채용)

10 하향광속으로 직접 작업면에 직사하고 상부 방향으로 향한 빛이 천장과 상부의 벽을 반사하여 작업면에 조도를 증가시키는 조명방식은?

① 직접 조명   ② 반직접 조명
③ 반간접 조명 ④ 전반 확산 조명

해설
전반 확산 조명
하향광속으로 직접 작업면에 직사하고 상부 방향으로 향한 빛이 천장과 상부의 벽 부분에서 반사하여 작업면에 조도를 증가시킨다.

11 조명기구를 배광에 따라 분류하는 경우 특정한 장소만을 고조도로 하기 위한 조명기구는?

① 직접 조명기구   ② 전반 확산 조명기구
③ 광천장 조명기구 ④ 반직접 조명기구

해설
직접 조명
작업면을 비추는 빛의 대부분이 광원에서 직접 조명이 되는 방식

12 천장에 작은 구멍을 뚫어 그 속에 등기구를 매입시키는 방식으로 건축의 공간을 유효하게 하는 조명방식은?

① 코브 방식 ② 코퍼 방식
③ 밸런스 방식 ④ 다운라이트 방식

해설
다운라이트 방식
천장면에 작은 구멍을 뚫어 그 속에 등기구를 매입시키는 방식

13 60[cd]의 점광원으로부터 2[m]의 거리에서 그 방향과 직각인 면과 30° 기울어진 평면 위의 조도[lx]는?

① 7.5 ② 10.8
③ 13.0 ④ 13.8

해설
조도의 구분
수평면 조도

$E_h = \dfrac{I}{r^2}\cos\theta$

$= \dfrac{60}{2^2}\cos 30° ≒ 13[\text{lx}]$

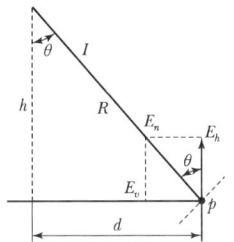

14 가로 20[m], 세로 18[m], 천장의 높이 3.85[m], 작업면의 높이 0.85[m], 간접조명방식인 호텔 연회장의 실지수는 약 얼마인가?

① 1.16 ② 2.16
③ 3.16 ④ 4.16

해설
실지수(Room Index)의 결정
광속의 이용에 대한 방의 크기의 척도로 나타낸다.

$K = \dfrac{X \cdot Y}{H(X+Y)} = \dfrac{20 \times 18}{(3.85-0.85) \times (20+18)} = 3.16$

여기서, H : 작업면상 광원의 높이(등고)
X : 방의 가로 길이, Y : 방의 세로 길이

15 실내 전반 조명을 하고자 한다. 작업대로부터 광원의 높이가 2.4[m]인 위치에 조명기구를 배치할 때 벽에서 한 기구 이상 떨어진 기구에서 기구 간의 거리는 일반적인 경우 최대 몇 [m]로 배치하여 설치하는가?(단, $S ≤ 1.5H$를 사용하여 구하도록 한다.)

① 1.8 ② 2.4
③ 3.2 ④ 3.6

해설
등기구 상호 간의 간격
$S ≤ 1.5H$(직접, 전반 조명의 경우)
 여기서, H는 광원의 높이
$S ≤ 1.5H = 1.5 \times 2.4 = 3.6[\text{m}]$

16 공장, 사무실, 학교, 상점 등의 옥내에 시설하는 전등은 부분조명이 가능하도록 시설하여야 하는데 이때 전등군은 몇 등 이내로 하는 것이 바람직한가?

① 6 ② 8
③ 10 ④ 12

해설
점멸기의 시설
주택, 아파트 1개의 점등 군에 속하는 등기구수는 1개 이내로 할 것이며 그 외 학교, 빌딩, 공장 등은 1개의 점등군에 속하는 등 기구수는 6개 이내로 할 것

17 실내 면적 100[m²]인 교실에 전광속이 2,500[lm]인 40[W] 형광등을 설치하여 평균조도를 150[lx]로 하려면 몇 개의 등을 설치하면 되겠는가?(단, 조명률은 50[%], 감광 보상률은 1.25로 한다.)

① 15개 ② 20개
③ 25개 ④ 30개

정답 12 ④ 13 ③ 14 ③ 15 ④ 16 ① 17 ①

해설

광속법에 의한 조명 설계식

광원의 수 : $N = \dfrac{EAD}{FU}$

$= \dfrac{150 \times 100 \times 1.25}{2,500 \times 0.5} = 15$등

여기서, N : 광원의 수, F : 광속, E : 조도, A : 면적

D : 감광보상률 ($D = \dfrac{1}{M}$)

U : 조명률(이용률)

M : 유지율(보수율)

18 작업면에서 천장까지의 높이가 3[m]일 때 직접조명인 경우의 광원의 높이는 몇 [m]인가?

① 1
② 2
③ 3
④ 4

해설

직접 조명일 때 광원의 높이(등고)

$H = \dfrac{2}{3} H_0$

$= \dfrac{2}{3} \times 3 = 2$[m]

19 전주 외등 설치 시 백열전등 및 형광등의 조명기구를 전주에 부착하는 경우 부착한 점으로부터 돌출되는 수평거리는 몇 [m] 이내로 하여야 하는가?

① 0.5
② 0.8
③ 1.0
④ 1.2

해설

백열전등 및 형광등의 기구를 전주에 부착한 점으로부터 돌출되는 수평거리 1[m] 이내

20 실링 · 직접부착등을 시설하고자 한다. 배선도에 표기할 그림 기호로 옳은 것은?

① ─(N)
② (○) 
③  (CL)
④ (R)

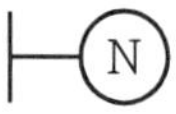

해설

등기구 심벌

40[W] 형광등	비상용 조명	리셉터클	옥외 보안등	나트륨등 (벽부형)	실링 직접 부착등
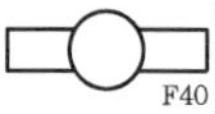 ⊂◯⊃ F40	●	 Ⓡ	 ⊗	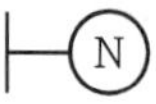 ─Ⓝ	 ⒸⓁ

정답 18 ② 19 ③ 20 ③

SECTION 04 동력배선, 피뢰시스템

1 인터록회로

2개 이상의 회로에서 한 개의 회로만 동작시키고 나머지 회로는 동작이 될 수 없도록 하는 회로이다. 이 회로의 사용 목적은 기기 및 작업자의 보호를 위하여 관련 기기의 동작을 금지하기 위한 것으로, 상대 동작 금지 회로 또는 선행 동작 우선 회로라고도 한다.

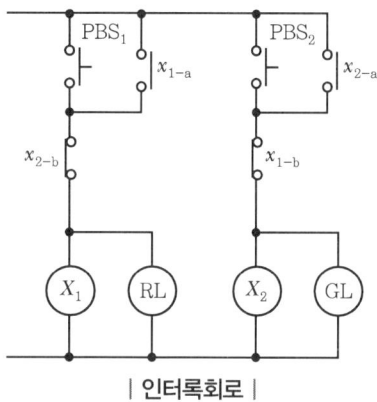

| 인터록회로 |

2 피뢰시스템

피뢰시스템은 뇌격으로부터 인명사고 및 구조물 또는 설비의 화재, 폭발 사고 등과 같은 직접적인 피해를 방지하기 위한 것으로 피뢰침과 인하도선, 접지극 및 서지 보호기를 포함한다.

▼ 피뢰시스템의 방식과 기능

피뢰 방식	기능
이온 방사형 피뢰 방식	돌침부에서 이온 또는 펄스를 발생시켜 뇌운의 전하와 작용토록 하여 멀리 있는 뇌운의 방전을 유도하여 보호 범위를 넓게 하는 방식
돌침 방식	종래에 가장 많이 사용된 방식으로 작은 건조물에 적합
용마루 위 도체 방식	건물의 옥상에 거의 수평하게 되는 피뢰 도체를 설치하고 여기서 낙뢰를 막는 방식으로 비교적 큰 건조물에 적합
케이지 방식	건조물 주위를 피뢰 도선으로 감싸는 방식으로 새장과 같이 되어 있어 케이지 방식

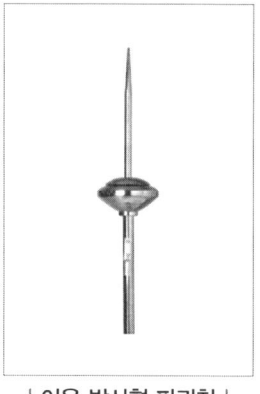

| 이온 방사형 피뢰침 |

기출 및 예상문제

SECTION 04 | 동력배선, 피뢰시스템

01 전동기의 정·역 운전을 제어하는 회로에서 2개의 전자 개폐기의 작동이 동시에 일어나지 않도록 하는 회로는?

① Y-△회로
② 자기유지 회로
③ 촌동회로
④ 인터록 회로

해설

인터록 회로
2개 이상의 회로에서 한 개의 회로만 동작을 시키고 나머지 회로는 동작이 될 수 없도록 하는 회로이다. 이 회로의 사용 목적은 기기 및 작업자의 보호를 위하여 관련 기기의 동작을 금지하기 위한 것으로, 상대 동작 금지 회로 또는 선행 동작 우선 회로라고도 한다.

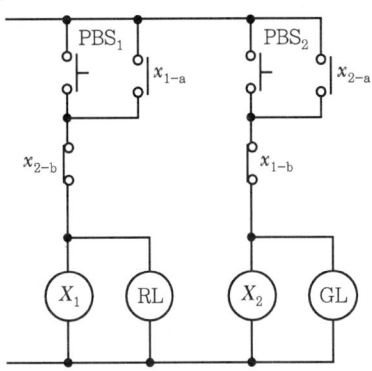

02 전자접촉기 2개를 이용하여 유도전동기 1대를 정·역 운전하고 있는 시설에서 전자접촉기 2대가 동시에 여자되어 상간 단락되는 것을 방지하기 위하여 구성하는 회로는?

① 자기유지 회로
② 순차제어회로
③ Y-△ 기동 회로
④ 인터록 회로

해설

문제 1번 해설 참조

03 2개의 입력 가운데 앞서 동작한 쪽이 우선하고, 다른 쪽은 동작을 금지시키는 회로는?

① 자기유지 회로
② 한시운전 회로
③ 인터록 회로
④ 비상운전 회로

해설

문제 1번 해설 참조

04 두 개 이상의 회로에서 선행동작 우선회로 또는 상대동작 금지회로인 동력배선의 제어회로는?

① 자기유지 회로
② 인터록 회로
③ 동작지연 회로
④ 타이머 회로

해설

문제 1번 해설 참조

05 돌침부에서 이온 또는 펄스를 발생시켜 뇌운의 전하와 작용하도록 하여 멀리 있는 뇌운의 방전을 유도하여 보호 범위를 넓게 하는 방식은?

① 돌침 방식
② 용마루 위 도체 방식
③ 이온 방사형 피뢰 방식
④ 케이지 방식

해설

피뢰시스템 방식

피뢰 방식	기능
이온 방사형 피뢰 방식	돌침부에서 이온 또는 펄스를 발생시켜 뇌운의 전하와 작용토록 하여 멀리 있는 뇌운의 방전을 유도하여 보호 범위를 넓게 하는 방식
돌침 방식	종래에 가장 많이 사용된 방식으로 작은 건조물에 적합
용마루 위 도체 방식	건물의 옥상에 거의 수평하게 되는 피뢰 도체를 설치하고 여기서 낙뢰를 막는 방식으로 비교적 큰 건조물에 적합
케이지 방식	건조물 주위를 피뢰 도선으로 감싸는 방식으로 새장과 같이 되어 있어 케이지 방식

정답 01 ④ 02 ④ 03 ③ 04 ② 05 ③

PART 04
과년도 기출문제

2020년	1회	2회
	3회	4회
2021년	1회	2회
	3회	4회
2022년	1회	2회
	3회	4회
2023년	1회	2회
	3회	4회
2024년	1회	2회
	3회	4회
2025년	1회	2회
	3회	4회

2020년 1회 시행 과년도 기출문제

01 전하량의 단위로 맞는 것은?
① [C]
② [W]
③ [W · s]
④ [Wb]

해설
- 전하량(전기량) : $Q[C]$
- 전력 : $P[W]$
- 전력량 : $W[W \cdot sec = J]$
- 자속 : $\phi[Wb]$

02 1[Ah]는 몇 [C]인가?
① 7,200
② 3,600
③ 1,200
④ 60

해설
전기량 $Q = It[A \cdot sec = C]$이므로,
$1[Ah] = 1[A] \times 3,600[sec] = 3,600[C]$

03 2[Ω]의 저항과 3[Ω]의 저항을 직렬로 접속할 때 합성 컨덕턴스는 몇 [℧]인가?
① 5
② 2.5
③ 1.5
④ 0.2

해설
- 합성 저항 $R_0 = 2 + 3 = 5[\Omega]$
- 합성 컨덕턴스 $G_0 = \dfrac{1}{R_0} = \dfrac{1}{5} = 0.2[℧]$

04 저항의 크기를 결정하는 요소가 아닌 것은?
① 전선의 길이
② 전선의 단면적
③ 전선의 종류
④ 전선의 모양

해설
도체의 저항 $R = \rho\dfrac{l}{S}[\Omega]$으로 길이에 비례하고 단면적에 반비례하며 물질 고유저항의 영향을 받는다.

05 2[Ω]의 저항과 3[Ω]의 저항을 병렬 접속했을 때의 전류는 직렬 접속할 때의 전류의 몇 배인가?
① 6
② 4.17
③ 0.16
④ 0.24

해설
- 병렬 접속 합성 저항 $R_{01} = \dfrac{2 \times 3}{2+3} = 1.2[\Omega]$,
  병렬 접속 전류 $I_{01} = \dfrac{V}{1.2}[A]$
- 직렬 접속 합성 저항 $R_{02} = 2 + 3 = 5[\Omega]$,
  직렬 접속 전류 $I_{02} = \dfrac{V}{5}[A]$이므로

$I_{01} = I_{02} \times x$가 되고 $x = \dfrac{I_{01}}{I_{02}} = \dfrac{\dfrac{V}{1.2}}{\dfrac{V}{5}} = \dfrac{5}{1.2} = 4.1666[배]$

06 전기분해에 의해서 석출되는 물질의 양은 전해액을 통과한 총전기량과 같으면, 그 물질의 화학당량에 비례한다. 이것을 무슨 법칙이라 하는가?
① 줄의 법칙
② 플레밍의 법칙
③ 키르히호프의 법칙
④ 패러데이의 법칙

해설
패러데이 법칙 $W = KQ = KIt[g]$
석출되는 물질의 양은 전기화학당량 및 전기량에 비례한다.

07 전속밀도의 단위는?
① $[V/m]$
② $[V/m^2]$
③ $[C/m]$
④ $[C/m^2]$

해설
전속밀도 $D = \dfrac{\psi}{S} = \dfrac{Q}{S} = \dfrac{Q}{4\pi r^2} = E\varepsilon[C/m^2]$

정답 01 ① 02 ② 03 ④ 04 ④ 05 ② 06 ④ 07 ④

08 평균 길이 40[cm]의 환상 철심에 200회의 코일을 감고, 여기에 5[A]의 전류를 흘렸을 때 철심 내 자기장의 세기는 몇 [AT/m]인가?

① 25×10^2[AT/m]
② 2.5×10^2[AT/m]
③ 200[AT/m]
④ 8,000[AT/m]

해설

$H = \dfrac{NI}{l} = \dfrac{NI}{2\pi r}$[AT/m]에서 길이가 주어진 경우이므로

$H = \dfrac{NI}{l} = \dfrac{200 \times 5}{40 \times 10^{-2}} = 2,500$[AT/m]

09 일반적으로 절연체를 서로 마찰시키면 이들 물체는 전기를 띠게 된다. 이와 같은 현상을 무엇이라 하는가?

① 분극
② 대전
③ 정전
④ 코로나

해설

- 대전 : 마찰 등의 외부 요인에 의해 어떠한 물체가 전기를 띠게 되는 현상
- 분극 : 속박전하의 변위현상

10 그림과 같이 I[A]의 전류가 흐르고 있는 도체의 미소부분 Δl의 전류에 의해 이 부분이 r[m] 떨어진 점 P의 자기장 ΔH[A/m]는?

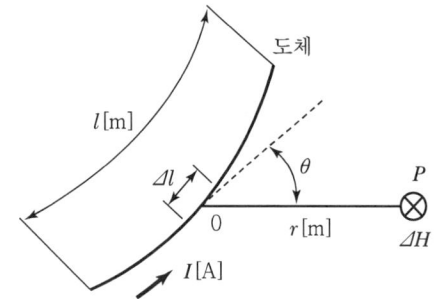

① $\Delta H = \dfrac{I^2 \Delta l \sin\theta}{4\pi r^2}$
② $\Delta H = \dfrac{I \Delta l^2 \sin\theta}{4\pi r}$
③ $\Delta H = \dfrac{I^2 \Delta l \sin\theta}{4\pi r}$
④ $\Delta H = \dfrac{I \Delta l \sin\theta}{4\pi r^2}$

해설

비오-사바르
전류에 의한 자계의 세기를 구할 수 있다.

$dH = \dfrac{I dl}{4\pi r^2} \cdot \sin\theta$[AT/m]

11 무한장 솔레노이드의 내부 자기장의 세기의 관계로 옳은 것은?

① 자기장의 세기는 권수에 비례한다.
② 자기장의 세기는 단위 길이당 권수에 비례한다.
③ 자기장의 세기는 전류에 반비례한다.
④ 자기장의 세기는 전류 제곱에 비례한다.

해설

무한장 솔레노이드 자계 $H = n_0 I$[AT/m], 외부자계 $H' = 0$

12 단면적 5[cm²], 길이 1[m], 비투자율 10^3인 환상 철심에 600회의 권선을 감고 이것에 0.5[A]의 전류를 흐르게 한 경우 기자력은?

① 100[AT]
② 200[AT]
③ 300[AT]
④ 400[AT]

해설

기자력 $F = NI$[AT] $= 600 \times 0.5 = 300$[AT]

13 다음은 어떤 법칙을 설명한 것인가?

> 전류가 흐르려고 하면 코일은 전류의 흐름을 방해한다. 또 전류가 감소하면 이를 계속 유지하려고 하는 성질이 있다.

① 쿨롱의 법칙
② 렌츠의 법칙
③ 패러데이의 법칙
④ 플레밍의 왼손 법칙

해설

렌츠의 법칙
유도기전력의 방향은 코일을 지나는 자속의 증감을 방해하는 방향으로 발생한다.

정답 08 ① 09 ② 10 ④ 11 ② 12 ③ 13 ②

14 자체 인덕턴스가 100[H]의 코일에 전류를 1초 동안 0.1[A]만큼 변화시켰다면 유도기전력[V]은?

① 1[V]   ② 10[V]
③ 100[V] ④ 1,000[V]

해설

유도기전력 $|e| = L\dfrac{di}{dt} = 100 \times \dfrac{0.1}{1} = 10\,[\text{V}]$

15 자체 인덕턴스가 50[mH], 80[mH], 상호 인덕턴스가 60[mH]인 코일 2개를 가동접속했을 때 합성 인덕턴스는?

① 10   ② 130   ③ 190   ④ 250

해설

가동결합 합성 인덕턴스 $L_0 = L_1 + L_2 + 2M\,[\text{H}]$

∴ $L_0 = 50 + 80 + 2 \cdot 60 = 250\,[\text{mH}]$

16 $R=3[\Omega]$, $X=4[\Omega]$이 직렬인 회로에 교류전압이 15[V]를 인가했을 때 흐르는 전류의 크기는?

① 2.14   ② 3   ③ 3.75   ④ 5

해설

- 합성 임피던스 $Z = R + jX_L = 3 + j4\,[\Omega]$
- 전류 $I = \dfrac{V}{Z} = \dfrac{15}{\sqrt{3^2+4^2}} = 3\,[\text{A}]$

17 정전용량 $C[\mu\text{F}]$의 콘덴서에 충전된 전하가 $q = \sqrt{2}\,Q\sin\omega t\,[\text{C}]$와 같이 변화하도록 하였다면 이때 콘덴서에 흘러들어가는 전류의 값은?

① $i = \sqrt{2}\,\omega Q\sin\omega t$
② $i = \sqrt{2}\,\omega Q\cos\omega t$
③ $i = \sqrt{2}\,\omega Q\sin(\omega t - 60°)$
④ $i = \sqrt{2}\,\omega Q\cos(\omega t - 60°)$

해설

교류전류 $i = \dfrac{dq}{dt} = \dfrac{d}{dt}\cdot\sqrt{2}\,Q\sin\omega t = \sqrt{2}\,Q\omega\cos\omega t\,[\text{A}]$

18 피상전력의 식으로 옳은 것은?(단, E는 전압, I는 전류, θ는 위상각이다.)

① $EI\cos\theta$ ② $EI\sin\theta$
③ $EI\tan\theta$ ④ EI

해설

- 유효전력 $P = EI\cos\theta\,[\text{W}]$
- 무효전력 $P_r = EI\sin\theta\,[\text{Var}]$
- 피상전력 $P_a = EI\,[\text{VA}]$

19 저항 세 개를 △접속했을 때 한 상의 저항이 30[Ω]이다. 이를 등가변환한 Y부하의 한 상의 저항값은?

① 10   ② 30   ③ 60   ④ 90

해설

평형 3상 저항의 등가변환 : $R_Y = \dfrac{1}{3}R_\Delta = \dfrac{1}{3}\cdot 30 = 10\,[\Omega]$

20 그림과 같은 회로에서 3[Ω]에 흐르는 전류 I는?

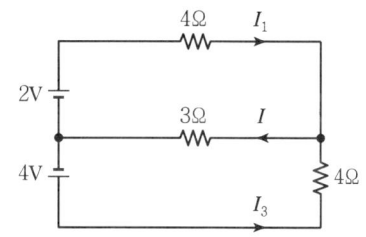

① 0.3   ② 0.6
③ 0.9   ④ 1.2

해설

- 2[V]를 단락하고 등가회로를 그리면

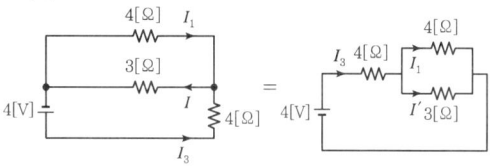

이때 합성저항 $R_{01} = 4 + \dfrac{4\cdot 3}{4+3} = \dfrac{40}{7}\,[\Omega]$

전체 전류 $I_3 = \dfrac{4}{R_{01}} = \dfrac{4}{\dfrac{40}{7}} = \dfrac{7}{10}\,[\text{A}]$

정답 14 ② 15 ④ 16 ② 17 ② 18 ④ 19 ① 20 ②

∴ 3[Ω]에 흐르는 전류
$$I' = \frac{4}{3+4} \times \frac{7}{10} = \frac{2}{5} = 0.4[A]$$

- 4[V]를 단락하고 등가회로를 그리면

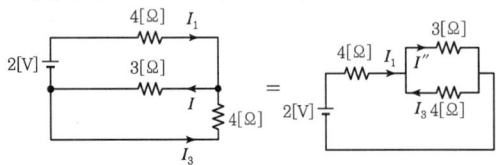

이때, 합성저항 $R_{02} = 4 + \frac{3 \cdot 4}{3+4} = \frac{40}{7}[\Omega]$

전체 전류 $I_1 = \frac{2}{R_{02}} = \frac{2}{\frac{40}{7}} = \frac{7}{20}[A]$

∴ 3[Ω]에 흐르는 전류
$$I'' = \frac{4}{3+4} \times \frac{7}{20} = \frac{1}{5} = 0.2[A]$$

- 3[Ω]에 흐르는 각각의 전류 방향이 동일하기 때문에
$$I = I' + I'' = 0.4 + 0.2 = 0.6[A]$$

21 전기기계의 효율 중 발전기의 규약 효율 η_G는?(단, 입력 P, 출력 Q, 손실 L로 표현한다.)

① $\eta_G = \frac{P-L}{P} \times 100[\%]$

② $\eta_G = \frac{Q}{Q+L} \times 100[\%]$

③ $\eta_G = \frac{Q}{P} \times 100[\%]$

④ $\eta_G = \frac{P-L}{P+L} \times 100[\%]$

[해설]

- 발전기 효율 : $\eta_G = \frac{출력}{출력+손실} \times 100[\%]$: 출력 기준
- 전동기 효율 : $\eta_M = \frac{입력-손실}{입력} \times 100[\%]$: 입력 기준

22 전기자 총도체수 220, 극수 6, 회전수 1,500 [rpm]인 직류 분권발전기의 유도기전력이 165[V] 이면, 매극의 자속수는 몇 [Wb]인가?(단, 전기자 권선은 파권이다.)

① 0.01   ② 0.02   ③ 1   ④ 10

[해설]

$E = \frac{PZ\phi}{a} \cdot \frac{N}{60}[V]$ 이므로

$\phi = \frac{E \cdot a \cdot 60}{PZN} = \frac{165 \times 2 \times 60}{6 \times 220 \times 1,500} = 0.01[Wb]$ 이다.

(파권이므로 $a = 2$)

23 동기전동기의 자기 기동에서 계자권선을 단락하는 이유는?

① 기동이 쉽다.
② 운전권선의 저항을 크게 한다.
③ 전기자 반작용을 방지한다.
④ 고전압 유도에 의한 절연 파괴 위험을 방지한다.

[해설]

동기전동기 기동 시 계자권선을 개방하면 회전 자속에 의해 고전압이 유도되어 절연 파괴의 위험이 있으므로 저항을 통하여 단락시킨다.

24 용량 100[kVA]인 동일 정격의 단상 변압기 4대로 공급할 수 있는 3상 최대 출력 용량[kVA]은?

① $200\sqrt{3}$ ② $200\sqrt{2}$
③ $300\sqrt{2}$ ④ 400

[해설]

단상 변압기가 4대이므로 2대씩 V결선하여 공급하면 최대 용량이 된다.
$P_V = 2 \times \sqrt{3}P = 2 \times \sqrt{3} \times 100 = 200\sqrt{3}$ (단, P=단상 변압기 1대의 용량)

25 60[Hz]의 변압기에 50[Hz]의 동일 전압을 가했을 때의 자속밀도는 60[Hz] 때와 비교하였을 경우 어떻게 되는가?

① $\frac{5}{6}$ ② $\frac{6}{5}$으로 증가

③ $\left(\frac{5}{6}\right)^2$으로 감소   ④ $\left(\frac{6}{5}\right)^2$으로 증가

정답 21 ② 22 ① 23 ④ 24 ① 25 ②

> **해설**
>
> $E = 4.44f\phi N$에서, 전압이 일정할 때 $f \propto \dfrac{1}{\phi} \propto \dfrac{1}{B}$이므로, 주파수가 60 ⇒ 50으로 낮아지면 자속밀도는 $\dfrac{6}{5}$ 증가한다.

26 다음 중 TRIAC의 기호는?

① 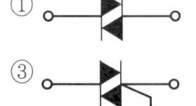   ②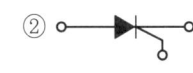
③ 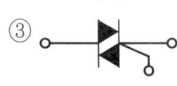   ④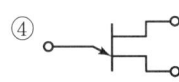

> **해설**
>
> ① DIAC   ② SCR
> ③ TRIAC ④ UJT

27 실리콘 제어 정류기(SCR)에 대한 설명으로 옳지 않은 것은?

① 인버터 회로에 이용될 수 있다.
② 정방향 및 역방향 제어 특성이 있다.
③ P-N-P-N 구조로 되어 있다.
④ 정류작용을 할 수 있다.

> **해설**
>
> SCR
> 단방향 역저지 3단자 소자이다.

28 코일 주위에 전기적 특성이 큰 에폭시 수지를 고진동으로 침투시키고, 그 주위를 기계적 강도가 에폭시 수지로 몰딩한 변압기는?

① 타이 변압기   ② 유입 변압기
③ 몰드 변압기   ④ 건식 변압기

> **해설**
>
> 몰드 변압기
> 고진동 상태에서 에폭시 수지를 몰딩한 변압기로 단시간 과부하 내량이 크고 효율이 높고 손실이 적어 최근 보편화되고 있다.

29 단상 유도전동기의 기동 방법 중 기동토크가 가장 큰 것은?

① 반발 기동형   ② 셰이딩 코일형
③ 분상 기동형   ④ 영구 콘덴서형

> **해설**
>
> 단상 유도전동기 기동토크 크기
> 반발 기동형 > 반발 유도형 > 콘덴서 기동형 > 영구 콘덴서형 > 분상 기동형 > 셰이딩 코일형

30 수·변전 설비의 고압 회로에 걸리는 전압을 표시하기 위해 전압계를 시설할 때 고압회로와 전압계 사이에 시설하는 것은?

① 계기용 변류기   ② 계기용 변압기
③ 수전용 변압기   ④ 권선형 변류기

> **해설**
>
> 계기용 변압기(PT)
> 고전압을 저전압으로 낮추기 위한 기기로 2차 측 전압은 110[V]이다.

31 정격이 1,000[V], 500[A], 역률 90[%]의 3상 동기발전기의 단락전류 I_s[A]는?(단, 단락비는 1.3으로 하고, 전기저항은 무시한다.)

① 450   ② 550
③ 650   ④ 750

> **해설**
>
> 단락비 $K_s = \dfrac{I_s}{I_n} = \dfrac{100}{\%Z_s}$이므로,
> $I_s = K_s \times I_n = 1.3 \times 500 = 650[\text{A}]$

32 3상 권선형 유도전동기의 설명에 대해서 틀린 것은?

① 비례추이를 이용하여 큰 기동토크를 얻을 수 있다.
② 2차 저항법으로 속도를 제어한다.
③ 2차 저항을 통하여 기동전류를 억제할 수 있다.
④ 중소형에 적합하다.

> **해설**
>
> 3상 권선형 유도전동기는 2차 저항을 이용한 비례추이로 큰 기동토크를 얻을 수 있으며, 기동전류를 억제할 수 있어 대형 유도전동기에 적합하다.

정답 26 ③ 27 ② 28 ③ 29 ① 30 ② 31 ③ 32 ④

33 반파 정류회로에서 변압기 2차 전압의 실효치를 E[V]라 하면 직류 전류 평균치는?(단, 정류기의 전압강하는 무시한다.)

① $\dfrac{E}{R}$
② $\dfrac{1}{2} \cdot \dfrac{E}{R}$
③ $\dfrac{2\sqrt{2}}{\pi} \cdot \dfrac{E}{R}$
④ $\dfrac{\sqrt{2}}{\pi} \cdot \dfrac{E}{R}$

해설

단상반파의 직류 평균값 $E_d = \dfrac{\sqrt{2}}{\pi}E \Rightarrow I_d = \dfrac{E_d}{R}$ 이므로,
$I_d = \dfrac{\sqrt{2}}{\pi} \cdot \dfrac{E}{R}$ 이다.

34 권수비 10의 변압기가 있다. 1, 2차 저항이 각 8[Ω], 0.078[Ω]이고, 리액턴스는 각 9[Ω], 0.07[Ω]이다. 이 변압기의 1차 쪽으로 환산한 저항과 리액턴스를 구하면?

① $R=12.3, X=10$
② $R=15.8, X=16$
③ $R=17.2, X=18$
④ $R=18.0, X=20$

해설

$R = r_1 + a^2 r_2 = 8 + 10^2 \times 0.078 = 15.8[Ω]$
$X = x_1 + a^2 x_2 = 9 + 10^2 \times 0.07 = 16[Ω]$

35 동기전동기의 전기자 전류가 최소일 때 역률은?

① 0.5   ② 1.0   ③ 0.8   ④ 0.866

해설

- 여자전류가 약할 때(부족여자) : 지상 역률을 만들며 전류가 전압보다 뒤짐. 리액터로 작용
- 여자전류가 강할 때(과여자) : 진상 역률을 만들며 전류가 전압보다 앞섬. 콘덴서로 작용
- 전기자 전류가 최소일 때 역률이 1이다.

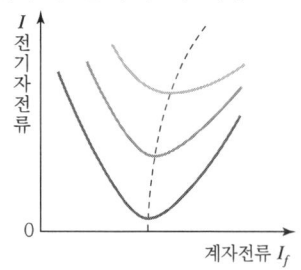

36 권선저항과 온도와의 관계는?

① 온도가 상승함에 따라 권선저항은 감소한다.
② 온도가 상승함에 따라 권선저항은 증가한다.
③ 온도가 상승함에 따라 권선저항은 증가와 감소를 반복한다.
④ 온도와는 무관하다.

해설

도체는 온도가 상승함에 따라 저항도 비례하여 증가하나, 반도체는 온도가 상승하면 저항은 반비례하여 감소한다.

37 동기발전기의 병렬 운전에 필요한 조건이 아닌 것은?

① 전압의 크기가 같을 것
② 주파수가 같을 것
③ 회전수가 같을 것
④ 위상이 같을 것

해설

동기발전기의 병렬 운전 조건
- 기전력의 크기가 같을 것
- 기전력의 위상이 같을 것
- 기전력의 주파수가 같을 것
- 기전력의 파형이 같을 것
- 상회전 방향이 같을 것

38 3상 변압기의 병렬 운전이 불가능한 결선은?

① $\Delta-\Delta$와 Y-Y
② $\Delta-\Delta$와 Δ-Y
③ Δ-Y와 Δ-Y
④ $\Delta-\Delta$와 $\Delta-\Delta$

해설

3상 변압기군의 병렬 운전 결선 조합

병렬 운전 가능	병렬 운전 불가능
$\Delta-\Delta$와 $\Delta-\Delta$, Y-Y와 Y-Y Y-Δ와 Y-Δ, Δ-Y와 Δ-Y $\Delta-\Delta$와 Y-Y, Δ-Y와 Y-Δ	$\Delta-\Delta$와 Y-Δ Y-Y와 Δ-Y

정답 33 ④ 34 ② 35 ② 36 ② 37 ③ 38 ②

39 다음의 정류곡선 중 브러시의 후단에서 불꽃이 발생하기 쉬운 것은?

① 직선정류
② 정현파정류
③ 과정류
④ 부족정류

해설
㉠ 직선정류 : 이상적인 정류, 불꽃 발생 없다.
㉡ 정현파정류 : 양호한 정류, 불꽃 발생 없다.
㉢ 부족정류 : 정류 말기 불꽃 발생
㉣ 과정류 : 정류 초기 불꽃 발생

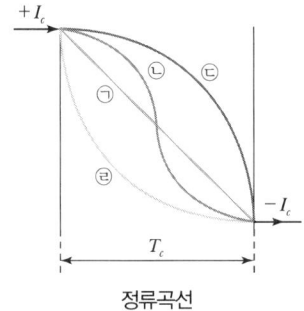

정류곡선

40 슬립이 일정한 경우 유도전동기의 공급 전압이 1/2로 감소되면 토크는 처음에 비해 어떻게 되는가?

① 2배가 된다.
② 1배가 된다.
③ 1/2로 줄어든다.
④ 1/4로 줄어든다.

해설
유도전동기의 토크는 공급전압의 제곱에 비례한다.
$\tau = V_1^2 z$ 이므로, $\tau' = \left(\frac{1}{2}V_1\right)^2 = \frac{1}{4}V_1^2 = \frac{1}{4}\tau$

41 전선을 접속할 경우의 설명으로 틀린 것은?

① 접속 부분의 전기저항이 증가되지 않아야 한다.
② 전선의 세기를 80[%] 이상 감소시키지 않아야 한다.
③ 접속 부분은 접속 기구를 사용하거나 납땜을 하여야 한다.
④ 알루미늄 전선과 구리선을 접속하는 경우, 전기적 부식이 생기지 않도록 해야 한다.

해설
전선의 세기를 20[%] 이상 감소시키지 않아야 한다. 즉, 전선의 세기를 80[%] 이상 유지해야 한다.

42 다음 중 전선의 굵기를 측정할 때 사용되는 것은?

① 와이어 게이지
② 파이어 포트
③ 스패너
④ 프레셔 툴

해설
와이어 게이지, 마이크로미터 : 전선의 굵기를 측정하는 것

43 금속관 배관공사를 할 때 금속관을 구부리는데 사용하는 공구는?

① 히키(Hickey)
② 파이프 렌치(Pipe Wrench)
③ 오스터(Oster)
④ 파이프 커터(Pipe Cutter)

해설
② 파이프 렌치 : 금속관과 커플링을 물고 죄는 공구
③ 오스터 : 금속관에 나사를 내기 위한 공구
④ 파이프 커터 : 금속관을 절단할 때 사용되는 공구

44 한국전기설비규정(KEC)에서 SELV 및 PELV 특별저압에서 절연저항 측정에 가장 알맞은 절연저항계는 몇 [V]인가?

① 250[V] 메거
② 500[V] 메거
③ 1,000[V] 메거
④ 1,500[V] 메거

해설
저압 전로의 절연저항 시험전압 및 절연저항값

전로의 사용전압[V]	DC 시험전압[V]	절연저항
SELV 및 PELV	250	0.5[MΩ] 이상
FELV, 500[V] 이하	500	1.0[MΩ] 이상
500[V] 초과	1,000	1.0[MΩ] 이상

정답 39 ④ 40 ④ 41 ② 42 ① 43 ① 44 ①

45 한국전기설비규정에서 과전류차단기로 저압 전로에 사용하는 산업용 배선차단기는 정격전류 63[A] 초과일 때 정격전류의 1.3배 전류를 통한 경우 몇 분 안에 자동으로 동작되어야 하는가?

① 60 ② 240 ③ 20 ④ 120

해설
과전류트립 동작시간 및 특성(산업용 배선차단기)

정격전류의 구분	시간	정격전류의 배수(모든 극에 통전)	
		부동작 전류	동작 전류
63[A] 이하	60분	1.05배	1.3배
63[A] 초과	120분	1.05배	1.3배

46 계통 전체에 대해 중성선과 보호도체의 기능을 동일도체로 겸용한 PEN 도체를 사용하는 계통접지 방식은?

① TN ② TN-C-S
③ TN-C ④ TN-S

해설
TN-C 방식
계통 전체에 대해 중성선과 보호도체의 기능을 동일도체로 겸용한 PEN 도체를 사용

47 수전 전력 500[kW] 이상인 고압 수전 설비의 인입구에 낙뢰나 혼촉 사고에 의한 이상전압으로부터 선로와 기기를 보호할 목적으로 시설하는 것은?

① 단로기(DS) ② 배선용 차단기(MCCB)
③ 피뢰기(LA) ④ 누전차단기(ELB)

해설
피뢰기의 시설장소
• 발전소, 변전소 또는 이에 준하는 장소의 가공전선 인입구 및 인출구
• 가공전선로에 접속하는 특고압 배전용 변압기의 고압 측 및 특고압 측
• 고압 또는 특고압 가공전선로로부터 공급받는 수용장소의 인입구
• 가공전선로와 지중전선로가 접속되는 곳

48 다음 중 금속전선관의 호칭을 맞게 기술한 것은?

① 박강, 후강 모두 안지름으로 [mm]로 나타낸다.
② 박강은 안지름, 후강은 바깥지름으로 [mm]로 나타낸다.
③ 박강은 바깥지름, 후강은 안지름으로 [mm]로 나타낸다.
④ 박강, 후강 모두 바깥지름으로 [mm]로 나타낸다.

해설
• 후강전선관 : 안지름의 크기에 가까운 짝수
• 박강전선관 : 바깥지름의 크기에 가까운 홀수

49 합성수지관 배선에서 경질비닐전선관의 굵기에 해당되지 않는 것은?(단, 관의 호칭을 말한다.)

① 14 ② 16 ③ 18 ④ 22

해설
합성수지제 전선관의 호칭
안지름 크기에 가까운 짝수로 표시(14, 16, 22, 28, 36, 42[mm])

50 저압크레인 또는 호이스트 등의 트롤리선을 애자사용공사에 의하여 옥내의 노출장소에 시설하는 경우 트롤리선의 바닥에서의 최소 높이는 몇 [m] 이상으로 설치하는가?

① 2 ② 2.5 ③ 3 ④ 3.5

해설
저압크레인 및 호이스트 등의 트롤리 배선 설치 높이 : 3.5[m]

51 애자사용공사에 대한 설명 중 틀린 것은?

① 사용전압이 400[V] 이하이면 전선과 조영재의 간격은 2.5[cm] 이상일 것
② 사용전압이 400[V] 이하이면 전선 상호 간의 간격은 6[cm] 이상일 것
③ 사용전압이 220[V]이면 전선과 조영재의 간격은 2.5[cm] 이상일 것
④ 전선을 조영재의 옆면을 따라 붙일 경우 전선 지지점 간의 거리는 3[m] 이하일 것

정답 45 ④ 46 ③ 47 ③ 48 ③ 49 ③ 50 ④ 51 ④

> **해설**
> 전선의 지지점 거리
> 조영재의 아랫면이나 옆면에 시설하고 2[m] 이하

52 불연성 먼지가 많은 장소에 시설할 수 없는 옥내 배선 공사 방법은?

① 금속관공사
② 금속제 가요전선관공사
③ 두께가 1.2[mm]인 합성수지관공사
④ 애자사용공사

> **해설**
> 불연성 먼지가 많은 곳
> 저압옥내배선은 애자, 합성수지관(2[mm] 이상), 금속관, 금속제 가요전선관, 금속덕트공사, 버스덕트공사 또는 케이블공사에 의하여 시설한다.

53 고압 가공인입선이 일반적인 도로 횡단 시 설치 높이는?

① 3[m] 이상
② 3.5[m] 이상
③ 5[m] 이상
④ 6[m] 이상

> **해설**
> 인입선의 높이
>
> | 구분 | 저압 인입선[m] | 고압 인입선[m] |
> |---|---|---|
> | 도로 횡단 | 5 | 6 |
> | 철도 궤도 횡단 | 6.5 | 6.5 |
> | 횡단보도교 위 | 3 | 3.5 |
> | 기타 | 4 | 5 |

54 수전 설비의 저압 배전반은 배전반 앞에서 계측기를 판독하기 위하여 앞면과 최소 몇 [m] 이상 유지하는 것을 원칙으로 하는가?

① 0.6
② 1.2
③ 1.5
④ 1.7

> **해설**
> 저·고압 배전반은 배전반 앞에서 계측기를 판독하기 위하여 앞면과 최소 1.5[m] 이상 유지하여야 한다.

55 가스 절연 개폐기나 가스 차단기에 사용되는 가스인 SF_6의 성질이 아닌 것은?

① 같은 압력에서 공기의 2.5~3.5배의 절연내력이 있다.
② 무색, 무취, 무해 가스이다.
③ 가스 압력이 3~4[kgf/cm²]에서 절연내력은 절연유 이상이다.
④ 소호능력은 공기보다 2.5배 정도 낮다.

> **해설**
> 6불화유황(SF_6) 가스
> • 소호능력이 공기보다 약 100배 정도 우수
> • 불활성 기체
> • 절연내력이 공기보다 약 2.5~3.5배 정도 우수
> • 무취, 무색, 무독성

56 실내 전반 조명을 하고자 한다. 작업대로부터 광원의 높이가 2.4m인 위치에 조명기구를 배치할 때 벽에서 한 기구 이상 떨어진 기구에서 기구 간의 거리는 일반적인 경우 최대 몇 [m]로 배치하여 설치하는가?(단, $S \leq 1.5H$를 사용하여 구하도록 한다.)

① 1.8
② 2.4
③ 3.2
④ 3.6

> **해설**
> 등기구 상호 간의 간격
> $S \leq 1.5H$(직접, 전반조명의 경우)
>   여기서, H는 광원의 높이
> $S \leq 1.5H = 1.5 \times 2.4 = 3.6[m]$)

57 전주 외등 설치 시 백열전등 및 형광등의 조명기구를 전주에 부착하는 경우 부착한 점으로부터 돌출되는 수평거리는 몇 [m] 이내로 하여야 하는가?

① 0.5
② 0.8
③ 1.0
④ 1.2

> **해설**
> 백열전등 및 형광등의 기구를 전주에 부착한 점으로부터 돌출되는 수평거리 1[m] 이내이다.

정답 52 ③ 53 ④ 54 ③ 55 ④ 56 ④ 57 ③

58 지지선의 중간에 넣는 애자는?

① 저압 핀 애자　　② 구형애자
③ 잡아당김 애자　　④ 내장애자

해설

지지선의 중간에는 구형애자(지지선애자, 옥애자)를 설치

59 배전용 기구인 COS(컷아웃 스위치)의 용도로 알맞은 것은?

① 배전용 변압기의 1차 측에 시설하여 변압기의 단락 보호용으로 쓰인다.
② 배전용 변압기의 2차 측에 시설하여 변압기의 단락 보호용으로 쓰인다.
③ 배전용 변압기의 1차 측에 시설하여 배전 구역 전환용으로 쓰인다.
④ 배전용 변압기의 2차 측에 시설하여 배전 구역 전환용으로 쓰인다.

해설

변압기의 보호
주상 변압기의 1차 측 보호 : 컷아웃 스위치(COS)를 시설하여 변압기의 단락 보호

60 가요전선관과 금속관 상호 접속에 쓰이는 것은?

① 스플릿 커플링
② 콤비네이션 커플링
③ 스트레이트 박스 접속기
④ 앵글 박스 접속기

해설

• 가요전선관 상호의 접속 : 스플릿 커플링
• 가요전선관과 금속관의 접속 : 콤비네이션 커플링
• 가요전선관과 박스와의 접속 : 스트레이트 박스 접속기, 앵글 박스 접속기

정답 58 ② 59 ① 60 ②

2020년 2회 시행

01 다음 중 유전체 1[m³] 안에 저장되는 정전에너지 W[J/m³]를 구하는 식으로 옳지 않은 것은? (단, D는 전속밀도[C/m²], E는 전기장의 세기[V/m]이다.)

① $\frac{1}{2}DE$
② $\frac{1}{2}\varepsilon E^2$
③ $\frac{1}{2}\varepsilon D^2$
④ $\frac{1}{2}\frac{D^2}{\varepsilon}$

해설

단위 체적당 에너지

$$W_e = \frac{\rho_s^2}{2\varepsilon} = \frac{D^2}{2\varepsilon} = \frac{1}{2}E^2\varepsilon = \frac{1}{2}ED \, [\text{J/m}^3]$$

02 코일이 접속되어 있을 때, 누설 자속이 없는 이상적인 코일 간의 상호 인덕턴스는?

① $M = \sqrt{L_1 + L_2}$
② $M = \sqrt{L_1 - L_2}$
③ $M = \sqrt{L_1 L_2}$
④ $M = \sqrt{\frac{L_1}{L_2}}$

해설

상호 인덕턴스 $M = k\sqrt{L_1 L_2}$ [H]에서, 누설자속이 없는 경우 결합계수 $k=1$을 대입하면 $M = \sqrt{L_1 L_2}$ [H]가 된다.

03 진공 중에서 같은 크기의 두 자극을 1[m] 거리에 놓았을 때, 그 작용하는 힘은?(단, 자극의 세기는 1[Wb]이다.)

① 6.33×10^4[N]
② 8.33×10^4[N]
③ 9.33×10^5[N]
④ 9.09×10^9[N]

해설

진공 중 두 자극 사이에 작용하는 힘

$$F = \frac{m_1 m_2}{4\pi\mu_0 r^2} = 6.33 \times 10^4 \times \frac{m^2}{r^2} = 6.33 \times 10^4 \times \frac{1^2}{1^2}$$
$$= 6.33 \times 10^4 \, [\text{N}]$$

04 간격이 1[m]의 평행도체에 1[A]의 같은 전류가 흐를 때 작용하는 힘의 크기[N/m]는?

① 2×10^{-7}
② 2×10^{-9}
③ 4×10^{-7}
④ 4×10^{-9}

해설

평행한 도체 사이에 작용하는 힘

$$F = \frac{\mu_0 I_1 I_2}{2\pi r} = \frac{2I_1 I_2}{r} \times 10^{-7} \, [\text{N/m}]$$
$$= \frac{2 \times 1 \times 1}{1} \times 10^{-7} = 2 \times 10^{-7} \, [\text{N/m}]$$

05 평형 3상 교류회로에서 Δ부하의 한 상의 임피던스가 Z_Δ일 때, 등가변환한 Y부하의 한 상의 임피던스 Z_Y는 얼마인가?

① $Z_Y = \sqrt{3}Z_\Delta$
② $Z_Y = 3Z_\Delta$
③ $Z_Y = \frac{1}{\sqrt{3}}Z_\Delta$
④ $Z_Y = \frac{1}{3}Z_\Delta$

해설

임피던스 등가변환

- $Z_\Delta = 3Z_Y$
- $Z_Y = \frac{1}{3}Z_\Delta$

06 양단에 10[V]의 전압이 걸렸을 때 전자 1개가 하는 일의 양은?

① 1.6×10^{-20}[J]
② 1.6×10^{-19}[J]
③ 1.6×10^{-18}[J]
④ 1.6×10^{-17}[J]

해설

$W = QV = eV = 1.602 \times 10^{-19} \times 10 = 1.602 \times 10^{-18}$ [J]

정답 01 ③ 02 ③ 03 ① 04 ① 05 ④ 06 ③

07 진공 중의 자기회로에서 길이가 1[m]이고, 면적이 1[m²]일 때 자기저항은 약 몇 [AT/Wb]인가?

① 8×10^4 ② 8×10^5
③ 8×10^{-9} ④ 8×10^{-8}

해설

자기저항 $R_m = \dfrac{l}{\mu_0 S} = \dfrac{1}{4\pi \times 10^{-7} \times 1} = 8 \times 10^5 \,[\text{AT/Wb}]$

08 거리가 각각 1[cm], 2[cm]인 A, B점이 있고, 이 점에 전하가 8×10^{-6}[C]일 때, 각각의 전속밀도는 몇 [μC/m²]인가?

① $A : 0.6,\ B : 0.15$
② $A : 6.37,\ B : 1.59$
③ $A : 6,366,\ B : 1,592$
④ $A : 12,738,\ B : 3,184$

해설

전속밀도 $D = \dfrac{\psi}{S} = \dfrac{Q}{S} = \dfrac{Q}{4\pi r^2} = E\varepsilon \,[\text{C/m}^2]$에서 점전하가 존재하면 점전하를 중심으로 반경 r[m]의 구 표면을 Q[C]의 전속이 균일하게 분포하여 지나가기 때문에 구 표면의 전속밀도

$D = \dfrac{Q}{4\pi r^2}\,[\text{C/m}^2]$이다.

결국 A점의 전속밀도

$D_1 = \dfrac{Q}{4\pi r^2} = \dfrac{8 \times 10^{-6}}{4\pi \times (1 \times 10^{-2})^2} \times 10^6 = 6,366\,[\mu\text{C/m}^2]$

B점의 전속밀도

$D_2 = \dfrac{Q}{4\pi r^2} = \dfrac{8 \times 10^{-6}}{4\pi \times (2 \times 10^{-2})^2} \times 10^6 = 1,592\,[\mu\text{C/m}^2]$

09 회로망의 임의의 접속점에 유입되는 전류가 $\sum I = 0$이라는 법칙은?

① 쿨롱의 법칙
② 패러데이의 법칙
③ 키르히호프의 제1법칙
④ 키르히호프의 제2법칙

해설

키르히호프 법칙
폐회로망 내에서의 전류 및 전압에 대한 관계식을 말하는 법칙으로 선형, 비선형, 시변, 시불변 모두 사용이 가능한 법칙이다.

- 제1법칙(KCL) : 전류법칙
  회로망 내 임의의 점에 유입하는 전류는 유출하는 전류와 같다
  ($\sum$유입$I = \sum$유출I, $\sum I = 0$, $div I = 0$).
- 제2법칙(KVL) : 전압법칙
  회로망 내 임의의 한 폐회로에서 기전력의 총합은 전압 강하의 대수합과 같다($\sum E = \sum IR$).

10 다음 중 어드미턴스의 허수부는?

① 임피던스   ② 컨덕턴스
③ 리액턴스   ④ 서셉턴스

해설

어드미턴스 $Y = \dfrac{1}{Z} = G \pm jX\,[\text{℧}]$이므로 실수부는 G(컨덕턴스)를 허수부는 X(서셉턴스)를 의미한다.

11 다음 설명의 (㉠), (㉡)에 들어갈 내용으로 옳은 것은?

> "히스테리시스 곡선에서 종축과 만나는 점은 (㉠)이고, 횡축과 만나는 점은 (㉡)이다."

① ㉠ 보자력, ㉡ 잔류자
② ㉠ 잔류자기, ㉡ 보자력
③ ㉠ 자속밀도, ㉡ 자기저항
④ ㉠ 자기저항, ㉡ 자속밀도

해설

히스테리시스 곡선(Hysteresis Loop)

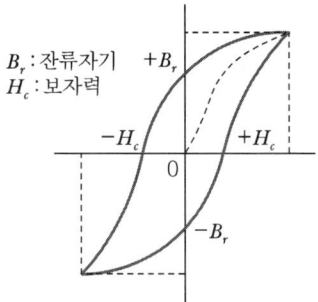

- 종축 : 자속밀도(B), 종축과 만나는 점 : 잔류자기
- 횡축 : 자계(H), 횡축과 만나는 점 : 보자력

정답 07 ② 08 ③ 09 ③ 10 ④ 11 ②

12 초산은(AgNO₃) 용액에 1[A]의 전류를 2시간 동안 흘렸다. 이때 은의 석출량[g]은?(단, 은의 전기 화학당량은 1.1×10^{-3}이다.)

① 5.44 ② 6.08
③ 7.92 ④ 9.84

해설

패러데이 법칙
$W = KQ = KIt = 1.1 \times 10^{-3} \times 1 \times 2 \times 3,600 = 7.92$ [g]
여기서, W : 석출되는 물질의 양[g], K : 화학당량[g/C]

13 두 개의 서로 다른 금속의 접속점에 온도차를 주면 열기전력이 생기는 현상은?

① 홀 효과 ② 줄 효과
③ 압전기 효과 ④ 제벡 효과

해설

제벡 효과
서로 다른 두 종류의 금속을 접속하고 금속의 접합점의 온도가 다르면 전기가 발생하는 현상

14 R_1, R_2, R_3의 저항이 직렬 연결된 회로의 전압 V를 가할 경우 저항 R_2에 걸리는 전압은?

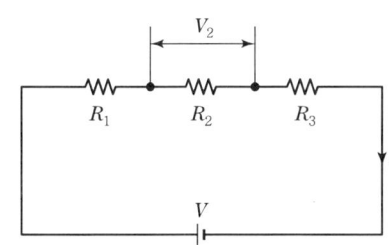

① $\dfrac{VR_1}{R_1 + R_2 + R_3}$ ② $\dfrac{VR_2}{R_1 + R_2 + R_3}$

③ $\dfrac{VR_3}{R_1 + R_2 + R_3}$ ④ $\dfrac{V(R_1 + R_2 + R_3)}{R_2}$

해설

• 합성저항 $R_0 = R_1 + R_2 + R_3$ [Ω]

• 전체전류 $I_t = \dfrac{V}{R_0} = \dfrac{V}{R_1 + R_2 + R_3}$ [A]

R_2에 걸리는 전압
$V_2 = I_t R_2 = \dfrac{V}{R_1 + R_2 + R_3} \cdot R_2 = \dfrac{VR_2}{R_1 + R_2 + R_3}$ [V]

15 다음 중 중저항 측정에 사용되는 브리지는?

① 휘트스톤 브리지 ② 빈 브리지
③ 맥스웰 브리지 ④ 캘빈더블 브리지

해설

• 저저항 측정 : 캘빈더블 브리지, 전위차계법
• 중저항 측정 : 휘트스톤 브리지, 전압전류계법
• 고저항 측정 : 절연저항계, 메거
• 특수 저항 측정 : 콜라우시 브리지

16 2[F]의 콘덴서에 25[J]의 에너지가 저장되어 있다면, 콘덴서에 공급된 전압은 몇 [V]인가?

① 2 ② 3
③ 4 ④ 5

해설

콘덴서에 저장되는 에너지 $W = \dfrac{1}{2}CV^2$ [J]이므로
$CV^2 = 2W$, $V = \sqrt{\dfrac{2W}{C}} = \sqrt{\dfrac{2 \times 25}{2}} = 5$ [V]

17 다음 중 전기저항을 나타내는 식은?

① $R = \rho\dfrac{l}{2\pi r}$ ② $R = \dfrac{l}{2r}$

③ $R = \rho\dfrac{l}{\pi r^2}$ ④ $R = \rho\dfrac{l}{r^2}$

해설

도선이나 도체의 저항
$R = \rho\dfrac{l}{S} = \rho\dfrac{l}{\pi r^2} = \dfrac{4\rho l}{\pi D^2} = \dfrac{l}{kS}$ [Ω]

여기서, ρ[Ω·m] : 고유저항, S[m²] : 단면적
r[m] : 반경, l[m] : 길이, D[m] : 직경
k[℧/m] : 도전율

18 다음 중 비정현파가 아닌 것은?

① 삼각파 ② 사각파
③ 사인파 ④ 펄스파

해설

비정현파는 사인파(정현파)와 비교하여 찌그러짐이 있는 파형을 의미한다.

정답 12 ③ 13 ④ 14 ② 15 ① 16 ④ 17 ③ 18 ③

19 3[μF], 4[μF], 5[μF]의 3개의 콘덴서가 병렬로 연결된 회로의 합성 정전용량은 얼마인가?

① 1.2[μF] ② 3.6[μF]
③ 12[μF]   ④ 36[μF]

해설
콘덴서 병렬 합성 정전용량
$C_0 = C_1 + C_2 + C_3 = 3 + 4 + 5 = 12[\mu F]$

20 다음 중 전류와 연관이 없는 법칙은?

① 앙페르의 오른나사 법칙
② 비오-사바르 법칙
③ 앙페르 주회적분 법칙
④ 렌츠의 법칙

해설
① 앙페르의 오른나사 법칙 : 전류에 의한 자기장의 방향을 간단하게 알아내는 법칙
② 비오-사바르 법칙 : 전류에 의한 자계의 세기를 구할 수 있는 법칙
$dH = \dfrac{Idl}{4\pi r^2} \cdot \sin\theta \, [\text{AT/m}]$
③ 앙페르 주회적분 법칙
$\int H dl = \sum NI, \; H = \dfrac{NI}{l} [\text{AT/m}]$
④ 렌츠의 법칙 : $e = -N\dfrac{d\phi}{dt}[V]$로 전자유도 현상에 의한 유도기전력은 시간에 대해 변화하는 자속의 증감을 방해하는 방향으로 유도됨을 설명하는 법칙

21 정격 속도로 회전하고 있는 무부하의 분권발전기가 있다. 계자 저항 50[Ω], 계자 전류 1.2[A], 전기자 저항이 0.5[Ω]일 때 유도기전력[V]은?

① 30.2 ② 50.6
③ 60.6 ④ 80.6

해설
$E = V + I_a R_a [V]$에서,
$V = I_f \times R_f = 1.2 \times 50 = 60[V]$이므로
$E = 60 + 1.2 \times 0.5 = 60.6[V]$ (∵ 무부하이므로 $I_a = I_f$)

22 직류전동기의 속도제어 방법 중 속도제어가 원활하고 정토크 제어가 되며 운전 효율이 좋은 것은?

① 계자 제어   ② 전압 제어
③ 직렬 저항제어 ④ 병렬 저항제어

해설
전압 제어법은 광범위하게 속도를 제어할 수 있으며 정토크 제어를 할 수 있다.

23 그림의 정류회로에서 다이오드의 전압강하를 무시할 때 콘덴서 양단의 최대 전압은 약 몇 [V]까지 충전되는가?

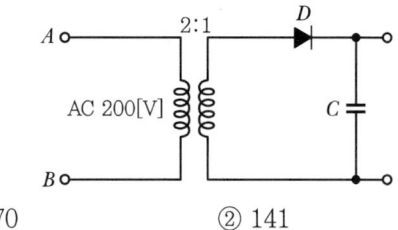

① 70   ② 141
③ 280   ④ 352

해설
권수비가 2 : 1이므로 2차 측 전압은 100[V]가 된다. 콘덴서 양단에 걸리는 최대 전압은 $100 \times \sqrt{2} ≒ 141[V]$

24 220[V]/60[Hz], 4극의 3상 유도전동기가 있다. 슬립 4[%]로 회전할 때 출력 17[kW]를 낸다면, 이때의 토크는 약 몇 [N·m]인가?

① 96[N·m]   ② 88[N·m]
③ 94[N·m]   ④ 102[N·m]

해설
$N = (1-s)N_s = (1-s)\dfrac{120f}{P} = (1-0.04)\dfrac{120 \times 60}{4}$
$= 1{,}728[\text{rpm}][\text{N·m}]$
$\tau = \dfrac{60}{2\pi} \cdot \dfrac{P_o}{N} = \dfrac{60}{2\pi} \cdot \dfrac{17{,}000}{1{,}728} ≒ 94[\text{N·m}]$

정답 19 ③ 20 ④ 21 ③ 22 ② 23 ② 24 ③

25 발전기를 정격전압 220[V]로 운전하다가 무부하로 운전하였더니, 단자전압이 253[V]가 되었다. 이 발전기의 전압 변동률 ε[%]은?

① 15[%]   ② 25[%]   ③ 35[%]   ④ 45[%]

> **해설**
> $\varepsilon = \dfrac{V_0 - V_n}{V_n} \times 100 = \dfrac{253-220}{220} \times 100[\%] = 15[\%]$

26 동기전동기의 직류 여자전류가 증가될 때의 현상으로 옳은 것은?

① 진상 역률을 만든다.
② 지상 역률을 만든다.
③ 동상 역률을 만든다.
④ 진상·지상 역률을 만든다.

> **해설**
> • 여자전류가 약할 때(부족여자) : 지상 역률을 만들며 전류가 전압보다 뒤짐. 리액터로 작용
> • 여자전류가 강할 때(과여자) : 진상 역률을 만들며 전류가 전압보다 앞섬. 콘덴서로 작용
> • 전기자 전류가 최소일 때 역률이 1이다.
> • 부하가 클수록 곡선은 위쪽으로 이동한다.

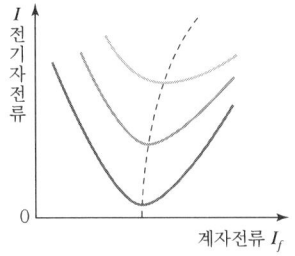

27 변압기의 결선에서 제3고조파를 발생시켜 통신선에 유도장해를 일으키는 3상 결선은?

① Y–Δ   ② Δ–Δ
③ Δ–Y   ④ Y–Y

> **해설**
> Y–Y결선은 선로에 제3고조파를 포함한 전류가 흘러 통신장해를 일으키므로 거의 사용되지 않으나, Y–Y–Δ의 3권선 변압기를 통하여 송전 전용으로 사용한다.

28 전기기계의 철심을 규소 강판으로 성층하는 이유는?

① 동손 감소
② 기계손 감소
③ 철손 감소
④ 제작이 용이

> **해설**
> 철심을 규소 강판으로 하면 히스테리시스 손실을 감소시킬 수 있고, 성층하면 와류손(맴돌이 전류손)을 줄일 수 있으므로 철손을 감소시킬 수 있다.

29 그림은 유도전동기 속도제어 회로 및 트랜지스터의 컬렉터 전류 그래프이다. ⓐ와 ⓑ에 해당하는 트랜지스터는?

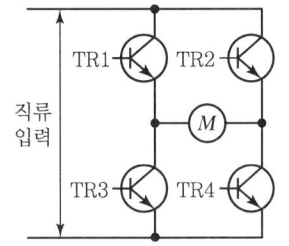 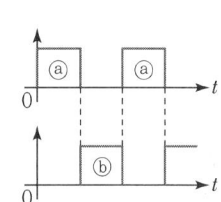

① ⓐ는 TR1과 TR4, ⓑ는 TR2과 TR3
② ⓐ는 TR1과 TR3, ⓑ는 TR2과 TR4
③ ⓐ는 TR2과 TR4, ⓑ는 TR1과 TR3
④ ⓐ는 TR1과 TR2, ⓑ는 TR3과 TR4

> **해설**
> 인버터 회로이며, 직류를 교류로 변환하여 유도전동기 M에 공급하는 것이므로 TR이 상호 대각선으로 On/Off되어야 하므로 TR1, TR4와 TR2, TR3가 교체 동작해야 한다.

30 변압기 내부고장 시 급격한 유류 또는 Gas의 이동이 생기면 동작하는 부흐홀츠 계전기의 설치 위치는?

① 변압기 본체
② 변압기의 고압 측 부싱
③ 콘서베이터 내부
④ 변압기 본체와 콘서베이터를 연결하는 파이프

정답 25 ① 26 ① 27 ④ 28 ③ 29 ① 30 ④

해설

부흐홀츠 계전기는 변압기 내부 고장으로 인한 절연유의 온도 상승 시 발생하는 가스 또는 기름의 흐름에 의해 동작하는 계전기로 변압기를 보호하며 변압기의 본체와 콘서베이터 사이에 설치한다.

31 병렬 운전 중인 2대의 3상 동기발전기의 유도 기전력에 200[V]의 전압 차이가 있다면 무효 순환전류는 몇 [A]인가?(단, 동기 임피던스는 5[Ω]이다.)

① 10 ② 20 ③ 25 ④ 30

해설

무효 순환전류 $I_c = \dfrac{E_A - E_B}{2Z_s} = \dfrac{200}{2 \times 5} = 20[\text{A}]$

32 다음 중 3상 분권정류자전동기는?

① 시라게전동기 ② 데리전동기
③ 톰슨전동기 ④ 아트킨손전동기

해설

시라게전동기
권선형 유도전동기의 일종으로 1차 권선이 회전자이고 2차 권선이 고정자이면서 회전자에 직류기의 전기자와 같은 3차 권선을 두어 정류자에 접속한 3상 분권정류자전동기

33 유도전동기에 기계적 부하를 걸었을 때 출력에 따라 속도, 토크, 효율, 슬립 등이 변화를 나타낸 출력 특성 곡선에서 슬립을 나타내는 곡선은?

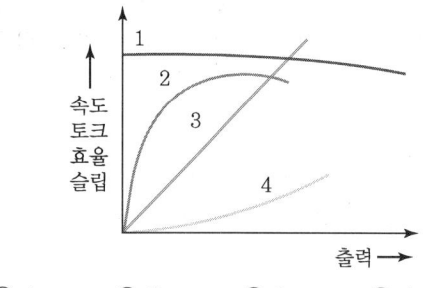

① 1 ② 2 ③ 3 ④ 4

해설

1 : 속도, 2 : 효율, 3 : 토크, 4 : 슬립

34 직류기에서 전압 변동률이 (+)값으로 표시되는 발전기는?

① 과복권발전기 ② 직권발전기
③ 평복권발전기 ④ 분권발전기

해설

전압 변동률 $\varepsilon = \dfrac{V_0 - V_n}{V_n}$ 이므로, 분권발전기는 단자 전압이 무부하 전압보다 작으므로 (+)값으로 표시되나 직권과 복권발전기는 (−)로 표시된다.

35 직류 직권전동기의 회전수(N)와 토크(τ)와의 관계는?

① $\tau \propto \dfrac{1}{N}$ ② $\tau \propto \dfrac{1}{N^2}$

③ $\tau \propto N$ ④ $\tau \propto N^{\frac{3}{2}}$

해설

- 직권전동기 : $\tau \propto I_a^2 \propto \dfrac{1}{N^2}$
- 분권전동기 : $\tau \propto I_a \propto \dfrac{1}{N}$

36 1차 전압이 13,200[V], 2차 전압이 220[V]인 단상 변압기의 1차에 6,000[V]의 전압을 가하면 2차 전압은 몇 [V]인가?

① 80 ② 100 ③ 120 ④ 200

해설

$a = \dfrac{V_1}{V_2} = \dfrac{13,200}{220} = 60$ 이므로,

2차 전압 $V_2 = \dfrac{V_1}{a} = \dfrac{6,000}{60} = 100[\text{V}]$

37 3상 변압기의 병렬 운전이 불가능한 결선 방식으로 짝지은 것은?

① $\Delta - \Delta$와 $Y - Y$ ② $\Delta - Y$와 $\Delta - Y$
③ $Y - Y$와 $Y - Y$ ④ $\Delta - \Delta$와 $\Delta - Y$

정답 31 ② 32 ① 33 ④ 34 ④ 35 ② 36 ② 37 ④

해설
3상 변압기군의 병렬 운전 결선 조합

병렬 운전 가능	병렬 운전 불가능
$\Delta-\Delta$와 $\Delta-\Delta$, $Y-Y$와 $Y-Y$	$\Delta-\Delta$와 $Y-\Delta$
$Y-\Delta$와 $Y-\Delta$, $\Delta-Y$와 $\Delta-Y$	$Y-Y$와 $\Delta-Y$
$\Delta-\Delta$와 $Y-Y$, $\Delta-Y$와 $Y-\Delta$	

38 그림은 트랜지스터의 스위칭 작용에 의한 직류전동기의 속도제어 회로이다. 전동기의 속도가 $N = k\dfrac{V - I_a r_a}{\phi}$[rpm]이라고 할 때, 이 회로에서 사용한 전동기의 속도제어법은?

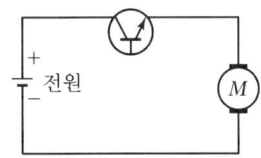

① 주파수제어법 ② 전압제어법
③ 저항제어법   ④ 계자제어법

해설
트랜지스터의 스위칭 작용을 이용하여 On/Off 전압 출력을 제어하는 전압제어법이다.

39 변압기, 동기기 등의 층간 단락 등의 내부 고장 보호에 사용되는 계전기는?

① 역상계전기   ② 접지계전기
③ 차동계전기   ④ 과전압계전기

해설
차동계전기
1, 2차 측에 설치한 CT 2차 전류의 차에 의하여 동작하는 계전기로, 변압기 내부고장 검출용으로 현재 가장 많이 사용된다.

40 동기발전기의 역률 및 계자 전류가 일정할 때 단자 전압과 부하 전류와의 관계를 나타내는 곡선은?

① 외부 특성 곡선   ② 전압 특성 곡선
③ 단락 특성 곡선   ④ 토크 특성 곡선

해설
외부 특성 곡선
정격 부하 시에 계자 전류를 일정하게 유지하면서 단자 전압과 부하 전류($V-I_f$ 관계)와의 변화를 나타내는 곡선으로 발전기의 외부 특성을 나타낸다.

41 한국전기설비규정(KEC)에서 접지 시스템의 구성에서 접지극과 주접지단자를 연결하는 도체는?

① 보호도체
② 주 등전위 본딩용 도체
③ 보조 등전위 본딩용 도체
④ 접지도체

해설
접지도체
주 접지단자나 접지모선과 접지극 사이의 도체

42 접지저항 측정방법으로 가장 적당한 것은?

① 절연저항계
② 전력계
③ 교류의 전압, 전류계
④ 콜라우시 브리지

해설
콜라우시 브리지
접지저항 측정용 계기로 접지저항, 전해액의 저항 측정에 사용된다.

43 박강전선관의 표준 굵기가 아닌 것은?

① 15[mm]   ② 17[mm]
③ 25[mm]   ④ 39[mm]

해설
박강전선관 : 얇은 금속관

관의 크기	바깥지름에 가까운 홀수
관의 호칭	15, 19, 25, 31, 39, 51, 63, 75
두께	1.6, 2.0[mm](얇은 금속관)
한 본의 길이	3.6[m]

정답 38 ② 39 ③ 40 ① 41 ④ 42 ④ 43 ②

44 교류 380[V]를 사용하는 공장의 전선과 대지 사이의 절연저항은 몇 [MΩ] 이상이어야 하는가?

① 0.1[MΩ]   ② 0.3[MΩ]
③ 0.5[MΩ]   ④ 1.0[MΩ]

해설

저압 전로의 절연저항 시험전압 및 절연저항값

전로의 사용전압[V]	DC 시험전압[V]	절연저항
SELV 및 PELV	250	0.5[MΩ] 이상
FELV, 500[V] 이하	500	1.0[MΩ] 이상
500[V] 초과	1,000	1.0[MΩ] 이상

45 점유면적이 좁고 운전, 보수에 안전하므로 공장, 빌딩 등의 전기실에 많이 사용되는 배전반은 어떤 것인가?

① 데드 프런트형   ② 수직형
③ 큐비클형   ④ 라이브 프런트형

해설

폐쇄식 배전반(큐비클형)
폐쇄식 배전반이란 단위 회로의 변성기, 차단기 등의 주기기류와 이를 감시, 제어, 보호하기 위한 각종 계기 및 조작개폐기, 계전기 등 전부 또는 일부를 금속제 상자 안에 조립하는 방식

폐쇄형의 특징
• 설치면적이 적다.
• 설치가 간단하고, 공기가 단축된다.
• 신뢰성이 있으며 표준화되어 있다.
• 외관이 미려하고 보수 시 안전하다.
• 기기 자체의 보전과 고장 확대 방지가 가능하다.
• 증설 및 이동 설치가 용이하다.

46 60[cd]의 점광원으로부터 2[m]의 거리에서 그 방향과 직각인 면과 30° 기울어진 평면 위의 조도[lx]는?

① 7.5   ② 10.8
③ 13.0   ④ 13.8

해설

조도의 구분
수평면 조도
$$E_h = \frac{I}{r^2}\cos\theta$$
$$= \frac{60}{2^2}\cos 30° ≒ 13[\text{lx}]$$

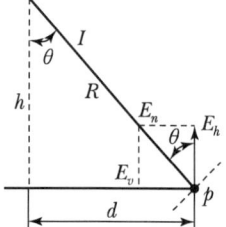

47 한국전기설비규정(KEC)에서 금속관공사에 관하여 설명한 것으로 옳은 것은?

① 저압옥내 배선의 사용전압이 400[V] 이하인 경우에는 습기가 많은 장소에서 접지공사를 생략할 수 있다.
② 저압옥내 배선의 사용전압이 400[V] 초과인 경우에는 4[m] 이하에서 접지공사를 생략할 수 있다.
③ 콘크리트에 매설하는 것은 전선관의 두께를 1.2[mm] 이상으로 한다.
④ 전선은 옥외용 비닐절연전선을 사용한다.

해설

• 접지공사 생략
사용전압이 400[V] 이하로서 다음 중 하나에 해당하는 경우 생략할 수 있다.
 - 관의 길이가 4[m] 이하인 것을 건조한 장소에 시설하는 경우
 - 옥내배선의 사용전압이 직류 300[V] 또는 교류 대지 전압 150[V] 이하로서 그 전선을 넣는 관의 길이가 8[m] 이하인 것을 사람이 쉽게 접촉할 우려가 없도록 시설하는 경우 또는 건조한 장소에 시설하는 경우
• 옥외용 비닐절연전선은 전선관에 사용하여서는 안 된다.

48 전주를 건주할 경우 A종 철근콘크리트주의 길이가 10[m]이면 땅에 묻는 표준 깊이는 최저 약 몇 [m]인가?(단, 설계하중이 6.8[kN] 이하이다.)

① 2.5   ② 3.0   ③ 1.7   ④ 2.4

해설

전주의 길이 15[m] 이하 : 전주의 길이의 $\frac{1}{6}$ 이상

$\frac{1}{6} \times 10 ≒ 1.7[\text{m}]$

정답 44 ④ 45 ③ 46 ③ 47 ③ 48 ③

49 배선에 대한 다음 그림기호의 명칭은?

———————————

① 바닥은폐배선　② 천장은폐배선
③ 노출배선　　　④ 지중매설배선

해설

배선의 기호

명칭	기호
천장은폐배선	———————
노출배선	‑ ‑ ‑ ‑ ‑ ‑ ‑ ‑
바닥은폐배선	━ ━ ━ ━ ━
바닥면노출배선	━ ━ ━ ━ ━
지중매설배선	━ ‑ ━ ‑ ━ ‑ ━

50 어느 수용가의 설비용량이 각각 1[kW], 2[kW], 3[kW], 4[kW]인 부하설비가 있다. 그 수용률이 60[%]인 경우 그 최대수용전력은 몇 [kW]인가?

① 3　② 6　③ 30　④ 60

해설

수용률 = $\dfrac{최대수용전력}{수용설비용량}$ 이므로,

최대수용전력 = (1+2+3+4)×0.6 = 6[kW]이다.

51 박스 내에서 가는 전선을 접속할 때에는 어떤 방법으로 접속하는가?

① 트위스트 접속　② 쥐꼬리 접속
③ 브리타니아 접속　④ 슬리브 접속

해설

박스 내 단선의 종단 접속 : 쥐꼬리 접속

52 화약류의 분말이 전기설비가 발화원이 되어 폭발할 우려가 있는 곳에 시설하는 저압 옥내배선의 공사 방법으로 가장 알맞은 것은?

① 금속관공사　② 애자사용공사
③ 버스덕트공사　④ 합성수지몰드공사

해설

폭연성 먼지 또는 화약류 분말이 존재하는 곳 저압 옥내배선은 금속전선관 공사 또는 케이블공사(MI 케이블 공사, 개장된 케이블공사)에 의하여 시설하여야 한다.

53 큰 건물의 공사에서 콘크리트에 구멍을 뚫어 드라이브 핀을 경제적으로 고정하는 공구는?

① 스패너　② 드라이브이트 툴
③ 오스터　④ 녹아웃 펀치

해설

① 스패너 : 볼트를 조일 때 사용하는 공구
② 드라이브이트 툴 : 화약의 폭발력을 이용하여 철근콘크리트 등의 단단한 조영물에 드라이브이트 핀을 박을 때 사용하는 공구
③ 오스터 : 금속관 끝에 나사를 내는 공구
④ 녹아웃 펀치 : 배전반, 분전반 등의 배관을 변경하거나, 이미 설치되어 있는 캐비닛에 구멍을 뚫을 때 필요한 공구

54 하나의 수용장소의 인입선 접속점에서 분기하여 지지물을 거치지 아니하고 다른 수용장소의 인입선 접속점에 이르는 전선은?

① 가공인입선　② 구내인입선
③ 이웃 연결인입선　④ 옥측 배선

해설

연접인입선 → 저압연접(이웃 연결)인입선
한 수용장소의 인입선에서 분기하여 지지물을 거치지 아니하고 다른 수용장소의 인입구에 이르는 부분의 전선

55 고압 보안공사 시 고압 가공전선로의 경간은 철탑의 경우 얼마 이하이어야 하는가?

① 100[m]　② 150[m]
③ 400[m]　④ 600[m]

해설

지지물의 경간[m]

지지물의 종류	표준 경간	저·고압 보안공사	1종 특고압 보안공사	2, 3종 특고압 보안공사
철탑	600	400	400	400

정답　49 ②　50 ②　51 ②　52 ①　53 ②　54 ③　55 ③

56 구리 전선과 전기기계기구 단자를 접속하는 경우에 진동 등으로 인하여 헐거워질 염려가 있는 곳에는 어떤 것을 사용하여 접속하여야 하는가?

① 정 슬리브를 끼운다.
② 평와셔 2개를 끼운다.
③ 코드 패스너를 끼운다.
④ 스프링 와셔를 끼운다.

해설
진동 등의 영향으로 헐거워질 우려가 있는 경우에는 스프링 와셔 또는 더블 너트를 사용하여야 한다.

57 저압 이웃 연결인입선은 인입선에서 분기하는 점으로부터 몇 [m]를 넘지 않는 지역에 시설하고 폭 몇 [m]를 넘는 도로를 횡단하지 않아야 하는가?

① 50[m], 4[m]
② 100[m], 5[m]
③ 150[m], 6[m]
④ 200[m], 8[m]

해설
이웃 연결인입선
- 인입선에서 분기하는 점으로부터 100[m]를 넘지 않는 지역일 것
- 폭 5[m]를 넘는 도로를 횡단하지 아니할 것

58 플로어덕트 부속품 중 박스의 플러그 구멍을 메우는 것의 명칭은?

① 덕트 서포트
② 아이언 플러그
③ 덕트 플러그
④ 인서트 마커

해설
- 덕트 서포트 : 덕트를 지지할 때 사용하는 부속품으로 높낮이 조절볼트를 이용하여 덕트를 수평 조절하여 처짐을 방지
- 인서트 마커 : 인서트 스터드에 나사로 돌려 박고, 중앙에 표시용의 작은 나사를 갖는 부속품

59 한국전기설비규정에서 접지극에 대한 설명 중 바람직하지 못한 것은?

① 동판을 사용하는 경우에는 두께 0.7[mm] 이상, 면적 900[cm^2] 편면 이상이어야 한다.
② 동봉, 동피복 강봉을 사용하는 경우에는 지름 8[mm] 이상, 길이 0.9[m] 이상이어야 한다.
③ 철봉을 사용하는 경우에는 지름 12[mm] 이상, 길이 0.9[m] 이상의 아연 도금한 것을 사용한다.
④ 접지선과 접지극을 접속하는 경우에는 납과 주석의 합금으로 땜하여 접속한다.

해설
- 접지극의 종류 및 규격
  - 동봉, 동피복 강봉 : 지름 8[mm] 이상, 길이 0.9[m] 이상일 것
  - 동판 : 두께 0.7[mm] 이상, 면적 900[cm^2] 이상일 것
  - 강봉(철봉) : 지름 12[mm] 이상, 길이 0.9[m] 이상일 것
  - 철관 : 바깥지름 25[mm] 이상, 길이 0.9[m] 이상 아연 도금 가스 철관 또는 후강전선관일 것
- 접지극 접속 : 발열성 용접, 압착접속, 클램프 또는 그 밖의 적절한 기계적 접속장치로 접속
※ 접지선과 접지극을 접속하는 경우에는 납과 주석의 합금으로 땜하여 접속할 수 없다. 단, 은납땜은 가능하다.

60 다선식 옥내배선인 경우 N상(중성선)의 색별 표시는?

① 갈색
② 검은색
③ 회색
④ 파란색

해설
전선의 식별

상(문자)	색상
L1	갈색
L2	검은색
L3	회색
N	파란색
보호도체	녹색-노란색

정답 56 ④ 57 ② 58 ② 59 ④ 60 ④

2020년 3회 시행

과년도 기출문제

01 플레밍의 왼손 법칙에서 전류의 방향을 나타내는 손가락은?

① 엄지 ② 검지 ③ 중지 ④ 약지

해설
플레밍의 왼손 법칙
자계 내에 도체를 두고 전류를 흘리면 도체가 받는 힘(전자력)에 관한 법칙($F = IBl\sin\theta [N]$)으로 엄지 : 힘, 검지 : 자속밀도, 중지 : 전류의 방향을 의미한다.

02 공기 중에서 자속밀도 3[Wb/m²]의 평등 자장 속에 길이 10[cm]의 직선 도선을 자장의 방향과 직각으로 놓고 여기에 4[A]의 전류를 흐르게 하면 이 도선이 받는 힘은 몇 [N]인가?

① 0.5 ② 1.2 ③ 2.8 ④ 4.2

해설
전자력
$F = IBl\sin\theta [N] = 4 \times 3 \times 10 \times 10^{-2} \times \sin 90° = 1.2[N]$

03 저항이 10[Ω]인 도체에 1[A]의 전류를 10분간 흘렸을 때 발생하는 열량은 몇 [kcal]인가?

① 0.62 ② 1.44 ③ 4.46 ④ 6.24

해설
열량 $H = 0.24I^2Rt [cal] = 0.24 \times 1^2 \times 10 \times 10 \times 60 \times 10^{-3}$
$= 1.44[kcal]$

04 자체 인덕턴스가 각각 160[mH], 250[mH]인 두 코일이 있다. 두 코일 사이의 상호인덕턴스가 150[mH]이면 결합계수는?

① 0.5 ② 0.62 ③ 0.75 ④ 0.86

해설
결합계수 $k = \dfrac{M}{\sqrt{L_1 L_2}} = \dfrac{150}{\sqrt{160 \times 250}} = 0.75$

05 자기장의 세기의 단위로 옳은 것은?

① H/m ② F/m
③ AT/m ④ V/m

해설
- 자기장(자계의 세기) : $H[AT/m = N/Wb]$
- 전기장(전계의 세기) : $E[V/m = N/C]$
- 유전율 : $\varepsilon[F/m]$
- 투자율 : $\mu[H/m]$

06 어떤 도체의 길이를 1[m]에서 2[m]로 했을 때의 저항은 원래 저항의 몇 배가 되는가?

① 2배 ② 4배 ③ 6배 ④ 8배

해설
단면적에 대한 언급이나 체적이 일정하다는 말이 없으므로 단순히 면적은 변화 없이 길이만 증가한 것으로 생각하고 계산해야 한다.
$R = \rho \dfrac{l}{S}$에서 $R' = \rho \dfrac{2l}{S}$로 변화하면 저항은 2배가 된다.

07 단면적 $A[m^2]$, 자로의 길이 $l[m]$, 투자율 μ, 권수 N회인 환상 철심의 자체 인덕턴스[H]는?

① $\dfrac{\mu A N^2}{l}$ ② $\dfrac{AlN^2}{4\pi\mu}$
③ $\dfrac{4\pi A N^2}{l}$ ④ $\dfrac{\mu l N^2}{A}$

해설
환상 솔레노이드 자체 인덕턴스 $L = \dfrac{\mu A N^2}{l} [H]$

정답 01 ③ 02 ② 03 ② 04 ③ 05 ③ 06 ① 07 ①

08 두 금속을 접속하여 여기에 전류를 흘리면, 줄열 외에 그 접점에서 열의 발생 또는 흡수가 일어나는 현상은?

① 줄 효과   ② 홀 효과
③ 제벡 효과   ④ 펠티에 효과

해설
- 펠티에 효과 : 서로 다른 두 종류의 금속을 접속하고 한쪽 금속에서 다른 쪽 금속으로 전류를 흘리면 열의 발생 또는 흡수가 일어난다.
- 제벡 효과 : 서로 다른 두 종류의 금속을 접속하고 금속의 접합점의 온도가 다르면 전기가 발생하는 현상

09 RL 병렬회로에서 $R = 25[\Omega]$, $\omega L = \dfrac{100}{3}[\Omega]$일 때, 200[V]의 전압을 가하면 코일에 흐르는 전류 I_L [A]는?

① 3.0   ② 4.8
③ 6.0   ④ 8.2

해설
병렬회로는 전압이 일정하기 때문에
$I_L = \dfrac{V}{Z} = \dfrac{V}{X_L} = \dfrac{V}{\omega L} = \dfrac{200}{\dfrac{100}{3}} = 6.0[\text{A}]$

10 RL 직렬회로에 교류전압 $v = V_m \sin\theta [\text{V}]$를 가했을 때 회로의 위상각 θ를 나타낸 것은?

① $\theta = \tan^{-1}\dfrac{R}{\omega L}$

② $\theta = \tan^{-1}\dfrac{\omega L}{R}$

③ $\theta = \tan^{-1}\dfrac{1}{R\omega L}$

④ $\theta = \tan^{-1}\dfrac{R}{\sqrt{R^2 + (\omega L)^2}}$

해설
RL 직렬회로의 합성 임피던스 $Z = R + jX_L$에서
위상각 $\theta = \tan^{-1}\dfrac{허수}{실수} = \tan^{-1}\dfrac{X_L}{R} = \tan^{-1}\dfrac{\omega L}{R}$

11 권수가 150인 코일에서 2초간에 1[Wb]의 자속이 변화한다면, 코일에 발생되는 유도기전력의 크기는 몇 [V]인가?

① 50   ② 75
③ 100   ④ 150

해설
유도기전력 $|e| = N\dfrac{d\phi}{dt} = 150 \times \dfrac{1}{2} = 75[\text{V}]$

12 전기분해를 통하여 석출된 물질의 양은 통과한 전기량 및 화학당량과 어떤 관계인가?

① 전기량과 화학당량에 비례한다.
② 전기량과 화학당량에 반비례한다.
③ 전기량에 비례하고 화학당량에 반비례한다.
④ 전기량에 반비례하고 화학당량에 비례한다.

해설
패러데이 법칙 $W = KQ = KIt$ [g]으로 석출된 물질의 양은 전기량 Q[C] 및 화학당량 K[g/C]에 비례한다.

13 자체 인덕턴스 40[mH]의 코일에 10[A]의 전류가 흐를 때 저장되는 에너지는 몇 [J]인가?

① 2   ② 3
③ 4   ④ 8

해설
인덕턴스에 저장되는 에너지
$W_L = \dfrac{1}{2}LI^2 = \dfrac{1}{2} \times 40 \times 10^{-3} \times 10^2 = 2[\text{J}]$

14 다음 중 저항값이 클수록 좋은 것은?

① 접지저항   ② 절연저항
③ 도체저항   ④ 접촉저항

해설
일반적으로 전류의 흐름을 방해하는 저항은 작은 것이 좋지만 절연저항과 같이 누설전류 발생을 방지하는 목적의 경우에는 저항의 크기가 클수록 좋다.

정답 08 ④ 09 ③ 10 ② 11 ② 12 ① 13 ① 14 ②

15 쿨롱의 법칙에서 2개의 점전하 사이에 작용하는 정전력의 크기는?

① 두 전하의 곱에 비례하고 거리에 반비례한다.
② 두 전하의 곱에 반비례하고 거리에 비례한다.
③ 두 전하의 곱에 비례하고 거리의 제곱에 비례한다.
④ 두 전하의 곱에 비례하고 거리의 제곱에 반비례한다.

해설

쿨롱의 법칙 $F = \dfrac{Q_1 Q_2}{4\pi\varepsilon_0 r^2}[N]$

두 전하의 곱에 비례하고, 떨어진 거리 제곱에 반비례한다.

16 금속의 표면에 산화피막을 만들어 유전체로 이용하며 원통형으로 된 콘덴서의 종류는?

① 전해 콘덴서   ② 세라믹 콘덴서
③ 마일러 콘덴서 ④ 마이카 콘덴서

해설

① 전해 콘덴서 : 케미콘이라고도 부르는 이 콘덴서는 얇은 산화막을 유전체로 사용하고, 전극으로는 알루미늄을 사용하고 극성을 가지므로 직류 회로에 사용된다.
② 세라믹 콘덴서 : 인덕턴스가 적어 고주파 특성이 양호하여 바이패스에 흔히 사용하며 산화티탄 등 유전율이 큰 물질을 유전체로 사용하고 가격에 비해 성능이 우수하여 널리 사용하고 있다.
③ 마일러 콘덴서 : 극성이 없으며 가격이 싸지만, 높은 정밀도를 기대할 수 없다.
④ 마이카 콘덴서 : 절연저항이 높은 우수한 특성을 가지므로 표준콘덴서로도 이용된다.

17 자극 가까이에 물체를 두었을 때 자화되는 물체와 자석이 그림과 같은 방향으로 자화되는 자성체는?

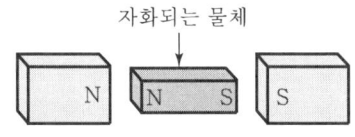

① 상자성체   ② 반자성체
③ 강자성체   ④ 비자성체

해설

반자성체
자석에 자화가 반대로 되어 자석에 붙지 않는 물체(은, 구리, 비스무트, 물 등)

18 다음에서 나타내는 법칙은?

> 유도기전력은 자신이 발생 원인이 되는 자속의 변화를 방해하려는 방향으로 발생한다.

① 줄의 법칙   ② 렌츠의 법칙
③ 플레밍의 법칙 ④ 패러데이의 법칙

해설

렌츠의 법칙
유도기전력의 방향은 코일을 지나는 자속의 증감을 방해하는 방향으로 발생한다.

19 2개의 저항 R_1, R_2를 병렬 접속하면 합성저항은?

① $\dfrac{R_1 + R_2}{R_1 R_2}$ ② $R_1 + R_2$

③ $R_1 R_2$ ④ $\dfrac{R_1 R_2}{R_1 + R_2}$

해설

병렬 합성저항 $R_0 = \dfrac{1}{\dfrac{1}{R_1} + \dfrac{1}{R_2}} = \dfrac{R_1 R_2}{R_1 + R_2}$

20 다음 중 가장 무거운 것은?

① 양성자의 질량과 중성자의 질량의 합
② 양성자의 질량과 전자의 질량의 합
③ 원자핵의 질량과 전자의 질량의 합
④ 중성자의 질량과 전자의 질량의 합

해설

- 양성자의 질량 $m_p = 1.672 \times 10^{-27}[kg]$
- 전자의 질량 $m_e = 9.109 \times 10^{-31}[kg]$

원자핵=양성자+중성자이므로 원자핵과 전자의 질량의 합이 가장 무겁다.

정답 15 ④ 16 ① 17 ② 18 ② 19 ④ 20 ③

21 직류발전기를 정격속도, 정격부하전류에서 정격전압 V_n[V]을 발생하도록 한 다음, 계자 저항 및 회전속도를 바꾸지 않고 무부하로 하였을 때 단자전압을 V_0[V]라 하면, 이 발전기의 전압 변동률[%]은?

① $\dfrac{V_0 - V_n}{V_0} \times 100\%$　② $\dfrac{V_0 + V_n}{V_0} \times 100\%$

③ $\dfrac{V_0 - V_n}{V_n} \times 100\%$　④ $\dfrac{V_0 + V_n}{V_n} \times 100\%$

해설
전압 변동률 $\varepsilon = \dfrac{\text{무부하 전압} - \text{정격 전압}}{\text{정격 전압}} = \dfrac{V_0 - V_n}{V_n} \times 100\%$

22 복권 발전기의 병렬 운전을 안전하게 하기 위해서 두 발전기의 전기자와 직권 권선의 접촉점에 연결하여야 하는 것은?

① 균압선　② 집전환
③ 안정저항　④ 브러시

해설
직권 및 복권발전기는 수하 특성을 갖고 있지 않으므로 병렬 운전 시 운전을 안정하게 하기 위하여 균압선을 설치하여야 한다.

23 단상 유도 전압 조정기의 단락 권선의 역할은?

① 철손 경감　② 절연 보호
③ 전압 조정 용이　④ 전압 강하 경감

해설
단락 권선
부하전류에 의한 직렬 권선의 직각 기자력을 없애, 누설 리액턴스를 줄여 전압 강하를 작게 한다.

24 직류기에서 브러시의 역할은?

① 기전력 유도
② 자속 생성
③ 정류 작용
④ 전기자권선과 외부회로 접속

해설
브러시는 정류자와 접촉하여 전기자에서 발생한 전류를 외부회로에 연결한다.

25 비돌극형 동기발전기의 단자전압(1상)을 V, 유도기전력(1상)을 E, 동기리액턴스를 X_s, 부하각을 δ라고 하면, 1상의 출력[W]은?(단, 전기자 저항 등은 무시한다.)

① $\dfrac{EV}{X_s}\sin\delta$　② $\dfrac{E^2 V}{2X_s}\cos\delta$

③ $\dfrac{EV}{X_s}\cos\delta$　④ $\dfrac{E^2}{2X_s}\sin\delta$

해설
비돌극형 동기발전기의 출력 $P = \dfrac{EV}{X_s}\sin\delta$ [W]

26 단락비가 큰 동기기에 대한 설명으로 옳은 것은?

① 기계가 소형이다.　② 안정도가 높다.
③ 전압 변동률이 크다.　④ 전기자 반작용이 크다.

해설
단락비가 큰 동기기는 철기계로 안정도가 높고, 기계가 대형이며, 전압변동률이 작고 자기여자작용이 작으나 효율은 약간 낮다.

27 200[V], 50[Hz], 8극, 15[kW] 3상 유도전동기에서 전부하 회전수가 720[rpm]이라면 이 전동기의 2차 효율[%]은?

① 86[%]　② 96[%]
③ 98[%]　④ 100[%]

해설
$N_s = \dfrac{120f}{P} = \dfrac{120 \times 50}{8} = 750\text{[rpm]}$

회전자 효율 $\eta_2 = \dfrac{P_o}{P_2} = 1 - s = \dfrac{N}{N_s} = \dfrac{720}{750} = 0.96 = 96\text{[\%]}$

정답 21 ③　22 ①　23 ④　24 ④　25 ①　26 ②　27 ②

28 반파 정류회로에서 직류전압 100[V]를 얻는 데 필요한 변압기 2차 상전압[V]은?(단, 부하는 순저항이며, 변압기 내 전압강하는 무시하고 정류기 내 전압강하는 5[V]로 한다.)

① 약 100 ② 약 105
③ 약 222 ④ 약 233

해설

$E_d = 0.45E - e$ 에서 $E = \dfrac{E_d + e}{0.45} = \dfrac{100 + 5}{0.45} ≒ 233[V]$

29 변압기를 Δ-Y결선(Delta-star Connection)한 경우에 대한 설명으로 옳지 않은 것은?

① 1차 선간전압 및 2차 선간전압의 위상차는 60°이다.
② 제3고조파에 의한 장해가 적다.
③ 1차 변전소의 승압용으로 사용된다.
④ Y결선의 중성점을 접지할 수 있다.

해설

Δ-Y 변압기 결선의 특징
- 승압용으로 특별 고압 송전단의 송전단 측에 쓰인다.
- 1차 Δ결선 내에서 3고조파 전류가 순환하므로 3고조파 전압이 제거된다.
- 2차 중성점 접지가 가능하고 4선식 부하의 공급이 가능하다.
- 1차 선간전압 및 2차 선간전압의 위상차는 30°이다.

30 그림과 같은 접속은 어떤 직류전동기의 접속인가?

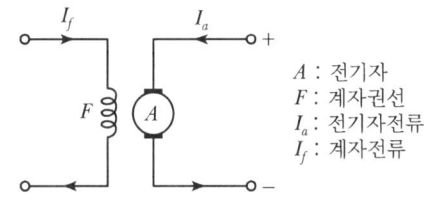

A : 전기자
F : 계자권선
I_a : 전기자전류
I_f : 계자전류

① 타여자전동기 ② 분권전동기
③ 직권전동기   ④ 복권전동기

해설

계자권선이 전기자권선과 분리되어 있으므로 타여자전동기이다.

31 60[Hz], 1,200[rpm]의 동기전동기에 직결하여 이것을 기동하기 위한 유도전동기의 적당한 극수는?

① 4극   ② 6극
③ 8극   ④ 10극

해설

유도전동기로 기동시킬 경우, 동기전동기보다 2극이 적은 전동기를 사용한다.

$N_s = \dfrac{120f}{P}$ 에서 동기전동기의 극수

$P = \dfrac{120f}{N_s} = \dfrac{120 \times 60}{1,200} = 6$극

따라서 유도전동기는 2극 적은 4극이다.

32 분권발전기는 잔류 자속에 의해서 잔류 전압을 만들고 이때 여자 전류가 잔류 자속을 증가시키는 방향으로 흐르면, 여자 전류가 점차 증가하면서 단자 전압이 상승하게 된다. 이러한 현상을 무엇이라 하는가?

① 자기포화 ② 여자
③ 보상   ④ 전압 확립

해설

전압 확립
자기여자에 의한 발전을 위해서는 약간의 잔류자기가 있어야 하며, 잔류자기에 의한 단자 전압이 점차 상승하여 정상 궤도에 진입하게 되는 현상을 전압 확립이라고 한다.

33 직류발전기의 극수가 10이고 전기자 도체수가 500이며 단중 파권일 때 매극의 자속수가 0.01[Wb]이면 600[rpm]일 때 유도기전력[V]은?

① 150   ② 200
③ 250   ④ 300

해설

$E = \dfrac{PZ\phi}{a} \cdot \dfrac{N}{60}[V]$

$= \dfrac{10 \times 500 \times 0.01}{2} \times \dfrac{600}{60} = 250[V]$ 이다.

(파권이므로 $a = 2$)

34 회전자 입력 10[kW], 슬립 4[%]인 3상 유도전동기의 2차 동손은 몇 [kW]인가?

① 0.4[kW] ② 1.8[kW]
③ 4.0[kW] ④ 9.6[kW]

해설

$P_{2C} = s \cdot P_2 = 0.04 \times 10 = 0.4[kW]$

35 동기전동기의 용도가 아닌 것은?

① 분쇄기 ② 압축기
③ 송풍기 ④ 크레인

해설

크레인과 같이 부하 변동이 심하고, 큰 기동토크를 필요로 하는 곳에는 직류 직권전동기가 적합하다.

36 발전기를 정격 전압 220[V]로 운전하다가 무부하로 운전하였더니, 단자 전압이 253[V]가 되었다. 이 발전기의 전압 변동률은 몇 [%]인가?

① 15[%] ② 25[%]
③ 35[%] ④ 45[%]

해설

$$\varepsilon = \frac{V_0 - V_n}{V_n} \times 100 = \frac{253 - 220}{220} \times 100[\%] = 15[\%]$$

37 정지된 유도전동기가 있다. 1차 권선에서 1상의 직렬권회수가 100회이고, 1극당의 평균자속이 0.02[Wb], 주파수가 60[Hz]이라고 하면, 1차 권선의 1상에 유도되는 기전력의 실효값은 약 몇 [V]인가?(단, 1차 권선계수는 1로 한다.)

① 377[V] ② 533[V]
③ 635[V] ④ 730[V]

해설

유도전동기가 정지된 경우의 1차 권선의 유도기전력은,
$E_1 = 4.44 f_1 \phi \omega_1 k\omega_1 = 4.44 \times 60 \times 0.02 \times 100 \times 1 ≒ 532.8[V]$

38 다음 중 2대의 동기발전기가 병렬 운전하고 있을 때 무효횡류(무효순환전류)가 흐르는 경우는?

① 부하 분담에 차가 있을 때
② 기전력의 주파수에 차가 있을 때
③ 기전력의 위상에 차가 있을 때
④ 기전력의 크기에 차가 있을 때

해설

동기발전기의 병렬 운전 중 기전력의 크기가 다르면 무효순환전류가 흐른다.

39 SCR 2개를 역병렬로 접속한 그림과 같은 기호의 명칭은?

① SCR
② TRIAC
③ GTO
④ UJT

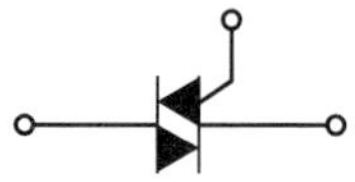

해설

그림은 트라이액 회로이다.

40 변압기의 여자 전류가 일그러지는 이유는 무엇 때문인가?

① 와류(맴돌이 전류) 때문에
② 자기 포화와 히스테리시스 현상 때문에
③ 누설 리액턴스 때문에
④ 선간의 정전용량 때문에

해설

변압기 철심의 자기포화와 히스테리시스 현상 때문에 여자전류가 고조파를 포함한 왜형파가 된다.

41 애자사용공사를 건조한 장소에 시설하고자 한다. 사용전압이 400[V] 이하인 경우 전선과 조영재 사이의 간격은 최소 몇 [cm] 이상이어야 하는가?

① 2.5[cm] 이상 ② 4.5[cm] 이상
③ 6[cm] 이상 ④ 12[cm] 이상

정답 34 ① 35 ④ 36 ① 37 ② 38 ④ 39 ② 40 ② 41 ①

해설

애자 시공 전선의 간격

구분	400[V] 이하	400[V] 초과
전선 상호 간의 간격	6[cm] 이상	6[cm] 이상
전선과 조영재 사이의 간격	2.5[cm] 이상	4.5[cm] 이상(건조한 곳은 2.5[cm] 이상)

42 화약류의 분말이 전기설비가 발화원이 되어 폭발할 우려가 있는 곳에 시설하는 저압 옥내배선의 공사방법으로 가장 알맞은 것은?

① 금속관공사   ② 애자사용공사
③ 버스덕트공사   ④ 합성수지몰드 공사

해설

폭연성 먼지 또는 화약류 분말이 존재하는 곳
저압 옥내배선은 금속전선관 공사 또는 케이블공사(MI 케이블 공사, 개장된 케이블공사)에 의하여 시설하여야 한다.

43 절연저항을 측정하기 위해 정전이 필요하다. 하지만 정전이 어려워 측정이 곤란한 경우에는 누설 전류를 몇 [mA] 이하로 유지하여야 하는가?

① 0.1[mA]   ② 0.3[mA]
③ 0.5[mA]   ④ 1.0[mA]

해설

정전이 어려운 경우 등 절연저항 측정이 곤란한 경우에는 누설 전류를 1[mA] 이하로 유지하여야 한다.

44 한국전기설비규정에서 고압 또는 특고압 가공전선로에서 공급을 받는 수용장소의 인입구 또는 이와 근접한 곳에 시설해야 하는 것은?

① 계기용 변성기   ② 과전류계전기
③ 접지 계전기   ④ 피뢰기

해설

피뢰기의 시설 장소
• 발전소, 변전소 또는 이에 준하는 장소의 가공전선 인입구 및 인출구
• 가공전선로에 접속하는 특고압 배전용 변압기의 고압 측 및 특고압 측
• 고압 또는 특고압 가공전선로로부터 공급받는 수용장소의 인입구
• 가공전선로와 지중전선로가 접속되는 곳

45 합성수지관공사의 특징 중 옳은 것은?

① 내열성   ② 내한성
③ 내부식성   ④ 내충격성

해설

• 염화비닐수지로 만든 것으로, 금속관에 비하여 가격이 싸다.
• 절연성과 내부식성이 우수하고, 재료가 가볍기 때문에 시공이 편리하다.
• 관 자체가 비자성체이므로 접지할 필요가 없고, 피뢰기·피뢰침의 접지선 보호에 적당하다.
• 열에 약할 뿐 아니라, 충격 강도가 떨어지는 결점이 있다.

46 전로에 지락이 생겼을 경우에 부하기기, 금속제 외함 등에 발생하는 고장전압 또는 지락전류를 검출하는 부분과 차단기 부분을 조합하여 자동적으로 전로를 차단하는 장치는?

① 누전차단장치   ② 과전류차단기
③ 누전경보장치   ④ 배선용 차단기

해설

누전차단기
전로에 누전이 발생했을 때 이를 감지하고, 자동적으로 회로를 차단하는 장치로서 감전사고 및 화재를 방지할 수 있는 장치

47 가정용 전등에 사용되는 점멸스위치를 설치하여야 할 위치에 대한 설명으로 가장 적당한 것은?

① 접지 측 전선에 설치한다.
② 중성선에 설치한다.
③ 부하의 2차 측에 설치한다.
④ 전압 측 전선에 설치한다.

해설

배선 기구 시설
• 전등 점멸용 스위치는 반드시 전압 측 전선에 시설하여야 한다.
• 소켓, 리셉터클 등에 전선을 접속할 때에는 전압 측 전선을 중심 접촉면에, 접지 측 전선을 베이스에 연결하여야 한다.

정답 42 ① 43 ④ 44 ④ 45 ③ 46 ① 47 ④

48 한국전기설비규정에서 과전류차단기로서 저압전로에 사용되는 가정용 배선 차단기에 있어서 정격전류가 25[A]인 회로에 36.3[A] 전류가 흘렀을 때 몇 분 이내에 자동적으로 동작하여야 하는가?

① 60분 ② 2분
③ 4분   ④ 120분

해설
일반인이 접촉할 우려가 있는 장소(세대 내 분전반 및 이와 유사한 장소)에는 주택용 배선차단기를 시설한다.

정격전류의 구분	시간	정격전류의 배수(모든 극에 통전)	
		부동작 전류	동작 전류
63[A] 이하	60분	1.13배	1.45배
63[A] 초과	120분	1.13배	1.45배

49 한국전기설비규정(KEC)에서 보호도체의 종류에 해당되지 않는 것은?

① 금속 수도관
② 다심케이블의 도체
③ 고정된 절연도체 또는 나도체
④ 충전도체와 같은 트렁킹에 수납된 절연도체 또는 나도체

해설
보호도체 또는 보호본딩도체로 사용해서는 안 되는 도체
• 금속 수도관, 가요성 금속전선관, 가요성 금속 배관
• 가스, 액체, 분말과 같은 잠재적인 인화성 물질을 사용하는 금속관
• 상시 기계적 응력을 받는 지지구조물 일부
• 지지선, 케이블 트레이 및 이와 비슷한 것

50 천장에 작은 구멍을 뚫어 그 속에 등기구를 매입시키는 방식으로 건축의 공간을 유효하게 하는 조명방식은?

① 코브 방식 ② 코퍼 방식
③ 밸런스 방식 ④ 다운라이트 방식

해설
다운라이트 방식
천장면에 작은 구멍을 뚫어 그 속에 등기구를 매입시키는 방식

51 한국전기설비규정에서 공장 내 등에서 대지전압이 150[V]를 초과하고 300[V] 이하인 전로에 백열전등을 시설할 경우 다음 중 잘못된 것은?

① 백열전등은 사람이 접촉될 우려가 없도록 시설하였다.
② 백열전등은 옥내배선과 직접 접속을 하지 않고 시설하였다.
③ 백열전등의 소켓은 키 및 점멸기구가 없는 것을 사용하였다.
④ 백열전등 회로에는 규정에 따라 누전차단기를 설치하였다.

해설
옥내전로의 대지 전압의 제한
옥내전로의 대지전압은 300[V] 이하로 하며, 다음 각 호에 의하여 시설하여야 한다.(단, 대지전압 150[V] 이하인 경우는 예외)
• 백열전등 또는 방전등에 전기를 공급하는 옥내 전로의 대지전압
  – 백열전등 또는 방전등 및 이에 부속하는 전선은 사람이 접촉할 우려가 없도록 시설하여야 한다.
  – 백열전등(기계 장치에 부속하는 것을 제외한다) 또는 방전등용 안정기는 저압의 옥내배선과 직접 접속하여 시설하여야 한다.
  – 백열전등의 전구소켓은 키나 그 밖의 점멸기구가 없는 것

52 고압 가공전선로의 지지물 중 지지선을 사용해서는 안 되는 것은?

① 목주 ② 철탑
③ A종 철주 ④ A종 철근콘크리트주

해설
철탑은 지지선을 시공하지 않는다.

53 배전용 기구인 COS(컷아웃 스위치)의 용도로 알맞은 것은?

① 배전용 변압기의 1차 측에 시설하여 변압기의 단락 보호용으로 쓰인다.
② 배전용 변압기의 2차 측에 시설하여 변압기의 단락 보호용으로 쓰인다.

정답 48 ① 49 ① 50 ④ 51 ② 52 ② 53 ①

③ 배전용 변압기의 1차 측에 시설하여 배전 구역 전환 용으로 쓰인다.
④ 배전용 변압기의 2차 측에 시설하여 배전 구역 전환 용으로 쓰인다.

해설

주상 변압기의 1차 측 보호
컷아웃 스위치(COS)를 시설하여 변압기의 단락 보호

54 전자개폐기에 부착하여 전동기의 소손 방지를 위하여 사용되는 것은?

① 퓨즈 ② 열동계전기
③ 배선용 차단기 ④ 수은계전기

해설

보호계전기

명칭	기능
열동계전기	과부하 시 동작하여 전동기를 보호

55 무효전력을 조정하는 전기기계기구는?

① 조상설비 ② 개폐설비
③ 차단설비 ④ 보상설비

해설

조상설비
• 무효전력을 조정하여 역률 개선에 의한 전력 손실 경감
• 전압의 조정과 송전 계통의 안정도 향상

56 조명공학에서 사용되는 칸델라[cd]는 무엇의 단위인가?

① 광도 ② 조도 ③ 광속 ④ 휘도

해설

조명의 용어

용어	기호	단위	정의	설명
광속	F	[lm] 루멘	빛의 양 (광원의 밝기)	램프의 경우에는 이로부터 발산되는 빛의 양
광도	I	[cd] 칸델라	빛의 세기 (광원의 어느 방향에 대한 밝기)	램프로부터 발산된 광속을 반사 갓으로 집광하면 더욱 밝음
조도	E	[lx] 럭스	어느 장소에 대한 밝기	조명설계에 있어서 기본이 되는 밝음의 기준
휘도	B	[sb] 스틸브	표면의 밝기	백열등은 형광등보다 휘도가 높음(광원의 발광 면적이 적기 때문)
광속 발산도	R	[rlx] 레드 럭스	물체의 밝기	단위 면적당 나가는 빛의 양

57 가스절연개폐기나 가스차단기에 사용되는 가스인 SF₆의 성질이 아닌 것은?

① 같은 압력에서 공기의 2.5~3.5배의 절연내력이 있다.
② 무색, 무취, 무해가스이다.
③ 가스 압력 3~4[kgf/cm²]에서 절연내력은 절연유 이상이다.
④ 소호능력은 공기보다 2.5배 정도 낮다.

해설

6불화유황(SF₆) 가스
• 소호능력이 공기보다 약 100배 정도 우수
• 불활성 기체
• 절연내력이 공기보다 약 2.5~3.5배 정도 우수
• 무취, 무색, 무독성

58 수변전설비에서 전력퓨즈의 용단 시 결상을 방지하는 목적으로 사용하는 것은?

① 자동고장구분개폐기 ② 선로개폐기
③ 부하개폐기 ④ 기중부하개폐기

해설

개폐기

장치	약호	기능
자동고장구분 개폐기	ASS	한 개 수용가의 사고가 다른 수용가에 피해를 최소화하기 위한 방안으로 대용량 수용가에 한하여 설치한다.
선로개폐기	LS	책임분계점에서 보수 점검 시 전로를 구분하기 위한 개폐기로 시설하고 반드시 무부하 상태로 개방하여야 하며 이는 단로기와 같은 용도로 사용한다.

정답 54 ② 55 ① 56 ① 57 ④ 58 ③

장치	약호	기능
부하개폐기	LBS	수·변전설비의 인입구 개폐기로 많이 사용되고 있으며 전력퓨즈 용단 시 결상을 방지하는 목적으로 사용하고 있다.
기중부하 개폐기	IS	수전용량 300[kVA] 이하에서 인입개폐기로 사용한다.

59 변류비 100/5[A]의 변류기(CT)와 5[A]의 전류계를 사용하여 부하전류를 측정한 경우 전류계의 지시가 4[A]였다. 이때 부하전류는 몇 [A]인가?

① 30[A] ② 40[A]
③ 60[A] ④ 80[A]

해설

계기용 변류기(CT)
대전류를 소전류로 변류하여 과전류계전기 동작 및 전류계 측정
- 전류를 측정하기 위한 변압기로 2차 전류는 5[A]가 표준
- 변류기 교체 작업 시 2차 개방 상태에서 1차 전류를 보내면 2차 단자란에 고전압이 발생하여 2회로의 절연 파괴될 염려가 있고 철손 증대로 인한 과열의 원인이 되므로 단락을 시킨 다음에 교체

$100:5 = x:4$ 에서 $x = \dfrac{100 \times 4}{5} = 80[A]$

60 분전반에 대한 설명으로 틀린 것은?

① 배선과 기구는 모두 전면에 배치하였다.
② 두께 1.5[mm] 이상의 난연성 합성수지로 제작하였다.
③ 강판제의 분전함은 두께 1.2[mm] 이상의 강판으로 제작하였다.
④ 배선은 모두 분전반이면으로 하였다.

해설

분전반의 시설 원칙 및 구비 조건
- 분전반의 이면에는 배선 및 기구를 배치하지 말 것
- 난연성 합성수지로 제작된 것은 두께 1.5[mm] 이상의 내아크일 것
- 강판제의 것은 두께 1.2[mm] 이상일 것
※ 단, 가로 세로의 길이가 30[cm] 이하인 경우 1.0[mm] 이상

정답 59 ④ 60 ④

2020년 4회 시행

01 그림과 같이 $I[A]$의 전류가 흐르고 있는 도체의 미소부분 Δl의 전류에 의해 이 부분이 $r[m]$ 떨어진 점 P의 자기장 $\Delta H[A/m]$는?

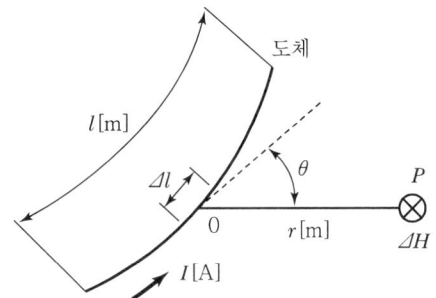

① $\Delta H = \dfrac{I^2 \Delta l \sin\theta}{4\pi r^2}$ ② $\Delta H = \dfrac{I \Delta l^2 \sin\theta}{4\pi r}$

③ $\Delta H = \dfrac{I^2 \Delta l \sin\theta}{4\pi r}$ ④ $\Delta H = \dfrac{I \Delta l \sin\theta}{4\pi r^2}$

해설

비오-사바르

전류에 의한 자계의 세기를 구할 수 있다.

$dH = \dfrac{Idl}{4\pi r^2} \cdot \sin\theta \ [AT/m]$

02 $R-C$ 직렬회로의 시정수 $\tau[s]$는?

① $\dfrac{R}{C}$ ② RC

③ $\dfrac{C}{R}$ ④ $\dfrac{1}{RC}$

해설

$R-C$ 직렬회로의 과도현상

• $i_{(t)} = \dfrac{E}{R} e^{-\frac{1}{RC}t}$ [A]

• 특성근 $\alpha = -\dfrac{1}{RC}$

• 시정수(시상수) $\tau = RC$ [sec]

03 그림과 같은 회로에서 $3[\Omega]$에 흐르는 전류 $I[A]$는?

① 0.3
② 0.6
③ 0.9
④ 1.2

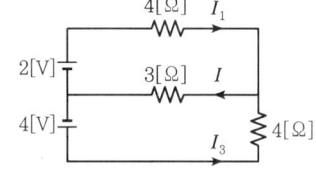

해설

• $2[V]$를 단락하고 등가회로를 그리면

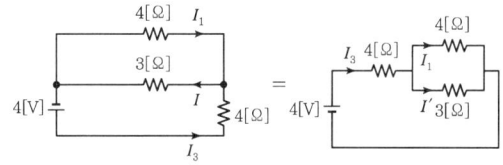

이때 합성저항 $R_{01} = 4 + \dfrac{4 \times 3}{4+3} = \dfrac{40}{7} [\Omega]$

전체전류 $I_3 = \dfrac{4}{R_{01}} = \dfrac{4}{\frac{40}{7}} = \dfrac{7}{10}$ [A]

∴ $3[\Omega]$에 흐르는 전류

$I' = \dfrac{4}{3+4} \times \dfrac{7}{10} = \dfrac{2}{5} = 0.4$ [A]

• $4[V]$를 단락하고 등가회로를 그리면

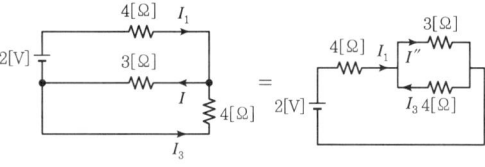

이때, 합성저항 $R_{02} = 4 + \dfrac{3 \times 4}{3+4} = \dfrac{40}{7} [\Omega]$

전체전류 $I_1 = \dfrac{2}{R_{02}} = \dfrac{2}{\frac{40}{7}} = \dfrac{7}{20}$ [A]

∴ $3[\Omega]$에 흐르는 전류

$I'' = \dfrac{4}{3+4} \times \dfrac{7}{20} = \dfrac{1}{5} = 0.2$ [A]

• $3[\Omega]$에 흐르는 각각의 전류 방향이 동일하기 때문에

$I = I' + I'' = 0.4 + 0.2 = 0.6$ [A]

정답 01 ④ 02 ② 03 ②

04 다음 중 자기저항의 단위는?

① A/Wb
② AT/m
③ AT/Wb
④ AT/H

해설
자기저항 $R_m = \dfrac{F}{\phi} = \dfrac{l}{\mu S}$ [AT/Wb]

05 두 코일의 자체 인덕턴스를 L_1[H], L_2[H]라 하고 상호 인덕턴스를 M이라 할 때, 두 코일을 자속이 동일한 방향과 역방향이 되도록 하여 직렬로 각각 연결하였을 경우, 합성 인덕턴스의 큰 쪽과 작은 쪽의 차는?

① M
② $2M$
③ $4M$
④ $8M$

해설
- 가동결합 합성 인덕턴스 $L_{01} = L_1 + L_2 + 2M$
- 차동결합 합성 인덕턴스 $L_{02} = L_1 + L_2 - 2M$

$\therefore L_{01} - L_{02} = L_1 + L_2 + 2M - (L_1 + L_2 - 2M) = 4M$

06 권수 N인 코일에 I[A]의 전류가 흘러 자속 ϕ[Wb]가 발생할 때의 인덕턴스는 몇 [H]인가?

① $\dfrac{N\phi}{I}$
② $\dfrac{I\phi}{N}$
③ $\dfrac{NI}{\phi}$
④ $\dfrac{\phi}{NI}$

해설
$LI = N\phi$ 에서 $L = \dfrac{N\phi}{I}$ [H]

07 단면적 5[cm²], 길이 1[m], 비투자율 10³인 환상 철심에 600회의 권선을 감고 이것에 0.5[A]의 전류를 흐르게 한 경우 기자력은?

① 100[AT]
② 200[AT]
③ 300[AT]
④ 500[AT]

해설
기자력 $F = NI = 600 \times 0.5 = 300$ [AT]

08 단상전력계 2대를 사용하여 2전력계법으로 3상 전력을 측정하고자 한다. 두 전력계의 지시값이 각각 P_1, P_2[W]일 때 3상 전력 P[W]를 구하는 식은?

① $P = \sqrt{3}\,(P_1 + P_2)$
② $P = P_1 - P_2$
③ $P = P_1 \times P_2$
④ $P = P_1 + P_2$

해설
2전력계의 유효전력 $P = P_1 + P_2$ [W]

09 황산구리($CuSO_4$) 전해액에 2개의 구리판을 넣고 전원을 연결했을 때 음극에서 나타나는 현상으로 옳은 것은?

① 변화가 없다.
② 구리판이 두꺼워진다.
③ 구리판이 얇아진다.
④ 수소가스가 발생한다.

해설
황산구리 용액에 전극을 넣고 전류를 흘리면 음극판에 구리가 석출되면서 전극이 두꺼워진다.

10 2[F]의 콘덴서에 25[J]의 에너지가 저장되어 있다면, 콘덴서에 공급된 전압은 몇 [V]인가?

① 2
② 3
③ 4
④ 5

해설
콘덴서에 저장되는 에너지
$W = \dfrac{1}{2}CV^2$ 에서 $CV^2 = 2W$ 이므로

공급전압 $V = \sqrt{\dfrac{2W}{C}} = \sqrt{\dfrac{2 \times 25}{2}} = 5$ [V]

11 N형 반도체의 주반송자는 어느 것인가?

① 억셉터
② 전자
③ 도너
④ 정공

정답 04 ③ 05 ③ 06 ① 07 ③ 08 ④ 09 ② 10 ④ 11 ②

> [해설]
> N형 반도체와 P형 반도체의 비교

구분	구성	첨가불순물	명칭	반송자
N형 반도체	4족 원소 +5족 원소	인(P), 비소(As), 안티몬(Sb)	도너	과잉 전자
P형 반도체	4족 원소 +3족 원소	알루미늄(Al), 인디움(In), 갈륨(Ga), 붕소(B)	억셉터	정공

12 공기 중에서 $+m$ [Wb]의 자극으로부터 나오는 자력선의 총수를 나타낸 것은?

① m ② $\dfrac{\mu_0}{m}$ ③ $\dfrac{m}{\mu_0}$ ④ $\mu_0 m$

> [해설]
> 공기 중 자기력선의 수 $N_0 = \dfrac{m}{\mu_0}$ [개]

13 $A - B$ 사이의 합성 정전용량은?

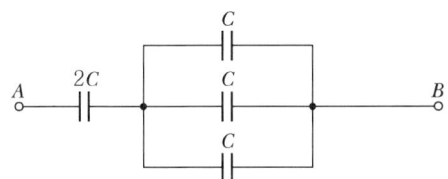

① $1\,C$ ② $1.2\,C$
③ $2\,C$ ④ $2.4\,C$

> [해설]
> 합성 정전용량
> 병렬 부분 합성 정전용량 $C = 3C$이므로
> $C_{ab} = \dfrac{2C \times 3C}{2C + 3C} = \dfrac{6}{5}C = 1.2\,C$

14 전류에 의해 만들어지는 자기장의 자기력선의 방향을 간단하게 알아내는 법칙은?

① 플레밍의 왼손 법칙
② 렌츠의 자기유도 법칙
③ 앙페르의 오른나사 법칙
④ 패러데이의 전자유도 법칙

> [해설]
> 앙페르의 오른나사 법칙
> 전류에 의한 자기장의 방향을 간단하게 알아낼 수 있는 법칙

15 공기 중에 $10[\mu C]$과 $20[\mu C]$를 $1[m]$ 간격으로 놓을 때 발생되는 정전력[N]은?

① 1.8 ② 2.2
③ 4.4 ④ 6.3

> [해설]
> $F = \dfrac{Q_1 Q_2}{4\pi\varepsilon_0 r^2} = 9 \times 10^9 \times \dfrac{Q_1 Q_2}{r^2}$
> $= 9 \times 10^9 \times \dfrac{10 \times 10^{-6} \times 20 \times 10^{-6}}{1^2} = 1.8[N]$

16 "회로의 접속점에서 볼 때, 접속점에 흘러 들어오는 전류의 합은 흘러 나가는 전류의 합과 같다."라고 정의되는 법칙은?

① 키르히호프의 제1법칙
② 키르히호프의 제2법칙
③ 플레밍의 오른손 법칙
④ 앙페르의 오른나사 법칙

> [해설]
> ① 키르히호프의 제1법칙 : 회로 내의 임의의 한 점에서 유입되는 전류와 유출되는 전류의 총합은 같다.
> ② 키르히호프의 제2법칙 : 임의의 폐회로에서 발생하는 기전력의 총합과 내부 전압강하의 총합은 같다.
> ③ 플레밍의 오른손 법칙 : 자기장 내에 있는 도체가 운동하면 유도기전력이 발생한다.
> ④ 앙페르의 오른나사 법칙 : 전류에 의한 자기장의 방향을 결정하는 법칙

17 비사인파 교류회로의 전력에 대한 설명으로 옳은 것은?

① 전압의 제3고조파와 전류의 제3고조파 성분 사이에서 소비전력이 발생한다.
② 전압의 제2고조파와 전류의 제3고조파 성분 사이에서 소비전력이 발생한다.

③ 전압의 제3고조파와 전류의 제5고조파 성분 사이에서 소비전력이 발생한다.
④ 전압의 제5고조파와 전류의 제7고조파 성분 사이에서 소비전력이 발생한다.

해설
비정현파(비사인파)의 유효전력(소비전력)은 주파수가 같은 전압과 전류에 의한 유효전력의 대수합이다. 결국 전압과 전류의 고조파 차수가 동일한 경우에 전력이 발생된다.

18 PN 접합 다이오드의 대표적인 작용으로 옳은 것은?

① 정류작용 ② 변조작용
③ 증폭작용 ④ 발진작용

해설
PN 접합 다이오드
PN 접합 양단에 가해지는 전압의 방향에 따라 전류를 흐르게 하거나 흐르지 못하게 하는 작용을 정류작용이라 한다.

19 $R_1[\Omega]$, $R_2[\Omega]$, $R_3[\Omega]$의 저항 3개를 직렬 접속했을 때의 합성저항[Ω]은?

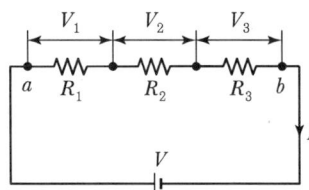

① $R = \dfrac{R_1 \cdot R_2 \cdot R_3}{R_1 + R_2 + R_3}$ ② $R = \dfrac{R_1 + R_2 + R_3}{R_1 \cdot R_2 \cdot R_3}$
③ $R = R_1 \cdot R_2 \cdot R_3$ ④ $R = R_1 + R_2 + R_3$

해설
직렬 합성저항 $R_0 = R_1 + R_2 + R_3$

20 RL 병렬회로의 위상각 θ는?

① $\tan^{-1} \dfrac{\omega L}{R}$ ② $\tan^{-1} \omega RL$
③ $\tan^{-1} \dfrac{R}{\omega L}$ ④ $\tan^{-1} \dfrac{1}{\omega RL}$

해설
RL 병렬회로의 합성 어드미턴스
$Y = Y_1 + Y_2 = \dfrac{1}{Z_1} + \dfrac{1}{Z_2} = \dfrac{1}{R} + \dfrac{1}{jX_L} = \dfrac{1}{R} - j\dfrac{1}{X_L}[\mho]$
이므로
위상각 $\theta = \tan^{-1} \dfrac{\dfrac{1}{X_L}}{\dfrac{1}{R}} = \tan^{-1} \dfrac{R}{X_L} = \tan^{-1} \dfrac{R}{\omega L}$

21 유도전동기에서 슬립이 0이란 것은 어느 것과 같은가?

① 유도전동기가 동기 속도로 회전한다.
② 유도전동기가 정지 상태이다.
③ 유도전동기가 전부하 운전 상태이다.
④ 유도제동기의 역할을 한다.

해설
슬립 $s = \dfrac{\text{동기속도} - \text{회전자속도}}{\text{동기속도}}$ 이므로, 동기속도로 회전하면 슬립은 0이 된다.

22 동기전동기의 여자전류를 변화시켜도 변하지 않는 것은?(단, 공급전압과 부하는 일정하다.)

① 동기속도 ② 역기전력
③ 역률 ④ 전기자 전류

해설
동기전동기는 동기속도로 회전하는 정속도 전동기로서 속도는 변하지 않는다.

23 브리지 정류회로로 알맞은 것은?

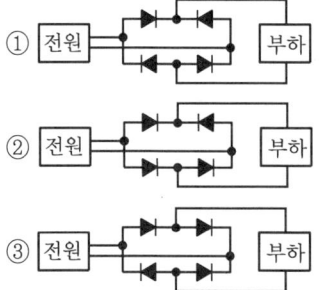

정답 18 ① 19 ④ 20 ③ 21 ① 22 ① 23 ①

④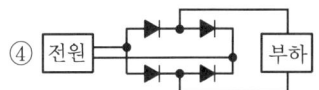

> [해설]

브리지 정류회로는 전파 정류회로로서 실제의 정류기로 널리 사용된다.

24 6극, 1,200[rpm] 동기발전기로 병렬 운전 하는 극수 4의 교류발전기의 회전수는 몇 [rpm]인가?

① 3,600[rpm]   ② 2,400[rpm]
③ 1,800[rpm]   ④ 1,200[rpm]

> [해설]

$N_s = \dfrac{120f}{P}$ 에서

주파수 $f = \dfrac{N_s P}{120} = \dfrac{1200 \times 6}{120} = 60[Hz]$ 이므로,

병렬 운전하는 4극의 회전수

$N_s' = \dfrac{120f}{P'} = \dfrac{120 \times 60}{4} = 1,800[rpm]$

25 일정 전압 및 일정 파형에서 주파수가 상승하면 변압기 철손은 어떻게 변하는가?

① 증가한다.
② 감소한다.
③ 불변이다.
④ 어떤 기간 동안 증가한다.

> [해설]

히스테리시스 손실 $P_h = k \cdot f \cdot B_m^{1.6}$ 으로 주파수와 자속에 비례하고, 전압이 일정할 때 $f \propto \dfrac{1}{B_m}$ 이므로,

주파수가 상승하면 최대자속밀도는 더 큰 폭으로 감소하여 히스테리시스 손실이 감소하게 되며, 따라서 철손은 감소한다.

26 전부하 슬립 5[%], 2차 저항손 5.26[kW]인 3상 유도전동기의 2차 입력은 몇 [kW]인가?

① 2.63[kW]   ② 5.26[kW]
③ 105.2[kW]   ④ 22.65[kW]

> [해설]

$P_2 = \dfrac{P_{2c}}{s} = \dfrac{5.26}{0.05} = 105.2[kW]$

27 P형 반도체의 전기전도의 주된 역할을 하는 반송자는?

① 전자   ② 가전자
③ 불순물   ④ 정공

> [해설]

N형 반도체와 P형 반도체의 비교

구분	구성	첨가불순물	명칭	반송자
N형 반도체	4족 원소 +5족 원소	인(P), 비소(As), 안티몬(Sb)	도너	과잉 전자
P형 반도체	4족 원소 +3족 원소	알루미늄(Al), 인디움(In), 갈륨(Ga), 붕소(B)	억셉터	정공

28 E종 절연물의 최고 허용온도는 몇 [℃]인가?

① 40   ② 60   ③ 120   ④ 155

> [해설]

절연물의 최고 허용온도

절연물의 종류	Y종	A종	E종	B종	F종	H종	C종
최고 허용온도 [℃]	90	105	120	130	155	180	180 이상

29 정속도 및 가변속도 제어가 되는 전동기는?

① 직권기   ② 가동복권기
③ 분권기   ④ 차동복권기

> [해설]

직권전동기는 부하의 변화에 따라 속도가 급변하므로 직권기와 복권기는 정속도 운전이 어려우며, 분권기는 가변저항을 이용하여 속도제어를 할 수 있고 정속도 운전이 가능하다.

30 SCR의 특성 중 적합하지 않은 것은?

① pnpn 구조로 되어 있다.
② 정류 작용을 할 수 있다.

정답 24 ③ 25 ② 26 ③ 27 ④ 28 ③ 29 ③ 30 ③

③ 정방향 및 역방향의 제어 특성이 있다.
④ 고속도의 스위칭 작용을 할 수 있다.

해설

SCR
단방향 역저지 3단자 소자

31 직류 직권전동기에서 벨트를 걸고 운전하면 안 되는 가장 큰 이유는?

① 벨트가 벗어지면 위험 속도에 도달하므로
② 손실이 많아지므로
③ 직결하지 않으면 속도 제어가 곤란하므로
④ 벨트의 마멸 보수가 곤란하므로

해설

직류 직권전동기는 벨트가 벗어지면 무부하 상태가 되어, 여자 전류가 거의 0이 된다. 이때 자속이 0이 되므로 위험속도로 된다.

32 변압기의 권선과 철심 사이의 습기를 제거하기 위하여 건조하는 방법이 아닌 것은?

① 열풍법   ② 단락법
③ 진공법   ④ 가압법

해설

변압기 철심 습기 제거 방법
열풍법, 진공법, 단락법이며, 가압법은 절연내력시험의 일종이다.

33 난조 방지와 관계가 없는 것은?

① 제동권선을 설치한다.
② 전기자권선의 저항을 작게 한다.
③ 축 세륜을 붙인다.
④ 조속기의 감도를 예민하게 한다.

해설

조속기의 감도가 예민하기 때문에 난조가 발생하므로 감도를 예민하지 않게 해야 한다.

34 3권선 변압기에 대한 설명으로 옳은 것은?

① 한 개의 전기회로에 3개의 자기회로로 구성되어 있다.
② 3차 권선에 조상기를 접속하여 송전선의 전압조정과 역률개선에 사용된다.
③ 3차 권선에 단권변압기를 접속하여 송전선의 전압조정에 사용된다.
④ 고압배전선의 전압을 10% 정도 올리는 승압용이다.

해설

3권선 변압기
변압기 철심 하나에 3개의 권선이 있는 변압기로, $Y-Y-\Delta$에서 3권선은 동기조상기를 설치하여 송전선의 전압 조정과 역률 개선에 사용된다.

35 인견 공업에 쓰여지는 포트 전동기의 속도 제어는?

① 극수 변환
② 1차 회전에 의한 제어
③ 주파수 변환에 의한 제어
④ 저항에 의한 제어

해설

주파수 변환법
자속을 일정하게 유지하기 위하여 V_1/f를 일정하게 하며, 선박 추진기, 포트 모터 등에 사용한다.

36 다음 회로도에 대한 설명으로 옳지 않은 것은?

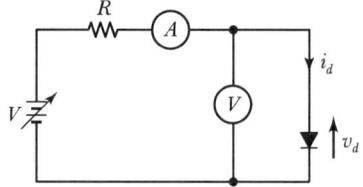

① 다이오드의 양극의 전압이 음극에 비하며 높을 때를 순방향 도통 상태라 한다.
② 다이오드의 양극의 전압이 음극에 비하여 낮을 때를 역방향 저지 상태라 한다.
③ 실제의 다이오드는 순방향 도통 시 양 단자 간의 전압 강하가 발생하지 않는다.

④ 역방향 저지 상태에서는 역방향으로(음극에서 양극으로) 약간의 전류가 흐르는데 이를 누설전류라고 한다.

해설
실제의 다이오드는 순방향 도통 시 양 단자 간에 약 0.7[V]의 전압 강하가 발생한다.

37 동기발전기의 무부하포화곡선을 나타낸 것이다. 포화계수에 해당하는 것은?

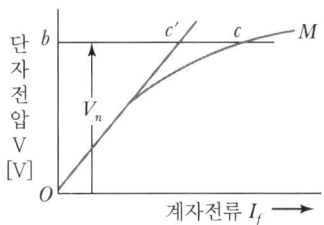

① $\dfrac{ob}{oc}$
② $\dfrac{bc'}{bc}$
③ $\dfrac{cc'}{bc'}$
④ $\dfrac{cc'}{bc}$

해설
포화계수(율)는 포화의 정도를 나타낸다.

38 무부하에서 119[V] 되는 분권발전기의 전압 변동률이 6[%]이다. 정격 전부하 전압은 약 몇 [V]인가?

① 110.2
② 112.3
③ 122.5
④ 125.3

해설
$\varepsilon = \dfrac{V_0 - V_n}{V_n} \times 100[\%]$ 이므로, $0.06 = \dfrac{119 - V_n}{V_n}$ 에서 V_n을 구하면 약 112.3[V]

39 3[kW], 200[V] 유도전동기의 전전압 기동 시의 기동전류가 120[A]이었다. 여기에 Y-Δ 기동 시 기동전류는 몇 [A]가 되는가?

① 40   ② 50   ③ 55   ④ 60

해설
Y-Δ 기동
기동전류와 기동토크가 전부하의 1/3로 줄어든다.

40 전동기의 회전 방향을 바꾸는 역회전 원리를 이용한 제동 방법은?

① 역상제동
② 유도제동
③ 발전제동
④ 회생제동

해설
역상제동(플러깅)
3선 중 임의의 2선의 접속을 바꿔 역회전하여 제동하는 방법으로 운전 중 급히 정지시킬 경우 사용된다.

41 전동기 과부하 보호장치에 해당되지 않는 것은?

① 전동기용 퓨즈
② 열동계전기
③ 전동기 보호용 배선용 차단기
④ 전동기 기동장치

해설
전동기 기동장치는 기동 시에 흐르는 높은 기동전류를 낮게 하기 위해 사용

42 16[mm] 합성수지 전선관을 직각 구부리기를 할 경우 구부림 부분의 길이는 약 몇 [mm]인가?(단, 16[mm] 합성수지관의 안지름은 18[mm], 바깥지름은 22[mm]이다.)

① 187
② 132
③ 119
④ 220

해설
• 구부러지는 관의 안쪽 반지름은 관 안지름의 6배 이상으로 구부려야 한다.
• 그림과 같이 구부림 부분의 안쪽 반지름
  $r = 6d + \dfrac{D}{2} = 6 \times 18 + \dfrac{22}{2} = 119[\text{mm}]$ 이다.

정답 37 ③ 38 ② 39 ① 40 ① 41 ④ 42 ①

• 구부림 부분의 길이

$$L = \frac{2\pi r}{4} = \frac{2\pi \times 119}{4} = 187[\text{mm}] \text{이다.}$$

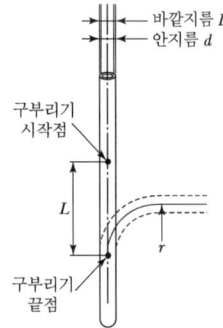

43 접착력은 떨어지나 절연성, 내온성, 내유성이 좋아 연피케이블의 접속에 사용되는 테이프는?

① 고무 테이프 ② 비닐 테이프
③ 리노 테이프 ④ 자기 융착 테이프

해설

리노 테이프
접착성은 없으나 절연성, 내온성, 내유성이 있어서 연피케이블 접속 시 사용한다.

44 설비용량 600[kW], 부등률 1.2, 수용률 0.6일 때 합성최대전력[kW]은?

① 240[kW] ② 300[kW]
③ 432[kW] ④ 833[kW]

해설

수용률 = $\dfrac{\text{최대수용전력}}{\text{설비 용량}} \times 100[\%]$ 에서

$60[\%] = \dfrac{\text{최대수용전력}}{600} \times 100[\%]$ 에서

최대수용전력 = 설비용량 × 수용률이므로,
$600 \times 0.6 = 360[\text{kW}]$

부등률 = $\dfrac{\text{각 부하의 최대수용전력의 합계}}{\text{합성최대수용전력}}$ 이므로,

$1.2 = \dfrac{360}{\text{합성최대수용전력}}$

∴ 합성최대(수용)전력 = 300[kW]

45 380[V] 옥내 배선에 절연저항 측정을 하려고 하는데 측정치 영향이나 손상을 받을 수 있는 SPD(서지보호장치) 등 기기는 측정 전에 분리가 어려운 경우 시험전압을 몇 [V]로 낮추어 측정하여야 하는가?

① 250[V] AC ② 250[V] DC
③ 500[V] AC ④ 500[V] DC

해설

측정치 영향이나 손상을 받을 수 있는 SPD(서지보호장치) 등 기기는 측정 전에 분리시켜야 하고, 분리가 어려운 경우 시험전압을 250[V] DC로 낮추어 측정해서 절연저항이 1[MΩ] 이상이어야 한다.

46 한국전기설비규정(KEC)에서 통합접지시스템은 여러 가지 설비 등의 접지극을 공용하는 것으로, 해당되는 설비가 아닌 것은?

① 건축물의 철근, 철골 등 금속보강재 설비
② 건축물의 피뢰설비
③ 전자통신설비
④ 전기설비의 접지계통

해설

통합접지
전기설비의 접지계통·건축물의 피뢰설비·전자통신설비 등의 접지극을 공용으로 접지

47 저압 이웃 연결인입선의 시설 규정으로 적합한 것은?

① 분기점으로부터 90[m] 지점에 시설
② 6[m] 도로를 횡단하여 시설
③ 수용가 옥내를 관통하여 시설
④ 지름 1.5[mm] 인입용 비닐절연전선을 사용

해설

이웃 연결인입선
• 인입선에서 분기하는 점으로부터 100[m]를 넘지 않는 지역일 것
• 폭 5[m]를 넘는 도로를 횡단하지 아니할 것
• 옥내를 통과하지 아니할 것

정답 43 ③ 44 ② 45 ② 46 ① 47 ①

- 저압 가공인입선은 2.6[mm] 이상의 경동선 또는 이와 동등 이상의 세기 및 굵기의 것을 시설할 것(단, 인입선의 길이가 15[m] 이하의 경우에는 2.0[mm] 이상의 것을 사용할 수 있다.)
- 저압에서만 사용할 것

48 옥내 분전반의 설치에 관한 내용 중 틀린 것은?

① 분전반에서 분기회로를 위한 배관의 상승 또는 하강이 용이한 곳에 설치한다.
② 분전반에 넣는 금속제의 함 및 이를 지지하는 구조물은 접지를 하여야 한다.
③ 각 층마다 하나 이상을 설치하나, 회로수가 6 이하인 경우 2개 층을 담당할 수 있다.
④ 분전반에서 최종 부하까지의 거리는 40[m] 이내로 하는 것이 좋다.

해설

분전반 공사
- 일반적으로, 분전반은 철제 캐비닛 안에 나이프 스위치, 텀블러 스위치 또는 배선용 차단기를 설치하며, 내열 구조로 만든 것이 많이 사용되고 있다.
- 분전반의 설치위치는 부하의 중심 부근이고, 각 층마다 하나 이상을 설치하나 회로수가 6 이하인 경우에는 2개 층을 담당한다.
- 분전반은 분기회로의 길이가 30[m] 이하가 되도록 설계한다.
- 감전에 대한 보호 및 접지시스템에 준하여 접지공사를 할 것

49 논이나 기타 지반이 약한 곳에 건주 공사 시 전주의 넘어짐을 방지하기 위해 시설하는 것은?

① 완금
② 전주버팀대
③ 완목
④ 행거밴드

해설

도로의 경사면 또는 논과 같이 지반이 약한 곳은 표준 근입에 30[cm]를 가산하거나, 전주버팀대를 사용하여 전선로와 동일한 방향으로 보강한다.

50 분전반 및 배전반은 어떤 장소에 설치하는 것이 바람직한가?

① 노출된 장소
② 개폐기를 쉽게 개폐할 수 없는 장소
③ 은폐된 장소
④ 폐쇄된 장소

해설

분전반 및 배전반의 설치 장소
- 전기회로를 쉽게 조작할 수 있는 장소
- 개폐기를 쉽게 개폐할 수 있는 장소
- 노출된 장소
- 안정된 장소

51 한국전기설비규정에서 폭연성 먼지가 존재하는 곳의 금속관공사 시 전동기에 접속하는 부분에서 가요성을 필요로 하는 부분의 배선에는 방폭형의 부속품 중 어떤 것을 사용하여야 하는가?

① 일반 유연성 부속
② 먼지 폭발방지형 유연성 부속
③ 분진 유연성 부속
④ 안전 증가 유연성 부속

해설

폭연성 먼지 또는 화약류 분말이 존재하는 곳
먼지 폭발방지 특수방진구조의 것을 사용

52 화재 시 소방대가 조명기구나 파괴용 기구, 배연기 등 소화활동 및 인명구조활동에 필요한 전원으로 사용하기 위해 설치하는 것은?

① 상용전원장치
② 유도등
③ 비상용 콘센트
④ 비상등

해설

비상용 콘센트
화재가 발생하면 건물 내의 전원이 대부분 차단되므로 전원공급에 많은 어려움이 있다. 그래서 화재 발생 시 소화활동에 필요한 조명기구나 파괴용 기구, 배연기 등 인명구조활동에 전원으로 사용하기 위해 설치한다.

정답 48 ④ 49 ② 50 ① 51 ② 52 ③

53 한국전기설비규정에서 진열장 안에 400[V] 이하인 저압 옥내배선 시 외부에서 보기 쉬운 곳에 사용하는 전선은 단면적이 몇 [mm²] 이상의 코드 또는 캡타이어케이블이어야 하는가?

① 0.75[mm²]   ② 1.25[mm²]
③ 2.0[mm²]   ④ 3.5[mm²]

해설

진열장 안의 배선 공사
전선은 단면적이 0.75[mm²] 이상인 코드 또는 캡타이어케이블일 것

54 우수한 조명의 조건이 되지 못하는 것은?

① 조도가 적당할 것
② 균등한 광속 발산도 분포일 것
③ 그림자가 없을 것
④ 광색이 적당할 것

해설

조명 설계 시 고려 사항
• 적당한 조도일 것
• 균등한 광속 발산도 분포일 것
• 눈부심이 일어나지 않도록 할 것(휘도가 높지 않을 것)
• 적당한 그림자가 있을 것(그림자를 고려할 것)
• 광색이 적당할 것
• 경제성이 있을 것

55 코일 주위에 전기적 특성이 큰 에폭시 수지를 고진공으로 침투시키고, 다시 그 주위를 기계적 강도가 큰 에폭시 수지로 몰딩한 변압기는?

① 건식 변압기   ② 유입 변압기
③ 몰드 변압기   ④ 타이 변압기

해설

몰드 변압기
고압권선과 저압권선을 모두 에폭시 수지로 몰드한 변압기로 고체절연 방식을 채택하여 난연성, 절연의 신뢰성, 보수 및 점검이 용이, 에너지 절약 등의 특징이 있는 관계로 최근 정보화된 건축물에 많이 사용된다.

56 배전반 및 분전반을 넣은 강판제로 만든 함의 두께는 몇 [mm] 이상인가?(단, 가로 세로의 길이가 30[cm]를 초과한 경우이다.)

① 0.8   ② 1.2
③ 1.5   ④ 2.0

해설

강판제의 것은 두께 1.2[mm] 이상일 것
※ 단, 가로 세로의 길이가 30[cm] 이하인 경우 1.0[mm] 이상

57 점유면적이 좁고 운전, 보수에 안전하므로 공장, 빌딩 등의 전기실에 많이 사용되는 배전반은 어떤 것인가?

① 데드 프런트형   ② 수직형
③ 큐비클형   ④ 라이브 프런트형

해설

폐쇄식 배전반(큐비클형)
폐쇄식 배전반이란 단위 회로의 변성기, 차단기 등의 주 기기류와 이를 감시, 제어, 보호하기 위한 각종 계기 및 조작 개폐기, 계전기 등 전부 또는 일부를 금속제 상자 안에 조립하는 방식

폐쇄형의 특징
• 설치면적이 적다.
• 설치가 간단하고, 공기가 단축된다.
• 신뢰성이 있으며 표준화되어 있다.
• 외관이 미려하고 보수 시 안전하다.
• 기기 자체의 보전과 고장 확대 방지가 가능하다.
• 증설 및 이동 설치가 용이하다.

58 전선의 접속이 불완전하여 발생할 수 있는 사고로 볼 수 없는 것은?

① 감전   ② 누전
③ 화재   ④ 절전

해설

전선 접속부위 전기저항이 증가할 경우 화재 발생, 절연처리가 불량할 경우 누전으로 인한 감전사고가 발생할 수 있다.

정답 53 ① 54 ③ 55 ③ 56 ② 57 ③ 58 ④

59 저압개폐기를 생략하여도 무방한 개소는?

① 부하 전류를 끊거나 흐르게 할 필요가 있는 개소
② 인입구 기타 고장, 점검, 측정 수리 등에서 개로할 필요가 있는 개소
③ 퓨즈의 전원 측으로 분기회로용 과전류차단기 이후의 퓨즈가 플러그 퓨즈와 같이 퓨즈교환 시에 충전부에 접촉될 우려가 없을 경우
④ 퓨즈에 근접하여 설치한 개폐기인 경우의 퓨즈 전원 측

해설

개폐기 설치 장소
- 부하전류를 개폐할 필요가 있는 장소
- 인입구
- 퓨즈의 전원 측(퓨즈 교체 시 감전 방지)

포장 퓨즈
플러그 퓨즈는 퓨즈를 넣어 나사식으로 돌려 고정하는 것으로 충전(통전) 중에도 교체가 가능

60 한국전기설비규정에서 정격전류가 63[A] 이하인 저압전로의 과전류차단기를 주택용 배선용 차단기로 사용하는 경우 정격전류의 1.45배의 전류가 통과하였을 경우 몇 분 이내에 자동적으로 동작하여야 하는가?

① 30분 ② 240분
③ 60분 ④ 120분

해설

일반인이 접촉할 우려가 있는 장소(세대 내 분전반 및 이와 유사한 장소)에는 주택용 배선차단기를 시설한다.

정격전류의 구분	시간	정격전류의 배수(모든 극에 통전)	
		부동작 전류	동작 전류
63[A] 이하	60분	1.13배	1.45배
63[A] 초과	120분	1.13배	1.45배

정답 59 ③ 60 ③

2021년 1회 시행 과년도 기출문제

01 저항 2[Ω]과 3[Ω]을 직렬로 접속했을 때의 합성 컨덕턴스는?

① 0.2[℧] ② 1.5[℧]
③ 5[℧]   ④ 6[℧]

해설

$$\frac{\frac{1}{2} \times \frac{1}{3}}{\frac{1}{2} + \frac{1}{3}} = \frac{1}{5} = 0.2 [℧]$$

$2+3 = 5[Ω]$ ∴ $G = \frac{1}{R} = \frac{1}{5} = 0.2[℧]$

02 공급전류가 3배가 될 때 인덕턴스에 저장되는 에너지를 동일하게 하기 위해서 L의 값을 몇 배로 하면 되는가?

① 3배 ② $\frac{1}{3}$배
③ 9배 ④ $\frac{1}{9}$배

해설

$W_L = \frac{1}{2}LI^2[J]$, $W_L' = \frac{1}{2}L(3I)^2 = \frac{1}{2}L9I^2[J]$
$= \frac{1}{9}W_L'$

03 다음 중 전위의 단위가 아닌 것은?

① $\frac{V}{m}$ ② V
③ $\frac{J}{C}$ ④ $\frac{N \cdot m}{C}$

해설

$V[V] = \frac{W}{Q}\left[\frac{J}{C} = \frac{N \cdot m}{C}\right]$, $E = \frac{F}{Q}\left[\frac{N}{C}\right]$

04 그림과 같이 I[A]의 전류가 흐르고 있는 도체의 미소부분 Δl의 전류에 의해 이 부분이 r[m] 떨어진 점 P의 자기장 ΔH[A/m]는?

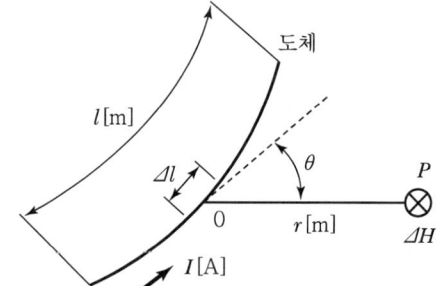

① $\Delta H = \frac{I^2 \Delta l \sin\theta}{4\pi r^2}$ ② $\Delta H = \frac{I \Delta l^2 \sin\theta}{4\pi r}$
③ $\Delta H = \frac{I^2 \Delta l \sin\theta}{4\pi r}$ ④ $\Delta H = \frac{I \Delta l \sin\theta}{4\pi r^2}$

해설

비오-사바르 법칙
$\Delta H = \frac{I \Delta l}{4\pi r^2} \cdot \sin\theta [\text{AT/m} = \text{N/Wb}]$

05 정전 흡인력에 대한 설명 중 옳은 것은?

① 정전 흡인력은 전압의 제곱에 비례한다.
② 정전 흡인력은 극판 간격에 비례한다.
③ 정전 흡인력은 극판 면적의 제곱에 비례한다.
④ 정전 흡인력은 쿨롱의 법칙으로 직접 계산한다.

해설

정전 흡인력
$f = \frac{\rho_s^2}{2\varepsilon_0} = \frac{D^2}{2\varepsilon_0} = \frac{1}{2}E^2\varepsilon_0 = \frac{1}{2}\left(\frac{v}{d}\right)^2\varepsilon_0 = \frac{1}{2}ED[\text{N/m}^2]$

정답 01 ① 02 ④ 03 ① 04 ④ 05 ①

06 전지 n개를 직렬로 접속하고 회로에 부하저항을 직렬로 설치하여 부하에서 소비되는 전력을 최대가 되도록 하기 위한 부하저항의 크기는?

① r ② nr ③ $\frac{1}{n}r$ ④ r^2

해설
- 전지 n개 직렬 접속 시 합성 내부 저항 $r_t = nr$
- 최대전력 전송 조건 : 내부저항=부하저항이므로 부하저항이 nr일 때 최대전력을 공급받는다.

07 $R=3[\Omega]$, $L=10.6[mH]$의 RL 직렬회로에 $V=200[V]$, $f=60[Hz]$의 교류전압을 가할 때 전류의 크기는 약 몇 [A]인가?

① 40   ② 50   ③ 60   ④ 70

해설
$X_L = \omega L = 2\pi fL = 2\pi \times 60 \times 10.6 \times 10^{-3} \fallingdotseq 4[\Omega]$
$I = \frac{V}{Z} = \frac{V}{\sqrt{R^2+X_L^2}} = \frac{200}{\sqrt{3^2+4^2}} = 40[A]$

08 RL 직렬회로에서 100[V]의 전압을 가할 때 위상이 30° 뒤진 25[A]의 전류가 흐른다면 리액턴스의 크기는?

① 1[Ω]   ② 2[Ω]   ③ 3[Ω]   ④ 4[Ω]

해설
$X = Z \cdot \sin\theta$, $Z = \frac{V}{I} = \frac{100}{25} = 4[A]$
$\therefore X = Z\sin\theta = 4 \times \sin 30° = 2[\Omega]$

09 어떤 부하의 피상전력이 5[kVA]이고 무효전력이 3[kVar]일 때 유효전력[kW]은?

① 10   ② 5   ③ 4   ④ 3

해설
$P_a = \sqrt{P^2 + P_r^2}$
$P = \sqrt{P_a^2 - P_r^2} = \sqrt{5^2 - 3^2} = 4[kW]$

10 반지름 $r[m]$, 권수 N회의 환상 솔레노이드에 $I[A]$의 전류가 흐를 때, 그 외부의 자장 $H[AT/m]$는 얼마인가?

① 0   ② $\frac{NI}{2\pi}$
③ $\frac{NI}{4\pi r^2}$ ④ $\frac{NI}{2\pi r}$

해설
- 환상 솔레노이드 내부 자계
$H = \frac{NI}{l} = \frac{NI}{2\pi r}[N/Wb = AT/m]$
- 환상 솔레노이드 외부 자계 $H' = 0$

11 다음 중 납축전지의 양극으로 맞는 것은?

① H_2SO_4 ② H_2O
③ PbO_2 ④ $PbSO_4$

해설
납축전지
- 양극 : PbO_2(이산화납)
- 음극 : Pb(납)
- 전해액 : H_2SO_4(묽은 황산) – 비중 1.23~1.26 사용

12 두 금속을 접속하여 여기에 전류를 흘리면, 줄열 외에 그 접점에 열의 발생 또는 흡수가 일어나는 현상은?

① 펠티에 효과   ② 제벡 효과
③ 홀 효과   ④ 줄 효과

해설
- 펠티에 효과 : 서로 다른 두 종류의 금속을 접속하고 한쪽 금속에서 다른 쪽 금속으로 전류를 흘리면 열의 발생 또는 흡수가 일어나는 현상
- 제벡 효과 : 서로 다른 금속 A, B를 접속하고 접속점에 서로 다른 온도를 유지하면 기전력이 생겨 일정한 방향으로 전류가 흐르는 현상

정답 06 ② 07 ① 08 ② 09 ③ 10 ① 11 ③ 12 ①

13 다음 중 전기력선의 성질로 그 내용이 잘못된 것은?

① 전기력선은 양전하의 표면에서 나와 음전하의 표면에서 끝난다.
② 전기력선은 도체의 표면에 수직으로 출입한다.
③ 전기력선은 서로 교차하지 않는다.
④ 같은 전기력은 흡입한다.

해설
같은 전기력선은 서로 반발하는 성질을 가지고 있다.

14 다음 중 강자성체가 아닌 것은?

① 니켈   ② 철
③ 백금   ④ 망간

해설
- 반(역)자성체 : 자석에 반발하는 물질
  은(Ag), 구리(Cu), 물(H_2O), 비스무트(Bi), 아연(Zn)
- 상자성체 : $\mu_s > 1$이고, 자석에 끌리는 물질
  알루미늄(Al), 백금(Pt), 산소(O_2), 주석(Sn)
- 강자성체 : $\mu_s \gg 1$이고, 자석에 쉽게 끌리는 물질
  철(Fe), 니켈(Ni), 코발트(Co), 망간(Mn)

15 물질에 따라 자석에 붙으려고 하는 물체를 무엇이라 하는가?

① 비자성체   ② 상자성체
③ 반자성체   ④ 강자성체

해설
문제 14번 해설 참조

16 다음 중 전동기의 원리에 적용되는 법칙은?

① 렌츠의 법칙
② 플레밍의 오른손 법칙
③ 플레밍의 왼손 법칙
④ 옴의 법칙

해설
플레밍의 왼손 법칙
자계 내에 도체를 두고 전류를 흘리면 도체가 받는 힘(전자력)에 관한 법칙($F = IBl\sin\theta [N]$)으로 전동기의 원리가 되며, 엄지 : 힘, 검지 : 자속밀도, 중지 : 전류의 방향을 의미한다.

17 다음 그림이 의미하는 것은 무엇인가?

① 정전유도
② 정전차폐
③ 대전현상
④ 전자유도

해설
정전유도
그림과 같이 에보나이트 막대를 원판에 가까이 하면 에보나이트에 가까운 쪽에서는 에보나이트와 다른 종류의 전하가 나타나며 반대쪽에는 같은 종류의 전하가 나타나는 현상

18 R, L, C 직렬 공진회로에서 최대가 되는 것은 무엇인가?

① 임피던스   ② 전류
③ 리액턴스   ④ 저항

해설
직렬 공진회로에서 허수부가 0이 되어 임피던스가 최소가 되므로 임피던스와 반비례 관계인 전류는 최대가 된다($\because I = \dfrac{V}{Z}$).
단, 어드미턴스 또한 $Y = \dfrac{1}{Z}$이므로 최대가 된다.

19 100[W]용 전열기 5대, 50[W] 전등 2개를 200[V]의 전원에 연결하여 사용하면 몇 [A]의 전류가 발생하는가?

① 3[A]   ② 4[A]
③ 5[A]   ④ 6[A]

해설
$P = VI$에서 $I = \dfrac{P}{V} = \dfrac{(100 \times 5) + (50 \times 2)}{200} = 3[A]$

정답 13 ④ 14 ③ 15 ④ 16 ③ 17 ① 18 ② 19 ①

20 다음 중 전계와 자계를 비교하는 것으로 잘못 나타낸 것은?

① 도전율 – 투자율
② 전계 – 자계
③ 전류 – 자속
④ 자속밀도 – 자기장의 세기

해설

자속밀도 $B[\text{Wb/m}^2]$ – 전속밀도 $D[\text{C/m}^2]$

21 다음 중에서 직류전동기의 속도제어 방법이 아닌 것은?

① 계자제어
② 전압제어
③ 저항제어
④ 위상제어

해설

직류전동기 속도제어
- 계자제어
- 저항제어
- 전압제어

22 부흐홀츠 계전기의 설치 위치로 가장 적당한 곳은?

① 변압기 본체 내부
② 콘서베이터 내부
③ 변압기 고압 측 부싱
④ 변압기 본체와 콘서베이터 사이

해설

부흐홀츠 계전기는 변압기 내부 고장으로 인한 절연유의 온도 상승 시 발생하는 가스 또는 기름의 흐름에 의해 동작하는 계전기로 변압기를 보호하며 변압기의 본체와 콘서베이터 사이에 설치한다.

23 무부하 분권발전기의 계자 저항이 50[Ω], 계자 전류가 2[A], 전기자 저항이 5[Ω]라 하면 유도기전력은 약 몇 [V]인가?

① 100
② 110
③ 90
④ 120

해설

직류 분권발전기의 유도전압
$E = V + I_a R_a[\text{V}]$에서, $V = I_f \times R_f = 2 \times 50 = 100[\text{V}]$이므로
$E = 100 + 2 \times 5 = 110[\text{V}]$ ($\because$ 무부하이므로 $I_a = I_f$)

24 동기전동기를 자체 기동법으로 기동시킬 때 계자 회로는 저항을 통하여 어떻게 하여야 하는가?

① 단락시킨다.
② 개방시킨다.
③ 직류를 공급한다.
④ 단상 교류를 공급한다.

해설

동기전동기 기동 시 계자권선을 개방하면 회전자속에 의해 고전압이 유도되어 절연 파괴의 위험이 있으므로 저항을 통하여 단락시킨다.

25 유도전동기가 동기 속도로 회전할 때 슬립은?

① 1
② 0
③ 0.5
④ 0.1

해설

슬립 $s = \dfrac{\text{동기속도} - \text{회전자속도}}{\text{동기속도}}$ 이므로,
동기속도로 회전하면 슬립은 0이 된다.

26 3상 유도전동기의 종류가 맞는 것은?

① 권선형 유도전동기
② 분상기동형 전동기
③ 셰이딩코일형 유도전동기
④ 콘덴서기동형 전동기

해설

3상 유도전동기에는 권선형과 농형이 있고, 분상기동형, 셰이딩코일형, 콘덴서기동형은 단상 유도전동기이다.

27 정격 전압 220[V], 정격 전류 50[A]에서 직류전동기의 속도가 1,150[rpm]이다. 무부하에서의 속도가 1,200[rpm]이라고 할 때 속도 변동률[%]은 약 얼마인가?

① 1.52
② 3.45
③ 2.65
④ 4.35

정답 20 ④ 21 ④ 22 ④ 23 ② 24 ① 25 ② 26 ① 27 ④

해설

$$\varepsilon = \frac{N_0 - N_n}{N_n} \times 100 = \frac{1,200 - 1,150}{1,150} \times 100[\%] \fallingdotseq 4.35[\%]$$

28 60[Hz], 8극의 동기전동기의 회전 속도는 몇 [rpm]인가?

① 600 ② 750
③ 900 ④ 1,200

해설

동기속도 $N_s = \frac{120f}{P} = \frac{120 \times 60}{8} = 900[\text{rpm}]$

29 변압기의 효율이 가장 좋을 때의 조건은?

① 철손=동손 ② 철손=1/2동손
③ 동손=1/2철손 ④ 동손=2철손

해설

변압기 최대 효율
철손과 동손이 같을 때 최대 효율이 된다.($P_i = P_c$)

30 변압기 기름이 가져야 할 성능이 아닌 것은?

① 절연내력이 클 것
② 인화점이 높을 것
③ 응고점이 높을 것
④ 점성도가 낮을 것

해설

변압기유의 구비 조건
- 절연내력이 클 것
- 고온에서 산화하지 않을 것
- 비열이 커서 냉각효과가 클 것
- 절연재료와 화학작용을 일으키지 않을 것
- 인화점이 높고 응고점이 낮을 것
- 점성도가 낮을 것

31 3상 유도전동기의 출력 P[kW], 정격 전압 V_n[V], 1차 전류 I_1[A], 역류 $\cos\theta$일 때 효율을 나타내는 식은?

① $\eta = \frac{P}{\sqrt{3}\,V_n I_1 \cos\theta} \times 100[\%]$

② $\eta = \frac{P \times 10^3}{V_n I_1 \cos\theta} \times 100[\%]$

③ $\eta = \frac{P \times 10^3}{\sqrt{3}\,V_n I_1} \times 100[\%]$

④ $\eta = \frac{P \times 10^3}{\sqrt{3}\,V_n I_1 \cos\theta} \times 100[\%]$

해설

3상 유도전동기의 출력 $P = \sqrt{3}\,V_n I_1 \cos\theta\,\eta$이므로,
$\eta = \frac{P \times 10^3}{\sqrt{3}\,V_n I_1 \cos\theta} \times 100[\%]$

32 동기발전기의 돌발 단락 전류를 주로 제한하는 것은?

① 누설 리액턴스 ② 동기 임피던스
③ 권선 저항 ④ 동기 리액턴스

해설

동기기에서 저항은 누설 리액턴스에 비하여 매우 작으며, 전기자 반작용은 단락전류가 흐른 뒤에 작용하므로 돌발 단락전류를 제한하는 것은 누설 리액턴스이다.

33 직류를 교류로 변환하는 장치는?

① 컨버터 ② 초퍼
③ 인버터 ④ 정류기

해설

인버터
직류를 교류로 변환하는 장치로서 주파수를 변환시키는 장치이다.

34 보호계전기의 기능상 분류로 틀린 것은?

① 과전류계전기 ② 과저항계전기
③ 과전압계전기 ④ 주파수계전기

해설

과저항계전기는 보호계전기의 종류가 아니다.

정답 28 ③ 29 ① 30 ③ 31 ④ 32 ① 33 ③ 34 ②

35 변압기 내부 고장에 대한 보호용으로 가장 많이 사용되는 것은?

① 과전류계전기　　② 차동임피던스
③ 비율차동계전기　④ 임피던스계전기

해설
변압기 내부 고장 보호용으로 가장 많이 사용되는 것은 차동(비율차동)계전기이다.

36 병렬 운전 중인 동기 임피던스 5[Ω]인 2대의 3상 동기발전기의 유도기전력에 100[V]의 전압차이가 있다면 무효 순환전류[A]는?

① 5　　② 10
③ 20　④ 40

해설
무효 순환전류
$I_c = \dfrac{E_A - E_B}{2Z_s} = \dfrac{100}{2 \times 5} = 10[A]$

37 고압전동기 철심의 강판 홈(Slot)의 모양은?

① 반폐형　② 개방형
③ 반구형　④ 밀폐형

해설
- 고압용 : 개방형 슬롯 사용
- 저압용 : 반폐형 슬롯 사용

38 동기기에서 제동권선의 역할은?

① 기동 및 난조 방지
② 기동 및 역률 개선
③ 출력 증가 및 효율 개선
④ 역률 개선 및 기동

해설
제동권선
난조를 방지하기 위해 회전자 극의 자극면에 홈을 파고, 유도전동기의 농형권선과 같이 권선을 설치한 것으로 난조 방지에 가장 효율이 높으며, 기동 시 기동 권선의 역할을 한다.

39 용량이 250[kVA]인 단상 변압기를 Δ결선으로 운전 중 한 대가 고장 나 나머지 2대로 V결선하여 공급할 수 있는 용량은 몇 [kVA]인가?

① 353　② 288
③ 433　④ 500

해설
V결선의 출력 $P_V = \sqrt{3}P = \sqrt{3} \times 250 ≒ 433$
여기서, P : 단상 변압기 1대의 용량

40 전력 변환 장치에서 제어 기기의 정류 작용은?

① 직류에서 교류　② 교류에서 직류
③ 직류에서 직류　④ 교류에서 교류

해설
교류를 직류로 변환하는 것을 정류라 하고, 이 작용을 하는 기기를 정류기라 한다.

41 한국전기설비규정에서 지중 및 수중에 매설하는 양극과 피방식체 간의 전기부식 방지시설에 대한 설명으로 틀린 것은?

① 지중에 매설하는 양극은 75[cm] 이상의 깊이일 것
② 수중에 시설하는 양극과 그 주위 1[m] 안의 임의의 점과의 전위차는 10[V]를 넘지 않을 것
③ 사용전압은 직류 60[V]를 초과할 것
④ 지표에서 1[m] 간격의 임의의 2점 간의 전위차가 5[V]를 넘지 않을 것

해설
전기부식 방지를 위해 전원 장치로부터 양극 및 피방식체까지의 전로의 사용전압은 직류 60[V] 이하일 것

42 한국전기설비규정에서 저압가공인입선이 횡단보도교 위에 시설되는 경우 노면상 몇 [m] 이상의 높이에 설치되어야 하는가?

① 3　② 4　③ 5　④ 6

해설
저압가공인입선의 높이는 횡단보도교 3[m]

정답 35 ③　36 ②　37 ②　38 ①　39 ③　40 ②　41 ③　42 ①

43 저압 구내 가공인입전선으로 전선의 길이가 15[m]를 초과하는 경우 그 전선의 지름은 몇 [mm] 이상을 사용하여야 하는가?

① 1.6   ② 2.0
③ 2.6   ④ 3.2

해설
저압 가공인입선은 2.6[mm] 이상의 경동선 또는 이와 동등 이상의 세기 및 굵기의 것을 시설하여야 한다.

44 폭연성 먼지가 존재하는 곳의 금속관공사에 있어서 관 상호 간 및 관과 박스 기타의 부속품, 풀박스 또는 전기기계기구와의 접속은 몇 턱 이상의 나사 조임으로 접속하여야 하는가?

① 3턱   ② 4턱
③ 5턱   ④ 6턱

해설
관 상호 및 관과 박스 기타의 부속품이나 풀박스 또는 전기기계기구는 5턱 이상의 나사 조임으로 접속하는 방법, 기타 이와 동등 이상의 효력이 있는 방법에 의할 것

45 배전반 및 분전반의 설치장소로 적합하지 않은 곳은?

① 전기회로를 쉽게 조작할 수 있는 장소
② 안정된 장소
③ 은폐된 장소
④ 개폐기를 쉽게 조작할 수 있는 장소

해설
전기부하의 중심 부근에 위치하며 스위치 조작이 쉽고 안정적으로 할 수 있는 곳

46 전기설비의 보호계전기의 종류가 아닌 것은?

① 과전류계전기   ② 과전압계전기
③ 부족전압계전기 ④ 부족전류계전기

해설
보호계전기 중 부족전류계전기는 없음. 부하설비를 사용하지 않으면 0[A]

47 합성수지관 상호 및 관과 박스와의 접속제에 삽입하는 깊이를 관 바깥지름의 몇 배 이상으로 하여야 하는가?(단, 접착제를 사용하지 않는다.)

① 0.8   ② 1.2
③ 2.0   ④ 2.5

해설
합성수지관 상호 접속방법
• 커플링에 들어가는 관의 길이는 관 바깥지름의 1.2배 이상으로 한다.
• 접착제를 사용하는 경우에는 0.8배 이상으로 한다.

48 옥내배선 공사에서 절연전선의 피복을 벗길 때 사용하면 편리한 공구는?

① 드라이버   ② 플라이어
③ 압착펜치   ④ 와이어 스트리퍼

해설
와이어 스트리퍼(Wire Striper)
절연전선의 피복 절연물을 벗기는 자동공구로서, 도체의 손상 없이 정확한 길이의 피복 절연물을 쉽게 처리할 수 있다.

49 굵은 전선이나 케이블을 절단할 때 사용되는 공구는?

① 클리퍼   ② 펜치
③ 나이프   ④ 플라이어

해설
클리퍼(Clipper)
보통 22[mm²] 이상의 굵은 전선을 절단할 때 사용하는 가위로서 굵은 전선을 펜치로 절단하기 힘들 때 클리퍼나 쇠톱을 사용한다.

50 한국전기설비규정에서 전압의 구분에서 저압 직류전압은 몇 [V] 이하인가?

① 500   ② 1,000
③ 750   ④ 1,500

해설
저압
교류는 1,000[V] 이하, 직류는 1,500[V] 이하인 것

정답 43 ③ 44 ③ 45 ③ 46 ④ 47 ② 48 ④ 49 ① 50 ④

51 점유면적이 좁고 운전, 보수에 안전하므로 공장, 빌딩 등의 전기실에 많이 사용되는 배전반은 어떤 것인가?

① 데드 프런트형   ② 수직형
③ 큐비클형   ④ 라이브 프런트형

해설

폐쇄식 배전반(큐비클형)
폐쇄식 배전반이란 단위 회로의 변성기, 차단기 등의 주기기류와 이를 감시, 제어, 보호하기 위한 각종 계기 및 조작개폐기, 계전기 등 전부 또는 일부를 금속제 상자 안에 조립하는 방식

폐쇄형의 특징
- 설치면적이 적다.
- 설치가 간단하고, 공기가 단축된다.
- 신뢰성이 있으며 표준화되어 있다.
- 외관이 미려하고 보수 시 안전하다.
- 기기 자체의 보전과 고장 확대 방지가 가능하다.
- 증설 및 이동 설치가 용이하다.

52 최대사용전압이 70[kV]인 중성점 직접 접지식 전로의 절연내력 시험전압은 몇 [V]인가?

① 35,000[V]   ② 42,000[V]
③ 44,800[V]   ④ 50,400[V]

해설

고압 및 특별고압 전로의 절연내력 시험전압

구분		시험전압 배율	시험 최저전압 [V]
중성점 비접지식	7[kV] 이하	1.5	500
	7[kV]를 넘고 25[kV] 이하	1.25	10,500
	25[kV] 초과	1.25	
중성점 접지식	7[kV] 이하	1.5	500
	7[kV]를 넘고 25[kV] 이하	0.92	
	25[kV]를 초과 60[kV] 이하	1.25	
	60[kV] 초과	1.1	75,000
	60[kV] 초과(직접 접지식)	0.72	
	170[kV] 초과	0.64	

위 표에서 배율을 적용하며, 70[kV]×0.72=50.4[kV]이다.

53 한국전기설비규정(KEC)에서 통합접지시스템은 여러 가지 설비 등의 접지극을 공용하는 것으로, 해당되는 설비가 아닌 것은?

① 건축물의 철근, 철골 등 금속보강재 설비
② 건축물의 피뢰설비
③ 전자통신설비
④ 전기설비의 접지계통

해설

통합접지
전기설비의 접지계통·건축물의 피뢰설비·전자통신설비 등의 접지극을 공용으로 접지

54 고압 가공인입선이 일반적인 도로 횡단 시 설치 높이는?

① 3[m] 이상   ② 3.5[m] 이상
③ 5[m] 이상   ④ 6[m] 이상

해설

인입선의 높이

구분	저압 인입선[m]	고압 인입선[m]
도로 횡단	5	6
철도 궤도 횡단	6.5	6.5
횡단보도교 위	3	3.5
기타	4	5

55 저압 이웃 연결인입선은 인입선에서 분기하는 점으로부터 몇 [m]를 넘지 않는 지역에 시설하고 폭 몇 [m]를 넘는 도로를 횡단하지 않아야 하는가?

① 50[m], 4[m]   ② 100[m], 5[m]
③ 150[m], 6[m]   ④ 200[m], 8[m]

해설

이웃 연결인입선
- 인입선에서 분기하는 점으로부터 100[m]를 넘지 않는 지역일 것
- 폭 5[m]를 넘는 도로를 횡단하지 아니할 것

정답 51 ③ 52 ④ 53 ① 54 ④ 55 ②

56 터널·갱도 기타 이와 유사한 장소에서 사람이 상시 통행하는 터널 내의 배선방법으로 적절하지 않은 것은?(단, 사용전압은 저압이다.)

① 라이팅덕트 배선
② 금속제 가요전선관 배선
③ 합성수지관 배선
④ 애자사용 배선

해설
광산, 터널 및 갱도
사람이 상시 통행하는 터널 내의 배선은 저압에 한하여 애자사용, 금속전선관, 합성수지관, 금속제 가요전선관, 케이블 배선으로 시공한다.
※ 라이팅덕트 배선은 시공할 수 없다.

57 전시회, 쇼 및 공연장의 저압 배선공사 방법으로 잘못된 것은?

① 전선 보호를 위해 적당한 방호장치를 할 것
② 무대나 영사실 등의 사용전압은 400[V] 이하일 것
③ 무대용 콘센트, 박스는 임시사용시설이므로 접지공사를 생략할 수 있다.
④ 전구 등의 온도 상승 우려가 있는 기구류는 무대막, 목조의 마루 등과 접촉하지 않도록 할 것

해설
모든 금속제 외함에는 접지공사를 하여야 한다.

58 한국전기설비규정(KEC) 개정으로 문제 삭제
전동기에 공급하는 간선의 굵기는 그 간선에 접속하는 전동기의 정격전류의 합계가 50[A] 이하인 경우 그 정격전류 합계의 몇 배 이상의 허용전류를 갖는 전선을 사용하여야 하는가?

① 1.1배   ② 1.25배
③ 1.3배   ④ 2배

59 어느 수용가의 설비용량이 각각 1[kW], 2[kW], 3[kW], 4[kW]인 부하설비가 있다. 그 수용률이 60[%]인 경우 그 최대수용전력은 몇 [kW]인가?

① 3   ② 6
③ 30   ④ 60

해설
수용률 $= \dfrac{\text{최대수용전력}}{\text{수용설비용량}}$ 이므로,
최대수용전력 $=(1+2+3+4) \times 0.6 = 6$[kW]이다.

60 전주를 건주할 경우 A종 철근콘크리트주의 길이가 10[m]이면 땅에 묻는 표준 깊이는 최저 약 몇 [m]인가?(단, 설계하중이 6.8[kN] 이하이다.)

① 2.5   ② 3.0
③ 1.7   ④ 2.4

해설
전주의 길이 15[m] 이하 : 전주의 길이의 $\dfrac{1}{6}$ 이상
$\dfrac{1}{6} \times 10 \fallingdotseq 1.7$[m]

2021년 2회 시행 과년도 기출문제

01 저항 R_1, R_2, R_3의 병렬 합성저항은?

① $\dfrac{R_1 R_2 R_3}{R_1 + R_2 + R_3}$

② $\dfrac{R_1 + R_2 + R_3}{R_1 R_2 + R_2 R_3 + R_1 R_3}$

③ $\dfrac{R_1 R_2 R_3}{R_1 R_2 + R_2 R_3 + R_1 R_3}$

④ $\dfrac{R_1 R_2 + R_2 R_3 + R_1 R_3}{R_1 + R_2 + R_3}$

해설

병렬 합성저항

$R_0 = \dfrac{1}{\dfrac{1}{R_1} + \dfrac{1}{R_2} + \dfrac{1}{R_3}} = \dfrac{R_1 R_2 R_3}{R_1 R_2 + R_2 R_3 + R_1 R_3}$

02 주파수가 10[Hz]일 때 이 회로의 주기는?

① 0.01 ② 0.1 ③ 10 ④ 1

해설

주기 $T = \dfrac{1}{f}[1/\text{Hz} = \sec] = \dfrac{1}{10} = 0.1[\sec]$

03 다음 중 코일에 저장되는 에너지를 구하는 식은?

① $\dfrac{1}{2}LI^2$ ② $2LI^2$

③ $\dfrac{1}{2}L^2 I$ ④ LI

해설

코일에 저장되는 에너지 $W_L = \dfrac{1}{2}LI^2 = \dfrac{\phi^2}{2L} = \dfrac{\phi I}{2}$ [J]

04 $v = 8\sqrt{2}\sin\left(\omega t + \dfrac{\pi}{6}\right)$[V]를 직교좌표 형태로 표현하면?

① $4\sqrt{3} + j4$ ② $4 + j3$
③ $4\sqrt{3} - j4$ ④ $4 - j3$

해설

$v = 8\sqrt{2}\sin\left(\omega t + \dfrac{\pi}{6}\right)[\text{V}] = 8\angle 30°$이므로

$v = 8(\cos 30 + j\sin 30) = 4\sqrt{3} + j4[\text{V}]$

05 용량을 변화시킬 수 있는 콘덴서는?

① 세라믹 콘덴서 ② 마일러 콘덴서
③ 전해 콘덴서 ④ 바리콘

해설

- 가변 콘덴서(용량 변화 가능) : 바리콘
- 고정 콘덴서 : 전해 콘덴서, 세라믹 콘덴서, 마일러 콘덴서, 마이카 콘덴서

06 그림과 같이 공기 중에 놓인 2×10^{-8}[C]의 전하에서 2[m] 떨어진 점 P와 1[m] 떨어진 점 Q와의 전위차는?

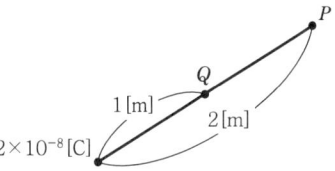

① 80[V] ② 90[V] ③ 100[V] ④ 110[V]

해설

$V_p = \dfrac{Q}{4\pi\varepsilon_0 r^2} = 9 \times 10^9 \times \dfrac{Q}{r} = 9 \times 10^9 \times \dfrac{2 \times 10^{-8}}{2} = 90[\text{V}]$

$V_Q = \dfrac{Q}{4\pi\varepsilon_0 r^2} = 9 \times 10^9 \times \dfrac{Q}{r} = 9 \times 10^9 \times \dfrac{2 \times 10^{-8}}{1} = 180[\text{V}]$

전위차 $V = V_Q - V_p = 180 - 90 = 90[\text{V}]$

정답 01 ③ 02 ② 03 ① 04 ① 05 ④ 06 ②

07 전기회로에서 전류에 대응하는 것은 자기회로에서 무엇인가?

① 자속　　　　② 기자력
③ 전압　　　　④ 투자율

[해설]
- 전기회로(전류) – 자기회로(자속)
- 전기회로(기전력) – 자기회로(기자력)
- 전기회로(유전율) – 자기회로(투자율)

08 다음 중 비선형 회로인 것은?

① 저항　　　　② 다이오드
③ 콘덴서　　　④ 인덕턴스

[해설]
선형 회로 : 저항, 콘덴서, 인덕턴스

09 다음 중 V결선에 대한 설명으로 잘못된 것은?

① 변압기 2대를 결선하는 방법이다.
② 이용률이 86.6%이다.
③ 고장 시 임시방편으로 사용할 수 있다.
④ Δ결선 시의 출력과 동일한 출력을 발생한다.

[해설]
V결선
$P_v = \sqrt{3}\,VI$

이용률 $= \dfrac{\sqrt{3}K}{2K} \times 100 = 86.6\%$

출력비 $= \dfrac{\sqrt{3}K}{3K} \times 100 = 57.7\%$

변압기 3대를 Δ결선으로 사용 중 1대 고장 시 임시방편으로 사용하는 결선방법

10 다음 중 전동기의 원리가 되는 법칙은?

① 플레밍의 왼손 법칙
② 앙페르의 오른나사 법칙
③ 가우스 법칙
④ 패러데이 법칙

[해설]
- 플레밍의 왼손 법칙 : 전동기 원리
- 플레밍 오른손 법칙 : 발전기 원리

11 납축전지가 완전히 충전되면 양극은 무엇으로 변하는가?

① PbO_2　　　　② Pb
③ H_2SO_4　　　④ $PbSO_4$

[해설]
납축전지의 방전·충전 방정식은 아래와 같다.

양극　전해액　음극　(방전)　양극　전해액　음극
$PbO_2 + 2H_2SO_4 + Pb \rightleftarrows PbSO_4 + 2H_2O + PbSO_4$
　　　　　　　　　　(충전)

12 도체계에서 임의의 도체를 일정 전위의 도체로 완전 포위하면 내외 공간의 전계를 완전히 차단할 수 있다. 이것을 무엇이라 하는가?

① 홀 효과　　　　② 전자차폐
③ 정전차폐　　　④ 핀치 효과

[해설]
- 정전유도 : 도체에 대전체를 가까이 하면 대전체 가까운 쪽에서 대전체와 다른 종류의 전하가 나타나며 반대쪽에는 같은 종류의 전하가 나타나는 현상
- 정전차폐 : 임의의 도체로 일정 전위의 도체를 포위한 후 대전체를 가까이 했을 때 정전유도현상이 발생하지 않는 것

13 자석 N극과 S극이 서로 당기려는 힘이 발생한다면 이는 무엇으로 설명 가능한가?

① 쿨롱의 법칙
② 패러데이 법칙
③ 앙페르의 오른손 법칙
④ 전자유도 현상

[해설]
- 자기회로 쿨롱의 법칙 : 자극과 자극이 서로 당기거나 밀어내려 하는 힘
- 전기회로 쿨롱의 법칙 : 전하와 전하가 서로 당기거나 밀어내려 하는 힘

정답 07 ①　08 ②　09 ④　10 ①　11 ①　12 ③　13 ①

14 다음 빈칸에 알맞은 말로 바르게 짝지어진 것은?

> 두 자극 사이에 작용하는 힘은 두 자극의 세기의 곱에 ( )하고, 두 자극 사이의 거리의 제곱에 ( )한다.

① 비례, 비례
② 비례, 반비례
③ 반비례, 비례
④ 반비례, 반비례

[해설]

$F = \dfrac{m_1 m_2}{4\pi\mu r^2} = 6.33 \times 10^4 \times \dfrac{m_1 m_2}{r^2}$ [N]

15 저항이 3[Ω], 유도 리액턴스 4[Ω]이 직렬로 접속된 회로에 200[V]의 교류 전원을 가할 때 전력 [W]은 얼마인가?

① 4,800
② 2,400
③ 1,600
④ 800

[해설]

$|Z| = \sqrt{R^2 + X_L{}^2} = \sqrt{3^2 + 4^2} = 5$ [Ω]

$I = \dfrac{V}{Z} = \dfrac{200}{5} = 40$ [A]

$P = I^2 R = 40^2 \times 3 = 4,800$ [W]

16 길이가 10[cm], 권선수가 10회인 환상 솔레노이드 회로에 3[A]의 전류를 흘리면 자계의 세기 [AT/m]는 얼마가 되는가?

① 0.3 ② 3 ③ 30 ④ 300

[해설]

환상 솔레노이드의 자기장의 세기 $H = \dfrac{NI}{l} = \dfrac{NI}{2\pi r}$ [AT/m]

$H = \dfrac{10 \times 3}{0.1} = 300$ [AT/m]

여기서, l : 자로의 길이, r : 반경

17 권선수가 1회인 코일에 시간이 1초에서 0초로 변한 경우 1[V]의 전압이 발생했다면 자속[Wb]은?

① 1 ② 2 ③ 3 ④ 10

[해설]

$e = -N\dfrac{d\phi}{dt}$ [V] 에서 $1 = 1\dfrac{d\phi}{-1}$ 이므로

$d\phi = 1$ [Wb]

18 다음 중 피상전력의 식으로 옳은 것은?

① VI
② $VI\cos\theta$
③ $VI\sin\theta$
④ $I^2 R$

[해설]

- 유효전력 : $P = VI\cos\theta$ [W]
- 무효전력 : $P_r = VI\sin\theta$ [Var]
- 피상전력 : $P_a = VI$ [VA]

19 진공 시 전하량 Q가 2×10^3[C]일 때 떨어진 거리 $A = 1$[m], $B = 2$[m]일 때 전속밀도 D_A, D_B를 구하면?

① D_A : 20, D_B : 159
② D_A : 40, D_B : 159
③ D_A : 159, D_B : 40
④ D_A : 159, D_B : 20

[해설]

전속밀도 $D = \dfrac{\psi}{S} = \dfrac{Q}{S} = \dfrac{Q}{4\pi r^2} = E\varepsilon$ [C/m²] 이므로

$D_A = \dfrac{Q}{4\pi r^2} = \dfrac{2 \times 10^3}{4\pi \times 1^2} = 159$ [C/m²]

$D_B = \dfrac{Q}{4\pi r^2} = \dfrac{2 \times 10^3}{4\pi \times 2^2} = 40$ [C/m²]

20 정전기 발생 방지책으로 틀린 것은?

① 대전방지제의 사용
② 접지 및 보호구의 착용
③ 배관 내 액체의 흐름 속도 제한
④ 대기의 습도를 30% 이하로 하여 건조함을 유지

[해설]

정전기 방지대책
- 내전방지제 사용
- 가습을 통한 건조함 방지

정답 14 ② 15 ① 16 ④ 17 ① 18 ① 19 ③ 20 ④

- 배관 내 액체 유속을 제한하여 마찰력 감소
- 접지 및 보호구를 착용하여 정전기 방지

21 3상 동기기에 제동권선을 설치하는 주된 목적은?

① 난조 방지 ② 역률 개선
③ 효율 증가 ④ 출력 증가

해설
제동권선은 난조 방지와 동기전동기의 기동작용을 한다.

22 부흐홀츠 계전기의 설치 위치로 가장 적당한 곳은?

① 변압기 본체 내부
② 콘서베이터 내부
③ 변압기 고압 측 부싱
④ 변압기 본체와 콘서베이터 사이

해설
부흐홀츠 계전기는 변압기 내부 고장으로 인한 절연유의 온도 상승 시 발생하는 가스 또는 기름의 흐름에 의해 동작하는 계전기로 변압기를 보호하며 변압기의 본체와 콘서베이터 사이에 설치한다.

23 무부하 분권발전기의 계자저항이 50[Ω], 계자전류가 2[A], 전기자 저항이 5[Ω]라 하면 유도기전력은 약 몇 [V]인가?

① 100 ② 110 ③ 90 ④ 120

해설
직류 분권발전기의 유도전압
$E = V + I_a R_a$[V]에서, $V = I_f \times R_f = 2 \times 50 = 100$[V]이므로
$E = 100 + 2 \times 5 = 110$[V] (∵ 무부하이므로 $I_a = I_f$)

24 직류 직권전동기의 회전 속도를 1/3로 감소시키면 토크는 어떻게 되는가?

① 1/3으로 감소 ② 1/9로 감소
③ 3배 증가 ④ 9배 증가

해설
직권전동기의 토크는 회전 속도의 제곱에 반비례하므로 1/3로 속도가 감소하면 토크는 9배 증가한다 $\left(\tau \propto \dfrac{1}{N^2}\right)$.

25 60[Hz], 8극의 동기전동기의 회전 속도는 몇 [rpm]인가?

① 600 ② 750 ③ 900 ④ 1,200

해설
동기속도
$N_s = \dfrac{120f}{P} = \dfrac{120 \times 60}{8} = 900$[rpm]

26 병렬 운전 중인 동기 임피던스 5[Ω]인 2대의 3상 동기발전기의 유도기전력에 100[V]의 전압차이가 있다면 무효 순환전류[A]는?

① 5 ② 10 ③ 20 ④ 40

해설
무효 순환전류
$I_c = \dfrac{E_A - E_B}{2Z_s} = \dfrac{100}{2 \times 5} = 10$[A]

27 용량이 250[kVA]인 단상 변압기를 △결선으로 운전 중 한 대가 고장나 나머지 2대로 V결선하여 공급할 수 있는 용량은 몇 [kVA]인가?

① 353 ② 288 ③ 433 ④ 500

해설
V결선의 출력
$P_V = \sqrt{3} P = \sqrt{3} \times 250 \fallingdotseq 433$
　여기서, P : 단상 변압기 1대의 용량

28 슬립 4[%]인 3상 유도전동기의 2차 동손이 0.4[kW]일 때 회전자 입력[kW]은?

① 6 ② 8 ③ 10 ④ 12

해설
$P_{2C} = s P_2$이므로, $P_2 = \dfrac{P_{2C}}{s} = \dfrac{0.4}{0.04} = 10$[kW]

정답 21 ① 22 ④ 23 ② 24 ④ 25 ③ 26 ② 27 ③ 28 ③

29 유도전동기에 기동저항기를 설치하는 이유는?

① 기동전류를 작게 하기 위해
② 회전속도를 증가하기 위해
③ 기동토크를 작게 하기 위하여
④ 기동전압을 증가하기 위해

해설
유도전동기에 기동저항기를 설치하는 이유는 기동토크를 크게 하고 기동전류를 줄이기 위함이다.

30 직류발전기의 철심을 규소 강판으로 성층하여 사용하는 이유는?

① 와류손을 줄이기 위해
② 철손을 줄이기 위해
③ 구리손을 줄이기 위해
④ 기계적 강도를 개선하기 위해

해설
히스테리시스손을 줄이기 위해 규소 강판을 사용하며, 와류손(맴돌이 전류손)을 줄이기 위해 철심을 성층한다.

31 다음 중 변압기의 무부하손으로 대부분을 차지하는 것은?

① 유전체손   ② 동손
③ 철손   ④ 표유부하손

해설
변압기의 무부하손은 철손과 유전체손으로 구성되는데 대부분은 철손이다.

32 3상 유도전동기의 운전 중 급속 정지가 필요할 때 사용하는 제동방식은?

① 단상 제동   ② 회생 제동
③ 발전 제동   ④ 역상 제동

해설
역상 제동(플러깅)
운전 중인 유도전동기에 회전 방향과 반대 방향의 토크를 발생시켜 급속하게 정지하는 방법

33 회전자 속도 N[rpm], 동기속도 N_s[rpm], 슬립 s일 때 2차 효율[%]을 나타내는 식은?

① $\dfrac{N}{N_s} \times 100$ ② $(s-1) \times 100$

③ $\dfrac{N_s}{N} \times 100$ ④ $(N_s - N) \times 100$

해설
유도전동기의 2차 효율 $\eta = \dfrac{P_o}{P_2} = \dfrac{N}{N_s} = 1-s$

34 50[Hz]에서의 철심 단면적은 60[Hz]에 비하여 몇 배가 되는가?(단, 다른 조건은 무시한다.)

① 0.8배   ② 0.9배
③ 1.2배   ④ 1배

해설
$E = 4.44 f \phi_m \omega k_\omega$ 에서 주파수와 최대 자속은 반비례하므로

$\phi_m = B_m \cdot A$ 에서 $A = \dfrac{\phi_m}{B_m}$ 로 철심의 단면적은 자속과 비례한다.

따라서 $f \propto \dfrac{1}{\phi_m} \propto \dfrac{1}{A}$, 즉 주파수와 철심의 단면적은 반비례하므로 50[Hz]의 철심 단면적은 60[Hz]의 1.2배가 된다.

35 교류회로에서 양방향 점호(On) 및 소호(Off)를 이용하며, 위상제어를 할 수 있는 소자는?

① TRIAC   ② SCR
③ GTO   ④ IGBT

해설
TRIAC
사이리스터 2개를 역병렬로 접속한 것과 등가로 양방향으로 전류가 흐르기 때문에 교류 제어용으로 주로 이용한다.

36 변류기 개방 시 2차 측을 단락하는 이유는?

① 2차 측 절연 보호   ② 2차 측 과전류 보호
③ 측정 오차 방지   ④ 1차 측 과전류 방지

해설
계기용 변류기는 2차 측 권수비가 매우 작으므로, 개방하면 2차 측에 매우 높은 기전력이 유기되어 권선의 절연 파괴 위험이 크다.

정답 29 ① 30 ② 31 ③ 32 ④ 33 ① 34 ③ 35 ① 36 ①

37 다음 그림은 직류발전기의 분류 중 어느 것에 해당하는가?

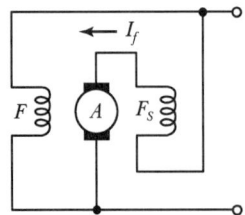

① 분권발전기 ② 직권발전기
③ 자석발전기 ④ 복권발전기

해설
전기자와 병렬로 접속한 계자와 직렬로 접속한 계자를 갖고 있으므로 직류복권발전기이다.

38 동기발전기의 전기자 반작용 중에서 전기자 전류에 의한 자기장의 축이 항상 주자속의 축과 수직이 되면서 자극편 왼쪽에 있는 주자속은 증가시키고, 오른쪽에 있는 주자속은 감소시켜 편자작용을 하는 전기자 반작용은?

① 교차자화작용 ② 감자작용
③ 증자작용 ④ 직축 반작용

해설
교차자화작용은 주자속의 전기자 전류와 기전력이 동상일 때 나타나며, 저항만의 부하에 연결되었을 때 발생한다.

39 3상 100[kVA], 13,200/200[V] 변압기의 저압 측 선전류의 유효분은 약 몇 [A]인가?(단, 역률은 80[%]이다.)

① 100 ② 173
③ 230 ④ 260

해설
저압 측 선전류 $I_2 = \dfrac{P_a}{\sqrt{3}\,V_2}$,
저압 측 선전류의 유효분
$I_{2p} = I_2\cos\theta = \dfrac{P_a}{\sqrt{3}\,V_2}\cos\theta = \dfrac{100\times 10^3}{\sqrt{3}\times 200}\times 0.8 \fallingdotseq 230[A]$

40 가정용 선풍기나 세탁기 등에 가장 많이 사용되는 단상 유도전동기는?

① 반발 기동형 ② 영구 콘덴서 전동기
③ 분상 기동형 ④ 셰이딩 코일형

해설
단상 유도전동기 중 콘덴서형은 역률과 효율이 좋으며 가격도 저렴하므로, 큰 기동토크를 요구하지 않는 선풍기, 냉장고, 세탁기 등에 널리 사용된다.

41 인입용 비닐절연전선의 약호는?

① VV ② DV
③ OW ④ NR

해설
① VV : 0.6/1[kV] 비닐절연 비닐시스 케이블
② DV : 인입용 비닐절연전선
③ OW : 옥외용 비닐절연전선
④ NR : 450/750[V] 일반용 단심 비닐절연전선

42 조명용 백열전등을 호텔 또는 여관 객실의 입구에 설치할 때나 일반 주택 및 아파트 각 실의 현관에 설치할 때 사용되는 스위치는?

① 타임스위치 ② 누름버튼스위치
③ 토글스위치 ④ 로터리스위치

해설
타임스위치
타임 기구를 내장한 스위치로 지정한 시간에 점멸을 할 수 있게 된 것과 일정 시간 동안 동작(주택, 아파트 : 3분)(여관, 호텔 : 1분)하는 것이 있다.

43 다음 ( ) 안에 들어갈 내용으로 알맞은 것은?

> 사람의 접촉 우려가 있는 합성수지제 몰드는 홈의 폭 및 깊이가 (㉠)[cm] 이하로 두께는 (㉡)[mm] 이상의 것이어야 한다.

① ㉠ 3.5, ㉡ 1 ② ㉠ 5, ㉡ 1
③ ㉠ 3.5, ㉡ 2 ④ ㉠ 5, ㉡ 2

정답 37 ④ 38 ① 39 ③ 40 ② 41 ② 42 ① 43 ③

해설
합성수지제 몰드는 홈의 폭 및 깊이가 3.5[cm] 이하로 두께는 2[mm] 이상일 것. 다만, 사람이 쉽게 접촉할 우려가 없도록 시설하는 경우에는 폭이 5[cm] 이하, 두께 1[mm] 이상의 것을 사용할 수 있다.

44 한국전기설비규정에서 셀룰러덕트 및 부속품을 선정하기 위해 덕트의 최대 폭 150[mm] 이하인 경우 셀룰러덕트의 판 두께는 몇 [mm] 이상으로 하여야 하는가?

① 1.2 ② 1.3 ③ 1.4 ④ 1.6

해설
• 셀룰러덕트의 판 두께는 다음 표에서 정한 값 이상일 것

덕트의 최대 폭	덕트의 판 두께
150[mm] 이하	1.2[mm] 이상

• 부속품의 판 두께는 1.6[mm] 이상일 것

45 케이블을 구부리는 경우는 피복이 손상되지 않도록 하고 그 굴곡부의 곡률 반경은 원칙적으로 바깥지름의 몇 배 이상이어야 하는가?

① 3 ② 12 ③ 5 ④ 6

해설
연피가 없는 케이블
곡률반지름은 케이블 바깥지름의 5배 이상

46 한국전기설비규정에서 피뢰시스템에 접속되는 접지도체의 굵기로 알맞은 것은?

① 0.75[mm^2] 이상 ② 2.5[mm^2] 이상
③ 6.0[mm^2] 이상 ④ 16[mm^2] 이상

해설
접지도체의 최소 단면적

접지도체에 큰 고장전류가 흐르지 않을 경우	구리 : 6[mm^2] 이상
	철제 : 50[mm^2] 이상
접지도체에 피뢰시스템이 접속되는 경우	구리 : 16[mm^2] 이상
	철제 : 50[mm^2] 이상

47 다음의 심벌 명칭은 무엇인가?

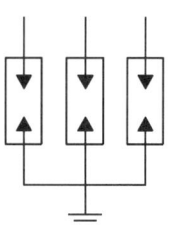

① 파워퓨즈
② 단로기
③ 피뢰기
④ 고압컷아웃스위치

해설
피뢰기 심벌 및 약호

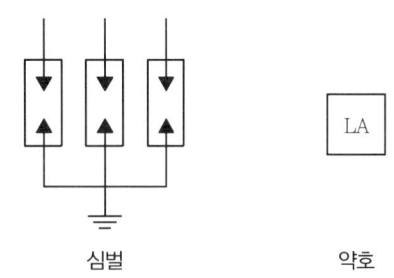

심벌   약호

48 일반적으로 고압 가공인입선이 도로를 횡단하는 경우 노면상 높이는?

① 4[m] 이상 ② 5[m] 이상
③ 6[m] 이상 ④ 6.5[m] 이상

해설
인입선의 높이

구분	저압 인입선[m]	고압 인입선[m]
도로 횡단	5	6
철도 궤도 횡단	6.5	6.5
횡단보도교 위	3	3.5
기타	4	5

49 고압에서 저압으로 변환하여 저압배선로 전선을 수직으로 지지할 때 사용되는 장주용 자재명은?

① 완금 ② 현수애자
③ LP애자 ④ 래크애자

해설
래크애자
저압선의 경우에 완금을 설치하지 않고 전주에 수직방향으로 설치하는 애자

정답 44 ① 45 ③ 46 ④ 47 ③ 48 ③ 49 ④

50 한국전기설비규정에서 지지선의 안전율이 2.5 이상일 경우에 허용 인장하중의 최저는 몇 [kN]인가?

① 4.31　　② 4.12
③ 3.12　　④ 5.24

해설
지지선의 시공
- 지지선의 안전율은 2.5 이상
- 허용 인장하중의 최저는 4.31[kN](440[kg])

51 선택 지락 계전기의 용도는?

① 단일회선에서 접지전류의 대소의 선택
② 단일회선에서 접지전류의 방향의 선택
③ 단일회선에서 접지사고 지속시간의 선택
④ 다회선에서 접지고장 회선의 선택

해설
선택계전기는 다회선에서 사용한다.
- 지락회선 선택계전기 : 지락 보호용으로 사용하도록 선택계전기의 동작전류를 작게 한 계전기
- 선택계전기 : 병행 2회선 중 한쪽의 회선에 고장이 생겼을 때, 고장 회선을 선택하는 계전기

52 한국전기설비규정에서 과부하 보호장치 사용 중 예상치 못한 회로의 개방이 위험 또는 큰 손상을 초래할 수 있다. 다만 부하에 전원을 공급하는 회로에 대해서는 과부하 보호장치를 생략할 수 있는 것은?

① 전류변성기의 1차 회로
② 소방설비의 전원회로
③ 배전반 분기회로
④ 비상발전 전원회로

해설
안전을 위해 과부하 보호장치를 생략할 수 있는 경우
- 회전기의 여자회로
- 전자석 크레인의 전원회로
- 전류변성기의 2차 회로
- 소방설비의 전원회로
- 안전설비(주거침입경보, 가스누출경보 등)의 전원회로

53 합성수지관 상호 및 관과 박스는 접속 시에 삽입하는 깊이를 관 바깥지름의 몇 배 이상으로 하여야 하는가?(단, 접착제를 사용하지 않은 경우)

① 0.6배　　② 0.8배
③ 1.2배　　④ 1.6배

해설
합성수지관 상호 접속방법
- 커플링에 들어가는 관의 길이는 관 바깥지름의 1.2배 이상으로 한다.
- 접착제를 사용하는 경우에는 0.8배 이상으로 한다.

54 고압회로에 걸리는 전압을 표시하기 위해 시설할 때 고압회로와 전압계 사이에 시설하는 것은?

① PT　　② PCT
③ CT　　④ ZCT

해설
계기용 변압기(PT)
고전압을 저전압으로 변성하여 계측기 전원공급 및 전압계 측정

55 전자접촉기 2개를 이용하여 유도전동기 1대를 정·역 운전하고 있는 시설에서 전자접촉기 2대가 동시에 여자되어 상간 단락되는 것을 방지하기 위하여 구성하는 회로는?

① 자기유지회로　　② 순차제어회로
③ Y-Δ 기동회로　　④ 인터록 회로

해설
인터록 회로
2개 이상의 회로에서 한 개의 회로만 동작을 시키고 나머지 회로는 동작이 될 수 없도록 하는 회로, 상대 동작 금지 회로 또는 선행 동작 우선 회로라고도 한다.

56 저고압 가공전선이 철도 또는 궤도를 횡단하는 경우 높이는 궤도면상 몇 [m] 이상이어야 하는가?

① 10　　② 8.5
③ 7.5　　④ 6.5

정답 50 ①　51 ④　52 ②　53 ③　54 ①　55 ④　56 ④

해설

인입선의 높이

구분	저압 인입선[m]	고압 인입선[m]
도로 횡단	5	6
철도 궤도 횡단	6.5	6.5
횡단보도교 위	3	3.5
기타	4	5

57 저압 2조의 전선을 설치 시, 크로스 완금의 표준 길이(mm)는?

① 900
② 1,400
③ 1,800
④ 2,400

해설

완금의 길이

전선의 조수	저압	고압	특고압
2	900	1,400	1,800
3	1,400	1,800	2,400

58 전등 1개를 2개소에서 점멸하고자 할 때 3로 스위치는 최소 몇 개 필요한가?

① 4개
② 3개
③ 2개
④ 1개

해설

2개소에서 점멸은 3로 스위치 2개가 필요함

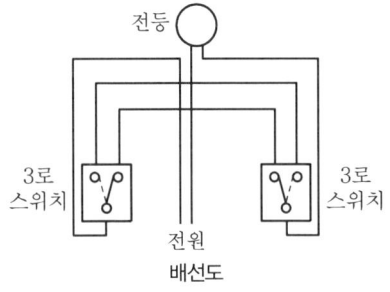

59 폭연성 먼지가 존재하는 곳의 저압 옥내배선 공사 시 공사 방법으로 짝지어진 것은?

① 금속관공사, MI 케이블공사, 개장된 케이블공사
② CD 케이블공사, MI 케이블공사, 금속관공사
③ CD 케이블공사, MI 케이블공사, 제1종 캡타이어 케이블공사
④ 개장된 케이블공사, CD 케이블공사, 제1종 캡타이어케이블공사

해설

폭연성 먼지 또는 화약류 분말이 존재하는 곳
저압 옥내배선은 금속전선관 공사 또는 케이블공사(MI 케이블공사, 개장된 케이블공사)에 의하여 시설하여야 한다.

60 전선을 접속할 경우의 설명으로 틀린 것은?

① 접속 부분의 전기저항이 증가되지 않아야 한다.
② 전선의 세기를 80% 이상 감소시키지 않아야 한다.
③ 접속 부분은 접속 기구를 사용하거나 납땜을 하여야 한다.
④ 알루미늄 전선과 구리선을 접속하는 경우, 전기적 부식이 생기지 않도록 해야 한다.

해설

전선의 접속 조건
• 접속 시 전기적 저항을 증가시키지 않는다.
• 접속부위의 기계적 강도를 20[%] 이상 감소시키지 않는다.
• 접속점의 절연이 약화되지 않도록 테이핑 또는 와이어 접속기로 절연한다.
• 전선의 접속은 박스 안에서 하고, 접속점에 장력이 가해지지 않도록 한다.

정답 57 ① 58 ③ 59 ① 60 ②

2021년 3회 시행 과년도 기출문제

01 그림과 같이 대전된 에보나이트 막대를 박검전기의 금속판에 닿지 않도록 가깝게 가져갔을 때 금박이 열렸다면 다음과 같은 현상을 무엇이라 하는가?(단, A는 원판, B는 박, C는 에보나이트 막대이다.)

① 대전
② 마찰전기
③ 정전유도
④ 정전차폐

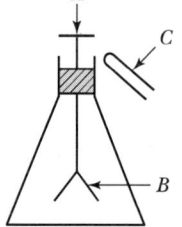

해설
정전유도
에보나이트 막대를 원판에 가까이 하면 에보나이트에 가까운 쪽에서는 에보나이트와 다른 극성의 전하가 나타나고 반대쪽에는 같은 극성의 전하가 나타나는 현상

02 도체계에서 임의의 도체를 일정 전위의 도체로 완전 포위하면 내외 공간의 전계를 완전히 차단할 수 있다. 이것을 무엇이라 하는가?

① 전자차폐
② 정전차폐
③ 홀효과
④ 핀치효과

해설
• 정전유도 : 도체에 대전체를 가까이 하면 대전체 가까운 쪽에서 대전체와 다른 종류의 전하가 나타나며 반대쪽에는 같은 종류의 전하가 나타나는 현상
• 정전차폐 : 임의의 도체로 일정 전위의 도체를 포위한 후 대전체를 가까이 했을 때 정전유도현상이 발생하지 않는 것

03 진성 반도체인 4가의 실리콘에 N형 반도체를 만들기 위하여 첨가하는 것은?

① 게르마늄
② 갈륨
③ 인듐
④ 안티몬

해설
N형 반도체와 P형 반도체의 비교

구분	구성	첨가불순물	명칭	반송자
N형 반도체	4족 원소 +5족 원소	인(P), 비소(As), 안티몬(Sb)	도너	과잉전자
P형 반도체	4족 원소 +3족 원소	알루미늄(Al), 인듐(In), 갈륨(Ga), 붕소(B)	억셉터	정공

※ N형 반도체의 첨가물로는 안티몬(Sb), 인(P), 비소(As) 등이 있다.

04 납축전지가 완전히 충전되면 양극은 무엇으로 변하는가?

① PbO_2
② Pb
③ H_2SO_4
④ $PbSO_4$

해설
납축전지의 방전·충전 방정식은 아래와 같다.

양극　전해액　음극 (방전)　양극　전해액　음극
$PbO_2 + 2H_2SO_4 + Pb$ ⇌ $PbSO_4 + 2H_2O + PbSO_4$
　　　　　　　　　(충전)

05 1대의 출력이 200[kVA]인 단상 변압기 2대로 V결선하여 3상 전력을 공급할 수 있는 최대전력은 몇 [kVA]인가?

① 200
② $200\sqrt{2}$
③ 346
④ 400

해설
V결선 시 출력
$P_v = \sqrt{3}\,K = \sqrt{3} \times 200 = 200\sqrt{3}\,[kVA] = 346.4[kVA]$

정답 01 ③　02 ②　03 ④　04 ①　05 ③

06 3개의 저항 R_1, R_2, R_3를 병렬 접속하면 합성저항은?

① $\dfrac{R_1 R_2 R_3}{R_1 + R_2 + R_3}$

② $R_1 + R_2 + R_3$

③ $\dfrac{R_1 R_2 R_3}{R_1 R_2 + R_2 R_3 + R_1 R_3}$

④ $\dfrac{1}{R_1} + \dfrac{1}{R_2} + \dfrac{1}{R_3}$

해설

병렬 합성저항

$R_t = \dfrac{1}{\dfrac{1}{R_1} + \dfrac{1}{R_2} + \dfrac{1}{R_3}} = \dfrac{R_1 R_2 R_3}{R_1 R_2 + R_2 R_3 + R_1 R_3}$

07 그림과 같이 공기 중에 놓인 2×10^{-8}[C]의 전하에서 2[m] 떨어진 점 P와 1[m] 떨어진 점 Q와의 전위차는?

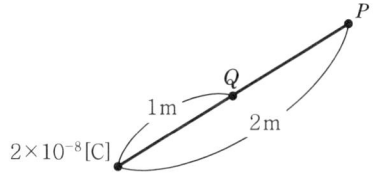

① 80[V] ② 90[V]
③ 100[V] ④ 110[V]

해설

$V_P = \dfrac{Q}{4\pi\varepsilon_0 r} = 9 \times 10^9 \times \dfrac{2 \times 10^{-8}}{2} = 90[\text{V}]$

$V_Q = \dfrac{Q}{4\pi\varepsilon_0 r} = 9 \times 10^9 \times \dfrac{2 \times 10^{-8}}{1} = 180[\text{V}]$

$\therefore V = V_Q - V_P = 180 - 90 = 90[\text{V}]$

08 피상전력의 식으로 옳은 것은?(단, E는 전압, I는 전류, θ는 위상각이다.)

① $EI\cos\theta$ ② $EI\sin\theta$
③ $EI\tan\theta$ ④ EI

해설

- 유효전력 $P = VI\cos\theta$[W]
- 무효전력 $P_r = VI\sin\theta$[Var]
- 피상전력 $P_a = VI$[VA]

09 저항 $R=3$[Ω], 유도리액턴스 $X_L=4$[Ω]의 직렬 회로에 200[V]의 교류 전원을 공급할 때 유효전력[W]은 얼마인가?

① 4,800 ② 2,400
③ 5,200 ④ 12,000

해설

유효전력

$P = VI\cos\theta = I^2 R = \dfrac{V^2 R}{R^2 + X^2} = \dfrac{200^2 \times 3}{3^2 + 4^2} = 4,800[\text{W}]$

10 $i = 8\sqrt{2}\sin\left(\omega t + \dfrac{\pi}{6}\right)$[A]를 직교좌표 형태로 옳게 옮긴 것은?

① $4\sqrt{3} + j3$ ② $4\sqrt{3} + j4$
③ $4 + j3\sqrt{3}$ ④ $4 + j4\sqrt{3}$

해설

$v = 8\sqrt{2}\sin\left(\omega t + \dfrac{\pi}{6}\right)[\text{V}] = 8\angle 30°$이므로

$v = 8(\cos 30 + j\sin 30) = 4\sqrt{3} + j4[\text{V}]$

11 용량을 변화시킬 수 있는 콘덴서는?

① 바리콘 ② 전해콘덴서
③ 마일러콘덴서 ④ 세라믹콘덴서

해설

- 가변콘덴서(바리콘) : 용량 변화가 가능한 콘덴서이다.
- 마일러콘덴서 : 극성이 없으며 가격이 싸지만, 높은 정밀도를 기대할 수 없다.
- 마이카콘덴서 : 절연저항이 높은 우수한 특성을 가지므로 표준콘덴서로도 이용된다.
- 세라믹콘덴서 : 인덕턴스가 적어 고주파 특성이 양호하여 바이패스에 흔히 사용된다.
- 전해콘덴서 : 극성이 있으므로 직류 회로에 사용한다.

정답 06 ③ 07 ② 08 ④ 09 ① 10 ② 11 ①

12 전하의 성질 중 동일한 극성끼리는 밀어내려 하고 다른 극성끼리는 붙으려고 하는 것은 다음 중 어떤 이론으로 설명할 수 있는가?

① 쿨롱의 법칙 ② 플레밍의 오른손 법칙
③ 보원의 법칙 ④ 가우스 법칙

해설

쿨롱의 법칙 $F = \dfrac{Q_1 Q_2}{4\pi\varepsilon_0 r^2}$[N]

두 전하의 곱에 비례하고, 떨어진 거리 제곱에 반비례하며 동일한 전하 사이에는 반발력이, 이 종의 전하 사이에는 흡인력이 작용한다.

13 다음 중 자기 쌍극자 모멘트를 구성하는 것으로 알맞은 것은?

① mH ② ml ③ lH ④ m

해설

- 자기쌍극자 모멘트 $M = ml$ [Wb·m]
- 전기쌍극자 모멘트 $M = Q\delta$ [C·m]

14 $C_1 = 10[\mu F]$, $C_2 = 5[\mu F]$인 2개의 콘덴서가 병렬로 접속되어 있다. 여기에 200[V]의 전압을 가하면 C_2에 축적되는 전하[μC]는?

① 1,000[μC] ② 100[μC]
③ 200[μC] ④ 2,000[μC]

해설

콘덴서가 병렬로 접속되어 있으면 전압은 일정하다.
$Q = CV[C] = 5 \times 200 = 1,000[\mu C]$

15 공기 중에서 자속밀도 2[Wb/m²]의 평등 자계 내에 5[A]의 전류가 흐르고 있는 길이 60[cm]의 직선도체를 자계의 방향에 대해 30도의 각을 이루도록 놓았을 때 이 도체에 작용하는 힘은?

① 1 ② 2 ③ 3 ④ 4

해설

$F = IBl \sin\theta = 5 \times 2 \times 60 \times 10^{-2} \times \sin 30 = 3$[N]

16 자기저항의 단위로 알맞은 것은?

① [AT] ② [Wb/m]
③ [Wb/AT] ④ [AT/Wb]

해설

자기저항 $R_m = \dfrac{F}{\phi} = \dfrac{l}{\mu S}$ [AT/Wb]

17 30[W], 220[V], 60[Hz]인 형광등이 있을 때 이 형광등 전압의 평균값[V]은?

① 198 ② 150 ③ 100 ④ 95

해설

- 평균값 $V_a = \dfrac{2V_m}{\pi} = 0.637 V_m$
- 실효값 $V = \dfrac{V_m}{\sqrt{2}} = 0.707 V_m$ 의 관계를 이용하면 다음과 같다.
- 최댓값 $V_m = \sqrt{2}\, V = 220\sqrt{2}$ [V]

∴ 평균값 $V_a = 0.637 \times 220\sqrt{2} = 198.18$[V]

18 거리 1[m]의 평행도체에 같은 전류가 흐를 때 작용하는 힘이 4×10^{-7}[N/m]일 때 흐르는 전류의 크기는?

① 2 ② $\sqrt{2}$ ③ 4 ④ 1

해설

평행도체 사이에 작용하는 힘
$F = \dfrac{\mu_0 I^2}{2\pi d} = \dfrac{2I^2}{d} \times 10^{-7}$ [N/m]에서

$2I^2 \times 10^{-7} = Fd$, $I = \sqrt{\dfrac{Fd}{2 \times 10^{-7}}} = \sqrt{\dfrac{4 \times 10^{-7} \times 1}{2 \times 10^{-7}}} = \sqrt{2}$

19 크기와 주파수가 같은 평형 3상 교류의 위상차를 호도법으로 변경했을 때 몇 [rad]인가?

① $\dfrac{1}{3}\pi$ ② $\dfrac{1}{2}\pi$ ③ $\dfrac{2}{3}\pi$ ④ $\dfrac{1}{4}\pi$

해설

평형 3상 교류의 위상차는 120°이므로 이를 호도법($\pi = 180°$)으로 표현하면 다음과 같다.

$P = \dfrac{\pi}{180}\theta = \dfrac{\pi}{180} \times 120 = \dfrac{2}{3}\pi$ [rad]

정답 12 ① 13 ② 14 ① 15 ③ 16 ④ 17 ① 18 ② 19 ③

20 전류의 실효값이 20[A]이며 $f=60$[Hz]일 때 순시값으로 옳은 것은?

① $i = 20\sqrt{2}\sin120\pi t$ [A]
② $i = 20\sqrt{2}\sin100\pi t$ [A]
③ $i = 20\sin120\pi t$ [A]
④ $i = 20\sin100\pi t$ [A]

해설
순시값 $i = I_m \sin(\omega t \pm \theta)$ [A]이므로
최대전류 $I_m = \sqrt{2}\,I = 20\sqrt{2}$ [A],
각속도 $\omega = 2\pi f = 2\pi \times 60 = 120\pi$ [rad/sec]이므로
순시전류 $i = 20\sqrt{2}\,\sin(120\pi t)$ [A]

21 직류발전기의 철심을 규소 강판으로 성층하여 사용하는 주된 이유는?

① 브러시에서의 불꽃방지 및 정류개선
② 맴돌이 전류손과 히스테리시스손의 감소
③ 전기자 반작용의 감소
④ 기계적 강도 개선

해설
히스테리시스손을 줄이기 위해 규소 강판을 사용하며, 와류손(맴돌이 전류손)을 줄이기 위해 철심을 성층한다.

22 일정한 주파수의 전원에서 운전하는 3상 유도전동기의 전원 전압이 80[%]가 되었다면 토크는 약 몇 [%]가 되는가?(단, 회전수는 변하지 않는 상태로 한다.)

① 55 ② 64 ③ 76 ④ 82

해설
유도전동기의 토크는 공급전압의 제곱에 비례한다.
$\tau = V_1^2$이므로, $\tau' = (0.8\,V_1)^2 = 0.64\,V_1^2$

23 동기발전기를 계통에 접속하여 병렬 운전할 때 관계없는 것은?

① 전류 ② 전압
③ 위상 ④ 주파수

해설
동기발전기의 병렬 운전 조건
• 기전력의 크기가 같을 것
• 기전력의 위상이 같을 것
• 기전력의 주파수가 같을 것
• 기전력의 파형이 같을 것
• 상회전 방향이 같을 것

24 전력계통에 접속되어 있는 변압기나 장거리 송전 시 정전 용량으로 인한 충전 특성 등을 보상하기 위한 기기는?

① 유도전동기   ② 동기전동기
③ 유도발전기   ④ 동기조상기

해설
동기전동기의 위상 특성을 이용하여 전력 계통에 접속되어 전압 조정과 역률 개선을 하는 무부하의 동기전동기를 동기조상기라 한다.

25 단상 전파 사이리스터 정류회로에서 부하가 큰 인덕턴스가 있는 경우, 점호각이 60°일 때의 정류 전압은 약 몇 [V]인가?(단, 전원 측 전압의 실효값은 100[V]이고 직류 측 전류는 연속이다.)

① 141 ② 100 ③ 85 ④ 45

해설
$E_d = \dfrac{2\sqrt{2}}{\pi} E\cos\alpha ≒ 0.9 \times 100 \times \cos 60° ≒ 45$ [V]

26 변압기유와 구비해야 할 조건으로 틀린 것은?

① 점도가 낮을 것   ② 인화점이 높을 것
③ 응고점이 높을 것 ④ 절연내력이 클 것

해설
변압기유의 구비 조건
• 절연내력이 클 것
• 고온에서 산화하지 않을 것
• 비열이 커서 냉각효과가 클 것
• 절연재료와 화학작용을 일으키지 않을 것
• 인화점이 높고 응고점이 낮을 것
• 점성도가 낮을 것

정답 20 ① 21 ② 22 ② 23 ① 24 ④ 25 ④ 25 ④ 26 ③

27 보호를 요하는 회로의 전류가 어떤 일정한 값(정정값) 이상으로 흘렀을 때 동작하는 계전기는?

① 과전류계전기 ② 과전압계전기
③ 차동계전기 ④ 비율차동계전기

해설
과전류계전기
회로의 전류가 일정값 이상으로 흘렀을 때 동작하는 계전기

28 직류전동기의 제어에 널리 응용되는 직류-직류 전압 제어장치는?

① 인버터 ② 컨버터
③ 초퍼 ④ 전파정류

해설
초퍼는 직류변압기로 사용할 수 있고, 고속도로 On-Off를 반복할 수 있어 직류전동기의 제어 등에 널리 응용된다.

29 전기자 저항이 0.2[Ω], 전류 100[A], 전압 120[V]일 때 분권전동기의 발생 동력[kW]은?

① 5 ② 10 ③ 14 ④ 20

해설
I_a는 I_f보다 매우 크므로 계자전류를 무시하면, 부하전류는 전기자전류와 같다. $I ≒ I_a$
역기전력 $E_c = V - I_a R_a = 120 - 100 \times 0.2 = 100[V]$
전동기 출력 $P_o = E_c I_a = 100 \times 100 = 10,000[W] = 10[kW]$

30 3상 변압기의 병렬 운전이 불가능한 결선 방식으로 짝지은 것은?

① $\Delta-\Delta$와 $Y-Y$ ② $\Delta-Y$와 $\Delta-Y$
③ $Y-Y$와 $Y-Y$ ④ $\Delta-\Delta$와 $\Delta-Y$

해설

병렬 운전 가능	병렬 운전 불가능
$\Delta-\Delta$와 $\Delta-\Delta$, $Y-Y$와 $Y-Y$ $Y-\Delta$와 $Y-\Delta$, $\Delta-Y$와 $\Delta-Y$ $\Delta-\Delta$와 $Y-Y$, $\Delta-Y$와 $Y-\Delta$	$\Delta-\Delta$와 $Y-\Delta$ $Y-Y$와 $\Delta-Y$

31 동기기의 전기자권선법이 아닌 것은?

① 전층권 ② 분포권
③ 2층권 ④ 중권

해설
파형을 개선하고 고조파를 제거하기 위하여 분포권과 단절권을 사용한다. 전층권은 사용하지 않고 2층권을 사용한다.

32 동기전동기 중 안정도 증진법으로 틀린 것은?

① 전기자 저항 감소 ② 관성 효과 증대
③ 동기 임피던스 증대 ④ 속응 여자 채용

해설
안정도 증진법
• 정상 과도리액턴스를 작게 하고, 단락비를 크게 한다.
• 회전부의 관성을 크게 한다.
• 속응 여자방식을 채택한다.
• 영상 임피던스와 역상 임피던스를 크게 한다.

33 변압기의 권수비가 60일 때 2차 측 저항이 0.1[Ω]이다. 이것을 1차로 환산하면 몇 [Ω]인가?

① 310 ② 360 ③ 390 ④ 410

해설
$r_1' = a^2 r_2 = 60^2 \times 0.1 = 360[\Omega]$

34 자동화 설비 중 거리측정에 사용되는 기기는?

① 스테핑 모터 ② 동기전동기
③ 전기동력계 ④ 반발전동기

해설
스테핑 모터는 입력되는 펄스신호에 따라 일정한 각도로 움직이는 모터로 고유의 분할 각도를 이용하여 현재 위치를 기준으로 정확한 각도로 회전하며 위치제어를 할 때 오차가 적고 누적되지 않는다.

35 변압기를 $\Delta-Y$로 결선할 때 1, 2차 사이의 위상차는?

① 0° ② 30° ③ 60° ④ 90°

정답 27 ① 28 ③ 29 ② 30 ④ 31 ① 32 ③ 33 ② 34 ① 35 ②

해설

Δ-Y 변압기 결선의 특징
- 승압용으로 특별 고압 송전단의 송전단 측에 쓰인다.
- 1차 Δ결선 내에서 3고조파 전류가 순환하므로 3고조파 전압이 제거된다.
- 2차 중성점 접지가 가능하고 4선식 부하의 공급이 가능하다.
- 1차 선간전압 및 2차 선간전압의 위상차는 30°이다.

36 변류기 개방 시 2차 측을 단락하는 이유는?

① 2차 측 절연 보호
② 2차 측 과전류 보호
③ 측정 오차 방지
④ 1차 측 과전류 방지

해설

계기용 변류기는 2차 측 권수비가 매우 작으므로, 개방하면 2차 측에 매우 높은 기전력이 유기되어 권선의 절연 파괴 위험이 크다.

37 3상 유도전동기의 원선도를 그리는 데 필요하지 않은 것은?

① 슬립 측정
② 무부하 시험
③ 저항 측정 시험
④ 구속 시험

해설

유도전동기 원선도 작성 시 필요한 시험
- 저항측정시험 : 1차 동손
- 무부하시험 : 여자 전류, 철손
- 구속시험(단락시험) : 2차 동손

38 유도전동기의 특징으로 잘못된 것은?

① 구조가 간단하고 고장이 적다.
② 취급과 운전이 쉽다.
③ 역률과 운전효율이 좋다.
④ 동기기에 비하여 가격이 싸다.

해설

유도전동기는 동기기에 비하여 역률이 나쁘며 전부하 효율도 낮다.

39 분상 기동형 단상유도전동기의 기동권선은 운전권선에 비하여 어떠한가?

① 운전권선보다 굵고 권선수는 많다.
② 운전권선보다 가늘고 권선수는 많다.
③ 운전권선보다 굵고 권선수는 적다.
④ 운전권선보다 가늘고 권선수는 적다.

해설

분상기동형 단상유도전동기의 기동권선은 운전권선보다 가는 코일을 사용하며 권수를 적게 감는다.

40 전압이 6,600[V], 용량이 1,000[kVA]인 3상 유도전동기의 ㉠ 전류[A]와 ㉡ 역률이 70[%]일 때 출력은 몇 [kW]인가?

① ㉠ 87.5, ㉡ 700
② ㉠ 50.5, ㉡ 700
③ ㉠ 44.5, ㉡ 350
④ ㉠ 60.5, ㉡ 900

해설

$I = \dfrac{P}{\sqrt{3}\,V} = \dfrac{1,000 \times 10^3}{\sqrt{3} \times 6,600} \fallingdotseq 87.5[A]$

$P = \sqrt{3}\,VI\cos\theta = \sqrt{3} \times 6,600 \times 87.5 \times 0.7 \times 10^3 \fallingdotseq 700[kW]$

41 제1종 금속제 가요전선관의 두께는 최소 몇 [mm] 이상이어야 하는가?

① 0.8 ② 1.2 ③ 1.6 ④ 2.0

해설

금속제 가요전선관의 두께는 0.8[mm] 이상의 연강대로 만들어진다.

42 금속덕트 공사에 사용하는 금속덕트의 철판 두께는 몇 [mm] 이상이어야 하는가?

① 0.8 ② 1.2 ③ 1.5 ④ 1.8

해설

금속덕트 공사
폭 4[cm] 이상 및 누께 1.2[mm] 이상인 철판으로 제작

정답 36 ① 37 ① 38 ③ 39 ④ 40 ① 41 ① 42 ②

43 저압 옥내 간선으로부터 분기하는 곳에 설치하여야 하는 것은?

① 지락차단기 ② 과전류차단기
③ 누전차단기 ④ 과전압차단기

해설
전기사용 기계기구에 전기를 공급하기 위한 전로 중에서 인입개폐기나 변전실의 배전반 등에서 전기사용 기계기구가 직접 접속되는 전로인 분기회로에 설치한 분기개폐기(과전류차단기)까지의 전로를 말한다.

44 한국전기설비규정에서 고압 기계기구의 높이는 시가지 외에서 지표상으로부터 몇 [m] 이상인가?

① 4[m]   ② 4.5[m]
③ 5[m]   ④ 7[m]

해설
고압기계기구 높이
고압 150[kVA] 이하 : 4.5[m] 이상(시가지 외 4[m])

45 주상변압기를 철근콘크리트 전주에 설치할 때 사용되는 것은?

① 암 밴드   ② 암타이 밴드
③ 앵커   ④ 행거 밴드

해설
주상변압기 설치
행거 밴드를 사용하여 주상 변압기를 고정

46 한국전기설비규정에서 고압, 특고압 측 수변전설비에 접속되는 접지도체의 굵기로 알맞은 것은?

① 0.75[mm²] 이상   ② 2.5[mm²] 이상
③ 6.0[mm²] 이상   ④ 16[mm²] 이상

해설
접지도체의 굵기

구분	접지 도체의 굵기
특고압·고압 전기설비용 접지도체	6[mm²] 이상 연동선

47 한국전기설비규정에서 화약고 등의 위험장소에서 전기설비 시설에 관한 내용으로 잘못된 것은?

① 전로의 대지전압을 300[V] 이하일 것
② 애자사용공사를 할 것
③ 화약고 이외의 곳에 전용개폐기 및 과전류차단기를 시설할 것
④ 개폐기 및 과전류차단기에서 화약고 인입구까지의 배선은 케이블을 안전하게 시설할 것

해설
• 전로의 대지 전압은 300[V] 이하로 한다.
• 전기기계기구는 전폐형으로 한다.
• 전용개폐기 또는 과전류차단기에서 화약류 저장소의 인입구까지는 케이블을 사용하여 지중전로로 한다.

48 작업면에서 천장까지의 높이가 3[m]일 때 직접조명인 경우의 광원의 높이는 몇 [m]인가?

① 2[m]   ② 4[m]
③ 1.5[m] ④ 3[m]

해설
광원의 높이(등고)
직접 조명일 때 : $H = \dfrac{2}{3}H_0 = \dfrac{2}{3} \times 3 = 2[\text{m}]$

49 전기기구를 사용하는 콘센트에 여러 개의 플러그를 꽂아 사용할 수 있는 기구는?

① 코드접속기   ② 멀티 탭
③ 테이블 탭   ④ 아이언 플러그

해설
전기기구의 명칭 및 용도

명칭	용도
코드접속기	코드를 서로 접속할 때 사용
멀티 탭	하나의 콘센트에 2~3가지의 기구를 사용할 때 사용
테이블 탭	코드의 길이가 짧을 때 연장하여 사용
아이언 플러그	전기다리미, 드라이어 등에 사용(플로어 덕트 사용)

정답 43 ② 44 ① 45 ④ 46 ③ 47 ② 48 ① 49 ②

50 한국전기설비규정에서 접지극에 대한 설명 중 바람직하지 못한 것은?

① 동판을 사용하는 경우에는 두께 0.7[mm] 이상, 면적 900[cm^2] 편면 이상이어야 한다.
② 동봉, 동피복 강봉을 사용하는 경우에는 지름 8[mm] 이상, 길이 0.9[mm] 이상이어야 한다.
③ 철봉을 사용하는 경우에는 지름 12[mm] 이상, 길이 0.9[mm] 이상의 아연 도금한 것을 사용한다.
④ 접지선과 접지극을 접속하는 경우에는 납과 주석의 합금으로 땜하여 접속한다.

해설
- 접지극의 종류 및 규격
  - 동봉, 동피복 강봉 : 지름 8[mm] 이상, 길이 0.9[m] 이상일 것
  - 동판 : 두께 0.7[mm] 이상, 면적 900[cm^2] 이상일 것
  - 강봉(철봉) : 지름 12[mm] 이상, 길이 0.9[m] 이상일 것
  - 철관 : 바깥지름 25[mm] 이상, 길이 0.9[m] 이상, 아연도금 가스 철관 또는 후강전선관일 것
- 접지극 접속 : 발열성 용접, 압착접속, 클램프 또는 그 밖의 적절한 기계적 접속장치로 접속
※ 접지선과 접지극을 접속하는 경우에는 납과 주석의 합금으로 땜하여 접속할 수 없다. 단, 은납땜은 가능하다.

51 애자사용공사에 사용하는 애자가 갖추어야 할 성질과 가장 거리가 먼 것은?

① 절연성
② 난연성
③ 내수성
④ 내유성

해설
애자는 절연성, 난연성, 내수성이 있는 재질을 사용한다.

52 한국전기설비규정에서 합성수지관의 장점으로 볼 수 없는 것은?

① 누전의 우려가 없다.
② 비자성체이므로 전선은 반드시 왕복도선으로 하여야 한다.
③ 내식성이 있어 부식성 가스 등을 사용하는 사업장에 적당하다.
④ 접지할 필요가 없고, 무게가 가벼우며 시공하기 쉽다.

해설
금속관은 자성체이므로 왕복도선을 이용하여 1회로의 전선 모두를 동일관 내에 넣는 것을 원칙으로 한다.

53 한국전기설비규정에서 수변전설비 구성기기의 계기용 변류기(CT) 설명으로 맞는 것은?

① 높은 전압을 낮은 전압으로 변성하는 기기
② 부족전압 트립코일의 전원으로 사용
③ 회로에 병렬로 접속하여 사용하는 기기
④ 대전류를 소전류로 변성하는 기기

해설
계기용 변류기(CT)
대전류를 소전류로 변류하여 과전류계전기 동작 및 전류계 측정

54 한국전기설비규정에서 주상변압기에 시설하는 보호 목적으로 사용하며 인입선에서 전압 측의 퓨즈 대용으로 사용하며 접지 측에 사용하는 보호장치는?

① 피뢰기
② 1차 컷아웃 스위치
③ 캐치홀더
④ 케이블 헤드

해설
2차 측 보호 : 캐치홀더 시설하여 변압기를 보호

55 한국전기설비규정에서 폭연성 먼지가 존재하는 곳의 금속관공사의 전동기에 접속하는 부분에서 가요성을 필요로 하는 부분의 배선에는 방폭형의 부속품 중 어떤 것을 사용하여야 하는가?

① 일반 유연성 부속
② 분진 방폭형 유연성 부속
③ 분진 유연성 부속
④ 안전 증가 유연성 부속

해설
폭연성 분진 또는 화약류 분말이 존재하는 곳
분진 방폭 특수방진구조의 것을 사용

정답 50 ④ 51 ④ 52 ② 53 ④ 54 ③ 55 ②

56 연선 결정에 있어서 중심 소선을 뺀 층수가 3층이다. 전체 소선수는?

① 91   ② 37   ③ 19   ④ 7

해설

총소선수 : $N = 3n(n+1) + 1 = 3 \times 3(3+1) + 1 = 37$
※ 6의 배수 +1
　1층 : 7가닥, 2층 : 19가닥, 3층 : 37가닥

57 저압개폐기를 생략하여도 무방한 개소는?

① 부하 전류를 끊거나 흐르게 할 필요가 있는 개소
② 인입구 기타 고장, 점검, 측정 수리 등에서 개로할 필요가 있는 개소
③ 퓨즈의 전원 측으로 분기회로용 과전류차단기 이후의 퓨즈가 플러그 퓨즈와 같이 퓨즈교환 시에 충전부에 접촉될 우려가 없을 경우
④ 퓨즈에 근접하여 설치한 개폐기인 경우의 퓨즈 전원 측

해설

개폐기 설치 장소
- 부하전류를 개폐할 필요가 있는 장소
- 인입구
- 퓨즈의 전원 측(퓨즈 교체 시 감전방지) 포장 퓨즈
- 플러그 퓨즈 : 퓨즈를 넣어 나사식으로 돌려 고정하는 것으로 충전(통전) 중에도 교체가 가능

58 다음의 그림 기호가 나타내는 것은?

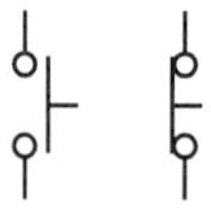

① 한시 계전기 접점
② 전자 접촉기 접점
③ 수동 조작 접점
④ 조작 개폐기 잔류 접점

해설

수동 조작 자동 복귀형 푸시버튼

59 한국전기설비규정에서 과전류차단기로서 저압전로에 사용되는 가정용 배선용 차단기에 있어서 정격전류가 25[A]인 회로에 36.3[A] 전류가 흘렀을 때 몇 분 이내에 자동적으로 동작하여야 하는가?

① 60분   ② 2분   ③ 4분   ④ 120분

해설

일반인이 접촉할 우려가 있는 장소(세대 내 분전반 및 이와 유사한 장소)에는 주택용 배선차단기를 시설한다.

정격전류의 구분	시간	정격전류의 배수(모든 극에 통전)	
		부동작 전류	동작 전류
63[A] 이하	60분	1.13배	1.45배
63[A] 초과	120분	1.13배	1.45배

60 전기난방기구인 전기담요나 전기장판의 보호용으로 사용되는 퓨즈는?

① 플러그퓨즈   ② 온도퓨즈
③ 절연퓨즈   ④ 유리관퓨즈

해설

온도퓨즈
주위 온도가 어느 온도 이상으로 높아지면 용단하는 퓨즈로 전열기구의 보안이나 방화문의 폐쇄 등에 사용한다.

정답   56 ②   57 ③   58 ③   59 ①   60 ②

2021년 4회 시행

01 1[C]의 전하에 100[N]의 힘이 작용할 때 발생하는 전장의 세기[V/m]는?

① 100 ② 10
③ 1 ④ 1,000

해설
$F = QE$ [N]
$E = \dfrac{F}{Q} = \dfrac{100}{1} = 100[\text{V/m}]$

02 전원과 부하가 다 같이 △결선된 3상 평형회로가 있다. 상전압이 200[V], 부하 임피던스가 $Z = 6 + j8$[Ω]인 경우 선전류는 몇 [A]인가?

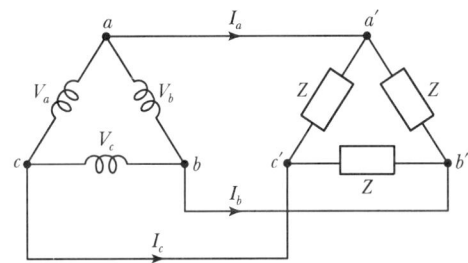

① 20 ② $\dfrac{20}{\sqrt{3}}$
③ $20\sqrt{3}$ ④ $10\sqrt{3}$

해설
△결선 선전류 $I_l = \dfrac{\sqrt{3}\,V_l}{Z}$ 이고
$V_l = V_p$ 임을 이용하면,
$I_l = \dfrac{\sqrt{3}\,V_l}{Z} = \dfrac{\sqrt{3} \times 200}{\sqrt{6^2 + 8^2}} = 20\sqrt{3}$ [A]

03 다음 중 패러데이의 전자유도 법칙에 대한 설명으로 옳은 것은?

① 유도기전력의 크기는 코일을 지나는 자속의 매초 변화량에 반비례하고 코일의 권수에 비례한다.
② 유도기전력의 크기는 코일을 지나는 자속의 매초 변화량과 코일의 권수에 비례한다.
③ 유도기전력의 크기는 코일을 지나는 자속의 매초 변화량에 비례하고 권수에 반비례한다.
④ 유도기전력의 크기는 코일을 지나는 자속의 매초 변화량과 코일의 권수에 반비례한다.

해설
패러데이의 전자유도 법칙
$e = N\dfrac{d\phi}{dt}$ [V]로, 유도기전력의 크기는 코일을 지나는 자속의 매초 변화량과 코일의 권수에 비례한다.

04 비유전율이 큰 산화티탄 등을 유전체로 사용한 것으로 극성이 없으며 가격에 비해 성능이 우수하여 널리 사용되고 있는 콘덴서의 종류는?

① 전해 콘덴서 ② 세라믹 콘덴서
③ 마일러 콘덴서 ④ 마이카 콘덴서

해설
① 전해 콘덴서 : 케미콘이라고도 부르는 이 콘덴서는 얇은 산화막을 유전체로 사용하고, 전극으로는 알루미늄을 사용하고 극성을 가지므로 직류 회로에 사용된다.
② 세라믹 콘덴서 : 인덕턴스가 적어 고주파 특성이 양호하여 바이패스에 흔히 사용되며, 비유전율이 큰 티탄산 바륨 등을 유전체로 사용하고, 가격에 비해 성능이 우수하여 가장 널리 사용된다.
③ 마일러 콘덴서 : 극성이 없으며 가격이 싸지만, 높은 정밀도를 기대할 수 없다.
④ 마이카 콘덴서 : 절연저항이 높은 우수한 특성을 가지므로 표준콘덴서로도 이용된다.

정답 01 ① 02 ③ 03 ② 04 ②

05 묽은 황산(H_2SO_4) 용액에 구리(Cu)와 아연(Zn)판을 넣으면 전지가 된다. 이때 양극(+)에 대한 설명으로 옳은 것은?

① 구리판이며 산소 기체가 발생한다.
② 아연판이며 산소 기체가 발생한다.
③ 구리판이며 수소 기체가 발생한다.
④ 아연판이며 수소 기체가 발생한다.

해설
볼타전지에서 양극은 구리판, 음극은 아연판이며 양극(구리판)에 수소 기체가 발생한다.

06 $R=3[\Omega]$, $X_L=8[\Omega]$, $X_c=4[\Omega]$이 직렬로 접속되어 있는 경우 합성 임피던스$[\Omega]$는?

① 12   ② 10
③ 5   ④ 3

해설
$Z = \sqrt{R^2 + (X_L - X_c)^2} = \sqrt{3^2 + (8-4)^2} = 5[\Omega]$

07 다음에서 나타내는 법칙은?

> 유도기전력은 자신이 발생 원인이 되는 자속의 변화를 방해하려는 방향으로 발생한다.

① 줄의 법칙   ② 렌츠의 법칙
③ 플레밍의 법칙   ④ 패러데이의 법칙

해설
렌츠의 법칙
유도기전력의 방향은 코일을 지나는 자속의 증감을 방해하는 방향으로 발생한다.

08 저항의 크기를 결정하는 요소가 아닌 것은?

① 전선의 길이   ② 전선의 단면적
③ 전선의 종류   ④ 전선의 모양

해설
도체의 저항 $R = \rho \dfrac{l}{S}[\Omega]$으로 길이에 비례하고 단면적에 반비례하며 물질 고유 저항의 영향을 받는다.

09 아래 그림과 같은 회로에 흐르는 전류의 크기는 얼마인가?

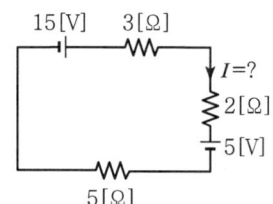

① 1[A]   ② 2[A]
③ 5[A]   ④ 10[A]

해설
$I = \dfrac{V}{R} = \dfrac{15-5}{3+2+5} = 1[A]$

10 자기저항 2,000[AT/m], 기자력 50,000[AT]인 자기회로의 자속[Wb]은?

① 2.5   ② 25
③ 4   ④ 0.4

해설
$R_m = \dfrac{F}{\phi}[AT/Wb]$이므로 $\phi = \dfrac{F}{R_m} = \dfrac{50,000}{2,000} = 25[Wb]$

11 투자율의 단위는?

① [AT/m]   ② [H]
③ [F/m]   ④ [H/m]

해설
① 자기장의 세기의 단위   ② 인덕턴스의 단위
③ 유전율의 단위   ④ 투자율의 단위

12 0.2[H]인 자기 인덕턴스에 5[A]의 전류가 흐를 때 축적되는 에너지[J]는?

① 0.2   ② 2.5
③ 5   ④ 10

해설
$W = \dfrac{1}{2}LI^2 = \dfrac{\phi^2}{2L} = \dfrac{1}{2} \times 0.2 \times 5^2 = 2.5[J]$

정답 05 ③ 06 ③ 07 ② 08 ④ 09 ① 10 ② 11 ④ 12 ②

13 1[eV]는 몇 [J]인가?

① 1
② 1×10^{-10}
③ 1.16×10^4
④ 1.602×10^{-19}

해설

$1[\text{eV}] = QV = eV = 1.602 \times 10^{-19} \times 1[\text{J}]$

14 전자접촉기 2개를 이용하여 유도전동기 1대를 정·역 운전하고 있는 시설에서 전자접촉기 2대가 동시에 여자되어 상간 단락되는 것을 방지하기 위하여 구성하는 회로는?

① 자기유지회로
② 순차제어회로
③ $Y - \Delta$ 기동회로
④ 인터록 회로

해설

인터록 회로
2개 이상의 회로에서 한 개의 회로만 동작을 시키고 나머지 회로는 동작이 될 수 없도록 하는 회로이다. 이 회로의 사용 목적은 기기 및 작업자의 보호를 위하여 관련 기기의 동작을 금지하기 위한 것으로, 상대 동작 금지 회로 또는 선행 동작 우선 회로라고도 한다.

15 어떤 회로소자가 C[F]로만 구성된 경우 이 회로의 특징을 바르게 설명한 것은?

① 전류가 전압보다 앞서는 회로이다.
② 전류가 전압보다 뒤지는 회로이다.
③ 전류와 전압이 동상인 회로이다.
④ 전류와 전압은 수시로 앞서거나 뒤지거나 할 수 있는 회로이다.

해설

C만의 회로=용량성 회로=전류가 전압보다 90° 앞선다.

16 어떤 물체가 대전되었을 때 이 물체가 가지는 것을 무엇이라고 하는가?

① 전류   ② 전하   ③ 전력   ④ 자속

해설

전하
어떤 물체가 대전되었을 때 이 물체가 가지는 전기

17 다음 중 반자성체는?

① 안티몬
② 알루미늄
③ 코발트
④ 니켈

해설

- 강자성체(Ferromagnetic Substance) : 철(Fe), 니켈(Ni), 코발트(Co), 망간(Mn)
- 약자성체(비자성체)
  - 반자성체(Diamagnetic Substance) : 구리(Cu), 아연(Zn), 비스무트(Bi), 납(Pb), 안티몬(Sb)
  - 상자성체(Paramagnetic Substance) : 알루미늄(Al), 산소(O), 백금(Pt)

18 반지름 50[cm], 권수 10회인 원형 코일에 0.1[A]의 전류가 흐를 때, 이 코일 중심 자계의 세기는?

① 1[AT/m]
② 2[AT/m]
③ 3[AT/m]
④ 4[AT/m]

해설

원형 코일 중심 자계 $H = \dfrac{NI}{2a} = \dfrac{10 \times 0.1}{2 \times 50 \times 10^{-2}} = 1[\text{AT/m}]$

19 50회 감은 코일과 쇄교하는 자속이 0.5[sec] 동안 0.1[Wb]로 변화하였다면 기전력의 크기는?

① 5[V]
② 10[V]
③ 12[V]
④ 15[V]

해설

유도기전력 $e = -N\dfrac{d\phi}{dt} = -50 \times \dfrac{0.1}{0.5} = -10[\text{V}]$

단, 보기에 $-10[\text{V}]$가 없으므로 크기로 간주한다.

20 실효값이 200[V]일 때 정현반파의 평균값[V]은 얼마인가?

① 약 80
② 약 90
③ 약 100
④ 약 110

해설

최댓값 $V_m = \sqrt{2}\,V = 200\sqrt{2}[\text{V}]$

정현반파 평균값 $V_a = \dfrac{V_m}{\pi} = \dfrac{200\sqrt{2}}{\pi} \fallingdotseq 90[\text{V}]$

정답 13 ④ 14 ④ 15 ① 16 ② 17 ① 18 ① 19 ② 20 ②

21 직류발전기의 철심을 규소 강판을 사용하는 주된 이유는?

① 와류손을 줄이기 위해
② 히스테리시스손을 줄이기 위해
③ 전기자 반작용을 줄이기 위해
④ 구리손을 줄이기 위해

해설
히스테리시스손을 줄이기 위해 규소 강판을 사용하며, 와류손(맴돌이 전류손)을 줄이기 위해 철심을 성층한다.

22 직류발전기에서 자속을 만드는 역할을 하는 부분은?

① 전기자　② 브러시
③ 계자　　④ 정류자

해설
계자 : 자속을 만들어 주는 부분

23 동기발전기를 병렬 운전할 때 기전력에서 같아야 되는 조건이 아닌 것은?

① 크기　　② 위상
③ 임피던스　④ 주파수

해설
동기발전기의 병렬 운전 조건
- 기전력의 크기가 같을 것
- 기전력의 위상이 같을 것
- 기전력의 주파수가 같을 것
- 기전력의 파형이 같을 것
- 상회전 방향이 같을 것

24 다음 중 변압기의 무부하손으로 대부분을 차지하는 것은?

① 유전체손　② 동손
③ 철손　　　④ 표유부하손

해설
변압기의 무부하손은 철손과 유전체손으로 구성되는데 대부분은 철손이다.

25 3상 유도전동기의 종류가 맞는 것은?

① 권선형 유도전동기
② 분상기동형전동기
③ 셰이딩코일형 유도전동기
④ 콘덴서기동형 전동기

해설
3상 유도전동기에는 권선형과 농형이 있고, 분상기동형, 셰이딩코일형, 콘덴서기동형은 단상 유도전동기이다.

26 고압전동기 철심의 강판 홈(Slot)의 모양은?

① 반폐형　② 개방형
③ 반구형　④ 밀폐형

해설
- 고압용 : 개방형 슬롯 사용
- 저압용 : 반폐형 슬롯 사용

27 P형 반도체에 첨가하는 불순물로 맞는 것은?

① P　② In
③ As　④ Sb

해설
N형 반도체와 P형 반도체의 비교

구분	구성	첨가불순물	명칭	반송자
N형 반도체	4족 원소 +5족 원소	인(P), 비소(As), 안티몬(Sb)	도너	과잉전자
P형 반도체	4족 원소 +3족 원소	알루미늄(Al), 인디움(In), 갈륨(Ga), 붕소(B)	억셉터	정공

28 정류자와 접촉하여 전기자권선과 외부 회로를 연결하는 역할을 하는 것은?

① 계자　② 전기자
③ 브러시　④ 계자철심

해설
브러시는 정류자와 접촉하여 전기자에서 발생한 전류를 외부회로에 연결한다.

29 동기전동기의 용도가 아닌 것은?

① 분쇄기 ② 압축기
③ 송풍기 ④ 크레인

해설
크레인과 같이 부하 변동이 심하고, 큰 기동토크를 필요로 하는 곳에는 직류 직권전동기가 적합하다.

30 수·변전설비의 고압회로에 걸리는 전압을 표시하기 위해 전압계를 시설할 때 고압회로와 전압계 사이에 시설하는 것은?

① 계기용 변류기 ② 계기용 변압기
③ 수전용 변압기 ④ 권선형 변류기

해설
계기용 변압기(PT)
고전압을 저전압으로 낮추기 위한 기기로 2차 측 전압은 110[V]이다.

31 반파 정류회로에서 변압기 2차 전압의 실효치를 E[V]라 하면 직류 전류 평균치는?(단, 정류기의 전압강하는 무시한다.)

① $\dfrac{E}{R}$ ② $\dfrac{1}{2} \cdot \dfrac{E}{R}$

③ $\dfrac{2\sqrt{2}}{\pi} \cdot \dfrac{E}{R}$ ④ $\dfrac{\sqrt{2}}{\pi} \cdot \dfrac{E}{R}$

해설
단상반파의 직류 평균값 $E_d = \dfrac{\sqrt{2}}{\pi} E \Rightarrow I_d = \dfrac{E_d}{R}$ 이므로, $I_d = \dfrac{\sqrt{2}}{\pi} \cdot \dfrac{E}{R}$ 이다.

32 전동기의 제동에서 전동기가 가지는 운동에너지를 전기에너지로 변화시키고 이것을 전원에 환원시켜 전력을 회생시킴과 동시에 제동하는 방법은?

① 발전 제동(Dynamic Braking)
② 역전 제동(Plugging Braking)
③ 맴돌이전류 제동(Eddy Current Braking)
④ 회생 제동(Regenerative Braking)

해설
회생 제동
운전 중인 전동기를 발전기로 동작시켜, 이때 발생된 전력을 전원에 환원하여 회생시킴과 동시에 제동하는 방법이다.

33 다음 중 직선 운동을 하는 전동기는?

① 스텝 모터 ② 리니어 모터
③ 유도전동기 ④ 동기전동기

해설
리니어 모터
직선으로 직접 구동되는 모터로서 회전형 모터를 잘라 펼쳐놓은 것과 같은 구조로, 일렬로 배열된 자석 사이에 위치한 코일에 전류를 흐르게 함으로써 힘을 얻도록 하는 구동장치

34 동기전동기를 자체 기동법으로 기동시킬 때 계자 회로는 저항을 통하여 어떻게 하여야 하는가?

① 단락시킨다.
② 개방시킨다.
③ 직류를 공급한다.
④ 단상 교류를 공급한다.

해설
동기전동기 기동 시 계자권선을 개방하면 회전자속에 의해 고전압이 유도되어 절연 파괴의 위험이 있으므로 저항을 통하여 단락시킨다.

35 변압기를 병렬 운전할 때 갖추어야 하는 조건이 아닌 것은?

① 극성이 같을 것 ② 권수비가 같을 것
③ 중량이 같을 것 ④ 정격전압이 같을 것

해설
변압기 병렬 운전 조건
- 극성이 같을 것
- 권수비가 같고, 1, 2차 정격 전압이 같을 것
- %임피던스 강하가 같을 것
- $\dfrac{r}{x_l}$ 의 비가 같을 것

정답 29 ④ 30 ② 31 ④ 32 ④ 33 ② 34 ① 35 ③

36 1차 전압 3,300[V], 2차 전압 220[V], 주파수 60[Hz]의 변압기가 있다. 이 변압기의 권수비는?

① 15 ② 20 ③ 25 ④ 30

해설
권수비 $a = \dfrac{V_1}{V_2} = \dfrac{3,300}{220} = 15$

37 단자 전압 100[V], 전기자 전류 10[A], 전기자 저항 1[Ω], 회전수 1,800[rpm]인 전동기의 역기전력은 몇 [V]인가?

① 90 ② 100 ③ 110 ④ 186

해설
역기전력 $E_c = V - I_a R_a = 100 - 10 \times 1 = 90[V]$

38 단상 반파 정류회로의 전원전압 200[V], 부하저항이 20[Ω]이면 부하전류는 약 몇 [A]인가?

① 5.0 ② 5.5 ③ 4.0 ④ 4.5

해설
$E_d = 0.45E = 0.45 \times 200 = 90$,

부하전류 $I_d = \dfrac{E_d}{R} = \dfrac{90}{20} = 4.5[A]$

39 20[kVA] 단상 변압기 2대로 3상을 공급하려고 한다. 최대 공급할 수 있는 용량은 몇 [kVA]인가?

① 34.6 ② 28.8 ③ 20.0 ④ 40.0

해설
단상 변압기 2대로 V결선을 하여 3상을 공급할 수 있다.
$P_V = \sqrt{3}P = \sqrt{3} \times 20 = 34.6[kVA]$

40 다음 중 불순물 반도체에 대한 설명 중 틀린 것은?

① 불순물 반도체의 전자와 정공은 밀도가 같다.
② N형 반도체는 순수 반도체에 5가의 원소를 결합한 것이다.
③ 순수 반도체에 불순물을 결합하면 도전성이 증가한다.
④ P형 반도체는 순수반도체에 3가의 원소를 결합한 것이다.

해설
불순물 반도체의 전자와 정공은 밀도가 다르다.

41 경질비닐전선관 1본의 표준 길이는?

① 3[m] ② 3.6[m]
③ 4[m] ④ 4.6[m]

해설
- 경질비닐전선관 1본은 4[m]
- 금속전선관 1본은 3.6[m]

42 단로기에 대한 설명으로 틀린 것은?

① 고장전류는 물론 부하전류를 차단할 수 없다.
② 배전용 단로기는 Disconnecting Bar로 차단한다.
③ 단로기는 회로를 분리하거나 계통의 접속을 바꿀 때 사용한다.
④ 단로기는 소호능력이 있다.

해설
단로기(DS)
- 단로기는 무부하 시 선로를 개폐한다.
- 부하전류 차단능력이 없다.
- 단로기는 소호장치가 없어서 아크를 소멸시키는 소호능력이 없다.
- 단로기는 단순히 회로를 분리하거나 계통의 접속을 바꿀 때 사용한다.
- 배전용 단로기는 보통 Disconnecting Bar로 개폐한다.

43 기동전류와 같이 단시간의 과전류에 동작하지 않고 사용 중 과전류에 의하여 회로를 차단하는 특성을 가진 퓨즈는?

① 전동기용 퓨즈 ② 플러그퓨즈
③ 텅스텐퓨즈 ④ 서모퓨즈

정답 36 ① 37 ① 38 ④ 39 ① 40 ① 41 ③ 42 ④ 43 ①

해설

포장퓨즈의 종류와 용도

구분	명칭	용도
포장퓨즈	플러그퓨즈	퓨즈를 넣어 나사식으로 돌리어 고정하는 것으로 충전(통전) 중에도 교체가 가능
	텅스텐퓨즈	전압계, 전류계 등의 소손 방지용으로 사용
	온도퓨즈 (서모퓨즈)	전기담요와 같은 보온용 전열기에 사용

44 고압 가공전선로에서 지지선을 사용할 수 없는 지지물은?

① 목주　　　　　　② 철탑
③ A종 철주　　　　④ A종 철근콘크리트주

해설

철탑은 지지선을 시공하지 않는다.

45 진공차단기(VCB)의 특징이 아닌 것은?

① 화재 위험이 거의 없다.
② 소형 경량으로 조작이 간단하다.
③ 동작 시 소음이 크다.
④ 소호실이 없어 유지 보수가 거의 필요 없다.

해설

진공차단기(VCB)의 특징
- 화재, 폭발의 우려가 없다.
- 소형 경량으로 콤팩트화가 가능하다.
- 밀폐구조로 동작 시 소음이 작다.
- 고속도 개폐가 가능하며 소호 특성이 뛰어나다.
- 신뢰성, 안전성이 높아 유지 보수 점검이 거의 필요 없다.

46 조명용 백열전등을 호텔 또는 여관 객실의 입구에 설치할 때나 일반 주택 및 아파트 각 실의 현관에 설치할 때 사용되는 스위치는?

① 타임스위치　　　② 누름버튼스위치
③ 버튼스위치　　　④ 펜던트스위치

해설

타임스위치
타임 기구를 내장한 스위치로 지정한 시간에 점멸을 할 수 있게 된 것과 일정 시간 동안 동작(주택, 아파트 : 3분)(여관, 호텔 : 1분)하는 것이 있다.

47 일반적으로 과전류차단기를 설치하여야 할 곳은?

① 접지공사의 접지선
② 다선식 전로의 중성선
③ 송배전선의 보호용, 인입선 등 분기선을 보호하는 곳
④ 저압 가공 전로의 접지 측 전선

해설

중성선, 접지선, 접지 측, 접지도체 시설 금지

48 고압 수전 설비의 인입구에 낙뢰나 혼촉 사고에 의한 이상전압으로부터 선로와 기기를 보호할 목적으로 시설하는 것의 약호는?

① LA　　　　　② MCCB
③ DS　　　　　④ ELB

해설

피뢰기(LA)의 시설장소
- 발전소, 변전소 또는 이에 준하는 장소의 가공전선 인입구 및 인출구
- 가공전선로에 접속하는 특고압 배전용 변압기의 고압 측 및 특고압 측
- 고압 또는 특고압 가공전선로로부터 공급받는 수용장소의 인입구
- 가공전선로와 지중전선로가 접속되는 곳

49 지중에 매설되어 있는 금속제 수도관로는 대지와의 전기저항값이 얼마 이하로 유지되어야 접지극으로 사용할 수 있는가?

① 1[Ω]　　　　② 3[Ω]
③ 4[Ω]　　　　④ 5[Ω]

정답 44 ②　45 ③　46 ①　47 ③　48 ①　49 ②

해설
수도관, 철골 등의 접지극 사용 가능한 전기저항

구분	전기저항값[Ω]
수도관 등을 접지극으로 사용하는 경우	3[Ω] 이하
건축물·구조물의 철골, 기타의 금속제를 접지극으로 사용하는 경우	2[Ω] 이하

50 NRV 전선은 무슨 전선인가?

① 비닐절연 비닐외장 케이블
② 폴리에틸렌 절연비닐외장 케이블
③ 가교 폴리에틸렌 절연비닐외장 케이블
④ 고무절연 비닐시스 네온전선

해설
① VV : 비닐절연 비닐외장 케이블
② EV : 폴리에틸렌 절연비닐외장 케이블
③ CV : 가교 폴리에틸렌 절연비닐외장 케이블

51 전선을 접속할 경우의 설명으로 틀린 것은?

① 접속 부분의 전기저항이 증가되지 않아야 한다.
② 전선의 세기를 80[%] 이상 감소시키지 않아야 한다.
③ 접속 부분은 접속 기구를 사용하거나 납땜을 하여야 한다.
④ 알루미늄 전선과 구리선을 접속하는 경우, 전기적 부식이 생기지 않도록 해야 한다.

해설
전선의 세기를 20[%] 이상 감소시키지 않아야 한다. 즉, 전선의 세기를 80[%] 이상 유지해야 한다.

52 옥외나 옥측에 사용할 수 있는 배전반은 무엇인가?

① 방수형   ② 일반형
③ 노출형   ④ 매입형

해설
배전반의 종류는 매입형, 노출형, 방수형 이외에 특수한 형태의 배전반이 있으며 옥외 혹은 옥측에 사용하는 배전반은 비, 눈 때문에 방수형을 사용한다.

53 가연성의 먼지가 존재하는 곳의 저압 옥내 배선 공사방법 중 적당하지 않은 것은?

① 금속덕트 공사   ② 합성수지관 공사
③ 케이블 공사   ④ 금속관 공사

해설
소맥분, 전분, 유황, 기타 가연성의 먼지로서 공중에 떠다니는 상태에서 착화하였을 때, 폭발의 우려가 있는 곳의 저압 옥내 배선은 합성수지관(2[mm] 이상), 금속관, 케이블 공사에 의하여 시설한다.

54 인입용 비닐절연전선을 나타내는 약호는?

① OW   ② EV   ③ DV   ④ NV

해설
① OW : 옥외용 비닐절연전선
② EV : 폴리에틸렌 절연비닐시스 케이블
④ NV : 비닐절연 네온전선

55 금속관을 가공할 때 절단된 내부를 매끈하게 하기 위하여 사용하는 공구의 명칭은?

① 리머   ② 프레셔 툴
③ 오스터   ④ 녹아웃 펀치

해설
리머(Reamer)
금속관을 쇠톱이나 커터로 끊은 다음, 관 안에 날카로운 것을 다듬는 공구이다.

56 전주의 길이가 12[m]이고, 설계하중이 6.8 [kN] 이하인 철근콘크리트주를 시설할 때 땅에 묻히는 깊이는 몇 [m] 이상이어야 하는가?

① 1.2   ② 1.4   ③ 2.0   ④ 2.5

해설
지지물의 매설깊이[m]

전장 \ 설계하중	6.8[kN] 이하	6.8[kN] 초과 ~9.8[kN] 이하
15[m] 이하	전장×1/6[m] 이상	전장×1/6+0.3[m] 이상

전주의 길이의 $\frac{1}{6}$ 이상 ∴ $\frac{1}{6} \times 12 = 2$[m]

정답 50 ④ 51 ② 52 ① 53 ① 54 ③ 55 ① 56 ③

57 연선 결정에 있어서 중심 소선을 뺀 층수가 3층이다. 전체 소선수는?

① 91　　　　② 37
③ 19　　　　④ 7

해설

총소선수 : $N = 3n(n+1) + 1 = 3 \times 3(3+1) + 1 = 37$
※ 6의 배수+1
　1층 : 7가닥, 2층 : 19가닥, 3층 : 37가닥

58 학교 등에서 사용하는 조명기법은?

① 국부조명　　② 전반조명
③ 직접조명　　④ 간접조명

해설

전반조명
실내 전체를 균일하게 조명(사무실, 학교, 공장 등에 채용)

59 가공전선로의 지지물에 시설하는 지지선의 안전율은 몇 이상인가?

① 1.0　　　　② 1.2
③ 2.0　　　　④ 2.5

해설

지지선의 안전율은 2.5 이상일 것

60 아래의 그림 기호가 나타내는 것은?

① 비상 콘센트
② 형광등
③ 점멸기
④ 접지저항 측정용 단자

해설

비상용 콘센트

명칭	적용
비상용 콘센트	소방법에 따르는 것

정답 57 ② 58 ② 59 ④ 60 ①

2022년 1회 시행 과년도 기출문제

01 다음 중 전위의 단위로 잘못된 것은?

① V/m ② V
③ J/C ④ N·m/C

해설
$V[V] = \dfrac{W}{Q} \left[\dfrac{J}{C} = \dfrac{N \cdot m}{C}\right]$, $E = \dfrac{F}{Q}\left[\dfrac{N}{C}\right]$

02 10[Ω]의 저항 5개를 이용하여 가장 작은 합성저항을 얻는 경우는 몇 [Ω]인가?

① 2 ② 10 ③ 50 ④ 0.2

해설
모든 저항을 병렬로 연결하면 가장 작은 합성저항을 얻을 수 있다.
$R_t = \dfrac{R}{n} = \dfrac{10}{5} = 2\,[\Omega]$

03 다음 설명 중 옳은 것은?

① 전압은 저항의 세기에 반비례한다.
② 전압은 저항의 제곱에 비례한다.
③ 전압은 전류와 저항의 곱에 비례한다.
④ 전압은 전류의 제곱과 저항의 곱에 비례한다.

해설
$V = IR$로 전압은 전류와 저항의 곱에 비례한다.

04 황산구리 용액에 10[A]의 전류를 60분간 흘린 경우 이때에 석출되는 구리의 양은?(단, 구리의 전기 화학당량은 0.3293×10^{-3}[g/c]이다.)

① 약 1.97[g] ② 약 5.93[g]
③ 약 7.82[g] ④ 약 11.86[g]

해설
$W = KQ = KIt = 0.3293 \times 10^{-3} \times 10 \times 60 \times 60$
$= 11.8548[g]$

05 정전용량이 같은 콘덴서 10개를 병렬로 했을 때의 합성 정전용량은 직렬로 했을 때의 합성 정전용량의 몇 배인가?

① 10배 ② 100배
③ 1,000배 ④ 10,000배

해설
- 크기가 같은 정전용량 n개 병렬 접속 시 합성 정전용량
  $C_1 = nC = 10C$
- 크기가 같은 정전용량 n개 직렬 접속 시 합성 정전용량
  $C_2 = \dfrac{C}{n} = \dfrac{C}{10}$ 이므로
  $C_1 = C_2 \times x$, $x = \dfrac{C_1}{C_2} = \dfrac{10C}{\dfrac{C}{10}} = 100$

06 진공 중에서 자기장의 세기가 500[AT/m]일 때 자속밀도[Wb/m²]는?

① 3.98×10^8 ② 6.28×10^{-2}
③ 3.98×10^4 ④ 6.28×10^{-4}

해설
자속밀도 $B = \mu H = \mu_0 H = 4\pi \times 10^{-7} \times 500$
$= 6.28 \times 10^{-4}[Wb/m^2]$

07 다음 중 전계와 자계를 비교하는 것으로 잘못 나타낸 것은?

① 도전율 – 투자율
② 전계 – 자계
③ 전류 – 자속
④ 자속밀도 – 자기장의 세기

해설
자속밀도 $B[Wb/m^2]$ – 전속밀도 $D[C/m^2]$

정답 01 ① 02 ① 03 ③ 04 ④ 05 ② 06 ④ 07 ④

08 자기저항의 단위는?

① [AT/m] ② [Wb/AT]
③ [AT/Wb] ④ [Ω/AT]

해설
자기저항(Reluctance)
$R_m = \dfrac{l}{\mu A} = \dfrac{NI}{\phi}$ [AT/Wb]

09 공기 중에 5[cm] 간격을 유지하고 있는 2개의 평행 도선에 각각 10[A]의 전류가 동일한 방향으로 흐를 때 도선에 1[m]당 발생하는 힘의 크기 [N]는?

① 4×10^{-4} ② 2×10^{-5}
③ 4×10^{-5} ④ 2×10^{-4}

해설
평행한 두 도체 사이에 작용하는 힘
$F = \dfrac{2I_1 I_2}{r} \times 10^{-7}$ [N/m]이므로,
$F = \dfrac{2 \times 10 \times 10}{5 \times 10^{-2}} \times 10^{-7} = 4 \times 10^{-4}$ [N/m]이다.

10 200[V]의 3상 3선식 회로에 $R=4[\Omega]$, $X_L=3[\Omega]$의 부하 3조를 Y결선했을 때 부하전류는?

① 약 11.5[A] ② 약 23.1[A]
③ 약 28.6[A] ④ 약 10[A]

해설
부하전류=선전류
Y결선 선전류 $I_l = \dfrac{V_l}{\sqrt{3} Z} = \dfrac{200}{\sqrt{3} \times \sqrt{4^2+3^2}} = 23.09$[A]

11 3상 회로의 △결선에서 선전류와 상전류의 위상 관계는?

① 상전류가 60° 앞선다.
② 상전류가 30° 앞선다.
③ 상전류가 60° 뒤진다.
④ 상전류가 30° 뒤진다.

해설
△결선 시 $V_l = V_P$, $I_l = \sqrt{3} I_P \angle -30°$
선전류가 상전류보다 30° 뒤지는 것은 반대로, 상전류가 30° 앞서는 것을 의미한다.

12 3상 기전력을 2개의 전력계 W_1, W_2로 측정하여 W_1의 지시값을 P_1, W_2의 지시값을 P_2라고 하면 3상 전력[W]은 어떻게 표현되는가?

① $P_1 - P_2$ ② $3(P_1 - P_2)$
③ $P_1 + P_2$ ④ $3(P_1 + P_2)$

해설
2전력계법
- 유효전력 $P = P_1 + P_2$ [W]
- 무효전력 $P_r = \sqrt{3}(P_1 - P_2)$ [Var]
- 피상전력 $P_a = 2\sqrt{P_1^2 + P_2^2 - P_1 P_2}$ [VA]

13 비투자율 800, 단면적 25[cm²]의 환상 철심에 500[AT/m]의 자장을 가할 때 전자속[Wb]?

① 4×10^5 ② 5×10^3
③ 5×10^{-1} ④ 12.56×10^{-4}

해설
$B = \mu H = \dfrac{\phi}{S}$
$\phi = \mu_0 \mu_s H S = 4\pi \times 10^{-7} \times 800 \times 500 \times 25 \times 10^{-4}$
$= 1.256 \times 10^{-3} = 12.56 \times 10^{-4}$

14 다음 중 어드미턴스의 허수부는?

① 임피던스 ② 컨덕턴스
③ 리액턴스 ④ 서셉턴스

해설
어드미턴스 $Y = \dfrac{1}{Z} = G \pm jX$ [℧]이므로 실수부는 G(컨덕턴스)를 허수부는 X(서셉턴스)를 의미한다.

15 다음 중 전기저항을 나타내는 식은?

① $R = \rho \dfrac{l}{2\pi r}$ ② $R = \dfrac{l}{2r}$

③ $R = \rho \dfrac{l}{\pi r^2}$ ④ $R = \rho \dfrac{l}{r^2}$

해설

도선이나 도체의 저항
$$R = \rho \dfrac{l}{S} = \rho \dfrac{l}{\pi r^2} = \dfrac{4\rho l}{\pi D^2} = \dfrac{l}{kS}[\Omega]$$

여기서, $\rho[\Omega \cdot m]$: 고유저항, $S[m^2]$: 단면적
$r[m]$: 반경, $l[m]$: 길이
$D[m]$: 직경, $k[\mho/m]$: 도전율

16 두 금속을 접속하여 여기에 전류를 흘리면, 줄열 외에 그 접점에 열의 발생 또는 흡수가 일어나는 현상은?

① 펠티에 효과   ② 제벡 효과
③ 홀 효과   ④ 줄 효과

해설

- 펠티에 효과 : 서로 다른 두 종류의 금속을 접속하고 한쪽 금속에서 다른 쪽 금속으로 전류를 흘리면 열의 발생 또는 흡수가 일어나는 현상
- 제벡 효과 : 서로 다른 금속 A, B를 접속하고 접속점에 서로 다른 온도를 유지하면 기전력이 생겨 일정한 방향으로 전류가 흐르는 현상

17 거리 1[m]의 평행도체에 같은 전류가 흐를 때 작용하는 힘이 4×10^{-7}[N/m]일 때 흐르는 전류의 크기는?

① 2   ② $\sqrt{2}$
③ 4   ④ 1

해설

평행도체 사이에 작용하는 힘
$F = \dfrac{\mu_0 I^2}{2\pi d} = \dfrac{2I^2}{d} \times 10^{-7}$[N/m]에서
$2I^2 \times 10^{-7} = Fd$
$I = \sqrt{\dfrac{Fd}{2 \times 10^{-7}}} = \sqrt{\dfrac{4 \times 10^{-7} \times 1}{2 \times 10^{-7}}} = \sqrt{2}$

18 진공 상태에 1[Wb]의 자극이 존재하는 경우 발생하는 자기력선의 수로 옳은 것은?

① 79.5×10^4 ② 79.5×10^3
③ 1.12×10^{11} ④ 1.12×10^{10}

해설

진공 시 자기력선의 수
$N_0 = \dfrac{m}{\mu_0} = \dfrac{1}{4\pi \times 10^{-7}} = 795774.7155 ≒ 79.5 \times 10^4$

19 $\Delta - \Delta$ 평형 회로에서 $E = 200$[V] 임피던스 $Z = 3 + j4[\Omega]$일 때 상전류 I_p[A]는 얼마인가?

① 30   ② 40   ③ 50   ④ 66.7

해설

Δ 결선 선전류 $I_l = \dfrac{\sqrt{3}\ V_l}{Z} = \dfrac{\sqrt{3} \times 200}{\sqrt{3^2 + 4^2}} = 40\sqrt{3}$[A]

$\therefore I_p = \dfrac{I_l}{\sqrt{3}} = 40$[A]

|별해| 상전류 $I_p = \dfrac{V_p}{Z} = \dfrac{200}{\sqrt{3^2 + 4^2}} = 40$[A]

Δ 결선 시 $V_l = V_p$이고, $I_l = \sqrt{3}\ I_p$이다.

20 전하를 축적하는 작용을 하기 위해 만들어진 전기 소자는?

① Free Electron   ② Resistance
③ Condenser   ④ Magnet

해설

① 자유전자(Free Electron) : 원자핵의 구속에서 벗어나 자유로이 이동할 수 있는 전자
② 저항(Resistance) : 전류의 흐름을 방해하는 것
③ 콘덴서(Condenser) : 전하를 축적하는 작용
④ 자석(Magnet) : 자계를 만들어 내는 강자성체

21 직류발전기의 철심을 규소강판으로 성층하여 사용하는 주된 이유는?

① 브러시에서의 불꽃 방지 및 정류 개선
② 맴돌이 전류손과 히스테리시스손의 감소

정답 15 ③ 16 ① 17 ② 18 ① 19 ② 20 ③ 21 ②

③ 전기자 반작용의 감소
④ 기계적 강도 개선

해설
철손을 줄이기 위해 규소강판을 사용하여 히스테리시스손을 감소시키고 와류손(맴돌이 전류손)을 줄이기 위해 성층 철심한다.

22 무부하 분권발전기의 계자저항이 50[Ω], 전기자 저항 5[Ω], 계자전류 2[A]라고 하였을 때, 유도기전력은 몇 [V]인가?

① 110   ② 100   ③ 120   ④ 130

해설
분권 발전기 유기기전력 $E = V + I_a R_a$ 그러나 무부하이기에 단자전압이 없고 $I_a = I_f$이기에 $E = I_f(R_a + R_f)$가 된다.
$E = 2(5 + 50) = 110[V]$

23 다음 중 유도전동기의 2차 효율[%]로 옳은 것을 고르면[%]?

① $(S-1) \times 100$ ② $\dfrac{P_2}{Pc_2} \times 100$

③ $\dfrac{N}{N_s} \times 100$ ④ $\dfrac{P_2}{P_0} \times 100$

해설
2차 효율
$\eta_2 = \dfrac{P_0}{P_2} = (1-s) = \dfrac{N}{N_s}$

24 전기자 저항이 0.2[Ω], 전류 100[A], 전압 120[V]일 때 분권전동기의 발생 동력[kW]은?

① 10   ② 12   ③ 14   ④ 15

해설
직류분권전동기의 발생 동력은 $P = E \times I_a$ 역기전력×전기자전류이다.
- 역기전력 $E = V - I_a R_a$이므로 $120 - 100 \times 0.2 = 100[V]$
- 동력 $P = 100 \times 100 \times 10^{-3} = 10[kW]$

25 계기용 변류기 개방 시 2차 측을 단락하는 이유는?

① 2차 절연 보호   ② 2차 과전류 보호
③ 측정 오차 방지   ④ 1차 과전류 방지

26 유도전동기의 슬립이 4[%]일 때 2차 동손이 0.4[kW]이었다. 이때 회전자 입력은 몇 [kW]인가?

① 8   ② 10   ③ 12   ④ 14

해설
$Pc_2 = S \times P_2$ ∴ $P_2 = \dfrac{0.4}{0.04} = 10[kW]$

27 부흐홀츠 계전기의 설치 위치로 가장 적당한 곳은?

① 콘서베이터 내부
② 변압기 고압 측 부싱
③ 변압기 주 탱크 내부
④ 변압기 주 탱크와 콘서베이터 사이

28 3상 유도전동기의 운전 중 급속 정지가 필요할 때 사용하는 제동방식은?

① 단상 제동   ② 회생 제동
③ 발전 제동   ④ 역상 제동

해설
역상 제동
운전 중인 유도전동기의 회전방향과 반대방향의 토크를 발생시켜 급속히 정지하는 방법

29 다음 그림은 직류발전기의 분류 중 어느 것에 해당되는가?

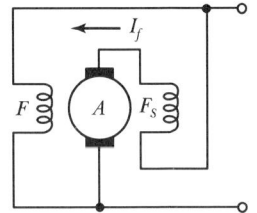

① 분권발전기　　② 직권발전기
③ 자석발전기　　④ 복권발전기

해설
복권발전기는 직권발전기와 분권계자가 직·병렬 형태로 접속되어 있다.

30 3상 동기기의 제동권선의 역할은 무엇인가?

① 난조 방지　　② 효율 증가
③ 출력 증가　　④ 역률 개선

해설
제동권선의 역할
난조 방지 및 기동 작용

31 직류 직권 전동기에서 토크와 속도를 비교하여 볼 때 속도를 $\frac{1}{3}$로 하면 토크는 몇 배인가?

① 1/3배　　② 1/9배
③ 3배　　　④ 9배

해설
직권전동기 토크는 회전수제곱에 반비례한다 $\left(\tau \propto \frac{1}{N^2}\right)$.

32 동기기의 전기자 반작용에서 계자극과 전기자의 극이 서로 수직을 이루며 왼쪽에서는 감소되는 자속, 오른쪽에서는 증가되는 자속을 이루는 전기자 반작용은?

① 횡축 반작용　　② 교차자화작용
③ 감자작용　　　　④ 증자작용

해설
교차자화작용
기전력과 전류가 동상으로 계자극과 전기자극이 수직으로 교차되어 왼쪽은 감자작용, 오른쪽은 증자작용이 된다.

33 교류회로에서 양방향 점호(On) 및 소호(Off)를 이용하며, 위상제어를 할 수 있는 소자는?

① TRIAC　　② SCR
③ GTO　　　④ IGBT

해설
TRIAC
양방향 3단자 사이리스터로 교류제어 및 위상제어가 가능하다.

34 다음 중 변압기의 무부하손으로 대부분을 차지하는 것은?

① 철손　　　② 동손
③ 풍손　　　④ 표류부하손

해설
• 무부하손 : 철손, 기계손(풍손, 마찰손)
• 부하손 : 동손, 표류부하손
※ 변압기는 정지기로 기계손이 없다.

35 3상 유도전동기에서 기동저항기를 설치하여 제어하는 이유는?

① 기동토크를 작게 한다.
② 최대토크를 증가시킨다.
③ 기동전류를 감소시킨다.
④ 철손을 감소시킨다.

해설
비례추이 원리를 이용하여 기동저항기로 저항을 변화시키면 그에 비례하여 슬립이 변화한다. 즉, 기동토크를 증가시키고 기동전류를 감소시킨다.

36 다음 중 변압기의 원리와 관계있는 것은?

① 전기자 반작용
② 전자유도 작용
③ 플레밍의 오른손 법칙
④ 플레밍의 왼손 법칙

해설
변압기의 원리는 전자유도 작용이다.

37 그림은 동기기의 위상 특성 곡선을 나타낸 것이다. 전기자 전류가 가장 작게 흐를 때의 역률은?

정답 30 ① 31 ④ 32 ② 33 ① 34 ① 35 ③ 36 ② 37 ①

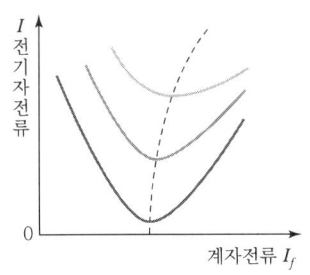

① 1 ② 0.9[진상]
③ 0.9[지상] ④ 0

해설
동기조상기의 위상 특성 곡선에서 전기자전류가 최소일 때 역률은 1이다.

38 동기임피던스 5[Ω]인 2대의 3상 동기발전기의 유도기전력에 100[V]의 전압 차이가 있다면 무효 순환 전류는?

① 10[A] ② 15[A]
③ 20[A] ④ 25[A]

해설
병렬운전조건 중 기전력의 크기가 다르면, 무효 순환 전류(무효 횡류)가 흐르므로

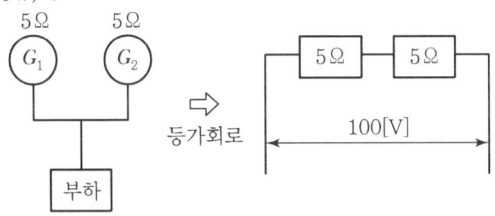

등가회로로 변환하여 무효 순환 전류를 계산하면,
$I_r = \dfrac{100}{5+5} = 10[A]$이다.

39 보호를 요하는 회로의 전류가 어떤 일정값(정정값) 이상으로 흘렀을 때 동작하는 계전기는?

① 과전류 계전기 ② 과전압 계전기
③ 차동 계전기 ④ 비율 차동 계전기

해설
과전류 계전기
회로의 전류가 정정값 이상으로 흐를 경우 기기를 보호하기 위해 동작하여 회로를 개방시키는 계전기이다.

40 3상 유도전동기의 슬립 범위는?

① 0 < S < 1 ② -1 < S < 0
③ 1 < S < 2 ④ 0 < S < 2

해설
유도전동기의 슬립 범위 : 0 < S < 1

41 건조한 장소에 시설하는 진열장 또는 이와 유사한 것의 내부에 사용전압이 400[V] 이하의 배선을 외부에서 잘 보이는 장소에 시설하는 경우 사용하는 전선의 단면적은?

① 0.1[mm²] ② 0.25[mm²]
③ 0.5[mm²] ④ 0.75[mm²]

해설
건조한 장소에 시설하고 또한 내부를 건조한 상태로 사용하는 진열장 또는 이와 유사한 것의 내부에 사용전압 400[V] 이하의 배선을 외부에서 잘 보이는 장소에 한하여 코드 또는 캡타이어케이블로 직접 조영재에 밀착하여 배선하여야 하며, 단면적은 0.75[mm²] 이상의 코드 또는 캡타이어케이블일 것

42 다음 중 금속전선관의 종류에서 박강전선관의 규격이 아닌 것은?

① 19 ② 25 ③ 31 ④ 35

해설
박강전선관의 규격[mm]
19, 25, 31, 39, 51, 63, 75

43 마그네슘 먼지가 존재하는 장소에서 전기설비가 발화원이 되어 폭발할 우려가 있는 곳에서의 저압 옥내 전기설비 공사로 옳지 않은 것은?

① 케이블공사 ② 합성수지관공사
③ 애자사용공사 ④ 금속관공사

해설
폭연성 먼지(마그네슘, 알루미늄, 티탄, 지르코늄 등의 먼지로 쌓여진 상태에서 착화)으로 인해 폭발할 우려가 있는 곳에서의 저압 옥내 전기설비 공사로는 합성수지관공사, 금속관공사, 케이블공사(캡타이어케이블 제외)가 있다.

정답 38 ① 39 ① 40 ① 41 ④ 42 ④ 43 ③

44 전선 약호 중 MI가 나타내는 것은?

① 미네랄 인슐레이션 케이블
② 비닐절연 네온 전선
③ 옥외용 가교 폴리에틸렌 전선
④ 경동선

해설

② NR : 비닐절연 네온 전선
③ OC : 옥외용 가교 폴리에틸렌 절연전선
④ H : 경동선

45 전기울타리의 시설에 관한 내용 중 틀린 것은?

① 수목과의 간격은 30[cm] 이상일 것
② 전선은 지름이 2[mm] 이상의 경동선일 것
③ 전선과 이를 지지하는 기둥 사이의 간격은 2[cm] 이상일 것
④ 전기 울타리용 전원장치에 전기를 공급하는 전로의 사용 전압은 250[V] 이하일 것

해설

전기울타리의 시설
- 전기울타리는 사람이 쉽게 출입하지 아니하는 곳에 시설할 것
- 전기울타리를 시설한 곳에는 사람이 보기 쉽도록 적당한 간격으로 위험표시를 할 것
- 전선은 인장강도 1.38[kN] 이상의 것 또는 지름 2[mm] 이상일 것
- 전선과 이를 지지하는 기둥 사이의 간격은 2.5[cm] 이상일 것
- 전선과 다른 시설물(가공 전선을 제외한다) 또는 수목 사이의 간격은 30[cm] 이상일 것

46 고압배전선로의 주상변압기의 2차 측에 실시하는 변압기 중성점 접지공사의 접지저항값을 계산하는 식으로 옳은 것은?(단, I_g는 1선 지락전류이며, 고압 배전선로에는 고저압 전로의 혼촉 시 1초를 넘고 2초 이내에 자동적으로 전로를 차단하는 장치가 포함되어 있다.)

① $\dfrac{150}{I_g}$ ② $\dfrac{300}{I_g}$ ③ $\dfrac{600}{I_g}$ ④ $\dfrac{900}{I_g}$

해설

변압기 중성점 접지
- 특별한 보호장치가 없는 경우 : $R = \dfrac{150}{I_g}$
- 혼촉 시 보호장치 동작이 1초를 넘고 2초 이내인 경우 : $R = \dfrac{300}{I_g}$
- 혼촉 시 보호장치 동작이 1초 이내인 경우 : $R = \dfrac{600}{I_g}$

47 형광등용 안정기의 약호로 옳은 것은?

① F   ② N   ③ M   ④ H

해설

② N : 나트륨등
③ M : 메탈할라이드등
④ H : 수은등

48 600[V] 이하의 저압 회로에 사용하는 비닐절연 비닐시스 케이블의 약칭으로 맞는 것은?

① VV   ② DV   ③ OW   ④ NEV

해설

② DV : 인입용 비닐절연전선
③ OW : 옥외용 비닐절연전선
④ NEV : 폴리에틸렌절연 비닐시스 네온전선

49 나전선 등의 금속선에 속하지 않는 것은?

① 경동선(지름 12[mm] 이하의 것)
② 연동선
③ 동합금선(단면적 35[mm²] 이하의 것)
④ 경알루미늄선(단면적 35[mm²] 이하의 것)

해설

나전선의 종류
- 경동선(지름 12[mm] 이하의 것)
- 연동선
- 동합금선(단면적 25[mm²] 이하의 것)
- 경알루미늄선(단면적 35[mm²] 이하의 것)

50 금속 덕트 안에 전광 표시 장치, 제어회로 등의 배선만을 넣는 경우 전선의 단면적 합계는 덕트의 내부 단면적의 몇 [%] 이하로 해야 하는가?

① 10[%]   ② 20[%]
③ 50[%]   ④ 80[%]

해설
금속 덕트에 넣은 전선의 단면적(절연피복의 단면적을 포함한다)의 합계는 덕트의 내부 단면적의 20[%] 이하일 것(단, 전광표시, 기타 이와 유사한 장치 또는 제어회로 등의 배선만을 넣는 경우에는 50[%] 이하)

51 제2차 접근 상태라는 것은 가공 전선이 다른 시설물로부터 수평 거리 몇 [m] 미만인 곳에 시설되는 것을 말하는가?

① 1.5   ② 3   ③ 3.5   ④ 5

해설
- 제1차 접근 상태 : 3[m] 이상 전기시설물
- 제2차 접근 상태 : 3[m] 미만의 전기시설물

52 방의 폭을 X, 길이를 Y, 높이를 H라 할 때 실지수는?

① $\dfrac{XY}{H(X+Y)}$ ② $X+Y$

③ $(X+Y)H$ ④ $\dfrac{H(X+Y)}{XY}$

해설
실지수 $k = \dfrac{XY}{H(X+Y)}$

53 저압 이웃 연결인입선의 시설 규정으로 적합한 것은?

① 분기점으로부터 90[m] 지점에 시설
② 6[m] 도로를 횡단하여 시설
③ 수용가 옥내를 관통하여 시설
④ 지름 1.5[mm]의 인입용 비닐절연전선을 사용

해설
이웃 연결인입선의 시설
한 수용가의 인입선에서 분기하여 지지물을 거치지 아니하고 다른 수용 장소의 인입구에 이르는 부분의 전선

- 인입선에서 분기하는 점으로부터 100[m]를 초과하는 지역에 미치지 아니할 것
- 폭 5[m]를 초과하는 도로를 횡단하지 아니할 것
- 옥내를 통과하지 아니할 것
- 저압 가공인입선은 2.6[mm] 이상의 경동선 또는 이와 동등 이상의 세기 및 굵기의 것을 시설할 것(단, 인입선의 길이가 15[m] 이하의 경우에는 2.0[mm] 이상의 것을 사용할 수 있다.)

54 잡아당김하는 곳이나 분기하는 곳에 사용하는 애자는?

① 구형애자   ② 가지애자
③ 새클애자   ④ 현수애자

해설
① 구형애자 : 지지선(옥)애자. 지지선 중간에 설치
② 가지애자 : 전선로를 다른 방향으로 돌리는 경우에 사용
③ 새클애자 : 고압 또는 저압 선로에서 전선을 끌어당겨 교차할 때 사용
④ 현수애자 : 철탑 등에서 전선을 잡아당김하거나 분기할 경우 사용

55 다음은 나이프 스위치를 표시한 것이다. 3극 쌍투형을 나타내는 것은?

① SPDT   ② SPST
③ TPST   ④ TPDT

해설
- SPST : 단극 단투형   · SPDT : 단극 쌍투형
- DPST : 2극 단투형   · DPDT : 2극 쌍투형
- TPST : 3극 단투형   · TPDT : 3극 쌍투형

56 코드 상호 간 또는 캡타이어케이블 상호 간을 접속하는 경우 가장 많이 사용되는 기구는?

① T형 접속기   ② 코드 접속기
③ 와이어 접속기   ④ 박스용 접속기

정답 50 ③ 51 ② 52 ① 53 ① 54 ④ 55 ④ 56 ②

해설
코드 접속기
코드 상호 간 또는 캡타이어케이블 상호 간을 접속

57 두 개 이상의 회로에서 선행동작 우선회로 또는 상대동작 금지회로인 동력배선의 제어회로는?

① 자기유지회로 ② 인터록 회로
③ 동작지연회로 ④ 타이머 회로

해설
인터록 회로
한쪽이 동작하면 다른 한쪽은 동작할 수 없는 회로

58 합성수지전선관은 무엇의 짝수[mm]로서 호칭하는가?

① 반지름 ② 단면적
③ 근사 안지름 ④ 근사 바깥지름

해설
합성수지관의 굵기는 관 안지름의 근사 짝수로 표시한다.

59 소켓, 리셉터클 등에 전선을 접속할 때 어떤 측 전선을 중심 접촉면에 접속해야 하는가?

① 접지 측 ② 중성 측
③ 단자 측 ④ 전압 측

해설
소켓, 리셉터클 등에 전선을 접속할 때에는 전압측 전선을 중심 측면에, 접지 측 전선을 속 베이스에 연결하여야 한다.

60 접지극 공사 방법이 아닌 것은?

① 동판 면적은 900[cm²] 이상의 것이어야 한다.
② 동피복 강봉은 지름 6[mm] 이상의 것이어야 한다.
③ 접지선과 접지극은 은납땜 등 기타 확실한 방법에 의해 접속한다.
④ 사람이 접촉할 우려가 있는 곳에 설치할 경우, 손상을 방지하도록 방호장치를 시설할 것

해설
접지극의 원칙
- 동판을 사용하는 경우는 두께 0.7[mm] 이상, 면적 900[cm²] 편면 이상의 것
- 동봉, 동피복강봉을 사용하는 경우는 지름 8[mm] 이상, 길이 0.9[m] 이상의 것
- 철관을 사용하는 경우는 바깥지름 25[mm] 이상, 길이 0.9[m] 이상의 아연도금 가스철관 또는 후강전선관일 것
- 철봉을 사용하는 경우는 지름 12[mm] 이상, 길이 0.9[m] 이상의 아연도금을 한 것
- 동복강판을 사용하는 경우는 두께 1.6[mm] 이상, 길이 0.9[m] 이상, 면적 250[cm²] 이상의 것
- 탄소피복강봉을 사용하는 경우는 지름 8[mm] 이상의 강심이고 길이 0.9[m] 이상의 것

정답 57 ② 58 ③ 59 ④ 60 ②

2022년 2회 시행 과년도 기출문제

01 다음 중 최댓값이 100[V]인 사인파 교류의 평균값은?

① 141　② 52.8
③ 59.6　④ 63.7

해설
$V_a = \dfrac{2V_m}{\pi} = 0.637 V_m = 0.637 \times 100 = 63.7[\text{V}]$

02 500[Ω]의 저항에 1[A]의 전류가 1분 동안 흐를 때의 열량은 몇 [cal]인가?

① 3,600　② 5,200
③ 6,400　④ 7,200

해설
$W = Pt = I^2 Rt = 1^2 \times 500 \times 1 \times 60$
$= 30,000[\text{J}] \times 0.24 = 7,200[\text{cal}]$

03 자체 인덕턴스 4[H]의 코일에 18[J]의 에너지가 저장되어 있다. 이때 코일에 흐르는 전류는 몇 [A]인가?

① 1　② 2　③ 3　④ 6

해설
$W = \dfrac{1}{2}LI^2$ 에서 $I = \sqrt{\dfrac{2W}{L}} = \sqrt{\dfrac{2 \times 18}{4}} = 3[\text{A}]$

04 다음 중 부하의 전압과 전류를 측정하기 위한 전압계, 전류계와 배율기, 분류기의 접속 방법으로 옳은 것은?

① 배율기=전압계와 직렬, 분류기=전류계와 직렬
② 배율기=전압계와 병렬, 분류기=전류계와 병렬
③ 배율기=전압계와 병렬, 분류기=전류계와 직렬
④ 배율기=전압계와 직렬, 분류기=전류계와 병렬

해설
- 배율기 : 전압계의 측정 범위를 확대하고자 저항을 직렬로 접속한 것
- 분류기 : 전류계의 측정 범위를 확대하고자 저항을 병렬로 접속한 것

05 무한히 긴 두 도선이 1[m]의 간격을 두고 서로 흡인력 또는 반발력의 힘이 2×10^{-7}[N]으로 작용하고 있을 때 도선에 흐르는 전류[A]의 값은? (단, 두 도선에 흐르는 전류의 값은 같다)

① 1　② 2　③ 3　④ 4

해설
두 도선에 작용하는 힘
$F = \dfrac{2I^2}{d} \times 10^{-7}[\text{N/m}]$
$2I^2 \times 10^{-7} = Fd$ 이므로
$I = \sqrt{\dfrac{Fd}{2 \times 10^{-7}}} = \sqrt{\dfrac{2 \times 10^{-7} \times 1}{2 \times 10^{-7}}} = 1[\text{A}]$

06 200[V], 40[W]의 형광등에 정격 전압이 가해졌을 때 형광등 회로에 흐르는 전류는 0.42[A]이다. 이 형광등의 역률[%]은?

① 37.5　② 47.6
③ 57.5　④ 67.5

해설
$P = VI\cos\theta[\text{W}]$ 이므로, $\cos\theta = \dfrac{P}{VI}$
따라서 $\cos\theta = \dfrac{40}{200 \times 0.42} = 0.476$ 이다.

정답 01 ④　02 ④　03 ③　04 ④　05 ①　06 ②

07 화학당량 K, 전류 I, 시간 t로 구할 수 있는 패러데이의 물질이 석출되는 양의 공식으로 옳은 것은?

① $W = KI$
② $W = \dfrac{t}{KI}$
③ $W = \dfrac{KI}{t}$
④ $W = KIt$

해설

패러데이 법칙
- 전극에 석출되는 물질의 양은 통과한 전기량에 비례한다.
- 전기량이 같을 때에는 물질의 전기화학당량에 비례한다.

$W = KQ = KIt$[g]

여기서, W : 질량[g], K : 전기화학당량[g/c]
Q : 전기량[C], I : 전류[A], t : 시간[sec]

08 니켈의 원자가는 2.0이고 원자량은 58.70이다. 이때 화학당량의 값은?

① 117.4
② 60.70
③ 56.70
④ 29.35

해설

화학당량 = $\dfrac{\text{원자량}}{\text{원자가}} = \dfrac{58.7}{2} = 29.35$

09 저항 R_1, R_2, R_3가 직렬로 연결된 회로에 전전압 V[V]가 공급되고 있을 때 R_2 양단의 전압은?

① $\dfrac{R_3}{R_1 + R_2 + R_3}V$
② $\dfrac{R_1}{R_1 + R_2 + R_3}V$
③ $\dfrac{R_2}{R_1 + R_2 + R_3}V$
④ $\dfrac{R_1 + R_2 + R_3}{R_2}V$

해설

직렬회로에서는 전류는 일정하고 전압은 나누어지기 때문에 R_2 양단 전압을 V_2라 하면

$V_2 = I_t R_2 = \dfrac{V_t}{R_1 + R_2 + R_3} \times R_2$[V]

∴ $V_2 = \dfrac{V}{R_1 + R_2 + R_3} R_2$[V]

10 평균 반지름 a[m]의 환상 솔레노이드에 I[A]의 전류가 흐를 때, 내부 자계가 H[AT/m]이었다. 권수 N은?

① $\dfrac{HI}{2\pi r}$
② $\dfrac{2\pi r}{HI}$
③ $\dfrac{2\pi r H}{I}$
④ $\dfrac{I}{2\pi r H}$

해설

$H = \dfrac{NI}{l} = \dfrac{NI}{2\pi r}$

$NI = 2\pi r H$

$N = \dfrac{2\pi r H}{I}$

11 지름이 2.6[mm], 길이가 1,000[m], 고유저항이 1.69×10^{-8}[Ωm]일 때 저항은?

① 2.52
② 3.18
③ 0.68
④ 4.17

해설

도선의 저항 $R = \rho\dfrac{\ell}{S} = \rho\dfrac{\ell}{\pi r^2} = \rho\dfrac{\ell}{\pi\left(\dfrac{D}{2}\right)^2} = \dfrac{4\rho l}{\pi D^2}$[Ω]에서

$R = \dfrac{4\rho l}{\pi D^2} = \dfrac{4 \times 1.69 \times 10^{-8} \times 1,000}{\pi \times (2.6 \times 10^{-3})^2} = 3.18$[Ω]

12 다음 중 비투자율(μ_s)이 가장 작은 것은?

① 초합금
② 구리
③ 니켈
④ 알루미늄

해설

- 강자성체($\mu_s \gg 1$) : 철, 니켈, 코발트, 망간
- 상자성체($\mu_s > 1$) : 알루미늄, 백금, 산소
- 반자성체($\mu_s < 1$) : 아연, 물, 은, 구리, 비스무트

13 공기 중 자기장의 세기가 500[AT/m]일 때 자속밀도는?

① $2\pi \times 10^{-4}$
② 2×10^{-4}
③ $2\pi \times 10^{-5}$
④ 2×10^{-5}

정답 07 ④ 08 ④ 09 ③ 10 ③ 11 ② 12 ② 13 ①

해설

자속밀도 $B = \dfrac{\phi}{S} = \dfrac{m}{S} = \dfrac{m}{4\pi r^2} = \mu H [\text{Wb/m}^2]$ 이므로

$B = \mu H = \mu_0 H = 4\pi \times 10^{-7} \times 500 = 2\pi \times 10^{-4} [\text{Wb/m}^2]$

14 $4 \times 10^{-5}[\text{C}]$, $6 \times 10^{-5}[\text{C}]$의 두 전하가 자유 공간에 2[m]의 거리에 있을 때 그 사이에 작용하는 힘은?

① 5.4[N], 흡인력이 작용한다.
② 5.4[N], 반발력이 작용한다.
③ $\dfrac{7}{9}$[N], 흡인력이 작용한다.
④ $\dfrac{7}{9}$[N], 반발력이 작용한다.

해설

$F = \dfrac{1}{4\pi\varepsilon} \times \dfrac{Q_1 Q_2}{r^2} = 9 \times 10^9 \times \dfrac{Q_1 Q_2}{r^2}$

$= 9 \times 10^9 \times \dfrac{(4 \times 10^{-5}) \times (6 \times 10^{-5})}{2^2} = 5.4[\text{N}]$

같은 극성이므로 반발력이 작용한다.

15 자기 인덕턴스 L_1, L_2 상호 인덕턴스 M인 두 회로의 결합 계수가 1일 때의 관계식은 어느 것인가?

① $L_1 L_2 = M$
② $\sqrt{L_1 L_2} = M$
③ $\sqrt{L_1 L_2} > M$
④ $\sqrt{L_1 L_2} > M^2$

해설

상호 인덕턴스 $M = k\sqrt{L_1 L_2}$ [H]일 때 $(k=1)$이면,
$M = \sqrt{L_1 L_2}$, $M^2 = L_1 L_2$

16 10[A]의 전류를 흘렸을 때 전력이 100[W]인 저항에 15[A]를 흘리면 전력은 몇 [W]가 되겠는가?

① 125   ② 150   ③ 225   ④ 250

해설

$P = I^2 R [\text{W}]$

$R = \dfrac{P}{I^2} = \dfrac{100}{10^2} = 1[\Omega]$

$P' = I'^2 R = 15^2 \times 1 = 225[\text{W}]$

17 단면적 5[cm²], 길이 1[m], 비투자율 10^3인 환상 철심에 600회의 권선을 감고 이것에 0.5[A]의 전류를 흐르게 한 경우 기자력은?

① 100[AT]   ② 200[AT]
③ 300[AT]   ④ 400[AT]

해설

기자력
$F = NI = 600 \times 0.5 = 300[\text{AT}]$

18 저항 2[Ω], 3[Ω], 5[Ω]이 직렬로 접속할 때 합성 컨덕턴스는 몇 [℧]인가?

① 0.1   ② 10
③ 0.5   ④ 5

해설

- 합성저항 $R = 2 + 3 + 5 = 10[\Omega]$
- 합성 컨덕턴스 $G = \dfrac{1}{10} = 0.1[℧]$

19 20[kVA]의 단상 변압기 2대를 사용하여 V-V결선으로 하고 3상 전원을 얻고자 한다. 이때 여기에 접속시킬 수 있는 3상 부하의 용량은 약 몇 [kVA]인가?

① 34.6   ② 44.6
③ 54.6   ④ 66.6

해설

V결선 3상 용량
$P_v = \sqrt{3} P = \sqrt{3} \times 20 = 34.6[\text{kVA}]$

정답 14 ② 15 ② 16 ③ 17 ③ 18 ① 19 ①

20 그림과 같은 회로에서 3[Ω]에 흐르는 전류 I는?

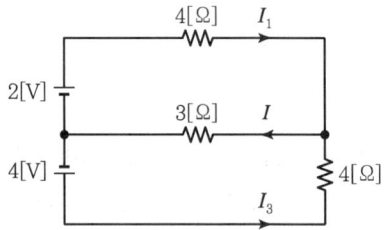

① 0.3   ② 0.6
③ 0.9   ④ 1.2

해설

- 2[V]를 단락하고 등가회로를 그리면

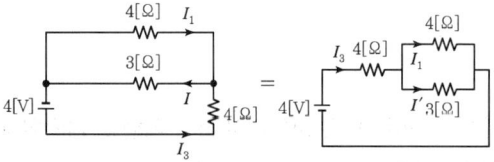

이때 합성저항 $R_{01} = 4 + \dfrac{4 \times 3}{4+3} = \dfrac{40}{7}$ [Ω]

전체전류 $I_3 = \dfrac{4}{R_{01}} = \dfrac{4}{\frac{40}{7}} = \dfrac{7}{10}$ [A]

∴ 3[Ω]에 흐르는 전류

$I' = \dfrac{4}{3+4} \times \dfrac{7}{10} = \dfrac{2}{5} = 0.4$ [A]

- 4[V]를 단락하고 등가회로를 그리면

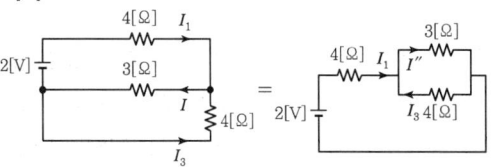

이때, 합성저항 $R_{02} = 4 + \dfrac{3 \times 4}{3+4} = \dfrac{40}{7}$ [Ω]

전체전류 $I_1 = \dfrac{2}{R_{02}} = \dfrac{2}{\frac{40}{7}} = \dfrac{7}{20}$ [A]

∴ 3[Ω]에 흐르는 전류

$I'' = \dfrac{4}{3+4} \times \dfrac{7}{20} = \dfrac{1}{5} = 0.2$ [A]

- 3[Ω]에 흐르는 각각의 전류 방향이 동일하기 때문에
$I = I' + I'' = 0.4 + 0.2 = 0.6$ [A]

21 부흐홀츠 계전기의 설치 위치로 가장 적당한 곳은?

① 변압기 본체 내부
② 콘서베이터 내부
③ 변압기 고압 측 부싱
④ 변압기 본체와 콘서베이터 사이

해설

부흐홀츠 계전기는 변압기 내부 고장으로 인한 절연유의 온도 상승 시 발생하는 유증기 또는 기름의 흐름에 의해 동작하는 계전기로 변압기를 보호하며 변압기의 본체와 콘서베이터 사이에 설치한다.

22 동기전동기를 자체 기동법으로 기동시킬 때 계자 회로는 저항을 통하여 어떻게 하여야 하는가?

① 단락시킨다.   ② 개방시킨다.
③ 직류를 공급한다.   ④ 단상 교류를 공급한다.

해설

동기전동기 기동 시 계자권선을 개방하면 회전자속에 의해 고전압이 유도되어 절연 파괴의 위험이 있으므로 저항을 통하여 단락시킨다.

23 직류를 교류로 변환하는 장치는?

① 컨버터   ② 초퍼
③ 인버터   ④ 정류기

해설

인버터
직류를 교류로 변환하는 장치로서 주파수를 변환시키는 장치이다.

24 용량이 250[kVA]인 단상 변압기를 △결선으로 운전 중 한 대가 고장나 나머지 2대로 V결선하여 공급할 수 있는 용량은 몇 [kVA]인가?

① 353   ② 288   ③ 433   ④ 500

해설

V결선의 출력 $P_V = \sqrt{3} P = \sqrt{3} \times 250 ≒ 433$
(단, P=단상 변압기 1대의 용량)

정답 20 ②   21 ④   22 ①   23 ③   24 ③

25 3상 동기기에 제동 권선을 설치하는 주된 목적은?

① 난조 방지
② 역률 개선
③ 효율 증가
④ 출력 증가

해설
제동권선은 난조 방지와 동기전동기의 기동작용을 한다.

26 직류 직권 전동기의 회전 속도를 1/3로 감소시키면 토크는 어떻게 되는가?

① 1/3로 감소
② 1/9로 감소
③ 3배 증가
④ 9배 증가

해설
직권 전동기의 토크는 회전속도의 제곱에 반비례하므로 1/3로 속도가 감소하면 토크는 9배 증가한다 $\left(\tau \propto \dfrac{1}{N^2}\right)$.

27 발전기를 정격전압 220[V]로 운전하다가 무부하로 운전하였더니 단자 전압이 253[V]가 되었다. 이 발전기의 전압 변동률은 몇 [%]인가?

① 10[%]
② 15[%]
③ 20[%]
④ 25[%]

해설
전압 변동률 $\varepsilon = \dfrac{V_0 - V_n}{V_n} \times 100[\%]$

$= \dfrac{253 - 220}{220} \times 100 = 15[\%]$

여기서, V_n : 정격전압, V_0 : 무부하 시 단자전압

28 슬립 4[%]인 3상 유도전동기의 2차 동손이 0.4[kW]일 때 회전자 입력[kW]은?

① 6   ② 8   ③ 10   ④ 12

해설
$P_{C2} = sP_2$ 이므로 $P_2 = \dfrac{P_{C2}}{s} = \dfrac{0.4}{0.04} = 10[\text{kW}]$

29 유도 전동기에 기동 저항기를 설치하는 이유는?

① 기동전류를 작게 하기 위해
② 회전속도를 증가하기 위해
③ 기동토크를 작게 하기 위하여
④ 기동전압을 증가하기 위해

해설
유도전동기에 기동저항기를 설치하는 이유는 기동토크를 크게 하고 기동전류를 줄이기 위함이다.

30 직류 발전기의 철심을 규소강판으로 성층하여 사용하는 이유는?

① 와류손을 줄이기 위해
② 철손을 줄이기 위해
③ 구리손을 줄이기 위해
④ 기계적 강도를 개선하기 위해

해설
히스테리시스손을 줄이기 위해 규소강판을 사용하며, 와류손(맴돌이 전류손)을 줄이기 위해 철심을 성층한다.

31 동기발전기에서 전기자 전류가 유도기전력보다 90° 뒤졌을 경우 전기자 반작용은?

① 편자작용
② 횡축 반작용
③ 증자작용
④ 감자작용

해설
• 동기발전기에서 전압보다 전류가 앞섰을 때 : 증자
• 동기발전기에서 전압보다 전류가 뒤졌을 때 : 감자

32 정류자와 접촉하여 전기자 권선과 외부 회로를 연결하는 역할을 하는 것은?

① 계자
② 전기자
③ 브러시
④ 계자철심

해설
브러시는 정류자와 접촉하여 전기자에서 발생한 전류를 외부 회로에 연결한다.

정답 25 ① 26 ④ 27 ② 28 ③ 29 ① 30 ② 31 ④ 32 ③

33 수·변전 설비의 고압 회로에 걸리는 전압을 표시하기 위해 전압계를 시설할 때 고압회로와 전압계 사이에 시설하는 것은?

① 계기용 변류기
② 계기용 변압기
③ 수전용 변압기
④ 권선형 변류기

해설
계기용 변압기(PT)
고전압을 저전압으로 낮추기 위한 기기로 2차 측 전압은 110[V] 이다.

34 단자 전압 100[V], 전기자 전류 10[A], 전기자 저항 1[Ω], 회전수 1,800[rpm]인 전동기의 역기전력은 몇 [V]인가?

① 90   ② 100   ③ 110   ④ 186

해설
역기전력 $E_C = V - I_a R_a = 100 - 10 \times 1 = 90[V]$

35 1차 전압 3,300[V], 2차 전압 220[V], 주파수 60[Hz]의 변압기가 있다. 이 변압기의 권수비는?

① 15   ② 20   ③ 25   ④ 30

해설
권수비 $a = \dfrac{V_1}{V_2} = \dfrac{3,300}{220} = 15$

36 일정한 주파수의 전원에서 운전하는 3상 유도전동기의 전원 전압이 80[%]가 되었다면 토크는 약 몇 [%]가 되는가?(단, 회전수는 변하지 않는 상태로 한다.)

① 55   ② 64   ③ 76   ④ 82

해설
유도전동기의 토크는 공급전압의 제곱에 비례한다($T \propto V^2$).
$T = (0.8)^2 = 0.64$

37 단상 전파 사이리스터 정류회로에서 부하가 큰 인덕턴스가 있는 경우, 점호각이 60°일 때의 정류 전압은 약 몇 [V]인가?(단, 전원 측 전압의 실효값은 100[V]이고 직류 측 전류는 연속이다.)

① 141   ② 100   ③ 85   ④ 45

해설
$E_d = \dfrac{2\sqrt{2}}{\pi} E_a \cos\alpha = 0.9 E_a \cos\alpha = 0.9 \times 100 \times \cos 60° ≒ 45[V]$
α는 점호각이다.

38 다음 중 유도전동기의 2차 효율로 틀린 것은?

① $(1-s) \times 100$
② $\dfrac{P_0}{P_2} \times 100$
③ $\dfrac{N_s}{N} \times 100$
④ $\dfrac{N}{N_s} \times 100$

해설
2차 효율 $\eta_2 = \dfrac{P_0}{P_2} = (1-s) = \dfrac{N}{N_s}$

39 계기용 변류기 개방 시 2차 측을 단락하는 이유는?

① 2차 절연 보호   ② 2차 과전류 보호
③ 측정 오차 방지   ④ 1차 과전류 방지

해설
계기용 변류기 2차 측 회로를 개방 상태로 운전하면 2차 측 회로에 고전압이 유기되어 절연이 파괴될 우려가 있으므로 2차 측을 단락 상태로 운전하여야 한다.

40 비례추이 원리를 이용할 수 있는 전동기는 무엇인가?

① 3상 농형 유도전동기
② 단상 직권 정류자전동기
③ 동기전동기
④ 3상 권선형 유도전동기

해설
외부 저항을 이용한 2차 저항 조절로 기동전류 감소 및 기동토크가 증가할 수 있는 비례추이 원리는 권선형 유도전동기만 할 수 있다.

정답 33 ② 34 ① 35 ① 36 ② 37 ④ 38 ③ 39 ① 40 ④

41 전압의 구분에서 고압에 대한 설명으로 가장 옳은 것은?

① 직류는 1,500[V]를, 교류는 1,000[V] 이하인 것
② 직류는 1,000[V]를, 교류는 1,500[V] 이상인 것
③ 직류는 1,500[V]를, 교류는 1,000[V]를 초과하고, 7[kV] 이하인 것
④ 7[kV]를 초과하는 것

해설
전압의 범위
• 저압 : 직류 1,500[V] 이하, 교류 1,000[V] 이하
• 고압 : 직류 1,500[V]를 초과하고 7,000[V] 이하
       교류 1,000[V]를 초과하고 7,000[V] 이하
• 특고압 : 7,000[V]를 초과

42 4심 캡타이어케이블 심선의 색상은?

① 흑, 백, 적, 청   ② 흑, 백, 적, 황
③ 흑, 백, 적, 녹   ④ 흑, 백, 적, 회

해설
캡타이어케이블 심선의 색상
• 2심 : 흑, 백
• 3심 : 흑, 백, 적 또는 흑, 백, 녹
• 4심 : 흑, 백, 적, 녹

43 캡타이어케이블을 조영재에 따라 시설하는 경우 케이블 상호, 케이블과 박스, 기구와의 접속 개소와 지지점 간의 거리는 접속개소에서 몇 [m] 이하로 하는 것이 바람직한가?

① 0.1   ② 0.15   ③ 0.3   ④ 0.5

해설
• 캡타이어케이블을 조영재의 아랫면 또는 옆면에 따라 붙이는 경우 : 1[m] 이하
• 캡타이어케이블을 케이블 상호, 케이블과 박스, 기구와의 접속개소에 붙이는 경우 : 0.15[m] 이하

44 전선로의 직선 부분을 지지하는 애자는?

① 핀애자   ② 지지애자
③ 가지애자   ④ 구형애자

해설
② 지지애자 : 차단기, 피뢰기용 애자
③ 가지애자 : 전선로 방향을 바꾸는 데 사용하는 애자
④ 구형애자(지지선애자, 옥애자) : 지지선의 중간에 설치하는 애자

45 다음 그림과 같이 단선의 쥐꼬리 접속에서 주로 사용하는 접속기구의 명칭은?

① 슬리브형 접속기   ② 와이어 접속기
③ 압착형 접속기   ④ 분기접속기

해설
와이어 접속기
정션 박스 내에서 쥐꼬리 접속 후 사용되며, 납땜과 테이프 감기가 필요 없다.

46 가공전선로의 지지물에 시설하는 지지선으로 연선을 사용할 경우에는 소선이 최소 몇 가닥 이상이어야 하는가?

① 3가닥   ② 4가닥   ③ 5가닥   ④ 6가닥

해설
지지선의 시공
• 안전율 2.5 이상   • 허용인장하중 4.31[kN](440[kg])
• 소선 3가닥 이상   • 지름 2.6[mm] 이상의 금속선을 사용

47 합성수지관 공사에 옥외 등 온도차가 큰 장소에 노출 배관을 할 때 사용하는 커플링은?

① 신축커플링(0C)   ② 신축커플링(1C)
③ 신축커플링(2C)   ④ 신축커플링(3C)

해설
온도차가 큰 장소에는 신축커플링(3C)을 사용한다.

정답 41 ③ 42 ③ 43 ② 44 ① 45 ② 46 ① 47 ④

48 큰 고장전류가 접지도체를 통하여 흐르지 않을 때 접지도체의 최소 단면적은 구리인 경우 몇 [mm²] 이상인가?

① 2.5　② 6　③ 10　④ 16

해설

접지도체의 최소 단면적
- 큰 고장전류가 접지도체를 통하여 흐르지 않을 경우
  구리 6[mm²] 이상, 철제 50[mm²] 이상
- 접지도체에 피뢰시스템이 접속되는 경우
  구리 16[mm²] 이상, 철제 50[mm²] 이상

49 수전설비에서 저압배전반은 앞면 또는 조작·계측 면의 거리가 최소 몇 [m] 이상이어야 하는가?

① 0.6　② 1.2　③ 1.5　④ 1.7

해설
- 특고압 배전반 : 1.7[m] 이상
- 고·저압 배전반 : 1.5[m] 이상

50 교통신호등의 전구에 접속하는 인하선의 높이가 2.5[m]일 때, 전선의 규격[mm²]은?

① 2.5　② 4　③ 10　④ 16

해설
- 교통신호등의 2차 측 배선(인하선을 제외한다)
- 전선은 케이블인 경우 이외에는 공칭단면적 2.5[mm²] 연동선과 동등 이상의 세기 및 굵기의 450/750[V] 일반용 단심 비닐절연전선 또는 450/750[V] 내열성 에틸렌아세테이트 고무절연전선일 것

51 접지극 공사 방법이 아닌 것은?

① 동판 면적은 900[cm²] 이상의 것이어야 한다.
② 동피복 강봉은 지름 6[mm] 이상의 것이어야 한다.
③ 접지선과 접지극은 은납땜 등 기타 확실한 방법에 의해 접속한다.
④ 사람이 접촉할 우려가 있는 곳에 설치할 경우 손상을 방지하도록 방호장치를 시설할 것

해설

접지극의 원칙
- 동판을 사용하는 경우는 두께 0.7[mm] 이상, 면적 900[cm²] 편면 이상의 것
- 동봉, 동피복 강봉을 사용하는 경우는 지름 8[mm] 이상, 길이 0.9[m] 이상의 것
- 철관을 사용하는 경우는 바깥지름 25[mm] 이상, 길이 0.9[m] 이상의 아연도금 가스철관 또는 후강전선관일 것
- 철봉을 사용하는 경우는 지름 12[mm] 이상, 길이 0.9[m] 이상의 아연도금을 한 것
- 동복 강판을 사용하는 경우는 두께 1.6[mm] 이상, 길이 0.9[m] 이상, 면적 250[cm²] 이상의 것
- 탄소피복 강봉을 사용하는 경우는 지름 8[mm] 이상의 강심이고 길이 0.9[m] 이상의 것

52 피뢰설비공사에 대한 설명으로 옳지 않은 것은?

① 돌침부는 건축법에서 규정한 풍하중에 견딜 수 있는 것이어야 한다.
② 피뢰인하도선에서 구리선의 단면적은 20[mm²] 이상의 것이어야 한다.
③ 피뢰접지극은 지표면에서 0.75[m] 이상의 깊이로 매설해야 한다.
④ 뇌서지 전류를 대지로 방류시키기 위한 접지를 시설하여야 한다.

해설

피뢰인하도선의 최소 단면적 : 50[mm²] 이상

53 가공 케이블 시설 시 조가선에 행거를 사용하는 경우 간격은 몇 [cm] 이하이어야 하는가?

① 50　② 30　③ 20　④ 10

해설
- 행거 50[cm] 이하
- 금속테이프 20[cm] 이하

54 터미널러그를 이용한 접속 방법에서 전기기계기구의 금속제 외함, 배관 등과 접지선과의 접속 시 몇 [mm²] 단면적을 초과해야 터미널러그를 사용하는가?

① 6　② 8　③ 10　④ 16

정답 48 ②　49 ③　50 ①　51 ②　52 ②　53 ①　54 ①

해설
접지선의 굵기가 6[mm²]를 초과할 경우 터미널러그를 사용

55 배관의 이음에서 유니언 등을 끼울 때나 그 외 배관 접속 시 사용하는 공구는?

① 파이프렌치 ② 히키
③ 오스터 ④ 클리퍼

해설
② 히키(벤더) : 금속관을 구부릴 때 사용
③ 오스터 : 금속관에 나사내기를 할 때 사용
④ 클리퍼 : 22[mm²] 이상의 굵은 전선을 절단할 때 사용

56 교류 전등 공사에서 금속관 내에 전선을 넣어 연결한 방법 중 옳은 것은?

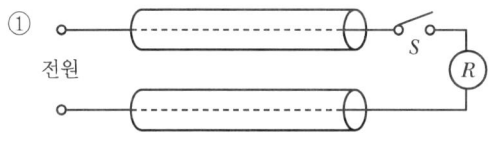
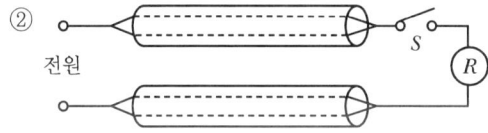
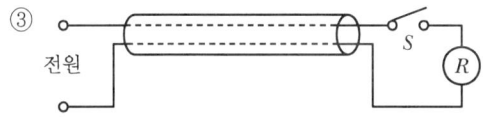
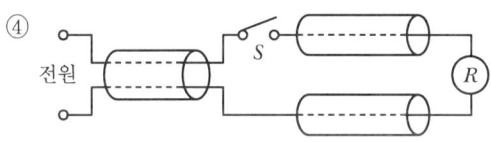

해설
교류회로는 1회로의 전선 모두를 동일 관내에 넣는 것을 원칙으로 한다.

57 단로기에 대한 설명으로 옳지 않은 것은?

① 소호장치가 있어서 아크를 소멸시킨다.
② 회로를 분리하거나, 계통의 접속을 바꿀 때 사용한다.
③ 고장전류는 물론 부하전류의 개폐에도 사용할 수 없다.
④ 배전용의 단로기는 보통 접속을 끊은 후 바로 개폐한다.

해설
단로기의 특징
• 무부하 변압기의 여자전류, 무부하 시 충전전류 등의 미약한 전류는 개폐 가능
• 소호 및 아크 소멸 능력이 없으므로 고장전류, 부하전류 차단 불가능

58 보호를 요하는 회로의 전류가 어떤 일정한 값(정정값) 이상으로 흘렀을 때 동작하는 계전기는?

① 과전압계전기 ② 차동계전기
③ 과전류계전기 ④ 비율차동계전기

해설
• OCR(과전류계전기) : 일정값 이상의 전류가 흘렀을 때 동작
• OVR(과전압계전기) : 일정값 이상의 전압이 걸렸을 때 동작

59 UPS 시스템을 설명한 것으로 옳은 것은?

① 상시 전원 공급장치
② 예비용 직류 전원장치
③ 가변 주파수 전원장치
④ 무정전 전원장치

해설
UPS(Uninterruptible Power Supply)는 무정전 전원 공급장치로 선로의 정전이나 입력 전원에 이상 상태가 발생하였을 경우에도 정상적으로 전력을 부하 측에 공급하는 설비이다.

60 한국전기설비규정에 따라 전시회 및 공연장 등의 장소에서 비상 조명을 제외한 조명용 분기회로 및 정격 32[A] 이하의 콘센트용 분기회로를 누전차단기로 보호하고자 할 때 누전차단기의 정격 감도 전류는 몇 [mA] 이하이어야 하는가?

① 15 ② 20 ③ 30 ④ 50

해설
비상 조명을 제외한 조명용 분기회로 및 정격 32[A] 이하의 콘센트용 분기회로에 시설하는 누전차단기는 정격감도전류가 30[mA] 이하이어야 한다.

정답 55 ① 56 ③ 57 ① 58 ③ 59 ④ 60 ③

2022년 3회 시행 과년도 기출문제

01 어드미턴스의 실수부인 것은?

① 컨덕턴스 ② 임피던스
③ 서셉턴스 ④ 리액턴스

해설
어드미턴스 $Y = G \pm jB$의 형태
- 실수부 : 컨덕턴스(G)
- 허수부 : 서셉턴스(B)

02 무한히 긴 두 도선이 1[m]의 간격을 두고 서로 흡인력 또는 반발력의 힘이 2×10^{-7}[N]으로 작용하고 있을 때 도선에 흐르는 전류의 값은?(단, 두 도선의 전류값은 같다.)

① 1 ② 2 ③ $\sqrt{2}$ ④ 3

해설
평행한 두 도선 간에 작용하는 힘
$F = \dfrac{2I_1 I_2}{d} \times 10^{-7}$에 대입 시 $I^2 = 1$이므로 $I = 1$

03 평행한 두 도선이 20[cm]의 간격을 두고 두 도선에 같은 방향의 전류가 100[A]씩 흘렀다면 이 두 도선 간에 작용하는 전자력[N/m]의 크기는?

① 0.1 ② 0.01 ③ 1 ④ 10

해설
평행한 두 도선 간에 작용하는 힘
$F = \dfrac{2I_1 I_2}{d} \times 10^{-7} = \dfrac{2 \times 100 \times 100}{0.2} \times 10^{-7} = 0.01$

04 공심 솔레노이드의 내부자기장의 세기가 500[AT/m]일 때 자속밀도[Wb/m²]는?

① $2\pi \times 10^{-4}$ ② 2×10^{-4}
③ $2\pi \times 10^{-5}$ ④ 2×10^{-5}

해설
자속밀도 $B = \dfrac{\phi}{S} = \dfrac{m}{S} = \dfrac{m}{4\pi r^2} = \mu H$[Wb/m²]이므로
$B = \mu H = \mu_0 H = 4\pi \times 10^{-7} \times 500 = 2\pi \times 10^{-4}$[Wb/m²]

05 100[V]의 전압에 평균전력이 100[W] 전구 5개, 60[W] 전구 4개, 20[W] 전구 3개, 1[kW] 전구 1개를 직렬로 연결하였을 때 전 전류는?

① 9 ② 12 ③ 15 ④ 18

해설
100[W] 5개, 60[W] 4개, 20[W] 3개, 1[kW] 1개를 직렬 연결이라 했으므로 총전구의 평균전력은 1,800[W](평균전력=소비전력=실수부전력)
전 전류를 구하려면 $P = VI$[W], $I = \dfrac{P}{V} = \dfrac{1,800}{100} = 18$[A]

06 Δ 결선에서 선전류와 상전류의 위상차는?

① $\dfrac{\pi}{3}$ ② $\dfrac{\pi}{2}$ ③ $\dfrac{\pi}{4}$ ④ $\dfrac{\pi}{6}$

해설
Δ결선에서 $I_\ell = \sqrt{3} I_p \angle -30°$ 선전류가 상전류보다 30° 뒤쳐진다.
$30° = \dfrac{\pi}{6}$

07 200[V]의 3상 3선식 회로에 $R = 4$[Ω], $X_L = 3$[Ω]의 부하 3조를 Y결선했을 때 부하전류는?

① 11.5 ② 23.1 ③ 28.6 ④ 10

해설
부하전류=선전류
Y결선 선전류 $I_l = \dfrac{V_l}{\sqrt{3} Z} = \dfrac{200}{\sqrt{3} \times \sqrt{4^2 + 3^2}} = 23.09$[A]

정답 01 ① 02 ① 03 ② 04 ① 05 ④ 06 ④ 07 ②

08 옴의 법칙으로 옳은 것은?

① 전압은 전류와 비례하며 저항과 반비례한다.
② 전압은 저항과 비례하며 전류와 반비례한다.
③ 전압은 저항과 전류의 곱과 비례한다.
④ 전압은 저항과 전류의 곱의 역수와 비례한다.

해설
옴의 법칙
$I = \dfrac{V}{R}$, $V = IR$, $R = \dfrac{V}{I}$ 에서
$V = IR$이므로 전류와 저항곱에 비례

09 1[Ah]는 몇 [C]인가?

① 1,200　② 2,400
③ 3,600　④ 4,800

해설
$Q = It$[C]이므로 1[Ah] = 1[A] × 3,600[sec] = 3,600[C]

10 지름이 2.6[mm], 길이가 1,000[m], 고유저항이 1.69×10^{-8}[Ωm]일 때 저항 R의 값은?

① 2.52　② 3.18
③ 0.68　④ 4.17

해설
저항 $R = \rho \dfrac{l}{S} = \rho \dfrac{l}{\pi r^2} = \rho \dfrac{l}{\pi \left(\dfrac{D}{2}\right)^2}$[Ω]

$1.69 \times 10^{-8} \times \dfrac{1,000}{\pi \left(\dfrac{2.6 \times 10^{-3}}{2}\right)^2} = 3.183$

11 황산구리 용액에 10[A]의 전류를 60분간 흘린 경우 이때에 석출되는 구리의 양은?(단, 구리의 전기화학당량은 0.3293×10^{-3}[g/c]이다.)

① 1.97　② 5.93　③ 7.82　④ 11.86

해설
$W = KQ = KIt = 0.3293 \times 10^{-3} \times 10 \times 3,600 = 11.8548$[g]

12 공기 중에 1[Wb]의 자극에서 나오는 자력선의 수는?

① 6.33×10^4　② 7.958×10^5
③ 8.855×10^3　④ 1.256×10^6

해설
$N = \dfrac{m}{\mu_0} = \dfrac{1}{4\pi \times 10^{-7}} = 795,774.7155 = 7.958 \times 10^5$[개]

13 3상 전력을 측정할 때, 2개의 전력계 지시값이 P_1, P_2라고 한다면 3상 전력[W]은 어떻게 표현되는가?

① $P_1 - P_2$　② $(\sqrt{3}(P_1 - P_2))$
③ $P_1 + P_2$　④ $3(P_1 + P_2)$

해설
2전력계법
- 유효전력 : $P = P_1 + P_2$[W]
- 무효전력 : $P_r = \sqrt{3}(P_1 - P_2)$[Var]
- 피상전력 : $P_a = 2\sqrt{P_1^2 + P_2^2 - P_1 P_2}$[VA]

14 단면적 S=10[cm²], 투자율 μ=1,000, 자속 $\phi = 5 \times 10^{-6}$일 때 자속밀도[Wb/m²]는?

① 3×10^{-4}　② 4×10^{-5}
③ 5×10^{-3}　④ 6×10^{-2}

해설
자속밀도 $B = \dfrac{\phi}{S} = \dfrac{m}{S} = \dfrac{m}{4\pi r^2} = \mu H$[Wb/m²]이므로

$B = \dfrac{\phi}{S} = \dfrac{5 \times 10^{-6}}{10 \times 10^{-4}} = 5 \times 10^{-3}$[Wb/m²]

15 전위의 단위로 틀린 것은?

① Nm/C　② J/C
③ V　④ V/m

해설
$V = \dfrac{W}{Q}$[J/C = Nm/C = V]　※ [V/m]는 전계의 단위

정답 08 ③　09 ③　10 ②　11 ④　12 ②　13 ③　14 ③　15 ④

16 자기저항의 단위로 옳은 것은?

① AT/Wb ② AT/m
③ Wb/m² ④ Wb/AT

해설

자기저항 $R_m = \dfrac{F}{\phi}$[AT/Wb]

17 동일한 용량의 콘덴서 2개를 병렬로 접속하였을 때의 합성 정전용량은 직렬로 접속하였을 때의 합성 정전용량의 몇 배인가?

① 2 ② $\dfrac{1}{2}$ ③ 4 ④ $\dfrac{1}{4}$

해설

- 크기가 같은 정전용량 2개 병렬접속 시 합성 정전용량
  $C_1 = nC = 2C$
- 크기가 같은 정전용량 2개 직렬접속 시 합성 정전용량
  $C_2 = \dfrac{C}{n} = \dfrac{C}{2}$

$C_1 = C_2 \times x, \; x = 4$

18 각각 대응되는 것으로 틀린 것은?

① 기전력 - 자기장의 세기
② 전계 - 자계
③ 전위 - 자위
④ 유전율 - 투자율

해설

- 기전력 : 전류를 흐르게 하는 근원
- 기자력 : 자속을 흐르게 하는 근원

19 자속밀도 $B=0.2$[Wb/m²]의 자장 내에 길이 2[m], 폭 1[m] 권수 5회의 구형 코일이 자장과 30°의 각도로 놓일 때 코일이 받는 회전력은?(단, 이 코일에 흐르는 전류는 2[A]이다.)

① $\sqrt{\dfrac{3}{2}}$[N·m] ② $\dfrac{\sqrt{3}}{2}$[N·m]
③ $2\sqrt{3}$[N·m] ④ $\sqrt{3}$[N·m]

해설

구형 코일에 의한 회전력
$T = BSNI\cos\theta = BabNI\cos\theta$
$= 0.2 \times 2 \times 1 \times 5 \times 2 \times \cos 30° = 2\sqrt{3}$

20 진공 상태 시 비유전율의 크기는?

① 1 ② 6.33×10^4
③ 9×10^9 ④ 8.85×10^{-12}

해설

진공(공기, 자유공간) 상태의 비유전율 $\varepsilon_s = 1$

21 직류기에서 와류손을 감소시키기 위한 대책은?

① 보상권선을 설치한다.
② 규소강판을 성층철심한다.
③ 균압선을 사용한다.
④ 보극을 설치한다.

해설

철손=히스테리시스손과 와류손이다. 이때 와류손은 $P_e = (B_m t f)^2$[W]으로 두께의 제곱에 비례하기 때문에 성층철심을 하면 감소하게 된다.

22 동기발전기에서 무부하 단자전압보다 전기자전류가 $\pi/2$[rad]만큼 앞섰다고 한다. 이때 전기자 반작용은?

① 증자작용 ② 감자작용
③ 교차자화작용 ④ 포화작용

해설

- 동기발전기에서 전압보다 전류가 앞섰을 때(증자작용)
- 동기발전기에서 전압보다 전류가 뒤졌을 때(감자작용)

23 13,200/220 변압기의 전등부하에서 120[A]의 부하전류가 흘렀다고 한다. 이때 1차 전류는?

① 60 ② 30 ③ 10 ④ 2

정답 16 ① 17 ③ 18 ① 19 ③ 20 ① 21 ② 22 ① 23 ④

해설

권수비 $a = \dfrac{I_2}{I_1}$ 에서 $I_1 = \dfrac{I_2}{a}$ 이므로

$I_1 = \dfrac{120}{60} = 2[A]$

$a = \dfrac{13,200}{220} = 60$

전등부하에서 120[A] 전류는 부하 측의 전류이기에 2차 전류라고 볼 수 있다.

24 60[Hz]용 유도전동기에서 전원 측에 50[Hz]를 인가하였을 때 유도전동기의 회전속도는?

① 1.2배 증가 ② 1.2배 감소
③ 0.83배 증가 ④ 0.83배 감소

해설

회전자기장속도(동기속도)
- $N_s = \dfrac{120f}{P}[rpm]$ 으로 $N_s \propto f$ 주파수와 비례한다.
- $f = \dfrac{50}{60} = 0.83$배만큼 감소한다.

25 3상 전파 정류회로에서 출력전압의 평균값은?(단, E는 실효값이다.)

① 1.35E ② 1.17E
③ 0.9E ④ 0.45E

해설

3상 전파 직류평균전압
$E_d = 1.35E[V]$

26 직류전동기의 규약효율은 무엇인가?

① $\eta_m = \dfrac{출력}{출력+손실} \times 100$

② $\eta_m = \dfrac{입력}{입력+손실} \times 100$

③ $\eta_m = \dfrac{입력-손실}{입력} \times 100$

④ $\eta_m = \dfrac{입력}{입력-손실} \times 100$

해설

- 직류전동기의 규약효율 $\eta_m = \dfrac{입력-손실}{입력} \times 100$
- 직류발전기의 규약효율 $\eta_g = \dfrac{출력}{출력+손실} \times 100$

27 동기발전기를 병렬운전 중에 기전력의 위상차가 발생되었다. 그때 흐르는 전류는?

① 무효횡류 ② 여자전류
③ 유효횡류 ④ 고조파 순환 전류

해설

병렬운전 조건
- 기전력의 크기가 같을 것 ≠ 무효순환전류(무효횡류)
- 기전력의 위상이 같을 것 ≠ 유효순환전류(유효횡류) = 동기화전류
- 기전력의 주파수가 같을 것 ≠ 난조 발생
- 기전력의 파형이 같을 것 ≠ 고조파 순환 전류
- 상회전방향이 같을 것

28 변압기를 보호하는 부흐홀츠 계전기는 보통 어디에 설치하는가?

① 변압기 탱크 내부
② 컨서베이터 내부
③ 변압기 주 탱크와 컨서베이터 사이
④ 변압기 고압 측 부싱

해설

부흐홀츠 계전기
변압기 내부 고장 시 온도 상승에 의한 유증기를 검출하여 변압기를 보호하기 위함으로 주로 변압기 주 탱크와 컨서베이터 사이에 설치한다.

29 단상 유도전동기에서 역회전이 불가한 전동기는?

① 셰이딩 코일형 ② 콘덴서 기동형
③ 분상 기동형 ④ 반발 유도형

해설

셰이딩 코일형은 한쪽 방향으로만 토크가 발생하여 역회전이 불가능하다.

정답 24 ④ 25 ① 26 ③ 27 ③ 28 ③ 29 ①

30 자기소호기능이 있는 반도체 소자는?

① SCR ② TRIAC
③ GTO ④ Diode

해설
GTO(Gate Turn-Off thyristor)는 게이트에 역방향의 전류를 흐르게 하는 것으로 턴 오프할 수 있는 기능을 가진 사이리스터이다.

31 직류 분권 전동기에서 계자회로의 저항을 증가시켰을 경우 회전속도는 어떻게 되는가?

① 증가한다. ② 감소한다.
③ 일정하다. ④ 무관하다.

해설
계자회로의 저항을 증가시키면 계자회로에 흐르는 계자전류가 작아지며 계자전류는 자속과 비례관계를 갖고 있기 때문에 자속이 감소하게 된다.

직류전동기 속도 $N = K\dfrac{V-I_aR_a}{\phi}$[rpm]에서 $N \propto \dfrac{1}{\phi}$ 속도와 자속은 반비례 관계이기 때문에 회전속도는 증가한다.

32 병렬운전 중인 두 동기발전기의 유도기전력이 2,000[V], 위상차 60°, 동기 리액턴스 100[Ω]이다. 유효순환전류[A]는?

① 5 ② 10 ③ 20 ④ 25

해설
유효순환전류(유효횡류)
$I_C = \dfrac{2E}{2Z_S}\sin\dfrac{\theta}{2} = \dfrac{2\times 2,000}{2\times 100}\sin\dfrac{60}{2} = 10$[A]

33 1차 권선수 3,300회, 2차 권선수 330회 인 변압기의 변압비는?

① 0.1 ② 0.5 ③ 10 ④ 15

해설
권수비(변압비)
$a = \dfrac{N_1}{N_2} = \dfrac{3,300}{330} = 10$

34 동기발전기의 병렬운전조건 중 틀린 것은?

① 기전력의 위상이 같을 것
② 기전력의 임피던스가 같을 것
③ 기전력의 크기가 같을 것
④ 기전력의 파형이 같을 것

해설
동기발전기 병렬운전조건=기전력의 크기, 위상, 주파수, 파형 및 상회전방향이 같을 것

35 변압기유의 열화방지대책이 아닌 것은?

① 질소봉입 ② 컨서베이터
③ 브리더 ④ 부싱

해설
열화방지대책
- 브리더(호흡기)
- 컨서베이터(질소봉입) ← 가장 효과적이다.
- 부흐홀츠 계전기

36 다음 그림과 같은 기동 특성을 가지는 전동기는 무엇인가?

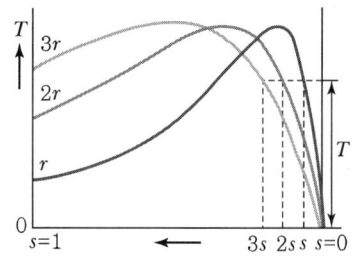

① 동기전동기
② 단상 유도전동기
③ 3상 권선형 유도전동기
④ 3상 농형 유도전동기

해설
비례추이 원리를 이용하여 기동토크 증가 및 기동전류를 감소시키는 특성을 가지는 전동기는 3상 권선형 유도전동기이다.

정답 30 ③ 31 ① 32 ② 33 ③ 34 ② 35 ④ 36 ③

37 직류 직권 전동기에서 벨트를 걸고 운전하면 안 되는 가장 큰 이유는?

① 벨트가 벗어지면 위험 속도로 도달하므로
② 손실이 많아지므로
③ 직결하지 않으면 속도 제어가 곤란하므로
④ 벨트의 마멸 보수가 곤란하므로

> **해설**
> 직류 직권 전동기는 무부하 상태가 되면 자속이 거의 0에 가까워지게 되어 회전속도가 급격히 상승하게 된다. 벨트를 걸고 운전 중 벨트가 벗어지게 되면 무부하 상태가 되어 위험속도에 도달할 수 있다.

38 변압기에서 2차 전압을 측정하였더니 100[V]였고 무부하일 때 전압은 104[V]였다. 이때 전압변동률[%]은?

① 15 ② 10 ③ 5 ④ 4

> **해설**
> 전압변동률
> $$\varepsilon = \frac{V_{20} - V_{2n}}{V_{2n}} \times 100 = \frac{104 - 100}{100} \times 100 = 4[\%]$$

39 3상 권선형 유도전동기에서 2차 저항에 직렬로 저항을 설치하는 이유는?

① 기동전류를 억제하기 위해
② 기동전류를 크게하기 위해
③ 최대토크를 증대시키기 위해
④ 기동토크를 감소시키기 위해

> **해설**
> 비례추이 원리를 이용한 목적은 기동전류 감소(억제)와 기동토크 증가 및 속도조정이다.

40 5.5[kW], 200[V] 유도전동기의 전전압 기동 시의 기동전류가 150[A]였다. 여기에 Y−Δ 기동 시 기동전류는 몇 [A]가 되는가?

① 95 ② 87 ③ 70 ④ 50

> **해설**
> Y결선으로 기동 시 기동전류가 $\frac{1}{3}$ 배로 감소하므로, 기동전류는 $150 \times \frac{1}{3} = 50[A]$ 이다.

41 설치면적과 설치비용이 많이 들지만 가장 이상적이고 효과적인 진상용 콘덴서 설치 방법은?

① 부하 측에 분산하여 설치
② 수전단 모선 측에 분산하여 설치
③ 수전단 모선에 설치
④ 가장 큰 부하 측에만 설치

> **해설**
> 이상적인 전력용 콘덴서 설치 방법은 각 부하마다 콘덴서를 설치하여 역률을 보정하는 것이지만 설치면적과 비용이 많이 든다.

42 덕트의 옥내용은 환기형과 비환기형으로 되어 있으며, 덕트의 도중에 부하를 접속하지 않는 버스 덕트의 명칭은?

① 트롤리 버스 덕트 ② 플러그인 버스 덕트
③ 슬래브 버스 덕트 ④ 피더 버스 덕트

> **해설**
> 버스 덕트의 종류
> - 피더 버스 덕트 : 도중에 부하를 접속하지 않는 덕트
> - 플러그인 버스 덕트 : 도중에 부하 접속을 할 수 있도록 플러그를 만든 덕트
> - 트롤리 버스 덕트 : 도중에 이동 부하를 접속할 수 있도록 트롤리 접촉식 구조를 가진 덕트

43 전력을 사용하는 수용가가 계약용량을 초과하여 사용하면 자동적으로 회로가 차단되는 장치는?

① 전류 제한기 ② 과전류 차단기
③ 과용량 계전기 ④ 열 계전기

> **해설**
> 월 최대 수요 전력 제어기(Demand Controller)
> 계획량보다 전력 초과 사용 시 릴레이 신호를 출력하여 회로를 차단한다. 과용량 계전기라고도 불린다.

정답 37 ① 38 ④ 39 ① 40 ④ 41 ① 42 ④ 43 ③

44 실링 직접부착등을 시설하고자 한다. 배선도에 표기할 그림기호로 옳은 것은?

① CL
② ⊢N
③ R
④ ◯

해설
② ⊢N : 나트륨등(벽부형)
③ R : 리셉터클
④ ◯ : 옥외 보안등

45 전주외등에 설치되는 기구의 시설에서 기구의 부착높이는 하단에서 지표상 몇 [m] 이상으로 하는가?(단, 설치되는 기구는 150[V]를 초과하는 고압방전등이다.)

① 4.0 ② 4.5 ③ 3.0 ④ 5.0

해설
옥측 또는 옥외의 방전등 공사
4.5[m] 이상의 높이에 시설

46 한국전기설비규정에서 정하는 무대, 오케스트라 박스 등 흥행장의 저압 옥내배선 공사의 사용 전압은 몇 [V] 이하인가?

① 200 ② 600 ③ 400 ④ 300

해설
전시회, 쇼 및 공연장의 전기설비 사용전압 무대 · 무대마루 밑 · 오케스트라 박스 · 영사실 기타 사람이나 무대 도구가 접촉할 우려가 있는 곳에 시설하는 저압 옥내배선, 전구선 또는 이동전선은 사용전압이 400[V] 이하이어야 한다.

47 한국전기설비규정에 따라 전선을 접속할 경우의 설명으로 틀린 것은?

① 전기 화학적 성질이 다른 도체를 접속하는 경우는 접속부분에 전기적 부식이 생기지 않도록 한다.
② 접속부분은 접속관 기타의 기구를 사용하여야 한다.
③ 전선의 전기저항을 증가시키지 않도록 접속하여야 한다.
④ 전선의 세기를 80[%] 이상 감소시키지 않아야 한다.

해설
전선의 접속 조건
• 접속 시 전기적 저항을 증가시키지 않는다.
• 접속 부위의 기계적 강도를 20[%] 이상 감소시키지 않는다.
• 접속점의 절연이 약화되지 않도록 테이핑 또는 와이어 커넥터로 절연한다.
• 전선의 접속은 박스 안에서 하고, 접속점에 장력이 가해지지 않도록 한다.

48 절연전선의 피복 절연물을 벗기는 공구로서 도체의 손상 없이 정확한 길이의 피복 절연물을 쉽게 처리할 수 있는 것은?

① 프레셔 툴 ② 리머
③ 클리퍼 ④ 와이어스트리퍼

해설
① 프레셔 툴 : 솔더리스커넥터 또는 솔더리스 터미널을 눌러붙임 접속 시 사용
② 리머 : 금속관을 쇠톱이나 커터로 절단 후, 관 안에 날카로운 것을 다듬는 공구
③ 클리퍼 : 22[mm²] 이상의 굵은 전선을 절단할 때 사용
④ 와이어스트리퍼 : 절연 전선의 피복을 벗기는 공구

49 플라스틱 전력 케이블의 대표격으로, 저압에서 특고압에 이르기까지 널리 사용되며 약칭으로 CV케이블이라고 하는 것의 명칭은?

① 0.6/1[kV] 폴리에틸렌 절연 비닐 외장 케이블
② 0.6/1[kV] 비닐 절연 비닐 외장 케이블
③ 0.6/1[kV] 가교 폴리에틸렌 절연 비닐 외장 케이블
④ 0.6/1[kV] 내열전선

해설
• CV케이블 : 0.6/1[kV] 가교 폴리에틸렌 절연 비닐 외장 케이블
• EV케이블 : 0.6/1[kV] 폴리에틸렌 절연 비닐 외장 케이블
• VV케이블 : 0.6/1[kV] 비닐 절연 비닐 외장 케이블

정답 44 ① 45 ② 46 ③ 47 ④ 48 ④ 49 ③

50 보호를 요하는 회로의 전류가 어떤 일정한 값(정정값) 이상으로 흘렀을 때 동작하는 계전기는?

① 과전압계전기 ② 과전류계전기
③ 비율차동계전기 ④ 차동계전기

해설
- OCR(과전류계전기) : 일정 값 이상의 전류가 흘렀을 때 동작
- OVR(과전압계전기) : 일정값 이상의 전압이 걸렸을 때 동작

51 전선의 구비 조건에 포함되지 않는 것은?

① 도전율이 높을 것 ② 기계적 강도가 클 것
③ 내구성이 있을 것 ④ 비중이 클 것

해설
전선의 구비 조건
- 도전율이 크고 고유저항이 작을 것
- 기계적 강도가 클 것
- 내구성이 크고 비중이 작을 것
- 시공 및 접속이 쉬울 것
- 가요성 및 내식성이 클 것

52 한국전기설비규정에서 정하는 특고압 옥내배선과 저압 옥내전선 사이의 간격은 몇 [m] 이상이어야 하는가?(단, 상호 간에 견고한 내화성 격벽이 없는 경우이다.)

① 0.6 ② 0.5 ③ 0.4 ④ 0.3

해설
특고압 옥내 전기설비의 시설
특고압 옥내배선과 저압 옥내전선 관등회로의 배선 또는 고압 옥내전선 사이의 간격은 0.6[m] 이상일 것. 다만, 상호 간에 견고한 내화성의 격벽을 시설할 경우에는 그러하지 아니한다.

53 전선의 굵기를 측정하는 것은?

① 파이어포트 ② 와이어 게이지
③ 스패너 ④ 프레셔 툴

해설
와이어 게이지 : 전선의 굵기 측정

54 논이나 기타 지반이 약한 곳에 건주 공사 시 전주의 넘어짐을 방지하기 위해 견고한 무엇을 시설하여야 하는가?

① 전주버팀대 ② 지지선
③ 완금 ④ 밴드

해설
논이나 기타 지반이 약한 곳에 건주 공사 시에는 전주버팀대를 시설하여야 한다.

55 다음 ( ) 안에 들어갈 내용으로 옳은 것은?

> 사람의 접촉 우려가 있는 합성 수지몰드는 홈의 폭 및 깊이가 (㉠)[mm] 이하로 두께는 (㉡)[mm] 이상의 것이어야 한다.

① ㉠ 50, ㉡ 2 ② ㉠ 35, ㉡ 2
③ ㉠ 50, ㉡ 1 ④ ㉠ 35, ㉡ 1

해설
합성수지몰드는 홈의 폭 및 깊이가 35[mm] 이하, 두께는 2[mm] 이상의 것일 것. 다만, 사람이 쉽게 접촉할 우려가 없도록 시설하는 경우에는 폭이 50[mm] 이하, 두께 1[mm] 이상의 것을 사용할 수 있다.

56 화학류 저장소 안에 백열전등이나 형광등 또는 이에 전기를 공급하기 위한 전기설비에 한하여 전로의 대지전압은 몇 [V] 이하의 것을 사용하는가?

① 200 ② 300 ③ 400 ④ 100

해설
화학류 저장소에서 전기설비의 시설
- 전로의 대지전압은 300[V] 이하로 한다.
- 전기기계기구는 전폐형으로 한다.
- 전용 개폐기 또는 과전류차단기에서 화약류 저장소의 인입구까지는 케이블을 사용하여 지중전로로 한다.

57 한국전기설비규정에서 정하는 저압 가공인입선은 지름 몇 [mm] 이상의 인입용 비닐절연전선을 사용하는가?(단, 경간이 15[m] 초과인 경우이다.)

① 1.6 ② 2.0 ③ 3.0 ④ 2.6

정답 50 ② 51 ④ 52 ① 53 ② 54 ① 55 ② 56 ② 57 ④

해설
저압 가공인입선은 2.6[mm] 이상의 경동선 또는 이와 동등 이상의 세기 및 굵기의 것을 시설하여야 한다(단, 인입선의 길이가 15[m] 이하의 경우에는 2.0[mm] 이상의 것을 사용할 수 있다).

58 한국전기설비규정에 따라 교통신호등의 전구에 접속하는 인하선을 지지물을 따라 시설하는 경우 전선의 지표상 높이는 몇 [m] 이상인가?(단, 금속관 또는 케이블 공사에 의하여 시설하는 경우는 제외한다.)

① 3.45   ② 4.0   ③ 1.8   ④ 2.5

해설
교통신호등 인하선은 지표상 높이는 2.5[m] 이상일 것. 회로의 도로상 높이는 6[m] 이상이어야 한다.

59 가공전선로의 지지물 중 지지선을 시설하지 않는 것은?

① 철탑   ② 철주
③ 철근콘크리트주   ④ 목주

해설
가공전선로의 지지물로 사용하는 철탑은 지지선을 사용하여 그 강도를 분담시켜서는 안 된다.

60 금속관 공사에서 사용되는 후강전선관의 규격이 아닌 것은?

① 50   ② 28   ③ 36   ④ 16

해설
후강전선관의 규격[mm]
16, 22, 28, 36, 42, 54, 70, 82, 92, 104

정답 58 ④   59 ①   60 ①

2022년 4회 시행 과년도 기출문제

01 자기회로의 길이 l[m], 단면적 A[m²], 투자율 μ[H/m]일 때 자기저항 R[AT/Wb]을 나타낸 것은?

① $R = \dfrac{l}{\mu A}$ ② $R = \dfrac{\mu l}{A}$

③ $R = \dfrac{\mu A}{l}$ ④ $R = \dfrac{A}{\mu l}$

해설

자기저항 $R = \dfrac{l}{\mu A} = \dfrac{NI}{\phi}$[AT/Wb]

02 물질에 따라서 자석에 전혀 무반응인 물질은?

① 강자성체 ② 비자성체
③ 반자성체 ④ 상자성체

해설

- 자성체 : 자화되는 물질
- 비자성체 : 자화되지 않는 물질

03 자기 히스테리시스 곡선의 횡축과 종축이 나타내는 것은?

① 투자율과 자속밀도
② 자기장의 세기와 자속밀도
③ 자기장의 세기와 보자력
④ 투자율과 잔류자기

해설

- 횡축이 나타내는 것 : 자기장의 세기
- 횡축과 만나는 점 : 보자력
- 종축이 나타내는 것 : 자속밀도
- 종축과 만나는 점 : 잔류자기

04 200[V], 100[W] 전구와 200[V], 200[W]의 전구를 직렬로 접속하고 여기에 200[V]의 전압을 가하면 어떻게 되는가?

① 200[W] 전구가 더 밝다.
② 100[W] 전구가 더 밝다.
③ 두 전구가 모두 안 켜진다.
④ 두 전구의 밝기가 같다.

해설

- 두 전구의 저항값은

$R_{100W} = \dfrac{200^2}{100} = 400[\Omega]$

$R_{200W} = \dfrac{200^2}{200} = 200[\Omega]$

- 직렬 접속했을 때 전체전류는

$I = \dfrac{V}{R} = \dfrac{200}{400+200} = \dfrac{1}{3}$[A]

- 각각 소비되는 전력

$P_{100W} = \left(\dfrac{1}{3}\right)^2 \times 400 = \dfrac{400}{9}$[W]

$P_{200W} = \left(\dfrac{1}{3}\right)^2 \times 200 = \dfrac{200}{9}$[W]

∴ 100[W] 전구가 200[W] 전구보다 2배 더 밝다.

05 10[V]의 전위차로 가속된 전자의 운동에너지는 몇 [J]인가?

① 1.6×10^{-17} ② 1.6×10^{-19}
③ 1.6×10^{-18} ④ 1.6×10^{-20}

해설

전자의 운동에너지
$E = eV = (1.6 \times 10^{-19}) \times 10 = 1.6 \times 10^{-18}$[J]

정답 01 ① 02 ② 03 ② 04 ② 05 ③

06 가우스의 정리를 이용하여 구하는 것은?

① 전장의 에너지   ② 전위
③ 전장의 세기   ④ 전하 간의 힘

해설

가우스의 정리

"진공 중의 전계 내에서 임의의 폐곡면을 통해서 나오는 전기력선의 총수는 그 폐곡면 내에 존재하는 전하 $Q[C]$의 $\frac{1}{\varepsilon_0}$ 배와 같다."라는 의미로 전장의 세기를 구하고자 할 때 이를 이용하면 쉽게 구할 수 있다.

07 진공 중에 놓여 있는 $2\times 10^3[C]$의 점전하로부터 1[m] 떨어진 점 A와 2[m] 떨어진 점 B에서의 전속 밀도 D_A, D_B는 각각 약 몇 $[C/m^2]$인가?

① $D_A = 16$, $D_B = 0.4$
② $D_A = 159$, $D_B = 40$
③ $D_A = 0.4$, $D_B = 16$
④ $D_A = 40$, $D_B = 159$

해설

$$D_A = \frac{Q}{4\pi r^2} = \frac{2\times 10^3}{4\pi \times 1^2} \approx 159[C/m^2]$$

$$D_B = \frac{2\times 10^3}{4\pi \times 2^2} \approx 40[C/m^2]$$

08 막대모양의 철심이 있다. 단면적 $0.25[m^2]$, 길이 31.4[cm]이며 철심의 비투자율이 100이다. 이 철심의 자기저항은 약 몇 [AT/Wb]인가?(단, μ_0는 $4\pi \times 10^{-7}[H/m]$이다.)

① 10,000   ② 2,500
③ 3,140   ④ 5,000

해설

$$R_m = \frac{l}{\mu_0 \mu_s A}$$
$$= \frac{31.4 \times 10^{-2}}{(4\pi \times 10^{-7}) \times 100 \times 0.25}$$
$$= 9994.93 \fallingdotseq 10,000[AT/Wb]$$

09 서로 다른 두 종류의 금속을 접속하고 한쪽 금속에서 다른 쪽 금속으로 전류를 흘리면 열의 발생 또는 흡수가 일어나는 현상은?

① 톰슨 효과   ② 펠티에 효과
③ 제벡 효과   ④ 핀치 효과

해설

① 톰슨 효과 : 같은 도체를 접합하여 폐회로를 만들고, 두 접합점 사이의 온도차로 인해 열기전력이 생겨 전기가 흐르는 현상이다.
② 펠티에 효과 : 서로 다른 두 종류의 금속을 접속하고 한쪽 금속에서 다른 쪽 금속으로 전류를 흘리면 열의 발생 또는 흡수가 일어나는 현상으로 흡열에는 전자 냉각기, 발열에는 전자 온풍기 등이 있다.
③ 제벡 효과 : 두 종류의 금속을 접속하고, 두 접속점에 온도차를 주면 기전력이 생겨 전류가 흐르게 된다. 이 기전력을 열기전력, 전류를 열전류, 이런 장치를 열전대(쌍), 이와 같은 효과를 제벡 효과(Seebeck-effect, 열전 효과)라 한다.
④ 핀치 효과 : 액체도체에 전류를 흘리면 전류와 수직방향으로 원형 자계가 생긴다.

10 패러데이관은 단위 전위차마다 몇 [J]의 에너지를 저장하고 있는가?

① ED ② $\frac{1}{2}ED$
③ 1 ④ $\frac{1}{2}$

해설

단위 전위차당 패러데이관의 보유 에너지는 $\frac{1}{2}[J]$이다.

11 반지름 10[cm], 권수 100회인 원형 코일에 15[A]의 전류가 흐르면 코일 중심의 자장의 세기는 몇 [AT/m]인가?

① 750   ② 3,000
③ 5,000   ④ 7,500

해설

원형 코일 중심의 자장의 세기

$$H = \frac{NI}{2r} = \frac{100 \times 15}{2 \times (10 \times 10^{-2})} = 7,500[AT/m]$$

12 평형 3상 회로에서 1상의 소비전력이 P[W]라면, 3상 회로의 전체 소비전력 [W]은?

① $\sqrt{2}\,P$ ② $3P$ ③ $2P$ ④ $\sqrt{3}\,P$

해설
- 1상의 소비전력 : $P = V_p I_p$
- 3상의 소비전력 : $P_{3\phi} = \sqrt{3}\,V_l I_l = 3V_p I_p = 3P$[W]

13 어드미턴스의 실수부가 나타내는 것은?

① 컨덕턴스   ② 임피던스
③ 리액턴스   ④ 서셉턴스

해설
- 어드미턴스의 실수부는 컨덕턴스, 허수부는 서셉턴스이다.
- 임피던스의 실수부는 저항, 허수부는 리액턴스이다.

14 100회 감은 코일에 0.5[A]의 전류가 0.1초 동안에 0.3[A]로 감소하였을 때 유도기전력이 2×10^{-4}[V]였다면 이 코일의 자체 인덕턴스는 몇 [μH]인가?

① 200   ② 50   ③ 300   ④ 100

해설
유도기전력 $e = -L\dfrac{di}{dt}$[V]에서

$L = -e\dfrac{dt}{di} = -(2 \times 10^{-4}) \times \dfrac{0.1}{0.3 - 0.5}$
$= 1 \times 10^{-4} = 100[\mu H]$

단, L은 "−"가 될 수 없다.

15 자기 인덕턴스가 같은 L_1[H], L_2[H]인 두 원통 코일이 서로 직교하고 있다. 두 코일 간의 상호 인덕턴스는 어떻게 되는가?

① 0   ② $\sqrt{L_1 L_2}$
③ $L_1 + L_2$ ④ $L_1 L_2$

해설
두 원통 코일이 서로 직교하고 있어 서로 영향을 주지 않으므로 결합계수 $k = 0$이다.
$\therefore M = k\sqrt{L_1 L_2} = 0$[H]
완전히 결합되어 있는 이상적인 변압기면 $k = 1$

16 콘덴서의 리액턴스가 1[kHz]에서 50[Ω]이었다면 50[Hz]에서는 약 몇 [Ω]인가?

① 750   ② 250
③ 1,000   ④ 500

해설
용량성 리액턴스 $X_C = \dfrac{1}{2\pi f C}$에서 리액턴스는 주파수와 반비례 관계이므로 주파수가 $\dfrac{50}{1,000}$배이므로 리액턴스는 $50 \times \dfrac{1,000}{50} = 1,000$[Ω]이다.

17 세 변의 저항 $R_a = R_b = R_c = 15$[Ω]인 Y결선 회로가 있다. 이것과 등가인 Δ결선 회로의 각 변의 저항은 몇 [Ω]인가?

① $15\sqrt{3}$ ② 45
③ 15   ④ 5

해설
평형 3상 Y회로를 Δ결선으로 변환하면 저항의 값이 3배가 된다.
$R_\Delta = 3R_Y = 3 \times 15 = 45$[Ω]

18 무효전력의 단위는?

① W   ② Wh   ③ VA   ④ Var

해설
- 유효전력 [W]   · 무효전력 [Var]
- 피상전력 [VA]   · 전력량 [Wh]

19 저항 8[Ω]과 유도 리액턴스 6[Ω]이 직렬로 접속된 회로에 200[V]의 교류 전압을 인가하는 경우 흐르는 전류[A]와 역률[%]은?

① 20[A], 60[%]   ② 10[A], 80[%]
③ 10[A], 60[%]   ④ 20[A], 80[%]

해설
- 전류 $I = \dfrac{V}{Z} = \dfrac{V}{\sqrt{R^2 + X^2}} = \dfrac{200}{\sqrt{8^2 + 6^2}} = 20$[A]
- 역률 $\cos\theta = \dfrac{R}{Z} = \dfrac{8}{\sqrt{8^2 + 6^2}} = 0.8 = 80$[%]

정답 12 ② 13 ① 14 ④ 15 ① 16 ③ 17 ② 18 ④ 19 ④

20 무한히 긴 2개의 왕복 도선을 진공 중(또는 공기 중)에 1[m]의 간격을 유지하고 전류를 흐르게 하여 전선 1[m]당 2×10^{-7}[N]의 반발력이 될 때 전류값은 몇 [A]인가?

① 1 ② 0.5 ③ 2 ④ 5

해설
진공(공기) 중에서 평형 왕복 도선 사이의 힘
$F = \dfrac{2I^2}{r} \times 10^{-7}$[N]이므로
$I = \sqrt{\dfrac{Fr}{2 \times 10^{-7}}} = \sqrt{\dfrac{(2 \times 10^{-7}) \times 1}{2 \times 10^{-7}}} = 1$[A]

21 정격 용량 100[kVA]의 단상 변압기 2대를 이용하여 V-V결선으로 3상 전원 공급을 하는 경우에 최대로 걸 수 있는 부하의 용량은 약 몇 [kVA]인가?

① 200 ② 173.2
③ 57.7 ④ 86.8

해설
V결선 시 출력 $P_V = \sqrt{3} P_1$이므로
$P_V = \sqrt{3} \times 100 = 173.2$[kVA]
P_1 : 단상 변압기 1대 용량[kVA]

22 직류 직권전동기의 회전수가 1/3로 감소하면 토크는 어떻게 되는가?

① 3배 증가 ② 1/3로 감소
③ 9배 증가 ④ 1/9로 감소

해설
직류 직권전동기 토크 $T \propto I_a^2 \propto \dfrac{1}{N^2}$에서 $T' = \dfrac{1}{\left(\dfrac{1}{3}\right)^2} = 9T$
이므로 9배 증가한다.

23 동기와트 P_2, 출력 P_0, 슬립 S, 동기속도 Ns, 회전속도 N, 2차 동손 P_{2c}일 때 2차 효율 표기로 틀린 것은?

① $\dfrac{N}{Ns}$ ② $\dfrac{P_{2c}}{P_2}$
③ $\dfrac{P_0}{P_2}$ ④ $1-s$

해설
η_2(2차 효율) $= \dfrac{P_0(출력)}{P_2(동기와트)} = (1-s) = \dfrac{N}{N_s}$
$\dfrac{P_{c2}}{P_2}$는 S(슬립)을 나타낸다.

24 부흐홀츠 계전기로 보호되는 기기는?

① 직류발전기 ② 유도전동기
③ 교류발전기 ④ 변압기

해설
부흐홀츠 계전기는 변압기 내 유증기를 검출해서 경보 또는 차단 역할을 하여 변압기를 보호한다.

25 직류전동기에서 전부하 속도가 1,200[rpm], 속도변동률이 2[%]일 때 무부하 회전속도는 약 몇 [rpm]인가?

① 1,236 ② 1,224
③ 1,176 ④ 1,164

해설
ε(속도변동률)
$= \dfrac{N_0(무부하\ 회전속도) - N(전부하\ 속도)}{N(전부하\ 속도)} \times 100$[%]
무부하 회전속도 $N_0 = (1+\varepsilon)N$에서
$= 1,200 \times (1+0.02) = 1,224$[rpm]

26 4극의 3상 유도전동기가 60[Hz]의 전원에 접속되어 4[%]의 슬립으로 회전할 때 회전수[rpm]는?

① 1,800 ② 1,900
③ 1,728 ④ 1,828

해설
$s = \dfrac{N_S - N}{N_S} \times 100$[%]에서 회전수 $N = (1-s)N_S$로 나타낼 수 있다.

정답 20 ① 21 ② 22 ③ 23 ② 24 ④ 25 ② 26 ③

동기속도 $N_S = \dfrac{120f}{P}$[rpm]이므로 $\dfrac{120 \times 60}{4} = 1,800$[rpm]

회전수 $N = (1-0.04) \times 1,800 = 1,728$[rpm]

27 동기발전기를 계통에 접속하여 병렬운전하는 조건으로 같지 않아도 되는 것은?

① 위상 ② 전압
③ 전류 ④ 주파수

해설

동기발전기 병렬운전 조건
- 기전력의 크기(전압)가 같을 것 ≠ 무효순환전류(무효횡류)
- 기전력의 위상이 같을 것 ≠ 유효순환전류(유효횡류) = 동기화전류
- 기전력의 주파수가 같을 것 ≠ 난조 발생
- 기전력의 파형이 같을 것 ≠ 고조파 순환 전류
- 상회전방향이 같을 것

28 유도전동기의 속도제어에 사용되는 인버터 장치의 약호는?

① VVCF ② VVVF
③ CVCF ④ CVVF

해설

VVVF(Variable Voltage Variable Frequency) 방식은 가변 전압, 가변 주파수 제어로 유도전동기의 동기속도를 조정하여 속도를 제어하는 방식이다.

29 동기기의 손실에서 고정손에 해당하는 것은?

① 계자 권선의 저항손 ② 브러시의 전기손
③ 계자 철심의 철손 ④ 전기자 권선의 저항손

해설

고정손(무부하손)의 손실은 철손과 기계손이 존재하고 그중 대표적인 손실은 철손이다.

30 15[kW], 60[Hz], 4극의 3상 유도전동기가 있다. 전부하가 걸렸을 때의 슬립이 4[%]라면 이때의 2차(회전차) 측 동손은 약 몇 [kW]인가?

① 1.2 ② 0.8 ③ 1.0 ④ 0.6

해설

P_{c2}(2차 동손) $= sP_2$

P_0(출력) $= (1-s)P_2$로 나타내며

여기서 P_2(2차 입력) $= \dfrac{P_0}{1-s} = \dfrac{15}{1-0.04} = 14.96$[kW]

$P_{c2} = 14.96 \times 0.04 = 0.598 ≒ 0.6$[kW]

31 일반적으로 사용되는 SCR의 게이트는 어떤 반도체인가?

① N형 반도체 ② P형 반도체
③ PN형 반도체 ④ NP형 반도체

해설

SCR(실리콘 정류소자)은 PNPN형 반도체 소자로 4층 구조이며 게이트 단자는 P형 반도체이다.

※ Anode-P형, Gate-P형, Cathode-N형

32 동기전동기의 자기동법에서 계자권선을 단락하는 이유는?

① 기동 권선으로 이용하기 위해서
② 전기자 반작용을 방지하기 위해서
③ 고전압이 유도되어 절연파괴 우려를 방지하기 위해서
④ 기동을 쉽게 하기 위해서

해설

동기전동기의 자기기동법은 제동권선(기동권선)에서 발생하는 기동토크를 이용하여 동기전동기를 농형 유도전동기처럼 동작시켜서 기동하는 방식이다. 계자에 권선이 많아서 계자 코일이 개방된 상태로 기동하게 되면 고전압이 유도되어 계자 권선의 절연이 파괴될 우려가 있으므로 기동 시 계자 권선을 반드시 단락시킨 상태로 기동해야 한다.

33 자극 수 6, 파권, 전기자 도체의 수 400의 직류 발전기를 600[rpm]의 회전속도로 무부하 운전할 때 기전력이 120[V]이다. 이때의 1극에 대한 주자속은 몇 [Wb]인가?

① 0.01 ② 0.04
③ 0.02 ④ 0.03

정답 27 ③ 28 ② 29 ③ 30 ④ 31 ② 32 ③ 33 ①

해설

유도기전력 $E = \dfrac{PZ\phi N}{60a}$[V]에서

극당 자속 $\phi = \dfrac{E60a}{PZN} = \dfrac{120 \times 60 \times 2}{6 \times 400 \times 600} = 0.01$[Wb]

여기서, P : 극수, N : 회전수, Z : 총도체수
ϕ : 극당 자속수, a : 병렬 회로수(파권=2, 중권=P)

34 다음 중 변압기의 원리와 관계있는 것은?

① 전자 유도 작용
② 플레밍의 왼손 법칙
③ 플레밍의 오른손 법칙
④ 전기자 반작용

해설

변압기는 철심에 2개의 코일이 서로 독립된 상태이며, 철심을 통해 흐르는 자속의 변화로 기전력이 만들어지는 전자 유도 작용의 원리이다.

35 변압비 V결선의 특징으로 틀린 것은?

① 고장 시 응급처치 방법으로도 쓰인다.
② 단상변압기 2대로 3상 전력을 공급한다.
③ 변압기의 이용률이 약 86.6%로 줄어든다.
④ V결선 시 출력은 Δ결선 시 출력과 그 크기가 같다.

해설

출력비 $\dfrac{P_V}{P_\Delta} = \dfrac{\sqrt{3}}{3} \times 100 = 57.7$[%]이므로 출력의 변화가 크다.

36 AC 380[V]용 전동기와 AC 220[V]용 전동 부하를 동시에 사용하고자 할 때 가장 효과적인 변압기 결선방식은?

① 단상 2선식
② 3상 3선식
③ 단상 3선식
④ 3상 4선식

해설

3상 380[V] 및 단상 220[V]를 동시에 사용할 수 있는 결선방법은 Y결선, 즉 3상 4선식이다.

37 무부하 시 직류발전기의 단자전압을 조정하려면 다음 중 어느 저항을 가변시키는가?

① 전기자저항
② 방전저항
③ 계자저항
④ 기동저항

해설

계자저항(R_f)을 조정하면 계자전류(I_f)가 변화하고 그에 따라 자속(ϕ)의 크기도 변화하게 된다. 자속의 크기가 변하게 되면 기전력(E)의 크기도 변화하므로 단자전압(V)의 크기도 변화한다.
$R_f \uparrow \Rightarrow I_f \downarrow \Rightarrow \phi \downarrow \Rightarrow E \downarrow \Rightarrow V \downarrow$

38 동기발전기의 돌발단락 전류를 주로 제한하는 것은?

① 동기 리액턴스
② 누설 리액턴스
③ 권선저항
④ 역상 리액턴스

해설

- 단락전류 $I_S = \dfrac{E(1상의\ 기전력)}{Z_S(동기\ 임피던스)}$[A]에서 $Z_S = r_a$(전기자저항)$+jX_s$(동기 리액턴스)이고 $X_s = X_l$(누설 리액턴스)$+X_a$(전기자반작용 리액턴스)이다.
- 돌발 단락 시 전기자반작용은 발생되지 않으므로 대부분 리액턴스는 누설 리액턴스이다.
- 그래서 돌발 단락전류 $I_S = \dfrac{E}{X_l}$로 나타내며 주로 제한하는 것은 누설 리액턴스이다.

39 3상 유도전동기에서 2차 측 저항을 2배로 하면 그 최대 토크는 어떻게 되는가?

① 2배로 된다.
② $\sqrt{2}$ 배로 된다.
③ $\dfrac{1}{2}$로 감소된다.
④ 변하지 않는다.

해설

권선형 유도전동기의 2차 저항을 2배로 하면 슬립도 2배로 증가되어 기동토크가 증가된다. 그러나 최대 토크는 불변이다.

정답 34 ① 35 ④ 36 ④ 37 ③ 38 ② 39 ④

40 변압기 2차 정격전압 100[V], 무부하 전압 104[V]이면 전압변동률[%]은?

① 1   ② 2   ③ 4   ④ 6

해설

변압기 전압변동률

$$\varepsilon = \frac{V_{20}(2\text{차 무부하 시 단자전압}) - V_{2n}(2\text{차 정격전압})}{V_{2n}(2\text{차 정격전압})} \times 100[\%]$$

$$= \frac{104-100}{100} \times 100 = 4[\%]$$

41 최대사용전압이 70[kV]인 중성점 직접접지식 전로의 절연내력 시험전압은 몇 [V]인가?

① 35,000   ② 50,400
③ 42,000   ④ 44,800

해설

170[kV] 이하 중성점 직접접지식의 절연내력 시험전압은 0.72배이다.
70,000 × 0.72 = 50,400[V]

42 굵은 전선을 절단할 때 사용하는 전기공사용 공구는?

① 파이프 커터   ② 클리퍼
③ 녹아웃 펀치   ④ 프레셔 툴

해설

① 파이프 커터 : 금속관을 절단할 때 사용
② 클리퍼 : 22[mm²] 이상의 굵은 전선을 절단할 때 사용
③ 녹아웃 펀치 : 캐비닛에 구멍을 뚫을 때 사용
④ 프레셔 툴 : 솔더리스 커넥터 또는 솔더리스 터미널을 눌러붙임 접속 시 사용

43 한국전기설비규정에 따라 무대용의 플라이 덕트를 시설하는 방법으로 틀린 것은?

① 덕트의 끝부분은 환기가 될 수 있게 개방할 것
② 덕트의 안쪽 면과 외면은 녹이 슬지 않게 하기 위하여 도금 또는 도장을 한 것일 것
③ 내부배선에 사용하는 전선은 절연전선(옥외용 비닐절연전선을 제외한다) 또는 이와 동등 이상의 절연성능이 있는 것일 것
④ 덕트는 두께 0.8[mm] 이상의 철판으로 견고하게 제작한 것일 것

해설

덕트의 끝부분은 막을 것

44 한 수용장소의 인입선에서 분기하여 지지물을 거치지 아니하고 다른 수용장소의 인입구에 이르는 부분의 전선을 무엇이라 하는가?

① 가공인입선   ② 가공지선
③ 가공전선   ④ 이웃 연결인입선

해설

• 이웃 연결인입선 : 한 수용 장소의 인입구에서 분기하여 지지물을 거치지 아니하고 다른 수용 장소의 인입구에 이르는 부분의 전선
• 가공인입선 : 가공전선로의 지지물로부터 다른 지지물을 거치지 아니하고 수용장소의 붙임점에 이르는 가공전선

45 금속관 공사를 노출로 시공할 때 직각으로 구부러지는 곳에는 어떤 배선기구를 사용하는가?

① 픽스처 히키   ② 아웃렛 박스
③ 유니언 커플링   ④ 유니버설 엘보

해설

① 픽스처 히키 : 기구를 파이프로 매달 때 스탠드와 기구 파이프 사이에 취부하고 옆 구멍으로부터 전선을 파이프 속에 넣을 수 있게 되어 있음
② 아웃렛 박스 : 점멸기, 콘센트 등의 배선용 기기 등을 설치하는 금속 혹은 플라스틱 상자, 고정식 전기기구로서 배선 접속함
③ 유니언 커플링 : 금속관 상호 접속용으로 관이 고정되어 있을 때 사용
④ 유니버설 엘보 : 노출 금속관 공사에서 관을 직각으로 굽히는 곳에 사용

46 한국전기설비규정에 따라 고압 주상변압기를 시가지 외에 설치할 경우 지표상의 높이는 몇 [m] 이상인가?

① 3.5　② 4.5　③ 5.0　④ 4.0

해설

변압기 높이
- 고압 150[kVA] 이하 : 4.5[m] 이상(시가지 외 4[m])
- 특고압 300[kVA] 이하 : 5[m] 이상

47 한국전기설비규정에 따라 전선을 접속할 때의 내용으로 틀린 것은?

① 전기 화학적 성질이 다른 도체를 접속하는 경우에는 접속부분에 전기적 부식이 생기지 않도록 하여야 한다.
② 전선의 전기저항을 증가시키지 않도록 접속하여야 한다.
③ 전선의 세기를 20% 이상 감소시켜야 한다.
④ 접속부분은 접속관 기타의 기구를 사용하여야 한다.

해설

전선의 접속 조건
- 접속 시 전기적 저항을 증가시키지 않는다.
- 접속 부위의 기계적 강도를 20[%] 이상 감소시키지 않는다.
- 접속점의 절연이 약화되지 않도록 테이핑 또는 와이어 커넥터로 절연한다.
- 전선의 접속은 박스 안에서 하고, 접속점에 장력이 가해지지 않도록 한다.

48 다음과 같은 그림 기호의 명칭은?

──────────

① 바닥은폐배선　② 지중매설배선
③ 천장은폐배선　④ 노출배선

해설

배선의 기호

명칭	기호
천장은폐배선	────────
노출배선	------------
바닥은폐배선	━━━━━━━
바닥면노출배선	━ ━ ━ ━
지중매설배선	─·─·─·─

49 전선 접속 시 사용되는 슬리브(Sleeve)의 종류가 아닌 것은?

① P형　② D형　③ S형　④ E형

해설

슬리브의 종류
- 직선 막대기용 슬리브(B형)
- 종단겹침용 슬리브(E형)
- 직선겹침용 슬리브(P형)
- S형 슬리브
- 매킹타이어 슬리브

50 보호를 요하는 회로의 전류가 어떤 일정한 값(정정값) 이상으로 흘렀을 때 동작하는 계전기는?

① 과전류계전기　② 과전압계전기
③ 비율차동계전기　④ 차동계전기

해설

- OCR(과전류계전기) : 일정값 이상의 전류가 흘렀을 때 동작
- OVR(과전압계전기) : 일정값 이상의 전압이 걸렸을 때 동작

51 케이블 또는 절연도체의 내부 단면적이 금속관 단면적의 얼마를 초과하지 않도록 하는 것이 바람직한가?

① 1/5　② 1/2
③ 1/3　④ 1/4

해설

절연도체의 내부 단면적이 합성수지관, 금속관, 가요전선관 등 전선관 단면적의 1/3을 초과하지 않도록 하는 것이 바람직하다.

52 설치면적과 설치비용이 많이 들지만 가장 이상적이고 효과적인 진상용 콘덴서 설치 방법은?

① 부하 측에 분산하여 설치
② 수전단 모선 측에 분산하여 설치
③ 수전단 모선에 설치
④ 가장 큰 부하 측에만 설치

해설

이상적인 전력용 콘덴서 설치 방법은 각 부하마다 콘덴서를 설치하여 역률을 보정하는 것이지만 설치면적과 비용이 많이 든다.

정답 47 ③　48 ③　49 ②　50 ①　51 ③　52 ①

53 한국전기설비규정에 따라 가연성 먼지에 전기설비가 발화원이 되어 폭발할 우려가 있는 곳에 시설하는 저압 옥내 전기설비의 배선공사로 적절하지 않은 것은?

① 플로어덕트 공사
② 케이블 공사
③ 금속관 공사
④ 두께 2[mm] 이상의 합성수지관 공사(난연성이 없는 콤바인 덕트관 제외)

해설
가연성 먼지(소맥분, 전분, 유황, 기타 가연성의 먼지로 공중에 떠다니는 상태에서 착화하였을 때에 폭발할 우려가 있는 것을 말하며 폭연성 분진을 제외한다.)에 전기설비가 발화원이 되어 폭발할 우려가 있는 곳의 저압 옥내 배선은 합성수지관(2[mm] 이상), 금속관, 케이블공사에 의하여 시설한다.

54 전기 저항이 적어 부드러운 성질이 있고, 구부리기가 용이하여 주로 옥내배선에 사용하는 구리선의 전선은?

① 경동선
② 연동선
③ 합성연선
④ 중공연선

해설
합성연선(ACSR), 중공연선 등은 송전선로용, 경동선은 배전선로, 연동선은 옥내배선에서 사용된다.

55 주상변압기의 1차 측 개폐 및 보호장치로 사용하는 것은?

① 리클로저
② 캐치홀더
③ 컷아웃 스위치
④ 자동구분개폐기

해설
① 리클로저 : 배전 선로에서 지락 고장이나 단락 고장 사고가 발생하였을 때 고장을 검출하여 선로를 차단한 후 일정 시간이 경과하면 자동적으로 재투입 동작을 반복함으로써 순간 고장을 제거한다.
② 캐치홀더 : 주상변압기 2차 측 또는 저압 수용가에 문제가 생길 경우 전원차단을 위한 장치이다.
③ 컷아웃 스위치(COS) : 주상변압기의 1차 측에 시설하여 변압기의 단락 보호용으로 쓰인다.
④ 자동구분개폐기 : 특고압 수용가의 고장 또는 과부하 시 자동차단하여 배전선로로 고장이 파급되는 것을 방지한다.

56 네온방전등의 관등회로 배선을 애자공사로 하는 경우 전선 상호 간의 간격[mm]은?

① 40
② 60
③ 80
④ 20

해설
애자공사 시공전선의 간격
• 전선 상호 간의 거리 : 6[cm]
• 전선과 조영재와의 거리(400[V] 이하) : 2.5[cm]
• 전선과 조영재와의 거리(400[V] 초과) : 4.5[cm](건조한 곳은 2.5[cm] 이상)

57 금속관 끝에 나사를 내는 공구는?

① 스패너
② 오스터
③ 리머
④ 파이프 커터

해설
오스터는 금속관에 나사내기를 할 때 사용한다.

58 다음 변압기 중성점 접지 저항값을 구하는 식에서 k는?(단, I_g는 변압기의 고압 또는 특고압 측 전로의 1선 지락전류이고, 전로를 자동 차단하는 장치가 없는 경우이다.)

$$접지\ 저항 = \frac{k}{I_g}[\Omega]$$

① 600 ② 100 ③ 300 ④ 150

해설
변압기 중성점 접지
• 특별한 보호장치가 없는 경우
$R = \frac{150}{I_g}$
• 혼촉 시 보호장치 동작이 1초를 넘고 2초 이내인 경우
$R = \frac{300}{I_g}$
• 혼촉 시 보호장치 동작이 1초 이내인 경우
$R = \frac{600}{I_g}$

정답 53 ① 54 ② 55 ③ 56 ② 57 ② 58 ④

59 전선 약호 중 "H"는?

① 연동선 ② 경동선
③ 전열기 절연전선 ④ 내열용 절연전선

[해설]
- H : 경동선
- A : 연동선

60 금속관 공사 시 박스나 캐비닛의 녹아웃의 지름이 금속관의 지름보다 클 때 사용되는 접속기구는?

① 로크너트 ② 부싱
③ 스프링 와셔 ④ 링 리듀서

[해설]
① 로크너트 : 금속관과 박스를 잘 죄기 위하여 사용
② 부싱 : 전선의 절연 피복을 보호하기 위하여 금속관 끝에 취부하여 사용
③ 스프링 와셔 : 진동이 있는 단자에 전선을 접속할 때 스프링 와셔 또는 이중(더블)너트를 사용하여 접속
④ 링 리듀셔 : 아웃렛 박스의 녹아웃의 지름이 관 지름보다 클 때 사용

정답 59 ② 60 ④

2023년 1회 시행 과년도 기출문제

01 세 변의 저항 $R_a = R_b = R_c = 15[\Omega]$인 Y결선 회로가 있다. 이것과 등가인 Δ결선 회로의 각 변의 저항은 몇 [Ω]인가?

① 45
② $\dfrac{15}{\sqrt{3}}$
③ $15\sqrt{3}$
④ 5

해설
평형 3상 Y회로를 Δ결선으로 변환하면 저항의 값이 3배가 된다.
$R_\Delta = 3R_Y = 3 \times 15 = 45[\Omega]$

02 다음 중 패러데이 관(Faraday Tube)의 단위 전위차당 보유에너지는 몇 [J]인가?

① 1
② $\dfrac{1}{2}ED$
③ $\dfrac{1}{2}$
④ ED

해설
$+1[C]$의 전하량에 대한 단위 전위차 1[V]에 대한 에너지이므로
$W = \dfrac{1}{2}QV = \dfrac{1}{2}[J]$

03 100회 감은 코일에 0.5[A]의 전류가 0.1초 동안 0.3[A]로 감소하였을 때 유도기전력이 2×10^{-4}[V]였다면 이 코일의 자체 인덕턴스는 몇 [μH]인가?

① 300
② 50
③ 100
④ 200

해설
유도기전력 $e = -L\dfrac{di}{dt}[V]$에서
$L = -e\dfrac{dt}{di} = -(2 \times 10^{-4}) \times \dfrac{0.1}{0.3 - 0.5}$
$= 1 \times 10^{-4}[H]$
$= 1 \times 10^{-4} \times 10^{6}[\mu H]$
$= 100[\mu H]$

04 200[V], 100[W] 전구와 200[V], 200[W]의 전구를 직렬로 접속하고 여기에 200[V]의 전압을 가하면 어떻게 되는가?

① 두 전구가 모두 안 켜진다.
② 두 전구의 밝기가 같다.
③ 200[W] 전구가 더 밝다.
④ 100[W] 전구가 더 밝다.

해설
- $R = \dfrac{V^2}{P}$이므로 두 전구의 저항은
$R_{100W} = \dfrac{200^2}{100} = 400[\Omega]$
$R_{200W} = \dfrac{200^2}{200} = 200[\Omega]$
- 직렬 접속했을 때 전체전류는
$I = \dfrac{V}{R} = \dfrac{200}{400 + 200} = \dfrac{1}{3}[A]$이고 각각에 소비되는 전력 $P = I^2R$이므로
$P_{100W} = \left(\dfrac{1}{3}\right)^2 \times 400 = \dfrac{400}{9}[W]$
$P_{200W} = \left(\dfrac{1}{3}\right)^2 \times 200 = \dfrac{200}{9}[W]$이므로
100[W] 전구가 200[W] 전구보다 더 밝다.

정답 01 ① 02 ③ 03 ③ 04 ④

05 반지름 10[cm], 권수 100회인 원형 코일에 15[A]의 전류가 흐르면 코일 중심의 자장의 세기는 몇 [AT/m]인가?

① 7,500 ② 5,000
③ 750   ④ 3,000

해설
원형 코일 중심의 자장의 세기
$H = \dfrac{NI}{2r} = \dfrac{100 \times 15}{2 \times (10 \times 10^{-2})} = 7,500 [\text{AT/m}]$

06 자기 히스테리시스 곡선의 횡축과 종축이 나타내는 것은?

① 투자율과 자속밀도
② 자기장의 세기와 보자력
③ 투자율과 잔류자기
④ 자기장의 세기와 자속밀도

해설
- 횡축이 나타내는 것 : 자계
- 횡축과 만나는 점 : 보자력
- 종축이 나타내는 것 : 자속밀도
- 종축과 만나는 점 : 잔류자기

07 평형 3상 회로에서 1상의 소비전력이 P[W]라면, 3상 회로의 전체 소비전력[W]은?

① $2P$ ② $\sqrt{2}\,P$
③ $3P$ ④ $\sqrt{3}\,P$

해설
1상의 소비전력 $P = V_p I_p$이므로
3상의 소비전력 $P_{3\phi} = \sqrt{3}\,V_l I_l = 3 V_p I_p = 3P$[W]

08 10[V]의 전위차로 가속된 전자의 운동에너지는 몇 [J]인가?

① 1.6×10^{-17} ② 1.6×10^{-19}
③ 1.6×10^{-18} ④ 1.6×10^{-20}

해설
전자의 운동에너지
$W = eV = (1,602 \times 10^{-19}) \times 10 \fallingdotseq 1.6 \times 10^{-18}$[J]

09 진공 중에 놓여 있는 2×10^3[C]의 점전하로부터 1[m] 떨어진 점 A와 2[m] 떨어진 점 B에서의 전속밀도 D_A, D_B는 각각 약 몇 [C/m²]인가?

① $D_A = 0.4$, $D_B = 16$
② $D_A = 16$, $D_B = 0.4$
③ $D_A = 159$, $D_B = 40$
④ $D_A = 40$, $D_B = 159$

해설
$D_A = \dfrac{Q}{4\pi r^2} = \dfrac{2 \times 10^3}{4\pi \times 1^2} \fallingdotseq 159 [\text{C/m}^2]$

$D_A = \dfrac{2 \times 10^3}{4\pi \times 2^2} \fallingdotseq 40 [\text{C/m}^2]$

10 자기회로의 길이 l[m], 단면적 A[m²], 투자율 μ[H/m]일 때 자기저항 R[AT/Wb]을 나타낸 것은?

① $R = \dfrac{\mu l}{A}$ ② $R = \dfrac{A}{\mu l}$
③ $R = \dfrac{\mu A}{l}$ ④ $R = \dfrac{l}{\mu A}$

해설
자기저항 $R = \dfrac{l}{\mu A} = \dfrac{NI}{\phi}$[AT/Wb]

11 막대모양의 철심이 있다. 단면적 0.25[m²], 길이 31.4[cm]이며 철심의 비투자율이 1000이다. 이 철심의 자기저항은 약 몇 [AT/Wb]인가?(단, μ_0는 $4\pi \times 10^{-7}$[H/m]이다.)

① 10,000   ② 2,500
③ 3,140   ④ 5,000

정답 05 ① 06 ④ 07 ③ 08 ③ 09 ③ 10 ④ 11 ①

해설

$$R_m = \frac{l}{\mu_0 \mu_s A}$$
$$= \frac{31.4 \times 10^{-2}}{(4\pi \times 10^{-7}) \times 100 \times 0.25}$$
$$= 9994.93 \approx 10{,}000 [\text{AT/Wb}]$$

12 어드미턴스의 실수부가 나타내는 것은?

① 컨덕턴스 ② 임피던스
③ 리액턴스 ④ 서셉턴스

해설

$Y = G \pm jB$ (G : 컨덕턴스, B : 서셉턴스)

13 물질에 따라 자석에 전혀 무반응인 물질은?

① 강자성체 ② 비자성체
③ 반자성체 ④ 상자성체

해설

- 자성체 : 자화되는 물질
- 비자성체 : 자화되지 않는 물질

14 저항 8[Ω]과 유도 리액턴스 6[Ω]이 직렬로 접속된 회로에 200[V]의 교류 전압을 인가하는 경우, 흐르는 전류[A]와 역률[%]은?

① 10[A], 60[%] ② 10[A], 80[%]
③ 20[A], 80[%] ④ 20[A], 60[%]

해설

- 전류 $I = \frac{V}{Z} = \frac{V}{\sqrt{R^2 + X^2}} = \frac{200}{\sqrt{8^2 + 6^2}} = 20[\text{A}]$
- 역률 $\cos\theta = \frac{R}{Z} = \frac{8}{\sqrt{8^2 + 6^2}} = 0.8 = 80[\%]$

15 무한히 긴 2개의 왕복 도선을 진공 중(또는 공기 중)에 1[m]의 간격을 유지하고 전류를 흐르게 하면 전선 1[m]당 2×10^{-7}[N]의 반발력이 생길 때 전류값은 몇 [A]인가?

① 5 ② 1 ③ 2 ④ 0.5

해설

진공(공기) 중에서 평형 왕복 도선 사이의 힘
$F = \frac{2I^2}{r} \times 10^{-7}[\text{N}]$ 이므로
$I = \sqrt{\frac{Fr}{2 \times 10^{-7}}} = \sqrt{\frac{(2 \times 10^{-7}) \times 1}{2 \times 10^{-7}}} = 1[\text{A}]$

16 자기 인덕턴스가 같은 L_1[H], L_2[H]인 두 원통 코일이 서로 직교하고 있다. 두 코일 간의 상호 인덕턴스는 어떻게 되는가?

① $\sqrt{L_1 L_2}$ ② $L_1 + L_2$
③ 0 ④ $L_1 L_2$

해설

두 원통 코일이 서로 직교하고 있어 서로 영향을 주지 않으므로 결합계수 $k = 0$이다.

17 가우스의 정리를 이용하여 구하는 것은?

① 전하간의 힘 ② 전장의 세기
③ 전장의 에너지 ④ 전위

해설

가우스의 정리
"진공 중의 전계 내에서 임의의 폐곡면을 통해 나오는 전기력선의 총수는 그 폐곡면 내에 존재하는 전하 Q[C]의 $\frac{1}{\varepsilon_0}$ 배와 같다."
라는 의미로 전장의 세기를 구하고자 할 때 이를 이용하면 쉽게 구할 수 있다.

18 무효전력의 단위는?

① Var ② W ③ VA ④ Wh

해설

- 유효전력 : W
- 피상전력 : VA
- 무효전력 : Var
- 전력량 : Wh

19 콘덴서의 리액턴스가 1[kHz]에서 50[Ω]이었다면 50[Hz]에서는 약 몇 [Ω]인가?

① 250 ② 1,000
③ 750 ④ 500

정답 12 ① 13 ② 14 ③ 15 ② 16 ③ 17 ② 18 ① 19 ②

해설

용량성 리액턴스 $X_C = \dfrac{1}{2\pi f C}$에서 리액턴스는 주파수와 반비례 관계이다. 주파수가 $\dfrac{50}{1,000}$ 배이므로 리액턴스는 $50 \times \dfrac{1,000}{50} = 1,000[\Omega]$이다.

20 서로 다른 두 종류의 금속을 접속하고 한쪽 금속에서 다른쪽 금속으로 전류를 흘리면 열의 발생 또는 흡수가 일어나는 현상은?

① 펠티에 효과 ② 제벡 효과
③ 톰슨 효과   ④ 핀치 효과

해설
- 펠티에 효과 : 서로 다른 두 종류의 금속을 접속하고 한쪽 금속에서 다른 쪽 금속으로 전류를 흘리면 열의 발생 또는 흡수가 일어나는 현상으로 흡열은 전자 냉동기, 발열은 전자 온풍기 등에서 일어난다.
- 톰슨 효과 : 같은 도체를 접합하여 폐회로를 만들고, 두 접합점 사이의 온도차로 인해 열기전력이 생겨 전기가 흐르는 현상이다.
- 제벡 효과 : 두 종류의 금속을 접속하고, 두 접속점에 온도차를 주면 기전력이 생겨 전류가 흐르게 된다. 이 기전력을 열기전력, 전류를 열전류, 이런 장치를 열전대(쌍), 이와 같은 효과를 제벡 효과(Seebeck-effect : 열전 효과)라 한다.
- 핀치 효과 : 액체도체에 전류를 흘리면 전류와 수직방향으로 원형 자계가 생기는 현상이다.

21 동기발전기의 돌발 단락전류를 주로 제한하는 것은?

① 역상 리액턴스 ② 동기 리액턴스
③ 권선 저항   ④ 누설 리액턴스

해설
동기발전기의 단락전류 중 돌발 단락전류가 흐를 때 전기자 반작용이 없으므로, 전기자 반작용 리액턴스가 없는 것으로 보았을 때 동기 리액턴스 X_s에서는 누설 리액턴스 X_l만 존재하게 된다. 따라서 돌발 단락전류 $I_s = \dfrac{E}{X_l}[A]$가 되어 누설 리액턴스를 제한한다.

22 직류기에서 정류를 좋게 하는 방법 중 전압정류의 역할은?

① 리액턴스 전압 ② 탄소
③ 보극   ④ 보상권선

해설
직류기에서 정류를 좋게 하는 방법 중 전압정류를 보극을 설치하여 전기자 반작용 전압을 보극의 유기기전력으로 상쇄시킨다.

23 주상 변압기의 냉각 방식은?

① 유입 자냉식 ② 건식 자냉식
③ 유입 풍냉식 ④ 건식 풍냉식

해설
주상 변압기 냉각 방식 : 유입 자냉식

24 변유기의 2차 측에 접속되어 부하 측에서 발생한 단락 사고 또는 과부하 사고 시 차단기를 동작시키는 보호 계전기는?

① 과전압 계전기   ② 지락 계전기
③ 부족 전압 계전기 ④ 과전류 계전기

해설
과전류 차단기
과부하 또는 단락 시에 고압 차단기로 신호를 전송하여, 차단기를 동작시키고 사고 계통을 분리한다.

25 전기 용접기용 발전기로 가장 적합한 것은?

① 직류 분권형 발전기
② 직류 타여자식 발전기
③ 차동 복권형 발전기
④ 가동 복권형 발전기

해설
전기 용접용 발전기는 부하가 증가할수록 단자 전압이 현저히 감소하는 수하 특성이 있어야 하며, 차동 복권 발전기의 특성이 이에 속한다.

정답 20 ① 21 ④ 22 ③ 23 ① 24 ④ 25 ③

26 슬립이 10[%], 주파수가 60[Hz]인 2극 유도전동기의 회전수[rpm]는?

① 3,610　　② 3,800
③ 3,240　　④ 3,520

해설

1) 동기 속도 N_s
$$N_s = \frac{120f}{p} = \frac{120 \times 60}{2} = 3,600[\text{rpm}]$$
(단, p=극수, f=주파수)

2) 회전 속도 N
$$N = (1-s)N_s = (1-0.1) \times 3,600 = 3,240[\text{rpm}]$$

27 3상 전파 정류회로에서 출력전압의 평균 전압값[V]은?(단, [V]는 선간 전압의 실횻값이다.)

① 0.9[V]　　② 1.17[V]
③ 0.45[V]　　④ 1.35[V]

해설

• 다이오드 정류

구분	반파	전파
단상	$\frac{\sqrt{2}}{\pi}E$	$\frac{2\sqrt{2}}{\pi}E$
3상	$\frac{3\sqrt{6}}{2\pi}E$	$\frac{3\sqrt{6}}{\pi}E = \frac{3\sqrt{2}}{\pi}V$

여기서, E : 전원의 상전압
V : 전원의 선간 전압

• 계산
$$\frac{3\sqrt{2}}{\pi} \fallingdotseq 1.35$$

28 3상 동기발전기를 병렬운전시키는 경우 고려하지 않아도 되는 조건은?

① 전압 파형이 같을 것
② 회전수가 같을 것
③ 주파수가 같을 것
④ 위상이 같을 것

해설

동기발전기 병렬운전 조건
• 기전력의 크기가 같을 것
• 기전력의 위상이 같을 것
• 기전력의 주파수가 같을 것
• 기전력의 파형이 같을 것
• 상회전 방향이 같을 것

29 제동권선에 의한 기동토크를 이용하여 동기전동기를 기동시키는 방법은?

① 저주파 기동법　　② 고주파 기동법
③ 기동 전동기법　　④ 자기 기동법

해설

자기 기동법
보통 기동 시에는 계자 권선 중에 고전압이 유도되어 절연을 파괴하므로 방전 저항을 접속하여 단락 상태로 기동한다. 이때 계자 권선(제동권선)은 일종의 단상 2차 권선으로 토크를 발생하기 때문에 계자 권선 저항값의 3~7배 정도의 방전 저항을 사용한다.

30 일정 전압 및 일정 파형에서 주파수가 상승하면 변압기 철손은 어떻게 변하는가?

① 감소한다.
② 불변한다.
③ 증가한다.
④ 일정시간 동안 증가한다.

해설

유기기전력 $E = 4.44f\phi N[\text{V}]$에서 자속 $\phi = BA[\text{wb}]$이므로 $E = 4.44fBAN[\text{V}]$로 볼 수 있다.

이때 주파수는 $f = \frac{E}{4.44BAN}$이고 일정한 것을 제외하면 주파수는 자속밀도와 반비례한다. $f \propto \frac{1}{B}$이므로 맴돌이 전류손은 주파수와 무관하고 히스테리시스손 P_h은 $f \propto \frac{1}{B^{1.6}}$이므로 주파수와 철손은 반비례 관계이다. 즉, 일정 전압에서 주파수가 상승하면 철손은 감소한다.

31 변압기의 퍼센트 저항강하가 3[%], 퍼센트 리액턴스 강하가 4[%]이고, 역률이 80[%] 지상이다. 이 변압기의 전압 변동률[%]은?

① 3.2 ② 4.8
③ 5.0 ④ 5.6

해설
전압 변동률
$\varepsilon = p\cos\theta + q\sin\theta = 3 \times 0.8 + 4 \times 0.6 = 4.8[\%]$

32 3상 변압기군의 병렬운전이 불가능한 결선은 어느 것인가?

① Y−Δ와 Y−Δ   ② Y−Y와 Y−Y
③ Δ−Δ와 Δ−Δ   ④ Δ−Δ와 Δ−Y

해설
3상 변압기의 병렬 운전 결선

가능한 조합	불가능한 조합
Δ−Δ와 Δ−Δ, Δ−Δ와 Y−Y, Y−Y와 Y−Y, Δ−Y와 Δ−Y, Y−Δ와 Y−Δ	Δ−Δ와 Δ−Y, Δ−Y와 Y−Y

33 직류전동기의 속도제어가 아닌 것은?

① 계자제어   ② 저항제어
③ 전압제어   ④ 1차 주파수 제어

해설
직류 전동기의 속도제어법
- 계자제어법
- 저항제어법
- 전압제어법(정토크 제어) : 워드−레오너드 방식−일그너 −초퍼제어

1차 주파수 제어 : 유도전동기의 속도제어법

34 보극이 없는 직류전동기에 있어서 전기자 반작용을 줄이기 위해 브러시를 어떠한 방향으로 이동시키는가?

① 서로 마주보고 있는 주자극과 같은 방향
② 회전 방향과 반대 방향
③ 회전 방향과 같은 방향
④ 역 방향의 주 자극과 같은 방향

해설
보극을 가지고 있지 않은 직류기에서는 정류를 잘 되게 하기 위하여 브러시를 전기적 중성축으로 이동시켜야 한다.
발전기의 경우 그 회전 방향으로 브러시를 이동시키고, 전동기에서는 그 회전과 반대 방향으로 이동시킨다.

35 슬립이 0.02인 유도전동기에서 회전자 회로의 주파수가 1[Hz]일 때, 전원 주파수는?

① 40   ② 50
③ 60   ④ 20

해설
회전자 주파수 $f_{2s} = sf_2$

∴ 전원 주파수 $f_2 = \dfrac{f_{2s}}{s} = \dfrac{1}{0.02} = 50[\text{Hz}]$

36 동기발전기의 권선을 분포권으로 사용하는 이유로 옳은 것은?

① 파형이 좋아진다.
② 권선의 누설 리액턴스가 커진다.
③ 집중권에 비하여 합성 유기기전력이 높아진다.
④ 전기자 반작용을 가중시킬 수 있다.

해설
분포권의 특징
- 기전력의 고조파가 감소하여 파형이 좋아진다.
- 권선의 누설 리액턴스가 감소한다.
- 분포권은 집중권에 비하여 합성 유기기전력이 감소한다.

37 농형 유도전동기가 많이 사용되는 이유가 아닌 것은?

① 기동 시 기동특성이 우수하다.
② 구조가 간단하다.
③ 값이 싸고 튼튼하다.
④ 운전과 사용이 편리하다.

정답 31 ② 32 ④ 33 ④ 34 ② 35 ② 36 ① 37 ①

해설
- 기동 시 기동 토크가 작다.
- 운전용 권선이 따로 있는 2중 농형전동기를 채택하여 기동 특성을 보완한다.

38 발전기 권선의 층간 단락 보호에 가장 적합한 계전기는?

① 방향 계전기　② 접지 계전기
③ 차동 계전기　④ 온도 계전기

해설
- 방향 계전기 : 전압의 벡터를 기준으로 전류의 흐르는 방향 검출
- 접지 계전기 : 선로의 접지 검출용
- 차동 계전기 : 발전기 및 변압기의 층간 단락 등 내부 고장 검출용
- 온도 계전기 : 절연유 및 권선의 온도 상승 검출용

39 변압기의 2차 저항이 0.1[Ω]일 때, 1차로 환산하면 360[Ω]이 된다. 이 변압기의 권수비는?

① 30　② 40　③ 50　④ 60

해설

$a = \sqrt{\dfrac{r_1}{r_2}} = \sqrt{\dfrac{360}{0.1}} = 60$

40 3상 유도전동기의 1차 압력 60[kW], 1차 손실 1[kW], 슬립 3[%]일 때 기계적 출력은 약 몇 [kW]인가?

① 57　② 60　③ 62　④ 59

해설

1차 출력 = 2차 압력 = 60 − 1 = 59[kW]이므로
기계적 출력 $P_0 = (1-s)P_2 = (1-0.03) \times 59 ≒ 57$[kW]

41 절연전선으로 가선된 배전선로에서 활선 상태인 경우 전선의 피복을 벗기는 것은 매우 곤란한 작업이다. 이런 경우 활선 상태에서 전선의 피복을 벗기는 공구는?

① 애자 커버　② 전선 피박기
③ 데드엔드 커버　④ 와이어 통

해설
- 애자 커버 : 활선 작업 시 특고핀 및 라인포스트 애자를 절연하여 작업자의 부주의로 접촉되더라도 안전사고가 발생하지 않도록 사용되는 절연덮개
- 전선 피박기 : 활선 상태에서 전선의 피복을 벗기는 공구
- 데드엔드 커버 : 활선 공법을 하는 동안 작업자가 전선에 접촉되는 것을 방지하는 목적으로 사용하는 절연체
- 와이어 통 : 핀애자나 현수애자의 장주에서 활선을 작업권 밖으로 밀어낼 때 사용하는 절연봉

42 조명용 백열전등을 호텔 또는 여관 객실의 입구에 설치할 때나 일반 주택 및 아파트 각 실의 현관에 설치할 때 사용되는 스위치는?

① 타임 스위치
② 누름 버튼 스위치
③ 트글 스위치
④ 로터리 스위치

해설

점멸기의 시설
- 숙박업에 이용되는 객실 입구등 : 1분 이내
- 일반주택 및 아파트 각 호실의 현관등 : 3분 이내

43 래크(Rack) 배선은 어떤 곳에 사용되는가?

① 고압 가공선로　② 고압 지중선로
③ 저압 지중선로　④ 저압 가공선로

해설

래크는 저압 가공전선을 수직으로 지지하는 데 사용된다.

44 구리외장 강철(수직부설 원형 강봉)을 접지극으로 사용하는 경우에 지름은 몇 [mm] 이상이어야 하는가?

① 12　② 8　③ 15　④ 20

해설

구리외장 강철 강봉을 접지극으로 사용하는 경우 최소 15[mm] 이상이어야 한다.

정답 38 ③　39 ④　40 ①　41 ②　42 ①　43 ④　44 ③

45 과전류 차단기를 설치하면 차단기 동작 시에 접지 보호가 되지 않기 때문에 차단기의 시설을 제한하고 있는 것으로 틀린 것은?

① 접지공사의 접지도체
② 특고압 전로와 저압 전로를 결합하는 변압기의 저압 측 중성점에 접지공사를 한 저압 가공전선로의 접지 측 전선
③ 분기선의 전원 측 전선
④ 다선식 전로의 중성선

해설

과전류 차단기의 시설제한
- 접지공사의 접지도체
- 다선식 전로의 중성선
- 전로의 일부에 접지공사를 한 저압 가공전선의 접지 측 전선

46 특고압 수전설비의 결선기호와 명칭으로 틀린 것은?

① DS – 단로기
② CB – 차단기
③ LF – 전력 퓨즈
④ LA – 피뢰기

해설

전력 퓨즈의 특고압 수전설비 결선기호는 PF이다.

47 저압 구내 가공인입선으로 인입용 비닐절연전선을 사용하고자 할 때, 전선의 굵기는 최소 몇 [mm] 이상이어야 하는가?(단, 경간이 15[m] 초과인 경우이다.)

① 2.6 ② 6.0 ③ 4.0 ④ 2.0

해설

저압 가공인입선은 2.6[mm] 이상의 경동선 또는 이와 동등 이상의 세기 및 굵기의 것을 시설하여야 한다.(단, 인입선의 길이가 15[m] 이하의 경우에는 2.0[mm] 이상의 것을 사용 할 수 있다.)

48 변압기 2차 회로의 과부하를 보호하기 위하여 과전류를 차단하는 기능을 갖는 배선용 차단기의 약호는?

① EOCR ② ELB ③ MCCB ④ DS

해설

① EOCR : 과전류 계전기
② ELB : 누전 차단기
④ DS : 단로기

49 가공전선로의 지지물인 철근 콘크리트주의 설계하중이 6.8[kN] 이하이며, 길이가 10[m]인 전주를 건주하는 경우 최소 약 몇[m] 이상 땅에 묻어야 하는가?

① 2.0 ② 2.5 ③ 1.67 ④ 3.33

해설

땅에 묻어야 하는 전주의 길이
- 전주의 길이가 15[m] 이하 : 전주 길이의 $\frac{1}{6}$ 이상
- 전주의 길이가 15[m] 초과 : 2.5[m] 이상

$\therefore 10 \times \frac{1}{6} = 1.67[m]$

50 4심 고무 캡타이어 케이블의 심선 절연체의 4가지 색깔은?

① 흑색, 백색, 갈색, 녹색
② 흑색, 백색, 청색, 녹색
③ 흑색, 백색, 적색, 녹색
④ 흑색, 백색, 회색, 녹색

해설

캡타이어 케이블
- 2심 : 흑색, 백색
- 3심 : 흑색, 백색, 적색 또는 흑색, 백색, 녹색
- 4심 : 흑색, 백색, 적색, 녹색

51 한국전기설비규정에서 정하는 화약류 저장소 안에 조명기구에 전기를 공급하기 위한 전기설비는 어떤 것에 의하여 시설하여야 하는가?

① 금속덕트 공사
② 합성수지관 공사
③ 금속관 공사
④ 합성수지 몰드 공사

정답 45 ③ 46 ③ 47 ① 48 ③ 49 ③ 50 ③ 51 ③

> **해설**
>
> 백열전등, 형광등 또는 이들에 전기를 공급하기 위한 전기설비만을 금속전선관 공사 또는 케이블 공사에 의하여 시설할 수 있다.

52 한국전기설비규정에 따라 고압 이상의 전기설비와 변압기 중성점 접지에 의하여 시설하는 접지극을 사람이 접촉할 우려가 있는 곳에 시설하는 경우 접지극의 매설 깊이는 몇 [m] 이상인가?

① 0.75
② 1.2
③ 0.55
④ 0.3

> **해설**
>
> 접지극을 사람이 접촉할 우려가 있는 곳에 시설하는 경우 지표면에서 0.75[m] 이상의 깊이로 매설해야 한다.

53 전선의 굵기를 측정하는 것은?

① 와이어 게이지
② 파이어 포트
③ 스패너
④ 프레셔 툴

> **해설**
>
> 와이어 게이지 : 전선의 굵기 측정

54 "큐비클형"이라 하며 점유면적이 적고 운전과 보수가 안전하여 공장, 빌딩의 전기실에 사용되는 배전반은?

① 오픈식
② 프론트식
③ 폐쇄식
④ 라이브식

> **해설**
>
> 폐쇄식 배전반(Cubicle Type, 큐비클형)
> 점유 면적이 좁고 운전과 보수에 안전하여 현재 공장, 빌딩 등의 전기실에 많이 사용된다.

55 점검 가능한 은폐장소에서 관을 시설하고 제거하는 것이 자유로운 경우 곡률 반지름은 최소 2종 가요전선관 안지름의 몇 배 이상으로 하여야 하는가?

① 6
② 2
③ 5
④ 3

> **해설**
>
> - 1종 가요전선관 : 관 안지름의 6배 이상
> - 2종 가요전선관 : 관 안지름의 6배 이상
> (단, 자유로운 경우 관 안지름의 3배 이상)

56 가연성 가스 또는 인화성 물질의 증기가 새거나 체류하여 전기설비가 발화원이 되어 폭발 우려가 있는 곳에 있는 저압 옥내 전기설비의 공사 방법으로 옳은 것은?

① 금속관 공사
② 플로어 덕트 공사
③ 가요전선관 공사
④ 애자 공사

> **해설**
>
> 가연성 먼지(소맥분, 전분, 유황 기타 가연성의 먼지로 공중에 떠다니는 상태에서 착화하였을 때에 폭발할 우려가 있는 것을 말하며 폭연성 분진을 제외한다.)에 전기설비가 발화원이 되어 폭발할 우려가 있는 곳의 저압 옥내 배선은 합성수지관(2[m] 이상), 금속관, 케이블 공사에 의하여 시설한다.

57 한국전기설비규정에 따라 은폐된 장소에 금속제 가요전선관 고사를 하는 경우, 1종 금속제 가요전선관을 사용할 수 있는 장소로 옳은 것은?

① 점검 가능, 건조한 장소
② 점검 가능, 습기가 많은 장소 또는 물기가 있는 장소
③ 점검 불가능, 건조한 장소
④ 점검 불가능, 습기가 많은 장소 또는 물기가 있는 장소

> **해설**
>
> 가요전선관은 2종 금속제 가요전선관이어야 한다. 다만, 전개된 장소 또는 점검할 수 있는 은폐된 장소에는 1종 가요전선관(습기가 많은 장소 또는 물기가 있는 장소에는 비닐 피복 1종 가요전선관에 한한다)을 사용할 수 있다.

58 버스덕트의 종류가 아닌 것은?

① 피더 버스덕트
② 플러그인 버스덕트
③ 드롤리 비스덕트
④ 플로어 버스덕트

정답 52 ① 53 ① 54 ③ 55 ④ 56 ① 57 ① 58 ④

해설

버스덕트의 종류
- 피더 버스덕트 : 도중에 부하를 접속하지 않는 덕트
- 플러그인 버스덕트 : 도중에 부하 접속을 할 수 있도록 플러그를 만든 덕트
- 트롤리 버스덕트 : 도중에 이동 부하를 접속할 수 있도록 트롤리 접촉식 구조를 가진 덕트

59 분전함에 대한 설명으로 틀린 것은?

① 배선과 기구는 모두 분전반 전면에 배치하였다.
② 배선은 모두 분전반 뒷면으로 배치하였다.
③ 강판제의 분전함은 두께 1.2[mm] 이상의 강판으로 제작하였다.
④ 두께 1.5[mm] 이상의 난연성 합성수지로 제작하였다.

해설

배선과 기구는 모두 분전반 전면에 배치하여야 한다.

60 저압 옥내배선 공사에서 전선의 접속이 옳게 이루어진 것은?

① 합성수지 몰드 공사에서 합성수지 몰드 안의 전선에 접속점을 만들었다.
② 금속관 공사에서 금속관 안의 전선에 접속점이 생겼다.
③ 금속몰드 공사에서 박스 안에서 쥐꼬리 접속을 하였다.
④ 합성수지관 공사에서 금속몰드 안의 전선에 접속점을 만들었다.

해설

전선의 접속은 박스 안에서 한다.

정답 59 ② 60 ③

2023년 2회 시행 과년도 기출문제

01 전기분해를 하면 석출되는 물질의 양은 통과한 전기량에 관계가 있다. 이것을 나타낸 법칙은?

① 옴의 법칙
② 쿨롱의 법칙
③ 앙페르의 법칙
④ 패러데이의 법칙

해설

패러데이의 법칙
전극에 석출된 물질의 양 $W[g]$는 통과한 전기량 $Q[C]$에 비례하며, 전기량이 같을 때에는 물질의 전기 화학당량 K에 비례한다.
$W = KQ = KIt\,[g]$

02 비오-사바르의 법칙을 나타내는 식은?

① $\Delta H = \dfrac{I\Delta l \sin\theta}{4\pi r^2}[AT/m]$

② $\Delta H = \dfrac{I\Delta l \cos\theta}{4\pi r^2}[AT/m]$

③ $\Delta H = \dfrac{I\Delta l \cos\theta}{4\pi r}[AT/m]$

④ $\Delta H = \dfrac{I\Delta l \sin\theta}{4\pi r}[AT/m]$

해설

비오-사바르의 법칙
전류에 의한 자기장의 세기를 결정하는 법칙으로 도선에 전류가 흐를 때 도선의 미소부분 dl에서 $r[m]$ 떨어진 지점의 자계의 세기를 구하는 방법이다.
$\Delta H = \dfrac{I\Delta l \sin\theta}{4\pi r^2}[AT/m]$

03 다음 회로의 소비전력[W]은?

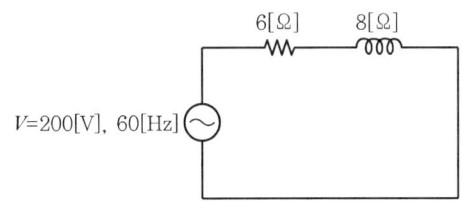

① 4,800
② 5,600
③ 2,400
④ 3,600

해설

$P = \dfrac{V^2}{R^2 + X^2}R = \dfrac{200^2}{6^2 + 8^2} \times 6 = 2,400[W]$

04 5[μF]과 10[μF]의 콘덴서를 병렬로 접속한 뒤 200[V]를 인가했을 때, 5[μF]에 흐르는 전하량[μC]은?

① 1,000[μC]
② 2,000[μC]
③ 3,000[μC]
④ 4,000[μC]

해설

병렬에서는 전압이 일정하므로 5[μF]에 흐르는 전하량
$Q = CV = 5 \times 10^{-6} \times 200 = 1,000[\mu C]$

05 두 콘덴서 C_1, C_2를 직렬로 접속하고 양단에 $E[V]$의 전압을 가할 때 C_1에 걸리는 전압은?

① $\dfrac{C_1}{C_1 + C_2}E$
② $\dfrac{C_2}{C_1 + C_2}E$
③ $\dfrac{C_1 + C_2}{C_1}E$
④ $\dfrac{C_1 + C_2}{C_2}E$

정답 01 ④ 02 ① 03 ③ 04 ① 05 ②

해설

C_1에 걸리는 전압

$$E_1 = \frac{C_2}{C_1+C_2}E[V]$$

06 세 변의 저항 $R_a = R_b = R_c = 15[\Omega]$인 Y 결선 회로가 있다. 이것과 등가인 Δ 결선 회로의 각 변의 저항은 몇 $[\Omega]$인가?

① 5 ② 10 ③ 25 ④ 45

해설

평형 3상 Y회로를 Δ결선으로 변환하면 저항의 값이 3배가 된다.
$R_\Delta = 3R_Y = 3 \times 15 = 45[\Omega]$

07 $a-b$단자 간 합성저항을 구하면?

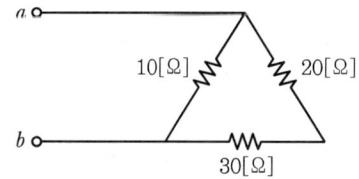

① 8.33[Ω] ② 13.33[Ω]
③ 15[Ω] ④ 22[Ω]

해설

20[Ω]과 30[Ω]은 직렬이므로
$20+30 = 50[\Omega]$
50[Ω]과 10[Ω]은 병렬이므로
$R_0 = \frac{50 \times 10}{50+10} = \frac{25}{3} = 8.33[\Omega]$

08 권선수 50회 감은 코일에 5[A]의 전류가 흘렀을 때 10^{-3}[Wb]의 자속이 코일에 쇄교되었다면 자기 인덕턴스는 몇 [mH]인가?

① 10 ② 15 ③ 20 ④ 25

해설

코일에 흐르는 전류와 쇄교자속의 관계 $LI = N\phi$이므로
$L = \frac{N\phi}{I} = \frac{50 \times 10^{-3}}{5} = 10 \times 10^{-3}[H] = 10[mH]$

09 그림과 같이 철심에 전류를 흘렸을 때, 표시된 부분에는 어떤 극성이 나타나는가?

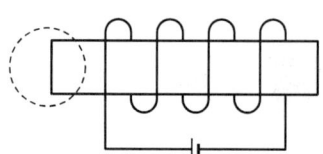

① S극
② N극
③ S, N극이 같이 나타난다.
④ 아무 극성도 나타나지 않는다.

해설

암페어의 오른나사 법칙을 적용
표시하는 부분은 자속이 나오는 방향이 되므로 N극이 된다.

10 ㉮, ㉯에 들어갈 내용으로 알맞은 것은?

2차 전지의 대표적인 것으로는 납축전지가 있다. 전해액으로 비중 약 (㉮) 정도의 (㉯)를 사용한다.

① ㉮ : 1.15~1.21, ㉯ : 묽은 황산
② ㉮ : 1.25~1.36, ㉯ : 질산
③ ㉮ : 1.01~1.15, ㉯ : 질산
④ ㉮ : 1.23~1.26, ㉯ : 묽은 황산

해설

납축전지의 전해액으로 비중 약 1.23~1.26 정도의 묽은 황산(H_2SO_4)을 사용한다.

11 $a+jb$를 $\angle \theta$ 형태로 표현하면 어떻게 되는가?

① $\sqrt{a^2} + \sqrt{b^2} \angle \tan^{-1}\frac{b}{a}$

② $\sqrt{a^2} + \sqrt{b^2} \angle \tan^{-1}\frac{a}{b}$

③ $\sqrt{a^2+b^2} \angle \tan^{-1}\frac{b}{a}$

④ $\sqrt{a^2+b^2} \angle \tan^{-1}\frac{a}{b}$

정답 06 ④ 07 ① 08 ① 09 ② 10 ④ 11 ③

해설

직각좌표를 극좌표로 표현하면

$a+jb = \sqrt{a^2+b^2} \angle \tan^{-1}\frac{b}{a}$

12 어떤 3상 회로에서 선간전압이 200[V], 선전류가 25[A], 3상 전력이 7[kW]이었다. 이때의 역률은 약 얼마인가?

① 0.65
② 0.73
③ 0.81
④ 0.97

해설

$P = \sqrt{3}\,VI\cos\theta$ [W]이므로

$\cos\theta = \dfrac{P}{\sqrt{3}\,VI} = \dfrac{7\times 10^3}{\sqrt{3}\times 200\times 25} = 0.808 \fallingdotseq 0.81$

13 $v = 8\sqrt{2}\sin\left(wt+\dfrac{\pi}{6}\right)$의 교류전압을 페이저 형식으로 맞게 변환한 것은?

① $4 - j4\sqrt{3}$
② $4 + j4\sqrt{3}$
③ $j4 - 4\sqrt{3}$
④ $j4 + 4\sqrt{3}$

해설

순시전압 $v = V_m \sin(wt \pm \theta)$ [V]이므로

$v = 8\sqrt{2}\sin\left(wt+\dfrac{\pi}{6}\right)$에서 최대전압 $V_m = 8\sqrt{2}$ [V]이고 위상은 $\dfrac{\pi}{6} = 30°$이다.

이를 극좌표 $V\angle\theta$(실효값 ∠ 위상)$= \dfrac{V_m}{\sqrt{2}}\angle\theta$로 표현하면

$8\angle\dfrac{\pi}{6}$이므로 삼각함수표현법 $V(\cos\theta \pm j\sin\theta)$에 대입하면

$8(\cos 30° + j\sin 30°) = 4\sqrt{3} + j4$이다.

14 주파수가 10[Hz]인 교류의 주기[sec]는?

① 0.1
② 0.2
③ 0.5
④ 50

해설

주기와 주파수는 반비례하므로

$T = \dfrac{1}{f} = \dfrac{1}{10} = 0.1[\sec]$

15 다음의 설명 중 ㉠, ㉡에 들어갈 내용으로 옳은 것은?

2개의 자극이 일직선상에 일정한 거리만큼 떨어져 있을 때 두 자극 사이에 작용하는 힘의 크기는 두 자극의 곱에 (㉠)하고, 떨어진 거리의 제곱에 (㉡)한다.

① ㉠ : 비례, ㉡ : 비례
② ㉠ : 비례, ㉡ : 반비례
③ ㉠ : 반비례, ㉡ : 비례
④ ㉠ : 반비례, ㉡ : 반비례

해설

두 자하 사이에 작용하는 힘(쿨롱의 힘)

$F = \dfrac{m_1 m_2}{4\pi\mu_0 r^2} = 6.33 \times 10^4 \times \dfrac{m_1 m_2}{r^2}$ 이므로

두 자극의 곱에 비례하고, 떨어진 거리의 제곱에 반비례한다.

16 전류[A]는 자기회로에서 무엇에 대응하는가?

① 투자율
② 자속
③ 도전율
④ 기전력

해설

전기회로	자기회로
기전력 E[V]	기자력 F[AT]
전류 I[A]	자속 ϕ[Wb]
전기저항 R[Ω]	자기저항 R_m[AT/Wb]
도전율 σ[℧/m]	투자율 μ[H/m]

17 교류에서 무효전력 P_r[Var]은?

① VI
② $VI\tan\theta$
③ $VI\sin\theta$
④ $VI\cos\theta$

해설

- 유효전력 $P = VI\cos\theta$ [W]
- 무효전력 $P_r = VI\sin\theta$ [Var]
- 피상전력 $P_a = VI = P \pm jP_r$ [VA]

18 자석의 성질로 옳은 것은?

① 자석은 고온이 되면 자력이 증가한다.
② 자기력선은 고무줄과 같은 장력이 존재한다.
③ 자력선은 자석 내부에서도 N극에서 S극으로 이동한다.
④ 자력선은 자성체를 투과하고, 비자성체는 투과하지 못한다.

해설

자석의 성질
- 자석은 고온이 되면 자력이 감소한다.
- 자기력선에는 고무줄과 같은 응축력(장력)이 존재한다.
- 자력선은 자석 내부에서 S극에서 N극으로 이동한다.
- 자력선은 자성체와 비자성체를 모두 투과한다.

19 $R-C$ 병렬회로에서 역률은?

① $\dfrac{R}{\sqrt{R^2+X_c^2}}$
② $\dfrac{X_c}{\sqrt{R^2+X_c^2}}$
③ $\dfrac{R}{R^2+X_c^2}$
④ $\dfrac{X_c}{R^2+X_c^2}$

해설

RC 병렬회로에서

역률 $\cos\theta = \dfrac{G}{Y} = \dfrac{\dfrac{1}{R}}{\sqrt{\left(\dfrac{1}{R}\right)^2+\left(\dfrac{1}{X_c}\right)^2}} = \dfrac{X_c}{\sqrt{R^2+X_c^2}}$

20 비투자율이 1인 환상 철심 중의 자장의 세기가 H[AT/m]이었다. 이때 비투자율이 10인 물질로 바꾸면 첨심의 자속밀도[Wb/m²]는 어떻게 되는가?

① $\dfrac{1}{10}$로 줄어든다.
② 10배 커진다.
③ 50배 커진다.
④ 100배 커진다.

해설

자속밀도와 자기장 세기와의 관계
$B = \mu H = \mu_0 \mu_s H$[Wb/m²]이므로 비투자율 μ_s가 1인 물질을 10인 물질로 바꾸면 자속밀도도 10배 커진다.

21 동기발전기를 병렬운전하는 데 필요하지 않은 조건은?

① 기전력의 용량이 같을 것
② 기전력의 파형이 같을 것
③ 기전력의 크기가 같을 것
④ 기전력의 주파수가 같을 것

해설

동기발전기 병렬운전 조건
- 기전력의 크기가 같을 것
- 기전력의 위상이 같을 것
- 기전력의 주파수가 같을 것
- 기전력의 파형이 같을 것
- 상회전 방향이 같을 것

22 3상 유도전동기의 원선도를 그리는 데 옳지 않은 시험은?

① 저항 측정
② 무부하 시험
③ 구속 시험
④ 슬립 측정

해설

- 원선도 작성에 필요한 시험(변압기 특성 시험) : 저항 측정, 무부하 시험, 구속 시험
- 원선도에서 구할 수 있는 것 : 1차 입력, 1차 동손, 동기 와트, 슬립 등

23 정격이 10,000[V], 500[A], 역률 90[%]의 3상 동기발전기의 단락전류 I_s[A]는?(단, 단락비는 1.3으로 하고, 전기자저항은 무시한다.)

① 450
② 550
③ 650
④ 750

해설

단락비 $= \dfrac{단락전류}{정격전류}$ 이므로

단락전류 $I_s =$ 단락비 × 정격전류 $= 1.3 \times 500 = 650$[A]

정답 18 ② 19 ② 20 ② 21 ① 22 ④ 23 ③

24 변압기에서 사용되는 변압기유의 구비 조건으로 틀린 것은?

① 점도가 높을 것 ② 응고점이 낮을 것
③ 인화점이 높을 것 ④ 절연내력이 클 것

해설
변압기유(절연유)의 구비 조건
- 절연내력이 클 것
- 인화점이 높고 응고점이 낮을 것
- 비열이 커서 냉각효과가 클 것
- 절연재료와 화학작용을 일으키지 않을 것
- 고온에서 산화하지 않을 것
- 점도가 낮을 것

25 변압기 V결선의 특징으로 틀린 것은?

① 고장 시 응급처치 방법으로 쓰인다.
② 단상변압기 2대로 3상 전력을 공급한다.
③ 부하증가가 예상되는 지역에 시설한다.
④ V결선 시 출력은 Δ결선 시 출력과 크기가 같다.

해설
V결선 출력비 $= \dfrac{P_V}{P_\Delta} = \dfrac{\sqrt{3}\,P_1}{3P_1} \times 100 = 57.7[\%]$ 이므로 V결선 시 출력은 Δ결선 시 출력과 같지 않다.

26 20[kVA]의 단상변압기 2대를 사용하여 V–V결선으로 하고 3상 전원을 얻고자 한다. 이때 여기에 접속시킬 수 있는 3상 부하의 용량은 약 몇 [kVA]인가?

① 34.6 ② 44.6 ③ 54.6 ④ 66.6

해설
V결선 시의 출력
$P_V = \sqrt{3}\,P = \sqrt{3} \times 20 = 34.6[\text{kVA}]$

27 동기발전기의 돌발 단락전류를 주로 제한하는 것은?

① 동기 리액턴스 ② 누설 리액턴스
③ 권선저항 ④ 역상 리액턴스

해설
동기발전기의 단락전류 중 돌발 단락전류가 흐를 때는 전기자 반작용이 없으므로 전기자 반작용 리액턴스가 없는 것으로 보았을 때 동기 리액턴스 X_s에서는 누설 리액턴스 X_ℓ만 존재하게 된다. 그러므로 돌발 단락전류 $I_s = \dfrac{E}{X_\ell}[\text{A}]$가 되어 누설 리액턴스가 제한한다.

28 3상 유도전동기에서 슬립이 0인 경우는?

① 최대 토크를 낼 수 있는 상태이다.
② 동기 속도로 운전 중이다.
③ 정지되어 있는 상태이다.
④ 과부하로 운전 중이다.

해설
$s = \dfrac{N_s - N}{N_s}$ 이므로 회전자 정지 시 $s=1$, 동기 속도 시 $s=0$

29 변압기의 규약효율은?(단, 입력 : P, 출력 : Q, 손실 : L)

① $\eta = \dfrac{Q}{P} \times 100$ ② $\eta = \dfrac{Q}{Q+L} \times 100$

③ $\eta = \dfrac{Q}{P+L} \times 100$ ④ $\eta = \dfrac{P-L}{P} \times 100$

해설
변압기의 규약효율
$\eta = \dfrac{\text{출력}}{\text{입력}} = \dfrac{\text{출력}}{\text{출력}+\text{손실}}$

Tip) 규약효율
- 발전기, 변압기(출력을 기준)
$\eta = \dfrac{\text{출력}}{\text{입력}} \times 100 = \dfrac{\text{출력}}{\text{출력}+\text{손실}} \times 100[\%]$
- 전동기(입력을 기준)
$\eta = \dfrac{\text{출력}}{\text{입력}} \times 100 = \dfrac{\text{입력}-\text{손실}}{\text{입력}} \times 100[\%]$

30 다음 중 유도전동기에서 비례추이를 할 수 있는 것은?

① 출력 ② 2차 동손
③ 효율 ④ 역률

정답 24 ① 25 ④ 26 ① 27 ② 28 ② 29 ② 30 ④

해설

비례추이
- 가능한 특성 : 1차 입력, 1차 전류, 2차 전류, 역률, 동기 와트 (토크를 2차 입력으로 표시한 것)
- 불가능한 특성 : 동기 속도, 출력, 2차 동손, 2차 효율, 저항

31 변압기의 자속에 관한 설명으로 옳은 것은?

① 전압과 주파수에 반비례한다.
② 전압에 반비례하고 주파수에 비례한다.
③ 전압에 비례하고 주파수에 반비례한다.
④ 전압과 주파수에 비례한다.

해설

변압기 유도기전력 $E = 4.44 f N \phi$에서
$\phi = \dfrac{E}{4.44 f N}$ ∴ $\phi \propto \dfrac{E}{f}$

32 직류발전기에서 균압환을 설치하는 이유로 옳은 것은?

① 전압 상승
② 전압강하 방지
③ 저항 감소
④ 브러시 불꽃 방지

해설

중권에서는 유기기전력의 불평형으로 인한 순환전류가 브러시를 통해 흘러 정류에 나쁜 영향(불꽃 발생 등)을 미치게 되는데, 이것을 방지하기 위하여 균압환을 설치한다.

33 그림은 동기기의 위상 특성 곡선을 나타낸 것이다. 전기자 전류가 가장 작게 흐를 때의 역률은?

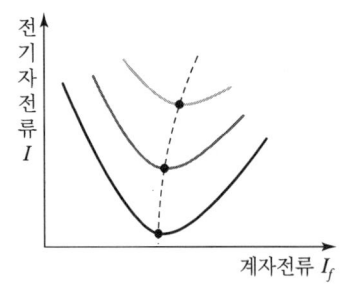

① 1
② 0.9[진상]
③ 0.9[지상]
④ 0

해설

전기자 전류가 가장 작게 흐를 때는 역률이 1이다.

34 100[V], 10[A], 전기자 저항 1[Ω], 회전수 1,800[rpm]인 전동기의 역기전력은 몇 [V]인가?

① 90
② 100
③ 110
④ 186

해설

전동기의 역기전력
$E = V - I_a R_a = 100 - 10 \times 1 = 90 [V]$

35 전기자 저항 0.1[Ω], 전기자 전류 104[A], 유도기전력 110.4[V]인 직류 분권발전기의 단자전압[V]은?

① 100
② 98
③ 102
④ 106

해설

단자전압 $V = E - I_a R_a = 110.4 - 104 \times 0.1 = 100 [V]$

36 3상 전파 정류회로에서 출력전압의 평균 전압값[V]은?(단, [V]는 선간 전압의 실횻값이다.)

① 0.9[V]
② 1.17[V]
③ 0.45[V]
④ 1.35[V]

해설

다이오드 정류
- 단상반파 : $0.45E$
- 단상전파 : $0.9E$
- 3상반파 : $1.17E$
- 3상전파 : $1.35V$

구분	반파	전파
단상	$\dfrac{\sqrt{2}}{\pi}E$	$\dfrac{2\sqrt{2}}{\pi}E$
3상	$\dfrac{3\sqrt{6}}{2\pi}E$	$\dfrac{3\sqrt{6}}{\pi}E = \dfrac{3\sqrt{2}}{\pi}V$

여기서, E : 전원의 상전압
  V : 전원의 선간 전압

정답 31 ③ 32 ④ 33 ① 34 ① 35 ① 36 ④

37 다음 중 변압기의 원리와 관계있는 것은?

① 전자 유도 작용
② 플레밍의 왼손 법칙
③ 플레밍의 오른손 법칙
④ 전기자 반작용

해설
변압기의 내부에는 철심이 들어가 있어 1차 코일에 전류가 흐르면 철심에 자기장이 생기고 다시 이 자기장에 의한 전자 유도작용으로 2차 코일에 전압이 유기된다.

38 직류전동기의 속도제어가 아닌 것은?

① 계자제어
② 저항제어
③ 전압제어
④ 1차 주파수 제어

해설
직류 전동기의 속도제어법
• 계자제어법
• 저항제어법
• 전압제어법 (정토크 제어) : 워드 – 레오너드 방식 – 일그너 – 초퍼제어

1차 주파수 제어
유도전동기의 속도제어법

39 진성 반도체의 4가의 실리콘에 N형 반도체를 만들기 위하여 첨가하는 것은?

① 게르마늄
② 갈륨
③ 인듐
④ 안티몬

해설
• N형 반도체의 첨가 불순물 : 인, 비소, 안티몬
• P형 반도체의 첨가 불순물 : 붕소, 알루미늄, 인듐, 갈륨

40 3상 유도전동기에서 슬립의 공식은?

① $\dfrac{N_s}{N_s - N}$
② $\dfrac{N_s - N}{N_s}$
③ $\dfrac{N - N_s}{N_s}$
④ $\dfrac{N_s - N}{N}$

해설
$s = \dfrac{N_s - N}{N_s}$ 이므로 회전자 정지 시 $s = 1$, 동기 속도 시 $s = 0$

41 접지시스템의 시설 종류 중 옳지 않은 것은?

① 단독접지
② 공통접지
③ 통합접지
④ 부분접지

해설
접지시스템의 시설 종류
단독접지, 공통접지, 통합접지

42 반도체 무접점으로 되어 있어 접점 수명이 길고 반응 속도 및 반응 감도를 조절할 수 있는 기기는?

① 전자식 과전류 계전기
② 배선용 차단기
③ 단로기
④ 누전 차단기

해설
전자식 과전류 계전기의 특징
• 반도체 무접점으로 되어 있어 접점수명이 길다.
• 반응 속도가 빠르며 반응 속도를 조절할 수 있다.
• 미세한 전류에도 반응할 수 있으므로 논리회로에 적합하다.

43 한국전기설비규정에 따른 가공케이블의 시설에서 가공전선에 케이블을 사용하는 경우 조가선의 단면적은 몇 [mm²] 이상이어야 하는가?(단, 조가선은 아연도강연선이다.)

① 20
② 22
③ 18
④ 24

해설
조가선은 인장강도 5.93[kN] 이상의 것 또는 단면적 22[mm²] 이상인 아연도강연선이어야 한다.

정답 37 ① 38 ④ 39 ④ 40 ② 41 ④ 42 ① 43 ②

44 옥외용 가교 폴리에틸렌 절연전선에 해당하는 약호는?

① DV   ② NR   ③ OC   ④ OW

해설
① DV : 인입용 비닐 절연전선
② NR : 일반용 단심 비닐 절연전선
④ OW : 옥외용 비닐 절연전선

45 교류 배전반에서 전류가 많이 흘러 전류계를 직접 주회로에 연결할 수 없을 때 사용하는 기기는?

① 전류 제한기
② 계기용 변압기
③ 계기용 변류기
④ 전류계용 절환 개폐기

해설
계기용 변류기(CT)
대전류를 소전류로 바꾸어 계전기나 계측기에 전원을 공급한다.

46 OW는 무슨 전선의 약호인가?

① 인입용 비닐 절연전선
② 단심 비닐 절연전선
③ 옥외용 비닐 절연전선
④ 비닐 절연 네온 전선

해설
• OW : 옥외용 비닐 절연전선
• DV : 인입용 비닐 절연전선
• NR : 일반용 단심 비닐 절연전선
• NV : 비닐 절연 네온전선

47 "큐비클형"이라 하며 점유면적이 적고 운전 보수가 안전하여 공장, 빌딩의 전기실에 사용되는 배전반은?

① 오픈식   ② 프론트식
③ 폐쇄식   ④ 라이브식

해설
폐쇄식 배전반(Cubicle Type, 큐비클형)
점유 면적이 좁고 운전과 보수에 안전하여 현재 공장, 빌딩 등의 전기실에 많이 사용된다.

48 다음 중 절연성, 내온성, 내유성이 풍부하며 연피케이블에 사용하는 전기용 테이프는?

① 면 테이프   ② 비닐 테이프
③ 리노 테이프   ④ 고무 테이프

해설
리노 테이프
점착성은 없으나 절연성, 내온성 및 내유성이 있으므로 연피 케이블 접속에는 반드시 사용된다.

49 전압의 종별을 구분할 때 직류에서 고압의 범위는?

① 600[V]를 넘고 6.6[kN] 이하인 것
② 1.5[kV]를 넘고 7[kN] 이하인 것
③ 600[V]를 넘고 7[kN] 이하인 것
④ 750[V]를 넘고 6.6[kN] 이하인 것

해설
전압의 범위
• 저압 : 직류 1,500[V] 이하, 교류 1,000[V] 이하
• 고압 : 직류 1,500[V] 초과, 7,000[V] 이하
   교류 1,000[V] 초과, 7,000[V] 이하
• 특고압 : 7,000[V] 초과

50 선택 지락 계전기(Selective Ground Relay)의 용도는?

① 단일회선에서 지락사고 지속시간의 선택
② 단이 회선에서 지락전류의 대소의 선택
③ 다회신에서 지락고장 회선의 선택
④ 단일회선에서 지락전류의 방향의 선택

해설
선택 지락 계전기(SGR)
병행 2회선 송전로에서 지락 사고 시 고장회선만을 선택 · 차단할 수 있게 하는 계전기이다.

정답 44 ③ 45 ③ 46 ③ 47 ③ 48 ③ 49 ② 50 ③

51 굵은 전선을 절단할 때 사용하는 전기공사용 공구는?

① 프레셔 툴 ② 노크 아웃 펀치
③ 파이프 커터 ④ 클리퍼

해설
① 프레셔 툴 : 솔더리스 커넥터 또는 솔더리스 터미널을 눌러 붙임 접속 시 사용
② 노크 아웃 펀치 : 캐비닛에 구멍을 뚫을 때 사용
③ 파이프 커터 : 금속관을 절단할 때 사용
④ 클리퍼 : 22[mm²] 이상의 굵은 전선을 절단할 때 사용

52 금속관을 구부릴 때 그 안쪽의 반지름은 관 안지름의 최소 몇 배 이상이 되어야 하는가?

① 4 ② 6 ③ 8 ④ 10

해설
금속관의 안쪽 반지름은 관 안지름의 6배 이상으로 구부린다.

53 전선을 접속하는 방법으로 틀린 것은?

① 전기저항이 증가되지 않아야 한다.
② 전선의 세기는 30[%] 이상 감소시키지 않아야 한다.
③ 접속 부분은 와이어 접속기 등의 접속기구를 사용하거나 납땜을 한다.
④ 알루미늄을 접속할 때는 고사된 규격에 맞는 접속관 등의 접속기구를 사용한다.

해설
전선의 접속 조건
• 접속 시 전기적 저항을 증가시키지 않는다.
• 접속 부위의 기계적 강도를 20[%] 이상 감소시키지 않는다.
• 접속점의 절연이 약화되지 않도록 테이핑 또는 와이어 접속기로 절연한다.
• 전선의 접속은 박스 안에서 하고, 접속점에 장력이 가해지지 않도록 한다.

54 금속관 공사에서 노크 아웃의 지름이 금속관의 지름보다 큰 경우에 사용하는 재료는?

① 로크 너드 ② 부싱
③ 콘넥터 ④ 링 리듀서

해설
• 링 리듀서 : 아웃렛 박스의 노크아웃의 지름이 관 지름보다 클 때 사용
• 로크 너트 : 금속관과 박스를 잘 죄기 위하여 사용
• 부싱 : 전선의 절연 피복을 보호하기 위하여 금속관 끝에 취부하여 사용

55 애자공사를 건조한 장소에 시설하고자 한다. 사용 전압이 400[V] 이하인 경우 전선과 조영재 사이의 간격은 최소 몇 [cm] 이상이어야 하는가?

① 2.5[cm] 이상 ② 4.5[cm] 이상
③ 6.0[cm] 이상 ④ 12[cm] 이상

해설
애자공사 시공전선의 간격
• 전선 상호 간의 간격 : 6[cm] 이상
• 전선과 조영재 사이의 간격(400[V] 이하) : 2.5[cm] 이상
• 전선과 조영재 사이의 간격(400[V] 초과) : 4.5[cm] 이상(건조한 곳은 2.5[cm] 이상)

56 접지전극의 매설 깊이는 몇 [m] 이상인가?

① 0.6 ② 0.65
③ 0.7 ④ 0.75

해설
접지전극은 지표면에서 0.75[m] 이상의 깊이에 매설해야 한다.

57 인입용 비닐 절연전선의 공칭 단면적 8[mm²]되는 연선의 구성은 소선의 지름이 1.2[mm²]일 때 소선수는 몇 가닥으로 되어 있는가?

① 3 ② 4
③ 6 ④ 7

해설
소선수 = $\dfrac{\text{연선의 단면적}}{\text{소선의 단면적}} = \dfrac{8}{\dfrac{\pi \times 1.2^2}{4}} = 7$가닥

정답 51 ④ 52 ② 53 ② 54 ④ 55 ① 56 ④ 57 ④

58 셀룰로이드, 성냥, 석유류 및 기타 가연성 위험물질은 제조 또는 저장하는 장소의 배선으로 잘못된 것은?

① 금속관 배선
② 합성수지관 배선
③ 플로어덕트 배선
④ 케이블 배선

해설
셀룰로이드, 성냥, 석유류 등 기타 가연성 위험물질을 제조 또는 저장하는 곳은 합성수지관(2[mm] 이상), 금속관, 케이블 배선에 의하여 시설한다.

59 과전류차단기로 시설하는 퓨즈 중 고압전로에 사용하는 비포장 퓨즈는 정격전류의 1.25배의 전류에 견디고, 2배의 전류로는 몇 분 안에 용단되는 것이어야 하는가?

① 4분   ② 1분   ③ 2분   ④ 3분

해설
- 비포장 퓨즈는 정격전류의 1.25배에 견디고, 2배의 전류로는 2분 안에 용단되는 것이어야 한다.
- 포장 퓨즈는 정격전류의 1.3배에 견디고, 2배의 전류로는 120분 안에 용단되어야 한다.

60 다음 변압기의 중성점 접지 저항값을 구하는 식에서 k는?(단, I_g는 변압기의 고압 또는 특고압 측 전로의 1선 지락전류이고, 전로를 자동 차단하는 장치가 없는 경우이다. 접지저항 $= \dfrac{k}{I_g}$ [Ω])

① 600   ② 100   ③ 300   ④ 150

해설
변압기 중성점 접지
- 특별한 보호장치가 없는 경우 : $R = \dfrac{150}{I_g}$
- 혼촉 시 보호장치 동작이 1초를 넘고 2초 이내인 경우 : $R = \dfrac{300}{I_g}$
- 혼촉 시 보호장치 동작이 1초 이내인 경우 : $R = \dfrac{600}{I_g}$

정답 58 ③ 59 ③ 60 ④

2023년 3회 시행

과년도 기출문제

01 자속밀도가 B인 평등한 자기장에 길이가 l인 도선이 있다. 도선이 자속과 수직방향으로 v속도로 이동했다면 이때 유도되는 기전력은?

① Blv
② $\dfrac{Bl}{v}$
③ $\dfrac{Bv}{l}$
④ $\dfrac{lv}{B}$

해설
플레밍의 오른손 법칙
$e = Blv\sin\theta = Blv[V]$
수직방향이므로 $\sin\theta = 1$

02 30[μF]과 40[μF]의 콘덴서를 병렬로 접속한 후 100[V]의 전압을 가했을 때 전전하량은 몇 [C]인가?

① 17×10^{-4}
② 34×10^{-4}
③ 56×10^{-4}
④ 70×10^{-4}

해설
$Q = CV = (30 \times 10^{-6} + 40 \times 10^{-6}) \times 100$
$= 70 \times 10^{-6} \times 10^2 = 70 \times 10^{-4}[C]$

03 황산구리 용액에 10[A]의 전류를 60분간 흘린 경우 이때 석출되는 구리의 양은?(단, 구리의 전기 화학당량은 $0.3293 \times 10^{-3}[g/C]$이다.)

① 1.97
② 7.82
③ 5.93
④ 11.86

해설
패러데이 법칙
석출되는 물질의 양 $W = KQ = KIt$
$(0.3293 \times 10^{-3}) \times 10 \times (60 \times 60) = 11.86[g]$

04 지름 2.6[mm], 길이 1,000[m]인 구리선이 있다. 이 구리선의 저항값은 약 몇[Ω]인가?(단, 구리선의 고유저항은 $1.69 \times 10^{-8}[\Omega m]$이다.)

① 3.19
② 0.61
③ 2.89
④ 3.85

해설
$R = \rho\dfrac{l}{S} = \rho\dfrac{l}{\pi r^2} = \rho\dfrac{l}{\dfrac{\pi d^2}{4}}$
$= (1.69 \times 10^{-8}) \times \dfrac{1,000}{\dfrac{\pi \times (2.6 \times 10^{-3})^2}{4}} = 3.19[\Omega]$

05 $\Delta-\Delta$ 결선의 상전류과 선전류의 위상차는?

① $\dfrac{\pi}{3}$[rad]
② $\dfrac{\pi}{2}$[rad]
③ $\dfrac{2\pi}{3}$[rad]
④ $\dfrac{\pi}{6}$[rad]

해설
3상 교류 위상차
$I_l = \sqrt{3}\,I_p \angle 30°$
• 상전류와 선전류 위상차는 30°
• 호도법 변경 시 $30° \times \dfrac{\pi}{180°} = \dfrac{\pi}{6}[rad]$

06 옴의 법칙은 저항에 흐르는 전류와 전압의 관계를 나타낸 것이다. 회로의 저항이 일정할 때 전류는?

① 전압에 비례한다.
② 압에 반비례한다.
③ 전압의 제곱에 비례한다.
④ 전압의 제곱에 반비례한다.

정답 01 ① 02 ④ 03 ④ 04 ① 05 ④ 06 ①

해설

옴의 법칙 $I = \dfrac{V}{R}$에서 전류는 전압에 비례하고, 저항과 반비례 관계에 있다.

07 어드미턴스의 실수부가 나타내는 것은?

① 컨덕턴스　　② 임피던스
③ 리액턴스　　④ 서셉턴스

해설

$Y = G \pm jB$에서
- 실수부 G : 컨덕턴스
- 허수부 B : 서셉턴스

08 자기회로와 전기회로의 대응으로 틀린 것은?

① 기자력 – 기전력
② 자속 – 전류
③ 투자율 – 유전율
④ 자계의 세기 – 전계의 세기

해설

자기회로의 투자율과 대응관계에 있는 것은 도전율(σ)이다.

09 10[Ω] 저항 5개를 가지고 얻을 수 있는 가장 작은 합성저항 값은?

① 1[Ω]　② 2[Ω]　③ 4[Ω]　④ 5[Ω]

해설

직렬 접속하면 가장 큰 합성저항 값을 얻을 수 있고, 병렬 접속하면 가장 작은 합성저항 값을 얻을 수 있다.

$R_0 = \dfrac{R}{n} = \dfrac{10}{5} = 2[\Omega]$

10 단상전력계 2대를 사용하여 2전력계법으로 3상 전력을 측정하고자 한다. 두 전력계의 지시값이 각각 P_1, P_2이었다. 3상 전력 P를 구하는 식으로 옳은 것은?

① $P = \sqrt{3}(P_1 \times P_2)$　② $P = P_1 - P_2$
③ $P = P_1 \times P_2$　　　　④ $P = P_1 + P_2$

해설

2전력계법
유효전력 $P = P_1 + P_2$

11 1[kWh]는 몇 [J]인가?

① 3.6×10^6　② 860
③ 10^3　　　　④ 10^6

해설

$1[\text{kWh}] = 1 \times 10^3 \times 3{,}600[\text{W} \cdot \sec] = 3.6 \times 10^6 [\text{J}]$

12 다음 중에서 자석의 일반적인 성질에 대한 설명으로 틀린 것은?

① N극과 S극이 있다.
② 자력선은 N극에서 나와 S극으로 향한다.
③ 자력이 강할수록 자기력선의 수가 많다.
④ 자석은 고온이 되면 자력이 증가한다.

해설

자석은 고온이 되면 강자성이 상자성으로 되어 자석의 성질을 잃어버린다.

13 전기장 중에 단위 전하를 놓았을 때 그것이 작용하는 힘은 어느 값과 같은가?

① 전장의 세기　② 전하
③ 전위　　　　④ 전위차

해설

전기장 중에 단위 전하에 작용하는 힘을 전장의 세기(전계의 세기)라고 한다.

14 일반적으로 절연체를 서로 마찰시키면 이들 물체는 전기를 띠게 되고, 물체를 끌어당기는 현상을 볼 수 있다. 이와 같이 물체가 전기를 띠는 현상을 무엇이라 하는가?

① 방전　　② 대전
③ 충전　　④ 통전

정답　07 ①　08 ③　09 ②　10 ④　11 ①　12 ④　13 ①　14 ②

> **해설**
>
> 절연체를 서로 마찰시켰을 때 전기를 띠게 되는 현상을 대전현상이라고 한다.

15 납축전지의 전해액으로 사용되는 것은?

① H_2SO_4
② $2H_2O$
③ PbO_2
④ $PbSO_4$

> **해설**
>
> 납축전지의 전해액 : H_2SO_4(묽은 황산)

16 코일의 성질에 대한 설명으로 틀린 것은?

① 공진하는 성질이 있다.
② 상호유도작용이 있다.
③ 전원 노이즈 차단 기능이 있다.
④ 전류의 변화를 확대시키려는 성질이 있다.

> **해설**
>
> 코일은 전류의 변화를 축소시키려는 성질이 있다.
> $e = -L\dfrac{di}{dt}$

17 무한히 긴 2개의 왕복 도선을 진공 중(또는 공기 중)에 1[m]의 간격을 유지하여 양 도선에 전류를 흐르게 할 때, 양 도선 사이에 흡입력 또는 반발력의 크기가 1[m]당 2×10^{-7}[N]이 되게 하는 전류(A)는?

① 1   ② 100   ③ 10   ④ 0.1

> **해설**
>
> 평행한 두 도선 사이에 1[m]당 작용하는 힘
> $F = \dfrac{2I^2}{d} \times 10^{-7}$[N/m]
> $I = \sqrt{\dfrac{Fd}{2 \times 10^{-7}}} = \sqrt{\dfrac{2 \times 10^{-7} \times 1}{2 \times 10^{-7}}} = 1$[A]

18 다음 중 전위의 단위가 아닌 것은?

① [J/C]
② [N·m/C]
③ [V/m]
④ [V]

> **해설**
>
> 전위(전압)
> $V[V] = \dfrac{W}{Q}[J/C] = \dfrac{Fr}{Q}[N \cdot m/C]$
>
> 전계의 세기
> $E = \dfrac{V}{r}[V/m]$

19 다음 중 자기저항의 단위에 해당되는 것은?

① [Ω]
② [Wb/AT]
③ [H/m]
④ [AT/Wb]

> **해설**
>
> 자기저항(Reluctance)
> $R_m = \dfrac{F}{\phi} = \dfrac{NI}{\phi}$[AT/Wb]

20 다음 중 파고율이 맞는 것은?

① $\dfrac{실횻값}{평균값}$
② $\dfrac{최대값}{실횻값}$
③ $\dfrac{실횻값}{최대값}$
④ $\dfrac{평균값}{실횻값}$

> **해설**
>
> 파고율 = $\dfrac{최대값}{실횻값}$, 파형률 = $\dfrac{실횻값}{평균값}$

21 변압기유의 구비 조건으로 틀린 것은?

① 냉각효과가 클 것
② 응고점이 높을 것
③ 절연내력이 클 것
④ 고온에서 화학반응이 없을 것

> **해설**
>
> 변압기유의 구비 조건
> - 절연내력이 클 것
> - 인화점이 높고 응고점이 낮을 것
> - 절연재료와 화학작용을 일으키지 않을 것
> - 고온에서 산화하지 않을 것
> - 비열이 커서 냉각효과가 클 것
> - 점도가 낮을 것

정답 15 ① 16 ④ 17 ① 18 ③ 19 ④ 20 ② 21 ②

22 동기전동기의 전기자 전류가 최소일 때 역률은?

① 0
② 0.707
③ 0.866
④ 1

해설

동기전동기(조상기)의 위상 특성 곡선에서 전기자 전류가 최소일 때 역률은 항상 1이다.

23 전기자 저항 0.1[Ω], 전기자 전류 104[A], 유도기전력 110.4[V]인 직류 분권발전기의 단자전압[V]은?

① 100
② 98
③ 102
④ 106

해설

직류 분권발전기의 단자전압 $V = E - I_a R_a$[V]에서
$V = 110.4 - 104 \times 0.1 = 100$[V]

24 직류 직권전동기의 회전수가 $\frac{1}{3}$로 감소하면 토크는 어떻게 되는가?

① 3배 증가
② $\frac{1}{3}$로 감소
③ 9배 증가
④ $\frac{1}{9}$로 감소

해설

직류 직권전동기의 토크는 $\tau \propto \frac{1}{N^2}$ 관계를 나타내며
$\tau' = \frac{1}{\left(\frac{1}{3}\right)^2} \tau = 9\tau$이므로 9배로 증가한다.

25 동기기에 제동권선을 설치하는 이유로 옳은 것은?

① 역률 개선
② 출력 증가
③ 전압 조정
④ 난조 방지

해설

동기기의 제동권선은 주로 난조 방지에 주로 사용하고 동기전동기에서는 기동 역할도 한다.

26 슬립 4[%]인 3상 유도전동기의 2차 동손이 0.4[kW]일 때 회전자의 입력[kW]은?

① 6
② 8
③ 10
④ 12

해설

2차 동손 $P_{c2} = sP_2$ 식에서
2차 입력 $P_2 = \frac{P_{c2}}{s} = \frac{0.4}{0.04} = 10$[kW]

27 병렬운전 중인 두 동기발전기의 유도기전력이 2,000[V], 위상차 60°, 동기 리액턴스 100[Ω]이다. 유효순환전류[A]는?

① 5
② 20
③ 10
④ 15

해설

유효순환전류 $I_c = \frac{2E}{2Z_s} \sin\frac{\theta}{2} = \frac{2 \times 2,000}{2 \times 100} \sin\frac{60°}{2} = 10$[A]

여기서 동기 임피던스는 동기 리액턴스와 같다. $Z_s \fallingdotseq X_s$

28 Y-Y 결선의 특징으로 틀린 것은?

① 고주파를 포함 한다.
② V결선을 할 수 있다.
③ 중성점 접지를 한다.
④ 절연이 쉽다.

해설

$\Delta-\Delta$ 결선에서 단상 변압기 1대 고장 시 V-V 결선으로 3상 부하에 공급 가능하다.

29 유도전동기의 동기 속도 N_s, 회전 속도 N일 때 슬립 s은?

① $s = \frac{N_s - N}{N}$
② $s = \frac{N - N_s}{N}$
③ $s = \frac{N_s - N}{N_s}$
④ $s = \frac{N_s + N}{N}$

정답 22 ④ 23 ① 24 ③ 25 ④ 26 ③ 27 ③ 28 ② 29 ③

> **[해설]**
>
> 유도전동기 슬립 $s = \dfrac{N_s - N}{N_s}$
>
> 여기서, N_s : 동기 속도, N : 회전자 속도

30 변압기의 병렬운전 조건에 해당하지 않는 것은?

① 극성이 같을 것
② 용량이 같을 것
③ 권수비가 같을 것
④ 저항과 리액턴스 비가 같을 것

> **[해설]**
>
> 변압기 병렬운전 조건
> • 극성이 같을 것
> • 권수비 및 1차, 2차 정격전압이 같을 것
> • 내부 저항과 누설 리액턴스의 비가 같을 것
> • 퍼센트 임피던스 강하가 같을 것
> • 각 변위가 같을 것(3상)
> • 상회전 방향이 같을 것(3상)

31 직류발전기의 철심을 규소강판으로 성층하여 사용하는 주된 이유는?

① 브러시에서의 불꽃방지 및 정류개선
② 맴돌이 전류손과 히스테리시스손의 감소
③ 전기자 반작용의 감소
④ 기계적 강도 개선

> **[해설]**
>
> 철손(히스테리시스손+맴돌이 전류손)을 줄이기 위하여 계자 철심과 전기자 철심은 규소강판을 성층하여 사용한다.

32 다음 중 변압기 무부하손의 대부분을 차지하는 것은?

① 유전체손   ② 표류부하손
③ 철손   ④ 동손

> **[해설]**
>
> 변압기 손실 중 무부하손의 대표적인 손실은 철손이고 부하손의 대표적인 손실은 동손이다.

33 정류자와 접촉하여 전기자 권선과 외부회로를 연결하는 역할을 하는 것은?

① 계자   ② 전기자
③ 브러시   ④ 계자 철심

> **[해설]**
>
> 브러시는 정류자와 접촉하여 외부회로와 연결하는 역할을 수행한다.

34 직류를 교류로 변환하는 장치는?

① 컨버터   ② 초퍼
③ 인버터   ④ 정류기

> **[해설]**
>
> 전력변환장치
> • 컨버터(정류기) : 교류를 직류로 변환
> • 인버터 : 직류를 교류로 변환
> • 초퍼 : 직류를 직류로 변환(크기)
> • 사이클로 컨버터 : 교류를 교류로 변환(크기, 주파수)

35 유도전동기의 무부하 시 슬립은 얼마인가?

① 0   ② 1   ③ 3   ④ 4

> **[해설]**
>
> • 기동 시(정지) 슬립 $s = 1$
> • 무부하 시($N_s = N$) 슬립 $s = 0$

36 변압기의 효율이 가장 좋을 때의 조건은?

① 철손=동손   ② 철손=1/2동손
③ 동손=1/2철손   ④ 동손=2철손

> **[해설]**
>
> 변압기의 최대 효율 조건은 철손과 동손이 같을 때이다.

37 부흐홀츠 계전기의 설치 위치로 가장 적당한 곳은?

① 콘서베이터 내부
② 변압기 고압 측 부싱
③ 변압기 수 탱크 내부
④ 변압기 주 탱크와 콘서베이터 사이

정답 30 ② 31 ② 32 ③ 33 ③ 34 ③ 35 ① 36 ① 37 ④

해설

부흐홀츠 계전기는 변압기 주 탱크와 콘서베이터 사이에 설치하며, 유증기를 검출하여 경보 및 차단하는 계전기이다.

38 고압전동기 철심의 강판 홈(Slot)의 모양은?

① 반폐형 ② 개방형
③ 반구형 ④ 밀폐형

해설

고압전동기 철심의 홈 모양은 개방형이고, 저압은 반폐형을 사용한다.

39 동기발전기의 돌발 단락전류를 주로 제한하는 것은?

① 권선 저항 ② 동기 리액턴스
③ 누설 리액턴스 ④ 역상 리액턴스

해설

동기 발전기의 단락전류 중 돌발 단락전류가 흐를 때는 전기자 반작용이 없는 상태이다. 동기 리액턴스 중 전기자 반작용 리액턴스가 없으므로 누설리액턴스를 제한한다. $I_s = \dfrac{E}{X_\ell}[A]$

40 권선형 유도전동기 기동 시 회전자 측에 저항을 넣는 이유는?

① 기동 전류 증가
② 기동 토크 감소
③ 회전수 감소
④ 기동 전류 억제와 토크 증대

해설

비례추이 권선형 유도전동기에서 2차 저항이 증가하면 그에 비례하여 슬립이 증가하는 현상을 말하며, 슬립이 증가하면 기동 토크가 증가하고 저항이 증가하면 기동전류가 감소되는 효과를 얻을 수 있다.

41 전선을 접속할 경우의 설명으로 틀린 것은?

① 접속 부분의 전기저항이 증가되지 않아야 한다.
② 전선의 세기를 80[%] 이상 감소시키지 않아야 한다.
③ 접속 부분은 접속기구를 사용하거나 납땜을 하여야 한다.
④ 알루미늄 전선과 구리선을 접속하는 경우, 전기적 부식이 생기지 않도록 해야 한다.

해설

전선의 접속 조건
- 접속 시 전기적 저항을 증가시키지 않는다.
- 접속 부위의 기계적 강도를 20[%] 이상 감소시키지 않는다.
- 접속점의 절연이 약화되지 않도록 테이핑 또는 와이어 접속기로 절연한다.
- 전선의 접속은 박스 안에서 하고, 접속점에 장력이 가해지지 않도록 한다.

42 다음 변압기의 중성점 접지 저항값을 구하는 식에서 k는?(단, I_g는 변압기의 고압 또는 특고압 측 전로의 1선 지락전류이고, 전로를 자동 차단하는 장치가 없는 경우이다. 접지저항 = $\dfrac{k}{I_g}[\Omega]$)

① 600 ② 100
③ 300 ④ 150

해설

변압기 중성점 접지
- 특별한 보호장치가 없는 경우 : $R = \dfrac{150}{I_g}$
- 혼촉 시 보호장치 동작이 1초를 넘고 2초 이내인 경우 : $R = \dfrac{300}{I_g}$
- 혼촉 시 보호장치 동작이 1초 이내인 경우 : $R = \dfrac{600}{I_g}$

43 합성수지관을 새들 등으로 지지하는 경우 지지점 간의 거리는 몇 [m] 이하인가?

① 1.5 ② 2.0
③ 2.5 ④ 3.0

해설

합성수지관을 새들 등으로 지지할 때 지지점 사이의 거리는 1.5[m] 이하로 하고, 관과 관, 관과 박스의 접속점 및 관 끝은 각각 0.3[m] 이내로 지지한다.

정답 38 ② 39 ③ 40 ④ 41 ② 42 ④ 43 ①

44 절연내력을 시험할 때는 관련 규정에서 정한 시험전압을 연속하여 몇 분간 가해야 하는가?

① 1분   ② 3분   ③ 5분   ④ 10분

해설
전로와 대지 사이에 연속하여 10분간 가하여 절연내력을 시험하였을 때 이에 견뎌야 한다.

45 450/750[V] 일반용 단심 비닐 절연전선의 약호는?

① NRI   ② NF   ③ NFI   ④ NR

해설
NR : 450/750[V] 일반용 단심 비닐 절연전선

46 가공케이블 시설 시 조가선에 금속 테이프 등을 사용하여 케이블 외장을 견고하게 붙여 조가하는 경우 나선형으로 금속 테이프를 감는 간격은 몇 [cm] 이하를 확보하여 감아야 하는가?

① 50   ② 30   ③ 20   ④ 10

해설
조가선에서 행거의 간격은 50[cm] 이하, 금속 테이프의 간격은 20[cm] 이하이다.

47 한국전기설비규정에 따라 분기회로의 단락 보호장치 설치점(B)과 분기점(O) 사이에 다른 분기회로 또는 콘센트의 접속이 없고 단락, 화재 및 인체에 대한 위험이 최소화될 경우, 분기회로의 단락 보호장치(P_2)는 분기점(O)으로부터 몇 [m]까지 이동하여 설치할 수 있는가?(단, S는 도체의 단면적이다.)

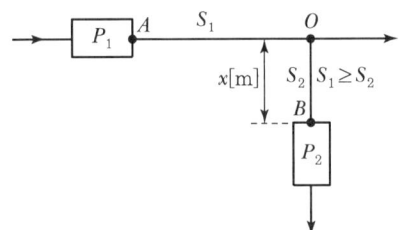

① 2   ② 3   ③ 4   ④ 5

해설
과부하 보호장치는 분기점에 설치해야 하나, 분기점과 분기회로의 과부하 보호장치의 설치점 사이의 배선부분에 다른 분기회로나 콘센트 회로가 접속되어 있지 않고, 단락의 위험과 화재 및 인체에 대한 위험성이 최소화되도록 시설된 경우, 분기회로의 보호장치는 분기회로의 분기점으로부터 3[m]까지 이동하여 설치할 수 있다.

48 자가용 전기설비의 보호 계전기의 종류가 아닌 것은?

① 과전류계전기   ② 과전압계전기
③ 부족전압계전기   ④ 부족전류계전기

해설
- OCR(과전류계전기) : 일정 값 이상의 전류가 흘렀을 때 동작
- UVR(부족전압계전기) : 전압이 일정값 이하로 떨어졌을 때 동작
- OVR(과전압계전기) : 일정값 이상의 전압이 걸렸을 때 동작

49 다음과 같은 그림기호의 명칭은?

―――――

① 바닥은폐배선   ② 지중매설배선
③ 천장은폐배선   ④ 노출배선

해설

배선의 기호

명칭	기호
천장은폐배선	―――――
노출배선	‒ ‒ ‒ ‒ ‒
지중매설배선	― ・ ― ・ ―
바닥은폐배선	― ― ― ―

50 셀룰로이드, 성냥, 석유류 및 기타 가연성 위험물질을 제조 또는 저장하는 장소의 배선으로 잘못된 것은?

① 금속관 공사   ② 합성수지관 공사
③ 플로이덕트 공사   ④ 케이블 공사

정답 44 ④ 45 ④ 46 ③ 47 ② 48 ④ 49 ③ 50 ③

> 해설
>
> 셀룰로이드, 성냥, 석유류 등 기타 가연성 위험물질을 제조 또는 저장하는 곳은 합성수지관(2[mm] 이상), 금속관, 케이블 배선에 의하여 시설한다.

51 화약고 등의 위험 장소의 배선공사에서 전로의 대지전압은 몇 [V] 이하로 하도록 되어 있는가?

① 300 ② 400 ③ 500 ④ 600

> 해설
>
> 화학류 저장소에서 전기설비의 시설
> - 전로의 대지전압은 300[V] 이하로 한다.
> - 전기기계·기구는 전폐형으로 한다.
> - 전용 개폐기 또는 과전류차단기에서 화약류 저장소의 인입구까지는 케이블을 사용하여 지중전로로 한다.

52 $\dfrac{\text{부하의 평균전력(1시간평균)}}{\text{최대수용전력(1시간평균)}} \times 100[\%]$의 관계를 가지고 있는 것은?

① 부하율   ② 부등률
③ 수용률   ④ 설비율

> 해설
>
> - 부하율 = $\dfrac{\text{부하의 평균전력}}{\text{최대수용전력}} \times 100[\%]$
> - 수용률 = $\dfrac{\text{최대수용전력}}{\text{총 부하설비용량 합계}} \times 100[\%]$
> - 부등률 = $\dfrac{\text{각 부하의 최대수용전력의 합계}}{\text{합성최대수용전력}}$

53 잡아당김하는 곳이나 분기하는 곳에 사용하는 애자는?

① 구형애자   ② 가지애자
③ 새클애자   ④ 현수애자

> 해설
>
> ① 구형애자 : 지지선(옥)애자. 지지선 중간에 설치
> ② 가지애자 : 전선로를 다른 방향으로 돌리는 경우에 사용
> ③ 새클애자 : 고압 또는 저압 선로에서 전선을 끌어당겨 교차할 때 사용
> ④ 현수애자 : 철탑 등에서 전선을 잡아당김하거나 분기할 경우 사용

54 단로기에 대한 설명으로 옳은 것은?

① 부하 전류 개폐 기능만 있다.
② 부하 전류를 차단한다.
③ 전압 개폐의 기능만 있다.
④ 전압, 전류를 모두 차단한다.

> 해설
>
> 단로기는 무부하 시에만 개폐 가능하다.

55 전주를 건주할 경우에 A종 철근 콘크리트주의 길이가 10[m]이면 땅에 묻는 표준 깊이는 최저 약 몇[m]인가?(단, 설계 하중이 6.8[kN] 이하이다.)

① 2.5 ② 3.0 ③ 1.7 ④ 2.4

> 해설
>
> 전주의 길이 15[m] 이하 : 전주 길이의 $\dfrac{1}{6}$ 이상
>
> ∴ $10 \times \dfrac{1}{6} = 1.7[m]$

56 변압기 중성점에 접지공사를 하는 이유는?

① 전류 변동의 방지   ② 전압 변동의 방지
③ 전력 변동의 방지   ④ 고전압 혼촉방지

> 해설
>
> 변압기 2차 측에 중성점을 접지하여 이상전압방지 및 혼촉방지를 한다.

57 UPS 시스템을 설명한 것으로 옳은 것은?

① 상시 전원 공급장치
② 예비용 직류 전원장치
③ 가변 주파수 전원장치
④ 무정전 전원장치

> 해설
>
> UPS(Uninterruptible Power Supply)
> 무정전 전원 공급장치로 선로의 정전이나 입력 전원에 이상상태가 발생하였을 경우에도 정상적으로 전력을 부하 측에 공급하는 설비이다.

정답 51 ① 52 ① 53 ④ 54 ③ 55 ③ 56 ④ 57 ④

58 다음 중 금속전선관의 종류에서 박강전선관의 규격이 아닌 것은?

① 19 ② 25 ③ 31 ④ 35

해설

박강전선관의 규격[mm]
19, 25, 31, 39, 51, 63, 75

59 연피케이블의 접속에 반드시 사용되는 테이프는?

① 비닐 테이프 ② 리노 테이프
③ 고무 테이프 ④ 자기융착 테이프

해설

- 리노 테이프 : 점착성은 없으나 절연성, 내온성 및 내유성이 있으므로 연피 케이블 접속에는 반드시 사용된다.
- 비닐 테이프 : 염화비닐 컴파운드로 만든 것이다.
- 자기융착 테이프 : 내오존성, 내수성, 내약품성, 내온성이 우수하여 오래도록 열화하지 않으므로 비닐 외장 케이블 및 클로로프렌 외장 케이블의 접속에 사용된다.

60 금속관을 절단할 때 사용하는 공구는?

① 오스터 ② 녹아웃 펀치
③ 파이프 커터 ④ 파이프 렌치

해설

- 파이프 커터 : 금속관을 절단할 때 사용
- 오스터 : 금속관에 나사내기를 할 때 사용
- 녹아웃 펀치 : 캐비닛에 구멍을 뚫을 때 사용

정답 58 ④ 59 ② 60 ③

2023년 4회 시행 과년도 기출문제

01 같은 저항값의 저항이 10개 있다. 이 저항 10개를 접속하여 합성 저항값을 최소화하는 접속법은
① 브리지 접속
② 병렬 접속
③ 직·병렬 접속
④ 직렬 접속

해설
- 저항을 모두 병렬로 접속했을 경우 합성저항이 가장 작다.
$R_t = \dfrac{R}{n}$
- 저항을 모두 직렬로 접속했을 경우 합성저항이 가장 크다.
$R_t = nR$

02 비유전율이 큰 산화티탄 등을 유전체로 사용한 것으로 극성이 없으며 가격에 비해 성능이 우수하여 널리 사용되고 있는 콘덴서의 종류는?
① 마일러 콘덴서
② 마이카 콘덴서
③ 전해 콘덴서
④ 세라믹 콘덴서

해설
세라믹 콘덴서
비유전율이 큰 세라믹을 유전체로 사용한 것으로, 극성이 없으며 가격에 비해 성능이 우수하여 널리 사용되는 콘덴서이다.

03 1[kWh]는 몇 [J]인가?
① 3.6×10^6
② 860
③ 10^3
④ 10^6

해설
전력량 $W = Pt\,[wsec = J]$
$1[kWh] = 10^3 \times 3{,}600\,[wsec] = 3.6 \times 10^6[J]$

04 전류의 열작용과 관계가 있는 법칙은?
① 키르히호프의 법칙
② 줄의 법칙
③ 플레밍의 법칙
④ 전류 옴의 법칙

해설
줄의 법칙(줄열)
도체에 흐르는 전류에 의한 단위 시간에 발생하는 열량
$H = I^2 Rt\,[J] = 0.24 I^2 Rt\,[cal]$

05 1[eV]는 몇 [J]인가?
① $1.602 \times 10^{-19}[J]$
② $1 \times 10^{-10}[J]$
③ $1[J]$
④ $1.16 \times 10^4[J]$

해설
$W = VQ\,[V\,C = J]$
전자의 전기량 $e = 1.602 \times 10^{-19}[C]$ 이므로
$1[eV] = 1.602 \times 10^{-19}[C] \times 1[V] = 1.602 \times 10^{-19}[J]$

06 세 변의 저항 $R_a = R_b = R_c = 15[\Omega]$인 Y 결선 회로가 있다. 이것과 등가인 Δ 결선 회로의 각 변의 저항은 몇 [Ω]인가?
① $15\sqrt{3}$
② 45
③ $\dfrac{15}{\sqrt{3}}$
④ 5

해설
세 변의 저항이 15[Ω]으로 동일하므로 Y결선을 Δ결선으로 변환하면 저항 값이 3배가 된다.
$3Y = \Delta$, $3 \times 15(Y) = 45(\Delta)$

정답 01 ② 02 ④ 03 ① 04 ② 05 ① 06 ②

07 다음 회로에서 합성저항은 약 몇 [Ω]인가?

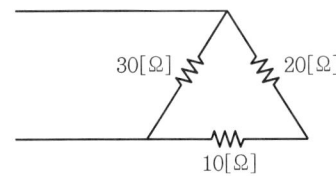

① 10 ② 15
③ 20 ④ 25

해설
10[Ω]과 20[Ω]은 직렬이고, 이것은 30[Ω]과 병렬이므로 합성저항은
$R_t = \dfrac{30 \times (20+10)}{30+(20+10)} = 15[\Omega]$

08 $C_1 = 5[\mu F]$, $C_2 = 10[\mu F]$의 콘덴서를 직렬로 접속하고 직류 30[V]를 가했을 때, C_1의 양단의 전압[V]은?

① 5 ② 10
③ 20 ④ 20

해설
콘덴서 직렬연결 시 C_1에 걸리는 전압
$V_1 = \dfrac{C_2}{C_1+C_2} \times V_t$
$= \dfrac{10 \times 10^{-6}}{5 \times 10^{-6} + 10 \times 10^{-6}} \times 30 = 20[V]$

09 RL 직렬회로에 교류전압 $v = V_m \sin \omega t$ [V]를 가했을 때, 회로의 위상각 θ를 나타낸 것은?

① $\theta = \tan^{-1} \dfrac{R}{\omega L}$

② $\theta = \tan^{-1} \dfrac{\omega L}{R}$

③ $\theta = \tan^{-1} \dfrac{1}{R\omega L}$

④ $\theta = \tan^{-1} \dfrac{R}{\sqrt{R^2 + (\omega L)^2}}$

해설
RL 직렬회로의 위상각 $\theta = \tan^{-1} \dfrac{허수}{실수}$
$\theta = \tan^{-1} \dfrac{\omega L}{R}$

10 그림과 같이 I[A]의 전류가 흐르고 있는 도체의 미소부분 Δl의 전류에 의해 이 부분이 r[m] 떨어진 점 P의 자기장 ΔH[A/m]는?

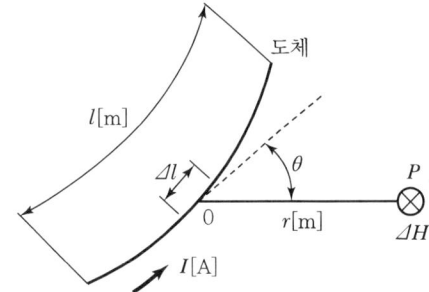

① $\Delta H = \dfrac{I^2 \Delta l \sin\theta}{4\pi r^2}$ ② $\Delta H = \dfrac{I \Delta l^2 \sin\theta}{4\pi r}$

③ $\Delta H = \dfrac{I^2 \Delta l \sin\theta}{4\pi r}$ ④ $\Delta H = \dfrac{I \Delta l \sin\theta}{4\pi r^2}$

해설
비오-사바르
전류에 의한 자계의 세기를 구할 수 있다.
$\Delta H = \dfrac{I \Delta l \sin\theta}{4\pi r^2}$ [A/m]

11 권선수 50회 감은 코일에 5[A]의 전류가 흘렀을 때 10^{-3}[Wb]의 자속이 코일에 쇄교되었다면 자기 인덕턴스는 몇 [mH]인가?

① 10 ② 15
③ 20 ④ 25

해설
$LI = \phi N$ 공식을 이용
$L = \dfrac{\phi N}{I} = \dfrac{10^{-3} \times 50}{5} = 10 \times 10^{-3}[H] = 10[mH]$

정답 07 ② 08 ③ 09 ② 10 ④ 11 ①

12 투자율 μ의 단위는?

① AT/m ② Wb/m²
③ AT/Wb ④ H/m

해설

- 투자율 : μ[H/m]
- 자계의 세기 : H[AT/m]
- 자속밀도 : B[Wb/m²]
- 자기저항 : R_m[AT/Wb]

13 정전용량이 같은 콘덴서 2개를 병렬로 연결하였을 때의 합성 정전용량은 직렬로 접속하였을 때의 몇 배인가?

① $\dfrac{1}{4}$ ② $\dfrac{1}{2}$ ③ 2 ④ 4

해설

- 콘덴서 2개를 병렬연결할 때 합성정전용량 $C = 2 \times C = 2C$
- 콘덴서 2개를 직렬연결할 때 합성정전용량

$$C = \dfrac{1}{\dfrac{1}{C} + \dfrac{1}{C}} = \dfrac{C}{2}$$

$2C = x \times \dfrac{C}{2}$ 이므로 $x = 2C \times \dfrac{2}{C} = 4$

14 그림과 같은 회로에서 전류 I는?

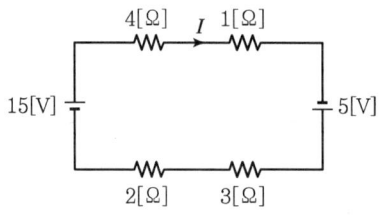

① 1 ② 2 ③ 3 ④ 4

해설

키르히호프 제2법칙(KVL)
Σ기전력 = Σ전압강하

- 15[V]와 5[V]의 방향이 같으므로
  합성전압 $V_t = 20$[V] (전류흐름 = 시계방향)
- 저항들이 모두 직렬이므로
  $R_t = 4 + 1 + 2 + 3 = 10$[Ω]

$\therefore I_t = \dfrac{V_t}{R_t} = \dfrac{20}{10} = 2$[V]

15 전기와 자기의 요소를 서로 대칭되게 나타내지 않은 것은?

① 전계 – 자계
② 전속 – 자속
③ 유전율 – 투자율
④ 전속밀도 – 자기량

해설

④ 전속밀도 – 자속밀도

16 물질에 따라 자석에 반발하는 물체를 무엇이라 하는가?

① 비자성체 ② 상자성체
③ 반자성체 ④ 가역성체

해설

물질에 따라 자석에 반발하는 물체는 반자성체로 은, 구리, 물, 비스무트 등이 대표적이다.

17 도체의 고유저항과 관계 없는 것은?

① 온도 ② 길이
③ 단면적 ④ 단면적의 모양

해설

$R = \rho \dfrac{l}{S}$, $\rho = \rho_0[1 + \alpha(T - T_0)]$

여기서, ρ : 고유저항, α : 온도계수, T : 온도
S : 단면적, l : 길이

따라서 단면적의 모양과는 관계가 없다.

18 ㉠, ㉡에 들어갈 내용으로 알맞은 것은?

> 패러데이의 전자유도 법칙에서 유도기전력의 크기는 코일을 지나는 (㉠)의 매초 변화량과 코일의 (㉡)에 비례한다.

① ㉠ : 자속, ㉡ : 굵기
② ㉠ : 자속, ㉡ : 권수
③ ㉠ : 전류, ㉡ : 권수
④ ㉠ : 전류, ㉡ : 굵기

정답 12 ④ 13 ④ 14 ② 15 ④ 16 ③ 17 ④ 18 ②

해설

패러데이 법칙 $e = -N\dfrac{d\phi}{dt}$ [V]

유도기전력의 크기는 자속의 변화량과 권수에 비례한다.

19 전기분해에 의해 석출되는 물질의 양은 통과한 전기량에 관계가 있다. 이것을 나타낸 법칙은?

① 옴의 법칙 ② 쿨롱의 법칙
③ 앙페르의 법칙 ④ 패러데이의 법칙

해설

패러데이 법칙
전기분해에 의한 전극에 석출되는 물질의 양은 전해액을 통과한 전기량에 비례하고, 전기량이 같으면 물질 석출량은 화학당량에 비례한다.
$W = KQ$ [g]
여기서, W : 물질석출량[g], K : 화학당량, Q : 전기량[C]

20 두 코일의 자체 인덕턴스를 L_1[H], L_2[H]라 하고 상호 인덕턴스를 M이라 할 때, 두 코일을 자속이 동일한 방향과 역방향이 되도록 하여 직렬로 각각 연결하였을 경우, 합성 인덕턴스의 큰 쪽과 작은 쪽의 차는?

① M ② $2M$ ③ $4M$ ④ $8M$

해설

• 자속이 같은 방향의 합성 인덕턴스(가동결합)
  $L_{가동} = L_1 + L_2 + 2M$
• 자속의 반대 방향의 합성 인덕턴스(차동결합)
  $L_{차동} = L_1 + L_2 - 2M$
즉, $L_{가동} > L_{차동}$이므로 $L_{가동} - L_{차동} = 4M$

21 회전자 입력 10[kW], 슬립 3[%]인 3상 유도전동기의 2차 동손[W]은?

① 300 ② 400 ③ 500 ④ 700

해설

2차 동손 $P_{c2} = sP_2$ 식에서
P_2가 회전자 입력이므로
$P_{c2} = 0.03 \times 10 \times 10^3 = 300$ [W]

22 동기기의 자기여자 현상의 방지법이 아닌 것은?

① 단락비 증대
② 리액턴스 접속
③ 발전기 직렬 연결
④ 변압기 접속

해설

동기기의 자기여자 현상
선로의 충전용량이 큰 경우 발전기가 무여자일지라도 무부하 충전전류에 의하여 발전기가 여자되어 전압이 확립되는 현상으로, 자기여자를 방지하기 위해서는 충전용량을 줄여야 한다.
• 단락비를 증대한다.
• 수전단에 병렬로 리액터를 설치한다.
• 수전단에 병렬로 변압기에 접속한다.
• 다수의 발전기를 병렬로 운전하여 무부하 운전을 방지한다.

23 변압기 V결선의 특징으로 틀린 것은?

① 고장 시 응급처치 방법으로도 쓰인다.
② 단상변압기 2대로 3상 전력을 공급한다.
③ 부하증가가 예상되는 지역에 시설한다.
④ V결선 시 출력은 Δ결선 시 출력과 크기가 같다.

해설

V결선 시 출력은 Δ결선의 출력의 57.7[%]이므로 V결선 출력과 Δ결선의 출력은 같지 않다.

24 SCR에서 Gate단자의 반도체는 어떤 형태인가?

① N형 ② P형 ③ NP형 ④ PN형

해설

SCR의 구성도에서 게이트단자는 P형 반도체이다.

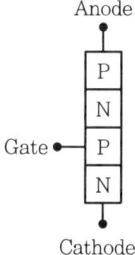

정답 19 ④ 20 ③ 21 ① 22 ③ 23 ④ 24 ②

25 전력용 반도체 소자의 종류 및 스위칭 소자가 아닌 것은?

① GTO ② LED
③ TRIAC ④ SSS

해설
LED(Light Emitting Diode)
전기에너지를 빛에너지로 변환하는 반도체 소자이다.

26 일정한 주파수의 전원에서 운전하는 3상 유도전동기의 전원전압이 80[%]가 되었다면 토크는 약 몇 [%]가 되는가?(단, 회전수는 변하지 않은 상태로 한다.)

① 55 ② 64
③ 76 ④ 82

해설
- 슬립이 일정한 상태에서 3상 유도전동기의 토크는 전압의 제곱에 비례한다.
- $\tau \propto V^2$에서 전압이 80[%]가 되었을 때 $\tau' = (0.8)^2 \tau = 0.64\tau$가 된다.

27 직류 분권발전기가 있다. 전기자 총도체수 220, 매극의 자속수 0.01[Wb], 극수 6, 회전수 1,500[rpm]일 때 유기기전력은 몇 [V]인가?(단, 전기자 권선은 파권이다.)

① 60 ② 120
③ 165 ④ 240

해설
전기자 권선이 파권이므로 병렬회로수 $a=2$이다.
유기기전력 $E = \dfrac{pz\phi N}{60a} = \dfrac{6 \times 220 \times 0.01 \times 1,500}{60 \times 2} = 165[V]$

28 동기발전기의 돌발 단락전류를 주로 제한하는 것은?

① 동기 리액턴스 ② 누설 리액턴스
③ 권선 저항 ④ 역상 리액턴스

해설
돌발 단락전류는 2~3주기의 짧은 시간에 도통되는 전류로 매우 큰 전류를 나타낸다. 하지만 돌발 단락전류가 흐를 때에는 전기자 반작용이 없으므로 동기 임피던스 $Z_s = r_a + jx_s$에서 동기 리액턴스 $x_s = x_\ell + x_a$이다. 이때 x_a 전기자 반작용 리액턴스가 없으므로 누설 리액턴스 x_ℓ만 존재한다.
따라서 돌발 단락전류 $I_s = \dfrac{E}{X_\ell}[A]$에서 돌발 단락전류는 누설 리액턴스가 제한한다.

29 전기자 저항이 0.2[Ω], 전류 100[A], 전압 120[V]일 때 분권전동기의 발생 동력[kW]은?

① 20 ② 10
③ 14 ④ 5

해설
전동기 동력은 출력을 의미하고 $P = E_c I_a$[W], 즉 역기전력과 전기자전류의 곱이다.
- 역기전력 $E_c = V - I_a R_a$[V]이므로
  $120 - 100 \times 0.2 = 100$[V]
- 전동기 동력이자 출력 $P = 100 \times 100 \times 10^{-3} = 10$[kW]

30 직류 직권전동기의 벨트 운전을 금지하는 이유는?

① 벨트가 벗겨지면 위험 속도에 도달한다.
② 손실이 많아진다.
③ 벨트가 마모하여 보수가 곤란하다.
④ 직결하지 않으면 속도제어가 곤란하다.

해설
직류 직권전동기 토크는 $\tau \propto I^2 \propto \dfrac{1}{N^2}$ 관계를 나타내고 직권전동기는 계자코일과 전기자코일이 직렬로 연결되어 있기 때문에 $I = I_a = I_s$ 전류가 같다. 즉, 무부하 상태가 되면 전류가 급격히 감소하여 자속이 급격히 감소되고, 그에 따라 속도가 급격하게 상승하여 위험속도에 도달하게 된다.
그래서 벨트나 체인을 통한 부하 운전보다 회전자 축과 부하를 직결하여 운전하는 것이 안전하다.

정답 25 ② 26 ② 27 ③ 28 ② 29 ② 30 ①

31 무부하 시 직류발전기의 단자전압을 조정하려면 다음 중 어느 저항을 가변시켜야 하는가?

① 전기자저항　　② 방전저항
③ 계자저항　　　④ 기동저항

해설
- case 1 : $R_f \uparrow \Rightarrow I_F \downarrow \Rightarrow \phi \downarrow \Rightarrow E \downarrow \Rightarrow V \downarrow$
- case 2 : $R_f \downarrow \Rightarrow I_F \uparrow \Rightarrow \phi \uparrow \Rightarrow E \uparrow \Rightarrow V \uparrow$

∴ 직류발전기의 단자전압을 조정하려면 계자저항을 조정하면 된다.

32 동기발전기에서 전기자 전류가 무부하 유도 기전력보다 $\frac{\pi}{2}$ [rad] 앞서 있는 경우에 나타나는 전기자 반작용은?

① 교차 자화작용　② 직축 반작용
③ 증자작용　　　④ 감자작용

해설
- 동기발전기에서 전기자 전류가 전압보다 90도 위상이 빠른 (앞선) 경우 : 증자작용
- 동기발전기에서 전기자 전류가 전압보다 90도 위상이 빠른 (앞선) 경우 : 감자작용

동기전동기는 동기발전기와 반대로 작용한다.

33 변압기 내부 고장 시 발생하는 기름의 흐름 변화를 검출하는 부흐홀츠 계전기의 설치 위치로 알맞은 것은?

① 변압기 본체
② 변압기의 고압 측 부싱
③ 콘서베이터 내부
④ 변압기 본체와 콘서베이터를 연결하는 파이프

해설
- 변압기의 기계적 내부 고장 보호장치로 유증기를 검출하여 경보 및 차단하는 역할을 한다.
- 주로 변압기의 주 탱크(본체)와 콘서베이터 사이(파이프)에 설치한다.

34 동기전동기의 자기동법에서 계자권선을 단락하는 이유는?

① 기동권선으로 이용하기 위해서
② 전기자 반작용을 방지하기 위해서
③ 기동을 쉽게 하기 위해서
④ 고전압이 유도되어 절연파괴 우려를 방지하기 위해서

해설
자기기동법
제동권선에서 발생하는 기동토크를 이용하여 동기전동기를 농형 유도전동기와 같이 동작시켜서 기동하는 방식으로 권선수가 많은 계자회로에 고전압이 유기되어 계자권선이 소손될 우려가 있으므로 반드시 기동 시 계자권선을 단락시켜야 한다.

35 회전 속도가 일정하며 속도를 광범위하고 정밀하게 조종할 수 있으므로 압연기나 엘리베이터 등에 사용되는 직류전동기는?

① 가동 복권전동기　② 타여자전동기
③ 차동 복권전동기　④ 직권전동기

해설
전동기의 용도
- 분권전동기 : 선박의 펌프, 환기용 송풍기
- 직권전동기 : 권상기, 전차, 크레인
- 가동 복권전동기 : 엘리베이터, 공작기계, 공기압축기, 크레인
- 타여자전동기 : 압연기, 대형의 권상기 및 크레인, 엘리베이터 등

Tip) 타여자전동기는 계자전류를 외부전원에서 일정하게 공급할 수 있으므로 부하변동에 의한 속도 변화가 적어 정속도 전동기라고 할 수 있다.

36 농형 회전자에 비뚤어진 홈을 쓰는 이유는?

① 출력을 높인다.
② 회전수를 증가시킨다.
③ 소음을 줄인다.
④ 미관상 좋다.

정답 31 ③　32 ③　33 ④　34 ④　35 ②　36 ③

해설
농형 회전자는 회전자의 홈이 축방향에 평행하지 않고 조금씩 비뚤어져 있는 홈(Skewed Slot)으로 만드는데, 이것은 고정자의 자력을 끊을 때 소음 발생을 억제하는 효과가 있다.

37 50[Hz]의 변압기에 60[Hz]의 같은 전압을 가했을 때 자속밀도는 50[Hz] 때와 비교하여 어떻게 되는가?

① $\frac{6}{5}$ 배로 증가한다.
② $\left(\frac{6}{5}\right)^2$ 배로 증가한다.
③ $\frac{5}{6}$ 배로 감소한다.
④ $\left(\frac{5}{6}\right)^{1.6}$ 배로 감소한다.

해설
- 변압기의 유도 기전력
  $e = 4.44 \times f \times f \times N \times \phi = 4.44 \times f \times N \times B \times S$
- 자속 밀도에 관하여 식을 정리
  $B = \frac{e}{4.44 \times f \times N \times S}$
- ∴ 주파수 f가 $\frac{6}{5}$ 배로 증가했으므로 자속밀도는 $\frac{5}{6}$ 배로 감소한다.

38 3상 유도전동기에서 2차 측 저항을 2배로 하면 그 최대 토크는 어떻게 되는가?

① 2배가 된다.
② $\sqrt{2}$ 배가 된다.
③ $\frac{1}{2}$ 배로 감소한다.
④ 변하지 않는다.

해설
3상 권선형 유도전동기의 2차 저항이 n배로 증가하면 슬립도 n배 증가하는 비례추이 원리에서 최대 토크는 항상 일정하므로 2차 저항을 증가하여도 최대 토크는 변하지 않는다.

39 동기발전기의 상간 단락이나 층간 단락 보호에 주로 사용되는 계전기는?

① 비율차동계전기
② 지락계전기
③ 과부하계전기
④ 역상과전류계전기

해설
차동계전기는 1차 전류와 2차 전류의 차에 의하여 동작하는 것으로 변압기, 동기기 등의 층간 단락 등의 내부고장 보호에 사용된다.

40 다음 중 변압기의 원리와 관계있는 것은?

① 전기자 반작용
② 전자유도 작용
③ 플레밍의 오른손 법칙
④ 플레밍의 왼손 법칙

해설
변압기의 내부에는 철심이 들어 있어서 1차 코일에 전류가 흐르면 철심에 자기장이 생기고, 다시 이 자기장에 의해 전자유도 작용으로 2차 코일에 전압이 유기된다.

41 다음과 같은 전선의 접속방법으로 옳게 나열된 것은?

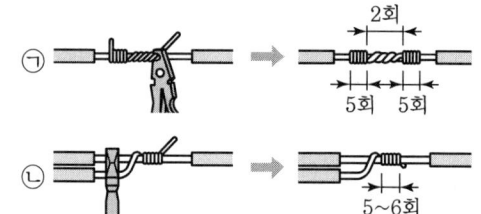

① ㉠ : 종단접속, ㉡ : 분기접속
② ㉠ : 직선접속, ㉡ : 분기접속
③ ㉠ : 분기접속, ㉡ : 종단접속
④ ㉠ : 분기접속, ㉡ : 직선접속

해설
㉠ : 트위스트 직선접속, ㉡ : 트위스트 분기접속

42 금속관 공사에 절연 부싱을 쓰는 목적은?

① 관의 끝이 터지는 것을 방지
② 관의 단구에서 조영재의 접속을 방지
③ 관의 단구에서 전선의 손상을 방지
④ 박스 내에서 전선의 접속을 방지

정답 37 ③ 38 ④ 39 ① 40 ② 41 ② 42 ③

해설
금속관 공사 및 부속품의 시설
관의 끝 부분에는 전선의 피복을 손상하지 아니하도록 적당한 구조의 부싱을 사용할 것. 다만, 금속관 공사로부터 애자사용공사로 옮기는 경우에는 그 부분의 관의 끝 부분에는 절연 부싱 또는 이와 유사한 것을 사용하여야 한다.

43 전등을 3개소에서 점등하기 위하여 필요한 3로 스위치, 4로 스위치의 개수는 각각 몇 개인가?

① 3로 스위치 1개, 4로 스위치 2개
② 3로 스위치 2개, 4로 스위치 1개
③ 3로 스위치 2개, 4로 스위치 2개
④ 3로 스위치 1개, 4로 스위치 1개

해설

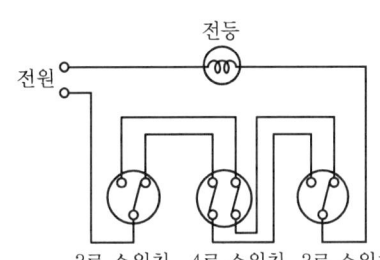

3개소에서 점멸하기 위해서는 3로 스위치 2개 사이에 4로 스위치 1개를 조합하여 구성한다.

44 합성수지관 배선에서 경질비닐 전선관의 굵기에 해당되지 않는 것은?(단, 관의 호칭을 말한다.)

① 14   ② 16   ③ 18   ④ 22

해설
경질비닐 전선관의 굵기[mm] : 14, 16, 22, 28, 36, 42, 54, 70, 82, 100

45 옥외용 비닐 절연전선을 사용한 저압 가공전선이 횡단보도교 위에 시설되는 경우에 그 전선의 노면상 높이는 몇 [m] 이상으로 하여야 하는가?

① 2.5   ② 3.0   ③ 3.5   ④ 4.0

해설

설치장소		가공전선의 높이
도로횡단		지표상 6[m] 이상
철도 또는 궤도 횡단		레일면상 6.5[m] 이상
횡단보도교 위	저압	노면상 3.5[m] 이상 (단, 절연전선의 경우 3[m] 이상)
	고압	노면상 3.5[m] 이상

46 직류발전기에서 섬락이 생기는 가장 큰 원인은?

① 장시간 계속 운전
② 부하의 급변
③ 경부하 운전
④ 회전속도가 지나치게 떨어졌을 때

해설
섬락현상은 전류가 흐를 때 발생하는 빛으로 부하의 급변으로 인해 직류발전기의 회전속도가 급변할 경우 발생한다.

47 전압의 구분에서 저압 직류전압은 몇 [V] 이하인가?

① 400   ② 500
③ 1,000   ④ 1,500

해설
저압의 범위
직류는 1.5 [kV] 이하, 교류는 1[kV] 이하

48 고압 가공전선로에 시설하는 피뢰기의 접지도체가 그 접지공사의 전용의 것인 경우에 접지저항값은 몇 [Ω]까지 허용되는가?

① 20   ② 30
③ 50   ④ 75

해설
피뢰기의 접지
고압가공전선로에 시설하는 피뢰기의 접지도체가 그 접지공사 전용의 것인 경우에 30[Ω] 이하까지 허용된다.

정답 43 ② 44 ③ 45 ② 46 ② 47 ④ 48 ②

49 샤워시설이 있는 욕실 등 인체가 물에 젖어 있는 상태에서 전기를 사용하는 장소에 콘센트를 시설할 경우 인체감전보호용 누전차단기의 정격감도전류는 몇 [mA] 이하인가?

① 5   ② 10
③ 15   ④ 30

해설
콘센트의 시설
욕조나 샤워시설이 있는 욕실 또는 화장실 등 인체가 물에 젖어 있는 상태에서 전기를 사용하는 장소에 콘센트를 시설하는 경우에는 다음 중 하나를 만족하여야 한다.
㉠ 인체감전보호용 누전차단기(정격감도전류 15[mA] 이하, 동작시간 0.03[초] 이하의 전류동작형)로 보호된 전로에 접속
㉡ 절연변압기(정격용량 3[kVA] 이하)로 보호된 전로에 접속

50 저압 가공전선로의 지지물에 시설하는 통신선 또는 이에 직접 접속하는 가공통신선이 도로를 횡단하는 경우 일반적으로 지표상 몇 [m] 이상의 높이로 시설하여야 하는가?

① 6.0   ② 4.0
③ 5.0   ④ 3.0

해설

시설장소	가공통신선 높이	첨가통신선 높이	
		고, 저압	특고압
도로횡단	5[m]	6[m]	6[m]
도로횡단 (교통에 지장이 없는 경우)	4.5[m]	5[m]	–
철교 또는 궤도 횡단	6.5[m]	6.5[m]	6.5[m]

51 접지저항이나 전해액저항 측정에 쓰이는 것은?

① 휘트스톤 브리지   ② 전위차계
③ 콜라우시 브리지   ④ 메거

해설
콜라우시 브리지는 접지저항이나 전해액저항 등 특수저항의 측정에 사용된다.

52 절연전선의 피복 절연물을 벗기는 공구로서 도체의 손상 없이 정확한 길이의 피복 절연물을 쉽게 처리할 수 있는 것은?

① 프레셔 툴   ② 리머
③ 클리퍼   ④ 와이어 스트리퍼

해설
와이어 스트리퍼
절연전선의 피복 절연물을 벗기는 자동 공구이다.

53 450/750[V] 일반용 단심 비닐 절연전선의 약호는?

① IR   ② NR
③ RI   ④ FI

해설
전선의 약호
NR : 450/750[V] 일반용 단심 비닐 절연전선

54 폭연성 먼지 또는 화약류의 분말이 전기설비가 발화원이 되어 폭발할 우려가 있는 곳에 시설하는 저압 옥내 전기설비의 저압 옥내배선공사는?

① 금속관 공사   ② 합성수지관 공사
③ 가요전선관 공사   ④ 애자사용 공사

해설
폭연성 먼지 또는 화약류의 분말
금속관 공사, 케이블 공사

55 화약고 등의 위험 장소의 배선공사에서 전로의 대지전압은 몇 [V] 이하로 하도록 되어 있는가?

① 300   ② 400
③ 500   ④ 600

해설
화약류 저장소 등의 위험장소
242.2.1의 규정에 준하여 시설하는 이외에 다음에 따라 시설하는 경우에는 그러하다.
• 전로에 대지전압은 300[V] 이하일 것
• 전기기계기구는 전폐형의 것일 것

정답 49 ③ 50 ① 51 ③ 52 ④ 53 ② 54 ① 55 ①

56 다단의 크로스암이 설치되고 또한 장력이 클 때 H주일 대 보통 2단 지지선으로 부설하는 지지선은?

① 보통지지선 ② 공동지지선
③ 궁지지선   ④ Y지지선

해설

Y지지선
다단의 크로스암의 설치되고 또한 장력이 클 때 H주일 대 보통 2단 지지선으로 부설하는 지지선

57 어떤 변압기의 회로를 그림과 같이 그려서 해석하였다. 이 회로는 무슨 회로인가?

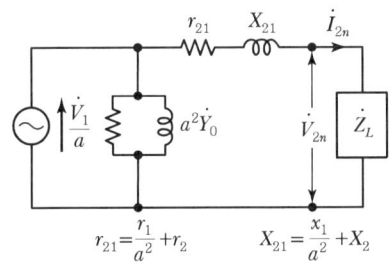

① 2차 측으로 환산한 전기회로
② 1차 측으로 환산한 간이 등가회로
③ 1차 측으로 환산한 전기회로
④ 2차 측으로 환산한 간이 등가회로

해설

변압기를 2차 측으로 환산한 간이 등가회로이다.
- 1차 측으로 환산 시 : $r_{21} = r_1 + a^2 r_2$
- 2차 측으로 환산 시 : $r_{21} = \dfrac{r_1}{a^2} + r_2$

58 보호를 요하는 회로의 전류가 어떤 일정한 값(정정값) 이상으로 흘렀을 때 동작하는 계전기는?

① 차동계전기   ② 비율차동계전기
③ 과전압계전기 ④ 과전류계전기

해설

과전류계전기(OCR)
전류가 규정 치 이상으로 흘렀을 때, 동작하여 전기회로를 차단하여 보호하는 기능을 하는 계전기이다.

59 가공전선로의 지지물에서 다른 지지물을 거치지 아니하고 수용장소의 인입선 접속점에 이르는 가공전선을 무엇이라 하는가?

① 이웃 연결인입선 ② 가공인입선
③ 구내전선로   ④ 구내인입선

해설

① 이웃 연결인입선 : 한 수용장소의 인입선에서 분기하여 지지물을 거치지 아니하고 다른 수용장소의 인입구에 이르는 부분의 전선
② 가공인입선 : 가공전선로의 지지물로부터 다른 지지물을 거치지 아니하고 수용장소의 붙임점에 이르는 가공전선

60 피시 테이프(Fish Tape)의 용도는 무엇인가?

① 전선을 테이핑하기 위하여
② 전선관의 끝마무리를 위하여
③ 배관에 전선을 넣을 때
④ 합성수지관을 구부릴 때

해설

피시 테이프는 전선관 공사 시 배관에 전선을 여러 가닥을 넣을 때 쉽게 넣을 수 있는 공구로, 평각요철선(요비선)이다.

정답 56 ④ 57 ④ 58 ④ 59 ② 60 ③

2024년 1회 시행 과년도 기출문제

01 비오-사바르의 법칙 공식은?

① $\Delta H = \dfrac{I\Delta l \sin\theta}{4\pi r^2}$ [AT/m]

② $\Delta H = \dfrac{I\Delta l \cos\theta}{4\pi r^2}$ [AT/m]

③ $\Delta H = \dfrac{I\Delta l \cos\theta}{4\pi r}$ [AT/m]

④ $\Delta H = \dfrac{I\Delta l \sin\theta}{4\pi r}$ [AT/m]

해설
비오-사바르 법칙 공식
전류에 의한 자기장의 세기를 결정
$\Delta H = \dfrac{I\Delta l \sin\theta}{4\pi r^2}$ [AT/m]

02 0.2[℧]의 컨덕턴스 2개를 직렬로 접속하여 3[A]의 전류를 흘리려면 몇 [V]의 전압을 공급하면 되는가?

① 12 ② 15 ③ 30 ④ 45

해설
- 합성 컨덕턴스 $G_0 = \dfrac{G_1 \times G_2}{G_1 + G_2} = \dfrac{0.2 \times 0.2}{0.2 + 0.2} = 0.1$ [℧]
- 컨덕턴스를 이용한 전압 $V = \dfrac{I}{G} = \dfrac{3}{0.1} = 30$ [V]

03 저항이 20[Ω]인 도체의 길이를 2배로 늘리면 저항값은 몇 [Ω]인가?(단, 도체의 체적은 일정하다.)

① 40 ② 60 ③ 80 ④ 100

해설
길이를 늘린만큼 면적이 줄어든다. = 체적이 일정하다.

$R_t = n^2 \times \rho \dfrac{l}{S} R = 2^2 \times 20 = 80$ [Ω]

04 15[℃], 20[l]의 물에 열량 300[kcal]를 가하면 상승한 온도는 몇 [℃]인가?(단, 열량이 유효하게 전부 작용된 것으로 한다.)

① 20 ② 25 ③ 30 ④ 35

해설
전열기 공식
$860\eta Pt = Cm(T_2 - T_1)$ [kcal]
여기서, η : 효율
P : 전력[kW]
t : 시간[h]
C : 비열(물=1)
m : 질량[kg=l]
T_2 : 나중 온도
T_1 : 처음 온도

$Cm(T_2 - T_1) = 300$[kcal] $= 1 \times 20(T_2 - 15)$
$T_2 = 30$[℃]

05 20[℃]의 물 100[l]를 2시간 동안 40[℃]로 올리기 위해 필요한 전열기 용량은 몇 [kW]인가? (단, 효율은 60[%]이다.)

① 1.929 ② 1.938
③ 3.215 ④ 3.876

해설
전열기 공식
$860\eta Pt = Cm(T_2 - T_1)$ [kcal]
$P = \dfrac{Cm(T_2 - T_1)}{860\eta t}$
$= \dfrac{1 \times 100 \times (40-20)}{860 \times 0.6 \times 2} = 1.938$ [kW]

정답 01 ① 02 ③ 03 ③ 04 ③ 05 ②

06 자체 인덕턴스가 L_1, L_2인 두 코일을 직렬로 접속했을 때 합성 인덕턴스를 나타내는 식은?(단, 두 코일 간의 상호 인덕턴스는 M이라고 한다.)

① $L_1 + L_2 + M$
② $L_1 - L_2 + M$
③ $L_1 + L_2 \pm 2M$
④ $L_1 - L_2 \pm M$

해설
문제에서 가동결합인지 차동결합인지 언급을 안했으므로 둘 다 표현하는 $L_1 + L_2 \pm 2M$ 식이 합성 인덕턴스를 나타낸다.

07 일반적으로 절연체를 서로 마찰시키면 이들 물체는 전기를 띠게 되고, 물체를 끌어 당기는 현상을 볼 수 있다. 이와 같이 물체가 전기를 띠는 현상을 무엇이라 하는가?

① 방전　　② 대전
③ 충전　　④ 통전

해설
절연체끼리 마찰을 시키면 전자가 이동하며 전기를 띠게 되는 현상을 대전이라고 한다.

08 과도현상은 시정수와 어떠한 상관관계를 가지고 있는가?

① 시정수가 클수록 과도현상은 빨라진다.
② 시정수는 전압의 크기에 비례한다.
③ 시정수와 과도현상 지속시간은 관계가 없다.
④ 시정수가 클수록 과도현상은 오래 계속된다.

해설
시정수란 과도현상에서 정상상태의 값의 63.2[%]까지 도달하는 데에 걸리는 시간을 말하므로 시정수가 클수록 과도현상이 지속된다.

09 진공 중에 두 자극 m_1, m_2를 r[m]의 거리에 놓았을 때 작용하는 힘 F의 식으로 옳은 것은?

① $F = \dfrac{1}{4\pi\mu_0} \times \dfrac{m_1 m_2}{r}$[N]

② $F = \dfrac{1}{4\pi\mu_0} \times \dfrac{m_1 m_2}{r^2}$[N]

③ $F = 4\pi\mu_0 \times \dfrac{m_1 m_2}{r}$[N]

④ $F = 4\pi\mu_0 \times \dfrac{m_1 m_2}{r^2}$[N]

해설
쿨롱의 법칙
진공 중 두 자극 간에 상호 작용하는 자기력
$F = \dfrac{1}{4\pi\mu_0} \times \dfrac{m_1 m_2}{r^2}$[N]

10 공기 중에서 20[cm] 간격을 가진 두 개의 평행 도체 전류의 단위길이에 작용하는 힘은 몇 [N]인가?(단, 전류는 100[A]라고 한다.)

① 0.01　　② 0.03
③ 0.02　　④ 0.04

해설
평행한 두 도체 간에 작용하는 힘
$$F[\text{N}] = \dfrac{2I_1 I_2 \times 10^{-7}}{d[\text{m}]} \times \text{도선길이}[\text{m}]$$
$$= \dfrac{2 \times 100^2 \times 10^{-7} \times 1}{0.2} = 0.01[\text{N}]$$

11 전류에 의해 만들어지는 자기장의 자기력선의 방향을 간단하게 알아내는 법칙은?

① 플레밍의 왼손 법칙
② 렌츠의 자기유도 법칙
③ 앙페르의 오른나사 법칙
④ 패러데이의 전자유도 법칙

해설
전류에 의한 자기장의 방향을 결정하는 법칙은 앙페르의 오른나사(오른손) 법칙이다.

12 자기 인덕턴스가 L_1, L_2이고 상호 인덕턴스가 M인 두 회로의 결합계수가 1일 때, 성립되는 식은?

① $L_1 \cdot L_2 = M$
② $L_1 \cdot L_2 < M^2$
③ $L_1 \cdot L_2 > M^2$
④ $L_1 \cdot L_2 = M^2$

해설
$M = k\sqrt{L_1 L_2}$ 에서 결합계수 k가 1이므로
$M = \sqrt{L_1 L_2}$ 이며, 양단제곱 시 $M^2 = L_1 L_2$

13 $R=4[\Omega]$, $wL=3[\Omega]$ 직렬회로에 $V=100\sqrt{2}\sin\omega t + 30\sqrt{2}\sin 3\omega t[V]$의 전압을 가할 때 전력은 약 몇 [W]인가?

① 1,170
② 1,563
③ 1,637
④ 2,116

해설
기본파의 임피던스 Z_1 및 기본파 전류 실횻값 I_1
$Z_1 = \sqrt{R^2+(\omega L)^2} = \sqrt{4^2+3^2} = 5[\Omega]$
$I_1 = \dfrac{V_1}{Z_1} = \dfrac{100}{5} = 20[A]$

3고조파의 임피던스 Z_3 및 3고조파 전류 실횻값 I_3
$Z_3 = \sqrt{R^2+(3\omega L)^2} = \sqrt{4^2+(3\times 3)^2} = \sqrt{97}[\Omega]$
$I_1 = \dfrac{V_3}{Z_3} = \dfrac{30}{\sqrt{97}} = 3.046[A]$
$P = I^2R[W]$ 이용 $\left(\sqrt{20^2+3.046^2}\right)^2 \times 4 \fallingdotseq 1,637[W]$

14 10[Ω]의 저항 5개를 접속하여 얻을 수 있는 합성저항 중 가장 적은 값은 몇 [Ω]인가?

① 10
② 5
③ 2
④ 0.5

해설
동일한 저항으로 얻을 수 있는 합성저항 중 가장 적은 값은 모두 병렬일 때이다.
R_t(병렬) $= \dfrac{R}{n} = \dfrac{10}{5} = 2[\Omega]$

15 어드미턴스 Y_1과 Y_2를 병렬 접속을 할 때의 값은?

① $\dfrac{Y_1+Y_2}{Y_1 Y_2}$
② $\dfrac{Y_1 Y_2}{Y_1+Y_2}$
③ $\dfrac{1}{Y_1+Y_2}$
④ Y_1+Y_2

해설
어드미턴스 병렬 접속 시 합성방법은 어드미턴스를 더한 것과 같다.

16 전류와 자기장에 관한 법칙 중에 상관이 없는 법칙은?

① 줄의 법칙
② 플레밍 왼손 법칙
③ 앙페르 오른나사 법칙
④ 비오-사바르 법칙

해설
줄의 법칙
저항에 전류가 시간 동안 흐를 때 열이 발생한다.
$I^2Rt[J] = 0.24I^2Rt[cal]$

17 전압의 단위가 틀린 것은?

① [V]
② [J/C]
③ [Nm/C]
④ [C/m²]

해설
$[C/m^2]$는 전속밀도의 단위이다.

18 비정현파를 여러 개의 정현파의 합으로 표시하는 방법은?

① 키르히호프의 법칙
② 노튼의 정리
③ 푸리에 분석
④ 테일러의 분석

해설
비정현파의 여러 개 합으로 해석한 것은 푸리에 분석(급수)이다.

정답 12 ④ 13 ③ 14 ③ 15 ④ 16 ① 17 ④ 18 ③

19 20[Ω], 30[Ω], 60[Ω]의 저항 3개를 병렬로 접속하고 여기에 60[V]의 전압을 가했을 때, 이 회로에 흐르는 전체 전류는 몇 [A]인가?

① 3   ② 6
③ 30 ④ 60

해설

3개의 저항이 병렬이므로

$R_t = \dfrac{1}{\dfrac{1}{20}+\dfrac{1}{30}+\dfrac{1}{60}} = 10[\Omega]$

전체 전류는 $I_t = \dfrac{V_t}{R_t} = \dfrac{60}{10} = 6[A]$

20 220[V]용 100[W] 전구와 200[W] 전구를 직렬로 연결하여 220[V]의 전원에 연결하면?(단, 각 전구의 밝기 효율[lm/W]는 같다.)

① 두 전구 모두 안 켜진다.
② 두 전구의 밝기가 같다.
③ 100[W]의 전구가 더 밝다.
④ 200[W]의 전구가 더 밝다.

해설

[W]가 다른 전구를 직렬 연결 시 [W]가 작은 전구가 더 밝다.

21 직류기의 기계손으로 가장 많이 차지하는 것은 무엇인가?

① 마찰손 ② 동손
③ 철손   ④ 풍손

해설

직류기의 기계손은 풍손과 마찰손(브러시, 베어링)이 존재한다. 이 중 풍손이 더 많이 차지하고 있다.

22 직류전동기를 기동할 때 전기자전류를 제한하는 가감저항기를 무엇이라 하는가?

① 제어 저항기 ② 가속 저항기
③ 기동 저항기 ④ 계자 저항기

해설

직류전동기는 기동 시 전기자 전류가 많이 흐르게 되는데, 이것을 제한시키기 위한 저항기는 기동 저항기이다.

23 3상 유도전동기의 원선도 작성 시 필요한 시험이 아닌 것은?

① 슬립 측정
② 무부하 시험
③ 구속 시험
④ 고정자권선의 저항 측정

해설

유도전동기 원선도 작성 시험
• 무부하 시험
• 구속 시험(단락 시험)
• 저항 측정 시험

24 60[Hz] 4극 3상 유도 전동기가 1,620[rpm]으로 운전하고 있다. 이 전동기의 슬립은?

① 1   ② 0.5
③ 0.1 ④ 0.15

해설

• 슬립 $s = \dfrac{N_s - N}{N_s} = \dfrac{1,800 - 1,620}{1,800} = 0.1$

• 동기속도 $N_s = \dfrac{120f}{p} = \dfrac{120 \times 60}{4} = 1,800[\text{rpm}]$

25 다음 중 변압기에 대한 설명으로 옳지 않은 것은?

① 전력을 발생하지 않는다.
② 전압을 변성한다.
③ 정격 출력은 1차 측 단자전압을 기준으로 한다.
④ 변압기의 정격용량은 피상전력으로 표시한다.

해설

변압기의 정격 출력은 2차 측(부하 측)을 기준으로 한다.

정답 19 ② 20 ③ 21 ④ 22 ③ 23 ① 24 ③ 25 ③

26 변압기의 성층철심 강판 재료의 철 함유량은 대략 몇 [%]인가?

① 60~70 ② 70~75
③ 89~90 ④ 96~97

해설
변압기의 철심은 규소강판으로 제작되며 규소 3~4[%], 철 96~97[%] 정도이다.

27 다음 중 제동권선에 의한 기동 토크를 이용하여 동기전동기를 기동시키는 방법은?

① 고주파 기동법 ② 기동 전동기법
③ 자기 기동법   ④ 리액터 기동법

해설
계자회로를 단락시킨 후 고정자에 3상 교류전원을 입력하면 회전자기장이 빠르게 회전하여 제동권선에 쇄교하게 되면서 기동토크를 얻어 회전하는 방법을 자기 기동법(자체 기동법)이라 한다.

28 양방향으로 전류를 흘릴 수 있는 양방향 소자는?

① SCR   ② GTO
③ Diode ④ TRIAC

해설
TRIAC
SCR을 역병렬로 접속한 소자로서, 양방향으로 전류를 흘릴 수 있으며 위상제어가 가능하고 교류회로에 주로 이용된다.

29 직류발전기의 병렬운전에서 균압모선을 필요로 하지 않는 것은?

① 분권발전기 ② 직권발전기
③ 평복권발전기 ④ 과복권발전기

해설
직류발전기 병렬운전 시 균압모선(균압선)이 필요한 발전기
직권발전기, 복권발전기(과복권, 평복권)

30 △결선 변압기의 한 대가 고장으로 제거되어 V결선으로 공급할 때 공급할 수 있는 전력은 고장 전 전력에 대하여 몇 [%]인가?

① 57.7 ② 66.7
③ 75.0 ④ 86.6

해설
단상변압기 1대 용량을 $P[\text{KVA}]$라 할 때, △결선 시 출력 $P_\Delta = 3P[\text{KVA}]$이고 V결선 시 출력 $P_V = \sqrt{3}\,P[\text{KVA}]$이므로
$$\frac{P_V}{P_\Delta} = \frac{\sqrt{3}\,P}{3P} = \frac{\sqrt{3}}{3} = 0.577 \times 100 = 57.7[\%]$$

31 변압기에서 퍼센트 저항강하 2.6[%], 리액턴스 강하 3.6[%]일 때 역률 0.8(지상)에서의 전압변동률[%]은?

① 4.24 ② 4.35
③ 4.8   ④ 4.95

해설
전압변동률 $\varepsilon = p\cos\theta + q\sin\theta\,[\%]$
여기서, p : 퍼센트 저항강하
q : 퍼센트 리액턴스 강하
$\cos\theta$: 역률
$\sin\theta$: 무효율
$2.6 \times 0.8 + 3.6 \times 0.6 = 4.24[\%]$

32 동기조상기를 과여자로 운전하면 어떻게 되는가?

① 콘덴서로 작용
② 리액터로 작용
③ 저항손의 보상
④ 앞선역률 보상

해설
동기조상기의 계자전류를 과여자로 하면 진상(앞선)전류를 흘리며 뒤진 역률을 보상한다.
그러므로 콘덴서로서의 역할을 수행한다.

정답 26 ④ 27 ③ 28 ④ 29 ① 30 ① 31 ① 32 ①

33 출력이 20[kW]인 직류발전기의 효율이 80[%]이면 손실은 몇 [kW]인가?

① 2 ② 1
③ 5 ④ 8

해설
손실=입력－출력이므로 입력을 먼저 구하면
효율 = $\dfrac{출력}{입력}$ 에서 입력 = $\dfrac{출력}{효율} = \dfrac{20}{0.8} = 25[kW]$
손실 = 25 － 20 = 5[kW]

34 동기전동기의 공급전압보다 전기자전류가 $\dfrac{\pi}{2}$[rad]만큼 늦을 때 전기자 반작용은 무엇인가?

① 증자작용 ② 감자작용
③ 편자작용 ④ 교차자화작용

해설
동기전동기의 공급전압보다 전기자전류가 90° 늦었을 때(지상=뒤진) 증자작용이 일어나고, 앞섰을 때(진상=앞선)는 감자작용이 일어난다. 동기발전기는 반대이다.

35 반도체 사이리스터에 의한 전동기의 속도 제어 중 주파수 제어는?

① 초퍼 제어
② 인버터 제어
③ 컨버터 제어
④ 브리지 정류 제어

해설
인버터 제어 방식(VVVF 제어)
가변 전압 가변 주파수 제어 방식으로 주파수를 가변하여 전동기의 속도를 제어하는 방식

36 동기전동기의 기동법 중 자기기동법에서 계자권선을 단락하는 이유는?

① 고전압의 유도를 방지한다.
② 전기자반작용을 방지한다.
③ 기동권선으로 이용한다.
④ 기동이 쉽다.

해설
자기기동법은 동기전동기 계자극에 설치한 제동권선에 유도된 기전력으로 기동 토크를 발생시켜 기동하는 방법이다. 그러나 기동 시 계자권선을 단락 상태가 아닌 개방 상태로 두고 기동하게 되면 계자코일에는 고전압이 유도되어 절연이 파괴될 우려가 있기 때문에 단락 상태로 두어야 한다.

37 3상 변압기의 병렬운전 시 병렬운전이 불가능한 결선 조합은?

① $\Delta - \Delta$와 $Y - Y$
② $\Delta - \Delta$와 $\Delta - Y$
③ $\Delta - Y$와 $\Delta - Y$
④ $\Delta - \Delta$와 $\Delta - \Delta$

해설
1차와 2차의 위상변위가 맞지 않으면 1차와 2차의 전압에 위상차가 생기게 되어 병렬운전이 불가능하게 된다.
그러므로 짝수 조합만 가능하고 홀수 조합은 불가능하다.

38 60[Hz], 4극 유도전동기의 슬립이 4[%]인 때의 회전수[rpm]는?

① 1,728 ② 1,738
③ 1,748 ④ 1,758

해설
유도전동기의 회전자속도
$N = N_s(1-s) = \dfrac{120f}{p}(1-s) = \dfrac{120 \times 60}{4}(1-0.04)$
$= 1,728[\text{rpm}]$

39 슬립 4[%]인 유도전동기의 등가 부하저항은 2차 저항의 몇 배인가?

① 20배 ② 24배
③ 19배 ④ 5배

해설
등가 저항(외부 저항, 기동 저항)
$R = \left(\dfrac{1}{s} - 1\right)r_2 [\Omega] = \left(\dfrac{1}{0.04} - 1\right)r_2 = 24r_2$
슬립이 4[%]일 때 등가저항은 2차 권선저항의 24배이다.

정답 33 ③ 34 ① 35 ② 36 ① 37 ② 38 ① 39 ②

40 일정 전압 및 일정 파형에서 주파수가 상승하면 변압기 철손은 어떻게 변하는가?

① 증가한다.
② 감소한다.
③ 불변이다.
④ 어떤 기간 동안 증가한다.

해설

전압이 일정할 때 주파수와 철손은 반비례 관계이다.
$f \propto \dfrac{1}{P_i}$
주파수가 상승하면 철손은 감소한다.

41 인입용 비닐절연전선의 약호(기호)는?

① VV ② DV ③ OW ④ NR

해설

① VV : 0.6/1[kV] 비닐절연 비닐시스 케이블
③ OW : 옥외용 비닐절연전선
④ NR : 450/750[V] 일반용 단심 비닐절연전선

42 변압기의 보호 및 개폐를 위해 사용되는 특고압 컷아웃 스위치는 변압기 용량의 몇 [kVA] 이하에 사용되는가?

① 100[kVA] ② 200[kVA]
③ 300[kVA] ④ 400[kVA]

해설

변압기에 컷아웃 스위치(COS) 설치 시 고압에는 150[kVA] 이하, 특고압에는 300[kVA] 이하에 사용하며, 전력퓨즈(PF)는 1,000[kVA] 이하에서 사용한다.

43 부식성 가스 등이 있는 장소에 시설할 수 없는 배선은?

① 애자 사용 배선
② 제1종 금속제 가요전선관 배선
③ 케이블 배선
④ 캡타이어 케이블 배선

해설

부식성 가스 등이 있는 장소의 저압 배선에는 애자, 금속관, 합성수지관, 제2종 금속제 가요전선관, 케이블 배선으로 시공하여야 한다.

44 특고압(22.9kV-Y) 가공전선로의 완금 접지 시 접지선은 어느 곳에 연결하여야 하는가?

① 변압기 ② 전주 ③ 지선 ④ 중심선

해설

완금을 접지하는 경우 중성선(중심선)에 접지할 수 있다.

45 화약류 저장소 안에는 백열전등이나 형광등 또는 이에 전기를 공급하기 위한 공작물에 한하여 전로의 대지 전압은 몇 [V] 이하의 것을 사용하는가?

① 100[V] ② 200[V]
③ 300[V] ④ 400[V]

해설

- 전로의 대지 전압은 300[V] 이하로 한다.
- 전기기계·기구는 전폐형으로 한다.
- 전용개폐기 또는 과전류차단기에서 화약류 저장소의 인입구까지는 케이블을 사용하여 지중전로로 한다.

46 지중전선로에 사용되는 케이블 중 고압용 케이블은?

① 콤바인덕트(CD) 케이블
② 폴리에틸렌 외장 케이블
③ 클로로프렌 외장 케이블
④ 비닐 외장 케이블

해설

콤바인덕트(CD) 케이블은 고압용 케이블로 직접 매설식에 많이 사용된다.

47 교류 차단기에서 진공차단기는?

① GCB ② MBB ③ VCB ④ ABB

해설

① GCB : 가스차단기   ② MBB : 자기차단기
③ VCB : 진공차단기   ④ ABB : 공기차단기

정답 40 ② 41 ② 42 ③ 43 ② 44 ④ 45 ③ 46 ① 47 ③

48 지중에 매설되어 있는 금속제 수도관로는 대지와의 전기저항값이 얼마 이하로 유지되어야 접지극으로 사용할 수 있는가?

① 1[Ω]   ② 3[Ω]   ③ 4[Ω]   ④ 5[Ω]

해설

수도관, 철골 등의 접지극으로 사용 가능한 전기저항

구분	전기저항값[Ω]
수도관 등을 접지극으로 사용하는 경우	3[Ω] 이하
건축물·구조물의 철골, 기타의 금속제를 접지극으로 사용하는 경우	3[Ω] 이하

49 진열장 안에 400[V] 이하인 저압 옥내배선 시 외부에서 보기 쉬운 곳에 사용하는 전선은 단면적이 몇 [mm²] 이상의 코드 또는 캡타이어 케이블이어야 하는가?

① 0.75[mm²]   ② 1.25[mm²]
③ 2[mm²]   ④ 3.5[mm²]

해설

진열장 안의 배선공사
전선은 단면적이 0.75[mm²] 이상인 코드 또는 캡타이어 케이블일 것

50 금속관에 나사를 내기 위한 공구는?

① 오스터   ② 토치램프
③ 펜치   ④ 유압식 벤더

해설

오스터
금속관 끝에 나사를 내는 공구

51 네온 검전기를 사용하는 목적은?

① 주파수 측정   ② 접지측, 비접지측 확인
③ 전류 측정   ④ 조도 조사

해설

네온 검전기
저압배선의 충전(활선)인 상태 확인

52 설비용량 600[kW], 부등률 1.2, 수용률 0.6일 때 합성최대전력[kW]은?

① 240   ② 300
③ 432   ④ 833

해설

수용률 = $\dfrac{최대수용전력}{설비용량} \times 100[\%]$ 에서

$60[\%] = \dfrac{최대수용전력}{600} \times 100[\%]$

최대수용전력 = 설비용량 × 수용률이므로,
$600 \times 0.6 = 360[kW]$

부등률 = $\dfrac{각\ 부하의\ 최대수용전력의\ 합계}{합성최대수용전력}$ 이므로,

$1.2 = \dfrac{360}{합성최대수용전력}$

∴ 합성최대(수용)전력 = 300[kW]

53 금속전선관 1본의 표준 길이는?

① 3[m]   ② 3.6[m]
③ 4[m]   ④ 4.6[m]

해설

• 경질비닐전선관 1본의 표준 길이 : 4[m]
• 금속전선관 1본의 표준 길이 : 3.6[m]

54 사람이 접촉될 우려가 있는 곳에 시설하는 경우 접지극은 지하 몇 [cm] 이상의 깊이에 매설하여야 하는가?

① 30   ② 45
③ 50   ④ 75

해설

공사의 접지극은 지하 75[cm] 이상 깊이로 매설할 것

55 480[V] 가공인입선이 철도를 횡단할 때 레일면상의 최저 높이는 몇 [m]인가?

① 4   ② 4.5
③ 5.5 ④ 6.5

정답 48 ② 49 ① 50 ① 51 ② 52 ② 53 ② 54 ④ 55 ④

해설
인입선의 높이

구분	저압 인입선[m]	고압 인입선[m]
도로 횡단	5	6
철도 궤도 횡단	6.5	6.5
횡단보도교 위	3	3.5
기타	4	5

56 저압 연접 인입선은 인입선에서 분기하는 점으로부터 몇 [m]를 넘지 않는 지역에 시설하고, 폭 몇 [m]를 넘는 도로를 횡단하지 않아야 하는가?

① 50[m], 4[m]   ② 100[m], 5[m]
③ 150[m], 6[m]   ④ 200[m], 8[m]

해설
연접인입선
- 인입선에서 분기하는 점으로부터 100[m]를 넘지 않는 지역이어야 한다.
- 폭 5[m]를 넘는 도로를 횡단하지 아니할 것
- 옥내를 통과하지 아니할 것

57 합성수지제 가요전선관으로 옳게 짝지어진 것은?

① 후강전선관과 박강전선관
② PVC전선관과 PF전선관
③ PVC전선관과 제2종 가요전선관
④ PF전선관과 CD전선관

해설
- 후강전선관, 박강전선관 : 금속전선관
- PVC전선관(경질비닐전선관) : 합성수지제 전선관
- 제2종 가요전선관 : 금속제 가요전선관

58 케이블을 구부리는 경우는 피복이 손상되지 않도록 하고 그 굴곡부의 곡률반경은 원칙적으로 완성품 외경의 몇 배 이상이어야 하는가?

① 4배   ② 5배
③ 8배   ④ 10배

해설
- 연피가 없는 케이블 : 곡률반지름은 케이블 바깥지름의 5배 이상
- 연피가 있는 케이블 : 곡률반지름은 케이블 바깥지름의 12배 이상

59 애자 사용 공사의 저압 옥내배선에서 전선 상호 간의 간격은 얼마 이상으로 하여야 하는가?

① 2[cm]   ② 4[cm]
③ 6[cm]   ④ 8[cm]

해설

구분	400[V] 이하	400[V] 초과
전선 상호 간의 거리	6[cm] 이상	6[cm] 이상
전선과 조영재의 거리	2.5[cm] 이상	4.5[cm] 이상(건조한 곳은 2.5[cm] 이상)

60 절연전선을 동일 금속덕트 내에 넣을 경우 금속덕트의 크기는 전선의 피복절연물을 포함한 단면적의 총합계가 금속덕트 내 단면적의 몇 [%] 이하가 되도록 선정하여야 하는가?(단, 제어회로 등의 배선에 사용하는 전선만을 넣는 경우이다.)

① 30[%]   ② 40[%]
③ 50[%]   ④ 60[%]

해설
전광사인 장치, 기타 이와 유사한 장치 또는 제어회로 등의 배선에 사용하는 전선만을 넣는 경우에는 50[%] 이하로 할 수 있다.

정답 56 ② 57 ④ 58 ② 59 ③ 60 ③

2024년 2회 시행 과년도 기출문제

01 일반적으로 절연체를 서로 마찰시키면 이들 물체는 전기를 띠게 되고, 물체를 끌어 당기는 현상을 볼 수 있다. 이와 같이 물체가 전기를 띠는 현상을 무엇이라 하는가?

① 방전 ② 대전
③ 충전 ④ 통전

해설
절연체끼리 마찰시키면 전자를 주고 받으면서 전기를 띠게 되는데, 이를 대전이라고 한다.

02 다음 그림의 합성 저항은 몇 [Ω]인가?

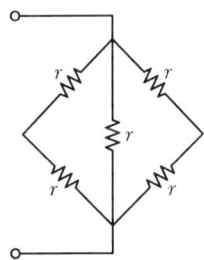

① r ② $\dfrac{r}{2}$
③ $\dfrac{r}{3}$ ④ $\dfrac{r}{4}$

해설
양쪽의 r들은 2개가 직렬이며 전체로는 병렬이므로 합성저항
$R_t = \dfrac{1}{\dfrac{1}{2r}+\dfrac{1}{r}+\dfrac{1}{2r}} = \dfrac{r}{2}$ [Ω]

03 자석에 반응하는 물질이 아닌 것은 무엇인가?

① 강자성체 ② 비자성체
③ 반자성체 ④ 상자성체

해설
자성체
자화되는 물질(↔ 비자성체 : 자화되지 않는 물질)

04 30[μF]과 40[μF]의 콘덴서를 병렬로 접속한 후 100[V]의 전압을 가했을 때 전전하량은 몇 [C]인가?

① 17×10^{-4} ② 34×10^{-4}
③ 56×10^{-4} ④ 70×10^{-4}

해설
콘덴서의 합성용량은 병렬이므로
$C_1 + C_2 = (30+40) \times 10^{-6} = 70 \times 10^{-6}$[F]
$Q = CV = (70 \times 10^{-6}) \times 100 = 70 \times 10^{-4}$[C]

05 그림과 같이 철심에 도선을 감고 전류를 흘렸을 때, 표시된 부분에 나타나는 극성은 무엇인가?

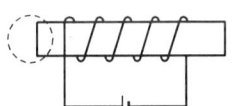

① N극
② S극
③ S, N극이 같이 나타난다.
④ 아무 극성도 나타나지 않는다.

해설
앙페르의 오른나사 법칙을 적용하면, 엄지손가락이 N극이 된다.

06 0.2[H]인 자기 인덕턴스에 5[A]의 전류가 흐를 때 축적되는 에너지[J]는?

① 0.2 ② 2.5
③ 5 ④ 10

정답 01 ② 02 ② 03 ② 04 ④ 05 ① 06 ②

해설

코일에 축적되는 에너지

$W = \frac{1}{2}LI^2 = \frac{1}{2} \times 0.2 \times 5^2 = 2.5[J]$

07 두 종류의 금속의 접합부에 전류를 흘리면 전류의 방향에 따라 열의 발생 또는 흡수 현상이 생긴다. 이러한 현상을 무엇이라 하는가?

① 펠티에 효과 ② 톰슨 효과
③ 제어백 효과 ④ 제3금속의 법칙

해설

펠티에 효과
- 제어백 효과의 반대되는 현상으로, 두 종류의 금속으로 폐회로를 만들고, 두 금속의 접합점에 전류를 흘려주면 접합점 주변에서 열의 흡수 또는 발생이 일어나는 현상을 말한다.
- 전자 냉동기의 원리에 이용된다.

08 평행판 콘덴서의 정전용량을 크게 하기 위한 방법으로 옳지 않은 것은?

① 비유전율의 값을 크게 한다.
② 극판의 면적을 넓게 한다.
③ 극판의 간격을 작게 한다.
④ 유전율의 값을 작게 한다.

해설

평행판 콘덴서의 정전용량 $C = \varepsilon \frac{A}{d}$이므로 유전율, 면적에 비례하고 간격에 반비례한다.

09 220[V], 60[W] 전구 10개를 20시간 동안 점등했을 때의 전력량은 몇 [kWh]인가?

① 48 ② 10
③ 12 ④ 24

해설

전력량[kWh] = $P \times t \times$ 개수
= 60[W] × 20[h] × 10개
= 12,000[Wh]
= 12[kWh]

10 임의의 도체를 일정 전위의 도체로 완전 포위하면 외부 전계의 영향을 완전히 차단시킬 수 있는데 이것을 무엇이라 하는가?

① 홀 효과 ② 정전차폐
③ 핀치 효과 ④ 전자차폐

해설

정전차폐(완전 차폐)
임의의 도체를 일정 전위(영전위)의 도체로 완전 포위하여 내외 공간의 전계를 완전히 차단하는 현상

11 파형률은 어느 것인가?

① $\frac{평균값}{실횻값}$ ② $\frac{실횻값}{최댓값}$
③ $\frac{실횻값}{평균값}$ ④ $\frac{최댓값}{실횻값}$

해설

- 파형률 = $\frac{실횻값}{평균값}$
- 파고율 = $\frac{최댓값}{실횻값}$

12 다음 중 비정현파가 아닌 것은?

① 사각파 ② 펄스파
③ 삼각파 ④ 정현 사인파

해설

비정현파는 정현파 교류를 제외한 모든 교류를 뜻한다.
정현 사인파는 고조파 성분이 없는 가장 기본적인 교류파형의 정현파이다.

13 기전력 1.5[V], 내부저항 0.15[Ω]인 전지 10개를 직렬로 접속한 전원에 저항 4.5[Ω]의 전류를 접속하면 전구에 흐르는 전류는 몇 [A]가 되겠는가?

① 0.25 ② 2.5 ③ 5 ④ 7.5

해설

옴의 법칙

$I = \frac{V}{R} = \frac{n \times E(기전력)}{n \times R(내부저항) + 연결 저항}$

$= \frac{10 \times 1.5}{10 \times 0.15 + 4.5} = 2.5[A]$

정답 07 ① 08 ④ 09 ③ 10 ② 11 ③ 12 ④ 13 ②

14 비정현파의 종류에 속하는 직사각형파의 전개식에서 기본파의 진폭은 약 몇 [V]인가?(단, $V_m=20$[V], $t=10$[ms]이다.)

① 23.47 ② 24.47
③ 25.47 ④ 26.47

해설

진폭 = $\dfrac{4V_m}{\pi} = \dfrac{80}{\pi} ≒ 25.47$[V]

15 $R=5$[Ω], $L=30$[mH]의 RL 직렬회로에 $V=200$[V], $f=60$[Hz]의 교류전압을 가할 때 전류의 크기는 약 몇 [A]인가?

① 8.67 ② 11.42
③ 16.18 ④ 21.25

해설

$Z = \sqrt{5^2 + (2 \times \pi \times 60 \times 30 \times 10^{-3})^2} = 12.36$

$I = \dfrac{V}{Z} = \dfrac{200}{12.36} ≒ 16.18$[A]

16 최댓값이 110[V]인 사인파 교류 전압이 있다. 평균값은 약 몇 [V]인가?

① 30 ② 70
③ 100 ④ 110

해설

사인파의 최댓값을 V_m이라 할 때, 평균값은 $\dfrac{2V_m}{\pi}$이다.

따라서 평균값은 $\dfrac{2 \times 110}{\pi} ≒ 70$[V]이다.

17 다음 중 비유전율이 가장 큰 것은?

① 종이 ② 염화비닐
③ 운모 ④ 산화티탄 자기

해설

비유전율
- 종이 : 1.2~1.6
- 염화비닐 : 5~9
- 운모 : 6.7
- 산화티탄 : 100

18 40[Ω]의 저항을 가진 전구에 $V=200\sqrt{2}\sin\omega t$[V]의 교류 전압을 가하면 전류의 순시값 [A]은?

① $5\sin\omega t$ ② $5\sqrt{2}\sin\omega t$
③ $800\sin\omega t$ ④ $800\sqrt{2}\sin\omega t$

해설

순시전류

$i = \dfrac{v}{R} = \dfrac{200\sqrt{2}\sin\omega t}{40} = 5\sqrt{2}\sin\omega t$[A]

19 자속밀도 2[Wb/m²]의 평등 자장 안에 길이 60[cm]의 도선을 자장과 30°의 각도로 놓고 5[A]의 전류를 흘리면 도선에 작용하는 힘은 몇 [N]인가?

① 1 ② 3
③ 4 ④ 5.2

해설

자장 내의 도체에 작용하는 힘은 $F=BIl\sin\theta$이므로
$F = 2 \times 5 \times 0.6 \times \sin 30° = 3$[N]

20 두 코일의 자체 인덕턴스를 L_1[H], L_2[H]라 하고 상호 인덕턴스를 M이라 할 때, 두 코일을 자속이 동일한 방향과 역방향이 되도록 하여 직렬로 각각 연결하였을 경우 합성 인덕턴스의 큰 쪽과 작은 쪽의 차는?

① M ② $2M$
③ $4M$ ④ $8M$

해설

자속이 같은 방향인 경우의 합성 인덕턴스
$L_1 = L_{c1} + L_{c2} + 2M \cdots \text{㉠}$
자속이 반대 방향인 경우의 합성 인덕턴스
$L_2 = L_{c1} + L_{c2} - 2M \cdots \text{㉡}$
따라서 $L_1 > L_2$이고, ㉠-㉡을 하면 $L_1 - L_2 = 4M$

정답 14 ③ 15 ③ 16 ② 17 ④ 18 ② 19 ② 20 ③

21 부흐홀츠 계전기의 설치 위치는?

① 변압기 주 탱크와 콘서베이터 사이
② 변압기 고압 측 부싱
③ 콘서베이터 내부
④ 변압기 주 탱크 내부

해설

부흐홀츠 계전기는 유증기를 검출하여 경보 또는 차단하는 기계적 고장 보호 장치이고, 설치 위치는 변압기 주 탱크와 콘서베이터 사이에 설치한다.

22 직류 직권 전동기에서 토크 τ와 회전수 N과의 관계는?

① $\tau \propto N$
② $\tau \propto N^2$
③ $\tau \propto \dfrac{1}{N}$
④ $\tau \propto \dfrac{1}{N^2}$

해설

- 직류 직권 전동기 토크는 회전수의 제곱에 반비례한다.
  $\rightarrow \tau \propto I^2 \propto \dfrac{1}{N^2}$
- 직류 분권 전동기 토크는 회전수에 반비례한다.
  $\rightarrow \tau \propto I \propto \dfrac{1}{N}$

23 1차 전압 6,300[V], 2차 전압 210[V], 주파수 60[Hz]의 변압기가 있다. 이 변합기의 권수비는?

① 30
② 40
③ 50
④ 60

해설

권수비 $a = \dfrac{N_1}{N_2} = \dfrac{V_1}{V_2} = \dfrac{I_2}{I_1}$

여기서, $\dfrac{6,300}{210} = 30$

24 3상 반파 정류회로에서 출력전압의 평균 전압값[V]은?(단, [V]는 선간 전압의 실횻값이다.)

① 0.9
② 1.17
③ 0.45
④ 1.35

해설

- 단상 반파 정류회로 $E_d = 0.45 E_a$
- 단상 전파 정류회로 $E_d = 0.9 E_a$
- 3상 반파 정류회로 $E_d = 1.17 E_a$
- 3상 전파 정류회로 $E_d = 1.35 V$

25 변압기 온도 상승 시험을 하는 데 가장 좋은 방법은?

① 충격전압 시험
② 단락 시험
③ 반환 부하법
④ 무부하 시험

해설

변압기 온도 상승 시험법
실부하법, 반환 부하법(가장 많이 사용)

26 직류발전기의 철심을 규소 강판으로 성층하여 사용하는 주된 이유는?

① 브러시에서의 불꽃 방지 및 정류 개선
② 맴돌이 전류손 감소
③ 전기자 반작용의 감소
④ 기계적 강도 개선

해설

철심을 규소강판으로 성층하여 사용하는 이유는 히스테리시스손과 맴돌이 전류손(와류손)을 줄이기 위함이다.

27 유도전동기의 슬립을 측정하는 방법으로 옳은 것은?

① 전압계법
② 전류계법
③ 평형 브리지법
④ 스트로보법

해설

유도전동기 슬립 측정법
스트로보법, 회전계법, 수화기법, 직류 밀리볼트계법

정답 21 ① 22 ④ 23 ① 24 ② 25 ③ 26 ② 27 ④

28 가정용 선풍기나 세탁기 등에 많이 사용되는 단상 유도 전동기는?

① 분상 기동형
② 동기 전동기
③ 영구 콘덴서 전동기
④ 반발 기동형

해설

영구 콘덴서 전동기
역률과 효율이 우수하여 가정용 기기에 적합하다.

29 34극 60[MVA], 역률 0.8, 60[Hz], 22.9[kV] 수차발전기의 전부하 손실이 1,600[kW]이면 전부하 효율은 약 몇 [%]인가?

① 90 ② 95
③ 97 ④ 99

해설

발전기 전부하 효율 $\eta = \dfrac{\text{전부하 출력}}{\text{전부하 출력} + \text{전손실}} \times 100$식에서 [kW] 또는 [MW]단위로 환산하는 게 중요하다.
그리고 손실의 단위가 유효전력의 단위이기에 출력 또한 피상전력 단위가 아닌 유효전력으로 보아야 한다.
[MW]단위로 보면,
$\eta = \dfrac{60 \times 0.8}{60 \times 0.8 + 1.6} \times 100 = 96.77 \fallingdotseq 97[\%]$
[kW]단위로 보면,
$\eta = \dfrac{60 \times 10^3 \times 0.8}{60 \times 10^3 \times 0.8 + 1,600} \times 100 = 96.77 \fallingdotseq 97[\%]$

30 극수 4이며 전기자 권선은 파권, 전기자 도체수가 250인 직류발전기가 있다. 이 발전기가 1,200[rpm]으로 회전할 때 600[V]의 기전력을 유기하려면 1극당 자속은 몇 [Wb]인가?

① 0.04 ② 0.05
③ 0.06 ④ 0.07

해설

직류발전기 유기기전력 $E = \dfrac{PZ\phi N}{60a}$[V]에서
자속 $\phi = \dfrac{E 60a}{PZN} = \dfrac{600 \times 60 \times 2}{4 \times 250 \times 1,200} = 0.06$[Wb]

31 기중기로 100[t]의 하중을 2[m/min]의 속도로 권상할 때 소요되는 전동기의 용량은?(단, 기계 효율은 70%이다.)

① 약 47[kW] ② 약 94[kW]
③ 약 143[kW] ④ 약 286[kW]

해설

권상기 용량 $P = \dfrac{WV}{6.12\eta} = \dfrac{100 \times 2}{6.12 \times 0.7} = 46.685 \fallingdotseq 47$[kW]
여기서, W : 하중[t]
V : 권상속도[m/min]
η : 기계 효율[%]

32 3상 유도전동기의 회전 방향을 바꾸기 위한 방법은?

① 3상의 3선 접속을 모두 바꾼다.
② 3상의 3선 중 2선의 접속을 바꾼다.
③ 3상의 3선 중 1선에 리액턴스를 연결한다.
④ 3상의 3선 중 2선에 같은 리액턴스를 연결한다.

해설

3상 유도전동기의 회전원리는 회전자기장의 회전방향에 따라 회전자가 따라서 도는 형태로 회전 방향을 바꾸려면 회전자기장의 방향을 바꾸어 주면 된다. 그러므로 3상의 3선 중 2선의 접속을 바꾸어주면 회전자기장의 방향이 바뀌게 되고, 그에 따라 회전자의 회전방향도 바뀌게 된다.

33 6극 36슬롯 3상 동기 발전기의 매극 매상당 슬롯수는?

① 2 ② 3 ③ 4 ④ 5

해설

매극 매상당 슬롯수 $q = \dfrac{\text{슬롯수}}{\text{극수} \times \text{상수}} = \dfrac{36}{6 \times 3} = 2$

34 회전자 입력을 P_2, 슬립을 s라 할 때 3상 유도전동기의 기계적 출력의 관계식은?

① sP_2 ② $(1-s)P_2$
③ $s^2 P_2$ ④ P_2/s

정답 28 ③ 29 ③ 30 ③ 31 ① 32 ② 33 ① 34 ②

해설

유도전동기 기계적 출력
$P_o = P_2(1-s)$

35
단상 전파 사이리스터 정류회로에서 부하가 큰 인덕턴스가 있는 경우, 점호각이 60°일 때의 정류 전압은 약 몇 [V]인가?(단, 전원 측 전압의 실횻값은 100[V]이고, 직류 측 전류는 연속이다.)

① 141
② 45
③ 85
④ 58

해설

단상 전파 사이리스터 정류회로에서 직류 평균 전압
$E_d = 0.9 E_a \cos\alpha = 0.9 \times 100 \times \cos 60° = 45[V]$

36
직류발전기에서 전압 정류의 역할을 하는 것은?

① 보극
② 탄소브러시
③ 전기자
④ 리액턴스 코일

해설

양호한 정류 대책
보극(전압 정류)과 탄소브러시(저항 정류)

37
직류전동기의 출력이 50[kW], 회전수가 1,800[rpm]일 때 토크는 약 몇 [kg·m]인가?

① 12
② 23
③ 27
④ 31

해설

직류전동기 토크
$\tau = 0.975 \dfrac{P}{N} = 0.975 \times \dfrac{50 \times 10^3}{1,800} ≒ 27[\text{kg}\cdot\text{m}]$

38
다음 중 단상 유도전동기의 기동 방법에 따른 분류에 속하지 않는 것은?

① 분상 기동형
② 저항 기동형
③ 콘덴서 기동형
④ 셰이딩 코일형

해설

단상 유도전동기의 기동 방법에 따른 분류
반발 기동형, 반발 유도형, 콘덴서 기동형, 영구 콘덴서형, 분상 기동형, 셰이딩 코일형

39
반도체 내에서 정공은 어떻게 생성되는가?

① 결합전자의 이탈
② 자유전자의 이동
③ 접합불량
④ 확산용량

해설

P형 반도체의 반송자인 정공은 결합전자의 이탈로 생성된다.

40
다음 변압기의 냉각 방식 종류가 아닌 것은?

① 건식 자냉식
② 유입 자냉식
③ 유입 예열식
④ 유입 풍냉식

해설

- 건식 변압기 : 건식 자냉식, 건식 풍냉식 등
- 유입 변압기 : 유입 자냉식, 유입 풍냉식, 송유 풍냉식 등

즉, 유입 예열식은 없다.

41
저압 연접 인입선 시설에서 제한 사항이 아닌 것은?

① 지름 2.6[mm] 이상의 인입용 비닐절연전선을 사용하지 말 것
② 폭 5[m]를 초과하는 도로를 횡단하지 말 것
③ 인입선의 분기점으로부터 100[m]를 초과하는 지역에 미치지 아니할 것
④ 옥내를 통과하지 말 것

해설

연접 인입선의 시설
한 수용가의 인입선에서 분기하여 지지물을 거치지 아니하고 다른 수용 장소의 인입구에 이르는 부분의 전선

- 인입선에서 분기하는 점으로부터 100[m]를 초과하는 지역에 미치지 아니할 것
- 폭 5[m]를 초과하는 도로를 횡단하지 아니할 것
- 옥내를 통과하지 아니할 것
- 저압 가공 인입선은 2.6[mm] 이상의 경동선 또는 이와 동등 이상의 세기 및 굵기의 것을 시설하여야 한다.(단, 인입선의 길이가 15[m] 이하의 경우에는 2.0[mm] 이상의 것을 사용할 수 있다.)

정답 35 ② 36 ① 37 ③ 38 ② 39 ① 40 ③ 41 ①

42 전선의 약호 중 FL은?

① 네온전선
② 비닐절연전선
③ 형광방전등용 비닐전선
④ 비닐코드

해설

FL : 형광방전등용 비닐전선

43 가공전선로의 지지물에서 다른 지지물을 거치지 아니하고 수용 장소의 인입선 접속점에 이르는 가공전선을 무엇이라 하는가?

① 연접인입선 ② 가공인입선
③ 구내전선로 ④ 구내인입선

해설

① 연접인입선 : 한 수용 장소의 인입구에서 분기하여 지지물을 거치지 아니하고 다른 수용 장소의 인입구에 이르는 부분의 전선
② 가공인입선 : 가공전선로의 지지물로부터 다른 지지물을 거치지 아니하고 수용 장소의 붙임점에 이르는 가공전선
③ 구내전선로 : 수용 장소의 구내에 시설한 전선로
④ 구내인입선 : 구내전선로에서 그 구내의 전기사용 장소로 인입하는(또는 전기사용 장소에서 인출하는) 가공전선 및 동일 구내의 전기사용 장소 상호 간의 가공전선으로서 지지물을 거치지 않고 시설

44 후강전선관은 몇 종으로 구분되어 있는가?

① 16종 ② 10종 ③ 26종 ④ 20종

해설

• 후강전선관의 규격[mm]
  16, 22, 28, 36, 42, 54, 70, 82, 92, 104(10종)
• 박강전선관의 규격[mm]
  19, 25, 31, 39, 51, 63, 75(7종)

45 한국전기설비규정에 따른 전선의 접속방법으로 틀린 것은?

① 염화비닐 점착테이프 피복 시 반폭 이상 겹쳐서 1번 이상 감을 것

② 전선의 강도를 20% 이상 감소시키지 않을 것
③ 접속부분의 온도상승 값이 접속부 이외의 온도상승 값을 넘지 않을 것
④ 접속부분은 접속관, 기타의 기구를 사용할 것

해설

전선의 접속 조건
• 접속 시 전기적 저항을 증가시키지 않는다.
• 접속 부위의 기계적 강도를 20[%] 이상 감소시키지 않는다.
• 접속점의 절연이 약화되지 않도록 테이핑 또는 와이어커넥터로 절연한다.
• 전선의 접속은 박스 안에서 하고, 접속점에 장력이 가해지지 않도록 한다.
• 염화비닐 점착테이프를 사용하는 경우, 테이프를 반폭 이상 겹쳐서 2번 이상 감을 것(4겹 이상)

46 금속제 가요전선관의 공사방법으로 틀린 것은?

① 가요전선관으로 2종 금속제 가요전선관을 사용하였다.
② 가요전선관 안에는 전선에 접속점이 없도록 하였다.
③ 옥외용 비닐절연전선을 사용하였다.
④ 단면적 10[mm^2] 이하인 단선을 사용하였다.

해설

금속제 가요전선관 공사
• 전선은 절연전선(옥외용 비닐절연전선 제외)일 것
• 단선은 단면적 10[mm^2](알루미늄선 16[mm^2]) 이하를 사용하며, 그 이상일 경우는 연선을 사용할 것
• 관 안에서는 전선의 접속점이 없도록 할 것

47 덕트의 옥내용은 환기형과 비환기형으로 되어 있으며 덕트의 도중에 부하를 접속하지 않는 버스 덕트의 명칭은?

① 슬래브 버스 덕트
② 트롤리 버스 덕트
③ 피더 버스 덕트
④ 플러그인 버스 덕트

정답 42 ③ 43 ② 44 ② 45 ① 46 ③ 47 ③

해설

버스 덕트의 종류
- 피더 버스 덕트 : 도중에 부하를 접속하지 않는 덕트
- 플러그인 버스 덕트 : 도중에 부하 접속을 할 수 있도록 플러그를 만든 덕트
- 트롤리 버스 덕트 : 도중에 이동 부하를 접속할 수 있도록 트롤리 접촉식 구조를 가진 덕트

48 저압 가공인입선의 인입구에 사용하며 금속관공사에서 끝부분의 빗물 침입을 방지하는 데 적당한 것은?

① 엔트런스 캡
② 플로어 박스
③ 터미널 캡
④ 부싱

해설

엔트런스 캡
인입구·인출구에 사용하며, 금속관 공사 끝부분에 접속하여 빗물 침입을 방지

49 한국전기설비규정에 따라 화학류 저장소에 전기설비의 시설을 할 경우 전로의 대지전압은 최대 몇 [V] 이하이어야 하는가?

① 600
② 300
③ 400
④ 500

해설

화학류 저장소에서 전기설비의 시설
- 전로의 대지전압은 300[V] 이하로 한다.
- 전기기계·기구는 전폐형으로 한다.
- 전용 개폐기 또는 과전류차단기에서 화약류 저장소의 인입구까지는 케이블을 사용하여 지중전로로 한다.

50 보호를 요하는 회로의 전류가 어떤 일정한 값(정정값) 이상으로 흘렀을 때 동작하는 계전기는?

① 차동 계전기
② 비율차동 계전기
③ 과전압 계전기
④ 과전류 계전기

해설

- OCR : 과전류 계전기
  일정 값 이상의 전류가 흘렀을 때 동작
- OVR : 과전압 계전기
  일정값 이상의 전압이 걸렸을 때 동작

51 전자접촉기 2개를 이용하여 유도전동기 1대를 정·역운전하고 있는 시설에서 전자접촉기 2개가 동시에 여자되어 상간 단락되는 것을 방지하기 위하여 구성하는 제어회로는?

① 순차제어회로
② 인터록회로
③ 자기유지회로
④ Y-Δ 기동회로

해설

인터록회로
한쪽이 동작하면 다른 한쪽은 동작할 수 없는 회로로, 전자접촉기 2개가 동시에 여자되어 상간 단락되는 것을 방지

52 다음은 동전선의 접속에 관한 그림이다. ㉮, ㉯의 전선접속의 명칭은?

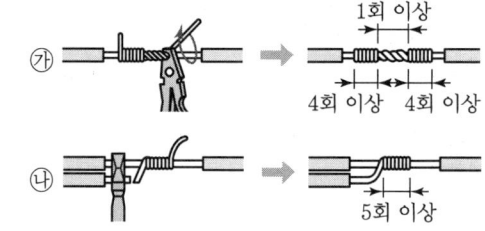

① ㉮ : 종단접속, ㉯ : 분기접속
② ㉮ : 분기접속, ㉯ : 직선접속
③ ㉮ : 분기접속, ㉯ : 종단접속
④ ㉮ : 직선접속, ㉯ : 분기접속

해설

㉮ : 트위스트 직선접속
㉯ : 트위스트 분기접속

53 자동화설비 등에서 위치결정 기구에 사용되는 것은?

① 전기 동력계
② 스테핑 모터
③ 반동 전동기
④ 셰이딩 모터

정답 48 ① 49 ② 50 ④ 51 ② 52 ④ 53 ②

> [해설]

스테핑 모터의 특성
- 디지털 신호로 제어되는 전동기이다.
- 회전각과 속도는 펄스 수에 비례한다.
- 오픈 루프에서 속도 및 위치제어를 할 수 있다.(속도 및 위치제어가 쉽다.)
- 위치제어를 할 경우 각도 오차가 작고 누적되지 않는다.
- 정지하고 있을 때 그 위치를 유지해 주는 토크가 크다.
- 브러쉬, 슬립링 등이 없고 부품 수가 적다.(유지 보수의 필요성이 적다.)
- 가속 · 감속이 용이하며, 정 · 역회전이 쉽다.
- 대용량의 대형기는 만들기 어렵다.
- 큰 관성부하에 적용하기는 부적합하다.
- 효율이 서보모터에 비해 나쁘다.

54 전선의 공칭단면적에 대한 설명으로 틀린 것은?

① 단위는 mm²로 표시한다.
② 전선의 실제단면적과 같다.
③ 연선의 굵기를 나타내는 것이다.
④ 소선 수와 소선의 지름으로 나타낸다.

> [해설]

공칭단면적은 전선의 굵기를 나타내는 호칭으로, 실제 단면적과 같지 않다.

55 전로의 중성점 접지의 목적으로 틀린 것은?

① 전로의 이상 전압의 억제
② 전로의 대지전압 저하
③ 기기 외함의 전위 상승 시 인체를 보호
④ 보호 계전기의 동작 확보

> [해설]

접지의 목적
- 이상 전압의 경감 및 발생 방지
- 전선로 및 기기의 절연 레벨 경감(단절연, 저감절연)
- 보호 계전기의 신속 확실한 동작
- 소호리액터 접지계통에서 1선 지락 시 아크 소멸 및 안정도 증진
- 화재 및 폭발방지

56 1종 금속몰드 공사를 할 때 동일 몰드 내에 넣는 경우의 전선 수는 최대 몇 본 이하로 하여야 하는가?

① 10 ② 3 ③ 12 ④ 5

> [해설]

- 1종 금속몰드에 넣는 전선 수는 10본 이하로 한다.
- 2종 금속몰드에 넣는 전선 수는 전선의 피복절연물을 포함한 단면적의 총 합계가 해당 몰드 내 단면적의 20% 이하로 한다.

57 한국전기설비규정에서 정하는 전기울타리용 전원 장치에 전기를 공급하는 전로의 사용전압은 몇 [V] 이하인가?

① 250 ② 400
③ 300 ④ 60

> [해설]

전기울타리
- 수목과의 이격거리는 0.3[m] 이상일 것
- 전선은 인장강도 1.38[kN] 이상의 것 또는 지름 2[mm] 이상의 경동선일 것
- 전선과 이를 지지하는 기둥 사이의 이격거리는 25[mm] 이상일 것
- 전기울타리용 전원장치에 전원을 공급하는 전로의 사용전압은 250[V] 이하일 것
- 전선과 수목과의 이격거리는 0.3[m] 이상일 것

58 DV 전선의 명칭은?

① 고압 절연전선
② 네온전선
③ 옥외용 비닐절연전선
④ 인입용 비닐절연전선

> [해설]

DV : 인입용 비닐절연전선

정답 54 ② 55 ③ 56 ① 57 ① 58 ④

59 한국전기설비규정에 따라 분기회로의 단락 보호장치 설치점과 분기점 사이에 다른 분기회로 또는 콘센트의 접속이 없고 단락, 화재 및 인체에 대한 위험이 최소화될 경우, 분기회로의 단락 보호장치는 분기점으로부터 몇 [m]까지 이동하여 설치할 수 있는가?

① 3   ② 4   ③ 5   ④ 6

해설
과부하 보호장치는 분기점에 설치해야 하나, 분기점과 분기회로의 과부하 보호장치의 설치점 사이의 배선부분에 다른 분기회로나 콘센트 회로가 접속되어 있지 않고, 단락의 위험과 화재 및 인체에 대한 위험성이 최소화되도록 시설된 경우, 분기회로의 보호장치는 분기회로의 분기점으로부터 3[m]까지 이동하여 설치할 수 있다.

60 분기회로 구성 시 유의사항으로 틀린 것은?
① 같은 방의 전등과 콘센트는 같은 분기회로를 사용하는 것이 원칙이다.
② 복도, 계단 등은 될 수 있는 대로 별도의 분기회로로 한다.
③ 습기가 있는 장소의 수구는 될 수 있는 대로 별도의 분기회로로 한다.
④ 같은 스위치로 점멸하는 전등은 같은 분기회로로 구성한다.

해설
분기회로의 시설
• 같은 방, 같은 방향의 수구는 될 수 있는 대로 같은 회로로 한다.
• 복도, 계단 등은 될 수 있는 대로 같은 회로로 한다.
• 습기가 있는 장소의 수구는 될 수 있는 대로 별도의 회로로 한다.
• 같은 스위치로서 점멸되는 전등은 같은 회로로 한다.

정답 59 ① 60 ②

2024년 3회 시행 과년도 기출문제

01 R, L, C 직렬 회로의 합성 임피던스[Ω]는?

① $R + \omega L + \dfrac{1}{\omega C}$

② $\sqrt{R^2 + \left(\omega L + \dfrac{1}{\omega C}\right)^2}$

③ $\sqrt{R^2 + \omega^2 L^2 + \dfrac{1}{\omega^2 C^2}}$

④ $\sqrt{R^2 + \left(\omega L - \dfrac{1}{\omega C}\right)^2}$

해설

$Z = Z_1 + Z_2 + Z_3 = R + jX_L - jX_C$
$= R + j(X_L - X_C) = R + j\left(\omega L - \dfrac{1}{\omega C}\right)$
$|Z| = \sqrt{R^2 + (X_L - X_C)^2} = \sqrt{R^2 + \left(\omega L - \dfrac{1}{\omega C}\right)^2}$

02 진공 중에서 자기장의 세기가 500[AT/m]일 때 자속밀도[Wb/m²]는?

① 3.98×10^8
② 6.28×10^{-2}
③ 3.98×10^4
④ 6.28×10^{-4}

해설

자속밀도
$B = \mu H = \mu_0 H = 4\pi \times 10^{-7} \times 500 = 6.28 \times 10^{-4}\,[\text{Wb/m}^2]$

03 콘덴서 중에서 온도 변화에도 용량의 변화가 적고, 극성이 있으며 콘덴서 자체에 +기호로 전극을 표시하며 비교적 가격이 비싸지만 온도에 의한 용량 변화가 엄격한 회로와 어느 정도 주파수가 높은 회로 등에 사용되는 콘덴서는 무엇인가?

① 바리콘
② 세라믹 콘덴서
③ 마일러 콘덴서
④ 탄탈 콘덴서

해설

탄탈 콘덴서
- 전극에 탄탈륨이라는 재료를 사용하는 전해 콘덴서의 일종이다.
- 알루미늄 전해 콘덴서와 마찬가지로 비교적 큰 용량을 얻을 수 있으며, 온도가 변화해도 용량이 변화하지 않고 주파수 특성도 전해 콘덴서보다 양호하다.
- 극성이 있으며, 콘덴서 자체에 (+)기호로 전극을 표시한다.

04 자기저항 200[AT/Wb]의 회로에 400[AT]의 기자력을 가할 때 생기는 자속[Wb]은?

① 2
② 20
③ 200
④ 2,000

해설

$R_m = \dfrac{F}{\phi}\,[\text{AT/Wb}]$, $\phi = \dfrac{F}{R_m} = \dfrac{400}{200} = 2\,[\text{Wb}]$

05 저항 4[Ω]과 8[mH]의 인덕턴스가 직렬로 접속된 회로에 100[V], 60[Hz]의 교류 전압을 가하면 이 회로에 흐르는 전류는 몇 [A]인가?

① 20
② 25
③ 24
④ 12

해설

$X_L = \omega L = 2\pi f L = 2 \times 3.14 \times 60 \times 8 \times 10^{-3} \fallingdotseq 3\,[\Omega]$
$I = \dfrac{V}{Z} = \dfrac{V}{\sqrt{R^2 + X_L^2}} = \dfrac{100}{\sqrt{4^2 + 3^2}} = 20\,[\text{A}]$

정답 01 ④ 02 ④ 03 ④ 04 ① 05 ①

06 코일이 접속되어 있을 때, 누설 자속이 없는 이상적인 코일 간의 상호 인덕턴스는?

① $M = \sqrt{L_1 L_2}$
② $M = \sqrt{L_1 + L_2}$
③ $M = \sqrt{L_1 - L_2}$
④ $M = \sqrt{\dfrac{L_1}{L_2}}$

해설

상호 인덕턴스 $M = k\sqrt{L_1 L_2}$ [H]에서 누설 자속이 없는 이상적인 경우 결합계수 $k=1$이므로 $M = \sqrt{L_1 L_2}$ [H]가 된다.

07 다음 중 전기회로와 자기회로의 요소를 대응 관계로 옳게 나타내지 않은 것은?

① 자속 – 전속
② 자기저항 – 전기저항
③ 기자력 – 기전력
④ 자속밀도 – 전류밀도

해설

자속과 전속은 자계와 전계의 대응관계를 나타내고, 자기회로에서의 자속에 대응하는 전기회로 요소는 전류이다.

전기회로		자기회로	
도전율	$k = \sigma$ [℧/m]	투자율	μ [H/m]
기전력	E [V]	기자력	$F = NI$ [AT]
전기저항	$R = \rho\dfrac{l}{S} = \dfrac{l}{kS}$ [Ω]	자기저항	$R_m = \dfrac{l}{\mu S}$ [AT/Wb]
전류	$I = \dfrac{E}{R}$ [A]	자속	$\phi = \dfrac{F}{R_m}$ $= \dfrac{\mu SNI}{l}$ [Wb]
전류밀도	$i = \dfrac{I}{S}$ [A/m²]	자속밀도	$B = \dfrac{\phi}{S}$ [Wb/m²]

08 두 코일의 자기 인덕턴스 L_1, L_2, 상호 인덕턴스 M일 때, 두 코일을 같은 방향으로 직렬 연결할 때와 반대 방향으로 직렬 연결할 때에 합성 인덕턴스의 큰 쪽과 작은 쪽의 차이는 얼마인가?

① M
② $4M$
③ $L_1 + L_2$
④ $L_1 - L_2$

해설

- 같은 방향으로 직렬 연결 시 $L_0 = L_1 + L_2 + 2M$
- 반대 방향으로 직렬 연결 시 $L_0 = L_1 + L_2 - 2M$

큰 쪽 $L_0 = L_1 + L_2 + 2M$에서 작은 쪽 $L_0 = L_1 + L_2 - 2M$을 빼면 $(L_1 + L_2 + 2M) - (L_1 + L_2 - 2M)$이므로
$L_1 + L_2 + 2M - L_1 - L_2 + 2M = 4M$

09 어드미턴스의 허수부가 나타내는 것은?

① 컨덕턴스
② 임피던스
③ 리액턴스
④ 서셉턴스

해설

$Y = \dfrac{1}{R} \pm j\dfrac{1}{X} = G \pm jB$ [℧]이므로 실수부는 컨덕턴스, 허수부는 서셉턴스가 된다.

10 히스테리시스 곡선의 횡축과 종축은 어느 것을 나타내는가?

① 자기장의 세기와 자속밀도
② 투자율과 자속밀도
③ 투자율과 잔류자기
④ 자기장의 세기와 보자력

해설

히스테리시스 곡선(Hysteresis Loop)

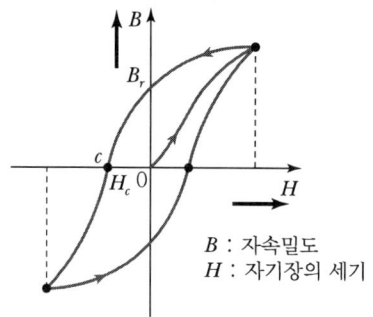

B : 자속밀도
H : 자기장의 세기

- 종축 : 자속밀도(B), 종축과 만나는 점 – 잔류자기
- 횡축 : 자기장의 세기(H), 횡축과 만나는 점 – 보자력

11 권선수 100회 감은 코일에 2[A]의 전류가 흘렀을 때 50×10^{-3}[Wb]의 자속이 코일에 쇄교되었다면 자기 인덕턴스는 몇 [H]인가?

① 1.0
② 1.5
③ 2.0
④ 2.5

해설

$LI = N\phi$ 에서 $L = \dfrac{N\phi}{I} = \dfrac{100 \times 50 \times 10^{-3}}{2} = 2.5$[H]

12 세 변의 저항이 15[Ω]인 Y결선 회로가 있다. 이것과 등가인 △결선 회로의 각 변의 저항은 몇 [Ω]인가?

① $\dfrac{15}{\sqrt{3}}$
② $\dfrac{15}{3}$
③ $15\sqrt{3}$
④ 45

해설

평형 3상 Y회로를 △회로로 등가변환
$R_\Delta = 3R_Y$ 이므로 $R_\Delta = 3 \times 15 = 45$[Ω]

13 평형 3상 회로에서 1상의 소비전력이 P 라면, 3상 회로의 소비전력은?

① P
② $2P$
③ $3P$
④ $\sqrt{3}\,P$

해설

3상 전력은 1상당 전력의 3배이다.

14 패러데이관은 단위 전위차마다 몇 [J]의 에너지를 저장하고 있는가?

① ED
② $\dfrac{1}{2}ED$
③ 1
④ $\dfrac{1}{2}$

해설

단위 전위차당 패러데이관의 보유 에너지는 $\dfrac{1}{2}$[J]이다.

15 물질에 따라서 자석에 전혀 무반응인 물질은?

① 강자성체
② 비자성체
③ 반자성체
④ 상자성체

해설

- 자성체 : 자화되는 물질
- 비자성체 : 자화되지 않는 물질

16 100[V]의 전위차로 가속된 전자의 운동 에너지는 몇 [J]인가?

① 1.6×10^{-20}[J]
② 1.6×10^{-19}[J]
③ 1.6×10^{-18}[J]
④ 1.6×10^{-17}[J]

해설

$W = QV = eV = 1.602 \times 10^{-19} \times 100$
$= 1.6 \times 10^{-17}$[J]

17 두 종류의 금속의 접합부에 전류를 흘리면 전류의 방향에 따라 열의 발생 또는 흡수현상이 생긴다. 이러한 현상을 무엇이라 하는가?

① 펠티에 효과
② 톰슨 효과
③ 제백 효과
④ 제3금속의 법칙

해설

- 펠티에 효과 : 서로 다른 두 종류의 금속을 접속하고 한쪽 금속에서 다른 쪽 금속으로 전류를 흘리면 열의 발생 또는 흡수가 일어나는 현상으로 흡열은 전자 냉동기, 발열은 전자 온풍기 등이 있다.
- 제백 효과 : 두 종류의 금속을 접속하고, 두 접속점에 온도차를 주면 기전력이 생겨 전류가 흐르게 된다. 이 기전력을 열기전력, 전류를 열전류, 이런 장치를 열전대(쌍), 이와 같은 효과를 제백 효과(Seebeck-effect, 열전 효과)라 한다.

정답 11 ④ 12 ④ 13 ③ 14 ④ 15 ② 16 ④ 17 ①

18 그림에서 $a-b$ 간의 합성저항은 $c-d$ 간 합성저항의 몇 배인가?

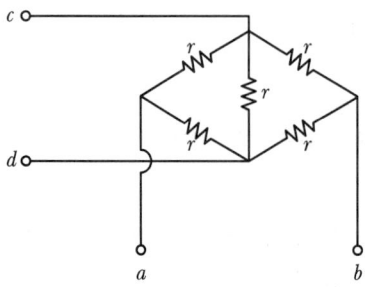

① 1배　　② 2배
③ 3배　　④ 4배

해설
- R_{ab}는 휘트스톤 브리지의 평형조건이 성립하기 때문에 세로 저항 r을 무시하면 $R_{ab} = \dfrac{r}{n} = \dfrac{2r}{2} = r$이다.
- R_{cd}는 병렬로 접속된 회로이므로 $2r, r, 2r$의 저항을 병렬 합성하면 $R_{cd} = \dfrac{1}{\dfrac{1}{2r}+\dfrac{1}{r}+\dfrac{1}{2r}} = \dfrac{1}{\dfrac{4}{2r}} = \dfrac{1}{2}r$이 된다.

따라서 $R_{ab} = R_{cd} \times x$, $x = \dfrac{R_{ab}}{R_{cd}} = \dfrac{r}{\dfrac{r}{2}} =$ 2배이다.

19 전기력선의 밀도를 이용하여 주로 대칭 정전계의 세기를 구하기 위하여 이용되는 법칙은?

① 패러데이 법칙　　② 가우스 법칙
③ 쿨롱의 법칙　　④ 톰슨의 법칙

해설
가우스 법칙은 $\psi = \int Dds = Q$ 전속밀도, 전하와의 상관관계를 통해 전계의 세기를 구한다.

20 220[V]용 100[W] 전구와 200[W] 전구를 직렬로 연결하여 220[V]의 전원에 연결하면?

① 두 전구의 밝기가 같다.
② 100[W]의 전구가 더 밝다.
③ 200[W]의 전구가 더 밝다.
④ 두 전구 모두 안 켜진다.

해설
$P = \dfrac{V^2}{R}$에서 $R = \dfrac{V^2}{P}$이므로

100[W]의 전구의 저항 $R_1 = \dfrac{220^2}{100} = 484[\Omega]$

200[W]의 전구의 저항 $R_2 = \dfrac{220^2}{200} = 242[\Omega]$

직렬 접속 시 $P = I^2 R$[W]이므로
100[W]의 전구의 소비전력 $P_{100} = I^2 484$[W]
200[W]의 전구의 소비전력 $P_{200} = I^2 242$[W]
(단, 직렬 접속 시 전류는 일정하다.)
따라서 $P_{100} > P_{200}$으로 100[W]의 전구가 더 밝다.

21 3상 동기 발전기에 무부하 전압보다 90° 뒤진 전기자 전류가 흐를 때 전기자 반작용은?

① 감자 작용을 한다.
② 증자 작용을 한다.
③ 교차자화 작용을 한다.
④ 자기 여자 작용을 한다.

해설
동기 발전기에서 뒤진(지상, 늦은) 전류가 흐를 때 전기자 반작용은 감자 작용, 앞선(진상, 빠른) 전류가 흐를 때 전기자 반작용은 증자 작용이다.

22 3상 유도전동기의 원선도를 그리면 등가 회로의 정수를 구할 때 몇 가지 시험이 필요하다. 그 시험이 아닌 것은?

① 무부하 시험
② 구속 시험
③ 고정자 권선의 저항 측정 시험
④ 슬립 측정 시험

해설
유도전동기의 원선도 작성 시험
구속 시험, 무부하 시험, 저항 측정 시험

정답　18 ②　19 ②　20 ②　21 ①　22 ④

23 다음 중 직류발전기의 전기자 반작용을 없애는 방법으로 옳지 않은 것은?

① 보상권선 설치
② 보극 설치
③ 브러시 위치를 전기적 중성점으로 이동
④ 균압환 설치

해설
전기자 반작용 방지 대책
보극과 보상권선 설치, 브러시 이동

24 3상 동기발전기를 병렬운전시키는 경우 고려하지 않아도 되는 조건은?

① 전압 파형이 같을 것
② 회전수가 같을 것
③ 주파수가 같을 것
④ 위상이 같을 것

해설
동기발전기 병렬운전 조건
- 기전력의 크기가 같을 것
- 기전력의 위상이 같을 것
- 기전력의 주파수가 같을 것
- 기전력의 파형이 같을 것
- 상회전 방향이 같을 것

25 3상 380[V] 전동기와 단상 220[V] 전동부하를 동시에 사용하려면 어떤 변압기 결선을 채택하여야 하는가?

① 단상 2선식
② 3상 3선식
③ 단상 3선식
④ 3상 4선식

해설
- 3상 전동기와 단상 부하를 동시에 사용하려면 변압기 결선 중 Y결선으로 채택하여야 한다.
- Y결선은 3상 4선식으로 부르고 Δ결선은 3상 3선식으로 부른다.

26 직류 분권전동기의 계자 저항을 운전 중에 증가시키면 회전속도는?

① 증가한다. ② 감소한다.
③ 변화없다. ④ 정지한다.

해설
계자의 저항을 증가시키면 계자 전류가 감소하며, 그에 따라 자속이 감소하면 속도는 증가한다.
$R_f \uparrow \Rightarrow I_f \downarrow \Rightarrow \phi \downarrow \Rightarrow N \uparrow$

27 변압기의 규약 효율은?

① $\dfrac{출력}{입력} \times 100 [\%]$

② $\dfrac{출력}{출력 + 손실} \times 100 [\%]$

③ $\dfrac{출력}{입력 + 손실} \times 100 [\%]$

④ $\dfrac{입력 - 손실}{입력} \times 100 [\%]$

해설
변압기의 규약 효율
$\eta_{Tr} = \dfrac{출력}{출력 + 손실} \times 100 [\%]$

28 유도전동기 권선법 중 맞지 않는 것은?

① 고정자 권선은 단층 파권이다.
② 고장자 권선은 3상 권선이 쓰인다.
③ 소형 전동기는 보통 4극이다.
④ 홈 수는 24개 또는 36개이다.

해설
유도전동기의 고정자 권선은 고상권, 폐로권, 이층권, 중권, 분포권, 단절권 등을 사용하며, 단층 파권은 사용하지 않는다.

29 다음 중 2단자 사이리스터가 아닌 것은?

① SCR ② DIAC
③ SSS ④ Diode

해설
SCR(실리콘 정류 소자) : 3단자 단방향 사이리스터

정답 23 ④ 24 ② 25 ④ 26 ① 27 ② 28 ① 29 ①

30 단상 유도전동기에 보조권선을 사용하는 주된 이유는?

① 역률개선을 한다.
② 회전자장을 얻는다.
③ 속도 제어를 한다.
④ 기동 전류를 줄인다.

[해설]
단상 유도전동기는 교번자계를 이용하며 회전자기장을 얻을 수 없기에 기동을 위해서는 보조권선을 사용하여 회전자기장을 얻을 수 있다.

31 다음의 변압기 극성에 관한 설명에서 틀린 것은?

① 우리나라는 감극성이 표준이다.
② 1차와 2차 권선에 유기되는 전압의 극성이 서로 반대이면 감극성이다.
③ 3상 결선 시 극성을 고려해야 한다.
④ 병렬운전 시 극성을 고려해야 한다.

[해설]
변압기의 감극성과 가극성의 차이는 1차와 2차 권선에 유기되는 전압의 극성이 서로 반대이면 가극성이고, 전압의 극성이 서로 같으면 감극성이다.

32 직류전동기의 속도제어 방법이 아닌 것은?

① 전압 제어
② 계자 제어
③ 저항 제어
④ 플러깅 제어

[해설]
- 직류전동기 속도제어 방법으로는 전압 제어, 계자 제어, 저항 제어가 있다.
- 플러깅 제어는 제동법으로 역상제동을 의미한다.

33 유도전동기가 회전하고 있을 때 생기는 손실 중에서 구리손이란?

① 브러시의 마찰손
② 베어링의 마찰손
③ 표유 부하손
④ 1차, 2차 권선의 저항손

[해설]
동손(구리손)은 부하가 있을 때, 즉 회전 시 발생하는 손실로 부하손의 대표적인 손실이며 코일의 저항에 의한 손실이다.

34 전동기의 제동에서 전동기가 가지는 운동 에너지를 전기 에너지로 변화시키고 이것을 전원에 환원시켜 전력을 회생시킴과 동시에 제동하는 방법은?

① 발전제동(Dynamic Braking)
② 역전제동(Plugging Braking)
③ 맴돌이전류제동(Eddy Current Braking)
④ 회생제동(Regenerative Braking)

[해설]
회생제동
전동기가 회전 중 전원을 끄면 운동에너지가 존재하는 동안은 발전기로써 작용을 할 것이고, 만들어진 에너지를 축전지에 환원시켜 전력을 회생하고 제동시키는 방법을 말한다.

35 주파수 60[Hz]의 전원에 2극의 동기전동기를 연결하면 회전수는 몇 [rpm]인가?

① 3,600
② 1,800
③ 60
④ 12

[해설]
동기 속도 $N_s = \dfrac{120f}{p} = \dfrac{120 \times 60}{2} = 3,600[\text{rpm}]$

36 동기전동기의 기동 토크는 몇 N·m인가?

① 0
② 150
③ 100
④ 200

[해설]
동기전동기의 고정자 권선에 3상 교류를 인가하면 매우 빠른 속도로 회전자기장이 회전을 하게 되는데, 그와 달리 회전자는 관성이 너무 커서 회전을 하지 못하고 정지되어 있다. 즉, 기동 토크가 없다고 볼 수 있으므로 기동장치가 필요하며 제동권선을 이용한 자기기동법 또는 유도전동기를 이용한 타기동법 등이 있다.

정답 30 ② 31 ② 32 ④ 33 ④ 34 ④ 35 ① 36 ①

37 다음 중 유도전동기에서 비례추이를 할 수 있는 것은?

① 출력 ② 2차 동손
③ 효율 ④ 역률

해설
- 비례추이 할 수 없는 것 : 출력, 동손, 동기속도, 효율
- 비례추이 할 수 있는 것 : 역률, 1차 · 2차 전류, 토크

38 변압기 명판에 나타내는 정격에 대한 설명이다. 틀린 것은?

① 변압기의 정격출력 단위는 kW이다.
② 변압기 정격은 2차측을 기준으로 한다.
③ 변압기의 정격은 용량, 전류, 전압, 주파수 등으로 결정된다.
④ 정격이란 정해진 규정에 적합한 범위 내에서 사용할 수 있는 한도이다.

해설
변압기의 정격출력(정격용량)의 단위는 [kVA]또는 [MVA], 즉 피상전력을 기준으로 한다.

39 유도전동기에서 회전 방향을 바꿀 수 없고, 구조가 극히 단순하며, 기동 토크가 대단히 작아서 운전 중에도 코일에 전류가 계속 흐르므로 소형 선풍기 등 출력이 매우 작은 0.05마력 이하의 소형 전동기에 사용되고 있는 것은?

① 셰이딩 코일형 유도전동기
② 영구 콘덴서형 단상 유도전동기
③ 콘덴서 기동형 단상 유도전동기
④ 분상 기동형 단상 유도전동기

해설
셰이딩 코일형 유도전동기는 한 방향으로만 기동 토크를 발생시킬 수 있으므로 역회전이 불가능하고 역률과 효율이 나쁘고 기동 토크가 매우 작기 때문에 극히 소형 부하에서만 사용한다.

40 3,300/220[V] 변압기의 1차에 20[A]의 전류가 흐르면 2차 전류는 몇 [A]인가?

① 1/30 ② 1/3
③ 30 ④ 300

해설
- 변압기 권수비 $a = \dfrac{V_1}{V_2} = \dfrac{N_1}{N_2} = \dfrac{I_2}{I_1}$ 에서 $\dfrac{3,300}{220} = 15$

  권수비는 15이다.
- 전류비 $a = \dfrac{I_2}{I_1}$ 에서 2차 전류 $I_2 = aI_1 = 15 \times 20 = 300[A]$

41 인체감전보호용으로 사용하는 누전차단기의 정격감도전류 및 동작시간으로 옳은 것은?

① 전류 : 30[mA] 이하, 동작시간 : 0.03초 이하
② 전류 : 50[mA] 이하, 동작시간 : 0.1초 이하
③ 전류 : 50[mA] 이하, 동작시간 : 0.03초 이하
④ 전류 : 30[mA] 이하, 동작시간 : 0.1초 이하

해설
인체감전보호용 누전차단기는 정격감도전류가 30[mA] 이하, 동작시간이 0.03초 이하의 전류동작형을 말한다.

42 한국전기설비규정에 따라 수용장소 인입구 부근에서 지중에 매설되어 있는 금속제 수도관로를 접지극으로 사용하여 변압기 중성점 접지를 한 저압 전선로의 중성선에 추가로 접지공사를 하려고 한다. 이때 금속제 수도관로와 대지와의 전기저항 값은 몇 [Ω] 이하이어야 하는가?

① 5 ② 2
③ 3 ④ 1

해설
- 수도관 : 3[Ω] 이하
- 철골 : 2[Ω] 이하

정답 37 ④ 38 ① 39 ① 40 ④ 41 ① 42 ③

43 한국전기설비규정에 따라 가연성 분진에 전기설비가 발화원이 되어 폭발할 우려가 있는 곳에 시설하는 저압 옥내 전기설비의 배선공사로 적절하지 않은 것은?

① 플로어덕트 공사
② 케이블 공사
③ 금속관 공사
④ 두께 2[mm] 이상의 합성수지관 공사(난연성이 없는 콤바인 덕트관 제외)

해설

가연성 분진(소맥분, 전분, 유황 기타 가연성의 먼지로 공중에 떠다니는 상태에서 착화하였을 때에 폭발할 우려가 있는 것을 말하며 폭연성 분진을 제외)에 전기설비가 발화원이 되어 폭발할 우려가 있는 곳의 저압 옥내 배선은 합성수지관(두께 2[mm] 이상), 금속관, 케이블 공사에 의하여 시설한다.

44 한국전기설비규정에 따라 전선을 접속할 경우의 설명으로 틀린 것은?

① 접속부분은 접속관 기타의 기구를 사용하여야 한다.
② 전선의 전기저항을 증가시키지 않도록 접속하여야 한다.
③ 전선의 세기를 80[%] 이상 감소시키지 않아야 한다.
④ 전기 화학적 성질이 다른 도체를 접속하는 경우는 접속부분에 전기적 부식이 생기지 않도록 한다.

해설

전선의 접속 조건
• 접속 시 전기적 저항을 증가시키지 않는다.
• 접속 부위의 기계적 강도를 20[%] 이상 감소시키지 않는다.
• 접속점의 절연이 약화되지 않도록 테이핑 또는 와이어커넥터로 절연한다.
• 전선의 접속은 박스 안에서 하고, 접속점에 장력이 가해지지 않도록 한다.

45 절연전선의 피복에 15[kV] NRV의 기호가 있다면 무엇을 의미하는가?

① 형광등 전선
② 고무절연 비닐시스 네온전선
③ 폴리에틸렌 비닐 네온전선
④ 고무 폴리에틸렌 네온전선

해설

15[kV] NRV : 고무절연 비닐시스 네온전선

46 단로기에 대한 설명으로 옳은 것은?

① 부하 전류 개폐 기능만 있다.
② 부하 전류를 차단한다.
③ 전압 개폐의 기능만 있다.
④ 전압, 전류를 모두 차단한다.

해설

단로기의 특징
• 전로의 접속을 바꾸거나 분리하는 목적으로 사용하는 개폐장치
• 무부하 변압기의 극히 작은 전류 등의 부하전류는 개폐 불가
• 소호 및 아크 소멸 능력이 없으므로 고장전류, 부하전류 차단 불가능

47 전주와 수용가인 집 사이를 연결하는 인입용 비닐절연전선은?

① IV 전선
② DV 전선
③ OW 전선
④ GV 전선

해설

DV : 인입용 비닐절연전선

48 가공인입선 공사에서 철근 콘크리트주의 길이가 12[m]인 전주를 건주하는 경우 땅에 묻히는 전주의 최소 길이[m]는?(단, 설계하중이 6.8[kN] 이하이다.)

① 1.8
② 1.5
③ 2.0
④ 1.2

해설

• 전주의 길이 15[m] 이하 : 전주의 길이의 $\frac{1}{6}$ 이상
• 전주의 길이 15[m] 초과 : 2.5[m] 이상
$12 \times \frac{1}{6} = 2[m]$

정답 43 ① 44 ③ 45 ② 46 ③ 47 ② 48 ③

49 금속관 절단면에 대한 다듬기에 쓰이는 공구는?

① 리머
② 파이프 렌치
③ 홀소우
④ 프레셔 툴

해설

리머
금속관을 쇠톱이나 커터로 절단 후, 관 안에 날카로운 것을 다듬는 공구

50 한국전기설비규정에 따라 화학류 저장소에 전기설비의 시설을 할 경우 전로의 대지전압은 최대 몇 [V] 이하이어야 하는가?

① 600
② 500
③ 400
④ 300

해설

화학류 저장소에서 전기설비의 시설
- 전로의 대지전압은 300[V] 이하로 한다.
- 전기기계·기구는 전폐형으로 한다.
- 전용 개폐기 또는 과전류차단기에서 화약류 저장소의 인입구까지는 케이블을 사용하여 지중전로로 한다.

51 합성수지관 배선에서 경질비닐전선관의 굵기에 해당되지 않는 것은?(단, 관의 호칭을 말한다.)

① 22
② 18
③ 16
④ 14

해설

경질비닐전선관의 규격[mm]
14, 16, 22, 28, 36, 42, 54, 70, 82, 100

52 옥측 또는 옥외에 시설하는 배전반의 구조로 가장 알맞은 것은?

① 방진형
② 방수형
③ 방폭형
④ 일반형

해설

방수형
옥측 또는 옥외에 시설하는 배·분전반 및 배선기구 등의 시설 안에 물이 스며들어 고이지 아니하도록 한 구조일 것

53 기동전류와 같이 단시간의 과전류에는 동작하지 않고 사용 중 과전류에 의하여 회로를 차단하는 특성을 가진 퓨즈는?

① 텅스텐 퓨즈
② 전동기용 퓨즈
③ 플러그 퓨즈
④ 온도 퓨즈

해설

전동기용 퓨즈
전동기 보호에 적합한 퓨즈를 말한다. 전동기는 일반적으로 기동 시 큰 토크가 필요하기 때문에 기동 전류도 크다. 이때 퓨즈가 동작해버리면 전동기가 정상적으로 운전하지 않기 때문에 전동기용 퓨즈는 기동전류와 같은 단시간의 과전류에 동작하지 않아야 한다.

54 조명용 백열전등을 호텔 또는 여관 객실의 입구에 설치할 때나 일반주택 및 아파트 각 호실의 현관에 설치할 때 사용되는 스위치는?

① 로터리 스위치
② 토글 스위치
③ 누름버튼 스위치
④ 타임 스위치

해설

점멸기의 시설(타임 스위치)
- 숙박업에 이용되는 객실 입구등 : 1분 이내
- 일반주택 및 아파트 각 호실의 현관등 : 3분 이내

55 전기설비기술기준에서 저압 전선로 중 절연 부분의 전선과 대지 사이 및 전선의 심선 상호 간의 절연저항은 사용전압에 대한 누설전류가 최대 공급전류의 얼마를 넘지 않도록 하여야 하는가?

① 1/1,000
② 1/3,000
③ 1/2,000
④ 1/4,000

해설

전선로의 전선 및 절연성능 전선로 중 절연 부분의 전선과 대지 사이 및 전선의 심선 상호 간의 절연저항은 사용전압에 대한 누설전류가 최대 공급전류의 1/2,000을 넘지 않도록 하여야 한다.

정답 49 ① 50 ④ 51 ② 52 ② 53 ② 54 ④ 55 ③

56
주로 수·변전설비에서 큐비클 상호 간, 또는 큐비클과 대용량 전기설비 간에 설치되는 덕트로서 철판제의 덕트 안에 평각 구리선 또는 평각 알루미늄선을 자기체 절연물로 간격 50[cm] 이내로 지지하여 만든 것은?

① 덕트 서포트 ② 플로어 덕트
③ 버스 덕트   ④ 금속덕트

해설

버스 덕트
철판제의 덕트 안에 평각 구리선 또는 평각 알루미늄선을 자기체 절연물로 간격 50[cm] 이내로 지지하여 만든 것

57
전선로의 직선부분을 지지하는 애자는?

① 지지애자 ② 핀애자
③ 구형애자 ④ 가지애자

해설

① 지지애자 : 차단기, 피뢰기용 애자
② 핀애자 : 전선로의 직선주에 사용
③ 구형애자(지선애자, 옥애자) : 지선의 중간에 설치하는 애자
④ 가지애자 : 전선로 방향을 바꾸는 데 사용하는 애자

58
합성수지관 1본의 길이는 몇 [m]인가?

① 4.0   ② 5.0
③ 3.6   ④ 3.0

해설

- 합성수지관 1본의 길이 : 4[m]
- 금속관 1본의 길이 : 3.66[m] 또는 3.6[m]

59
피뢰기의 약호는?

① PF   ② SA
③ LA   ④ COS

해설

① PF : 전력퓨즈
② SA : 서지흡수기
③ LA : 피뢰기
④ COS : 컷 아웃 스위치

60
가공전선로의 지지물로서 지선을 사용하여 그 강도를 분담시켜서는 안 되는 것은?

① 목주   ② 철주
③ 콘크리트주 ④ 철탑

해설

가공전선로의 지지물로 사용하는 철탑은 지선을 사용하여 그 강도를 분담시켜서는 안 된다.

정답 56 ③ 57 ② 58 ① 59 ③ 60 ④

2024년 4회 시행 과년도 기출문제

01 초산은($AgNO_3$)의 용액에 1[A]의 전류를 2시간 동안 흘렸다. 이때 은의 석출량 [g]은?(단, 은의 전기 화학당량은 1.1×10^{-3}이다.)

① 5.44 ② 6.08
③ 7.92 ④ 9.84

해설

패러데이의 법칙
$W = kQ = KIt = 1.1 \times 10^{-3} \times 1 \times 7,200 = 7.92[g]$

02 3상 전력을 측정할 때, 2개의 전력계 지시값이 P_1, P_2라고 한다면 3상 전력[W]은 어떻게 표현되는가?

① $P_1 - P_2$ ② $\sqrt{3}(P_1 - P_2)$
③ $P_1 + P_2$ ④ $3(P_1 + P_2)$

해설

2전력계법
- 유효전력 : $P = P_1 + P_2 [W]$
- 무효전력 : $P_r = \sqrt{3}(P_1 - P_2)[Var]$

03 실횻값이 200[V]일 때 정현 반파의 평균값은 얼마인가?

① 약 80[V] ② 약 90[V]
③ 약 100[V] ④ 약 110[V]

해설

- 최댓값
  $V_m = \sqrt{2} V = 200\sqrt{2} [V]$
- 정현 반파의 평균값
  $V_a = \dfrac{2V_m}{\pi} \times \dfrac{1}{2} = \dfrac{V_m}{\pi} = \dfrac{200\sqrt{2}}{\pi} \fallingdotseq 90[V]$

04 그림과 같이 공기 중에 놓인 $4 \times 10^{-8}[C]$의 전하에서 2[m] 떨어진 점 Q와 4[m] 떨어진 점 P의 전위차는?

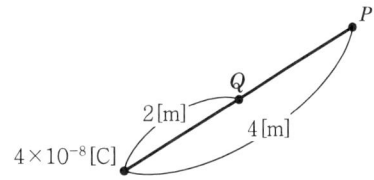

① 45[V] ② 90[V]
③ 180[V] ④ 120[V]

해설

전위의 공식
- Q점의 전위 : $V_Q = 9 \times 10^9 \times \dfrac{4 \times 10^{-8}}{2} = 180[V]$
- P점의 전위 : $V_P = 9 \times 10^9 \times \dfrac{4 \times 10^{-8}}{4} = 90[V]$
- Q점과 P점의 전위차 : $180 - 90 = 90[V]$

05 납축전지가 완전히 충전되면 양극은 무엇으로 변하는가?

① PbO_2 ② Pb
③ H_2SO_4 ④ $PbSO_4$

해설

납축전지
$PbO_2 + 2H_2SO_4 + Pb \Leftrightarrow PbSO_4 + 2H_2O + PbSO_4$
양극 전해액 음극   양극   전해액   음극
〈충전〉   〈방전〉

정답 01 ③ 02 ③ 03 ② 04 ② 05 ①

06 그림과 같은 비사인파의 제3고조파 주파수는?(단, $V = 20[\text{V}]$, $T = 10[\text{ms}]$이다.)

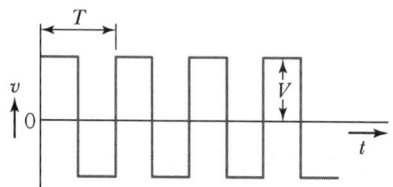

① 100[Hz] ② 200[Hz]
③ 300[Hz] ④ 400[Hz]

해설
- 기본파의 주파수
  $f = \dfrac{1}{T} = \dfrac{1}{10 \times 10^{-3}} = 100[\text{Hz}]$
- 제3고조파의 주파수
  $f_3 = 3f_1 = 3 \times 100 = 300[\text{Hz}]$

07 그림에서 B점의 전위가 100[V]이고 C점의 전위가 60[V]이다. 이때 A, B 사이의 저항 3[Ω]에 흐르는 전류는 몇 [A]인가?

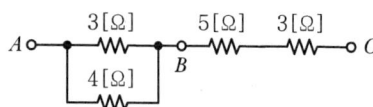

① 2.14 ② 2.86
③ 4.27 ④ 5

해설
- B와 C 사이의 전위차 $= 100 - 60 = 40[\text{V}]$
- B와 C 사이의 5[Ω], 3[Ω]이 직렬이므로 합성저항
  $R_t = 5 + 3 = 8[\Omega]$
- B와 C 사이에 흐르는 전체 전류
  $I_t = \dfrac{V_t}{R_t} = \dfrac{40}{8} = 5[\text{A}]$
- A와 B 사이에 전류가 분배되므로 3[Ω]에 흐르는 전류
  $I_{3\Omega} = \dfrac{4}{3+4} \times 5 = 2.857 \fallingdotseq 2.86[\text{A}]$

08 전기분해를 통하여 석출된 물질의 양은 통과한 전기량 및 화학당량과 어떤 관계인가?

① 전기량과 화학당량에 비례한다.
② 전기량과 화학당량에 반비례한다.
③ 전기량에 비례하고 화학당량에 반비례한다.
④ 전기량에 반비례하고 화학당량에 비례한다.

해설
패러데이의 물질의 석출되는 양
$W = KQ[\text{g}]$
여기서, K : 화학당량
Q : 전기량(전하량)

09 $R_1[\Omega]$, $R_2[\Omega]$, $R_3[\Omega]$의 저항 3개를 직렬접속했을 때 R_2에 걸리는 전압은?

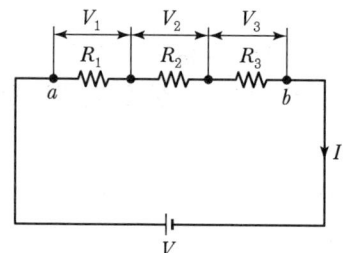

① $V_2 = \dfrac{1}{R_1 + R_2 + R_3} V$

② $V_2 = \dfrac{R_1}{R_1 + R_2 + R_3} V$

③ $V_2 = \dfrac{R_2}{R_1 + R_2 + R_3} V$

④ $V_2 = \dfrac{R_1 R_3}{R_1 + R_2 + R_3} V$

해설
R_2에 걸리는 전압 $V_2 = IR_2[\text{V}]$이다.
직렬이므로 전류는 일정하다.
전체 저항 $R = R_1 + R_2 + R_3[\Omega]$
전체 전류 $I = \dfrac{V}{R} = \dfrac{V}{R_1 + R_2 + R_3}[\text{A}]$
전체 전류를 위에 대입 시 R_2에 걸리는 전압은
$V_2 = \dfrac{R_2}{R_1 + R_2 + R_3} V[\text{V}]$

정답 06 ③ 07 ② 08 ① 09 ③

10 다음 그림과 같이 저항 8[Ω], 유도리액턴스 6[Ω]인 $R-L$ 직렬회로에 $e=100\sqrt{2}\sin\omega t[V]$의 전압을 가할 때 전류의 실횻값은?

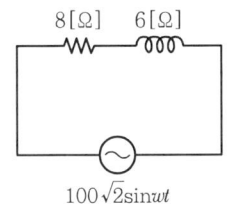

① 10[A]　　　　② 1.73[A]
③ 100[A]　　　　④ 5[A]

해설

$R-L$ 직렬이므로 합성 임피던스 크기
$Z=\sqrt{8^2+6^2}=10[Ω]$이며
전압의 순시값 $100\sqrt{2}\sin\omega t$의 실횻값은
$V=\dfrac{V_m}{\sqrt{2}}=\dfrac{100\sqrt{2}}{\sqrt{2}}=100[V]$
따라서 전류의 실횻값은
$I=\dfrac{V}{Z}=\dfrac{100}{10}=10[A]$

11 길이 1[cm]당 5회 감은 무한장 솔레노이드가 있다. 이것에 전류를 흘렸을 때 솔레노이드 내부 자장의 세기가 1,000[AT/m]였다. 이때 솔레노이드에 흐르는 전류[A]는?

① 1　　　　② 2
③ 3　　　　④ 4

해설

무한장 솔레노이드 자기장 세기
$H=nI[AT/m]$
　여기서, n : 단위길이 1[m]당 권선수
1[cm]당 5회 감겨 있으므로 100[cm] = 1[m]당 500회 감겼으므로 $n=500$이며
$I=\dfrac{H}{n}=\dfrac{1,000}{500}=2[A]$

12 Q_1으로 대전된 용량 C_1의 콘덴서에 용량 C_2를 병렬 연결할 경우 C_2가 분배받는 전기량은?

① $\dfrac{C_1+C_2}{C_2}Q_1$　　② $\dfrac{C_1}{C_1+C_2}Q_1$

③ $\dfrac{C_1+C_2}{C_1}Q_1$　　④ $\dfrac{C_2}{C_1+C_2}Q_1$

해설

C_2에 분배되는 전하량 $Q_2=\dfrac{C_2}{C_1+C_2}Q_1$

13 기전력이 120[V], 내부저항(r)이 15[Ω]인 전원이 있다. 여기에 부하저항(R)을 연결하여 얻을 수 있는 최대전력 [W]은?(단, 최대전력 전달조건은 $r=R$이다.)

① 100　　　　② 140
③ 200　　　　④ 240

해설

최대전력 전송 조건은 내부저항(r) = 부하저항(R)이다.
$P_m=\dfrac{V^2}{4R}=\dfrac{120^2}{4\times 15}=240[W]$

14 다음 중 전기력선의 성질로 틀린 것은?

① 전기력선은 양전하에서 나와 음전하에서 끝난다.
② 전기력선의 접선 방향이 그 점의 전장의 방향이다.
③ 전기력선의 밀도는 전기장의 크기를 나타낸다.
④ 전기력선은 서로 교차한다.

해설

전기력선의 성질
• 전기력선은 양전하에서 나와 음전하로 간다.
• 전기력선의 방향이 전장의 방향이다.
• 전기력선 수가 많아지면 밀도가 높아지므로 전기장의 세기가 세진다.
• 전기력선은 서로 반발한다.
• 전기력선은 전하 표면에만 존재한다.(내부에는 없다.)
• 전기력선은 출입 시 등전위면에 수직(90°)으로 출입한다.

정답　10 ①　11 ②　12 ④　13 ④　14 ④

15 1회 감은 코일에 지나가는 자속이 1/100[sec] 동안에 0.3[Wb]에서 0.5[Wb]로 증가했다면 유도기전력[V]는?

① 5 ② 10
③ 20 ④ 40

해설
전자유도법칙에 의한 유도기전력
$$e = -N\frac{d\phi}{dt} \text{ (−는 렌츠의 방향 의미)}$$
$$= 1 \times \frac{0.5 - 0.3}{0.01}$$
$$= 20[\text{V}]$$
여기서, N : 감은 횟수
$d\phi$: 자속의 변화량
dt : 시간의 변화량

16 전류에 의해 만들어지는 자기장의 자기력선의 방향을 알아내는 방법은?

① 플레밍의 왼손 법칙
② 플레밍의 오른손 법칙
③ 패러데이의 전자유도법칙
④ 앙페르의 오른나사 법칙

해설
앙페르의 오른나사 법칙
전류에 의한 자기장의 방향을 간단하게 알아내는 법칙

17 어떤 회로의 소자에 일정한 크기의 전압으로 주파수를 2배 증가시켰더니 흐르는 전류의 크기가 $\frac{1}{2}$배로 되었다. 이 소자의 종류는?

① 저항 ② 코일
③ 콘덴서 ④ 다이오드

해설
L만의 회로 시 $I = \frac{V}{Z} = \frac{V}{X_L} = \frac{V}{\omega L} = \frac{V}{2\pi fL}$[A]이므로
인덕턴스 코일의 소자에서 전류와 주파수는 반비례하다.

18 두 금속을 접속하여 여기에 전류를 흘리면 줄열 외에 그 접점에서 열의 발생 또는 흡수가 일어나는 현상은?

① 줄 효과 ② 홀 효과
③ 제벡 효과 ④ 펠티에 효과

해설
펠티에 효과
서로 다른 두 종류의 금속을 접합 후 그 부분에 전류를 흘렸을 경우 접점부에서 열의 발생 또는 흡수가 일어나는 현상

19 어느 가정집에서 220[V], 60[W]의 전등 10개를 20시간 사용 시 전력량[kWh]은?

① 10.5 ② 12
③ 13.5 ④ 15

해설
전등의 사용 전력량
60[W]×10개×20시간=12,000[Wh]=12[kWh]

20 $i = 10\sin\left(314t - \frac{\pi}{6}\right)$[A]의 전류가 흐른다. 이를 직각좌표로 표시하면?

① $6.12 - j3.5$ ② $17.32 - j5$
③ $3.54 - j6.12$ ④ $5 - j17.32$

해설
전류의 순시값
$i = I_m \sin(\omega t \pm \theta)$[A]의 원본에 비교 시
최댓값 $I_m = 10$[A], 실횻값 $I = \frac{I_m}{\sqrt{2}} = \frac{10}{\sqrt{2}}$
주파수 $f = 50$[Hz], 각속도 $w = 2\pi f = 314$이므로
위상은 $-\frac{\pi}{6} = -30°$이며 순시값에서 가장 먼저 알아낼 수 있는
극형식으로 표기 시 $\frac{10}{\sqrt{2}} \angle -30°$이다.
이 극형식을 복소수로 나타내면 다음과 같다.
$\frac{10}{\sqrt{2}}[\cos(-30°) + j\sin(-30°)] = 6.12 - j3.5$

정답 15 ③ 16 ④ 17 ② 18 ④ 19 ② 20 ①

21 일정한 주파수의 전원에서 운전하는 3상 유도전동기의 전원 전압이 90[%]가 되었다면 토크는 약 몇 [%]가 되는가?(단, 회전수는 변하지 않는 상태로 한다.)

① 64　　② 72　　③ 81　　④ 90

해설
유도전동기의 토크는 공급전압의 제곱에 비례한다.($T \propto V^2$)
$T \propto 0.9^2 = 0.81 \times 100 = 81[\%]$

22 동기와트 P_2, 출력 P_0, 슬립 S, 동기속도 N_s, 회전속도 N, 2차 동손 P_{2c}일 때 2차 효율 표기로 틀린 것은?

① $(1-s)$　　② $\dfrac{P_o}{P_2}$
③ $\dfrac{N}{N_s}$　　④ $\dfrac{P_{2c}}{P_2}$

해설
2차 효율 $\eta_2 = \dfrac{P_o}{P_2} = 1 - s = \dfrac{N}{N_s}$

23 부흐홀츠 계전기로 보호되는 기기는?

① 직류발전기　　② 유도전동기
③ 교류발전기　　④ 변압기

해설
변압기의 기계적 보호장치 중 하나로 부흐홀츠 계전기는 유증기를 검출하여 경보 또는 차단 역할을 수행하고 변압기 주 탱크와 콘서베이터 사이에 설치한다.

24 SCR 2개를 역병렬로 접속한 그림과 같은 기호의 명칭은?

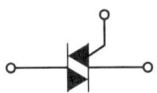

① SCR　　② TRIAC
③ GTO　　④ UJT

해설
TRIAC(트라이액)은 SCR 2개를 역병렬로 접속한 것으로, 위상제어가 가능하고 주로 교류회로에 이용된다.

25 직류전동기의 규약 효율은 어떤 식으로 표현되는가?

① $\dfrac{출력}{입력} \times 100[\%]$
② $\dfrac{입력}{입력+손실} \times 100[\%]$
③ $\dfrac{출력}{출력+손실} \times 100[\%]$
④ $\dfrac{입력-손실}{입력} \times 100[\%]$

해설
- 발전기, 변압기 규약 효율 $= \dfrac{출력}{출력+손실} \times 100[\%]$
- 전동기 규약 효율 $= \dfrac{입력-손실}{입력} \times 100[\%]$

26 변압기 2차 정격전압 100[V], 무부하 전압 104[V]이면 전압변동률[%]은?

① 1　　② 2　　③ 4　　④ 6

해설
변압기 전압변동률
$\varepsilon = \dfrac{V_{2o}(2차\ 무부하\ 시\ 단자전압) - V_{2n}(2차\ 정격전압)}{V_{2n}(2차\ 정격전압)} \times 100[\%]$
$= \dfrac{-V_{2n}(2차\ 정격전압)}{V_{2n}(2차\ 정격전압)} \times 100[\%]$
$= \dfrac{104-100}{100} \times 100 = 4[\%]$

27 유도전동기의 속도제어에 사용되는 인버터 장치의 약호는?

① VVCF　　② VVVF
③ CVCF　　④ CVVF

해설
VVVF(Variable Voltage Variable Frequency) 방식
가변 전압, 가변 주파수 제어로 유도전동기의 동기속도를 조정하여 속도를 제어하는 방식

정답 21 ③　22 ④　23 ④　24 ②　25 ④　26 ③　27 ②

28 동기발전기의 전기자반작용 중에서 기전력에 대하여 전류가 90° 늦을 때 어떤 작용이 일어나는가?

① 증자작용 ② 편자작용
③ 교차작용 ④ 감자작용

해설
- 동기 발전기에서 전류가 앞선, 빠른(진상) → 증자작용
- 동기 발전기에서 전류가 뒤진, 늦은(지상) → 감자작용

29 단상 전파정류회로에서 직류전압의 평균값으로 가장 적당한 것은?(단, E는 교류전압의 실횻값이다.)

① $1.35E$[V] ② $1.17E$[V]
③ $0.9E$[V] ④ $0.45E$[V]

해설
단상 전파정류회로 직류 평균 전압
$$E_d = \frac{2\sqrt{2}}{\pi}E = 0.9E[V]$$

30 3상 유도전동기의 Y - Δ 기동 시 기동 전류와 기동 토크는 전전압 기동 시의 몇 배인가?

① $\sqrt{3}$ 배 ② 3배
③ $\frac{1}{\sqrt{3}}$ 배 ④ $\frac{1}{3}$ 배

해설
3상 농형 유도전동기의 기동법 중 Y - Δ 기동법은 전전압 기동과 비교 시 기동 전류와 기동 토크가 $\frac{1}{3}$ 배로 감소한다.

31 1대의 출력이 100[kVA]인 단상변압기 2대로 V결선하여 3상 전력을 공급할 수 있는 최대전력은 몇 [kVA]인가?

① 100 ② $100\sqrt{2}$
③ $100\sqrt{3}$ ④ 200

해설
V결선 출력
$P_v = \sqrt{3}\,P_1$[kVA] 여기서 P_1 : 단상 변압기 1대 용량

32 다음 그림은 직류발전기의 분류 중 어느 것에 해당되는가?

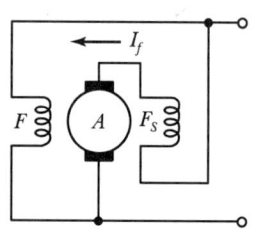

① 분권발전기 ② 직권발전기
③ 자석발전기 ④ 복권발전기

해설
직류 복권발전기는 직권 계자와 분권 계자가 하나의 철심에 감겨 있는 구조로 가동 복권과 차동 복권으로 나누어진다.

33 동기 임피던스 5[Ω]인 2대의 3상 동기발전기의 유도기전력에 100[V]의 전압 차이가 있다면 무효순환전류[A]는?

① 10 ② 15 ③ 20 ④ 25

해설
무효순환전류
$$I_c = \frac{E_a - E_b}{2Z_s} = \frac{100}{2 \times 5} = 10[A]$$

34 다음 중 직류기의 고정손으로 가장 많이 차지하는 것은?

① 마찰손 ② 풍손
③ 동손 ④ 철손

해설
직류기의 손실 중 고정손에는 철손과 기계손(풍손, 마찰손)이 존재하며, 이 중 철손이 가장 큰 비중을 차지한다.

35 3상 동기기의 제동권선의 역할은?

① 난조 방지 ② 효율 증가
③ 출력 증가 ④ 역률 개선

해설
동기기의 제동권선은 발전기에서 주로 난조 방지 역할을 수행하며, 전동기에서는 자기기동법으로 기동 역할도 수행한다.

정답 28 ④ 29 ③ 30 ④ 31 ③ 32 ④ 33 ① 34 ④ 35 ①

36 다음 중 분권전동기의 토크와 회전수 관계를 올바르게 표시한 것은?

① $T \propto \dfrac{1}{N}$ ② $T \propto \dfrac{1}{N^2}$

③ $T \propto N$ ④ $T \propto N^2$

해설

- 직류 분권전동기의 토크

  $T \propto I \propto \dfrac{1}{N}$ (전류에 비례, 회전수에 반비례)

- 직류 직권전동기의 토크

  $T \propto I^2 \propto \dfrac{1}{N^2}$ (전류의 제곱에 비례, 회전수의 제곱에 반비례)

37 변압기의 결선에서 제3고조파를 발생시켜 통신선에 유도장해를 일으키는 3상 결선은?

① Y–Y   ② Δ–Δ

③ Y–Δ   ④ Δ–Y

해설

Y–Y결선은 선로에 제3고조파를 발생시켜 통신선에 유도장해를 일으킬 수 있기 때문에 송전계통에서 사용하지 않는 결선 방법이다.(이것을 보완하기 위해 3권선 변압기로 Y–Y–Δ결선 방식이 존재한다.)

38 동기조상기가 전력용 콘덴서보다 우수한 점은?

① 손실이 적다.
② 보수가 쉽다.
③ 지상 역률을 얻는다.
④ 가격이 싸다.

해설

동기조상기는 과여자, 부족여자를 통하여 진상 역률과 지상 역률을 얻을 수 있지만, 전력용 콘덴서는 진상 역률만 얻을 수 있다. 그러므로 동기조상기가 전력용 콘덴서보다 우수한 점으로는 지상 역률을 얻을 수 있다는 것이다.

39 200[V], 10[kW], 3상 유도전동기의 전부하전류는 약 몇 [A]인가?(단, 효율과 역률은 각각 85[%]이다.)

① 30[A]   ② 40[A]

③ 50[A]   ④ 60[A]

해설

3상 유효전력 $P = \sqrt{3}\,VI\cos\theta\,\eta$[W] 식에서

전부하 전류 $I = \dfrac{P}{\sqrt{3}\,V\cos\theta\,\eta} = \dfrac{10 \times 10^3}{\sqrt{3} \times 200 \times 0.85 \times 0.85}$

$= 39.95 ≒ 40[A]$

※ 전동기 효율(η)이 주어지면 반드시 출력식에 곱해주어야 한다.

40 단상 변압기의 병렬 운전 시 필요하지 않은 것은?

① 극성이 같을 것
② 정격전압과 권수비가 같을 것
③ 정격용량이 같을 것
④ 내부 저항과 누설 리액턴스의 비가 같을 것

해설

단상 변압기의 병렬 운전 조건

- 극성이 같을 것
- 1차, 2차 정격전압과 권수비가 같을 것
- 내부 저항과 누설 리액턴스의 비가 같을 것
- 퍼센트 임피던스 강하가 같을 것

※ 병렬 운전에서 출력, 용량은 같지 않아도 된다.

41 전선 굵기가 같은 두 단선을 쥐꼬리 접속할 때 두 심선을 몇 도로 벌리고 꼬는 것이 적절한가?

① 60°   ② 30°

③ 90°   ④ 120°

해설

굵기가 같은 두 단선의 쥐꼬리 접속

- 지름이 1.6[mm]인 전선은 45[mm], 2.0[mm]인 전선은 50[mm] 정도 피복을 벗긴다.
- 두 전선을 합쳐 펜치로 잡은 다음, 심선을 90°로 벌리고 오른손으로 1회 비틀어 놓는다.
- 펜치로 꼰 심선의 끝을 잡고 심선을 잡아당기면서 1~2회 꼰다.

정답 36 ① 37 ① 38 ③ 39 ② 40 ③ 41 ③

• 커넥터를 사용할 때에는 심선을 2~3회 정도 꼰 다음 끝을 잘라내고, 테이프 감기를 할 때에는 심선을 4회 이상 꼰 다음 5[mm] 정도 길이로 구부려 놓는다.

42 박강전선관의 표준 굵기[mm]가 아닌 것은?

① 25 ② 16
③ 39 ④ 19

해설

박강전선관의 규격[mm]
19, 25, 31, 39, 51, 63, 75

43 한국전기설비규정에 따라 과전류차단기로 저압 전로에 사용하는 정격전류 100[A]의 산업용 배선차단기에 130[A]의 전류를 통했을 때 과전류 트립 동작시간은 몇 분인가?

① 30 ② 60
③ 120 ④ 90

해설

과전류 트립 동작시간(산업용 배선차단기)
• 63[A] 이하 : 60[분]
• 63[A] 초과 : 120[분]

44 가연성 가스 또는 인화성 물질의 증기가 누출되거나 체류하여 전기설비가 발화원이 되어 폭발할 우려가 있는 곳에 있는 저압 옥내 전기설비의 공사방법으로 가장 적합한 것은?

① 금속관 공사
② 셀룰러덕트 공사
③ 애자 공사
④ 가요전선관 공사

해설

가연성 분진(소맥분, 전분, 유황 기타 가연성의 먼지로 공중에 떠다니는 상태에서 착화하였을 때에 폭발할 우려가 있는 것을 말하며 폭연성 분진을 제외)에 전기설비가 발화원이 되어 폭발할 우려가 있는 곳의 저압 옥내 배선은 합성수지관(두께 2[mm] 이상), 금속관, 케이블 공사에 의하여 시설한다.

45 한국전기설비규정에 따라 400[V] 이상의 전로에 시설하는 기계기구의 철대 및 금속제 외함의 접지공사를 하지 않아도 되는 경우로 틀린 것은?

① 전기용품 및 생활용품 안전관리법의 적용을 받는 이중절연구조로 되어 있는 기계기구를 시설하는 경우
② 저압용이나 고압용의 기계기구를 사람이 쉽게 접촉할 우려가 없도록 목주 기타 이와 유사한 것의 위에 시설하는 경우
③ 철대 또는 외함의 주위에 적당한 피뢰기를 설치하는 경우
④ 저압용의 기계기구를 건조한 목재의 마루 기타 이와 유사한 절연성 물건 위에서 취급하도록 시설하는 경우

해설

기계기구의 철대 및 외함의 접지
1. 전로에 시설하는 기계기구의 철대 및 금속제 외함(외함이 없는 변압기 또는 계기용 변성기는 철심)에는 접지공사를 하여야 한다.
2. 다음의 어느 하나에 해당하는 경우에는 제1의 규정에 따르지 않을 수 있다.
   • 사용전압이 직류 300[V] 또는 교류 대지전압이 150[V] 이하인 기계기구를 건조한 곳에 시설하는 경우
   • 저압용의 기계기구를 건조한 목재의 마루 기타 이와 유사한 절연성 물건 위에서 취급하도록 시설하는 경우
   • 저압용이나 고압용의 기계기구, 특고압 전선로에 접속하는 배전용 변압기나 이에 접속하는 전선에 시설하는 기계기구 또는 특고압 가공전선로의 전로에 시설하는 기계기구를 사람이 쉽게 접촉할 우려가 없도록 목주 기타 이와 유사한 것의 위에 시설하는 경우
   • 철대 또는 외함의 주위에 적당한 절연대를 설치하는 경우
   • 「전기용품 및 생활용품 안전관리법」의 적용을 받는 이중절연구조로 되어 있는 기계기구를 시설하는 경우

46 자연 공기 내에서 전로를 개방할 때 접촉자가 떨어지면서 자연 소호되는 방식을 가진 차단기로 저압의 교류 또는 직류 차단기로 많이 사용되는 것은?

① 유입차단기 ② 가스차단기
③ 기중차단기 ④ 자기차단기

정답 42 ② 43 ③ 44 ① 45 ③ 46 ③

> 해설

① 유입차단기(OCB) : 절연유로 아크 소호
② 가스차단기(GCB) : 6불화유황(SF_6) 가스를 고압으로 압축하여 아크 소호
③ 기중차단기(ACB) : 회로를 차단할 때 접촉자가 떨어지면서 대기(자연공기) 아크 소호
④ 자기차단기(MBB) : 전자력을 이용하여 아크 소호

47 전선과 기구단자 접속 시 나사를 덜 죄었을 경우 발생할 수 있는 위험과 거리가 먼 것은?

① 화재
② 과열
③ 저항 감소
④ 누전

> 해설

기구단자 접속 시 나사를 덜 죄었을 경우 전기 저항이 증가하거나 누전이 발생하여 과열과 화재의 위험이 있다.

48 지선의 중간에 넣는 애자의 종류는?

① 저압 핀 애자
② 인류 애자
③ 구형 애자
④ 내장 애자

> 해설

① 저압 핀 애자 : 선로의 직선주에 사용
② 인류 애자 : 선로의 말단에 인류하는 곳에 사용
③ 구형 애자(지선 애자, 옥애자) : 지선의 중간에 설치하는 애자
④ 내장 애자 : 내장 부위에 사용하는 애자로, 전선의 방향으로 설비되어 전선의 장력을 지지

49 한국전기설비규정에 따라 무대용의 플라이 덕트를 시설하는 방법으로 틀린 것은?

① 덕트는 두께 0.8[mm] 이상의 철판으로 견고하게 제작한 것일 것
② 덕트의 안쪽 면과 외면은 녹이 슬지 않게 하기 위하여 도금 또는 도장을 한 것일 것
③ 덕트의 끝부분은 환기가 될 수 있게 개방할 것
④ 내부 배선에 사용하는 전선은 절연전선(옥외용 비닐절연전선을 제외한다) 또는 이와 동등 이상의 절연성능이 있는 것일 것

> 해설

덕트의 끝부분은 막을 것

50 연피 케이블의 접속 시 반드시 사용하는 테이프는?

① 비닐테이프
② 자기융착테이프
③ 면테이프
④ 리노테이프

> 해설

① 비닐테이프 : 염화비닐 컴파운드로 만든 것
② 자기융착테이프 : 내오존성, 내수성, 내약품성, 내온성이 우수해서 오래도록 열화하지 않기 때문에 비닐 외장 케이블 및 클로로프렌 외장 케이블의 접속에 사용
④ 리노테이프 : 점착성은 없으나 절연성, 내온성 및 내유성이 있으므로 연피 케이블 접속에는 반드시 사용

51 연선의 분기 접속방법이 아닌 것은?

① 분할 권선 분기 접속
② 단권 분기 접속
③ 트위스트 접속
④ 분할 복권 분기 접속

> 해설

- 연선의 분기 접속방법 : 분할 권선 분기 접속, 단권 분기 접속, 분할 복권 분기 접속
- 연선의 직선 접속방법 : 권선 접속, 단권 접속, 복권 접속
- 트위스트 접속 : 6[mm^2] 이하의 가는 단선의 접속

52 한 대의 모터가 운전되고 있을 때 정지된 다른 모터는 운전할 수 없도록 제어하는 회로는?

① 촌동
② 트리핑
③ 인터록
④ 여자

> 해설

인터록 회로
한쪽이 동작하면 다른 한쪽은 동작할 수 없는 회로

정답 47 ③ 48 ③ 49 ③ 50 ④ 51 ③ 52 ③

53 케이블 또는 절연도체의 내부 단면적이 금속관 단면적의 얼마를 초과하지 않도록 하는 것이 바람직한가?

① 1/5
② 1/2
③ 1/3
④ 1/4

해설
절연도체의 내부 단면적이 합성수지관, 금속관, 가요전선관 등 전선관 단면적의 1/3을 초과하지 않도록 하는 것이 바람직하다.

54 최대사용전압이 70[kV]인 중성점 직접접지식 전로의 절연내력 시험전압은 몇 [V]인가?

① 44,800
② 35,000
③ 50,400
④ 42,000

해설
170[kV] 이하 중성점 직접접지식 전로의 절연내력 시험전압은 0.72배이다.
$70,000 \times 0.72 = 50,400 [V]$

55 보호를 요하는 회로의 전류가 어떤 일정한 값(정정값) 이상으로 흘렀을 때 동작하는 계전기는?

① 과전압계전기
② 차동계전기
③ 비율차동계전기
④ 과전류계전기

해설
- OCR : 과전류계전기
  일정 값 이상의 전류가 흘렀을 때 동작
- OVR : 과전압계전기
  일정 값 이상의 전압이 걸렸을 때 동작

56 고압 옥측 전선로의 전선이 수관, 가스관 또는 이와 유사한 것과 접근하거나 교차하는 경우에는 고압 옥측 전선로의 전선과 이들 사이의 이격거리는 몇 [cm] 이상인가?

① 10[cm]
② 15[cm]
③ 20[cm]
④ 25[cm]

해설
고압 옥측 전선로의 전선이 그 고압 옥측 전선로를 시설하는 조영물에 시설하는 특고압 옥측 전선·저압 옥측 전선·관등회로의 배선·약전류 전선 등이나 수관·가스관 또는 이와 유사한 것과 접근하거나 교차하는 경우에는 고압 옥측 전선로의 전선과 이들 사이의 이격거리는 0.15[m] 이상이어야 한다.

57 한국전기설비규정에서 정하는 저압 연접인입선의 시설 기준으로 틀린 것은?

① 경간이 15[m] 이하인 경우 2.6[mm] 이상의 인입용 비닐절연전선을 사용하여야 한다.
② 폭 5[m]를 초과하는 도로를 횡단하지 않아야 한다.
③ 옥내를 통과하지 않아야 한다.
④ 인입선에서 분기하는 점으로부터 100[m]를 초과하는 지역에 미치지 않아야 한다.

해설
연접인입선
- 인입선에서 분기하는 점으로부터 100[m]를 넘지 않는 지역이어야 한다.
- 폭 5[m]를 넘는 도로를 횡단하지 아니할 것
- 옥내를 통과하지 아니할 것
- 저압 가공인입선은 2.6[mm] 이상의 경동선 또는 이와 동등 이상의 세기 및 굵기의 것을 시설하여야 한다.(단, 인입선의 길이가 15[m] 이하의 경우에는 2.0[mm] 이상의 것을 사용할 수 있다.)
- 저압에서만 사용할 것

58 활선 공법을 하는 동안 작업자가 전선에 접촉되는 것을 방지하는 목적으로 사용되는 것은?

① 전선 피박기
② 애자 커버
③ 와이어 통
④ 전선 커버

해설
① 전선 피박기 : 활선인 상태에서 전선의 피복을 벗기는 공구
② 애자 커버 : 활선 작업 시 특고핀 및 라인포스트 애자를 절연하여 작업자의 부주의로 접촉되더라도 안전사고가 발생하지 않도록 사용되는 절연덮개
③ 와이어 통 : 핀애자나 현수애자의 장주에서 활선을 작업권 밖으로 밀어낼 때 사용하는 절연봉
④ 전선 커버 : 활선 공법을 하는 동안 작업자가 전선에 접촉되는 것을 방지하는 목적으로 사용하는 절연체

정답 53 ③ 54 ③ 55 ④ 56 ② 57 ① 58 ④

59 한국전기설비규정에 따라 고압 가공전선이 일반적인 도로를 횡단하는 경우에 지표상 설치 높이는?

① 3.5[m] 이상　　② 6[m] 이상
③ 5[m] 이상　　　④ 3[m] 이상

해설
- 도로 횡단 : 6[m] 이상
- 저압 가공인입선, 지선 도로횡단 : 5[m] 이상
- 철도, 궤도 횡단 : 6.5[m] 이상

60 배전반 및 분전반의 설치 장소로 적합하지 않은 곳은?

① 접근이 어려운 장소
② 개폐기를 쉽게 개폐할 수 있는 장소
③ 안전된 장소
④ 전기회로를 쉽게 조작할 수 있는 장소

해설
옥내에 시설하는 저압용 배·분전반 등의 시설
- 전기회로를 쉽게 조작할 수 있는 장소
- 개폐기를 쉽게 개폐할 수 있는 장소
- 노출된 장소
- 안전된 장소

정답　59 ②　60 ①

2025년 1회 시행

과년도 기출문제

01 그림에서 $a-b$ 간의 합성저항은 $c-d$ 간의 합성저항의 몇 배인가?

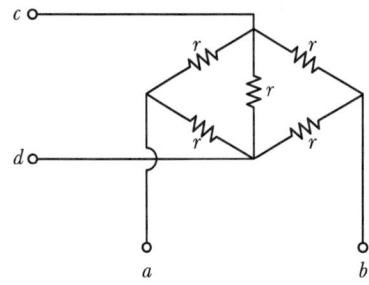

① 1배   ② 2배
③ 3배   ④ 4배

해설

R_{ab}는 휘스톤 브리지 평형조건이 성립하기 때문에 합성저항 $R_{ab} = \dfrac{r}{n} = \dfrac{2r}{2} = r$이다.

R_{cd}는 병렬로 접속된 회로이므로 $2r$, r, $2r$의 저항을 병렬 합성 시 합성저항 $R_{cd} = \dfrac{1}{\dfrac{1}{2r}+\dfrac{1}{r}+\dfrac{1}{2r}} = \dfrac{r}{2}$이다.

$\therefore R_{ab} = R_{cd} \times x$, $x = \dfrac{R_{ab}}{R_{cd}} = \dfrac{r}{\dfrac{r}{2}} = 2$배

02 평균 반지름이 r[m]이고, 감은 횟수가 N인 환상솔레노이드에 전류 I[A]가 흐를 때 내부 자기장의 세기 H[AT/m]는?

① $H = \dfrac{NI}{2\pi r}$ ② $H = \dfrac{NI}{2r}$

③ $H = \dfrac{2\pi r}{NI}$ ④ $H = \dfrac{2r}{NI}$

해설

환상솔레노이드 내부 자기장 세기
$H = \dfrac{NI}{l} = \dfrac{NI}{2\pi r}$ [AT/m]

03 C[F]의 콘덴서에 W[J]의 에너지를 축적하기 위해 필요한 충전 전압 V[V]은?

① $V = \dfrac{2W}{C}$ ② $V = \sqrt{\dfrac{2C}{W}}$

③ $V = \dfrac{C}{2W}$ ④ $V = \sqrt{\dfrac{2W}{C}}$

해설

콘덴서에 저장되는 에너지 $W = \dfrac{1}{2}CV^2$[J]에서 충전전압은 $V = \sqrt{\dfrac{2W}{C}}$가 된다.

04 전류를 흐르게 하는 능력을 무엇이라 하는가?

① 전기량   ② 저항
③ 기전력   ④ 중성자

해설

기전력 : 전류를 흐르게 하는 능력(힘)

05 그림과 같은 비사인파의 제3고조파 주파수는?(단, $V = 20$[V], $T = 10$[ms]이다.)

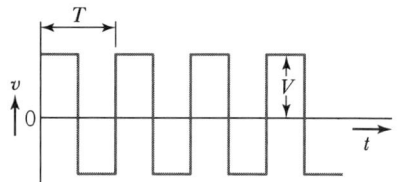

① 100[Hz]   ② 100[Hz]
③ 300[Hz]   ④ 400[Hz]

해설

제3고조파는 기본파 주파수의 3배이며 주파수와 주기는 반비례한다.

$3f = \dfrac{3}{T} = \dfrac{3}{10 \times 10^{-3}} = 300$[Hz]

정답 01 ②   02 ①   03 ④   04 ③   05 ③

06 비정현파의 종류에 속하는 직사각형파의 전개식에서 기본파의 진폭[V]은?(단, $V_m=20$[V], $T=10$[ms]이다.)

① 23.47　　② 24.47
③ 25.47　　④ 26.47

해설

기본파의 진폭 = $\dfrac{4V_m}{\pi} = \dfrac{4 \times 20}{\pi} = 25.47$[V]

07 $R=4$[Ω], $wL=3$[Ω] 직렬회로에 $V=100\sqrt{2}\sin wt + 30\sqrt{2}\sin 3wt$[V]의 전압을 가할 때, 전력은 약 몇 [W]인가?

① 1,170[W]　　② 1,563[W]
③ 1,637[W]　　④ 2,116[W]

해설

- 기본파의 임피던스 Z_1 및 기본파 전류 실횻값 I_1

$Z_1 = \sqrt{R^2+(wL)^2} = \sqrt{4^2+3^2} = 5$[Ω]

$I_1 = \dfrac{V_1}{Z_1} = \dfrac{100}{5} = 20$[A]

- 3고조파의 임피던스 Z_3 및 3고조파 전류 실횻값 I_3

$Z_3 = \sqrt{R^2+(3wL)^2} = \sqrt{4^2+(3\times 3)^2} = \sqrt{97}$[Ω]

$I_3 = \dfrac{V_3}{Z_3} = \dfrac{30}{\sqrt{97}} = 3.046$[A]

$P=I^2 R$[W]을 이용하면, $\left(\sqrt{20^2+3.046^2}\right)^2 \times 4 ≒ 1,637$[W]

08 자기 히스테리시스 곡선의 횡축과 종축이 나타내는 것은?

① 투자율과 자속밀도
② 자기장의 세기와 자속밀도
③ 자기장의 세기와 보자력
④ 투자율과 잔류자기

해설

히스테리시스 곡선에서 횡축은 자기장의 세기를 나타내며, 종축은 자속밀도를 나타낸다.

09 전기분해를 통한 석출된 물질의 양은 통과한 전기량 및 화학당량과 어떤 관계인가?

① 전기량과 화학당량에 비례
② 전기량과 화학당량에 반비례
③ 전기량과 비례하고 화학당량에 반비례
④ 전기량에 반비례하고 화학당량에 비례

해설

패러데이의 물질이 석출되는 양
$W=kQ$[g]　　여기서, k : 화학당량, Q : 전기량

10 정전흡인력에 대한 설명 중 옳은 것은?

① 전압의 제곱에 비례한다.
② 극판 간격에 비례한다.
③ 극판 면적의 제곱에 비례한다.
④ 쿨롱법칙으로 직접 계산한다.

해설

정전흡인력 $f = \dfrac{1}{2}\left(\dfrac{V}{d}\right)^2 \varepsilon$[N/m²]이므로 전압의 제곱에 비례한다.

11 전압 $V=100\cos\left(wt-\dfrac{\pi}{6}\right)$[V]보다 위상이 $\dfrac{\pi}{3}$만큼 뒤지고 실횻값이 10[A]인 전류를 표현한 것은?

① $i=10\sin\left(wt+\dfrac{\pi}{3}\right)$[A]

② $i=10\sin\left(wt+\dfrac{\pi}{2}\right)$[A]

③ $i=14.14\sin\left(wt-\dfrac{\pi}{3}\right)$[A]

④ $i=14.14\sin wt$[A]

해설

$\cos = \sin(+90°)$이므로 $V=100\sin(wt+60°)$[V]가 된다.
이 전압에 대하여 전류가 위상이 $\dfrac{\pi}{3}=60°$만큼 뒤진다 했으므로 전류는 위상이 0°에서 시작하며, 실횻값이 10이므로 최댓값은 $I_m = \sqrt{2}I = 10\sqrt{2} = 14.14$[A]이며, 전류의 순시값으로 표현 시 $i=I_m\sin(wt\pm\theta)=14.14\sin wt$[A]이다.

정답　06 ③　07 ③　08 ②　09 ①　10 ①　11 ④

12 묽은 황산(H_2SO_4) 용액에 구리(Cu)와 아연(Zn)판을 넣으면 전지가 된다. 이때 양극(+)에 대한 설명으로 옳은 것은?

① 구리판이며 수소기체가 발생한다.
② 구리판이며 산소기체가 발생한다.
③ 아연판이며 산소기체가 발생한다.
④ 아연판이며 수소기체가 발생한다.

해설
아연과 구리를 묽은 황산 용액에 넣었을 때 구리판이 양극이 되며 수소기체가 발생한다.

13 전장의 세기의 단위는?

① [H/m]   ② [F/m]
③ [AT/m]   ④ [V/m]

해설
전계(전장)의 세기의 단위는 V/m=J/cm=AΩ/m이다.

14 어떤 콘덴서에 V[V]의 전압을 가해서 Q[C]의 전하를 충전할 때 저장되는 에너지[J]는?

① $2QV$ ② $2QV^2$
③ $\frac{1}{2}QV$ ④ $\frac{1}{2}QV^2$

해설
$W=\frac{1}{2}CV^2=\frac{Q^2}{2C}=\frac{QV}{2}$ [J]

15 코일의 자기 인덕턴스는 다음의 어떤 매질 상수에 비례하는가?

① 투자율   ② 유전율
③ 도전율   ④ 저항률

해설
$L=\frac{\mu SN^2}{l}$ [H]이므로 투자율과 비례한다.

16 정현파 교류의 왜형률(Distortion)은?

① 0   ② 0.1212
③ 0.2273   ④ 0.4834

해설
왜형률은 기본파에 대한 나머지 전 고조파의 실효치의 비로 표현하는 데에 있어 정현파의 경우 기본파를 제외한 나머지 전 고조파가 없으므로 왜형률은 0이 된다.

17 다음 중 전기회로와 자기회로의 요소를 대응 관계로 옳게 나타내지 않은 것은?

① 자속 – 전속
② 자기저항 – 전기저항
③ 기자력 – 기전력
④ 자속밀도 – 전류밀도

해설
자속과 전속은 자계와 전계의 대응을 나타내며, 자기회로에서의 자속에 대응하는 전기회로 요소는 전류이다.

전기회로		자기회로	
도전율	$k=\sigma$[℧/m]	투자율	μ [H/m]
기전력	E [V]	기자력	$F=NI$ [AT]
전기저항	$R=\rho\frac{l}{S}=\frac{l}{kS}$ [Ω]	자기저항	$R_m=\frac{l}{\mu S}$ [AT/Wb]
전류	$I=\frac{E}{R}$ [A]	자속	$\phi=\frac{F}{R_m}$ $=\frac{\mu SNI}{l}$ [Wb]
전류밀도	$i=\frac{I}{S}$ [A/m²]	자속밀도	$B=\frac{\phi}{S}$ [Wb/m²]

18 기전력이 V_0, 내부저항이 r인 n개의 전지를 병렬접속 시 단자전압은?

① V_0 ② nV_0
③ nrV_0 ④ $\frac{rV_0}{n}$

해설
전지 n개를 병렬접속 시 전압은 일정하므로 기전력 V_0가 단자전압이 된다.

정답 12 ① 13 ④ 14 ③ 15 ① 16 ① 17 ① 18 ①

19 단면적 $S=10[cm^2]$, 투자율 $\mu=1,000$, 자속 $\phi=5\times10^{-6}$일 때 자속밀도[Wb/m²]는?

① 3×10^{-4} ② 4×10^{-5}
③ 5×10^{-3} ④ 6×10^{-2}

해설

자속밀도
$$B=\frac{\phi}{S}=\frac{5\times10^{-6}}{10\times10^{-4}}=5\times10^{-3}[Wb/m^2]$$

20 단위시간당 5[Wb]의 자속이 통과하여 2[J]의 일을 하였다면 전류[A]는 얼마인가?

① 0.25   ② 2.5
③ 0.4   ④ 4

해설

전자력이 한 일
$$W=\phi I[J], \ I=\frac{W}{\phi}=\frac{2}{5}=0.4[A]$$

21 변압기 내부 고장 발생 시 발생하는 기름의 흐름 변화를 검출하는 부흐홀츠 계전기의 설치 위치로 알맞은 것은?

① 변압기 본체와 콘서베이터 사이
② 변압기의 고압 측 부싱
③ 콘서베이터 내부
④ 변압기 본체

해설

- 부흐홀츠 계전기는 유증기를 검출하여 경보 또는 차단기를 동작시켜 변압기를 보호하는 계전기이다.
- 부흐홀츠 계전기는 변압기의 주 탱크와 콘서베이터 사이에 설치한다.

22 동기발전기의 전기자 권선을 단절권으로 하면?

① 고조파를 제거한다.
② 기전력이 높아진다.
③ 절연이 잘 된다.
④ 역률이 좋아진다.

해설

동기발전기의 전기자 권선을 전절권보다 단절권으로 하면 고조파를 제거하여 기전력의 파형을 개선할 수 있다.

23 3상 동기발전기의 계자 간의 극간격은 얼마인가?

① π ② 2π
③ $\frac{\pi}{2}$ ④ $\frac{\pi}{3}$

해설

계자의 극수가 주어지지 않았으므로 2극으로 본다면 N극과 S극의 극간격은 180°(π)이다.

24 1차 권수 6,000, 2차 권수 200인 변압기의 전압비는?

① 10   ② 30
③ 60   ④ 90

해설

권수비(전압비) $a=\frac{N_1}{N_2}=\frac{6,000}{200}=30$

25 직류 직권전동기에서 벨트를 걸고 운전하면 안 되는 이유는?

① 벨트의 마멸 보수가 곤란하므로
② 벨트가 벗겨지면 위험속도에 도달하므로
③ 직결하지 않으면 속도 제어가 곤란하므로
④ 손실이 많아지므로

해설

직류 직권전동기는 계자와 전기자가 직렬로 연결되어 전류가 모두 같다($I=I_s=I_a$). 그러므로 전동기 회전축에 벨트를 걸고 부하 운전 시 벨트가 벗어지거나 끊어졌을 경우 전동기는 무부하 상태가 되어 전류가 급격하게 감소하면 계자전류도 감소하여 자속이 급격히 감소하게 된다. 따라서 자속과 회전수는 반비례 $\left(N\propto\frac{1}{\phi}\right)$ 관계로 하여 회전속도가 위험속도에 도달하게 된다.

정답 19 ③ 20 ③ 21 ① 22 ① 23 ① 24 ② 25 ②

26 다이오드를 사용한 정류회로에서 다이오드를 여러 개 직렬로 연결하여 사용하는 경우의 설명으로 가장 옳은 것은?

① 다이오드를 과전류로부터 보호할 수 있다.
② 다이오드를 과전압으로부터 보호할 수 있다.
③ 부하출력의 맥동률을 감소시킬 수 있다.
④ 낮은 전압 전류에 적합하다.

해설
- 다이오드 직렬연결 : 과전압으로부터 보호(전압 분배)
- 다이오드 병렬연결 : 과전류로부터 보호(전류 분배)

27 상전압이 300[V]인 3상 반파 정류회로의 직류전압은 약 몇 [V]인가?

① 260 ② 350
③ 400 ④ 520

해설
3상 반파 직류 평균 전압
$E_d = 1.17 E_a = 1.17 \times 300 = 351[V]$

28 200[V], 60[Hz], 10[kW] 3상 유도전동기의 전류는 몇 [A]인가?(단, 유도전동기의 효율과 역률은 각각 0.85이다.)

① 10 ② 20
③ 30 ④ 40

해설
유도전동기 출력 $P_o = \sqrt{3} V_n I_n \cos\theta \eta [W]$
정격 전류 $I_n = \dfrac{P}{\sqrt{3} V_n \cos\theta \eta} = \dfrac{10 \times 10^3}{\sqrt{3} \times 200 \times 0.85 \times 0.85}$
$= 39.95 ≒ 40[A]$

29 동기전동기의 공급전압보다 전기자 전류가 $\dfrac{\pi}{2}$[rad]만큼 늦을 때 전기자 반작용은 무엇인가?

① 증자작용 ② 감자작용
③ 편자작용 ④ 교차자화작용

해설
동기전동기의 공급전압보다 전기자 전류가 90° 늦었을 때(지상=뒤진)는 증자작용이 일어나고, 앞섰을 때(진상=앞선)는 감자작용이 일어난다. 동기발전기는 반대이다.

30 변압기의 무부하손에서 가장 큰 손실은?

① 계자 권선의 저항손
② 전기자 권선의 저항손
③ 철손
④ 풍손

해설
변압기의 무부하손(고정손)에서 가장 큰 손실은 철손이다.

31 전기기기의 철심 재료를 성층해서 사용하는 이유로 가장 적당한 것은?

① 맴돌이 전류손을 줄이기 위해서
② 구리손을 줄이기 위해
③ 풍손을 없애기 위해
④ 히스테리시스손을 줄이기 위하여

해설
철손은 히스테리시스손과 와류손(맴돌이 전류손)이 존재하는데, 이때 히스테리시스손을 줄이기 위해 규소강판을 사용하고 와류손(맴돌이 전류손)을 줄이기 위해 성층철심을 사용한다.

32 변압기에서 퍼센트 저항강하 2.6[%], 리액턴스 강하 3.6[%]일 때 역률 0.8(지상)에서의 전압변동률은?

① 4.24 ② 4.35
③ 4.8   ④ 4.95

해설
전압변동률 $\varepsilon = p\cos\theta + q\sin\theta [\%]$에서
$2.6 \times 0.8 + 3.6 \times 0.6 = 4.24[\%]$
여기서, p : 퍼센트 저항강하
q : 퍼센트 리액턴스 강하
$\cos\theta$: 역률
$\sin\theta$: 무효율

정답 26 ② 27 ② 28 ④ 29 ① 30 ③ 31 ① 32 ①

33 2대의 동기발전기 A, B가 병렬 운전하고 있을 때 A기의 여자 전류를 증가시키면 어떻게 되는가?

① A기의 역률은 낮아지고, B기의 역률은 높아진다.
② A기의 역률은 높아지고, B기의 역률은 낮아진다.
③ A, B 양 발전기의 역률이 높아진다.
④ A, B 양 발전기의 역률이 낮아진다.

해설
동기발전기 병렬운전 중 A기의 여자전류가 증가하면 A발전기의 기전력이 상승할 것이고 그에 따라 A발전기와 B발전기 사이에 전위차가 형성되어 무효순환전류가 흐르게 된다. 그러므로 A발전기에서는 무효분 전류가 증가하여 역률이 감소할 것이고, B발전기의 무효분 전류와 무효순환전류의 방향이 반대가 되어 B발전기는 무효분 전류가 감소하여 역률이 증가한다.

34 200[V], 50[Hz], 8극, 15[kW]의 3상 유도전동기에서 전부하 회전수가 720[rpm]이면 이 전동기의 2차 효율은 몇 [%]인가?

① 98 ② 86
③ 100 ④ 96

해설
- 2차 효율 $\eta_2 = \dfrac{P_o}{P_2} = (1-s) = \dfrac{N}{N_s}$
- 동기속도 $N_s = \dfrac{120f}{p} = \dfrac{120 \times 50}{8} = 750[\text{rpm}]$

$\therefore \eta_2 = \dfrac{N}{N_s} = \dfrac{720}{750} = 0.96 = 96[\%]$

35 동기전동기의 특징으로 틀린 것은?

① 별도의 기동장치가 필요 없으므로 가격이 싸다.
② 전부하 효율이 양호하다.
③ 부하가 변하여도 같은 속도로 운전할 수 있다.
④ 부하의 역률을 조정할 수 있다.

해설
- 동기전동기는 기동토크가 없어 별도의 기동장치가 필요하다.
- 단락비가 큰 기계(철기계)이므로 중량이 무겁고 가격이 비싸다.

36 변압기의 성층철심 강판 재료의 철 함유량은 약 몇 [%]인가?

① 60~70 ② 70~75
③ 89~90 ④ 96~97

해설
변압기의 철심은 규소강판으로 제작되며 규소 3~4[%], 철 96~97[%] 정도이다.

37 직류 분권전동기의 무부하 전압이 108[V], 전압 변동률이 8[%]인 경우 정격 전압은 몇 [V]인가?

① 95   ② 100
③ 105 ④ 118

해설
전압 변동률 $\varepsilon = \dfrac{V_o - V_n}{V_n} \times 100[\%]$에서

$V_n = \dfrac{V_o}{1+\varepsilon} = \dfrac{108}{1+0.08} = 100[\text{V}]$

38 직류전동기를 기동할 때 전기자 전류를 제한하는 가감저항기를 무엇이라 하는가?

① 제어 저항기 ② 가속 저항기
③ 기동 저항기 ④ 계자 저항기

해설
직류전동기는 기동 시 전기자 전류가 많이 흐르게 되는데, 이것을 제한시키기 위한 저항기는 기동 저항기이다.

39 회전자 입력 10[kW], 슬립 3[%]인 3상 유도전동기의 2차 동손[W]은?

① 300 ② 400
③ 500 ④ 700

해설
2차 동손 $P_{c2} = sP_2 = 0.03 \times 10 \times 10^3 = 300[\text{W}]$

정답 33 ① 34 ④ 35 ① 36 ④ 37 ② 38 ③ 39 ①

40 20[kVA]의 단상 변압기 2대를 사용하여 V-V결선으로 하고 3상 전원을 얻고자 한다. 이때 여기에 접속시킬 수 있는 3상 부하용량은 몇 [kVA]인가?

① 20　　② 24　　③ 28.8　　④ 34.6

해설

V결선 출력
$P_V = \sqrt{3} P_1 = \sqrt{3} \times 20 = 34.6 [kVA]$
여기서, P_1 : 단상 변압기 1대 용량

41 저압 옥내 부식성 가스 등이 있는 장소에서 전기설비를 시설하는 방법으로 적합하지 않은 것은?

① 애자사용배선 시 부식성 가스의 종류에 따라 절연전선을 사용한다.
② 애자사용배선에 의한 경우에는 사람이 쉽게 접촉될 우려가 없는 노출장소에 한한다.
③ 애자사용배선 시 전선과의 상호 간격은 4.5[cm] 이상으로 한다.
④ 애자사용배선 시 전선의 절연물이 상해를 받는 장소에는 나전선을 사용할 수 있으며, 이 경우는 바닥 위 2.5[m] 이상 높이에 시설한다.

해설

애자사용배선 시 전선과의 상호 간격은 6[cm] 이상으로 한다.

42 셀룰러덕트 공사 시 덕트 상호 간을 접속하는 것과 셀룰러덕트 끝에 접속하는 부속품에 대한 설명으로 적합하지 않은 것은?

① 강판으로 특수 제작할 것
② 부속품의 판 두께는 1.2[mm] 이상일 것
③ 덕트 끝과 내면은 전선의 피복이 손상하지 않도록 매끈한 것일 것
④ 덕트의 내면과 외면은 녹을 방지하기 위하여 도금 또는 도장을 한 것일 것

해설

셀룰러덕트 부속품판의 두께는 1.6[mm] 이상일 것

43 다음 중 가요전선관 공사로 적당하지 않은 것은?

① 옥내의 천장 은폐 배선으로 8각 박스에서 형광등기구에 이르는 짧은 부분의 전선관 공사
② 프레스 공작기계 등의 굴곡개소가 많아 금속관 공사가 어려운 부분의 전선관 공사
③ 금속관에서 전동기 부하에 이르는 짧은 부분의 전선관 공사
④ 수변전실에서 배전반에 이르는 부분의 전선관 공사

해설

가요전선관 공사는 작은 증설 배선, 안전함과 전동기 사이의 배선, 엘리베이터, 기차나 전차 안의 배선 등의 시설에 적당하다.

44 사용전압이 고압과 저압인 가공전선을 병가할 때 저압전선은 어디에 설치해야 하는가?

① 완금에 설치한다.
② 고압전선의 아래에 설치한다.
③ 고압전선의 위에 설치한다.
④ 높이와 상관없다.

해설

저압선로는 주상변압기 2차 측에 접속되므로 고압전선 아래인 래크배선에서 수직배열한다.

45 옥내배선공사 중 금속관 공사에 사용되는 공구의 설명 중 잘못된 것은?

① 전선관의 굽힘 작업에는 토치램프나 스프링 벤더를 사용한다.
② 전선관의 나사를 내는 작업에 오스터를 사용한다.
③ 전선관을 절단하는 공구로 쇠톱 또는 파이프 커터를 사용한다.
④ 아웃렛 박스의 천공작업에는 녹아웃 펀치를 사용한다.

해설

금속관 공사 시 굽힘 작업에는 히키(벤더)를 사용한다.

정답　40 ④　41 ③　42 ②　43 ④　44 ②　45 ①

46 석유류를 저장하는 장소의 공사 방법 중 틀린 것은?

① 케이블 공사　② 애자사용공사
③ 금속관 공사　④ 합성수지관 공사

해설
- 셀룰로이드, 성냥, 석유 등 타기 쉬운 위험한 물질을 제조하거나 저장하는 곳은 합성수지관(2[mm] 이상), 금속관, 케이블 배선에 의하여 시설한다.
- 금속관은 박강전선관 또는 이와 동등 이상의 강도가 있는 것으로 한다.

47 한국전기설비규정에 의한 폭연성 먼지가 아닌 것은?

① 소맥분　② 티타늄
③ 마그네슘　④ 알루미늄

해설
폭연성 분진
마그네슘, 알루미늄, 티타늄, 지르코늄 등의 먼지가 쌓여있는 상태에서 불이 붙었을 때에 폭발할 우려가 있는 것을 말한다.

48 변압기 등 기기 외함에 접지하는 주된 이유는?

① 감전사고 방지　② 혼촉 방지
③ 이상전압 억제　④ 대지전압 저하

해설
기기 등 외함 접지는 보호접지로서 인체 감전사고 방지를 목적으로 한다.

49 금속몰드 배선 시공 시 사용전압은 몇 [V] 이하이어야 하는가?

① 100　② 200
③ 300　④ 400

해설
금속몰드공사는 사용전압 400[V] 이하인 경우에 시설하여야 한다.

50 전압의 구분에서 저압 직류전압은 몇 [V] 이하인가?

① 400　② 600
③ 750　④ 1,500

해설
전압의 종류

구분	직류	교류
저압	1,500[V] 이하	1,000[V] 이하
고압	1,500[V] 초과 7,000[V] 이하	1,000[V] 초과 7,000[V] 이하
특고압	7,000[V] 초과	

51 교통신호등의 제어장치로부터 신호등의 전구까지의 전로에 사용하는 전압은 몇 [V] 이하이어야 하는가?

① 60　② 100
③ 300　④ 440

해설
교통신호등의 시설
교통신호등 회로로부터 전구까지의 전로 사용전압은 300[V] 이하로 하여야 한다.

52 무대, 무대 밑, 오케스트라 박스, 영사실, 기타 사람이나 무대 도구가 접촉할 우려가 있는 장소에 시설하는 저압 옥내배선, 조명코드선 또는 이동전선은 사용전압이 몇 [V] 이하이어야 하는가?

① 400　② 500
③ 600　④ 700

해설
흥행장의 저압공사
공연장, 무대, 무대마루 밑, 오케스트라 박스, 영사실, 기타 사람이나 무대 도구가 접촉할 우려가 있는 곳 등에 시설하는 저압 옥내배선 사용전압은 400[V] 이하이어야 한다.

정답　46 ②　47 ①　48 ①　49 ④　50 ④　51 ③　52 ①

53 단선의 직선 접속 방법 중에서 꼬임 직선 접속을 할 수 있는 최대 단면적은 몇 [mm²] 이하인가?

① 2.5　　② 4
③ 6　　　④ 10

해설
트위스트(꼬임) 접속은 단면적 6[mm²] (2.6[mm]) 이하의 가는 단선의 직선 접속에 적용된다.

54 가로등, 경기장, 공장, 아파트 단지 등의 일반조명을 위하여 시설하는 고압 방전등의 효율은 몇 [lm/W] 이상의 것이어야 하는가?

① 30　　② 70
③ 90　　④ 120

해설
가로등, 경기장, 공장, 아파트 단지 등의 고압 방전등의 효율은 70[lm/W] 이상의 것이어야 한다.

55 합성수지관 내의 같은 굵기의 전선을 넣을 때는 절연전선의 피복을 포함한 총 단면적이 금속관 내부 단면적의 얼마를 초과하지 않아야 하는가?

① $\frac{1}{2}$　　② $\frac{1}{3}$
③ $\frac{1}{4}$　　④ $\frac{1}{5}$

해설
합성수지관의 굵기는 전선 및 케이블의 피복절연물 등을 포함한 단면적의 총 합계가 관 내부단면적의 $\frac{1}{3}$을 초과하지 않도록 하는 것이 바람직하다.

56 전주의 길이가 16[m]인 지지물을 건주하는 경우에 땅에 묻히는 최소 깊이는 몇 [m]인가?(단, 설계하중이 6.8[kN] 이하이다.)

① 1.5　② 2.0　③ 2.5　④ 3.5

해설
전주의 길이 16[m] 이하 : 2.5[m]

57 후강전선관의 최대 크기는 직경 몇 [mm]인가?

① 180　　② 150
③ 130　　④ 104

해설
후강전선관 종류[mm]
16, 22, 28, 36, 42, 54, 70, 82, 92, 104

58 옥외용 비닐절연 전선을 사용하는 저압 구내 가공 인입전선으로 전선의 길이가 15[m]를 초과하는 경우 그 전선의 지름은 몇 [mm] 이상을 사용하여야 하는가?

① 1.6　② 2.0　③ 2.6　④ 3.2

해설
- 저압 가공 인입선은 2.6[mm] 이상의 경동선 또는 이와 동등 이상의 세기 및 굵기의 것을 시설하여야 한다.
- 단, 인입선의 길이가 15[m] 이하의 경우에는 2.0[mm] 이상의 것을 사용할 수 있다.

59 16[mm] 합성수지전선관을 직각 구부리기 할 경우 구부림 부분의 길이는 약 몇 [mm]인가? (단, 16[mm] 합성수지관의 안지름은 18[mm], 바깥지름은 22[mm]이다.)

① 119　　② 132
③ 187　　④ 220

해설
- 구부러지는 관의 안쪽 반지름은 관 안지름의 6배 이상으로 구부려야 한다.
- 그림과 같이 구부림 부분의 안쪽 반지름
$r = 6d + \frac{D}{2} = 6 \times 18 + \frac{22}{2}$
$= 119[mm]$
- 구부림 부분의 길이
$L = \frac{2\pi r}{4} = \frac{2\pi \times 119}{4}$
$= 187[mm]$

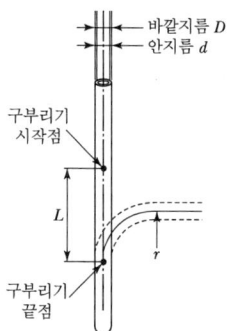

정답 53 ③　54 ②　55 ②　56 ③　57 ④　58 ③　59 ③

60 아래 심벌이 나타내는 것은?

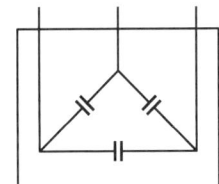

① 저항　　　　　② 진상용 콘덴서
③ 유입개폐기　　④ 변압기

해설

진상용 콘덴서(SC) 설치 방법
설치 방법 중에서 각 부하 측에 분산 설치하는 방법이 가장 효과적으로 역률이 개선되나 설치면적과 설치비용이 많이 든다.

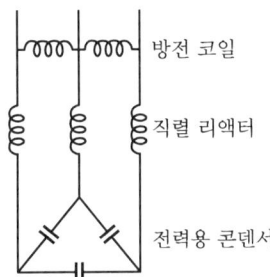

방전 코일
직렬 리액터
전력용 콘덴서

정답 60 ②

2025년 2회 시행 과년도 기출문제

01 자석의 성질로 옳은 것은?

① 자석은 고온이 되면 자력선이 증가한다.
② 자력선에는 고무줄과 같은 장력이 존재한다.
③ 자력선은 자석 내부에서도 N극에서 S극으로 이동한다.
④ 자력선은 자성체는 투과하고, 비자성체는 투과하지 못한다.

해설

자력선은 자성체 및 비자성체를 모두 투과하고, 고무줄과 같은 장력이 존재하며, 고온이 되면 감소한다. 또한 자석 내부에서는 S극에서 N극으로 이동한다.

02 줄의 법칙에서 발열량 계산식으로 옳게 표시한 것은?

① $H = I^2 R [J]$
② $H = I^2 R^2 t [J]$
③ $H = I^2 R^2 [J]$
④ $H = I^2 Rt [J]$

해설

줄의 법칙
$H = I^2 Rt [J] = 0.24 I^2 Rt [cal]$

03 다음 ㉠과 ㉡에 들어갈 내용으로 옳은 것은?

- 2차 전지의 대표적인 것으로 납축전지가 있다.
- 전해액으로 비중이 약 (㉠) 정도의 (㉡)을 사용한다.

① ㉠ : 1.15~1.21, ㉡ : 묽은 황산
② ㉠ : 1.25~1.36, ㉡ : 질산
③ ㉠ : 1.01~1.15, ㉡ : 질산
④ ㉠ : 1.23~1.26, ㉡ : 묽은 황산

해설

2차 전지의 대표적인 납축전지의 전해액은 묽은 황산(H_2SO_4)이며, 비중은 약 1.23~1.26 정도이다.

04 다음 회로에서 합성저항은 몇 [Ω]인가?

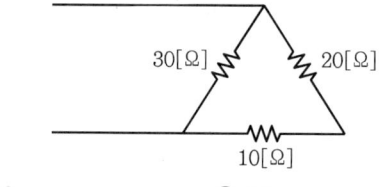

① 10
② 15
③ 20
④ 25

해설

20[Ω]과 10[Ω]은 직렬이므로 먼저 합성 시 30[Ω]이 나온다. 동시에 기존에 30[Ω]과 합성한 30[Ω]이 병렬이므로 합성저항은 $\frac{30}{2} = 15 [\Omega]$이다.

05 R, X_C의 병렬회로에서의 역률값은?

① $\dfrac{X_C}{\sqrt{R^2 + X_C^2}}$
② $\dfrac{R}{\sqrt{R^2 + X_C^2}}$
③ $\dfrac{X_C}{R^2 + X_C^2}$
④ $\dfrac{R}{R^2 + X_C^2}$

해설

R과 C의 병렬회로에서 역률 $\cos\theta = \dfrac{X}{|Z|}$와 같으므로 역률값은 $\dfrac{X_C}{\sqrt{R^2 + X_C^2}}$이다.

정답 01 ② 02 ④ 03 ④ 04 ② 05 ①

06 1차 전지로 가장 많이 사용되는 것은?

① 니켈-카드뮴 전지
② 연료전지
③ 망간건전지
④ 납축전지

해설
1차 전지는 재사용이 불가능한 전지로 망간, 수은, 공기 등이 있다.

07 파고율을 옳게 나타낸 것은?

① $\dfrac{최댓값}{실횻값}$ ② $\dfrac{실횻값}{최댓값}$
③ $\dfrac{평균값}{실횻값}$ ④ $\dfrac{실횻값}{평균값}$

해설
- 파고율 = $\dfrac{최댓값}{실횻값}$
- 파형률 = $\dfrac{실횻값}{평균값}$

08 그림과 같이 (+)로 대전된 대전체에 도체를 가까이 둔 경우, 도체에서 대전체와 가까운 쪽은 (-)극성, 먼 쪽은 (+)극성을 띠게 되는 현상은 무엇인가?

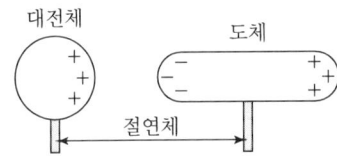

① 전자유도현상
② 전력유도현상
③ 상호유도현상
④ 정전유도현상

해설
정전유도현상
같은 극성(동종전하)은 반발력이 생기며, 다른 극성(이종전하)은 흡인력이 생기는 현상을 나타내도록 하는 것

09 정전흡인력에 대한 설명으로 옳은 것은?

① 전압의 제곱에 반비례한다.
② 전압의 제곱에 비례한다.
③ 극판 면적의 제곱에 비례한다.
④ 극판 간격에 비례한다.

해설
정전흡인력$(f) = \dfrac{1}{2}\left(\dfrac{V}{d}\right)^2 \varepsilon$ 이므로 전압의 제곱에 비례한다.

10 진공 중에 1[m]의 거리에 둔 2개의 점전하가 있다. 각각 10[μC]과 20[μC]의 전하를 가지고 있다면 그 사이에 작용하는 힘[N]은?

① 1.8   ② 0.18
③ 180   ④ 1,800

해설
쿨롱의 법칙
$$정전력(F) = 9 \times 10^9 \times \dfrac{Q_1 Q_2}{r^2}$$
$$= 9 \times 10^9 \times \dfrac{10 \times 10^{-6} \times 20 \times 10^{-6}}{1^2} = 1.8[N]$$

11 전위의 단위로 옳지 않은 것은?

① [J/C]   ② [V/m]
③ [Nm/C] ④ [V]

해설
전압 $V = \dfrac{W}{Q}$ [J/C = Nm/C = V]
[V/m]는 전기장의 세기의 단위이다.

12 저항 3[Ω], 자체 인덕턴스 $L = 10.6$[mH]이 직렬로 연결된 회로에 주파수 60[Hz], 500[V]의 교류전압을 인가한 경우의 전류 I[A]는?

① 10   ② 40
③ 100   ④ 200

정답 06 ③ 07 ① 08 ④ 09 ② 10 ① 11 ② 12 ③

해설

저항과 인덕턴스가 직렬이므로 RL직렬이다.
$Z = \sqrt{R^2 + X_L^2}$
$= \sqrt{3^2 + (2 \times \pi \times 60 \times 10.6 \times 10^{-3})^2} ≒ 5[\Omega]$
$X_L = 2\pi fL[\Omega]$
$I = \dfrac{V}{Z} = \dfrac{500}{5} = 100[A]$

13 단상전력계 2대를 사용하여 2전력계법으로 3상 전력을 측정하고자 한다. 두 전력계의 지시값이 각각 $P_1, P_2[W]$라면 3상 전력 $P[W]$를 구하는 식으로 옳은 것은?

① $P = P_1 + P_2$
② $P = \sqrt{3}(P_1 - P_2)$
③ $P = P_1 \times P_2$
④ $P = P_1 - P_2$

해설

단상전력계 2대를 이용한 2전력계법의 유효전력은
$P = P_1 + P_2[W]$이다.

14 어드미턴스 Y_1과 Y_2를 병렬 접속했을 때의 값은?

① $\dfrac{Y_1 + Y_2}{Y_1 Y_2}$
② $\dfrac{Y_1 Y_2}{Y_1 + Y_2}$
③ $\dfrac{1}{Y_1 + Y_2}$
④ $Y_1 + Y_2$

해설

어드미턴스 병렬 시 합성 어드미턴스는 $Y = Y_1 + Y_2$이다.

15 어떤 콘덴서에 $V[V]$의 전압을 가해서 $Q[C]$의 전하를 충전할 때 저장되는 에너지[J]는?

① $2QV$
② $2QV^2$
③ $\dfrac{1}{2}QV$
④ $\dfrac{1}{2}QV^2$

해설

$W = \dfrac{1}{2}CV^2 = \dfrac{1}{2}QV[J]$

16 코일의 자체 인덕턴스는 어느 것에 따라 변화하는가?

① 유전율
② 투자율
③ 도전율
④ 저항률

해설

$L = \dfrac{\mu S N^2}{l}$ 이므로 투자율에 비례하여 변화한다.

17 $m[Wb]$ 공기 중에서 $r[m]$ 떨어져 있는 경우 자계의 세기[AT/m]는?

① $\dfrac{m}{4r}$
② $\dfrac{m}{4\pi\mu_0\mu_S r^2}$
③ $\dfrac{m}{4\pi r^2}$
④ $\dfrac{\mu_0\mu_s m}{4\pi r^2}$

해설

자계의 세기 $H = \dfrac{m}{4\pi\mu_0 r^2}$ (공기, 진공, 자유공간 시 $\mu_S = 1$)이지만, 비투자율 μ_s 값이 1인 것이지 없어진 것은 아니므로 원본값 $\dfrac{m}{4\pi\mu_0\mu_S r^2}[AT/m]$이 답이다.

18 과도현상은 시정수와 어떠한 상관관계를 가지고 있는가?

① 시정수가 클수록 과도현상은 빨라진다.
② 시정수는 전압의 크기에 비례한다.
③ 시정수와 과도현상 지속시간은 관계없다.
④ 시정수가 클수록 과도현상은 오래 지속된다.

해설

시정수가 클수록 과도현상이 오래 지속된다.

정답 13 ① 14 ④ 15 ③ 16 ② 17 ② 18 ④

19 비정현파의 종류에 속하는 직사각형파의 전개식에서 기본파의 진폭[V]은?(단, $V_m=20$[V], $T=10$[ms]이다.)

① 23.27 ② 24.47
③ 25.47 ④ 26.47

기본파의 진폭 $=\dfrac{4V_m}{\pi}=\dfrac{4\times 20}{\pi}=25.47$[V]

20 20[℃]의 물 100[L]를 2시간 동안 40[℃]로 올리기 위한 전열기 용량은 약 몇 [kW]인가?(단, 효율은 60[%]이다.)

① 1.929 ② 1.938
③ 3.215 ④ 3.876

전열기 공식
$860\eta Pt=Cm(T_2-T_1)$

여기서, η : 효율, P : 전력[kW], t : 시간[h]
C : 비열(물=1)
m : 질량(kg=L)
T_2 : 나중 온도
T_1 : 처음 온도

∴ $P=\dfrac{Cm(T_2-T_1)}{860\eta t}=\dfrac{1\times 100\times (40-20)}{860\times 0.6\times 2}=1.938$[kW]

21 3상 동기발전기의 출력식으로 옳은 것은?
(단, E : 기전력, V : 단자전압, X : 리액턴스, δ : 상차각이다.)

① $\dfrac{3VE\cos\delta}{X}$ ② $\dfrac{3VE\sin\delta}{X}$
③ $\dfrac{3V\cos\delta}{EX}$ ④ $\dfrac{3V\sin\delta}{EX}$

3상 동기발전기 출력
$P_s=3\dfrac{EV}{X}\sin\delta$[W]

22 보극이 없는 직류기의 운전 중 중성점의 위치가 변하는 않는 것은?

① 과부하인 경우   ② 중부하인 경우
③ 전부하인 경우   ④ 무부하인 경우

직류기 운전 중 중성점의 위치가 변하는 경우는 전기자 반작용의 편자작용 때문이다. 부하가 있으면 전기자에 전류가 흐르고, 그 전류로 인하여 생기는 자기장이 계자의 자속에 영향을 주어 전기자 반작용 현상이 생기게 되는데, 전기자에 전류가 흐르지 못하면 전기자 반작용은 발생하지 않는다. 그러므로 무부하인 경우에는 중성점의 위치가 변하지 않는다.

23 3상 동기발전기의 병렬운전 조건이 아닌 것은?

① 기전력의 크기가 같을 것
② 기전력의 위상이 같을 것
③ 기전력의 주파수가 같을 것
④ 발전기의 용량이 같을 것

3상 동기발전기의 병렬운전 조건
• 기전력의 크기가 같을 것
• 기전력의 위상이 같을 것
• 기전력의 주파수가 같을 것
• 기전력의 파형이 같을 것
• 상회전 방향이 같을 것

24 변압기의 온도 변화에 따른 절연유 부피의 수축과 팽창으로 인해 호흡작용이 발생한다. 이로 인해 변압기 내부에서 발생하는 가스를 검출하여 변압기 내부 고장 보호에 사용되는 계전기는?

① 비율차동계전기   ② 부흐홀츠 계전기
③ 과전류계전기   ④ 과전압계전기

부흐홀츠 계전기
유증기(가스)를 검출하여 경보 또는 차단하는 변압기 내부 고장 보호 계전기로, 변압기의 주 탱크와 콘서베이터 사이에 설치한다.

정답 19 ③ 20 ② 21 ② 22 ④ 23 ④ 24 ②

25 정격용량 100[kVA]의 단상 변압기 2대를 사용하여 V-V결선으로 3상 전원을 공급하는 경우에 최대로 걸 수 있는 부하의 용량은 약 몇 [kVA]인가?

① 173.2　　　② 100
③ 86.6　　　　④ 141.4

해설
V결선 출력
$P_V = \sqrt{3}\,P_1 = \sqrt{3} \times 100 = 173.2[kVA]$
여기서, P_1 : 단상, 변압기 1대 용량

26 주파수 60[Hz]의 회로에 접속되어 슬립 3[%], 회전수 1,164[rpm]으로 회전하고 있는 유도전동기의 극수는?

① 4　　② 6　　③ 8　　④ 10

해설
회전자 속도 $N = N_s(1-s) = \dfrac{120f}{p}(1-s)$ 에서
극수 $p = \dfrac{120f}{N}(1-s) = \dfrac{120 \times 60}{1,164}(1-0.03) = 6$

27 3단자 사이리스터가 아닌 것은?

① TRIAC　　　② SCR
③ GTO　　　　④ SCS

해설
SCS는 4단자 소자이다.

28 3상 유도전동기에서 2차 측 저항을 2배로 하면, 그 최대 토크는 어떻게 되는가?

① 2배가 된다.　　② 변하지 않는다.
③ 3배가 된다.　　④ $\dfrac{1}{2}$ 배가 된다.

해설
3상 권선형 유도전동기에서 2차 측 저항을 n배로 하면 슬립이 n배로 증가하는 비례추이 원리에서 최대 토크는 항상 일정하다.

29 교류를 직류로 변환하는 기기는?

① 정류기　　　② 인버터
③ 초퍼　　　　④ 변류기

해설
교류를 직류로 변환하는 기기는 정류기(컨버터)이다.

30 수·변전 설비의 고압회로에 걸리는 전압을 표시하기 위해 전압계를 시설할 때, 고압회로와 전압계 사이에 시설하는 것은?

① 계기용 변류기
② 계기용 변압기
③ 수전용 변류기
④ 권선형 변류기

해설
계기용 변압기(PT)는 고전압을 저전압으로 변성하여 전압계에 공급하는 기기로, 2차 측 표준 전압은 110[V]이다.

31 직류 발전기의 정격전압은 100[V], 무부하 전압은 103[V]이다. 이 발전기의 전압 변동률 ε[%]은?

① 1　　② 3　　③ 6　　④ 9

해설
전압 변동률 $\varepsilon = \dfrac{V_o - V_n}{V_n} \times 100$
$= \dfrac{103 - 100}{100} \times 100 = 3[\%]$

32 출력 10[kW], 효율 80[%]인 기기의 손실은 몇 [kW]인가?

① 0.6　　② 1.1　　③ 2.0　　④ 2.5

해설
손실=입력−출력이므로 효율식에서 입력을 구한다.
- 효율 $\eta = \dfrac{\text{출력}}{\text{입력}}$
- 입력 $= \dfrac{\text{출력}}{\eta} = \dfrac{10}{0.8} = 12.5$
∴ 손실=12.5−10=2.5[kW]

정답　25 ①　26 ②　27 ④　28 ②　29 ①　30 ②　31 ②　32 ④

33 역률이 좋아 가정용 선풍기, 세탁기, 냉장고 등에 주로 사용되는 것은?

① 분상 기동형
② 영구 콘덴서 기동형
③ 반발 기동형
④ 셰이딩 코일형

해설
영구 콘덴서 기동형 단상 유도전동기는 역률과 효율이 우수하여 가정용 기기에 적합하다.

34 3상 유도전동기의 회전방향을 바꾸기 위한 방법으로 옳은 것은?

① 전원의 전압과 주파수를 바꾸어 준다.
② $\Delta-Y$결선으로 결선법을 바꾸어 준다.
③ 기동보상기를 사용하여 권선을 바꾸어 준다.
④ 전동기의 1차 권선에 있는 3개의 단자 중 어느 2개의 단자를 서로 바꾸어 준다.

해설
3상 유도전동기의 회전방향을 바꾸려면 회전자기장의 방향을 바꾸어야 하는데 입력 측 1차 권선 3선 중 2선의 위치를 바꾸어 주면 회전방향이 바뀐다.

35 변압기의 정격용량은 변압기의 전압정격과 변압기 권선에 흐를 수 있는 전류를 결정하는 값이다. 다음 중 정격용량의 단위로 맞는 것은?

① [W]
② [Var]
③ [VA]
④ [J]

해설
변압기의 정격용량의 표준 단위는 피상 전력으로 [VA]를 사용한다.

36 직류전동기의 속도 제어 방법이 아닌 것은?

① 전압 제어법
② 계자 제어법
③ 저항 제어법
④ 2차 저항 제어법

해설
직류 전동기 속도 제어법
• 전압 제어(정토크 특성)
• 계자 제어(정출력 특성)
• 저항 제어

37 3상 동기기에 제동권선을 설치하는 주된 목적은?

① 출력 증가
② 효율 증가
③ 역률 개선
④ 난조 방지

해설
제동권선은 난조 방지 및 기동 역할을 수행한다.

38 복권발전기의 병렬운전을 안전하게 하기 위해서 두 발전기의 전기자와 직권권선의 접속점에 연결해야 하는 것은?

① 균압선
② 집전환
③ 안전저항
④ 브러시

해설
직권 및 복권(과복권, 평복권) 발전기는 병렬운전 시 균압선을 사용하여 병렬운전을 안정되게 한다.

39 다이오드를 사용한 정류회로에서 다이오드를 여러 개 직렬로 연결하여 사용하는 경우의 설명으로 가장 옳은 것은?

① 다이오드를 과전류로부터 보호할 수 있다.
② 다이오드를 과전압으로부터 보호할 수 있다.
③ 부하출력의 맥동률을 감소시킬 수 있다.
④ 낮은 전압 전류에 적합하다.

해설
• 다이오드를 직렬연결 : 과전압으로부터 보호
• 다이오드를 병렬연결 : 과전류로부터 보호

40 변압기유의 구비조건으로 옳지 않은 것은?

① 냉각효과가 클 것
② 응고점이 높을 것
③ 절연내력이 클 것
④ 인화점이 높을 것

정답 33 ② 34 ④ 35 ③ 36 ④ 37 ④ 38 ① 39 ② 40 ②

해설

변압기유(절연유)의 구비조건
- 절연내력이 클 것
- 인화점이 높고 응고점이 낮을 것
- 비열이 커서 냉각효과가 클 것
- 절연재료와 화학작용을 일으키지 않을 것
- 고온에서 산화하지 않을 것
- 점도가 낮을 것

41 합성수지관 공사에서 관과 박스의 접속점 및 관 상호 간의 접속점 등에서 최대거리는 몇 [m]인가?

① 1 ② 1.5 ③ 0.3 ④ 0.15

해설

합성수지관의 지지점 간의 거리는 1.5[m] 이하로 하고, 관과 박스의 접속점 및 관 상호 간의 접속점 등에서는 가까운 곳(0.3[m] 이내)에 지지점을 시설하여야 한다.

42 터널, 갱도, 기타 이와 유사한 장소에서 사람이 상시 통행하는 터널 내의 배선방법으로 적절하지 않은 것은?(단, 사용전압은 저압이다.)

① 라이팅덕트 배선
② 금속제 가요전선관 배선
③ 합성수지관 배선
④ 애자사용 배선

해설

광산, 터널 및 갱도에서의 배선방법
사람이 상시 통행하는 터널 내의 배선은 저압에 한하여 애자사용, 금속전선관, 합성수지관, 금속제 가요전선관, 케이블 배선으로 시공

43 폴리에틸렌 절연 비닐시스 케이블의 약호는?

① DV ② EE ③ EV ④ OW

해설

전선의 약호
- N : 네온
- R : 고무
- E : 폴리에틸렌
- V : 비닐
- C : 가교폴리에틸렌(클로로프렌)
- EV : 폴리에틸렌 절연 비닐시스 케이블

44 옥내에 시설하는 사용전압이 400[V]를 초과하는 저압의 이동 전선은 0.6/1[kV] EP 고무 절연 클로로프렌 캡타이어케이블로서 단면적이 몇 [mm²] 이상이어야 하는가?

① 0.75[mm²] ② 2[mm²]
③ 5.5[mm²] ④ 8[mm²]

해설

캡타이어케이블 최소 굵기 : 0.75[mm²]

45 전선관에 전선을 넣어서 공사하는 경우 전선의 접속점에 대한 설명으로 옳은 것은?

① 금속관에서 금속관 안에 전선의 접속점을 만든 경우
② 합성수지관에서 합성수지관 내 전선의 접속점을 만든 경우
③ 합성수지몰드에 몰드 안에 전선의 접속점을 만든 경우
④ 금속몰드에서 몰드용 조인트 박스 안에서 쥐꼬리 접속을 한 경우

해설

옥내배선 전선관 공사에서 전선의 접속은 접속함(조인트박스)에서 컨넥터 접속, 쥐꼬리 접속 등을 한다.

46 가요전선관 공사에서 가요전선관의 상호 접속에 사용하는 것은?

① 유니언 커플링 ② 2초 커플링
③ 콤비네이션 커플링 ④ 스플릿 커플링

해설

가요전선관 상호의 접속 : 스플릿 커플링

47 디지털 또는 아날로그 입·출력 모듈을 통하여 로직, 시퀀싱, 타이밍, 카운팅, 연산과 같은 특수한 기능을 수행하기 위하여 프로그램 가능한 메모리를 사용하고 여러 종류의 기계나 프로세서를 제어하는 디지털 동작의 전자장치를 무엇이라 하는가?

정답 41 ③ 42 ① 43 ③ 44 ① 45 ④ 46 ④ 47 ④

① IB
② Encorder
③ Decorder
④ PLC

해설
PLC(Programmable Logic Controller)란 종래에 사용하던 제어반에 사용하는 릴레이, 타이머, 카운터 등의 기능을 IC, 트랜지스터 등의 반도체 소자로 대체시켜, 기본적인 시퀀스 제어 기능에 수치 연산기능을 추가하여 프로그램 제어가 가능하도록 한 자율성이 높은 제어장치이며 미국전기 공업협회(NEMA : National Electrical Manufacturers Association)에서는 "디지털 또는 아날로그 입·출력 모듈을 통하여 로직, 시퀀싱, 타이밍, 카운팅, 연산과 같은 특수한 기능을 수행하기 위하여 프로그램 가능한 메모리를 사용하고 여러 종류의 기계나 프로세서를 제어하는 디지털 동작의 전자장치"로 정의하고 있다.

48 다음 중 방수형 콘센트의 심벌은?

①
②
③
④

해설

심벌	명칭	적용
⊙	콘센트	벽에 붙이는 쪽을 칠한다.
⊙E	콘센트	접지극 붙이형
⊙WP	콘센트	방수형
⊙EX	콘센트	방폭형
⊙⊙	비상용 콘센트	소방법에 따르는 것

49 가연성 가스가 새거나 체류하여 전기설비가 발화원이 되어 폭발할 우려가 있는 곳에 있는 저압 옥내전기설비의 시설 방법으로 가장 적합한 것은?

① 애자사용공사
② 가요전선관 공사
③ 셀룰러 덕트 공사
④ 금속관 공사

해설
가연성 가스 또는 인화성 물질의 증기가 새거나 체류하여 전기설비가 발화원이 되어 폭발할 우려가 있는 곳의 장소에서는 금속전선관 공사 또는 케이블 공사에 의하여 시설하여야 한다.

50 단상 차단기 정격용량 계산식은 어떻게 되는가?

① $\sqrt{2}$ × 정격전압 × 정격전류
② 정격전압 × 정격차단전류
③ $\sqrt{2}$ × 정격전압 × 정격차단전류
④ 정격전압 × 정격전류

해설
• 단상 차단기 용량 : 정격전압×정격차단전류
• 3상 차단기 용량 : $\sqrt{3}$×정격전압×정격차단전류

51 비교적 장력이 적고 다른 종류의 지선을 시설할 수 없는 경우에 적용하며 지선용 극가를 지지물 근원 가까이 매설하여 시설하는 지선은?

① Y지선
② 궁지선
③ 공동지선
④ 수평지선

해설
궁지선
장력이 적고 타 종류의 지선을 시설할 수 없는 경우에 설치하는 것

52 가공전선에 케이블을 사용하는 경우 케이블은 조가선에 행거를 사용하여 조가한다. 사용전압이 고압일 경우, 그 행거의 간격은?

① 50[cm] 이하
② 50[cm] 이상
③ 75[cm] 이하
④ 75[cm] 이상

해설
조가선
인장강도가 낮은 통신선이나 전선 등을 가공으로 시설하는 경우 사용되는 전선으로 대상 통신선이나 저압 전선 등을 지지하기 위한 전선을 말하며, 행거식은 50[cm] 이하, 금속테이프는 20[cm] 이하로 한다.

정답 48 ③ 49 ④ 50 ② 51 ② 52 ①

53
절연전선을 동일 금속덕팅 내에 넣을 경우 금속덕트의 크기는 전선의 피복절연물을 포함한 단면적의 총합계가 금속덕트 내 단면적의 몇 [%] 이하로 하여야 하는가?

① 10
② 20
③ 32
④ 48

해설
- 금속덕팅에 수용하는 전선은 절연물을 포함하는 단면적의 총합이 금속덕트 내 단면적의 20[%] 이하가 되도록 한다.
- 전광사인 장치, 기타 이와 유사한 장치 또는 제어회로 등의 배선에 사용하는 전선만을 넣는 경우에는 50[%] 이하로 할 수 있다.

54
400[V] 이하 옥내배선의 절연저항 측정에 가장 알맞은 절연저항계는 몇 [V] 이상인가?

① 250[V] 메거
② 500[V] 메거
③ 1,000[V] 메거
④ 1,500[V] 메거

해설

저압 전로의 절연저항 시험전압 및 절연저항값

전로의 사용전압[V]	DC 시험전압[V]	절연저항
SELV 및 PELV	250	0.5[MΩ] 이상
FELV, 500[V] 이하	500	1.0[MΩ] 이상
500[V] 초과	1,000	1.0[MΩ] 이상

55
폭발성 분진이 있는 위험장소에 금속관 배선에 의할 경우 관 상호 및 관과 박스 기타의 부속품이나 풀박스 또는 전기기계기구는 몇 턱 이상의 나사 조임으로 접속하여야 하는가?

① 2턱
② 3턱
③ 4턱
④ 5턱

해설
박강전선관 이상으로 하면서 관 상호 간이나 관과 박스, 기타 부속품의 접속은 5턱 이상의 나사 조임으로 접속하여야 한다.

56
고압 가공 인입선이 일반적인 도로 횡단 시 설치 높이는?

① 3[m] 이상
② 3.5[m] 이상
③ 5[m] 이상
④ 6[m] 이상

해설

인입선의 높이

구분	저압 인입선[m]	고압 인입선[m]
도로 횡단	5	6
철도 궤도 횡단	6.5	6.5
횡단보도교 위	3	3.5
기타	4	5

57
금속관 공사에서 박스 내에 고정시킬 때 사용하는 것은?

① 부싱
② 로크너트
② 새들
④ 커플링

해설
로크너트
- 금속관 공사에서 금속관과 박스를 고정할 때 사용된다.
- 절연성과 내부식성이 우수하고, 재료가 가볍기 때문에 시공이 편리하다.
- 관 자체가 비자성체이므로 접지할 필요가 없고, 피뢰기·피뢰침의 접지선 보호에 적당하다.
- 열에 약할 뿐 아니라, 충격 강도가 떨어지는 결점이 있다.

58
폭연성 분진이 존재하는 곳의 금속관 공사의 전동기에 접속하는 부분에서 가요성을 필요로 하는 부분의 배선에는 방폭형의 부속품 중 어떤 것을 사용하여야 하는가?

① 플렉시블 피팅
② 분진 플렉시블 피팅
③ 분진 방폭형 플렉시블 피팅
④ 안전 증가 플렉시블 피팅

해설
폭연성 분진 또는 화약류 분말이 존재하는 곳에는 분진 방폭 특수 방진구조의 것을 사용한다.

정답 53 ② 54 ② 55 ④ 56 ④ 57 ② 58 ③

59 다음 중 과전압계전기의 약호는?

① OCR ② GR
③ OVR ④ UVR

해설
① OCR : 과전류계전기
② GR : 지락계전기
③ OVR : 과전압계전기
④ UVR : 부족전압계전기

60 다음 중 나전선 상호 간 또는 나전선과 절연전선 접속 시 접속 부분의 전선의 세기는 일반적으로 어느 정도 유지해야 하는가?

① 50[%] 이상 ② 60[%] 이상
③ 70[%] 이상 ④ 80[%] 이상

해설
전선 접속 시 인장강도는 80[%] 이상 유지할 것 또는 20[%] 이상 감소하지 말 것

정답 59 ③ 60 ④

2025년 3회 시행 과년도 기출문제

01 RL 직렬 회로에서 200[V]의 전압을 가했을 때 30° 뒤쳐진 전류가 10[A] 흘렀다면 이 회로의 리액턴스는 몇 [Ω]인가?(단, 주파수는 60[Hz]이다.)

① 10
② 20
③ $10\sqrt{2}$
④ $20\sqrt{2}$

해설

전압을 가하여 전류가 30° 뒤쳐진다고 했으므로
$Z = \dfrac{V}{I} = \dfrac{200\angle 0°}{10\angle -30°} = 20\angle 30°$[Ω]이라는 극형식을 알 수 있으며 $\sin\theta = \dfrac{X}{Z}$에서 $X = Z\sin\theta$이므로 위의 결괏값을 대입 시 $20 \times \sin 30° = 10$[Ω]이다.

02 RLC 직렬 공진회로에서 최대가 되는 것은 무엇인가?

① 임피던스
② 저항
③ 리액턴스
④ 어드미턴스

해설

RLC 직렬 공진 시 임피던스는 최소, 전류는 최대, 어드미턴스는 최대가 된다.

03 정전흡인력과 전압의 관계로 옳은 것은?

① 전압의 제곱에 비례한다.
② 전압에 비례한다.
③ 전압의 제곱에 반비례한다.
④ 전압에 반비례한다.

해설

정전흡인력 $f = \dfrac{1}{2}\left(\dfrac{V}{d}\right)^2 \varepsilon$이므로 전압의 제곱에 비례한다.

04 Y결선의 회로에서 상전압은 약 몇 [V]인가? (단, 선간전압이 200[V]인 경우이다.)

① 100
② 115
③ 173
④ 141

해설

Y결선에서 $V_l = \sqrt{3}\,V_p$이므로
$V_p = \dfrac{V_l}{\sqrt{3}} = \dfrac{200}{\sqrt{3}} \fallingdotseq 115.47$[V]

05 공급전류가 3배가 될 때 인덕턴스에 저장되는 에너지를 동일하게 하기 위해서 L의 값을 몇 배로 하면 되는가?

① 3배
② $\dfrac{1}{3}$배
③ 9배
④ $\dfrac{1}{9}$배

해설

인덕턴스에 저장되는 에너지 $W_L = \dfrac{1}{2}LI^2$[J]
$W_L' = \dfrac{1}{2}L(3I)^2 = \dfrac{1}{2}L9I^2$
$\therefore W_L = \dfrac{1}{9}W_L'$

06 일정한 전압을 가하고 있는 평행판 전극에 극판의 간격을 $\dfrac{1}{3}$로 줄였다면 전기장의 세기는 몇 배가 되는가?

① $\dfrac{1}{3}$배
② $\dfrac{1}{\sqrt{3}}$배
③ 3배
④ 9배

정답 01 ① 02 ④ 03 ① 04 ② 05 ④ 06 ③

해설

전위의 공식 $V = Er$[V]에서

전기장의 세기 $E = \dfrac{V}{r}$[V/m]이므로

$E = \dfrac{V}{\dfrac{r}{3}} = \dfrac{3V}{r}$ 가 되므로 전기장의 세기는 3배가 된다.

07 전기회로와 자기회로의 관계로 옳지 않은 것은?

① 전계 – 자계
② 전류 – 자속
③ 도전율 – 투자율
④ 기전력 – 자기장의 세기

해설

- 기전력 : 전류를 흐르게 하는 힘 – E[V]
- 기자력 : 자속을 흐르게 하는 힘 – F[AT]

08 전지 n개를 직렬로 접속하고 회로에 부하저항을 직렬로 설치하여 부하에서 소비되는 전력을 최대가 되도록 하기 위한 부하저항의 크기는?

① r ② nr ③ $\dfrac{r}{n}$ ④ r^2

해설

- 전지 n개를 직렬 접속 시의 합성 내부 저항 : $r_t = nr$[Ω]
- 최대전력 전송 조건 : 내부 저항과 외부 저항은 같아야 한다. 그러므로 부하저항이 nr과 같을 때 최대전력을 공급받는다.

09 그림과 같이 I[A]의 전류가 흐르고 있는 도체의 미소부분 Δl의 전류에 의해 이 부분이 r[m] 떨어진 점 P의 자기장 ΔH[AT/m]는?

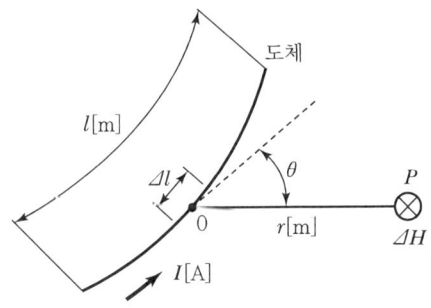

① $\Delta H = \dfrac{I^2 \Delta l \sin\theta}{4\pi r^2}$

② $\Delta H = \dfrac{I \Delta l^2 \sin\theta}{4\pi r}$

③ $\Delta H = \dfrac{I^2 \Delta l \sin\theta}{4\pi r}$

④ $\Delta H = \dfrac{I \Delta l \sin\theta}{4\pi r^2}$

해설

비오사바르 법칙
전류에 의한 자기장의 세기를 결정

$\Delta H = \dfrac{I \Delta l \sin\theta}{4\pi r^2}$ [AT/m]

10 다음 중 납축전지의 양극으로 맞는 것은?

① H_2SO_4 ② H_2O
③ PbO_2 ④ $PbSO_4$

해설

납축전지
- 양극 : PbO_2(이산화납)
- 음극 : Pb(납)

11 반지름 r[m], 권수 N회의 환상솔레노이드에 I[A]의 전류가 흐를 때 그 외부 자기장의 세기 H[AT/m]는 얼마인가?

① 0 ② $\dfrac{NI}{2\pi}$

③ $\dfrac{NI}{l}$ ④ $\dfrac{NI}{2\pi r}$

해설

- 환상솔레노이드 내부 자계
 $H = \dfrac{NI}{l} = \dfrac{NI}{2\pi r}$ [AT/m]
- 환상솔레노이드 외부 자계
 $H = 0$

12 R과 X_L이 직렬로 연결되어 있을 때 교류 전압 100[V]를 걸었을 때 4[A]의 지상전류가 흘렀다. 여기에 같은 전압에 $X_C=15$[Ω]을 직렬로 연결하니 4[A]의 진상전류가 흘렀다. 저항 R과 유도성 리액턴스 X_L의 값은 얼마인가?

① $R=2.38$, $X_L=10$ ② $R=23.8$, $X_L=9.8$
③ $R=23.8$, $X_L=7.5$ ④ $R=2.38$, $X_L=6.5$

해설

$I_{RL} = 4 = \dfrac{V}{Z} = \dfrac{100}{Z} \rightarrow Z = \sqrt{R^2+X_L^2} = 25[\Omega]$

$R^2 + X_L^2 = 25^2$ …… ㉠
RL 직렬 시

$I_{RLC} = 4 = \dfrac{V}{Z} = \dfrac{100}{Z} \rightarrow Z = \sqrt{R^2+(X_L-X_C)^2} = 25[\Omega]$

$R^2 + (X_L-15)^2 = 25^2$
RLC 직렬 시
$(X_L-15)^2$을 풀면
$R^2 + X_L^2 - 30X_L + 15^2 = 25^2$ …… ㉡
㉠에서 $R^2 + X_L^2 = 25^2$이므로
㉡에 대입 시 $25^2 - 30X_L + 15^2 = 25^2$
$X_L = 7.5[\Omega]$이며 ㉠에 대입 시 $R = 23.8[\Omega]$이 나온다.

13 히스테리시스 곡선에서 종축과 만나는 점과, 횡축과 만나는 점으로 옳은 것은?

① 보자력, 잔류자기
② 잔류자기, 보자력
③ 자속밀도, 자기장의 세기
④ 자기장의 세기, 자속밀도

해설

• 종축(세로축)과 만나는 점 : 잔류자기
• 횡축(가로축)과 만나는 점 : 보자력

14 $f=1$[kHz]일 때 콘덴서의 리액턴스 값이 20[Ω]이였다. $f=2$[kHz]라면 콘덴서 리액턴스의 값은 몇 [Ω]인가?

① 8 ② 10 ③ 15 ④ 20

해설

$X_C = \dfrac{1}{2\pi fC}$ 에서 X_C와 f는 반비례를 이용한다. f(주파수)가 2배 증가한 만큼 X_C(용량성 리액턴스)의 값은 $\dfrac{1}{2}$ 배가 된다.

15 무한직선도체에서 떨어진 거리 $r=20$[cm], 전류의 세기 $I=30$[A]일 때 자기장의 세기[AT/m]는 얼마인가?

① 23.9 ② 20
③ 0.239 ④ 0.2

해설

무한직선도체 자기장의 세기 $H = \dfrac{I}{2\pi r}$

MKS 단위계로 cm → m로 변경

$H = \dfrac{I}{2\pi r} = \dfrac{30}{2\times\pi\times 0.2} = 23.873 ≒ 23.9[\text{AT/m}]$

16 어떤 부하의 피상전력이 5[kVA]이고 무효전력이 3[kVar]일 때 유효전력은 몇 [kW]인가?

① 10 ② 5 ③ 4 ④ 3

해설

$P_a = \sqrt{P^2 + P_r^2}$ 을 이용하여
$P = \sqrt{P_a^2 - P_r^2} = \sqrt{5^2 - 3^2} = 4[\text{kW}]$

17 $R=4$[Ω], $wL=3$[Ω] 직렬회로에 $V=100\sqrt{2}\sin wt + 30\sqrt{2}\sin 3wt$[V]의 전압을 가할 때, 전력은 약 몇 [W]인가?

① 1,170[W] ② 1,563[W]
③ 1,637[W] ④ 2,116[W]

해설

• 기본파의 임피던스 Z_1 및 기본파 전류 실횻값 I_1
$Z_1 = \sqrt{R^2+(wL)^2} = \sqrt{4^2+3^2} = 5[\Omega]$
$I_1 = \dfrac{V_1}{Z_1} = \dfrac{100}{5} = 20[\text{A}]$

• 3고조파의 임피던스 Z_3 및 3고조파 전류 실횻값 I_3
$Z_3 = \sqrt{R^2+(3wL)^2} = \sqrt{4^2+(3\times 3)^2} = \sqrt{97}[\Omega]$

정답 12 ③ 13 ② 14 ② 15 ① 16 ③ 17 ③

$$I_1 = \frac{V_3}{Z_3} = \frac{30}{\sqrt{97}} = 3.046[A]$$

$P = I^2 R[W]$을 이용하면, $(\sqrt{20^2 + 3.046^2})^2 \times 4 ≒ 1,637[W]$

18 단면적 $S = 10[cm^2]$, 투자율 $\mu = 1,000$, 자속 $\phi = 5 \times 10^{-6}$일 때 자속밀도$[Wb/m^2]$는?

① 3×10^{-4}
② 4×10^{-5}
③ 5×10^{-3}
④ 6×10^{-2}

해설

자속밀도 $B = \frac{\phi}{S} = \frac{5 \times 10^{-6}}{10 \times 10^{-4}} = 5 \times 10^{-3}[Wb/m^2]$

19 황산구리 용액에 10[A]의 전류를 60분간 흘린 경우 이때에 석출되는 구리의 양[g]은?(단, 구리의 전기화학당량은 $0.3293 \times 10^{-3}[g/C]$이다.)

① 1.97
② 5.93
③ 7.82
④ 11.86

해설

패러데이 물질의 석출되는 양
$W = KQ = Kit$
$= 0.3293 \times 10^{-3} \times 10 \times 3,600 = 11.8548 ≒ 11.86[g]$

20 자속밀도가 B인 평등한 자기장에 길이가 l인 도선이 있다. 도선이 자속과 수직방향으로 v 속도로 이동했다면 이때의 유도되는 기전력은?

① Blv
② $\frac{Bl}{v}$
③ $\frac{Bv}{l}$
④ $\frac{lv}{B}$

해설

플레밍 오른손 법칙(발전기 법칙)
$e = vBl\sin\theta[V]$이며 수직방향이므로 $\sin\theta = 1$
∴ $e = Blv$

21 동기전동기의 자기기동법에서 계자권선을 단락하는 이유는?

① 기동을 쉽게 하기 위해서
② 기동권선으로 이용하기 위해서
③ 고전압 유도에 의한 절연파괴 위험을 방지하기 위해서
④ 전기자 반작용을 방지하기 위해서

해설

동기전동기의 자기기동법(자체기동법)은 제동권선(기동권선)으로 기동토크를 발생시켜 회전하는 기동법으로, 계자권선을 개방 상태로 두고 기동을 시키면 회전자기장에 의해 계자권선에 높은 고전압이 발생되어 절연이 파괴될 위험이 있기 때문에 계자권선은 저항을 통한 단락상태로 만들어 기동을 시켜야 고전압 유도에 의한 절연파괴를 방지할 수 있다.

22 전기자와 계자권선이 병렬로만 접속되어 있는 발전기는?

① 분권
② 직권
③ 타여자
④ 차동 복권

해설

- 전기자와 계자권선이 병렬로 연결되어 있으면 분권이고, 직렬로 연결되어 있으면 직권이다.
- 전기자와 계자권선이 서로 연결이 안 되어 있는 것은 타여자이고, 직렬+병렬은 복권이다.

23 보극이 없는 직류기의 운전 중 중성축의 위치가 변하지 않는 경우는?

① 무부하
② 전부하
③ 중부하
④ 과부하

해설

직류기의 전기자 반작용은 전기자의 전류에 의한 자속이 계자의 주 자속에 영향을 주는 현상으로, 이것을 전기자 반작용이라고 하는데 대표적인 현상은 편자작용에 의한 중성축 이동과 감자작용이 있다. 그러나 무부하 상태일 경우에는 전기자 전류가 흐르지 않으므로 전기자 반작용이 존재하지 않는다.

24 3단자 사이리스터가 아닌 것은?

① GTO
② SCR
③ TRIAC
④ SCS

해설

- GTO, SCR, TRIAC : 3단자
- SCS : 4단자

정답 18 ③ 19 ④ 20 ① 21 ③ 22 ① 23 ① 24 ④

25 권선형 유도전동기의 회전자 권선에 2차 저항기를 삽입하면 어떻게 되는가?

① 변화 없음　　② 기동전류 감소
③ 기동토크 감소　④ 회전수 증가

해설

비례추이 원리
권선형 유도전동기의 회전자 권선에 직렬로 2차 저항기(기동저항, 등가저항, 외부저항)를 삽입하여 2차 합성저항을 가변하면 그에 비례하여 슬립이 변하는 현상으로 기동토크를 증대시키고 기동전류를 감소시킨다.

26 직류를 교류로 변환하는 장치는?

① 정류기　　　② 충전기
③ 순변환 장치　④ 역변환 장치

해설

전력 변환 장치
- 교류 → 직류 : 정류기(순변환 장치)
- 직류 → 교류 : 인버터(역변환 장치)
- 직류 → 직류 : 초퍼
- 교류 → 교류 : 사이클로 컨버터

27 직류발전기 전기자의 주된 역할은?

① 기전력을 유도한다.
② 자속을 만든다.
③ 정류작용을 한다.
④ 회전자와 외부 회로를 접속한다.

해설

직류발전기의 구조
- 계자 : 자속을 만든다.
- 전기자 : 계자의 자속을 쇄교하여 기전력을 유도한다.
- 정류자 : 교류를 직류로 변환한다.
- 브러시 : 정류작용을 돕고 외부 회로와 연결한다.

28 3상 유도전동기의 회전방향을 바꾸기 위한 방법으로 옳은 것은?

① 전원의 전압과 주파수를 바꾸어 준다.
② Δ-Y결선으로 결선법을 바꾸어 준다.
③ 기동보상기를 사용하여 권선을 바꾸어 준다.
④ 전동기의 1차 권선에 있는 3개의 단자 중 어느 2개의 단자를 서로 바꾸어 준다.

해설

3상 유도전동기의 회전방향은 3상 교류에 의한 회전자기장의 방향에 따라 정해지기 때문에 3상 교류 입력의 3선 중 2선의 접속을 변경하면 회전자기장의 방향이 바뀌게 되어 회전자의 방향도 바뀐다.

29 동기기의 전기자 권선법이 아닌 것은?

① 중권　　② 이층권
③ 전층권　④ 분포권

해설

동기기의 전기자 권선법
고상권, 폐로권, 이층권, 중권, 분포권, 단절권

30 동기 임피던스가 5[Ω]인 2대의 3상 동기발전기의 유도기전력이 100[V]의 전압 차이가 있다면 무효순환전류[A]는?

① 10　　② 15
③ 20　　④ 25

해설

무효순환전류 $I_c = \dfrac{E_A - E_B}{2Z_s} = \dfrac{100}{2 \times 5} = 10[A]$

31 3상 유도전동기에서 2차 측 저항을 2배로 하면 그 최대 토크는 어떻게 되는가?

① 변하지 않는다.
② 2배로 된다.
③ $\sqrt{2}$ 배로 된다.
④ $\dfrac{1}{2}$ 배로 된다.

해설

3상 유도전동기의 비례추이 원리에서 2차 합성저항이 증가하면 그에 비례하여 슬립이 변화하는 특성으로, 이때 조건은 최대 토크가 일정하기 때문이다.

정답　25 ②　26 ④　27 ①　28 ④　29 ③　30 ①　31 ①

32 정격용량 100[kVA]의 단상 변압기 2대를 사용하여 V-V결선으로 하고 3상 전원을 공급하는 경우 최대로 걸 수 있는 3상 부하용량은 약 몇 [kVA]인가?

① 173.2
② 100
③ 200
④ 346.2

해설

V결선 출력
$P_V = \sqrt{3} P_1 = \sqrt{3} \times 100 = 173.2 [\text{kVA}]$
여기서, P_1 : 단상 변압기 1대 용량

33 변압기유가 구비해야 할 조건은?

① 절연내력이 클 것
② 인화점이 낮을 것
③ 응고점이 높을 것
④ 비열이 작을 것

해설

변압기유(절연유)의 구비 조건
• 절연내력이 클 것
• 인화점이 높고 응고점이 낮을 것
• 절연재료와 화학작용을 일으키지 않을 것
• 고온에서 산화하지 않을 것
• 비열이 커서 냉각효과가 클 것
• 점도가 낮을 것

34 동기발전기의 병렬운전 중 기전력의 위상차가 발생하면 어떤 현상이 나타나는가?

① 무효횡류
② 유효순환전류
③ 무효순환전류
④ 고조파 전류

해설

동기발전기 병렬운전 조건
• 기전력의 크기가 같을 것 ≠ 무효순환전류(무효횡류)가 흐른다.
• 기전력의 위상이 같을 것 ≠ 유효순환전류(유효횡류=동기화 전류)가 흐른다.

35 동기발전기의 공극이 넓을 때의 설명으로 잘못된 것은?

① 안정도가 높다.
② 단락비가 크다.
③ 여자전류가 크다.
④ 전압변동이 크다.

해설

단락비가 큰 기계의 특징
• 동기 임피던스가 작고 전압강하 및 전압변동률이 작다.
• 여자전류가 크고 철심의 크기가 크다.
• 안정도가 높고 송전선의 충전용량이 크다.
• 효율이 낮고 기계의 중량이 무겁고 가격이 비싸다.

36 전기기계의 철심을 성층하는 가장 적절한 이유는?

① 기계손을 적게 하기 위해서
② 표류 부하손을 적게 하기 위해서
③ 히스테리시스손을 적게 하기 위해서
④ 와류손을 적게 하기 위해서

해설

전기기기의 철손은 히스테리시스손과 와류손(맴돌이 전류손)이 존재한다. 히스테리시스손을 감소시키기 위하여 규소강판을 사용하고 와류손은 철심의 두께의 제곱에 비례하기 때문에 얇은 강판을 성층하여 사용한다.

37 변압기의 원리는 어느 작용을 이용한 것인가?

① 전자유도작용
② 정류작용
③ 발열작용
④ 화학작용

해설

변압기의 원리는 전자유도작용이다.

38 3상 유도전동기의 동기속도를 N_s[rpm], 회전속도를 N[rpm], 슬립을 s라고 할 때, 2차 효율[%]은?

① $\dfrac{N}{N_s} \times 100$
② $\dfrac{1}{s}(N_s - N) \times 100$
③ $s^2 \times 100$
④ $(s-1) \times 100$

정답 32 ① 33 ① 34 ② 35 ④ 36 ④ 37 ① 38 ①

해설

2차 효율 $\eta_2 = \dfrac{P_o}{P_2} = (1-s) = \dfrac{N}{N_s}$

39 E종 절연물의 최고 허용온도는 몇 [℃]인가?

① 40   ② 60
③ 120   ④ 125

해설

- Y종 : 90[℃]
- A종 : 105[℃]
- E종 : 120[℃]
- B종 : 130[℃]
- F종 : 155[℃]
- H종 : 180[℃]
- C종 : 180[℃] 초과

40 직류 직권전동기의 회전수를 $\dfrac{1}{3}$ 배로 감소시키면 토크는 몇 배가 되는가?

① 3배   ② $\dfrac{1}{3}$ 배
③ 9배   ④ $\dfrac{1}{9}$ 배

해설

직류 직권전동기 토크 $\tau \propto I^2 \propto \dfrac{1}{N^2}$ 관계로써 회전수의 제곱에 반비례한다.

$\tau' = \tau \times \dfrac{1}{\left(\dfrac{1}{3}\right)^2} = 9$배

41 하향광속으로 직접 작업면에 직사하고 상부 방향으로 향한 빛이 천장과 상부의 벽을 부분 반사하여 작업면에 조도를 증가시키는 조명방식은?

① 직접조명   ② 간접조명
③ 반간접조명   ④ 전반확산조명

해설

전반확산조명
하향광속으로 직접 작업면에 직사하고 상부 방향으로 향한 빛이 천장과 상부의 벽 부분에서 반사하여 작업면에 조도를 증가시킨다.

42 접지공사에서 접지선을 철주, 기타 금속체를 따라 시설하는 경우 접지극은 지중에서 그 금속체로부터 몇 [cm] 이상 떼어 매설하는가?

① 30   ② 60
③ 75   ④ 100

해설

접지극 매설 깊이는 지표면에서 지하 0.75[m] 이상으로 한다. 또한, 동결 깊이를 고려해야 하며, 철주나 금속체 옆에 매설할 경우 1[m] 이상 이격하거나 철주 밑면에서 0.3[m] 이상 더 깊이 매설해야 한다.

43 전선의 공칭단면적에 대한 설명으로 옳지 않은 것은?

① 소선수와 소선의 지름으로 나타낸다.
② 단위는 [mm²]로 표시한다.
③ 전선의 실제 단면적과 같다.
④ 연선의 굵기를 나타내는 것이다.

해설

전선의 실제 단면적과 다르다.

44 주로 저압 가공전선로 또는 인입선에서 사용되는 애자로서 주로 앵글베이스 스트랩과 스트랩 볼트 인류 바인드선(비닐절연 바인드선)과 함께 사용하는 애자는?

① 저압 핀 애자   ② 라인포스트 애자
③ 고압 핀 애자   ④ 저압 인류 애자

해설

저압 인류 애자
인류 개소 및 배전선로의 중성선 지지

45 저압 옥내 분기회로에 개폐기 및 과전류차단기를 시설하는 경우 원칙적으로 분기점에서 몇 [m] 이하에 시설하여야 하는가?

① 3   ② 5
③ 8   ④ 12

정답 39 ③ 40 ③ 41 ④ 42 ④ 43 ③ 44 ④ 45 ①

해설
개폐기 및 과전류차단기 시설

원칙	간선과의 분기점에서 전선의 길이 3[m] 이하의 장소에 개폐기 및 과전류차단기를 시설하여야 한다.
분기회로 전류가 간선 전류의 35[%] 이하	

---

46 0.6/1[kV] 저독성 난연 폴리올레핀 전력용 케이블의 약호는?

① DV
② HFCO
③ HFIO
④ NR

해설
- 450/750[V] 저독성 난연 폴리올레핀 절연전선 : HFIO
- 450/750[V] 저독성 난연 가교폴리올레핀 절연전선 : HFIX

---

47 옥내배선에서 주로 사용하는 직선 접속 및 분기 접속 방법은 어떤 것을 사용하여 접속하는가?

① 동선압착단자
② 슬리브
③ 와이어커넥터
④ 꽂음형 커넥터

해설
- 단선의 직선 접속 : 트위스트 접속, 브리타니아 접속, 슬리브 접속
- 단선의 종단 접속 : 쥐꼬리 접속, 링 슬리브 접속

---

48 단상 2선식 옥내전반 회로에서 접지 측 전선의 색깔로 옳은 것은?

① 검정색
② 적색
③ 파란색
④ 백색

해설
전선의 식별

상(문자)	색상
L1	갈색
L2	검정색
L3	회색
N	파란색
보호도체	녹색 – 노란색

---

49 금속전선관 공사에서 사용되는 후강전선관의 최대 규격[mm]은?

① 92
② 100
③ 102
④ 104

해설
후강전선관의 규격

구분	후강전선관
관의 호칭	안지름의 크기에 가까운 짝수
관의 종류[mm]	16, 22, 28, 36, 42, 54, 70, 82, 92, 104(10종류)
관의 두께	2.3~3.5[mm]

---

50 다음 중 금속전선관 부속품이 아닌 것은?

① 록너트
② 노멀 밴드
③ 커플링
④ 앵글 박스 커넥터

해설
① 록너트 : 박스에 금속전선관을 고정할 때 사용
② 노멀 밴드 : 금속관 매입 시 직각 굴곡 부분에 사용
③ 커플링 : 금속관 상호를 연결하기 위하여 사용
④ 앵글 박스 커넥터 : 가요전선관과 박스를 접속하기 위해 사용

---

51 금속관공사를 노출로 시공할 때 직각으로 구부러지는 곳에는 어떤 배선기구를 사용하는가?

① 유니버설 엘보
② 아웃렛 박스
③ 픽스처 히키
④ 유니언 커플링

해설
유니버설 엘보
노출 배관 공사에서 관을 직각으로 굽히는 곳에 사용

정답 46 ③ 47 ② 48 ③ 49 ④ 50 ④ 51 ①

52 3상 4선식 380/220[V] 전로에서 전원의 중성극에 접속된 전선을 무엇이라 하는가?

① 접지선   ② 중성선
③ 전원선   ④ 접지측선

해설
중성선
중성선은 각 상전압의 합이 0[V]가 되는 지점을 연결하며, 각 상과 중성선을 연결하면 가정용 전압인 220[V]를 얻을 수 있고, 3상을 모두 사용하면 산업용 전압인 380[V]를 사용할 수 있다.

53 고압 가공 인입선이 철도 궤도 위에 시설되는 경우 노면상 몇 [m] 이상의 높이에 설치되어야 하는가?

① 3   ② 5
③ 6.5 ④ 6

해설
인입선의 높이

구분	저압 인입선[m]	고압 인입선[m]
도로 횡단	5	6
철도 궤도 횡단	6.5	6.5
횡단보도교 위	3	3.5
기타	4	5

54 특고압 가공 전선로의 전선의 조수가 3조일 때 완금의 길이[mm]는?

① 1,200   ② 1,400
③ 1,800   ④ 2,400

해설
완금의 길이   (단위 : [mm])

전선의 조수	저압	고압	특고압
2	900	1,400	1,800
3	1,400	1,800	2,400

55 한 개의 전등을 두 곳에서 점멸할 수 있는 배선으로 옳은 것은?

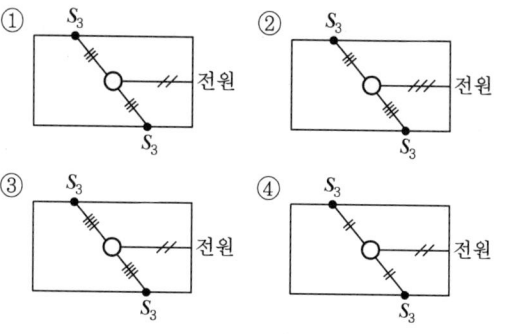

해설
3로 스위치 결선도

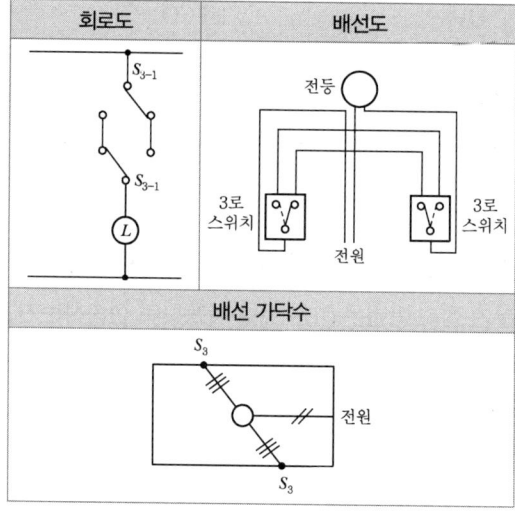

56 설계하중 6.8[kN] 이하인 철근콘크리트 전주의 길이가 7[m]인 지지물을 건주하는 경우 땅에 묻히는 깊이는 최저 약 몇 [m]인가?

① 1.2   ② 1.0   ③ 0.8   ④ 0.6

해설
전주의 길이 15[m] 이하
전주의 길이의 $\frac{1}{6}$ 이상
$\frac{1}{6} \times 7 ≒ 1.2[m]$

정답 52 ② 53 ③ 54 ④ 55 ① 56 ①

57 물체의 두께, 깊이, 안지름 및 바깥지름 등을 모두 측정할 수 있는 공구의 명칭은?

① 와이어 게이지
② 마이크로미터
③ 다이얼 게이지
④ 버니어 캘리퍼스

해설
버니어 캘리퍼스
둥근 물건의 외경이나 파이프 등의 내경과 깊이를 측정한다.

58 저압 옥내배선의 전선은 단면적 몇 [mm²] 이상의 연동선 또는 이와 동등 이상의 강도 및 굵기의 것을 사용하여야 하는가?

① 2
② 3.2
③ 2.5
④ 4

해설
옥내배선 단면적 : 2.5[mm²] 이상일 것

59 가스 차단기에 사용되는 가스인 SF₆의 성질이 아닌 것은?

① 같은 압력에서 공기의 2.5~3.5배의 절연내력이 있다.
② 가스 압력 3~4[kgf/cm²]에서 절연내력은 절연유 이상이다.
③ 소호능력은 공기보다 2.5배 정도 낮다.
④ 무색, 무취, 무해 가스이다.

해설
6불화유황(SF₆) 가스
• 소호능력이 공기보다 약 100배 정도 우수
• 불활성 기체
• 절연내력이 공기보다 약 2.5~3.5배 정도 우수
• 무취, 무색, 무독성

60 일반적으로 과전류차단기를 설치하여야 할 곳은?

① 다선식 전로의 중성선
② 송배전선의 보호용, 인입선 등 분기선을 보호하는 곳
③ 저압 가공 전로의 접지 측 전선
④ 접지공사의 접지선

해설
과전류차단기의 시설 금지 장소
• 접지공사의 접지선
• 다선식 전로의 중성선
• 접지공사를 한 저압 가공 전로의 접지 측 전선

정답 57 ④ 58 ③ 59 ③ 60 ②

2025년 4회 시행 과년도 기출문제

01 120[Ω]의 저항 4개를 접속하여 가장 최소로 얻을 수 있는 저항값은 몇 [Ω]인가?

① 20　　② 30
③ 40　　④ 50

해설
가장 작은 합성저항을 구하는 것은 모두 병렬로 했을 경우이므로
$R_t = \dfrac{R}{n} = \dfrac{120}{4} = 30[\Omega]$

02 5[μF], 10[μF] 두 콘덴서를 직렬로 접속하고 양단에 30[V]의 전압을 가할 때 5[μF]의 콘덴서에 걸리는 전압[V]은?

① 5　　② 10
③ 15　　④ 20

해설
콘덴서가 직렬 시 5[μF]에 걸리는 전압
$V_{5[\mu F]} = \dfrac{10 \times 10^{-6}}{5 \times 10^{-6} + 10 \times 10^{-6}} \times 30 = 20[V]$

03 20[kVA]의 단상 변압기 2대를 이용하여 V결선으로 하고 3상 전원을 얻고자 한다. 이때 접속시킬 수 있는 3상 부하용량은 약 몇 [kVA]인가?

① 17.3　　② 20
③ 34.6　　④ 40

해설
V결선 출력
$P_V = \sqrt{3}\, P_a = \sqrt{3} \times 20 = 20\sqrt{3} = 34.6[kVA]$
여기서, P_a : 단상 변압기 1대 용량

04 공기 중에서 5[cm]의 간격을 유지하고 있는 2개의 평행 도선에 각각 10[A]의 전류가 동일한 방향으로 흐를 때 도선 1[m]당 발생하는 힘의 크기 [N]는?

① 4×10^{-4}　　② 2×10^{-5}
③ 4×10^{-5}　　④ 2×10^{-4}

해설
두 도선 간에 작용하는 힘
$F = \dfrac{2 I_1 I_2 \times 10^{-7} \times l}{d}[N]$
$= \dfrac{2 \times 10^2 \times 10^{-7} \times 1}{0.05} = 0.0004 = 4 \times 10^{-4}[N]$
여기서, l : 도선의 길이[m], d : 두 도선 간의 거리[m]

05 자기 히스테리시스 곡선의 횡축과 종축이 나타내는 것은?

① 투자율과 자속밀도
② 자기장의 세기와 자속밀도
③ 자기장의 세기와 보자력
④ 투자율과 잔류자기

해설
- 횡축이 나타내는 것 : 자기장의 세기
- 횡축과 만나는 점 : 보자력
- 종축이 나타내는 것 : 자속밀도
- 종축과 만나는 점 : 잔류자기

06 1[kWh]는 몇 [kcal]인가?

① 860　　② 2,400
③ 4,800　　④ 8,600

해설
$1[kWh] = 3.6 \times 10^6[J] ≒ 860[kcal]$

정답 01 ②　02 ④　03 ③　04 ①　05 ②　06 ①

07 과도현상과 시정수와는 어떠한 상관관계를 가지고 있는가?

① 시정수가 클수록 과도현상은 빨라진다.
② 시정수는 전압의 크기에 비례한다.
③ 시정수와 과도현상 지속시간은 관계가 없다.
④ 시정수가 클수록 과도현상은 오래 계속된다.

해설
과도현상은 정상상태에 아직 이르지 않은 상태이며, 시정수가 클수록 과도현상이 오랫동안 지속된다.

08 다음 회로에서 합성저항은 몇 [Ω]인가?

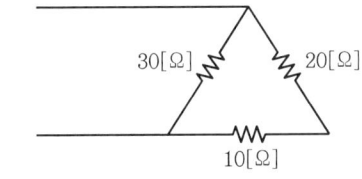

① 10 ② 15
③ 20 ④ 25

해설
10[Ω]과 20[Ω]은 직렬이고, 이것은 30[Ω]과 병렬이므로 합성저항 $R_t = \dfrac{30 \times (10+20)}{30+(10+20)} = 15[\Omega]$이다.

09 그림과 같은 병렬회로의 $a-b$ 단자에서 본 역률은?(단, $a-b$에 교류전압을 가한다.)

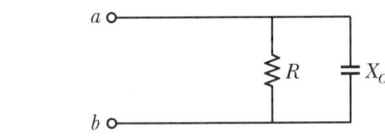

① $\dfrac{R}{\sqrt{R^2+X_C^2}}$ ② $\dfrac{X_C}{\sqrt{R^2+X_C^2}}$

③ $\dfrac{X_C}{R^2+X_C^2}$ ④ $\dfrac{R}{R^2+X_C^2}$

해설
RC병렬회로에서
역률 $\cos\theta = \dfrac{B}{Y} = \dfrac{X}{Z} = \dfrac{X_C}{\sqrt{R^2+X_C^2}}$

10 다음 ㉠과 ㉡에 들어갈 내용으로 옳은 것은?

• 2차 전지의 대표적인 것으로 납축전지가 있다.
• 전해액으로 비중이 약 (㉠) 정도의 (㉡)을 사용한다.

① ㉠ : 1.15~1.21, ㉡ : 묽은 황산
② ㉠ : 1.25~1.36, ㉡ : 질산
③ ㉠ : 1.01~1.15, ㉡ : 질산
④ ㉠ : 1.23~1.26, ㉡ : 묽은 황산

해설
2차 전지의 대표적인 납축전지의 전해액은 묽은 황산(H_2S_4)이며, 비중은 약 1.23~1.26 정도이다.

11 합성 정전용량은 몇 [μF]인가?

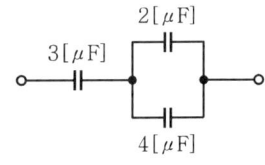

① 2 ② 3
③ 4 ④ 5

해설
전체로는 직렬이나 2[μF]과 4[μF]이 병렬이므로 먼저 합성 시 정전용량은 2[μF]+4[μF]=6[μF]이 되며, 6[μF]이 3[μF]과 직렬이 되므로 콘덴서 직렬 시 합성정전용량은 $\dfrac{3 \times 6}{3+6} = \dfrac{18}{9} = 2$ [μF]이 된다.

12 5×10^{-6}[Wb]의 자속이 단면적 10[cm²], 투자율이 1,000인 철심을 통과할 때 자속밀도 B [Wb/m²]는?

① 5×10^{-2} ② 5×10^{-3}
③ 2×10^{-2} ④ 2×10^{-3}

해설
자속밀도
$B = \dfrac{\phi}{S} = \dfrac{5 \times 10^{-6}}{10 \times 10^{-4}} = 5 \times 10^{-3}$[Wb/m²]

정답 07 ④ 08 ② 09 ② 10 ④ 11 ① 12 ②

13 $C[F]$의 콘덴서에 $W[J]$의 에너지를 축적하기 위해 필요한 충전 전압 $V[V]$는?

① $V = \dfrac{2W}{C}$
② $V = \sqrt{\dfrac{2C}{W}}$
③ $V = \dfrac{C}{2W}$
④ $V = \sqrt{\dfrac{2W}{C}}$

해설

콘덴서에 저장되는 에너지 $W = \dfrac{1}{2}CV^2[J]$에서 충전전압은 $V = \sqrt{\dfrac{2W}{C}}$가 된다.

14 반지름 $r[m]$, 권수 N회의 환상솔레노이드에 $I[A]$의 전류가 흐를 때, 그 내부의 자장의 세기 $[AT/m]$는 얼마인가?

① $\dfrac{NI}{r^2}$
② $\dfrac{NI}{2\pi}$
③ $\dfrac{NI}{4\pi r^2}$
④ $\dfrac{NI}{2\pi r}$

해설

환상솔레노이드의 자기장의 세기

$H = \dfrac{NI}{l} = \dfrac{NI}{2\pi r}[AT/m]$

여기서, r : 반지름, l : 길이, 둘레

15 $R = 4[\Omega]$, $wL = 3[\Omega]$ 직렬회로에 $V = 100\sqrt{2}\sin wt + 30\sqrt{2}\sin 3wt[V]$의 전압을 가할 때, 전력은 약 몇 $[W]$인가?

① $1,170[W]$
② $1,563[W]$
③ $1,637[W]$
④ $2,116[W]$

해설

- 기본파의 임피던스 Z_1 및 기본파 전류 실횻값 I_1

$Z_1 = \sqrt{R^2 + (wL)^2} = \sqrt{4^2 + 3^2} = 5[\Omega]$

$I_1 = \dfrac{V_1}{Z_1} = \dfrac{100}{5} = 20[A]$

- 3고조파의 임피던스 Z_3 및 3고조파 전류 실횻값 I_3

$Z_3 = \sqrt{R^2 + (3wL)^2} = \sqrt{4^2 + (3\times 3)^2} = \sqrt{97}[\Omega]$

$I_1 = \dfrac{V_3}{Z_3} = \dfrac{30}{\sqrt{97}} = 3.046[A]$

$P = I^2 R[W]$을 이용하면, $\left(\sqrt{20^2 + 3.046^2}\right)^2 \times 4 ≒ 1,637[W]$

16 줄의 법칙에서 발생하는 열량의 계산식으로 옳은 것은?

① $H = 0.24RI^2 t[cal]$
② $H = 0.024RI^2 t[cal]$
③ $H = 0.24RI^2[cal]$
④ $H = 0.024RI^2[cal]$

해설

줄의 법칙(줄열)

$H = I^2 Rt[J] = 0.24I^2 Rt[cal]$

17 기전력이 V_0, 내부저항이 r인 n개의 전지를 병렬접속 시 단자전압은?

① V_0
② nV_0
③ nrV_0
④ $\dfrac{rV_0}{n}$

해설

전지를 병렬접속 시 단자전압은 1개의 전지 기전력과 동일하다.

18 공기 중에서 자속밀도 $2[Wb/m^2]$의 평등자계 내에 $5[A]$의 전류가 흐르고 있는 길이 $60[cm]$의 직선도체를 자계의 방향에 대해 $30°$의 각을 이루도록 놓았을 때 이 도체에 작용하는 힘$[N]$은?

① 1 ② 2 ③ 3 ④ 4

해설

전자력의 힘(플레밍 왼손 = 전동기법칙)

$F = IBl\sin\theta[N] = 5 \times 2 \times 0.6 \times \sin 30° = 3[N]$

19 정전용량 $2[F]$인 콘덴서에, $25[J]$의 에너지가 저장되어 있을 때 전압은 몇 $[V]$인가?

① 2 ② 3 ③ 4 ④ 5

정답 13 ④ 14 ④ 15 ③ 16 ① 17 ① 18 ③ 19 ④

해설

콘덴서에 저장되는 에너지

$W_C = \frac{1}{2}CV^2$

$25 = \frac{1}{2} \times 2 \times V^2$

$V^2 = 25, \quad V = 5$

20 100회 감은 코일에 0.5[A]의 전류가 0.1초 동안에 0.3[A]로 감소하였을 때 유도기전력이 2×10^{-4}[V]였다면 이 코일의 자체 인덕턴스는 몇 [μH]인가?

① 200
② 50
③ 300
④ 100

해설

유도기전력 $e = -L\frac{di}{dt}$ [V]에서

$L = e\frac{dt}{di} = 2 \times 10^{-4} \times \frac{0.1-0}{0.3-0.5} \times 10^6 = -100[\mu H]$

변화율에 따른 (−)값은 보지 않고 크기만 본다.

21 100[V], 10[A], 전기자저항 1[Ω], 회전수 1,800[rpm]인 직류전동기의 역기전력은 몇 [V]인가?

① 90
② 100
③ 110
④ 186

해설

직류전동기 역기전력

$E = V - I_a R_a = 100 - 10 \times 1 = 90[V]$

22 변압기에서 V결선 시 이용률은?

① 0.577
② 0.707
③ 0.866
④ 0.977

해설

- 변압기 V결선 시 이용률 : $\frac{\sqrt{3}P_1}{2P_1} = 0.866$
- 출력비 : $\frac{\sqrt{3}P_1}{3P_1} = 0.577$

23 다음 중 2단자 사이리스터가 아닌 것은?

① SCR
② DIAC
③ SSS
④ Diode

해설

- 2단자 소자 : Diode, DIAC, SSS
- 3단자 소자 : SCR, TRIAC, GTO, LASCR
- 4단자 소자 : SCS

24 회전속도가 1,176[rpm]인 유도전동기가 있다. 동기속도가 1,200[rpm]인 경우, 전동기의 슬립은?

① 0.02
② 0.04
③ 0.05
④ 1

해설

슬립 $s = \frac{N_s - N}{N_s} = \frac{1,200 - 1,176}{1,200} = 0.02$

25 다음의 정류곡선 중 브러시의 후단에서 불꽃이 발생하기 쉬운 것은?

① 직선정류
② 정현파정류
③ 과정류
④ 부족정류

해설

직류기의 정류곡선

- 직선정류 : 가장 이상적인 정류곡선(불꽃이 발생하지 않는다.)
- 정현파정류 : 양호한 정류곡선(불꽃이 발생하지 않는다.)
- 과정류 : 정류 초기에 불꽃 발생(브러시 전단)
- 부족정류 : 정류 말기에 불꽃 발생(브러시 후단)

26 동기전동기의 특징으로 틀린 것은?

① 별도의 기동장치가 필요하다.
② 역률을 조정할 수 없다.
③ 부하가 변하여도 같은 속도로 운전할 수 있다.
④ 부하의 역률을 조정할 수 있다.

정답 20 ④ 21 ① 22 ③ 23 ① 24 ① 25 ④ 26 ②

해설

동기전동기 특징
- 기동토크가 없어서 별도의 기동장치가 필요하다.
- 동기조상기로 전압 조정 및 역률 개선으로 사용한다.
- 정속도 전동기이다.
- 유도전동기에 비해 효율이 좋다.
- 직류여자기가 필요하다.

27 3상 동기기에 저동권선을 설치하는 주된 목적은?

① 출력 증가 ② 효율 증가
③ 역률 개선 ④ 난조 방지

해설

동기기의 제동권선은 난조 방지 및 기동 역할을 수행한다.

28 동기조상기의 계자를 부족여자로 하여 운전하면?

① 콘덴서로 작용 ② 뒤진역률 보상
③ 리액터로 작용 ④ 저항손의 보상

해설

동기조상기의 위상특성곡선에서 계자(여자전류)를 부족여자로 운전하면 지상(리액터)으로 작용하고, 과여자로 운전하면 진상(콘덴서)으로 작용한다.

29 %저항 강하가 3[%], %리액턴스 강하가 4[%]인 변압기의 최대 전압변동률[%]은?

① 1 ② 5 ③ 7 ④ 12

해설

변압기의 최대 전압변동률
$\varepsilon_{max} = \%Z = \sqrt{\%p^2 + \%q^2} = \sqrt{3^2 + 4^2} = 5[\%]$

30 부흐홀츠 계전기의 설치 위치로 가장 적당한 곳은?

① 콘서베이터 내부
② 변압기 고압 측 부싱
③ 변압기 주 탱크 내부
④ 변압기 주 탱크와 콘서베이터 사이

해설

부흐홀츠 계전기
- 변압기 절연유가 온도 상승으로 인한 유증기를 검출하여 경보 또는 차단하는 계전기이다.
- 설치 위치는 변압기의 주 탱크와 콘서베이터 사이에 설치한다.

31 직류전동기의 속도 제어 방법이 아닌 것은?

① 전압제어법
② 계자제어법
③ 저항제어법
④ 2차 저항제어법

해설

직류전동기 속도 제어법
$N = \dfrac{V - I_a R_a}{\phi}$

- 전압 제어(정토크 특성)
- 계자 제어(정출력 특성)
- 저항 제어

32 발전기나 변압기 내부 고장 보호에 쓰이는 계전기는?

① 접지계전기 ② 차동계전기
③ 과전압계전기 ④ 역상계전기

해설

내부 고장 보호 계전기
- 기계적 : 부흐홀츠 계전기
- 전기적 : 차동계전기, 비율차동계전기

33 1차 전압이 6,300[V], 2차 전압이 210[V], 주파수가 60[Hz]인 단상 변압기가 있다. 이 변압기의 권수비는?

① 30 ② 40 ③ 50 ④ 60

해설

변압기 권수비(전압비)
$a = \dfrac{N_1}{N_2} = \dfrac{V_1}{V_2} = \dfrac{I_2}{I_1} = \dfrac{6,300}{210} = 30$

정답 27 ④ 28 ③ 29 ② 30 ④ 31 ④ 32 ② 33 ①

34 역률이 좋아 가정용 선풍기, 세탁기, 냉장고 등에 주로 사용되는 것은?

① 분상 기동형 ② 영구 콘덴서 기동형
③ 반발 기동형 ④ 셰이딩 코일형

해설
영구 콘덴서 기동형 단상 유도전동기는 역률과 효율이 우수하여 가정용 기기에 적합하다.

35 수·변전 설비에서 계기용 변류기(CT)의 설치 목적은?

① 고전압을 저전압으로 변성
② 대전류를 소전류로 변성
③ 선로전류 조정
④ 지락전류 측정

해설
계기용 변류기(CT)
- 대전류를 소전류로 변성하여 전류계에 공급하는 기기이다.
- 2차 측 표준 전류는 5[A]이다.

36 출력 10[kW], 효율 80[%]인 기기의 손실은 약 몇 [kW]인가?

① 0.6 ② 1.1 ③ 2.0 ④ 2.5

해설
손실=입력-출력이므로 효율식에서 입력을 구한다.
효율 $\eta = \dfrac{출력}{입력}$, 입력 $= \dfrac{출력}{\eta} = \dfrac{10}{0.8} = 12.5$
손실 $= 12.5 - 10 = 2.5$[kW]

37 동기발전기의 돌발 단락전류를 주로 제한하는 것은?

① 누설 리액턴스 ② 역상 리액턴스
③ 동기 리액턴스 ④ 권선 저항

해설
동기발전기의 단자 부근에서 단락사고가 발생되면 돌발 단락전류가 흐르게 되는데, 이때는 전기자 반작용이 존재하지 않으므로 누설 리액턴스만 존재한다.

$$I_s = \dfrac{E}{X_l}$$

즉, 돌발 단락전류를 제한하는 요소는 누설 리액턴스이다.

38 3상 100[kVA], 13,200/200[V] 변압기의 저압 측 선전류의 유효분 전류[A]는 얼마인가?(단, 역률은 0.8이다.)

① 100 ② 173
③ 230 ④ 260

해설
저압 측이 2차 측이므로 2차 측 기준 3상 용량
$P_a = \sqrt{3}\,V_2 I_2$ 식에서

2차 측 선전류 $I_2 = \dfrac{P_a}{\sqrt{3}\,V_2} = \dfrac{100 \times 10^3}{\sqrt{3} \times 200} ≒ 288$[A]

역률이 0.8이므로
- 유효분 전류 : $I_2 \cos\theta = 288 \times 0.8 = 230$[A]
- 무효분 전류 : $I_2 \sin\theta = 288 \times 0.6 = 173$[A]

39 복권발전기의 병렬운전을 안전하게 하기 위해서 두 발전기의 전기자와 직권 권선의 접속점에 연결해야 하는 것은?

① 집전환 ② 균압선
③ 안정저항 ④ 브러시

해설
직류발전기를 병렬운전하려면 외부특성이 같아야 하는데 이때 직권 및 복권(과복권, 평복권) 발전기는 수하특성을 갖지 못하므로 전위차가 발생하여 순환전류가 흐르게 된다. 그러므로 직권 및 복권 발전기는 병렬운전 시 균압선이 필요하다.

40 3상 동기발전기의 상간 접속을 Y결선으로 하는 이유 중 틀린 것은?

① 중성점을 이용할 수 있다.
② 선간전압이 상전압의 $\sqrt{3}$ 배가 된다.
③ 선간전압에 제3고조파가 나타나지 않는다.
④ 같은 선간전압의 결선에 비하여 절연이 어렵다.

정답 34 ② 35 ② 36 ④ 37 ① 38 ③ 39 ② 40 ④

해설

동기발전기의 전기자 권선을 Y결선으로 하는 이유
- 중성점을 이용할 수 있다.
- 선간전압이 상전압의 $\sqrt{3}$ 배가 된다.
- 선간전압에 제3고조파가 나타나지 않는다.
- 중성점으로 갈수록 전위가 낮아지므로 절연하기가 쉽다(절연이 용이하다).

41 합성수지몰드 공사의 시공에서 잘못된 것은?

① 사용전압이 400[V] 이하에 사용
② 점검할 수 있고 전개된 장소에 사용
③ 베이스를 조영재에 부착하는 경우 1[m] 간격마다 나사 등으로 견고하게 부착한다.
④ 베이스와 캡이 완전하게 결합하여 충격으로 이탈되지 않을 것

해설

베이스를 조영재에 부착할 경우 40~50[cm] 간격마다 나사못 또는 접착제를 이용하여 견고하게 부착해야 한다.

42 저압 인입선의 접속점 선정으로 잘못된 것은?

① 인입선이 옥상을 가급적 통과하지 않도록 시설할 것
② 인입선은 약전류 전선로와 가까이 시설할 것
③ 인입선은 장력에 충분히 견딜 것
④ 가공배전선로에서 최단거리로 인입선이 시설될 수 있을 것

해설

인입선을 약전류와 가까이 시설하면 약전류에 이상 신호와 노이즈가 발생할 수 있다.

43 다음 ( ) 안에 알맞은 낱말은?

뱅크(Bank)란 전로에 접속된 변압기 또는 ( )의 결선상 단위를 말한다.

① 차단기   ② 콘덴서
③ 단로기   ④ 리액터

해설

전로에 접속된 변압기 또는 콘덴서의 결선상 단위를 뱅크라고 한다.

44 저압 가공전선 또는 고압 가공전선이 도로를 횡단하는 경우 전선의 지표상 최소 높이는?

① 2[m]   ② 3[m]
③ 5[m]   ④ 6[m]

해설

가공전선의 높이

구분	저압 인입선[m]	고압 인입선[m]
도로 횡단	6	6
철도 궤도 횡단	6.5	6.5
횡단보도교 위	3	3.5
기타	5	5

45 손작업 쇠톱날의 크기(치수 : mm)가 아닌 것은?

① 200   ② 250
③ 300   ④ 550

해설

손작업 쇠톱날의 크기[mm] : 200, 250, 300

46 금속관을 구부리는 경우 굴곡의 안측 반지름은?

① 전선관 안지름의 3배 이상
② 전선관 안지름의 6배 이상
③ 전선관 바깥지름의 6배 이상
④ 전선관 안지름의 12배 이상

해설

구부러지는 관의 안쪽 반지름은 관 안지름의 6배 이상으로 구부려야 한다.

정답 41 ③ 42 ② 43 ② 44 ④ 45 ④ 46 ②

47 가연성 가스가 존재하는 저압 옥내 전기설비 공사 방법으로 옳은 것은?

① 가요전선관 공사
② 애자사용공사
③ 금속관 공사
④ 금속몰드공사

해설
가연성 가스가 있는 장소에는 금속관, 케이블 배선으로 시공하여야 한다.

48 금속전선관 공사 시 녹아웃 구멍이 금속관보다 클 때 사용되는 접속 기구는?

① 부싱
② 링리듀서
③ 로크너트
④ 엔트런스 캡

해설
링리듀서
아웃렛 박스의 녹아웃 지름이 관 지름보다 클 때 관을 박스에 고정시키기 위하여 쓰는 재료

49 다음 중 차단기를 시설해야 하는 곳으로 가장 적당한 것은?

① 고압에서 저압으로 변성하는 2차 측의 저압 측 전선
② 접지공사를 한 저압 가공 전로의 접지 측 전선
③ 다선식 전로의 중성선
④ 접지공사의 접지선

해설
과전류차단기의 시설 금지 장소
• 접지공사의 접지선
• 다선식 전로의 중성선
• 접지공사를 한 저압 가공 전로의 접지 측 전선

50 전등 1개를 2개소에서 점멸하고자 할 때 옳은 배선은?

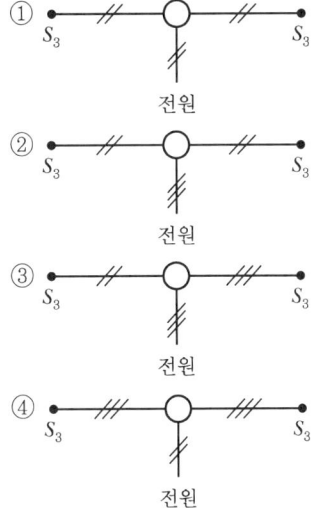

해설
2개소에서 점멸은 3로 스위치 2개가 필요함

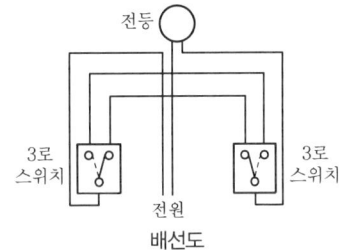
배선도

51 소세력 회로의 전선을 조영재에 붙여 시설하는 경우에 틀린 것은?

① 전선은 금속제의 수관 · 가스관 또는 이와 유사한 것과 접촉하지 아니하도록 시설할 것
② 전선은 코드 · 캡타이어 케이블 또는 케이블일 것
③ 전선이 손상을 받을 우려가 있는 곳에 시설하는 경우에는 적당한 방호장치를 할 것
④ 전선의 굵기는 2.5[mm²] 이상일 것

해설
전선은 케이블(통신용 케이블 포함)인 경우 이외에는 공칭단면적 1[mm²] 이상의 연동선 또는 이와 동등 이상의 세기 및 굵기의 것일 것

정답 47 ③ 48 ② 49 ① 50 ④ 51 ④

52 배전반을 나타내는 그림 기호는?

① 　②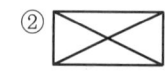
③ 　④ S

[해설]
심벌

분전반	배전반	제어반	개폐기
◨	⊠	◼	S

53 A종 철근콘크리트주의 전장이 15[m]인 경우에 땅에 묻히는 깊이는 최소 몇 [m] 이상으로 해야 하는가?(단, 설계하중은 6.8kN 이하이다.)

① 2.5　② 3.0　③ 3.5　④ 4.0

[해설]
전주의 길이 15[m]

$l \times \dfrac{1}{6} = \dfrac{15}{6} = 2.5[m]$

여기서, l : 전주 길이(전장)

54 정션 박스 내에서 전선을 접속할 수 있는 것은?

① S형 슬리브　② 꽂음형 커넥터
③ 와이어 커넥터　④ 매킹타이어

[해설]
와이어 커넥터
정션 박스 내에서 쥐꼬리 접속 후 사용되며, 납땜과 테이프 감기가 필요 없다.

55 흥행장의 저압 공사에서 잘못된 것은?

① 무대, 무대 밑, 오케스트라 박스 및 영사실의 전로에는 전용 개폐기 및 과전류차단기를 시설할 필요가 없다.
② 무대용의 콘센트, 박스, 플라이 덕트 및 보더 라이트의 금속제 외함에는 접지공사를 하여야 한다.
③ 플라이 덕트는 조영재 등에 견고하게 시설하여야 한다.

④ 사용전압 400[V] 이하의 이동전선은 0.6/1kV EP 고무절연 클로로프렌 캡타이어케이블을 사용한다.

[해설]
① 무대, 무대 밑, 오케스트라 박스 및 영사실의 전로에는 전용 개폐기 및 과전류차단기를 시설할 필요가 있다.

56 티탄을 제조하는 공장으로 먼지가 쌓여진 상태에서 착화된 때에 폭발할 우려가 있는 곳에 저압 옥내배선을 설치하고자 한다. 알맞은 공사 방법은?

① 합성수지 몰드공사
② 라이팅 덕트공사
③ 금속몰드공사
④ 금속관 공사

[해설]
폭연성(티탄, 알루미늄, 마그네슘) 또는 화약류 분말이 존재하는 곳, 전기 설비가 발화원이 되어 폭발할 우려가 있는 곳에 시설하는 저압 옥내배선은 금속전선관 공사 또는 케이블공사(MI케이블공사, 개장된 케이블공사)에 의하여 시설하여야 한다.

57 전주에서 COS용 완철의 설치위치는 최하단 전력선용 완철에서 몇 [m] 하부에 설치하는가?

① 0.75　② 0.8　③ 0.9　④ 0.95

[해설]
COS 완철(컷아웃 스위치 완철)은 주로 변압기의 1차 측에 설치되며, 전주에서 설치할 경우, 최하단 전력선용 완철에서 0.75[m] 아래에 설치한다.

58 가요전선관에 대한 설명으로 잘못된 것은?

① 가요전선관 상호접속은 커플링으로 하여야 한다.
② 가요전선관과 금속관 배선 등과 연결하는 경우 적당한 구조의 커플링으로 완벽하게 접속하여야 한다.
③ 1종 가요전선관을 구부리는 경우의 곡률 반지름은 관 안지름의 10배 이상으로 하여야 한다.
④ 가요전선관을 조영재의 측면에 새들로 지지하는 경우 지지점 간 거리는 1[m] 이하이어야 한다.

정답　52 ②　53 ①　54 ③　55 ①　56 ④　57 ①　58 ③

해설

가요전선관 공사
가요전선관을 구부릴 경우의 곡률 반지름은 관 안지름의 6배 이상으로 하여야 한다.

59 고장에 의하여 생긴 불평형 전류차가 평형 전류의 어떤 비율 이상으로 되었을 때 동작하는 것으로, 변압기 내부 고장의 보호용으로 사용되는 계전기는?

① 과전류계전기   ② 방향계전기
③ 차동계전기   ④ 역상계전기

해설

(비율)차동계전기는 변압기, 발전기 등의 내부 고장을 검출하고 보호하는 역할을 한다. 정상 상태에서는 1차 측과 2차 측의 전류 합이 0이 되도록 설계되어 있으며, 내부 고장으로 인해 전류가 불균형해지면 그 차이를 감지하여 동작하는 방식으로 변압기 등 내부 고장 시 사고 확대 방지를 위해 차단기를 동작시켜 신속하게 계통에서 분리하는 중요한 기능을 수행한다.

60 기구 단자에 전선 접속 시 진동 등으로 헐거워질 염려가 있는 곳에 사용되는 것은?

① 스프링 와셔   ② 2중 볼트
③ 삼각 볼트   ④ 접속기

해설

진동 등의 영향으로 헐거워질 우려가 있는 경우에는 스프링 와셔 또는 더블 너트(2중 너트)를 사용하여야 한다.

정답 59 ③ 60 ①

memo

무료동영상이 있는
전기기능사 필기
핵심이론 + 6개년 기출

발행일 | 2022. 4. 20 초판 발행
　　　　　2023. 1. 20 개정 1판 1쇄
　　　　　2024. 1. 10 개정 2판 1쇄
　　　　　2025. 1. 10 개정 3판 1쇄
　　　　　2026. 1. 20 개정 4판 1쇄

저　자 | 강준희 · 주진열 · 엄용현
발행인 | 정용수
발행처 | 예문사

주　소 | 경기도 파주시 직지길 460(출판도시) 도서출판 예문사
T E L | 031) 955-0550
F A X | 031) 955-0660
등록번호 | 11-76호

- 이 책의 어느 부분도 저작권자나 발행인의 승인 없이 무단 복제하여 이용할 수 없습니다.
- 파본 및 낙장은 구입하신 서점에서 교환하여 드립니다.
- 예문사 홈페이지 http : //www.yeamoonsa.com

정가 : 28,000원

ISBN 978-89-274-6057-2 13560